普通高等教育“十一五”国家级规划教材
21世纪高等教育建筑环境与能源应用工程系列教材

施工安装技术

主　编　邵宗义
副主编　杨志昂
参　编　李志新　吕金全　谢　慧　张　叶
主　审　宋　波　李德英

机械工业出版社

本书是教育部“普通高等教育‘十一五’国家级规划教材”。

本书参照建筑环境与能源应用工程专业教学指导委员会制订的教学基本要求，结合国家现行的政策、工程设计规范、施工及质量验收规范、产品技术规程和工程技术措施要求，考虑学习对象的实际情况以及工程应用技术的特点，按照建筑设备工程施工分工方式和其之间的联系将专业知识进行划分和组合。

全书共14章，系统讲述了建筑设备的安装技术和方法，突出讲述了设备系统的整体形式、安装方法、安装要求以及新技术、新设备和新工艺，内容包括：室内采暖系统、室外供热管道及设备的安装，热源设备的安装，建筑给水排水系统的安装，通风空调系统的安装，空调冷热源设备的安装，燃气管道与设备的安装，电气设备的安装，管道与设备的防腐与绝热，以及设备安装常用材料和阀门、仪表。

本书图文并茂，深入浅出，通俗易懂，适合作为高等学校相关专业学生的施工安装技术课程教材和各类施工安装技术人员培训教材，也可作为工程设计、监理、施工、运行管理及概预算等部门的工程技术人员学习建筑设备安装工程技术知识的参考书。

本书配有电子课件，免费提供给选用本书的授课教师。需要者请登录机械工业出版社教育服务网（www.cmpedu.com）注册下载，或根据书末的“信息反馈表”索取。

图书在版编目（CIP）数据

施工安装技术/邵宗义主编. —北京：机械工业出版社，2011.5（2025.9重印）

普通高等教育“十一五”国家级规划教材

ISBN 978-7-111-34756-9

Ⅰ.①施… Ⅱ.①邵… Ⅲ.①建筑安装工程-工程施工-高等学校-教材 Ⅳ.①TU758

中国版本图书馆CIP数据核字（2011）第092547号

机械工业出版社（北京市百万庄大街22号 邮政编码100037）

策划编辑：刘 涛 责任编辑：刘 涛 臧程程 版设计：霍永明

责任校对：张晓蓉 封面设计：王伟光 责任印制：单爱军

北京盛通数码印刷有限公司印刷

2025年9月第1版第9次印刷

184mm×260mm · 36.5印张 · 902千字

标准书号：ISBN 978-7-111-34756-9

定价：79.80元

电话服务 网络服务

客服电话：010-88361066 机 工 官 网：www.cmpbook.com

010-88379833 机 工 官 博：weibo.com/cmp1952

010-68326294 金 书 网：www.golden-book.com

封底无防伪标均为盗版 机工教育服务网：www.cmpedu.com

序

建筑环境与设备工程（2012年更名为建筑环境与能源应用工程）专业是1998年教育部颁布的全国普通高等学校本科专业目录中，将原“供热通风与空调工程”专业和“城市燃气供应”专业进行调整、拓宽而组建的新专业。专业的调整不是简单的名称的变化，而是学科科研与技术发展，以及随着经济的发展和人民生活水平的提高，赋予了这个专业新的内涵和新的元素，创造健康、舒适、安全、方便的人居环境是21世纪本专业的重要任务。同时，节约能源、保护环境是这个专业及相关产业可持续发展的基本条件，因而它们和建筑环境与设备工程（建筑环境与能源应用工程）专业的学科科研与技术发展总是密切相关，不可忽视。

作为一个新专业的组建及其内涵的定位，它首先是由社会需求所决定的，也是和社会经济状况及科学技术的发展水平相关的。我国的经济持续高速发展和大规模建设需要大批高素质的本专业人才，专业的发展和重新定位必然导致培养目标的调整和整个课程体系的改革。培养“厚基础、宽口径、富有创新能力”，符合注册公用设备工程师执业资格，并能与国际接轨的多规格的专业人才以满足需要，是本专业教学改革的目的。

机械工业出版社本着为教学服务，为国家建设事业培养专业技术人才，特别是为培养工程应用型和技术管理型人才作贡献的愿望，积极探索本专业调整和过渡期的教材建设，组织有关院校具有丰富教学经验的教授、副教授主编了这套建筑环境与设备工程（建筑环境与能源应用工程）专业系列教材。

这套系列教材的编写以“概念准确、基础扎实、突出应用、淡化过程”为基本原则，突出特点是既照顾学科体系的完整，保证学生有坚实的数理科学基础，又重视工程教育，加强工程实践的训练环节，培养学生正确判断和解决工程实际问题的能力，同时注重加强学生综合能力和素质的培养，以满足21世纪我国建设事业对专业人才的要求。

我深信，这套系列教材的出版，将对我国建筑环境与设备工程（建筑环境与能源应用工程）专业人才的培养产生积极的作用，会为我国建设事业做出一定的贡献。

陈在康

前言

“施工安装技术”是建筑环境与能源应用工程专业具有较强工程实践背景的一门专业课程，也是学生巩固所学专业知识、完成理论学习与工程应用技术对接的重要课程。通过该课程的学习，学生可以掌握安装工程的材料知识、生产工艺流程、工程做法以及施工质量验收等知识，并将多科专业知识有机地结合在一起，形成新的知识模块，有效地缩短了从学生到工程技术人员转化过程的时间。

本书参照建筑环境与能源应用工程专业教学指导委员会制订的教学基本要求，结合国家现行的政策，以及工程设计规范、施工及质量验收规范、产品技术规程、工程技术措施，并考虑学习对象的实际情况和工程应用技术的特点，按照建筑设备工程施工分工方式和其之间的联系将专业知识进行划分和组合，突出了重点。书中保留了未被禁止使用的设备、施工工艺知识，补充了当前国家推广使用的新技术、新设备和新工艺，并将国家规范、强制执行标准等内容集中体现在相关专业内容上，重点讲述了设备系统的整体形式、安装方法、安装要求以及新技术、新设备和新工艺。本书集众多安装技术规范、技术规程、技术措施以及技术要求于一体，使用了较多的图表、图示和图片，将设备安装工程中常用的材料、设备、安装方法以及数据，以图文并茂的方式表现出来，深入浅出，通俗易懂，适合作为高等学校相关专业“施工安装技术”课程教材和各类施工安装技术人员培训教材，也可供工程设计、监理、施工、运行管理及概预算等部门的工程技术人员学习建筑设备安装工程技术知识使用，还可作为建筑设备施工安装技术手册。

本书由北京建筑大学、湖南大学、沈阳建筑大学、山东建筑大学、北京科技大学、新疆大学共同编著，北京建筑大学邵宗义任主编，湖南大学杨志昂任副主编，沈阳建筑大学李志新、山东建筑大学吕金全、北京科技大学谢慧、新疆大学张叶等参加编写。本书聘请多部建筑设备及相关专业施工质量验收规范以及施工规范主编、中国建筑科学研究院教授级高级工程师宋波和建筑环境与能源应用工程专业教学指导委员会委员李德英教授主审。

本书在编写过程中得到了许多施工、设计、科研和产品生产单位资深专业技术人员的精心指导，在此，对专家和同行们给予的大力支持表示衷心的感谢！

本书在编写过程中，引用了许多文献资料（数据、图表、图片和产品样本等），谨向有关文献的作者和单位表示衷心的感谢。

由于编者的学术水平和工程经验有限，加上材料、设备、施工工艺等技术的迅猛发展以及相关施工质量验收规范的不断完善和更新，书中疏漏之处和不妥之处在所难免，敬请读者批评指正。同时恳请读者在使用过程中，将发现的问题及时反馈给作者，以便使本书得到不断的改进和完善。编者将十分感谢！

本课程与实际工程联系紧密，所讲述的知识点将被直接应用到工程领域中，因此，要求教师具有一定的工程实践经验，但教材因受篇幅所限，无法编写得过细，为此，编者特设立答疑和交流电子邮箱，与广大的教材使用者进行交流和沟通，邮箱为 sgazjs@126.com（《施工安装技术》的第一个字母）。

主编联系方式：北京西城区展览馆路 1 号，北京建筑大学，邮编 100044。

编者

目 录

第一章

安装工程常用管材

设备安装是建筑工程的重要组成部分，其中的管道安装约占整个安装工程总量的2/3。本章主要介绍设备安装工程中常用的管材、管件、阀门、型材以及常用的工具和仪表等。

管材和管件在设备安装工程中使用量较大，只有对常用的管材、管件、型材有充分的了解，才能使设备安装工程既能满足功能上的需要，又能达到经济上合理的目标。

设备安装工程中常用的管材按照材料不同可分为金属管、非金属管和复合管等，还可以进一步细分为普通焊接钢管、镀锌钢管、不锈钢管、铸铁管、有色金属管、各种非金属管、各种材料的复合管等；也可以根据用途不同进一步划分。

第一节　钢管及管件

钢管是安装工程中最常用的材料之一，有多种类型和规格。不同类型和规格的钢管可以满足不同的使用要求。

一、钢管及管件的通用标准

管道通常被称为通用材料，应符合国家的统一标准。管道及其附件的通用标准主要是指公称尺寸（*DN*）、公称压力（*PN*）、试验压力、工作压力以及管螺纹的标准等。

1. 管道公称尺寸

公称尺寸原来称为公称直径或通径，是管道和管道附件的尺寸规格标准。同一型号规格的管道外径相等，由于壁厚不同，内径并不相同。按照 GB/T 1047—2005《管道元件 *DN*（公称尺寸）的定义和选用》有关规定，用于管道和元件的尺寸标识，由字母 *DN* 和后跟无量纲整数数字组成，后面不能加注尺寸单位。这个数字与端部连接件的孔径或外径等特征尺寸（用 mm 表示）直接相关，但不表示管径的具体数值，如果用于计算时，必须给出外径（*OD*）、内径（*ID*）的具体尺寸值，也可给出 *DN*/*OD* 或 *DN*/*ID* 的关系。例如，*DN*150 只表示公称尺寸为 150 的管道或管件，而“管道外径 *OD*159mm”、“管道内径 *ID*150mm”则表示具体尺寸。

无缝钢管除采用公称尺寸表述外，通常用“外径×壁厚”表示，外径通常用字母 *D*、ϕ 等表示，例如 ϕ133×4.5 表示外径为 133mm、壁厚为 4.5mm 的无缝钢管。

管道及元件的公称尺寸规格见表 1-1。

所有管道、管件和各种设备上的管道接口，都应按照公称尺寸进行生产制造或加工，以保证其通用性。

表1-1 管道及元件的公称尺寸规格（GB/T 1047—2005）

*DN*6	*DN*40	*DN*175	*DN*450	*DN*1100	*DN*2000	*DN*3600
*DN*8	*DN*50	*DN*200	*DN*500	*DN*1200	*DN*2200	*DN*3800
*DN*10	*DN*70	*DN*225	*DN*600	*DN*1300	*DN*2400	*DN*4000
*DN*15	*DN*80	*DN*250	*DN*700	*DN*1400	*DN*2600	
*DN*20	*DN*100	*DN*300	*DN*800	*DN*1500	*DN*2800	
*DN*25	*DN*125	*DN*350	*DN*900	*DN*1600	*DN*3000	
*DN*32	*DN*150	*DN*400	*DN*1000	*DN*1800	*DN*3400	

2. 管道元件的公称压力*PN*、试验压力p_s和工作压力p_t

（1）公称压力*PN* 公称压力是指在各自材料的基准温度下，设备、管道及其附件的耐压强度，是标称值，用*PN*加无量纲数字组成。*PN*原是生产管道和附件强度方面的标准，通常表示在Ⅰ级基准温度（200℃）下的工作压力，后面数字表示压力数值的1/10（MPa）。按照GB/T 1048—2005《管道元件*PN*（公称压力）的定义和选用》中有关规定：除与相关的管道元件标准有关联外，术语*PN*不具有意义；*PN*后跟的数字不代表测量值，不应用于计算目的，除非在有关标准中另有规定。因此，*PN*标识只作为与管件的力学性能和尺寸特性相关，用于参考的字母和数字组合的标识。

（2）试验压力p_s 试验压力是指在常温下检验管道和附件的机械强度及严密性能的压力标准，通常采用水压试验标准，以p_s表示。管道和管道附件的试压，多数在产品生产厂家进行，与安装工程上进行的系统试压有所区别。产品的强度试验压力p_s通常为公称压力*PN*的1.5~2倍，公称压力*PN*较大时，倍数选小值；反之，取大值；当公称压力达到20~100MPa时，可取*PN*的1.25~1.4倍。严密性试验一般可取公称压力*PN*。

（3）工作压力p_t 工作压力是指管道在正常工作时管内流动介质的压力，用p_t表示，“*t*”表示介质最高温度1/10的整数值，例如$p_t=p_{30}$时，表示介质最高温度为300℃。输送热水、过热水和蒸汽的热管道和附件，由于温度升高而产生热应力，会使金属材料机械强度降低，因而承压能力随着温度升高而降低，所以热力管道的工作压力随着工作温度提高应减小其最大允许值。

例如*PN*≤1.6的青铜制造的阀门，按产品技术标准，应对阀门做2.4MPa的水压试验，但装配到管路上以后，只能用1.6MPa的水压试验来检验其密封性。当这个阀门用在输送$t\leq200$℃的介质时，其允许最大工作压力可为1.6MPa；如果用在输送$250℃<t\leq300$℃的介质时，允许最大工作压力仅为1.3MPa；当用在输送温度为350℃的介质时，其允许最大工作压力只能是1.2MPa。

由于*PN*表示管道和附件的一般强度标准，因此可以根据所输送介质的参数直接选择管道及管道附件，而不必再进行强度计算。工程中可从以下系列中选择：*PN*2.5、*PN*6、*PN*10、*PN*16、*PN*25、*PN*40、*PN*63、*PN*100（德国标准系列DIN），或*PN*20、*PN*50、*PN*110、*PN*150、*PN*260、*PN*420（美国标准系列ANSI）。必要时允许选用其他*PN*数值。各种钢管的*PN*、试验压力p_s和工作压力p_t分别参见表1-2~表1-4。同一种材料在不同的工作温度下，最大允许承受压力也有所不同。通常将0~450℃的工作温度分为若干等级，每一级的管道*PN*、试验压力p_s和工作压力p_t均不相同。如果温度和压力与表中不符时，可以用插入法进行计算。

表 1-2 碳素钢制管道和附件 PN、试验压力 p_s 与工作压力 p_t 的关系

公称压力 PN	试验压力 p_s /MPa	介质工作温度/℃						
		Ⅱ级温度 20~200	Ⅲ级温度 200~250	Ⅳ级温度 250~300	Ⅴ级温度 300~350	Ⅵ级温度 350~400	Ⅶ级温度 400~425	Ⅷ级温度 425~450
		最大工作压力 p_t/MPa						
		p_{20}	p_{25}	p_{30}	p_{35}	p_{40}	p_{42}	p_{45}
0.1	0.2	0.1	0.1	0.1	0.07	0.06	0.06	0.05
0.25	0.4	0.25	0.23	0.2	0.18	0.16	0.14	0.11
0.4	0.6	0.4	0.37	0.33	0.29	0.26	0.23	0.18
0.6	0.9	0.6	0.55	0.5	0.44	0.38	0.35	0.27
1.0	1.5	1.0	0.92	0.82	0.73	0.64	0.58	0.45
1.6	2.4	1.6	1.5	1.3	1.2	1.0	0.9	0.7
2.5	3.8	2.5	2.3	2.0	1.8	1.6	1.4	1.1
4.0	6.0	4.0	3.7	3.3	3.0	2.8	2.3	1.8
6.4	9.6	6.4	5.9	5.2	4.3	4.1	3.7	2.9
10.0	15.0	10.0	9.2	8.2	7.3	6.4	5.8	4.5

注：1. 表中略去了 16、20、25、32、40、50 等 6 级公称压力及与其对应的 p_s、p_t。

2. 表中试验压力是指采用温度小于或等于 100℃ 的水进行试验时的压力。

表 1-3 含钼不少于 0.4%的钼钢及铬钢制品的压力关系

公称压力 PN	试验压力 p_s /MPa	介质工作温度/℃								
		350	400	425	450	475	500	510	520	530
		最大工作压力 p_t/MPa								
		p_{35}	p_{40}	p_{42}	p_{45}	p_{47}	p_{50}	p_{51}	p_{52}	p_{53}
0.1	0.2	0.1	0.09	0.09	0.08	0.06	0.04	0.05	0.04	0.04
0.25	0.4	0.25	0.23	0.21	0.20	0.14	0.11	0.12	0.11	0.09
0.4	0.6	0.4	0.36	0.34	0.32	0.22	0.17	0.20	0.17	0.14
0.6	0.9	0.6	0.55	0.51	0.48	0.33	0.26	0.30	0.26	0.22
1.0	1.5	1.0	0.91	0.86	0.81	0.55	0.43	0.50	0.43	0.36
1.6	2.4	1.6	1.5	1.4	1.3	0.9	0.7	0.8	0.7	0.6
2.5	3.8	2.5	2.3	2.1	2.0	1.4	1.1	1.2	1.1	0.9
4.0	6	4.0	3.6	3.4	3.2	2.2	1.7	2.0	1.7	1.4
6.4	9.6	6.4	5.8	5.5	5.2	3.5	2.8	3.2	2.8	2.3
10	15	10.0	9.1	8.6	8.1	5.5	4.3	5	4.3	3.6

注：本表略去了 16~100 的 9 级公称压力及与其对应的 p_s、p_t。

3. 管螺纹标准

螺纹连接是管道连接的重要方式之一，为了保证管道和附件的通用性，必须对螺纹连接的管道及管道附件、配件的螺纹制定统一标准，即螺纹的齿形及尺寸标准。YB/T 822—1957《圆锥状管螺纹》已经废止，目前执行的是 GB/T 7306.1—2000《55°密封管螺纹 第

表 1-4 灰铸铁及可锻铸铁制品的压力关系

公称压力 PN	试验压力（用温度低于 100℃的水）p_s/MPa	介质工作温度/℃			
		120	200	250	300
		最大工作压力 p_t/MPa			
		p_{12}	p_{20}	p_{25}	p_{30}
0.1	0.2	0.1	0.1	0.1	0.1
0.25	0.4	0.25	0.25	0.2	0.2
0.4	0.6	0.4	0.38	0.36	0.32
0.6	0.9	0.6	0.55	0.5	0.5
1.0	1.5	1.0	0.9	0.8	0.8
1.6	2.4	1.6	1.5	1.4	1.3
2.5	3.8	2.5	2.3	2.1	2.0
4.0	6.0	4.0	3.6	3.4	3.2

一部分：圆柱内螺纹与圆锥外螺纹》和 GB/T 7306.2—2000《55°密封螺纹 第 2 部分：圆锥内螺纹与圆锥外螺纹》。

钢管螺纹的基本参数有螺距、牙型角、螺纹大径、螺纹小径、螺纹深度等。管螺纹又分为圆柱管螺纹和圆锥管螺纹，圆柱管螺纹的牙型代号为 G，圆锥管螺纹的牙型代号为 ZG，牙型角均为 55°。圆锥管螺纹和圆柱管螺纹每英寸的牙数、螺距、螺纹高度等螺纹规格相同，只是圆锥管螺纹具有 1:16的锥度。圆柱内螺纹牙型如图 1-1 所示，圆锥管螺纹及外螺纹牙型如图 1-2 所示。

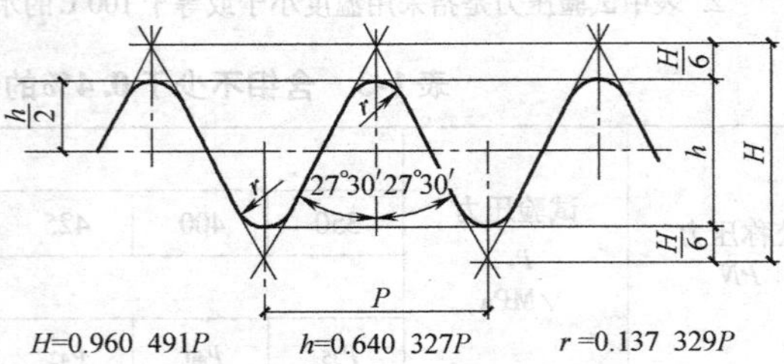

图 1-1 圆柱内螺纹牙型示意图

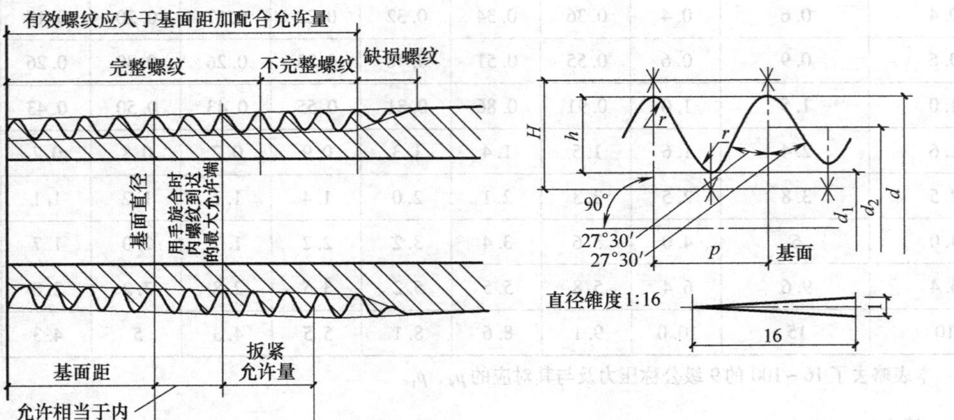

图 1-2 圆锥管螺纹及外螺纹牙型

管螺纹的齿形执行标准可参见表 1-5，螺纹的尺寸及公差见表 1-6。

表 1-5 管螺纹的齿形执行标准

类别	标准名称	标准号
普通螺纹	普通螺纹 基本牙型	GB/T 192—2003
	普通螺纹 直径与螺距系列	GB/T 193—2003
	普通螺纹 基本尺寸	GB/T 196—2003
	普通螺纹 公差	GB/T 197—2003
	普通螺纹 极限偏差	GB/T 2516—2003
	普通螺纹 优选系列	GB/T 9144—2003
	普通螺纹 中等精度、优选系列的极限尺寸	GB/T 9145—2003
管螺纹	55°密封管螺纹 第 1 部分:圆柱内螺纹与圆锥外螺纹	GB/T 7306.1—2000
	55°密封管螺纹 第 2 部分:圆锥内螺纹与圆锥外螺纹	GB/T 7306.2—2000
	55°非密封管螺纹	GB/T 7307—2001
	60°密封管螺纹	GB/T 12716—2002
	米制密封螺纹	GB/T 1415—2008
	普通螺纹 管路系列	GB/T 1414—2003
	气瓶专用螺纹	GB 8335—1998
通用基准	螺纹术语	GB/T 14791—1993

表 1-6 圆柱螺纹的基本尺寸及公差

尺寸代号	每25.4mm内所包含的牙数 n	螺距 P /mm	牙高 h /mm	基准平面内的基本直径			基准距离					装配余量		外螺纹的有效螺纹不小于			圆柱内螺纹直径的极限偏差 ±	
				大径(基准直径) $d=D$ /mm	中径 $d_2=D_2$ /mm	小径 $d_1=D_1$ /mm	基本 /mm	极限偏差 $\pm T_1/2$		最大 /mm	最小 /mm			基准距离分别为				
								mm	圈数			mm	圈数	基本 /mm	最大 /mm	最小 /mm	径向 /mm	轴向圈数 $T_2/2$
1/16	28	0.907	0.581	7.723	7.142	6.561	4	0.9	1	4.9	3.1	2.5	2¾	6.5	7.4	5.6	0.071	1¼
1/8	28	0.907	0.581	9.728	9.147	8.566	4	0.9	1	4.9	3.1	2.5	2¾	6.5	7.4	5.6	0.071	1¼
1/4	19	1.337	0.856	13.157	12.301	11.445	6	1.3	1	7.3	4.7	3.7	2¾	9.7	11	8.4	0.104	1¼
3/8	19	1.337	0.856	16.662	15.806	14.950	6.4	1.3	1	7.7	5.1	3.7	2¾	10.1	11.4	8.8	0.104	1¼
1/2	14	1.814	1.162	20.955	19.793	18.631	8.2	1.8	1	10.0	6.4	5.0	2¾	13.2	15	11.4	0.142	1¼
3/4	14	1.814	1.162	26.441	25.279	24.117	9.5	1.8	1	11.3	7.7	5.0	2¾	14.5	16.3	12.7	0.142	1¼
1	11	2.309	1.479	33.249	31.770	30.291	10.4	2.3	1	12.7	8.1	6.4	2¾	16.8	19.1	14.5	0.180	1¼
1¼	11	2.309	1.479	41.910	40.431	38.952	12.7	2.3	1	15.0	10.4	6.4	2¾	19.1	21.4	16.8	0.180	1¼
1½	11	2.309	1.479	47.803	46.324	44.845	12.7	2.3	1	15.0	10.4	6.4	2¾	19.1	21.4	16.8	0.180	1¼
2	11	2.309	1.479	59.614	58.135	56.656	15.9	2.3	1	18.2	13.6	7.5	3¼	23.4	25.7	21.1	0.180	1¼
2½	11	2.309	1.479	75.184	73.705	72.226	17.5	3.5	1½	21.0	14.0	9.2	4	26.7	30.2	23.2	0.216	1½
3	11	2.309	1.479	87.884	86.405	84.926	20.6	3.5	1½	24.1	17.1	9.2	4	29.8	33.3	26.3	0.216	1½
4	11	2.309	1.479	113.030	111.551	110.072	25.4	3.5	1½	28.9	21.9	10.4	4½	35.8	39.3	32.3	0.216	1½
5	11	2.309	1.479	138.430	136.951	135.472	28.6	3.5	1½	32.1	25.1	11.5	5	40.1	43.6	36.6	0.216	1½
6	11	2.309	1.479	163.830	162.351	160.872	28.6	3.5	1½	32.1	25.1	11.5	5	40.1	43.6	36.6	0.216	1½

二、钢管的分类和常用规格

钢管具有一定的机械强度和刚度，其热稳定性好，具有可塑性，易于煨弯、焊接及切削加工。工程中使用的成品管道要求管壁厚薄均匀、材质密实、管道内外表面平整光滑。

钢管按照制造方法可分为无缝钢管和焊接钢管两类，通常有无缝钢管、有缝钢管、螺旋焊接钢管、普通焊接钢管、镀锌钢管以及不锈钢管等。

1. 无缝钢管

无缝钢管用优质碳素钢或合金钢制成，多由10号、20号、Q295、Q345等牌号钢制造。按照生产工艺可分为热轧管、热挤压管、热扩管、冷轧管、冷拔管等。

冷拔（轧）是在再结晶温度以下进行的轧制，热轧是在再结晶温度以上进行的轧制。热轧无缝钢管分为一般钢管，低、中压锅炉钢管，高压锅炉钢管，合金钢管，不锈钢管，石油裂化管，地质钢管和其他钢管等；冷轧（拔）无缝钢管除热轧的钢管品种外，还包括碳素薄壁钢管、合金薄壁钢管、不锈薄壁钢管、异型钢管。

安装工程多使用一般无缝钢管，低、中压锅炉用无缝钢管和结构用无缝钢管。中、低压冷拔管的外径为5～200mm，长度为1.5～10.50m。热轧无缝钢管的外径为32～530mm，长度一般为4～12.5m，无缝钢管的壁厚为0.5～12mm，其中以壁厚小于6mm者最为常用。无缝钢管的力学性能应符合表1-7所示的规定。其所能承受的水压试验压力值可按照式（1-1）确定，但最大压力不超过40MPa。

$$p_s = \frac{200SR}{D} \tag{1-1}$$

式中 S——最小壁厚（mm）；

R——允许应力（MPa）；对用碳素钢制作的钢管 R 值采用抗拉强度的35%；

D——钢管的内径（mm）。

表1-7 钢管的力学性能

钢号	低碳钢（软钢）管		低硬钢管		硬钢管	
	抗拉强度 σ_b/MPa	伸长率 δ_{10}（%）	抗拉强度 σ_b/MPa	伸长率 δ_{10}（%）	抗拉强度 σ_b/MPa	伸长率 δ_{10}（%）
08和10	320	20	380	12	400	5
15	360	18	410	10	450	4
20	400	17	450	8	500	3
Q215	340	20	360	12	—	—
Q235	380	18	400	10	—	—
Q255	420	17	440	8	—	—

常用热轧管的规格尺寸及质量如表1-8所示，常用冷拔管的规格尺寸及质量如表1-9所示。

表1-8 部分热轧无缝钢管尺寸及质量表

外直径 D_H/mm	壁厚/mm										
	3.5	4	4.5	5	5.5	6	7	8	9	10	11
	每米长的理论质量/kg（设钢的密度为7.85g/cm³）										
57	4.62	5.23	5.83	6.41	6.99	7.55	8.63	9.67	10.65	11.59	12.48
61.5	4.83	5.52	6.16	6.78	7.39	7.99		10.26	11.32	12.33	13.29
63.5	5.18	5.87	6.55	7.21	7.87	8.51	9.75	10.95	12.10	13.19	14.24
68	5.57	6.31	7.05	7.77	8.48	9.17	10.53	11.84	13.10	14.30	15.46

（续）

外直径 D_H /mm	壁厚/mm										
	3.5	4	4.5	5	5.5	6	7	8	9	10	11
	每米长的理论质量/kg（设钢的密度为 7.85g/cm^3）										
70	5.74	6.51	7.27	8.01	8.75	9.47	10.88	12.23	13.54	14.80	16.01
73	6.00	6.81	7.60	8.38	9.16	9.91	11.39	12.82	14.21	15.54	16.82
76	6.26	7.10	7.93	8.75	9.56	10.36	11.91	13.42	14.87	16.28	17.63
83	6.86	7.79	8.71	9.62	10.51	11.39	13.21	14.80	16.42	18.00	19.53
89	7.38	8.38	9.38	10.36	11.33	12.28	14.16	15.98	17.76	19.48	21.16
95	7.90	8.98	10.04	11.10	12.14	13.17	15.19	17.16	19.09	20.96	22.79
102	8.50	9.67	10.82	11.96	13.09	14.21	16.40	18.55	20.64	22.69	24.69
108	—	10.26	11.49	12.70	14.72	15.09	17.44	19.73	21.97	24.17	26.31
114	—	10.85	12.15	13.44	15.67	15.98	18.47	20.91	23.31	25.65	27.94
121	—	11.54	12.93	14.30	16.48	17.02	19.68	22.29	24.86	27.37	29.84
127	—	12.13	13.59	15.04	17.29	17.90	10.72	23.48	26.19	28.85	31.47
133	—	12.73	14.26	15.78	18.24	18.79	21.75	24.66	27.52	30.33	33.10
140	—	—	15.04	16.65	19.06	19.83	22.96	26.04	29.08	32.06	34.99
146	—	—	15.70	17.39	19.87	20.72	24.00	27.23	30.41	33.54	26.62
152	—	—	16.37	18.13	20.82	21.66	25.03	28.41	31.75	35.02	38.25
159	—	—	17.15	18.99	22.04	22.64	26.24	29.79	33.29	36.75	40.15
168	—	—	—	20.10	—	23.97	27.79	31.57	35.29	38.99	42.59
180	—	—	—	—	—	25.75	29.87	33.93	37.95	41.92	45.85
194	—	—	—	23.31	—	27.82	32.28	36.70	41.06	45.38	49.64
219	—	—	—	—	—	31.52	36.60	41.93	46.61	51.54	56.43
245	—	—	—	—	—	—	41.09	46.76	52.38	57.95	63.48
273	—	—	—	—	—	—	45.92	52.28	58.60	64.86	71.07
299	—	—	—	—	—	—	—	57.41	64.37	71.27	78.13
325	—	—	—	—	—	—	—	62.54	70.14	77.86	85.18
351	—	—	—	—	—	—	—	67.67	75.91	84.10	92.23
377	—	—	—	—	—	—	—		—	90.51	99.29
426	—	—	—	—	—	—	—		92.55	—	112.58

表 1-9　部分规格冷拔无缝钢管尺寸及质量表

外直径 D_H /mm	壁厚/mm										
	0.25	0.30	0.40	0.50	0.60	0.80	1.0	1.2	1.4	1.6	2.0
	每米长的理论质量/kg（设钢的密度为 7.85g/cm^3）										
5	0.0292	0.0348	0.0454	0.055	0.065	0.083	0.099	0.112	0.124	0.129	0.134
7	0.0416	0.0496	0.065	0.080	0.095	0.122	0.148	0.172	0.193	0.213	0.247
9	0.054	0.064	0.085	0.105	0.125	0.162	0.197	0.231	0.262	0.292	0.345
11	0.066	0.079	0.115	0.129	0.154	0.201	0.247	0.290	0.311	0.371	0.444
16	0.097	0.116	0.154	0.191	0.228	0.300	0.370	0.438	0.503	0.568	0.691

（续）

外直径 D_H /mm	壁厚/mm										
	0.25	0.30	0.40	0.50	0.60	0.80	1.0	1.2	1.4	1.6	2.0
	每米长的理论质量/kg（设钢的密度为 7.85g/cm³）										
20	0.122	0.146	0.193	0.240	0.288	0.379	0.469	0.556	0.642	0.726	0.888
22			0.212	0.265	0.318	0.419	0.518	0.616	0.710	0.806	0.986
25			0.242	0.302	0.363	0.478	0.592	0.7023	0.813	0.925	1.13
28			0.272	0.340	0.406	0.536	0.666	0.792	0.916	1.040	1.280
30			0.292	0.364	0.436	0.576	0.715	0.851	0.986	1.120	1.380
32			0.311	0.389	0.466	0.615	0.765	0.910	1.050	1.200	1.480
34			0.331	0.413	0.496	0.665	0.814	0.968	1.120	1.280	1.580
36			0.350	0.438	0.525	0.695	0.863	1.030	1.190	1.360	1.830
38			0.370	0.464	0.555	0.734	0.912	1.090	1.260	1.440	1.780
40			0.390	0.494	0.585	0.774	0.962	1.150	1.330	1.520	1.870

外直径 D_H /mm	壁厚/mm										
	1.0	1.2	1.4	1.6	1.8	2.0	2.2	2.5	2.8	3.0	3.2
	每米长的理论质量/kg（设钢的密度为 7.85g/cm³）										
42	1.010	1.210	1.410	1.650	1.790	12.970	2.160	2.440	2.700	2.890	3.070
45	1.090	1.300	1.51	1.710	1.910	2.120	2.320	2.620	2.910	3.110	3.310
48	1.090	1.380	1.610	1.830	2.050	2.480	2.480	2.810	3.110	3.330	3.540
50	1.160	1.440	1.680	1.910	2.140	2.370	2.590	2.930	3.250	3.480	3.700
53	1.280	1.530	1.780	2.030	2.270	2.520	2.760	3.110	3.460	3.700	3.940
56	1.360	1.620	1.890	2.150	2.400	2.260	2.920	3.300	3.660	3.920	4.170
60	1.460	1.740	2.020	2.310	2.580	2.86	3.130	3.550	3.940	4.220	4.490
63	1.530	1.830	2.130	2.420	2.710	3.010	3.300	3.720	4.150	4.440	4.730
65	1.580	1.890	2.200	2.500	2.800	3.110	3.400	3.850	4.290	1.590	4.890
70	1.700	2.030	2.370	2.700	3.020	3.350	3.680	4.160	4.630	4.960	5.280
75	1.820	2.180	2.540	2.900	3.240	3.600	3.950	4.460	4.970	5.320	5.680
80			2.710	3.090	3.470	3.840	4.220	4.770	5.320	5.890	6.280
85			2.88	3.290	3.690	4.090	4.480	5.080	5.660	6.060	6.50

外直径 D_H /mm	壁厚/mm										
	3.5	4.0	4.5	5.0	6.0	7.0	8.0	9.0	10.0	11.0	12.0
	每米长的理论质量/kg（设钢的密度为 7.85g/cm³）										
100	8.320	9.460	10.59	11.71	13.87	16.03	18.09	20.15	22.19	24.14	26.04
120	8.660	10.06	11.44	14.30	16.89	19.50	22.10	24.70	27.20	29.57	31.96
130	11.80	12.43	13.92	15.48	16.88	21.20	24.10	26.90	29.70	32.27	34.92
150	12.65	14.39	16.11	17.85	21.25	24.68	28.01	31.29	34.52	37.71	40.84
170	14.31	16.31	18.35	20.30	24.27	28.14	31.96	37.73	39.46	43.13	46.76
200		19.67	21.65	24.00	28.70	33.32	37.88	42.39	46.85	51.27	55.63

无缝钢管具有强度高、内表面光滑、水力条件好等优点，适用于高压供热系统和高层建筑的热、冷水管。一般压力在0.6MPa以上的管路都应采用无缝钢管。无缝钢管由于管壁较薄，通常不宜采用螺纹连接而采用焊接或法兰连接。

GB/T 8162—2008《结构用无缝钢管》规定的钢管是用于一般结构和机械结构的无缝钢管；GB/T 8163—2008《输送流体用无缝钢管》规定的钢管是用于输送水、油、气等流体的一般无缝钢管；GB 3087—2008《低中压锅炉用无缝钢管》规定的钢管是用于制造各种结构的低、中压锅炉过热蒸汽管、沸水管及机车锅炉用过热蒸汽管、大烟管、小烟管和拱砖管用的优质碳素结构钢热轧和冷拔（轧）无缝钢管；GB 5310—2008《高压锅炉用无缝钢管》规定的钢管是用于制造高压及其以上压力的水管锅炉受热面用的优质碳素钢、合金钢和不锈耐热钢无缝钢管；GB/T 14975—2012《结构用不锈钢无缝钢管》规定的钢管是广泛用于化工、石油、轻纺、医疗、食品、机械等工业的耐腐蚀管道和结构件及零件的不锈钢制成的热轧（挤、扩）和冷拔（轧）无缝钢管；GB/T 14976—2012《流体输送用不锈钢无缝钢管》规定的钢管是用于输送流体的不锈钢制成的热轧（挤、扩）和冷拔（轧）无缝钢管；GB/T 3639—2009《冷拔或冷轧精密无缝钢管》规定的钢管是用于机械结构、液压设备的尺寸精度高和表面光洁度好的冷拔或冷轧精密无缝钢管。

安装工程中所选用的无缝钢管，应具有出厂合格证，对无质量合格证的产品，需进行质量检查试验。检查必须根据GB/T 228—2012《金属材料　室温拉伸试验方法》、GB/T 247—2008《钢板和钢带包装、标志及质量证明书的一般规定》、GB/T 241—2007《金属管　液压试验方法》、GB/T 242—2007《金属管　扩口试验方法》等进行。外观上不得有裂纹、凹坑、鼓包及壁厚不均等缺陷。

2. 有缝钢管

有缝钢管又称焊接钢管，材质主要有Q215A、Q215B、Q235A、Q235B、Q295A、Q345A、Q345B等碳素钢。焊接钢管是由卷成管形的钢板以对焊、叠边焊或螺旋缝焊接而成，可用于公称压力*PN*≤1.6MPa的输水管道、煤气管道、消火栓系统和暖气空调管道等系统。焊接钢管所能承受的水压试验压力一般管和轻型管为2MPa，加厚管为2.5MPa。

普通焊接钢管镀锌后，称为镀锌管或白铁管，根据镀锌工艺不同，镀锌管可分为冷镀锌管和热镀锌管，镀锌管多被用在生活饮用水系统、生活冷热水供应系统和消防喷淋系统中。由于其耐腐蚀性不够好，会出现黄水、红水等现象，造成水源二次污染。原建设部等四部委《关于在住宅建设中淘汰落后产品的通知》［1999］295号文规定：自2000年6月1日起，在城镇新建住宅中，禁止将冷镀锌钢管用于室内给水管道，并根据当地实际情况逐步限时禁止使用热镀锌钢管。

有缝钢管质量检验标准与无缝钢管的检验标准相同。按壁厚可分为普通钢管和加厚钢管，具体规格如表1-10所示。

有缝钢管内外表面的焊缝应光滑平直，不得有开裂现象，强度应符合标准，镀锌管的锌层应完整和均匀。带有圆锥状管螺纹的普通钢管和镀锌钢管的长度一般为4~9m，并带一个管接头（管箍）。无螺纹的普通钢管和镀锌钢管长度一般为4~12m。

有缝普通钢管和镀锌钢管以公称通径标称，壁厚3~12mm，其公称尺寸规格为*DN*10~*DN*1200。当*DN*≤30时，单管长度为2~6m；当*DN*为30~70时，单管长度为2~8m；当*DN*>70时，单管长度为2~10m。多用在室外气、水和废气的管道上。有缝卷制的钢管规格见表1-11。

表 1-10 低压流体输送用焊接管规格（摘自 GB/T 3091—2008）

公称尺寸 DN		外径 D_w	钢管			
公制	英制	mm	普通钢管		加厚钢管	
			壁厚/mm	理论质量/(kg/m)	壁厚/mm	理论质量/(kg/m)
6	1/8	10.2	2.0	0.40	2.5	0.47
8	1/4	13.5	2.5	0.68	2.8	0.74
10	3/8	17.2	2.5	0.91	2.8	0.99
15	1/2	21.3	2.8	1.28	3.5	1.54
20	3/4	26.9	2.8	1.66	3.5	2.02
25	1	33.7	3.2	2.41	4.0	2.93
32	$1^{1/4}$	42.4	3.5	3.36	4.0	3.79
40	$1^{1/2}$	48.3	3.5	3.87	4.5	4.86
50	2	60.3	3.8	5.29	4.5	6.9
70	$2^{1/2}$	76.1	4.0	7.11	4.5	7.95
80	3	88.9	4.0	8.38	5.0	10.35
100	4	114.3	4	10.88	5.0	13.48
125	5	139.7	4.0	13.39	5.5	18.20
150	6	168.3	4.5	18.18	5.5	21.63

表 1-11 有缝卷制焊接钢管规格

外径/mm	壁厚/mm				
	3.0	3.5	4.0	4.5	5.0
	理论质量/(kg/m)				
57	4.00	4.62			
76	5.40	6.26	7.10	7.93	
89	6.36	7.38	8.38	9.38	
108	7.97	9.02	10.26		
114	8.21	9.54	10.85	12.15	13.44
133		11.18	12.73	14.61	15.78
140		11.78	13.42	15.04	16.65

DN>250 的大口径钢管可以采用螺旋缝埋弧焊钢管（又称卷焊钢管）。卷焊钢管的焊接方式分为自动埋弧焊和高频焊两种。按照承压高低分为甲类管和乙类管。螺旋缝埋弧焊钢管的管径从 *DN*200～*DN*2200，长度一般为 8～12.5m，壁厚为 $\delta=6\sim16$mm。采用螺旋缝埋弧焊的钢管规格见表 1-12。

采暖、空调、低压煤气管路、非饮用水输送管路的工作压力一般不超过 0.4MPa，通常采用普通焊接钢管最为经济合理。城市供热网及煤气管网的较粗管道，一般应采用螺旋焊钢管。螺旋焊钢管管径及可承受试验压力可参见表 1-13。

3. 不锈钢管

不锈钢管由于污染少，使用寿命长，被称为 21 世纪绿色材料。它广泛应用在建筑的冷热水系统和直饮水系统以及食品、医药、化工等领域。不锈钢管道的型号和执行标准参见表 1-14，不锈钢管的安装可参照 04S407—2《建筑给水金属管道安装（薄壁不锈钢管）》执行，或按照 CECS 153—2003《建筑给水薄壁不锈钢管管道工程技术规程》执行。

表 1-12 螺旋缝埋弧焊焊接钢管常用规格（摘自 GB/T 5037—2000）

管道外径/mm	壁厚/mm						备注
	5	6	7	8	9	10	
	理论质量/(kg/m)						
219	26.39	31.52					材料：钢号 Q235、16Mn
273		39.51	45.92	52.28			
325		47.20	54.90	62.54			
377		54.90	63.87		81.67		
426		62.15	72.83	82.47	92.55		
478		69.84	81.83	92.73	104.09		
529		77.39	90.11	102.90	115.40		
630		92.23	107.55	122.72	137.83	152.90	
720		105.65	123.5	140.5	157.80	175.10	

表 1-13 螺旋焊钢管管径及承受试验压力表

管径/mm	245	273	299	325	351	377	426	478	529	630	720
压力/MPa	8.6	7.6	6.9	6.4	5.9	5.4	4.8	4.3	3.8	3.2	2.8

表 1-14 不锈钢管型号规格与执行标准

产品名称	规格、型号	标准名称	标准号
不锈钢管	$\phi6 \sim \phi630$mm 1 ~ 50mm	流体输送用不锈钢无缝钢管	GB/T 14976—2002
不锈钢管	$\phi6 \sim \phi630$mm 1 ~ 50mm	结构用不锈钢无缝钢管	GB/T 14975—2002
不锈钢管	$\phi6 \sim \phi630$mm 1 ~ 50mm	锅炉、换热器用不锈钢无缝钢管	GB/T 13296—2007
不锈钢焊管	$\phi219 \sim \phi1200$mm 3 ~ 20mm	流体输送用不锈钢焊接钢管	GB/T 12771—2008
不锈钢卡压式管件、薄壁不锈钢管、卡压式管件用 O 形密封圈	$\phi15 \sim \phi100$mm		GB/T 19228—2003 系列

不锈钢管道的管壁通常较薄，连接方式比较简单，除采用焊接外，目前多采用卡压式连接或专用接头连接，也有自带滚压出来的圆锥管螺纹接口的薄壁不锈钢管材。不锈钢管件按照其含碳量不同有不同的级别，比较常见的有 EP 级（电化学抛光）、BA 级（光亮退火）、AP（酸洗钝化）等含碳量低其韧性高。

给水系统常用不锈钢有 304 和 316 两类，304 不锈钢即 0Cr18Ni9，是一种用途广泛的钢，具有良好的耐腐蚀性、耐热性、低温强度和机械特性，应用在餐具、厨具、热水器、医疗器具、建材、石油、化工设备、食品工业、原子能工业。316 不锈钢即 0Cr17Ni14Mo2，添加了 Mo 元素，故其耐大气腐蚀性和高温强度特别好，可在苛刻的条件下使用。广泛应用在海水、化学、染料、造纸、草酸、化肥、食品工业用设备、容器、输送管线等。

三、钢管配件

管道系统的安装，需要有不同形式的管道配件。

管道的成品配件主要用可锻铸铁或低碳钢（俗称软钢）制造而成，分别称为生铁件和熟铁件。熟铁管件焊接性能较好。管件用的材质应当密实、坚固并有韧性，以便于机械切削加工。普通钢管件经镀锌处理后称为镀锌钢管件，可分别用在不同的系统管路中。

对于小管径的焊接钢管，按照连接方式不同，管件种类、规格繁多。螺纹连接的钢管延长用配件为管箍、外螺纹（内接头）；分支连接用配件为三通（丁字弯）、四通（十字管）；转弯用配件为90°弯头、45°弯头；节点碰头连接用配件为六方内螺母、活接头（由任）、带螺纹法兰盘；管道变径用配件为内外螺母、异径管箍（大小头）；管道堵口用配件为堵头、管堵等。普通管件的组对情况及管件形状如图1-3和图1-4所示。

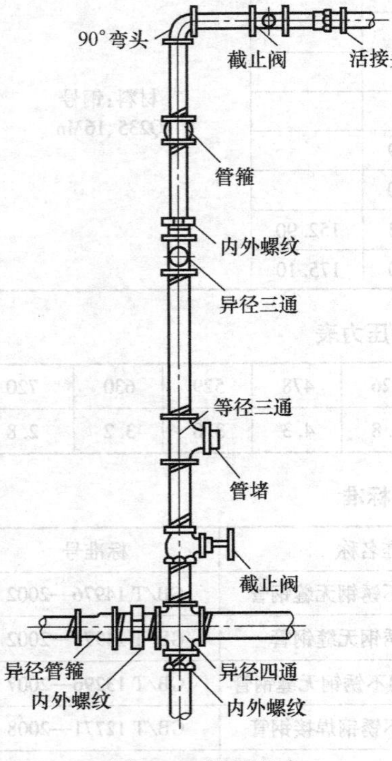

图1-3　管件组合

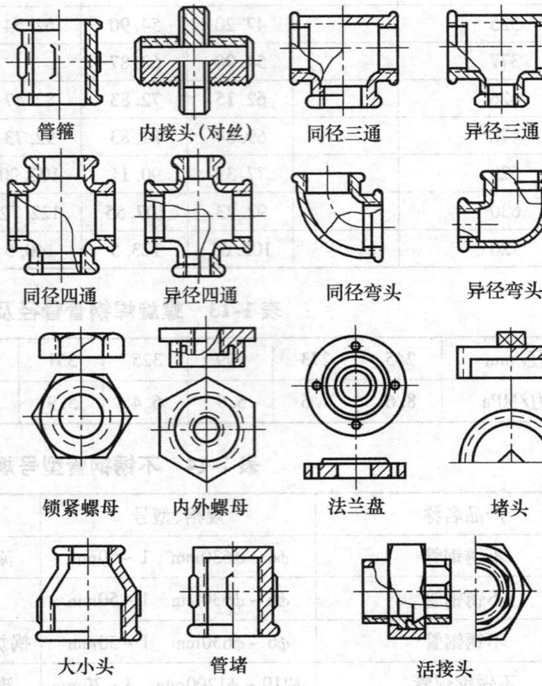

图1-4　小管径钢管螺纹连接管件

管件规格和相应的管道应一致，均以公称尺寸标称。同种配件有同径和异径之分，例如三通管分为同径和异径两种。同径管件规格的标志可以用一个数值表示，也可以用三个数值表示，如规格为25mm的同径三通可以写为25或写为25×25×25。

异径管件的规格通常要用两个管径数值表示，前一个数表示大管径，后一个数表示小管径。如异径三通25×15；异径大小头32×20。各种管件的规格组合可按表1-15所示确定。

表1-15　异径管道配件的规格系列表　　（单位：mm）

同径管件	异径管件							
15×15								
20×20	20×15							
25×25	25×15	25×20						
32×32	32×15	32×20	32×25					
40×40	40×15	40×20	40×25	40×32				
50×50	50×15	50×20	50×25	50×32	50×40			
65×65	65×15	65×20	65×25	65×32	65×40	65×50		
80×80	80×15	80×20	80×25	80×32	80×40	80×50	80×65	
100×100	100×15	100×20	100×25	100×32	100×40	100×50	100×65	100×80

注：从表中可知，公称尺寸15~100mm的管件中，同径管件共9种，异径管件组合规格共36种。

管道配件的试压标准：可锻铸铁配件应承受公称压力为0.8MPa，低碳钢（软钢）配件承压为1.6MPa。

管件的内螺纹应端正、整齐、无断丝，壁厚均匀一致，外形规整，材质严密，无砂眼。大管径的管道通常采用焊接连接，配件种类较少，除成品件外，有时还需现场加工一些部件。

不锈钢管道的管件种类与焊接钢管管件大同小异，除有专用不锈钢螺纹管件外还有卡箍管件、卡压管件和法兰管件。不锈钢之间、不锈钢与非不锈钢的金属管道法兰连接，也必须使用不锈钢螺栓。

第二节 铸铁管及管件

铸铁管是采用铸造生铁（灰铸铁）、球墨铸铁或高硅铸铁等材料以砂型法或离心浇铸法铸造而成，分为离心铸铁直管、连续铸铁直管和砂型铸铁管。铸铁管的主要生产标准如下：GB/T 3420—2008《灰口铸铁管件》，GB/T 3422—2008《连续铸铁管》，GB/T 6483—2008《柔性机械接口灰口铸铁管》，YB/T 5226—1993《梯唇型橡胶圈接口铸铁管件》，GB/T 6483—2008《柔性机械接口灰口铸铁管》，GB/T 12772—2008《排水用柔性接口铸铁管、管件及附件》，GB/T 13295—2008《水及燃气管道用球墨铸铁管、管件和附件》，YB/T 177—2000《连续铸造球墨铸铁管》。

由于铸铁管焊接、套螺纹、煨弯等加工困难，因此常采用承插口连接、法兰连接、压兰连接、卡箍连接或其他连接方式。

按照用途分类，铸铁管可分为给水用铸铁管和排水用铸铁管。

一、给水铸铁管及配件

1. 给水铸铁管

给水铸铁管耐腐蚀性能比钢管好，室外给水常用砂型离心铸铁管，按管壁厚度不同，可分为P（普通型）和G（高压型）两级，使用时应根据给水的相应压力选择管材和管件。铸铁管适宜埋地敷设，也适合于明装敷设。

（1）砂型离心铸铁管　材质为灰铸铁或球墨铸铁，按照壁厚分为P、G级。适用于水及煤气等压力流体的输送，其中球墨铸铁管多采用柔性接口。砂型离心铸铁管的壁厚与质量见表1-16。

表1-16　砂型离心铸铁管的壁厚与质量（摘自GB/T 3421—2008）

公称尺寸	壁厚/mm T		内径/mm D_1		外径/mm	有效长度/mm 总质量/kg 5000		6000		承口凸部质量/kg	插口凸部质量/kg	直部质量/(kg/m)	
DN	P级	G级	P级	G级	D_2	P级	G级	P级	G级			P级	G级
200	8.8	10.0	202.4	200	220.0	227.0	254.0			16.30	0.382	42.0	47.5
250	9.5	10.8	252.6	250	271.6	303.0	340.0			21.30	0.626	56.3	63.7
300	10.0	11.4	302.8	300	322.8	381.0	428.0	452.0	509.0	26.10	0.741	70.8	80.3
350	10.8	12.0	352.4	350	374.0			566.0	623.0	32.60	0.857	88.7	98.3

（续）

公称尺寸	壁厚/mm T		内径/mm D_1		外径/mm	有效长度/mm				承口凸部质量/kg	插口凸部质量/kg	直部质量/(kg/m)	
						5000		6000					
						总质量/kg							
DN	P级	G级	P级	G级	D_2	P级	G级	P级	G级			P级	G级
400	11.5	12.8	402.6	400	425.6			687.0	757.0	39.00	1.460	107.7	119.5
450	12.0	13.4	452.4	450	476.8			806.0	829.0	46.90	1.640	126.2	140.5
500	12.8	14.0	502.4	500	528.0			950.0	1030.0	52.70	1.810	149.2	162.8
600	14.2	15.6	602.4	599.6	630.8			1260.0	1370.0	68.80	2.160	198.0	217.1
700	15.5	17.1	702.0	698.8	733.0			1600.0	1750.0	86.00	2.510	251.6	276.9
800	16.8	18.5	802.6	799.0	836.0			1980.0	2160.0	109.00	2.860	311.3	342.1
900	18.2	20.0	902.6	899.0	939.0			2410.0	2630.0	136.00	3.210	379.1	415.4
1000	20.5	22.6	1000.0	955.8	1041.0			3020.0	3300.0	173.00	3.550	473.2	520.6

注：1. 计算质量时，铸铁密度采用7.20g/cm³。

2. 总质量＝直部1m质量×有效长度＋承插口凸部质量（计算结果四舍五入，保留三位有效数字）。

（2）连续铸铁直管　连续铸铁直管即用灰铸铁或球磨铸铁连续浇铸而成的管，浇铸后经检查、修整、水压试验、喷涂沥青漆后出厂，按其壁厚分为LA、A和B三级。也适用于不同工作压力的水和煤气等流体的输送。连续铸铁直管壁厚与质量见表1-17。

表1-17　连续铸铁直管壁厚与质量（GB/T 3422—2008）

公称尺寸	外径/mm	壁厚/mm T			有效长度/mm								
					4000			5000			6000		
					总质量/kg								
DN	D_2	LA级	A级	B级	LA级	A级	B级	LA级	A级	B级	LA级	A级	B级
75	93.0	9.0	9.0	9.0	75.1	75.1	75.1	92.2	92.2	92.2			
100	118.0	9.0	9.0	9.0	97.1	97.1	97.1	119	119	119			
150	169.0	9.0	9.2	10.0	142	145	155	174	178	191	207	211	227
200	220.0	9.2	10.1	11.0	191	208	224	235	256	276	279	304	328
250	271.6	10.0	11.0	12.0	260	282	305	319	347	376	378	412	446
300	322.8	10.8	11.9	13.0	333	363	393	409	447	484	486	531	575
350	374.0	11.7	12.8	14.0	418	452	490	514	557	604	609	662	718
400	425.6	12.5	13.8	15.0	510	556	600	626	685	739	743	813	878
450	476.8	13.3	14.7	16.0	608	665	718	747	819	884	887	973	1050
500	528.0	14.2	15.6	17.0	722	785	848	887	966	1040	1050	1150	1240
600	630.8	15.8	17.4	18.0	963	1050	1140	1180	1290	1400	1400	1530	1660
700	733.0	17.5	19.3	19.0	1240	1360	1460	1530	1670	1800	1810	1980	2140
800	830.0	19.2	21.1	21.0	1560	1700	1830	1910	2080	2250	2270	2470	2680
900	939.0	20.8	22.9	23.0	1900	2070	2240	2340	2550	2760	2770	3020	3280
1000	1041.0	22.5	24.8	25.0	2290	2500	2700	2810	3070	3320	3330	3640	3940
1100	1144.0	24.2	26.0	27.0	2720	2960	3190	3330	3630	3930	3950	4300	4660
1200	1246.0	25.8	28.4	29.0	3170	3450	3730	3880	4230	4580	4590	5010	5430

（3）高硅铸铁管 高硅铸铁管碳的质量分数0.5% ~1.2%、硅的质量分数10% ~17%的铁硅合金，它具有很高的耐腐蚀性，但脆性较大，常用在腐蚀性较强的场所。我国目前还无与其有关的统一标准。

2. 给水铸铁管件

给水铸铁管件的名称、图形标示应符合GB/T 3420—2008《灰口铸铁管件》的规定，管道及管件的接口形式分为承插连接和法兰连接两种。承插接口细分还可分为柔性接口和刚性接口。

常用给水铸铁管件有三通、四通、弯管、异径管、乙字弯、短管、套袖接管等，按连接方式又分为承插式和法兰式。图1-5和图1-6所示为异型管件的连接断面图，常见的管件如图1-7所示。

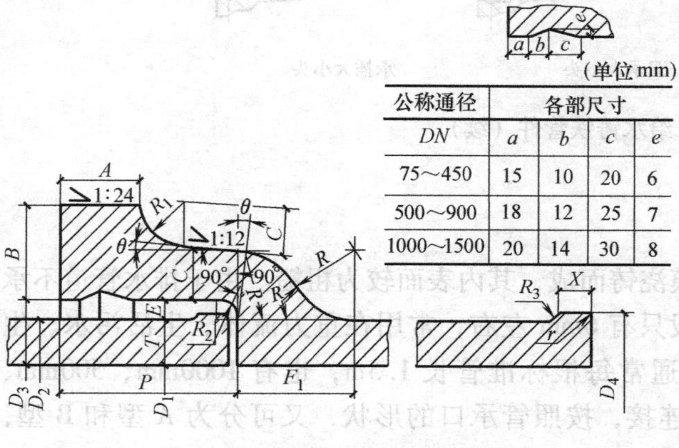

（单位 mm）

公称通径	各部尺寸			
DN	a	b	c	e
75～450	15	10	20	6
500～900	18	12	25	7
1000～1500	20	14	30	8

图1-5 异型管件承插口断面

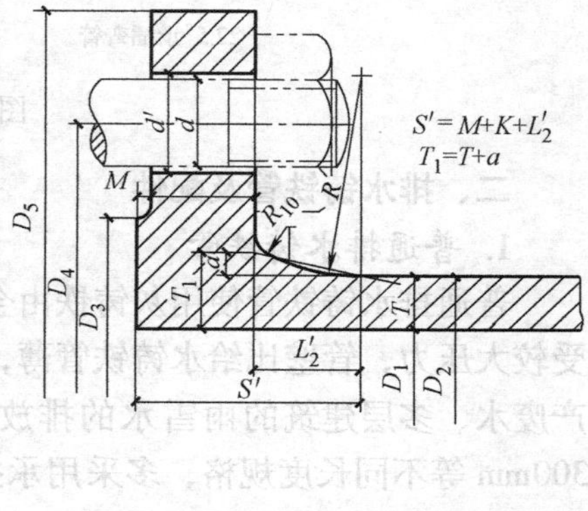

图1-6 异型管件法兰盘断面

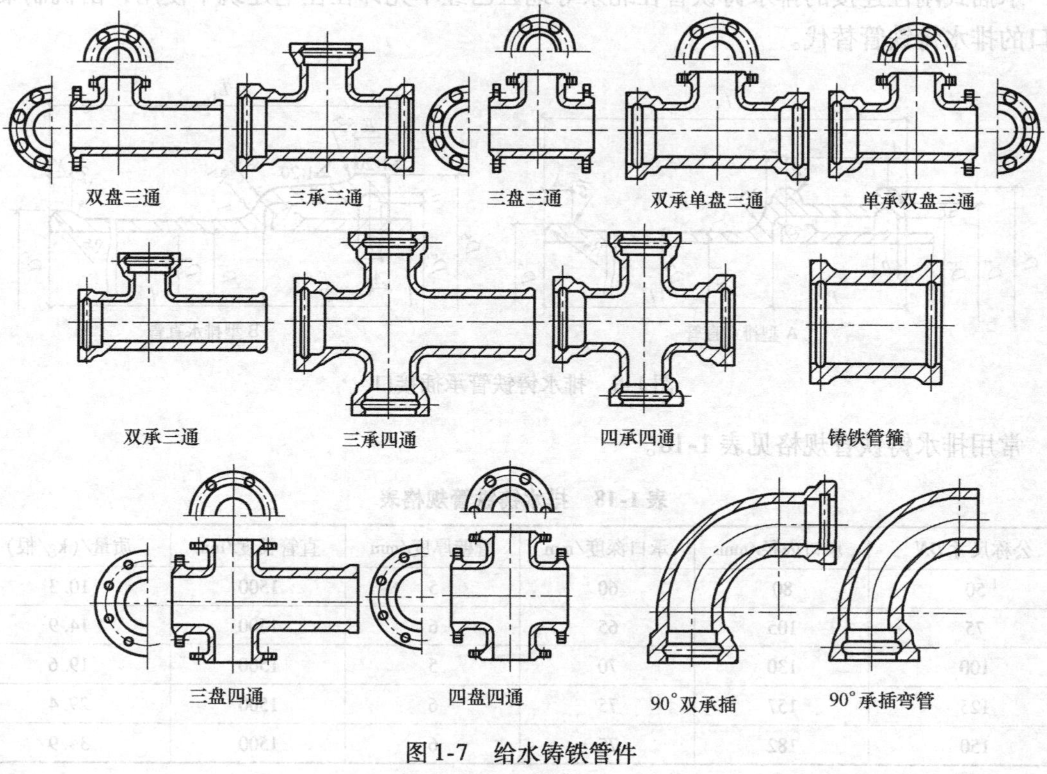

图1-7 给水铸铁管件

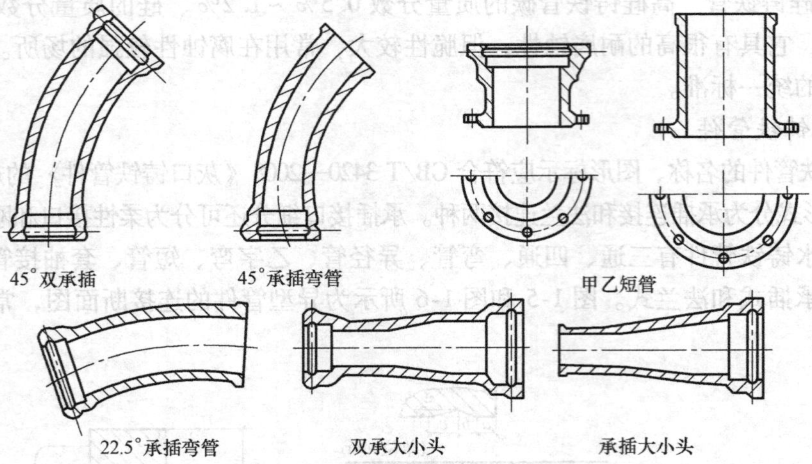

图 1-7 给水铸铁管件（续）

二、排水铸铁管及配件

1. 普通排水铸铁管

普通排水铸铁管使用灰铸铁由金属模浇铸而成，其内表面较为粗糙。由于排水管道不承受较大压力，管壁比给水铸铁管薄，一般只有 6mm 左右，常用在重力流体、生活污水、生产废水、多层建筑的雨雪水的排放中，通常每根标准管长 1.5m，也有 1000mm、500mm、300mm 等不同长度规格，多采用承插式连接，按照管承口的形状，又可分为 A 型和 B 型，其接口形式如图 1-8 所示。

承插式刚性连接的排水铸铁管在北京等地区已经不允许在住宅建筑中使用，由机制柔性接口的排水铸铁管替代。

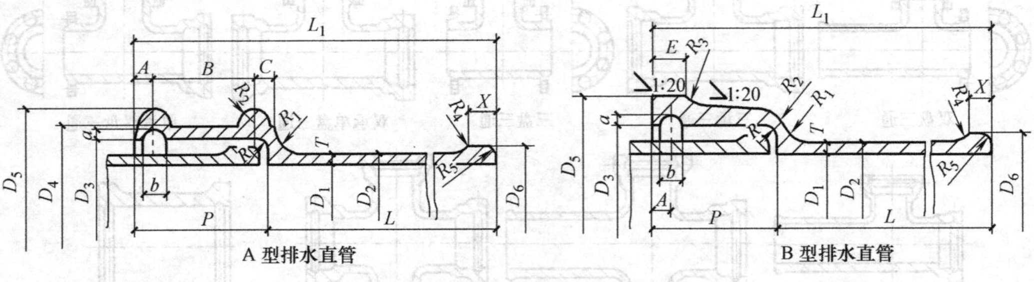

图 1-8 排水铸铁管承插接口

常用排水铸铁管规格见表 1-18。

表 1-18 排水铸铁管规格表

公称尺寸 *DN*	承口内径/mm	承口深度/mm	管壁厚度/mm	直管长度/mm	质量/(kg/根)
50	80	60	5	1500	10.3
75	105	65	6	1500	14.9
100	130	70	5	1500	19.6
125	157	75	6	1500	29.4
150	182	75	6	1500	34.9

2. 普通排水铸铁管管件

常见的排水铸铁管件多为顺流式管件，承插连接，如图 1-9 所示。

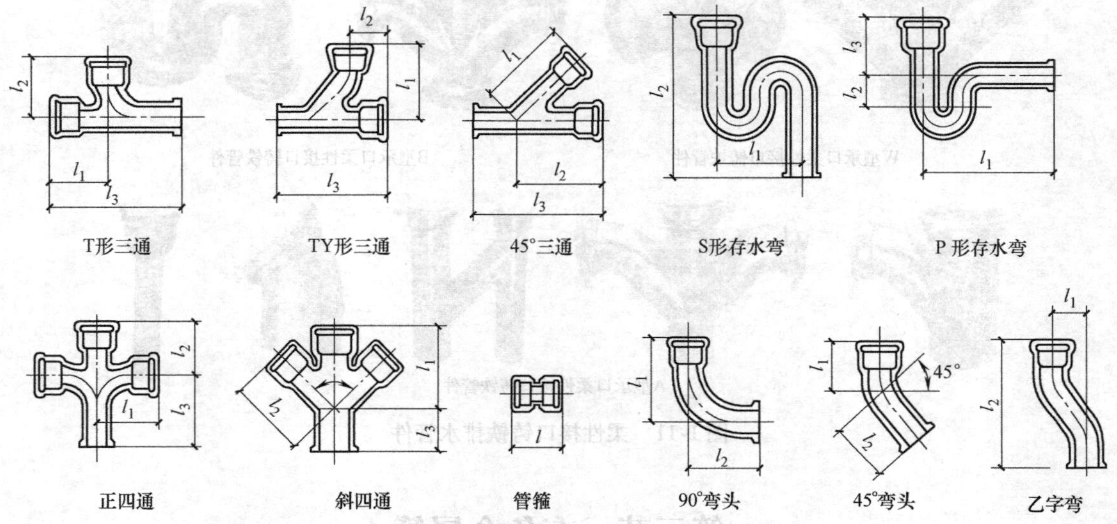

图 1-9 常用排水铸铁管件

3. 柔性接口排水铸铁管

柔性接口铸铁管是在国际上运用广泛的排水管件之一，它广泛用于排水、排污、雨水管道和通气管道系统。它采用离心浇铸，组织致密，管壁薄，质量轻，接口采用不锈钢卡箍和橡胶套连接，装卸方便，特别适用于高层建筑和有抗震要求的排水管道，是推广和替代传统砂型铸造排水管及 UPVC 管的新型产品。产品分为 A 型（法兰压盖）、W 型（无承口）和承口型。柔性接口铸铁管及管件的执行标准如下：W 型无承和 A 型口柔性接口参见 GB/T 12772—2008《排水用柔性接口铸铁管、管件及附件》，B 型无承口柔性接口参见 Q/YXGB 01—2003，卡箍式接口铸铁管参见 ISO 6594—2006。

图 1-10 所示为柔性接口铸铁管与不同连接件的组合。

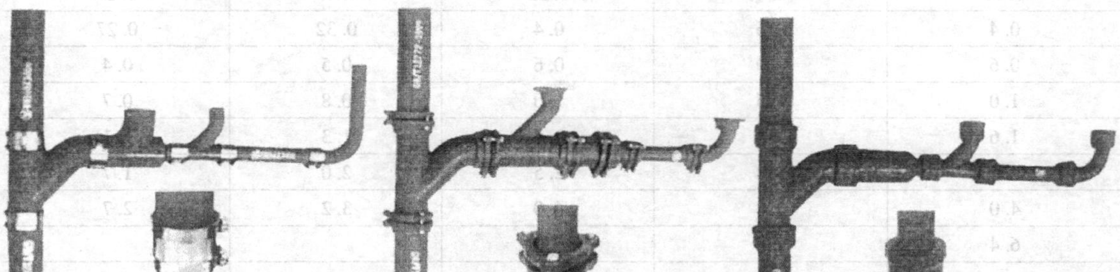

图 1-10 柔性接口铸铁管与不同连接件的组合

4. 柔性接口铸铁管件

柔性接口铸铁管件有多种规格，分为 W 型（密封橡胶圈、卡箍式）、A 型（压兰式）、B 型（双压兰式），部分配件如图 1-11 所示。

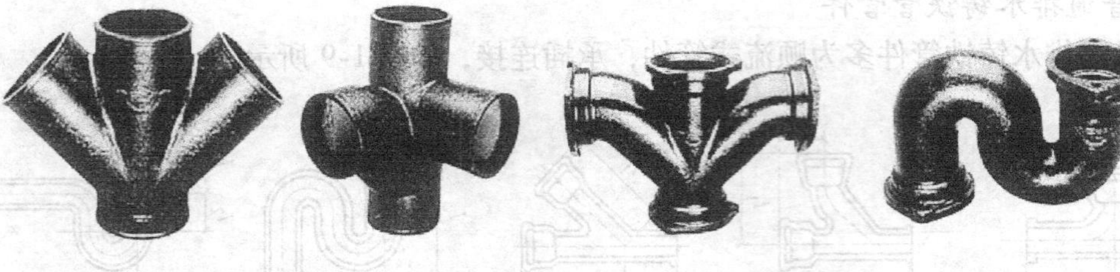

W型承口柔性接口铸铁管件　　B型承口柔性接口铸铁管件

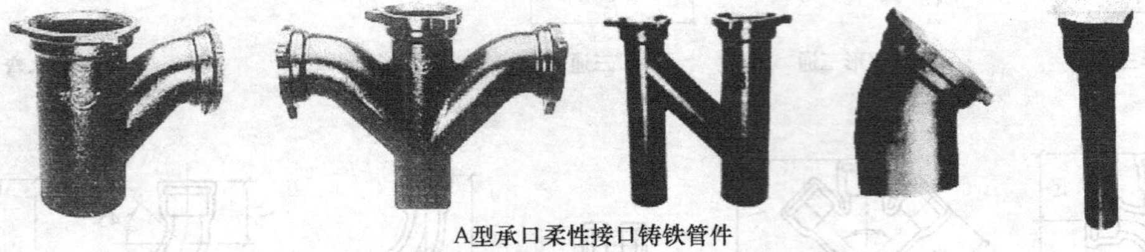

A型承口柔性接口铸铁管件

图1-11　柔性接口铸铁排水管件

第三节　有色金属管

有色金属管又称为非铁金属管，常用的有铜管、铜合金管和铝管。按照制造工艺，铜管分为拉制管和挤制管。有色金属管常用在制冷系统、中高档民用建筑的生活冷热水系统、气体输送和换热器盘管中。铜管的公称压力、试验压力和工作压力的关系见表1-19。

表1-19　青铜、黄铜及纯铜制品各种压力的关系

公称压力 PN	试验压力 p_s /MPa	介质工作温度/℃		
		120	200	250
		最大工作压力 p_t/MPa		
		p_{12}	p_{20}	p_{25}
0.1	0.2	0.1	0.1	0.07
0.25	0.4	0.25	0.2	0.17
0.4	0.6	0.4	0.32	0.27
0.6	0.9	0.6	0.5	0.4
1.0	1.5	1.0	0.8	0.7
1.6	2.4	1.6	1.3	1.1
2.5	3.8	2.5	2.0	1.7
4.0	6.0	4.0	3.2	2.7
6.4	9.6	6.4		
10	15	10		
16	24	16		
20	30	20		
25	33	25		

铜管的规格和执行标准较多，有国家标准也有行业标准，产品规格除可参见GB/T 16866—2006《铜及铜合金无缝管材外形尺寸及允许偏差》外，还有其他标准。各种铜管可执行的标准可参见表1-20，黄铜管薄壁规格见表1-21。

表 1-20 各种铜管可执行的标准

铜管种类	适用标准号	铜管种类	适用标准号
共用标准	GB/T 228—2012、GB/T 5231—2001、GB/T 8888—2014、GB/T 5121.1～.23—2008	换热器用铜管	GB/T 8890—2007、GB/T 241—2007、GB/T 242—2007、GB/T 246—2007、GB/T 5248—2008、GB/T 10567.2—2007、YS/T 347—2004
拉制铜管	GB/T 1527—2006、GB/T 241—2007、GB/T 242—2007、GB/T 246—2007、GB/T 16866—2006、GB/T 10567.1—1997、GB/T 10567.2—2007、YS/T 335—2009	挤制铜管	GB/T 16866—2006、YS/T 335—2009、YS/T 336—2010
空调与制冷用铜管	GB/T 17791—2007、GB/T 242—2007、GB/T 246—2007、GB/T 5248—2008、YS/T 335—2009、YS/T 347—2004	铜水管和铜气管	GB/T 18033—2007、GB/T 241—2007、GB/T 242—2007、GB/T 244—2008、GB/T 246—2007、GB/T 5248—2008
内螺纹铜管	GB/T 20928—2007、GB/T 242—2007、GB/T 5248—2008、YS/T 347—2004	焊接铜管	GB/T 242—2007、GB/T 246—2007
散热用铜管	GB/T 8891—2013、YS/T 266—1994、GB/T 10567.1—1997、GB/T 10567.2—2007、GB/T 241—2007	纯铜管和黄铜管	GB/T 1527—2006、GB/T 16866—2006
铜波导管	GB/T 8894—2014	压力表用铜管	GB/T 8892—2005
铜毛细管	GB/T 1531—2009	纯黄铜管	GB/T 4423—2014

表 1-21 黄铜管薄壁规格（摘自 GB/T 16866—2006） （单位：mm）

公称外径	公称壁厚											
	0.15	0.20	0.25	0.30	0.35	0.40	0.45	0.50	0.60	0.70	0.80	0.90
3,3.2	○	○	○	○	○	○	○	○	○			
3.5	○	○	○	○	○	○	○	○	○	○		
4,5,6,7,8,9,10,11.5	○	○	○	○	○	○	○	○	○	○	○	○
12,12.6		○	○	○	○	○	○	○	○	○	○	○
14,15.6,16,16.5				○	○	○	○	○	○	○	○	○
18,18.5					○	○	○	○	○	○	○	○
20							○	○	○	○	○	○
22								○	○	○	○	○
24,25.2,26,27.5									○	○	○	○
28										○	○	○
30											○	○

注：“○”表示可供应规格，需要其他规格的产品应由供需双方商定。

铝管是拔制而成的无缝管，主要用来输送浓硫酸、醋酸等介质，但不抗碱。铝管的外径为 6～120mm，壁厚 1～10mm，最大管长 6m，采用焊接或法兰连接。

有色金属管还包括铅（合金）管和钛（合金）管等。

第四节 常用非金属管

非金属管道在工程中的应用十分广泛，它具有耐腐蚀性能好、质量轻等优点，有逐渐代替金属管材的趋势。非金属管规格的表示方法较多，其中混凝土管、陶土管用内径 d 表示，聚乙烯类管道使用公称外径 dn 表示，其他塑料管道按照各自产品标准规定的方法表示。

一、塑料管

目前使用的非金属给水、排水管道和采暖管道品种较多，可分为热塑性塑料（PP、PB、CPVC、PEX、PE）管和热固性塑料管。常用管材名称和缩写参见表1-22。

表1-22　常用塑料管材名称和缩写对照表

管材名称	字母缩写	管材名称	字母缩写
聚丁烯管	PB	聚乙烯	PE
高密度聚乙烯管	HDPE 或 PE-HD	中密度聚乙烯管	MDPE 或 PE-MD
低密度聚乙烯管	LDPE 或 PE-LD	线性低密度聚乙烯管	LLDPE
乙烯—丁烯共聚耐高温聚乙烯管	PE-RT	交联聚乙烯管	PE-X
改性共聚聚丙烯管	PP-C	无规共聚聚丙烯管	PP-R
氯化聚氯乙烯管	CPVC 或 PVC-C	未增塑聚氯乙烯管或硬聚氯乙烯管	U-PVC 或 PVC-U
聚氯乙烯管	PVC	工程塑料管	ABS
聚偏二氟乙烯	PVDF	铝塑复合管	PAP
共聚聚氯乙烯树脂	AGR		

塑料管有良好的化学稳定性，耐腐蚀，不受酸、碱、盐、油类等物质的侵蚀，力学性能好，坚固、无不良气味，密度仅为钢的1/5，运输安装方便，其管壁光滑，水流阻力小，容易切割，还可制成各种颜色，特别是对水质无污染。目前已有专供输送热水使用的塑料管，其使用温度可达95℃，广泛用于化工管路，给水、排水管路，空调采暖及煤气管路中。

塑料管道结构尺寸按照标准化设计生产，按照使用条件分为5个级别，选择管材时应根据使用条件选择。一般生活热水采用1级，地板辐射采暖采用4级。塑料管的使用条件分级见表1-23。

表1-23　塑料管的使用条件分级

使用级别	使用温度 T		短时可承受最高温度 T_{max}		控制装置失灵的故障温度 T_m		应用举例
	℃	时间/年	℃	时间/年	℃	时间/h	
1	60	49	80	1	95	100	供热水(60℃)
2	70	49	80	1	95	100	供热水(70℃)
3	30 40	20 25	50	4.5	65	100	地板下的低温供热采暖
4	40 60 20	20 25 25	70	2.5	100	100	低温散热器采暖 供水温度 $t_s \leqslant 60$℃地板辐射采暖
5	60 80 20	25 10 14	90	1	100	100	供水温度60℃ $< t_s \leqslant 85$℃的高温散热器采暖

塑料管道通常采用外径与管壁厚度之比作为一个标准的尺寸比率（*SDR*）来说明管道壁厚与压力级别的关系，即 *SDR* = 管外径/壁厚，因此 *SDR* 越小，管道强度越大。

管系列的 *S* 值是管道的许用环应力与额定压力之比值，与上述 *SDR* 的关系为 $S = (SDR - 1)/2$，一般有 *S*10、*S*8、*S*6.3、*S*5、*S*4、*S*3.2、*S*2.5、*S*2 等系列。管系列 *S* 与工程压力 *PN* 的关系见表1-24。

表1-24　管系列 *S* 与工程压力 *PN* 的关系

管系列	管道系统总使用(设计)系数 *C*	*S*5	*S*4	*S*3.2	*S*2.5	*S*2
公称压力/MPa	1.25	1.25	1.6	2.0	2.5	3.2
	1.5	1.0	1.25	1.6	2.0	2.5

塑料管材规格的表示方法在我国塑料管材的新标准中采用ISO国际标准的表示方法，用“管系列 *S* 公称外径 $D\times$公称壁厚 e”表示。如“*S*525×2.3”，表示管系列为 *S*5、公称外径 $D=25\text{mm}$、壁厚 $e=2.3\text{mm}$ 的塑料管。

1. 给水用硬聚氯乙烯塑料管（PVC—U管）及管件

该管是以PVC树脂为主加入符合标准的必要添加剂混合料，加热挤压而成的。由于该管材输送饮用水时不影响水的气味、味道和颜色，并能保证水质长期符合卫生标准，因此得到广泛应用。给水用硬聚氯乙烯（PVC-U）管材产品执行的标准是GB/T 10002.1—2006《给水用硬聚氯乙烯（PVC-U）管材》，管件执行的标准是GB/T 10002.2—2003《给水用硬聚氯乙烯（PVC-U）管件》，常用于输送温度不超过45℃的水，包括一般用水和饮用水。该管道公称压力分为0.6MPa、0.8MPa、1.0MPa、1.25MPa、1.6MPa五个等级，若水温不同，应按照表1-25所示对不同温度下压力用下降系数（f_t）进行修正。下降系数乘以公称压力 *PN* 得到在该水温下管道的最大允许工作压力。

表1-25　不同温度下压力下降系数

工作温度/℃	$0\leqslant t<25$	$25\leqslant t<35$	$35\leqslant t<45$
压力下降系数 f_t	1	0.8	0.63

硬聚氯乙烯塑料管的长度一般为4m、6m、8m、12m，也可按需方要求订制。值得注意的是塑料管的公称尺寸为管外径，与钢管不同。当 $D\leqslant32\text{mm}$ 时，对管道弯曲程度不作规定，当 $40\text{mm}<D\leqslant320\text{mm}$ 时，弯曲度小于或等于1.0%，当 $D\geqslant225\text{mm}$ 时，弯曲度小于或等于0.5%。给水用硬聚氯乙烯（PVC-U）管材规格见表1-26。

表1-26　给水用硬聚氯乙烯（PVC-U）管材规格

公称外径 *D*/mm	壁厚 *e*/mm				
	公称压力				
	0.6MPa	0.8MPa	1.0MPa	1.25MPa	1.6MPa
20					2.0
25					2.0
32				2.0	2.4
40			2.0	2.4	3.0
50		2.0	2.4	3.0	3.7
63	2.0	2.5	3.0	3.8	4.7
75	2.2	2.9	3.6	4.5	5.6
90	2.7	3.5	4.3	5.5	6.7
110	3.2	3.9	4.8	5.7	7.2
125	3.7	4.4	5.4	6.0	7.4
140	4.1	4.9	6.1	6.7	8.3
160	4.7	5.6	7.0	7.7	9.5
180	5.3	6.3	7.8	8.6	10.7
200	5.9	7.3	8.7	9.6	11.9

给水用硬聚氯乙烯（PVC-U）管还可以用来输送压力为0.05～0.6MPa和温度为－10～45℃的腐蚀性的介质。我国生产硬聚氯乙烯塑料管的公称尺寸为8～200mm，长度在3m以上。硬聚氯乙烯塑料管通常采用承插溶剂粘接（$D\leqslant110$mm）和弹性密封圈（$D>63$mm）连接，也可采用螺纹或法兰连接。给水用硬聚氯乙烯塑料管件如图1-12所示。

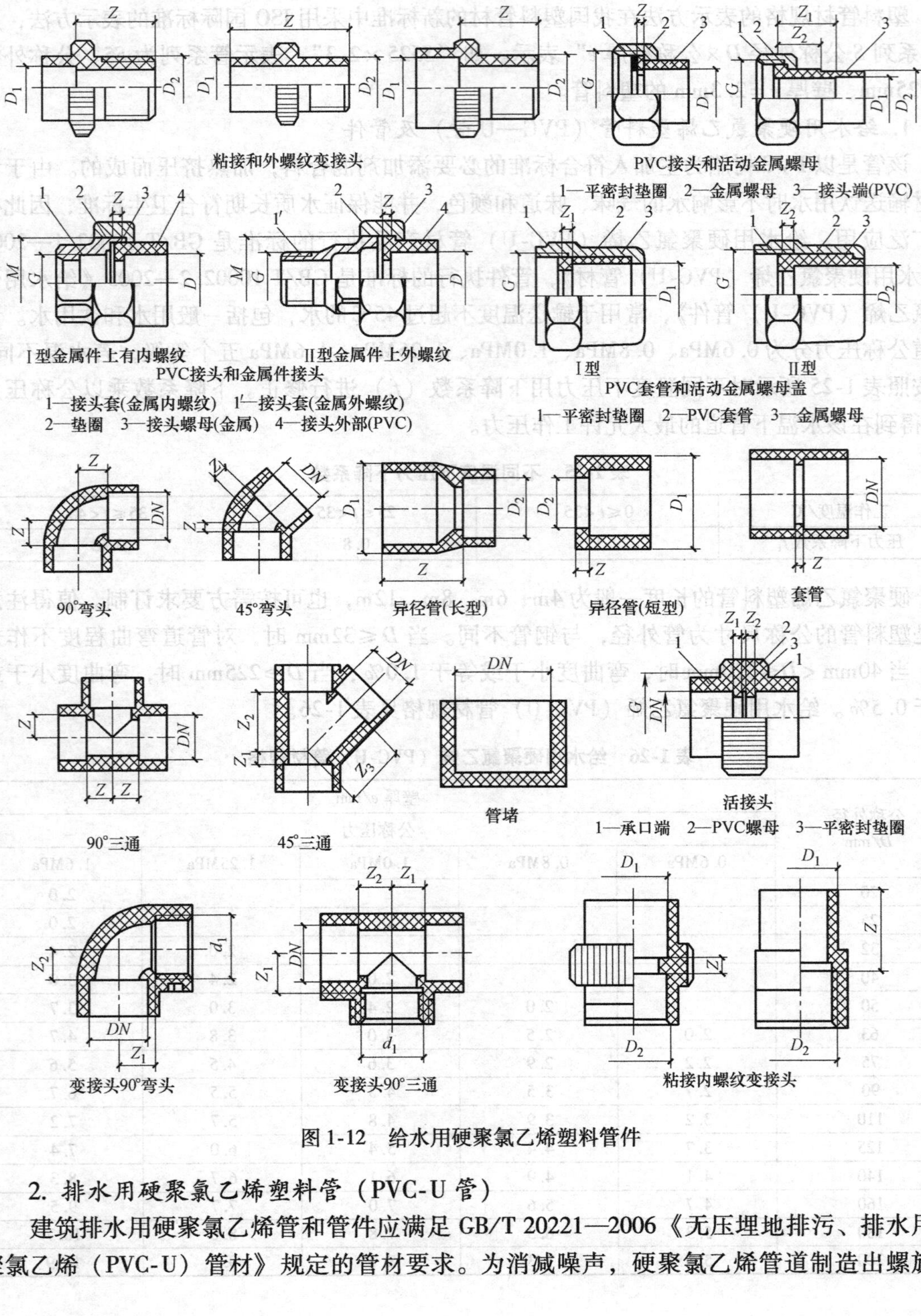

图1-12 给水用硬聚氯乙烯塑料管件

2. 排水用硬聚氯乙烯塑料管（PVC-U管）

建筑排水用硬聚氯乙烯管和管件应满足GB/T 20221—2006《无压埋地排污、排水用硬聚氯乙烯（PVC-U）管材》规定的管材要求。为消减噪声，硬聚氯乙烯管道制造出螺旋消声管，该管内壁设有六条三角凸形内螺旋线，使下水沿着管内壁自由连续呈螺旋状流动，从而在立管底部起到良好的消能作用，也降低了噪声。该管的独特结构可以使空气在管中央形成气柱直接排出，不必另外设置专用通气管，使高层建筑排水系统的通气能力提高 10 倍，排水量增加 6 倍，噪声比普通 PVC-U 排水管和铸铁管低 5 ~ 10dB。螺旋消声排水管如图 1-13 所示，普通管如图 1-14 所示。PVC-U 消声管与内壁螺旋降噪器配套使用时，效果会更好，在考虑材料的耐化学性和耐温性的条件下，也可用作工业排水用管道。

PVC-U 还有双壁波纹管，规格从 *D*160 ~ *D*500，适用于室外排水。

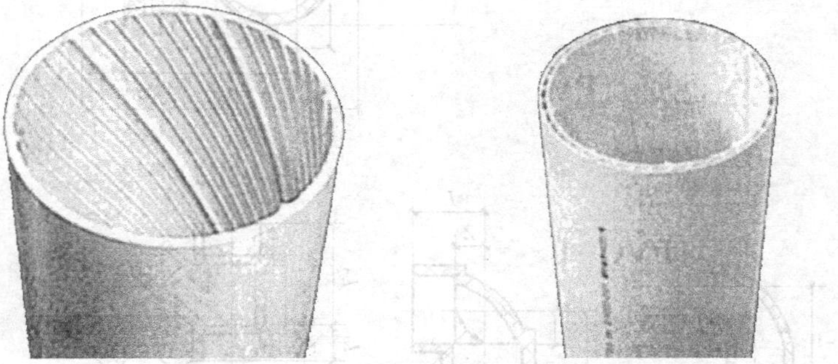

图 1-13　实壁内螺纹和空壁多孔内螺旋消声排水管

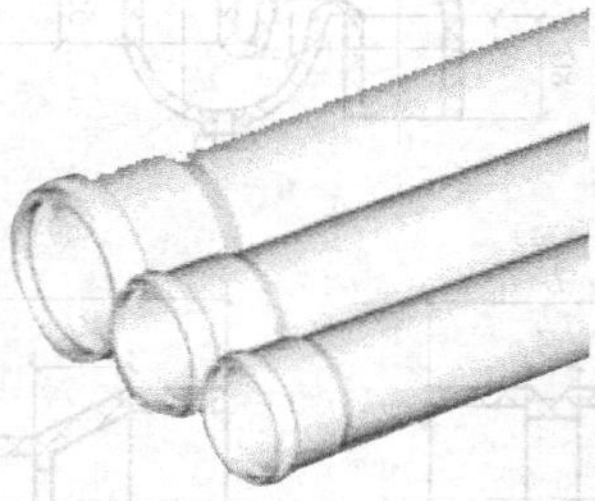

图 1-14　PVC-U 排水胶圈连接管材

PVC-U 管用公称尺寸 × 壁厚（$dn \times e$）表示。排水管的外径与壁厚规格见表 1-27。

表 1-27　管材外径和壁厚

管外径 *D*/mm	公称壁厚 *e*/mm			管外径 *D*/mm	公称壁厚 *e*/mm		
	刚度等级/kPa				刚度等级/kPa		
	2	4	8		2	4	8
	管材系列				管材系列		
	*S*25	*S*20	*S*16.7		*S*25	*S*20	*S*16.7
110		3.2	3.2	315	6.2	7.7	9.2
125	3.2	3.2	3.7	400	7.8	9.8	11.7
160	3.2	4.0	4.7	500	9.8	12.3	14.6
200	3.9	4.9	5.9	630	12.3	15.4	18.4
250	4.9	6.2	7.3				

常用室内普通排水管件有弯头、三通、存水弯等，高层建筑给水排水系统使有的管件复杂一些，还有一些异型管件和新型管件，如图 1-15 所示，所有普通管件，如图 1-16 所示。

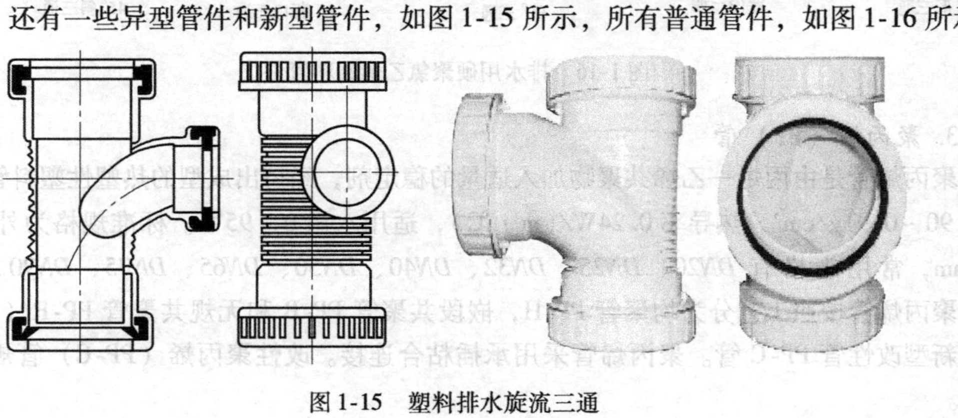

图 1-15　塑料排水旋流三通

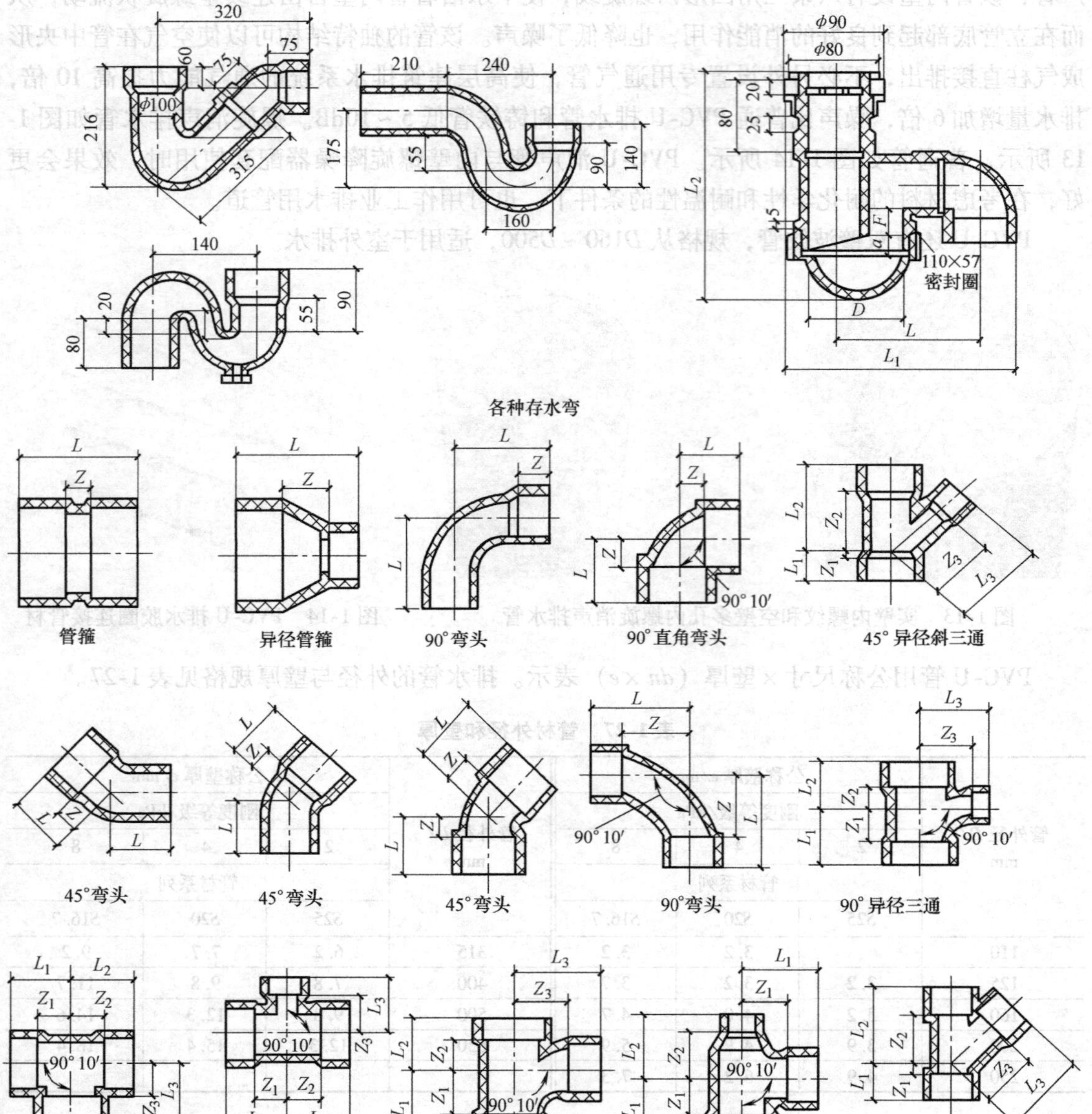

图 1-16 排水用硬聚氯乙烯塑料管件

3. 聚丙烯（PP）管

聚丙烯管是由丙烯—乙烯共聚物加入适量的稳定剂，经挤出成型的热塑性塑料管。密度为0.90～0.91g/cm^3，热导率0.24W/(m·℃)，适用水温0～95℃。标准规格为外径16～400mm，常用规格有*DN*20、*DN*25、*DN*32、*DN*40、*DN*50、*DN*65、*DN*75、*DN*90、*DN*100等。聚丙烯管按照工艺分为均聚管PP-H，嵌段共聚管PP-B和无规共聚管PP-R（图1-17）以及新型改性管PP-C管。聚丙烯管采用承插粘合连接。改性聚丙烯（PP-C）管规格见表1-28。

表 1-28 改性聚丙烯（PP-C）管规格

管外径/mm	壁厚/mm	耐压范围/MPa	质量/(kg/m)	备 注
16	1.8	1.2	0.082	
20	1.9	1.2	0.110	
25	2.3	1.2	0.167	
32	3.0	1.2	0.273	
40	3.7	1.2	0.421	
50	4.6	1.2	0.652	
63	5.8	1.2	1.030	
75	6.9	1.2	1.450	
90	8.2	1.2	2.080	
110	10.0	1.2	3.080	

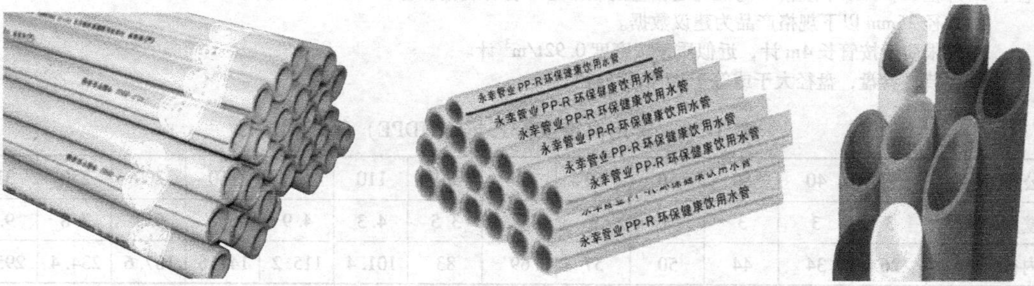

图 1-17 各种 PP-R 管的外观

4. 聚乙烯塑料管（PE 管）及高密度聚乙烯塑料管（HDPE 管）

PE 管及高密度聚乙烯管具有优良的化学性能、韧性、耐磨性以及相对低廉的价格优势，广泛运用于燃气、给水、废水、雨水、地源热泵的地埋换热管、排水以及电保护管等领域。其公称尺寸为 20～250mm，普通管壁厚为 2.3～14.8mm，加厚管壁厚为 3～22.7mm。聚乙烯塑料管的连接方式多为电熔焊、对接焊、热熔承插焊等。PE 燃气管（黄线标识）、PE 给水管（蓝线标识）如图 1-18 所示。

图 1-18 燃气（左图）及给水（右图）用 PE 管

各种聚乙烯塑料（PE）管规格见表 1-29 和表 1-30。

表 1-29 常用聚乙烯（PE）管规格

外径 /mm	壁厚 /mm	长度 /m	近似质量		外径 /mm	壁厚 /mm	长度 /m	近似质量	
			kg/m	kg/根				kg/m	kg/根
5	0.5	≥4	0.007	0.028	40	3.0	≥4	0.321	1.28
6	0.5		0.008	0.032	50	4.0		0.532	2.13
8	1.0		0.020	0.080	63	5.0		0.838	3.35
10	1.0		0.026	0.104	75	6.0		1.20	4.80
12	1.5		0.046	0.184	90	7.0		1.68	6.72
16	2.0		0.081	0.324	110	8.5		2.49	9.96
20	2.0		0.104	0.416	125	10.0		3.32	13.3
25	2.0		0.133	0.532	140	11.0		4.10	16.4
32	2.5		0.213	0.852	160	12.0		5.12	20.5

注：1. 外径 25mm 以下规格，内径与之相应的软聚乙烯管材规格相符，可以互换使用。
2. 外径 25mm 以下规格产品为建议数据。
3. 每根质量按管长 4m 计，近似质量按密度 0.92t/m^3 计。
4. 包装、卷盘，盘径大于或等于 24 倍管外径。

表 1-30 常用高密度聚乙烯（HDPE）管规格

公称外径	32	40	50	56	63	75	90	110	125	160	200	250	315
壁厚/mm	3	3	3	3	3	3	3.5	4.3	4.9	6.2	6.2	7.8	9.8
内径/mm	26	34	44	50	57	69	83	101.4	115.2	147.6	187.6	234.4	295.4

双壁波纹管是一种用料省、刚性高、弯曲性优良，具有波纹状外壁、光滑内壁的管材，常用于室外工程。双壁管较同规格同强度的普通管可省料 40%，具有高抗冲、高抗压的特性，成为给水管、污水管、地下电缆保护管和农业排灌管替代产品，在许多国家的很多领域中已经取代了钢管、铸铁管、水泥管、石棉管和普通塑料管。常用高密度聚乙烯（HDPE）双壁波纹管如图 1-19 所示，规格见表 1-31。

表 1-31 常用高密度聚乙烯（HDPE）双壁波纹管规格 （单位：mm）

内容 \ 规格	*DN*500	*DN*600	*DN*800	*DN*1000	*DN*1200
平均内径 d	500	600	800	1000	1200
平均外径 d_e	570	685	955	1200	1425
承口深度 L_s	240	250	260	280	310
承口内径 D	575	691	963	1207	1433

5. 交联聚乙烯管（PE-X 管）

该管具有良好的力学和理化性能，被视为新一代绿色管材，它是由高密度聚乙烯、引发剂、交联剂、催化剂等助剂，采用世界上先进的一步法（MONSOIL 法）技术制造的，其交联度可达 60% ~89%。该管质地坚实、有耐热性、抗内压强度高，可在较大温度范围内长期使用，寿命可长达 50 年。该管管材内壁光滑，流动阻力小，流动噪声低，输送流体的流通量比同径金属管材大 1/3；管材的保温性能优良，当用于供热系统时，可不需保温，在使用过程中任何弯曲都可以通过热风枪加以矫正；该管材具有质量轻、搬运方便、安装简便等特点，还具有耐化学品腐蚀性好、不生锈、无毒性、不霉变、不滋生细菌的特点，完全符合GB/T 7219—1998《生活饮用水输配水设备及防护材料的安全性评价标准》规定的指标。

交联聚乙烯管主要应用在建筑内的冷热水、饮用水、食品工业中液体食品输送系统，中央空调系统，低温地板辐射采暖系统，太阳能热水器系统等领域；还可以用在电信、电气用配管，电镀、石化等工业管道系统。交联聚乙烯管的线膨胀系数比金属管材要大得多，安装时要留有足够的伸缩空间。交联聚乙烯管 PE-X 管如图 1-20 所示，规格见表 1-32。

图 1-19　高密度聚乙烯双壁波纹排水管

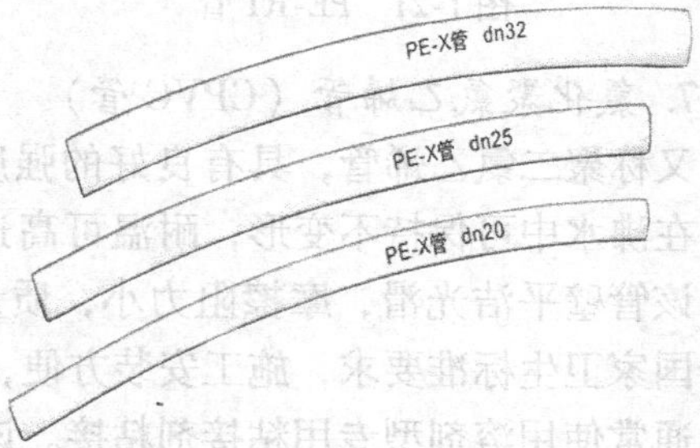

图 1-20　交联聚乙烯管（PE-X 管）

表 1-32　交联聚乙烯管规格

管外径/mm	壁厚/mm	长度		主要技术指标	质量/(kg/m)
		盘管/m	直管/m		
16	2	150~300	5.8~6	交联度(%):65~75	0.0836
20	2	150~200	5.8~6	输水压力/MPa:<4	0.10735
25	2.3	150~200	5.8~6	摩擦系数:0.08~0.1	0.1588
32	3.0		5.8~6	内部压力(95°,24h)/MPa:4.7~6	0.25175
40	3.7		5.8~6	抗压性(95°,1000h)/MPa:<4.4	0.4009
50	4.6		5.8~6	软化温度/℃:≤133	0.6233
63	5.8		5.8~6	使用温度范围/℃:-100~+100	1.0055
75	6.9		5.8~6	抗拉强度100℃/(N/mm²):9~13	1.456

注：最大尺寸可做到公称尺寸×壁厚=110mm×10mm，但需要订购。

6. 耐高温聚乙烯-丁烯阻氧管（PE-RT 管）

近年来，耐高温聚乙烯-丁烯阻氧管（PE-RT 管）发展较快，该管具有良好的加工性能，一次挤压成型，耐高温、耐压，比 PB 管更加经济，还具有可进行热熔修复的性能，已被广泛用在低温热水地板采暖系统中。PE-RT 管外观如图 1-21 所示，管系列 *S* 的选择见表 1-33。

表 1-33　PE-RT 管系列 *S* 的选择

设计压力/MPa	管系列 *S*			
	级别 1	级别 2	级别 3	级别 4
0.4	6.3	5.0	6.3	5.0
0.6	5.0	3.2	5.0	3.2
0.8	3.2	2.5	4.0	2.5
1.0	2.5			

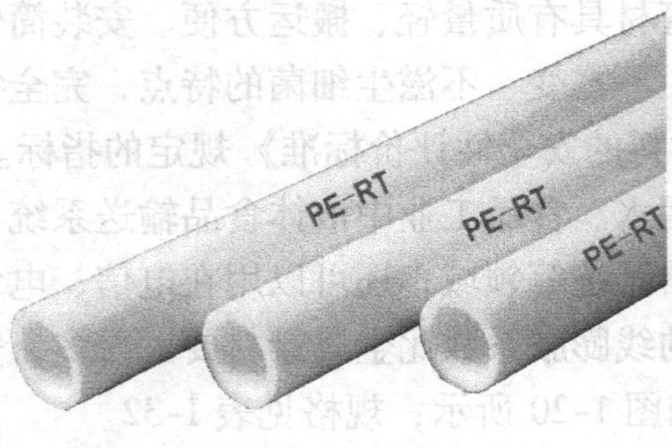

图 1-21 PE-RT 管

图 1-22 氯化聚氯乙烯管

7. 氯化聚氯乙烯管（CPVC 管）

又称聚二氯乙烯管，具有良好的强度和韧性，是一种阻燃性能好、耐热性好的塑料管材，在沸水中可保持不变形，耐温可高达 100～110℃，可在 -40～95℃温度范围内安全使用。该管壁平洁光滑，摩擦阻力小，质量轻，比 PP-R 管、PB 管、PEX 管坚固，卫生性能符合国家卫生标准要求，施工安装方便，使用寿命较长。可采用粘接、螺纹、焊接等连接方式，通常使用溶剂型专用粘接剂粘接。该管道主要应用在建筑冷热水系统、排水系统，埋地给水排水系统、游泳池及温泉管道系统、食品加工处理管道系统、给水及污水处理厂管道系统、工业管道系统和农业灌溉等领域。由于其热传导性能差，输送媒体时可不进行保温。CPVC 管道有普通管、加筋管和双壁波纹管等种类，普通 CPVC 管外观如图 1-22 所示。

8. 聚丁烯管（PB 管）

聚丁烯管由聚丁烯—1 树脂添加适量助剂，经挤出成型的热塑性管材。该管材密度大于或等于 0.920g/cm^3，纵向长度回缩率小于或等于 2%，抗拉屈服强度大于或等于 17MPa (23±1)℃，断裂延伸率大于或等于 280% (23±1)℃，热导率大于或等于 0.33W/(m·K)，线膨胀系数为 0.130mm/(m·K)，壁厚规格为 1.3～2.8mm，经常使用的是壁厚 2.0mm 以上的管材，是较早用于低温热水地板辐射采暖、冷热水输送和化工领域的管材。PB 管结构及应用如图 1-23 所示。

9. 工程塑料管（ABS 管）

ABS 管是丙烯腈—丁二烯—苯乙烯三元共聚物粒料，经注射、挤压成型的热塑性塑料管。该管使用温度范围广，但可燃。密度为 1.03～1.07g/cm^3，具有强度高、耐冲击性好、轻便耐用、抗腐蚀、不易氧化、内壁光滑、水流阻力小的特点，使用温度为 -40～80℃，最大工作压力可达 1.0MPa，但强度和刚度随温度升高而降低，易受有机溶剂侵蚀，紫外线照射会导致管道老化。该管规格一般为公称尺寸 *DN*20～*DN*50，如图 1-24 所示。

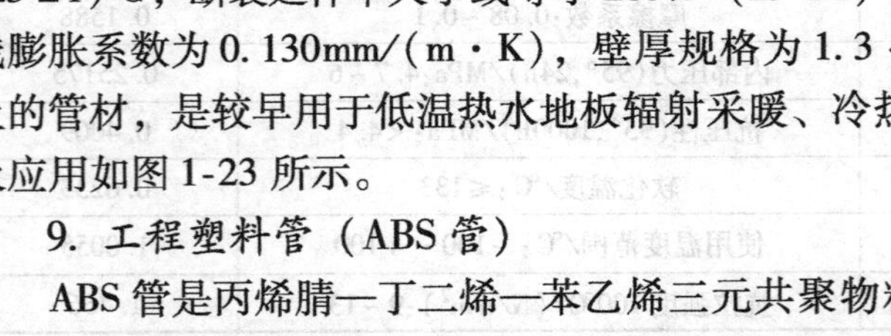

图 1-23 PB 管结构及应用

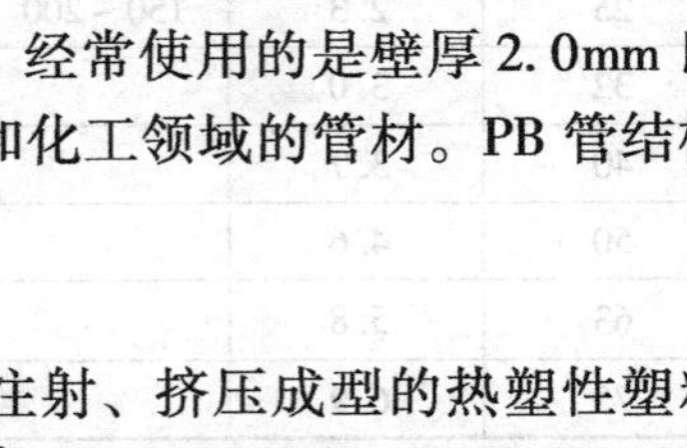

图 1-24 工程塑料管 ABS

二、钢筋混凝土管和混凝土管

由于连接方式、制作工艺的不同，钢筋混凝土管和混凝土管可分为自应力钢筋混凝土输水管、预应力混凝土输水管、混凝土和钢筋混凝土排水管。

1. 承插式自应力钢筋混凝土输水管

利用自应力水泥膨胀力张拉钢筋或钢丝网而产生预应力制成的管材，其管道尺寸规格为100～800mm，工作压力为0.4～1.2MPa，接头采用圆形截面橡胶圈密封的承插式接头。当输送对管体和密封圈有腐蚀作用的液体或埋设土壤有腐蚀性时，采取防护措施后方可敷设使用。自应力钢筋混凝土输水管规格见表1-34。

表1-34 自应力钢筋混凝土输水管规格

公称尺寸 DN	管内径 D/mm	管外径 D_w/mm	管壁厚 δ/mm	长度 L/mm
100	100	150	25	2080
150	150	200	25	3080
200	200	260	30	3080
250	250	320	35	3080
300	300	380	40	4088
350	350	440	45	4088
400	400	490	45	4107
500	500	610	55	4107
600	600	720	60	4107

2. 预应力混凝土输水管

按其制作工艺不同，预应力混凝土输水管有两种，一种是采用振动挤压工艺制作的公称尺寸为400～2000mm、公称压力为0.4MPa、0.6MPa、0.8MPa、1.0MPa、1.2MPa五种规格的承插式双向预应力混凝土输水管。另一种是采用管芯缠丝工艺制作的尺寸规格为400～3000mm、公称压力为0.4～1.2MPa的承插式双向预应力混凝土输水管。其接口均采用承插口连接，每根水泥管长5m。

3. 混凝土和钢筋混凝土排水管

有采用离心、悬辊、立式振动成型的混凝土和钢筋混凝土管，以及立式挤压成型的混凝土管几种。分为带承插口和平口（图1-25）两种。

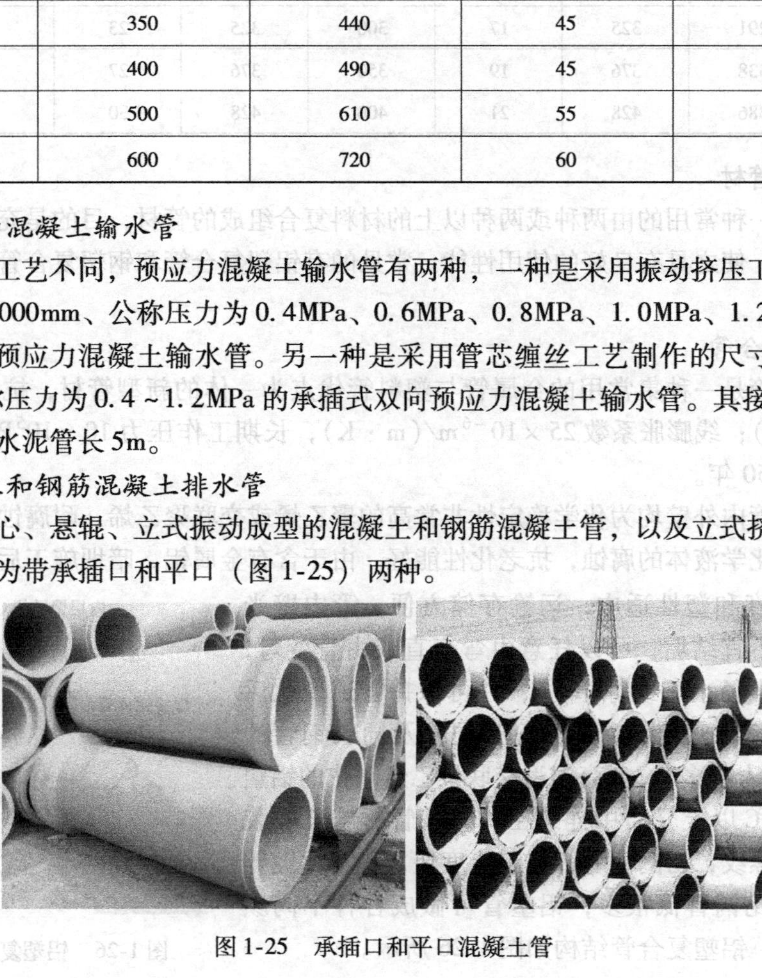

图1-25 承插口和平口混凝土管

三、石棉水泥管

石棉水泥管是以石棉和水泥为基本材料，利用抄取工艺制作的管材，分为给水管道和排水管道。石棉水泥给水管道，主要适用于工农业与城镇供水。按用途可分为石棉水泥输煤气管和石棉水泥输盐卤管。石棉水泥输煤气管适用于敷设在地下和振动较小的地方，输送工作压力为0.1MPa及其以下的湿煤气（或沼气），石棉水泥压力管道用于生产海盐的输海水、盐卤管道。石棉水泥管规格见表1-35。

表1-35 石棉水泥管规格

公称尺寸 *DN*	水4.5/mm			水10/mm			长度/mm
	管内径 D_n/mm	管外径 D_w/mm	管壁厚 δ/mm	管内径 D_n/mm	管外径 D_w/mm	管壁厚 δ/mm	
75	75	93	9	75	95	10	3000
100	100	120	10	100	122	11	3000
125	123	143	10	125	143	12	4000
150	147	169	11	150	169	14	4000
200	195	219	12	200	221	16	4000
250	243	273	15	250	274	19	4000
300	291	325	17	300	325	23	5000
350	338	376	19	350	376	27	5000
400	386	428	21	400	428	30	5000

四、复合管材

复合管是一种常用的由两种或两种以上的材料复合组成的管材，目的是充分利用管道内外材料的优点，使之具有良好的使用性能。常见的有铝塑复合管和钢塑复合管以及钢丝骨网架聚乙烯管等。

1. 铝塑复合管

铝塑复合管是一种集常用的金属管与塑料管优点为一体的新型管材，抗静电，热导率0.45W/(m·K)；线膨胀系数25×10^{-6}m/(m·K)，长期工作压力10×10^5Pa；可靠性好，使用寿命可达50年。

铝塑复合管内外壁均为化学稳定性非常高的聚乙烯或交联聚乙烯，耐腐蚀，防渗透，可以抵御大多数化学液体的腐蚀，抗老化性能好。由于含有金属铝，暗埋施工后容易被探明位置。铝塑管强度和塑性适中，运输存储方便，管内壁光滑，流阻小，不宜结垢，可以任意由弯变直或由直变弯，管道最小弯曲半径小于或等于5*D*，并可保持管道变化后的形状不变，管材密度小，质量只是同径及同长钢管的1/7，但通流能力却多1/3。高温型交联聚乙烯制作的铝塑复合管可在95℃以上介质中连续工作。该管材施工安装简便，不必套螺纹，切割容易，施工速度快，成本比镀锌钢管略高，但比铜管低很多，铝塑管可做成各种不同颜色，便于区分。铝塑复合管结构如图1-26所示。

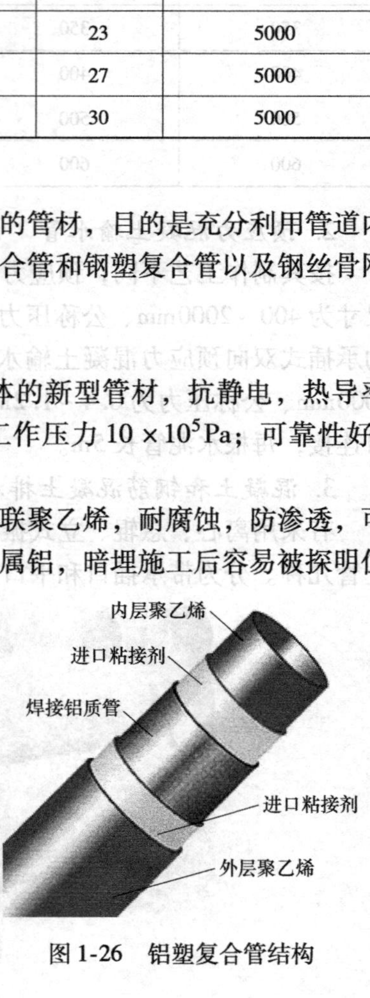

图1-26 铝塑复合管结构

铝塑复合管广泛用于民用建筑的自来水、饮用水和食品工业的酒、饮料的室内输送，也可用在采暖、空调、燃气系统中，还可以用来输送油品，酸、碱、盐溶液，医药界各种气体，以及用在水上运输工具内的各种管路系统中。常用铝塑复合管规格见表1-36。

表1-36 铝塑复合管规格

公称尺寸 *DN*	规格代号	外径/mm	内径/mm	壁厚/mm	质量/(kg/m)
12	1014	14	10	2.0	0.092
15	1016	16	10	2.0	0.121
20	1620	20	16	2.0	0.154
25	2025	25	20	2.3	0.227
32	2632	32	26	2.9	0.394
40	3240	40	32	3.7	0.516
50	4050	50	40	4.8	0.806
12	1014	14	10	2.0	
15	1216	16	12	2.0	
18	1418	18	14	2.0	
20	1620	20	16	2.0	
25	2025	25	20	2.5	
32	2632	32	26	3.0	
12	1014	14 ±0.2	10	2.0	
15	1216	16 ±0.2	12	2.0	
18	1418	18 ±0.2	14	2.0	
20	1620	20 ±0.2	16	2.0	
25	2025	25 ±0.2	20	2.5	
32	2632	$32^{+0.4}_{-0.2}$	26	3.0	
15	1216	16	12	2.0	0.121
18	1418	18	14	2.0	0.145
20	1620	20	16	2.0	0.154
25	2025	25	20	2.3	0.227
32	2632	32	26	2.9	0.394

铝塑复合管的连接均采用专用管件连接，管件材料分为黄铜和不锈钢两种，为保证铝塑管与钢管相连接，管件配备内螺纹和外螺纹等多种规格。

2. 钢塑复合管

钢塑复合管是以热镀锌钢管为基础，以PE、PE-X塑料为内衬的合成产品，是利用紧衬复合工艺将塑料管衬于钢管内的衬塑钢管和将塑料粉末涂料涂于钢管表面经加工制成。也有在薄壁不锈钢管内壁内衬不大于管材外径1/60厚塑料的不锈钢塑料复合管。该管具有塑料管和钢管的优点，内壁光滑、不污染，是替代镀锌钢管的理想产品。目前该类产品暂无国家标准。该类管道可采用沟槽连接、卡套式连接、承插式连接和法兰连接。钢塑复合管如图1-27所示。

3. 钢丝网骨架聚乙烯管

钢丝网骨架聚乙烯复合管也称钢丝网管、钢丝网骨架塑料复合管、钢骨架增强塑料复合管、钢骨架管、钢骨架塑料复合管、PSP管、SRTP管、STSCP管、SPE管。钢丝网骨架聚乙烯复合管采用专用接头热熔连接。

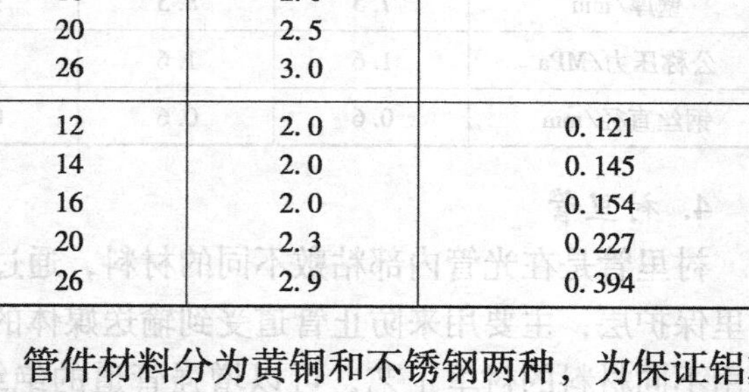

图1-27 钢塑复合管

钢丝网骨架聚乙烯复合管分三层结构，即芯管、钢丝层、外 PE 层。其中芯管和钢丝缠绕层用于承受管材内压，外 PE 层主要是用于焊接连接。芯管和外 PE 层均采用 PE80/PE100 级原料进行热熔挤出成型，钢丝缠绕层采用 HDPE 改性材料与左右正反缠绕钢丝组成，该改性 HDPE 与 HDPE 在加热条件下能熔融为一体。同时，其极性键与钢有极强的粘接性能（200N/25mm，ASTMD903）。由于采用了优质的材质和先进的生产工艺，使之具有更高的耐压性能，同时，该复合管具有优良的柔性，更适用于长距离埋地用供水、输气管道系统。该管材的连接方式同 PE 管，管材的耐压分为 0.8MPa、1.0MPa、1.25MPa、1.6MPa、2.0MPa、2.5MPa 等级别，管结构如图 1-28 所示，规格参见表 1-37。

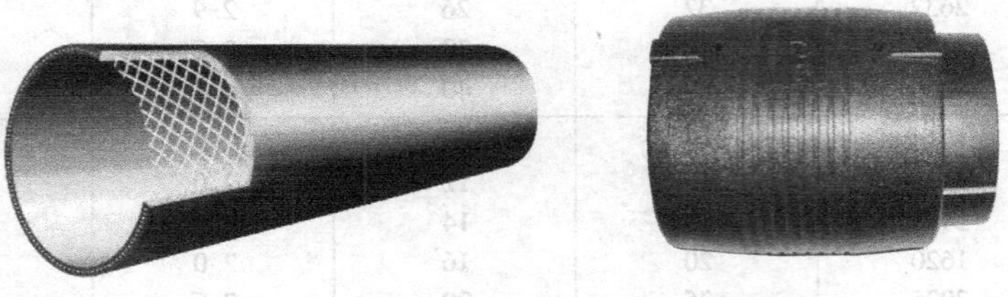

图 1-28　钢丝网骨架聚乙烯复合管结构及连接管件

表 1-37　钢丝网骨架聚乙烯复合管规格

规格(φ)	110	160	200	250	315	400
壁厚/mm	7.5	8.5	9.5	11.5	12.5	14.5
公称压力/MPa	1.6	1.6	1.6	1.6	1.0	1.0
钢丝直径/mm	0.6	0.6	0.6	0.7	0.7	0.7

4. 衬里管

衬里管是在光管内部粘敷不同的材料，通过加工使膜状物质附着在光管的内表面，形成衬里保护层，主要用来防止管道受到输送媒体的腐蚀或者防止原管道材料污染被输送媒体。采用不同材料的衬里工艺，可以增强管道的绝缘能力和减少流动阻力。常见的有橡胶衬里管、衬塑钢管、内衬不锈钢钢管、埋地给水钢管道水泥砂浆衬里管、衬铅管、衬搪瓷管等，如图 1-29 所示。由于衬里管使管道的内径变小，会增大流动阻力，通常在采用衬里工艺时，将选用的管径适当加大。

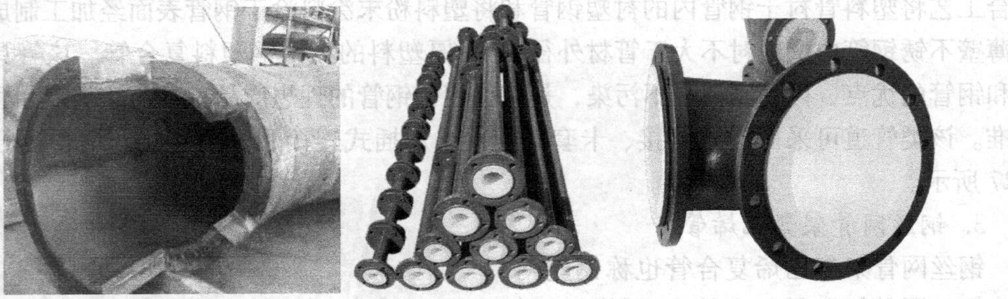

图 1-29　衬塑水泥管和衬塑钢管及管件

五、其他管材

1. 金属软管

金属软管有多种型号，主要有钎焊不锈钢金属软管、球形接头金属软管、榫槽接头金属软管、爪形快速接头金属软管、卫生设备专用金属软管以及风机盘管专用金属软管等。金属软管主要用在压力管道穿越建筑沉降缝、伸缩缝处，或用于连接卫生器具和空调设备的地方，可根据需要选择。金属软管有多种类型，如图 1-30 所示。

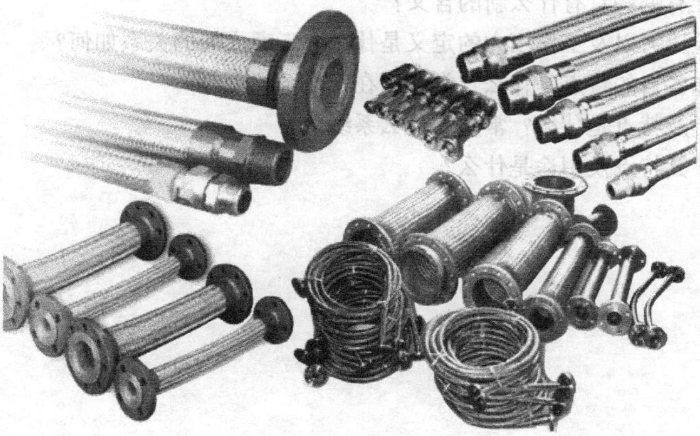

图 1-30　金属软管

2. 非金属软管

（1）橡胶软管　该管是用天然或人造生橡胶与填料（硫黄、炭黑等）的混合物，经加热硫化后制成的挠性管。橡胶管能耐多种酸碱液的腐蚀，但不耐硝酸、有机酸和石油产品的腐蚀。橡胶管的用途极为广泛，种类也较多。按结构不同分为普通全胶管、橡胶夹布压力胶管、橡胶夹布吸引胶管（带有金属螺旋线）、棉线编织胶管、铠装胶管等数种。按用途不同可分为输水胶管，输空气胶管，耐热（输蒸汽）胶管，耐酸、碱胶管，耐油胶管，专用胶管（氧气、乙炔）等，分别用在不同的地方。橡胶软管规格见表 1-38。

表 1-38　橡胶软管规格

项目 ＼ 公称内径/mm		8.0,10,12.5,16,20,25,31.5,40,50,63,80,100,160,200
抗拉强度/MPa	内胶层	≥7.0
	外胶层	≥10.0
伸长率(%)	内胶层	≥200
	外胶层	≥250
工作温度/℃		-40～60

（2）塑料软管　塑料软管多采用织物增强型软管，也有采用聚合物增强热塑性材料排吸软管或折叠式塑料软管，可根据实际需要进行选用。

（3）玻璃钢管　玻璃钢管分为有机玻璃钢管和无机玻璃钢管。环氧玻璃钢和聚酯玻璃钢是以环氧树脂或不饱和聚酯树脂等有机树脂为基体，以玻璃纤维或其制品作增强材料的增强塑料，称为有机玻璃钢。有机玻璃钢有强度高、耐腐蚀、防潮等特点，但不阻燃，在多数场合下已被禁用。化工行业或其他有腐蚀性流体的输送一般多采用机玻璃钢管。

无机玻璃钢又称为玻璃纤维增强氯氧镁水泥无机复合材料，它的主要材料是无机原料菱苦土（主要成分为氧化镁）、卤水（氯化镁水溶液），以及中碱玻纤布，严格来说，无机玻璃钢不是玻璃钢，只是一种叫法。无机玻璃钢的最大优点就是不燃、耐热、成本低、耐老化，可广泛应用于防火板、通风管道等的制作。

思考题

1. 钢管的通用标准有哪些？有什么新的含义？
2. 公称压力、试验压力以及工作压力的定义是什么？三者之间的关系如何？
3. 金属管的种类和各自的特点是什么？常被用在什么系统中？
4. 非金属管的种类及特点是什么？常用在什么系统中？
5. 什么是复合管？其特点及用途是什么？

2

第二章

板材与型钢

板材与型钢是设备安装工程中常用的基础材料，广泛地应用在设备外壳、风道及配件制作、管道支（吊）架、设备固定支座（架）等领域。其用量仅次于管材。本章介绍一些常用的板材与型钢。

第一节　板　　材

在安装工程中，制作风管、设备箱柜、各种维护结构、保护结构等工程，都离不开金属薄板。常用金属薄板有普通钢板（俗称黑铁皮）、镀锌钢板（白铁皮）、不锈钢板、铝板和复合钢板等。

普通（热轧）薄钢板，具有良好的加工性能，结构强度较高，价格便宜，应用最为广泛。常用厚度为0.5～1.5mm的薄板制作风管及部件，用厚度2～4mm的薄板制作空调机柜、水箱、气柜等，制作完成后，表面应涂刷防锈涂料。

镀锌钢板是在普通钢板表面进行镀锌处理后得到的，镀锌层起到保护层作用，可以防锈，常被用在普通空调系统中。

不锈钢板和铝板具有良好的耐腐蚀性，铝板具有良好的传热性能，在摩擦时不易产生火花，还具有良好的延展性能，适宜咬口连接，常被用在洁净空调等防尘要求较高的系统，或输送含腐蚀气体和有爆炸可能的场所的通风系统。

复合钢板是将普通薄钢板表面喷涂一层0.2～0.4mm厚的塑料层，综合利用塑料的耐腐蚀性能和钢板的强度特性，使复合钢板的性能大幅提升，被用在防尘要求较高的通风空调系统以及温度在-10～70℃的有腐蚀性环境的通风空调系统。

制作风管和风管部件用的薄板质量应满足如下要求：

板面平整、光滑，无脱皮现象（普通薄钢板允许表面有紧密的氧化铁薄膜层），不得有裂缝、结疤及锈坑，厚薄均匀一致，边角规则，呈矩形，具有较好的延展性，适宜咬口加工。

金属薄板的规格通常是用短边和长边以及厚度三个尺寸表示，例如1000mm×2000mm×1.2mm。通风工程中常用的薄钢板厚度是0.5～4mm，常用的规格是750mm×1800mm、900mm×1800mm和1000mm×2000mm，具体规格见表2-1。

板厚度一般由设计者给定，如设计图样未注明时，送排风系统可参照表2-2选用，除尘系统参照表2-3选用。薄钢板的理论质量见表2-4。

安装工程还经常用到一些非金属板材和复合板材，如：塑料板、玻璃钢板、木板、石膏板以及铝塑板等，可参见有关资料，这里不作介绍。

表 2-1 热轧钢板尺寸

钢板厚度/mm	钢板宽度/mm											
	500	600	710	750	800	850	900	950	1000	1100	1250	1400
	钢板长度/mm											
0.35,0.4 0.45,0.5 0.55,0.6 0.7,0.75	1000	1200	1000	1000	1500	1700	1500	1500				
	1500	1500	1420	1500	2000	2000	1800	1900	1500			
	2000	1800	2000	1800			2000	2000	2000			
		2000		2000								
0.8,0.9	1000	1200	1420	1500	1500	1500	1500	1500	1500			
				1800	2000	1700	1800	1900	2000			
	1500	1420	2000	2000		2000	2000	2000				
1.0,1.1 1.2,1.25 1.4,1.5 1.6,1.8	1000	1200	1000	1000	1500	1500	1000	1500	1500			
	1500	1420	1420	1500	2000	1700	1500	1900	2000			
	2000	2000	2000	1800		2000	1800	2000				
				2000			2000					

表 2-2 一般送排风风管钢板最小厚度要求

矩形风管最长边或圆形风管直径/mm	钢板厚度/mm		
	输送空气		输送烟气
	风道无加强构件	风道有加强构件	
小于 450	0.5	0.5	1.0
450～1000	0.8	0.6	1.5
1000～1500	1.0	0.8	2.0
大于 1500	根据实际情况		

表 2-3 除尘系统风管用钢板最小厚度

风管直径/mm	钢板厚度/mm					
	一般磨料		中硬度磨料		高硬度磨料	
	直管	异型管	直管	异型管	直管	异型管
200 以下	1.0	1.5	1.5	2.5	2.0	3.0
200～400	1.25	1.5	1.5	2.5	2.0	3.0
400～600	1.25	1.5	2.0	3.0	2.5	3.5
600 以上	1.5	2.0	2.0	3.0	3.3	4.0

表 2-4 薄钢板理论质量

钢板厚度/mm	理论质量/(kg/m²)	钢板厚度/mm	理论质量/(kg/m²)	钢板厚度/mm	理论质量/(kg/m²)
0.10	0.785	0.75	5.888	2.0	15.70
0.20	1.57	0.80	6.28	2.5	19.63
0.30	2.355	0.90	7.065	3.0	23.55
0.35	2.748	1.00	7.85	3.5	27.48
0.40	3.14	1.10	8.635	4.0	31.4
0.45	3.533	1.20	9.42	4.5	35.33
0.50	3.925	1.25	9.813	5.0	39.25
0.55	4.318	1.40	10.99	5.5	43.18
0.60	4.71	1.50	11.78	6.0	47.10
0.70	5.495	1.80	14.13	7.0	54.95

第二节 型 钢

在供暖通风与空调工程中，型钢主要用于设备框架、风管法兰盘、加固圈以及管路的支、吊、托架等。常用型钢种类有圆钢、扁钢、角钢、槽钢和工字钢等，如图 2-1 所示。

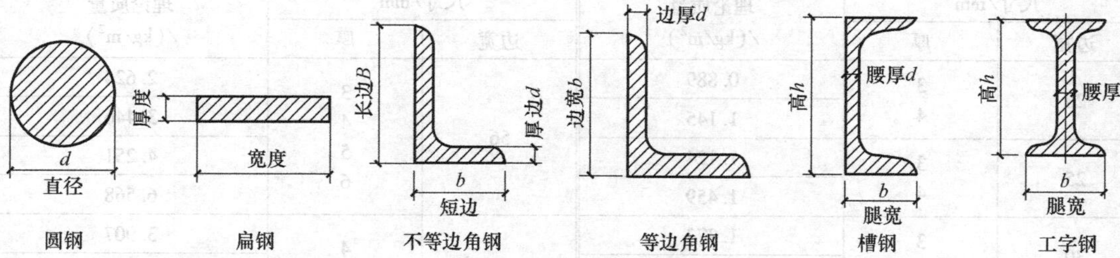

图 2-1 常用型钢

圆钢俗称钢筋，常用来制作各种吊杆，有时也用来制作吊钩和卡环，通常以 ϕ 表示直径。圆钢的规格和理论质量见表 2-5。

表 2-5 圆钢规格和理论质量

直径/mm	允许偏差/mm	理论质量/(kg/m)	直径/mm	允许偏差/mm	理论质量/(kg/m)
5	±0.4	0.154	20	±0.4	2.47
6		0.222	22	±0.5	2.98
8		0.395	25		3.85
10		0.617	28		4.83
12		0.888	32		6.31
14		1.21	36	±0.6	7.99
16		1.58	38		8.90
18		2.00	40		9.87

注：轧制的圆钢有盘条和直条两种，一般 $\phi5 \sim \phi12$mm 为盘条；圆钢直条长度：$\phi \leqslant 25$mm，长 4 ~ 10m，$\phi \geqslant 26$mm，长 3 ~ 9m。

扁钢常被用来制作吊环、卡环、加固圈和管道支座等，规格以宽度 × 厚度表示，如 20mm × 4mm 扁钢。扁钢的规格和理论质量见表 2-6。

表 2-6 扁钢规格和理论质量

宽度/mm 厚度/mm	理论质量/(kg/m)																
	10	12	14	16	18	20	22	25	28	30	32	36	40	45	50	56	60
3	0.24	0.28	0.33	0.38	0.42	0.47	0.52	0.59	0.66	0.71	0.75	0.85	0.94	1.06	1.18	1.32	1.41
4	0.31	0.38	0.44	0.50	0.57	0.63	0.69	0.79	0.88	0.94	1.01	1.13	1.26	1.41	1.57	1.76	1.88
5	0.39	0.47	0.55	0.63	0.71	0.79	0.86	0.98	1.10	1.18	1.25	1.41	1.57	1.73	1.96	2.20	2.36
6	0.47	0.57	0.66	0.75	0.85	0.94	1.04	1.18	1.32	1.41	1.50	1.69	1.88	2.12	2.36	2.64	2.83
7	0.55	0.66	0.77	0.88	0.99	1.10	1.21	1.37	1.54	1.65	1.76	1.97	2.20	2.47	2.95	3.08	3.30
8	0.63	0.75	0.88	1.00	1.13	1.26	1.38	1.57	1.76	1.88	2.01	2.26	2.51	2.83	3.14	3.52	3.77
9				1.15	1.27	1.41	1.55	1.77	1.98	2.12	2.26	2.51	2.83	3.18	3.53	3.95	4.24
10				1.26	1.41	1.57	1.73	1.96	2.20	2.36	2.54	2.82	3.14	3.53	3.93	4.39	4.71

注：通常长度为 3 ~ 9m。

角钢用于制作法兰、支架、箱体结构架以及风道加固等。角钢分为等边角钢和非等边角钢，风管法兰及管路支架多采用等边角钢，它的规格是以边宽×厚度表示，如 50mm×40mm×4mm 表示不等边角钢，40mm×4mm 表示等边角钢。安装工程多采用等边角钢，等边角钢规格和理论质量见表 2-7。

表 2-7　等边角钢规格和理论质量

尺寸/mm		理论质量/(kg/m²)	尺寸/mm		理论质量/(kg/m²)
边宽	厚		边宽	厚	
20	3	0.889	56	3	2.624
	4	1.145		4	3.446
25	3	1.124		5	4.251
	4	1.459		6	6.568
30	3	1.373	63	4	3.907
	4	1.786		5	4.822
36	3	1.656		6	5.721
	4	2.163		8	7.469
	5	2.654	70	4	4.372
40	3	1.852		5	5.397
	4	2.422		6	6.406
	5	2.976		7	7.398
45	3	2.088		8	8.373
	4	2.736	75	5	5.818
	5	3.369		6	6.905
	6	3.985		7	7.976
50	3	2.332		8	9.030
	4	3.059		10	11.809
	5	3.770	80	5	6.211
	6	4.465		8	9.658

注：通常边宽 20～40mm，长 3～9m；边宽 45～80mm，长 4～12m。

槽钢主要用于箱体、柜体的结构以及风机等设备的机座、管道支架、支座等，槽钢以高度规格的 1/10 表示其型号。槽钢的规格和理论质量见表 2-8。

表 2-8　槽钢规格和理论质量

型　号	尺寸/mm			理论质量/(kg/m)	备注
	h	*b*	*d*		
5	50	37	4.5	5.44	
6.3	63	40	4.8	6.63	
8	80	43	5	8.04	
10	100	48	5.3	10.00	
12.6	126	53	5.5	12.37	
14a	140	58	6	14.53	
14b	140	60	8	16.73	
16a	160	63	6.5	17.23	

（续）

型 号	尺寸/mm			理论质量/(kg/m)	备注
	h	*b*	*d*		
16b	160	65	8.5	19.74	
18a	180	68	7	20.17	
18b	180	70	9	22.99	
20a	200	73	7	22.63	
20b	200	75	9	25.77	

工字钢常用于管道支座、支架以及大型结构材料，规格用其高度的1/10表示，其规格及理论质量见表2-9。

表2-9 常用工字钢规格及理论质量

型号		10	12b	14	16	18	20a	20b	22a	22b	25a
尺寸/mm	高 *h*	100	120	140	160	180	200	200	220	220	250
	宽 *b*	68	74	80	88	94	100	102	110	112	116
	厚 *d*	4.5	5.0	5.5	6.0	6.5	7.0	9.0	7.5	9.5	8.0
理论质量/(kg/m)		11.2	14.2	16.9	20.5	24.1	27.9	31.1	33.0	36.1	38.1

思 考 题

1. 简述一般空调风管、送风、排风、排烟、除尘风管使用的材料和板材厚度要求。
2. 简述型钢的种类、规格及用途。

3

第三章

阀门与仪表

阀门与仪表是设备安装工程中主要的部件，担负着系统启闭、平衡调节、数据监控等多重任务，是设备工程中不可缺少的部件。

第一节　常用阀门的种类及安装

阀门是一种通过改变其流通面积的大小来控制流体的流量、压力和流向的机械装置，它有多种分类方法，可分成多种类型。阀门通常由阀体、阀瓣、阀盖、阀杆和手轮组成。

一、阀门的分类及表示方法

1. 阀门分类

阀门的种类很多，应用范围很广，可根据不同的方法进行分类，分类情况见表3-1。

表3-1　阀门分类

<table>
<tr><th>阀门分类方法</th><th colspan="3">分 类 名 称</th></tr>
<tr><td>按阀门用途与作用</td><td colspan="3">闸阀、截止阀、旋塞阀、球阀、蝶阀、节流阀、止回阀、安全阀、减压阀、疏水阀</td></tr>
<tr><td>按结构特征</td><td colspan="3">截门形、闸门形、旋塞和球形、旋启形、蝶形</td></tr>
<tr><td rowspan="3">按阀门动作</td><td colspan="2">自动阀门</td><td>浮球阀、止回阀、安全阀、疏水阀、减压阀、自动排气阀、温控阀</td></tr>
<tr><td rowspan="2">驱动阀门</td><td>手动</td><td>闸阀、截止阀、球阀</td></tr>
<tr><td>驱动</td><td>电动阀、电磁阀、气动阀、液力阀</td></tr>
<tr><td>按阀体材料</td><td colspan="3">铸钢阀、铸铁阀、铜阀、不锈钢阀、非金属材料阀、金属阀体衬里阀</td></tr>
<tr><td>按连接方式</td><td colspan="3">法兰连接、螺纹连接、焊接连接、夹箍连接、卡套连接</td></tr>
<tr><td>公称压力</td><td colspan="3">低压阀、中压阀、高压阀、超高压阀</td></tr>
<tr><td>介质温度</td><td colspan="3">低温阀、常温阀、中温阀、高温阀</td></tr>
</table>

2. 阀门的表示方法

按照JB/T 308—2004《阀门　型号编制方法》规定，阀门型号由7部分组成，各部分表示的意义见表3-2。

阀门结构形式代号见表3-3。

例如，阀门型号H44T—10表示该阀门为旋启式止回阀，法兰连接，密封圈为铜材，公称压力为1MPa，阀体由灰口铸铁制造，$PN<1.6$MPa（对于$PN<1.6$MPa的灰口铸铁阀体和$PN>2.5$MPa的碳素钢阀体可省略本单元）。阀门型号Q21F—4P表示浮动直通式外螺纹连接的手动球阀，阀座密封面材料为氟塑料，公称压力为4MPa，阀体材料为1Cr18Ni9Ti。

表 3-2 阀门型号组成

1	2	3	4	5	6	7
汉语拼音字母表示阀门类型	一位数字表示驱动方式	一位数字表示连接形式	一位数字表示结构形式	汉语拼音字母表示密封面或衬里材料	数字表示公称压力或工作温度下压力	字母表示阀体材料
Z 闸阀 J 截止阀 X 旋塞阀 D 蝶阀 Q 球阀 H 止回阀 A 安全阀 Y 减压阀 S 疏水器 L 节流阀 G 隔膜阀 T 调节阀	0 电磁动 4 正齿轮 3 蜗轮 5 伞齿轮 6 气动 7 液动 8 气—液动 9 电动 注 1	1 内螺纹 2 外螺纹 3 法兰(用于双弹簧安全阀) 4 法兰 5 法兰(用于杠杆式安全阀) 6 焊接 7 对夹式 8 卡箍 9 卡套		T 铜合金 X 橡胶 N 尼龙塑料 F 氟塑料 B 锡基轴承合多 H 合金钢 P 渗硼钢 Y 硬质合金 J 衬胶 Q 衬铅 C 搪瓷 注 2	注 4	Z HT25—47 K KT30—6 Q QT40—15 T H62 C ZG25 Ⅱ I Cr5Mo P 1Cr18Ni—9Ti R Cr18Ni12—Mo2Ti V 12CrMoV 注 3

注 1：手动和自动阀门省略本部分。注 2：密封面如由阀体上直接加工时代号为 W。注 3：当 $PN \leqslant 1.6$MPa 由灰口铸铁制造和 $PN \geqslant 2.5$MPa 由碳钢制造时，则省略本部分。注 4：压力数值为以 MPa 为单位的公称压力值的 10 倍。

表 3-3 阀门结构形式代号

类别 \ 代号	1	2	3	4	5	6	7	8	9	0
闸阀	明杆楔式单闸板	明杆锲式双闸板	明杆平行式单闸板	明杆平行式单闸板	暗杆楔式单闸板	暗杆楔式双闸板	暗杆平形式单闸板	暗杆平形式双闸板		明杆楔式弹性闸板
截止阀、节流阀	非平衡式直流流道	非平衡式Z形流道	非平衡式三通流道	非平衡式角式流道	非平衡式直流流道	平衡式直通流道	平衡式角式流道			
蝶阀	密封型中心垂直板	密封型双偏心	密封型三偏心	密封型连杆机构	非密封型单偏心	非密封型中心垂直板	非密封型双偏心	非密封型三偏心	非密封型连杆机构	密封型单偏心
球阀	浮动球直通流道	浮动球Y形三通流道		浮动球L形三通流道	浮动球T形三通流道	固定球四通流道	固定球直通流道	固定球T形三通流道	固定球L形三通流道	固定球半球直通
隔膜阀	屋脊流道				直流流道	直流流道		Y形角式流道		
旋塞阀			填料密封直通流道	填料密封T形三通流道	填料密封四通流道		油密封直通流道	油密封T形三通流道		
止回阀	升降式阀瓣直通流道	升降式阀瓣立式结构	升降式阀瓣角式流道	旋启式阀瓣单瓣结构	旋启式阀瓣多瓣结构	旋启式阀瓣双瓣结构	蝶形止回式			
安全阀	弹簧载荷弹簧封闭结构微启式	弹簧载荷弹簧封闭结构全启式	弹簧载荷弹簧不封闭且带扳手结构微启式、双联阀	弹簧载荷弹簧封闭且带扳手全启式		带控制机构全启式	弹簧载荷弹簧不封闭且带扳手结构微启式	弹簧载荷弹簧不封闭且带扳手结构全启式	脉冲式	弹簧载荷弹簧封闭结构带散热片全启式

（续）

类别＼代号	1	2	3	4	5	6	7	8	9	0
减压阀	薄膜式	弹簧薄膜式	活塞式	波纹管式	杠杆式					
蒸汽疏水阀	浮球式		浮桶式	液体或固体膨胀式	钟形浮子式	蒸汽压力式或膜盒式	双金属片式	脉动式	圆盘热动力式	
排污阀	液面连接排放截止型直通式	液面连接排放截止型角式			液底间断排放截止型直流式	液底间断排放截止型直通式	液底间断排放截止型角式	液底间断排放浮动闸板型直通式		

二、阀门的规格和标志

阀门规格以阀门的型号和阀门的公称尺寸表示，如Z45T—1*DN*100、J45—1.6*DN*15等。

阀门的标志和识别涂漆是为了便于从外部判断、区别阀门，以利于阀门的保管、验收和正确安装，避免发生差错。在阀体正面中心标示出公称压力或工作压力及公称尺寸和介质流动方向的箭头，箭头下方为阀门的公称尺寸。闸阀、球阀、旋塞阀可不标箭头。球阀、旋塞阀、蝶阀的阀杆或塞子的方头端面应有指示线，以示通道位置。阀体的识别色涂在阀体和阀盖上；密封材料的识别色涂在手轮、手柄上；衬里的识别色涂在法兰的外圆表面上。

三、常用阀门

安装工程中经常使用的阀门有闸阀、截止阀、蝶阀、球阀、单向阀（止回阀）、减压阀、平衡阀和安全阀等。在许多场合，阀门还以阀门组的形式出现。

1. 闸阀

闸阀由阀体、阀盖、阀杆、密封填料和驱动装置组成，它是利用升降闸板来控制闸门的开启。由于流体通过闸阀时流向不变，所以闸阀的阻力损失较小，安装无方向要求，但该阀的调节性能不好，不宜用作调节压力和流量使用。闸板和密封面易被冲刷或摩擦损坏，密封性较差。闸阀适用于给水、空调采暖、煤气系统中起关断作用的地方。闸阀分为明杆式和暗杆式，其构造如图3-1和图3-2所示。

2. 截止阀

截止阀是最常用的阀门之一，具有结构简单、制作维修方便、密封性好、可调节流量等优点，但也具有介质流动阻力大、安装有方向要求等特点。截止阀有直流式、标准式和角式，主要用于各种参数的蒸汽系统、水系统、压缩空气系统以及氨、氮、油品和有腐蚀性介质的管道上，需要进行小范围内调节的系统上更为适用。截止阀的构造和类型如图3-3所示。

3. 球阀

球阀由阀体和中间开孔的球形阀芯组成，它是利用阀芯旋转来实现阀门的启闭，其构造如图3-4和图3-5所示。球阀按连接方式可分为内螺纹球阀、法兰球阀和对夹式球阀。球阀具有操作方便、启闭迅速、维修方便等特点。带扳手的球阀，阀杆顶端上刻有沟槽，顺时针方向转动扳手，沟槽与管路平行时为开启；逆时针方向转动扳手90°，沟槽与管路垂直时关闭。带有传动装置的球阀，应按产品说明使用。由于密封结构及材料的限制，目前生产的球阀不宜在高温介质中使用（介质最高温度在200℃以内），且只能全开或全关，不宜作节流阀使用。球阀常被用在水系统、蒸汽系统、各种气体介质、油类介质和酸类介质的系统中。

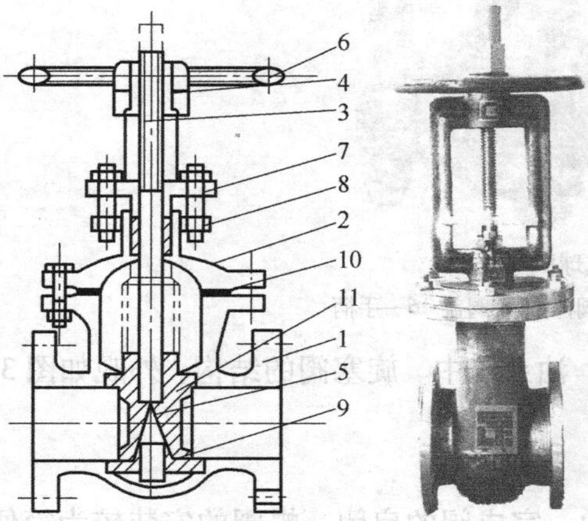

图3-1 明杆平行式双闸板闸阀

1—阀体 2—阀盖 3—阀杆 4—阀杆螺母 5—闸板 6—手轮 7—填料压盖 8—填料 9—顶楔 10—垫片 11—密封圈

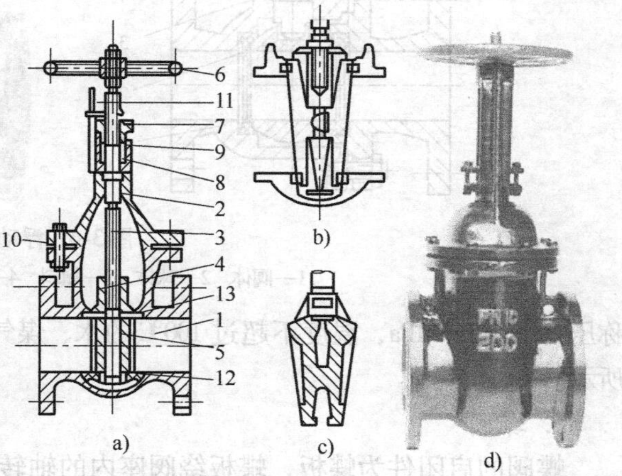

图3-2 暗杆楔形闸板闸阀

a）楔形单闸板 b）楔形双闸板 c）楔形弹性闸板 d）外观图

1—阀体 2—阀盖 3—阀杆 4—阀杆螺母 5—闸板 6—手轮 7—压盖 8—填料 9—填料箱 10—垫片 11—指示器 12、13—密封圈

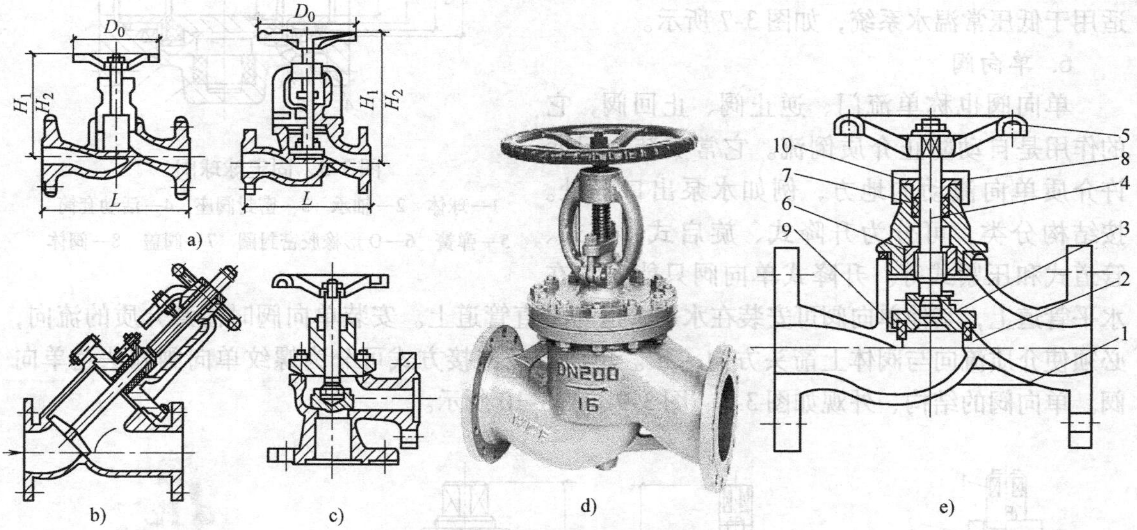

图3-3 截止阀构造和类型

a）流线型阀体的截止阀 b）直流型 c）角式截止阀 d）外观图 e）结构图

1—阀体 2—阀座 3—阀瓣 4—阀杆 5—手轮 6—阀盖 7—填料 8 压盖 9—密封圈 10—填料压环

4. 旋塞阀

旋塞阀是关闭件呈柱塞形的旋转阀，通过旋转90°使阀塞上的通道口与阀体上的通道口相通或分开，实现开启或关闭的一种阀门。它具有构造简单、流体阻力小、无介质流向要求、启闭迅速、操作方便等优点；缺点是密封面维修困难，密封好时又启闭费力。旋塞阀常用于小管径，公

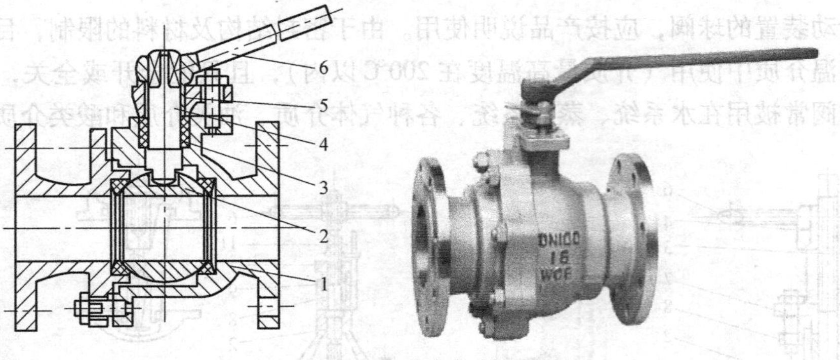

图 3-4 浮动式球阀

1—阀体 2—球体 3—填料 4—阀杆 5—阀盖 6—手柄

称压力小于 1.6MPa，温度不超过 100℃ 的水、煤气、油系统中。旋塞阀的结构、外观如图 3-6 所示。

5. 蝶阀

蝶阀的启闭件为蝶板，蝶板绕阀座内的轴转动，完成阀的启闭。蝶阀的安装较为简便，其体积小，比同管径的其他阀门占用空间少 2/3 左右。蝶阀按驱动方式可分为手动、蜗轮传动、气动和电动。手动蝶阀可以安装在管道的任何位置上。带传动机构的蝶阀，应直立安装，使传动机构处于垂直位置。蝶阀的密封性较差，适用于低压常温水系统，如图 3-7 所示。

6. 单向阀

单向阀也称单流门、逆止阀、止回阀，它的作用是自动防止介质倒流。它常安装在只允许介质单向流动的地方，例如水泵出口等处。按结构分类，可分为升降式、旋启式、蝶式、管道式和压紧式等。升降式单向阀只能安装在水平管道上，其他单向阀可安装在水平管道与垂直管道上。安装单向阀时注意介质的流向，必须使介质流向与阀体上箭头方向一致。单向阀按连接方式可分为螺纹单向阀和法兰单向阀。单向阀的结构、外观如图 3-8、图 3-9、图 3-10 所示。

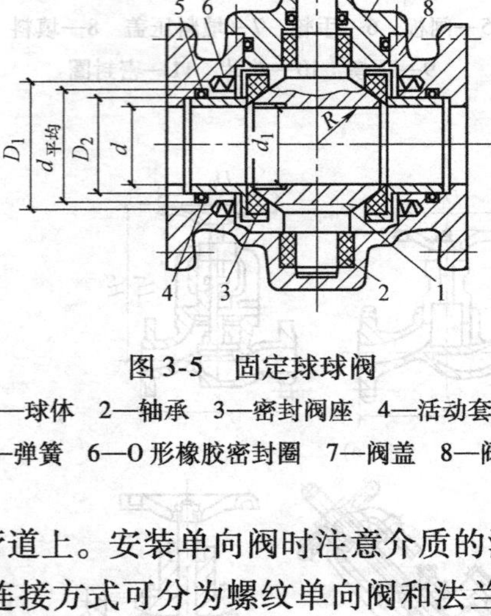

图 3-5 固定球球阀

1—球体 2—轴承 3—密封阀座 4—活动套筒 5—弹簧 6—O 形橡胶密封圈 7—阀盖 8—阀体

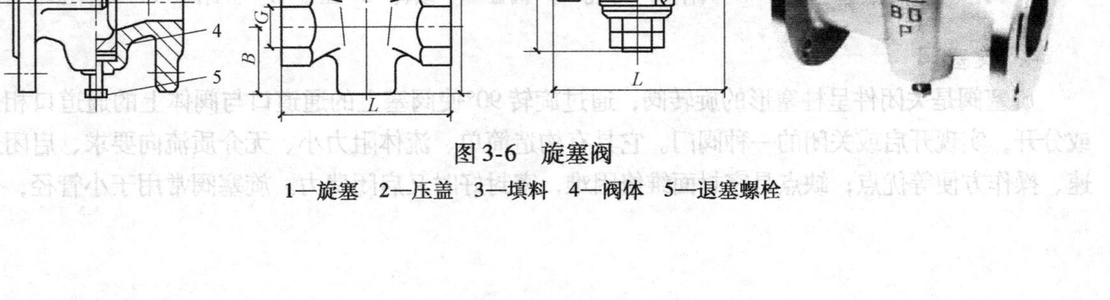

图 3-6 旋塞阀

1—旋塞 2—压盖 3—填料 4—阀体 5—退塞螺栓

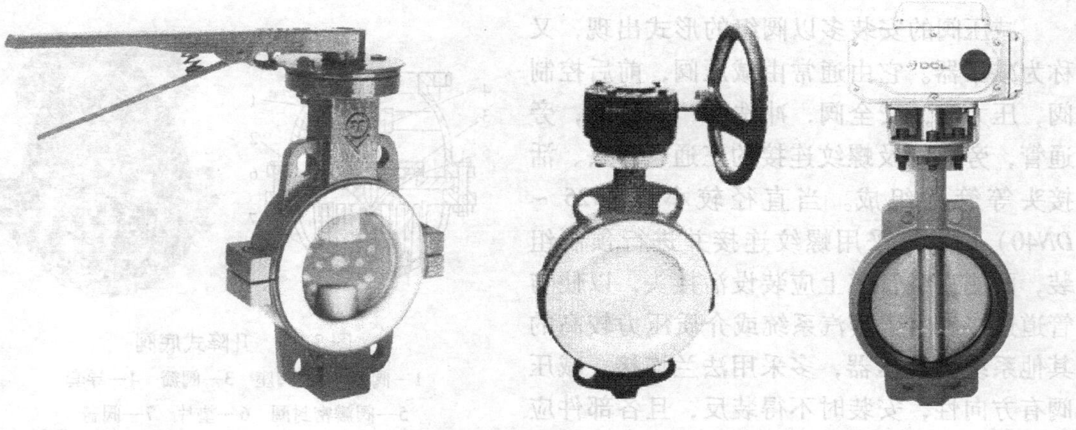

图 3-7 蝶阀

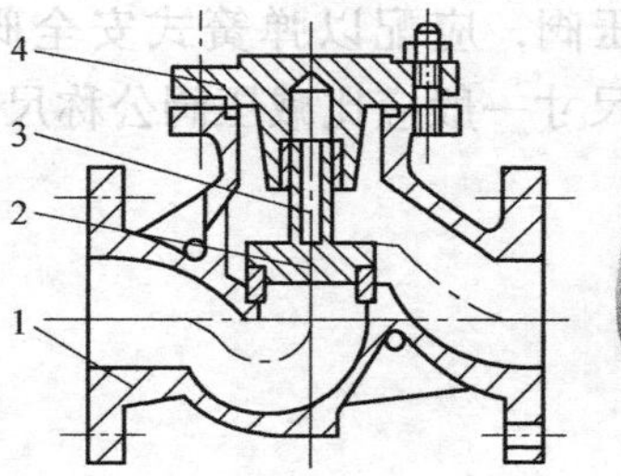

图 3-8 升降式单向阀

1—阀体 2—阀瓣 3—导向套 4—阀盖

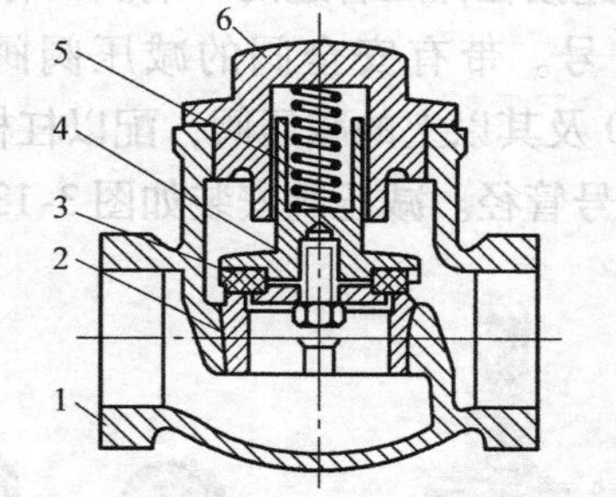

图 3-9 带有弹簧阻尼装置的升降式单向阀

1—阀体 2—阀座 3—密封圈

4—阀瓣 5—弹簧 6—阀盖

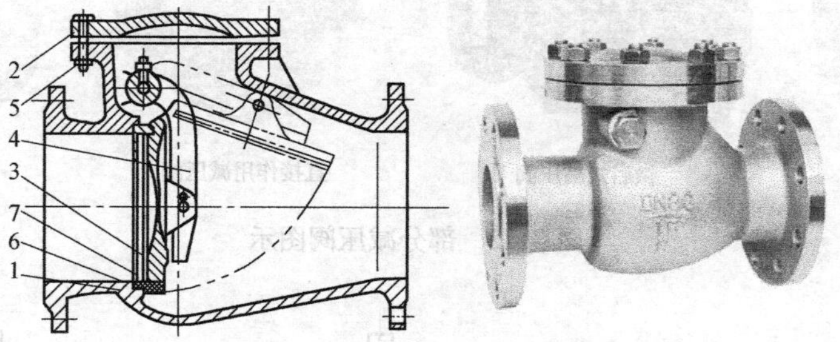

图 3-10 旋启式单向阀

1—阀体 2—阀盖 3—阀瓣 4—摇杆 5—垫片 6—阀体密封圈 7—阀瓣密封圈

7. 底阀

底阀是一种专用的单向阀，有升降式和旋启式。底阀用于不能自吸或没有真空泵抽气引水的水泵吸入管始端，它的作用是保证水泵起动时管中有水可抽，防止水中杂物进入泵内。升降式底阀的结构、外观如图 3-11 所示。

8. 减压阀

减压阀是靠阀孔的启闭对通过介质进行节流达到减压的。它能使阀后压力维持在要求的范围内，工作时无振动，完全关阀后不漏汽，是工程中常用的减压设备，如图 3-12 所示。

减压阀的安装多以阀组的形式出现，又称为减压器。它由通常由减压阀，前后控制阀，压力表，安全阀，冲洗管，冲洗阀，旁通管，旁通阀及螺纹连接的三通、弯头、活接头等管件组成。当直径较小（*DN*25 ~ *DN*40）时，可采用螺纹连接并进行预制组装，两侧直线管道上应装设活接头，以便与管道连接。用于蒸汽系统或介质压力较高的其他系统的减压器，多采用法兰连接。减压阀有方向性，安装时不得装反，且各部件应在同一中心线上。带均压管的减压器，均压管应连接在低压管道的一端。带有旁通管的减压阀组，旁通管管径一般比减压阀公称尺寸小 1 ~2 号。带有安全阀的减压阀阀组，*DN*50 及其以下的减压阀，应配以弹簧式安全阀，*DN*70 及其以上的减压阀，配以杠杆式安全阀，安全阀的公称尺寸一般应比减压阀公称尺寸小 2 号管径。减压阀安装如图 3-13、图 3-14 所示。

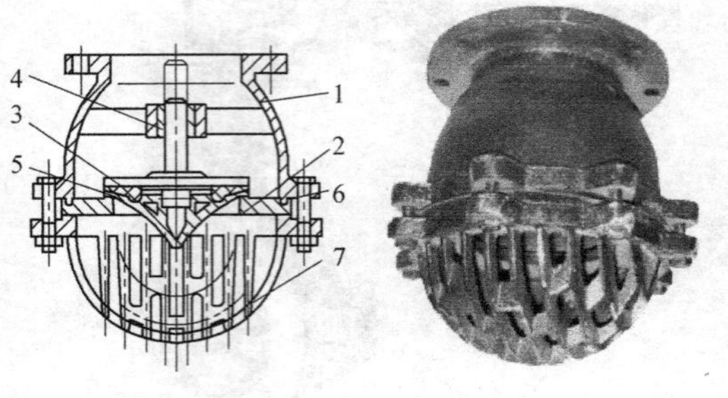

图 3-11　升降式底阀

1—阀体　2—阀座　3—阀瓣　4—导套

5—阀瓣密封圈　6—垫片　7—阀盖

弹簧薄膜减压阀　　微启式减压阀　　直接作用减压阀　　比例减压阀

图 3-12　部分减压阀图示

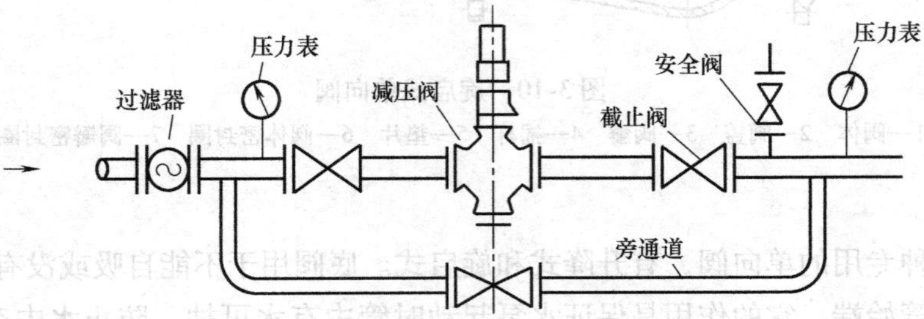

图 3-13　带旁通减压阀安装图

9. 疏水阀

疏水阀的作用是疏水阻气。在蒸汽供暖系统中，设置疏水阀可以自动而迅速有效地排除

a)

b)

图 3-14 双减压阀组并联安装
a）活塞式减压阀组水平并联安装 b）比例减压阀组垂直并联安装

用气设备和管道中的凝结水，阻止蒸汽漏失和排除空气等非凝性气体，对保证系统的正常运行，防止凝结水对设备的腐蚀，防止汽水混合物在系统中的水击、振动，防止结冻胀裂管道都有着重要的作用。

机械型疏水阀有正向浮筒式、倒吊筒式、钟形浮子式、浮球式，均为利用蒸汽和凝结水的密度差，使凝结水的液位控制浮筒（浮球）的机械性上下动作来启闭阀孔，以控制疏水阻气。此类疏水器排水性能好，疏水量大，筒内不易沉渣，较易于排除空气。

热动力型疏水阀有盘型（热动力式）和锐孔型（脉冲式）两种，是利用蒸汽和凝结水相变的热工特性控制阀孔的启闭，实现疏水阻气。此类疏水阀体积小、质量轻、结构简单、安装维修方便、可排除空气，且具有单向阀作用。当凝结水量小或阀前后压差过小时，会有连续漏气现象，且过滤器易堵塞，需定期清理维护。

恒温型疏水阀主要有双金属片式、波纹管式、液体膨胀式，均为利用蒸汽和凝结水的温度差引起恒温元件的膨胀变形工作的。此类疏水器阻汽排水性能良好，使用寿命长，适用于低压蒸汽系统。疏水阀结构及外形如图 3-15 所示。

疏水阀常和阀前后的控制阀、旁通装置、冲洗和检查装置等组成阀组，称为疏水器，其安装形式如图 3-16 所示，图中六种不同的类型，可依工程实际需要灵活选用，安装时应明确各阀组组成部分的作用，处理好各自的位置及相互的连接关系。

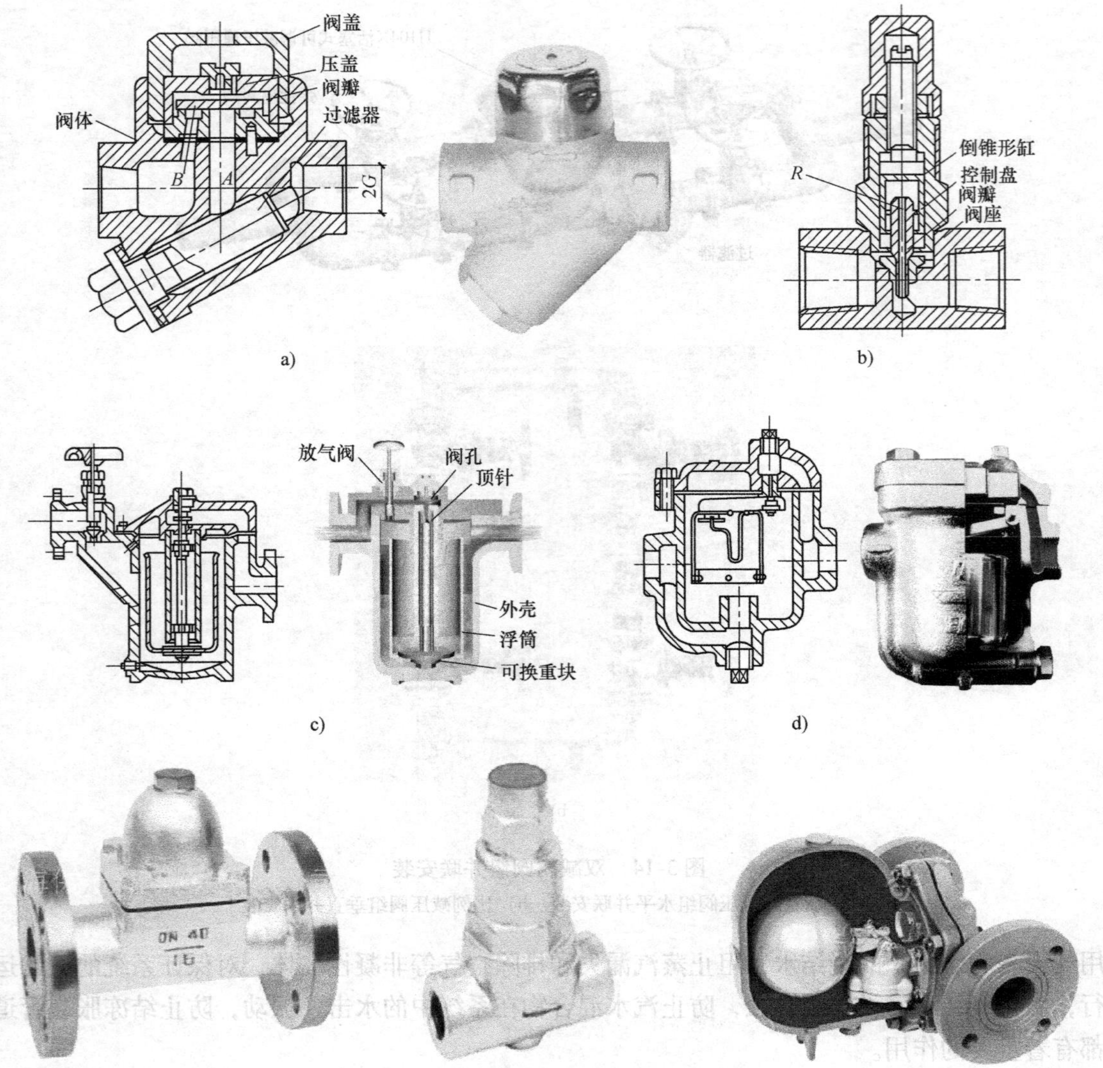

图 3-15 各种疏水阀

a）热动力式疏水阀 b）脉冲式疏水阀 c）浮筒式疏水阀 d）钟形浮子式疏水阀 e）可调双金属片式疏水阀 f）杠杆浮球式疏水阀 g）高温高压圆盘式蒸汽疏水阀 h）液体膨胀式疏水阀 i）立式自由浮球疏水阀

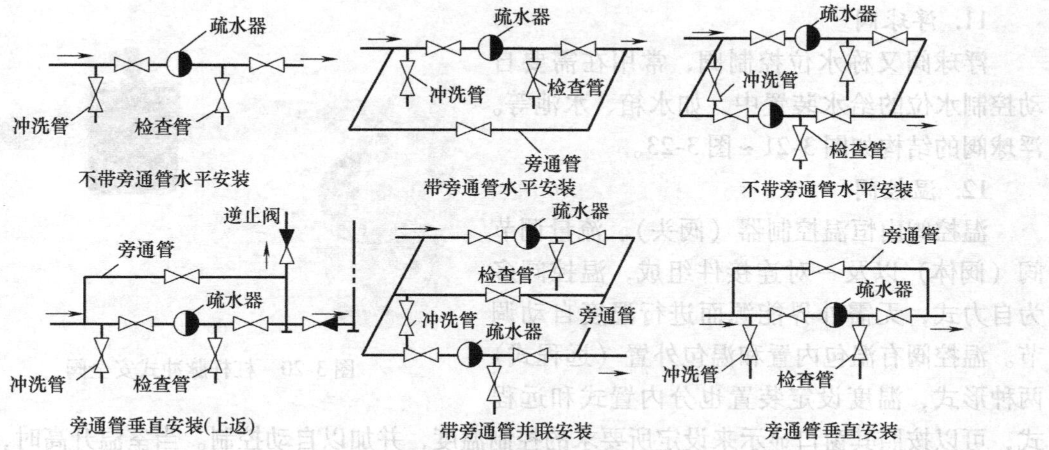

图 3-16 疏水阀的安装形式

10. 安全阀

锅炉、压力容器和管道上常用安全阀控制工作压力，避免发生超压事故。安全阀主要由阀座、阀瓣和加压装置等组成。安全阀按其结构分为弹簧式、杠杆重锤式和脉冲式三种，如图 3-17～图 3-20 所示。弹簧式安全阀具有结构简单，占地少，弹簧在高温下易蠕变的特点，适用于压力和温度较低的系统（$p \leqslant 600\text{kPa}$）。弹簧式安全阀有单弹簧、双弹簧两种形式。杠杆式安全阀常用于锅炉等压力和温度较高的系统或设备上，按瞬间排泄量的大小可分为微启式、全启式和速启式。安全阀安装详见锅炉安装部分。

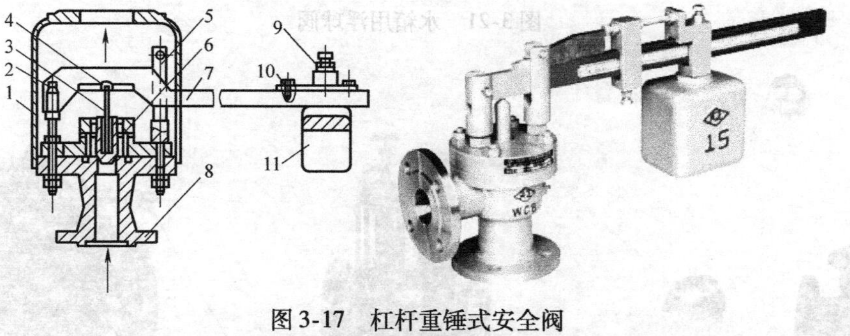

图 3-17 杠杆重锤式安全阀

1—阀罩 2—支点 3—阀杆 4—力点 5—导架 6—阀芯 7—杠杆 8—阀座 9—固定螺钉 10—调整螺钉 11—重锤

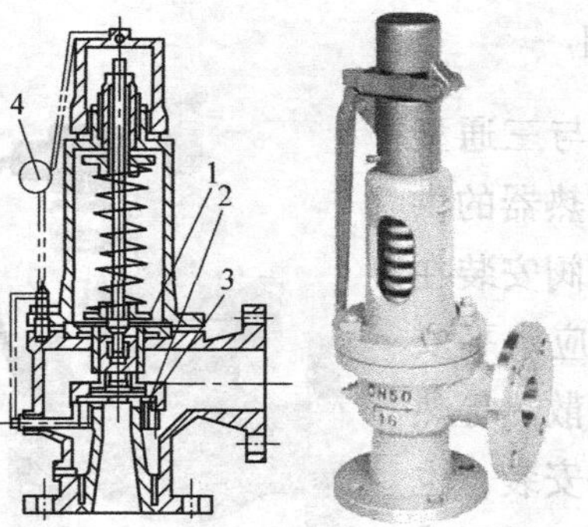

图 3-18 弹簧式安全阀

1—阀瓣 2—反冲盘 3—阀座 4—铅封

图 3-19 弹簧脉冲式安全阀

11. 浮球阀

浮球阀又称水位控制阀，常用在需要自动控制水位的给水装置中，如水箱、水池等。浮球阀的结构如图 3-21 ~ 图 3-23。

12. 温控阀

温控阀由恒温控制器（阀头）、流量调节阀（阀体）以及一对连接件组成，温控阀多为自力式，无需外界能源而进行温度自动调节。温控阀有温包内置和温包外置（远程式）两种形式，温度设定装置也分内置式和远程式，可以按照其窗口显示来设定所要求的控制温度，并加以自动控制。当室温升高时，感温介质吸热膨胀，关小阀门开度，减少流入散热器的水量；反之，阀门开度变大，增加流经散热器水量，增加供热量。散热器温控阀的阀体具有较佳的流量调节性能，调节阀阀杆采用密封活塞形式，在恒温控制器的作用下直线运动，带动阀芯运动以改变阀门开度。

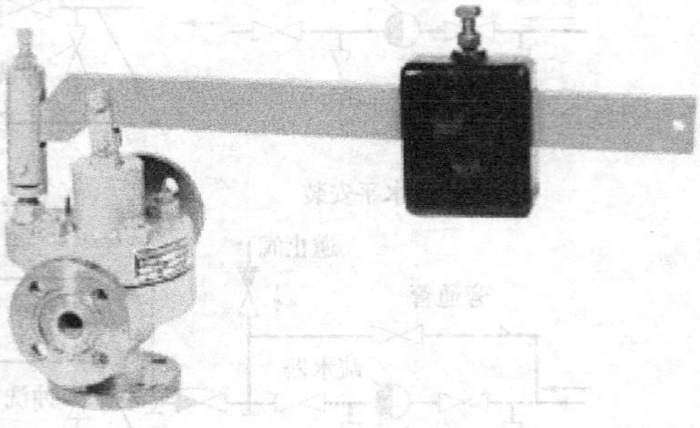

图 3-20　杠杆脉冲式安全阀

图 3-21　水箱用浮球阀

图 3-22　水池用浮球阀

温控阀分为两通（直通型、角型）非预设定型阀与三通型阀。两通温控阀适用于双管采暖系统，应安装在每组散热器的供水支管上或分户采暖系统的总入口供水管上；三通温控阀安装在每组散热器的供水支管上和旁通管上。内置式传感器应水平安装，应保证室内空气流经传感器，防止因采暖管道表面散热等热效应导致的恒温控制器错误动作。远程传感器不能水平安装，也不能被遮挡，必须安装在能正确反映室内温度的墙面上。远程式传感器配有的传感毛细管，安装时应有效固定。温控阀安装时应

图 3-23　遥控水位控制阀

先装阀体，后装恒温传感器（温包）。为保证温控阀的正常动作，采暖系统管道入口处应加装除污器或过滤器。冬天采暖时，切勿将恒温器刻度调到0，应调到“＊”防冻档，以免冻裂水管或散热器。温控阀的结构、外观如图3-24所示。

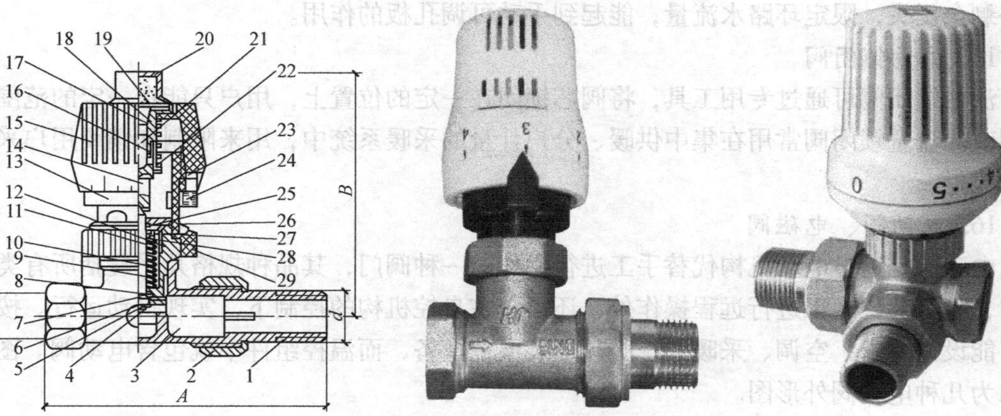

图3-24　两通及三通温控阀

1—锁管　2—锁母　3—阀体　4—阀杆　5—阀瓣　6—衬垫　7—铜垫　8—密封垫　9—螺母　10—弹簧　11—弹簧座　12—卡圈　13—定位套　14—中间杆　15—调整轮　16—弹簧　17—橡胶塞　18—感温体座　19—橡胶膜　20—感温体套　21—铜杆　22—大弹簧座　23—支承体　24—顶丝　25—小锁母　26—O形圈　27—毡垫　28—尼龙垫　29—手轮

温控阀广泛应用于供暖、空调、生活热水中的温度自动调节，以及特殊场合的温度自动调节，如化工、纺织、制药等生产工程，适用于蒸汽、热水、热油等介质的换热场合。

13. 平衡调节阀

平衡调节阀又称平衡阀，是一种具有特殊功能的平衡阀，它除了具有调节阀功能外，还能用专用智能仪表进行一次性调试后进行锁定，可以有效地解决系统的水力失调问题。该阀还具有关断功能，可以用它代替关断阀门。平衡阀在一定的工作压差范围内可有效地控制所通过的流量，动态调节供热管网系统，自动消除系统剩余压头，实现水力平衡。平衡阀可装在热水采暖系统的供水或回水总管上，以及室内供暖系统的各个环路上。为了使平衡阀内的两个测压口处水流稳定，测试准确，平衡阀前应有5倍管径长度的直管段，阀后应有2倍管径长度的直管段。阀体上标有水的流动方向箭头，切勿装反。由于阀塞为锥形，在小开度时容易挤住杂物，安装时要把阀门关到“0”位，以免掉进杂物，冲洗管道时要把阀门开至100%，以免堵塞。平衡调节阀的结构、外观如图3-25所示。

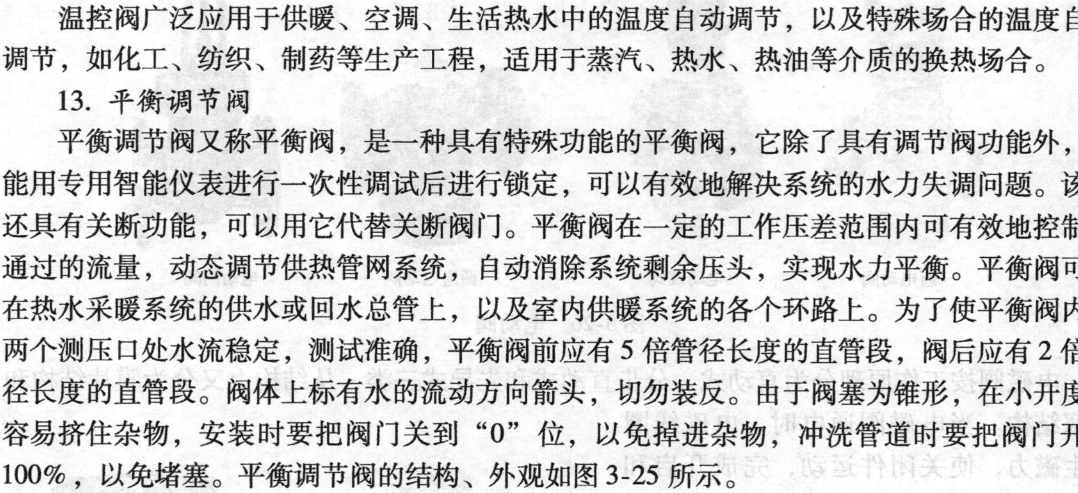

图3-25　平衡调节阀

1—阀杆　2—测压口　3—阀塞　4—阀体

14. 手动调节阀

手动调节阀是在截止阀的基础上改造而成的，它将阀杆与阀瓣连接起来，利用阀杆可以调整阀中过流通道断面的大小，达到调节流量的目的。该阀门可以人工调整环路压差，消除环路剩余压头，限定环路水流量，能起到手动可调孔板的作用。

15. 流量锁闭阀

流量锁闭阀可通过专用工具，将阀芯锁闭在一定的位置上，用户只能在一定的范围内进行调节。流量锁闭阀常用在集中供暖、分户计量的采暖系统中，用来限制和锁闭用户采暖系统的流量。

16. 电动阀、电磁阀

电动阀是通过电动机构代替手工进行操作的一种阀门，其品种规格几乎囊括所有类型的阀门，除可替代人工进行远程操作外，还可以在自控机构的控制下，实现自动运行。按照建筑节能设计要求，空调、采暖系统必须加装温控设备，而温控组件中就包含电动阀。图3-26所示为几种电动阀外形图。

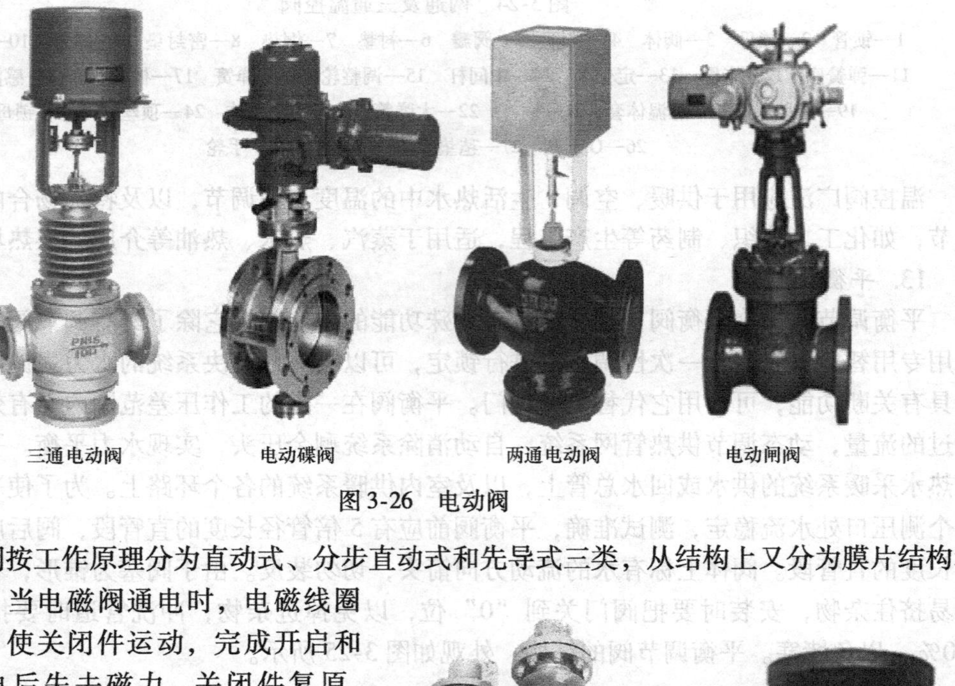

三通电动阀　电动碟阀　两通电动阀　电动闸阀

图 3-26　电动阀

电磁阀按工作原理分为直动式、分步直动式和先导式三类，从结构上又分为膜片结构和活塞结构。当电磁阀通电时，电磁线圈产生磁力，使关闭件运动，完成开启和关闭，断电后失去磁力，关闭件复原。电磁阀可设置为常开、常闭两种模式，应用非常广泛。

17. 防爆波阀门

防爆波阀门（图 3-27）是一种既能消除水锤冲击波又能阻挡水锤冲击波的水用安全阀，安装在人防工程中给水管道的引入部分，防止冲击波沿着管道进入工程内部，从而保证人员和设施的安全。按照 GB 50038—2005《人民防空地

图 3-27　防爆波阀门

下室设计规范》的规定，可使用公称压力不小于1.0MPa的不锈钢或铜质阀芯的截止阀或闸阀替代。

其他各种阀门的有关资料，可通过查阅样本及有关资料获得。

四、阀门安装的注意事项

管道上各类阀门的安装取决于阀门的连接方式，常用阀门多用螺纹和法兰连接，其安装要求可参照相关资料。安装中应注意的事项如下。

1. 安装前的阀门检查

安装前应对照图样检查阀门的规格、型号是否与设计要求的一致；检查阀门外观是否有伤损、裂纹、砂眼等缺陷或其他质量问题；检查阀杆与阀芯的连接是否灵活可靠，阀杆有无弯曲、锈蚀，阀盖和阀体的结合是否良好，阀杆和填料压盖配合处螺纹是否存在缺陷；检查法兰垫片、螺纹填料、螺栓配件等是否齐全，有无缺陷，阀芯与阀座的结合有无缺陷。拆卸检查阀座与阀体的结合应牢固。

2. 阀门的强度试验和严密性试验

阀门试验分强度试验和严密性试验两种。对于阀门的检验与试验，不同规范规定有所不同：JB/T 9092—1999《阀门的检验与试验》第7.2条规定，“如果订货合同没有规定由需方进行再试验时，已试验过的阀门就不必进行再试验”。GB 50235—1997《工业金属管道工程施工及验收规范》规定：合金钢阀门的内件材质应进行抽查，每批（同制造厂、同规格、同型号、同时到货，下同）抽查数量不得少于1个。GB 50242—2002《建筑给水排水及采暖工程施工质量验收规范》第3.2.4条规定：阀门安装前，应作强度和严密性试验。试验应在每批（同牌号、同型号、同规格）数量中抽查10%。且不少于1个。对于安装在主干管上起切断作用的闭路阀门，应逐个作强度和严密性试验。GB 50243—2002《通风与空调工程施工质量验收规范》第9.2.4条规定：对于工作压力大于1.0MPa及在主干管上起到切断作用的阀门，应进行强度和严密性试验，合格后方准使用。CJJ 28—2004《城镇供热管网工程施工及验收规范》第5.6.2条规定：一级管网主干线所用阀门及与一级管网主干线直接相连通的阀门，支干线首端和热力站入口起关闭、保护作用的阀门及其他重要阀门应由有资质的检测部门进行强度和严密性试验。CJJ 33—2005《城镇燃气输配工程施工及验收规范》第8.1.2条规定：“阀门等在正式安装前，应按照产品标准要求单独进行强度和严密性试验”。因此，阀门检验宜根据不同的系统和当地质检部门的要求，执行不同的规范。对无合格证或发现产品有某些损伤时，应进行水压试验。

一般阀门的强度试验是在开启状态下进行的，试验压力为公称压力的1.5倍，试验时间不少于5min，壳体、填料无渗漏为合格。进行闸阀和截止阀强度试验时，应把闸板或阀瓣打开，压力从通路一端引入，另一端堵塞。试验止回阀时，应从进口端引入压力，出口一端堵塞。试验直通旋塞阀时，塞子应调整到全开状态，压力从通路一端引入，另一端堵塞。试验三通旋塞阀时，应把塞子调整到全开的各个工作位置进行试验。带有旁通的阀件，试验时旁通阀也应打开。

严密性试验是在阀门关闭的情况下检查阀门封闭面是否渗漏，试验压力多采用公称压力，有时也采用1.25倍的工作压力，通过检查阀门的渗漏量，来判定阀门是否合格。进行严密性试验时，对于闸阀，应将闸板紧闭，从阀的一端引入压力，在另一端检查其严密性；在压力逐渐消除后，再从阀的另一端引入压力，反方向的一端检查其严密性。对双闸板的闸阀，是通过两闸板之间阀盖上的螺孔引入压力，而在阀的两端检查其严密性。对于截止阀，阀杆应处在水平位置，阀瓣紧闭，压力从阀孔低的一端引入，在阀的另一端检查其严密性。试验直通旋塞阀时，将塞子调整到全关位置，压力介质从一端引入，于另一端检查其严密性。对于三通旋塞阀，应将塞子轮流调整到各个关闭位置，引入压力后在另一端检查其各关闭位置的严密性。试验止回阀时，压力介质从出口一端引入，在进口一端检查其严密性。阀体和阀盖的连接部分以及填料部分的严密性试验，应在阀件开启的情况下进行。试验合格的阀门，应及时排净内部积水，密封面应涂防锈油（需脱脂的阀门除外），关闭阀门，封闭进出口。

3. 阀门安装要求

阀门安装时应使阀门和两侧连接的管道位于同一中心线上，当出现偏差时，严禁在阀门处加力调直，以免使阀体损坏。在同一工程中宜采用相同类型的阀门，以便于识别及检修时部件的替换。阀门应安装对称、整齐、美观，对并排水平管道上的阀门应错开安装，以减小管道间距，对并排垂直管道上的阀门应装于同一高度上，并保持手轮之间的净距不小于100mm。立管上的阀门安装高度应在 1.8m 处，以方便启闭操作，水平管道上安装的阀门，其阀杆和手轮应垂直向上，或倾斜一定的角度安装。高空管道上的阀门，阀杆和手轮可水平安装，用垂向低处的链条远距离操纵阀的启闭。对有方向性的阀门安装时，应注意流体流动方向，切勿接反。对止回阀应按阀体标示的流动方向安装，才能保证阀盘的自动开启；对直通升降式止回阀应装在水平管道上，对旋启式和立式直通止回阀，可装于水平或垂直管道上。所有阀门应装在易于操作的检修处，严禁埋于地下。直埋或地沟内管道上的阀门处，应设检查井室以便于阀门的启闭和调节。

4. 连接要求

阀门与管道连接有螺纹连接和法兰连接。螺纹连接时，管螺纹应采用圆锥形短螺纹，其工作长度应比有关表中短螺纹的工作长度少 2 个螺距（2 个牙数）。焊接法兰连接时，应先将管道法兰与阀门法兰对位后，再进行焊接。

5. 阀门的运输和安装

直径较小的阀门，运输和使用时不得随手抛掷，较大直径的阀门吊装时，钢丝绳应系在阀体上，使手轮、阀杆、法兰螺孔受力的吊装方法是错误的。阀门安装时应保持关闭状态，一般配用的活头接头或长螺纹活头接应安装于介质的出口端。螺纹连接的阀门安装时常常需要卸去阀杆、阀芯和手轮才能拧转。因此，对螺纹闸阀的拆卸，应在拧动手轮使阀保持开启状态后才好拆卸，否则极易拧断阀杆。

第二节　常用仪表的安装

设备安装工程中的仪表主要有压力测量仪表、温度测量仪表、流量测量仪表、热量测量仪表等，使用的仪表主要有压力表、温度计、流量表等。仪器仪表的安装可参见有关国标标准图集。

一、压力测量仪表

压力测量仪表是设备专业必备仪表，压力测量仪表的正确选用主要包括确定仪表的形式、量程、范围、准确度和灵敏度、外形尺寸以及是否需要远传和具有其他功能，如指示、记录、调节、报警等。压力测量仪表分为多种规格和类型，主要有弹簧管压力表、U形管压力计、隔膜压力表、远传压力表、电接点压力表、数字式压力表和真空表等。压力测量仪表可直接测出测量点压力、两点压差等参数，可以现场显示或远传至控制中心。

压力测量仪表的安装及使用注意事项：①仪表应垂直于水平面安装；②仪表测定点与仪表安装处在同一水平位置，否则要考虑附近增加高度误差的修正；③仪表安装处与测定点之间的距离应尽量短，以免指示迟缓；④保证其密封性，不应有泄漏现象，尤其是易燃易爆气体介质和有毒有害介质。几种压力表的外形，如图3-28所示。

普通压力表　隔膜压力表　膜盒式压力表　电接点压力表

图3-28　几种压力表的外形

1. 弹簧管压力表的使用和安装

弹簧管压力表是最常用的压力表之一，它的规格种类多，测量范围广，使用安全可靠。弹簧管压力表的几种安装方法，如图3-29所示。弹簧管压力表的安装要求如下：弹簧管压力表应经过校验，并带有铅封方可允许安装；安装位置应便于观察、维护，并力求避免振动和高温的影响；测量的压力值不论是取正压还是负压，压力表都应安装在与介质流向呈平行方向的管道上，不得安装在管道大小头、弯头分支处，以免流速不稳产生过大的测量误差；压力表与管道或设备连接处的内壁应保持平齐，以保证能准确地测量静压力；测量蒸汽或其他介质压力波动剧烈时，应在压力表前安装U形管、盘管或缓冲罐，如图3-29b、c、e所示，以起缓冲作用；从取压口到压力表之间还应装设切断阀（尽量靠近取压口），以备检修压力表时使用；引压导管不宜过长，以减少压力指示的迟缓；当测量有腐蚀性的介质时，应加装充有中性介质的隔离罐或带隔离膜的隔离罐，如图3-29d所示。实际安装时，应针对被测介质的不同性质，如高温、低温、腐蚀性、脏污、结晶、沉淀、粘稠等采取相应的保护措施；在管道上开孔安装取压管，须在试压和吹洗前进行；在高压管道上安装压力表时，应采用特制管件，在管道安装的同时进行装配。设备上一般不得随意开孔，不得已时，应在建设单位同意并签字后才能开孔。

2. 电接点压力表的使用和安装

电接点压力表由测量系统、指示装置、磁助式电接点装置、外壳、调节装置及接线盒等组成，适用于测量对铜合金无腐蚀、无爆炸危险、非结晶的各种液体、气体等介质的压力。仪表经与相应的电气器件配套使用，可达到对被测压力系统实现预先设定的最大或最小压力值的双位自动控制和发信号报警的目的。当被测压力作用于弹簧管时，其末端产生相应的弹性变形位移，经传动机构放大后，由指示装置在指示盘上指示出来。指针带动电接点装置的

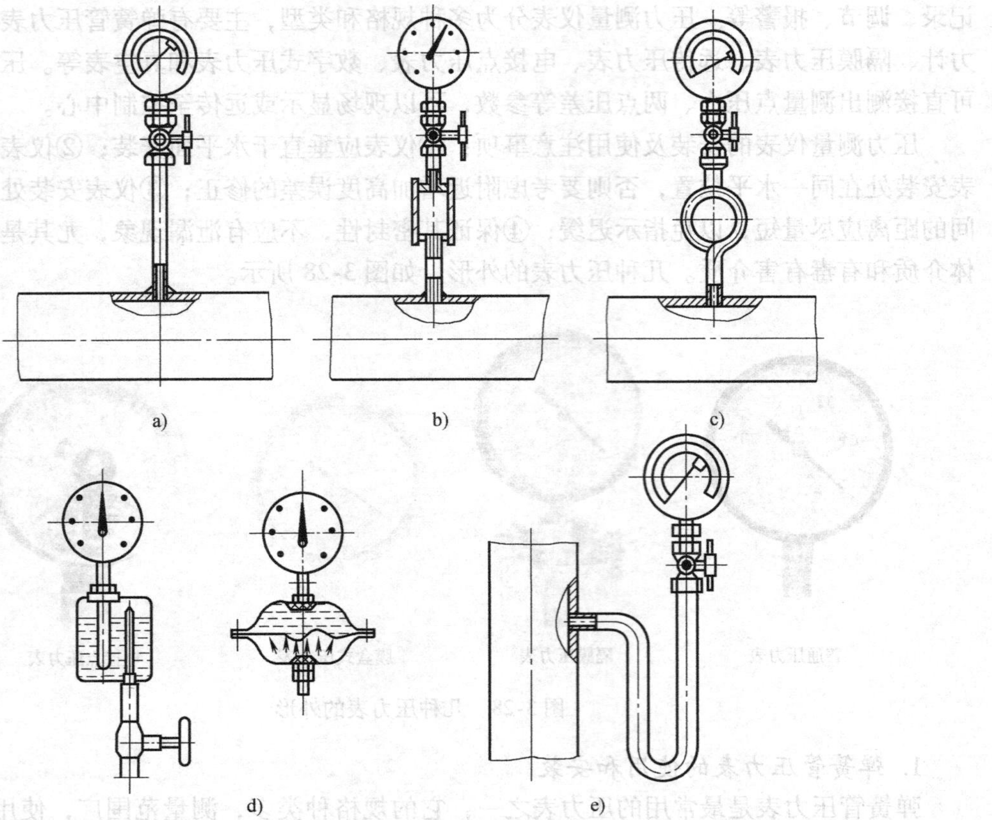

图 3-29 弹簧管压力表的几种安装方法
a）用直管 b）用缓冲罐 c）用盘管 d）用隔离罐、隔膜罐 e）用 U 形弯管

活动触点与设定指针上的触头（上限或下限）相接触的瞬时，致使控制系统接通或断开电路，以达到自动控制和发信号报警的目的。在电接点装置的电接点处信号针上，装有可调节的永久磁钢，可以增加接点吸力，加快接触动作，从而使接触点接触可靠，消除电弧，能有效地避免仪表由于工作环境振动或介质压力脉动造成触点的频繁关断。该仪表具有动作可靠、使用寿命长、触点开关功率较大等优点。电接点压力表，如图 3-28 所示。

3. U 形管压力计的使用和安装

U 形管压力计是由 U 形玻璃管、标尺、液柱三部分组成的。它构造简单，使用方便，精度较高。但是 U 形管在测量上却受管道长度的限制，工作压力（即介质压力）又受到玻璃管自身力学性能的限制，因此测量范围较窄，而且玻璃管易碎。U 形管压力计安装要求如下：U 形管压力计必须垂直安装，并应选择便于观察和维护的地方；安装地点应避免振动和高温；引压导管的根部阀与 U 形管的连接软管不宜过长，以减少压力指示的迟缓。

4. 压力变送器

压力变送器将压力信号采集后转换成电压或电流信号传递给有关仪器，由测量部件和变送部件组成，也有一体化的。变送器是检测系统运行参数和提供控制数据的重要仪器。该仪器安装要求比较严格，应严格按照产品技术手册执行。

二、温度测量仪表

温度测量仪表按测温方式可分为接触式和非接触式两大类。接触式仪表比较简单可靠，测量精度较高，但因测温元件与被测介质需要进行充分的热交换，需要一定的时间才能达到热平衡，所以存在测温延迟的现象，同时受耐高温材料的限制，不能应用于很高温度的测量。非接触式仪表是通过热辐射原理来测量温度的，但受到物体的发射率、测量距离、烟尘和水汽等外界因素的影响，其测量误差较大。设备安装中使用的仪表均为接触式。

1. 玻璃温度计的使用和安装

玻璃温度计由装有液体的玻璃温包、毛细管和刻度标尺三部分组成。按其结构分为棒式、内标尺式（可带金属保护套）。棒式水银玻璃温度计常用于实验室等无振动和无机械损伤的场合，内标尺式多用于管道或设备上，测量范围为 -30 ~ 50℃。有机玻璃温度计主要用于测量低温，测量范围为 -100 ~ 100℃。电接点水银温度计适用于温度控制及报警，特别是恒温控制，不适于防爆场所，测温范围为 -30 ~ 300℃。玻璃管温度计安装方法如下：表面温度计的感温面应与被测表面紧密接触，牢固固定，玻璃温度计应安装在便于检修、观察、不受机械损坏、能代表被测介质温度，且不受外界温度影响的位置；直径 50mm 以下的管道安装玻璃温度计时，安装处的管径须扩大，加一段变径过渡管；直形温度计的标尺部分应垂直安装，在管径小于 200mm 的水平管道或在上升流速的垂直管上安装时，不得已时允许迎着介质流束方向成 45° 插入；安装在塔、槽、箱壁上或在垂直管道上，应采取直角形温度计；在多粉尘的工艺管道上安装测温元件，应采取防止磨损的保护措施。玻璃管温度计安装方法，如图 3-30 所示。

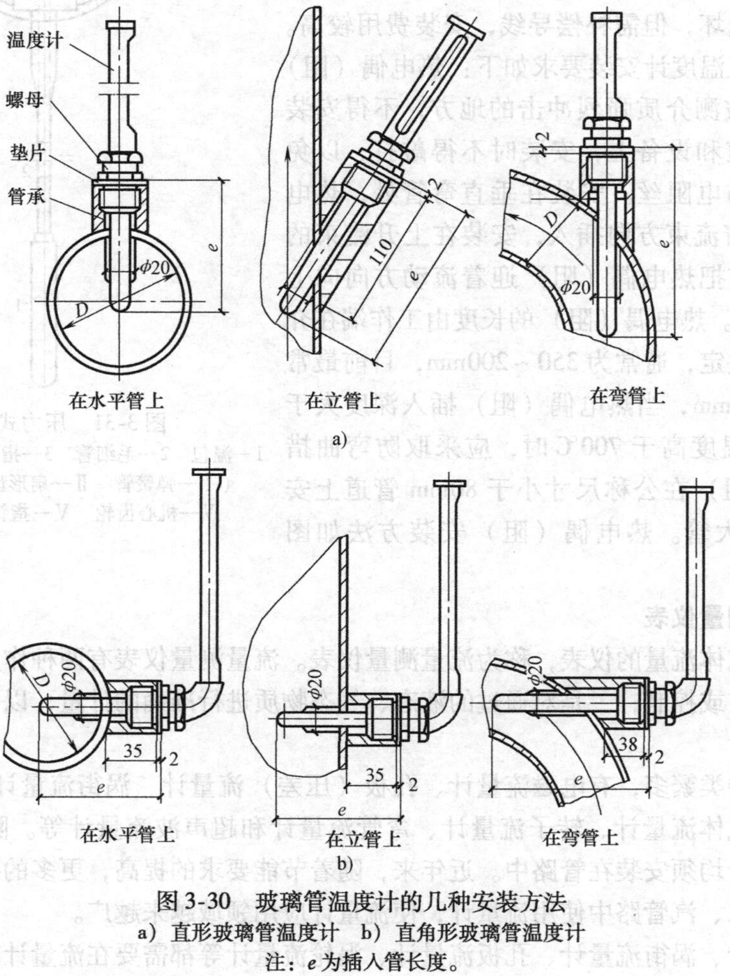

图 3-30 玻璃管温度计的几种安装方法
a）直形玻璃管温度计 b）直角形玻璃管温度计
注：e 为插入管长度。

2. 压力式温度计的使用和安装

压力式温度计由温包、毛细管和弹簧管等元件构成一个封闭的系统，其构造如图3-31所示。系统内充填有气体、液体或低沸点液体的饱和蒸汽等工作介质。测温时温包置于被测介质中，温包内的工作介质因温度升高而压力增大，该压力变化通过毛细管传递给弹簧管，使弹簧管产生一定的变形，然后借助于指示机构指示出被测的温度数值。压力式温度计的测温范围为-40~550℃，测量距离为20~60m。压力式温度计的安装要求如下：压力式温度计的温包必须全部浸入被测介质中，并用套管加以保护，套管的材质应与工业设备和管道材质相同，其间隙用金属或石墨粉填充，确保传热良好；毛细管的敷设应有保护措施，可敷设在角钢或保护管内，其弯曲半径不应小于50mm，周围温度变化剧烈时应采取隔热措施。

3. 热电阻和热电偶的使用和安装

热电阻又称为电阻式温度计，它由热电阻、导线和测量电阻值变化仪表组成。它测量准确，可用于低温或低温差测量。与热电偶相比，维护工作量大，振动场合易损坏。一般有铂电阻(-200~650℃)、铜电阻(-50~150℃)。热电偶又称为热电偶温度计，由热电偶、电气测量仪表和导线组成，它测量准确，与热电阻相比，其安装维护方便，不易损坏，但需补偿导线，安装费用较高。热电偶和热电阻温度计安装要求如下：热电偶（阻）应安装在易受被测介质强烈冲击的地方，不得安装在有振动的管道和设备上，安装时不得敲打，以免损坏内部瓷臂与电阻丝。安装在垂直弯管处，热电偶（阻）应迎着流束方向插入，安装在上升流束的垂直管上时，应把热电偶（阻）迎着流动方向向上倾斜成45°插入。热电偶（阻）的长度由工作端在介质中插入深度决定，通常为350~200mm，目前最常用的长度为350mm，当热电偶（阻）插入深度大于1 m且被测体温度高于700℃时，应采取防弯曲措施。热电偶（阻）在公称尺寸小于80mm管道上安装时应使用扩大管。热电偶（阻）安装方法如图3-32所示。

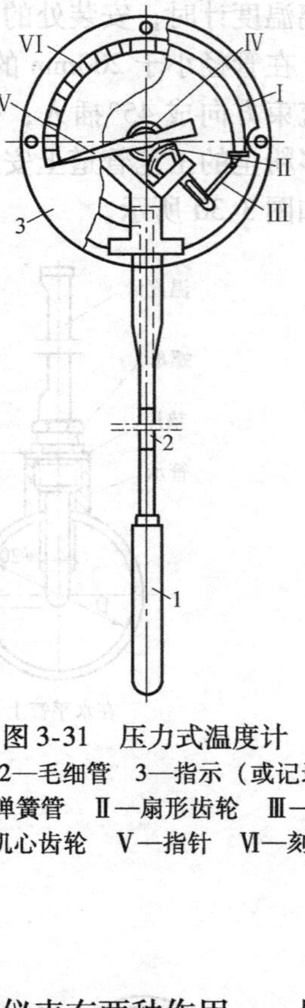

图3-31 压力式温度计

1—温包 2—毛细管 3—指示（或记录）部分（Ⅰ—弹簧管 Ⅱ—扇形齿轮 Ⅲ—连杆 Ⅳ—机心齿轮 Ⅴ—指针 Ⅵ—刻度）

三、流量测量仪表

用来测量流体流量的仪表，称为流量测量仪表。流量测量仪表有两种作用：一是构成对流量的自动调节或控制；二是对通过的液态、气态物质进行准确的计量，以便作为经济核算的依据。

流量计的种类繁多，有电磁流量计、孔板（压差）流量计、涡街流量计、涡轮流量计、质量流量计、气体流量计、转子流量计、弯管流量计和超声波流量计等。除超声波流量计外，其余流量计均须安装在管路中。近年来，随着节能要求的提高，更多的冷热源、采暖空调系统中都在水、汽管路中使用流量计，使流量计应用领域越来越广。

电磁流量计、涡街流量计、孔板流量计、涡轮流量计等都需要在流量计前留有5~40倍管径的直管段、表后留有5倍管径的直管段以保证水流状态的稳定性，从而保证测量数据的精度。

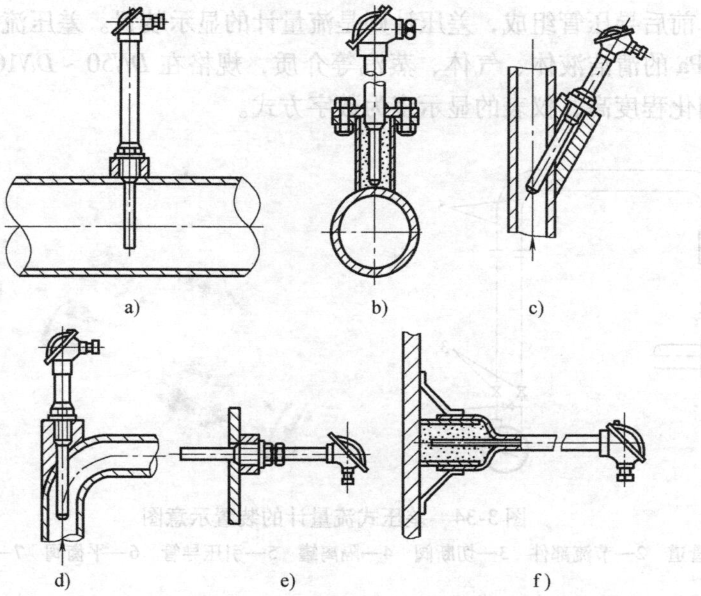

图3-32 热电阻和热电偶的安装

a）安装在水平管道或设备上 b）安装在管道表面上 c）安装在小口径管线上

d）安装在垂直弯管上 e）安装在设备上 f）安装在设备表面上

1. 转子流量计

转子流量计又称浮子流量计，它由锥形管（玻璃管或金属管）和管内的转子组成，如图3-33所示。当流体流经锥管时，转子在流体中浮起并旋转，转子上有斜槽，可保持转子在流体中转动平稳。因为转子的上下差压始终是一定的，所以浮起的高度只与转子和锥形管内壁之间的环隙的大小有关，当转子浮起位置越高时，环隙就越大，流量也就越大，因而由转子浮起的高度位置就可以在锥形管的刻度上读出流量值。玻璃管转子流量计适用于测量压力低于0.6MPa、温度低于1000℃的除氢氟酸以外的任何非浑浊的液体或气体。金属锥形管转子流量计可用于测量压力为1.2MPa以下的液体或气体的流量，流量可通过刻度表或数字来表示。转子流量计的安装要求如下：转子流量计必须垂直安装，仪表进出口前后应有不小于5*D*的直管段长度，且不应小于500mm，被测介质流过流量计锥形管的方向应自下而上，安装进出流量计的管道，应用支架固定牢靠，以防

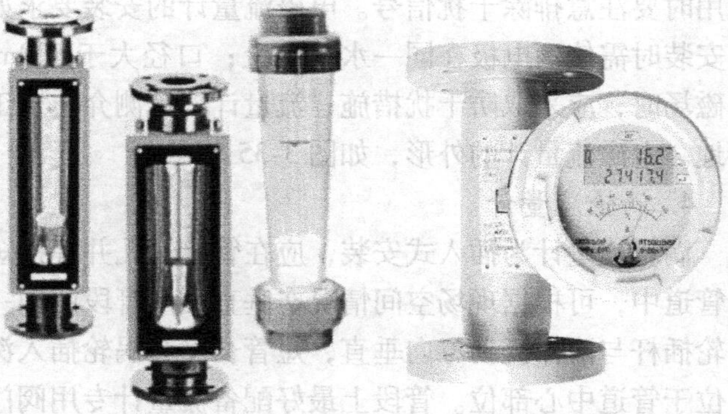

玻璃转子流量计 金属管转子流量计

图3-33 转子流量计

管道质量作用在流量计上。

2. 孔板（差压）流量计

孔板（差压）式流量计由节流装置和差压计组成，如图 3-34 所示。该元件由节流部件、取压装置、前后导压管组成，差压计则是流量计的显示装置。差压流量计适用于压力小于或等于 4000kPa 的清洁液体、气体、蒸汽等介质，规格在 *DN*50 ~ *DN*1000，使用范围广，结构简单，通用化程度高，仪表的显示多为数字方式。

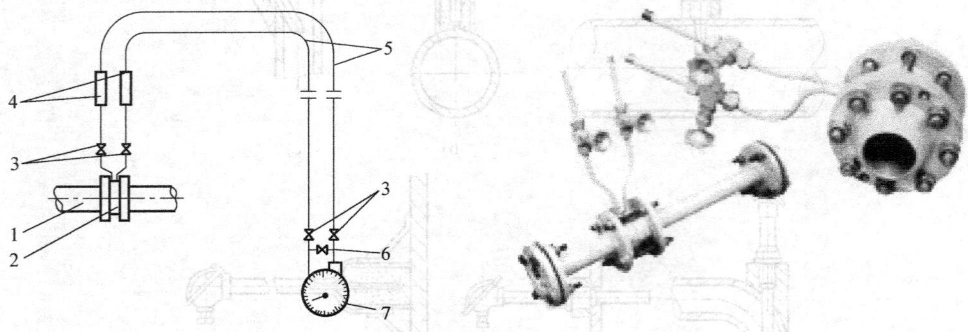

图 3-34　差压式流量计的装置示意图

1—管道　2—节流部件　3—切断阀　4—隔离罐　5—引压导管　6—平衡阀　7—差压计

3. 电磁流量计

电磁流量计由流量变送器和流量转换器配套组成。它是利用电磁感应的原理来远距离测量管道中导电液体体积流量的仪表，此外如与相应的单元组合仪表配套，可对流量进行指示、记录、计算、调节、控制及数据处理，适用于介质为清洁液体、粘液、泥浆等可导电液体的测量，但不适于气体、蒸汽及铁磁性物质的测量。电磁流量计测量精度不受介质的温度、密度、粘度和电导率的影响；要求流量计的前直管段大于或等于 5*D*，后直管段大于或等于 2*D*（*D* 为管径）；无可动部件响应快，可测量脉动流量；易磨损，清洗时电极易损坏，使用时要注意排除干扰信号。电磁流量计的安装要求如下：垂直安装，液流应自下而上，水平安装时需使两电极在同一水平面上；口径大于 300mm 时，应有专用的支架支撑；周围有强磁场时，应采取防干扰措施；流量计、被测介质及工艺管道三者之间应连成等电位，并应接地。电磁流量计的外形，如图 3-35 所示。

4. 涡轮流量计

涡轮流量计为插入式安装，应在管壁开孔并焊接短管，将带有涡轮的长杆插入到所测量的管道中，可根据现场空间情况在垂直测量管段的同一平面上确定焊接短管的方向，应保证涡轮插杆与液体流动方向垂直，短管长度和涡轮插入深度也应经过计算确定，保证涡轮插入点位于管道中心部位。管段上最好配备流量计专用阀门，以保证拆装流量计时不影响系统正常工作。图 3-36 所示为涡轮流量计。

5. 涡街流量计

涡街流量计多为法兰连接，应特别注意直管段的长度应满足要求。在弯管后以及渐缩、渐扩径管后安装时，在流量计上游应保证 10*D* 的直管段长度，下游应保证 5*D* 的直管段长度，当流量计上游有全开阀门时，直管长度应保证 20*D*，有半开阀门时，直管长度应保证 40*D*，否则应增加梳流装置。图 3-37 所示为涡街流量计外形图。

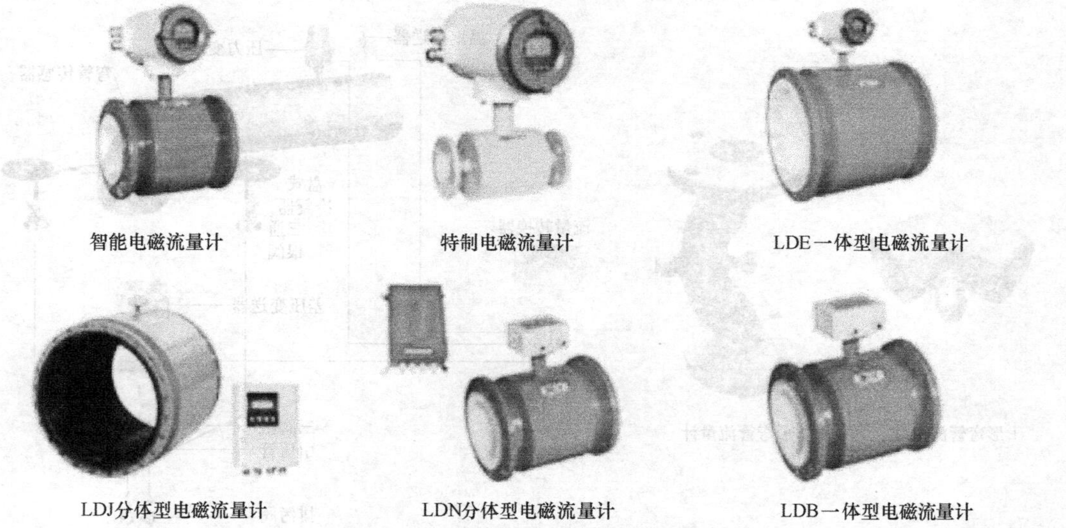

图 3-35 电磁流量计的外形

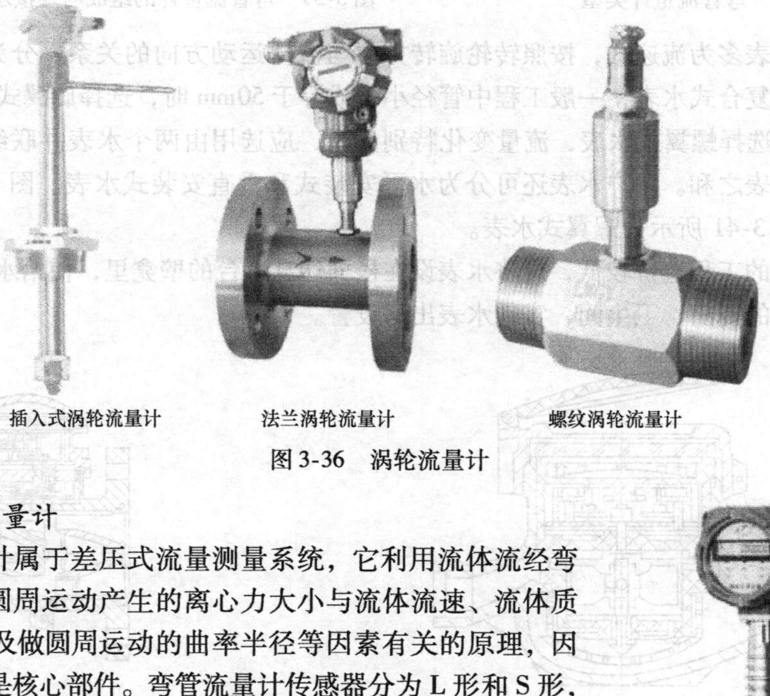

图 3-36 涡轮流量计

6. 弯管流量计

弯管流量计属于差压式流量测量系统，它利用流体流经弯管传感器时做圆周运动产生的离心力大小与流体流速、流体质量（密度）以及做圆周运动的曲率半径等因素有关的原理，因此弯管传感器是核心部件。弯管流量计传感器分为L形和S形，如图3-38所示，弯管流量计的组成及连接示意如图3-39所示。

弯管传感器的安装方式可以分为水平转水平、水平转垂直向下或垂直向上转水平、垂直向下转水平或水平转垂直向上、垂直直管、水平直管和自由状态（水平和垂直管采用V形传感器）等6种空间状态。正确的安装均可以保证计量精度。

7. 水量计量装置

水表是最常用的水量计量工具，目前使用的有传统机械式水表、远传式水表和IC卡智能型水表。

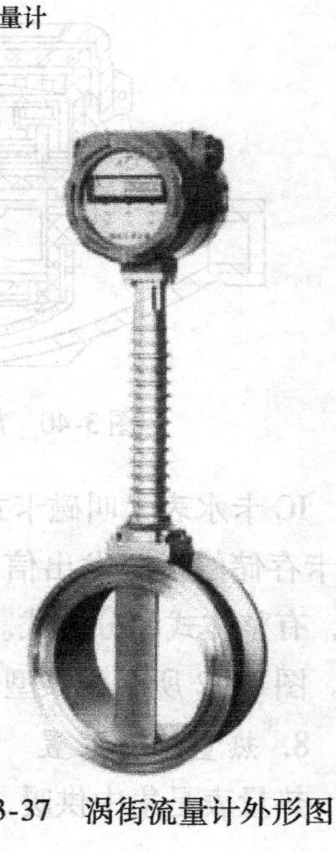

图 3-37 涡街流量计外形图

图 3-38　弯管流量计类型

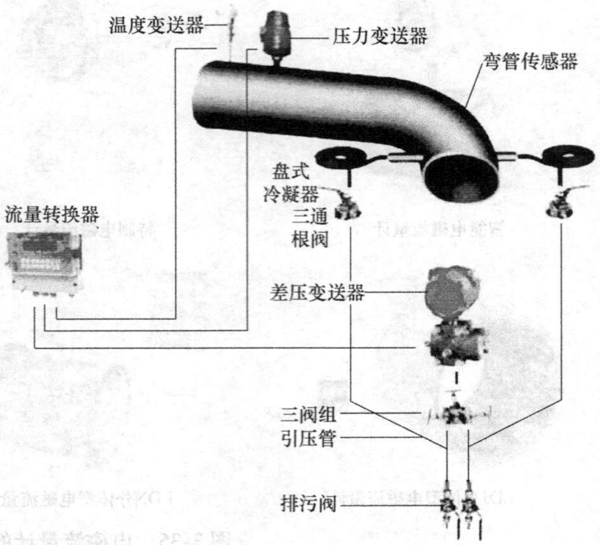

图 3-39　弯管流量计的组成与连接示意图

机械式水表多为流速式，按照转轮旋转方向与流体运动方向的关系，分为旋翼式水表、螺翼式水表和复合式水表，一般工程中管径小于或等于50mm时，选择旋翼式水表，管径大于50mm时，选择螺翼式水表，流量变化特别大时，应选用由两个水表并联组成复式水表，流量为两个水表之和。用户水表还可分为水平安装式和垂直安装式水表。图 3-40 所示为旋翼式水表，图 3-41 所示为螺翼式水表。

普通水表的工程造价较低，可将水表设在楼梯休息平台的壁龛里，使给水支管经水表计量后进入住户的厨房、卫生间，实现水表出房设置。

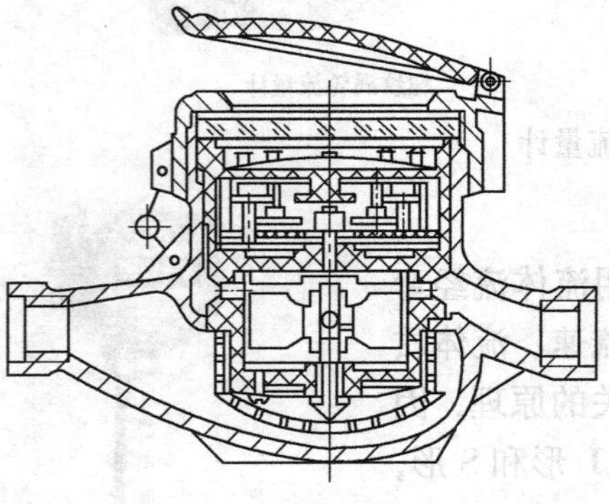

图 3-40　旋翼式水表

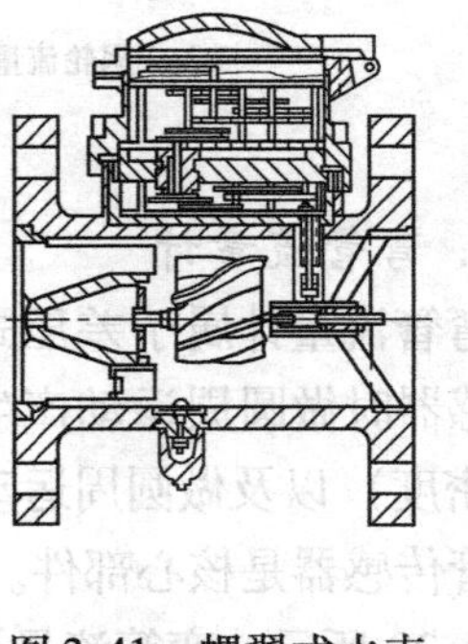

图 3-41　螺翼式水表

IC 卡水表又叫磁卡式水表，它是由电子发讯水表、预付费控制器和电控阀组成，按照 IC 卡存储的指令发出信号，控制电控阀（电动阀或电磁阀）的通断。IC 卡水表的结构形式，有整体式和分体式。预付水费水表价格较高，但可以避免用水欠费现象，现已广泛应用。图 3-42 所示为某型号普通 IC 卡预付费智能水表。

8. 热量计量装置

热量表是集中供暖、分户计量的计量设备，由流量传感器、配对温度传感器和积分仪三部分组成。按其流量传感器的测量原理，分为机械式、电磁式和超声波式。户用热量表的安装应满足以下要求：①户用热量表应按用户流量选用，额定流量不超过设计流量的1.5倍；②宜采用机械式旋翼流量计，也可采用超声波流量计；③其温度传感器宜采用直接插入管道的短探头，或设置专用可插入探头的铜球阀；④户内应采用一体化热量表，且内置电池寿命不应低于五年。

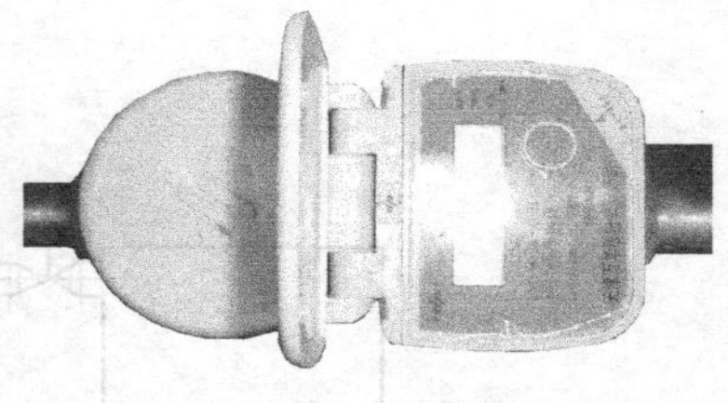

图3-42 IC卡智能水表

建筑热力入户热量表安装位置如图3-43所示，分户热量表安装如图3-44所示。图3-45所示为数字式热量表。

9. *液位测量仪表*

液位测量仪表是显示和控制液体液面高度的仪表，有玻璃管液位计、浮标液位计、磁性翻球式液位计和磁性浮子式液位计等。

（1）玻璃液位计 它是一种使用最早、最简单的直读式液位计，有玻璃管式和玻璃板式两种。它的结构简单，但容易损坏，多用于敞口式容器内液位的直接指示，不宜用于粘稠及深色介质的液位测量。玻璃液位计必须垂直安装，并应安装在便于观察和检修的地方；玻璃管垫料为生料带或油浸石棉绳，用压环压紧，并用锁母锁住，并应设有排液阀和接到地面的排液管，玻璃液位计还应设有防护罩。玻璃液位计示意图如图3-46所示。玻璃管液位计的测量范围为：液位0~1.4m，介质温度小于或等于100℃，工作压力小于或等于1.6×10^{3}kPa。玻璃板液位计的测量范围为：液位0~1.7m，介质温度-40~250℃，工作压力小于或等于4.0×10^{3}kPa。

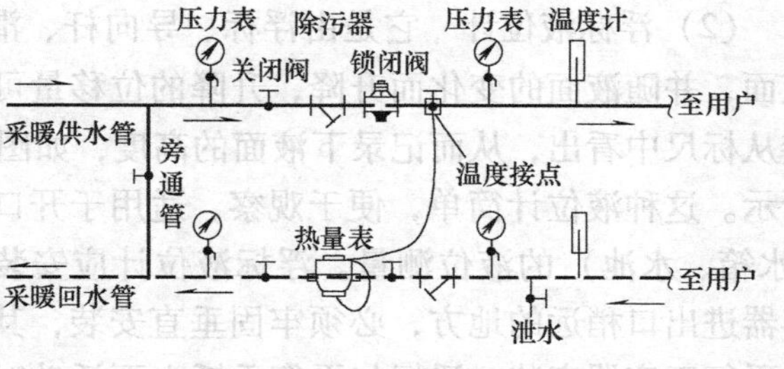

图3-43 热力入户热量表安装位置

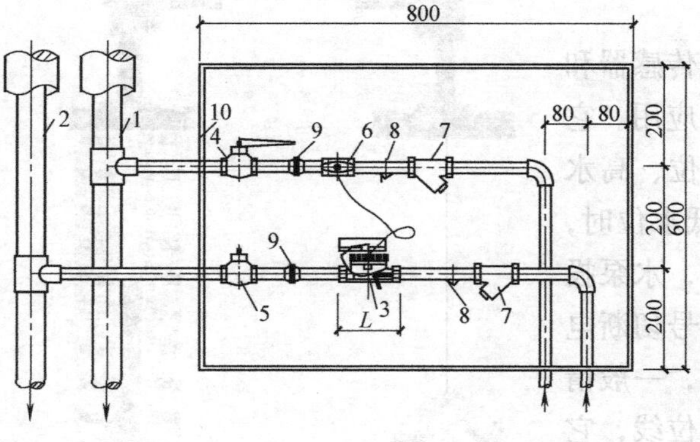

图3-44 分户热量表安装（分体式）

1—采暖供水管 2—采暖回水管 3—热量表传感器 4—锁闭调节阀 5—锁闭阀 6—带温度传感器铜球阀 7—水过滤器（60目） 8—L30×40托架 9—活接头 10—热量表箱

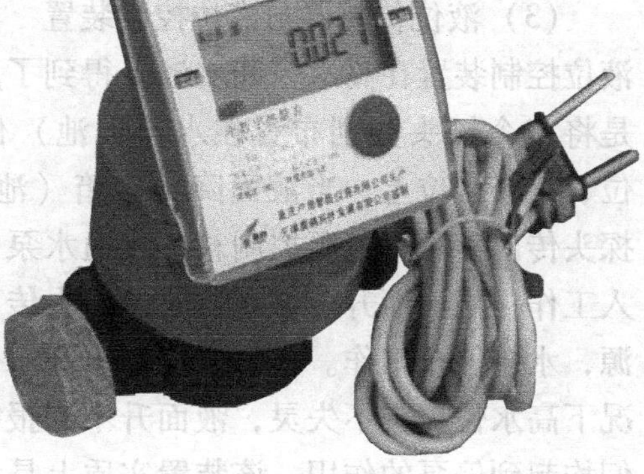

图3-45 数字式热量表

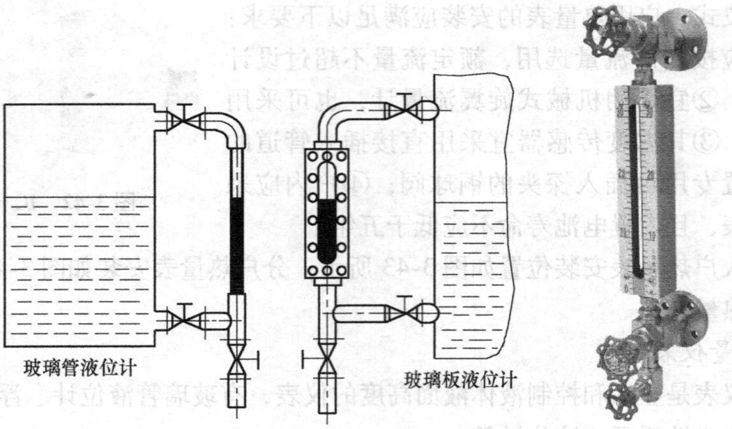

图 3-46　玻璃液位计示意图

（2）浮标液位计　它是由浮标、导向杆、滑轮、平衡重锤和标尺等组成的。浮标浮于液面，并随液面的变化而升降，升降的位移量可以直接从标尺中看出，从而记录下液面的高度，如图 3-47 所示。这种液位计简单，便于观察，适用于开口容器（水箱、水池）的液位测量。浮标液位计应安装在离容器进出口稍远的地方，必须牢固垂直安装，其标尺应平行于容器安装，浮标与平衡重锤上下活动时不得有障碍物挡挂，浮标液位计标尺顶部的钢丝绳滑轮及延伸臂上的钢丝绳保护套管，应由角钢和槽钢从容器顶处引出，浮标及钢丝绳应找准中心，保持垂直，钢丝绳应不扭结，不歪斜，运动要灵活，摩擦阻力要小。浮标液位计的安装高度宜使仪表全量程的 1/2 处为正常液位。

（3）液位传感器与液位控制装置　液位传感器和液位控制装置在高水箱和水池上得到了广泛应用。它是将三个探头分别布置在水箱（池）低水位、高水位、报警水位上，当液面降到水箱（池）低水位时，探头传出信号给电源控制箱并接通水泵电源，水泵投入工作；当液面升至高水位时，探头传出信号切断电源，水泵停止工作。报警水位高于高水位线，一般情况下高水位探头不失灵，液面升不到报警水位线，它们均起到停泵的作用。该装置实质上是水泵的自动投入装置，在正常工作中无需人员操作，使用方便。液位控制装置应安装在便于检修的位置上，其探头位置应避开进出管口，减小水流的扰动影响。

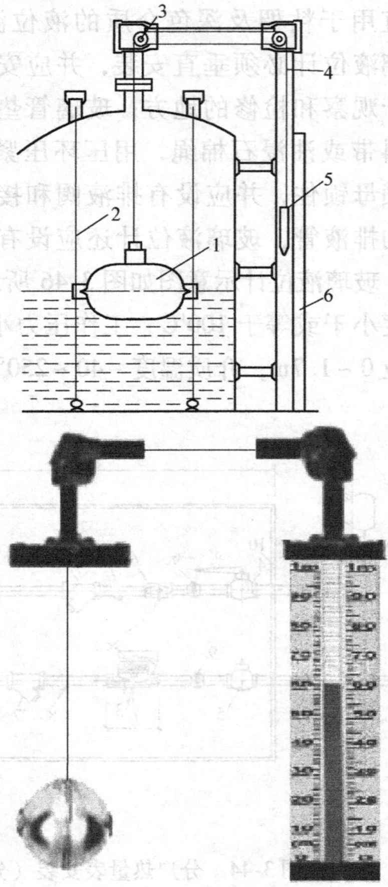

图 3-47　浮标液位计示意图
1—浮标　2—导向杆　3—滑轮
4—钢丝绳　5—平衡重锤　6—标尺

思 考 题

1. 简述常用阀门的分类、表示方法。
2. 简述各种阀门的特点及用途。
3. 简述各种阀门基本安装要求。
4. 简述常用仪表的种类和作用。
5. 简述各种常用仪表的基本安装要求。

第四章

管道的加工与连接

管道的加工与连接是设备安装工作的重要组成部分，是将单件设备及配件组成整个系统的重要环节。管道加工与连接质量的好坏，直接影响到整个安装的工程质量和日后的运行安全。因此，管道及管件的加工连接是非常关键的一个施工步骤。

管道加工包括调直、切断、煨弯、加工螺纹、制作管件等内容，管道连接包括螺纹连接、法兰连接、承插连接、焊接、粘接、热（电）熔连接、沟槽连接、卡环连接、卡套连接、压接连接等。

第一节　钢管的加工与附件制作

钢管是建筑设备安装工程中应用最为广泛的材料，其加工过程是整个安装过程中重要的环节之一。本节内容包括钢管、无缝钢管、不锈钢管以及性能相近的金属管道的加工与附件制作。

一、钢管的调直

管道在运输和工地堆放过程中，会因为各种原因发生弯曲和变形等缺陷，这些管道进行施工安装之前，必须进行变形检查和矫正。

1. 管道的弯曲变形检查

（1）目测检查法　将管道的一端抬起，另一端自然触地，以管道的两个端点和检查者的眼睛三点成一直线为准。然后，边转动管道，边用眼睛看管端的管壁外缘线是否为一直线，由此判断管道是否有变形。如有变形，应用笔在变形处做好标记。这种方法十分简便适用，适合管径较小、质量较轻的管材检查。

（2）滚动检查法　将被检查的管道平放在两根水平且平行的轨道架上，轻轻滚动管道数次，并细心观察管道在轨道上停下来的位置，若每次滚动时在任一位置能停下，说明管道无弯曲。反之，若总是在某点停下，说明有弯曲变形，且凸弯朝下，如图4-1所示。

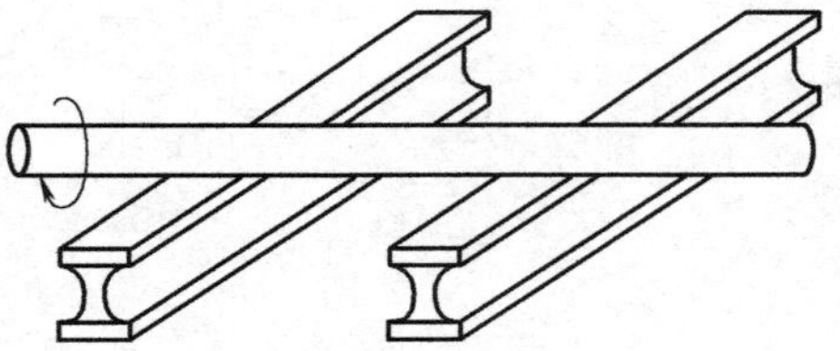

图4-1　管道弯曲滚动检查法

2. 管道的变形校正

钢管调直方法分为冷调直和热调直，小管径且弯曲程度不大的管道可以使用冷调直。

（1）冷态校正法　冷态校正法包括人工校正法和机械校直法。

人工校正法是用一把锤子顶在管道弯里（凹面）起弯点作支点，另一锤敲打凸面处，直至校直。操作时，两锤不能对着敲打，锤击处宜垫硬木板，防止把管道打扁。螺纹连接管道校直时，不能敲打管件，只能敲打管件两端的管道，此方法应用于 *DN*50 以下且弯曲变形不大的管道。

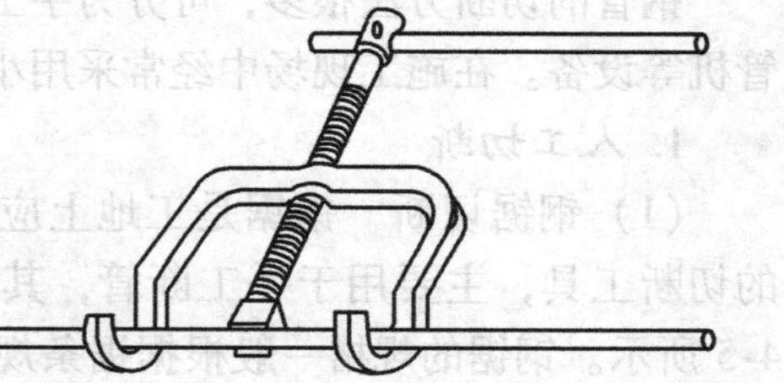

图 4-2 螺旋顶顶直弯管

机具校正法是利用简单的机具对弯曲管道进行调直。其中用螺旋顶顶直弯管是一种常规做法（图 4-2），此方法可以方便地调直 *DN*125 以内的钢管。

对于管径较大、管壁较厚的管道，可借助机械压力将管道校直。管道放入压力校直机内，然后调节垫块的间距（支点间距）至合适位置，再利用丝杠千斤顶（力点）顶压管道弯曲处，直至校直为止，如图 4-3 所示。此法适用于管径大于 *DN*50，弯曲变形不大的管道。

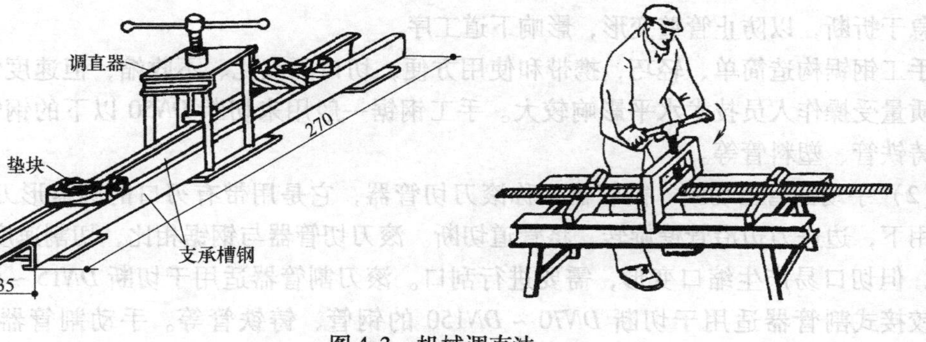

图 4-3 机械调直法

（2）热态校直法　这种方法适用于管径大、弯曲变形大的管道校直。设置一地面加热炉和滚动校直平台（由两根水平且平行的钢管或型钢铺成），将管道弯曲部位加热到 600 ~ 800℃，然后放置在平台架上反复滚动，利用重力作用和管材的塑性变形，将管道校直。加热管道应用焦炭，不应使用原煤，也可利用氧气、乙炔焰加热，方法如图 4-4 所示。

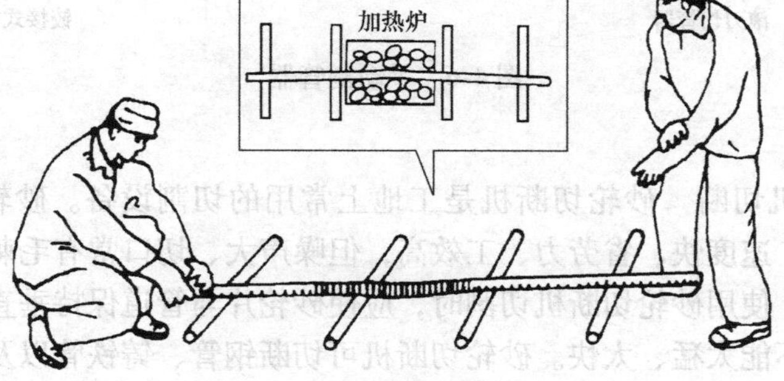

图 4-4 弯管热调直法

（3）残缺割除法　对于因碰撞等原因造成的局部凹坑之类的变形残缺，无法采用上述方法校直时，或由于采用更为复杂的修复方法经济上不合算时，一般将残缺部分割除掉，再将完好部分连接起来应用。

二、钢管的切断

钢管的切断方法很多，可分为手工切断和机械切断。在工厂里钢管切断可以使用大型切管机等设备。在施工现场中经常采用小型切管机或人工进行切断。

1. 人工切断

（1）钢锯切断　钢锯是工地上应用最普遍的切断工具，主要用于手工断管，其构造如图4-5所示。钢锯的规格一般根据锯条规格进行标定。常用的锯条规格有12in（300mm）×18牙和12in（300mm）×24牙两种，18牙用于厚壁金属管道截断，24牙用于薄壁金属管道截断。把管道固定在压力钳上，先在下锯点划出痕迹，再加大动作幅度运锯。为防止管口锯偏，可在管道上预先划好线，锯口应正好吃线，如果发现偏口，可将管道转一个方向或将锯弓调转180°后再锯。锯条平面必须始终保持与管道垂直，以保证断面平正，同时切口必须锯到底，不要急于折断，以防止管壁变形，影响下道工序。

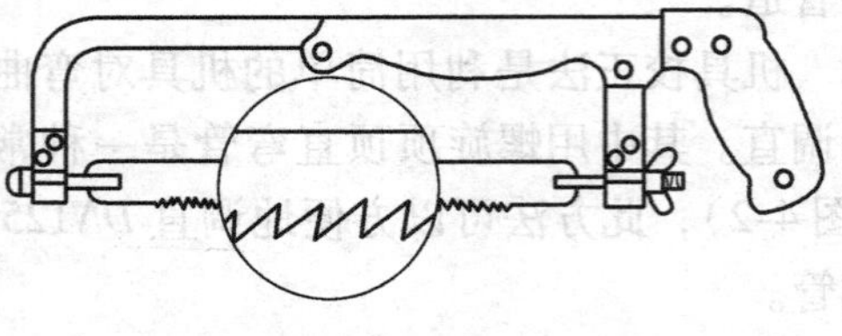

图4-5　钢锯

手工钢锯构造简单、轻巧，携带和使用方便，切口不汽化、不收缩，但速度慢、费力，切口质量受操作人员技术水平影响较大。手工钢锯一般用来切断*DN*50以下的钢管、铜管、薄壁铸铁管、塑料管等。

（2）手动割管器切断　割管器又称滚刀切管器，它是用带有刃口的圆盘形刀片，在压力作用下，边进刀边沿管壁旋转，将管道切断。滚刀切管器与钢锯相比，切割速度快、切口平整，但切口易产生缩口变形，需要进行刮口。滚刀割管器适用于切断*DN*15～*DN*50的钢管，铰接式割管器适用于切断*DN*70～*DN*150的钢管、铸铁管等。手动割管器的构造如图4-6所示。

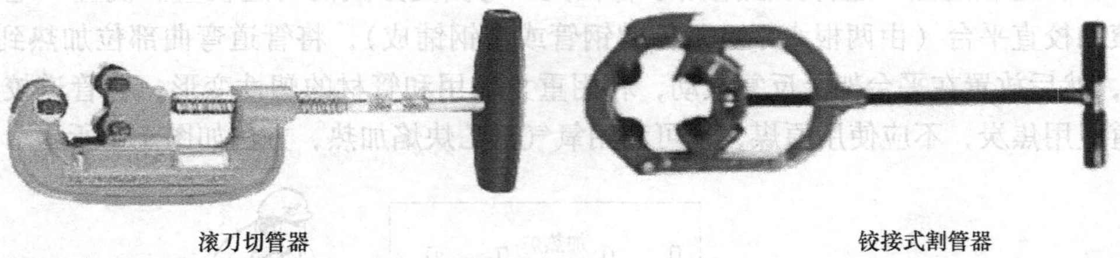

滚刀切管器　　　　铰接式割管器

图4-6　手动割管器

2. 机械切断

（1）砂轮切断机切断　砂轮切断机是工地上常用的切割设备。砂轮切断机结构紧凑、体积小、搬运方便，速度快、省劳力、工效高，但噪声大、切口常有毛刺，速度快时切口有高温淬火变硬现象。使用砂轮切断机切割时，应使砂轮片与管道保持垂直，用夹管器夹紧勿动，手把加压进刀不能太猛、太快。砂轮切断机可切断钢管、铸铁管以及金属型材。砂轮切断机外形如图4-7所示。

（2）割管机切断　便携式割管机体积较小（图4-8），适合工地使用，可切断*DN*32～*DN*100的钢管、合金管和不锈钢管。大型电动割管机可切断*DN*200～*DN*1000的管道，自爬

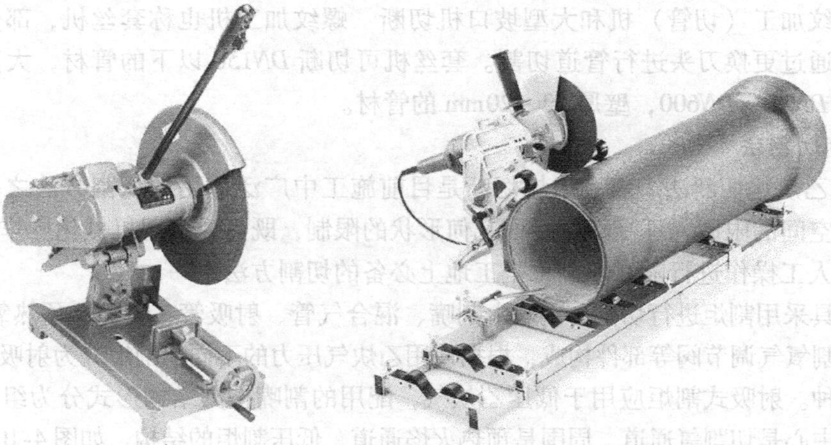

a) b)

图 4-7 砂轮切断机外形

a）便携式砂轮机 b）自动砂轮切管机

式电动割管机如图 4-9 所示。

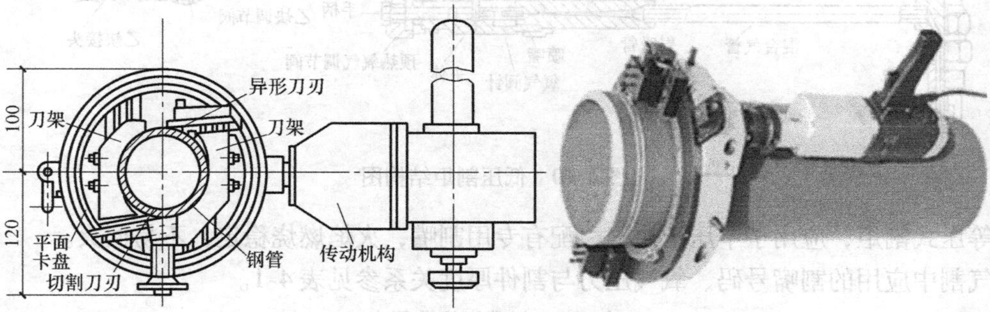

图 4-8 便携式割管机

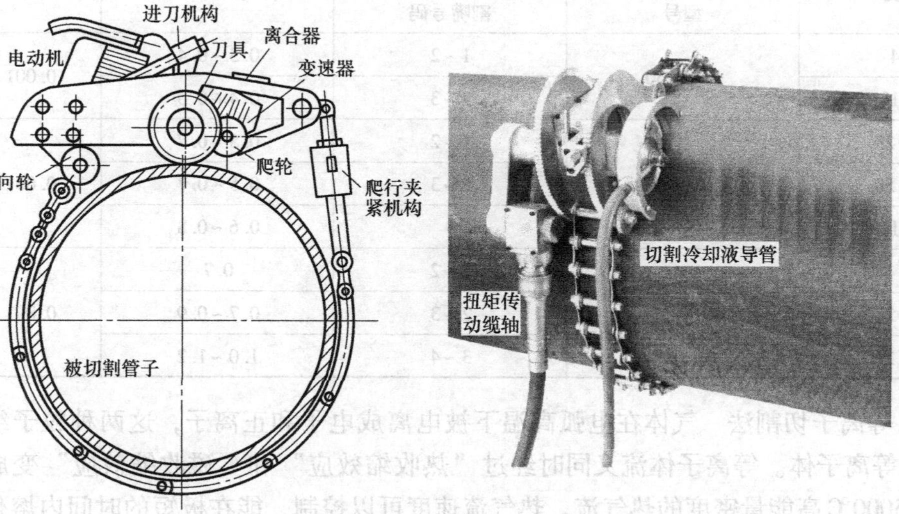

图 4-9 自爬式电动割管机

（3）螺纹加工（切管）机和大型坡口机切断　螺纹加工机也称套丝机，部分套丝机和坡口机可以通过更换刀头进行管道切割。套丝机可切断 *DN*150 以下的管材，大直径钢管坡口机可切断 *DN*75～*DN*600，壁厚 12～20mm 的管材。

3. 热力切割法

（1）氧乙炔焰切断法　氧乙炔焰切断是目前施工中广泛应用的切割方法之一。它不受切割地点、空间的限制，不受切割断面几何形状的限制，既可以实现机械化操作进行定点切割，又可以人工操作进行随意切割，是工地上必备的切割方法之一。

气割工具采用割炬进行切割。割炬由割嘴、混合气管、射吸管、喷嘴、预热氧气调节阀、乙炔阀、切割氧气调节阀等部件构成，根据使用乙炔气压力的不同，割炬分为射吸式割炬和等压式割炬两种。射吸式割炬应用于低压乙炔气，配用的割嘴按其结构形式分为组合式和整体式，割嘴的中心是切割氧通道，周围是预热火焰通道，低压割炬的结构，如图 4-10 所示。

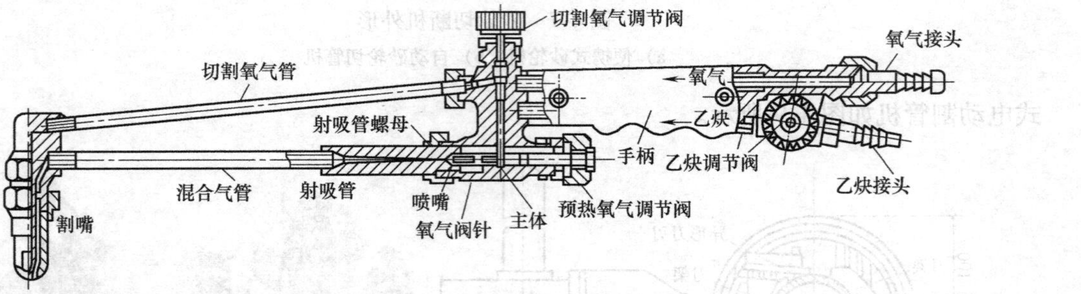

图 4-10　低压割炬结构图

等压式割炬，应用于中压乙炔气，配有专用割嘴，火焰燃烧稳定，不易回火。

气割中应用的割嘴号码、氧气压力与割件厚度关系参见表 4-1。

表 4-1　割嘴规格选用表

割件厚度/mm	割炬		氧气压力/MPa	乙炔压力/MPa
	型号	割嘴号码		
≤4	G01－30	1～2	0.3～0.4	0.001～0.12
4～10		2～3	0.4～0.5	
10～25	G01－100	1～2	0.5～0.7	0.001～0.12
25～50		2～3	0.5～0.7	
50～100		3	0.6～0.8	
100～150	G01－300	1～2	0.7	0.001～0.12
150～200		2～3	0.7～0.9	
200～250		3～4	1.0～1.2	

（2）等离子切割法　气体在电弧高温下被电离成电子和正离子，这两种粒子组成的物质流称为等离子体。等离子体流又同时经过“热收缩效应”和“磁收缩效应”变成一束温度高达 15000℃高能量密度的热气流。热气流速度可以控制，能在极短的时间内熔化金属材料，可用来切割合金钢、有色金属和铸铁等。

适用于施工安装的等离子切割机，有手把式、自动式两种。手把式由手动割炬、控制箱、直流电源等组成，可进行直线和各种几何形状的手工切割。钍钨电极直径 $\phi5mm$，切割厚度 $\delta=40mm$，切割电压 70~150V，电流 400A，冷却水耗量 3L/min。自动式由自动割炬、控制箱、直流电源等部分组成。钍钨电极直径 $\phi5.5mm$，切割厚度 $\delta=40mm$，切割电压 100~150V，电流 400A，自动切割速度 3~150m/h，氮气纯度 99.9%，冷却水耗量 3L/min。

三、附件的加工

1. 弯管加工

在管道安装工程中，需用大量 90°和 45°弯、乙字形弯（来回弯）、抱弯（弧形弯）以及方形补偿器、各种角度的弯管，过去这些弯管均在现场制作，现在安装企业一般都将各种弯管煨制移至加工厂进行加工生产或直接定购产品，既减轻了工人的劳动强度，缩短了工期，又提高了产品质量。

（1）弯管断面质量要求与受力分析 钢管煨弯后其弯曲段的强度及圆形断面不应受到明显影响，为此就必须对圆断面的变形、焊缝位置、弯曲长度以及煨弯工艺等方面进行分析、计算和制定质量标准。

在煨弯过程中，其内侧管壁各点均受压力，由于挤压作用管壁增厚，直线 CD 成为圆弧 $C'D'$，且由于压缩变短；外侧管壁受拉力，在拉力作用下管壁厚度减薄，直线 AB 变为圆弧 $A'B'$，且伸长，管壁减薄会使强度降低。弯管变形与受力分析如图 4-11 所示。

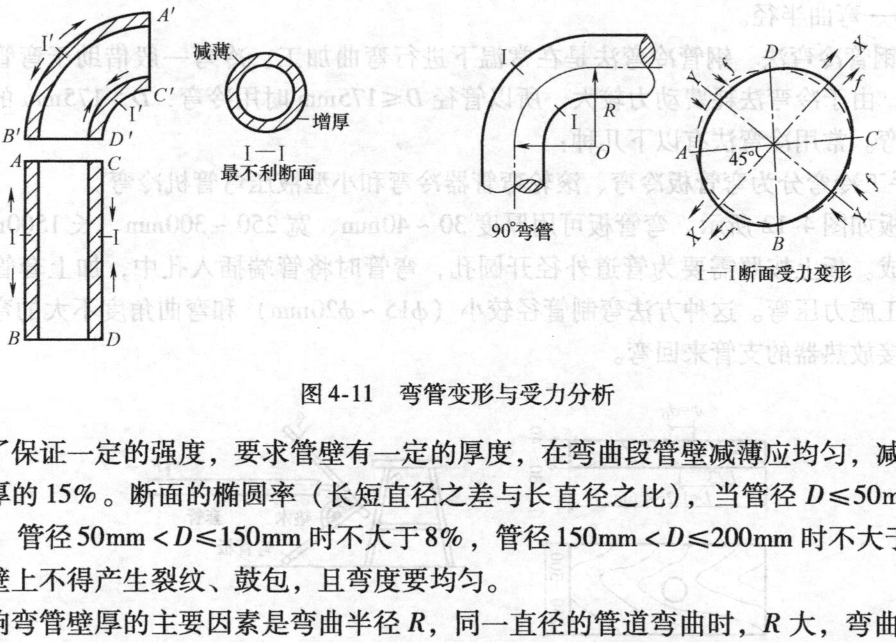

图 4-11 弯管变形与受力分析

为了保证一定的强度，要求管壁有一定的厚度，在弯曲段管壁减薄应均匀，减薄量不应超过壁厚的 15%。断面的椭圆率（长短直径之差与长直径之比），当管径 $D\leqslant50mm$ 时不大于 10%，管径 $50mm<D\leqslant150mm$ 时不大于 8%，管径 $150mm<D\leqslant200mm$ 时不大于 6%。此外，管壁上不得产生裂纹、鼓包，且弯度要均匀。

影响弯管壁厚的主要因素是弯曲半径 R，同一直径的管道弯曲时，R 大，弯曲断面的减薄（外侧）量或增厚量（内侧）小；R 小，弯曲断面外侧减薄量大。从强度和减小管道阻力考虑，R 值越大越有利。但在工程上 R 大的弯头占空间大且不美观，所以弯曲半径值应有一个选用范围，根据管径和使用场所不同采用不同 R 值。常用 $R=1.5D\sim4D$（D 为管道外径）。采用机械煨弯时，热煨弯 $R=3.5D$，冷弯 $R=4D$，冲压弯头 $R=1.5D$，焊接弯头 $R=1.5D$。

用有缝钢管煨弯时应注意焊缝的位置，焊缝应放在受力小、变形小的部位。图 4-11 所示的 I-I 断面图是对最不利断面的描绘，煨弯后圆形断面（虚线圆）变为椭圆形，圆周上

只有 A、B、C、D 四点位置不变，其他各点都发生了位移，AB 弧及 CD 弧区内的各点在拉力作用下沿径向向外移动，AD 弧及 BC 弧区内的各点在压力作用下沿径向向圆心移动，形成椭圆，椭圆长轴和短轴两端处均属受力最大、变形最大的位置，这几处应避免有焊缝。A、B、C、D 四个点不受力的作用，不产生位移，这四个点与椭圆的长短轴近似于成45°角，这四点是焊缝的最佳位置。

采用手工煨弯时，90°弯头一次成形，因此加热长度大，质量难以掌握，往往弯度不均匀，圆形断面明显的变为椭圆形。根据钢管机械强度计算可知，椭圆断面承受内压力低于圆形，因此在煨弯时应力求减小椭圆度。采用弯管机煨弯，在胎具的约束下，一般可以控制断面变形。

（2）管道弯曲长度计算　所谓弯曲长度，即弯头展开长度，俗称煨弯长度。在煨弯前先要在直管道上画出弯头的展开长度，它是根据弯曲半径及弯曲角度确定的，以下列公式表示

$$L = \frac{1}{n}2\pi R \tag{4-1}$$

式中　L——弯曲长度；

n——分角数，$n = \frac{360°}{\alpha}$；

α——弯管角度；

R——弯曲半径。

（3）钢管冷弯法　钢管冷弯法是在常温下进行弯曲加工。冷弯一般借助于弯管器或液压弯管机，由于冷弯法耗费动力较大，所以管径 $D \leqslant 175$mm 时用冷弯，$D > 175$mm 的管道宜采用热煨弯。常用冷弯法有以下几种：

1）手工冷弯分为弯管板冷弯、滚轮弯管器冷弯和小型液压弯管机冷弯。

弯管板如图4-12所示。弯管板可用厚度30～40mm、宽250～300mm、长1500mm的硬质木板制成。板上按照需要为管道外径开圆孔，弯管时将管端插入孔中，加上套管作为杠杆，以人工施力压弯。这种方法弯制管径较小（ϕ15～ϕ20mm）和弯曲角度不大的弯管较方便，如连接放热器的支管来回弯。

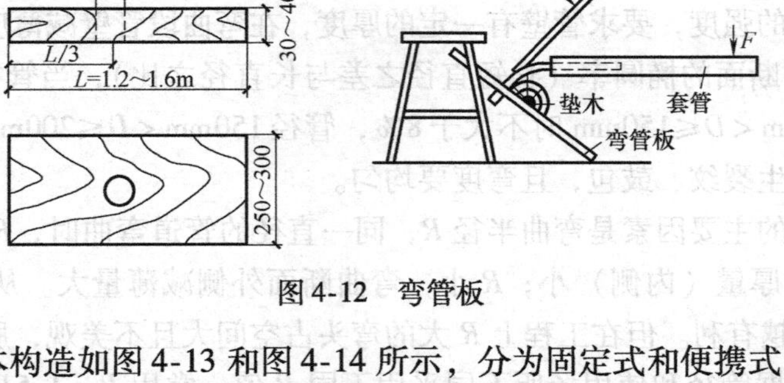

图4-12　弯管板

滚轮弯管器基本构造如图4-13和图4-14所示，分为固定式和便携式。将要弯曲的管端插入两个滚轮之间，一端由夹持器固定，转动杠杆使管道被拉弯，达到需要的弯曲角度后停止转动杠杆。这种弯管器的缺点是每种滚轮只能弯曲一种管径的管道，需要准备多套滚轮，且使用时笨重费力，只能用于小管径管道。

小型液压弯管器如图4-15所示，它采用手动油泵作为动力机构，操作省力。弯管范围

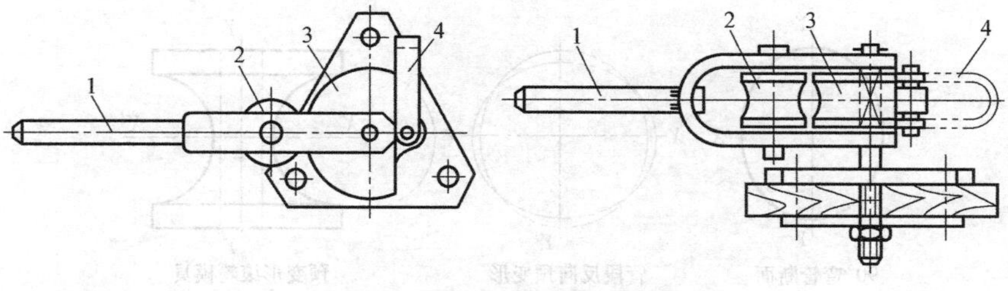

图 4-13　固定式滚轮弯管器

1—杠杆　2—活动滚轮　3—固定滚轮　4—管道夹持器

为管径 15 ~ 40mm，适合施工现场安装采用。

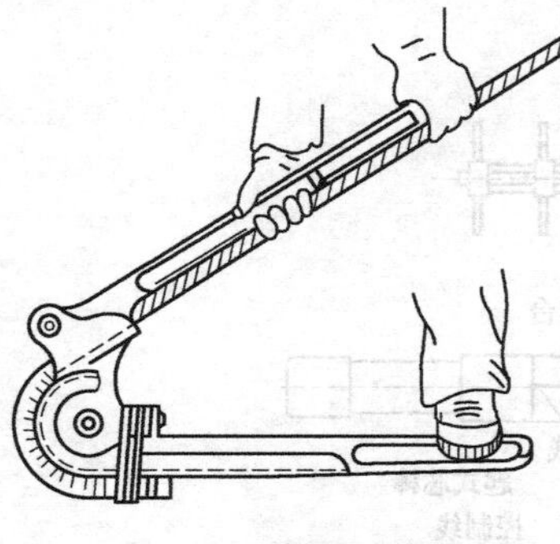

图 4-14　便携式弯管器

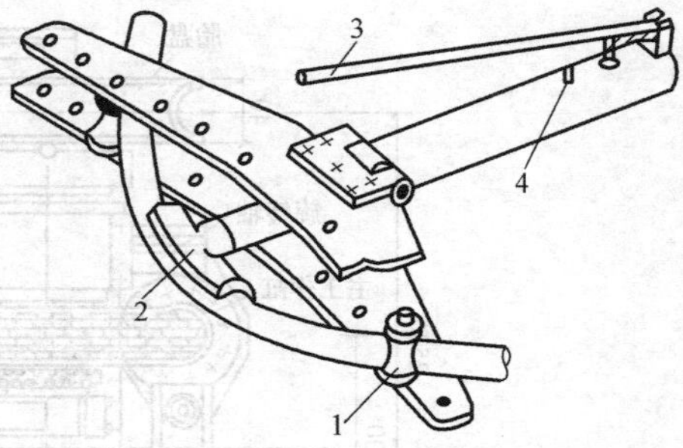

图 4-15　小型液压弯管器

1—顶杆　2—胎膜　3—手柄　4—回液阀

在加工弯管时，对于带螺纹的管端要注意保护，可套上管箍等附件，或用玻璃丝布或棉纱包裹。

2）钢管冷弯采用手工冷弯法工效较低，费力，质量难以保证。所以对管径在 25mm 以上的管道一般采用电动弯管机，电动弯管机分为无芯冷弯弯管机和有芯冷弯弯管机两种。

电动无芯冷弯弯管机如图 4-16 所示，弯管时管内既不灌砂，也不加入芯棒。当管径在 108mm 以下时，最小弯曲半径 $R = 2D$ 的管道弯管后无明显椭圆现象。为了防止弯管产生椭圆断面，可以采取反向预变形法。即在管道弯管前，在管道弯曲段加压力，产生反向预变形。当管道弯管后，反向预变形正好消除，弯曲处管道断面保持圆形。加压预变形是通过滚轮胎具压制而成的，滚轮胎具的凹槽是按照变形实际情况加工的，对不同管径的管道要用不同滚轮胎具，如图 4-17 所示。无芯弯管机适用于有缝、无缝、镀锌管和有色金属管。

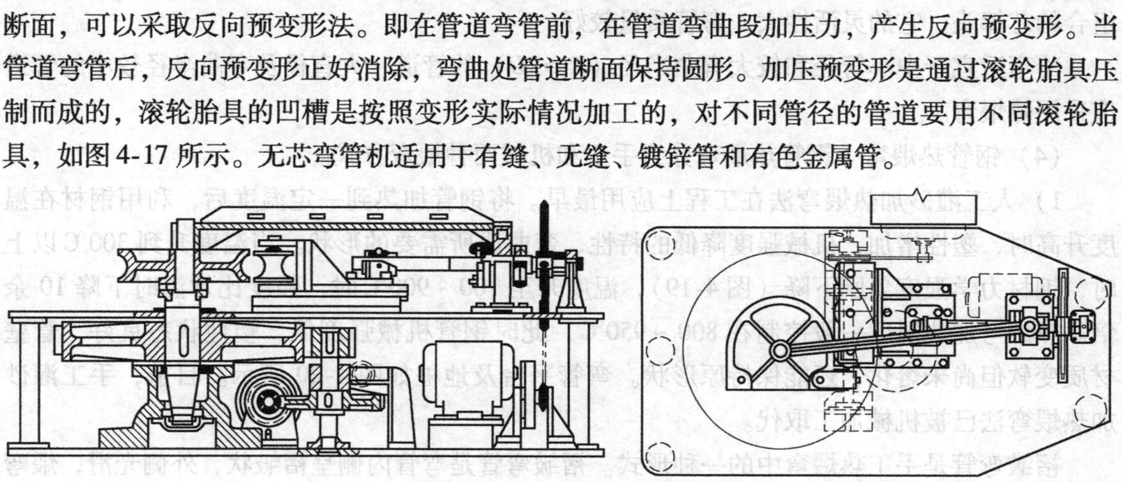

图 4-16　电动无芯冷弯弯管机

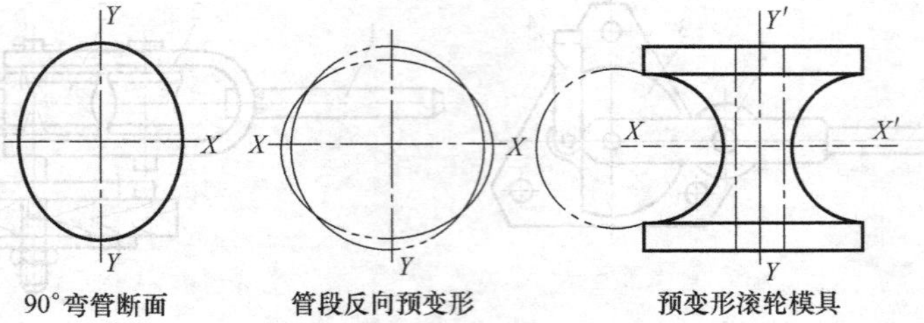

图 4-17　弯管预变形

对于大直径的钢管，管壁较厚，用预变形法消耗动力较大，且使机械构造复杂化，因此可采用有芯弯管机。有芯弯管机的构造原理与无芯弯管机相同，图 4-18 所示为有芯弯管机。

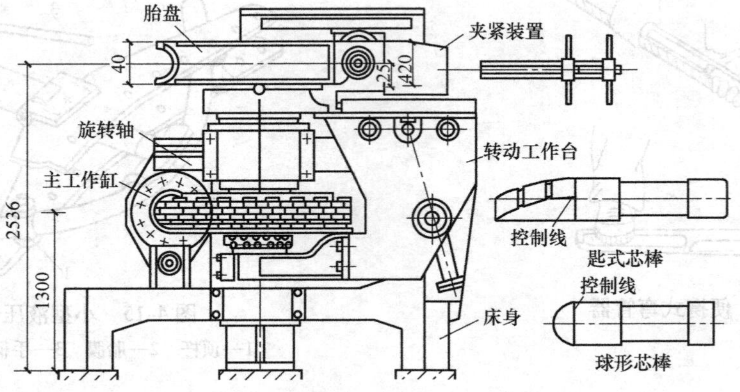

图 4-18　有芯弯管机

有芯弯管机加工的最大管径为 325mm，最小弯曲半径 $R=3.25D$，可适用于有缝、无缝镀锌钢管、不锈钢管及有色金属管等。有芯弯管机的特点是在管道弯曲段加入芯棒，在弯管时它可随着管道弯曲或移动，防止管道弯曲时压扁。芯棒有两种：一种是单件芯棒，棒的前端要有一定的圆弧角，以保证管道的渐变弯曲和便于芯棒移动。另有一种是两块或三块部件组合的芯棒头，它的灵活性大，弯管质量较好。

冷弯适宜于中小管径和较大弯曲半径（$R \geqslant 2D$）的管道，大直径及弯曲半径较小的管道应采用热煨弯。

（4）钢管热煨弯　钢管热煨弯分为手工和机械两种煨弯方式。

1）人工灌砂加热煨弯法在工程上应用最早。将钢管加热到一定温度后，利用钢材在温度升高时，塑性增加，机械强度降低的特性，弯曲成所需要的形状。当温度升到 300℃以上时，钢材力学强度急剧下降（图 4-19），温度升至 700～900℃时，强度比常温时下降 10 余倍。热煨弯加热温度一般控制在 800～950℃，此时钢管机械强度低，塑性状态良好，管壁材质变软但尚未熔化，还能保持原形状。弯管平台及地桩如图 4-20 所示。目前，手工灌砂加热煨弯法已被机械加工取代。

褶皱弯管是手工热煨弯中的一种形式。褶皱弯管是弯管内侧呈褶皱状，外侧光滑，煨弯时，先用木塞或堵板堵住划好线的管道两端，放置于平台上，用气焊对褶皱处进行局部加热，管道被加热到900～950℃时，应立即进行煨弯。煨弯过程中应不断用水冷却管外侧，每煨一个弯，都必须用量具进行测量，保证每个褶皱的角度均为管道弯曲角度的1/n，煨好一个弯后再煨另一个弯。该方法适合于煨制管径较大且曲率半径较大的管道。图4-21所示为褶皱弯管加工示意图及外观图。

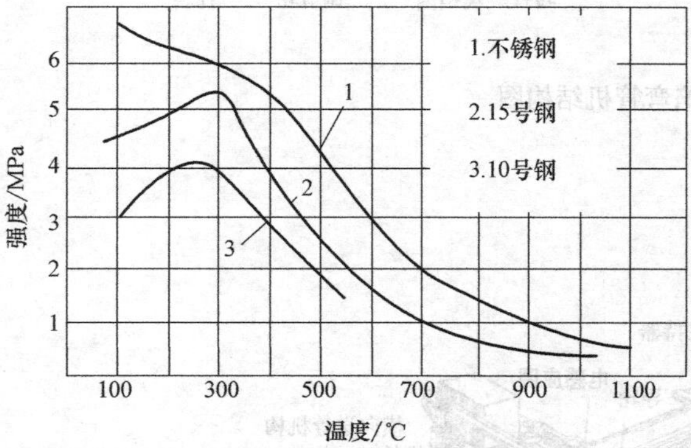

图4-19 钢材强度与温度关系曲线

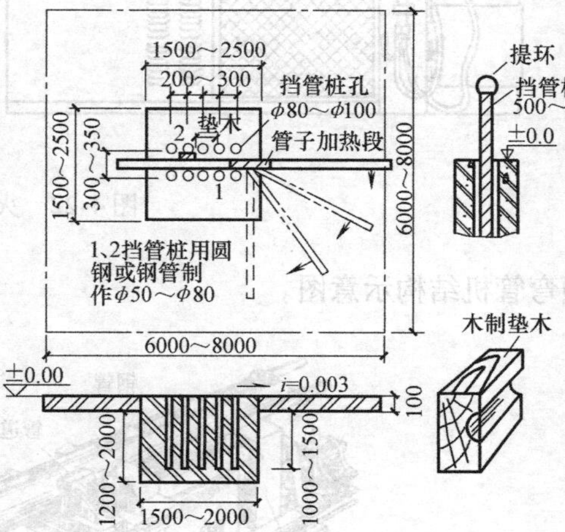

图4-20 弯管平台及地桩

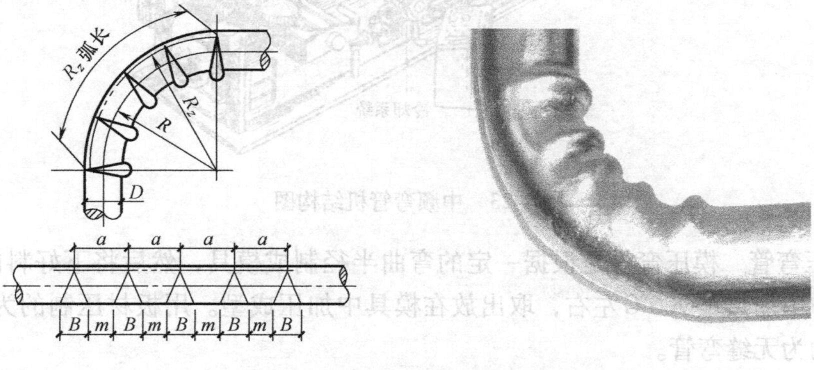

图4-21 褶皱弯管加工示意及外观图

2）机械热煨弯通常采用火焰弯管机和中频弯管机。火焰弯管机是对管道的弯曲部分分段加热煨弯，无须灌砂，管道加热采用环形火焰圈，加热“红带”宽度一般在15mm左右，当加热至900℃左右时，对“红带”部位进行煨弯，管道经过煨弯后立刻喷水冷却，使煨弯范围总是控制在“红带”以内。这样加热、煨弯和冷却连续进行，即可弯成所需要的弯管。火焰弯管机煨弯的弯曲半径可以根据需要调节，最小$R=1.5D$，弯曲段管壁变形均匀。图4-22为火焰弯管机结构图示。

中频弯管机的基本原理是利用电感应圈代替火焰圈加热，用晶闸管发生器控制，由于通过感应圈的电流交变，感应圈对应处的管壁中就相应产生感应涡流，感应圈中电流交变频率越高，管壁中涡流电流越大，由于管材电阻较大，使电能转变为热能，在涡流电的热效应作用下，产生高温“红带”进行煨弯。中频电流一般是常用交流电通过变频设备产生。常用变频设备有变频机和晶闸管发生器。中频弯管机可煨制管径325mm的弯管。图4-23所示为

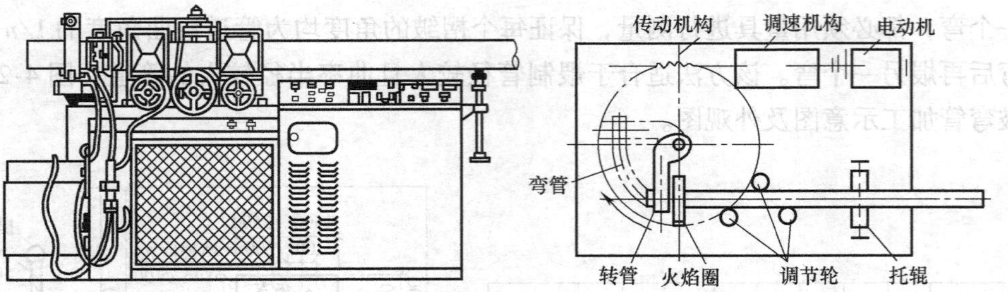

图 4-22　火焰弯管机结构图

中频弯管机结构示意图。

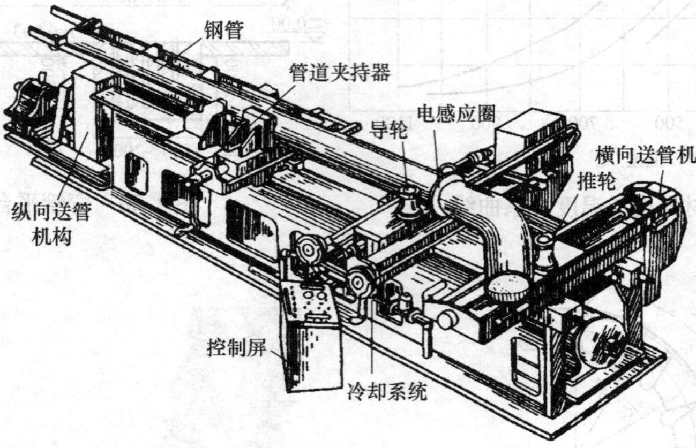

图 4-23　中频弯管机结构图

（5）模压弯管　模压弯管是根据一定的弯曲半径制成模具，然后将下好料的钢板或管段放入加热炉中加热至 900℃左右，取出放在模具中加压成型。用板材压制的为有缝弯管，用管段压制的为无缝弯管。

根据计算的弯管展开长度下料（在下料时弯管的长臂要比理论计算值加长 15%，而短臂（弯里）比理论计算值应减小 4%），将切好的管段放入炉子中加热至 900℃左右，取出放在模具中压制。模具由上模、下模及芯子三部分组成，经模压一次成型。这种弯管也适合工厂化生产，运输方便，成本也较其他加工方法低。

（6）焊接弯管　当管径较大、管壁较厚或较薄、弯曲半径 R 较小时，采用冷或热煨弯法均较困难，常采用焊接弯管（俗称虾米腰弯头）。即把管道切成几节斜管凑成所需弯度，然后对口焊接而成。其 $R \geqslant 1.5D$，短管节数可用 3～5 节。弯曲角度、弯曲半径及弯管的组成节数可根据需要选定。一般 90°弯管由两节（无中间节）、三节（一个中间节及两个端节）及四节（两个中间节和两个端节）等多节焊接而成，它不受管径大小及管壁厚薄的限制。往往由于加工及现场条件的限制，R 的数值不能太大，弯头节数也不能分得太多，因此对不同管径的弯管弯曲半径和节数作了规定，见表 4-2。焊接弯管的展开画线与通风弯管相同。弯管画线也可用分节的长臂及短臂的尺寸直接在钢管上量取。

表 4-2　焊接弯头弯曲半径及节数

管外径/mm	弯曲半径 R	节数 n				
		90°	60°	45°	30°	22.5°
57～159	$1D$～$1.5D$	4	3	3	3	3
219～318	$1.5D$～$2D$	5	4	4	4	4
318 以上	$2D$～$2.5D$	7	4	4	4	4

分节的长臂
$$M=\frac{1}{2}\pi\left(R+\frac{d_0}{2}\right)\div n \tag{4-2}$$

短臂
$$N=\frac{1}{2}\pi\left(R-\frac{d_0}{2}\right)\div n \tag{4-3}$$

式中　R——弯曲半径；

d_0——管道外径（mm）；

n——弯管的分节数（两个端节算作一个中间节）。

焊接弯管两头一般用端节，使接口面保持圆形以便与管路连接，一个中间节分为两个端节。管道在切断成管节前，在管道直径两端的壁面上应各画一条直线，作为管节焊接组对的标记，使各节的长臂或短臂对齐，保证弯管平正。在实际工作中，焊制的90°弯管成品往往有勾头现象，即略小于90°，这是因为钢管壁厚斜切下料的影响，在画线与切割加工中应注意修正。图 4-24 所示为90°弯管的展开图。

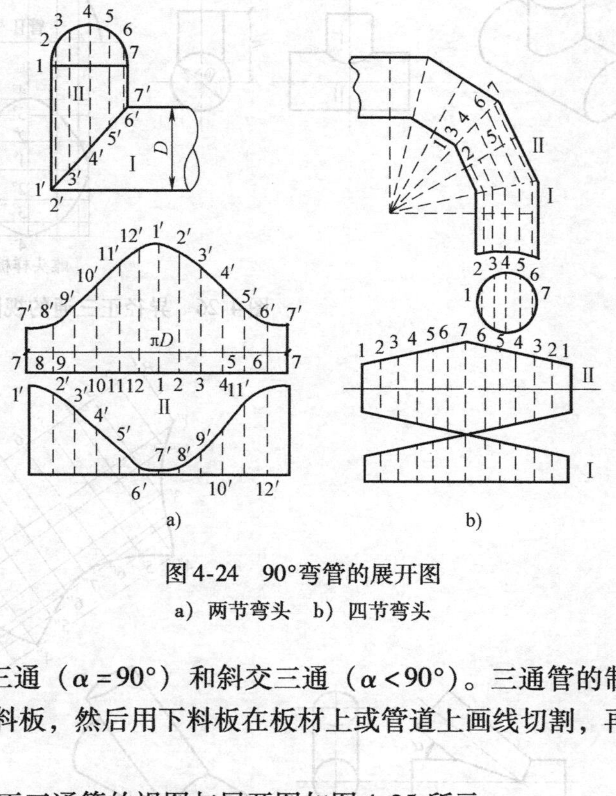

图 4-24　90°弯管的展开图

a）两节弯头　b）四节弯头

2. 三通管的加工制作

三通管是用于管道分支、分流处的管件，按主管与分支管的管径同异分为同径三通和异径三通，按分支管轴线与主管轴线的夹角（α）分为正交三通（$\alpha=90°$）和斜交三通（$\alpha<90°$）。三通管的制作首先应按照不同三通的展开图制作下料板，然后用下料板在板材上或管道上画线切割，再进行卷制和焊接即可。

（1）三通管的视图与展开图　同径正三通管的视图与展开图如图 4-25 所示。

异径正三通的视图与展开图如图 4-26 所示。

同径斜三通的视图与展开图如图 4-27 所示。

异径斜三通管的投影如图 4-28 所示。

异径斜三通管的接合线与展开图如图 4-29 所示。

等径等角裤裆三通管的展开图如图 4-30 所示。图中 D 代表三通管外径，三通管三个支

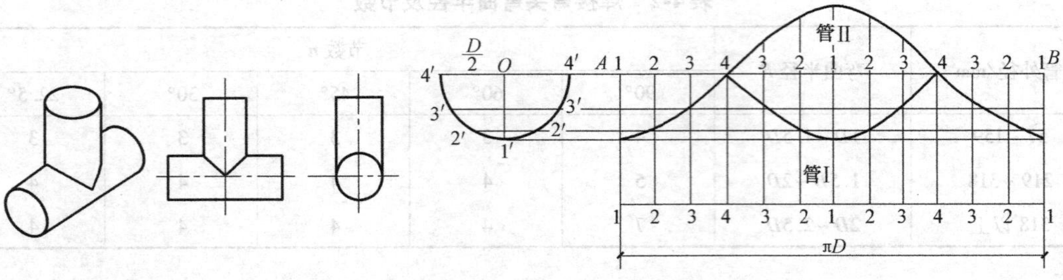

图 4-25　同径正三通管的视图与展开图

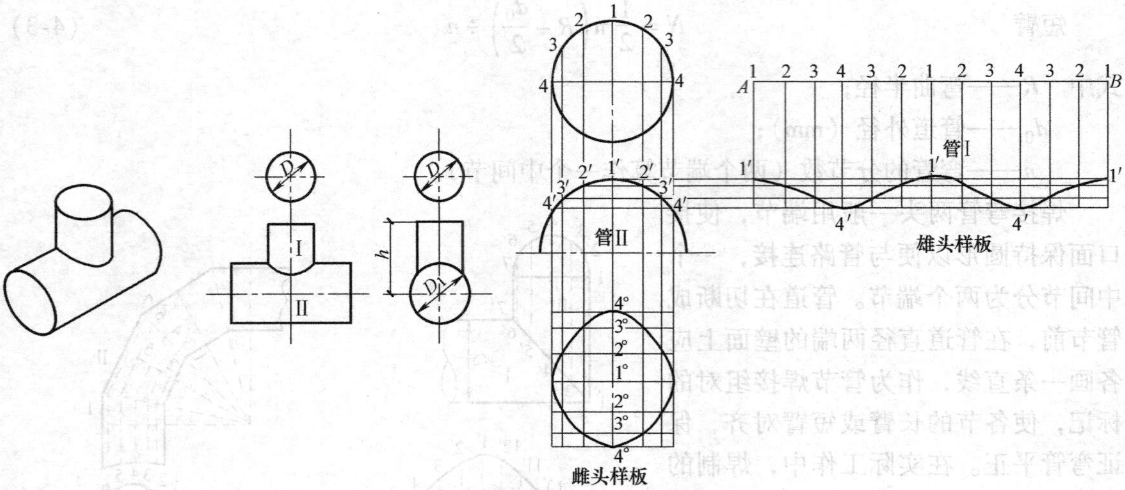

图 4-26　异径正三通的视图与展开图

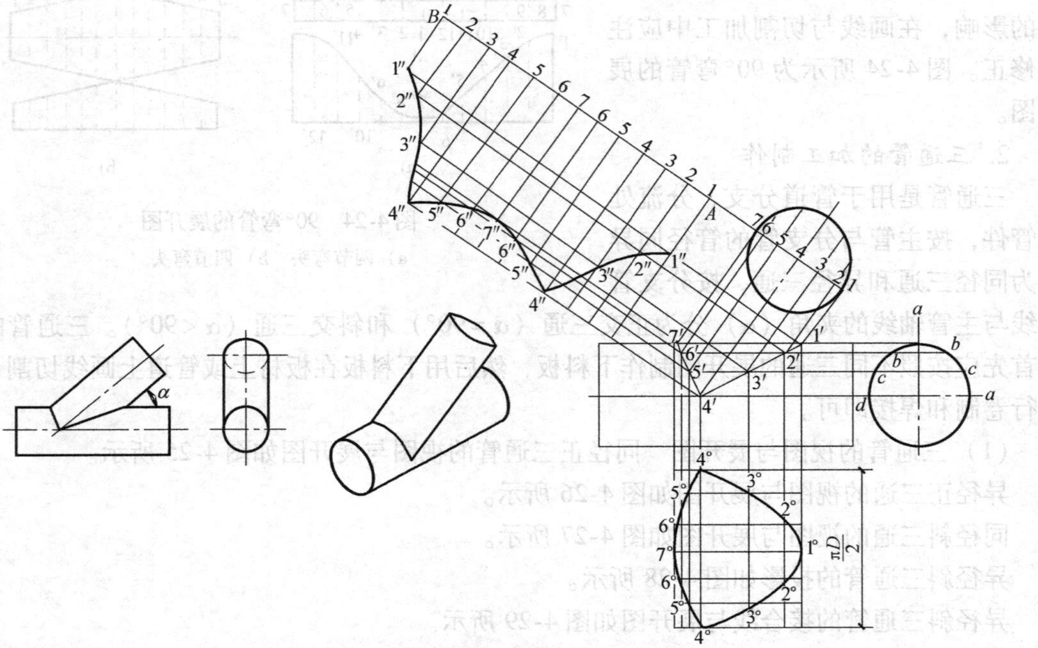

图 4-27　同径斜三通的视图与展开图

管互成 120°角。在 $\triangle AOB$ 中，$\angle AOB = 120°$，$\angle OAB = \angle OBA = 30°$，因此，求作展开图时用的小圆半径 r 的计算式为

$$r = \frac{D}{2}\tan 30° = \frac{D}{2} \times \frac{\sqrt{3}}{3} = 0.2887D \quad (4\text{-}4)$$

式中 r——展开图用的小圆半径（mm）；

D——三通管外径（mm）。

任意角度的等径裤裆三通管的展开图如图 4-31所示。

部分焊接管件如图 4-32 所示。

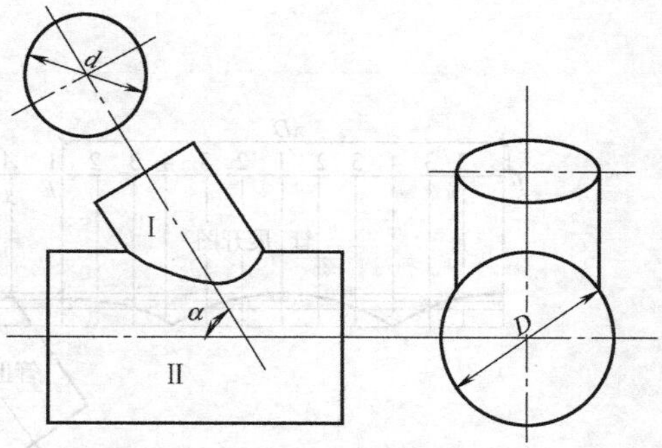

图 4-28 异径斜三通管的投影

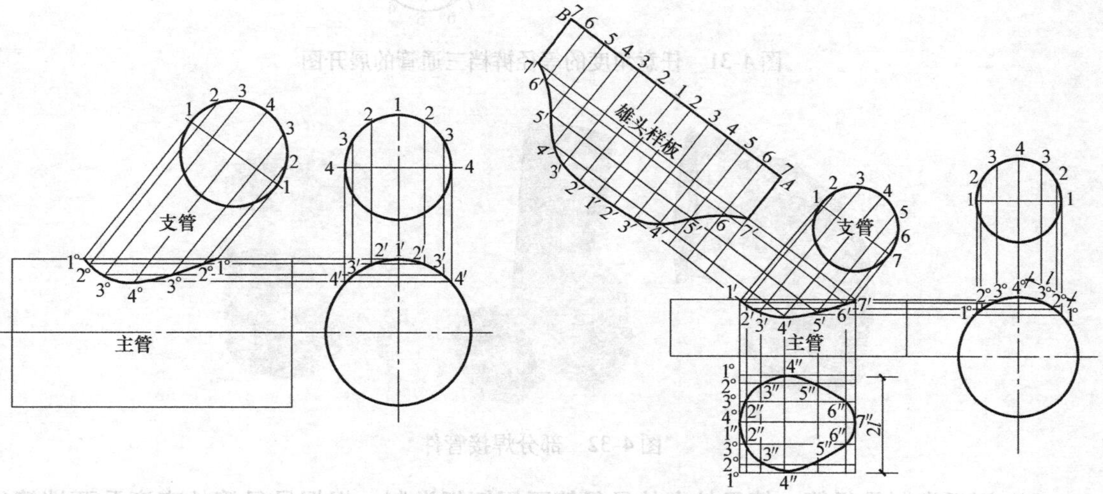

图 4-29 异径斜三通管的接合线与展开图

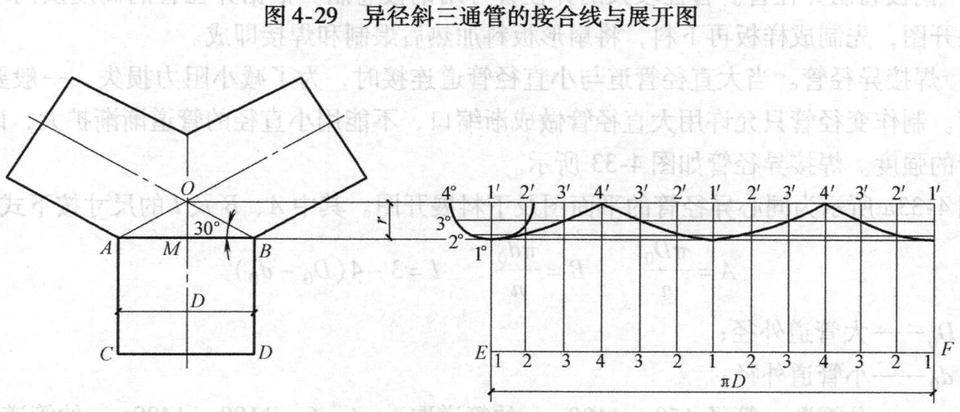

图 4-30 等径等角裤裆三通管的展开图

（2）异径管的加工 异径管俗称大小头，又称为渐缩管或渐扩管，与三通一样，管径 100mm 以上的异径管可以现场制作，也可以购买成品。异径管可分为同心和偏心两种，有焊接异径管和压制异径短管。

1）缩口异径管。小管径的异径管或异径不大时一般常用缩口的方法。缩口需将管道加热烧红后用锤子捻打。在特殊情况下允许将小直径管道扩口，但只能扩大一号管径。

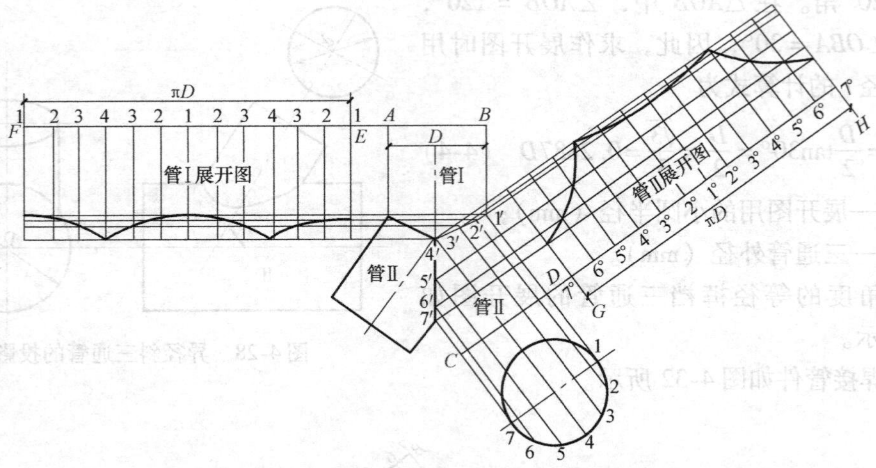

图 4-31　任意角度的等径裤档三通管的展开图

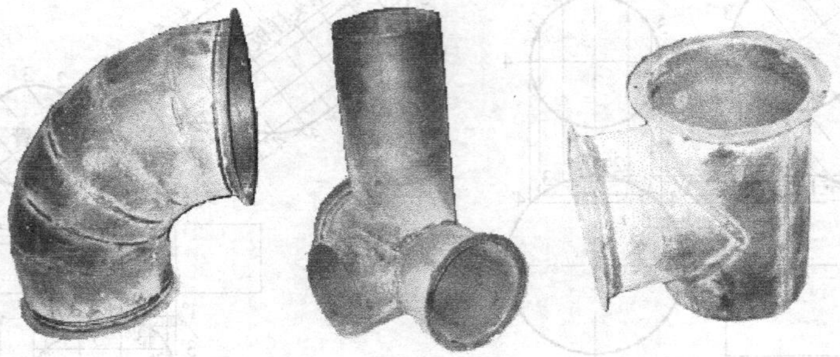

图 4-32　部分焊接管件

2）钢板卷制异径管。管径较大的异径管可用钢板卷制。根据异径管的高度及两端管径画出展开图，先制成样板再下料，将扇形板料加热后煨制和焊接即成。

3）焊接异径管。当大直径管道与小直径管道连接时，为了减小阻力损失，一般要采用异径管。制作变径管只允许用大直径管做成渐缩口，不能用小直径的管道渐渐扩大，以保证异径管的强度。焊接异径管如图 4-33 所示。

图 4-33a 所示为同心异径管的平面图及下料展开图。其中 A、B 及 l 的尺寸按下式确定

$$A=\frac{\pi D_0}{n}\qquad B=\frac{\pi d_0}{n}\qquad l=3\sim4(D_0-d_0)\tag{4-5}$$

式中　D_0——大管道外径；

d_0——小管道外径；

n——分瓣数，管径 $\phi50\sim\phi100$mm 的管道取 $n=4\sim6$，$\phi100\sim\phi400$mm 的管道取 $n=6\sim8$。

图 4-33b 所示为偏心异径管，其各部分尺寸为

$$A=\frac{\pi D_0}{8}\tag{4-6}$$

$$B=\frac{3}{12}\delta\tag{4-7}$$

$$C=\frac{2}{12}\delta \tag{4-8}$$

$$D=\frac{1}{12}\delta \tag{4-9}$$

式中 δ——大小圆周长之差，$\delta=\pi(D_0-d_0)$；8 和 12 是小管和大管圆周分瓣数。

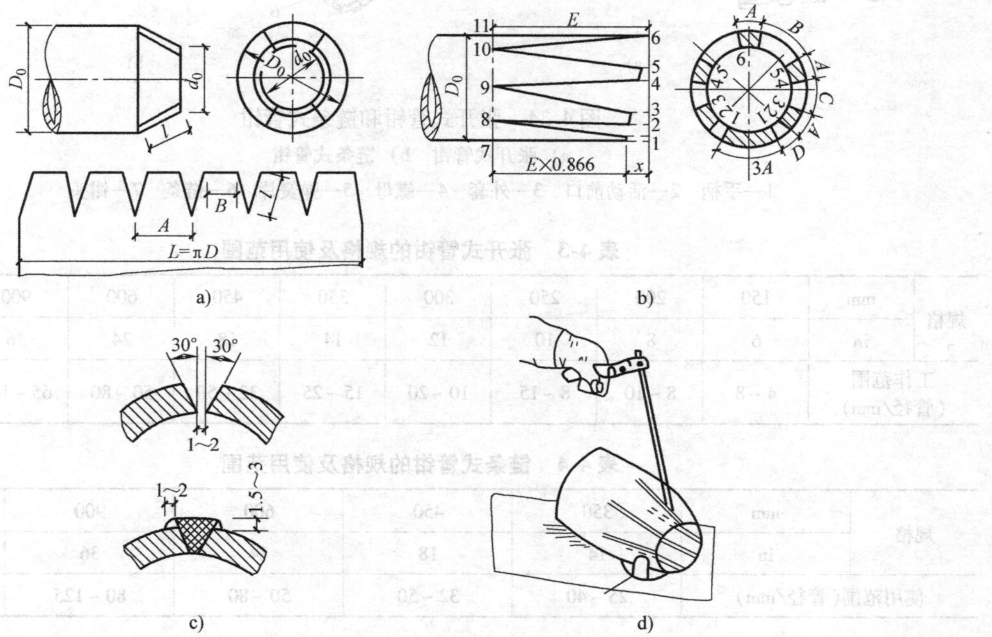

图 4-33 焊接异径管

a）同心异径 b）偏心异径 c）焊接坡口 d）焊接操作

第二节 管道的连接

管道连接是按照设计图样的要求，将管道连接成一个严密的整体，以达到符合使用要求的目的。管道材质的不同，其连接方法不同；管道的用途不同，其连接方法也不同。管道的主要连接方法有螺纹连接、法兰连接、焊接连接、承插连接、热熔连接、粘接、卡套连接、卡压连接、沟槽连接和专用管件连接等。

一、螺纹连接

螺纹连接俗称丝扣连接。通过管道的外螺纹与管件的内螺纹把管道与管道、管道与管件、管道与阀门连接起来。螺纹连接适用于低压流体输送用焊接钢管、带内衬的钢管、部分预制螺纹的铸铁管、带滚压螺纹的薄壁不锈钢管、硬质塑料管以及厚壁铜管等。

1. 常用工具

螺纹连接常用工具有张开式管钳和链条式管钳两种，如图 4-34 所示。张开式管钳在螺纹连接中使用最为广泛，它的规格是以管钳的张开中心到手柄段端头的长度，用英寸标称的。长度表明力臂的大小，并与张口大小相适应，其规格和使用范围见表 4-3。链条式管钳又称链钳子，它借助于钢链条把管道箍紧，用来拧紧大管径管道的管螺纹或转动大管径管道，其规格和使用范围见表4-4。

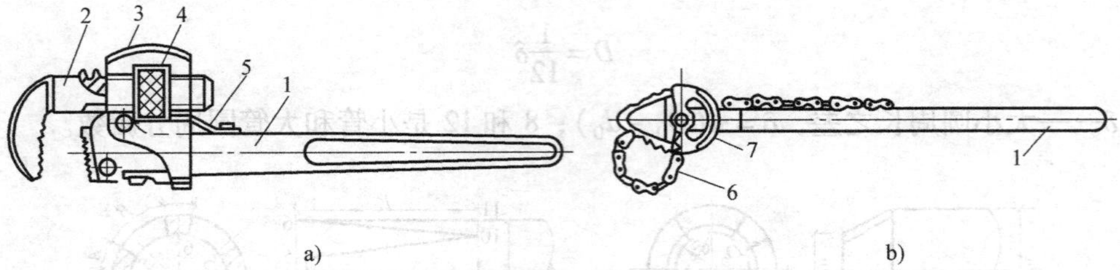

图4-34 张开式管钳和链条式管钳

a）张开式管钳 b）链条式管钳

1—手柄 2—活动前口 3—外套 4—螺母 5—弹簧片 6—链条 7—钳头

表4-3 张开式管钳的规格及使用范围

规格	mm	150	200	250	300	350	450	600	900	1200
	in	6	8	10	12	14	18	24	36	48
工作范围（管径/mm）		4～8	8～10	8～15	10～20	15～25	32～50	50～80	65～100	80～125

表4-4 链条式管钳的规格及使用范围

规格	mm	350	450	600	900	1050
	in	14	18	24	36	42
使用范围（管径/mm）		25～40	32～50	50～80	80～125	100～200

用管钳上管件时，可利用台虎钳夹住带短螺纹的管段或管件，用管钳中部或后部咬紧管件或管道，一只手扶稳管钳头部，用另一只手压钳把。操作时，扳转钳把要稳妥，要渐渐用力，不可用力过猛，也不可用全身之力加于管钳，以防管钳打滑或钳牙脱落、打滑伤人。

2. 螺纹连接

（1）螺纹 按连接件的形状分类螺纹连接方式有圆柱形接圆柱形螺纹、圆柱形接圆锥形螺纹、圆锥形接圆锥形螺纹三种形式，其中后两种连接方式可以使螺纹越旋越紧，是常用的连接方式，螺纹连接方式如图4-35所示。管道的外螺纹多做成锥螺纹，管件的内螺纹常采用柱螺纹，通常连接得比较紧密。螺纹连接适用于低压流体输送钢管、预制螺纹的铸铁管、带滚压螺纹的薄壁不锈钢管、厚壁铜管以及塑料管等。

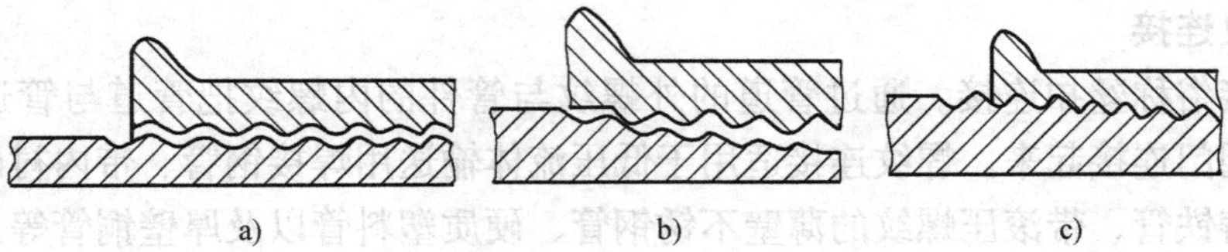

图4-35 几种螺纹连接方式

a）圆柱形接圆柱形螺纹 b）圆锥形接圆柱形螺纹 c）圆锥形接圆锥形螺纹

（2）填料 在管道的外螺纹与管件或阀件的内螺纹之间应加上适当的填料。填料的作用，一是养护管口，便于维护检修时拆卸；二是密封。

当管道在输送冷热水、压缩空气时，常用白厚漆和油麻（俗称铅油和麻丝）作为填料。先将麻丝理成薄而均匀的纤维，然后把白厚漆均匀地涂在管螺纹上，再将麻丝从螺纹的第二扣开始沿螺纹方向（顺时针方向）进行缠绕，如图4-36所示。缠好后，用手拧入2～3扣为宜，再用管钳将管件拧紧（用管钳拧入3～4个扣），拧紧后的管口应留有2～3个扣，随后，应将裸露的外螺纹作防腐处理。

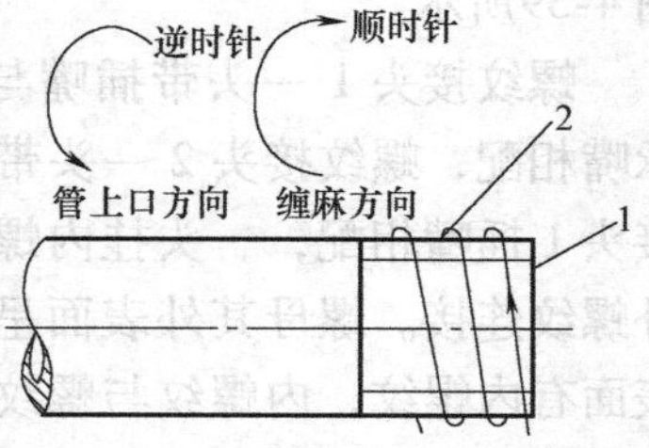

图4-36 填料缠绕方向

1—管螺纹 2—麻丝或生料带

当管道用来输送燃气时，不能使用麻丝作填料，只能用白厚漆或聚四氟乙烯生料带。生料带是用聚四氟乙烯树脂与一定量的辅助剂相混合辗制成厚度为0.1mm，宽度不大于30mm，长度为1～5m的薄膜带。它具有优良的耐化学腐蚀性，对于浓酸、浓碱及强氧化剂，即使在高温下也不发生化学反应，热稳定性好，耐工作温度较高，可在250℃下长期工作，可用在工作温度为－180～250℃的各类管路中。

当输送的蒸汽温度较高时，只能用白厚漆作填料或用白厚漆与石棉纤维作填料。

当管道作为制冷管道、氧气管道、石油管道时，应采用聚四氟乙烯生料带，或者用黄粉（一氧化铅）调以甘油成糊状，涂于管螺纹后，要立即上管件，并须一次拧紧，不得再松动。黄粉与甘油的调和物要随调随用，若时间超过10min，即硬化报废。

（3）螺纹连接 螺纹连接分为短螺纹连接、长螺纹连接、活接头连接、锁母连接等方式。

1）短螺纹连接。如图4-37所示，首先预套短螺纹，根据管段测量尺寸，分别按要求套制出管段2、管段7短管上的螺纹；将带螺纹的管段2固定在台虎钳上，螺纹端离虎台钳100～150mm，并缠好密封填料（涂铅油，缠麻丝或缠聚四氟乙烯生料带）；用手将阀门旋在带螺纹的管段上，用手拧进2～3个螺扣为宜，拧阀门时按顺时针拧入，再用管钳把阀门拧紧。将带螺纹的管段7缠好密封填料，按顺时针方向用手将管段7拧入已连接好的阀门；用管钳夹住已拧紧的阀门的一端，再用管钳拧所需拧紧的管段，前者要保持阀门始终位置不变，因而用力方向为逆时针，后者按顺时针方向慢慢旋紧管段，即先上阀门，再上管段。

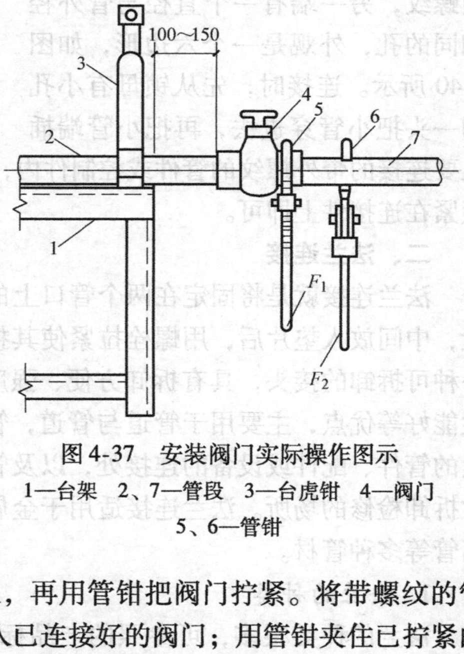

图4-37 安装阀门实际操作图示

1—台架 2、7—管段 3—台虎钳 4—阀门 5、6—管钳

2）长螺杆连接。用作管道的活连接部件，代替活接头，具有成本低、省工省时等优点。长螺杆由一头是短螺纹另一端为长螺纹的管道和一个相应规格的螺母组成，这种连接在散热器支管与立管连接处最为常见。安装时，将锁紧螺母拧到长螺纹的底部，长螺纹全部拧入散热器内，然后往回倒扣，当锁紧螺母与散热器有3～5mm间隙时，在间隙中缠以适量的麻丝或石棉绳，缠绕方向要与锁紧螺母旋紧的方向相同，用合适的扳手拧转锁紧螺母，并压紧填料。长螺杆连接如图4-38所示。

3）活接头连接。活接头由三个单件组成，即螺纹接头1、螺纹接头2和螺母，如

图4-39所示。

螺纹接头1一头带插嘴与螺纹接头2承嘴相配，螺纹接头2一头带承嘴与螺纹接头1插嘴相配，一头挂内螺纹也与管道外螺纹连接。螺母其外表面呈六角形，内表面有内螺纹，内螺纹与螺纹接头2上的外螺纹配合。

图4-38 长螺杆连接

1—短螺纹 2—锁紧螺母 3—长螺纹 4—散热器 5—补心 6—填料 7—锁紧螺母锁紧方向和石棉绳缠绕方向

如果活接头安装在阀门附近，当阀门损坏需要更换时，从活接头处拆开很方便。如果阀门附近未安装活接头，拆换阀门时必须从管道的尽头拆起，直至拆到阀门，这样费时费力。

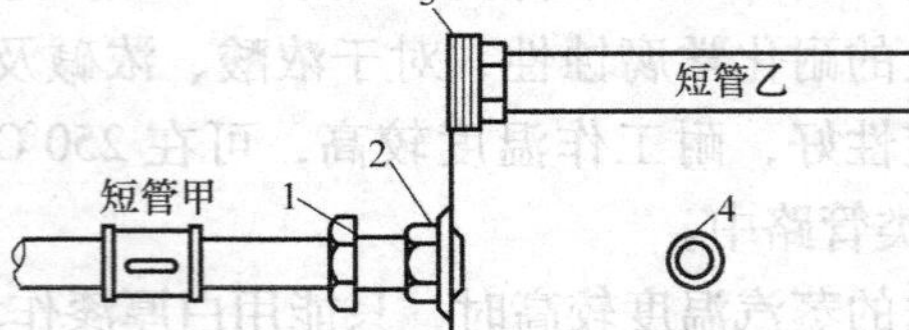

图4-39 活接头连接

1—螺母 2—螺纹接头1 3—螺纹接头2 4—垫片

4）锁母连接。锁母连接是管道连接中的一种活接形式，它的一端挂内螺纹，另一端有一个直径与管外径相同的孔，外观是一个六边形，如图4-40所示。连接时，先从锁母有小孔的一头把小管穿进去，再把小管端插入要连接的带外螺纹的管件或控制件内，在连接处加好石棉绳或橡胶圈填料，用扳手将锁母锁紧在连接件上即可。

二、法兰连接

法兰连接就是将固定在两个管口上的一对法兰盘，中间放入垫片后，用螺栓拉紧使其接合起来的一种可拆卸的接头，具有拆卸方便、强度高、密封性能好等优点，主要用于管道与管道，管道与带法兰的管件、配件或设备的连接处，以及管道需要经常拆卸检修的场所。法兰连接适用于金属管和非金属管等多种管材。

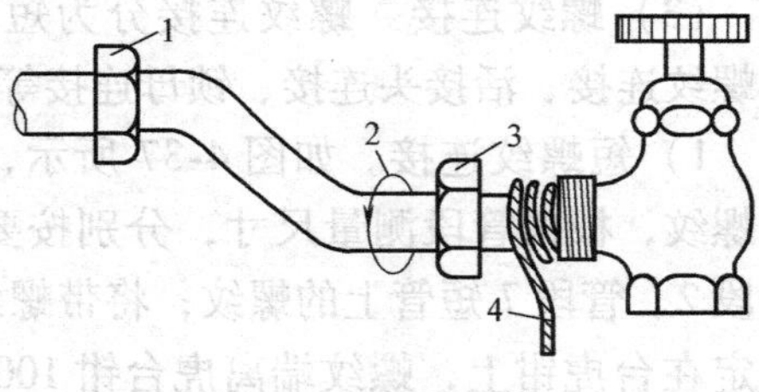

图4-40 锁母连接

1、3—锁母 2—石棉绳缠绕方向 4—石棉绳

1. 法兰的种类

法兰的种类很多，可参照的产品标准也较多。按照法兰的材质不同可分为钢制法兰、铸铁制法兰和塑料法兰，按法兰与管道的固定方式不同分为整体法兰、螺纹法兰、焊接法兰、松套法兰等，图4-41所示为常用的几种法兰。

2. 法兰安装的技术要求

在安装法兰前应进行如下检查：

1）法兰的加工尺寸是否符合标准或设计要求，法兰的垫片材质和尺寸是否符合标准或设计要求。

2）法兰表面是否光滑，有无砂眼、裂纹、斑点、毛刺等现象。

3）法兰垫片是否质地柔韧，无老化、变质现象，表面无裂纹、毛刺、凹槽、径向划痕及锈斑等缺陷。法兰垫片需现场加工时，不管是采用手工剪制，还是采用切割，垫片材质应

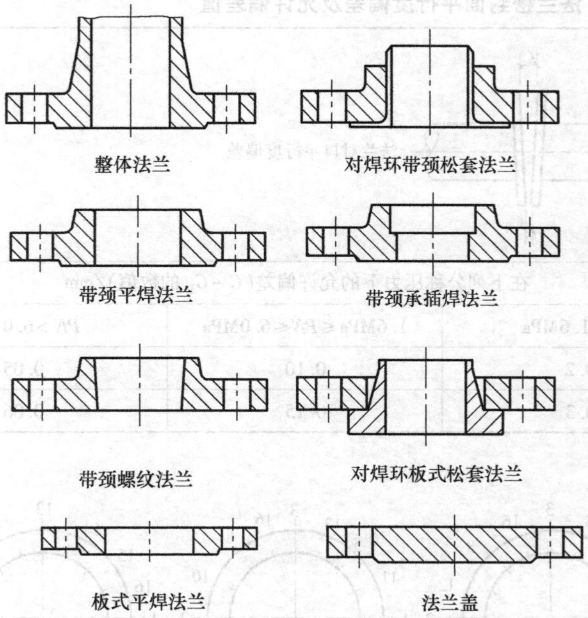

图 4-41 各种法兰

符合设计要求和质量标准。垫片应制成手柄式，以便于安装。

4）螺栓及螺母的螺纹应完整，无伤痕、毛刺等缺陷，螺栓、螺母应配合良好，无松动和卡涩现象。

法兰盘连接的总体技术要求如下：

法兰与管道组装应对管道端面进行检查，切口端面倾斜偏差不应大于管外径的 1%，且不得超过 3mm，如图 4-42 所示。

法兰与管道组装时，要用法兰角尺检查法兰的垂直度，当无明确规定时，不应大于法兰外径的 1.5%，且不大于 2mm，如图 4-43 所示。

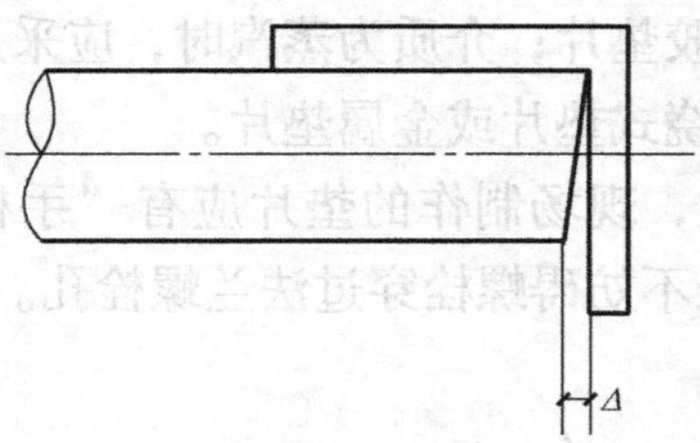

图 4-42 管道切口端面倾斜偏差

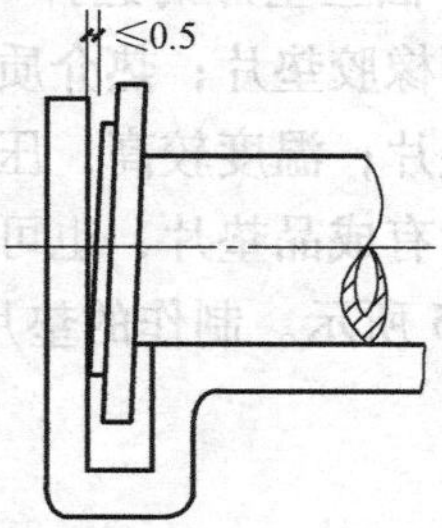

图 4-43 法兰角尺检查法兰垂直度

法兰与法兰对接连接时，密封面应保持平行，法兰密封面的平行度及允许偏差值见表 4-5。

拧螺栓时应对称交叉进行，如图 4-44 所示，以保障垫片各处受力均匀，拧紧后的螺栓与螺母宜齐平。

为了便于装拆，法兰、紧固螺栓、法兰平面距支架和墙面的距离不应小于 200mm，对于工作温度高于 100℃ 的管道，螺栓应涂一层石墨粉和机油的调和物，以便日后拆卸。

表 4-5　法兰密封面平行度偏差及允许偏差值

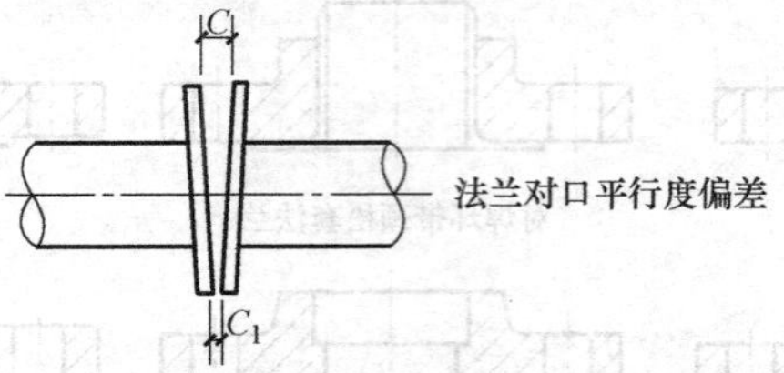

法兰公称尺寸 DN	在下列公称压力下的允许偏差($C-C_1$ 的数值)/mm		
	$PN<1.6\text{MPa}$	$1.6\text{MPa}\leqslant PN\leqslant 6.0\text{MPa}$	$PN>6.0\text{MPa}$
≤100	0.2	0.10	0.05
>100	0.3	0.15	0.06

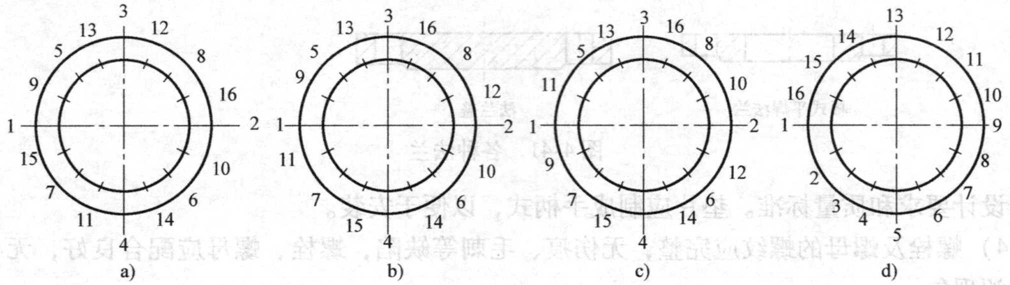

图 4-44　法兰螺栓拧紧步骤

a）第一次对称扳紧，其扳紧程度达 50%　b）第二次对称扳紧，扳紧程度达 60% ~70%
c）第三次对称扳紧，扳紧程度达 80% ~90%　d）最后顺序扳紧，扳紧程度 100%

法兰不得埋入地下，埋地管道或不通行地沟管道的法兰应设置检查井，法兰也不能装在楼板、墙壁和套管内。

（1）法兰垫片的选择　选择垫片时，垫料和垫片的尺寸应选用合适。介质是冷水时，一般选用橡胶垫片；热介质应选用耐热橡胶垫片或石棉橡胶垫片；介质为蒸汽时，应采用石棉橡胶垫片；温度较高，压力较高时，应选用金属石棉缠绕式垫片或金属垫片。

垫片有成品垫片，也可现场制作，为了便于安装定位，现场制作的垫片应有“手柄”，如图 4-45 所示。制作的垫片内径不应小于管道内径，外径不妨碍螺栓穿过法兰螺栓孔。

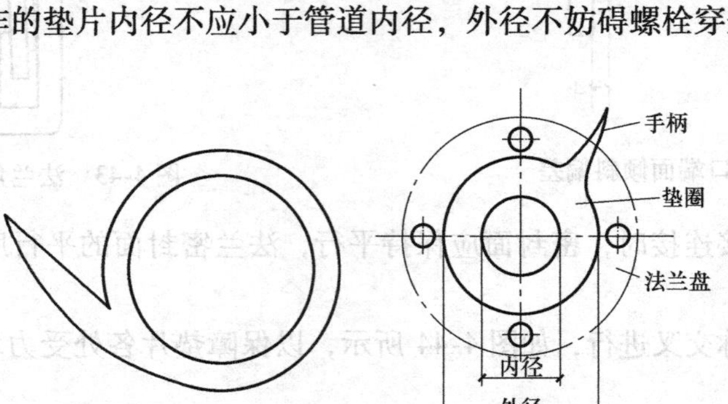

图 4-45　手柄法兰垫片

用石棉板制作垫片时，因石棉怕水浸泡，因此应将制好的石棉垫片放在机油中浸泡，然后晾干，安装时用机油和铝粉调成的粥状物，涂抹在垫片的两面。

法兰垫片材料选用参见表4-6。

表4-6　法兰垫片材料选用表

材料名称		适用介质	最高工作压力/MPa	最高工作温度/℃
橡胶板	普通橡胶板	水、空气、惰性气体	0.6	60
	耐油橡胶板	各种常用油料	0.6	60
	耐热橡胶板	热水、蒸汽、空气	0.6	120
	夹布橡胶板	水、空气、惰性气体	1.0	60
	耐酸碱橡胶板	能耐温度≤60℃以下，质量分数≤20%的酸碱液体介质的侵蚀	0.6	60
石棉橡胶板	低压石棉橡胶板	水、空气、蒸汽、煤气、惰性气体	1.6	200
	中压石棉橡胶板	水、空气及其他气体、蒸汽、氨、酸及碱稀溶液	4.0	350
	高压石棉橡胶板	蒸汽、空气、煤气	10	450
	耐油石棉橡胶板	各种常用油料、溶液	4.0	350
塑料板	软聚氯乙烯板 聚四氟乙烯板 聚乙烯板	水、空气及其他气体、酸及碱稀溶液	0.6	50
耐酸石棉板		有机溶液、碳氢化合物、浓酸碱液、盐溶液	0.6	300
铜、铝等金属板		高温高压蒸汽	20	600

（2）焊接法兰　在管端焊接法兰盘。当管道的工作压力为0.25～1.0MPa时，采用普通焊接法兰；工作压力为1.6～2.5MPa时，采用加强焊接法兰。普通焊接法兰和加强焊接法兰如图4-46所示。焊接法兰时，必须使管道与法兰端面垂直，可用法兰靠尺检查其垂直度，无法兰靠尺的可用90°角尺代替。在焊接法兰的连接面上，焊肉不得凸出，管口不得与法兰连接面平齐，而应凹进1.3～1.5倍管壁厚度。两个管口用法兰连接时，可以先焊好一个管口的法兰盘，另一个管口可套上法兰盘，将两法兰安装就位，对准螺栓孔再焊接，焊接的两个法兰盘连接面应平正且互相平行。两个管口的法兰焊接和对正完成后，即可加垫，穿螺栓，拧紧螺栓和螺母。

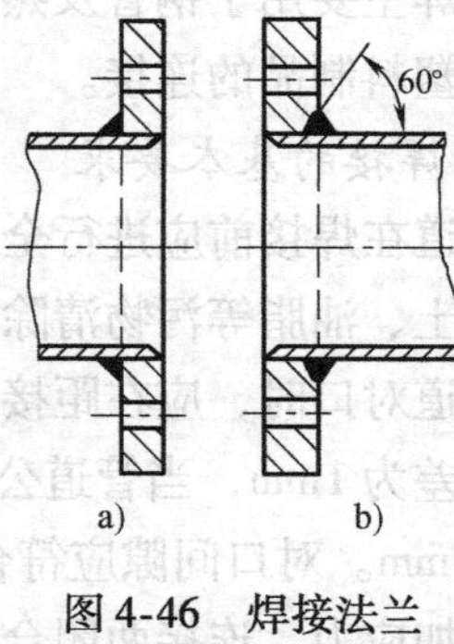

图4-46　焊接法兰
a）普通焊接法兰　b）加强焊接法兰

法兰穿螺栓前，应选择好螺栓、螺母，一般说来螺栓不能过细、过短或过长。紧固后的螺栓与螺母宜齐平。穿螺栓时，应预穿几根，将垫片插入两法兰之间，再穿余下的螺栓，垫片调正后，即可用扳手紧固。法兰螺栓的螺母需加钢垫圈。在拧紧螺母时，螺栓不要转动，如转动，则需再用一把扳手固定螺栓，然后拧紧螺母。

（3）螺纹法兰的连接　管道螺纹法兰连接与管道焊接法兰连接不同之处是，管口端先套成短螺纹，再按短螺纹连接方法把管端螺纹与螺纹法兰连接起来。

使管端螺纹与法兰螺纹连接在一起，最简便的方法有两种：第一种方法是把带短螺纹的管道固定在台虎钳上，管端螺纹伸出台虎钳 100mm 左右，将管端螺纹缠上填料后，用手把螺纹法兰与管道带上扣，最后用与法兰外径相适应的管钳夹住法兰，按顺时针方向拧紧，如图 4-47 所示。这种方法适用于直径较小的法兰。第二种方法是在上直径较大的法兰，找不到合适的管钳时，同第一种方法一样，先将螺纹法兰与管道带上扣，然后用两根强度较大、外径稍小于螺孔的铁棍，插入法兰螺孔内，再用一根较粗的铁棍交错上两根铁棍，并靠近法兰平面，按顺时针方向把螺纹法兰上紧，如图 4-48 所示。

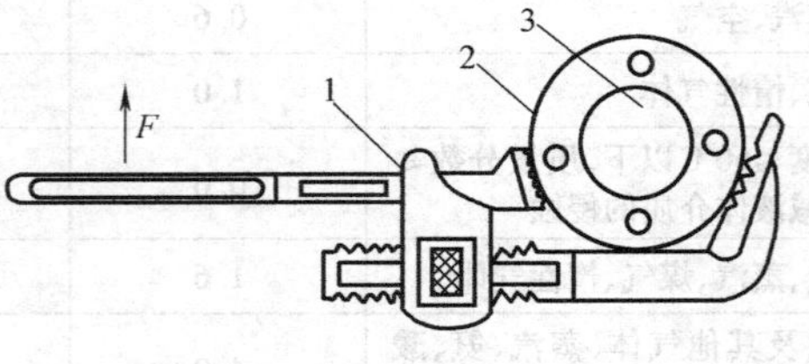

图 4-47 管钳上法兰

1—管钳 2—法兰 3—管端

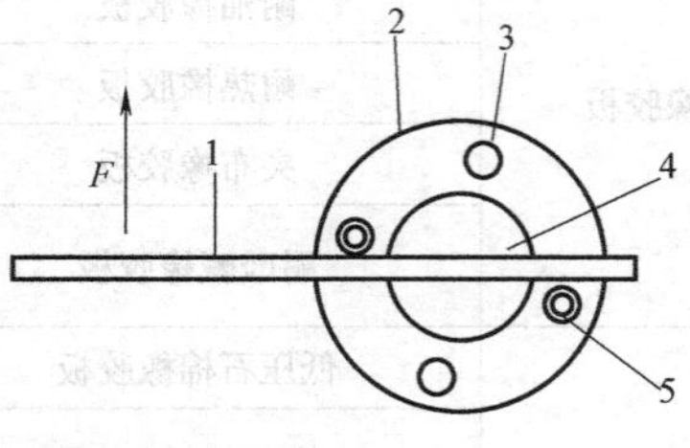

图 4-48 铁棍上法兰

1—铁棍 2—法兰 3—法兰螺栓孔

4—管端 5—螺栓孔铁棍

三、焊接

焊接是管道安装工程中应用最广泛的连接方法。焊接连接的优点是接头强度高，牢固耐久，严密性好，不需要接头配件，造价相对较低，工作性能安全可靠，施工速度快，不需要经常维护检修。焊接连接的缺点是接口是固定接口，不可分离，拆卸时必须把管道切断，接口操作工艺要求较高，需受过专门培训的焊工配合施工。焊接分为电焊、气焊和钎焊等，电焊、气焊主要用于钢管及熟铁制品的连接，钎焊、熔焊常被用于非铁金属管道的连接，热风焊用于塑料制品的连接。

1. 焊接的基本要求

管道在焊接前应进行全面的清理检查：将管道的焊端坡口面内外 20mm 左右范围内的铁锈、泥土、油脂等污物清除干净，管道断面不圆的要整圆。

管道对口时，应在距接口中心 200mm 处测量直线度。当管道公称尺寸小于 100mm 时，允许偏差为 1mm，当管道公称尺寸大于或等于 100mm 时，允许偏差为 2mm，但全长偏差不超过 10mm。对口间隙应符合要求，除设计规定的冷拉焊口外，对口不得用强力对正，以免引起附加应力，连接两闭合管段的对接焊口，如间隙过大，不允许用加热管道的方法来缩小间隙，也不允许用加偏垫或多层垫等方法来消除接口端面的空隙偏差、错口或不同心等缺陷。由于电焊焊缝的强度比气焊焊缝强度高，并且比较经济，因此，应优先采用电焊焊接，只有公称尺寸 $DN\leqslant50$mm，壁厚小于 3.5mm 的管道才用气焊焊接，但有时因施工条件的限制，不能采用电焊施焊的地方，也可用气焊焊接 $DN>50$mm 的管道。对接焊接的管道端面应当与管道轴心线垂直，偏差不大于 1.5mm。

直管段上两对接焊口中心面间的距离，当公称尺寸大于或等于 150mm 时，不应小于 150mm；当公称尺寸小于 150mm 时，不应小于管外径。

对口时应多转动几次管道，使错口值减小和间隙均匀，为使管道对正和保持需要的间隙，小口径管道可用图4-49所示的两种对口工具进行对口，大口径管道可用图4-50所示方法进行对口。在对口的两根管道外表面如有高、低现象，即形成局部错口，可用氧乙炔焰对高出表面的管道进行加热。并用锤子对加热部分进行敲打，直至同另一对口管的表面相平。

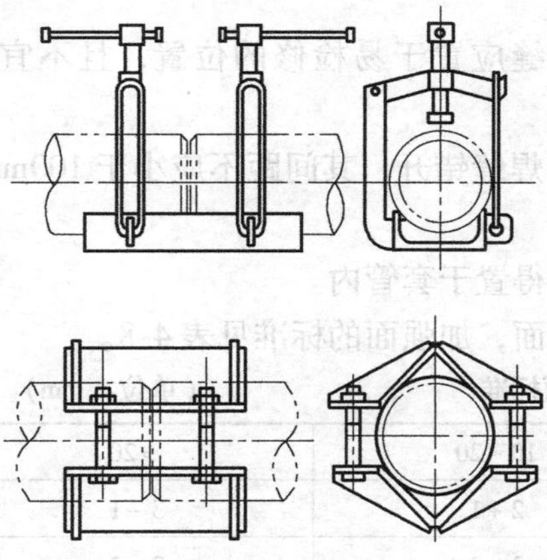

图4-49 小口径管道对口工具

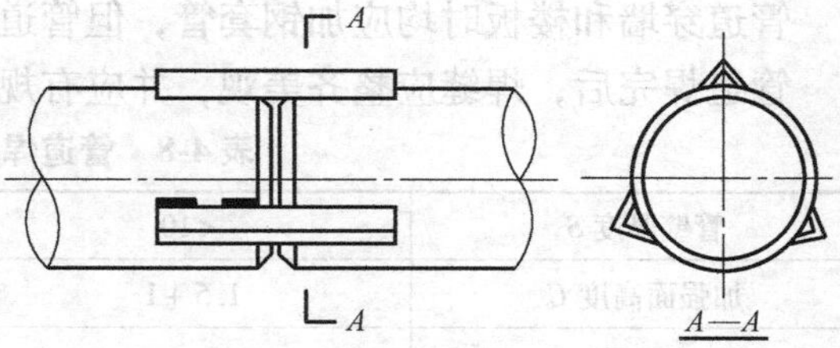

图4-50 大口径管道对口方法

对焊时，管壁较厚的管道，管端应采用V形坡口，直径较小的管道可用手工锉削坡口；直径较大的管道，一般用坡口机或氧乙炔焰气割坡口，气割后应将氧化铁渣清除干净。气焊时，管壁厚度大于3mm的管道应采用V形坡口，焊接端应开30°~40°的坡口，在靠管壁内表面的垂直边缘上留1~1.5mm的钝边。对口时，两焊接管端之间应留出1~2mm的间隙，管壁厚度不大于3mm的管道采用I形坡口，对口间隙仍为1~2mm。管道的对口间隙与V形坡口见表4-7。

表4-7 管道的对口间隙与V形坡口

图形	管壁厚 δ/mm	坡口角度 α(°)	钝边 b/mm	对口间隙/mm	
				a	允许偏差
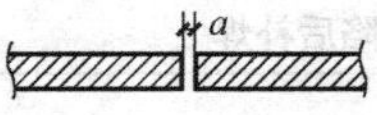	<4			1.5~3	
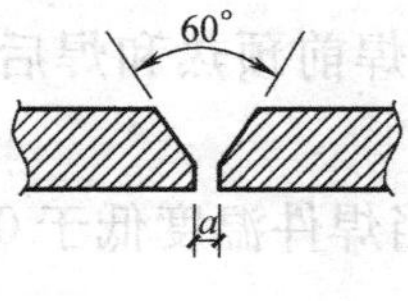	4~6	60^{+10}_{-5}	1.5±0.5	2	+0.5 −0.0
	7~8			2.5	+0.5 −0.0
	9~10			3	+1.0 −0.5
	11~12			3	+1.0 −0.5

在管道对好口后，要用定位焊先行固定，定位焊用的焊条和焊工的技术水平应当与正式焊接相同。

管道焊接时应垫牢，不得搬动，不得将管道悬空或处于外力作用下施焊。焊接过程中，管内不得有穿堂风，凡是可以转动的管道都应采用转动焊接，尽量减少固定坡口，以减少仰焊，这样可以提高焊接速度和保证焊接质量。多层焊缝的焊接起点和终点应互相错开，焊缝焊接完毕，应自然缓慢冷却，不得用水骤冷。

焊缝距离弯管（不包括压制、热煨或中频弯管）起弯点不得小于100mm，且不得小于管道外径。

环焊缝距支、吊架净距不应小于50mm；需热处理的焊缝距支、吊架不得小于焊缝宽度的5倍，且不得小于100mm。

不宜在管道焊缝及其边缘上开孔；卷管的纵向焊缝应置于易检修的位置，且不宜在底部。

有加固环的卷管，加固环的对接焊缝应与管道纵向焊缝错开，其间距不应小于100mm。加固环距管道的环焊缝不应小于50mm。

管道穿墙和楼板时均应加钢套管，但管道的焊缝不得置于套管内。

管道焊完后，焊缝应整齐美观，并应有规整的加强面，加强面的标准见表4-8。

表4-8　管道焊缝的加强面标准　（单位：mm）

管壁厚度 S	<10	10~20	>20
加强面高度 C	1.5+1	2+1	3+1
遮盖宽度 e	1~2	2~3	2~3

每道焊缝均应焊透，且不得有裂纹、夹渣、气孔、砂眼等缺陷。若焊缝出现缺陷，应按表4-9所示的方法进行修补。

表4-9　管道焊接缺陷及修整方法

序号	缺陷种类	允许程度	修整方法
1	焊缝尺寸不符合标准	不允许	焊缝加强部分如不足应补焊，如过高、过宽则作修整
2	焊瘤	严重的不允许	铲除
3	咬肉	深度大于0.5mm，连续长度大于25mm不允许	清理后补焊
4	焊缝及热影响区表面有裂纹	不允许	将焊口铲掉重焊
5	焊缝表面弧坑、夹渣、气孔	不允许	铲除缺陷后补焊
6	管道中心线错开或弯折	超过规定不允许	修整

为了降低或消除焊接接头的残余应力，防止产生裂纹，改善焊缝和热影响区的金属组织与性能，应根据材料的淬硬性、焊件厚度及使用条件等综合考虑进行焊前预热和焊后热处理。

要求焊前预热的焊件，其层间温度应在规定的预热温度范围内。当焊件温度低于0℃时，所有钢材的焊缝应将焊接处100mm范围内预热到15℃以上。

非奥氏体异种钢焊接时，应按焊接性较差的一侧钢材选定焊前预热和焊后热处理温度，但焊后热处理温度不应超过另一侧钢材的临界点 A_{c1}。

调质钢焊缝的焊后热处理，应低于其回火温度。

焊前预热的加热范围，应以焊缝中心为基准，每侧不应小于焊缝宽度的3倍。加热带以外部分应进行保温，焊件的内外壁温度应均匀。

焊前预热及焊后热处理时，应测量和记录其温度，测温点的部位和数量应合理，测温仪表经计量检定合格。对容易产生焊接延迟裂纹的钢材，焊后应及时进行焊后热处理；当不能进行焊后热处理时，应在焊后立即均匀加热至200～300℃，并进行保温缓冷，其加热范围与焊后热处理要求相同。常用管材焊接的焊前预热及焊后热处理温度宜符合表4-10所示的规定；设备、容器焊接前的预热及焊后热处理温度应符合现行国家标准GB 150—2011《钢制压力容器》的有关规定。

当采用钨极氩弧焊打底时，焊前预热温度可按表4-10所示规定的下限温度低50℃。

表4-10 常用管材焊前预热及焊后热处理工艺条件

钢种	焊前预热		焊后热处理	
	壁厚δ/mm	温度/℃	壁厚δ/mm	温度/℃
C	≥26	100～200	>30	600～650
C-Mn	≥15	150～200	>20	
Mn-V				560～590
C-0.5Mo				600～650
0.5Cr-0.5Mo	≥10	150～250	>10	650～700
1Cr-0.5Mo				
1Cr-0.5Mo-V	≥6	200～300	>6	700～750
1.5Cr-1Mo-V				
2.25Cr-1Mo				
5Cr-1Mo		250～350	任意壁厚	
9Cr-1Mo				750～780
2Cr-0.5Mo-WV				
3Cr-1Mo-VTi				
12Cr-1Mo-V				

在刮风、下雨、下雪等恶劣气候条件下焊接时，焊接部位必须有相应的遮护条件。对于一般常用的碳素钢管，在低温气候条件下焊接时，管材的预热温度可按表4-11所示的规定执行。

表4-11 管低温焊接环境温度与预热温度

钢号	允许焊接的最低环境温度/℃	预热要求	
		常温焊接	低温焊接
含碳量(质量分数)≤0.2%的碳钢	-30	环境温度高于-20℃时，可不预热	环境温度低于-20℃时，预热100～150℃
含碳量(质量分数)>0.2%～0.3%的碳钢	-20	环境温度高于-10℃时，可不预热	环境温度低于-10℃时，预热100～150℃
16Mn	-10	0℃以上可不预热	环境温度低于0℃时，预热150～200℃
16Mo 12CrMo 15CrMo	-10	预热100～200℃ 预热200～250℃ 预热250～300℃	环境温度低于0℃时，预热250～400℃
Cr5Mo	0	预热300～400℃	

2. 焊接方式

(1) 焊条电弧焊　现场焊条电弧焊接可采用直流电焊机或交流电焊机，由于施工现场只有交流电源，现场一般多采用交流电焊机。

电焊机由变压器、电流调节器及振荡器组成，变压器的作用是将常用220V或380V的电源电压变为焊接需要的55~65V安全电压。电流调节器的作用是根据焊件薄厚的不同，对焊接电流进行相应的调节，一般可按焊条直径的40~60倍来确定焊接电流的大小。振荡器的作用是提高交流电的频率，使交流电的交变间隔趋于无限小，增加电流的稳定性。

焊条是焊接中重要的材料，由焊芯和焊药层组成，其中焊药层的作用是依靠焊药层熔化后形成的焊渣和气体保护焊缝免受空气中氧和氮气侵入，避免焊缝中出现气孔等缺陷，还可以改善焊缝性能。碱性低氢型焊条，使焊缝金属合金化的效果好，不易产生气孔，主要用于高强度低合金钢和各种性能合金钢的焊接。酸性焊条容易使焊缝产生气孔，用在低碳钢和不重要的结构钢的焊接。

引弧方法有垂直对焊件碰击引弧法和擦火引弧法两种。引弧后，焊条沿焊缝纵方向做单纯直线运动或有规则摆动的直线运动，到终点后熄弧。

电焊时，管道对口的错口偏差不得超过管壁厚的20%，且不超过2mm；管道对接焊缝应饱满，且应高出焊件1.5~2mm；应选择合适的焊接电流，见表4-12，防止因电流不合适而出现咬边、未熔合、未焊透等焊接缺陷。

表4-12　各种直径电焊条使用电流

焊条直径/mm	焊接电流/A	焊条直径/mm	焊接电流/A
1.6	25~40	4	160~200
2.0	40~65	5	200~270
2.5	50~80	5.8	260~300
3.2	100~130		

使用电弧焊进行多层焊时，各层引弧和息弧的地方应彼此错开；焊缝的第一层应是凹面，并保证把焊缝根部全部焊透，中间各层要把两焊接管的边缘全部结合好，最后一层应把焊缝全部填满，并保证平缓过渡到母材。电焊焊缝加强面高度和焊缝宽度见表4-13。

表4-13　电焊焊缝加强面高度和焊缝宽度

	管壁厚度/mm	2~3	4~6	7~10	焊缝形式
无坡口	焊缝加强面高度 h/mm	1~1.5	1.5~2		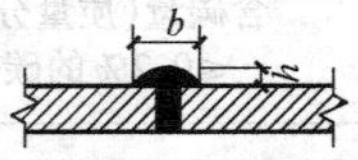
	焊缝宽度 b/mm	5~6	7~9		
有坡口	焊缝加强面高度 h/mm		1.5~2	2	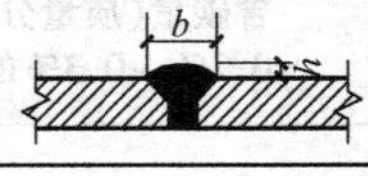
	焊缝宽度 b/mm	盖过每边坡口约2mm			

(2) 气焊　气焊又称氧乙炔焊，混合气体燃烧火焰可达到2800~3300℃以上的高温来熔化金属，达到焊接的目的。

气焊使用的乙炔气（C_2H_2）和氧气，分别被充入乙炔气钢瓶和氧气钢瓶，通过压力调节器降压后，再通过高压橡胶管输送至焊炬，供焊炬使用。高压橡胶管有红色、内径8mm、线筋层数多、能承受1470~1960kPa（15~20大气压）压力、长度一般为30m的氧气橡胶管，还有绿色、内径10mm、线筋层数少、承受压力低的乙炔气橡胶管，两种橡胶管不能装错。

焊炬按可燃气体与氧混合的方式不同，分为射吸式和等压式两类。在暖通空调安装工程中常用的焊炬一般为射吸式，其特点是在焊炬中乙炔的流动主要靠氧气的射吸作用，所以不论使用低压乙炔或中压乙炔，都能使焊炬正常工作。气焊适用于制冷用管道、薄壁管道的焊接。焊缝加强面高度和宽度可参见表4-14，气焊设备外形及焊炬构造如图4-51所示，气焊（割）操作如图4-52所示。

表4-14　氧乙炔焊焊缝加强面高度和宽度

管壁厚度/mm	1~2	3~4	5~6	焊缝形式
焊缝加强面高度 h/mm	1~1.5	1.5~2	2~2.5	
焊缝宽度 b/mm	4~6	8~10	10~14	

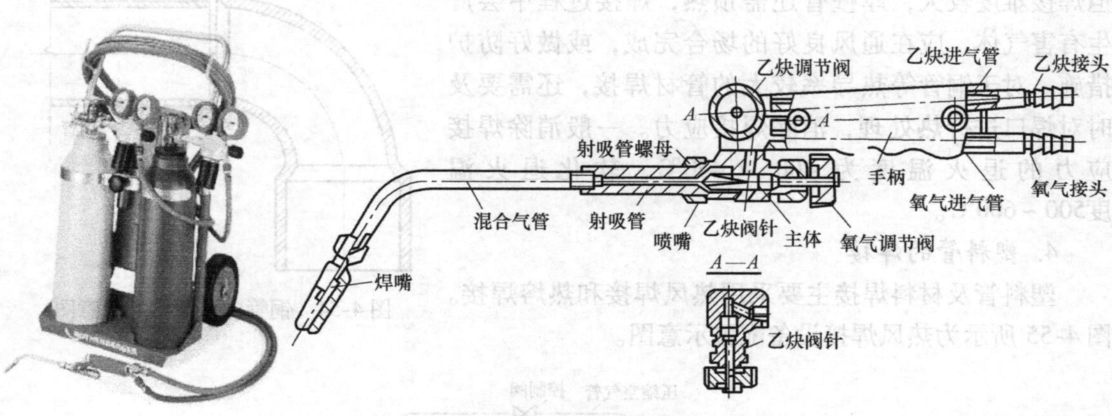

图4-51　气焊设备外形及焊炬构造图

（3）焊接形式　电焊和气焊按照焊缝的空间位置不同，操作时持焊炬的姿势不同，可分为平焊、立焊、横焊和仰焊四种形式，如图4-53所示。

有时焊缝结构形式比较复杂，在一个焊口中往往平、立、横、仰四种焊缝位置都有。

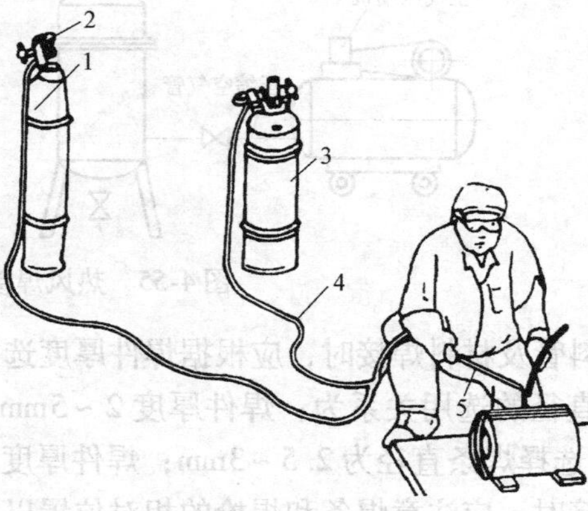

图4-52　气割或气焊操作

1—氧气瓶　2—减压阀杆　3—乙炔瓶

4—橡胶管　5—割炬或焊炬

3. 有色金属管的焊接

有色金属的焊接连接可采用钎焊和熔焊，小管径管道多采用承插钎焊，大口径管道多采用熔焊。钎焊多采用火焰钎焊，将熔点低于主材的钎料与母材一起加热，利用承插空间缝隙的微孔，使熔化后的液态钎料渗入缝隙形成凝固的整体，达到连接目的。根据使用钎料的熔点不同（以450℃熔点为界），可分为软钎焊和硬钎焊。图4-54所示为铜管的承插钎焊示意图。

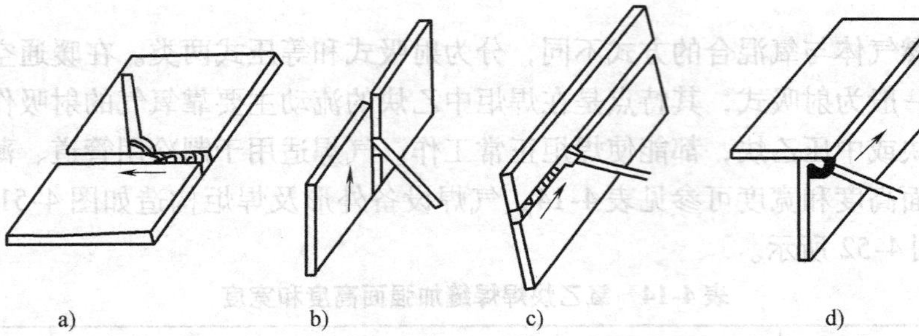

图 4-53　几种焊接方式
a）平焊　b）立焊　c）横焊　d）仰焊

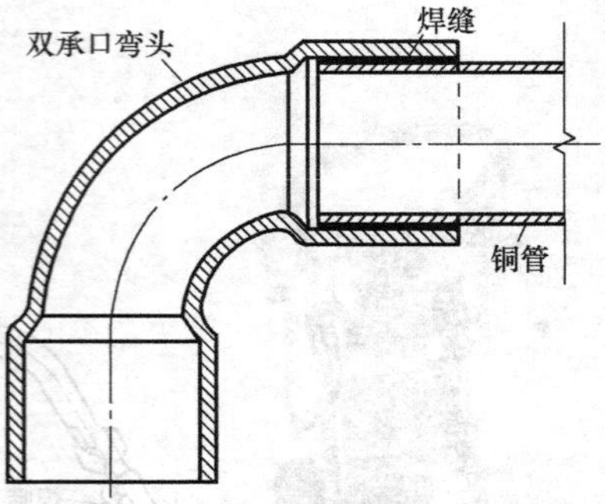

图 4-54　铜管的承插钎焊示意图

有色金属熔焊的焊接方法与钢管焊接方式类似，但焊接难度较大，厚壁管还需预热，焊接过程中会产生有害气体，应在通风良好的场合完成，或做好防护措施。对于铜管等热导率较大的管材焊接，还需要及时对焊口进行热处理，消除焊接应力。一般消除焊接应力的退火温度为 400～450℃，软化退火温度500～600℃。

4. *塑料管的焊接*

塑料管及材料焊接主要采用热风焊接和热熔焊接。图 4-55 所示为热风焊接设备配置示意图。

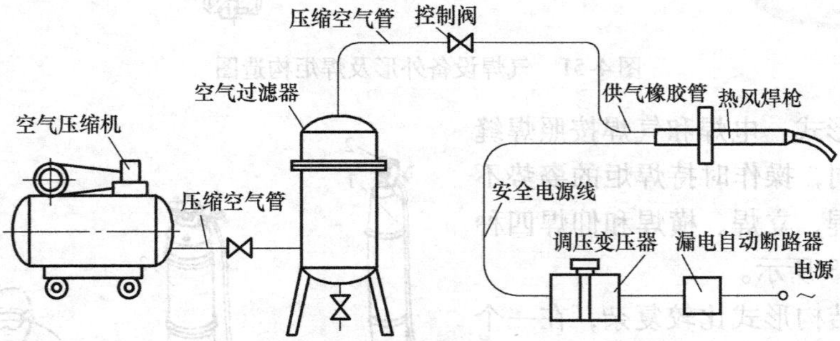

图 4-55　热风焊接设备配置示意图

塑料管及材料焊接时，应根据焊件厚度选择焊条。焊条分为单焊条和双焊条，焊件厚度与焊条直径的选用关系为：焊件厚度 2～5mm，选择焊条直径为 2～2.5mm；焊件厚度 6～15mm，选择焊条直径为 2.5～3mm；焊件厚度 16～20mm，选择焊条直径为 4mm。

焊接时，应注意焊条和焊枪的相对位置以及焊条与焊件的夹角，一般焊条与焊件的角度控制在 90°±10°，喷嘴与焊件的角度与焊件厚度有关，一般在 15°～45°，厚度越厚，角度越大。

焊枪喷嘴所喷热风温度一般控制在 200～250℃，移动速度为 0.15～0.25m/min。图 4-56 所示为焊枪、焊条与焊件相对位置示意图。

塑料焊焊缝形式如图 4-57 所示。对于厚度较大的塑料焊件，应做坡口。

管径小于 200mm 应采用承插口焊接，插入深度应大于管径 15～30mm，承受压力较高的

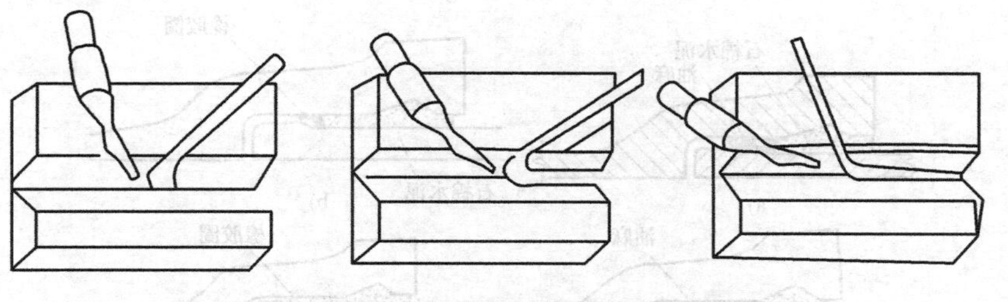

图 4-56 焊枪、焊条与焊件相对位置示意图

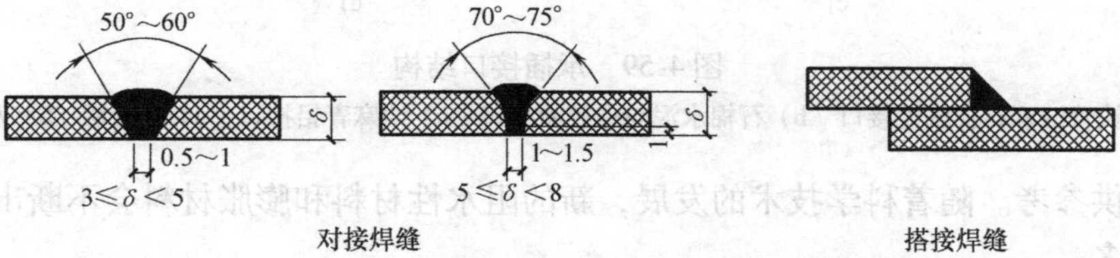

图 4-57 塑料焊焊缝形式

管道，可先用粘接，外口再用焊条焊接补强。管径大于200mm 的管道可采用直接对焊，焊好后，外面应套装一个套管，将套管两端焊接或粘接在管道上，套管长度为管径的 2.25 ~ 2.3 倍。塑料管焊接形式，如图 4-58 所示。

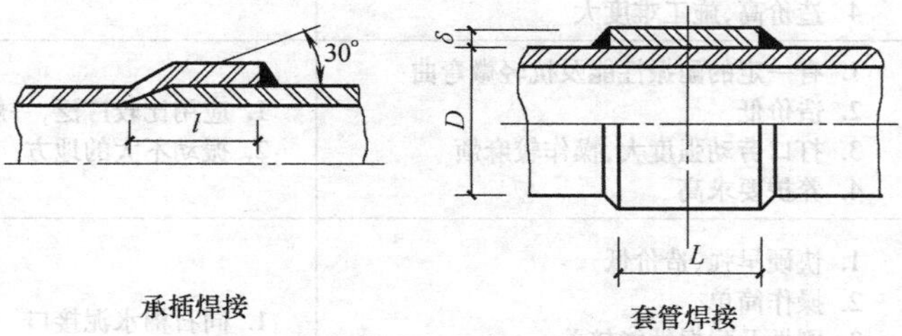

图 4-58 塑料管焊接形式

四、承插连接

承插连接是将插管插入承管承口内，用填料密封间隙，达到接口严密的连接方法。主要用于给水、排水、城市燃气、化工等工程中的铸铁管、混凝土管、陶土管和部分塑料管道。

1. 承插连接的基本要求及分类

承插连接的基本要求是保证接口的严密性和持久性，既要保证接口不渗漏，还要保持较长时间的坚固和稳定，并具有一定的柔性，以适应管道小的位移和振动。

承插连接分刚性承插连接和柔性承插连接两种。刚性承插连接是用管道的插口插入管道的承口内，对正后，先用嵌缝材料嵌缝，然后用密封材料密封，使之成为一个牢固的封闭的管道接头。柔性承插连接接头在管道承插口止封口上放入富有弹性的橡胶圈，然后施力将管道插端插入，形成一个能适应一定范围内的位移和振动的封闭管接头。推荐使用柔性接口。

按照接口的材料可分为橡胶圈接口、石棉水泥接口、自应力水泥砂浆接口、水泥砂浆接口、石膏氯化钙水泥接口和油麻青铅接口等几种，接口结构如图 4-59 所示。

2. 铸铁管、水泥管的承插连接

目前，承插接口因其材料各异，方法较多。表 4-15 列举几种承压承插接口的优缺点及

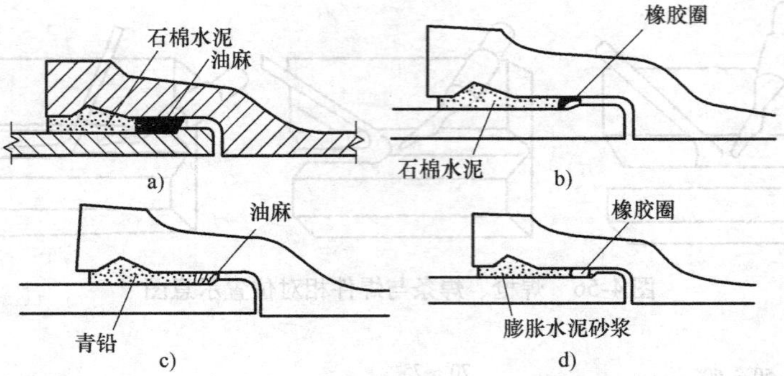

图 4-59　承插接口结构

a）承插式铸铁管油麻石棉水泥接口　b）石棉水泥与橡胶圈接口　c）油麻青铅接口　d）橡胶圈-膨胀水泥砂浆接口

适用条件，供参考。随着科学技术的发展，新的阻水性材料和膨胀材料会不断出现，接口方法会越来越多。

表 4-15　几种接口的优缺点及适用条件

接口材料	优缺点	适用条件
青铅接口	1. 抗弯、抗振性能好 2. 养护容易，施工完后即可运行 3. 接口严密性好 4. 造价高，施工难度大	1. 穿越铁路、公路及其他振动较大的地方 2. 抢修工程
油麻、石棉水泥接口	1. 有一定的耐振性能及抗轻微弯曲 2. 造价低 3. 打口劳动强度大，操作较麻烦 4. 养护要求高	1. 应用比较广泛，一般地基均可采用 2. 振动不大的地方
自应力水泥砂浆接口	1. 快硬早强，造价低 2. 操作简单 3. 刚性及耐振性能较差 4. 抗碱性能较差 5. 操作时对手上皮肤有刺激	1. 同石棉水泥接口 2. 土质松软基础较差地区最好不用
石膏水泥接口	1. 操作简便，工效高 2. 材料来源广，成本低 3. 抗弯、抗振性能差 4. 操作时对人体皮肤有刺激	1. 同石棉水泥 2. 气温低于5℃或管内水迎向接口流动时，不能使用此接口
银粉水泥接口	1. 操作简单，工效高 2. 成本比石棉水泥降低45% 3. 可以承受较高的水压	地基、土壤条件较差，易发生振动处
楔形橡胶圈抗振接口（柔性接口）	1. 操作简便，工效高 2. 弹性接口，抗振、抗弯性能好 3. 接口材料要求严，造价比较高	地基条件较差，易振动的地方

承插连接常用的填料主要有油麻、水泥、石棉水泥、石膏、青铅、橡胶圈等。油麻、橡胶圈等称为嵌缝材料，嵌缝材料的作用是使承插口各处的间隙相等，防止密封材料塞入管道，同时防止介质渗漏。水泥、石棉水泥、石膏、青铅等称为密封材料，密封材料的作用是支撑、固定嵌缝材料，防止嵌缝材料滑动、脱落、松散而失去其防渗性能。

（1）青铅接口　青铅接口不需要养护，施工后即可投入运行，发现渗漏也不必剔除，只需补打数道即可，但造价高，操作难度大，只有在紧急抢修或振动大的场所使用。铅宜用6号铅Ph6，纯度在90%以上，灌铅操作时常用的工具有化铅炉、大小铅锅、化铅勺、吹风机、布卡箍或三角带卡箍等。熔铅时，铅锅支承应稳固，当铅呈紫红色时，说明温度适当。灌铅的管口必须干燥、干净，无其他杂质。施工时，承口应先填塞油麻，如果用橡胶圈作填料，应在橡胶圈填塞后，再打1~2圈油麻，以免熔铅烧坏橡胶圈。然后将卡箍套贴在承口边缘处（开口向上）卡紧，卡箍内壁斜面与管壁连接缝部分用稀黄泥抹好堵严，再用黄泥将卡子口围好，即可灌铅。铅凝固后1~5min，取下卡箍打铅。

（2）石棉水泥接口　石棉水泥接口是采用广泛的一种接口，需要进行养护。石棉纤维对水泥具有很强的吸附能力，水泥中掺入石棉纤维能提高接口材料的抗拉强度。水泥在硬化过程中，石棉纤维可阻止其收缩，提高接口材料与管壁的粘着力和接口的密封性。石棉水泥接口用强度等级不低于42.5MPa的普通硅酸盐水泥，软4级或软5级石棉绒，加水调制成的混合物，其配比（质量）为：石棉∶水泥为3∶7，水占水泥的10%左右。石棉水泥要随拌随用，用多少，拌多少。捻口时，将拌好的填料自下而上塞入已打好油麻或橡胶圈的承插口内，分层打实，每层填塞厚度不超过10mm，每层至少打两遍，用1、2号灰凿，靠插口侧打一遍，靠承口侧打一遍，若打三遍则中间再打一遍。捻口完毕，用粘湿泥涂在接口外面，或用草绳缠绕在接口上，并应定期浇水。春秋季节，每天浇水2次，夏季每日浇水4次，在炎热夏天，还需在接口附近管面上覆盖淋湿的草袋，养护时间为48h。

（3）自应力水泥接口　又称膨胀水泥接口，强度大，有较大的膨胀性，能弥补石棉水泥在硬化过程中收缩和接口操作时劳动强度大的不足。自应力水泥是由硅酸盐水泥和膨胀剂（由石膏及矾土水泥组成）混合而成的。填料质量配比通常为硅酸盐水泥∶矾土水泥∶冰石膏（$CaSO_4 \cdot 2H_2O$）=（70~71.5）∶14∶（14.5~15.5）。选用的硅酸盐水泥强度等级不低于42.5MPa；矾土水泥细度比表面积大于4000cm^2/g。其中Al_2O_3大于55%；石膏选用细度为比表面积大于4000cm^2/g的冰石膏，其中SO_3含量大于40%；膨胀剂遇水可引起体积膨胀。用于接口的自应力水泥砂浆的质量比为砂∶水泥∶水=1∶1∶（0.28~0.32），黄砂应用筛子筛选粒径在0.5~2.5mm范围内的，并用水清洗过后方可使用，与水泥拌和均匀，再加水拌到用手能捏成团，轻掷不散即可。一般情况下，自应力水泥水化膨胀率不应超过15%，接口填料的膨胀系数控制在1%~2%，以免胀裂承插口。操作时，管径在300mm以下的管道可将砂浆一次塞满，管径大于300mm的管可分2~3次填塞。在已塞好油麻的承插口间隙内，用盘根凿沿管腔周围均匀捣实。捣实填平后的砂浆可比承口边缘凹进1~2mm，并应及时充分进行湿养护，夏季养护不少于两天，冬季养护不少于三天，管腔内充水养护要在接口完成12h后才能进行，水的压力不能超过0.1MPa。有严重的渗水漏水时，应予以修补。自应力水泥接口操作简单、省力、工效高，适用于工作压力不超过1.2MPa的管道。

（4）水泥砂浆接口　以水泥砂浆为接口的填料，广泛应用于混凝土管及钢筋混凝土管、缸瓦管的连接形式。配料用水泥强度等级不小于32.5MPa和干净的细砂，配比（质量比）为：水泥∶砂子=1∶3，将配料均匀拌和，然后加水制成砂浆。砂浆要有一定的稠度，以便填塞时不致从承插口中流出。操作时将砂浆充塞到承插口缝隙，一边充填，一边捣实，捣实后用瓦刀将表面压光。当有地下水或污水侵蚀时，则应采用耐酸水泥。施工完毕后，应进行养护，方法及要求与石棉水泥填料接口相同。

（5）石膏、氯化钙水泥接口　材料的质量比为水泥∶石膏∶氯化钙=85∶10∶5，采用强度等级不低于32.5MPa的普通硅酸盐水泥和细度小于0.125mm的熟石膏粉进行均匀混合，再将氯化钙水溶液倒入，和成发面状即可，揉成条状填入已打好油麻或橡胶圈的承口内，再用灰凿抹平即可。

（6）橡胶圈接口　橡胶圈接口是将专用橡胶圈放入接口的承插口内，属柔性接口，具有良好的防振性和伸缩性，该接口不需要养护。

（7）铸铁管柔性承插连接　目前铸铁管柔性连接有多种形式：RK型承插压盖式柔性连接、RP型平口法兰式柔性连接、STL型平口节套式柔性连接、ZPR型承插伸缩管柔性连接、N_1、X型机械接口以及无承口管箍式柔性连接等，分别用于不同管道的连接。

1）排水系统常用的柔性连接是用在符合GB/T 12772—2008《排水用柔性接口铸铁管、管件及附件》条件的铸铁管连接，分为A型压盖式柔性连接和W型无承口管箍式两种，简称A型和W型接口，A型接口属于承插接口，连接示意如图4-60所示。

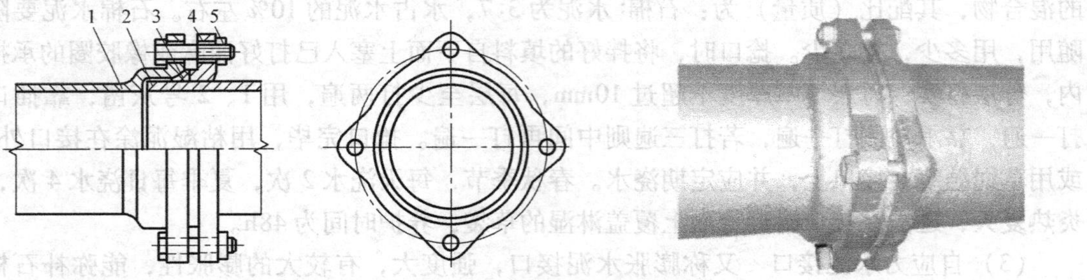

图4-60　A型压盖式柔性连接

1—承口　2—插口　3—密封橡胶圈　4—法兰压盖　5—螺栓、螺母

2）输送燃气的铸铁管道常采用N、N_1型和X型柔性机械接口，接口结构示意图如图4-61所示。

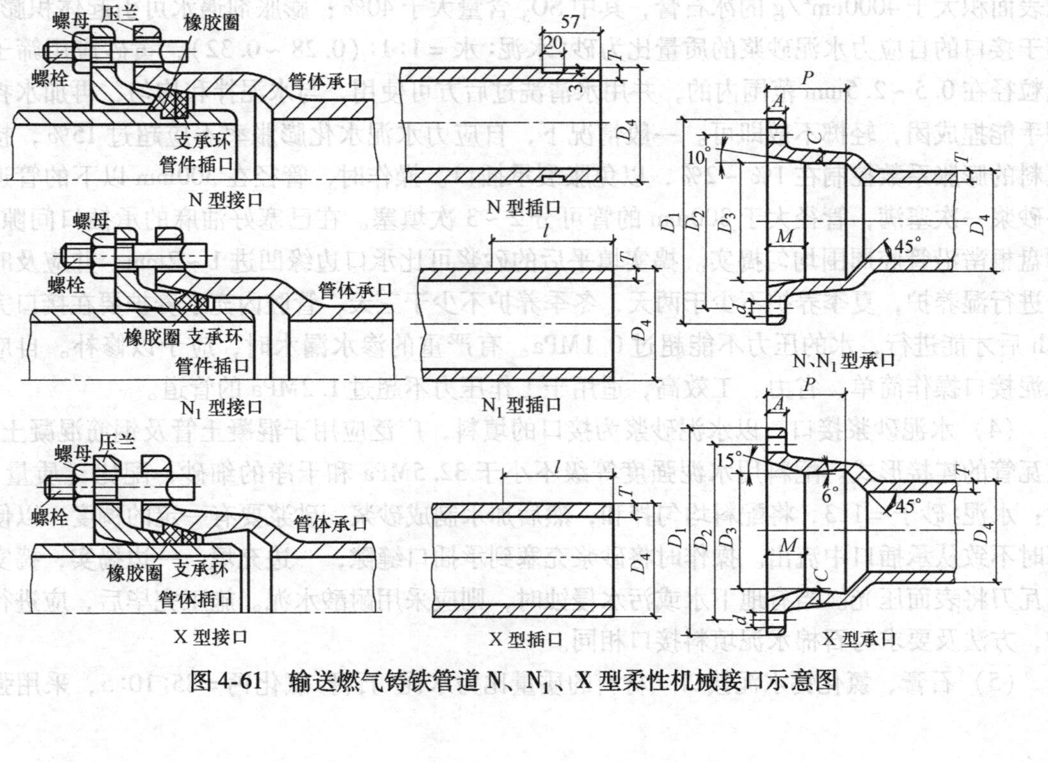

图4-61　输送燃气铸铁管道N、N_1、X型柔性机械接口示意图

（8）塑料管的承插连接　硬塑料管道的承插连接，包括采用承插粘接、填塞承插和补偿承插等形式。承插粘接时，将接口用酒精擦净，承口、插口都涂抹专用胶粘剂后插入施压，使之结合紧密。对于无压管道可采用填塞接口，对于有伸缩要求的管道，采用补偿接口；对系列化定型硬聚氯乙烯排水管，由于这种产品承插口均匀，粘接后不需再对管口进行焊接，即可达到严密的要求，可直接采用承插粘接连接接口。图4-62所示为塑料管承插粘接、填塞接口和补偿接口示意图。

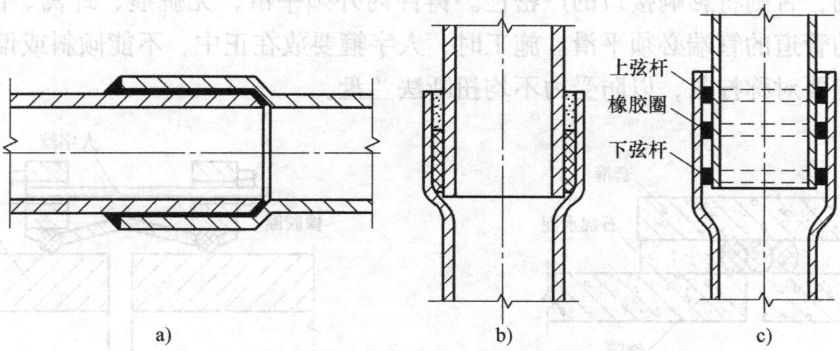

图4-62　塑料管承插粘接、填塞接口和补偿接口示意图
a）承插粘接　b）填塞接口　c）补偿接口

五、非承插柔性接口

1. 排水系统的W型（卡箍）接口

目前室内排水系统常采用无承口的铸铁管道。W型无承口管箍式（卡箍）连接，分为直管连接和管件连接，其连接件多为不锈钢卡箍加橡胶圈，有双箍型和四箍型，具有良好的抗震性能和防噪性能。W型无承口机制柔性排水铸铁管可同步施工，管材利用率高，可减少立管检查口，便于管道清通。W型连接用螺栓在外侧紧固，避免了承插口柔性连接凸缘易碰坏、靠墙脚的螺栓难以固定的缺陷，操作简便。在直管安装时，每根管连接处需用管箍固定在建筑物上，在安装连接接口时将卡箍放松到最大直径限位，先将不锈钢外套套入管道，然后将两根管道的两端分别对入橡胶套内，将不锈钢外套套在橡胶套外部拧牢即可获得满意效果。W型卡箍式柔性连接如图4-63所示。

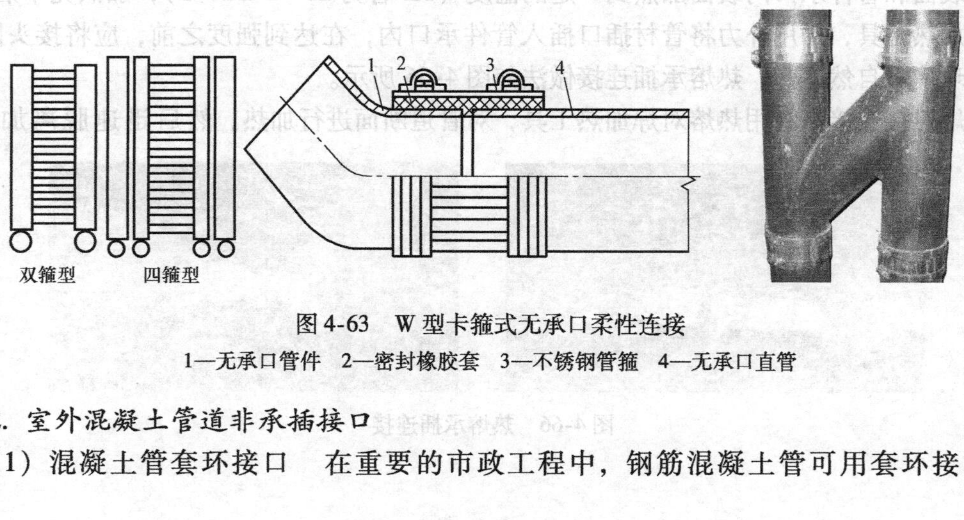

图4-63　W型卡箍式无承口柔性连接
1—无承口管件　2—密封橡胶套　3—不锈钢管箍　4—无承口直管

2. 室外混凝土管道非承插接口

（1）混凝土管套环接口　在重要的市政工程中，钢筋混凝土管可用套环接口，如

图4-64所示。套环的材料一般与管材相同。套环内径比管外径约大25~30mm，套环套在两管接口处后，在接口空隙间打入石棉水泥或油麻石棉水泥等，也可以用水泥砂浆填塞；油麻和石棉水泥的质量，石棉水泥的配合比及填打方法均与承插式铸铁管相同；不同之处是在填打时，应从两侧同时进行，每层填灰厚度不大于20mm。

（2）石棉水泥管道人字箍橡胶圈柔性接口　这种接口承压高达1.4MPa，如图4-65所示。接口所用橡胶圈的主要物理性能应符合设计规定，人字箍及橡胶圈的尺寸误差不得超出设计允许范围，否则将影响接口的严密性。铸件内外须平滑，无疵痕、蜂窝、凸凹等缺陷。套用人字箍的管道的管端必须平滑。施工时，人字箍要放在正中，不能倾斜或偏于一侧。紧螺栓时，一定要对称拧紧，以防受力不均扭断法兰盘。

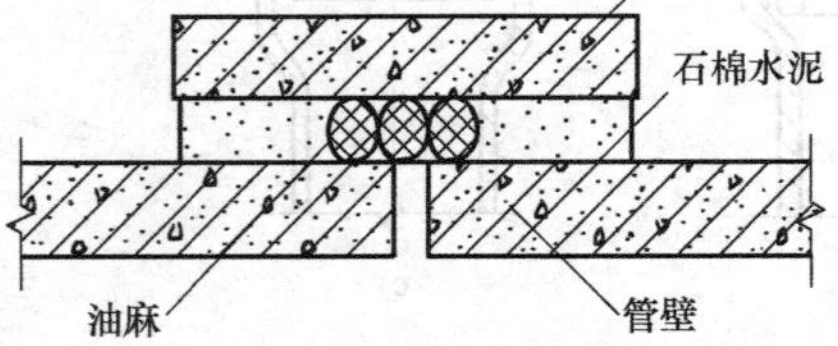

图4-64　套环接口

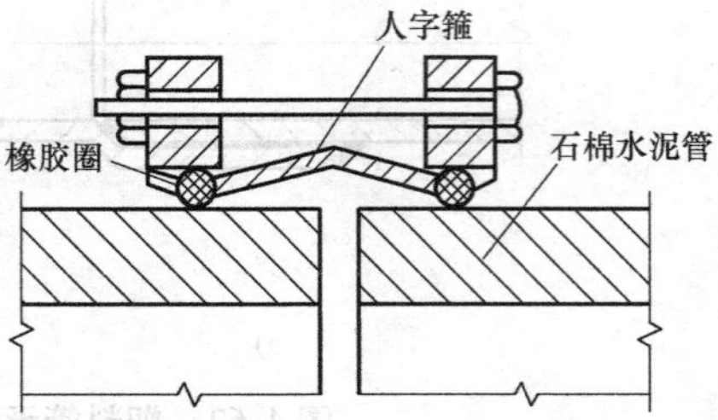

图4-65　石棉水泥管人字箍柔性接口

六、金属管胀接

胀接连接一般用于管道与换热器的管孔连接及锅炉锅筒、联箱与对流管的连接。胀接连接就是将管道插入要连接的管孔中，然后用胀管器对管端进行冷态扩张，对管壁产生径向压力，使其发生塑性变形。胀管过程防止油、水、灰尘进入胀管间隙；胀管器操作时始终保持正确位置。在胀管过程中，应严格控制胀管器胀杆的进程，防止产生过胀现象；胀管过程产生的缺陷应及时进行修理。

七、塑料管道热熔连接、电熔连接与粘接

热熔连接、电熔连接和粘接是塑料管道最常用的连接方式。

1. 热熔连接

热熔连接分为热熔承插和热熔对接。热熔承插是利用热熔连接加热工具的凹凸模将管材插口外表面和管件承口内表面加热到一定的温度（PE管为260℃±10℃），加热完毕后，迅速脱离加热工具，并用外力将管材插口插入管件承口内，在达到强度之前，应将接头固定，在自然环境下自然冷却。热熔承插连接做法如图4-66所示。

热熔对接连接是利用热熔对焊加热工具，对管道断面进行加热，然后迅速脱离加热工

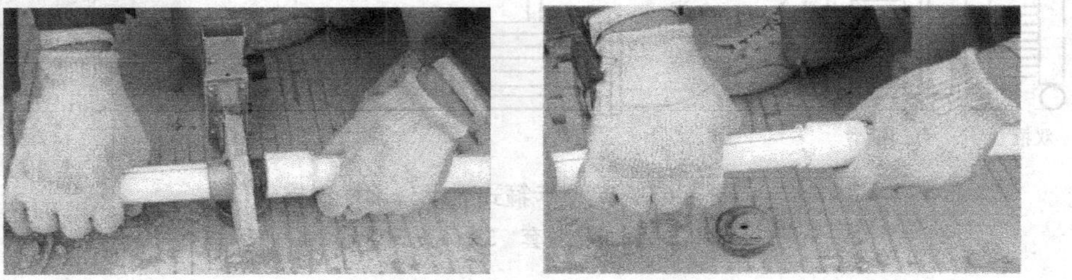

图4-66　热熔承插连接

具，用外力将管材、管件的连接面全面接触，在接头处形成凸出熔痕接圈。热熔对接焊机外形如图 4-67 所示。热熔对接后的管道如图 4-68 所示。

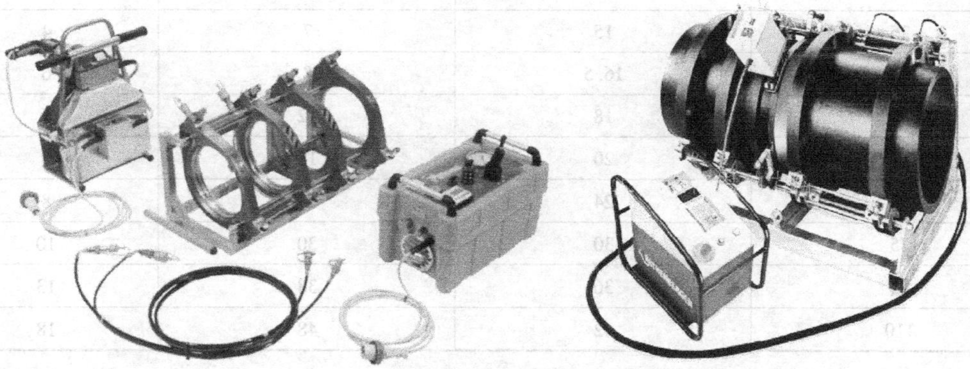

图 4-67　热熔对接焊机

图 4-68　热熔对接连接后的管道

2. 电熔连接

当管道与管件承插连接或对接焊时，利用带有电热元件的管件和配套的专用电热熔工具，通电后管件在电热丝的作用下热熔，将管件与管接头处材质加热熔化，使其紧密地结合在一起。通电时间和所需电压、电流应根据塑料管的种类确定。热熔和电熔连接方法适用于 PE 管、PE-RT 管、PP-R 管、PB 管、PE-X 管的连接，电元件与电热熔机如图 4-69 所示。

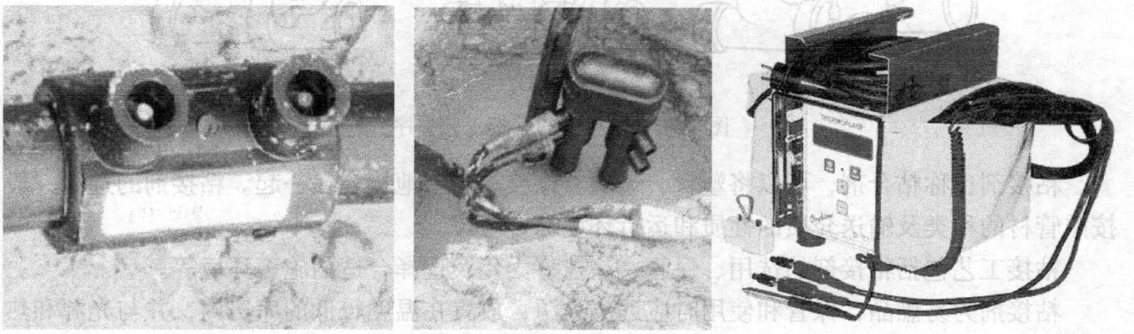

图 4-69　电熔元件与电熔焊机

热熔连接或电熔连接时，管材及管件均应采用同一种材质的配套产品才可进行热熔连接，与金属管道连接时，因不允许在管材及管件上套螺纹，所以必须使用带金属嵌件的管件。各种管材及管件热熔长度及加热时间应符合表 4-16 中的规定。

表 4-16 热熔连接的技术条件

管外径/mm	熔接长度/mm	加热时间/min	插接时间/min
20	14	5	4
25	15	7	4
32	16.5	8	6
40	18	12	6
50	20	18	6
63	24	24	8
75	30	30	10
90	36	38	13
110	42	48	18

熔接不得出现局部熔瘤或熔接圈凸凹不平现象。熔接最后一个接口 1h 后方可进行抗压强度和气密性试验。

3. 粘接连接

粘接连接是在需要连接的两管端接合处，涂以专用的粘接剂，使其依靠粘接剂的粘合力牢固而紧密地结合在一起的连接方法。粘接连接施工方便、成本低、密封性能好，在管道工程施工中逐步推广应用，目前在非金属管道连接中应用较多，如塑料管、玻璃钢管等，尤其是塑料排水管一般都采用粘接连接。塑料管的粘接工艺程序如图 4-70 所示。

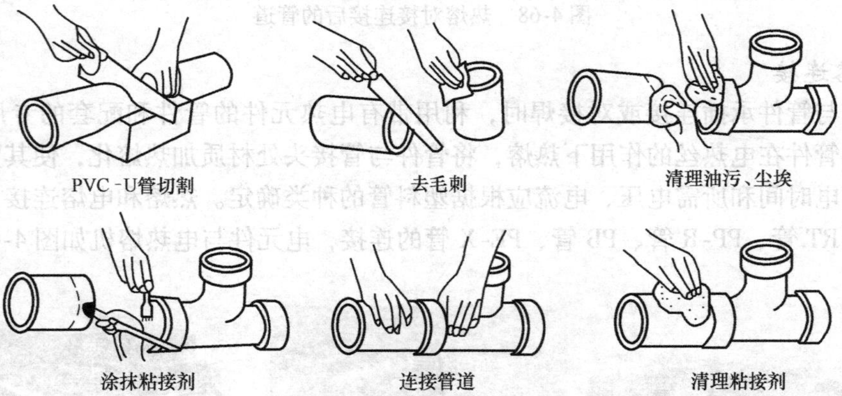

图 4-70 塑料管的粘接工艺程序

粘接剂也称粘合剂，可以将塑料、玻璃、橡胶等紧密地接合在一起。粘接剂的选用一般按照管材的种类及输送介质的性质和运行环境综合考虑。

粘接工艺包括粘接剂的选用、保管、涂抹、固化及选择合适的施工环境等。

粘接剂为易燃品，保管和使用时应远离火源，放置在温度较低的库房内，并与光源和热源隔离；不同的粘接剂应分别存放。溶剂性粘接剂不宜存放时间过长。现场配制粘接剂时，应先少量配制，经试验合格后再批量配制。粘接连接应在 0℃ 以上的环境下进行。冬季操作时应有防冻措施，保证接口粘接后有良好的固化条件。

涂抹粘接剂的工具一般采用漆刷。在涂抹粘接剂前，先用布或棉纱擦拭管端，除去水分及灰尘，然后用刷沾粘接剂，分别迅速涂刷两管端。涂抹时应注意均匀，不应有漏涂及涂刷过厚现象，然后将插口快速插入承口内（一般为承插接口），并适当旋转，使其密封面紧密结合，在压力下应保持1min，静置24h使粘接剂固化。试压有渗漏现象时，可再向接口处补抹少量粘接剂。

粘接连接管端插入承口的深度应符合表4-17的要求。

表4-17 管端插入承口的深度

公称尺寸/mm	20	25	32	40	50	75	100	125	150
插入深度/mm	16	19	22	26	31	44	61	69	80

八、沟槽连接

沟槽连接也称卡箍连接，是用专用开槽工具在钢管上压槽（厚壁管道进行车槽），并采用相应的配件进行连接的一种接口形式，可以代替管道的法兰连接，具有机械强度高、防腐性能好、安装维修快速方便、安全可靠、占用空间小等特点，适用于给水、消防、煤气与石油等多种领域，可以完成无缝钢管、镀锌钢管、焊接钢管、不锈钢管、铜管及衬塑复合管的连接。特别适合于有防腐要求的管道连接。现场管道沟槽加工如图4-71所示，沟槽式连接工程如图4-72所示。

图4-71 现场加工管道沟槽

图4-72 沟槽式连接工程图片

沟槽连接的适用温度为－40～230℃，工作压力在2.5MPa左右，管径范围*DN*32～*DN*250。沟槽连接的程序，首先应在管端压槽，然后对口，再用螺栓连接卡箍接头配件。沟槽式连接压槽深度应符合规范要求，对口平直，管件上的凸棱应完全卡到压槽内，上紧管件的连接螺栓，压紧密封圈，通入介质后无渗漏现象发生即为合格。对于大管径管壁厚度较大的管道，通常采用专用车槽机在管道上进行车槽。

沟槽连接管件包括刚性接头、挠性接头、机械管件等产品，如图4-73所示。

九、其他连接方式

这里只对使用较多的连接方式进行一些介绍。

1. 活结式、法兰式快装管件连接

为迅速彻底解决管道的跑冒滴漏问题，常采用这种连接方法，每个管件都是活接头，安装简单快捷，节约人工成本，降低工程造价，缩短工期，适合于输送各种水、气、油、酸碱性液体以及粉状物质的管道连接，能与无缝钢管、不锈钢管、铸铁管、铜管、玻璃钢管、硬塑料管和铝塑复合管配套连接。快装管件连接分为低压活结式管件（$p\leq 2.0$MPa，管径范围ϕ15～ϕ150mm）和中高压法兰式管件（$p\geq 2.0$MPa，管径范围ϕ60～ϕ2600mm），适用温度

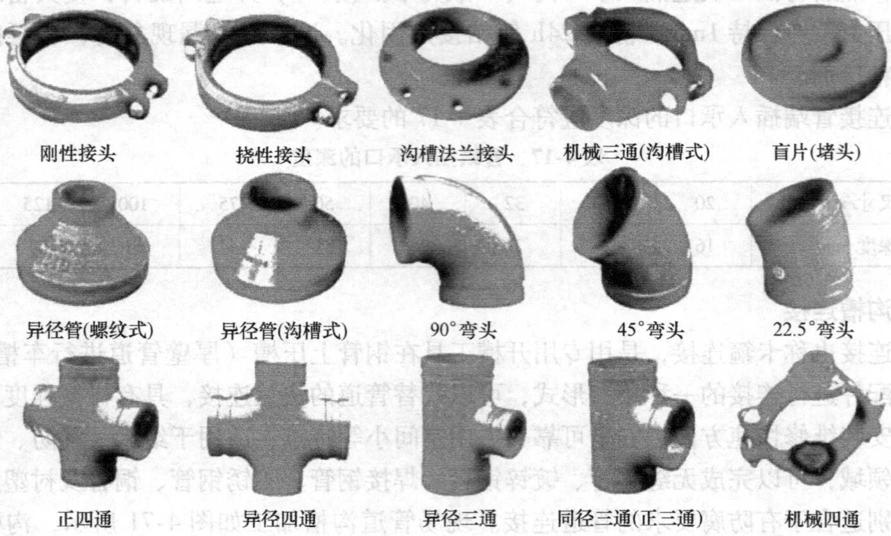

图 4-73 沟槽连接管接头及配件

为 -60 ~800℃，工作压力 0.1 ~50MPa。活结式快装管件如图 4-74 所示，法兰式快装管件如图 4-75 所示。

图 4-74 活结式快装管件

图 4-75 法兰式快装管件

2. 卡压式连接

卡压式（又称压接式）连接适合采用薄壁不锈钢管、铜管的直饮水、生活用冷热水、供暖空调系统和其他输送液体等工作压力 $p \leqslant 1.6$MPa、工作温度在 -20 ~110℃范围内的液体输送管道连接。其中薄壁不锈钢管道的连接如图 4-76 所示，铜管的连接如图 4-77 所示。

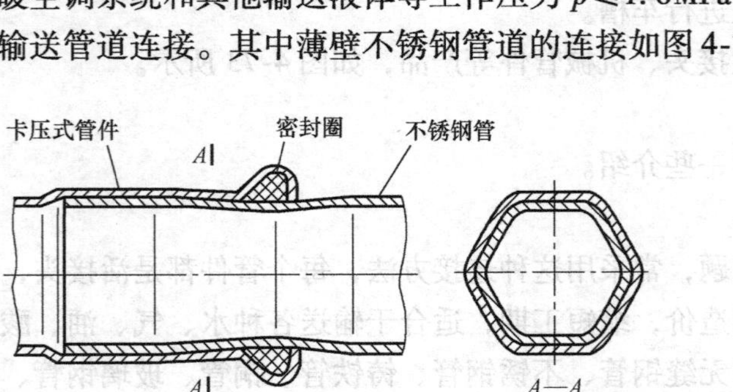

图 4-76 不锈钢管卡压式连接

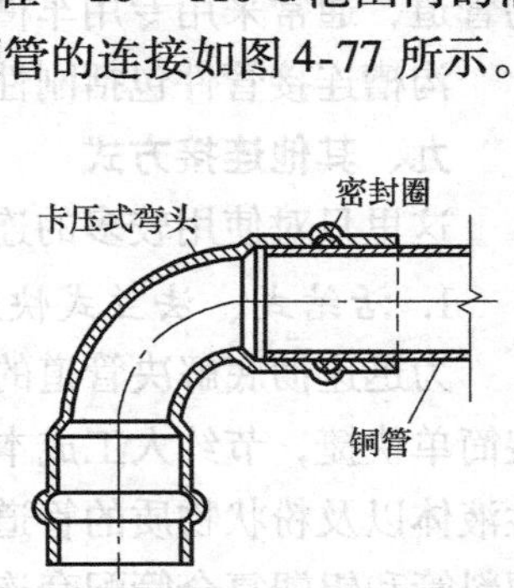

图 4-77 铜管卡压式连接

3. 卡套连接

卡套连接是一种比较先进的管道连接方式，依靠卡套或管件进行连接，在国内外已被广泛采用。

（1）钢制卡套式管接头 卡套式连接的类型很多，有挤压式、撑胀式、自撑式、噬合式等。卡套式连接属于噬合式，它由接头体、卡套及螺母三个零件组成，其中关键零件是卡套中一个带有切刃口的金属环。卡套式管接头是依靠卡套的切割刃口，紧紧咬住钢管管壁，卡套尾部与钢管外圈牢牢抱合，使管内流体得到密封。这种结构具有防松、耐冲击、耐振动、接口简便、迅速、便于维修等特点，特别适用于小管径的管道系统。由于操作安装时不需专用的工具及动火焊接，在维修、防火、高空等场所的管道施工中尤为适用。用手转动螺母，当用手转不动时，说明接头体、卡套、管道和螺母器件均已处于准备工作状态，然后再用扳手将螺母上 1 ~ 1.25 圈，整个装配完成。卡套式管接头的结构如图 4-78 所示。卡套式连接的密封原理如图 4-79 所示。

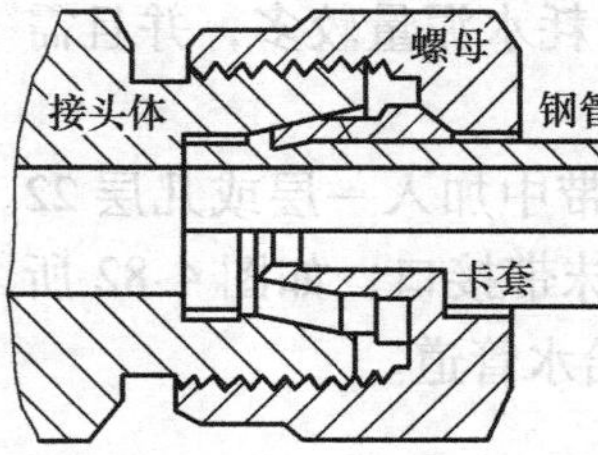

图 4-78 卡套式管接头的结构图

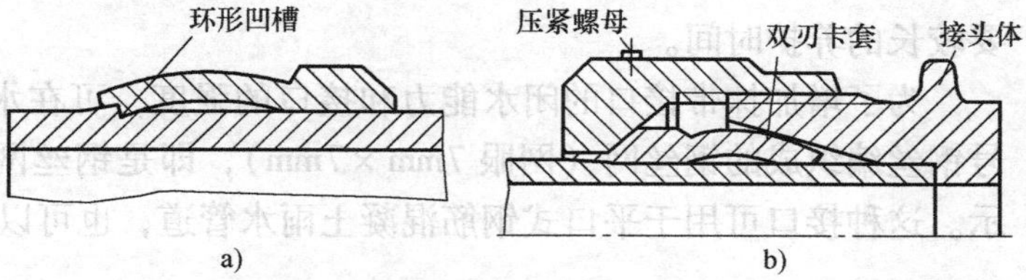

图 4-79 卡套式管件连接的密封原理
a）在压力的作用下形成凹槽 b）密封原理

（2）铜制卡套式管接头 铜制卡套式管接头由铜质卡套、接头体和螺母组成，其卡套为一桶箍形的密封圈。拧紧螺母时，在螺母的推动下，卡套外缘受到接头体和螺母内锥的挤压而变形，形成锥面密封；卡套的内径两端由于产生径向收缩而卡紧管道，形成密封。铜制卡套式管接头应用广泛，连接牢固，密封性好，安装简便，主要用于气源、信号管路，适用于公称压力 $PN \leqslant 1.6\text{MPa}$，公称尺寸 $DN \leqslant 8\text{mm}$、工作温度 $t < 150℃$ 的纯铜管和尼龙管的连接，其接头材料为黄铜。用于尼龙管时，需在管端内插入铜制薄壁管卡套。铜制卡套安装同钢制卡套式管接头。铜管的卡套连接如图 4-80 所示。

（3）卡套式管接头的安装 按过程可分为预装配、正式装配和重新拆卸安装。预装配时应根据施工图要求，按零件及组件的标记选择和量度管道，管道表面不得有划痕、凹陷、裂纹、锈蚀等缺陷，按需要的长度切断管道，管端与管中心应呈垂直状态，尺寸偏差不得超过管道外径公差的 1/2，清除管端内外周边的毛刺及管内的铁锈、油污等，清洗卡套、接头体和螺母，在螺纹表面涂一层润滑油（禁油管道系统不得涂油），按先后顺序将螺母、卡套套在管道上，再将管道插入接头体内锥孔，放正卡套，用手旋紧螺母，

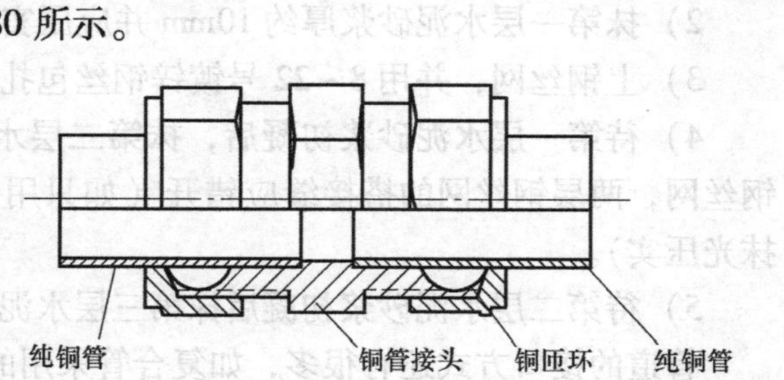

图 4-80 铜管的卡套连接

然后用扳手将螺母缓慢拧紧。正式装配时，将已装好的螺母和钢管插入接头体，用扳手拧紧螺母，直至拧紧力矩突然上升，即达到力矩激增点，再将螺母拧紧1/4圈，不要多拧，装配完成。拆卸和再装时，只要把螺母松开即可。再装时应保证使螺母从力矩激增点起再拧紧1/4圈即可。

4. 专用接头连接

专用接头连接是某种管材管道的连接时采用专门接头的连接，例如铝塑复合管、钢塑复合管、铜管、薄壁不锈钢管、塑料管等，都有专用接头。

5. 水泥管道的抹带连接

抹带式接口常用于室外混凝土管和钢筋混凝土管。常见的是水泥砂浆抹带和钢丝网水泥砂浆抹带。

水泥砂浆抹带是最早被采用的刚性接口之一，由于其闭水能力较差，故多用于平口式钢筋混凝土雨水管道。抹带采用质量比为1:2.5的水泥砂浆（水灰比不大于0.5）。管带应严密无裂缝，一般用抹刀分两层抹压，第一层为全厚的1/3，其表面要粗糙，以便与第二层紧密结合，如图4-81所示。此种接口一般需做混凝土基础和管座，消耗水泥量较多，并且需要较长的养护时间。

为了增加抹带接口的闭水能力和接口的强度，可在水泥砂浆抹带中加入一层或几层22号钢丝编织成的钢丝网（网眼7mm×7mm），即是钢丝网水泥砂浆抹带接口，如图4-82所示。这种接口可用于平口式钢筋混凝土雨水管道，也可以用于低压给水管道。

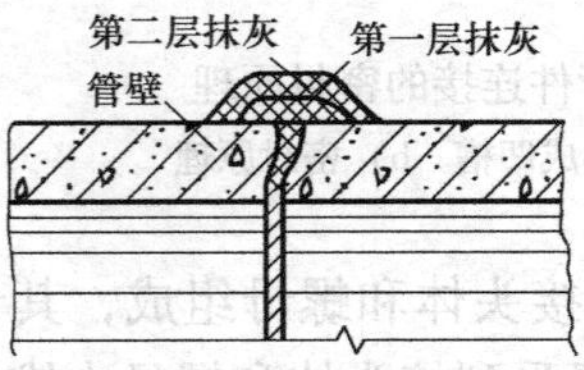

图4-81 水泥砂浆抹带接口

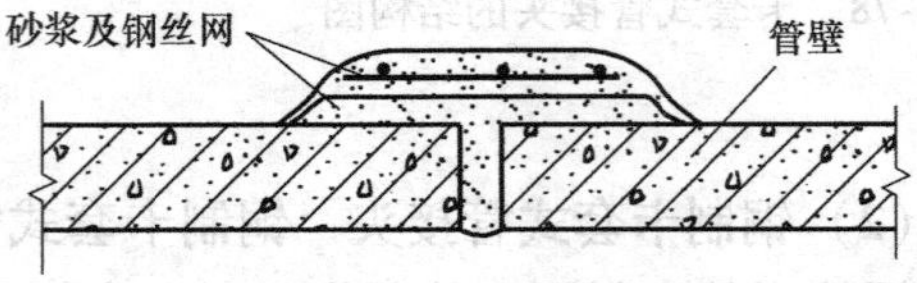

图4-82 钢丝网水泥砂浆抹带接口

钢丝网水泥砂浆抹带接口可按下述程序进行操作：

1）大口径管道抹带部分的管口应凿毛，小口径的管道应刷去浆皮，然后下入管沟，用垫块放稳找正，在管口凿毛处刷水泥浆一道（约20mm）。

2）抹第一层水泥砂浆厚约10mm并应压实，使其与管壁粘接牢固。

3）上钢丝网，并用8～22号镀锌钢丝包扎。

4）待第一层水泥砂浆初凝后，抹第二层水泥砂浆，厚约10mm，并同上法包上第二层钢丝网，两层钢丝网的搭接缝应错开（如只用一层钢丝网时，这一层砂浆应抹平，初凝后抹光压实）。

5）待第二层水泥砂浆初凝后抹第三层水泥砂浆，初凝后抹光压实。

管道的接口方式还有很多，如复合管采用的螺纹卡套式连接、衬塑钢管的法兰卡环式连接、薄壁不锈钢管的承插氩弧焊式管道连接等。

思考题

1. 工程上管道常见的加工方法有哪些？
2. 常用的管道加工机具有哪些？

3. 常见管道的连接方式有哪些？各有什么特点及具体要求？
4. 金属管道的连接方式及适用条件是什么？
5. 非金属管的连接方式及适用条件是什么？
6. 弯管与方形补偿器的煨制应注意什么问题？
7. 简述焊接时，针对不同加工对象，应注意哪些具体问题？

第五章

室内采暖系统的安装

施工安装的基本任务就是依据设计图样，将供热及采暖管道、设备安装就位，形成完整的供热、采暖系统。在整个施工过程中，设计图样只是一个原则性文件，许多具体的做法，都要遵循国家标准，依据施工质量验收规范和各种技术规程的要求。对于室内采暖系统，主要依据 GB 50242—2002《建筑给水排水及采暖工程施工质量验收规范》进行工程质量验收。在安装前，施工单位应组织各专业施工技术人员进行图样会审，对设计图样上的不明确之处、问题以及合理化建议等内容进行充分讨论，并约请设计单位进行必要的技术交底、现场答疑、方案确认和办理相关的技术洽商手续，通过进行技术交流，同时根据已经确定的设计方案，进行材料统计和施工组织设计。

室内供热系统分为采暖系统和生活热水系统，又可分为热水系统和蒸汽系统，它们的施工安装过程和安装工艺大同小异。

现场安装时主要有顺序安装法和平行安装法。顺序安装法是在主体结构完工后，进入内部基本装修开始前进行设备及管道的安装工作，这种方法可以将安装工程全面铺开，专业施工速度较快，但需要在前期土建施工中进行设备专业的预留预埋工作。平行安装法是安装工作和土建工程齐头并进，省掉预留预埋的工作过程，但与土建专业交叉作业，工种和人员调配复杂，管理较为复杂，所以多采用顺序安装法。

第一节 非住宅建筑采暖系统的安装

非住宅建筑采暖系统主要指不需要实行分户计量的建筑采暖系统。图 5-1 所示为非住宅热水采暖系统，图 5-2 所示为低压蒸汽采暖系统。图中标明了系统形式、管道走向、管径、固定支架和补偿器位置、控制点标高、坡向、立管与散热器的连接形式、管道的安装、避让情况、使用管件、部件数量和配置情况，参照采暖设计平面图，还能了解到更多的信息。

一、采暖系统的施工程序

采暖系统的施工程序分为两种：一种是先安装散热器，再安装干管、配立管和支管；另一种是先安装干管、配立管，再安装散热器、配支管。无论采用何种方法，都必须首先选择基准（基准点或基准面），才能使管道定位、标高、路由、下料长度和管件配备等落实到实处。然后再按照图样测绘的加工草图以及管道上的编号、标记，将预制好的干、立、支管，Ⅱ型、Ω 型补偿器等半成品加工件及管道组合件，按环路分别运至安装区域或位置上。安装前还要与墙上或地沟壁上的记号一一核对，施工时，应在每一施工部位的管道安装中及安装后，使用支架将其固定，以确保安装的准确性和进行连续施工作业的要求。

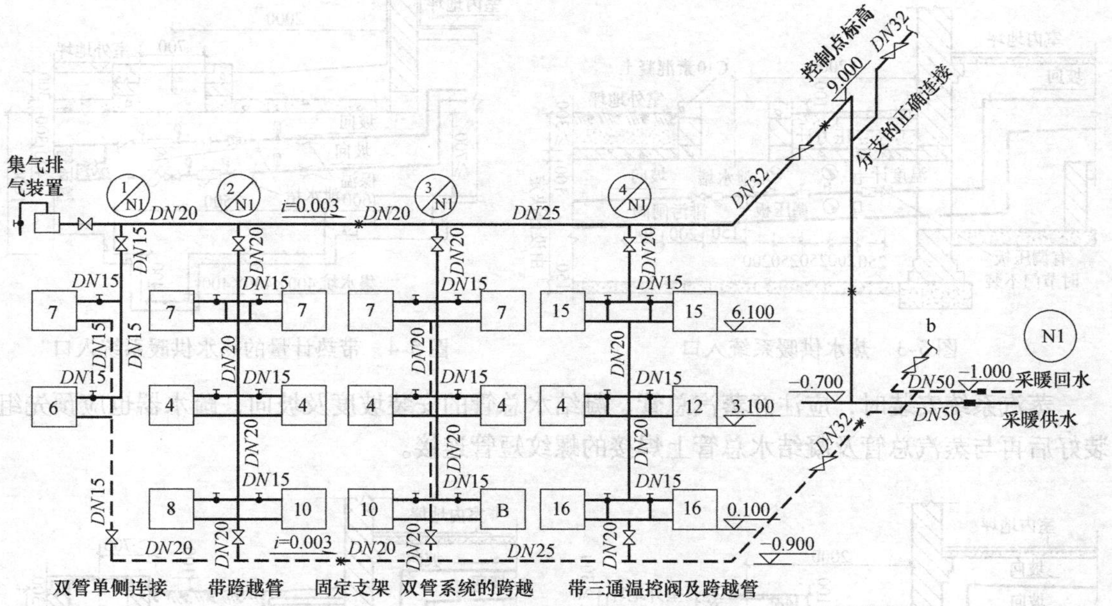

图 5-1 非住宅热水采暖系统

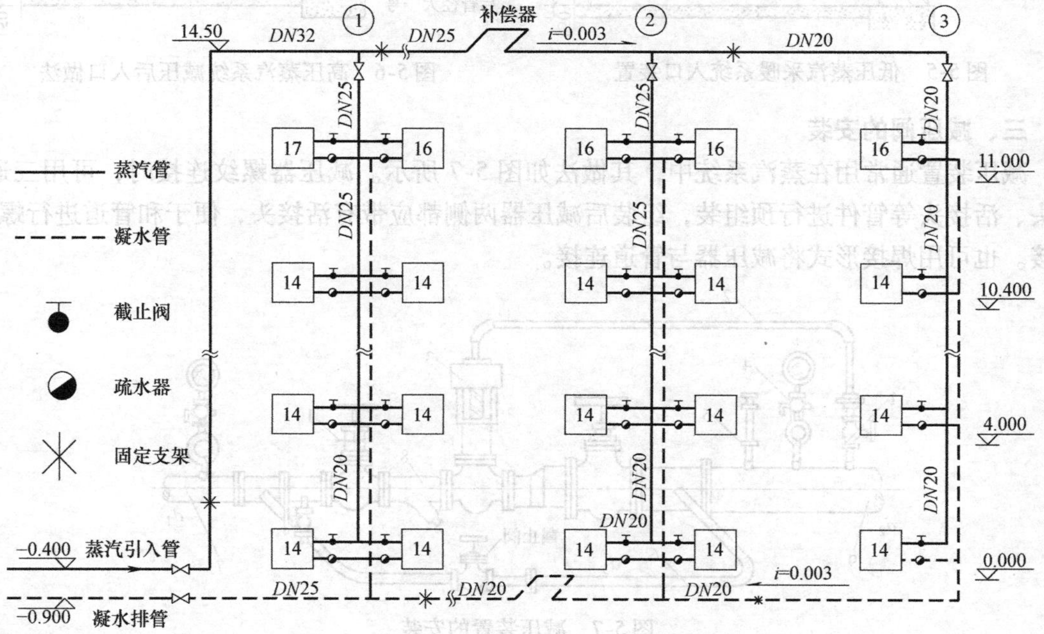

图 5-2 低压蒸汽采暖系统

二、热力入口的做法

热力入口的做法如图 5-3 ~ 图 5-6 所示。热水供暖系统入口装置若无具体设计时，可参照图 5-3 或图 5-4 施工。

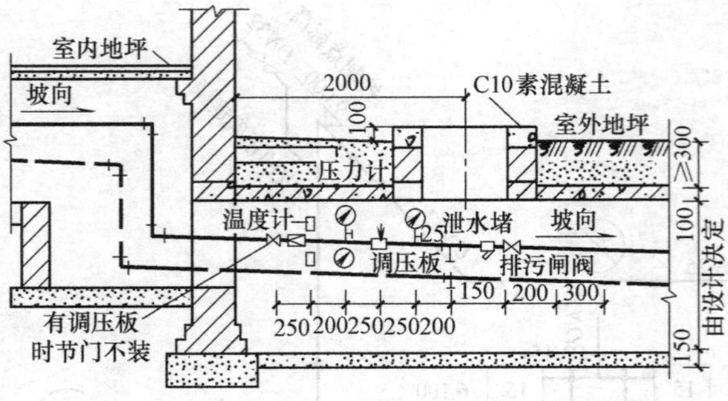

图 5-3　热水供暖系统入口

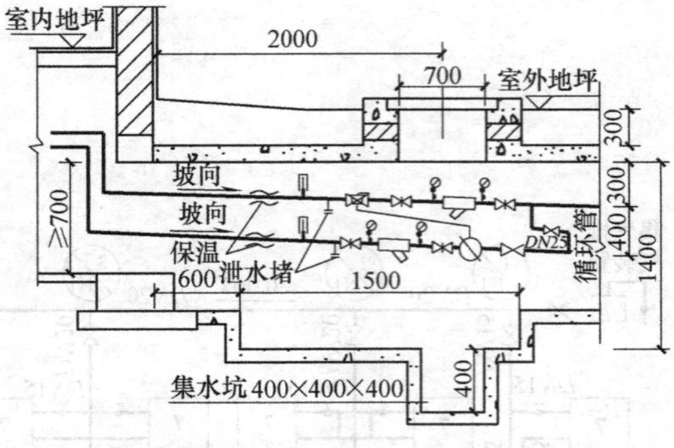

图 5-4　带热计量的热水供暖系统入口

蒸汽系统安装时，应注意蒸汽总管、凝结水总管的安装坡度及坡向，疏水器也应预先组装好后再与蒸汽总管及凝结水总管上焊接的螺纹短管连接。

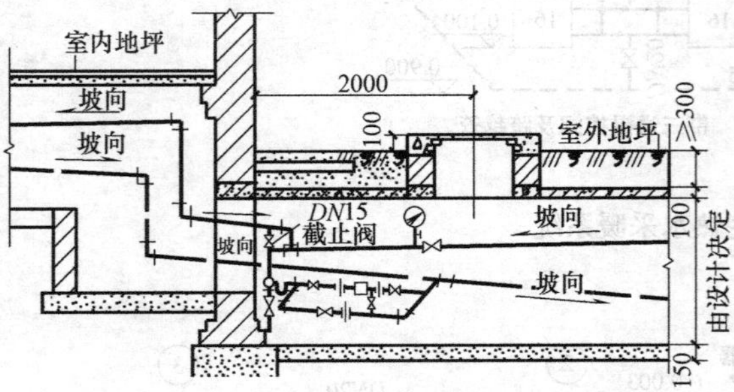

图 5-5　低压蒸汽采暖系统入口装置

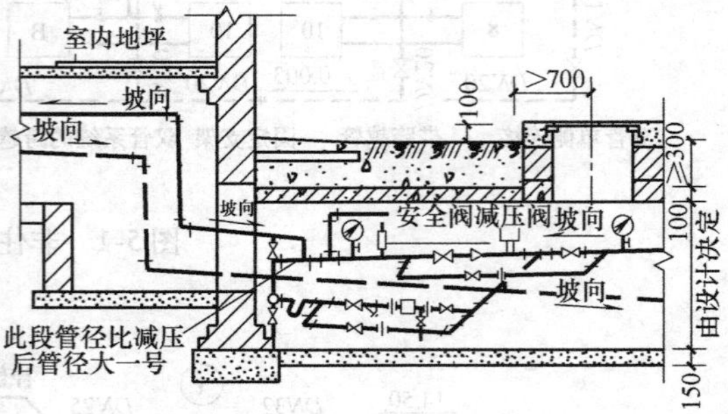

图 5-6　高压蒸汽系统减压后入口做法

三、减压阀的安装

减压装置通常用在蒸汽系统中，其做法如图 5-7 所示。减压器螺纹连接时，可用三通、弯头、活接头等管件进行预组装，组装后减压器两侧都应带有活接头，便于和管道进行螺纹连接。也可用焊接形式将减压器与管道连接。

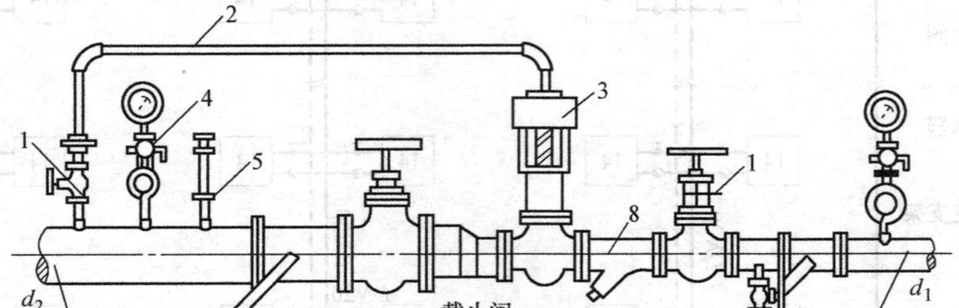

图 5-7　减压装置的安装

1—截止阀　2—DN15 压气管　3—减压阀　4—压力表　5—安全阀
6—旁通管　7—高压蒸汽管　8—过滤器　9—低压蒸汽管

减压器沿墙敷设时，离地面 1.2m；平台敷设时，离操作平台 1.2m。蒸汽系统的减压器前设疏水器，减压器阀组前设过滤器，波纹管式减压器用于蒸汽系统时，波纹管应朝下安装。

四、管材的选用与连接

热水采暖系统和低压蒸汽系统通常采用焊接钢管，$DN \leqslant 32$mm 采用螺纹连接。$DN >$ 32mm 采用焊接连接。室内暖沟内或地下室顶板下敷设的热水采暖供、回水干管或热水干管管道，因为管线长、接口较少，也可采用整体保温管焊接连接。蒸汽采暖系统中使用的无缝钢管均采用焊接连接。采暖系统中管道与阀门或其他需要经常拆卸的部件连接处可采用法兰连接，螺纹连接时应设置活接头。生活热水系统采用镀锌钢管时做法同采暖，采用铜管时可采用钎焊连接或专用管件连接，采用塑料管时，多采用热熔连接。

五、管道的下料

室内供热采暖系统的施工方法分为现场测线法和预制化施工两种，无论哪种方法都需要进行测线，前者是现场测线，后者是图上测线。只有通过测线，才能掌握管道的确切长度，并为准确下料做好准备。测量管道尺寸时，通常会涉及长度概念。

建筑长度——指管道系统中两个管件或设备中心之间的轴心尺寸、距离。

安装长度——指管件或设备道间管道的有效长度，等于建筑长度减去管件或接头装配后占去的长度尺寸。

加工长度——指管道所需的实际下料尺寸。

工程中多采用计算下料和比量法下料。各种长度之间的关系如图5-8、图5-9和图5-10所示。

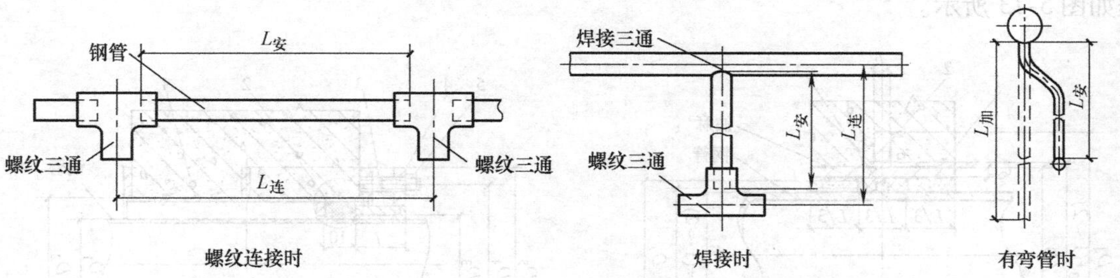

图5-8 建筑长度与安装长度的关系

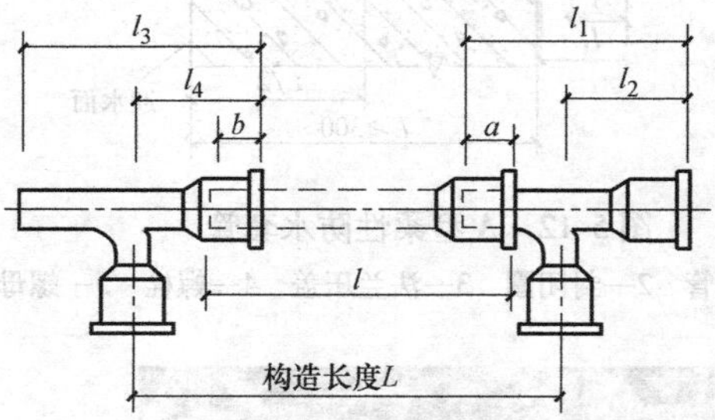

图5-9 铸铁管计算下料

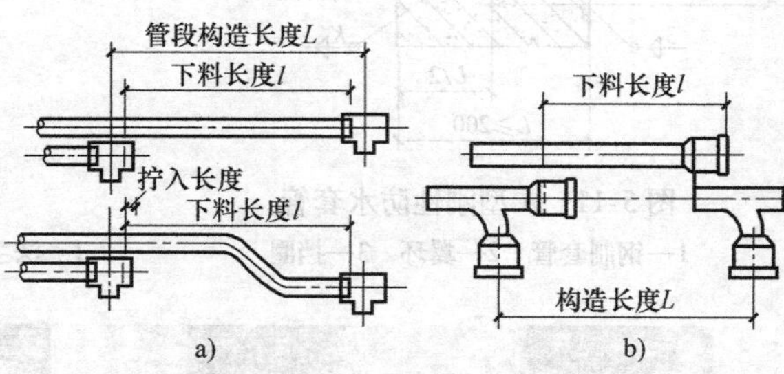

图5-10 比量法下料

a）钢管螺纹连接比量下料 b）铸铁管比量下料

六、室内供热采暖管道的安装

供热采暖管道的安装一般按照下列程序进行：管道定位、画线→安装支架→管道就位→接口连接→开立管连接孔、焊接→水压试验、验收。生活热水干管包括供水干管和循环水干管，一般按照下列程序进行：管道定位、画线→安装支架→管道就位→连接用水器具→水压试验、验收。

供热采暖供水干管、回水干管、蒸汽干管、凝结水干管、热水干管、循环水干管等，多数敷设于地沟、管廊、设备层或屋顶内，暗装管道一般都应进行保温，而明装于采暖房间内的采暖管道可以不做保温。

供热采暖的管道安装通常从热力入口或分支点开始。若为螺纹连接，则在螺纹头处抹上铅油按顺时针方向缠好麻丝，在末端将管道找平后，在接口处将第一节管道相对固定对准螺纹，慢慢转动入口，直至手转不动时，再用管钳咬住管件，用另一管钳上管，上管松紧以外露2~3个螺距为准，最后将螺纹处鼓出的麻丝用锯条、钢丝刷等清理干净。对于地下室、地沟、顶棚内、技术层中和楼板下的水平干管多采用焊接。安装顺序同螺纹连接，从第一节管道开始，将管道扶正找平，使甩口方向一致，对准管口，穿直后气焊点住。再按工艺标准焊接。定位焊时，ϕ50mm以下的管道定位焊三点，ϕ70mm及以上的管道定位焊四点。

供热采暖管道穿越楼板和隔墙时，应设置套管。套管由薄钢板或钢管制成，通常比穿越管大1~2号，安装时先将预制好的套管穿上，管道安装完成后，将套管浇筑在预留在楼板上的管道安装孔内，套管下部与楼板平齐，普通房间套管上部高出地面20mm，厨房、卫生间等有可能积水的地方套管高出地面50mm，穿越隔墙的套管两端与墙面平齐，管道穿越有燃气或存在其他危险的房间时，套管与管道之间应用填料填实。穿越建筑物基础或地下建筑物时，宜采用防水套管，又可分为刚性防水套管和柔性防水套管，适合于钢管穿越的A型刚性套管如图5-11所示，柔性防水套管如图5-12所示。采暖管道穿越楼板和基础的套管工程如图5-13所示。

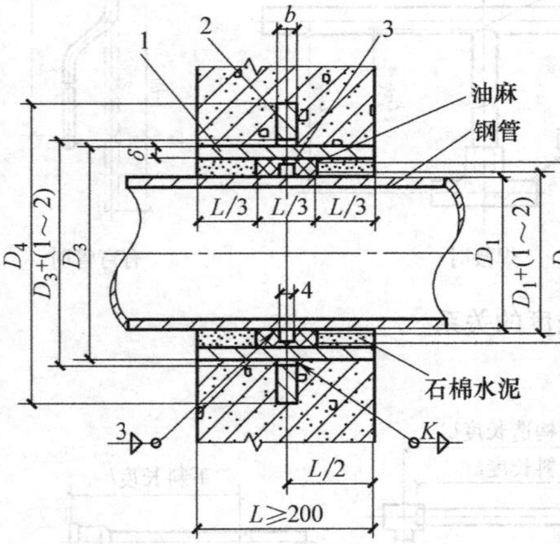

图5-11 A型刚性防水套管

1—钢制套管 2—翼环 3—挡圈

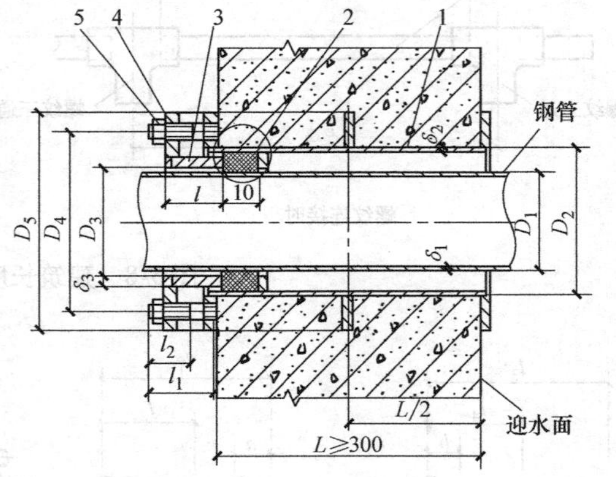

图5-12 A型柔性防水套管

1—法兰套管 2—封闭圈 3—法兰压盖 4—螺栓 5—螺母

图5-13 采暖管道穿越楼板和基础墙时套管做法

采暖管道穿越楼板固定做法如图 5-14 所示，工程实例如图 5-15 所示。

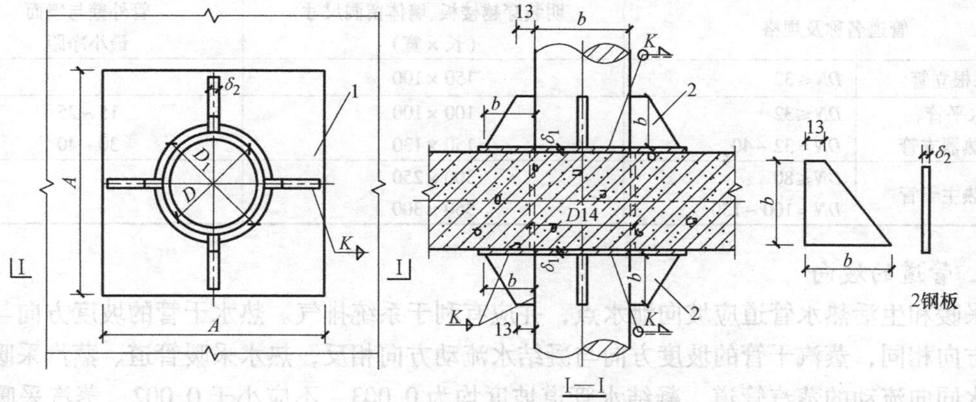

图 5-14 采暖管道穿越楼板固定做法

图 5-15 采暖管道利用穿越楼板固定工程实例

管道穿越沉降缝的做法如图 5-16 所示。

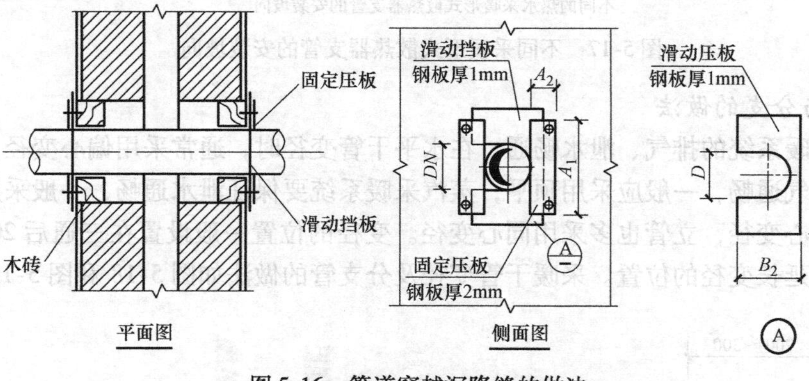

图 5-16 管道穿越沉降缝的做法

按照设计以及坡度绘出管道安装中心线，也是支架安装的基准线。管道距墙面净距及穿越楼板、隔墙和基础墙预留孔洞尺寸见表 5-1。

表 5-1 管道距墙面净距及穿越楼板、隔墙和基础墙预留孔洞尺寸 （单位：mm）

管道名称及规格		明装穿越楼板、墙体留洞尺寸（长×宽）	管外壁与墙面最小净距
供热采暖立管	$DN\leqslant25$	100×100	25～30
	$DN=32\sim50$	150×150	35～50
	$DN=70\sim100$	200×200	55
	$DN=125\sim150$	300×300	60

（续）

管道名称及规格		明装穿越楼板、墙体留洞尺寸（长×宽）	管外壁与墙面最小净距
二根立管	$DN \leqslant 32$	150×100	
水平管、散热器支管	$DN \leqslant 32$	100×100	15～25
	$DN = 32 \sim 40$	150×130	30～40
供热主干管	$DN \leqslant 80$	300×250	
	$DN = 100 \sim 150$	350×300	

1. 管道的坡向

采暖和生活热水管道应坡向泄水点，并应有利于系统排气。热水干管的坡度方向与热水流动方向相同，蒸汽干管的坡度方向与凝结水流动方向相反，热水采暖管道、蒸汽采暖系统中汽水同向流动的蒸汽管道、凝结水管道坡度均为 0.003，不应小于 0.002，蒸汽采暖系统中汽水逆向流动的蒸汽管道和汽水逆向流动的热水采暖管道坡度不应小于 0.005，散热器支管的坡度应为 0.01。连接散热器的支管也应保持坡度，坡向如图 5-17 所示。

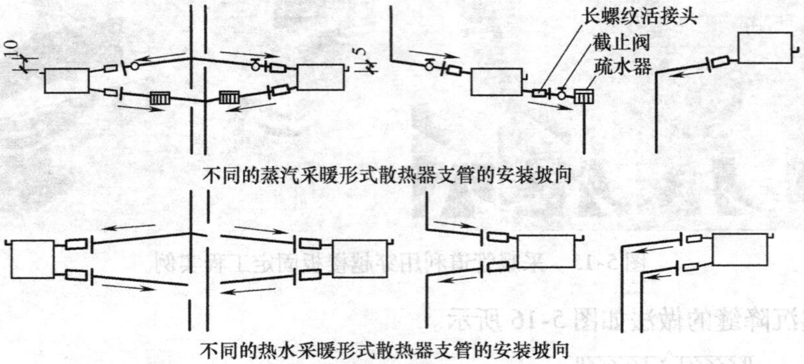

图 5-17 不同采暖形式散热器支管的安装坡向

2. 变径与分支的做法

为保证采暖系统的排气、泄水畅通，在水平干管变径时，通常采用偏心变径，热水采暖系统要保证排气通畅，一般应采用顶平，蒸汽采暖系统要保证泄水通畅，一般采用下平，凝结水可采用同心变径，立管也多采用同心变径。变径的位置一般设置在三通后 200～300mm 处，不得随意延长变径的位置。采暖干管变径及分支管的做法如图 5-18 和图 5-19 所示。

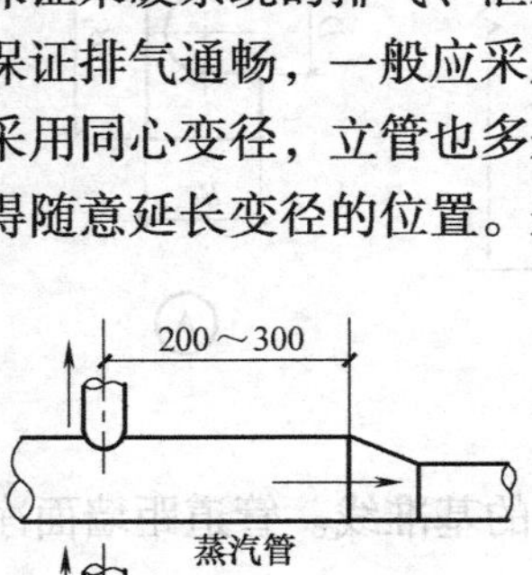

图 5-18 采暖管道的变径和分支做法（平面图）

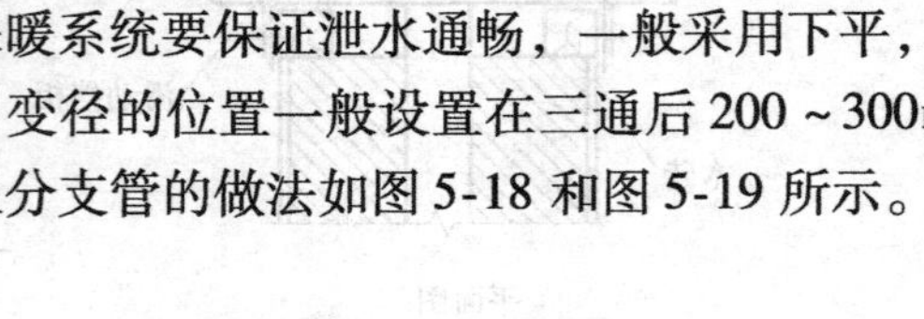

图 5-19 采暖管道的变径和分支做法（外观图）

两个相邻焊缝间距不得小于管道外径，且不宜小于180～200mm，不得在管道弯曲部分和焊缝处焊接分支，吊、支架也不能设在焊缝处。

由于管道的三通或分支部位受力，不能简单地采用三通直接连接，干管与水平分支干管的连接方式应参照图5-20安装，主管与分支干管的连接方式应参见图5-21安装。

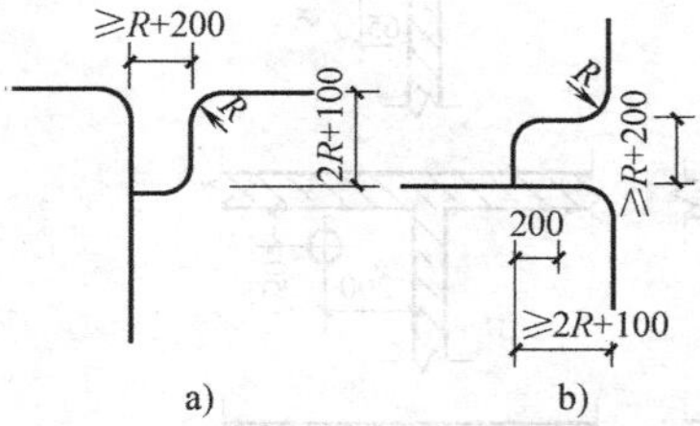

图5-20　干管与水平分支管的连接方式
a）水平连接　b）垂直连接

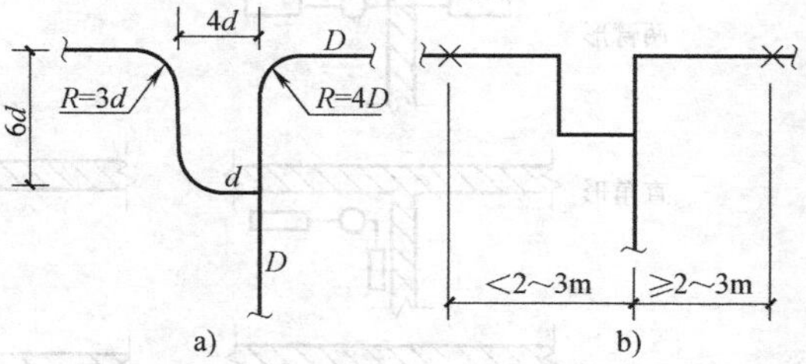

图5-21　主管与分支干管的连接方式
a）主立管羊角弯　b）主立管羊角弯支架位置

3. 立管的安装

采暖立管安装前应对预留孔洞的位置和尺寸进行检查，并在建筑结构上标出立管的中心线，按照立管中心线在干管上开孔焊制三通管接口，但焊渣不能留在管道中，并根据建筑物层高和立管的根数，在相应的位置上埋好立管管卡，对于金属立管，高度小于5m的建筑，每层必须安装1个，高度大于5m，每层不少于2个，安装高度距地面1.5～1.8m，2个以上管卡应均匀安装，待埋藏管卡的水泥砂浆达到要求强度后，就可以进行立管的固定和支管段的安装工作。

生活热水立管和循环管多设置在管道竖井中，其固定支架的位置应提前做好，还应注意不同管材的接口要点，以及循环管的连接位置，管道固定后，还应进行管道保温。立管安装时，不管设计图样中表述是否清楚，都应该采用正确的连接方式。为保证安装和维修方便，必须保证两管中心间距，管径小于或等于32mm的不保温的采暖双立管管道中心距离为80mm，允许偏差为5mm，还要保证管道的垂直度。供水或供气管（热水供水管）一般置于面向的右侧。立管上的卡子根据供暖系统的形式分为单立管卡子和双立管卡子，分别用于单管系统和双管系统。当采暖房间层高小于或等于5m时，立管上每层安装一个管卡，管卡安装高度距地面为1.5～1.8m，当层高大于5m时，每层不得少于2个管卡，2个以上管卡应匀称安装，同一房间管卡应安装在同一高度上。立管上应安装可拆卸件，热媒低于100℃，可采用活接头或长螺纹，热媒若为110～130℃的高温水时，管道的可拆卸件应使用法兰，垫料应使用耐热橡胶板。

采暖立管的平面位置、与散热器的连接关系如图5-22所示，暗装的采暖及热水管道应做好保温层和保护层，管槽的做法如图5-23所示，并尽量减少水平方向的剔槽。参考尺寸见表5-2。立管安装应从底层到顶层逐层安装，安装时首先确定安装位置，然后画好立管垂直中心线，确定立管卡安装位置，安好各层立管卡。

从架空的干管上接立管时，应用弯头来保证与后墙的净距离，立管在地沟中（或地面上）与回水干管连接时，也应使用2～3个弯头进行连接，且立管应垂直，底部还应装泄水装置。采暖立管与顶部干管连接及与下端干管的连接如图5-24和图5-25所示。

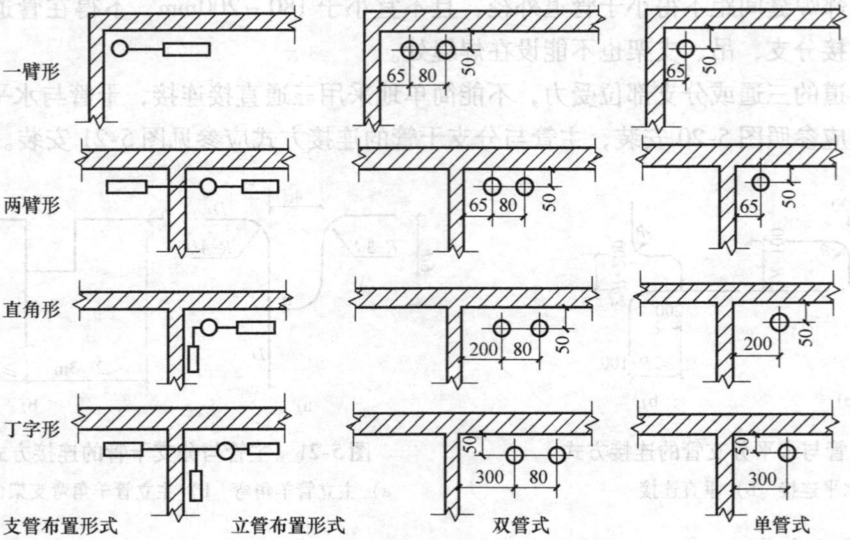

图 5-22　暖气立管安装位置

表 5-2　暗装管道的管槽尺寸　　（单位：mm）

管道名称及规格		暗装管道墙槽尺寸（宽×深）
供热立管	DN≤25	130×130
	DN=32～50	150×130
	DN=70～100	200×200
	DN=125～150	
两根立管	DN≤32	200×130
水平管及散热器支管	DN≤32	60×60
	DN=32～40	150×100

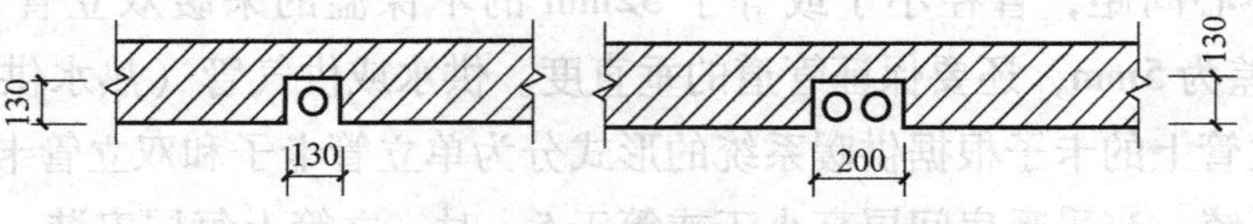

图 5-23　暖气立管暗装剔槽示意图

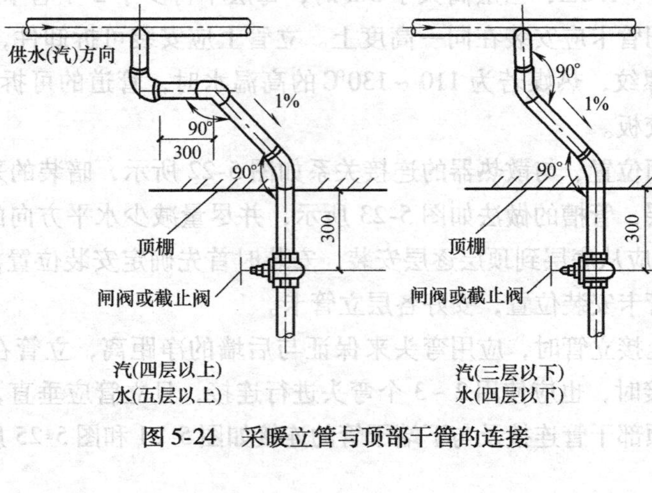

图 5-24　采暖立管与顶部干管的连接

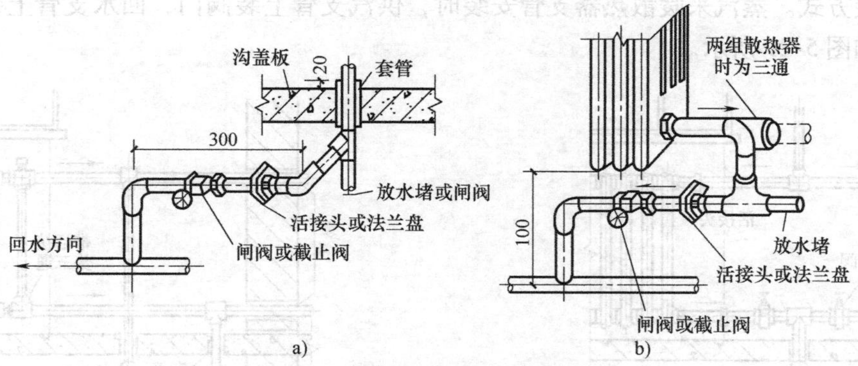

图 5-25　采暖立管与下端干管的连接

a）地沟内立、干管的连接　b）明装（拖地）干管与立管的连接

对于双管系统或跨越管系统，有时会发生管道的交叉，这时需要遵守避让原则。管道避让通常采用的方法是采用立管抱弯越过散热器支管，且弯曲部分侧向室内。抱弯设在立管上，便于先安装立管再安装支管，且有利于排除系统内的空气。有时管道交叉需要采用来回弯来躲避管道。立管与干管以及立管跨越支管所用的弯管示意如图 5-26 所示。弯管的参数尺寸见表 5-3。

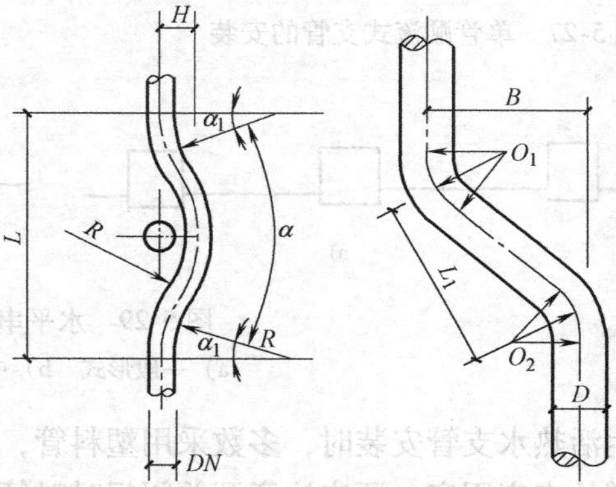

图 5-26　抱弯与来回弯

表 5-3　弯管参数尺寸　（单位：mm）

DN	α	α_1	*R*	*L*	*H*	*DN*	α	α_1	*R*	*L*	*H*
15	94°	47°	50	146	32	25	72°	36°	85	198	38
20	82°	41°	65	170	35	32	72°	36°	105	244	42

4. 支管的安装

支管包括采暖散热器支管和生活热水支管。散热器支管安装应在散热器安装合格后进行，连接应为可拆卸连接，如长螺纹、活接头等。支管不得与散热器强制连接，以免漏水。当散热器支管长度大于 1.5m 时，中部应加托架或托钩固定。支管须按照技术规范要求设置坡度，支管全长小于或等于 500mm 时，支管坡降为 5mm，支管全长大于 500mm 时，坡降为 10mm，当一根立管双侧连接支管时，支管坡度按长度大的一侧确定。蒸汽管路支管应有 0.01 的坡度。半暗装散热器支管采用直管段连接，明装或暗装散热器用煨弯管或弯头配制的弯管连接。

例如，单管顺流式支管安装时，支管从散热器上部接入，回水支管从散热器下部接出，可在底层散热器支管上装阀门，调节立管热流量。单管顺流式系统支管的安装方式如图5-27所示。双管系统的支管安装方式如图 5-28 所示。

水平串联式支管安装时，供热管从散热器下部接入，回水管从下部接出后，成为下一个散热器的供水管。水平串联管支管不受坡度限制，但不得倒坡。若串联组数较多，则改变中部管道连接方式。蒸汽采暖散热器支管安装时，供汽支管上装阀门，回水支管上装疏水器。连接形式如图 5-29 所示。

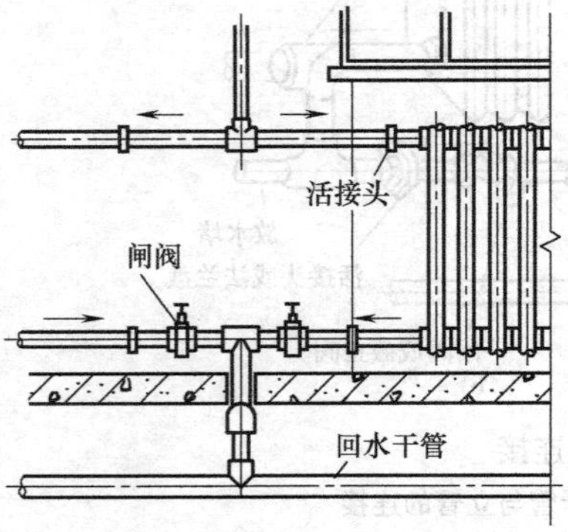

图 5-27 单管顺流式支管的安装

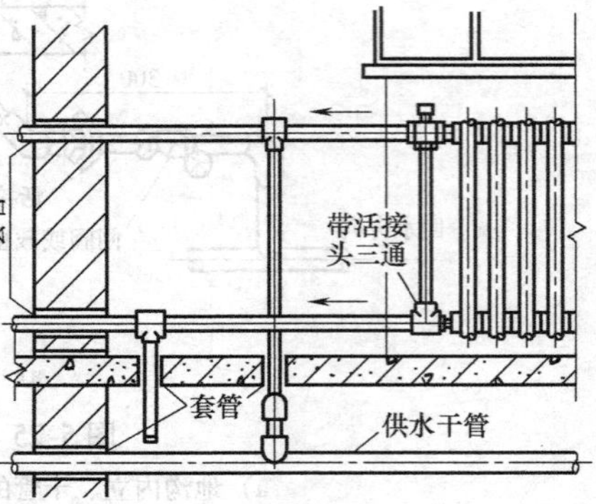

图 5-28 双管系统的支管安装

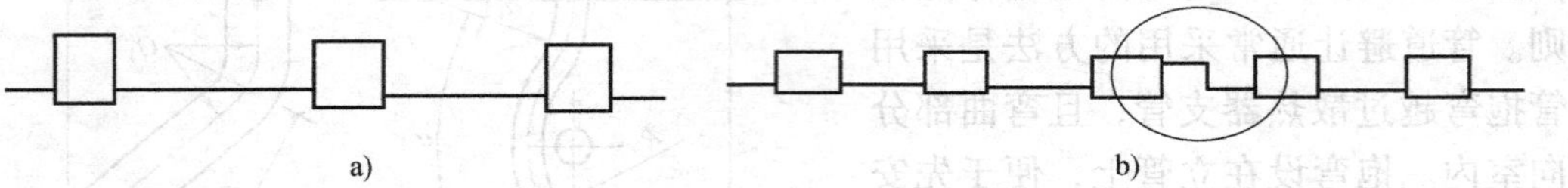

图 5-29 水平串联式支管的安装
a）一般形式 b）中部伸缩补偿式安装

生活热水支管安装时，多数采用塑料管，安装时应根据不同管材进行连接，根据管材做好管道的支座固定，还应注意开关阀门时对管道固定的影响，防止管道下垂和脱开。立管、支管上有阀门的地方通常配以可拆装的管件，如活接头或长螺纹，以便修换阀门。

在立、支管上安装阀门有时因管道距墙近，阀杆旋转不开，可在管道安装时先卸下阀盖，待管道及阀体就位后再将阀盖拧上，不能过紧也不能过松。支管上无阀门时，散热器与支管的连接，也要有可拆装的管件，其阀门和可拆装管件都应靠近散热器，其中阀门放在靠立管的一侧，可拆装管件放在靠散热器的一侧，以便在关闭阀门的情况下拆装散热器。常使用的活接头，子口一头应安装在来水方向，如图 5-30 所示。也可采用长螺纹和根母配合，长螺纹一头为短的锥形螺纹，另一头为长的圆柱形螺纹，可全部拧入散热器的内外螺纹孔内，当管长合适时将根母压紧填料圈，将长螺纹紧固至不泄漏即可，其做法如图 5-31 所示。

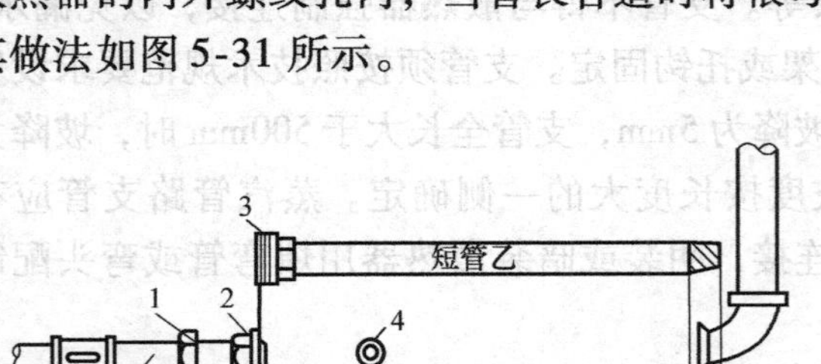

图 5-30 散热器支管上用活接头连接图示
1—螺母 2—螺纹接头 1 3—螺纹接头 2 4—垫片

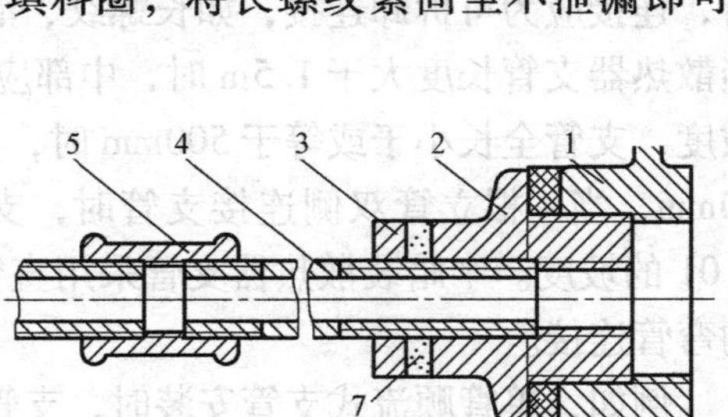

图 5-31 散热器支管上用长螺纹连接图示
1—散热器螺纹孔 2—散热器内外螺纹 3—根母
4—长螺纹 5—管箍 6—散热器垫圈 7—填料

散热器支管的连接方法、使用配件等都与散热器的类型和采暖系统的形式有很大关系，连接方式已从单一钢管螺纹连接，转变为多种管材的组合连接，集粘接、热熔连接、专用管件连接等多种形式为一身，且各种专用连接管件、阀门的品种也越来越丰富，连接工作已呈现多样化状态。图5-32所示为某工程中的散热器安装形式。

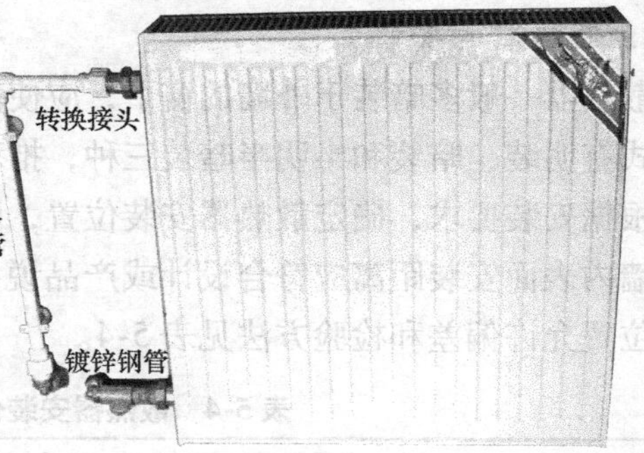

图5-32　散热器的安装形式

5. 特殊部位的管道安装

供暖干管需要经过门时，应注意坡向及连接方式，可参照图5-33、图5-34安装。回水干管过门节点（图5-35）应严格按标准图进行，否则出现局部存气，造成立管、散热器不热。

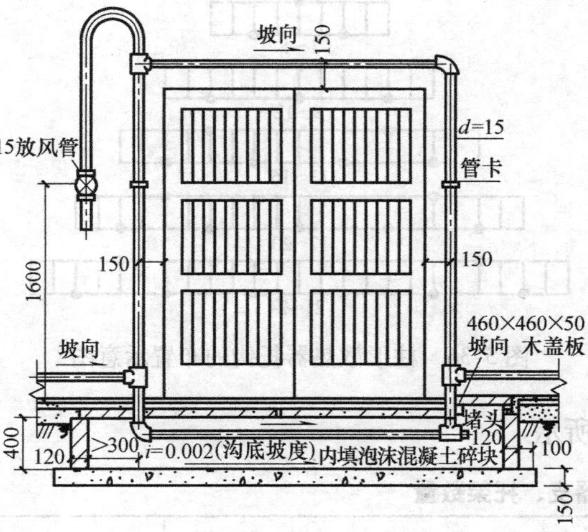

图5-33　蒸汽干管过门安装

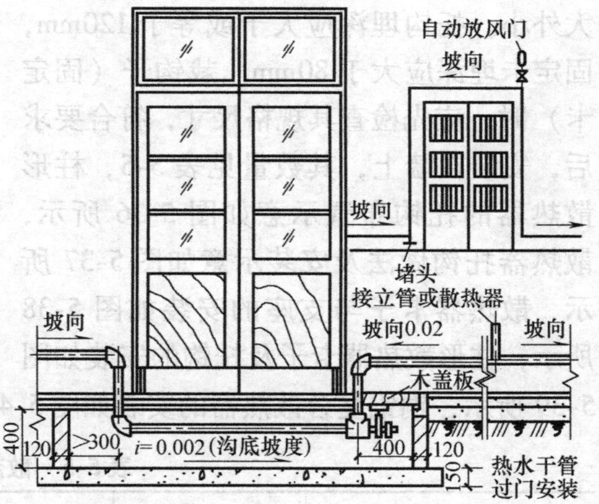

图5-34　热水干管过门安装

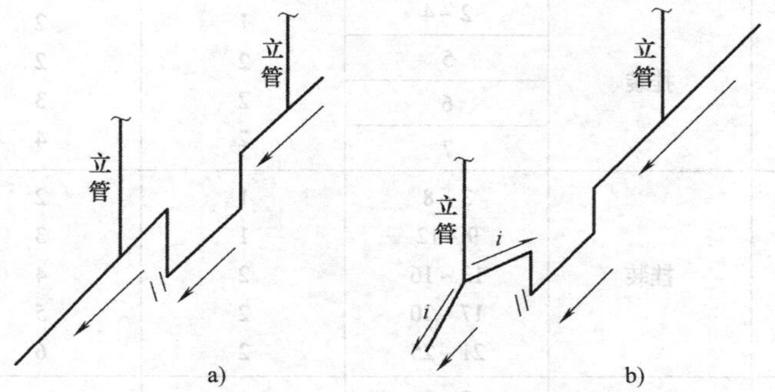

图5-35　回水干管过门节点

a）正确　b）错误

七、室内采暖设备及器具的安装

室内采暖设备及器具的安装主要包括各种散热器的安装和采暖系统的阀门、排气阀、除污器、膨胀水箱等附属设备的安装。

1. 散热器的安装

散热器一般多暗装于外墙的窗下，应使散热器组的中心线与外窗中心重合。散热器的安装形式有明装、暗装和半明半暗装三种，推荐采用明装方式。

根据安装要求，确定散热器安装位置，画出托钩和卡子的安装位置。散热器背面与装饰后的墙内表面安装距离应符合设计或产品说明书要求，如设计未注明，应为30mm。散热器安装位置允许偏差和检验方法见表5-4。

表5-4 散热器安装位置允许偏差和检验方法

项次	项目	允许偏差/mm	检验方法
1	散热器背面与墙内表面距离	3	尺量
2	与窗中心线距离或设计定位尺寸	20	
3	散热器垂直度	3	吊线和尺量

当使用电动工具打孔时，应使孔洞里大外小。托钩埋深应大于或等于120mm，固定卡埋深应大于80mm。栽钩子（固定卡）时，应先检查其规格尺寸，符合要求后，安装在墙上，其数量见表5-5，柱形散热器的托钩布置示意如图5-36所示，散热器托钩做法及安装示意如图5-37所示，散热器卡子与支座的安装如图5-38所示，柱形散热器卡子及托钩的安装如图5-39所示，铜铝复合散热器的安装如图5-40所示。

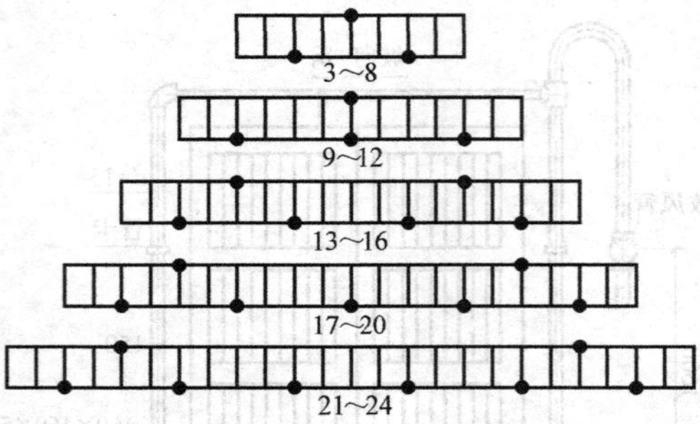

图5-36 柱形散热器托钩的布置示意图

表5-5 散热器支、托架数量

项次	散热器型号	安装方式	每组片数	上部托钩或卡架数	下部托钩或卡架数	总计
1	长翼形	挂装	2~4	1	2	3
			5	2	2	4
			6	2	3	5
			7	2	4	6
2	柱形 柱翼形	挂装	3~8	1	2	3
			9~12	1	3	4
			13~16	2	4	6
			17~20	2	5	7
			21~25	2	6	8
3	柱形 柱翼形	带足落地	3~8	1		1
			9~12	1		1
			13~16	2		2
			17~20	2		2
			21~25	2		2

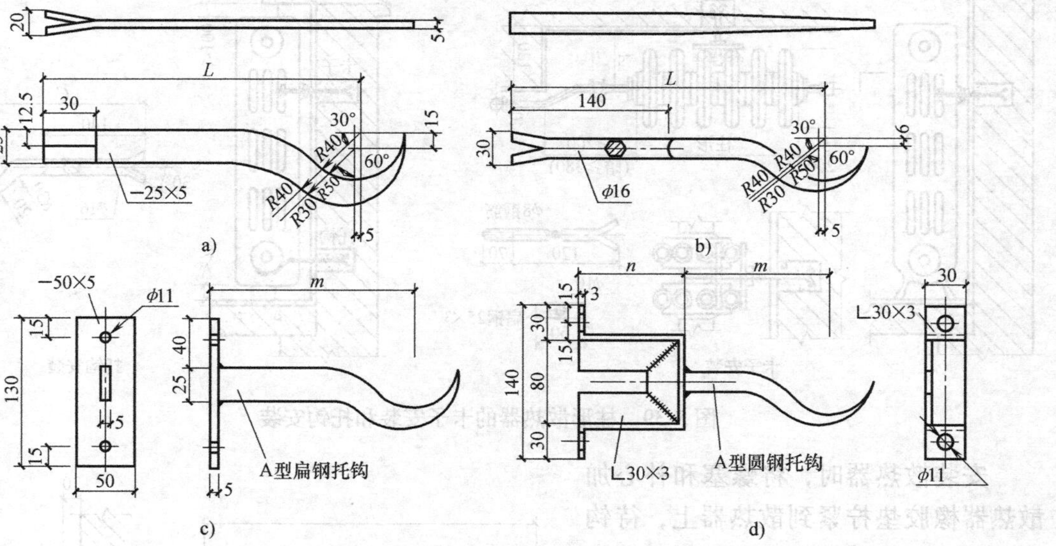

图 5-37　散热器托钩做法及安装示意图

a）B 型扁钢托钩　b）B 型圆钢托钩　c）A 型扁钢托钩　d）A 型圆钢托钩

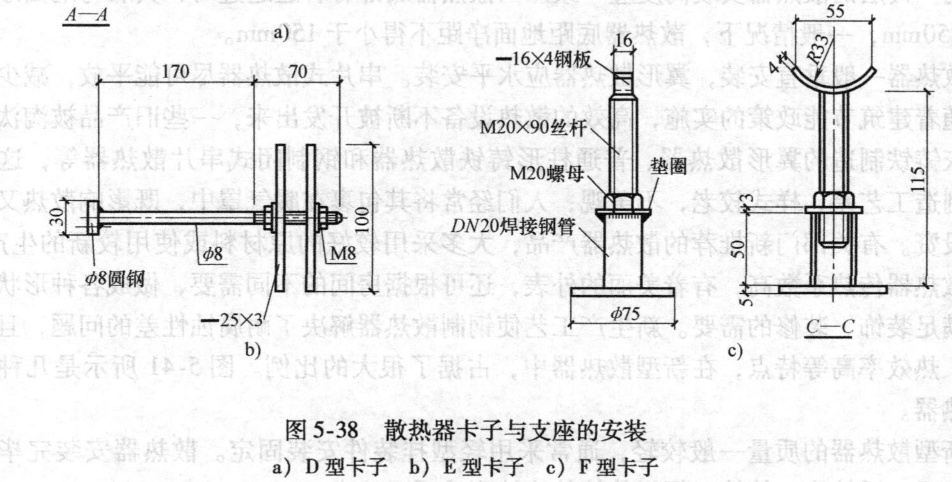

图 5-38　散热器卡子与支座的安装

a）D 型卡子　b）E 型卡子　c）F 型卡子

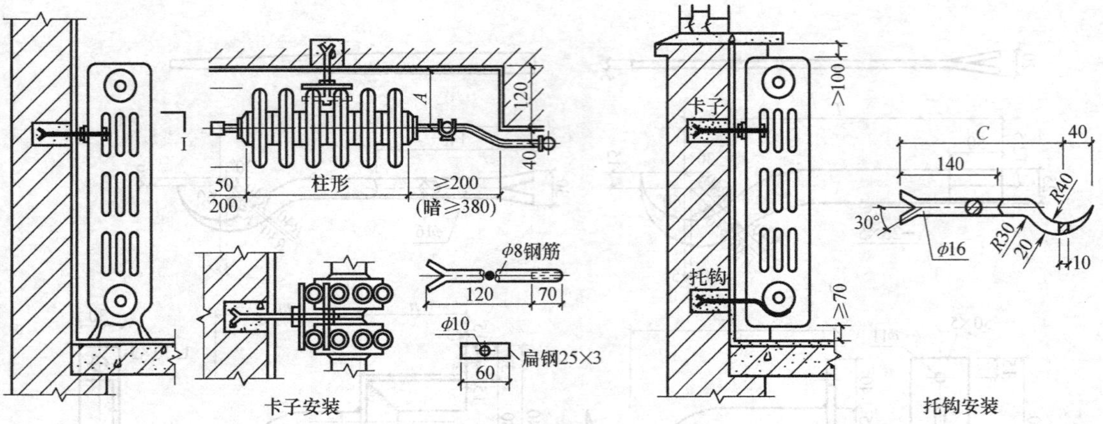

图 5-39 柱形散热器的卡子安装和托钩安装

安装散热器时，将螺塞和补心加散热器橡胶垫拧紧到散热器上，待钩子（固定卡）周围的填充达到一定的强度后，即可进行安装。翼形散热器安装时，应将掉翼面朝墙安装；挂式安装时，须将散热器抬起，将补心正螺纹扣的一侧朝向立管方向，慢慢落在托钩上，挂稳、找正，带腿或底架的散热器就位后，在找正、平直后，上紧固定卡螺母。带足散热器安装时若不平，可用锉刀磨平找正，必要时用垫铁找平，严禁用木块、砖石垫高。

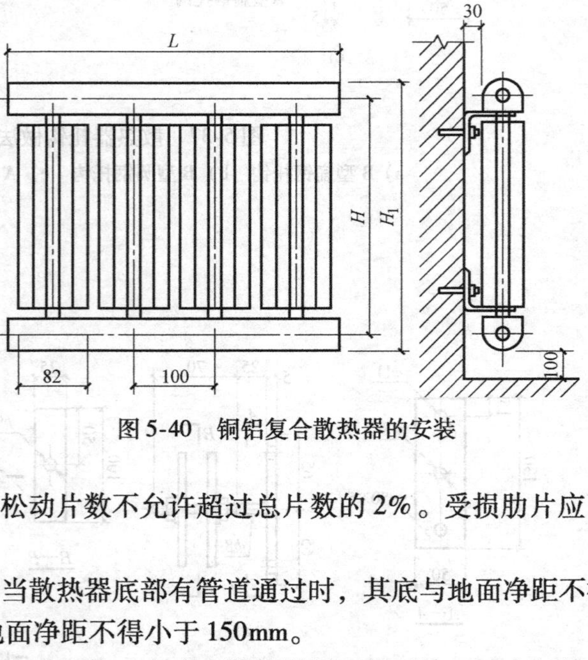

图 5-40 铜铝复合散热器的安装

安装串片式散热器时，应保持肋片完好。松动片数不允许超过总片数的2%。受损肋片应面向下或面向墙安装。

同一楼层的散热器安装高度应一致。当散热器底部有管道通过时，其底与地面净距不得小于250mm，一般情况下，散热器底距地面净距不得小于150mm。

散热器一般垂直安装，翼形散热器应水平安装。串片式散热器尽可能平放，减少竖放。

随着建筑节能政策的实施，高效的散热设备不断被开发出来，一些旧产品被淘汰，其中包括灰铸铁制造的翼形散热器、普通柱形铸铁散热器和钢制闭式串片散热器等，这些散热器，制造工艺差，样式较老，不美观，人们经常将其包裹在暖气罩中，既影响散热又增加了装修投资。有关部门新推荐的散热器产品，大多采用较好的原材料或使用较新的生产工艺，这些散热器传热系数高，有着美丽的外表，还可根据房间的不同需要，做成各种形状，甚至可以满足装饰、装修的需要。新生产工艺使钢制散热器解决了耐腐蚀性差的问题，且具有质量轻、热效率高等特点，在新型散热器中，占据了很大的比例。图 5-41 所示是几种新样式的散热器。

新型散热器的质量一般较轻，通常采用轻型挂装件安装固定。散热器安装完毕，用弯头、三通、活接头、管箍、阀门等管件连接到采暖系统中。

图 5-41　几种新样式的散热器

2. 阀门的安装

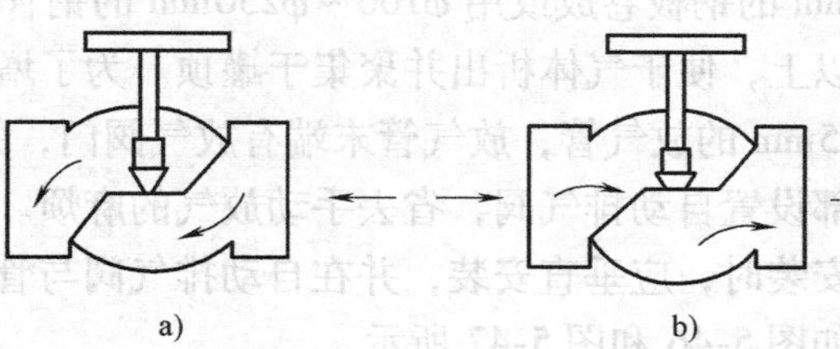

图 5-42　截止阀安装

a）正确　b）错误

阀门是采暖系统必备附件，安装在管路上和散热器支管上，阀门的功能不同，种类也很多，多用于管道的关闭，主要有闸阀、球阀等截止阀。分支管路中多安装带有调节功能的阀门，散热器支管上多安装带有温控功能或具有旁通功能的阀门，安装时应注意有些阀门的方向性要求，安装时不能装反，图 5-42 所示为管路中截止阀的安装示意。

3. 补偿器

供暖管道的补偿问题，是施工中值得关注的问题。管道应充分利用管道转弯、分支处等自然补偿的部位进行补偿，自然补偿示意如图 5-43 和图 5-44 所示。当自然补偿不能满足要求时，应设置补偿器，补偿器必须与固定支座配合使用。由于补偿器的种类很多，不同的补偿器与固定支架和活动（滑动）支架的组合位置也不同，施工中应引起重视。

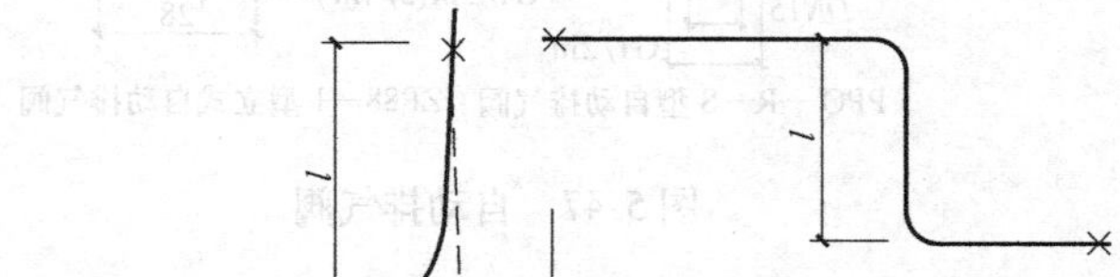

图 5-43　自然补偿示意

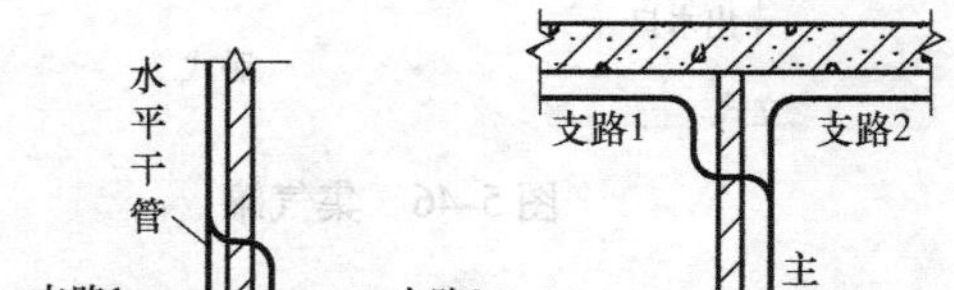

图 5-44　分支的自然补偿作用

室内小管径管道多采用方形伸缩器，在安装前可按要求做好预拉伸，按照安装位置摆好伸缩器，在其中间加支架，用水平尺按管道坡向逐点找坡，将伸缩器两端接口对正找平后焊接。调整完管道，焊牢固定卡后，除去伸缩器临时支架。用钢管作临时支撑，用定位焊固定。图 5-45 表示方形补偿器的预拉。

4. 集气、排气装置的安装

集气、排气装置一般指集气罐和排气阀，常被设置在热水系统管道的最高处，上供式系

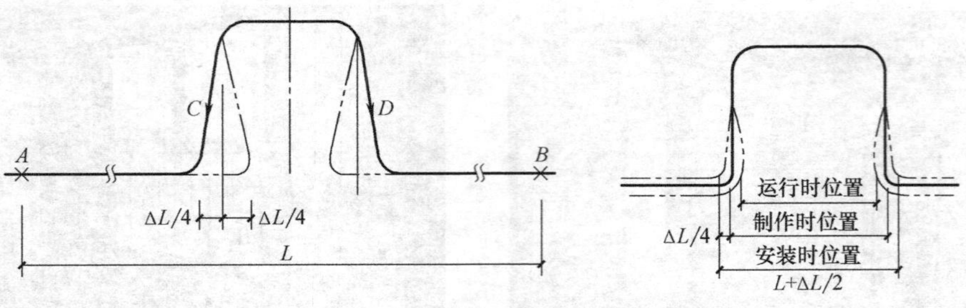

图 5-45　方形补偿器的预拉

统可放在供水干管末端或连在倒数第一、二根立管接干管处，下供式系统往往与空气管相接，双管系统的每根立管上宜设置集气、排气装置。集气罐分为立式和卧式两种，一般用厚 4～5mm 的钢板卷成或用 ϕ100～ϕ250mm 的钢管焊成，集气罐的直径应比连接处干管直径大一倍以上，便于气体析出并聚集于罐顶。为了增大贮气量，进、出水管宜接近罐底，罐上部设 ϕ15mm 的放气管，放气管末端有放气阀门，并通到有排水设施的地方。也可以在集气罐的顶部设置自动排气阀，省去手动放气的麻烦。也有集气、排气的组合阀罐体产品。自动排气阀安装时，应垂直安装，并在自动排气阀与管路接点之间安装一个阀门。集气罐和自动排气阀如图 5-46 和图 5-47 所示。

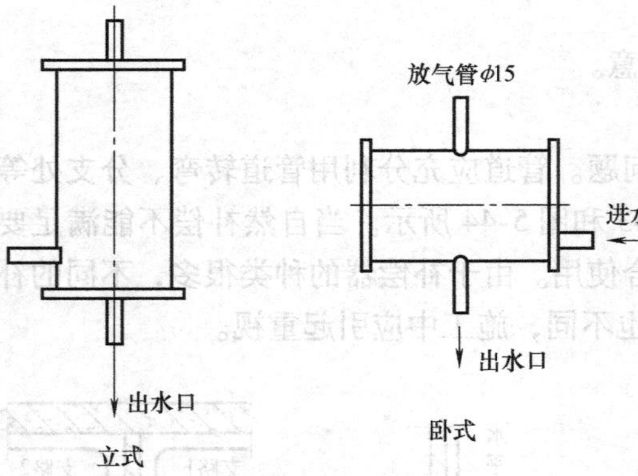

图 5-46　集气罐

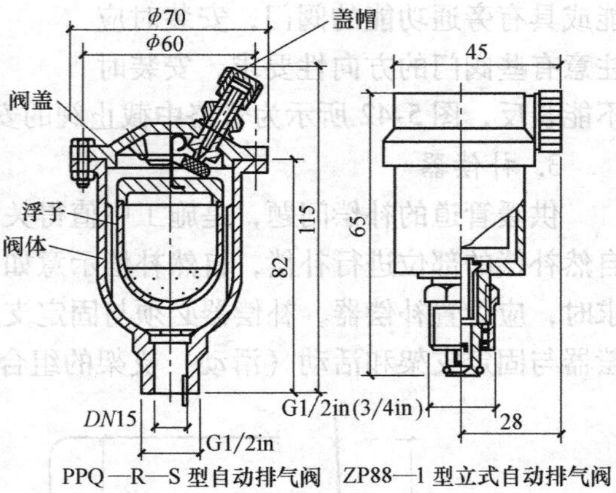

图 5-47　自动排气阀

5. 除污器的安装

为了防止供暖管路中的污物堵塞管路和设备，常在热源循环水泵处和用户引入口处设置除污器，对于安装热表的用户，常在热表的入口前设置除污器，除污器可购买成品，也可根据标准图自制，安装时应注意方向。Y 形除污器有多种规格从 *DN*15～*DN*450，可直接安装在管道上，其构造如图 5-48 所示。立式除污器的体积较大，大型除污器多采用落地安装，上部设有排气阀，下部设置排污堵头或阀门，多配有排污阀，应定期清理除污器内部的污物。立式除污器多用在热源处、大型建筑供热管入口处等，其构造如图 5-49 所示。

6. 定压装置的安装

有些小型的供热采暖系统需要进行系统定压，通常采用高位水箱定压，膨胀水箱一般放在小区最高的建筑的屋顶上。热水供暖系统中的膨胀水箱具有接受膨胀水量、稳定压力以及

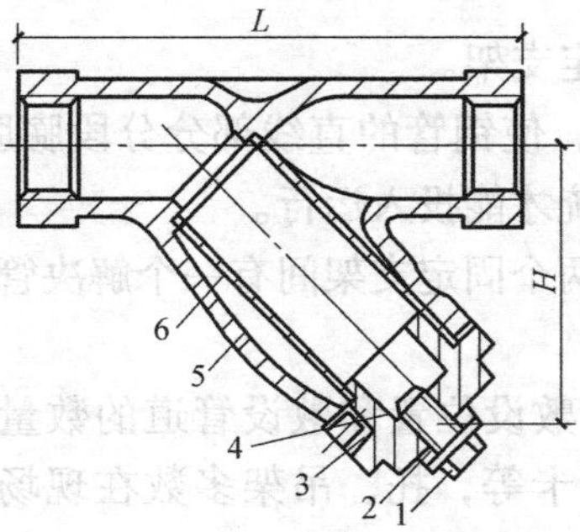

图5-48 Y形除污器

1—螺栓 2、3—垫片 4—封盖

5—阀体 6—过滤网

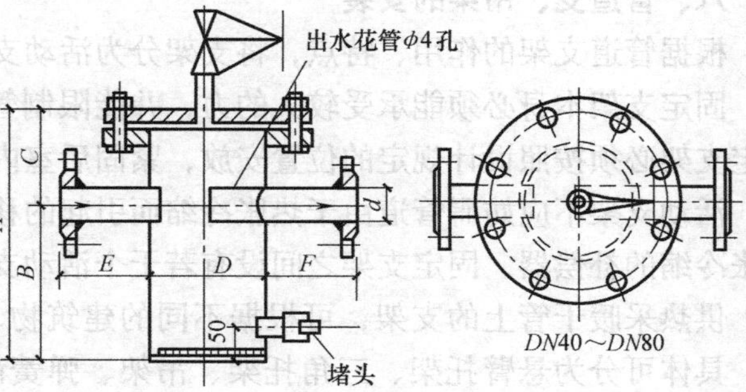

图5-49 立式除污器

对自然循环系统排除空气的作用。其形状分方形和圆形（新出版的标准图册中只有圆形），用厚约3mm的钢板制作（图5-50）。圆形比方形节省钢材，容易制作，材料受力分布均匀。水箱顶部的人孔盖应用螺栓紧固，水箱下方垫枕木或角钢架。水箱内外刷红丹漆或其他防锈漆，并应进行满水试漏，箱底至少比室内供暖系统最高点高出0.3m。高位膨胀水箱常与生活给水箱一同安装在屋顶的水箱间内。如安装在非采暖房间内时，应注意保温措施的实施。

膨胀水箱上有5根管，即膨胀管、循环管、溢流管、信号管和排水管，其位置参见标准图集。膨胀管一般应连接到循环水泵前的回水总管靠近循环水泵的地方，不能连接到某一支路回水干管上。循环管的作用是使水箱内的水不冻结，因此，当水箱所处环境温度在0℃以上时可不设循环管。有循环管时，应将循环管连接在距膨胀管1.5～2.0m的地方，其安装方法如图5-51所示。溢流管的作用是当系统内水充满时溢流之用，其末端接到楼房或锅炉房排水设备上，或便于观察的地方，且不允许直接与下水道相接。信号管又称检查管，供管理人员检查系统内部水是否充满使用，信号管末端接到锅炉房内排水设备上方，末端安装有阀门。多数情况下，膨胀水箱距热源较远，除膨胀管和循环管外，其他水箱上的管线引至位置视现场情况确定。为了保证系统安全运行，膨胀管、循环管、溢流管上都不允许设置阀门。

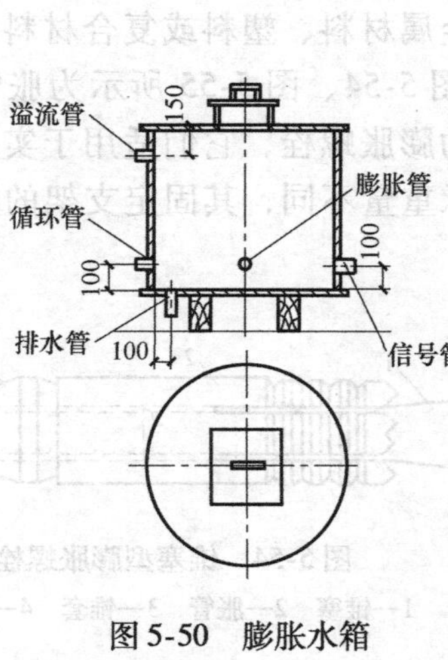

图5-50 膨胀水箱

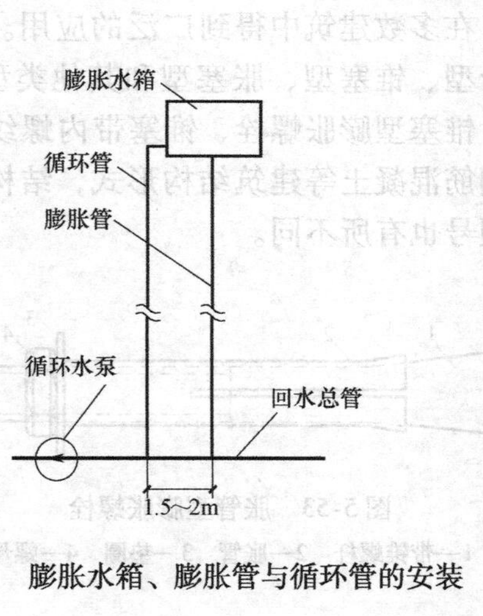

图5-51 膨胀水箱、膨胀管与循环管的安装

八、管道支、吊架的安装

根据管道支架的作用、特点，将支架分为活动支架和固定支架。

固定支架本身必须能承受较大的力，并能限制管道位移，使钢管的直线部分分段膨胀。固定支架必须按照设计规定的位置安放，紧固后室内供暖系统才能投入运行。

活动支架不应妨碍管道由于热胀冷缩而引起的移动，每两个固定支架间有一个解决管道热胀冷缩的补偿器，固定支架之间设有若干个活动支架。

供热采暖干管上的支架，可根据不同的建筑物、不同的敷设位置和敷设管道的数量确定，具体可分为悬臂托架、三角托架、吊架、弹簧吊架和管卡等，托、吊架多数在现场制作，如图5-52所示。

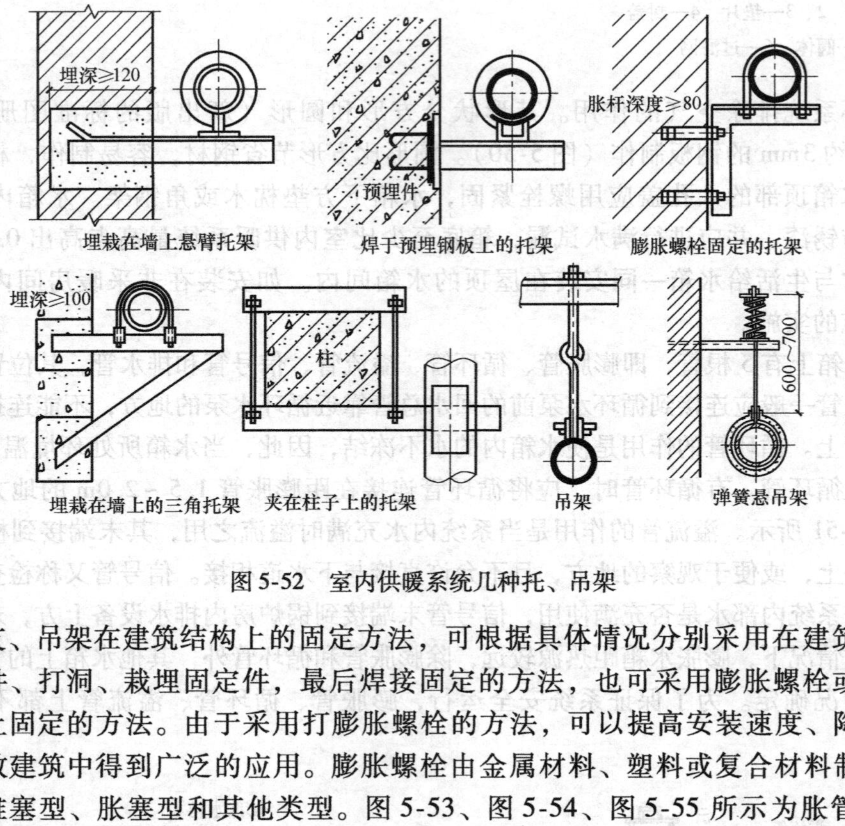

图5-52 室内供暖系统几种托、吊架

管道支、吊架在建筑结构上的固定方法，可根据具体情况分别采用在建筑结构上预埋金属焊件、打洞、栽埋固定件，最后焊接固定的方法，也可采用膨胀螺栓或射钉枪在建筑结构上固定的方法。由于采用打膨胀螺栓的方法，可以提高安装速度、降低安装成本，在多数建筑中得到广泛的应用。膨胀螺栓由金属材料、塑料或复合材料制成，分为胀管型、锥塞型、胀塞型和其他类型。图5-53、图5-54、图5-55所示为胀管型膨胀螺栓、锥塞型膨胀螺栓、锥塞带内螺纹和可调间距的膨胀螺栓，它们适用于实心砖、实木及钢筋混凝土等建筑结构形式，结构形式不同、承重量不同，其固定支架的胀管膨胀螺栓型号也有所不同。

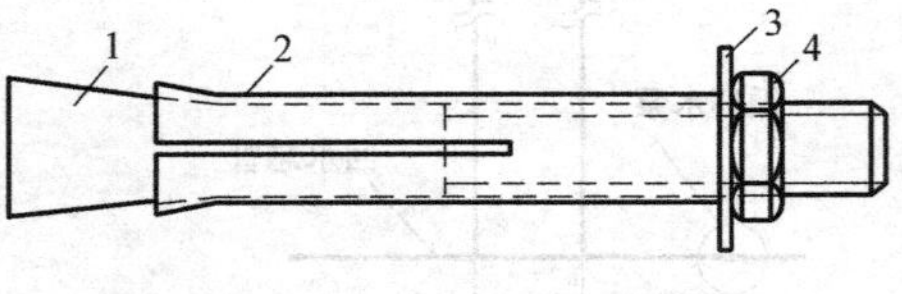

图5-53 胀管型膨胀螺栓

1—带锥螺杆 2—胀管 3—垫圈 4—螺母

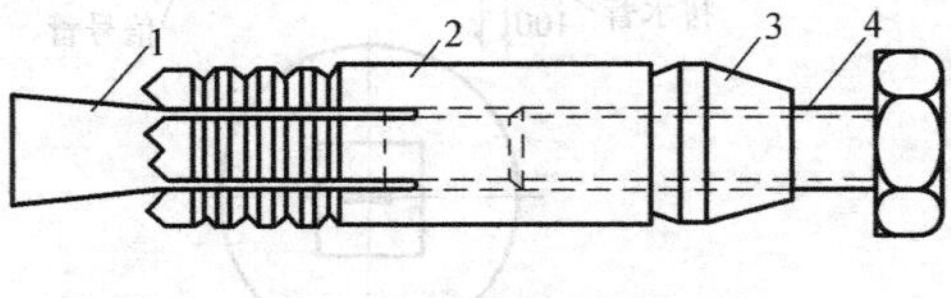

图5-54 锥塞型膨胀螺栓

1—锥塞 2—胀管 3—锥套 4—螺钉

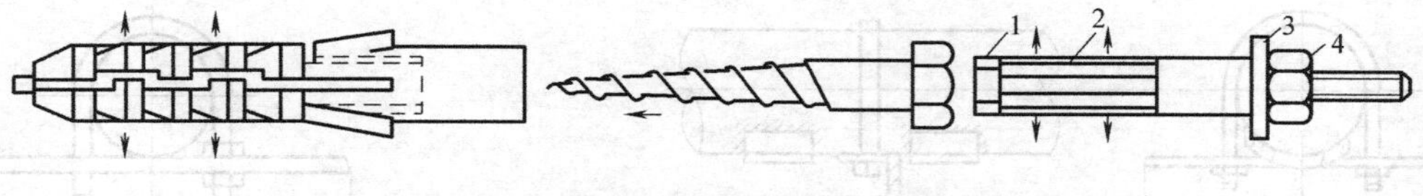

图 5-55 锥塞带内螺纹和可调间距的膨胀螺栓

1—螺杆 2—聚氯乙烯膨胀管 3—垫圈 4—螺母

由于射钉枪不用钻孔，更可加快工程进度，对于承重量不太大的支、吊架固定，借助于射钉枪中弹药爆炸的能量，将钢钉直接射入建筑结构中，将支架直接固定或留出金属焊接点。图 5-56 所示为射钉和射钉枪。

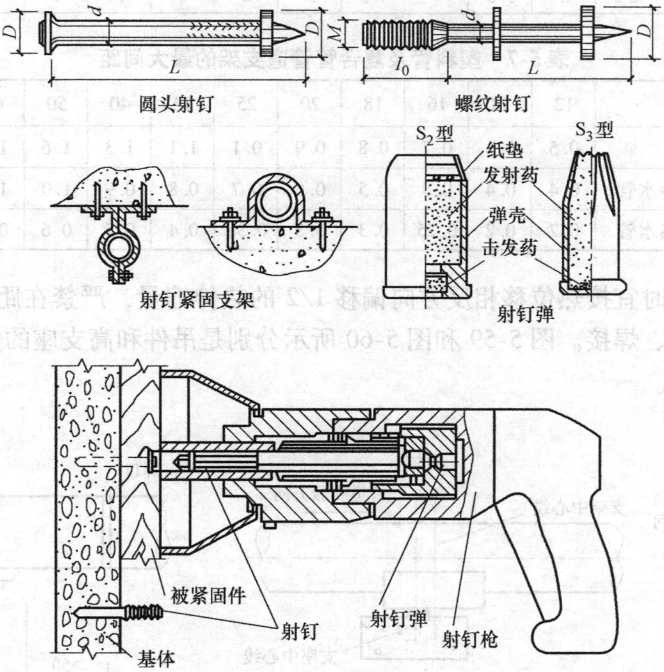

图 5-56 射钉和射钉枪

不同安装形式的干管，安装方式有所不同。干管悬吊式安装时，将地沟、地下室、技术层或顶棚内的吊卡穿于型钢上，管道上套上吊卡，上下对齐，再穿上螺栓，拧紧螺母，将管道初步固定。干管在托架上安装时，将管道搁置于托架上，先用 U 形卡固定第一节管道，然后依次固定各节管道。固定托架、滑动管卡一般做法如图 5-57 和图 5-58 所示。供热采暖管道承托于支、吊架上，支架应稳固可靠。预埋支架时要考虑管道按设计要求的敷设坡度，可先确定干管两端的标高，中间支架的标高可由该两点拉直线的办法确定。

在实际工程中，设计图样只表示出固定支座、支架的位置，非固定支、吊架由施工单位按照施工验收规范的要求进行配置，因此，必须要了解不同管道的支、吊架间距。表 5-6 和表 5-7 是管道支架的最大间距，安装间距过大会使管道产生过大的弯曲变形而使管内流体不能正常流动。

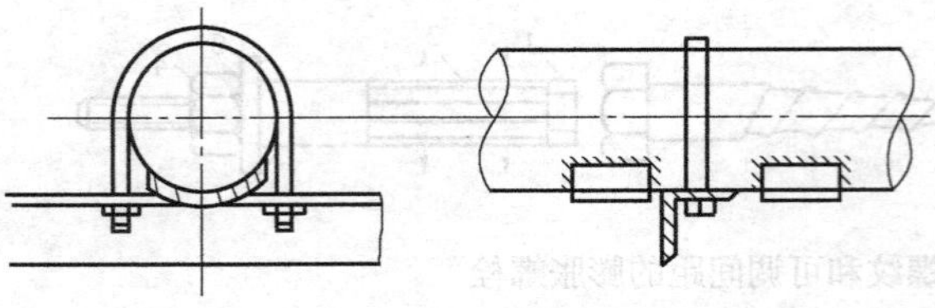

图 5-57 固定托架一般做法

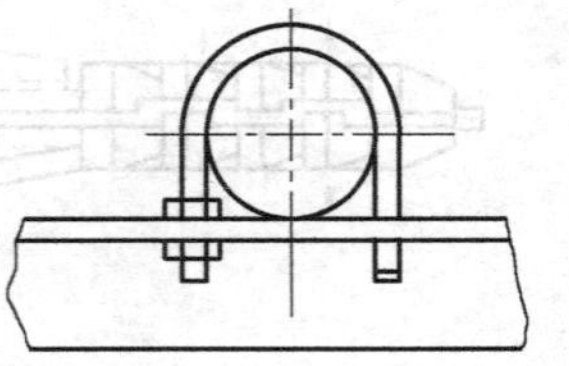

图 5-58 滑动管卡一般做法

表 5-6 钢管管道支架最大间距

管道公称尺寸/mm		15	20	25	32	40	50	70	80	100	125	150	200	250	300
支架最大间距/m	保温管	1.5	2	2	2.5	3	3.5	4	4	4.5	5	6	7	8	8.5
	非保温管	2.5	3	3.5	4	4.5	5	6	6	6.5	7	8	9.5	11	12

表 5-7 塑料管及复合管管道支架的最大间距

管径/mm			12	14	16	18	20	25	32	40	50	63	75	90	110
最大间距/m	立管		0.5	0.6	0.7	0.8	0.9	0.1	1.1	1.3	1.6	1.8	2.0	2.2	2.4
	水平管	冷水管	0.4	0.4	0.5	0.5	0.6	0.7	0.8	0.9	1.0	1.1	1.2	1.35	1.55
		热水管	0.2	0.2	0.25	0.3	0.3	0.35	0.4	0.5	0.6	0.7	0.8		

支、吊架安装时宜按热位移相反方向偏移 1/2 的热伸缩量，严禁在距离支、吊架 50mm 以内开立管连接孔、焊接。图 5-59 和图 5-60 所示分别是吊件和高支座的倾斜安装和焊口与支架点的位置关系。

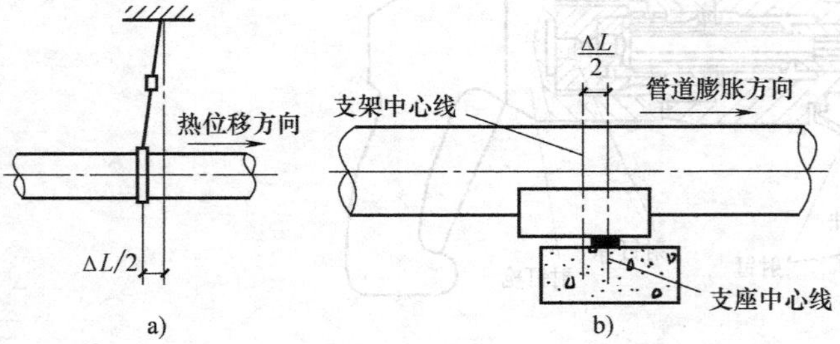

图 5-59 吊架和高支座的倾斜安装

a）吊架的倾斜安装 b）高支座在混凝土滑托上的安装

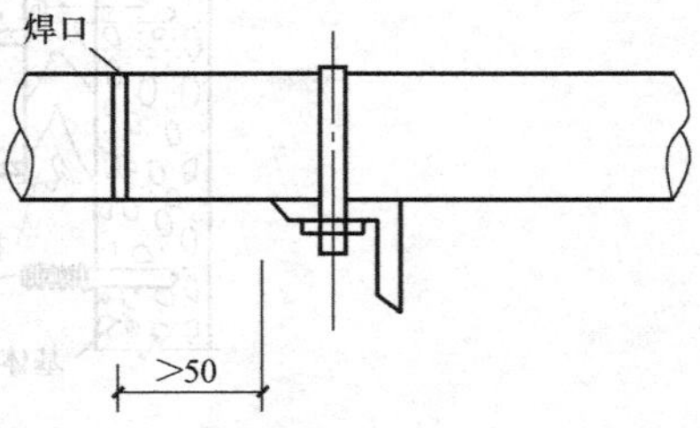

图 5-60 管道上焊口距支架点的位置

第二节 实施供热计量的室内采暖系统安装

《中华人民共和国节约能源法》第三十八条规定，国家采取措施，对实行集中供热的建筑分步骤实行供热分户计量、按照用热量收费的制度。JGJ 173—2009《供热计量技术规程》也规定新建建筑或者对既有建筑进行节能改造，应当按照规定安装用热计量装置、室内温度调控装置和供热系统调控装置。GB 50736—2012《民用建筑供暖通风与空气调节设计规范》第 5.10.1 条规定，集中供暖的新建建筑和既有建筑节能改造必须设置热量计量装置。并具备室温调控功能。在新建住宅热水集中采暖系统，应设置分户热计算和室温控制装置。这些规定对传统的采暖形式带来了冲击，特别是对于住宅建筑，由原来整栋建筑的大采暖系统，变成各户自成体系的小采暖系统，户内的布管方式和安装方法都随之发生了巨大的变化。

一、住宅采暖系统形式

新住宅建筑多采用图5-61所示的采暖系统形式，与传统采暖形式相比，由垂直式串联系统改为水平式系统形式，管道的走向、敷设方式和管件配置都发生了很大的变化。

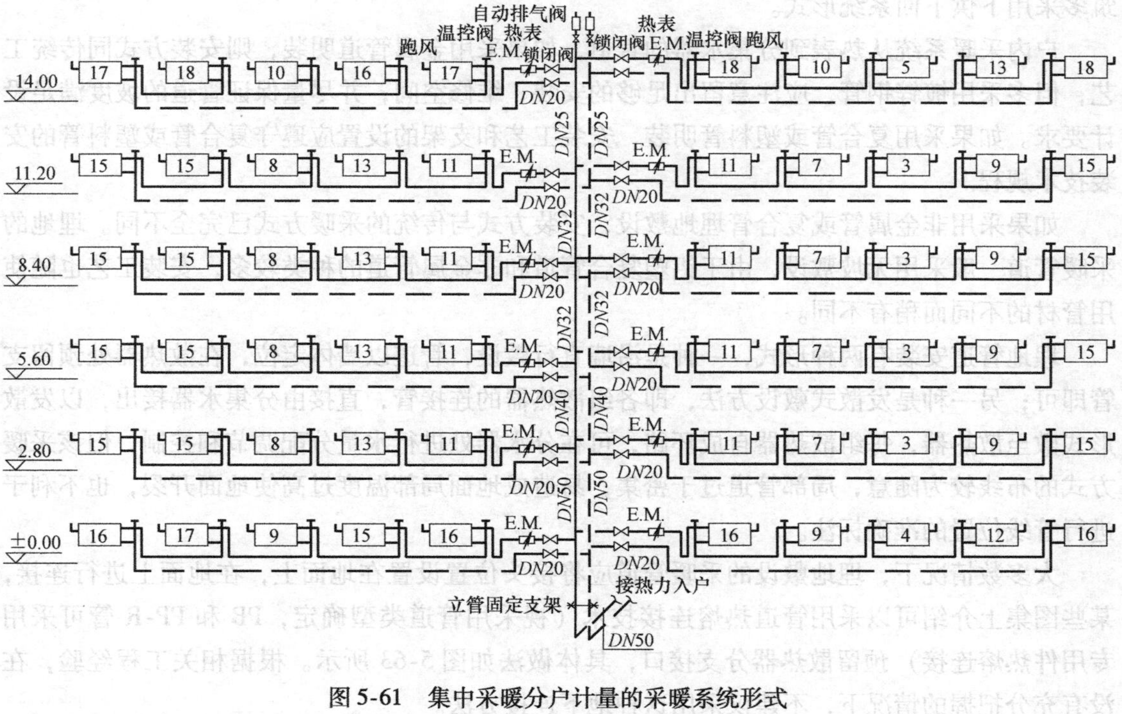

图5-61 集中采暖分户计量的采暖系统形式

实施分户计量的采暖形式，户内系统变化较大，其室内管道敷设方式已由传统的金属管道明装，扩展为塑料管或铝塑复合管埋在地面填充层内的暗埋，其中以双管系统和带有跨越管的单管系统形式应用最多。

实施集中采暖分户计量的热用户应安装热表、锁闭阀和散热器温控阀。供热系统安装热表又分为建筑总热表和分户热表，分别安装在建筑总入口和各户分支管出口位置，对于新建住宅建筑除热力入口处安装总热表外，各层都应预留出各用户采暖供、回水干管竖井和热表安装位置。图5-62所示为住宅竖井内安装的分户热表。

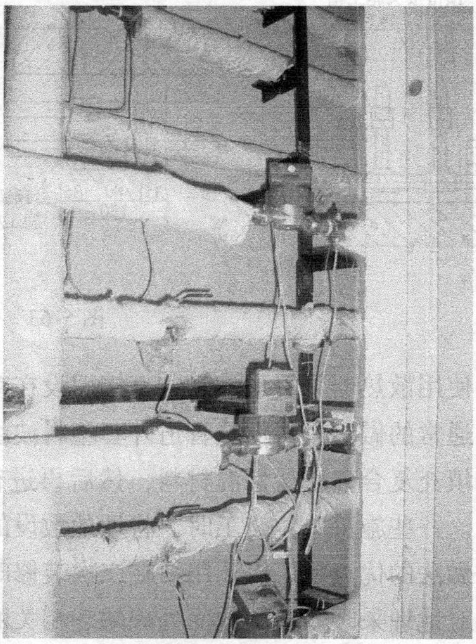

图5-62 住宅竖井内安装的分户热表

为保证室温度稳定可控，户内各散热器都应安装温控阀。双管系统、带跨越管单管系统可在散热器支管上安装两通温控阀，单管系统可安装三通温控阀，并加装旁通管。国家为此发行了相关的做法图集，供实际工程中参照执行。

二、地埋采暖管道的敷设与安装

对于户外系统的形式和安装要点，与未实行分户计量的系统基本相同，只是采暖系统的水平干管长度减小。集中采暖的高层建筑仍可采用上下分区、高层加压直连等技术，多层建筑多采用下供下回系统形式。

户内采暖系统从热表到分集水器的管道，如果采用金属管道明装，则安装方式同传统工艺，但多采用镀锌钢管，应注意留出足够的安装、维修空间，并尽量保证管道的坡度满足设计要求。如果采用复合管或塑料管明装，安装工艺和支架的设置应遵守复合管或塑料管的安装技术规程。

如果采用非金属管或复合管埋地敷设，安装方式与传统的采暖方式已完全不同。埋地的采暖管道一般采用无坡敷设，由于铝塑复合管道和非金属管道的种类较多，安装工艺也随使用管材的不同而稍有不同。

埋地管道安装有两种形式，一种是沿墙直行敷设，管道以墙体定位，在散热器处预留支管即可；另一种是发散式敷设方法，即各组散热器的连接管，直接由分集水器接出，以发散形式敷至散热器，每组散热器自成环路，可在分水器处进行水量分配调节和控制，但该采暖方式的布线较为随意，局部管道过于密集，易造成地面局部温度过高使地面开裂，也不利于进行管线位置的准确标注。

大多数情况下，埋地敷设的采暖管道应将接头位置设置在地面上，在地面上进行连接，某些图集上介绍可以采用管道热熔连接技术（视采用管道类型确定，PB 和 PP-R 管可采用专用件热熔连接）预留散热器分支接口，具体做法如图 5-63 所示。根据相关工程经验，在没有充分把握的情况下，不建议采用这种地下连接方法。

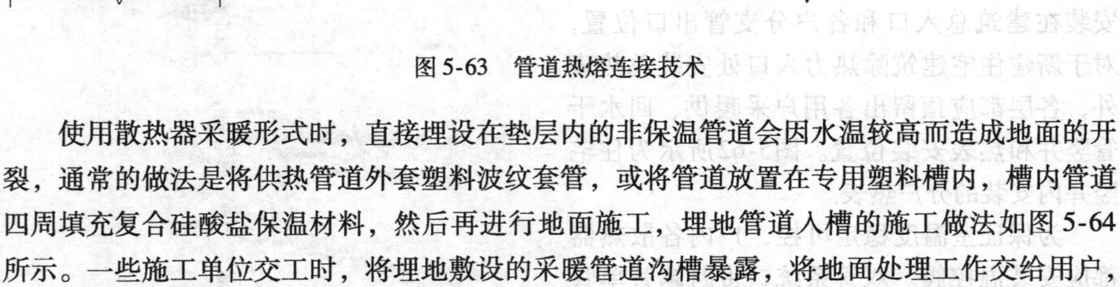

图 5-63　管道热熔连接技术

使用散热器采暖形式时，直接埋设在垫层内的非保温管道会因水温较高而造成地面的开裂，通常的做法是将供热管道外套塑料波纹套管，或将管道放置在专用塑料槽内，槽内管道四周填充复合硅酸盐保温材料，然后再进行地面施工，埋地管道入槽的施工做法如图 5-64 所示。一些施工单位交工时，将埋地敷设的采暖管道沟槽暴露，将地面处理工作交给用户，这种做法的优点是可以让用户在二次装修时，注意到管道不被破坏，缺点是如果用户或装修公司对地埋采暖管道的地面处理缺乏相关的技术知识，不知如何进行管道保温和施工，常常由于施工方法不正确而造成地面开裂。图 5-65 所示是某建筑交工后留下的地埋采暖管道及沟槽。

管道与散热器之间的连接，一般都使用专用转接接头管件连接。系统形式不同，连接方式稍有不同。

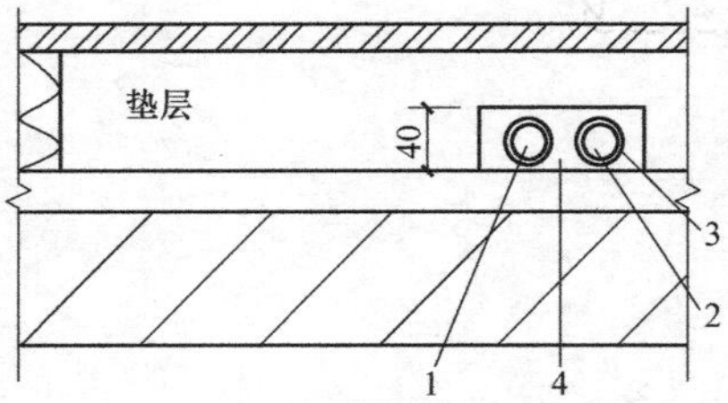

图 5-64 埋地采暖管道的做法
1—供水管 2—回水管 3—塑料管槽
4—保温材料

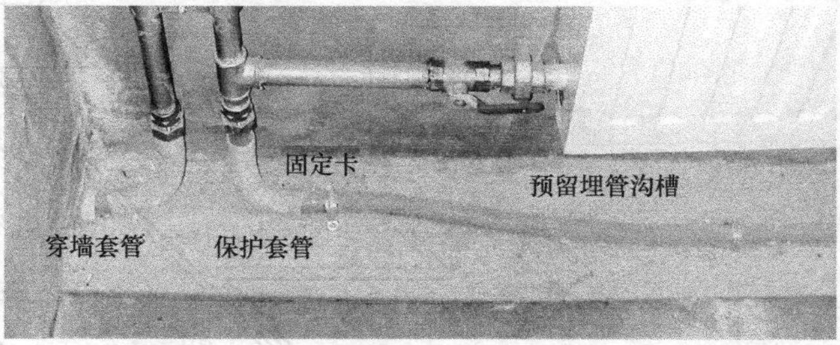

图 5-65 地埋采暖管道与预留沟槽

1. 双管系统的安装

从安装形式上分，双管系统分为两种形式，一种是各组散热器直接从户内干管上引出的传统双管系统形式，另一种是用户设有分水器，每组散热器均从分水器上并联引出的发散形式。双管系统可在各组散热器上设置温控阀，实现独立的调节，因此热舒适性较好，采用该系统形式的较多。发散式系统在室内地下水平管路数量较多，系统设计及水平散热器的流量分配计算相对复杂，适用于住宅面积较大、房间分隔较多以及室内热舒适性要求较高的场合。图 5-66 所示为管道走地面的明装形式，图 5-67 所示为供回水管走填充层的双管下供下回式系统形式，图 5-68、图 5-69 所示为发散式（又称放射式）管道走地面填充层的发散式系统。

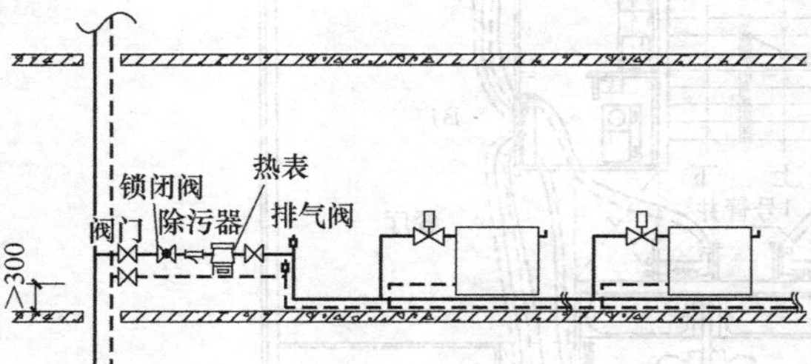

图 5-66 双管下供下回式系统形式（走地面上）

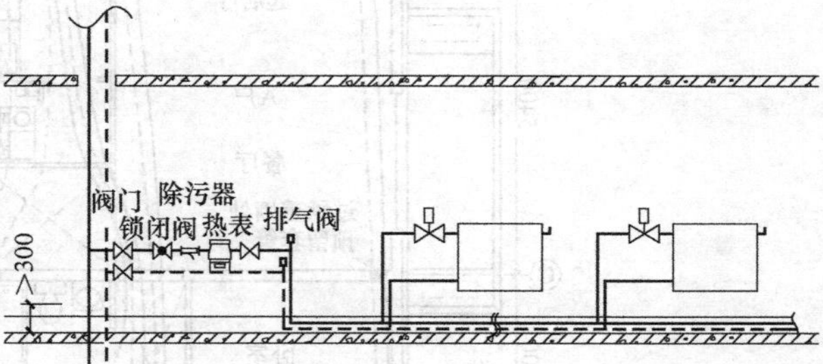

图 5-67 双管下供下回式系统形式（走填充层）

双管系统的管道与散热器的连接方式如图 5-70 所示。

2. 单管系统的安装

单管系统多采用管道沿墙敷设的方法，在散热器处地面上预留接头，使用专用接头将非金属管或复合管，转变为金属管，单管跨越式的管线也分为地面敷设和埋地敷设，其做法与双管系统基本相同，只是与散热器的连接方式稍有不同，与散热器的连接形式多采用带有跨越管、带有三通温控阀和带有旁通阀的连接方式，图 5-71 所示为单管跨越系统常见形式，图 5-72 所示为埋地管与散热器的三通温控阀的连接方式。

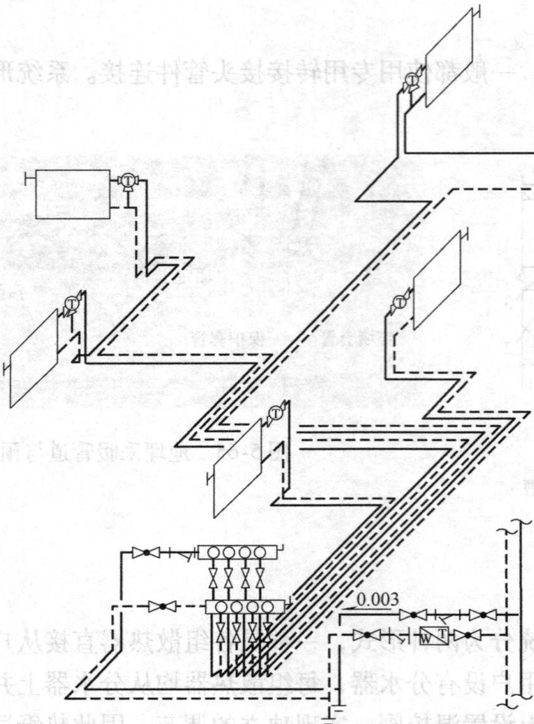

图 5-68 双管发散（放射）式系统形式

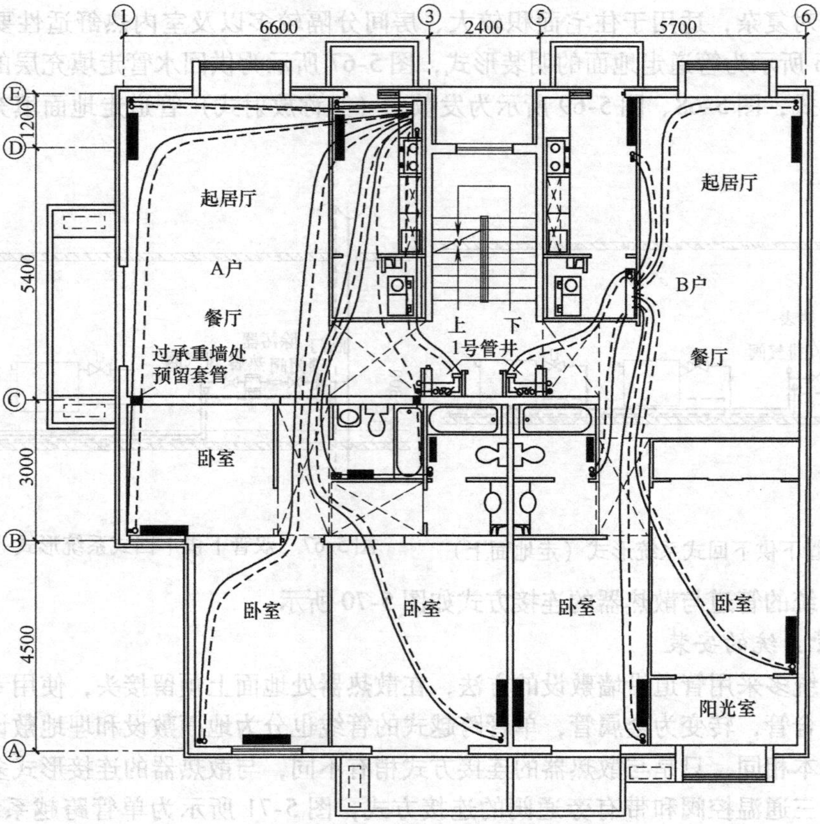

图 5-69 双管发散（放射）式采暖平面

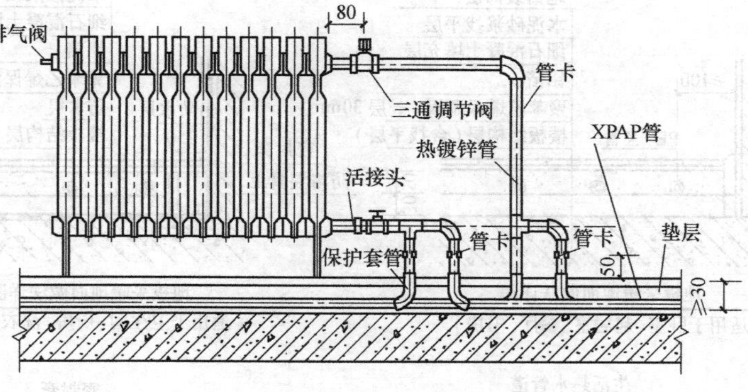

图5-70 双管系统散热器的跨越连接方式

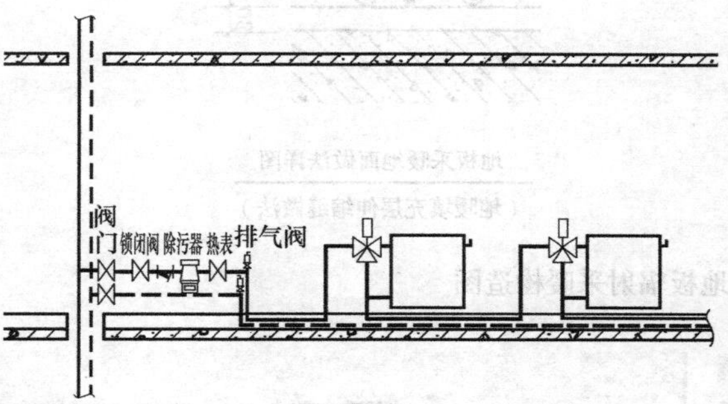

图5-71 单管跨越系统形式

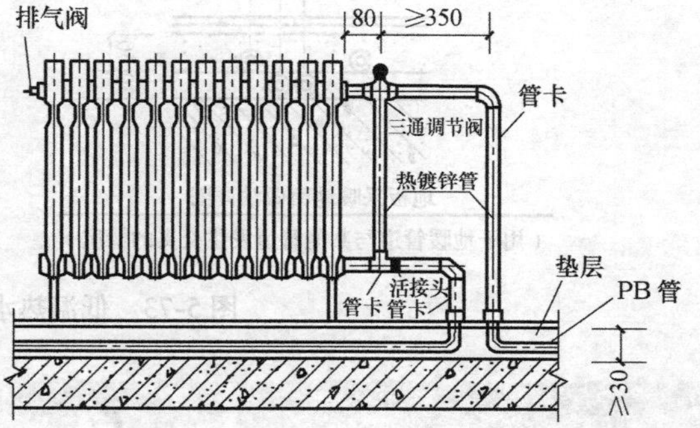

图5-72 单管跨越式的散热器连接方式

三、低温地板辐射采暖系统的安装

地板辐射采暖的热量自下而上传递，可在不提高室内温度的情况下，给人以舒服的感觉，是近年来较为流行的一种采暖形式。低温地板辐射采暖分为发热电缆和低温热水地板辐射采暖等形式。

1. 发热电缆地板辐射采暖

将专用的发热电缆埋设在地面填充层内，直接供热时，一般使用18W/m的加热电缆，为了使用夜间低谷电，有时采用带存储热能功能的供热系统，这时可使用18～175W/m的加热电缆。其热电缆的安装要点是每一个采暖单元必须使用一整根发热电缆，埋地部分绝对不能有接头，其发热量大小应等于房间的热负荷，且每个房间必须安装温度控制器。用户可根据房间热负荷，向厂家订购发热电缆，也可由专业厂家进行安装。这种电采暖方式还被用在管道的电伴热和道路除雪化冰方面。

2. 低温热水地板辐射采暖

1）低温热水地板辐射采暖是将非金属管材或复合管材作为加热管敷设在地面填充层内，在管内通有不高于50℃的热水，其结构如图5-73所示。当外界提供的水温不合适时，还应进行混水降温。混水降温可集中进行，也可在各户进行，图5-74所示为自带混水器的户内的集分水器。

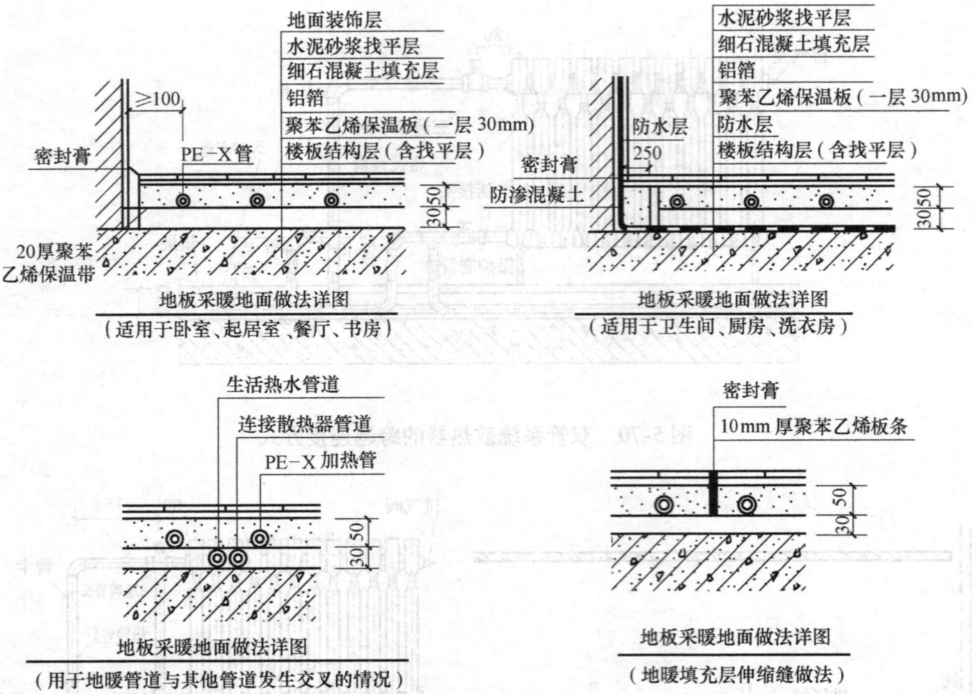

图5-73　低温热水地板辐射采暖构造图

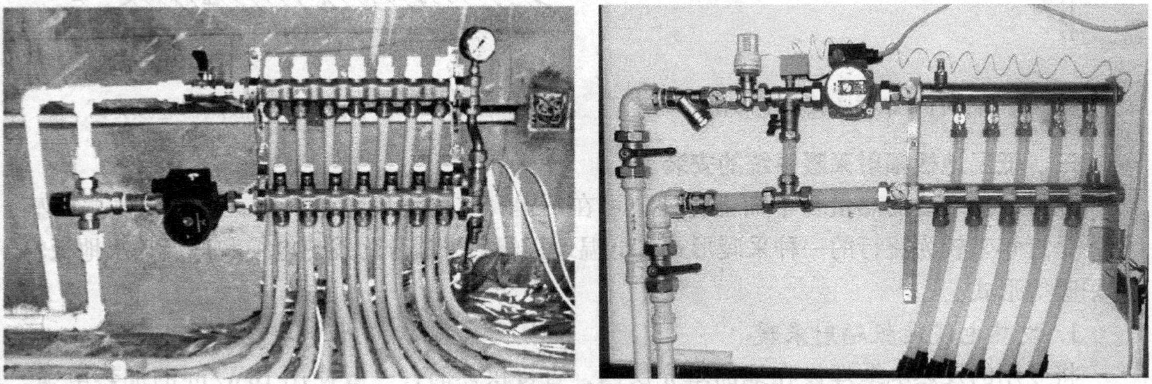

图5-74　自带混水器的低温热水地板采暖的集分水器

2）低温热水地板采暖管材和壁厚的选择，应根据工程的耐久年限，管材的性能，管材的累计使用时间以及系统的运行水温、工作压力等条件确定。其加热管上的覆盖层厚度不应小于50mm。当面积超过30m^{2}或长度大于6m时，应设置伸缩缝，其宽度在5～10mm，中间填充弹性膨胀材料。当管道穿越伸缩缝时，应设置长度不小于100mm的柔性套管，做法如图5-75所示。

3）在低温热水地板辐射采暖布管时，同一集分水器下的环路管长应尽量接近，且每个环路的阻力不宜超过30kPa，系统的工作压力不宜大于0.8MPa，且每个环路长度不得超过120m。由于地板辐射采暖的管道为无坡敷设，因此应在集分水器等系统高点，设置排气装置。某建筑低温地板热水采暖的平面布置如图5-76所示。

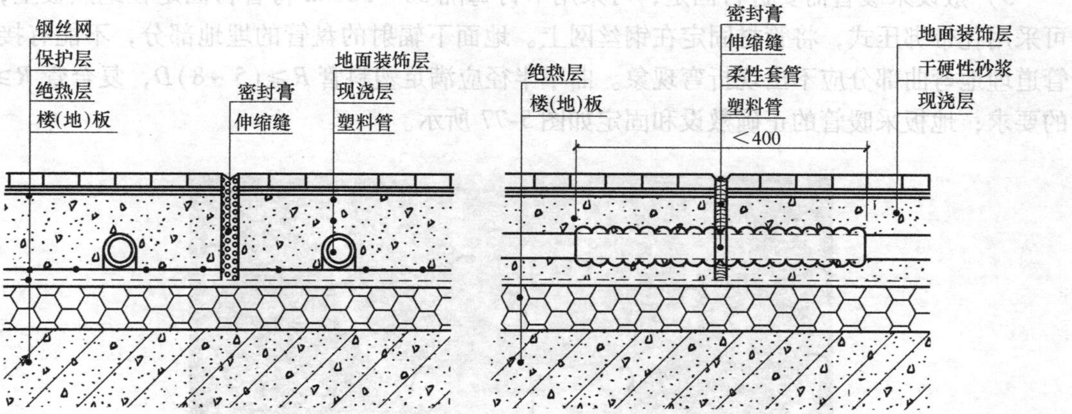

图 5-75　地埋采暖管道穿越伸缩缝时应加装套管

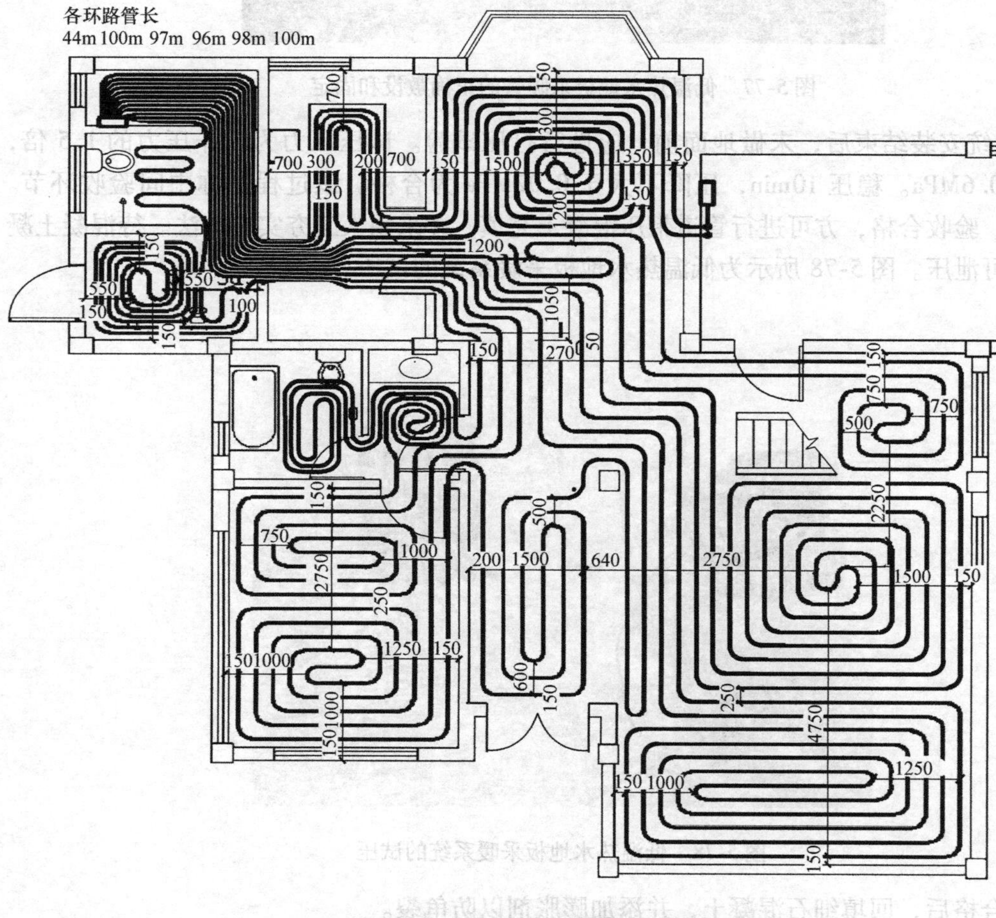

图 5-76　低温热水地板辐射采暖平面图

4）低温热水地板辐射采暖施工程序如下：毛地面水泥砂浆找平；敷设保温材料；敷设铝箔纸；盘管埋地前应进行水压试验，试压压力为工作压力的 1.5 倍，但不小于 0.6MPa，稳压 1h 内压降不大于 0.05MPa 且不渗不漏为合格。检验合格后的管材，才能进行施工。

5）敷设采暖管需要进行固定，可采用卡钉每隔 30～50mm 将管材固定在绝热板上，也可采用扎带绑压式，将管材固定在钢丝网上。地面下辐射的盘管的埋地部分，不能有接头。管道埋地弯曲部分应不出现折弯现象。曲率半径应满足塑料管 $R\geqslant(5\sim8)D$，复合管 $R\geqslant5D$ 的要求；地板采暖管的正确敷设和固定如图 5-77 所示。

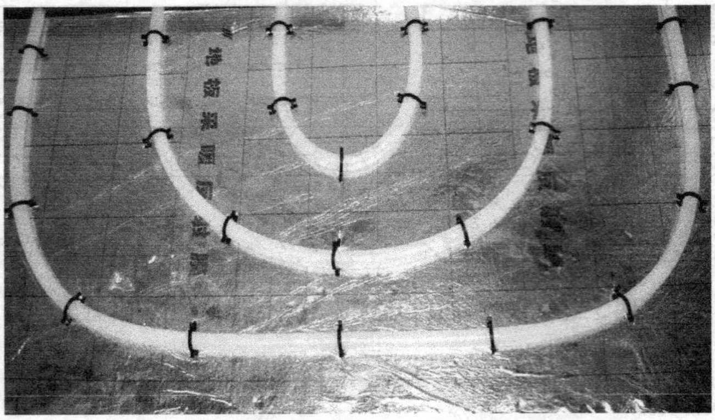

图 5-77　低温热水地板采暖管的正确敷设和固定

6）系统安装结束后，未做地面前，应进行打压试验。试压压力为工作压力的 1.5 倍，但不小于 0.6MPa。稳压 10min，压降不大于 0.02MPa 为合格。该过程也称中间验收环节。试压完毕，验收合格，方可进行管道带压混凝土充填，并采用人工夯实的方法。待混凝土凝固后，才可泄压。图 5-78 所示为低温热水地板采暖系统的试压。

图 5-78　低温热水地板采暖系统的试压

试压合格后，回填细石混凝土，并添加膨胀剂以防龟裂。

集分水器处的管道较密，易造成地面开裂，应在管道外面套柔性波纹管，或在管道上面加装隔热板，也可以在管上面加装一层钢丝网后，再做垫层。图 5-79 所示为管道密集处的处理方法，图 5-80 所示为集分水器处管道保护做法，图 5-81 所示为实际工程中管道密集的地方。

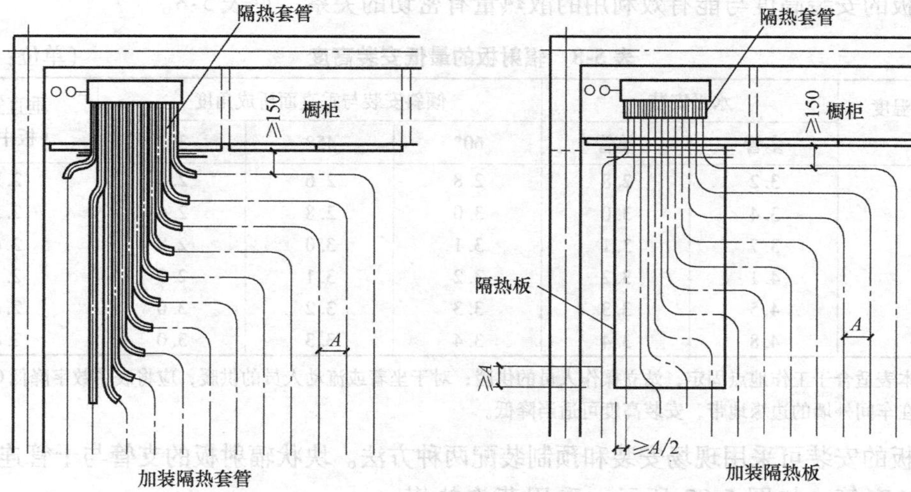

图 5-79　地埋管道密集处的处理方法

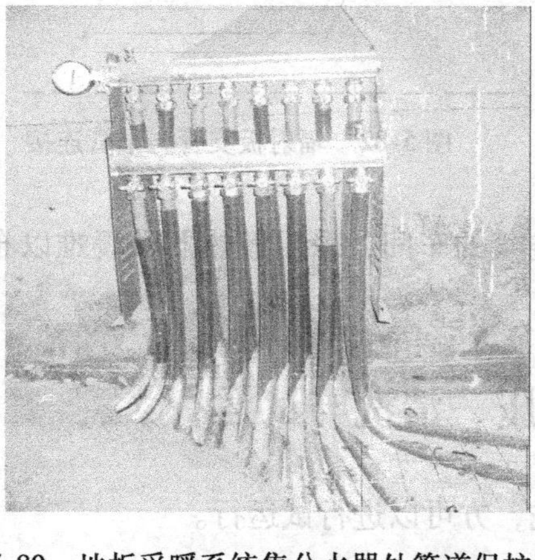

图 5-80　地板采暖系统集分水器处管道保护做法

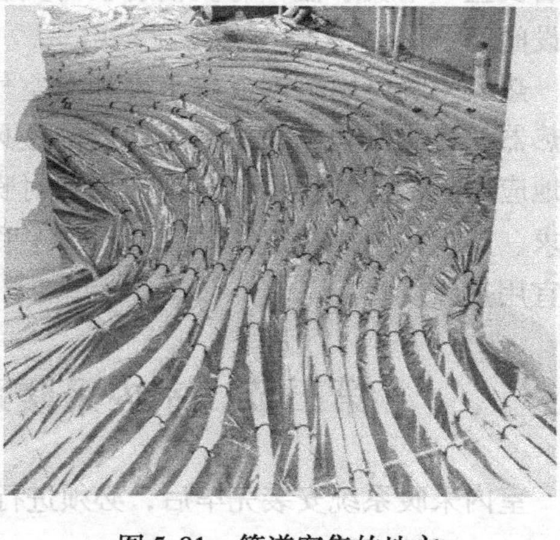

图 5-81　管道密集的地方

抹水泥砂浆找平，再次进行试压，应用手动泵缓慢升压，压力仍为工作压力的 1.5 倍，且不小于 0.6MPa。稳压 1h 内，压降不大于 0.05MPa 且不渗不漏为合格。

进行管网冲洗后，地板采暖管道可与集分水器分别进行连接，然后灌水充压、保压，进行地面土建施工，直至地面施工养护完成，地板采暖系统施工结束。

四、其他采暖系统

供热采暖还有许多种方式，如辐射板采暖、热风采暖、毛细管采暖等形式，在这里仅作简单介绍。

辐射供暖的散热设备是辐射板。辐射散热面可以和建筑结构做成一体，也可以做成块状辐射板，悬挂在墙壁上、柱间或吊装在顶棚下，可以提高地面的有效利用率。

辐射板安装形式一般分为三种：水平安装，辐射板水平安装在供暖区域上部，使热量向下方辐射。水平安装时辐射板应有不小于 0.005 的坡度，坡向回水管。倾斜安装，辐射板安装在建筑物的侧面、边跨和跨间，并使其向下倾斜。垂直安装，单面板可以垂直安装在墙上；双面板可以垂直安装在两个柱子之间，向两面散热。

辐射板的安装高度与能有效利用的散热量有密切的关系，见表5-8。

表5-8　辐射板的最低安装高度　　（单位：m）

热媒平均温度/℃	水平安装		倾斜安装与垂直面所成角度			垂直安装（板中心）
	多管	单管	60°	45°	30°	
115	3.2	2.8	2.8	2.6	2.5	2.3
125	3.4	3.0	3.0	2.8	2.6	2.5
140	3.7	3.1	3.1	3.0	2.8	2.6
150	4.1	3.2	3.2	3.1	2.9	2.7
160	4.5	3.3	3.3	3.2	3.0	2.8
170	4.8	3.4	3.4	3.3	3.0	2.8

注：1. 本表适合于工作地点固定，站立操作人员的供暖；对于坐着或流动人员的供暖，应将表中数字降低0.3m。
2. 在车间外墙的边缘地带，安装高度可适当降低。

辐射板的安装可采用现场安装和预制装配两种方法。块状辐射板的支管与干管连接时应有两个90°弯管，如图5-82所示。采用蒸汽热媒时，不需要每块板设一个疏水器，可在并联的几块板后设置一个疏水器，每块辐射板的支管上也可不装设阀门。

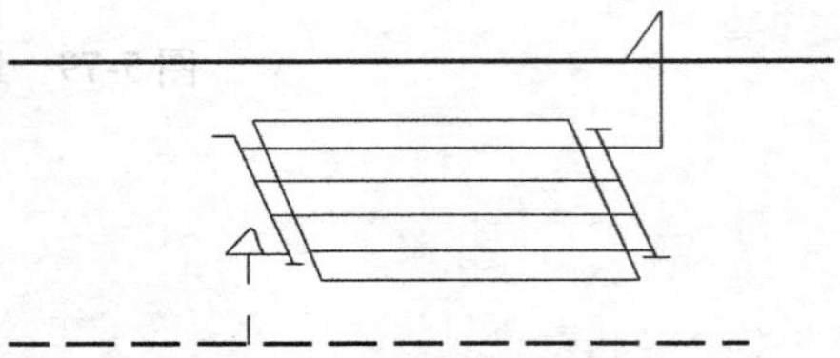

图5-82　辐射板支管与干管连接

热风采暖可用蒸汽或热水来加热空气。由空气加热器、通风机和电动机组合而成的暖风机组，广泛地应用于工业厂房中。房间较大、对噪声无严格要求、产生灰尘或有害气体量少、允许采用再循环空气的车间，采用散热器供暖难以布置，适宜用热风供暖。

第三节　室内采暖系统的试压、清洗与试运行

室内采暖系统安装完毕后，必须进行试压和清洗，方可以进行试运行。

一、系统试压

系统试压一般采用水压试验，当室外气温过低时，也可采用气压试验。室内供暖系统试压可以分段进行，也可以对整个系统进行。试压的目的是检查管路的机械强度与严密性。采暖系统应在安装完毕，管道刷油、保温之前进行，以便进行外观检查和修补。试验压力应符合设计要求。采用的蒸汽压力不大于0.7MPa或热水温度不超过130℃的室内采暖系统安装工程，其试压标准应满足GB 50242—2002《建筑给水排水及采暖工程施工质量验收规范》的有关规定（如果系统无特殊要求，也应采取同样的试压标准）。

蒸汽、热水采暖系统，应以系统顶点工作压力加0.1MPa做水压试验，同时在系统顶点的试验压力不小于0.3MPa；高温热水采暖系统，试验压力应为系统顶点工作压力加0.4MPa；使用塑料管及复合管的热水采暖系统，应以系统顶点工作压力加0.2MPa做水压试验，同时在系统顶点的试验压力不小于0.4MPa。

试压可用手压泵或电动泵进行。关闭入口总阀门和所有排水阀，打开管路上其他阀门（包括排气阀）。一般从回水干管注入自来水，反复充水、排气，检查无泄漏处之后，关闭排气阀及注自来水的阀门，再使压力逐渐上升。在5min内压力降不大于0.02MPa者为合

格。如有漏水处应标好记号，修理好后重新加压，直到合格为止。试压时应邀请建设单位参加并在试压记录上签字。敷设在室内地沟内及暗装的管道和设备属于隐蔽工程，其试压须格外认真，未经试压，不得进行隐蔽。其试压根据工程需要也可单独进行。管道试压时要注意安全，加压要缓慢，事后必须将系统内的水排净。

合格标准如下：

使用钢管及复合管的采暖系统应在试验压力下10min内压力降不大于0.02MPa，降至工作压力后检查，不渗、不漏。

使用塑料管的采暖系统应在试验压力下1h内压力降不大于0.05MPa，然后降压至工作压力的1.15倍，稳压2h，压力降不大于0.03MPa，同时各连接处不渗、不漏。

二、系统清洗

系统试压合格后，应对系统进行清洗，并清扫过滤器与除污器。清洗前应将管路上的流量孔板、滤网、温度计、止回阀等部件拆下，清洗后再装上。热水供暖系统用清水冲洗，如系统较大，管路较长，可分段冲洗。清洗到排水处水色透明为止。蒸汽供暖系统可用蒸汽吹洗，从总汽阀开始分段进行，一般设一个排气口，排气管接到室外安全处。吹洗过程中要打开疏水器前的冲洗管或旁通路阀门，不得使含污的凝结水通过疏水器排出。

三、试运行与初调节

1. 室内供暖系统的试运行

试运行应在清洗后进行，运行前必须做好准备工作，其中水源、电源要保证正常供给，修理、排水等工具要齐备，事前要确定运行方案，统一指挥，明确分工。当气温在-3℃以下通暖时，门窗洞口必须尽可能保持严密，可采取一些临时性的措施将门窗洞口堵上。要设法提高水温或降低水的冰点，最好有临时取暖措施使室温维持在5℃以上，以防系统内水结冰胀裂管道和散热设备的情况发生。

通暖时锅炉房内、用户入口处应设专人负责，室内系统可分环、分片包干，通暖未进入正常状况不得擅离岗位，应不断巡视，发现情况及时报告并迅速抢修。

单独的热水锅炉房供暖系统通暖时，应先向锅炉充水，然后点火升温。待水泵、风机运转正常，锅炉中水温升到40~50℃后方可供热。如室外管路较长，又带有数个用户时，应先供室外管网，后供室内系统，如室外管路较短时也可逐个直接供给各室内用户。先供室外管网对应先关闭各热用户入口处供回水干管上阀门，开启旁通阀使室外管网中的水循环，运转时要不断向系统补水并设法排气，经检查，室外管网无渗漏、不热等现象后方可向室内系统供热。如发现故障应立即排除，以防止室内温度过低，外部管路的水从用户入口关闭不严的阀门流入室内冻坏管道和设备。与室外集中供热网相连的用户，冬季通暖时事先要求供热站配合，一般室内热水供暖系统应关闭入口进水管总阀门，打开最高处放气门（单独锅炉房供暖系统还要打开膨胀水箱信号管上阀门），从回水总管充水，当放气门见水后可将充水用的进水处阀门关小，注意反复排气、补水，使系统中真正充满水后再打开进水总管上的阀门。系统较大时，应分环供热，先供远环路后供近环路。如有不正常现象需抢修时，应尽量关闭离发生故障处最近的供回水管上的阀门，减少影响范围和放水量，修好后应立即打开所有关闭的阀门。

当使用正式供暖工程作为冬期施工临时供暖时，由于各种原因引起的管道变形，应在冬期施工停止使用后，予以调整和修理。如属于低温水或低压蒸汽系统，切忌临时通入高温水或高压蒸汽，以免使管道产生过大的变形和破坏，造成损失。

2. 初调节

当供热采暖系统各部分温度不均匀时，应进行初调节。初调节时一般都是先调节各用户和大环路间的流量分配，然后调整室内系统各立管以及立管上下各散热器间的流量分配。异程式系统通常要关小离主立管较近的立管上阀门的开启度；同程式系统应适当关小离主立管最远以及最近的立管上阀门的开启度，并逐一进行试调节。双管系统往往要关小上层散热器支管上阀门的开启度，增大下层阀门的开启度。对于水力计算平衡率较高的一些室内采暖系统，可以不进行初调节。

蒸汽供暖系统也应进行初调节，使各散热器放热均衡，回水通畅，一般也是依靠开、关有关阀门来进行。

3. 工程验收

室内供暖系统应按分项、分部或单位工程验收。单位工程验收时应有施工、设计、建设单位参加，并做好验收记录。单位工程的竣工验收应在分项、分部工程验收的基础上进行。各分项、分部工程的施工安装均应符合设计要求和采暖施工及验收规范中的规定。设计变更要有凭据，各项试验应有记录，质量是否合格要有检查。交工验收时，由施工单位提供下列技术文件：全套施工图、竣工图及设计变更文件；设备、制品和主要材料的合格证或试验记录，其中包括隐蔽工程验收记录和中间试验记录，设备试运转记录，水压试验记录，通水冲洗记录，质量检查评定记录，工程质量事故处理记录。

质量合格，文件齐备，试运行正常的系统，才能办理竣工验收手续。上述资料应一并存档，为今后的设计提供参考，为运行管理和维修提供依据。

思考题

1. 室内供热采暖系统施工验收应遵循哪些规范和标准？
2. 室内供热采暖系统管道的控制点标高如何确定？
3. 室内供热采暖系统的安装步骤有哪些？
4. 室内管道变径、分支、立管与干管连接以及支架的正确做法是什么？
5. 供回水管道间距、与墙柱的相对位置具体要求是什么？
6. 散热器的基本安装要求是什么？
7. 地板辐射采暖的施工安装要求是什么？
8. 室内供热采暖管道补偿器的种类、规格以及设置原则是什么？各种补偿器与固定支座的关系是什么？

6

第六章

热源设备的安装

热源是供热系统的重要设备，它包括锅炉房、热交换站、热泵机房等。由于热源中有大型设备，且多属于受压容器，因此，热源设备的安装具有一定的共性。热源的整体工程质量验收遵循 GB 50242—2002《建筑给水排水及采暖工程施工质量验收规范》、GB 50366—2005《地源热泵系统工程技术规范》、GB 50273—2009《锅炉安装工程施工及验收规范》以及其他规范的条款。

第一节　锅炉本体的安装

锅炉是重要的热源设备，体积和质量庞大，还有砌体结构，需要在施工安装现场进行锅炉本体总装和试运行。由于锅炉内部和外部受到不同介质的侵蚀、腐蚀和磨损，运行条件较差，各部件还存在热膨胀、冷收缩问题，因此，锅炉安装过程中，应严格执行 GB 50273—2009《锅炉安装工程施工及验收规范》、GB 50211—2004《工业炉砌筑工程施工及验收规范》、劳部发（1996）276 号《蒸汽锅炉安全技术监察规程》、劳锅字［1991］8 号《热水锅炉安全技术监察规程》和 GB 50235—2010《工业金属管道工程施工规范》等技术文件的有关规定，确保锅炉安装质量。

工业锅炉的安装分为散装锅炉安装和整体式锅炉安装。

一、锅炉吊装知识

锅炉安装常用的索具与起重设备包括索具（白棕绳、钢丝绳）、吊具（撬杠、吊钩、卡环）、滑车、千斤顶、卷扬机、起重机等。

1. 索具和吊具

索具和吊具是锅炉安装中重要的工具，主要有以下几种：

（1）白棕绳　白棕绳是由植物纤维搓成线，线绕成股，再将股拧成绳。它的优点是轻便、柔软，便于系结，在锅炉或较大型热源设备吊装作业时，是最常用的起吊工具。白棕绳有浸油和不浸油两种。未浸油的白棕绳受潮后容易腐烂，因而使用期限较短，而浸油白棕绳的强度比不浸油的绳要降低 10% ~20%。

（2）钢丝绳　钢丝绳是设备吊装主要索具，它具有强度高，韧性好，耐磨性好等优点。当钢丝绳磨损后外部产生许多毛刺，容易被发现，便于预防事故的发生。它由许多根直径为 0.4 ~4.0mm，强度为 1400 ~2000MPa 的高强钢丝捻成绳股绕制而成。按绳股数及每股中钢丝数分，常用的有 6 股 7 丝、6 股 19 丝、6 股 37 丝、6 股 61 丝等几种。

（3）移位吊装工具　常用的移位吊装工具有撬杠、滚杠、吊钩、卡环和吊索。

1）撬杠通常用圆钢或六棱形钢（5号钢或45号钢）锻制成，它是移动重物和校正设备最常用的工具。它的一头做成尖锥形，另一头做成鸭嘴形或虎牙形，并弯折40°~45°，对弯折部分及弯折点附近60~70mm的直线部分进行淬火和回火处理。弯折部分的硬度要求为40~45HRC。

2）滚杠是设备移动的常用工具，一般用钢管制成，它的长短粗细可根据需要与现场条件加工。

3）吊钩分单钩和双钩，常用的是单钩，常用整块20号优质碳素钢锻造并进行退火处理制成，要求硬度达到95~135HBW。吊钩表面应当光滑，不得有剥裂、刻痕、锐角、裂缝等缺陷存在，并不准对磨损或有裂缝的吊钩进行补焊修理，因为补焊后吊钩会变脆，致使受力后裂断而发生事故。

4）吊索俗称钢丝绳头，又称千斤，主要用来绑扎设备及零部件，以便起吊。有环状吊索（又称万能吊索或闭式吊索）和8股头吊索（又称轻便吊索或开式吊索），吊索如图6-1所示。

a) b)

图6-1 吊索
a）环状吊索 b）8股头吊索

2. 起重工具

简易起重工具是大型设备安装的必备设施，部分设备需要现场进行临时组装。起重工具主要包括以下设备：

（1）滑车 滑车（又称滑轮）是起重机的主要组成部分，可以省力和改变用力方向。按滑轮数的多少，滑车可分为单轮、双轮和多轮等；按连接件的结构，可分为吊钩型、链环型、吊环型、吊梁型四种；按滑车的夹板是否可以打开，分为开口滑车和闭口滑车；按使用方式不同，又可分为定滑车和动滑车。

滑车的允许荷载，根据滑车轴直径确定，一般滑车上都有标注。使用中还应注意滑轮直径不得小于钢丝绳直径的10~12倍，以减少绳的弯曲应力。使用滑车时，应根据其允许荷载值进行选用。

（2）倒链 工地俗称“神仙葫芦”、“斤不落”，分为手动和电动两种。

手动式倒链的起质量为0.5~20t不等，起重高度为3~5m，其牵引力可由下式计算

$$P=\frac{Qn\left(\dfrac{d}{D}\right)g}{2\pi R} \tag{6-1}$$

式中 P——牵引力（N）；

Q——起质量（kg）；

n——蜗杆螺距（cm）；

d——起重轮直径（cm）；

R——起重轮半径（cm）；

D——蜗轮直径（cm）。

倒链虽然升起重物的高度不大，速度很慢，且效率低（0.6～0.65），但由于它结构简单、轻便，得到了广泛的应用。

倒链在使用前应仔细检查吊钩、链条及轮轴是否有损伤，传动部分是否灵活；挂上重物后，先慢慢拉动链条，等起动链条受力后再检查一次，主要查看齿轮咬合是否严紧、链条自锁装置是否起作用等，确认各部分情况良好后，就可进行起吊工作。倒链在使用中起重量不能超过规定，如起重能力不明或设备重量不详时，只要一个人可以拉动，就可继续工作。如一个人拉不动，应及时检查原因，不宜两个人或几个人一起拉，以免发生事故。

（3）千斤顶　在锅炉安装中，常利用千斤顶校正锅炉的安装偏差和矫正锅炉骨架等构件的变形，也可以利用其进行设备顶升。

千斤顶按其构造不同，可分为齿条式、螺旋式和液压式三种。齿条式千斤顶的起重能力较小，一般为3～5t，最大约为15t，螺旋式千斤顶的起重能力一般为5～50t，液压式千斤顶的起重量为3～500t。

（4）绞磨　绞磨由推杆（绞杠）、磨头、卷筒、磨架、制动器等部件组成，其构造简单，操作方便，但是推动比较费力，通常只在偏僻地区和没有电源的情况下使用。

（5）卷扬机　卷扬机又称绞车，有手摇和电动两种。手摇卷扬机的卷扬能力，一般为0.5～3t，电动卷扬机的卷扬能力一般为1～10t。

电动卷扬机必须用地锚予以固定，以防工作时产生滑动或倾覆。应根据钢丝绳的缠绕方式确定卷筒方向，卷筒上钢丝绳至少应保留4圈。要经常检查卷扬机的传动机构是否正常，并勤加润滑油，配套的电气设备也应保持完好。

二、锅炉本体结构安装

锅炉是常规热源的主要设备，安装工作主要包括锅炉主体安装、水系统安装、风系统安装、上煤除渣系统安装等。

1. 锅炉基础验收、划线与处理

（1）基础的验收　基础的验收主要是为了检查基础的施工质量，校核基础的外形尺寸、中心线偏差以及地脚螺栓孔的位置和深度等。基础验收的同时还要进行划线，当证明基础的施工能满足安装要求时，才能进行验收。

基础的验收按照GB 50273—2009《锅炉安装工程施工及验收规范》有关规定进行。经过在基础面上的划线检查，确保施工检查项目和允许偏差符合表6-1的规定。

表6-1　锅炉设备基础的检查项目和允许偏差

项次	项目		允许偏差/mm	
1	纵横轴线的坐标位置		±20	
2	不同平面的标高（包括柱子基础面上的预埋钢板）		0 −20	
3	平面的平面度（包括柱子基础面上的预埋钢板或地坪上需要安装的锅炉的位置）		每米	5
			全长	10
4	外形尺寸	平面外形尺寸	±20	
		凸台上平面外形尺寸	0 −20	
		凹穴尺寸	+20 0	

（续）

项次	项目		允许偏差/mm
5	预埋地脚螺栓孔	中心位置	±10
		深度	20 0
		孔壁垂直度	10
6	预埋活动地脚螺栓	顶点标高	20 0
		中心距（在根部和顶部量测）	±2

设备基础检查验收时要填写验收记录，其表格形式见表6-2。

表6-2　设备基础检查验收记录

工程名称			施工图号		
设备名称			设备位置编号		
设备型号			验收日期		
项次	项目		允许偏差/mm	实测偏差/mm	附注
1	基础坐标图位置	纵轴线	±20		
		横轴线			
2	基础上平面	设备底座（轴承座）	+0		
		电动机座（其他）	−20		
3	基础上平面外形尺寸		±20		
4	预留地脚螺栓孔	中心位置	±10		
		深度	±20 −0		
		孔壁垂直度	10		
5	基础混凝土强度	设计强度			
		试验强度			
		试验日期			
验收意见					
建设单位		施工单位		安装单位	
检查人		检查人		检查人	

（2）锅炉基础的划线　锅炉及辅助设备安装前，应画出纵向、横向安装基线和标高基准点，将锅炉、钢架立柱的具体安装位置弹画在基础面上，以作为锅炉安装工作的基准，如图6-2所示。

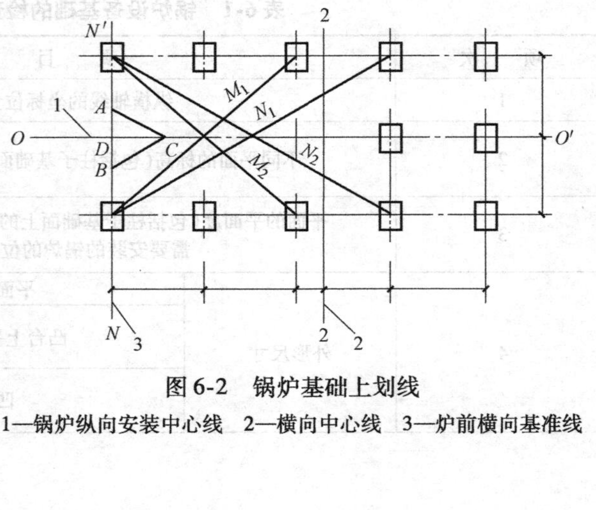

图6-2　锅炉基础上划线

1—锅炉纵向安装中心线　2—横向中心线　3—炉前横向基准线

基础划线应画出锅炉的纵、横向安装中心线（O—O'线和2—2线）、炉前横向安装基准线（N—N'线）、各钢架立柱安装中心线及底板安装轮廓线（十字中心线及方块轮廓线）、基础面或侧面的标高基准点。放线时纵向和横向中心线应互相垂直，相应两柱子定位中心线的间距允许偏差不应超过±2mm，各组对称四根柱子定位中心点的两对角线长度之差不应大于5mm。

锅炉的安装标高通常由设计确定。检查验收时以土建设计地坪标高（±0.00）为基准，检测锅炉基础面的施工标高，并与设计要求的基础面标高相比较，如偏差不超过表6-1的规定为合格。利用水准仪，将其标高标注在基础面上，或在基础侧壁上标出几个略加调整的标高，作为安装时测量各个部位的基准标高。可在钢柱附近的结构物上，地坪以上1.0m的高度处设置一个辅助标高，作为测量钢架标高的依据。

锅炉纵向中心线、横向基准线和标高基准点，是锅炉安装测量的依据，这三条基准线要画得鲜明、准确，且不易脱落。如基础的外形尺寸、标高及中心线偏差均在允许偏差范围内，且锅炉钢架中心线位置正确、炉墙外轮廓线不超出基础界线时，则可对基础进行签字验收。

(3) 锅炉基础处理 锅炉钢架安装就位前，应将基础表面、预埋地脚螺栓孔等清理干净，将每个安装钢柱的地方凿平，根据基础标高与设计标高之差，确定基础凿低或垫高。

2. 钢架和平台的安装

锅炉承重钢架由立柱、横梁及横梁支座组成，主要用来支承锅筒、受热面管束等的重力及热应力。钢架安装前，应按施工图样清点构件数量，并对柱子、梁、框架等主要构件进行检查，主要构件长度和直线的允许偏差应符合表6-3的规定。

表6-3 钢架主要构件长度和直线的允许偏差

项目		允许偏差/mm
柱子的长度/m	≤8	0 -4
	>8	+2 -6
梁的长度/m	≤1	0 -4
	1~3	0 -6
	3~5	0 -8
	>5	0 -10
柱子、梁的直线度		长度的1‰，且≤10
框架长度/m	≤1	0 -6
	>1~3	0 -8
	>3~5	0 -10
	>5	0 -12
拉条、支柱长度/m	≤5	0 -3
	>5~10	0 -4
	>10~15	0 -6
	>15	0 -8

（1）立柱、横梁上画线的检查　立柱、横梁的画线经检查、校正合格后，均应用油漆线弹画其安装中心线，并在立柱，横梁的上、中、下部位的中心线上打上冲孔标记，以保持其定线的准确和防止油漆线磨掉。

上托架的标高可比设计标高低20~40mm，作为立柱底板与上托架面上加垫铁时的调整余量。按立柱上各托架的设计间距及安装方向画线，使各托架定位，并逐个焊接牢固，用以支承各加固横梁。从上托架顶面的设计标高下返至设计标高1m处，在立柱上弹画出1m的设计标高线，作为安装时控制和校正立柱安装标高的基准线，如图6-3所示。

（2）立柱的安装　单根立柱的吊装可用独立桅杆，通过钢丝绳、滑轮组由卷扬机牵引吊起，也可在屋架下挂倒链起吊。起吊应轻起轻落，防止碰撞引起立柱变形，立柱就位时，应使底板中心线对准基础上画定的立柱中心线，立柱顶部用事先绑好的缆绳在墙上固定。立柱就位后，先用撬棍调拨立柱底板，使底板中心线准确地与基础画定的立柱中心线相重合，再用水准仪或胶管水平仪检测立柱安装标高，超出允许标高偏差的立柱，用厚度不同的垫铁和斜垫铁调整。

测量钢柱的标高，可使用水准仪或自制的胶管水平仪。用水准仪测量时，以基准标高点为准，测量各钢柱上的1.0m横线与水准仪视线间的高差；用胶管水平仪测量时，以预先标在柱子或墙上的1.0m辅助标高为准，测量钢柱的1.0m横线与辅助标高间的高差，使用时，在管内装上适量的水，利用两端水位在同一个水平面上的原理，进行测量工作，如图6-4所示。

（3）立柱安装垂直度的检测　在立柱顶端焊上一个直角形钢筋，在立柱互相垂直的两个面上各挂一个垂球，如图6-5所示，取立柱两端和中央三点，用钢直尺测量垂线与立柱间距离，如量测间距相等，则立柱垂直度无偏差，如不同，则最大的尺寸差值即为立柱安装的垂直度偏差值，可用顶部拉紧螺栓调整。如果钢架较高，垂球摆动时，可将垂球放入装有水的桶内，防止摆动。

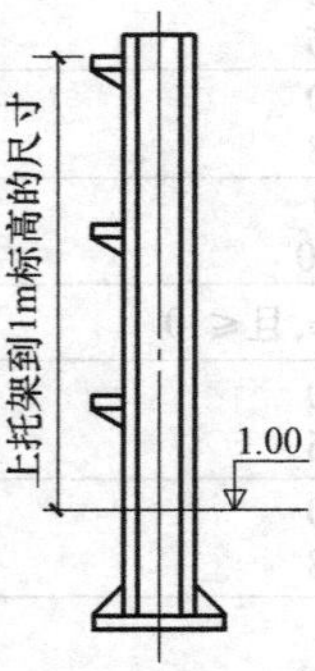

图6-3　立柱

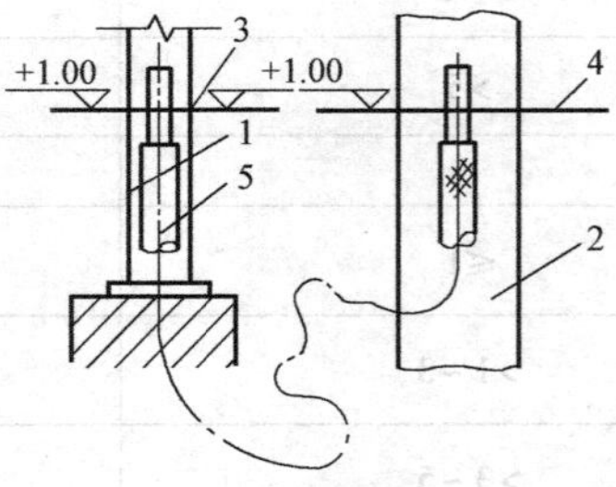

图6-4　用胶管水平仪检测立柱安装标高

1—立柱　2—墙体　3—立柱上1m标高线

4—墙上1m标高线　5—胶管水平仪

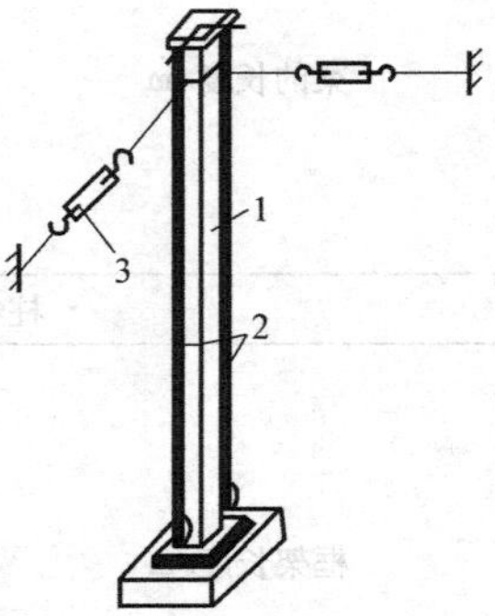

图6-5　立柱安装垂直度的检测

1—钢立柱　2—垂线　3—拉紧螺栓

找正柱子后，应按设计将柱脚固定在基础上。当需与预埋钢筋焊接固定时，应将钢筋弯曲并紧靠在柱脚上，其焊缝长度应为预埋钢筋直径的6~8倍，并应焊牢。

以上三种调整在安装时是同时进行的，各项调整应相互顾及，直至各项指标的偏差均达到表6-4中规定的允许偏差的要求为止。

表 6-4 钢架安装的允许偏差和检测位置

项目		允许偏差/mm	检测位置
各柱子的位置		±5	
任意两柱子间的位置(宜取正偏差)		间距的1/1000,且≤10	
柱子上的1m标高线与标高基准点的高度差		±2	以支承锅筒的任一根柱子作为基准,然后用水准仪测定其他柱子
各柱子相互间标高之差		3	
柱子的垂直度		高度的1/1000,且≤10	
各柱子相应两对角线的长度之差		长度的1.5/1000,且≤15	在柱脚1m标高和柱头处测量
两柱子间在垂直面内两对角线的长度之差		长度的1/1000,且≤10	在柱子的两端测量
支撑锅筒的梁的标高		0 -5	
支撑锅筒的梁的水平度		长度的1/1000,且≤10	
其他梁的标高		±5	
框架两对角线长度	框架边长≤2500mm	≤5	在框架的同一高度或两端处测量
	框架边长>2500~5000mm	≤8	
	框架边长>5000mm	≤10	

(4) 横梁的安装　在对应的两立柱安装调整合格后，应立即安装支承上锅筒的横梁。将横梁吊放到上托架上，调整对准中心，用水平尺检测横梁安装的水平度，必要时添加垫铁找平，并用定位焊或用螺栓与立柱固定。用相同方法安装侧面的连接横梁，使已安装并调整合格的四根立柱及其横梁结成整体，待进一步加固稳定。

按此顺序及方法将整个钢架安装完毕，结成整体承重钢架，并全面复测立柱、横梁的安装位置和标高，必要时做进一步调整，直到完全符合表6-4允许偏差值为止。最后将柱底板下、横梁下的垫铁用定位焊固定。

(5) 立柱与基础的固定　当立柱与基础上预埋钢板连接时，焊接固定；当立柱安装在基础预留孔洞内时，用二次浇灌固定，立柱底板与二次浇灌孔面之间应有20~60mm的间隙，用垫铁支承立柱，以保持二次浇灌后的连接强度。在混凝土凝固期内，应注意洒水养护，每昼夜养护不少于3次。冬季进行二次浇灌时应注意防冻，或在混凝土内添加防冻剂，以保证浇灌质量，待混凝土达到一定强度后，再去除模板。

中、小型锅炉承重钢架的安装通常是分件进行，对于大型锅炉承重钢架的安装，通常采用预组装的方法，即将立柱、横梁、加固件等预先组装成一定程度的组合件，再将组合件吊装，连接成整体钢架。

(6) 平台的安装　平台、撑架、扶梯、栏杆柱和挡脚板等应安装平直，焊接牢固，栏杆柱的间距应均匀，栏杆接头焊缝处表面应光滑，平台板和扶梯、踏脚板必须能可靠防滑，不应改变扶梯长度，不应改变扶梯斜度和扶梯的上、下踏脚板与连接平台的间距，不应在平台、扶梯、撑架等构件上任意割切孔洞，当需要切割时，应进行加固。炉架的组成如图6-6所示。

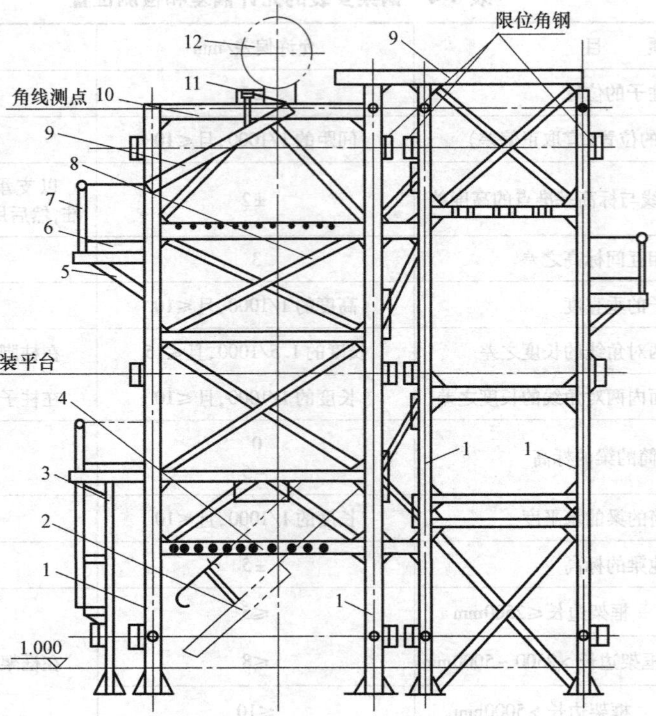

图 6-6 锅炉钢架组装

1—构架立柱 2—斜梯 3—煤斗支架 4—水冷壁钢梁 5—平台支架 6—平台 7—栏杆 8—斜撑 9—炉顶护板梁 10—横梁 11—锅筒支座 12—锅筒

3. 锅筒与集箱的安装

锅筒和集箱是锅炉的主要受热、受压元件，其安装质量决定锅炉运行的安全性和稳定性，同时也直接影响着与之相连接的受热面管束的安装质量。

锅筒和集箱的安装必须在锅炉承重钢架安装完毕找正后，基础的二次浇灌强度达到75%以上时才能进行。

(1) 锅筒、集箱的检查与画线 吊装前应检查锅筒、集箱和短管有无机械损伤、焊缝裂痕、未熔合、夹渣、气孔等缺陷；还要查看锅筒、集箱两端面水平和垂直中心线标记(冲孔或其他标记)是否正确，必要时可根据管孔中心线重新标定或调整，随即在锅筒前后端面上弹画出水平与垂直的中心十字线，在锅筒的两侧面弹画出纵向中心线。

认真检查锅筒、集箱上所有焊缝的焊接质量，必要时进行补焊。为控制锅筒在横梁支座上的安装位置，应在锅筒底部弹画出与支座接触的十字中心线，再连接锅筒前后端面上的下冲孔点，弹画出锅筒底部纵向中心线，自锅筒长度的中点向前后端面各量支座间距的1/2，即得到支座安装的中心点。但活动支座的一端还应扣除锅筒受热伸长量的一半，这样即可将锅筒与支座安装接触的十字中心线弹画在锅筒的弧形面上，作为锅筒安装就位的基准线。

胀接管孔壁的表面粗糙度 Ra 不应大于 12.5μm，且不应有凹痕、边缘毛刺和纵向刻痕，管孔的环向或螺旋形刻痕深度应不大于 0.5mm，宽度应不大于 1mm，刻痕至管孔边缘的距离应不小于 4mm。

直径、圆度、圆柱度等的允许偏差不应超过表 6-5 的规定。

表 6-5 胀接管孔的直径与允许偏差 （单位：mm）

管道公称外径		32	38	42	51	57	60	63.5	70	76	83	89	102
管孔直径		32.3	38.3	42.3	51.3	57.5	60.5	64.0	70.5	76.5	83.6	89.6	102.7
管孔允许偏差	直径	$^{+0.34}_{0}$			$^{+0.40}_{0}$						$^{+0.46}_{0}$		
	圆度	0.14			0.15						0.19		
	圆柱度	0.14			0.15						0.19		

注：管径 $\phi51$ 的管孔直径可按 $\phi51^{+0.4}_{0}$ 加工。

（2）锅筒支座的安装　工业锅炉一般有上下两个锅筒，且是相互平行布置的。锅炉有纵置式和横置式之分，但无论怎样布置，其中必有一个锅筒被装在钢架立柱顶部承重横梁上的两个支座上，另一个锅筒吊装在承重横梁下或靠管束来支承，因此锅筒安装前必须正确安装支座和临时支撑架，锅筒也必须在钢架安装找正并固定后方能起吊就位，不是由钢梁直接支承的锅筒，应设置临时性搁架，并在锅炉水压试验灌水前拆除。

1）锅筒支座有固定支座和滑动支座两类，多由铸铁材料制成。滑动支座多采用带有双层滚柱的活动支座，如图 6-7 所示。固定框架应与承重横梁焊死，以限定支座的位移范围。上滚柱保证锅筒纵向位移，下滚柱保证锅筒的横向位移，支座上部的弧形部分是与锅筒安装的接触面。

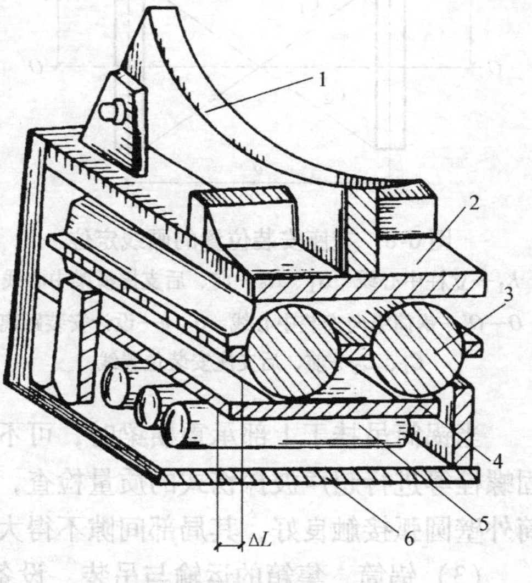

图 6-7　锅筒活动支座

1—支座与锅炉接触面　2—上滑板　3—上滚柱　4—中间滑板　5—下滚柱　6—下滑板

先用游标卡尺检查滚柱直径，误差不应大于 2mm，圆锥度允许偏差为 ±0.5mm，同一支座的各滚柱间直径允许偏差为 ±0.5mm。将滚柱置于平板上，检查其与平板的接触长度应不小于全长的 70%，光面与平板的接触应达到每平方厘米一个点，其他不接触部分应用塞尺检查，间隙不得大于 0.5mm。将支座的弧形部位与锅筒表面做吻合性检查，接触长度不得小于圆弧长的 80%，最大间隙不得大于 2mm，同时不接触部分在圆弧上应均匀分布，不得集中于一个地方，否则，应用手提电动砂轮机进行研磨，使之接触良好。

2）支座安装前应进行组合，在支座底板上弹画出安装十字中心线，按图样要求组装支座的零件。考虑膨胀的需要，应留出足够的间隙，安装滚柱时应偏向锅筒中间，当锅筒受热伸长时，滚柱能处在居中位置。将上、下两层滚柱之间临时定位焊固定，待锅筒安装后再割去定位焊处，支座组合过程中防止杂物进入各活动接触面。滚柱应涂抹润滑脂，组装后应遮盖。

在安装支座的横梁上画线后才能安装支座，画线方法如图 6-8 所示，首先画出横梁中心线 N_1、N_2，自立柱中心线 K_1 向 N_1、N_2 横梁中心线一侧量尺寸 a，使其等于锅筒纵向中心线与立柱中心线 K_1 的设计距离，得 O、O'两点，连 $O—O'$线并弹画在横梁上，则得锅筒安装的纵向中心线。在 N_1、N_2 横梁中心线上，分别以 $O—O'$线为中点，向两侧各量 1/2 支座底板宽度得四点，连对角两点检测，如 $C_1=C_2$，则支座定位完毕。

吊装支座到横梁上，调整支座底板十字中心线，使之对准横梁上已画好的安装位置线，用胶管水平仪检测支座安装的标高及水平度，偏差的调整用支座下的垫铁进行，调整合格后，将支座底板连同垫铁一道与横梁焊接固定。

3）临时支座常由角钢或槽钢制成弧形支撑座架，支座弧形面应与下锅筒外壁圆弧相吻合，整个支座用螺栓固定于钢架横梁上，如图6-9所示。锅筒吊装就位时，临时支座与锅筒外壁接触面间隙不应大于2mm，并应衬以石棉绳。锅筒及连接管束全部安装完毕，燃烧室开始砌筑前，方可拆除临时支座。拆除时严禁用锤子敲打，防止振动影响管束连接强度和严密性。

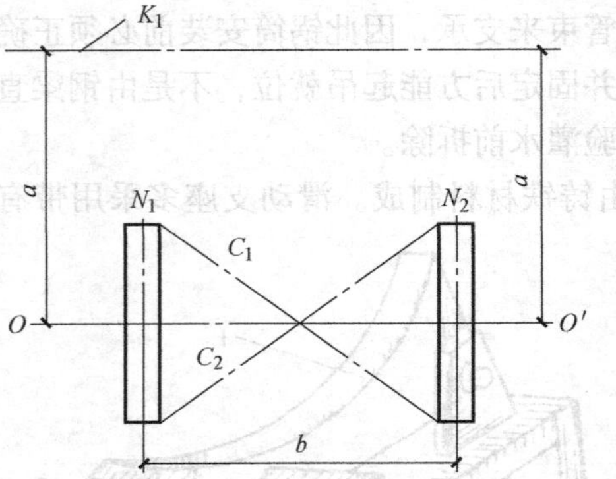

图6-8　支座安装位置的画线定位

K_1—立柱中心线　N_1、N_2—前、后支撑横梁中心线　$O—O'$—锅筒纵向安装中心线　a、b—设计安装距离　C_1、C_2—前、后支座安装位置线

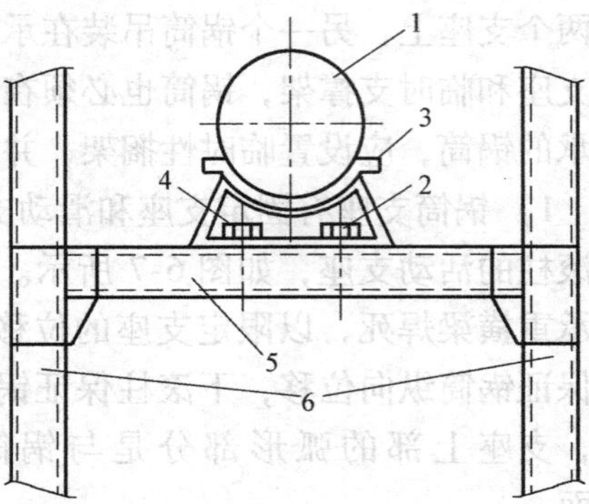

图6-9　临时支座结构

1—锅筒　2—临时支座　3—石棉绳　4—螺栓　5—横梁　6—立柱

当锅筒吊挂于上部承重横梁时，可不制备临时支座，但应对吊装的吊环、弹簧吊杆、紧固螺栓等进行超声波探伤式的质量检查，确保吊杆、螺栓等有足够的强度，吊环也应与下锅筒外壁圆弧接触良好，其局部间隙不得大于2mm。

（3）锅筒、集箱的运输与吊装　设备运输包括长途运输和施工现场运输。长途运输多采用大型拖车运输，为防止损坏和遗失部件，应采取可靠的安全保护措施，其中包括设备捆扎固定、防止管道弯曲变形、管孔损坏的保护措施和防雨、防盗措施等。超大型设备的运输还应注意道路情况。设备运进施工现场后，应按照施工顺序，将锅筒、集箱等大件设备置于锅炉房的附近，并做好防潮、防雨保护。需要在场地内移动设备时，可采用地上铺设木板、底托下放入滚杠、利用卷扬机等设备将锅炉或大件设备拖入锅炉房内的做法。

锅筒、集箱的吊装工作，应按照施工设计方案进行。受现场施工条件的限制，一般不宜采用大型吊装机具，应尽量利用锅炉房内或施工现场的机械设备进行吊装，多采用电动卷扬机辅以滚杠等进行水平运输、用桅杆等进行吊装。任何情况下，起重设备和工具都不得超负荷工作。无铭牌起重机具，要经强度核算，证明安全可靠后才能使用，拖运和吊装工作应由专业起重工承担，其他专业人员应密切配合。

按锅炉房的结构情况不同，可分为单层式锅炉房、双层式锅炉房和多层式锅炉房。

单层式锅炉房的锅炉本体可直接安装在地坪基础上，基础高度通常在0.5m以下，锅筒、集箱单件的质量在4t以下，可由卷扬机辅以滚杠进行水平搬运，吊装可由独立桅杆进行，整体快装锅炉甚至可以用卷扬机直接由坡道拉上基础，而不需吊装。也可在屋面施工前，用起重机将锅炉直接吊装并一次性找正。

双层式锅炉房的锅炉本体多安装在标高约为4m的基础上，炉底带有除灰室，如图6-10所示。锅筒质量一般不超过5t。由于锅筒安装高度较高，较好的方法是用人字桅杆将锅筒吊运至二层平台，再用卷扬机、滚杠搬运到位，最后用独立桅杆起重机吊装锅筒和集箱。

多层式锅炉房的锅炉本体多安装在4.5～5.0m标高的基础上，附属设备安装在附跨各层地坪上，如图6-11所示，锅筒质量可达7t，吊装高度为16m左右，可采用旋转悬臂式起重机，完成锅筒、集箱的移位、吊装和找正。

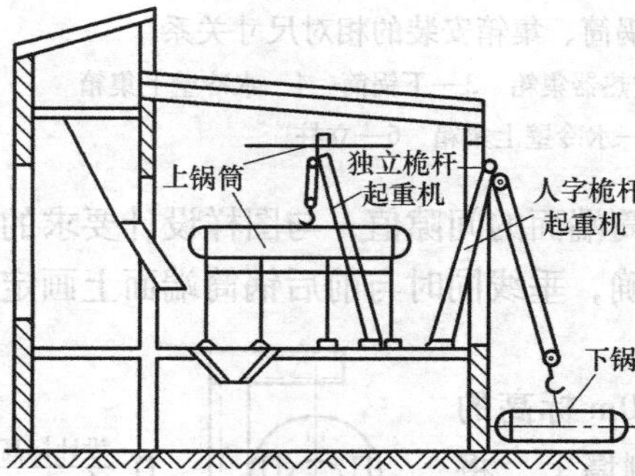

图6-10 双层式锅炉房锅筒的吊装

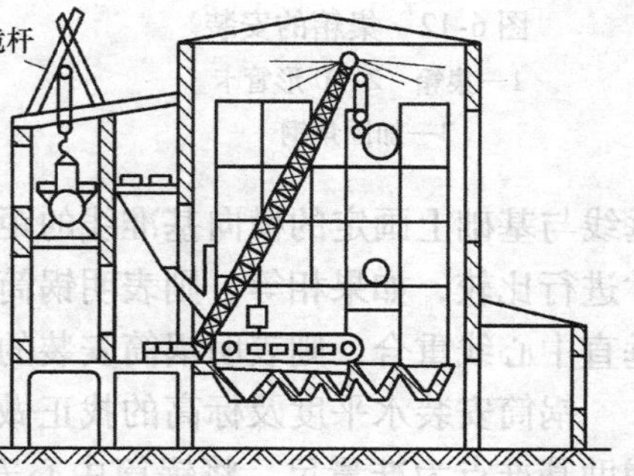

图6-11 多层式锅炉房锅筒的吊装

锅筒、集箱吊装就位的顺序为上锅筒的吊装就位及找正、下锅筒的吊装就位及找正、集箱的吊装及找正。吊装前，应先将锅筒牵拉至钢架的指定位置，然后采用自下而上的吊装方法，可在钢架内或钢架外进行吊装。吊装装置应稳固，吊件应绑扎牢固，但不应妨碍设备就位。钢丝绳距锅筒、集箱的短管应有一定距离，以防钢丝绳滑动碰弯短管。严禁利用锅筒上的短管、管孔和活动密封面进行绑扎吊装，更不能在吊件上焊接吊耳或吊架直接进行吊装。为保护锅筒、集箱不被损坏，可在绑扎钢丝绳的地方垫以木板或麻布加以保护。

吊装工作由专人负责指挥，当锅筒吊离地面约100mm时，要停车观察一段时间，听声音，并检查，无异常现象时，再继续提升。在锅筒上最少应系有一根牵引绳，由专人控制，用于调整锅筒起吊过程的定位，防止碰撞事故发生，当锅筒提升到安装高度时，按照要求方位，引导锅筒慢慢地落在支座的接触面上，并垫以石棉绳。

集箱吊装前也应进行严格的质量检验，如用拉线法检查其弯曲变形；用尺量法检查其直径及外形尺寸偏差；按与锅筒相同的方法和要求，检查其管孔孔径、椭圆率、中心距偏差等。

集箱安装于支承横梁上，并用U形螺栓固定，如图6-12所示。当集箱就位并经调整合格后，将加固角钢焊接在支承横梁上即可。

（4）锅筒、集箱的找正调整 锅筒、集箱的找正调整按照上锅筒、下锅筒、集箱的顺序进行，先调整安装在永久性支座上的锅筒，然后调整安装在临时支座上的锅筒，最后调整集箱。锅筒、集箱的找正、调整、安装位置及相对尺寸关系，如图6-13所示。

锅筒纵、横向位置及垂直度的找正方法是在锅筒前后两端面上部冲孔点吊垂球，如前后垂球尖端均落于基础画定的纵向中心线上，则表明锅筒安装的横向位置正确。用垂球尖端或

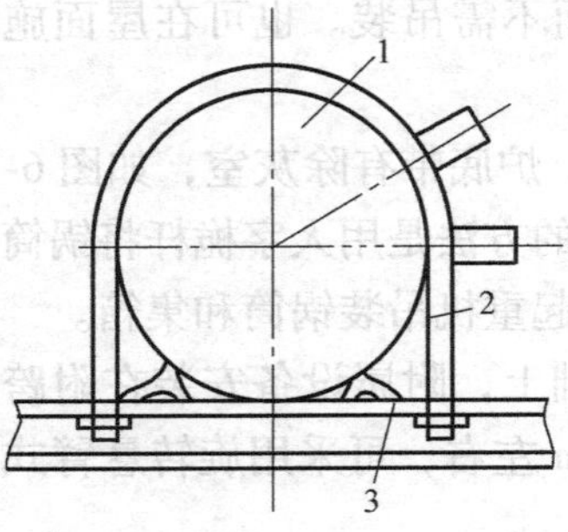

图 6-12　集箱的安装
1—集箱　2—U 形管卡
3—加固角钢

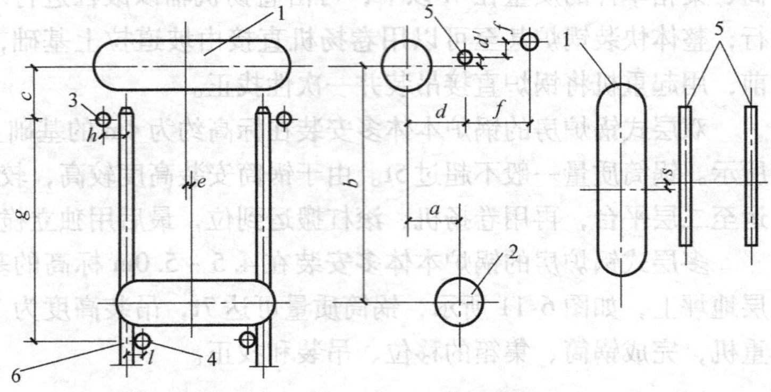

图 6-13　锅筒、集箱安装的相对尺寸关系
1—上锅筒　2—过热器集箱　3—下锅筒　4—水冷壁下集箱
5—水冷壁上集箱　6—立柱

垂线与基础上画定的横向基准线的距离减去垂线与锅筒端面的间隙值，与图样设计要求的尺寸进行比较，如果相等，则表明锅筒安装纵向位置正确，垂线同时与前后锅筒端面上画定的垂直中心线重合，则表明锅筒安装的垂直度正确。

锅筒安装水平度及标高的找正做法是以侧墙上 1.0m 标高的辅助基准点为准量尺，将锅筒中心安装标高标注在侧墙上，将胶管水平仪的一端玻璃水平面对准墙上锅炉安装标高点，另一端分别在锅筒的前后端面水平线上量测，如图 6-14 所示。如两测点均能和墙上玻璃管保持水平，则锅筒安装的水平度及安装标高同时正确。如两测点玻璃管水平面均能和墙上玻璃管水平面保持平齐，则表示调整工作正确无误。

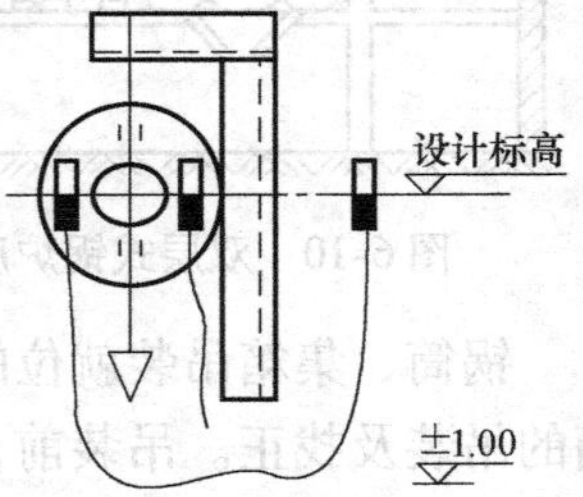

图 6-14　锅筒安装水平度及标高的找正

在锅筒、集箱的安装符合要求后，应对锅筒、集箱间相对位置进行检测，可用吊线法结合尺量检测水平相对位置偏差，用胶管水平仪或水准仪检测垂直相对位置偏差，使其符合表 6-6 所示的规定。

表 6-6　锅筒和集箱的安装允许偏差

项　次	项　目	允许偏差/mm
1	主锅筒的标高	±5
2	锅筒纵向和横向中心线与安装基准线的水平方向距离	±5
3	锅筒、集箱全长的纵向水平度	2
4	锅筒全长的横向水平度	1
5	上、下锅筒之间水平方向距离 a 和垂直方向距离 b	±3
6	上锅筒与上集箱的轴心线距离 c	±3
7	上锅筒与过热器集箱的距离 d、d'，过热器集箱之间的距离 f、f'	±3
8	上、下集箱之间的距离 g，集箱与相邻立柱中心距离 h、l	±3
9	上、下锅筒横向中心线相对偏移 e	2
10	锅筒横向中心线和过热器集箱横向中心线相对偏移 s	3

注：锅筒纵向和横向中心线两端所测距离的长度之差不应大于 2mm。

三、受热面管束的安装

受热面管束是由多根（排）对流管或水冷壁管组成的对流管束及水冷壁管束，是锅炉的主要受热面。受热面管束的安装有两种形式，即管束与上下锅筒的连接，管束与锅筒和集箱的连接。受热面管束安装的一般工序为管道的检查与校正、胀接管端的退火与打磨、管束的选配与挂装、管道的胀接（或焊接）等。

1. 管道的检查与校正

锅炉上的各种弯管，在制造厂已按照设计规格和形状加工完毕，并随锅炉供货。出厂后由于运输、装卸和保管不善等原因，会出现变形、损伤和缺件的可能，因此，在安装前必须对管道进行检查与校正。

合格的管道表面不应有重皮、裂纹、压扁和严重锈蚀等缺陷。当管道表面有沟纹、麻点等缺陷时，其深度不应超过公称壁厚的10%。合金钢管应逐根进行光谱检查。

对流管束应作外形检查及矫正，校管平台应平整牢固，放样尺寸误差不应大于1mm，放样管道应与放样实线吻合，局部偏差不应大于2mm，并应进行试装检查。弯曲管的外形偏差可在平台上用模板法检查，即在平台上按照弯曲管的设计弯型及外形尺寸，画出1:1的样图，在图形的外轮廓焊以短角钢或扁钢围成模板，把管道放入模板框槽内进行比对，凡轻易放入的为合格弯曲管，否则必须修正。弯曲管的外形偏差如图6-15所示，误差不应超过表6-7的规定，弯曲管的平面度如图6-16所示，误差应符合表6-8所示的规定。

弯曲管的校正用火焰局部烘烤加热的方法校正，加热温度为650℃（暗红色）以内，加热校正后的管道应埋入干石灰中缓缓冷却。

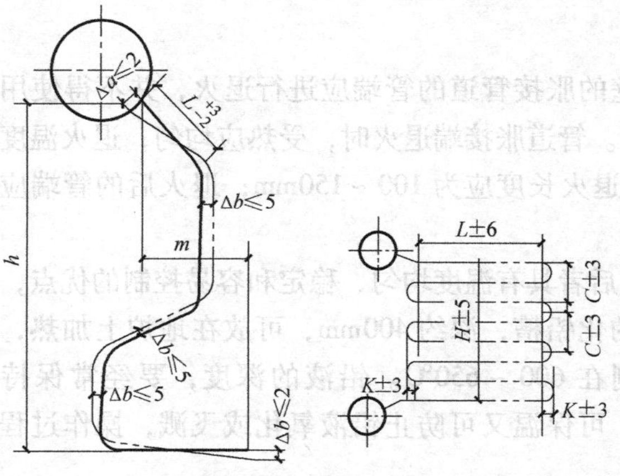

图6-15　弯曲管的外形偏差

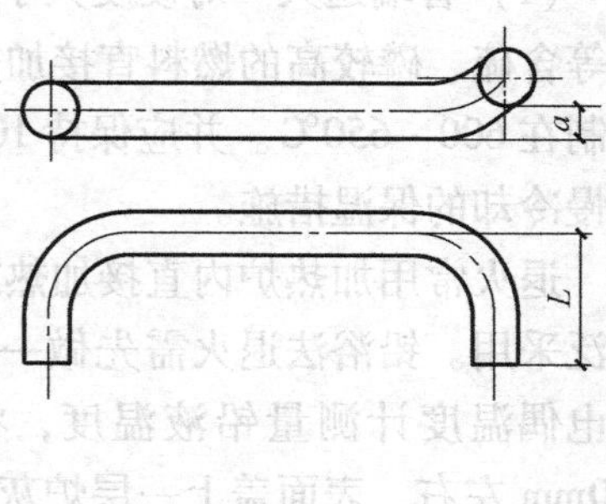

图6-16　弯曲管的平面度

表6-7　弯曲管的外形允许偏差

项　次	项　目	允许偏差/mm
1	管口偏移(Δ*a*)	2
2	管段偏移(Δ*b*)	5
3	管口间水平方向距离(*m*)的偏差	±2
4	管口间垂直方向距离(*h*)的偏差	+5，-2

表6-8　弯曲管的平面度

长度 *L*/mm	≤500	>500～1000	>1000～1500	>1500
平面度 *a* 不应超过/mm	3	4	5	6

受热面管道的排列应整齐，局部管段与设计安装位置偏差不宜大于5mm。

胀接管口的端面倾斜度如图6-17所示，不应大于管道的公称外径的1.5%，且不大于1mm。超出要求的管道应进行打磨校正，也可在退火后、胀管前与管端打磨一并处理。打磨后的管道，在胀管前先将弯曲管放入上下锅筒相应的管孔内进行试量，管端较长的可重锯端口。经校正和检查的管道，应核准数量，分类堆放，为管端退火创造条件。

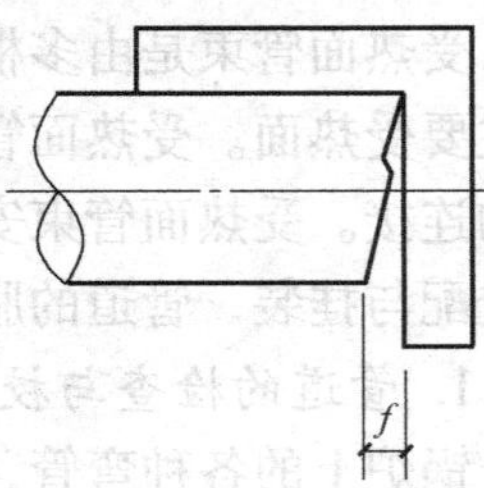

图6-17 管口端面的倾斜度

受热面管道应作通球检查，试验用球应使用钢材或硬质木材制作，通球直径应符合表6-9的规定，弯制后进行焊接的管道，通球试验时球的直径应选用表中较小值。通球后的管道应有可靠的封闭措施。凡通球不合格的管道，或明显压扁的管道均不得使用。

表6-9 通球直径 （单位：mm）

通球直径			
弯曲管半径 D_W	$\leqslant 2.5D_W$	$\leqslant 2.5D_W$ 且 $<3.5D_W$	$\geqslant 3.5D_W$
通球直径 d	$\geqslant 0.75D_n$	$\geqslant 0.80D_n$	$\geqslant 0.85D_n$

弯曲管通球直径				
曲率半径/管外径 R/D	$1.4\leqslant R/D<1.8$	$1.8\leqslant R/D<2.5$	$2.5\leqslant R/D<3.5$	$\geqslant 3.5$
通球直径 d	$\geqslant 0.75D_n$	$\geqslant 0.80D_n$	$\geqslant 0.85D_n$	$\geqslant 0.90D_n$

注：D_W 为管道公称外径，D_n 为管道公称内径。

2. 胀接管端的退火与打磨

（1）管端退火 对硬度大于锅筒管孔壁的胀接管道的管端应进行退火，并不得使用烟煤等含硫、磷较高的燃料直接加热进行退火。管道胀接端退火时，受热应均匀；退火温度应控制在600～650℃。并应保持10～15min，退火长度应为100～150mm；退火后的管端应有缓慢冷却的保温措施。

退火常用加热炉内直接加热或铅浴法，后者具有温度均匀、稳定和容易控制的优点，被广泛采用。铅浴法退火需先做一个长方形的化铅槽，深约400mm，可放在地炉上加热，用热电偶温度计测量铅液温度，将温度控制在600～650℃。铅液的深度，要经常保持在200mm左右，表面盖上一层炉灰或石棉灰，可保温又可防止铅液氧化或飞溅，操作过程严防水滴入化铅槽内，以免铅液爆炸飞溅伤人。

采用炉内加热退火时，要选用木炭或焦炭作退火燃料。待退火时间达到要求后，将管道取出立即插入干燥石棉灰或石灰内，缓慢冷却至常温后，再取出分类堆放。

（2）管端打磨 胀接前，应清除管端和管孔的表面油污，管端的打磨长度应至少为管孔壁厚加50mm。打磨后的管端应全部露出金属光泽，管壁厚度不得小于公称壁厚的90%，表面应保持圆滑，无微小棱角及纵向沟纹，且不应有起皮、凹痕、裂纹和纵向刻痕等缺陷。

打磨一般在退火后进行，分为人工或机械打磨。机械打磨管端时，将管端插入打磨机的磨盘内，露出打磨长度后用夹具将管道固定，按下起动按钮，磨盘旋转即可打磨，如图6-18所示。管内壁的浮锈、铅点等污物，需用钢丝刷或刮刀刷刮干净，保证测量内径尺寸正确，减小胀珠磨损。用游标卡尺测量其外径和内径，标注于管端以备选配时应用。如不能及时胀管，打磨后的管端涂上防锈油，用牛皮纸包好，做好记录，并将管身编号后分类堆放。

（3）管道的选配与管束的安装 水冷壁管束一般是由单列多根管组成，管束的安装过程为管孔的清理，管道的选配、安装及胀接或焊接。胀接管端应根据打磨后的管孔直径与管端外径的实测数据进行选配；胀接管端的最小外径、胀接管孔与管端的最大间隙应符合表6-10的规定。

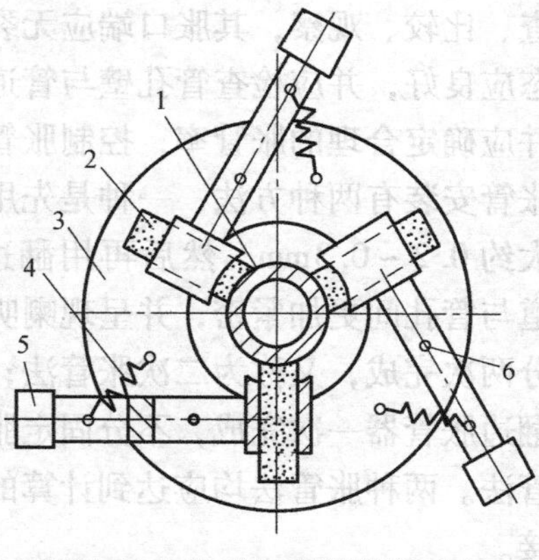

图6-18 机械打磨管端的示意
1—被打磨的管道 2—砂轮磨块 3—圆盘
4—弹簧 5—配重块 6—轴

表6-10 孔与管端的最大间隙 （单位：mm）

管道外径尺寸	32～42	51	57	60	63.5	70	76	83	89	102
最大间隙	1.29	1.41	1.47	1.50	1.53	1.60	1.66	1.89	1.95	2.18

锅筒上的管孔，应在管道挂装前进行处理。通常用汽油或四氯化碳洗净防锈油，当检查无缺陷时，可沿圆弧方向将毛刺刮去，然后用砂纸打磨露出金属光泽。深度不超过0.5mm，宽度不大于1mm的环向或螺旋形沟纹，如沟纹距管孔边缘大于4mm时，可不作处理。打磨后的管端及管孔直径，用游标尺测量互相垂直的两个直径，取平均值。并将各管孔孔径记录于锅筒的管孔展开图上。

管道与管孔的选配原则是将直径大的管道配在大管孔上，直径较小的管道配在较小的管孔上，使全部管端与管孔的间隙都尽可能均匀一致，这样胀管的扩大量相差不大，便于控制胀管率，保证胀管质量。

将每根管道就位于上下锅筒相应的管孔中。安装顺序是对每列对流管束由里向外挂装；对每列中的各排对流管，先挂最前、最后及中间的一根，用此三根做基准管，再分别由中间向前后两端安装。为提高安装速度，保证各管道安装位置准确，可用木制梳形槽板控制挂装位置，或用长角钢上的U形螺栓卡住控制挂装位置，如图6-19所示。

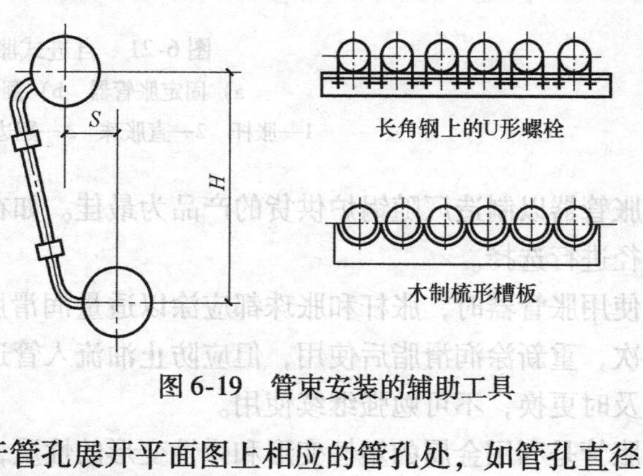

图6-19 管束安装的辅助工具

每安装一根管道，均应使管端能轻易自由地插入下管孔，切不可施力强行插入。还应把每根管选配数据记录于管孔展开平面图上相应的管孔处，如管孔直径、管道外径、管道内径等实测数据，以备计算胀管的胀管率。

3. 管道的胀接与焊接

锅炉管束的安装连接分为胀接与焊接。

（1）胀接 胀接的环境温度宜在0℃以上，正式胀接前，应进行试胀工作。先对试样进行检查、比较、观察，其胀口端应无裂纹，胀接过渡部分应均匀圆滑，喇叭口根部与管孔结合状态应良好，并应检查管孔壁与管道外壁的接触印痕和啮合状况，管壁减薄和管孔变形状况，并应确定合理的胀管率，控制胀管率应有完善的操作工艺。

胀管安装有两种方法，一种是先用固定胀管器初胀，使管道扩大，与管孔消除间隙后，再扩大约 0.2～0.3mm，然后再用翻边胀管器复胀至终，使管道与管孔间更加紧密，并呈现喇叭口形状，整个胀管工作分两次完成，又称为二次胀管法；另一种是自始至终只用翻边胀管器一次完成，不分固定胀和翻边胀，称为一次胀管法。两种胀管法均应达到计算的胀管率后，才能结束胀接。

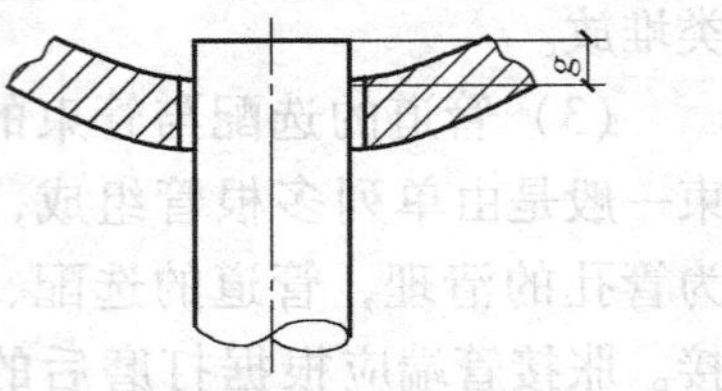

图 6-20　管端伸出管孔长度

管道插入后，应测定出管端伸出管孔的长度 g，如图 6-20 所示，如伸出量 g 值超过表 6-11所示的规定，则应抽出管道，将多余长度切去。

表 6-11　管端伸出管孔的长度

管道公称外径/mm	32～63.5	70～102
管端伸出长度 g/mm	7～11	8～12

当管端装入管孔后，应立即进行胀接。基准管固定后，宜从中间向两边胀接。

管道胀接的工具是胀管器，常用的自进式胀管器有固定胀管器和翻边胀管器两种，如图 6-21 所示。两种胀管器均由外壳、胀杆和胀珠组成。胀管器的滚柱数量不宜少于 4 只，并应使用专用工具测量。

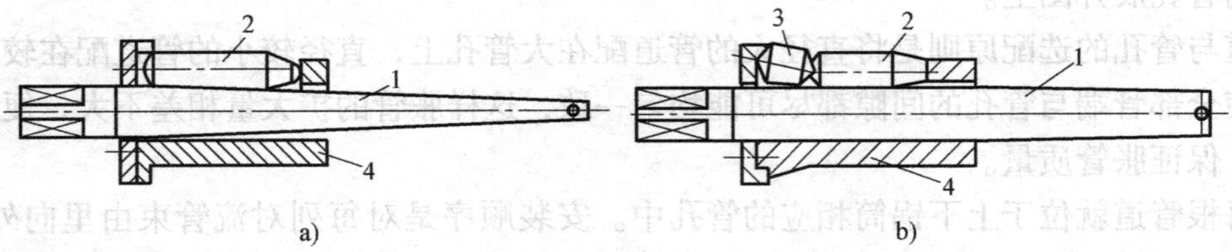

图 6-21　自进式胀管器

a）固定胀管器　b）翻边胀管器

1—胀杆　2—直胀珠　3—翻边胀珠　4—外壳

胀管器以制造厂随锅炉供货的产品为最佳。如在市场选购时，应根据锅筒厚度和管道公称直径进行选择。

使用胀管器时，胀杆和胀珠都应涂以适量润滑脂。每胀完 15～20 个口后，应用煤油清洗一次，重新涂润滑脂后使用，但应防止油流入管道与管孔的间隙内。对损伤了的胀杆及胀珠应及时更换，不可勉强继续使用。

胀管是利用金属的塑性变形和弹性变形的性质，将管道胀接在锅筒上，因为锅筒的管孔比管道外径稍大一点，当管端插入管孔时，管道与管孔间有一定的间隙。胀管器伸入管端后，用扳把转动胀杆时，胀珠即随胀杆的转动而转动，随着胀杆的伸入，胀珠对管端径向施加压力，使管径渐渐扩大产生塑性变形。当管道外壁与管孔间接触后，压力也开始传到管壁上，使管孔产生弹性变形，而对其所受压力产生反弹力。当胀管程度达到要求取出胀管器后，被胀大的管端外径基本保持不变，而管孔却力图恢复原形，其反弹力将管道牢牢地箍紧，从而形成良好的结合强度与严密度，如图6-22所示。

由于终胀后的管道已产生永久变形，复原应力不复存在，因此，管孔施加于管外壁的反弹力是持久稳定的，它所造成的强度及严密度相应地也是持久稳定的。

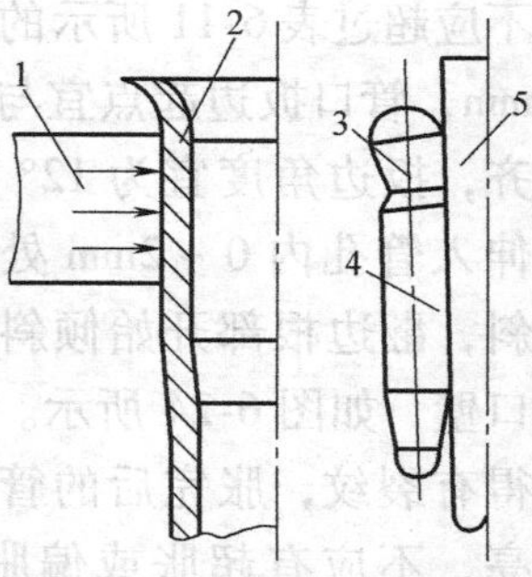

图6-22 胀接原理示意图
1—锅筒孔壁 2—胀接管道
3—翻边胀珠 4—直珠
5—胀杆

胀管率是检查和控制胀管程度的依据。胀管率应按测量的管道内径在胀接前后的变化值计算（以下简称内径控制法），或按测量紧靠锅筒外壁处管道胀完后的外径计算（以下简称外径控制法）。

当采用内径控制法时，胀管率 H_n 应控制在1.3%～2.1%；当采用外径控制法时，胀管率 H_w 应控制在1.0%～1.8%，并分别按下列公式计算

$$H_n=\frac{d_1-d_2-\delta}{d_3}\times100\% \tag{6-2}$$

$$H_w=\frac{d_4-d_3}{d_3}\times100\% \tag{6-3}$$

式中 H_n——采用内径控制法时的胀管率；

H_w——采用外径控制法时的胀管率；

d_1——胀完后的管道实测内径（mm）

d_2——未胀时的管道实测内径（mm）；

d_3——未胀时的管道实测孔径（mm）；

d_4——胀完后紧靠锅筒外壁处管道实测外径（mm）；

δ——未胀时管孔与管道实测外径之差（mm）。

胀管时，施胀的径向压力使管径和管孔扩大，管壁变薄，当胀至最佳胀管率时，管壁与管孔间就达到了最理想的严密性和强度要求。因此，控制最佳胀管率是避免出现超胀或胀接不足，保证胀口强度和严密性的重要措施。

胀管时，锅筒里、外人员应密切配合，互相联系。胀接过程，遇有管道一端胀接另一端焊接时，应先焊后胀。同一根管道，应先胀上锅筒，后胀下锅筒。胀管时，必须使人孔保持完全开启状态，使空气流通，锅筒内必须有足够的照明亮度。

在受热面管束的安装中，一般除基准管采用二次胀接外，其他管道的胀接宜采用一次胀管法，这样可提高胀管速度。采用一次胀管法胀管，为避免施胀时产生的应力影响已胀过的相邻胀口质量（主要是引起松弛），应采用反阶胀管操作顺序，即在管列方面按Ⅰ、Ⅱ、Ⅲ…的顺序，在管排方面按1、2、3…的顺序进行胀管操作，并应将此操作顺序编号标注于管孔展开平面图上，如图6-23所示。

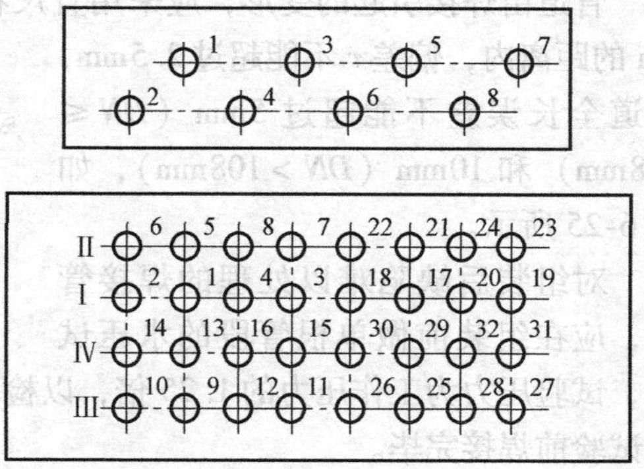

图6-23 反阶式胀管顺序

胀管的质量要求：管端伸出管孔的长度 g

值不应超过表6-11所示的规定范围；胀接管端停止操作的终点宜超过开始操作起点10～20mm，管口扳边起点宜与锅筒表面平齐，扳边角度宜为12°～15°，并在伸入管孔内0～2mm处开始翻边倾斜，翻边根部开始倾斜处应紧贴管口壁，如图6-24所示。翻边管口不得有裂纹，胀完后的管口应平滑光亮，不应有超胀或偏胀（单边）现象，胀口应有足够的强度和严密性，水压试验不应有渗漏现象。试验漏水的胀口，应在放水后随即进行补胀，但补胀次数不宜多于两次。胀接后，管端不应有起皮、皱纹、裂纹、切口和偏挤等缺陷。

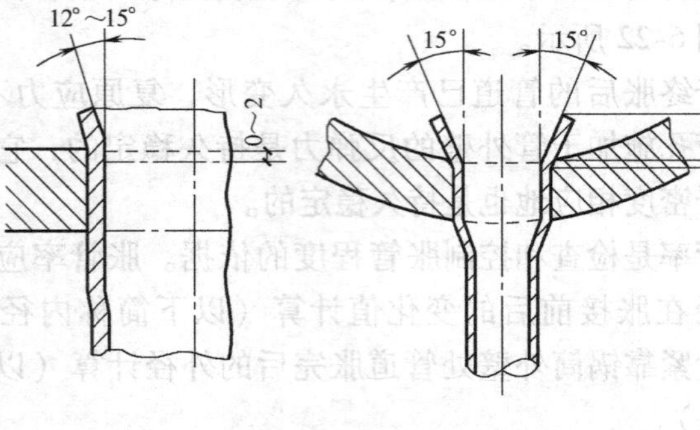

图6-24 管口扳边斜度

（2）管道的焊接 受热面管道及锅炉本体范围内的管道焊接工作，应按JB/T 1613—1993《锅炉受压元件焊接技术条件》和JB/T 1614—1994《锅炉受压元件焊接接头力学性能试验方法》有关规定进行。

焊接锅炉受压元件之前，应制定焊接工艺指导书，并进行焊接工艺评定，符合要求后方可用于施工，施焊的焊工必须持有锅炉压力容器合格证上岗，且应按照焊接工艺指导书或焊接工艺卡施焊。

对于受热面管道，应在同部件上切取0.5%的对接接头做检查试件，但不得少于一套试样所需接头数。当现场切取检查试件确有困难时，可用模拟试件代替。锅炉受压元件的焊缝附近应采用低应力的钢印打上焊工的代号。

锅炉受热面管道及其本体管道的焊接对口，内壁应平齐，其错口不应大于壁厚的10%，且不应大于1mm。焊接管口的端面倾斜度，应符合表6-12所示的规定。

表6-12 焊接管口的端面倾斜度 （单位：mm）

管道外径尺寸		≤108	108～159	>159
端面倾斜度	手工焊	≤0.8	≤1.5	≤2.0
	机械焊	≤0.5		

管道由焊接引起的变形，应采用直尺在距焊缝中心50mm处测量其直线度，在距焊口1m的距离内，偏差v不能超过2.5mm，管道全长误差不能超过5mm（$DN \leqslant 108$mm）和10mm（$DN > 108$mm），如图6-25所示。

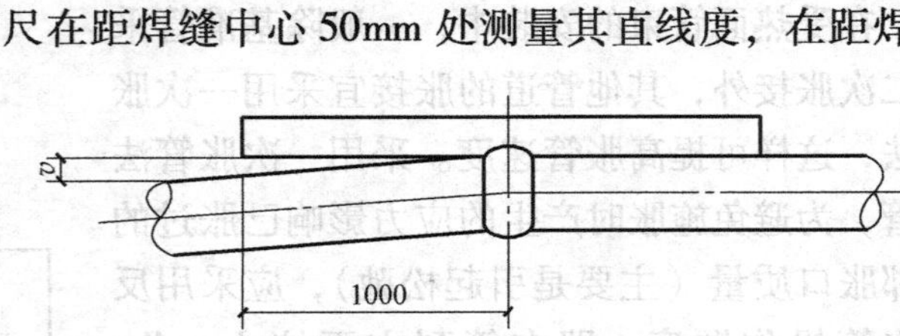

图6-25 管道焊接后的直线度及允许偏差

对组装后缺陷难以处理的焊接管段，应在组装前做单根管段的水压试验，试验压力为工作压力的1.25倍，以检验焊缝的焊接质量。管道上全部焊接件均应在水压试验前焊接完毕。

图6-26所示为大型锅炉钢管的焊接，图6-27所示为大型锅炉安装现场。

图6-26 大型锅炉钢管的焊接

图6-27 大型锅炉安装现场

受压元件焊缝的外观质量，应符合下列要求：

焊缝高度不应低于母材表面；焊缝与母材应圆滑过渡；焊缝及其热影响区表面应无裂纹，未熔合、夹渣、弧坑和气孔；焊缝咬边深度应不大于0.5mm，两侧咬边总长度应不大于管道周长的20%，且不应大于40mm。

在外观检查合格后，锅炉受热面管道及其本体管道焊缝应进行射线探伤，并符合下列规定：

抽检焊接接头数量应为焊接接头的2%～5%，按照GB/T 3323—2005《金属熔化焊焊接接头射线照相》规定，射线照片质量要求不低于AB级。

对于额定压力大于0.1MPa的蒸汽锅炉和额定出水温度等于或大于120℃的热水锅炉，Ⅱ级焊缝为合格；对于额定蒸汽压力小于或等于0.1MPa的蒸汽锅炉和额定出水温度低于120℃的热水锅炉，Ⅲ级焊缝为合格。

管道上所有的附属焊接件，均应在水压试验前焊接完毕。

四、燃煤锅炉炉排的安装

炉排是燃煤锅炉的主要燃烧装置之一，有固定炉排、手摇活动炉排、振动炉排、往复炉排和链条炉排等。目前广泛使用的有链条炉排及往复炉排。下面以链条炉排为例，阐述炉排的安装过程。

链条炉排通过基础上的预埋钢板、预埋地脚螺栓，安装在由型钢构件和墙板组成的钢骨架上，中间横向布置风室，墙板前后各装一根轴，前轴和减速器连接，靠此主动轴上的链轮推动炉排自前向后移动。

1. 安装前的准备工作

链条炉排安装前的准备工作包括炉排构件组装前的加工偏差检查及校正、基础画线（作为炉排安装的基准线），对基础上有关预埋钢板、预埋地脚螺栓及安装孔等进行认真的检查，如存有缺陷应及时消除。链条炉排构件的加工偏差应符合表6-13所示的规定，其中的a、b、Δ值参见图6-28和图6-29，对超过偏差规定的构件应进行校正及修整。

2. 炉排下导轨及墙板支承座的安装

下导轨及墙板支承座应按图样规定的位置进行安装。安装时以炉排安装中心线为基准，

表 6-13　链条炉排组装前的检查项目和允许偏差

序　　号	项　　　　目	允许偏差/mm
1	型钢构件的长度偏差	±5
2	型钢构件的直线度，每米	1
3	各链轮与轴线中点间的距离(a、b)偏差	±2
4	同一轴上的任意两链轮，其齿尖前后错位 Δ	3

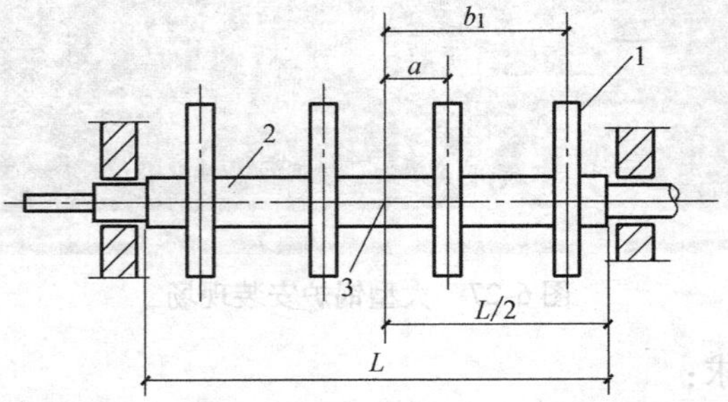

图 6-28　链轮与轴中间点的距离
1—链轮　2—轴中心线　3—轴中点线

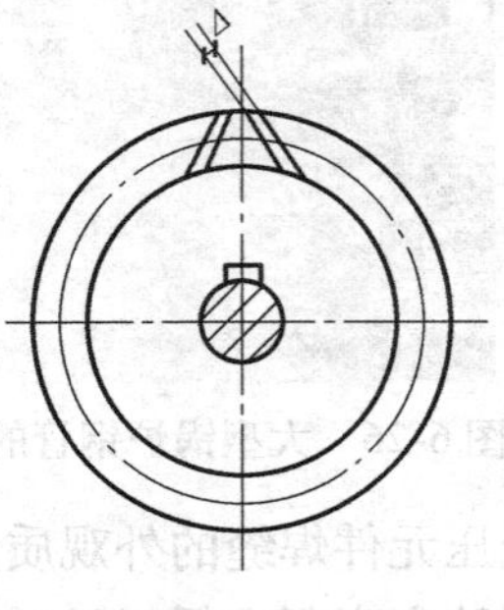

图 6-29　链轮的齿间错位

拉细钢丝使下导轨、墙板支承座定位并进行调整。各导轨应处在同一平面上，并保持相同的斜度；左、右两侧各墙板支承座应保持相同的标高和水平度；定位并调整后，其位置、标高、水平度偏差均不应超过 2mm。此外，墙板支承座的布置定位，应保持炉排安装后，在长度和宽度方向都能有膨胀的余地。炉排运行时热膨胀的方向如图 6-30 所示。

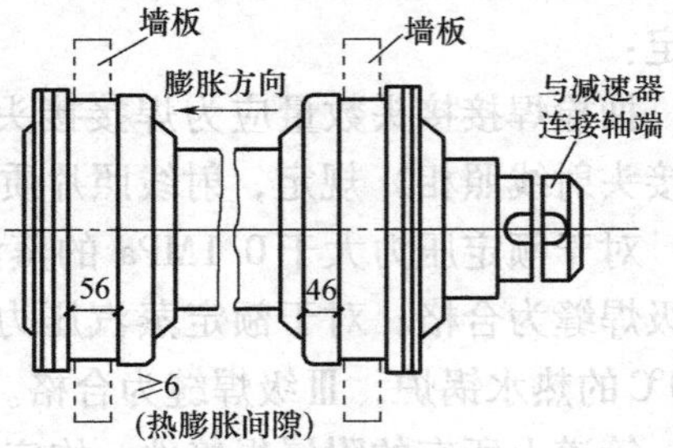

图 6-30　炉排热运行时的膨胀方向

经检测，下导轨及墙板支座的安装位置均已符合要求后，对各墙板支承进行二次浇灌，使其与基础牢固固定。

3. 炉排架的安装

炉排架是炉排的骨架，由炉排两侧的墙板、连接梁、上部导轨、分段风室隔板等组成。安装的顺序是先安装墙板、连接梁、隔板，再安装上导轨及两侧密封件。其中，墙板的安装是炉排架安装的重点环节。

两侧墙板安装后，应以炉排前后轴中心线为准，在墙板顶部打出检测冲眼，量测两侧对角线冲眼的对角线长度，以检测两侧墙板安装位置的正确程度，如图 6-31 所示。

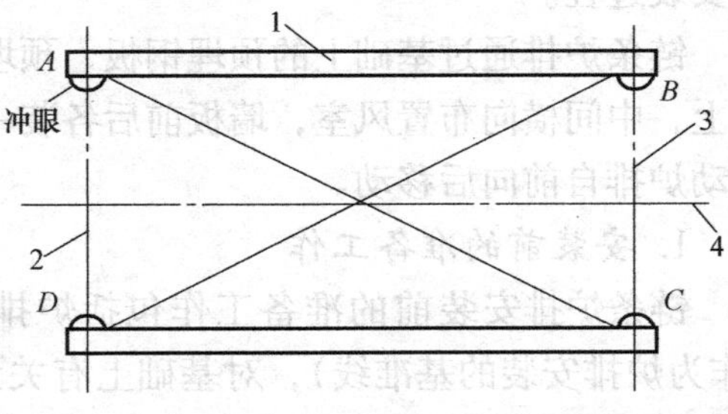

图 6-31　墙板安装位置的打冲眼法检测
1—墙板　2、3—前、后轴中心线　4—炉排中心线

墙板与连接梁、隔板之间的结合应紧密，消除缝隙并焊接牢固。墙板及炉排架在安装中应严格检测安装标高、垂直度、间距及水平度，链条炉排安装的允许偏差见表 6-14，往复炉排安装的允许偏差见表 6-15。

表 6-14 链条炉排安装的允许偏差

序 号	项 目		允许偏差/mm
1	炉排中心位置偏差		2
2	墙板的标高偏差		±5
3	墙板的垂直度,全高		3
4	墙板的距离偏差	跨距≤2m	$^{+3}_{0}$
		跨距＞2m	$^{+5}_{0}$
5	墙板间的两对角线长度之差		5
6	墙板框的纵向位置偏移		5
7	墙板顶面的纵向水平度		长度的 1/1000,且不大于 5
8	两侧墙板顶面应在同一水平面上,其相对高度差		5
9	前、后轴的水平度		长度的 1/1000
10	各导轨应在同一平面,其平面度		5
11	相邻两道导轨距离		±2

表 6-15 往复炉排安装的允许偏差

项 次	项 目		允许偏差/mm
1	两侧板标高		3
2	两侧板间距离	跨距≤2m	$^{+3}_{0}$
		跨距＞2m	$^{+4}_{0}$
3	两侧板垂直度		3
4	两侧板间两对角线长度		5

4. 炉排前、后轴的安装

炉排前、后轴安装于两侧墙板的轴承座上，为保证轴安装后转动灵活，运行正常，安装前应对轴承进行拆洗，洗净污垢后加入润滑脂；用压缩空气吹洗后轴承冷却水管。安装前、后轴时，应注意炉排长期处于高温下运行的特点，需要留出一定的径向和轴向膨胀间隙，具体做法是在前、后轴的轴承与墙板支承座的接触处，留有不小于 6mm 的轴向膨胀间隙，如图 6-32 所示。前轴与轴承间应有 0.12 ~ 0.58mm 的径向间隙；后轴与轴承间应有 0.53 ~ 1.05mm 的径向间隙，如图 6-33 所示。

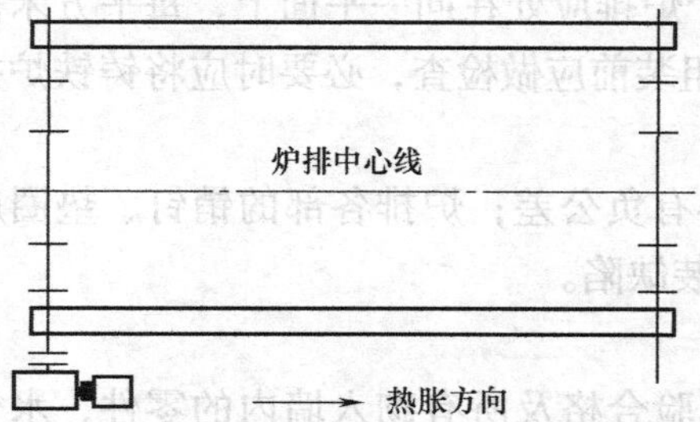

图 6-32 链条炉排与墙板的轴向间隙

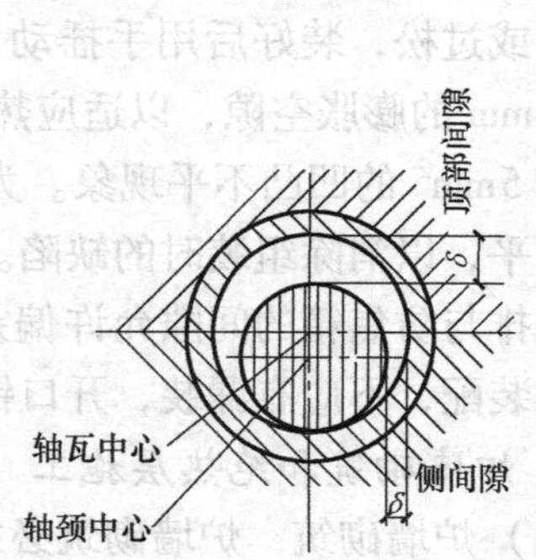

图 6-33 轴与轴承的径向间隙

在连接前轴（主动轴）与减速器的联轴器时，应在联轴器间留有6mm左右的膨胀间隙，否则当轴受热膨胀后会使减速器的蜗杆和蜗轮咬合不良，严重时会因顶轴而损坏设备。但是，所有膨胀间隙都不应过大，否则将造成炉排运行时抖动。

炉排前、后轴安装的允许偏差见表6-14。安装时应使两轴中心距处于较短的位置，待链条安装后，再调整两轴中心距，同时将链条拉紧，要严格调整前、后轴的平行度，其平行度偏差不应大于3mm，对角线不等长度偏差不应大于5mm，否则炉排运行时容易跑偏。伸入炉墙的一端应加装套管以保护轴端。安装后的前、后轴，用手盘车应能自由转动。

5. 传动链条的安装

每根传动链条都是由特制的链节板串装而成的。链节在制造时有一定的节距公差，为此，在串装链条前应用特制的样板对链节板进行检查，将链节按照节距公差大小分开放置，供串装时选配和调整，使每根链条的串接长度与设计长度的偏差不大于20mm，挂装链条时，力求同一炉排上各根链条的长度一致，相对偏差不大于8mm。

为了便于将串装好的链条套装在链轮上，应使前、后轴中心距处于最小位置，即炉排的松紧度调整到最松状态。套装链条最好用卷扬和牵引的方法，先由炉前向炉后牵引，待链条套装在后轴的链轮上后，再由炉后向炉前牵引，最后在炉前接头成形。链条套装时，尽量将相对长度最长的链条装在炉排中间，长度稍短且近似相等的装在炉排中间链条的两侧。链条的套装应在上导轨安装并检测合格后进行。

当所有的链条都套装在链轮上后，随即安装链条间的铸铁辊子（辊轴）、套管和拉杆，作业位置宜选在炉前前轴处，辊子就位不能使用强制手段，以使安装后能自由转动，应调整辊子安装的松紧度使之处于最佳状态，即最紧时辊子与下导轨的间隙不大于5mm，最松时辊子与下导轨刚刚接触。

辊子装好后，利用炉排松紧调节装置将炉排拉紧，起动减速器进行传动链条的试运行，以检查各根链条的安装和传动情况是否良好，如发现抖动、碰撞、跑偏、卡住等现象，应及时找出原因，采取相应措施予以消除。实践证明，在炉排片安装前对链条安装的试运行是十分关键的，否则，炉排片一旦安装完毕，链条安装中的某些缺陷将难以发现，且难以消除。为了进行链条的试运行，炉排的传动减速装置必须提前安装，并应试运行合格。

6. 炉排片的安装

炉排有鳞片式和链带式两种。鳞片式炉排的炉排片在上述链条及辊子安装后组装。链带式炉排没有链条和辊子，是在炉排片组装后，直接用轴传动。

炉排片的安装应该平直，间隙均匀。一般炉排片之间的间隙每米长度内约为6mm，不可过紧或过松，装好后用手摇动，以松动灵活为宜。边部炉排片与墙板之间，每侧应保持10~12mm的膨胀空隙，以适应热膨胀需要。整个炉排应处在同一平面上，每平方米内不应有大于$5mm^2$的凹凸不平现象。为此，炉排片在组装前应做检查，必要时应将铸铁炉排片的毛刺磨平，以消除组装时的缺陷。

炉排与防焦箱的间隙允许偏差为5mm，不得有负公差；炉排各部的销钉、垫圈应按图样要求装配，不应有漏装，开口销子不开口等安装缺陷。

7. 炉墙砌筑和绝热层施工

(1) 炉墙砌筑　炉墙砌筑必须在锅炉水压试验合格及所有砌入墙内的零件，水管和炉顶的支、吊架装置等的安装质量均符合设计和砌筑要求后，方可进行。炉砖的加工面和有缺陷的表面不应朝向炉膛或炉子通道的内表面；炉墙粘土砖砌至一定高度后，应随即进行外墙红砖的砌筑，在炉墙内外层高度基本相等时放置拉固砖，由内墙向外宜伸出二分之一砖长，在同层内应间段留设，两块一组，上、下层应错开，5～7 层设置一层拉固砖。

红砖外墙砌筑时，宜在约每平方米的墙面上埋入直径为 20mm 的短节钢管或暂留出一块砖不砌，作为烘炉的排汽孔洞，烘炉完毕再将孔洞堵上。在红砖与耐火砖墙之间宜用耐火硅酸铝纤维毡材料充填，以保持炉墙砌体的隔热效果。烧嘴砖砌筑时，砖孔的中心位置、标高和倾斜角度应符合设计规定。砌在炉墙内的柱子、梁、炉门框、窥视孔、管道、集箱等与耐火砌体接触的表面，均应铺贴石棉板或耐火硅酸铝纤维毡和缠绕石棉绳。

砌体伸缩缝的大小、构造及分布位置，应符合设计规定，留设的伸缩缝应均匀平直。伸缩缝的留设位置，应避开炉体骨架、受力部位以及砌体中的孔洞，内外层的伸缩缝不应贯通，上下层宜错开。

伸缩缝宽度的允许偏差为 0～5mm，伸缩缝内应无杂物，并应充填直径大于缝宽度的涂有耐火泥浆的石棉绳；朝向火焰的缝内，宜充填硅酸铝耐火纤维毡条。炉墙垂直伸缩缝内的石棉绳应在砌砖的同时压入。当砖的尺寸偏差满足不了砖缝要求时，应进行砖的加工或选砖，砖砌体应拉线砌筑，砖缝应横平竖直，灰浆饱满，上下层砖应错缝。砌体砖缝灰浆的饱和度不应低于 90%，砌体砖缝的厚度应在每砌筑 $5m^2$ 时用塞尺检查 10 处，比规定砖缝大 50% 以内的砖缝，不应超过下述规定：Ⅰ、Ⅱ类砌体为 4 处，Ⅲ、Ⅳ类砌体为 5 处。

（2）绝热层施工　绝热层施工应在金属烟道、风管、管道等被绝热处的强度试验或严密性试验合格后进行。

绝热层的形式、伸缩缝的位置及绝热材料的强度、堆密度、热导率、品种规格均应符合设计要求，施工前，应清除锅筒、集箱、金属烟道、风管、管道等被绝热处表面的油污和铁锈，并按设计规定涂刷耐腐蚀涂料。

绝热材料采用成型制品时，捆扎应牢固，接缝应错开，里外层压缝，嵌缝应饱满；当采用胶泥状材料时，应涂抹密实，圆弧均匀，厚度一致，表面平整。采用卷材时，应紧贴表面，不应有折皱和开裂；采用抹面时，应平整光滑，棱角整齐，不应有显著裂缝；采用薄钢板、铝皮包裹时，应压边搭接。

绝热层施工时，阀门、法兰盘、人孔及其他可拆件的边缘应留出空隙，绝热层断面应封闭严密；支、托架处的绝热层不得影响活动面的自由伸缩。

8. 其他附件安装

（1）风管的安装　各风室的位置应正确；风管的连接间隙应不超过 1mm，以保证风管严密不漏；风管上的调节风阀应启闭灵活。

（2）挡渣器（老鹰铁）的安装　挡渣器之间应留有 3mm 的间隙；挡渣器伸入耐火墙部分的顶面与墙面间应留有 20mm 的间隙，端部与墙间应留有 5mm 的间隙，以保证挡渣器不被卡住，保持自由活动状态。

（3）加煤斗的安装　加煤斗安装时，煤闸门与煤斗侧板间应有 12mm 的空隙；煤门与煤斗侧板间应保持 5mm 的空隙；煤闸门的上、下移动和煤门的转动应灵活轻便。

9. 炉排的冷态试运行

链条炉排安装完毕，并与减速器等传动装置连接后，在燃烧室砌筑前应进行冷态试运行，对于链条炉排，冷态试运行的连续运行时间应不少于8h，对于往复炉排运行时间不应小于4h，运行速度最少应在两级以上，运行中无噪声、卡滞、碰撞、凸起、跑偏等异常现象，即为安装合格。

10. 快装锅炉的安装

快装锅炉的炉体不是完全的散装件，通常分成几大部分，现场进行必要的组装即可。快装锅炉的安装项目有锅炉本体的安装，平台扶梯、螺旋除渣机、省煤器、鼓风机、风管、引风机、传动装置、除尘器、管道、阀门及仪表、烟囱等的安装。

（1）锅炉本体的安装　锅炉本体安装工艺主要包括以下内容：基础验收与放线、锅炉的运搬、锅炉就位、锅炉找平、炉底的密封、平台栏杆安装以及附属设备的安装。

快装锅炉由于质量较大，现场运搬通常用卷扬机作为动力，采用滚运的方法。搬运时，用千斤顶将锅炉的前端顶起，直接塞入滚杠及道木即可进行滚运。当锅炉运输到基础上后，不撤滚杠先进行找正，使锅炉的炉排前轴中心线与基础前轴中心基准线相吻合，允许偏差±2mm，锅炉纵向中心线应与基础纵向中心基准线相吻合，允许偏差±10mm。达到要求后，用道木或木方将锅炉一端垫好，用两个千斤顶将锅炉的另一端顶起，撤出滚杠，落下千斤顶，使锅炉的一端落在基础上，再用千斤顶将锅炉另一端顶起，就位，撤出剩余的滚杠，落下千斤顶，使锅炉全部落在基础上。锅炉就位后，应进行校正，校正时使用千斤顶，直到达到允许偏差范围内。如果用水准仪测量锅炉基础的纵向和横向水平度，其倾斜度小于或等于4/1000时，可不用对锅炉进行找平。否则要对锅炉纵向、横向进行找平。当纵向、横向不平时，可用千斤顶将锅炉顶起，在锅炉的支架下垫以适当厚度的垫铁，垫铁的间距为500～1000mm，垫铁在找平后应用定位焊的方法将其焊成一体。锅炉支架的底板与基础之间必须用水泥砂浆堵严，并在支架的内侧与基础之间用水泥砂浆抹成斜坡。

（2）附属设备安装　包括省煤器、空气预热器、除渣机、鼓引风机和各种附件等，其中铸铁省煤器安装前宜逐根（或组）进行水压试验，试验压力应符合锅炉本体的试压规定。每根铸铁省煤器管上破损的翼片数不应大于总翼片数的5%，整个省煤器中有破损翼片的根数不应大于总根数的10%；且每片损坏面积不超过每片总面积的10%。省煤器支承架的安装，应符合表6-16的规定。

表6-16　支承架安装的允许偏差

项　目	允许偏差/mm
支承架的水平方向位置	±3
支承架的标高	0 −5
支承架的纵向和横向水平度	长度的1/1000

钢管式空气预热器的安装，应符合表6-17的规定。其伸缩节的连接应良好，不应有泄漏现象。

表6-17　钢管式空气预热器安装的允许偏差

项　目	允许偏差/mm
支承框的水平方向位置	±3
支承框的标高	0 −5
预热器的垂直度	长度的1/1000

工作在温度大于100℃区域内的螺栓、螺母上应涂抹二氧化硫、石墨机油或石墨粉。

锅炉的上煤除渣系统、鼓引风系统和烟气除尘脱硫等系统的安装，详见锅炉安装手册或各自系统的样本，这里不再讲述。

第二节 燃油（气）锅炉、直燃机及电锅炉的安装

随着环保要求的提高，燃煤锅炉在许多地方被限制，电锅炉，燃油、燃气锅炉，热泵，直燃机等冷、热源形式在许多城市中受到推崇，用户逐渐增多。由于燃气、燃油锅炉房，直燃机机房省去了锅炉房的运煤除渣系统，其燃烧后排放的标准高，能满足环保要求，近年来被越来越广泛地应用。与传统燃煤锅炉房安装工艺相比，燃气、燃油锅炉房的安装必须更加重视安全性。

一、燃气、燃油锅炉房与直燃机机房施工安装的一般规定

燃气、燃油锅炉房的设置，必须满足设计、施工、质量验收规范对其的制约。一般应独立建设，与其他建筑物的间距，应满足GB 50016—2014《建筑设计防火规范》、GB 50156—2012《汽车加油加气站设计与施工规范》中的规定，总蒸发量不超过6t、单台蒸发量不超过2t的锅炉，可邻民用建筑布置，但必须用防火墙分开。

燃气、燃油锅炉房，直燃机机房一般应设置在地上一层或地下一层，并靠近外墙处，若将直燃机设在地下二层时，须靠外墙布置，并设从地下二层直通室外的安全出口和泄压口，泄压口的泄压面积与直燃机房体积的比值（m^2/m^3）不能小于防火设计规范的相关规定，外墙开口部位的上方应设置宽度不小于1.0m的不燃烧体的防火挑檐，只有在采取安全有效的措施后，才能将直燃机设在地下二层。

燃气锅炉、直燃机机房应设置性能可靠的可燃性气体报警器，报警器应满足当燃气泄漏量达到爆炸下限1/4时报警，报警器应设置在顶棚下0.3m处，离墙壁、梁柱水平距离不小于0.5m，报警器的数量按控制半径不大于4m进行选择。报警器与排气风机和电磁阀三者连锁，报警器报警时，排气风机开启，将室内废气排出室外，同时燃气防爆电磁阀关闭，切断气源，以保证安全。

燃气锅炉房、直燃机机房必须设置防爆型事故排气风机，并实行自动控制，排气风机按直燃机机房的体积、直燃机耗气量、地下二层的深度等条件进行选择，保证通风换气次数不少于40次/h。

锅炉、直燃机机房包括照明在内的所有电气设施必须采用防爆型，防爆等级应符合GB 50058—1992《爆炸和火灾危险环境电力装置设计规范》的规定。

燃油锅炉房、直燃机机房一般采用轻柴油作为燃料，其总储油容量一般不小于5～10天的最大耗油量。从室外储油罐向锅炉房内输油的管道，宜采用地上敷设。供油管道一般采用单母管，常年运行的锅炉房可采用双母管，每根母管流量可按最大耗油量和回油量之和的75%计算，回油管采用单母管，并设置调节阀和止回阀。每台锅炉的燃油干管上，均应设置关闭阀和快速切断阀，每个燃烧器前的燃气支管上，也应设置关闭阀。输油泵一般不少于两台，当其中一台停用时，总泵油量不应小于最大耗油量的110%。锅炉房内日用油箱容量不应大于$1m^3$，应采用钢板焊制，并应设有电子液位计和紧急泄空阀。

燃气、燃油锅炉房的锅炉台数不宜少于两台，小型建筑可设一台，其单台容量应满足在最大负荷和最小负荷时都能高效运行。图6-34所示为燃气锅炉房。

图6-34 燃气锅炉房

二、燃气、燃油锅炉和直燃机组的安装

燃油、燃气锅炉和直燃机安装的施工步骤为：先基础，后就位，先本体，后附属设备，即“先主后次”。安装完锅炉或直燃机本体和附属设备后即可安装它们之间的连接管路和阀门。最后再安装锅炉和附属设备上的附件、阀门、仪表、仪器等。在完成以上工作后，进行全面检查，直至符合安装要求为止。

1. 燃气、燃油锅炉本体的安装

燃气、燃油锅炉的安装应满足如下要求：设备基础的水平度为0.8/1000；对于直燃机，为防止内充的氮气泄漏使机组腐蚀，机组搬运时不得打开阀门；起吊须以顶部吊耳为着力点，起吊张角须小于90°；运输时，底座的前、后端及中部垫厚橡胶以隔振；在底座下垫滚杠时，须在底座下的前后端同时提升；拖拉只能挂拖拉孔，不得使用其他位置；放置时将机组底座前、后端塞严，以免扭伤。

（1）立式燃油、燃气锅炉的安装　燃油、燃气锅炉结构不同、尺寸不同，因而锅炉本体安装方法略有不同，如立式锅炉、卧式锅壳式内燃火管锅炉、卧式水管锅炉有不同的安装要求和方法。

一般供应商在包装和运输中把锅炉筒体和锅炉上的附件、仪表、燃烧器、烟囱进行分装，但也有个别供应商把锅炉筒体、锅炉上的附件、仪表、燃烧器组装后运输给用户。

1）立式锅炉安装的准备工作包括检查锅炉筒体的外观质量，查看锅炉铭牌上的型号和技术参数，检查合格证书等，还要检查锅炉附件、仪表、阀门的数量和质量，重点检查燃烧设备的配件数量和质量。锅炉安装前要准备好现场安装所需水泥、砂浆、各种防腐油漆、绝热材料。一般立式圆筒锅炉基础也为圆形，圆形基础直径比锅炉圆形底板直径大100～200mm，高于地面100～200mm，基础厚度常为300～500mm，基础材质多为混凝土。要求基础表面水平，在混凝土达到一定强度后，涂刷一层沥青，在基础上划出锅炉底板的圆周线，其圆心与基础圆同心，还要画出两条通过圆心的垂直线，其中一条线应与锅炉安装的燃烧器中心线平行，以便保证锅炉安装的正确位置。

2）在完成上述工作后，即可进行下一步的安装工作。立式锅炉筒体的搬运方法有垂直运输法和卧倒运输法，垂直运输的简便方法是把锅炉垂直放在小轮平板车上，牵引或推动平板车把锅炉运至基础边，安装支架和手动葫芦，在锅炉筒体上套上绳索（绳索在锅炉筒体上从下至上的2/3处），再拉动手动葫芦把锅炉本体慢慢置于混凝土基础上且拨正置于已画好的圆周线上，并让安装燃烧器的中心线与基础上所要求的垂直线平行。卧倒运输法即把锅炉卧到小轮平板车上，再按同样方法运至基础边，然后用支架、手动葫芦、绳索把锅炉直立提升就位于基础上。锅炉安放在基础的正确位置上后，再用线坠检查其垂直度，达到所规定的要求为止。锅炉本体安装完毕后，利用现有的安装机具再安装其他附属设备，如燃油用的油箱、供水泵、软化水设备、除气设备等。若安装简单的燃气锅炉，可以继续在锅炉本体上安装各种阀门、仪表、水位计等，直至它们符合安装要求。

燃油、燃气立式锅炉安装时应特别注意锅炉本体、附件、阀门、仪表、燃烧器不能被损坏，还要注意施工人员的安全，严禁施工人员对锅炉本体进行敲打，对锅炉附件、阀门、仪表、燃烧器等设备都要轻拿轻放，并使用正确的安装工具进行安装。施工人员应根据工种要求，采取安全施工防护措施。

(2) 卧式锅壳式内燃火管锅炉的安装 燃油、燃气锅炉的形状特点是锅筒均为圆筒形。圆筒形锅筒下均设鞍形支座，锅筒上安装各种附件、阀门、仪表，锅筒的一端安装有燃烧器，燃油燃烧器前有油泵，锅筒旁安装有水泵、电控箱、爬梯，锅筒上有检修用的护栏，形成整体装置。

1）安装前应做好准备工作，包括开箱检查到场设备、办理验收手续、安装现场测绘标志、场地清理、到场设备保管及施工技术管理等工作。

2）锅炉本体施工工作内容有锅炉基础施工，附属设备基础施工，锅炉和附属设备的安装，锅炉附件、仪表、阀门的安装，管道及烟囱的安装等。

首先应进行锅炉本体和附属设备的基础施工。基础工作包括放线、开挖、支模板、浇灌混凝土、混凝土养护、拆模板等工作。放线即根据锅炉的平面尺寸每边增加200～500mm，画出基础的长和宽，如果是多台锅炉，应考虑到各自的间距，外壁净宽最小尺寸不小于0.7m，若锅炉间还有其他附属设备，应适当加宽。锅炉的前后端距墙体距离应考虑设备安装空间和检修工作的需要，还要考虑人员行走和设备器材搬运的要求，在燃气、燃油锅炉房还应考虑消防距离的规定，锅炉前端距离应满足工作的需要，与对面的墙（柱）净距最小尺寸应为2～3m。锅炉基础深度常为0.5～1.0m，高出地面0.1～0.15m，开挖基坑后先清除坑内残土，然后修平并夯实基坑底部，四周支设钢模板或木模板，模板应符合强度要求，不变形，尺寸准确。浇灌混凝土前应根据所需强度调配好水、石、砂、水泥的混凝土配合比，有条件的可进行试块强度试验。浇灌完混凝土后，应对其表面进行抹平，抹平后进行湿养护，直至混凝土达到规定的强度。混凝土达到强度后再拆模，对拆模后留下的缝隙进行修补。基础位于地面部分的四角最后做成圆弧形，既美观又不破角。有的施工单位在征得用户的同意和能满足锅炉的承重强度的前提下，为节省材料，仅在锅炉支座四脚下修建混凝土的桩基础，这样做还能减少基础土方量的开挖和运输费用，也是一种省力、省料、加快施工进度的好方法。

当混凝土基础彻底完工后，在锅炉和附属设备安装前，应对混凝土基础平面进行安装定位放线，按照锅炉和附属设备的平面尺寸线，考虑边框尺寸的预留，将中心线、底座线和四脚位置线绘制在基础平面上，确保锅炉与附属设备安装位置准确无误。

运输和吊装锅炉与附属设备时，应考虑安装工作的前后工序，也应考虑不影响后续工作的进行，做到统筹安排。一般首先运输、吊装锅炉本体，然后是附属设备，如果锅炉本体运输和吊装在基础上就位后，会影响其他附属设备的运输和吊装，就应调整顺序。

锅炉一般由供货商运至安装现场，锅炉本体与锅炉本体上的附件、阀门、仪器、仪表、燃烧器、管件往往是分开包装的，在与供货方对其验收清点后，再按计划对锅炉进行安装。

锅炉本体的运输和吊装有手工法和机械法，手工法采用小轮平板车或采用厚钢板下放置有圆钢管，把锅炉放在平板车上或放置厚钢板上，采用小轮平板车运输锅炉，可用手动葫芦进行牵引或用撬棍加力于平板车使锅炉靠近安装位置，也可采用厚钢板下放置圆钢管的方式来运输锅炉，用撬棍或手动葫芦加力于厚钢板上，随锅炉前进，随时抽换放置钢板下的圆钢管的位置。机械法采用起重机吊装锅炉，是安全有效的方法，在大型燃气、燃油锅炉的安装中应尽量采用机械法。

在吊装中，严禁吊装绳索捆绑在锅炉附件的接口管和锅炉前后门的把柄上，应把吊装绳索分别套在支架的四脚圆周处（常用两根钢丝绳套上）。在吊装中，应慢慢升起。在升起过程中，施工人员应特别注意绳索的拉紧及变化情况，防止绳索拉断，也应注意绳索处锅炉外形有无异常情况，不应使绳索拉紧提升破坏锅炉外壁与外形。吊装中，吊装件下严禁站人，并有专人指挥，防止发生事故。

将锅炉就位在基础平面已预先画好的位置线上，燃烧器的一端应位于已设定的位置上。锅炉就位后，应对其水平度、垂直度进行测定，逐步进行调整，应采用垫铁找齐，垫铁位置应正确，而且要稳固。在锅炉就位而且牢靠后，才可卸下起吊的绳索。

锅炉本体就位后，再用上述同样方法运输、起吊就位其他附属设备。

燃烧器安装时，应确保预留孔位的正确，防止火焰直接烘烤周围的水冷壁管，还应注意调风器喉口与油枪的同轴度不大于3mm，油枪无弯曲变形，油枪、喷嘴和混合器内部应清洁，无堵塞现象。

（3）附件、仪器、仪表和阀门的安装　常见的燃油、燃气锅炉附件、仪器、仪表、阀门与锅炉本体连接多为螺纹连接或法兰连接。螺纹连接是在接口处先抹油后缠麻丝，再用管钳拧上，不要用力过猛，以免使螺纹遭受破坏。法兰在连接前要先清理干净法兰面上的污垢，选用干净合格的法兰垫圈。使法兰孔眼对准，再用同样规格的螺栓螺母相对，用相应的活扳手拧上螺母，严禁用力过猛。

（4）安装爬梯和护栏　在大型燃油、燃气锅炉上，为便于锅炉顶上的仪器、仪表及阀门、附件的安装和维修，需安装爬梯和护栏，装配式的锅炉其爬梯和护栏是由厂家预制成的，在锅炉上有预制的螺栓连接处，待锅炉本体安装完后，再用螺纹连接把它们安装上，如有防腐层破坏，在爬梯和护栏安装完后，应修补防腐层，除锈刷油，油的颜色与爬梯扶栏原有的防腐油颜色应不同。

2. 直燃机组的安装

直燃机安装基本程序和要求与锅炉本体基本相同，机组多为整体安装，土建施工时应注意机组基本应平整牢固，并留出安装通道或安装孔，主机到货后直接将机组安装在指定位置即可。

直燃机组安装完毕后，供给燃料前，应进行燃料配管系统的气密性试验，工程施工、安装及验收应严格执行有关规范、规程，确保工程质量。

机组的冷温水、冷却水入口必须安装过滤器，各循环泵入口也安装过滤器，大型系统应加装集污器；机组水系统的入口，泵进口、出口必须安装可挠曲橡胶接头、金属软管等减振设施；系统管路的最低处应设置排水装置，最高处应安装自动排气装置。

当水系统静压高于0.25MPa时，应将冷却泵置于机组的出口段，以减少机组承压。对水系统静压高于0.8MPa的系统，应选择高压型机组或系统采用二次换热的间接连接方式。

机组前、后方管道应安装可方便拆卸的管路阀门，管道不宜从机组上部穿过。现场确定管路和阀门安装位置时，应确保正常操作而不妨碍其他维护、清洗作业。

冷温水、温水等管道上应设置流量计或冷热量计，在冷却水主管道上也宜设置流量计；系统的补水管道上，必须设置水量计量装置。在机组外接管口附近还应安装压力表、温度计或其他测量仪表，其信号可远传至便于观察的地方。

卫生热水出、入口管道上必须安装安全阀。

机房内所有机外管路的重力均应由支架或吊架承担，不允许由机组承担。

机组所配冷却塔内应设置浮球阀控制的自动补水管，在塔底水出口处设置可方便拆洗的滤网。在冷温水泵及冷却水泵入口段应设置大流量补水管。补水阀宜设置在溢流信号管出口附近，以便观察系统满水情况。

空调制冷系统的膨胀水箱和卫生热水系统的水箱都应设置溢流信号管，并将补水阀设在信号管出口附近，以方便及时补水。当多台机组并联时，应为每台机组设置专用的冷温水泵、冷却水泵和卫生热水补水泵。

图6-35所示为直燃机水系统安装示意图。

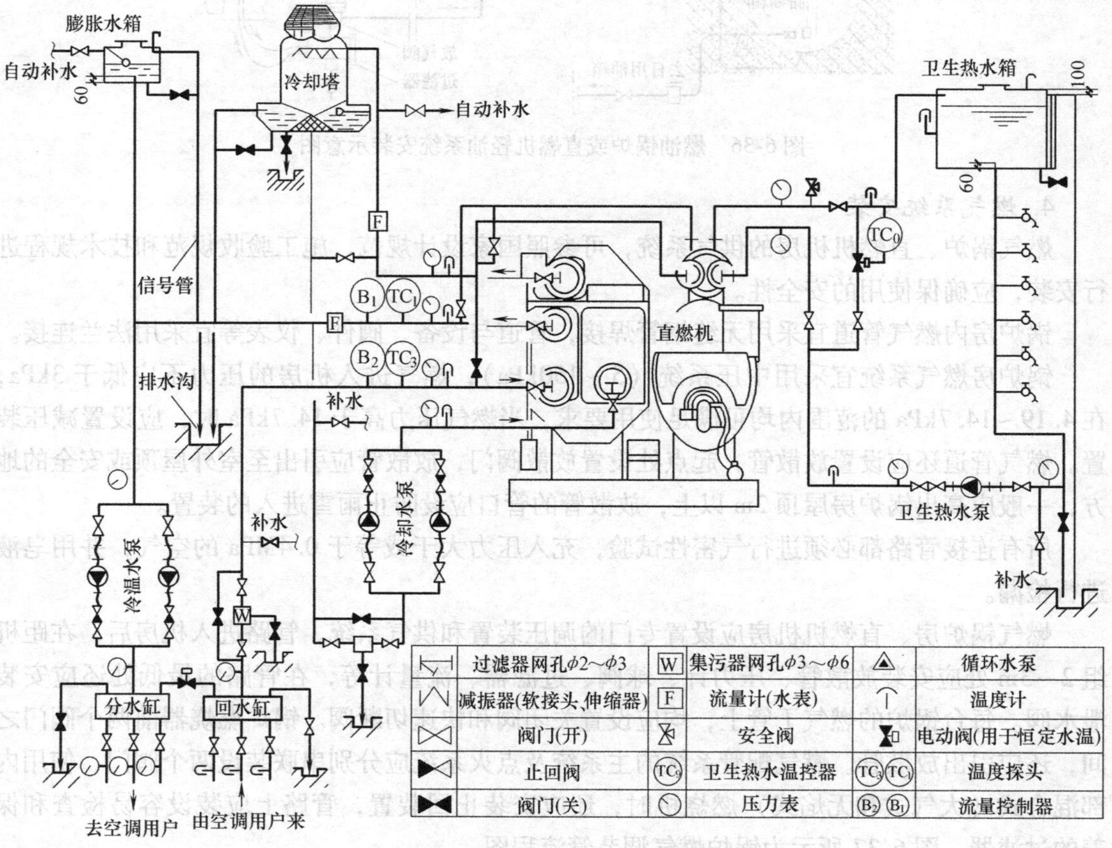

图6-35 直燃机水系统安装示意图

3. 燃油系统的安装

燃油系统的安装包括室外储油箱、室内日用油罐的安装，管路的连接以及油泵、过滤器等附件的安装。

油输送管路宜采用无缝钢管焊接，进行0.8MPa水压实验，确保无渗漏，安装前应除尽管内锈渣；管路最低处应安装排污阀；油位应高于燃烧机0.1~15m。

地下油箱应设置检查孔（人孔），由检查井通向地面。油箱应安装呼吸阀、油位探针、进油阀等。油泵设置场所应有良好的通风和防火防爆措施。燃油锅炉或直燃机轻油系统安装示例如图6-36所示。

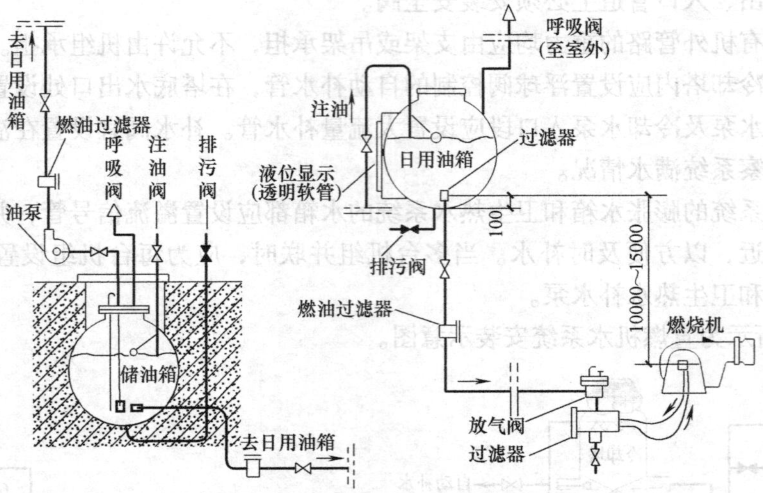

图6-36 燃油锅炉或直燃机轻油系统安装示意图

4. 燃气系统安装

燃气锅炉、直燃机机房的供气系统，可参照国家设计规范、施工验收规范和技术规程进行安装，应确保使用的安全性。

锅炉房内燃气管道宜采用无缝钢管焊接，管道与设备、阀件、仪表等宜采用法兰连接。

锅炉房燃气系统宜采用中压系统（5~150kPa），燃气进入机房的压力不应低于3kPa，在4.19~14.7kPa的范围内均可满足使用要求，当燃气压力高于14.7kPa时，应设置减压装置。燃气管道还应设置放散管，起点处设置放散阀门，放散管应引出至室外屋顶或安全的地方，一般应高出锅炉房屋顶2m以上，放散管的管口应设防止雨雪进入的装置。

所有连接管路都必须进行气密性试验，充入压力大于或等于0.4MPa的空气，并用皂液进行检漏。

燃气锅炉房、直燃机机房应设置专门的调压装置和供气系统，管路进入机房后，在距机组2~3m处应安装放散管、压力计、球阀、过滤器、流量计等，在管路的最低处还应安装泄水阀。每台锅炉的燃气干管上，均应设置关闭阀和快速切断阀。锅炉燃烧器前两个阀门之间，还应引出放散管。燃气配管系统的主系统及点火系统应分别串联装设两个阀门，使用内部混合式（大气式和无焰式）燃烧机时，还应安装止回装置，管路上应装设容易检查和保养的过滤器。图6-37所示为锅炉燃气调节管流程图。

燃气直燃机用气量较大，一般应选用罗茨流量计或涡轮流量计。罗茨流量计采用上进下出式，安装时应保持转子轴线水平，流量计前应配备过滤器，过滤器与流量计之间的间距要大于0.6m，以防止锈渣、焊渣及其他杂质进入计量室。罗茨流量计要采用稳固的支架支撑，以免产生摇动，影响计量精度。燃气表上还应设流量修正仪，对压力和温度进行修正。

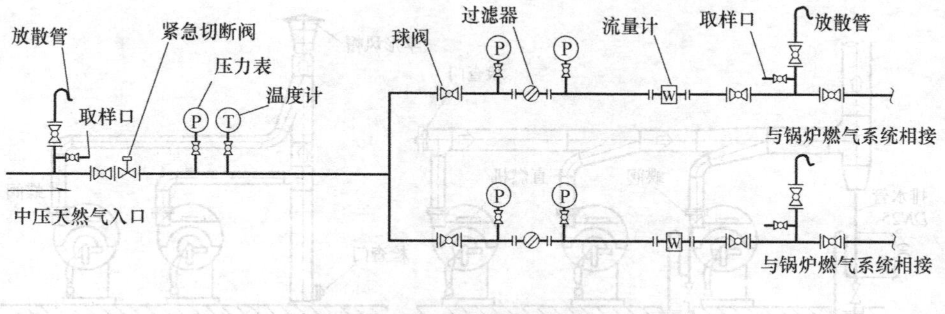

图6-37 锅炉燃气调节管流程图

图6-38所示为燃气锅炉房或直燃机机房的燃气管路安装图。

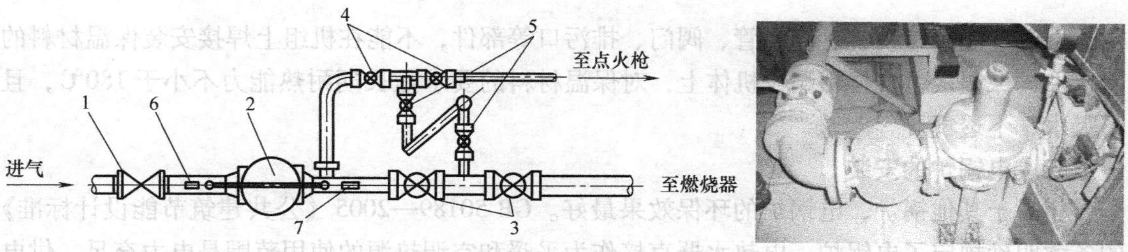

图6-38 燃气锅炉房或直燃机机房燃气管路安装图

1—内螺纹旋塞阀 2—自力式压力调节阀 3、4—常开电磁阀 5—常闭电磁阀 6、7—压力表

5. 排烟系统安装

锅炉、直燃机的烟道和烟囱应具有足够的截面积和安装高度，烟道周围0.5m以内不允许有可燃物，烟道不允许从油库房及有易燃气体的房屋中穿过，排气口水平距离6m以内不允许堆放易燃品。每台机组宜采用单独烟道，多台机组共用一个烟道时，每台机组的排烟口应设置风门，并应确保采取防倒流措施。烟道应尽可能减少拐弯，并应有隔热措施，金属烟道视情况还应安装热力补偿装置，烟囱口应安装防风罩、防雨帽及避雷针等装置，还应根据具体情况设置烟道消声装置。穿越屋顶的烟囱应在烟囱壁焊接挡水罩，并应包裹石棉带；烟道的重量应由支架或吊架承受，不允许由机组承担；烟道焊接及法兰连接时必须密封，经过密封检查合格后方能进行保温。为便于拆卸，烟道上所有螺栓均应涂上石墨粉。

烟囱通常采用不锈钢板制作，多采用双层不锈钢板中间充填保温材料的形式。连接方式有法兰连接和焊接连接，不管采用何种连接方式，都应保证密封情况良好，且在工作温度下有足够的强度。烟道通常按照锅炉或直燃机样本或设计图样进行加工安装，按照节能要求，烟道中应串联烟气冷凝热回收器。因此，烟道需要通过变径部件与烟气冷凝热回收器进行连接，再与锅炉本体烟气出口连接。

烟道还应注意冷凝水的排放，冷凝管应设置水封。

锅炉及直燃机排烟系统安装形式如图6-39所示。

6. 保温施工

保温施工应在设备安装调试后进行，保温的范围包括：高压发生器、低压发生器、热水器、换热器及相关管道，冷温水及卫生热水管路及阀门，蒸发器及相关管道、冷剂泵等部

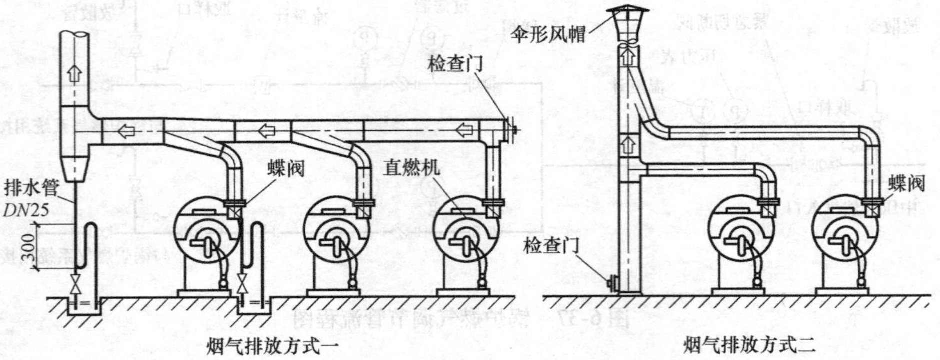

图 6-39　直燃机排烟系统的安装

位。保温不能遮盖视镜、测温管、阀门、排污口等部件，不能在机组上焊接安装保温材料的固定件，保温板可直接粘贴于机体上，对保温材料的要求是长期耐热能力不小于 180℃，且不吸水、不透气。

三、电锅炉的安装

相对于其他锅炉，电锅炉的环保效果最好。GB 50189—2005《公共建筑节能设计标准》的条款明确规定了电锅炉、电热水器直接作为采暖和空调热源的使用范围是电力充足、供电政策支持和电价优惠地区的建筑；以供冷为主，采暖负荷较小且无法利用热泵或其他方式的建筑；无集中供热与燃气源，用煤、油等燃料受到环保或消防严格限制的建筑；利用可再生能源发电的地区建筑；内外合一的变风量系统中，需要对局部外区进行加热的建筑；夜间可利用低谷电进行蓄热，且蓄热式锅炉不在日间用电高峰和平段时间启用的建筑。电锅炉房一般设有两台以上的锅炉，按照一、二级负荷设计，并应有可靠的接地、屏蔽等安全措施，应按蓄热式供热系统设计，尽可能使用低谷电，严格控制使用峰时电。对于因条件限制，不能设置足够容量的蓄热容器满足全用低谷电的用户，在经过技术经济比较后，可按照合理比例设计使用低谷电加平价电运行方式的部分蓄热的电锅炉房。电锅炉房设计时，应力求准确计算供热系统的最大小时用热量和全日总热负荷，作为合理选用设备、确定锅炉房规模的依据。

图 6-40 所示为电锅炉外形和控制柜外形。

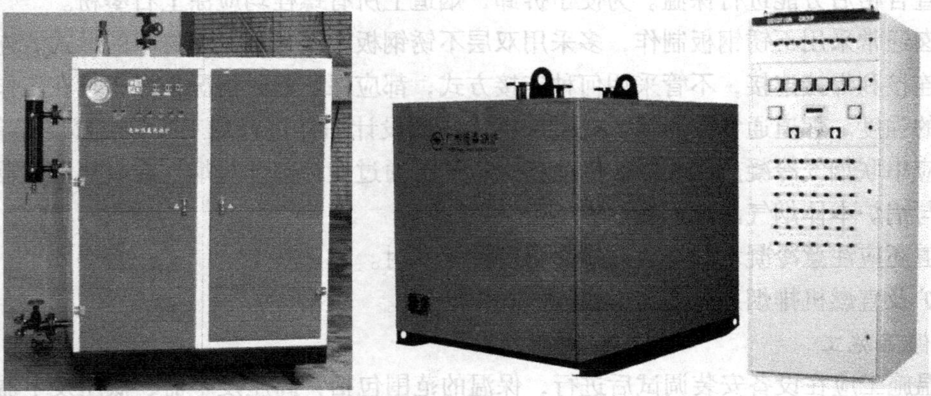
图 6-40　电锅炉外形和控制柜外形

第三节 锅炉仪表和安全附件的安装

锅炉热工仪表及控制装置安装前，应进行检查和校验，仪表应达到要求的精度等级，适合使用现场情况，同时要求仪表指针运行平稳，无抖动现象，电位器或调节螺钉留有调节余量。压力管道和设备上取源部件及一次仪表的安装，应采用机械加工的方法开孔，风压管道上可用火焰切割，但孔口应磨圆锉光。取源部件的开孔和焊接，必须在防腐和压力试验前进行。在同一管段上安装取压装置和测温元件时，取压装置应装在测温元件的上游。

热源安全附件主要包括压力表、水位计和安全阀。

一、压力表安装

压力表用于测量和指示锅炉、换热器以及系统管道内介质的压力，常采用弹簧管压力表。

弹簧管压力表分为测正压的压力表、测正压和负压的压力真空表与测负压的真空表，分别用 Y、YZ 和 Z 表示。

压力测量取源部件的安装，应符合下列要求：压力测点应选择在管道的直线段上，即介质流束稳定的地方；取压装置端部不应深入管道内壁；压力表所测介质温度高于 60℃ 时，表前二次阀门前应装 U 形或环形管；压力表所测为波动剧烈的压力时，在二次阀门后应安装缓冲装置；锅筒压力表表盘上应标有表示锅筒工作压力的红线；压力表安装前应检查压力表有无铅封，无铅封者不能安装。

压力表应安装在便于观察、方便检修和吹洗的位置，且不受振动、高温和冻结的影响，压力表不应固定在有强烈振动的设备和管道上，也不应安装在三通、弯头、变径管等附近，以免产生过大的误差。测量低压的压力表或变送器的安装高度宜与取压点的高度一致；测量高压的压力表安装在操作岗位附近时，宜距地面 1.8m 以上，或在仪表正面加护罩。压力表安装地点的环境温度宜在 -4 ~ 60℃，相对湿度不大于 80%。压力表应垂直安装在直管段上，当安装位置较高时，压力表可向前倾斜 30°。压力表安装时应有表弯管，其弯管内径不应小于 10mm。表弯管有 P 形、圆形两种，分别用于表管座水平、垂直连接，如图 6-41 所示。压力表弯管不得保温，如管道保温层厚度大于 100mm 时，压力表连接管与管道连接部分的尺寸应适当加大，以免表弯管被包入保温层内。

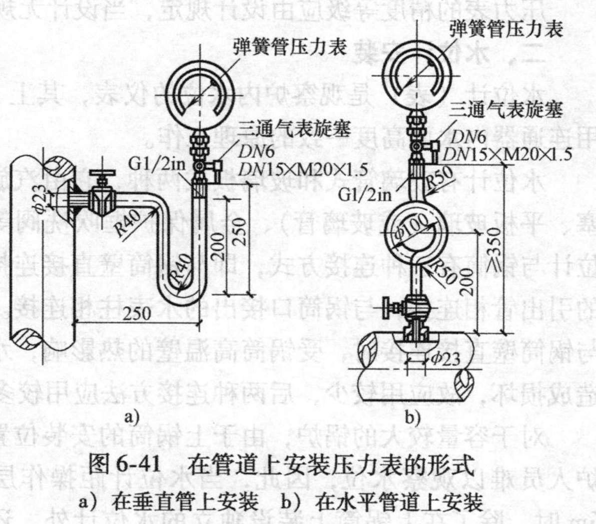

图 6-41 在管道上安装压力表的形式

a）在垂直管上安装 b）在水平管道上安装

在蒸汽系统中，为了校验压力表和冲洗表弯管，应在压力表与表弯管之间安装三通旋塞，以便在吹洗管路或拆修压力表时能切断工质，三通旋塞的操作过程如图 6-42 所示。

在管道上开孔安装压力表时，须在试压前进行。开孔后应去掉毛刺、熔渣，并锉光。

安装压力表时，如压力表接头螺纹（公制螺纹）与旋塞或阀门的连接螺纹（英制螺纹）不一致时，需在压力表与旋塞之间配制一个如图 6-43 所示的转换接头。

图 6-42　三通旋塞操作过程

1—正常工作时的位置　2—冲洗存水弯管时的位置　3—连接校验压力表时的位置　4—使存水弯管内蓄积凝结水时的位置　5—压力表连通大气时的位置

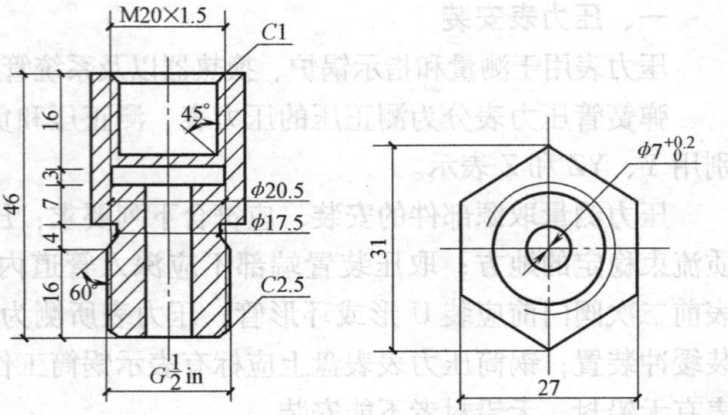

图 6-43　压力表转换接头

压力表表盘、量程和精度的选择应符合以下条件：

1）压力表的表盘大小与安装高度有关。一般情况下，当压力表的安装高度小于 2m 时，表盘直径不小于 100mm；安装高度为 2～4m 时，表盘直径不小于 150mm；安装高度在 4m 以上时，表盘直径不小于 200mm。

2）压力表的量程。为防止测量误差过大和弹簧管疲劳损坏，使用的最小指示值可取压力表最大刻度的 1/3；当测量较稳定的压力值时，使用的最大指示值不应超过压力表最大刻度的 3/4，测量波动压力时，使用的最大指标值不应超过压力表最大刻度的 2/3。

压力表的精度等级应由设计规定，当设计无规定时，一般可选用 1.5～2.5 级的压力表。

二、水位计安装

水位计（表）是观察炉内水位的仪表，其上、下端分别与锅筒的汽、水空间连通，利用连通器内水面高度一致的原理工作。

水位计有玻璃管式和玻璃板式两种，它由汽旋塞、水旋塞、平板玻璃（或玻璃管）、金属保护框吹洗阀等组成。水位计与锅筒有三种连接方式，即与锅筒壁直接连接，与锅筒的引出管相连接，与锅筒口接出的水表柱相连接。由于采用与锅筒壁直接连接时，受锅筒高温壁的热影响，水位计容易造成损坏，故应用较少，后两种连接方法应用较多。

对于容量较大的锅炉，由于上锅筒的安装位置较高，司炉人员难以观察水位，因此，当水位计距操作层地面大于 6m 时，除了在上锅筒上装设独立的水位计外，还应在操作平台上装设低水位计，以便于观察与控制水位。低位水位计有重液式、轻液式及浮筒式三种形式。

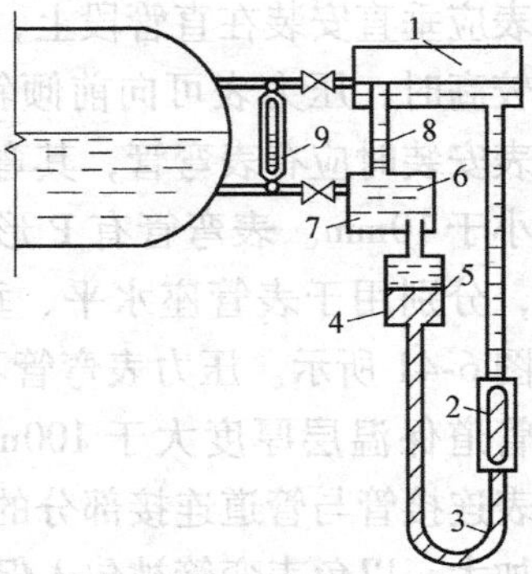

图 6-44　重液式低位水位计安装示意图

1—冷凝器　2—低位水位指示器　3—浮筒　4—连杆　5—连接管　6—炉水　7—沉淀器　8—溢流管　9—高位水位指示器

图 6-44 所示为重液式低位水位计的安装示意图。在 U 形管内有质量大于水而又不溶于水的有色液体，如四氯化碳、三氯甲烷等。U 形管两端分别与锅筒汽、水空间相连通。当锅炉

水位下降时，左侧水柱对重液的压力减小，而U形管右侧的水柱高度是不变的，此时重液将由右向左移动，反之，锅炉水位升高时，低位水位计指示器上的液面交界面将上升。

图6-45所示为轻液式低位水位计安装示意图。在倒置的U形管内装有质量小于水的煤油和机油的混合液，混合液浮于水面上，当锅炉水位发生变化时，低位水位计指示器上指示的两种液体交界面将产生升、降，即表明锅炉水位的升降。

图6-46所示为浮筒式低位水位计安装示意图，它由连通器、连接管、平板玻璃、浮筒及重锤指针等组成。连通器通过连接管与锅筒连通，连通器内的水位以及水面上的浮筒即为锅筒内的水位，浮筒通过连杆带动的重锤指针在低位水位指示器上指示的位置，也就是锅筒的水位。浮筒式低位水位计构造简单，制造容易，且运行可靠。

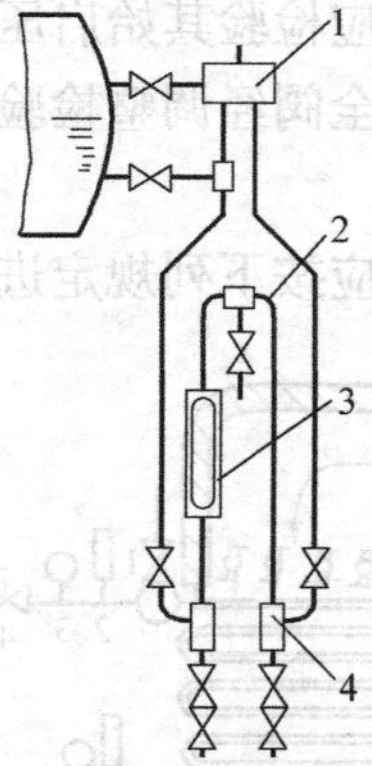

图6-45 轻液式低位水位计安装示意图
1—平衡器 2—倒U形器
3—U形器 4—膨胀器

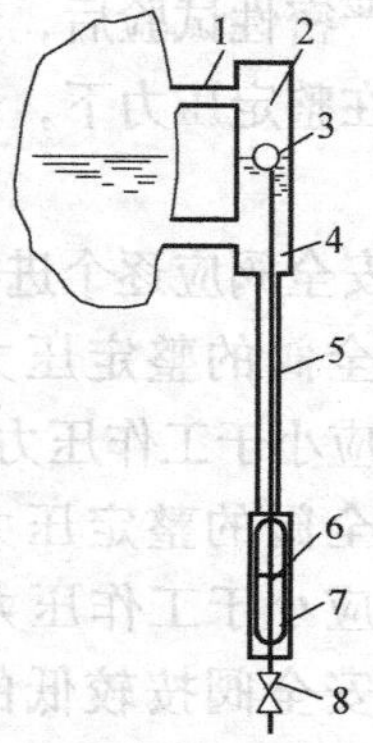

图6-46 浮筒式低位水位计安装示意图
1—连通管 2—连通器 3—水位计
4—沉淀箱 5—重液 6—重锤指针
7—平板玻璃 8—放水阀

为了使低位水位计的浮筒不被锅筒内的水蒸气压坏，在制造浮筒时，可在筒内装一些液体，当浮筒受热后内部液体汽化产生内压力，内压力与锅筒工质外压力抵消，从而保证浮筒不会产生变形。

液位检测仪表的安装，应符合下列要求：

玻璃管（板）式水位表的标高与锅筒正常水位线允许偏差为±2mm；表上应标明“最高水位”、“最低水位”和“正常水位”标记；内浮筒液位计和浮球液位计的导向管或其他导向装置必须垂直安装，并保证导向管内液体流畅，法兰短管连接应保证浮球能在全程范围内自由活动；电接点水位表应垂直安装，其设计零点应与锅筒正常水位相重合；锅筒水位平衡容器安装前，应核查制造尺寸和内部管道的严密性；应垂直安装；正、负压管应水平引出，并使平衡器的设计零位与正常水位线相重合。

三、安全阀安装

安全阀是锅炉本体重要附件之一，对保证锅炉安全运行十分重要，其安装质量应引起高度重视。

蒸汽锅炉安全阀的安装，应符合下列要求：安全阀应逐个进行严密性试验；锅筒和过热器的安全阀始启压力的整定应符合表6-18的规定；省煤器、再热器的安全阀整定压力为装设地点工作压力的1.1倍；整定应在蒸汽严密性试验前用水压的方法进行。锅炉上必须有一个安全阀按表中较低的始启压力进行整定，对有过热器的锅炉，过热器上的安全阀必须按较低压力进行整定，即过热器上的安全阀应先开启。

表 6-18 蒸汽锅炉安全阀的始启压力

额定蒸汽压力/MPa	安全阀的始启压力/MPa
≤1.27	工作压力+0.02
	工作压力+0.04
1.27~2.5	1.04 倍工作压力
	1.06 倍工作压力

蒸汽锅炉安全阀必须垂直安装，并应装有足够截面的排气管，直通至安全地点，其管路应保持畅通；排气管底部应装有疏水管；省煤器的安全阀应装排水管。锅筒和过热器的安全阀在锅炉蒸汽严密性试验后，还必须进行最终的调整。安全阀应检验其始启压力、起座压力及回座压力，在整定压力下，安全阀应无泄漏和冲击现象。安全阀经调整检验合格后，应做好标记。

热水锅炉安全阀应逐个进行严密性试验，安全阀起座压力应按下列规定进行整定：起座压力较低的安全阀的整定压力应为工作压力的 1.12 倍，且不应小于工作压力加 0.07MPa；起座压力较高的安全阀的整定压力应为工作压力的 1.14 倍，且不应小于工作压力加 0.1MPa；锅炉上必须有一个安全阀按较低的起座压力进行整定。热水锅炉安全阀必须垂直安装，并装设泄放管。泄放管应直通安全地点，并应有足够的截面积和防冻措施，确保排泄畅通。安全阀检验合格后，应做好标志。

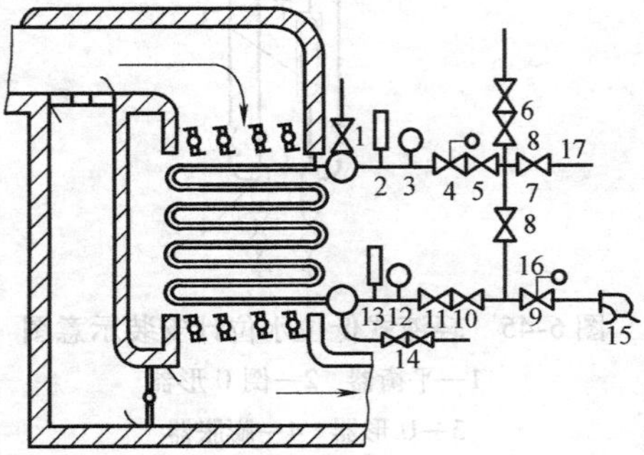

图 6-47 省煤器旁通烟道及附件装置

1—放空气阀 2、13—温度计 3、12—压力表 4、9—安全阀 5、7、8、10—给水截止阀 6、11—给水止回阀 14—放水阀 15—给水泵 16—旁通水管 17—回水管

锅体的安全阀应直接安装于锅筒相应的接管管座上，省煤器的安全阀则应安装于省煤器进、出水口的管路上。省煤器旁通烟道及附件装置如图 6-47 所示。

四、水位报警器安装

蒸发量大于 2t/h 的锅炉，除安装水位计外，还应装设高低水位报警器，以便安全可靠地控制锅炉水位。水位报警器的安装有锅内安装、锅外安装两种形式。

锅内水位报警器由高、低水位浮筒、杠杆、报警汽笛、阀杆和阀座等组成，如图 6-48 所示。阀杆连在杠杆上，以支点为中心两端上下移动来开启或关闭通向汽笛的阀门。当阀门开启时，蒸汽冲出，汽笛鸣响而发出警报。

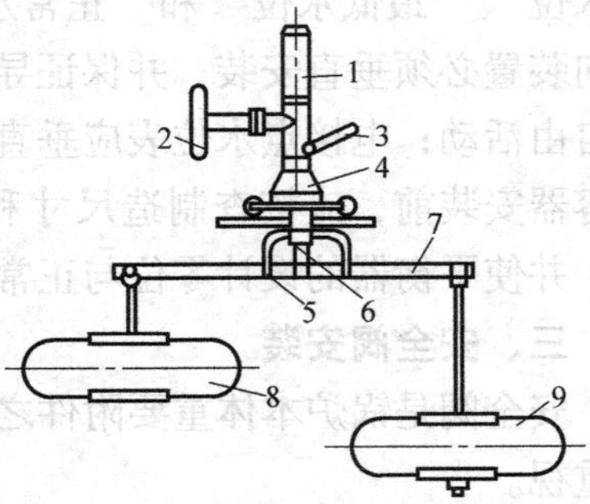

图 6-48 锅内水位报警器

1—警报汽笛 2—停止阀 3—试鸣杆 4—阀体 5—支点 6—阀杆 7—杠杆 8、9—高、低水位浮筒

锅内水位报警器的工作原理如图 6-49 所示，当水位正常时，低水位的浮筒完全浸泡在锅水中，高水位的浮筒悬在水面上，此时杠杆所受合力矩为逆时针方向，即阀杆受力是向上的，由于两浮筒质量相同，低

水位浮筒还受到水的浮力，阀芯受到锅内蒸汽压力，因而阀门处于关闭状态，汽笛不会鸣笛；当锅内水位上升到高水位线时，高水位浮筒也浸泡于锅水内受到浮力，由于低水位浮筒的力臂长，其顺时针方向的力矩将大于高水位浮筒与阀芯所受的锅内蒸汽压力，因而产生逆时针方向的合力矩，杠杆就会顺时针方向转动而将阀杆向下拉，阀门开启，蒸汽冲出而发出鸣笛；当锅内水位降至最低水位时，低水位浮筒也随着离开水面，杠杆所受合力矩也做顺时针方向旋转，同样使阀杆下拉阀门开启，从而汽笛鸣笛报警。

锅外水位报警器如图 6-50 所示，其工作原理同锅内水位报警器。不同的是其报警装置是装设于一个圆筒内，筒内有汽、水连通管与锅筒相连，筒内有两个浮筒通过连杆各控制一个针形阀。正常水位在两浮筒之间，即低水位浮筒浸于水中，高水位浮筒在水面之上。当水位降低时，低水位浮筒露出水面，浮力减小浮筒向下运动，浮筒连杆控制的针形阀开启而报警；当水位上升到高水位线以上时，高水位浮筒逐渐浸入水中，因受浮力而使浮筒向上，浮筒连杆控制的针形阀开启而报警。

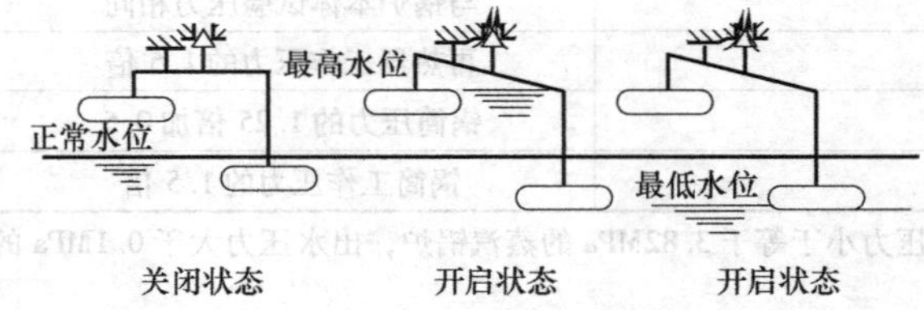

图 6-49 锅内水位报警器的工作原理

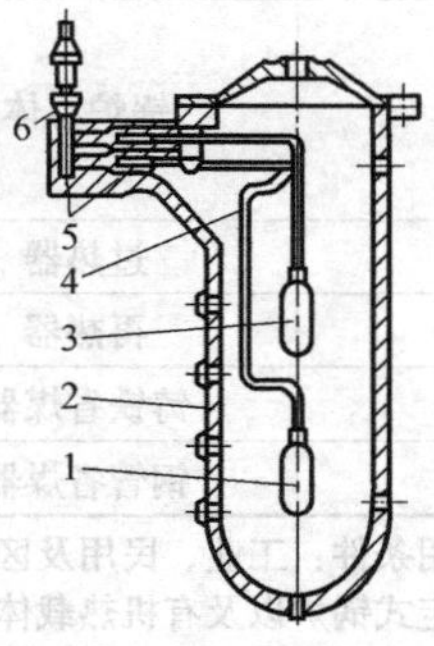

图 6-50 锅外水位报警器

1—低水位浮筒 2—筒体 3—高水位浮筒 4—连杆 5—针形阀瓣 6—汽笛

第四节 水压试验、烘炉、煮炉与试运行

锅炉汽水系统安装完毕后，散装锅炉在砌筑炉墙以前，必须进行水压试验，主汽阀、出水阀、排污阀和给水截止阀与锅炉本体应一起做水压试验，安全阀单独进行试验。

锅炉水压试验前应将锅筒、集箱等受压元件清理干净，管束应畅通，受热面附件应焊接完成。试验的环境温度不应低于 5℃。当冬季环境温度低于 5℃时，应有防冻措施，水温应高于周围环境的露点温度，但不高于 70℃。系统高点装设放空阀，低处设排水阀。试压水应干净，试压过程应做好记录。

锅炉水压试验的压力在 GB 50242—2002《建筑给水排水及采暖工程施工质量验收规范》和 GB 50273—2009《锅炉安装工程施工及验收规范》都有规定，见表 6-19 和表 6-20。

一、水压试验范围及内容

水压试验前应经全面考虑，明确试压范围及各项试验布置内容，避免试验的遗漏，并画出试验工作流程简图。

表 6-19　锅炉水压试验标准及合格标准 GB 50242—2002《建筑给水排水及采暖工程施工质量验收规范》

序号	项目	工作压力 p/MPa	试验压力 p_s/MPa
1	锅炉本体	<0.59	1.5p，且不应小于 0.2
		0.59≤p≤1.18	p+0.3
		p>1.18	1.25p
2	可分式省煤器	p	1.25p+0.50
3	非承压锅炉	大气压力	0.2

注：1. 适用条件：适用于建筑供热和生活热水供应的额定工作压力不大于 1.25MPa、热水温度不超过 130℃的整装蒸汽和热水锅炉及辅助设备安装工程的质量检验与验收。
2. 合格标准：在试验压力下 10min 内压力降不超过 0.02MPa；然后降至工作压力进行检查，压力不降，不渗、不漏；观察检查，不得有残余变形，受压元件金属和焊缝上不得有水珠和水雾为合格。
3. a. 工作压力 p 对蒸汽锅炉指锅筒工作压力，对热水锅炉指额定出水压力；b. 铸铁锅炉水压试验同热水锅炉；c. 非承压锅炉水压试验压力为 0.2MPa，试验期间压力应保持不变。

表 6-20　锅炉水压试验标准及合格标准 GB 50273—2009《锅炉安装工程施工及验收规范》

序号	项目	工作压力 p/ MPa	试验压力 p_s/MPa
1	锅炉本体	<0.8	锅筒工作压力的 1.25 倍，但不小于 0.2
		0.8～1.6	锅筒压力加 0.4
		>1.6	锅筒工作压力的 1.25 倍
2	过热器		与锅炉本体试验压力相同
3	再热器		再热器工作压力的 1.5 倍
4	铸铁省煤器		锅筒压力的 1.25 倍加 0.5
5	钢管省煤器		锅筒工作压力的 1.5 倍

注：1. 适用条件：工业、民用及区域供热锅炉，额定压力小于等于 3.82MPa 的蒸汽锅炉，出水压力大于 0.1MPa 的固定式锅炉以及有机热载体炉。
2. 合格标准：锅炉在试验压力下保持 20min，压降不超过 0.05MPa 为合格。

图 6-51 所示为 20t 锅炉本体水压试验工作流程图，表明试验范围除锅筒、集箱、对流管束、水冷壁管束、过热器及其汽、水管道外，还包括了主汽阀、给水阀、水位计、压力表

图 6-51　锅炉水压试验流程图

1—试验泵　2—临时进水管　3—临时放水管　4—放气管　5—压力表　6—隔绝的安全阀
7—盲板隔绝口　8—封闭的人孔和手孔　9—支铁　10—螺钉　11—连接板　12—阀门

和受热面管道上焊接的支铁、螺钉、连接板等焊接件，同时明确了试验的各项布置情况，如临时进水、临时放水、排气、试压泵、压力表等的设备位置以及密封隔绝孔口的位置等。现场施焊的焊接件也应进行水压试验，确保不留安全隐患。

在试验开始前应进行一次全面检查。

试压泵一般置于锅炉下部，以便于排气。试压系统的压力表不应少于2只，额定工作压力小于2.5MPa的锅炉，压力表精度不小于2.5级；额定工作压力大于等于2.5MPa的锅炉，压力表精度不低于1.5级，压力表应经检测合格，其表盘量程为试验压力的1.5~3倍，2倍最佳。检查锅炉阀门、安全阀、排污阀等本体附件及法兰的连接质量，螺栓应完整并无松动现象；用于试验时和管道系统隔绝的阀门，应经校验以保证有可靠的严密性；检查阀门的启闭情况，使排污阀、放水阀处于关闭状态；锅炉顶部排气阀应处于开启状态；下锅筒安装用的临时支座，试验前应拆除干净；水压试验应有专人指挥，试验前参与试验的操作人员、检查部门的检查人员都应到齐，操作人员应分工明确，各司其职。

二、锅炉本体及附件水压试验过程

锅炉注水应缓慢进行，用进水阀开度掌握进水时间，一般不小于1~2h。注水过程中应勤检查，发现漏水应及时停止注水，进行修理后再继续注水。当锅炉水满时，关闭顶部排气阀，开始缓慢均匀升压，并用试压泵控制升压速度，当升到0.3~0.4MPa时再进行一次渗漏检查，必要时拧紧人孔、手孔和法兰的螺栓。当压力升到额定工作压力时暂停升压，检查各部分应无漏水或变形等异常现象；然后关闭水位计，继续升至试验压力，并保持5min，其间压力降不应超过0.05MPa。然后回降到额定工作压力进行检查，胀口处不应滴水珠、受压元件金属壁和焊缝上不应有水珠和水雾。

省煤器的水压试验可单独进行，也可随锅炉本体试验同时进行，由于省煤器试验压力高于锅炉本体试验压力，当同时试验时，可在锅炉本体试验后继续升压试验，但此时必须与锅炉本体部分严密隔绝。

当水压试验不合格时，应返修。返修后应重做水压试验。水压试验后，应及时将锅炉内的水全部放尽。当立式过热器内的水不能放尽时，在冰冻期应采取防冻措施。

三、漏风试验

锅炉还应进行漏风试验。漏风试验应符合下列要求：

对于冷热风系统，起动送风机，使系统维持30~40mm水柱的正压，在送风入口撒入烟雾剂或白粉，检查各缝隙及接头处的泄漏情况。对于炉膛及各尾部受热面及烟道，除尘器至引风机段漏风试验，应起动引风机，维持30~40mm水柱的正压，微开调节挡板，并应用蜡烛火焰或烟气靠近各接缝处进行检查，火焰或烟气不应被吸偏。

漏风试验发现的问题，应做好标志和记录，进行处理。

四、烘炉

烘炉的目的是烘干炉墙水分，以提高炉墙的耐高温能力。对烘炉的基本要求是：必须小心谨慎地慢慢将新炉墙烘干。炉墙温度要缓慢升高，如果加热太急，新炉墙中的水分很快蒸发成大量水蒸气，就会由于容积膨胀而在内部产生压力，使炉墙产生裂纹和变形，甚至破坏。

烘炉前，应制定烘炉方案，并应具备下列条件才能进行：

锅炉及其水处理、汽水、排污、输煤、除渣、送风、除尘、照明、循环冷却水等系统均应安装完毕，并经试运转合格；炉体砌筑和绝热层施工应完毕，并根据需要经炉体漏风试验合格；水位表、压力表、测温仪表等烘炉所需用的热工和电气仪表均应安装和试验完毕；锅炉给水应符合 GB/T 1576—2008《工业锅炉水质》的规定；锅筒和集箱上的膨胀指示器应安装完毕，在冷状态下应调整到零位；炉墙上的测温点或灰浆取样点应设置完毕；应有烘炉方案和升温曲线图；管道、风道、烟道、灰道、阀门及挡板，均应标明介质流动方向、开启方向和开度指示；炉内外及各通道应全部清理完毕；耐火浇注料按规定养护合格。砌体应经自然干燥，且符合烘炉的要求。

根据现场条件，可采用火焰、蒸汽等方法进行烘炉，蒸汽烘炉适用于有水冷壁的各种类型的锅炉。用于链条炉排的烘炉燃料，不应有铁钉等金属杂物。

1. 火焰烘炉

火焰应集中在炉膛中央，烘炉初期宜采用文火烘焙，初期以后的火势应均匀，并按温升曲线逐日缓慢加大；烘炉过程中应定期转动链条炉排，并应防止烧坏炉排；烘炉温升应按过热器后（或相当位置）的烟气温度测定；不同炉墙结构的锅炉，烘炉温度和温升不同，重型炉墙第一天温升不宜大于50℃，以后每天温升不宜大于20℃，后期烟温不应大于220℃；砖砌轻型炉墙温升每天不应大于80℃，后期烟温不应大于160℃；耐火浇注料炉墙养护期满后，方可开始烘炉，温升每小时不应大于10℃，后期烟温不应大于160℃，在最高温度范围内的持续时间不应少于24h；全耐火陶瓷纤维保温的轻型炉墙，可不进行烘炉即投入使用。其粘接剂采用热硬性粘接料时，投产前应按其规定进行加热。

2. 蒸汽烘炉

采用0.3～0.4MPa 的饱和蒸汽，从水冷壁集箱的排污阀处连续、均匀地送入锅炉，逐渐加热炉水；炉水水位应保持正常，温度宜为90℃，烘炉后期宜补火焰烘炉；应开启必要的挡板和炉门排除炉内湿汽，使炉墙各部位均能烘干。

烘炉时间应根据锅炉类型、砌体湿度和自然通风干燥程度确定，宜为14～16天；但整体安装的锅炉，宜为4～6天。

烘炉时，应经常检查各部位的膨胀情况。当炉墙特别潮湿，出现裂纹或变形迹象时，应减慢升温速度，查明原因后，采取相应措施补救。当烘炉正常升温的主要设施发生故障时，应停止烘炉，待故障处理完后再继续烘炉。

3. 烘炉合格标准

当采用炉墙灰浆试样法时，在燃烧室两侧墙的中部、炉排上方1.5～2m 处，或燃烧器上方1～1.5m 处和过热器两侧墙的中部，取粘土砖、红砖的丁字交叉缝处的灰浆样品各50g测定，其含水率应小于2.5%。

当采用测温法时，在燃烧室两侧墙的中部、炉排上方1.5～2m 处，或燃烧器上方1～1.5m 处，测定红砖墙外表面向内100mm 处的温度，应达到50℃，并维持48h；或测定过热器两侧墙粘土砖与绝热层接合处的温度，应达到100℃，并维持48h。烘炉过程中应测定和绘制实际升温曲线图。

五、煮炉

煮炉的目的是洗除锅筒内表面的铁锈及油质等杂物，其原理是在锅炉中加入碱水，使碱溶液与锅内油垢起皂化作用生成沉渣，然后在沸腾的炉水作用下，离开锅炉金属壁，沉积在锅筒最下部，最后经排污阀排出。

在烘炉末期，当炉墙红砖灰浆含水率降到10%时，或达到烘炉要求时，即可进行煮炉。

煮炉开始时的加药量应符合锅炉随机技术文件的规定，当无规定时，应按表6-21所示的配方加药。

表6-21 煮炉的加药配方

药品名称	加药量/[kg/m^3(水)]	
	铁锈较薄	铁锈较厚
氢氧化钠(NaOH)	2~3	3~4
磷酸三钠($Na_3PO_4 \cdot 12H_2O$)	2~3	2~3

注：1. 药量按100%纯度计算。
2. 无磷酸三钠时，可用碳酸钠代替，用量为磷酸三钠的1.5倍。
3. 单独使用碳酸钠煮炉时，用量为$6kg/m^3$（水）。

药品溶解成溶液后，方可加入炉内；配制和加入药液时，应采取安全措施；加药时，炉水应处在低水位；煮炉时，药液不得进入过热器内。

煮炉时间宜为48~72h。煮炉的最后24h宜使锅筒压力保持在额定工作压力的75%，当在较低压力下煮炉时，应适当地延长煮炉时间。煮炉期间，应定期从锅筒和水冷壁下集箱取水样，进行水质分析，当炉水碱度低于45mol/L时，应补充加药。煮炉至取样炉水变清澈为止。

煮炉结束后，应交替进行持续上水和排污，直到水质达到运行标准；然后应停炉进行排水，冲洗锅炉内部和曾与药液接触过的阀门，并应清除锅筒、集箱内的沉积物，检查排污阀，应无堵塞现象。

煮炉后检查锅筒和集箱内壁，其内壁应无油垢，擦去附着物后，金属表面无锈斑，即为合格。

六、锅炉的严密性试验

锅炉烘炉、煮炉合格后，应进行严密性试验：应升压至0.3~0.4MPa，对锅炉的法兰、人孔、手孔和其他连接螺栓进行一次热态下的紧固；升至额定工作压力，检查各人孔、手孔、阀门、法兰和填料等处应无泄漏现象，同时观察锅筒、集箱、管路和支架等的热膨胀应正常，无卡阻现象；有过热器的蒸汽锅炉，应采用蒸汽吹洗过热器。吹洗时，锅炉压力宜保持在额定工作压力的75%，同时应保持适当的流量，吹洗时间不应少于15min；燃油、燃气锅炉的点火程序控制及炉膛熄火报警和保护装置应灵敏。

严密性试验合格后，应对安全阀进行最终调整，调整后的安全阀应立即加锁或铅封。安全阀调整后，锅炉应带负荷连续试运行48h，整体出厂的锅炉宜为4~24h，以运行正常为合格。

七、锅炉的试运行

锅炉系统的试运行，通常是在各种设备分部试运行合格验收基础上进行。所以首先要进行泵、风机及炉排等设备的分项试运行，然后再进行整个锅炉系统的试运行。

先检查泵与风机的联轴器（俗称靠背轮）、润滑油、冷却水管路等连接牢固及挡板、闸门齐全可靠，同时检查润滑油是否清洁；冷却水应畅通无阻，电动机、水泵与风机用手盘车时应无卡碰现象，电动机接地的连接应可靠。试运行前应将风机入口风门或水泵出口阀门关严。然后合上电闸，电流表应立即指示最大位置，并在规定的时间内逐渐回到正常指示值。空载试运行时间为15~20min。在这段时间内情况正常，试运行就可结束。

另外，运煤系统、除渣系统、上水系统也应进行分部试运行，按规定内容和要求进行检查和验收。

整体试运行时，检查炉墙、拱旋、水冷壁、联箱、锅筒内外及看火孔、人孔、吹灰孔等均完好无缺陷，管道是否通畅，锅筒内、炉内、烟道内是否无杂物，然后应将锅筒人孔、联箱手孔封闭，炉门关闭，至此，炉内、外检查就算完毕，汽、水管道各阀门应处于升火前位置。

起动给水泵打开给水阀，将已处理好的水送入锅内，进水温度不高于40℃，让炉内水位升至最低水位处，或水位表的1/3处。关闭给水阀门，待锅内水位稳定后，进行点火。锅炉必须在小风、微火、气门关闭、安全阀或放气阀打开的条件下进行点火，炉火逐渐加大，炉膛温度均匀上升，炉墙与金属受热面缓慢受热，均匀地膨胀。新装锅炉试运行时，初次升火，从点炉到气压升至1.3MPa，时间不应少于5~6h。温炉一定时间后，锅炉就开始升压。为了保证锅炉各部分受热均匀，升压不可太快。在升压过程中必须进行全面检查和调试。

另外，对炉墙还要进行漏风检查。

试运行合格，技术文件齐全，即可组织验收，并移交给建设单位投产使用。

八、工程验收

锅炉带负荷连续48h试运行合格后，方可办理工程总体验收手续，工程验收应包括中间验收和总体验收。

现场组装锅炉安装工程的验收，应具备下列资料：

开工报告；锅炉技术文件清查记录（包括设计修改的有关文件）；设备缺损件清单及修复记录；基础检查记录；钢架安装记录；钢架柱腿底板下的垫铁及灌浆层质量检查记录；锅炉本体受热面管道通球试验记录；阀门水压试验记录；锅筒、集箱、省煤器、过热器及空气预热器安装记录；管端退火记录；胀接管孔及管端的实测记录；锅筒胀管记录；受热面管道焊接质量检查记录和检验报告；水压试验记录及签证；锅筒封闭检查记录；炉排安装及冷态试运行记录；炉墙施工记录；仪表试验记录；烘炉、煮炉和严密性试验记录；安全阀调整试验记录；带负荷连续48h试运行记录及签证；隐蔽工程验收记录；锅炉压力容器安装质量证明书；管材、焊材质量证明书；阀门、弯头等管件合格证；蒸汽管、主给水管焊接质量检查记录和无损检测报告；辅助设备安装和调试记录。

整体安装锅炉安装工程的验收，应具备下列资料：

开工报告；锅炉技术资料清查记录（包括设计修改的有关文件）；设备缺损件清单及修复记录；基础检查记录；锅炉本体安装记录；风机、除尘器、烟囱安装记录；给水泵、蒸汽泵或注水器安装记录；阀门水压试验记录；炉排冷态试运行记录；水压试验记录及签证；水位表、压力表和安全阀安装记录；烘炉、煮炉记录；带负荷连续4~24h试运行记录；隐蔽工程验收记录；锅炉压力容器安装质量证明书；管材、焊材质量证明书；阀门、弯头等管件合格证；主蒸汽管、主给水管焊接质量检查记录和无损检测报告。

工程未经总体验收，严禁投入使用。

第五节 热交换站

热交换站是集中供热采暖系统中应用较多的一种热源形式，又称为换热站，在大中城市应用较为普遍。为适应新规范中对节能的要求，近年来，换热站设备生产技术发展很快，已形成多种形式、多种规格和满足不同需要的换热产品。为了满足节能运行的要求，供热循环方式、定压方式、水处理方式等均发生了一些技术性的变化，这些变化不可避免地要体现在现行的设计规范、施工验收规范中，在这里作简单的介绍。

一、换热器

换热器是进行热交换的热交换设备，换热器应选择高效、结构紧凑、便于维修、使用寿命长的产品。

换热器按照不同形式，可分为以下几个大类：容积式换热器、半容积式换热器、管式换热器（套管式、壳管式、肋管式）、快速换热器、板式换热器（板式、螺旋板式）、半即热式换热器等。每种换热器都有自己的特点和适用范围，应根据热媒种类、热媒参数和供热特点来进行选择，才能做到系统的节能运行。在技术措施中，汽-水换热推荐使用可在满负荷情况下将凝结水过冷的管壳式换热器；水-水热交换时可采用板式或管壳式换热器；供暖、空调系统宜选用快速换热器；生活热水系统尽量采用容积式换热器或另设储水装置。选择时，还应根据具体需求，进一步进行选型。如空调水的特点是流量大、温差小，在选择板式换热器时，应选择流通面积大、阻力小、换热效率高的空调专用型板式换热器，这样不但可以减少换热面积，还能在满足换热量的同时，减小流动阻力，从而降低运行电耗。

常规换热器的安装，可参见有关施工安装图集，新型换热器的安装，可参见厂家样本。现多数换热器生产企业，都可根据用户使用要求，提供各种形式的选型服务。

图6-52～图6-59所示的是换热站的设备安装与几种换热器外形。

图6-52 快速换热器组成的换热站

图6-53 板式换热器组成的换热站

图6-54 容积式换热器组成的机房

图6-55 半容积式换热器组成的机房

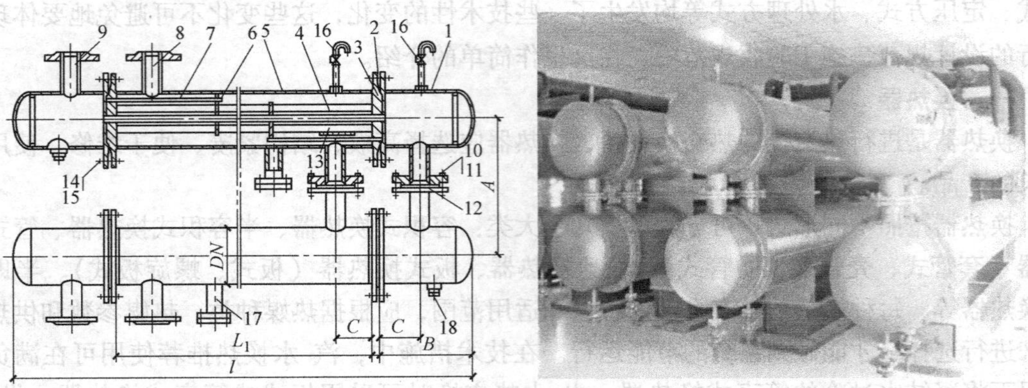

图6-56　壳管式水-水换热器

1—管箱　2—垫片　3—管板　4—换热管　5—壳体　6—支承板　7—拉杆　8—壳体连接管　9—管箱连接管　10—螺母　11—螺栓　12—垫片　13—防冲板　14—螺母　15—螺栓　16—放气管　17—泄水管　18—排污管

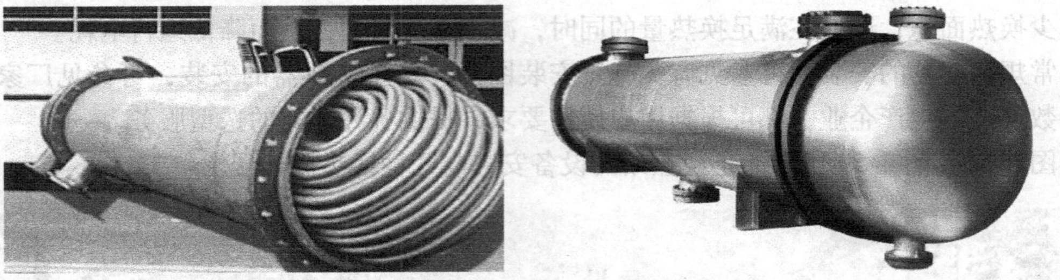

图6-57　浮头式换热器结构与外形

图6-58　容积式换热器

图6-59　螺旋板式换热器

二、换热机组

换热机组是将循环水泵、定压装置、过滤装置等集合在一起的一种新型换热装置，具有紧凑、灵活、维修方便等特点，在许多中小型换热站中得到广泛应用。该设备的最大优点是安装简便，用户将使用要求和参数等报给生产厂家，厂家根据用户需要配好不同形式、规格的换热器、水泵、过滤装置、定压装备以及控制设备，在工厂或现场将全部设备安装在固定支座上，并将机组支座固定在建筑结构面上，再将管道与机组进行连接即可。机组中如果水泵与机组支架采用减振措施时，可直接固定在机组基础上，否则将采用减振橡胶垫等整体减振措施。图6-60所示为使用板式换热器的智能机组外形。

图 6-60　板式换热器智能换热机组

三、换热站其他设备

换热站的其他设备（供热机组除外）包括换热器以外的全部设备，主要有水处理设备、循环水泵、补水水泵、各种仪表和定压装置等。

1. 循环水泵

为减少占地面积、方便维修和降低噪声，大多数换热站采用立式屏蔽泵，该泵属水冷型水泵，多为单级，其特点是运行平稳、噪声低。图 6-61 所示为某换热站水冷式屏蔽循环水泵的安装外形。水泵安装时，应注意泵体减振和管道隔振，通用做法是泵体安装应加装减振基础，管道上应安装减振部件，并配合弹性减振支、吊架的应用，减少噪声对周边环境的影响。图 6-62 所示为水泵基础减振做法之一，图 6-63所示为双吸泵的管道隔振做法。

图 6-61　某换热站屏蔽泵安装外形

图 6-62　水泵基础减振做法

换热站的循环水泵一般为多台设置，常采用两用一备、三用一备、四用一备等配置方式，其设计运行调节方式多采用质调节，也有部分换热站设计采用分阶段改变流量的质调节，后者比前者节能，应优先推荐使用。

图 6-63　双吸泵的管道隔振做法

变频循环技术是指由设置的控制点提供控制信号，通过变频器改变交流电的频率，从而使电动机改变转速，使水泵提供不同的扬程和流量，满足管网流量变化时阻力与流量的变化关系。由于变频技术能够按照用户所需热量提供循环流量，因此，节约运行电耗效果明显。由于该技术只需在电动机的控制箱中加装变频器，改造工艺简单，也非常适合旧有热力站循环方式的节能改造。从已经改造的供热系统来看，增加变频器的投资，通过节约运行用电的方式，大多在 1 ~ 2 年内得到回收。

2. 水处理装置

水处理装置包括水的软化装置和除氧装置，其中软化水装置使用较多，现多采用全自动软水装置。机组可根据用户的设定，当到达一定时间或到达一定的水处理量时，自动进行反洗，省去人工进行反洗的过程。其施工安装也十分简单。图 6-64 所示是全自动软水器原理及安装图。

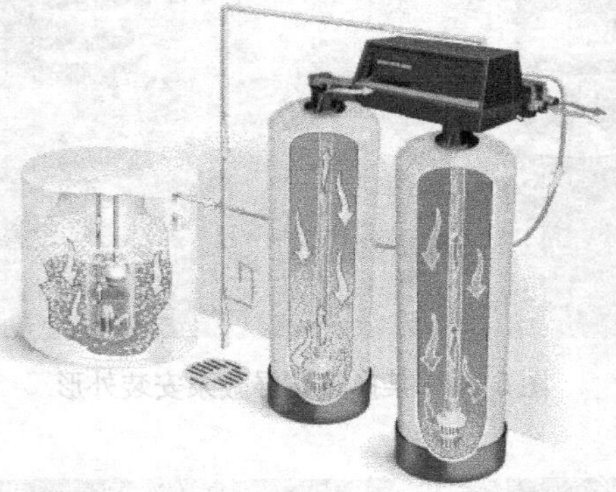

图 6-64　全自动软水器的原理及安装图

除氧器也是热源关键的设备之一，除氧器的种类包括真空除氧器、热力除氧器、旋膜除氧器、高位除氧器、低位除氧器、大气式除氧器等，多数为成套产品。各种除氧器均有自己的适用条件和使用范围，体积相对较大，需要安装基础，可参见产品说明书及安装手册进行施工。

脱气机也是一种清除水中气体的设备，目前也在热源中广泛应用。该设备体积较小、重量较轻，一般可直接安装在热源内地面或简单的基础上即可。

3. 定压与补水装置

热源的定压方式主要有膨胀水箱定压、补给水泵定压、气体定压罐定压和补给水泵变频调速定压等多种方式。中小型热力站，应尽量采用开式膨胀水箱定压方式，开式水箱通常高架于小区最高的建筑上，膨胀管和循环管引回锅炉房，连接在循环水泵入口附近的回水管上，两管均不得安装阀门，并应相距1.5～3m。大型热力站，通常采用闭式膨胀水箱定压方式或补给水泵定压方式，闭式膨胀水箱利用罐内的气体压力来模拟水箱所在高度，可以放置在热源内，图6-65所示为一个小型供热系统的闭式膨胀水箱，但闭式膨胀水箱的体积较大，需占用一定空间。对大多数供热规模较大的热力站来讲，因受高位水箱高架条件的限制和闭式膨胀水箱占地面积的制约，通常采用补给水泵连续运行的定压方式，该种定压方式控制较为方便，但其运行电耗较大，如果将定压补给水泵改为变频调速方式，初投资会有所增加，但系统运行稳定，运行电费较低。

图6-65　供热（空调）系统闭式膨胀水箱

供热系统的定压方案，可通过经济、技术比较后确定。

思　考　题

1. 锅炉与直燃机的安装步骤是什么？
2. 烘炉与煮炉的步骤和方法是什么？
3. 简述锅炉的强度试验、严密性试验以及试压与验收过程。
4. 简述锅炉仪表及附件的基本安装要求。
5. 简述安全阀的设置原则。
6. 燃气锅炉及直燃机的烟囱设置的要求是什么？
7. 简述换热设备的种类及安装要求。
8. 供热系统的定压补水装置的基本安装要求是什么？
9. 膨胀水箱的各个管道的连接位置及安装要求是什么？

7

第七章 室外供热管道及设备的安装

室外供热管网是由供热管道、固定支座和活动支座、补偿器、阀门、泄水、排气等装备组成的。城市管网和大型小区热力外线，可参照 CJJ 28—2014《城镇供热管网工程施工及验收规范》进行工程质量验收。图 7-1 所示为室外热力管网平面图。在施工中，应严格按设计图样和有关规范要求进行施工。

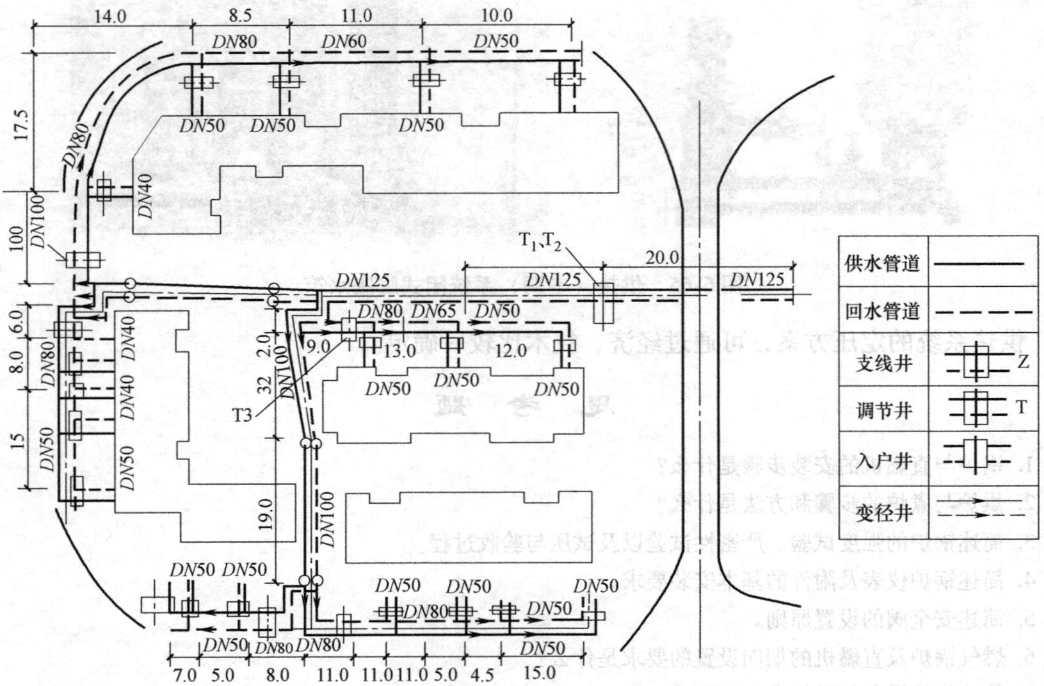

图 7-1　室外热力管网平面图

第一节　室外热力管道的敷设方式和工艺要求

室外热力管道按照敷设方式，可分为架空敷设和埋地敷设。

一、架空敷设

室外管道架空敷设常用于地下水位高、土质差、地下管道多，管道过河、过铁路的情况和工矿企业的厂区以及对环境要求不严格的地方。当地下有多种管道纵横交错时，为了减少管道交叉，也常采用架空敷设的方法。

架空敷设可采用单柱式支架、带拉索支架、栈架或沿桥梁等结构敷设，也可沿建筑物的墙壁或屋顶敷设。单支柱式支架可以是钢结构，也可以是钢筋混凝土或木结构。架空敷设通常可分为高架敷设（距地4～6m）、中架敷设（距地2～4m）和低架敷设（距地0.5～1m），如图7-2所示。架空敷设的特点是直观、检修方便、工程造价相对较低。但对热力管道其热损失较大；受风沙雨雪的侵蚀，保温材料需要经常维护或更换。对于现场施工来说，管道的起重吊装和高空作业，也给施工带来不少麻烦。但是架空敷设管道，尤其是厂区热力、燃气等管道，即使渗漏也不致发生危险。

在安装架空管道之前，要先把支架安装好。支架的加工制作及吊装就位工作，一般都是由土建施工部门来完成。支架的加工及安装质量直接影响管道施工质量和进度，因此在安装管道以前必须对支架的稳固性、中心线和标高进行严格的检查，应用经纬仪测定各支架的位置及标高，检验是否符合设计图样的要求。各支架的中心线应为一直线，不许出现“之”字形曲线，一般管道是有坡度的，故应检查各支架的标高，不允许由于支架标高的错误而造成管道的反向坡度。

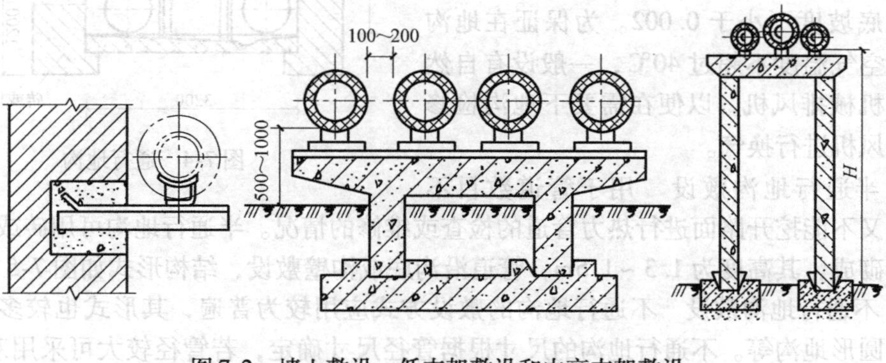

图7-2 墙上敷设、低支架敷设和中高支架敷设

在安装架空管道时，为了工作的方便和安全，必须在支架的两侧架设脚手架。脚手架的高度以操作时方便为准，一般脚手架平台的高度比管道中心标高低1m为宜，其宽度约1m左右，以便工人通行、操作和堆放一定数量的保温材料。根据管径及管数，设置单侧或双侧脚手架，如图7-3所示。

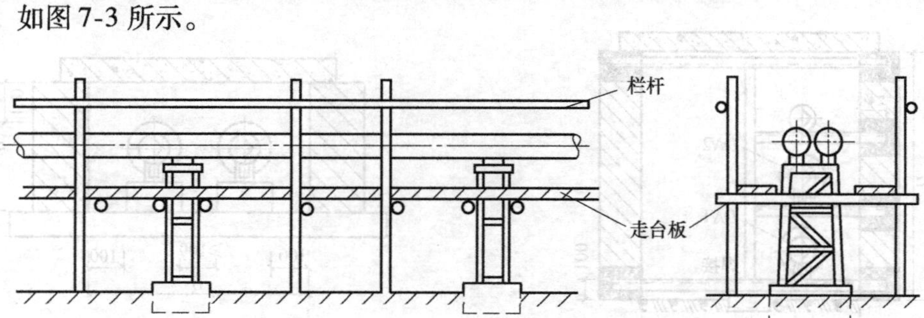

图7-3 架空支架及安装脚手架

架空管道的吊装，一般都是采用起重机械，如汽车式起重机、履带式起重机或用桅杆及卷扬机等。在吊装管道时，应严格遵守操作规程，注意安全施工。在吊装前，管道应在地面上进行校直、打坡口、除锈、刷漆等工作，以便架设工作顺利进行。同时，阀门、三通、补

偿器等部件，应尽量在加工厂预先加工好，并经试压合格。

在安装时，对于需要架空安装的阀门、补偿器以及其他附件，应做好支撑工作，在需要经常操作和检修的地方，应设置检修操作平台。

二、地下敷设

热力管道在多数情况下，采用地下敷设的方式，地下敷设分为地沟敷设和直埋敷设。

1. 地沟敷设

地沟敷设分为通行地沟敷设、半通行地沟敷设和不通行地沟敷设。

（1）通行地沟敷设　用砖或混凝土砌筑的地沟，上面覆盖以钢筋混凝土预制板，或整体浇筑的沟盖。在地沟内除管道所占的地方外，还有足够的空间可供检修人员通行，其结构如图7-4所示。可通行地沟一般用在管道数较多，或管径大的主要干线上（如热电站或区域锅炉房的出口干线上）。在可通行地沟中，每隔200~800m应建造检查井及梯子，并在地沟中装设36V电压的照明灯。在地沟中，修有排水槽，沟底坡度不小于0.002。为保证在地沟中工作时空气温度不超过40℃，一般设有自然通风塔和机械排风机，以便在需要下地沟检修时，开动风机进行换气。

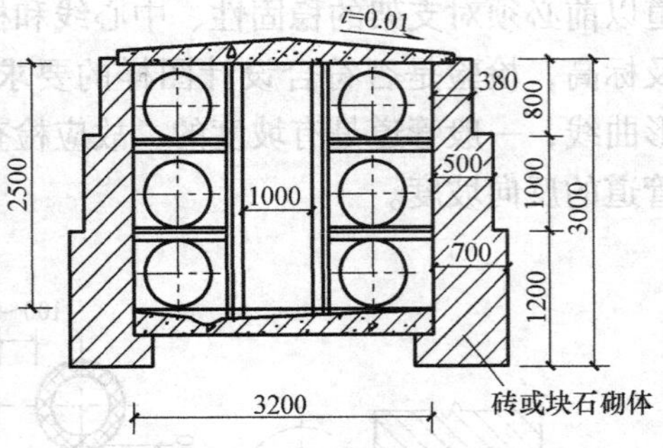

图7-4　通行地沟

（2）半通行地沟敷设　用于管道数目不多，同时又不能挖开路面进行热力管道的检查或维修的情况。半通行地沟可用砖或钢筋混凝土预制块砌成，其高度为1.3~1.5m，管道沿沟底或沟壁敷设，结构形式如图7-5所示。

（3）不通行地沟敷设　不通行地沟的敷设方式应用较为普遍，其形式也较多，有矩形地沟、半圆形地沟等。不通行地沟的尺寸根据管径尺寸确定，若管径较大可采用双孔地沟，其中设有隔墙。其结构可用砖或钢筋混凝土预制块砌筑，其结构形式如图7-6所示。地沟的基础结构根据地下水及土质情况确定，一般应修在地下水位以上。如地下水位较高，则应设有排水沟及排水设备，以排除地下水。因热力管道不怕冻，一般可把管道敷设在冰冻线以上。地沟越浅，则其造价就越低。地沟的常用尺寸见表7-1。

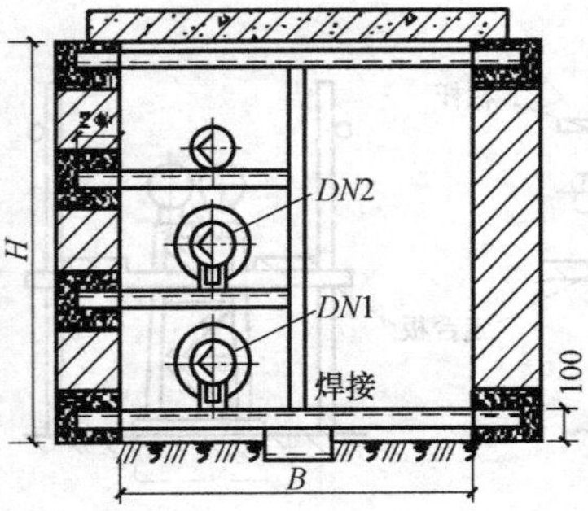

图7-5　半通行地沟

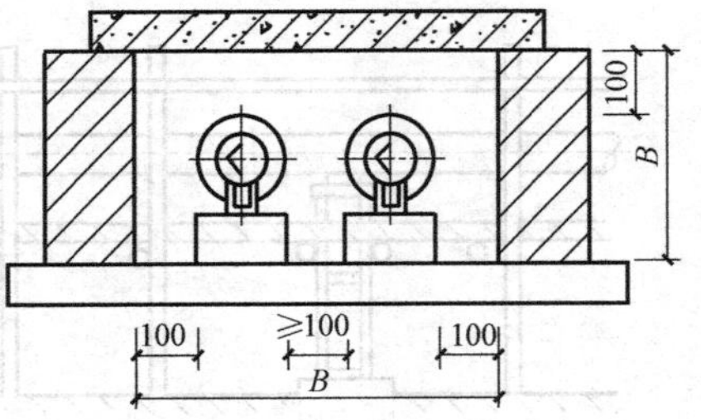

图7-6　不通行地沟

地沟敷设可采用普通管材，安装、试压后再进行防腐保温处理。

2. 直埋敷设

直埋敷设又称无沟敷设，是当前较为流行的一种热力管道敷设方法，应用非常广泛。

表 7-1 地沟敷设有关尺寸

地沟类型	有关尺寸					
	地沟净高/m	人行通道宽/m	管道保温表面与沟墙净距/m	管道保温表面与沟顶净距/m	管道保温表面与沟底净距/m	管道保温表面间净距/m
通行地沟	≥1.8	≥0.6	≥0.2	≥0.2	≥0.2	≥0.2
半通行地沟	≥1.2	≥0.5	≥0.2	≥0.2	≥0.2	≥0.2
不通行地沟	—	—	≥0.1	≥0.05	≥0.15	≥0.2

注：1. 本表摘自 CJJ 34—2002《城市热力网设计规范》。

2. 考虑在沟内更换钢管时，人行通道宽度还应不小于管道外径加 0.1m。

（1）直埋保温管 目前采用最多的是将供热管道、保温层和保护外壳三者紧密粘接在一起，形成整体式的预制保温管结构形式，称为直埋保温管。直埋保温管可以采用工厂预制保温管，也可以现场加工。整体预制保温管结构如图 7-7 和图 7-8 所示。

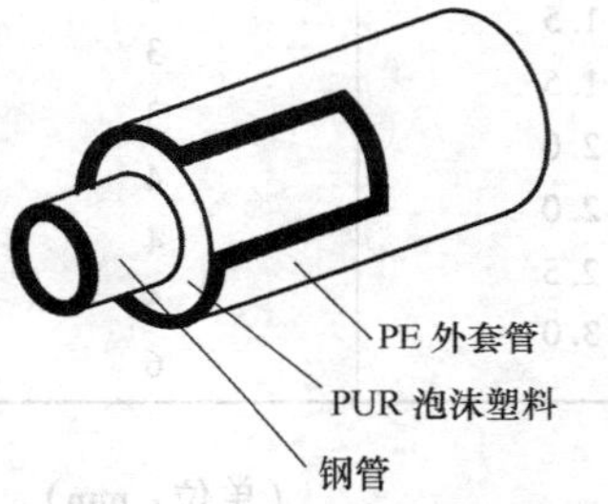

图 7-7 整体预制保温管结构

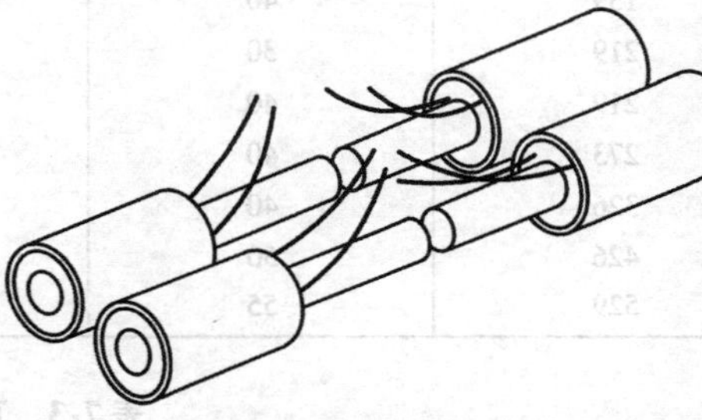
图 7-8 带导线的整体预制保温管结构

保温管管材一般选用无缝钢管，大口径可用螺旋焊接钢管，管道规格为 *DN*25 ~ *DN*800。加工时先涂抹防腐涂料，然后再制作保温层。现场进行接口保温作业时，涂抹防锈涂料工序也非常重要。

直埋管道的保温层，常采用由多元醇和异氢酸盐两种液体混合发泡固化形成的硬质聚氨酯泡沫塑料作为保温材料。硬质聚氨酯泡沫塑料的密度小，热导率低，保温性能好，吸水性小，并具有足够的机械强度，但耐热温度不高。根据国内标准要求：其密度为 60 ~ 80kg/m^3，热导率 $\lambda \leqslant 0.27$W/(m · ℃)，抗压强度 $p \geqslant 200$kPa，吸水性 $g \leqslant 0.3$kg/m^3，耐热温度不超过 120℃。

保护外壳根据加工条件、加工工艺的不同而不同，多采用玻璃钢或高密度聚乙烯硬质塑料作保护材料。现场加工多采用浸树脂玻璃纤维布缠绕保护层形成玻璃钢保护层的方法，预制管一般采用“一步法”缠绕方式或采用高密度聚乙烯硬质塑料套管（又称黄夹克）方式，两者保护层都具有较高的力学性能，耐磨损、抗冲击性能较好，化学性能稳定，具有良好的耐腐蚀性和抗老化性能，还可以焊接，便于施工。高密度聚乙烯外壳的密度 $\rho \geqslant 940$kg/m^3，抗拉强度大于或等于 20MPa，断裂伸长率大于或等于 350%。

保温管的规格见表 7-2 和表 7-3。

保温管中的导线又称信号线、报警线，国外引进的直埋保温预制管结构均设有导线。国内则根据用户要求而定。报警线用于检测管道泄漏，共两根，一根是裸铜线，另一根是镀锌铜线。报警线和报警显示器相连接，当城市热力管网中某段直埋管发生泄漏时，立即在报警显示器上显示出发生故障的地点。城市重要的热力网工程应有报警线，一些小型热力网工程，限于投资可不设报警系统，采用超声波检漏仪等设备进行检漏。

表 7-2 预制保温管技术规格 （单位：mm）

钢管外径	保温厚度	塑料外壳厚	玻璃钢外护管	
			厚度	布层数
76	30	2		2
76	40	2	0.8～1.0	2
89	30	2	0.8～1.0	2
89	40	2	1.0	2
108	30	2	1.0	2
108	40	2	1.0	2
114	40	3	1.6	3
133	30	3	1.5	3
133	40	3	1.5	3
159	30	3	1.5	3
159	40	3	1.5	3
219	30	3	1.5	3
219	40	3	1.5	3
273	40	4	2.0	4
326	40	4	2.0	4
426	50	5	2.5	5
529	55	6	3.0	6

表 7-3 直埋保温管规格表 （单位：mm）

钢管外径	氰聚塑		管中管		一步法		热缠绕	
	保温层厚度	保护层厚度	保温层厚度	保护层厚度	保温层厚度	保护层厚度	保温层厚度	保护层厚度
26.8	36.5	1	—	—	—	—	—	—
33.5	34	1	—	—	—	—	—	—
38	31	1	—	—	—	—	—	—
42.5	31.8	1	—	—	—	—	—	—
48	29	1	30	1.5	30	1.2	30	0.8
57	30	1	30	1.5	30	1.2	30	0.8
60	—	—	30	1.5	30	1.2	30	0.8
73	31.5	1	30	1.5	30	1.2	30	1
76	—	1.2	30	1.5	30	1.2	30	1
89	30	1	30	1.5	30	1.2	30	1
108	31	1.2	30	1.5	30	1.2	30	1.5
114	—	—	30	1.5	30	1.2	30	1.5
133	30	1.5	30	2	30	1.2	30	1.5
140	—	—	30	2	30	1.5	30	1.5
159	30	1.5	30	2	30	1.5	30	2
165	—	—	30	2	30	1.5	30	2
219	30	1.5	30	3	30	2	30	2.5
245	—	—	30	3	30	2	30	2.5
273	30	1.5	30	3	30	2.5	30	2.5
325	30	1.5	30	3	30	3	30	3
377	30	1.5	—	—	—	—	30	3
426	—	—	—	—	—	—	35	3
480	—	—	—	—	—	—	35	3
529	—	—	—	—	—	—	35	3

（续）

钢管外径	氰聚塑		管中管		一步法		热缠绕	
	保温层厚度	保护层厚度	保温层厚度	保护层厚度	保温层厚度	保护层厚度	保温层厚度	保护层厚度
630	—	—	—	—	—	—	35	3
720	—	—	—	—	—	—	35	3
1020	—	—	—	—	—	—	60	4
1400	—	—	—	—	—	—	60	4

“管中管”的保护层是高密度聚乙烯管。高密度聚乙烯具有较高的力学性能，耐磨损、抗冲击性能较好，化学稳定性好，具有良好的耐腐蚀性和抗老化性；它可以焊接，便于施工。保温材料同样是聚氨酯硬泡沫塑料，耐温在120℃以下。

预制直埋管分为单一型（图7-9）和复合型（图7-10），单一型适用于温度在－50～150℃的供热、制冷管道，复合型管（中间有两种保温材料复合而成）适用于温度310℃以下的高温供热管道。

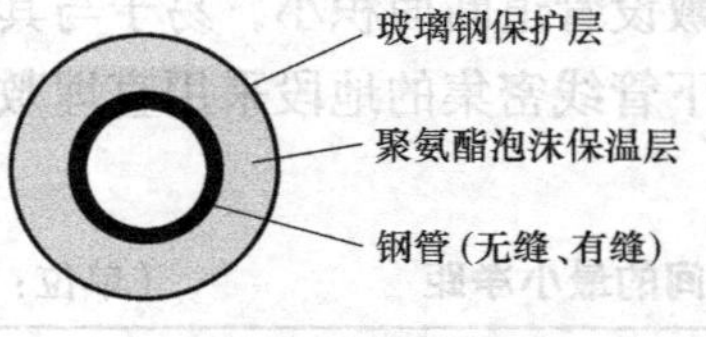

图7-9 单一型保温管

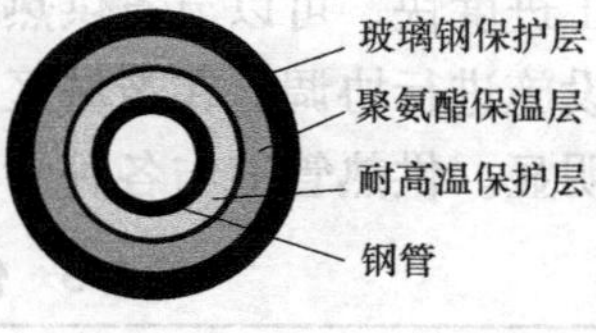

图7-10 复合型保温管

（2）无沟直埋　热力管道的外层保温层直接与土壤相接触进行安装。其结构有如图7-11所示的泡沫混凝土浇灌式及装配与浇灌结合等保温形式和如图7-12所示的常规埋地形式。

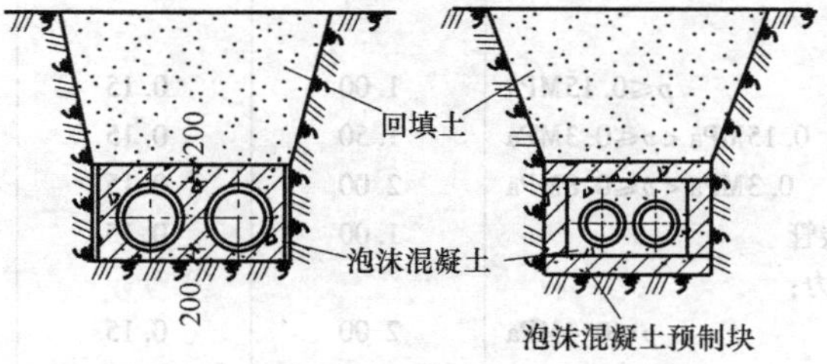

图7-11 无地沟敷设管道

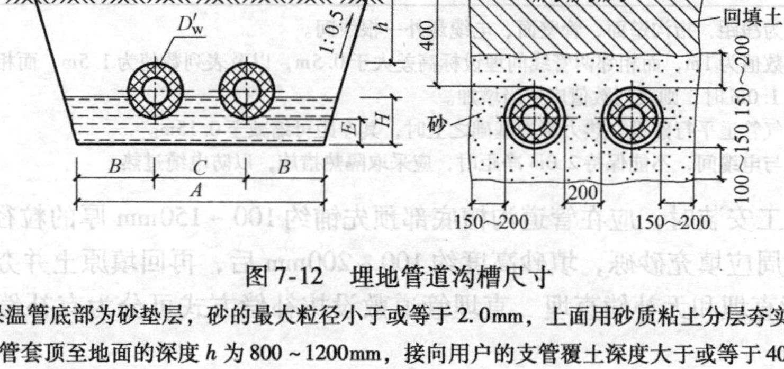

图7-12 埋地管道沟槽尺寸

注：图中保温管底部为砂垫层，砂的最大粒径小于或等于2.0mm，上面用砂质粘土分层夯实。一般干管保温管套顶至地面的深度 h 为800～1200mm，接向用户的支管覆土深度大于或等于400mm。

直埋管道的速算开挖沟槽尺寸，可按下列原则确定：管道与管道之间净距为 200～250mm，管道与沟壁之间净距为 200～250mm，管底与沟底之间净距为 200mm，管顶与地面之间净距为 600mm。无地沟直埋管道敷设沟槽尺寸见表 7-4。

表 7-4 无地沟直埋管道敷设沟槽尺寸

公称尺寸 DN		25	32	40	50	65	80	100	125	150	200	250	300	350	400	450	500	600
保温管外径 D_w/mm		96	110	110	140	140	160	200	225	250	315	365	420	500	550	630	655	760
沟槽尺寸/mm	A	800	800	800	800	800	800	1000	1000	1000	1240	1240	1320	1500	1500	1870	1870	2000
	B	250	250	250	250	250	250	300	300	300	360	360	360	400	400	520	520	550
	C	300	300	300	300	300	300	400	400	400	520	520	600	700	700	830	830	900
	E	100	100	100	100	100	100	100	100	100	100	100	150	150	150	150	150	150
	H	200	200	200	200	200	200	200	200	200	200	200	300	300	300	300	300	300

目前，直埋敷设已成为热水供热管网的主要敷设方式。由于无沟敷设不需砌筑管沟，土方量及土建工程量就会相应减少；管道可以在工厂预制，质量可以保证且现场安装工作量减少，施工进度快，可以节省供热管网的投资费用。无沟敷设管道断面积小，易于与其他地下管道和设施进行协调。在老城区、街道窄小的地方、地下管线密集的地段采用直埋敷设，优势更为明显。供热管道与各种管线的最小净距见表 7-5。

表 7-5 供热管道与其他地下管线之间的最小净距 （单位：m）

	管道名称	热网地沟		无沟敷设热力管	
		水平净距	交叉净距	水平净距	交叉净距
1	给水管：干管	2.00	0.10	2.50	0.10
	支管	1.50	0.10	1.50	0.10
2	排水管	2.00	0.15	1.5～2.0	0.15
3	雨水管	1.50	0.10	1.50	0.10
4	煤气管，煤气压力：				
	$p \leqslant 0.15$MPa	1.00	0.15		
	0.15MPa $< p \leqslant 0.3$MPa	1.50	0.15		
	0.3MPa $< p \leqslant 0.8$MPa	2.00	0.15		
5	压缩空气或二氧化碳管	1.00	0.15	1.00	0.15
6	天然气管，天然气压力：				
	$p \leqslant 0.4$MPa	2.00	0.15		
7	乙炔管、氧气管	1.50	0.25	1.50	0.25
8	石油管	2.00	0.10	2.00	0.10
9	电力或电信电缆（铠装或管子）	2.00	0.50	2.00	0.50
10	排水暗渠，雨水长沟	1.50	0.50	1.50	0.50

注：1. 表中所列为净距，指沟壁面、管壁面、电缆最外一根线间。
2. 表中所列数值为 1m，而相邻两管线间埋设标高差大于 0.5m，以及表列数值为 1.5m，而相邻两管线间埋设标高差大于 1.0m 时，则表列数值应适当增加。
3. 当压缩空气管道平行敷设在热力管沟基础之上时，其净距可缩减至 0.15m。
4. 热力管道与电缆间，不能保持 2.0m 净距时，应采取隔热措施，以防电缆过热。

直埋管道施工安装时，应在管道沟槽底部预先铺约 100～150mm 厚的粒径 1～8mm 粗砂砾夯实，管道四周应填充砂砾，填砂高度约 100～200mm 后，再回填原土并夯实。

（3）有补偿直埋和无补偿直埋 直埋管道敷设按补偿方式可分为有补偿直埋和无补偿直埋。

1）无补偿直埋。无补偿直埋敷设的供热管网在设计时不需要设置专用补偿器，充分利用自然补偿条件，并进行一次性补偿。敷设时，在尚未回填土的敞开沟槽内把所敷设的管道进行加热，加热至预定温度时，保持管道伸长状况，然后进行回填，预热温度通常采用比最高运行温度低 30～50℃。在实际工程中，无补偿直埋的管道应力较大，通常在三通等处进行结构加强，加强方案之一如图 7-13 所示。

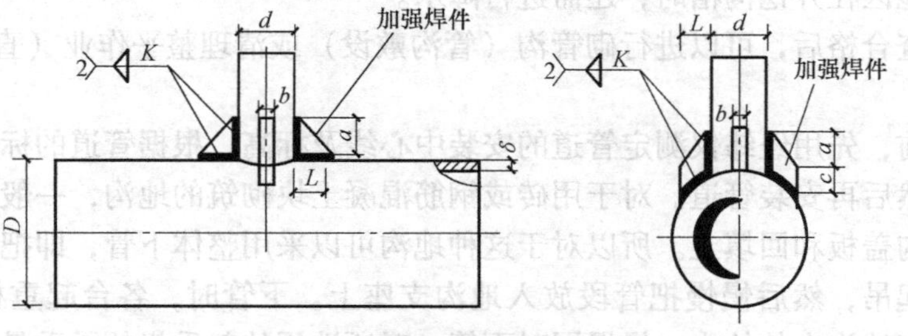

图 7-13　直埋三通处结构加强方案

无补偿直埋敷设的投资较少，但这种方式需要预制管道，相应开槽时间较长，在城市街道施工时，往往会影响交通，从而使得这种敷设方式的应用受到了限制。

2）有补偿直埋敷设的供热管网在设计时就确定设置补偿器，并在管网上适当位置设置固定支座（架）和滑动（导向）支座。采用有补偿直埋敷设方式时，也应充分利用管道的 L 形敷设段和 Z 形敷设段的自然补偿作用，再根据现场空间、管径、输送热媒等情况，确定采用补偿器为不能进行自然补偿的管段进行补偿。敷设安装时，应保证管线在设计时计算出的热位移量在运行时能够实现，并严格按设计给出的预拉值进行预拉。非直埋补偿器应设在局部井内和局部地沟内，做法如图 7-14 所示。直埋型专用补偿器可直接埋于地下，做法如图 7-15 所示。

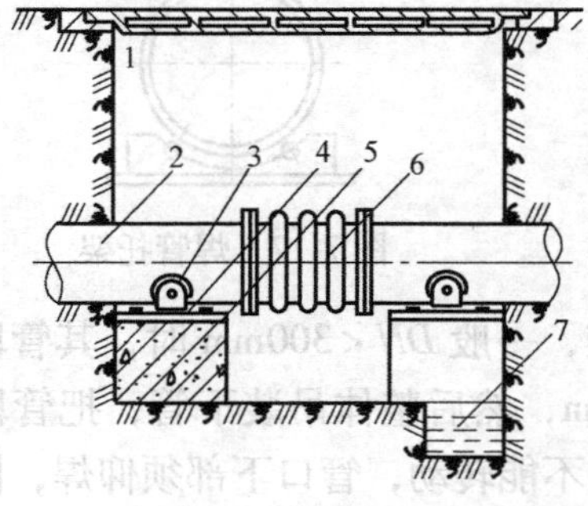

图 7-14　非直埋型波纹管补偿器的安装示意图

1—闸井盖　2—地下管道　3—滑轮组（1200）
4—预埋钢板　5—钢筋混凝土基础
6—波纹管补偿器　7—集水坑

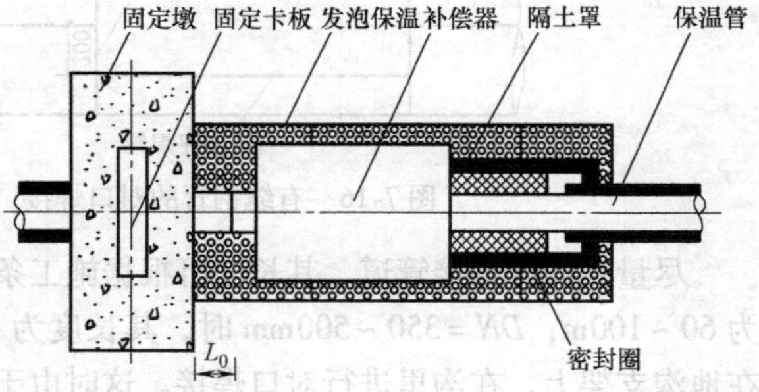

图 7-15　直埋型波纹管补偿器的安装示意图

有补偿直埋敷设可以在管道安装完毕、水压试验合格及接头处理结束后回填管沟。

3. 沟槽的挖掘与检查

埋地敷设必须挖掘沟槽，其形式及尺寸是根据地沟处地形、土质、管数、管径及埋设深度确定的，多由设计人提出。沟槽可以用人工或挖土机械进行挖掘，挖土机械适用于挖土工程量较大，距离较长的管网，对于地方狭小的市区街道，由于地下埋设有管道、电缆等物，不便采用机械挖土，应采用人工挖掘。

挖沟时应注意沟槽的中心线、标高及断面形状是否符合设计要求，尤其沟底不得挖过设计标高规定的深度。沟底标高应用水平仪测定。

根据土壤性质来确定沟槽的边坡。如土质较差应设支撑，雨期施工时更应注意，以免引起塌方。在挖掘中如发现土质不同，应及时进行研究，采取必要的措施，以免影响工程质量及工期。部分地区在开挖沟槽时，还需进行降水。

沟槽经检查合格后，可以进行砌管沟（管沟敷设）或清理整平作业（直埋敷设）。

4. 下管

安装管道前，先用经纬仪测定管道的安装中心线及标高，根据管道的标高先安装好管道的支架垫块，然后再安装管道。对于用砖或钢筋混凝土块砌筑的地沟，一般都是在管道安装完毕后再盖地沟盖板和回填土。所以对于这种地沟可以采用整体下管，即把整段的管道用几台起重机同时起吊，然后慢慢把管段放入地沟支座上。下管时，各台起重机同时把管道吊起，抽掉架设在地沟上的枕木，慢慢同时下管。对所选用的起重机的承重量，应按其所吊管道重量的2~3倍选用，并严格检查起重机各零件及钢索有无损坏，以确保安全操作。也可以用移动式龙门钢架，跨架于地沟两侧的轨道上，钢架的横梁上设有可左右及上下活动的轨道起重机。

管道运入现场后，应沿地沟边铺放，把管道架在预先找平的枕木上。如为不可通行的矩形地沟，则可直接把枕木横架在地沟墙上，把管道架在枕木上进行锉口、除锈、对口和焊接。管道在对口时，要求两管的中心线在同一轴线上，两端接头齐整，间隙一致，两管的口径应相吻合。如两管对接口有不吻合的地方，其差值应小于3mm。对于有缝钢管的焊接，要求把其水平焊缝错开，并应使水平焊缝在同一面，以便试水时检查，如图7-16所示。为便于焊接时转动管道，可把管道放在带有两小滚轮的托架上，如图7-17所示。

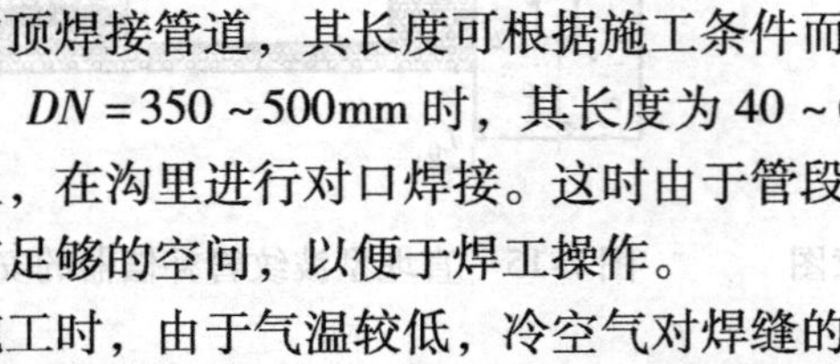

图7-16 有缝钢管的对口焊接

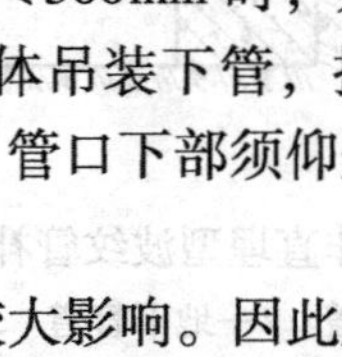

图7-17 焊管托架

尽量在沟顶焊接管道，其长度可根据施工条件而定，一般 $DN<300$mm 时，其管段长度为60~100m；$DN=350\sim500$mm 时，其长度为40~60m，然后整体吊装下管，把管段安装在地沟支架上，在沟里进行对口焊接。这时由于管段已不能转动，管口下部须仰焊，因此在焊口周围应有足够的空间，以便于焊工操作。

在冬期施工时，由于气温较低，冷空气对焊缝的收缩应力有较大影响。因此应采取必要的措施，如采用熔剂层下的自动熔焊法，这种焊接产生大量的熔渣覆盖于焊缝处，以减小其冷却速度，或搭设可移动保温棚，把坡口处罩上，焊工在棚内作业。也可采用石棉板做的卡箍夹住焊缝，以免焊接处迅速冷却。

第二节 管道支座（架）及补偿器的安装

管道安装工程中，支座（架）是不可缺少的构件，它对管道起着承重、导向及固定作用，固定支座能起到分配管道因温度变化而引起的伸缩量，分段控制管道热伸缩的作用。活动支座起限制管道上下移动，防止弯曲，保证管道的水平与坡度，并能让管道在长度方向自由伸缩的作用。直埋管道与沟埋管道支座（架）的做法可能会有所不同。管道工程支座（架）按其作用可分为活动支座（架）、固定支座（架）及弹簧支、吊架等。

一、活动支座（架）

活动支座（架）是直接承受管道的重量，并使管道能自由伸缩（轴向）移动的支座（架），活动支座（架）有滑动支座、滚动支座、导向支架和悬吊支架等，用得最多的是滑动支座。

滑动支座能使管道在支撑面上自由滑动，有低位和高位两种。滑动支座如图 7-18 和图 7-19 所示。低位滑动支座焊在管道下面，可在混凝土底座上前后滑动，在支座周围的管道不能保温，以使支座能自由滑动，因此，低位活动支座可用于非绝热管道上。高位滑动支座的结构与之类似，只不过其支座较高，保温层可以把支座包起来，其支座下部可在底座上滑动，常用在绝热管道上。

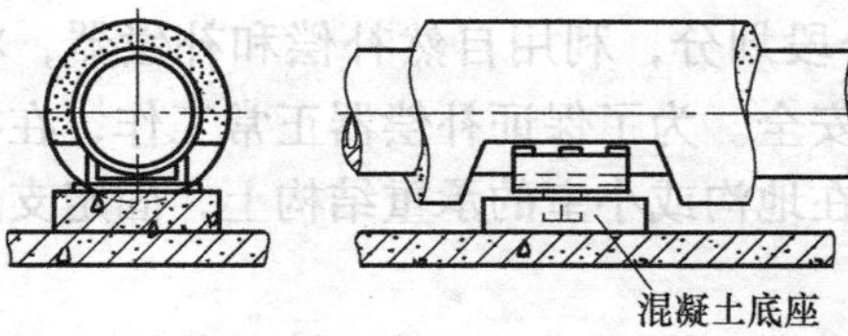

图 7-18 低位滑动支座

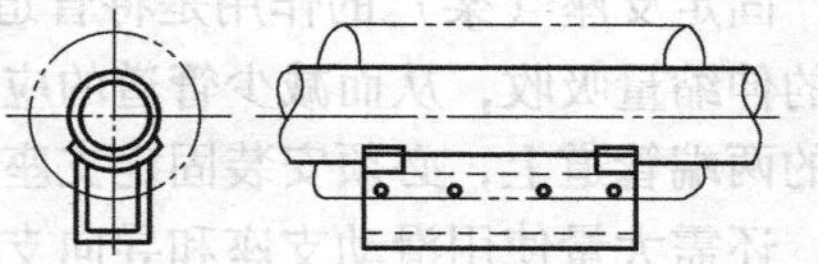
图 7-19 高位滑动支座

滚动支座焊在管道上的弧形板与托架接触面之间，安装有滚珠或滚柱，依靠滚柱或滚珠减少摩擦阻力，且只能有轴向位移，管道支座架在底座的圆轴上，因其滚动可以减少承重底座的轴向推力，这种支座常用在架空敷设的塔架上，高位滚动支座如图 7-20 所示。

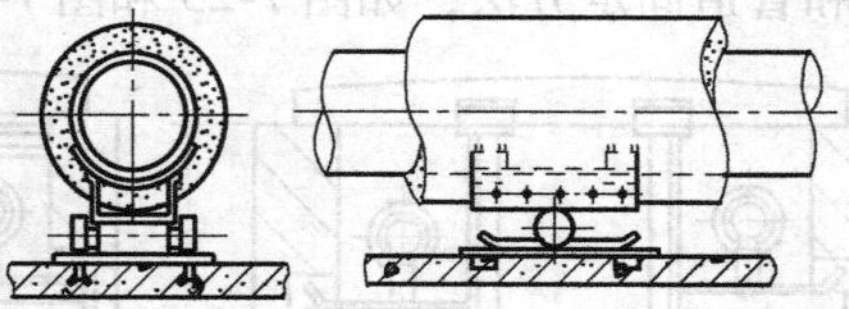
图 7-20 高位滚动支座

低位滑动支架用在可通行地沟，高位滑动支座常用在不可通行地沟及半通行地沟。

导向支架能使管道在支架上滑动时不产生管道的径向位移，且只能在导向板范围内自由伸缩。

管道中的活动支座在设计图样中没有具体位置的表述，需要施工人员按照施工验收规范、技术规程和标准图集等技术文件的要求，在现场自行安装。不通行地沟内的管道活动支架最大允许跨距见表 7-6，其余各种情况的管道活动支架的最大跨距可参见相关资料。

表 7-6 不通行地沟内的管道活动支架最大允许跨距

公称尺寸	25	32	40	50	65	80	100	125	150	200	250	300	350	400
蒸汽、热水管 最大允许跨距/m	1.7	2.0	2.0	2.5	3.0	3.5	4.0	4.5	5.0	6.5	7.5	8.0	8.5	9.5
不保温凝结水管 最大允许跨距/m	3.0	4.0	4.5	5.0	6.0	6.0	7.0	7.5	8.0	9.0	10.5	11.5	11.5	13.0

在架空敷设管道中或悬臂托架上常用悬吊支架，在靠近补偿器的几个吊架上要采用弹簧支座。安装管道支座时，应正确找正管道中心线及标高，使管道的重量均匀地分配在各个支座上，避免集中在某几个支座上，以免焊缝受力不均而产生裂纹。同时，根据均匀载荷多跨梁的弯曲应力图得知，管道的焊缝不应在应力最集中的支座上，如图 7-21 所示，而应在$l/5$跨距的 a、b、c 各点上。

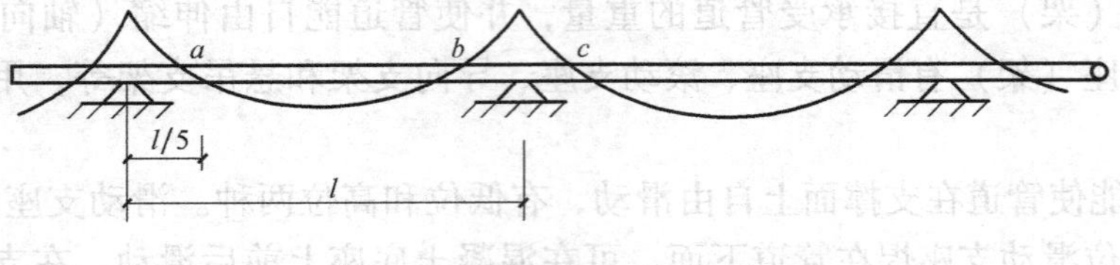

图 7-21　焊缝的最佳位置

有些地沟中管道管径较小，有时直接采用横梁和吊杆作为管道的活动支架，这些吊架只承重，不限制轴向位移。

二、固定支座（架）

固定支座（架）的作用是将管道进行合理的分段划分，利用自然补偿和补偿器，将管道的伸缩量吸收，从而减少管道的应力，确保运行安全。为了保证补偿器正常工作，在补偿器的两端管道上，必须安装固定支座，把管道固定在地沟或小室的承重结构上，固定支座之间，还需大量使用滑动支座和导向支架。

在通行地沟、半通行地沟中，常采用型钢支架与管道焊接来固定管道，图 7-22 所示为地沟中固定支架做法（左）及管道固定做法（右）。不通行地沟及无沟敷设管道常用固定支座和管道固定方法，如图 7-23 和图 7-24 所示。

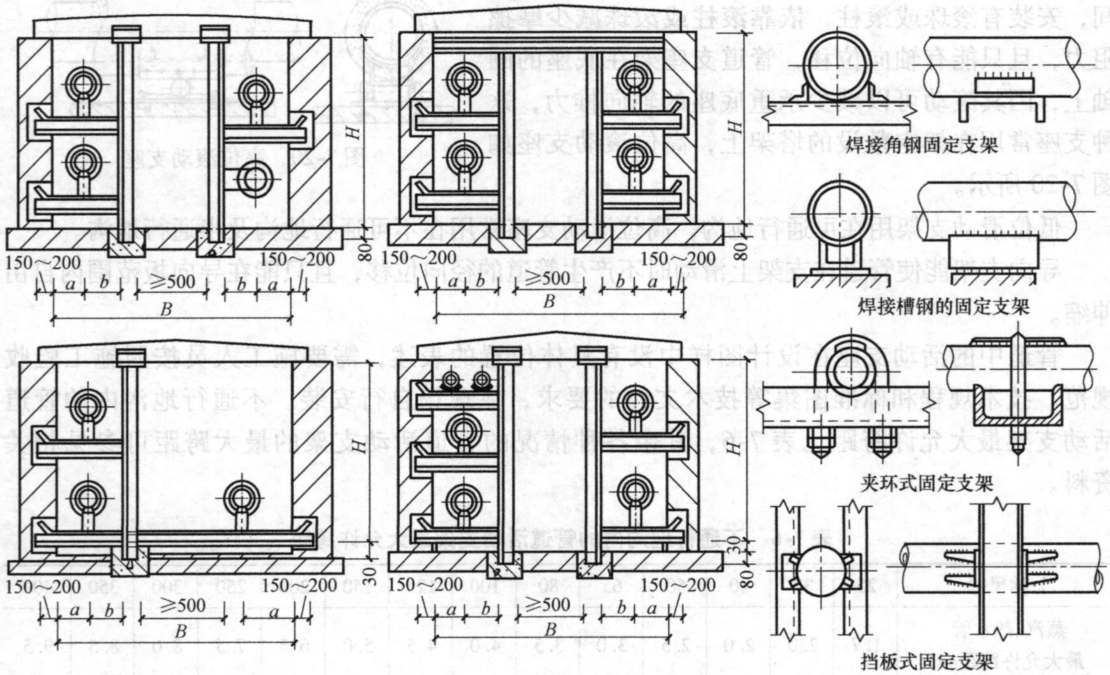

注：图中字母的具体数值参见通用图集

图 7-22　地沟中固定支架做法（左）及管道固定做法（右）

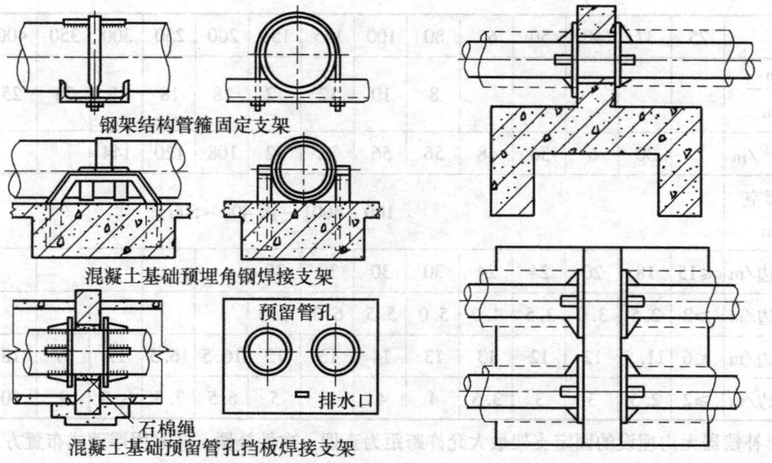

图 7-23 不通行地沟或直埋管道固定支座形式及固定方法

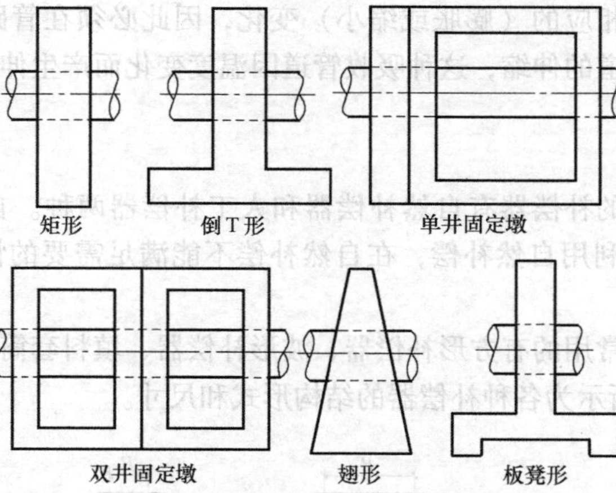

图 7-24 直埋敷设常用固定支座形状

固定支座（架）承受着很大的轴向作用力、活动支座摩擦反力、补偿器反力及管道内部压力的反力。因此，固定支座结构应经设计计算确定，其计算方法可参见有关供热设计手册。不同敷设方式，其固定支座（架）做法有所不同。在安装补偿器时，可根据需要对补偿器进行预拉伸（或预紧）后，再把管道焊接在固定支座上。

热力管道固定支座之间的最大允许跨度见表 7-7。

表 7-7 热力管道固定支座之间的最大允许跨度

公称尺寸		25	32	40	50	65	80	100	125	150	200	250	300	350	400	450	500	600
方形补偿器	地沟或架空敷设/m	30	35	45	50	55	60	65	70	80	90	100	115	130	145	160	180	200
	无沟埋设/m			45	50	55	60	65	70	80	90	90	110	110	100	125	125	125
套筒补偿器	通行地沟或架空敷设/m			25	25	35	40	40	50	55	60	70	80	90	100	120	120	140
	无沟埋设①/m	24	30	36	36	48	56	56	72	72	108	120	144	144	144	144	168	192

（续）

公称尺寸			25	32	40	50	65	80	100	125	150	200	250	300	350	400	450	500	600
波形补偿器	地沟或架空敷设/m							8	10	12	12	18	18	18	25	25	30	30	30
	无沟埋设①/m			30	6	36	48	56	56	72	72	108	120	144					
球形补偿	地沟或架空敷设/m		100～500(一般400～500)																
L形补偿器	地沟	长边/m	≤15	18	20	24	24	30	30	30	30								
	架空	短边/m	≥2	2.5	3.0	3.5	4.0	5.0	5.5	6.0	6.0								
	无沟	长边/m	≤6	11.5	12	12	13	13	14	15	15	16.5	16.5	17	17	18	18	20.5	21
	埋设	短边/m	≥2	2.5	3	3	3.5	4	4	5	5	6.5	7.5	8.5	9	10	10.5	11.5	13

① 套筒及波形补偿器无沟埋设的固定支架最大允许跨距为直埋一次性补偿，并采用浮动式布置方式时的数值。

三、管道补偿器的安装

由于输送介质温度的高低或周围环境的影响，管道在安装与运行时温度相差很大，这样将引起管道长度和直径相应的（膨胀或缩小）变化，因此必须在管路上充分利用自然补偿或设置补偿器来吸收管道的伸缩，这种吸收管道因温度变化而产生伸缩变形的装置就叫做补偿器。

1. 补偿器的种类

管道工程中，常用的补偿器有自然补偿器和人工补偿器两种。自然补偿器又分为L形和Z形，工程中应优先利用自然补偿，在自然补偿不能满足需要的情况下，应使用人工补偿器。

管道的补偿器形式常用的有方形补偿器、波形补偿器、填料套筒式补偿器、球形补偿器等。图7-25～图7-30所示为各种补偿器的结构形式和尺寸。

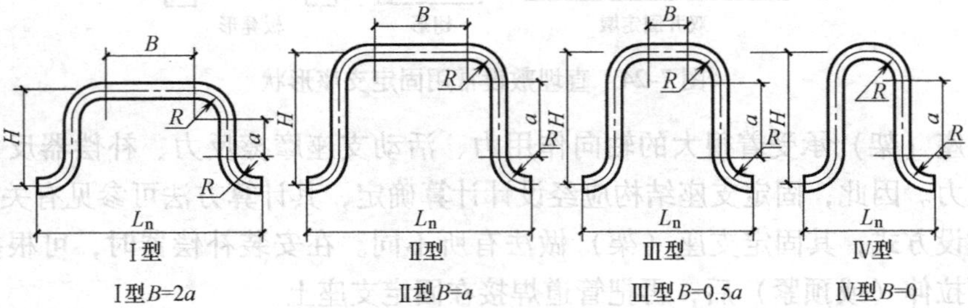

图7-25 四种方形补偿器

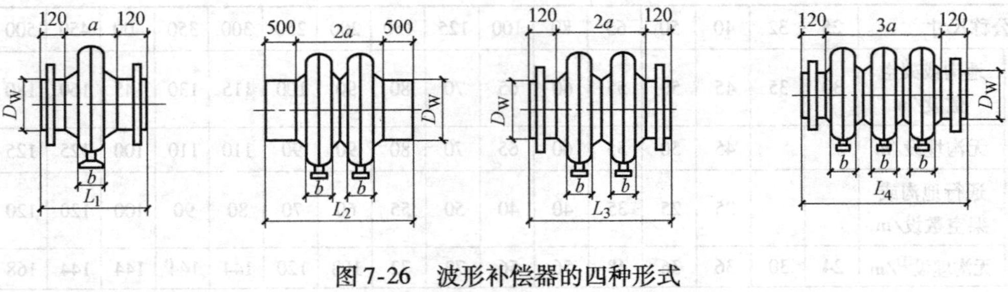

图7-26 波形补偿器的四种形式

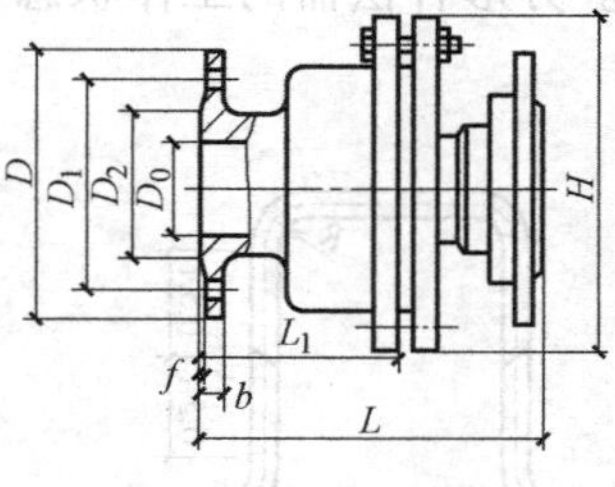

图 7-27 球形补偿器

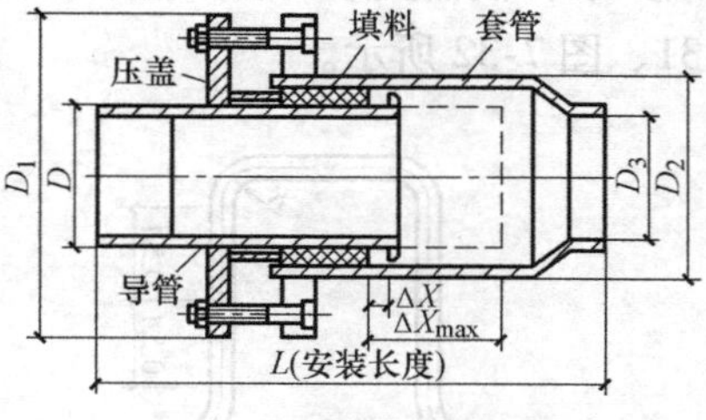

图 7-28 单向套筒补偿器

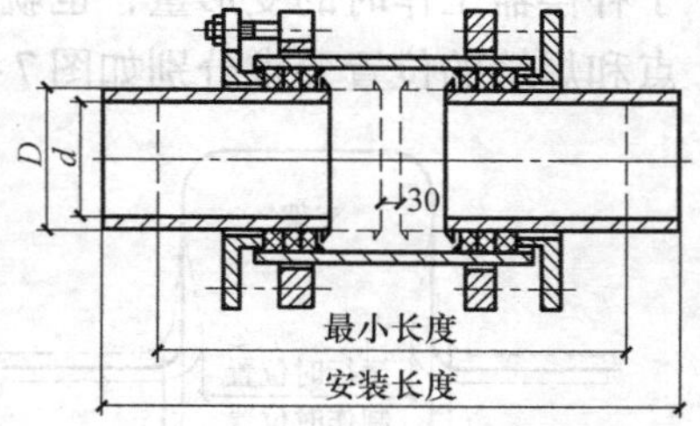

图 7-29 双向套筒补偿器

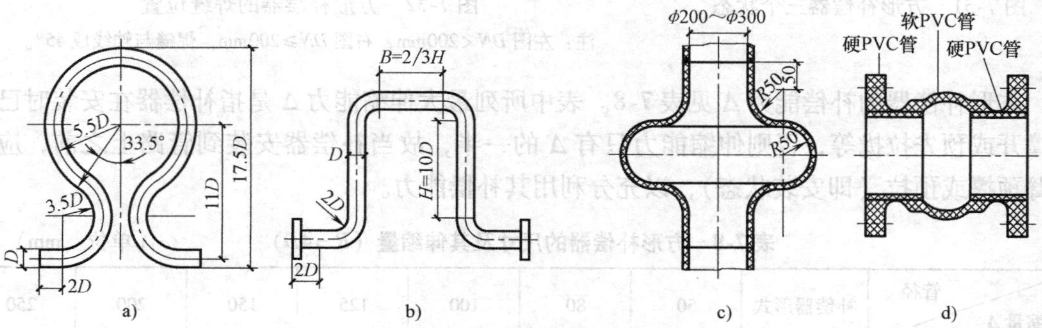

图 7-30 塑料管补偿器

a）Ω 形补偿器 b）方形补偿器 c）波形补偿器 d）软聚氯乙烯套管式补偿器

2. 补偿器的安装

管道补偿的方法是将需要进行补偿的直管道分成若干具有一定长度的管段，每段管道的两端均设置固定支座（架），中间可设有活动支座（架），在管段的中间设有方形补偿器，或在靠近固定支座（架）的地方，设有套筒补偿器或波纹管补偿器。使该段管道的热变形得以伸缩，以保证管网的安全运行。

（1）方形补偿器的安装　方形补偿器的优点是制作简单，安装方便，热补偿量大，可用于各种压力和温度条件之下，且运行可靠，一般不需维修。缺点是外形尺寸大，安装占用面积较多，管径大时费工料较多，受热变形后两端管道容易弯曲。

方形补偿器的常见型号有四种（图 7-25）：几何外形分为Ⅰ—标准式（$B=2a$）、Ⅱ—等边式（$B=a$）、Ⅲ—长臂式（$B=0.5a$）、Ⅳ—小顶式（$B=0$），其中以Ⅱ、Ⅲ型为最常用。

管径较小时，宜用整根管道煨制而成，管径较大时，可以用二根或三根管道焊制拼接而成，其水平臂（顶部）受弯变形较大，因此中间处不得有焊接口，而两根垂直臂的中部弯曲应力很小，因此，补偿器上的焊接口应尽量放在垂直臂的中部。方形补偿器组对时，应在平地上拼接，垂直臂长度偏差不应大于 ±10mm，平面几何偏差不应大于 3mm/m，且最大不得大于 10mm/m，弯头角度必须是 90°，否则会给安装和运行造成困难。方形补偿器安装在水平管路上时，其水平臂与管路的坡度相同，垂直臂应保持水平。补偿器垂直安装时，应在补偿器的最高点装排气阀门（输送液体），应在补偿器的最低点装疏水装置（输送气体）。补偿器两侧的第一个活动支架宜设置在距补偿器弯头的弯曲起点 0.5～1m 处。

方形补偿器安装时，必须对其进行预拉伸，其允许偏差应小于 ±10mm。由于预冷减小了补偿器工作时的变形量，也就减少了补偿器变形时所产生的应力。方形补偿器的工作状态点和焊缝的位置要求分别如图 7-31、图 7-32 所示。

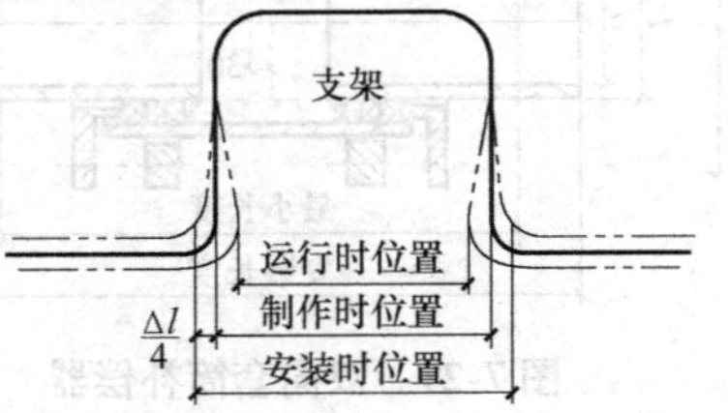

图 7-31　方形补偿器三个状态

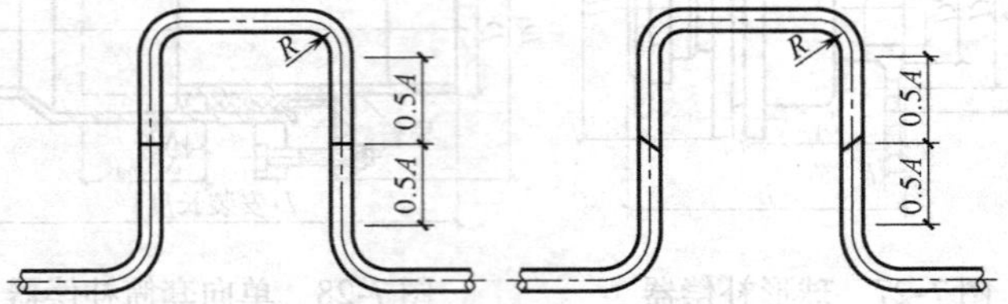

图 7-32　方形补偿器的焊缝位置

注：左图 $DN<200$mm，右图 $DN\geqslant200$mm，焊缝与轴线成 45°。

方形补偿器的补偿能力 Δ 见表 7-8。表中所列最大伸缩能力 Δ 是指补偿器在安装时已预先撑开或预先拉拢等，否则伸缩能力只有 Δ 的一半，故当补偿器安装到管路上之前，应将两臂预撑或预拉（即安装状态），以充分利用其补偿能力。

表 7-8　方形补偿器的尺寸及其伸缩量（$R=4D$）　　（单位：mm）

伸缩量 Δ \ 管径	补偿器形式	50	80	100	125	150	200	250
100	Ⅰ	1100	1270	1400	1590	1730	2050	—
	Ⅱ	1250	1400	1350	1670	1830	2100	2300
	Ⅲ	1400	1500	1600	1750	1830	2100	—
	Ⅳ	1650	1650	1730	1840	1980	2190	—
150	Ⅰ	1310	1570	1730	1920	2120	2500	—
	Ⅱ	1550	1760	1920	2100	2280	2630	2800
	Ⅲ	1830	1900	2050	2230	2400	2700	2900
	Ⅳ	2170	2200	2260	2400	2570	2800	3100
200	Ⅰ	1510	1830	2000	2240	2470	2840	—
	Ⅱ	1810	2070	2250	2500	2700	3080	3200
	Ⅲ	2100	2300	2450	2670	2850	3200	3400
	Ⅳ	2720	2670	2780	2950	3100	3400	3700
250	Ⅰ	1700	2050	2230	2520	2780	3160	—
	Ⅱ	2040	2340	2560	2800	3050	3500	3800
	Ⅲ	2730	2600	2800	3050	3300	3700	3800
	Ⅳ	—	3100	3230	3450	3640	4000	4200
300	Ⅰ	—	2260	2440	2750	3070	3460	—
	Ⅱ	—	2260	2850	3120	3400	3880	4200
	Ⅲ	2650	2900	3130	3430	3700	4150	4200
	Ⅳ	—	3500	3680	3940	4140	4600	—
350	Ⅰ	—	2450	2650	2050	3320	3760	—
	Ⅱ	—	2450	3120	3430	3730	4270	—
	Ⅲ	—	3200	3460	3800	4070	4600	—
	Ⅳ	—	3900	4130	4350	4640	—	—

安装补偿器应当在两个固定支架之间的管道安装完毕后进行，冷拉坡口应选在距补偿器弯曲起点2～2.5m处。冷拉的方法有三种，第一种是将拉管器或螺栓安装在两个待焊的接口上，然后收紧拉管器螺栓，使补偿器两臂逐渐拉开，直至同管道接口对齐，接口处定位焊之后再拆卸拉管器进行施焊；第二种是用千斤顶将补偿器的两长臂撑开，撑开后可采用槽钢或角钢临时把补偿器两臂定位焊撑牢，待补偿器与管路焊接后，再割去临时支架；第三种是用倒链拉紧，使得管道和补偿器接口对齐后再施焊。补偿器的冷拉伸如图7-33所示，拉伸工具如图7-34所示，方形补偿器的安装如图7-35所示。

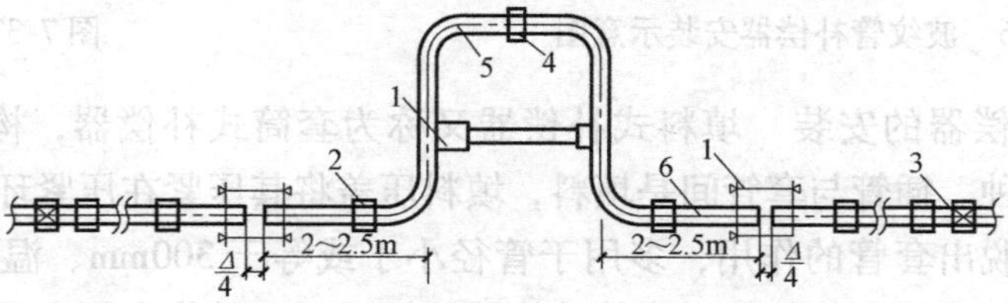

图7-33　补偿器冷拉伸示意图

1—拉管器或千斤顶　2—活动管托　3—固定支架　4—活动管托或弹簧吊架

5—方形补偿器　6—加长直管段

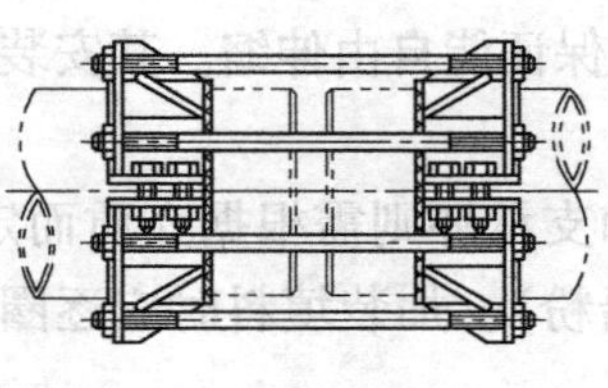

图7-34　补偿器冷拉伸工具

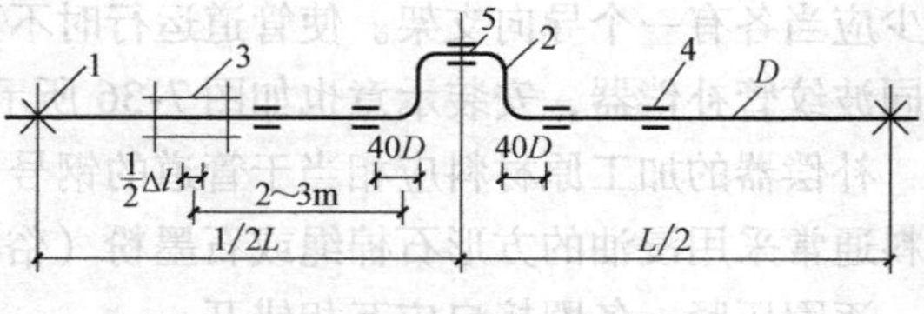

图7-35　方形补偿器安装示意图

1—固定支座　2—方形补偿器　3—最后一个坡口相距$L/2$

4—导向支座　5—滑动支座

(2) 波形补偿器的安装　波形补偿器又称波纹管补偿器，它是靠波形管壁的弹性变形来吸收管道的热胀或冷缩达到补偿目的，一般用于工作压力在0.1～0.3MPa，最大不超过0.5MPa的管路中。它的优点是结构紧凑、几乎不占空间，只发生轴向变形，缺点是制造比较困难，耐压低。每个波的补偿量只有5～20mm左右，且补偿器所受的应力是两头大、中间小，中部随时有向侧面偏离轴心变形的倾向，因此，波形补偿器的波一般为4个左右，最多不超过6个。误差标准为：公称尺寸大于1000mm时，补偿器管口的周长允许偏差为±6mm；小于或等于1000mm时，为±4mm；波顶直径偏差为±5mm。

波纹管补偿器安装示意图如图7-36所示。

波形补偿器按波节结构可分为带套筒和不带套筒两种形式。内套管有焊缝的一端在水平管路上应迎介质流向安装，在垂直管路上应置于上部，水平安装时如管道内有凝结水，应在每个端节下方安装放水阀，如图7-37所示。

波形补偿器的预拉，应在平地上进行，作用力应分2～3次逐渐增加，尽量保证波节的圆周面受力均匀，拉伸或压缩量的偏差应小于设计补偿量的10%。吊装时，不能将绳索绑扎在波节上，也不能将支撑件焊接在波节上，应严格按照管道中心线安装，不得偏线，以免受压时损坏。宜设置临时支架，待管道安装固定后再予以拆除。

在管路做水压试验时，不允许超过规定的试验压力，以防止补偿器过分拉长而失去弹性，试压时最好将波形补偿器夹牢，不使其有拉长的自由。标有流向标记的补偿器，安装时应使流向标记与介质流向一致。

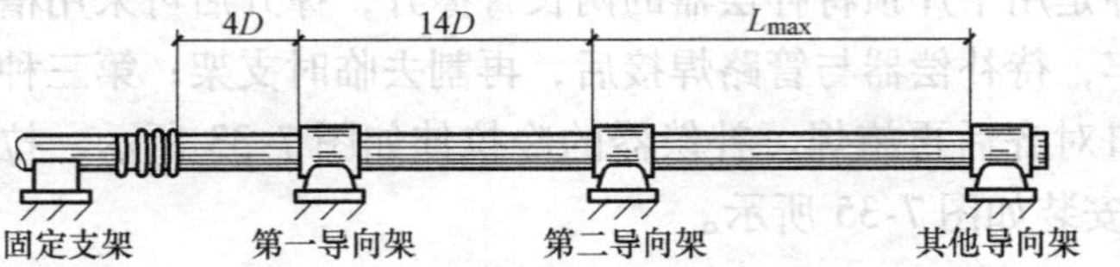

图 7-36　波纹管补偿器安装示意图

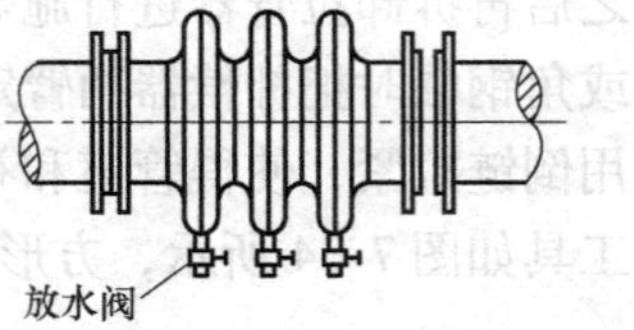

图 7-37　补偿器放水阀

（3）填料式补偿器的安装　填料式补偿器又称为套筒式补偿器，构造形式有法兰式、焊接式和螺纹式几种。插管与套管间是填料，填料压盖将其压紧在压紧环与支承环之间，与支承环起防止插管脱出套管的作用，多用于管径小于或等于 300mm、温度不高、伸缩量较大，又受地位限制不可能安装其他形式的补偿器的情况下。其优点是占地面积小，流体阻力小，伸缩量大，单向的伸缩可达 200mm，双向的伸缩可达 400mm，缺点是轴向推力大，填料密封性不可靠，只适用于直管路上。安装前，应拆开检查内部零件填料是否完整、齐全、符合要求。安装时，填料式补偿器应按管道中心线安装，不得偏斜，在靠近补偿器的两侧，至少应当各有一个导向支架。使管道运行时不至偏离中心线，以保证能自由伸缩。其安装方式同波纹管补偿器，安装示意也如图 7-36 所示。

补偿器的加工原材料应相当于管道的钢号，里面的压紧环和支承环则需根据介质而定。填料通常采用浸油的方形石棉绳或石墨粉（俗称石棉盘根、黑铅粉）。加装填料时应逐圈加装、逐圈压紧，各圈接口应互相错开。

（4）球形补偿器的安装　球形补偿器是近几年发展起来的一类新产品，它的优点是能够吸收管道产生的伸缩（热位移）、振动、扭曲等全部位移。因为它是以球体的圆心为回转中心，能够作 360°任意方向的回转。球形补偿器的结构较复杂，制造成本比方形补偿器高，而且需要维修，承受压力和温度的能力比方形补偿器低，其外形如图 7-38 所示。

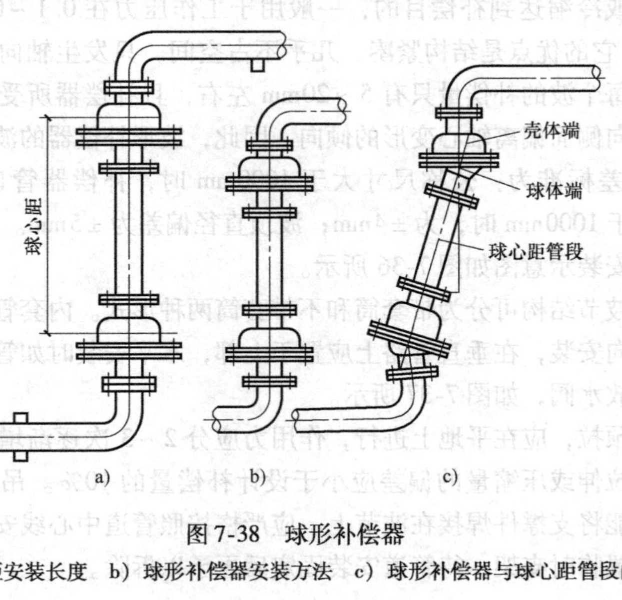

图 7-38　球形补偿器

a）球心距安装长度　b）球形补偿器安装方法　c）球形补偿器与球心距管段的组合

安装球形补偿器时，应注意阅读生产厂家的说明书，一般垂直安装在热力管道上，也可以水平安装，但必须至少由两只球形补偿器组成一组，一般组合成Ⅱ形和Γ形管线。安装时，两固定端间的管线中心线应与球形补偿器中心重合，在管段上适当配置导向滑动支架。安装时，要特别注意核对补偿器壳体上的标志是否符合设计要求。球形补偿器应安装在检修方便的位置。当安装在垂直管道中时，必须露出一部分球体，朝下安装，这样可以防止积存污物，保证安全运行。安装完毕后，应进行通气和通水试验。检查补偿器及各连接部分有无渗漏，球形接头是否回转灵活无卡涩现象。在此基础上做强度试验和系统试压，再检查各处有无渗漏，如球形补偿器本身接头有渗漏现象，只需稍微拧紧固定压盖上的六角调节螺母即可，一般拧 1/6 圈左右。

由于热力管道具有一定的强度，在一定长度下可以抵抗管道的热应力，因此，部分较短的管段可不设补偿器，表 7-9 所示为由固定点起允许不设补偿器的直管段最大长度。

表 7-9　由固定点起允许不设补偿器的直管段最大长度　　（单位：m）

热水温度/℃		60	70	80	90	95	100	110	120	130	140	143	151	158
蒸汽压力/10^5Pa		—	—	—	—	—	—	0.5	1.0	1.8	2.7	3	4	5
建筑物性质	民用建筑	55	45	40	35	33	32	30	26	25	22	22	22	—
	工业建筑	65	57	50	45	42	40	37	32	30	27	27	27	25

第三节　检修平台与小室

热力管道敷设时，需要安装和设置许多附件，这些附件常需要一定的空间，因此，在架空管道敷设时应设置检修平台，在埋地敷设时应设置小室。

一、检修平台

中、高支架敷设的管道，在安装阀门、放水、放气、除污装置的地方应设置检修操作平台。检修操作平台一般有钢制和混凝土制两种，其尺寸应保证维修人员操作方便，根据需要确定，通常不少于 1.5m^2，平台应设置固定的专用上下爬梯，且平台周围应设置防护栏杆。

二、检查井和小室

地下敷设供热管网，在管道分支处和装有套筒补偿器、阀门、排水装置等处，都应设置检查井，以便检查和检修。检查井有圆形和矩形两种，其尺寸根据管道的数量、管径和阀门尺寸确定，管道较少时，设置检查井即可。

检查井还用来汇集和排除渗入地沟或由管道放出的水。因此，检查井地面应低于地沟底，两者高差值不小于 0.3m；同时，检查井内至少设一个集水坑，并应置于人孔下方，以便将积水抽出，如图 7-39 所示。

检查小室的净空尺寸要尽可能紧凑，但必须考虑便于维护检修。净空度不得小于 1.8m，人行通道宽度不小于 0.6m，干管保温结构表面与检查小室地面距离不小于 0.6m。检查小室顶部应设入口及入口扶梯，入口人孔直径不小于 0.7m。为了检修时安全和通风换气，人孔数量不得少于两个，并对角布置。当热水管网检查小室只有放气门或其净空面积小于 0.4m^2 时，可只设一个人孔。检查小室还用来汇集和排除渗入地沟或由管道放出的水。为此，检查小室地面应低于地沟底，两者高差值不小于 0.3m，同时，检查小室内至少应设置一个集水

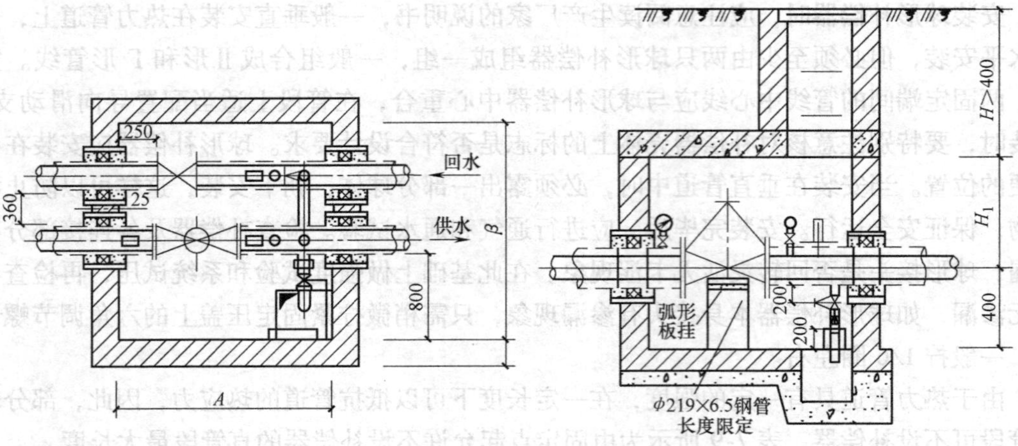

图 7-39　热力检查井

坑，并应置于人孔下方，以便使用便携泵将积水抽出。图 7-40 所示为一个检查小室布置的布置图。

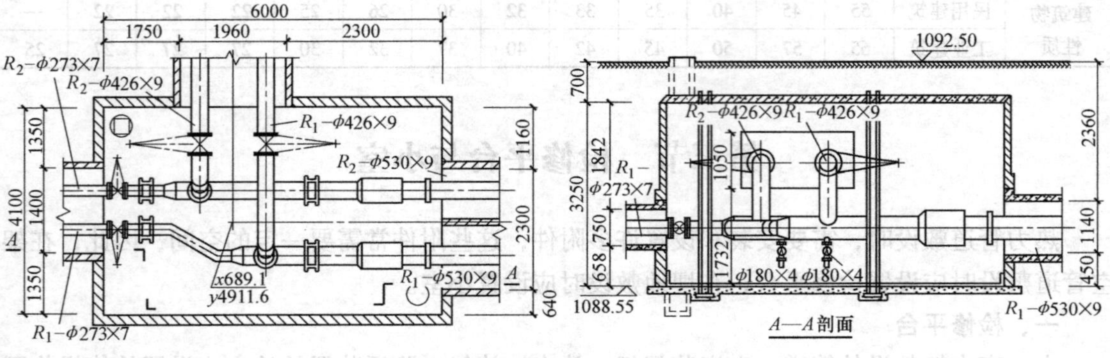

图 7-40　热力检查小室布置图

热力管道的分支连接通常为向上或向下挑接，安装时应注意高点排气、低点泄水，在管网敷设过程中，还应注意管道由于挑接而发生的标高变化。管道挑接做法如图 7-41 所示。

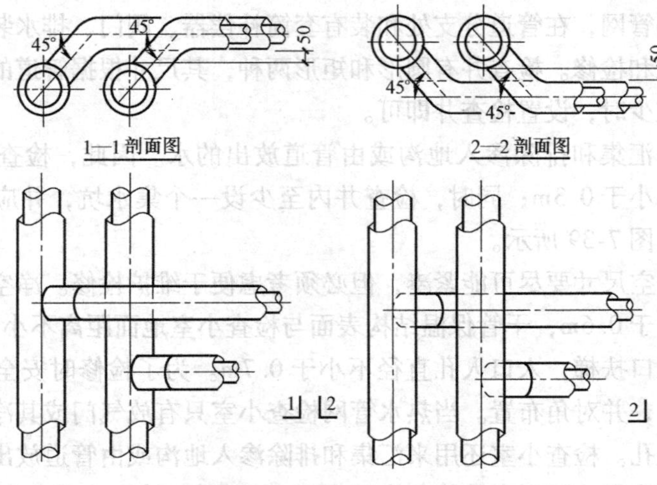

图 7-41　热力管道的挑接

检查小室或检修平台的位置及数量应与管道平面定线和设计一起考虑。在保证安全运行和检修方便的前提下，尽可能减少其数目。

第四节　热力管道的试压和验收

热力管道安装完后，必须进行其强度与严密性的试验。强度试验是以试验压力来检查管道，严密性试验是以工作压力来检查管道。热力管道一般采用水压试验。

一、热力管道的强度试验

管路附件及设备安装前应对管道再进行强度试验，其试验压力一般为工作压力的1.5倍，但不得小于0.6MPa。压力缓慢升至试验压力后，观测10min，如压力降不大于0.05MPa，且经检查无漏水处则为合格。

由于热力管道的直径较大，距离较长，一般试验时都是分段进行的，如两节点或两检查井之间的管段为一试压段，这样便于使整个管网实行流水作业。即一段水压试验合格后就可进行刷油、保温、盖盖板、回填土、场地平整等工作，仅把节点、检查井的管道接口留出即可。分段试压的另一优点是可及时发现问题及时解决，不致影响工程进度。因一般室外地下工程都是夏季施工，雨天较多，分段试压，可及时完成有关工序，不因雨天而延误整个工期。

管网上用的预制三通、弯头等零件，在加工厂用两倍的工作压力试验，闸阀在安装前用1.5倍工作压力试验。

二、热力管道的严密性试验

严密性试验一般伴随强度试验进行，强度试验合格后将水压降至设计压力的1.25倍，且不得小于0.6MPa，检查各节点或检查井各接口焊缝（可用不大于1.5kg的锤子击打距焊缝150mm处），检查系统各点是否严密，如不漏水则判定为分格。

当室外环境温度在5℃以下进行试压时，应采取防冻措施。如可先把水加热到40～50℃，然后灌入管道内试压，且其管段最长不宜超过200m，试压后应立刻将水排出，并检查有无存水地方，以免把管道冻裂。

对于架空敷设热力管道的试压，其手压泵及压力表如在地面上，则其试验压力应加上管道标高至压力表的水静压力。

试验过程中发现渗漏时，严禁带压处理。消除隐患后，应重新进行试验。如果在严密性试验时，压降虽然小于0.05MPa，但存在泄漏点，应在试验后处理泄漏点。

三、热力管道的清洗、试运行与验收

1. 清洗

热力管道试压合格后，应及时进行清洗，冲洗时应将减压阀、疏水器、流量计、过滤网等拆下，妥善存放，清洗结束后复原。热力管网冲洗合格后，还应以人工对排污管和除污器进行清洗，通常以流出的水色不混浊为合格。冲洗完毕后，应认真填写清洗检验记录。

2. 试运行

试运行应在单位工程验收合格，热源已具备供热条件后进行，当不具备加热条件时，应延期进行。试运行前，应编制试运行方案。在环境温度低于5℃进行试运行时，应制定可靠的防冻措施。试运行方案应由建设单位、设计单位进行审查同意并进行交底。

供热管线工程宜与热源工程联合进行试运行，并应有完善、灵敏、可靠的安全保障措施。在试运行期间管道法兰、阀门、补偿器及仪表等处的螺栓应进行热拧紧。热拧紧时的运行压力应在0.3MPa以下，温度宜达到设计温度，螺栓应对称紧固，在热拧紧部位应采取保护操作人员安全的可靠措施。试运行期间发现的问题，属于不影响试运行安全的，可待试运行结束后处理，属于必须当即解决的，应停止试运行，进行处理。试运行的时间，应从正常试运行状态的时间开始，连续运行72h。试运行应缓慢地升温，升温速度不应大于10℃/h。在低温试运行期间，应对管道、设备进行全面检查，支架的工作状况应做重点检查。在低温试运行正常以后，可再缓慢升温到试运行参数下运行。试运行期间，管道、设备的工作状态应正常，并应做好检验和考核的各项工作及试运行资料等的记录。蒸汽管网工程的试运行应带热负荷进行，试运行合格后，可直接转入正常的供热运行。

供热工程管网的整体验收，应在一个或多个单位工程验收和试运行合格后进行。

竣工验收应由建设单位组织，监理单位、设计单位、施工单位、管理单位等有关单位参加，验收合格后签署验收文件，移交工程，并填写竣工交接书，内容应符合有关规定。竣工验收时，施工单位应提供下列资料：①施工技术资料，包括施工组织设计（或施工技术措施）、竣工测量资料、竣工图等；②施工管理资料，包括材料的产品合格证、材质单、分析检验报告和设备的产品合格证、安装说明书、技术性能说明书、专用工具和备件的移交证明；③施工资料还应包括各种检查、检验的记录，工程竣工报告和其他需要提供的资料。

思 考 题

1. 供热系统和热力管道的验收执行哪些规范和标准？
2. 供热系统的试压标准与合格标准是什么？
3. 直埋保温管的规格有哪些？管道敷设的技术要求是什么？
4. 热力管道固定支座的设置原则及补偿器的安装要求是什么？

第八章

建筑给水排水系统的安装

建筑给水排水系统包括建筑给水、建筑排水、生活热水供应、消防供水以及中水等内容，是建筑设备的重要组成部分。分为室内和室外两部分工程，建筑给水排水工程施工按照GB 50242—2002《建筑给水排水及采暖工程施工质量验收规范》进行验收，室外市政工程按照GB 50268—2008《给水排水管道工程施工及验收规范》进行验收。消防给水及消火栓系统的调试与验收，按照GB 50974—2014《消防给水及消火栓系统技术规范》执行。自动喷水灭火系统按照GB 50261—2005《自动喷水灭火系统施工及验收规范》执行。

给水系统按用途可分为生活给水、生产给水和消防给水，也可根据具体情况，将上述三种给水系统进行组合，形成共用给水系统。

第一节　室内生活给水系统

生活给水的供水压力多为0.2~0.3MPa，超过0.35MPa应采取减压措施。

一、给水系统形式

图8-1所示是常用的几种给水方式示意图。由于使用设备不同，管道敷设位置不同，管道走向不同，占地面积和空间不同，因此对建筑的影响也有所不同。

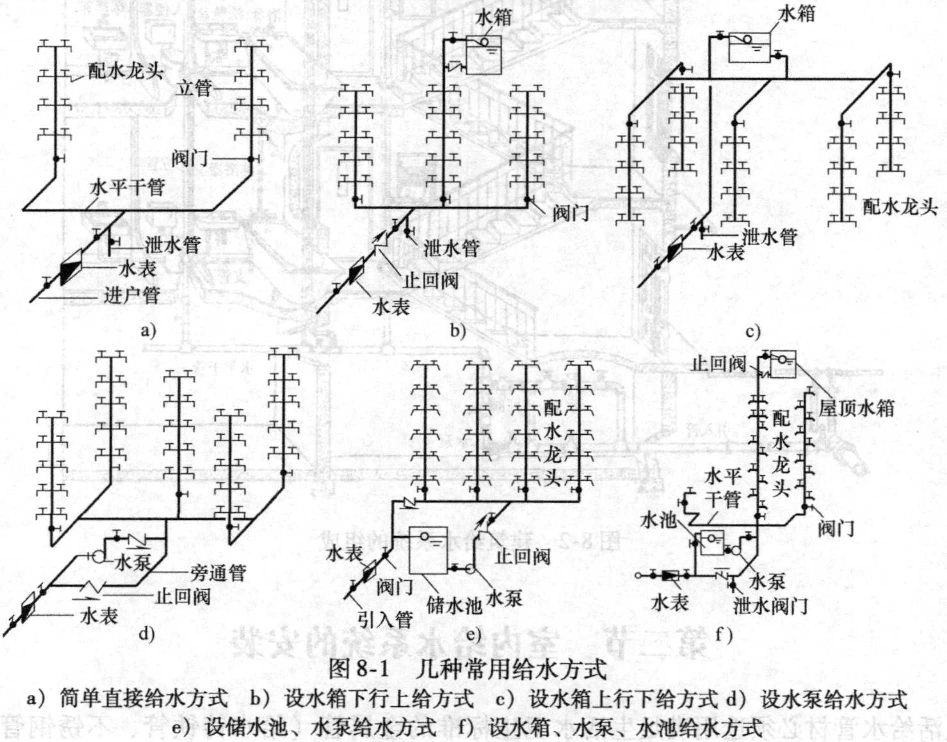

图8-1　几种常用给水方式

a）简单直接给水方式　b）设水箱下行上给方式　c）设水箱上行下给方式 d）设水泵给水方式　e）设储水池、水泵给水方式　f）设水箱、水泵、水池给水方式

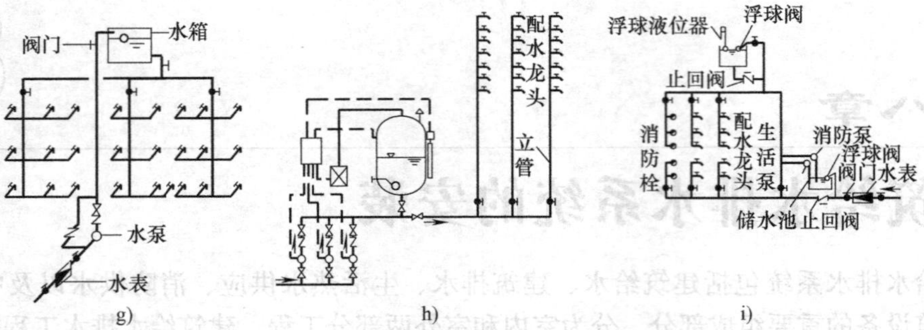

图 8-1　几种常用给水方式（续）

g）设水箱、水泵给水方式　h）气压给水装置　i）上下分区给水方式

二、给水系统的组成

建筑给水系统一般由引入管，水表节点，配水管网，给水附件，升压储水、消毒、用水设备等组成，如图 8-2 所示。

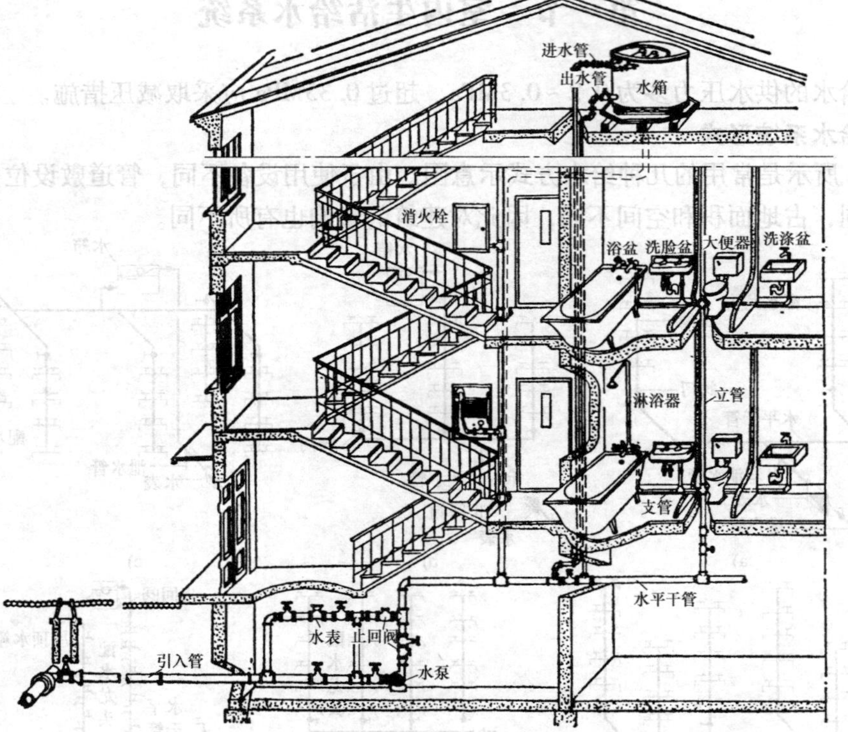

图 8-2　建筑给水系统的组成

第二节　室内给水系统的安装

生活给水管材必须选用满足生活水卫生标准的金属管（给水铸铁管、不锈钢管、铜管

等)、非金属管（各种有机聚合塑料给水管)、复合管（铝塑复合管、钢塑复合管）以及衬里管（内衬塑钢管、内衬不锈钢钢管）及相应的管件，不得使用冷镀锌钢管，不宜使用被限时使用的热镀锌钢管。不同给水系统组合使用的管材应满足高标准系统对管材的要求。独立的消防栓给水系统可以使用镀锌钢管和焊接钢管，独立的消防自动喷水灭火系统可以使用热镀锌钢管，生产用水管道可根据工艺对水质的要求确定管材，低于生活水标准的，可使用焊接钢管。

生活给水铸铁管通常采用承插连接（水泥捻口或橡胶圈接口）或法兰（压兰）连接，大管径钢管采用法兰连接（镀锌钢管与法兰接口应二次镀锌)、沟槽连接；中小管径（小于等于 *DN*100）采用螺纹连接。非生活水系统可采用焊接、法兰连接或螺纹连接，不锈钢管采用卡压连接、专用管件连接或焊接；铜管可采用专用接头连接和焊接，管径小于22mm 的宜采用承插或套管焊接，承口应迎介质流方向；管径大于或等于 22mm 的可采用对口焊接。铝塑管采用专用管件连接，塑料管采用热熔连接、电熔连接或专用连接件连接。

一、室内生活给水管道的安装

1. 施工前的准备工作

施工前应认真熟悉图样，还要与其他专业做好图样的会审工作。如果发现原设计有问题或需要修改时，应及时与设计人员进行沟通，并做好洽商变更记录。

预制加工是按设计图样画出管道分支、变径、管径、预留管口、阀门位置等的施工草图，在实际安装的位置上做好标记，按标记分段，量出实际安装的准确尺寸，然后按草图预制加工，并按管段进行分组编号。

埋地管道必须在房间回填土夯实或挖到管底标高时敷设，且沿管线敷设位置应清理干净；管道穿墙处已预留管洞或安装好套管，暗装管道应在地沟未盖盖或吊顶未封闭前进行安装，支架均应安装完毕并符合要求。明装干管安装必须在安装层的楼板完工后进行，将沿管线安装位置的模板及杂物清理干净，托、吊架均应安装牢固，位置正确；立管应在主体结构完成后进行安装，支管应在墙体砌筑完毕、墙壁未装修前进行安装。

2. 引入管的安装

引入管的室外段埋深不应小于当地的冰冻线 0.15m，一般在 0.7m 以下，与排水排出管的水平净距不宜小于 1.0m，并应有不小于 0.003 的坡度坡向室外管井。当引入管与排水管平行敷设时，净距不应小于 0.5m，交叉时垂直净距不小于 0.15m，且给水管应敷设在排水管上面。当地下管道较多，敷设有困难时，可在给水管上加钢套管，其长度不应小于排水管管径的 3 倍。

引入管的转弯处应设支墩，穿越承重墙或基础时，应配合土建预留孔洞，洞口高度或套管高度应保证管顶净高度不小于建筑物沉降量且不小于 0.1m，并填充不透水的弹性材料。各类管道穿过基础、墙壁和楼板预留孔洞尺寸值见表 8-1 和表 8-2。

表 8-1 给水引入管穿越基础预留洞尺寸 （单位：mm）

管径	50 以下	50 ~ 100	125 ~ 150
留洞尺寸长 × 宽	200 × 200	300 × 300	400 × 400

表 8-2　设计无要求时的预留孔洞尺寸　（单位：mm）

项次	管道名称	明管 留洞尺寸(长×宽)	暗管 墙槽尺寸(长×宽)
1	采暖或给水立管 管径≤25 管径 32～50 管径 70～100	 100×100 150×150 200×200	 130×130 150×150 200×200
2	一根排水立管 管径≤50 管径 70～100	 150×150 200×200	 200×130 250×200
3	一根给水立管和一根排水立管一起 管径≤50 管径 70～100	 200×150 250×200	 200×130 250×200
4	二根采暖或给水立管 管径≤32	 150×100	 200×130
5	二根给水立管和一根排水立管一起 管径≤50 管径 70～100	 200×150 350×200	 250×130 380×200
6	给水支管或散热器支管 管径≤25 管径 32～40	 100×100 150×130	 60×60 150×100
7	排水支管 管径≤80 管径 100～125	 250×200 300×350	
8	采暖或排水主干管 管径≤80 管径 100～125	 300×250 350×300	
9	给水引入管 管径≤80	 300×200	
10	排水排出管穿基础 管径≤80 管径 100～150	 300×300 (管径+300)×(管径+300)	

注：1. 给水引入管的管顶上部净空一般不小于100mm。

2. 排水排出管的管顶上部净空一般不小于150mm。

每条引入管上都应安装阀门，必要时还应安装泄水装置。图 8-3、图 8-4、图 8-5 所示为给水管道穿越基础墙、墙体和缝隙的做法。

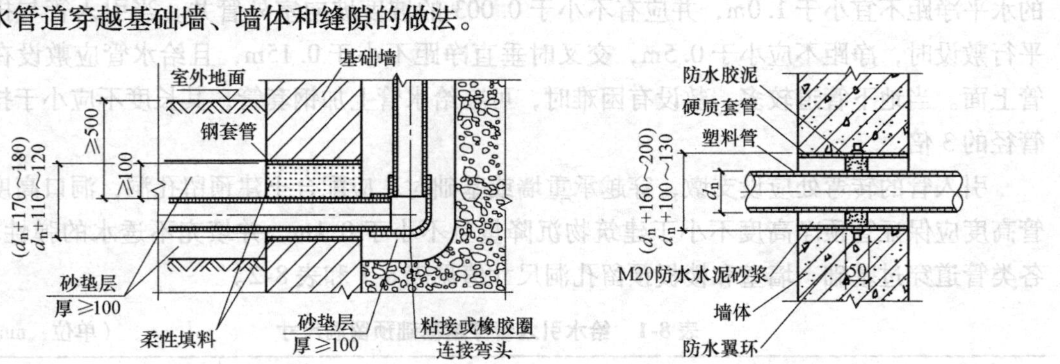

穿基础墙　　　　穿地下室墙体

图 8-3　塑料管和铝塑复合管穿越基础墙和地下室墙体做法

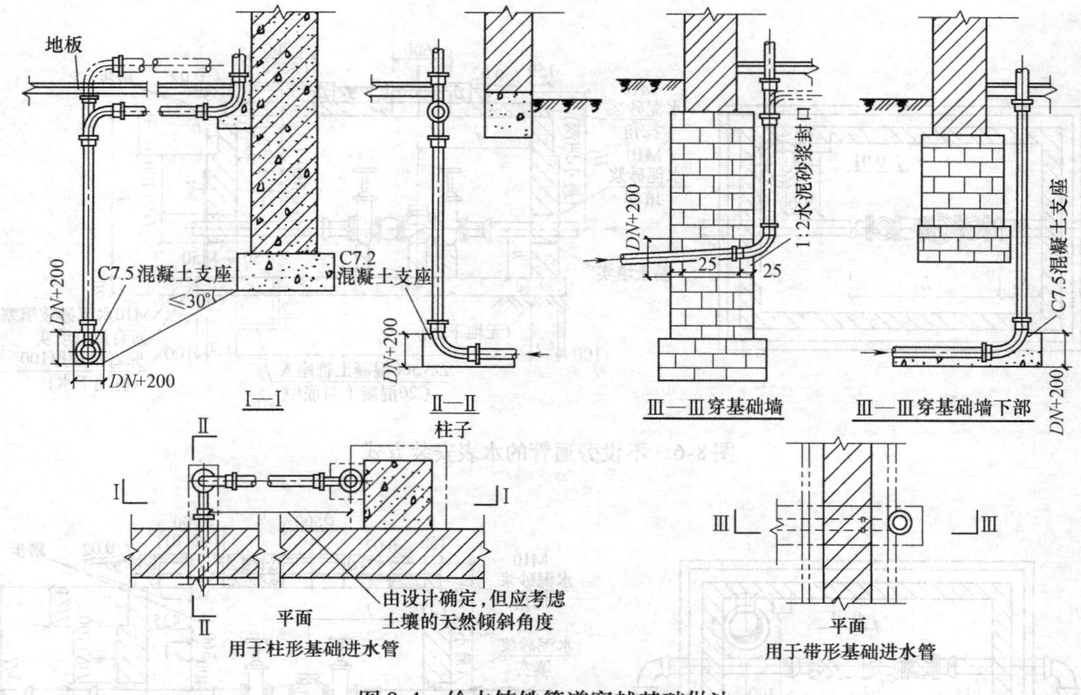

图 8-4　给水铸铁管道穿越基础做法

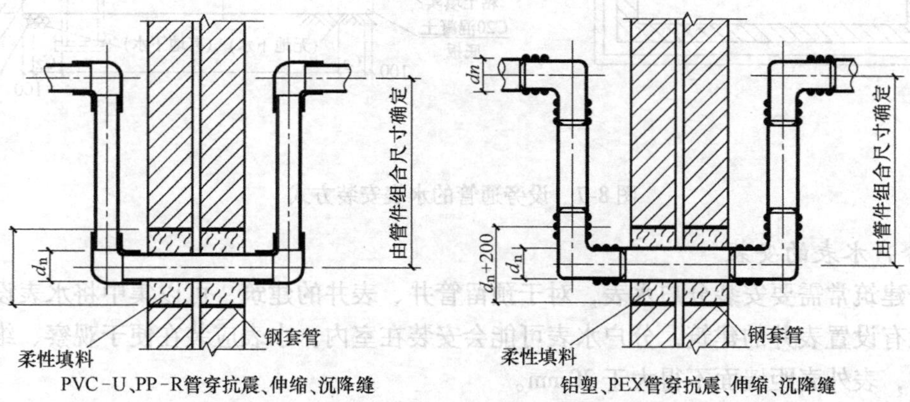

图 8-5　PVC-U、PP-R、PEX 和铝塑管穿越抗震缝、伸缩缝和沉降缝做法

当引入管在管沟内敷设时，应位于供热管道的下面或者另一侧，并在检修的地方设置活动盖板，留出足够的检修距离。

3. 建筑总水表的安装

建筑物的总水表一般安装在室外引入管起始端，温暖地区可安装在地面上，寒冷地带应将水表安装在水表井中或地下室等部位。水表安装形式分不设旁通管和设旁通管两种。水表分为旋翼式和螺翼式，螺翼式水表阻力较小，适合于较大流量的计量；旋翼式水表阻力较大，适合于较小流量的计量。水表安装时，表前与阀门间的直管段长度应不小于 8 倍的水表管径；安装其他形式的水表时，表前、表后的直管段长度不应小于 300mm。井中安装的水表应用红砖或混凝土预制块垫起来，不能将水表直接放在水表井底的垫层上。水表井安装如图 8-6、图 8-7 所示。

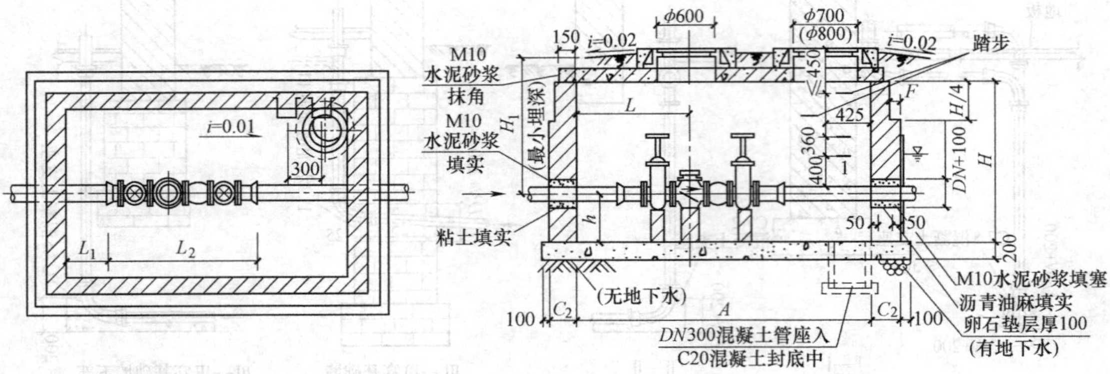

图 8-6 不设旁通管的水表安装方式

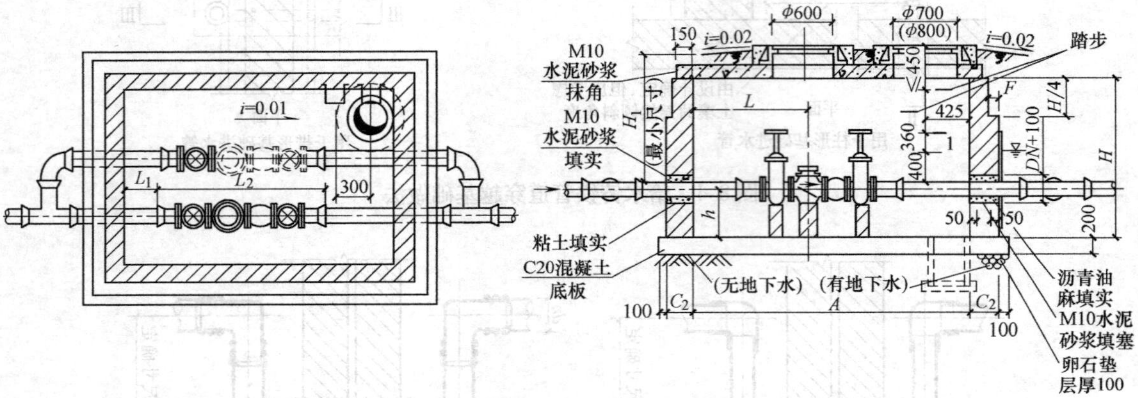

图 8-7 设旁通管的水表安装方式

4. 分户水表的安装

部分建筑常需要安装分户水表，对于预留管井、表井的建筑，可以集中将水表设置于其中，对没有设置表井的建筑，分户水表可能会安装在室内。水表应装在便于观察、维修和拆装的地方，表外壳距墙面不得大于 30mm。

普通卧式水表安装如图 8-8 所示，普通立式水表安装如图 8-9 所示，远传水表安装如图 8-10 所示。

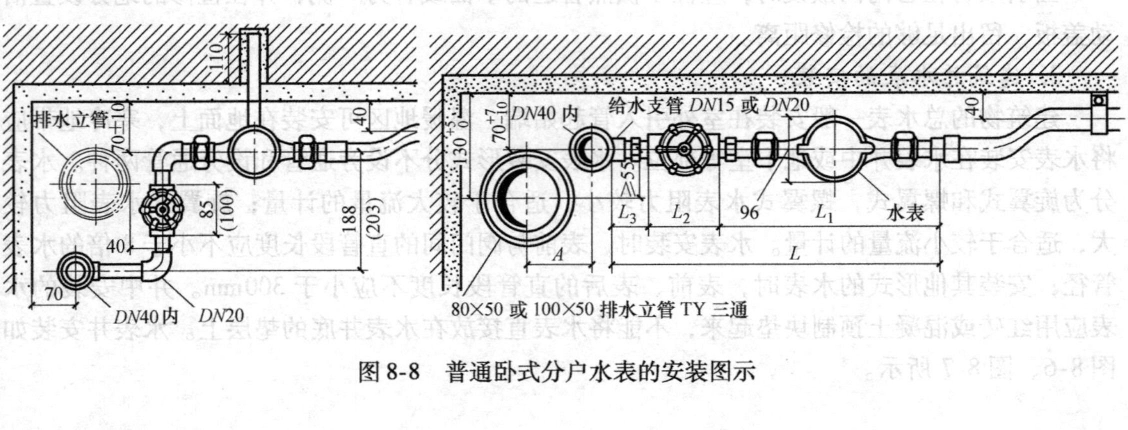

图 8-8 普通卧式分户水表的安装图示

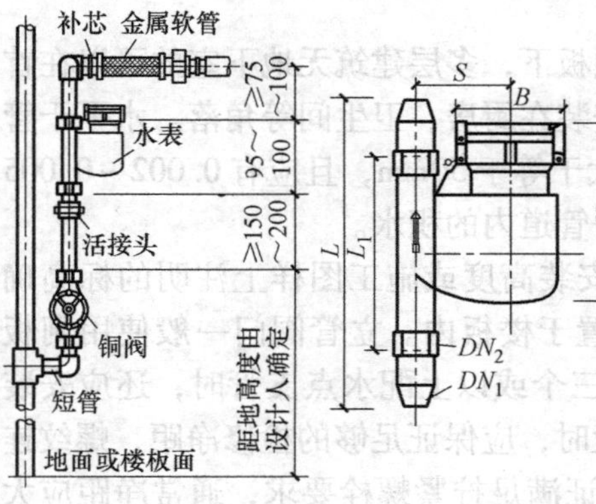

图 8-9 普通立式分户水表的安装图示

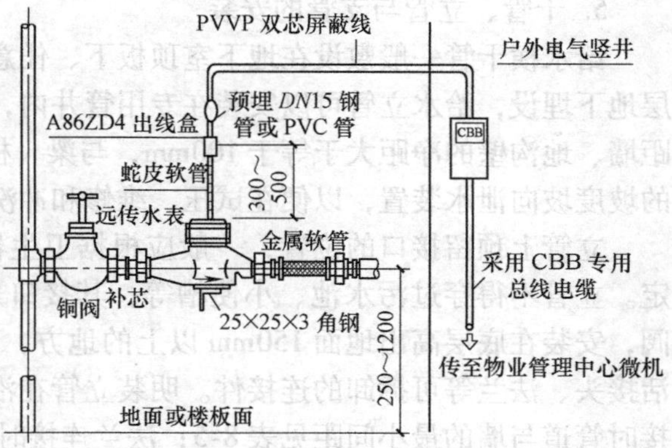

图 8-10 远传水表的安装

常用分户冷热水表安装尺寸见表 8-3。

表 8-3 常用分户冷热水表安装尺寸 （单位：mm）

A		支管直径(DN15)					支管直径(DN20)				
80×50	100×50	水表直径	L_1	L_2	L_3	L	水表直径	L_1	L_2	L_3	L
85±5	140^{+10}_{-5}	15	260	70 (90)	30 (40)	360 (390)	15 20	260 300	85 (100)	32	377~392 417~432

目前，水表多采用智能型 IC 卡预付费水表，与普通水表的最大区别在于水表有一套智能锁闭装置，因此需要使用电源。如果使用交流电时，应注意在水表附近预留防水电源插座。IC 卡水表分为整体式和分体式，IC 卡分为接触式和非接触式。整体式 IC 卡冷水水表外形尺寸见表 8-4，安装图示如图 8-11 所示。

表 8-4 整体式 IC 卡冷水水表外形尺寸

公称口径 DN	水表长度 L_1		总长 L		宽度 B	高度 H	表壳螺纹 D	接管螺纹 D_1	净重（参考）
	优选系列	可选系列≤	优选系列	可选系列≤					
mm	mm		mm		mm				kg
15	165	380	260	475	96	127	G3/4B	R1/2	2.4
20	195	410	300	515	96	127	G1B	R3/4	2.7

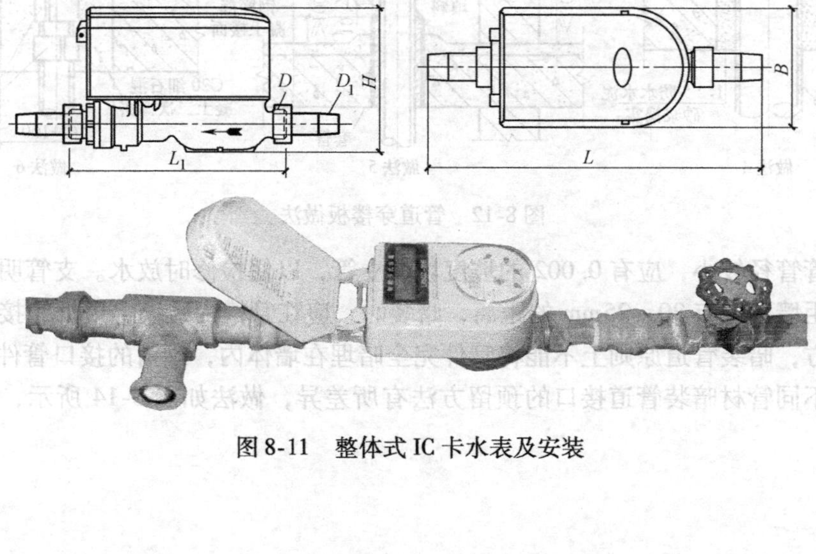

图 8-11 整体式 IC 卡水表及安装

5. 干管、立管与支管的安装

给水横干管一般敷设在地下室顶板下、任意层的顶板下，多层建筑无地下室的可以在首层地下埋设，给水立管可以安装在专用管井内，也可安装在厨房、卫生间等角落。水平干管距墙、地沟壁的净距大于等于100mm，与梁、柱净距大于等于50mm，且应有0.002~0.005的坡度坡向泄水装置，以便在试压、维修和冲洗时排净管道内的积水。

立管上预留接口的位置，一般应根据卫生器具的安装高度或施工图样上注明的标高确定。立管不得穿过污水池、小便槽等，其接口也不能置于楼板内。立管阀门一般使用闸板阀，安装在底层高出地面150mm以上的地方，在装有三个或以上配水点支管时，还应安装活接头、法兰等可拆卸的连接件。明装立管在沿墙敷设时，应保证足够的检修净距，螺纹连接时管道与墙的最小间距见表8-5；法兰连接时，应保证满足拧紧螺栓要求，通常净距应大于100mm。

表8-5 螺纹连接时管道与墙最小间距

管径/mm	净距/mm	管径/mm	净距/mm
$DN\leqslant32$	≥25	$DN75\sim DN100$	≥50

立管穿过楼板时应加设钢制套管或PVC套管，普通房间应高出地面20mm，厨卫等房间应高出地面50mm。管道穿楼板常如做法如图8-12所示，穿越屋面做法如图8-13所示。

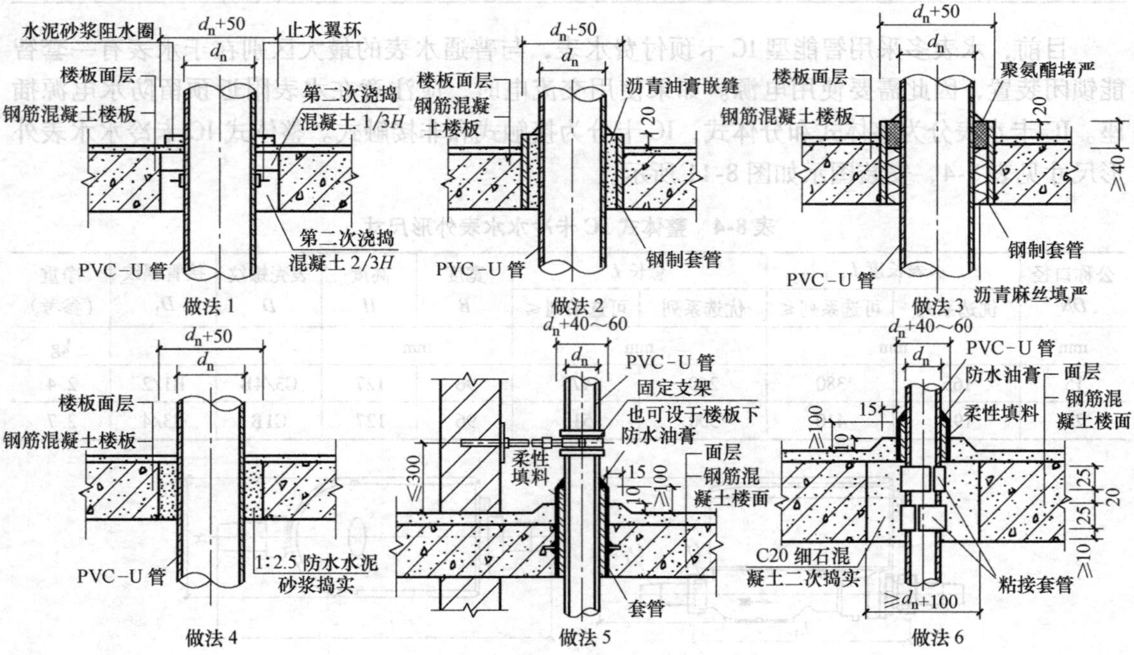

图8-12 管道穿楼板做法

给水支管管径较小，应有0.002的坡度坡向立管，以便检修时放水。支管明装沿墙敷设时，管外壁距墙面应有20~25mm的距离，暗装时，应在管槽内敷设，可拆卸接头应装在便于检修的地方，暗装管道原则上不能将管件完全暗埋在墙体内，预留的接口管件放置在合理位置，使用不同管材暗装管道接口的预留方法有所差异，做法如图8-14所示，预留尺寸见表8-6。

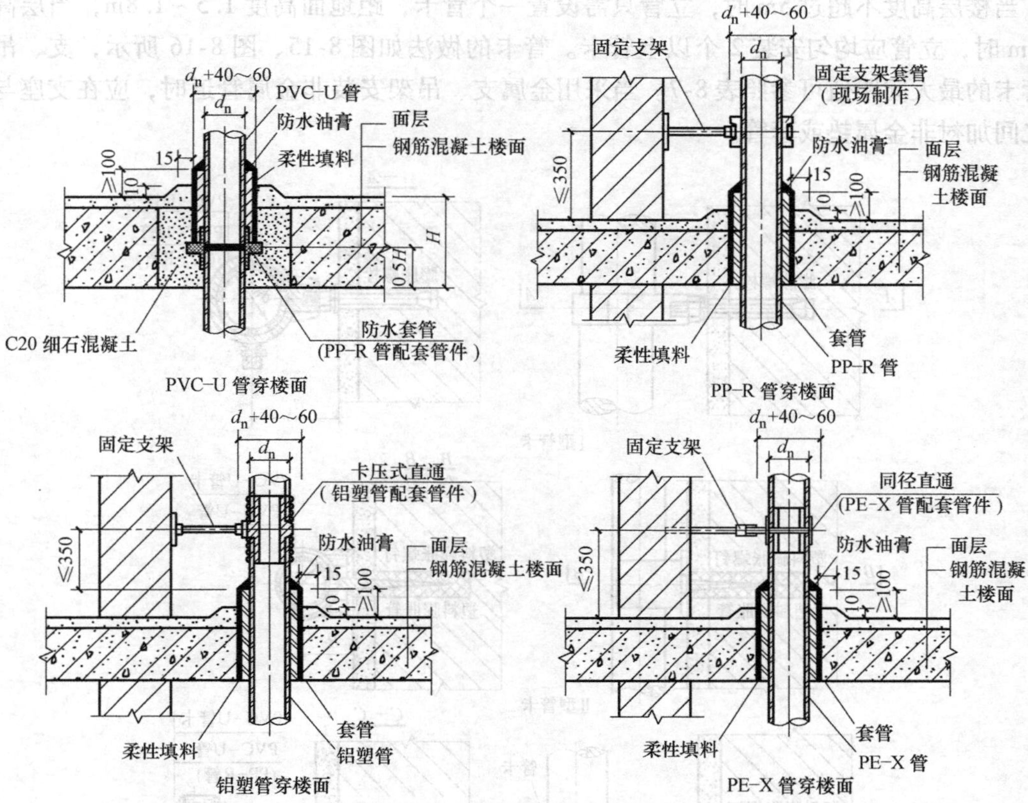

图 8-13　管道穿越屋面的做法

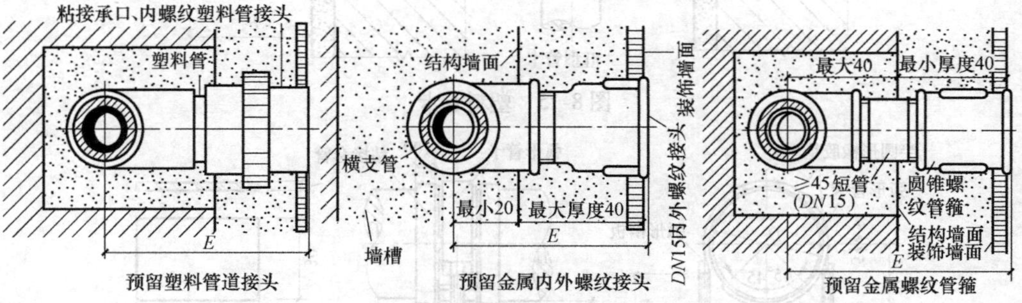

图 8-14　暗装管道接口的预留

表 8-6　暗装给水支管的预留尺寸　　（单位：mm）

<table>
<tr><th colspan="2">横支管</th><th rowspan="2">连接形式</th><th rowspan="2">E
(最短尺寸)</th><th colspan="2">横支管</th><th rowspan="2">E
(最短尺寸)</th></tr>
<tr><th>材质</th><th>DN</th><th>材质</th><th>DN</th></tr>
<tr><td rowspan="6">金属管道</td><td rowspan="2">15</td><td>内外螺纹接头连接</td><td>60</td><td rowspan="6">硬聚氯乙烯管道</td><td rowspan="2">20</td><td rowspan="2">65</td></tr>
<tr><td>用套制短管连接</td><td>81(76)</td></tr>
<tr><td rowspan="2">20</td><td>内外螺纹接头连接</td><td>64</td><td rowspan="2">25</td><td rowspan="2">73</td></tr>
<tr><td>用套制短管连接</td><td>85(80)</td></tr>
<tr><td rowspan="2">25</td><td>内外螺纹接头连接</td><td>67</td><td rowspan="2">32</td><td rowspan="2">86</td></tr>
<tr><td>用套制短管连接</td><td>88(83)</td></tr>
</table>

当楼层高度不超过5m时，立管只需设置一个管卡，距地面高度1.5～1.8m，当层高大于5m时，立管应均匀安装2个以上管卡。管卡的做法如图8-15、图8-16所示，支、吊架或管卡的最大间距值可参照表8-7。当采用金属支、吊架安装非金属管道时，应在支座与管道之间加衬非金属垫或套管。

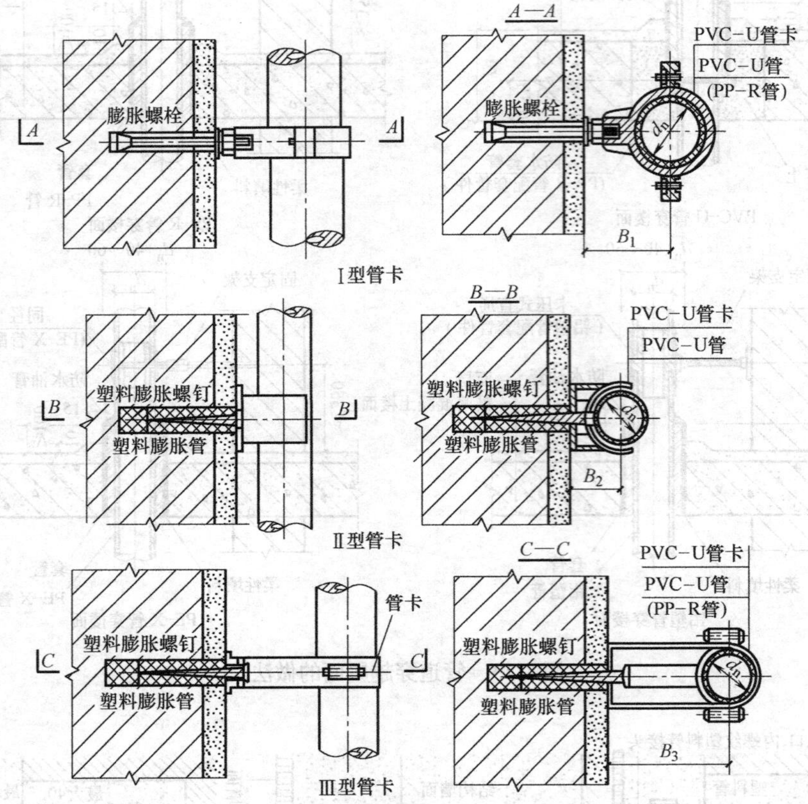

图8-15　塑料管卡

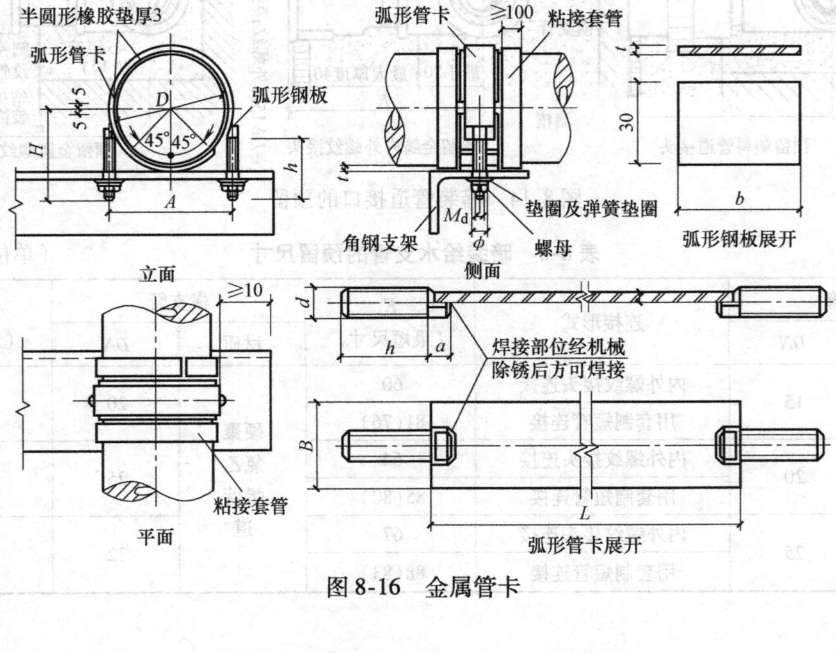

图8-16　金属管卡

表 8-7　冷热水管支、吊架或管卡最大间距

钢管管道支、吊架最大间距

管径/mm	15	20	25	32	40	50	70	80	100	125	150	200	250	300
保温/m	2.0	2.5	2.5	2.5	3.0	3.0	4.0	4.0	4.5	6.0	7.0	7.0	8.0	8.5
不保温/m	2.5	3.0	3.5	4.0	4.5	5.0	6.0	6.0	6.5	7.0	8.0	9.5	11.0	12.0
立管/m	楼层小于等于5m，每层安装1个，距地1.5~1.8m；大于5m，不少于2个，均匀安装，同一房间，同一高度													

薄壁不锈钢管及不锈钢塑料复合管支、吊架最大间距

管径/mm	15	20	25	32	40	50	63	75	90	110
水平管/m	1.0	1.5	1.5	2.0	2.0	2.5	(2.8)	(3.2)	(3.8)	(4.0)
立管/m	1.5	2.0	2.0 (2.3)	2.5 (2.6)	2.5 (3.0)	3.0 (3.5)	3.0 (4.2)	(4.8)	(4.8)	(5.0)
说明	①*DN* 小于等于25mm，可采用塑料卡，当采用金属卡或吊架时，支、吊架与管道中间需垫塑料带或橡胶，支、吊架距配件距离为40~80mm；②括号中的数字为不锈钢塑料复合管用数据									

建筑冷热水用塑料管及复合管支、吊架或管卡最大间距

管径/mm	12	14	16	18	20	25	32	40	50	63	75	90	110
立管/m	0.5	0.6	0.7	0.8	0.9	1.0	1.1	1.3	1.6	1.8	2.0	2.2	2.4
水平管/m	0.4	0.4	0.5	0.5	0.6	0.7	0.8	0.9 (1.0)	1.0 (1.2)	1.1 (1.4)	1.2 (1.6)	1.35	1.55
说明	括号内的数据为该管径铝塑复合(PAP)管的最大间距，其余管径通用												

建筑用硬聚氯乙烯给水(PVC-U)管支、吊架或管卡最大间距

管径/mm	15	20	25	32	40	50	63	75	90	110	160
立管/m	—	0.9	1.00	1.10	1.30	1.60	1.80	2.00	2.20	2.40	2.80
横管/m		0.6	0.70	0.80	0.90	1.00	1.10	1.20	1.35	1.55	1.80

建筑给水用聚丙烯给水(PP-R、PP-B)管支、吊架或管卡最大间距

管径/mm	15	20	25	32	40	50	63	75	90	110
立管/m	—	0.9	1.0	1.1	1.3	1.6	1.8	2.0	2.2	2.4
横管/m	—	0.6	0.7	0.8	0.9	1.0	1.1	1.2	1.35	1.55
说明	①管道不补偿时，支架均为固定支架；②采用金属托板作为固定支架时，间距可增大35%，每隔300~350mm应有卡箍捆绑；③管道与托件之间采用塑料或橡胶隔垫；④冷热水共用支架时，按照间距小的执行；⑤支吊卡大小根据管径确定，*D*50mm以下管卡最小宽度为24mm，*D*63~*D*75mm管卡为28mm，*D*90~*D*110mm，管卡为32mm									

建筑给水氯化聚乙烯管(PP-C)管道支撑点的最大间距

管径/mm	15	20	25	32	40	50	63	75	90	110	125	140	160
立管/m	—	1.0	1.1	1.2	1.4	1.6	1.8	2.1	2.4	2.7	3.0	3.4	3.8
横管/m	—	0.8	0.8	0.85	1.0	1.2	1.4	1.5	1.6	1.7	1.8	2.0	2.0
说明	①活动支架不能支撑在配件上；②支撑距配件不宜小于80mm，伸缩接头两端、阀门及给水栓应设支撑点												

建筑给水用聚乙烯给水(PE、PEX、PE-RT)管支、吊架或管卡最大间距

管径/mm	15	20	25	32	40	50	63	75	90	110	125	160
立管/m	—	0.85	0.98	1.1	1.3	1.6	1.8	2.1	2.2	2.4	2.6	2.8
横管/m	—	0.6	0.7	0.8	0.9	1.0	1.1	1.2	1.35	1.55	1.7	1.9
说明	①管道应采用表面处理过的金属支撑件；②支撑件距管件50~100mm；③宜采用橡胶垫隔离											

（续）

建筑给水用铜塑管支、吊架或管卡最大间距														
管径/mm	15	20	25	32	40	50	65	80	100	125	150	200	250	300
立管/m	1.8	2.4	2.4	3.0	3.0	3.0	3.5	3.5	3.5	3.5	4.0	4.0	4.5	4.5
横管/m	1.2	1.8	1.8	2.4	2.4	2.4	3.0	3.0	3.0	3.0	3.5	3.5	4.0	4.0
说明	①管道支撑件应选用铜合金制品；②采用钢支架时，应设软隔垫													

6. 热水管道的安装

热水管常用的管材有不锈钢管、铜管、铝塑复合管、塑料管等，部分塑料管材有冷热之分，其中高密度聚乙烯（HDPE）管、给水聚氯乙烯（PVC-U）管、聚乙烯（PE）管等不得用于热水系统。由于受到热应力的影响，热水管道应与供热管道一样地设置补偿器。当冷热水共用支、吊架时，应按照热水管间距要求设置，直接埋设暗敷冷热水管道的管卡间距均可采用1.00～1.50m。塑料给水管不得与水加热器或热水炉直接连接，应有不小于0.4m的金属管过渡。

冷、热水管共同敷设，上下平行安装时，热水管应安装在冷水管上面；垂直平行安装时，热水管应装在冷水管的左侧；在卫生器具上安装冷、热水龙头，热水龙头应安装在左侧。

二、给水设备的安装

给水设备包括保证建筑正常供水而采用的加压、贮水设备，用水设备和卫生器具，其中卫生器具安装将在后面讲述。

加压、贮水设备包括汲水水箱（池）、加压水泵、控制设备和高位水箱等。生活给水加压一般都采用组合式加压设备，将水泵、抽水隔断水箱和控制设备组合在一起，目前较为常见的有水泵水箱联合给水系统、变频给水系统和无负压给水装置。

（1）水箱的安装　水箱是贮水和隔断装置，分为高位水箱和隔断用水箱。水箱常用不锈钢、玻璃钢、高分子塑料等制成，有圆形、方形、矩形和球形，特殊情况下，也可根据具体条件设计成其他任意形状，生活给水水箱的材料必须符合卫生标准，目前已有各种材料制成的装配式水箱，被列为国家建筑设计的标准设计。

水箱一般应设进水管、出水管、溢水管、泄水管、通气管、液位计、人孔等附件，如图8-17所示。

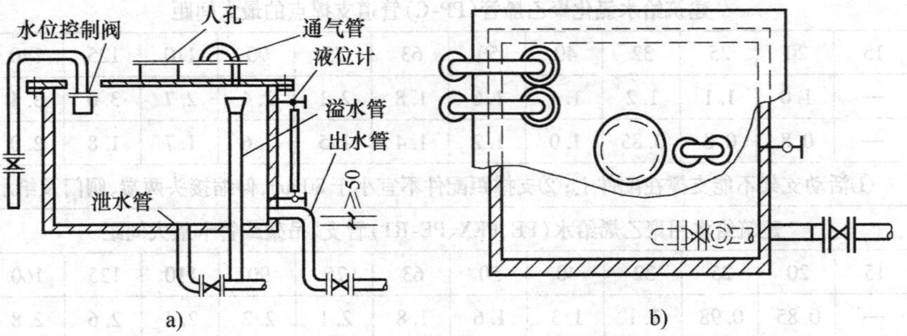

图8-17　水箱
a）剖面图　b）平面图

水箱进水管可从侧壁、底部或顶部接入。水管出口应安装液压水位控制阀或浮球阀，当管径大于等于50mm时，其阀门数量不宜少于两个，每个控制阀前都应装有检修阀门。水箱出水管可从侧壁或底部接出，距箱内底部高度为50mm，当需要安装止回阀时，应采用阻力较小的旋启式止回阀。

水箱溢水管可从侧壁接出，其管径宜比进水管大1~2号，但在水箱底1m以下管段可用大小头缩成等于进水管管径。溢水管上不得装设阀门，且不得与排水系统直接连接，必须采用隔断排水方式。

水箱泄水管应从底部最低处接出，管上装设内螺纹或法兰的闸板阀，不宜使用截止阀。泄水管可与溢水管相接，同样不得与排水系统直接连接，泄水管的管径在无特殊要求时，一般管径不小于50mm。

成品水箱箱壁上设有观察板或外接玻璃管水位计的接口，有的水箱还在水箱侧壁设置信号管接口。对要求与水泵启停连锁的系统，则应在水箱侧壁或顶盖上安装液位继电器或信号器。常用液位继电器或信号器有浮球式、杆式、电容式与浮子式等。

高位给水水箱一般安装在屋顶，寒冷地区还应在屋顶设专用水箱间，有时还需采取防冻措施。水箱的有效水深，一般采用0.70~2.50m，水箱安装时用槽钢或条形混凝土支座进行支承。接触面之间应垫以石棉橡胶板、橡胶板或塑料板等绝缘材料，防止水箱腐蚀。水箱底距地面宜有不小于800mm的净空高度，以便进行检修和安装管道。供生活饮用水的水箱应设有密封箱盖。生活饮用水也可采用闭式水箱，如图8-18所示。

高层建筑、大型公共建筑等设置临时高压消防给水系统，还需要设置消防高位水箱，目前多单独设置。当生活和消防共同合用水箱时，应有确保消防贮备水量不作他用的措施，如采用生活出水管用虹吸管顶钻孔（孔径为管径的1/10）的措施，如图8-19所示。

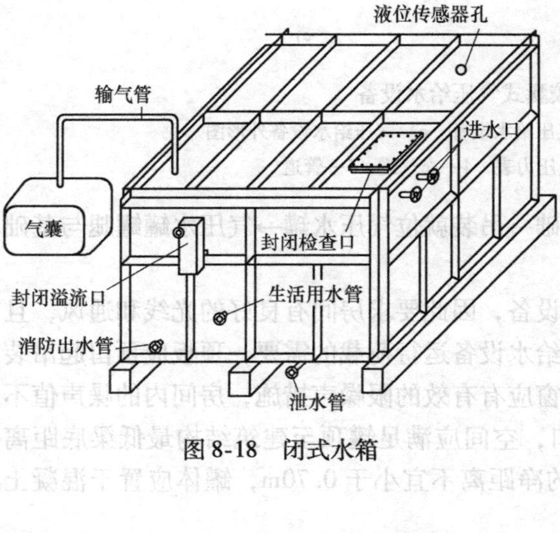

图8-18 闭式水箱

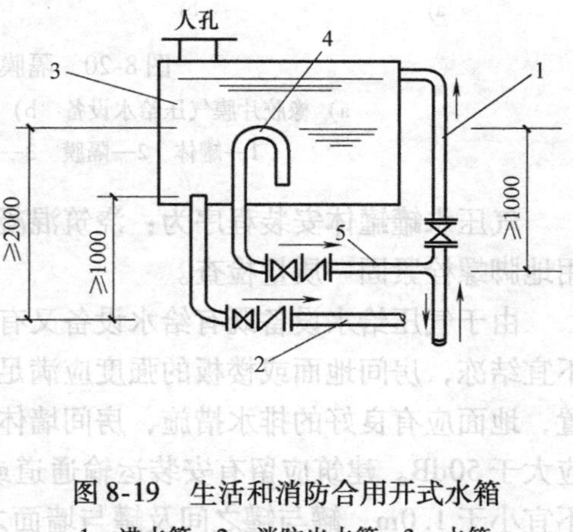

图8-19 生活和消防合用开式水箱

1—进水管 2—消防出水管 3—水箱
4—虹吸管顶钻孔 5—生活出水管

水箱间的净高不应低于2.2m，同时还要满足水箱高度及平面布置要求，其结构应为非燃烧材料。水箱间应有良好的通风、采光和防蚊蝇措施，最低气温不应低于5℃。对于容积较大的水箱，宜将水箱分成多个。水箱间距见表8-8。

表 8-8 水箱布置间距 （单位：m）

形式	箱外壁至墙面的距离		水箱之间	箱顶至建筑最低点的距离
	有阀门一侧	无阀门一侧		
圆形	0.8	0.5	0.7	0.6
矩形	1.0	0.7	0.7	0.6

注：1. 水箱旁连接管道时，表中所规定的距离应从管道外表面算起。

2. 当布置有困难时，允许水箱之间或水箱与墙壁之间的一面不留检查通道。

3. 表中有阀或无阀指有无液压水位控制阀或浮球阀。

（2）气压给水设备的安装 气压给水是常用的供水方式，由汲水水池（箱）、气压水罐、水泵、管路阀门、压力表、补气装置及电控装置等组成，由气压罐替代高位水箱。

气压给水设备按补气方式分自动补气式和隔膜式（定期补气式）两种。定期补气式一般在罐内安装有胶囊或橡胶片膜，如图 8-20a 和 b 所示，图 8-20c 所示为气压式给水设备。

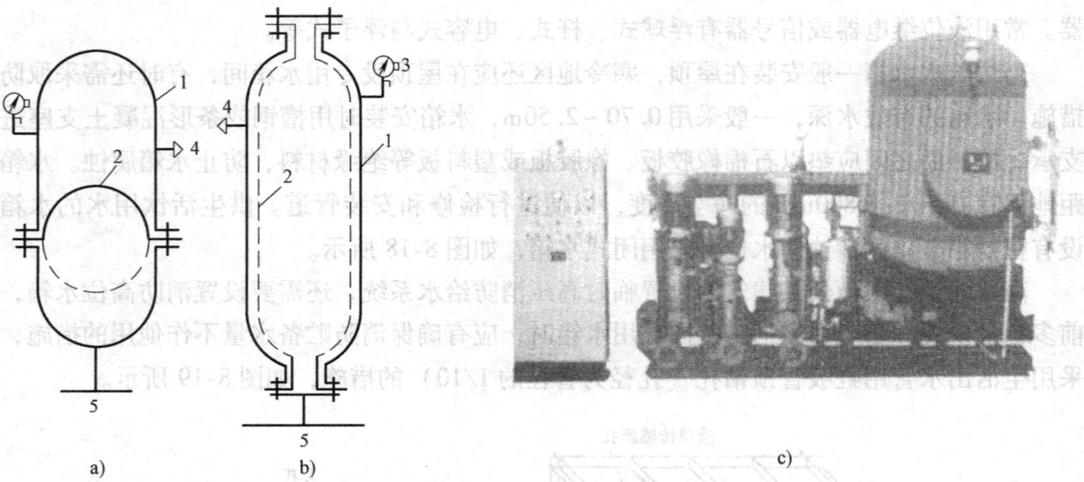

图 8-20 隔膜式和胶囊式气压给水设备

a）橡胶片膜气压给水设备 b）胶囊气压给水设备 c）气压给水设备外形图

1—罐体 2—隔膜 3—电接点压力表 4—充气罐 5—管道

气压水罐罐体安装程序为：浇筑混凝土基础→吊装就位气压水罐→气压水罐罐腿与基础用地脚螺栓紧固→质量检查。

由于气压给水设备既有给水设备又有电气设备，因此要求房间有良好的光线和通风，且不宜结冻，房间地面或楼板的强度应满足气压给水设备运行荷载的需要，顶板应预留起吊装置，地面应有良好的排水措施，房间墙体及门窗应有有效的限噪声措施，房间内的噪声值不应大于 50dB。建筑应留有安装运输通道或洞口，空间应满足罐顶至建筑结构最低梁底距离不宜小于 1.0m，罐与罐之间及罐与墙面之间的净距离不宜小于 0.70m，罐体应置于混凝土底座上，底座应高出地面不小于 0.10m。

小型气压给水设备一般自带槽钢支架基础，大型设备需要单独设置混凝土基础。水罐的荷载较大，可做成单罐或多罐的通体基础。基础尺寸必须符合气压水罐安装详图的要求，设计未注明时，基础平面尺寸的长和宽应比罐体本身最大尺寸加大 100 ~ 150mm，基础厚度不应小于气压水罐运行重量的 2 ~ 3 倍，且基础底应有 100 ~ 150mm 厚的碎石或砂垫层。在气压水罐的混凝土基础强度达到70%以上时，才能把气压水罐吊起并使其安装在基础上，罐腿孔插进地脚螺栓并加垫铁调节罐体的垂直度，在地脚螺栓与罐腿紧固后应能使罐体的垂直度符合设计要求。其水平度要求纵、横向允许偏差不大于直径的1/1000，且不大于3mm，垂直度不大于气压水罐高度的1/1000，标高允许偏差不超过±15mm，中心线位移不大于5mm为合格。一般可使用水准仪、水平尺进行检查。图8-21所示为单罐双泵气压给水设备及基础安装图。

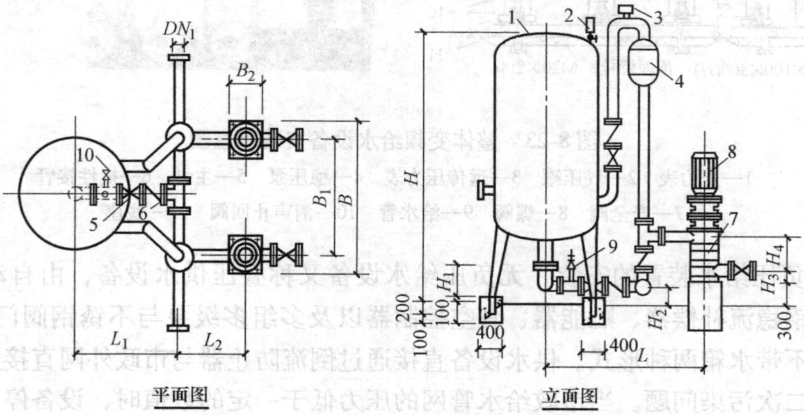

图8-21 单罐双泵补气式气压给水设备及基础安装图

1—气压罐 2—压力控制器 3—呼吸系统 4—缓冲罐 5—阀门 6—止回阀 7—水泵 8—电动机 9—安全阀 10—泄水阀

采用空气压缩机补气的气压给水设备，空气压缩机按设计要求或产品样本所提要求安装。空气压缩机整机安装时，应按机组的大小浇筑混凝土基础和选用成对斜垫铁，对超过3000r/min的机组，各块垫铁之间，垫铁与基础、底座之间的接触面积不应小于接合面的70%，局部间隙不应大于0.05mm，每组垫铁选配后成组放好，防止错乱。

气压给水设备管路阀门的安装应保证气密性符合要求，阀门手轮要水平，管道应横平竖直且安装牢靠，主体部分完成后，再安装仪表。气压给水设备坐标允许偏差为15mm，用经纬仪或拉线、尺量检查；标高允许偏差为±5mm，垂直度（每米）允许偏差为5mm，设备安装完成后应进行水压试验，水压试验在试验压力下10min压力不降，不渗不漏为合格，一般试验压力为工作压力的1.5倍，且不得小于0.6MPa。

（3）变频给水设备的安装　变频调速给水设备由供水设备和变频控制装置组成。该系统的压力罐体积较气压给水小得多。流量较小的设备多是一体化设备。电控箱一般可安装在专用电气设备房间内，也可安装在水泵房内的墙上、高于地面50~150mm的台基上。图8-22所示为变频给水系统的原理图，图8-23所示为变频给水设备安装示意图。

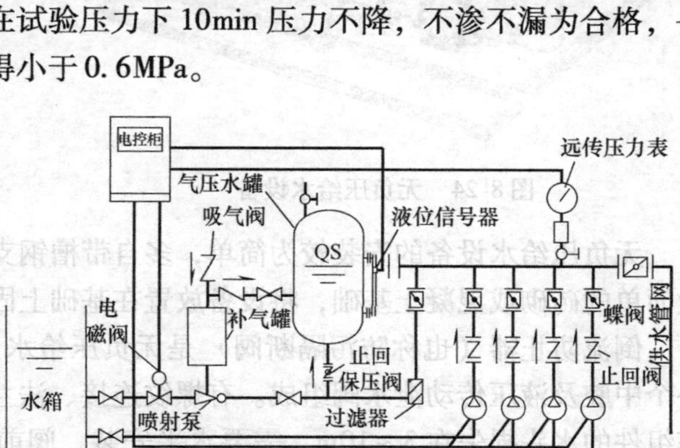

图8-22 变频给水系统原理图

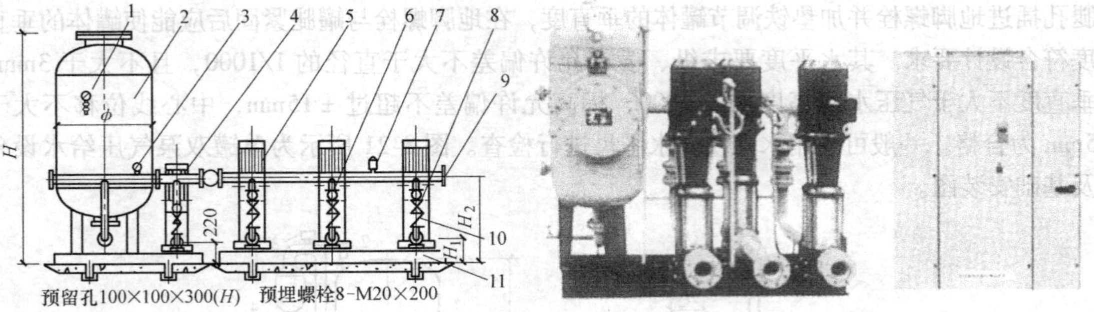

图 8-23　整体变频给水设备安装示意图

1—压力表　2—气压罐　3—远传压力表　4—稳压泵　5—主泵　6—挠性接管　7—安全阀　8—蝶阀　9—给水管　10—消声止回阀　11—底座

（4）无负压给水装置的安装　无负压给水设备又称叠压供水设备，由自动变频调速控制柜、不锈钢稳流补偿器、贮能器、真空控制器以及多组多级泵与不锈钢阀门管件等组成，有带水箱和不带水箱两种形式。供水设备直接通过倒流防止器与市政外网直接连接，省去水箱，解决了二次污染问题。当市政给水管网的压力低于一定的数值时，设备停止工作，防止给水外网产生负压。无负压给水设备对室外给水外网的管径、资用压力有一定的要求，安装应征得当地有关部门的同意。图 8-24 所示为无负压给水设备，图 8-25 所示为带有水箱的无负压给水设备，图 8-26 所示为无负压给水设备组成示意图。

图 8-24　无负压给水设备

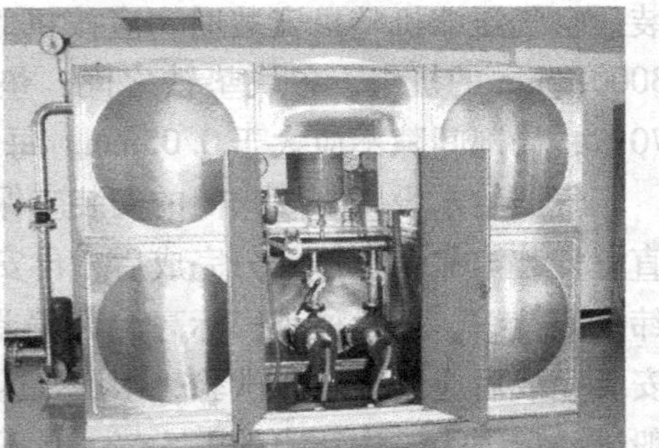

图 8-25　带有水箱的无负压给水设备

无负压给水设备的安装较为简单，多自带槽钢支座，将支座与地面结构固定即可。也可做简单的砖砌或混凝土基础，将设备放置在基础上固定即可。

倒流防止器（也称防污隔断阀）是无负压给水系统的一个重要组件，由两个止回阀和一个中腔及液压传动泄水阀组成。有螺纹连接、法兰连接和自带除污器等多种规格和型号。该组件的水头损失在 3～10m，需要水平安装，阀前后还应安装蝶阀（或闸阀）、过滤器及橡胶软接头（或伸缩器）等，图 8-27 所示为几种倒流防止器，图 8-28 所示为倒流防止器组件的实际安装图片。

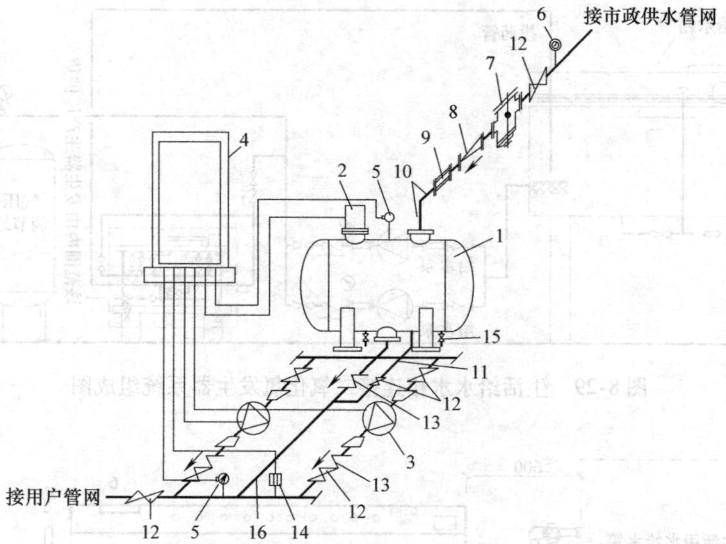

图 8-26 无负压给水设备组成示意图

1—稳流补偿器 2—真空抑制器 3—水泵 4—控制柜 5—压力传感器 6—负压表 7—过滤装置 8—倒流防止器 9—紫外线杀菌器接口 10—加氯机、臭氧发生器接口 11—小流量保压管 12—闸阀 13—止回阀 14—超压保护装置 15—排污口 16—旁通管

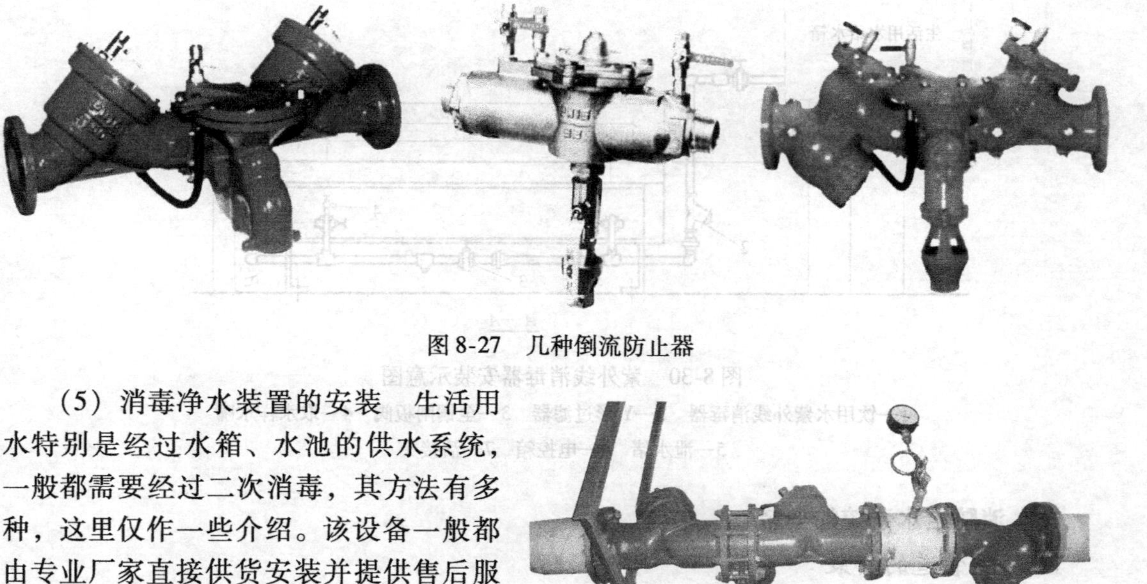

图 8-27 几种倒流防止器

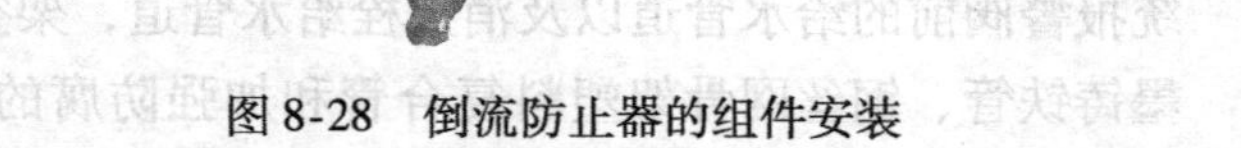

图 8-28 倒流防止器的组件安装

(5) 消毒净水装置的安装 生活用水特别是经过水箱、水池的供水系统，一般都需要经过二次消毒，其方法有多种，这里仅作一些介绍。该设备一般都由专业厂家直接供货安装并提供售后服务，其中较常用的是二氧化氯发生器消毒装置和紫外线消毒器。该类设备基础要求简单，但要注意在设备附近设置排水点，由于二氧化氯对管道有一定的腐蚀性，一般采用塑料管道或耐腐蚀的金属管道。图 8-29 所示为生活给水水箱连接二氧化氯发生器的系统组成图，图 8-30 所示为紫外线消毒器安装示意图，具体管道安装应根据设计图样。

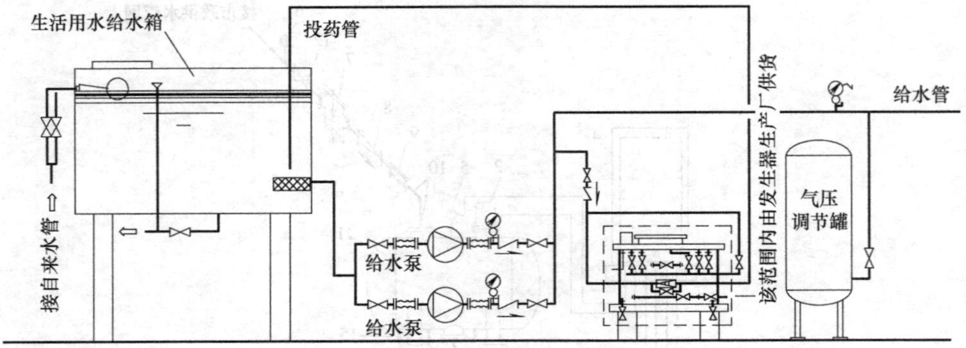

图 8-29 生活给水水箱连接二氧化氯发生器系统组成图

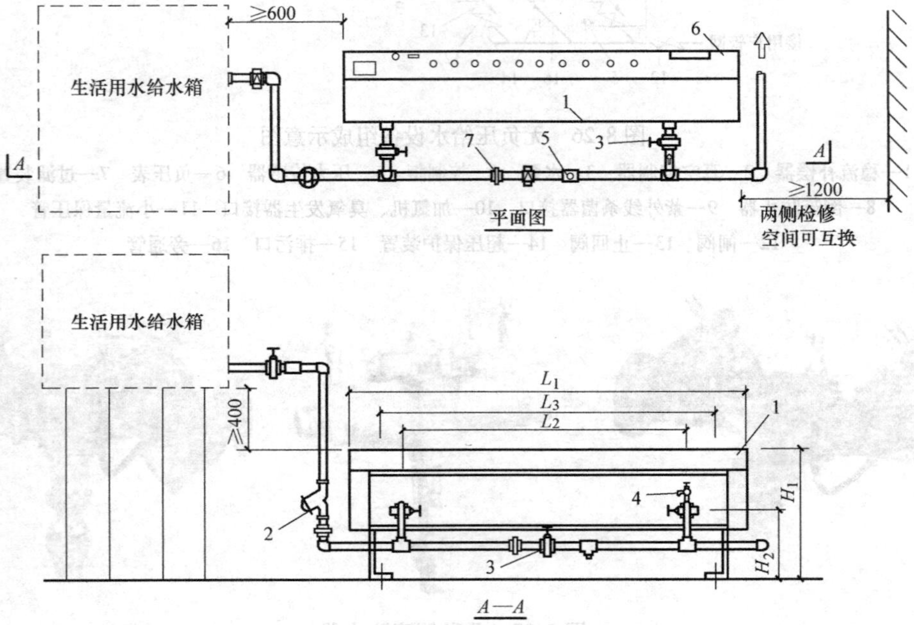

图 8-30 紫外线消毒器安装示意图

1—饮用水紫外线消毒器 2—Y 形过滤器 3—全铜闸板阀 4—取水样水嘴

5—泄水堵 6—电控箱 7—活接头

三、消防给水系统的安装

1. 消防管道的安装

（1）管材与管件 室内消防给水管道使用的管材，自动喷水灭火系统管道和水喷雾系统报警阀前的给水管道以及消火栓给水管道，架空时应采用热浸镀锌钢管，埋地时应采用球墨铸铁管、钢丝网骨架塑料复合管和加强防腐的钢管。报警阀后的管道，可采用热镀锌钢管、不锈钢管、铜管以及钢涂塑、不锈钢衬塑管。消防给水的阀门，可选用带启闭刻度的暗轩闸阀、明轩闸阀、蝶阀，材质为球墨铸铁或不锈钢。消防给水管材及管件的选用时，应符合表 8-9 所列标准。

（2）管道厚度的选择 消防管道厚度应根据系统工作压力、连接方式选用，可参见表 8-10。

表 8-9 消防给水管材及管件标准

序号	标准	管材及管件	序号	标准	管材及管件
1	GB/T 3091—2008	低压流体输送用焊接钢管	5	GB/T 13295—2008	水及燃气管道用球墨铸铁管、管件和附件
2	GB/T 8163—2008	输送流体用无缝钢管	6	GB/T 14976—2002	流体输送用不锈钢无缝钢管
3	GB/T 6483—2008	柔性机械接口灰口铸铁管	7	CJ/T 156—2001	沟槽式管接头
4	GB/T 3420—2008	灰口铸铁管件			

表 8-10 消防管道厚度选择参照表

工作压力/MPa	连接方式	管径/mm	拟选用管材	壁厚要求/mm
≥2	焊接、法兰、螺纹	≤125	*SCH*20 系列壁厚钢管	
		150		≥3.4
		200～250		≥4.78
	卡箍	<100	*SCH*30 系列壁厚钢管	
		≥100	*SCH*40 系列壁厚钢管	
≤1.0			热镀锌普通钢管	
1.0～1.6			热镀锌加厚钢管	
>1.6			热镀锌无缝钢管	
	喷头为60°密封管螺纹		热镀锌无缝钢管	

注：*SCH* 为管道壁厚系列号，可参照有关资料。

(3) 管道连接与接口 架空管道的连接方式有沟槽（卡箍）连接、螺纹连接、法兰连接和焊接连接。不宜采用焊接连接。管径小于等于 *DN*50 时，采用螺纹连接和卡压连接；管径大于 *DN*50 时，可采用沟槽连接、法兰连接。因沟槽连接要求的施工空间小，便于维修，是目前最佳的连接方式。

沟槽式连接件和钢管沟槽深度应符合行业标准 CJ/T 156—2001《沟槽式管接头》的规定。公称直径小于等于 *DN*250 的沟槽式管接头的最大工作压力为 2.5MPa，公称直径大于 *DN*300 的沟槽式管接头的最大工作压力为 1.6MPa。

有振动的场所的埋地管道应采用柔性接头，其他场所宜采用刚性接头，当采用刚性接头时，每隔 4～5 个刚性接头应设置一个柔性接头。

当采用机械三通、四通接头时，其开孔大小和开孔间距不应影响被开孔管道的强度。通常开孔最大直径宜小于被开孔管道直径的 1/2；当开孔直径大于被开孔管道直径的 1/2 时，宜采用卡箍三通、四通管件。开孔间距与开孔大小有关，一般不宜小于 2m。沟槽式连接与其他形式的接口连接时应采用转换接头。

采用卡箍连接的管道变径时，宜采用卡箍异径接头；在管道弯头处不得采用补芯；当需要采用补芯时，三通上可用一个，四通上不应超过两个，公称直径大于 50mm 的管道不宜采用活接头。

管径小于 *DN*100 的热浸镀锌钢管或无缝钢管均可采用螺纹连接。当系统采用热浸镀锌钢管时，其管件可采用锻铸铁螺纹管件；当系统采用热浸镀锌无缝钢管时，其管件可采用锻钢制螺纹管件。

钢管管径大于等于 DN200，壁厚 $\delta < SCH30$ 系列，或管径大于等于 DN200，钢管壁厚 $\delta < SCH40$ 系列，不得使用螺纹连接件连接。

当管道采用 55°密封管螺纹（Rc 或 R）时，螺纹接口可采用聚四氟带密封，密封带应在阳螺纹上施加；当管道采用 60°密封管螺纹（NPT）时，宜采用密封胶作为螺纹接口的密封材料。管径大于 DN50 的管道不得使用螺纹活接头，在管道变径处应采用单体异径接头。

法兰类型根据连接形式可分为平焊法兰、对焊法兰和螺纹法兰等，法兰选择必须符合钢制管法兰、钢制对焊无缝管件、管法兰用聚四氟乙烯包覆垫片等相关标准。

热浸镀锌钢管应选用螺纹法兰。管道采用内壁不防腐管道时，可焊接连接。任何管段需要改变管径时，均应使用符合标准的异径管接头和管件。

（4）管道安装　管道中心距墙、梁、柱的最小距离应满足表 8-11 所示。

表 8-11　管道中心距墙、梁、柱的最小距离

公称直径/mm	25	32	40	50	65	80	100	125	150	200
距离/mm	40	40	50	60	70	80	100	125	150	200

消防给水管穿过建筑物墙、楼板或构筑物墙壁时，应采取防护措施：

穿地下室外墙和构筑物墙壁应设防水套管；穿过建筑物承重墙或基础，应预留洞口，洞口高度应保证管顶上部净空不小于建筑物的沉降量，一般不小于 0.1m，并填充不透水的弹性材料；如必须穿过伸缩缝或沉降缝时，应采用波纹管和补偿器等处理方法。

埋地及敷设在垫层内的镀锌钢管或铸铁管，如地下水无腐蚀性时，管外壁涂沥青漆；如地下水有腐蚀性时，镀锌管外壁应采取加强防腐措施；通过及敷设在有腐蚀性气体的房间（如酸洗车间、电镀车间、蓄电池充电间等）内时，管外壁也应涂防腐漆或缠绕防腐材料。

消防给水管如有可能发生结冻时应采取保温措施，可在管外壁缠包岩棉管壳、玻璃纤维管壳、石棉管壳、B1 级聚乙烯泡沫管壳等材料，或采用电伴热保温。

（5）管道的支（吊）架　管道支撑点宜设在建筑的梁、柱、楼板等结构上，管道悬吊点应能够承受充满水管道质量另加至少 114kg 的阀门、法兰和接头等附加质量，充水管道的参考质量可参见表 8-12。管道支（吊）架的间距要求参见表 8-13。

表 8-12　充水管道的参考质量

公称直径/mm	25	32	40	50	65	80	100	125	150	200
保温管道/(kg/m)	15	18	19	22	27	32	41	54	66	103
不保温管道/(kg/m)	5	7	7	9	13	17	22	33	42	73

表 8-13　管道支（吊）架的间距

管径/mm	25	32	40	50	65	80	100	125	150	200	250	300
间距/m	3.5	4.0	4.5	5.0	6.0	6.0	6.5	7.0	8.0	9.5	11.0	12.0

自动喷水灭火系统，还应设置防晃支架，一般在管径大于等于 DN50 且长度超过 15m 时，每 15m 长度的管道上以及管道拐弯处应设置防晃支架，具体做法可参见国家标准图集。

建筑内消防栓给水系统宜与自动喷淋系统分开设置。当分开设置有困难时，应在报警阀前分开，并在高点处设置自动放气阀。

当埋地管直径不小于 *DN*100 时，应在管通弯头、三通和堵头等位置设置钢筋混凝土墩。

2. 消火栓系统的安装

当室内消火栓超过 10 个或消防水量大于 15L/s 时，室内消防管网应布置为环状，并用阀门分成若干段，使每段内的消火栓数量不宜超过 5 个，当室内消火栓立管多于两条时，至少两条组成环路，并应在节点处设置阀门。对于高层建筑，检修时停用的立管不应超过 1 根，当立管数超过 4 根时，可通过关闭不相同的 2 根立管，使停用的消火栓不超过 5 个。消防立管一般不变径，管径应通过计算确定，但高层建筑不宜小于 100mm，多层建筑不宜小于 *DN*80。由消防立管上引出的接消火栓的支管，应按照所需水量进行选择，但不宜小于 *DN*50。环状干管引出的枝状管线的消火栓不应超过 1 个。在无采暖设施的地方，消防管道还应采取保温防冻措施。除 7～9 层且每层不超过 8 户的住宅楼外，进水管不应少于两根，当其中一根出现故障时，其余进水管应能满足全部水量和水压的要求。

消火栓口径分为 50mm 和 60mm 两种。民用建筑中多使用带有消防水喉的消火栓，如图 8-31 所示。

室内消火栓一般应采用单阀单栓，除 18 层以下、每层不超过 8 户、面积小于 650m^2 的塔式住宅外，尽量不使用双出口型消火栓，禁止使用单阀双口消火栓。消火栓如图 8-32 所示。

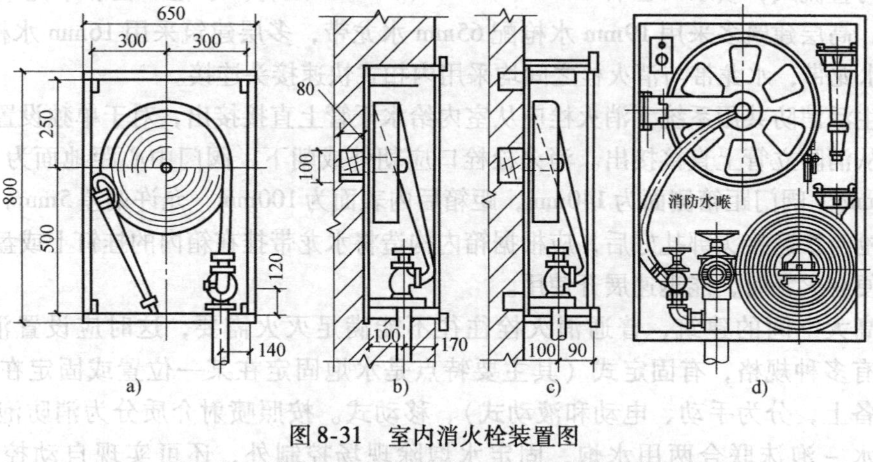

图 8-31 室内消火栓装置图

a）立面 b）暗装侧面 c）明装侧面 d）带有消防水喉的消火栓

室内消火栓和消火栓箱多由施工单位根据设计图样的要求并根据现场情况进行选择订货，不同型号的箱体，尺寸和厚度有所不同，普通箱体尺寸有 800mm × 650mm、1000mm × 700mm、1200mm × 750mm 等规格，厚度从 180～320mm 不等，箱体多为薄钢板或铝合金制作，组合式消防柜的下部箱体还可以存放充装小于或等于 4kg 的灭火器 4 具，其箱门材质和颜色应根据室内装修风格以及消防工程特点确定，并应标有“消火栓”、“火警 119”等显著标注。消防栓及栓箱应为当地消防部门检验合格的产品。

图 8-32 室内消火栓

a）单阀单口栓 b）双阀双口栓

当消火栓处的静水压力大于或等于 1.0MPa 时，应竖直分区，当出水压力大于或等于 0.5MPa 时，应在消火栓支管上或栓口处设置不锈钢减压孔板，也可选用减压稳压型消火栓。图 8-33 所示为普通消火栓，图 8-34 所示为安装了减压孔板的消火栓。

图 8-33　普通消火栓

图 8-34　安装了减压孔板的消火栓

水龙带有麻织和化纤两种，有衬胶和不衬胶之分，其口径与消火栓配套，有 50mm、65mm 之分，长度可根据实际需要而定，一般有 15m、20m、25m、30m 规格。

水枪为直流式，喷水口径有 13mm、16mm 和 19mm 三种。水枪口径和水龙带规格应由设计确定，高层建筑多采用 19mm 水枪配 65mm 水龙带，多层建筑采用 16mm 水枪配 50mm 或 65mm 水龙带，水龙带与消火栓之间均采用内扣式快速接头连接。

对于生活消防共用系统，消火栓应从室内给水干管上直接接出，对于单独设置的消防给水系统，从消防立管上直接接出。消火栓栓口应朝外或朝下，阀门中心距地面为 1.1m，允许偏差 20mm。阀门距箱侧面为 140mm，距箱后内表面为 100mm，允许偏差 5mm。消火栓水龙带和水枪与快速接头绑扎好后，应根据箱内构造将水龙带挂在箱内的挂钉上或盘在水龙带盘上。以便有火警时，能迅速展开使用。

对于高大空间的建筑，普通消火栓往往不能满足灭火需要，这时应设置消防水炮。消防水炮有多种规格，有固定式（其主要特点是水炮固定在某一位置或固定在有一定承载力的设备上，分为手动、电动和液动式）、移动式。按照喷射介质分为消防泡沫炮、消防水炮和水 - 泡沫联合两用水炮，固定水炮除现场控制外，还可实现自动控制或远程控制。

室内消防水炮的数量不应少于两门，保证同时有两股水柱到达，可根据灭火场所情况，安装在地面、墙体、柱体上，也可单独设置平台。图 8-35 所示是几种水炮的外形。

3. 自动喷水灭火系统安装

自动喷水灭火系统包括自动喷水灭火系统和水幕消防系统。一般由水喷头、管网、报警设备（信号阀、报警阀）、控制设备和水源等组成，如图 8-36 和图 8-37 所示。

自动喷水灭火系统分为闭式系统和开式系统，闭式系统管道内充有压力，又分为干式、湿式、干湿式和预作用式，在有冻坏管道可能的地区，一般推荐采用预作用式系统。水幕消防系统分为开式喷头水幕系统、水幕喷头的水幕系统和加密喷头湿式系统三种形式，主要用于耐火性能较差而防火要求较高的门、窗、孔洞等处，防止火势窜入相邻的房间。

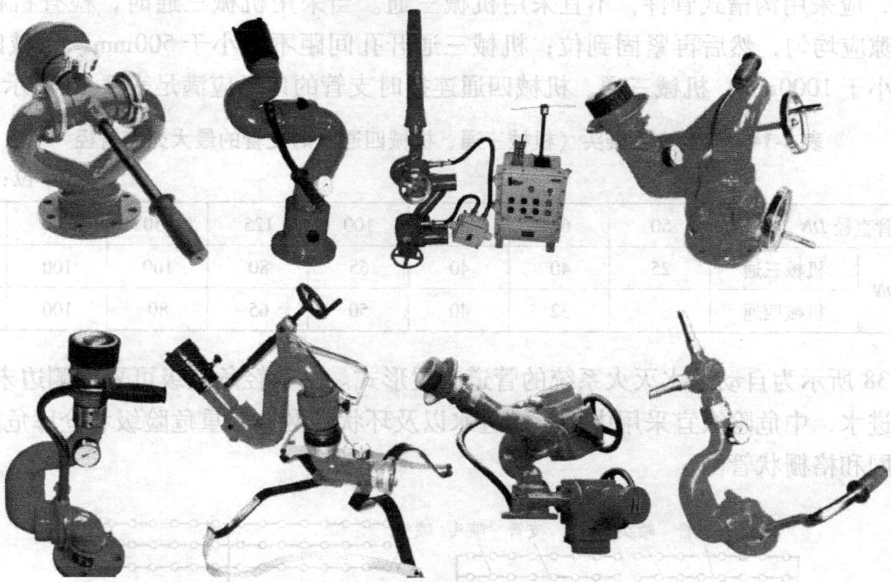

图 8-35 几种消防水炮外形

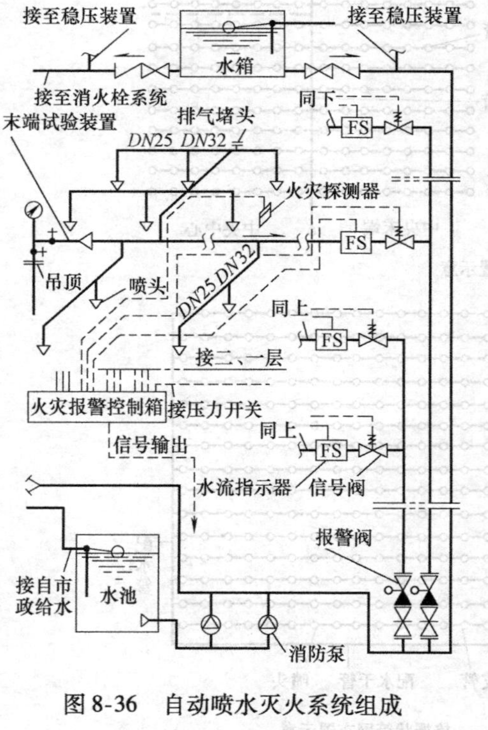

图 8-36 自动喷水灭火系统组成

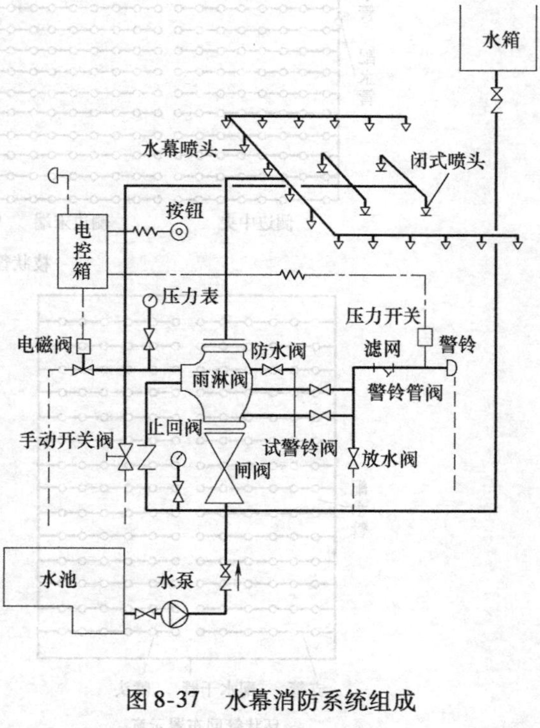

图 8-37 水幕消防系统组成

（1）管道安装 自动喷水灭火系统可采用热镀锌钢管、铜管、不锈钢管，以及涂覆其他防腐层的钢管。小管径管道可采用螺纹连接、卡压连接，管径大于等于 *DN*100 时可采用沟槽连接或法兰连接。沟槽件应满足 CJ/T 156—2001《沟槽式管接头》、GB/T 13295—2008《水及燃气管道用球墨铸铁管、管件和附件》等标准要求，橡胶密封圈材质应为三元乙丙胶（EPDN）。高压系统多采用无缝钢管，焊接或法兰连接。配水干管（立管）与配水管（水平管）连接，应采用沟槽式管件，不宜采用机械三通。当采用机械三通时，检查机械三通与孔洞的间隙应均匀，然后再紧固到位；机械三通开孔间距不应小于500mm，机械四通开孔间距不应小于1000mm，机械三通、机械四通连接时支管的口径应满足表8-14所示的规定。

表8-14 采用支管接头（机械三通、机械四通）时支管的最大允许管径

（单位：mm）

主管直径 *DN*		50	65	80	100	125	150	200	250
支管直径 *DN*	机械三通	25	40	40	65	80	100	100	100
	机械四通		32	40	50	65	80	100	100

图8-38所示为自动喷水灭火系统的管道布置形式。一般轻危险级可采用侧边末端进水、侧边中央进水，中危险级宜采用中央末端进水以及环状管网，严重危险级和仓库危险级宜采用环状管网和格栅状管网。

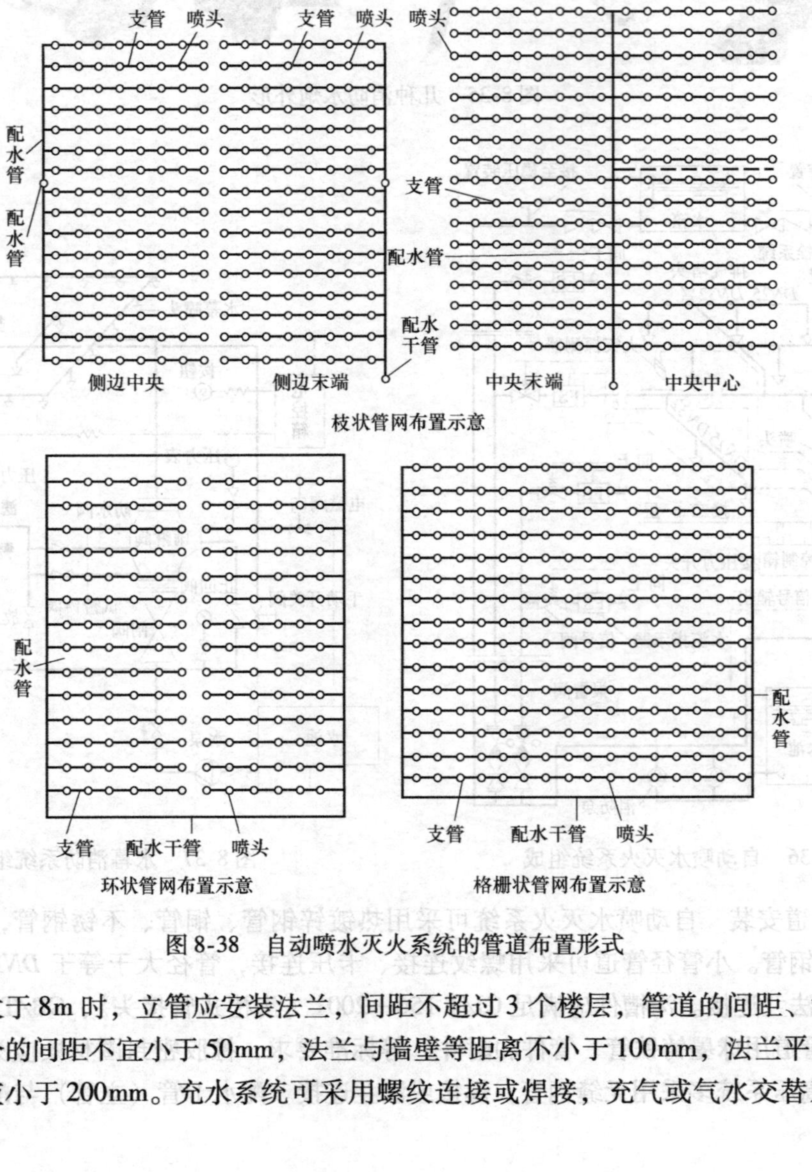

图8-38 自动喷水灭火系统的管道布置形式

当净空大于8m时，立管应安装法兰，间距不超过3个楼层，管道的间距、管件阀门和法兰凸出部分的间距不宜小于50mm，法兰与墙壁等距离不小于100mm，法兰平面距支架和墙面距离不应小于200mm。充水系统可采用螺纹连接或焊接，充气或气水交替系统应采用焊接。充水系统横管的坡度不小于0.002，充气系统和分支管的坡度应不小于0.004。自动喷水灭火系统的管线可为环状或枝状，一般按照建筑防火分区进行设置，轻危险级和中危险级每根支线所连接的喷头不超过8个，严重危险级不超过6个，喷头短立管和末端试水管管径不应小于25mm。

（2）管道支架安装 管道应固定牢固，管道支架、吊架、防晃支架的形式、材质、加工尺寸及焊接质量等，应符合设计要求和国家现行有关标准的规定。支、吊架的安装位置不应妨碍喷头的喷水效果，管道支架、吊架与喷头之间的距离不宜小于300mm，与末端喷头之间的距离不宜大于750mm。配水支管上每一直管段、相邻两喷头之间的管段设置的吊架均不宜少于1个，吊架的间距不宜大于3.6m。当管道的公称直径等于或大于50mm时，每段配水干管或配水管设置防晃支架不应少于1个，且防晃支架的间距不宜大于15m，当管道改变方向时，应增设防晃支架，防晃架的布置如图8-39所示。竖直安装的配水干管除中间用管卡固定外，还应在其始端和终端设防晃支架或采用管卡固定，其安装位置距地面或楼面的距离宜为1.5～1.8m。支、吊架的间距要求见表8-15，管道支架或吊架的布置如图8-40所示。

表8-15 管道支架或吊架之间的距离

公称直径 *DN*	25	32	40	50	70	80	100	125	150	200	250	300
距离/m	3.5	4.0	4.5	5.0	6.0	6.0	6.5	7.0	8.0	9.5	11.0	12.0

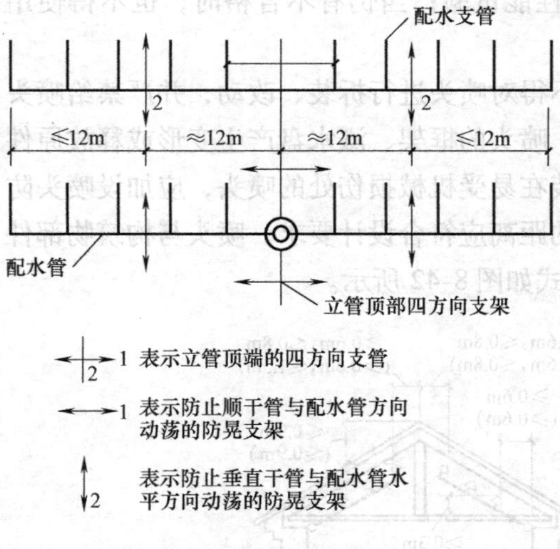

图8-39 管道防晃架的布置

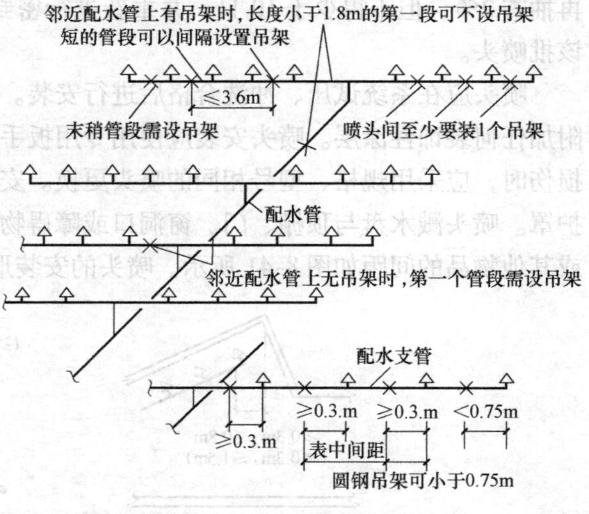

图8-40 管道支、吊架的布置

（3）喷淋头安装 消防喷淋头分为闭式和开式喷头，闭式喷头分为玻璃球型和易熔元件型，又分为普通型、直立型、边墙型、吊顶型等多种规格，其中最重要的是动作温度，玻璃球喷头按规定动作温度分为9档，易熔合金喷头分为7档，每一档设定一种颜色，其颜色与动作温度的关系见表8-16。现场应根据实际情况选用，不能选错。

当建筑物较高或喷头处不能聚热时，应设置集热伞，每个集热伞的面积不小于0.12m²，当房屋顶部不能布置喷洒头时，可采用边墙型喷头。

表 8-16 喷头颜色与动作温度

喷头种类	额定动作温度/℃	颜色	环境最高温度/℃	额定动作温度/℃	颜色	环境最高温度/℃
玻璃球	57	橙	27	182	淡紫	152
	68	红	38	227	黑	197
	79	黄	49	260	黑	230
	93	绿	63	343	黑	313
	141	蓝	111			
易熔合金	55 ~ 77	本色	27 ~ 47	204 ~ 246	绿色	174 ~ 216
	80 ~ 107	白色	50 ~ 77	260 ~ 302	橙色	230 ~ 272
	121 ~ 149	蓝色	91 ~ 119	320 ~ 340	黑色	290 ~ 310
	163 ~ 191	红色	133 ~ 161			

安装前，应进行产品检查，检查的内容包括：喷头的型号、规格等是否符合设计要求；喷头的商标、型号、公称动作温度、响应时间指数（RTI）、制造厂及生产日期等标志是否齐全；喷头外观应无加工缺陷和机械损伤；喷头螺纹密封面应无伤痕、毛刺、缺扣或断扣现象；闭式喷头还应进行密封性能试验，以无渗漏、无损伤为合格。

试验数量宜从每批中抽查 1%，但不得少于 5 只，试验压力应为 3.0MPa，保压时间不得少于 3min。当两只及两只以上不合格时，不得使用该批喷头。当仅有一只不合格时，应再抽查 2%，但不得少于 10 只，并重新进行密封性能试验；当仍有不合格时，也不得使用该批喷头。

喷头应在系统试压、冲洗合格后进行安装。不得对喷头进行拆装、改动，并严禁给喷头附加任何装饰性涂层。喷头安装应使用专用扳手，喷头的框架、溅水盘产生变形或释放原件损伤时，应采用规格、型号相同的喷头更换。安装在易受机械损伤处的喷头，应加设喷头防护罩。喷头溅水盘与顶棚、门、窗洞口或障碍物的距离应符合设计要求。喷头与构筑物部件或其他物品的间距如图 8-41 所示。喷头的安装形式如图 8-42 所示。

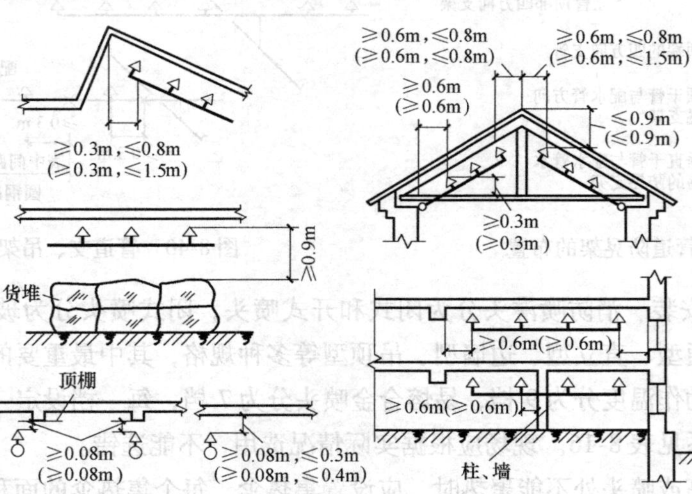

图 8-41 喷头与构筑物部件或其他物品的间距

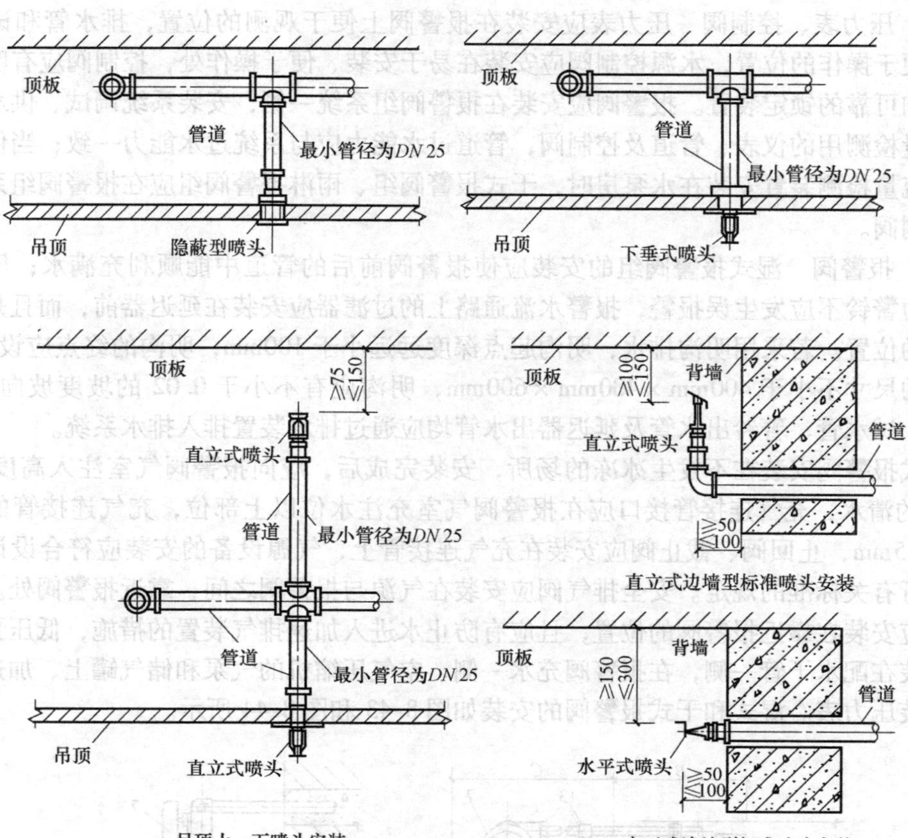

图 8-42 喷头安装的形式

直立、下垂型喷头与梁、通风管道的距离应符合表 8-17 所示的要求。

表 8-17 直立、下垂型喷头与梁、通风管道的距离

喷头与梁、通风管道、排管、桥架的水平距离 a/mm	梁、通风管道、排管、桥架腹面与其上方的喷头溅水盘最大垂直距离 b/mm		
	标准喷头	早期抑制快速响应(ESFR)喷头	边墙型扩展覆盖面喷头
$a<300$	0	0	0
$300\leqslant a<450$	60	40	0
$450\leqslant a<600$	90	70	30
$600\leqslant a<750$	140	140	30
$750\leqslant a<900$	190	200	30
$900\leqslant a<1050$	240	250	80
$1050\leqslant a<1200$	300	300	80
$1200\leqslant a<1350$	350	380	130
$1350\leqslant a<1500$	410	450	180
$1500\leqslant a<1650$	450	550	180
$1650\leqslant a<1800$	450	650	180
$1800\leqslant a<1950$	450	780	230
$1950\leqslant a<2100$	—	—	280
$a>2100$	—	—	350

(4) 压力表、控制阀　压力表应安装在报警阀上便于观测的位置，排水管和试验阀应安装在便于操作的位置，水源控制阀应安装在易于安装、便于操作处，控制阀应有明显的启闭标志和可靠的锁定装置。报警阀应安装在报警阀组系统一侧，安装系统调试、供水压力和供水流量检测用的仪表、管道及控制阀，管道过水能力应与系统过水能力一致；当供水压力和供水流量检测装置安装在水泵房时，干式报警阀组、雨淋报警阀组应在报警阀组系统一侧安装控制阀。

(5) 报警阀　湿式报警阀组的安装应使报警阀前后的管道中能顺利充满水；压力波动时，水力警铃不应发生误报警，报警水流通路上的过滤器应安装在延迟器前，而且是便于排渣操作的位置。若采用明沟排水，明沟起点深度远远小于100mm，明沟的终点应设集水坑，集水坑的尺寸不小于400mm×400mm×600mm，明沟应有不小于0.02的坡度坡向集水坑。放水管、试水管、警铃出水管及延迟器出水管均应通过排水装置排入排水系统。

干式报警阀安装在不发生冰冻的场所，安装完成后，应向报警阀气室注入高度为50～100mm的清水，充气连接管接口应在报警阀气室充注水位以上部位，充气连接管的直径不应小于15mm，止回阀、截止阀应安装在充气连接管上，气源设备的安装应符合设计要求和国家现行有关标准的规定。安全排气阀应安装在气源与报警阀之间，靠近报警阀处。加速排气装置应安装在靠近报警阀的位置，且应有防止水进入加速排气装置的措施，低压预报警装置应安装在配水干管一侧，在报警阀充水一侧、空气压缩机的气泵和储气罐上、加速排气装置上安装压力表。湿式和干式报警阀的安装如图8-43和图8-44所示。

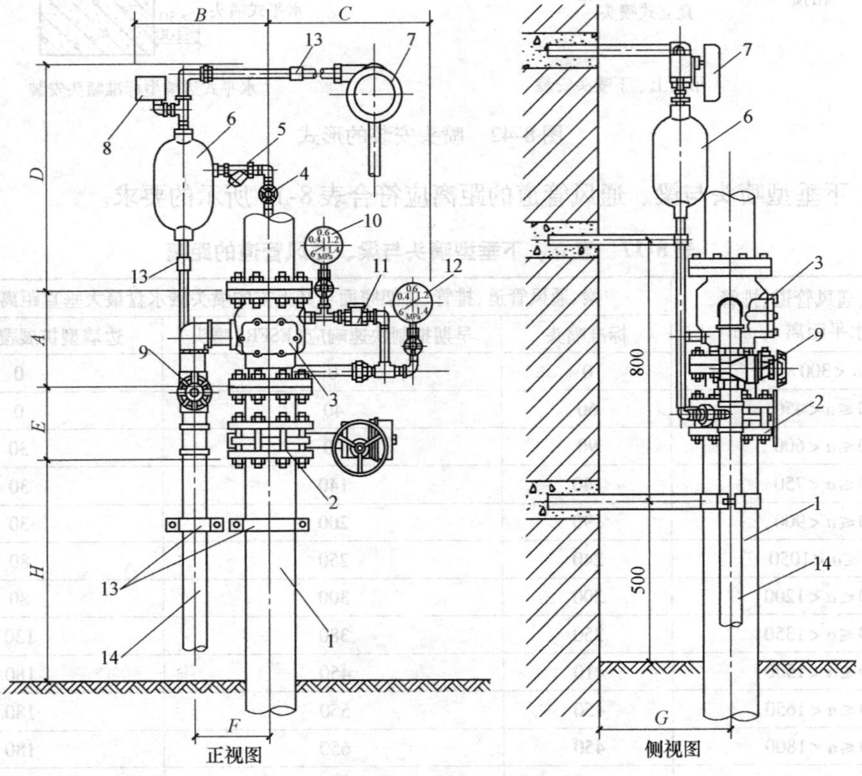

图8-43　湿式报警阀组的安装

1—消防给水管　2—信号蝶阀　3—湿式报警阀　4—球阀　5—过滤器　6—延迟器　7—水力警铃　8—压力开关　9—球阀　10—出口压力表　11—止回阀　12—进水口压力表　13—管卡　14—排水管

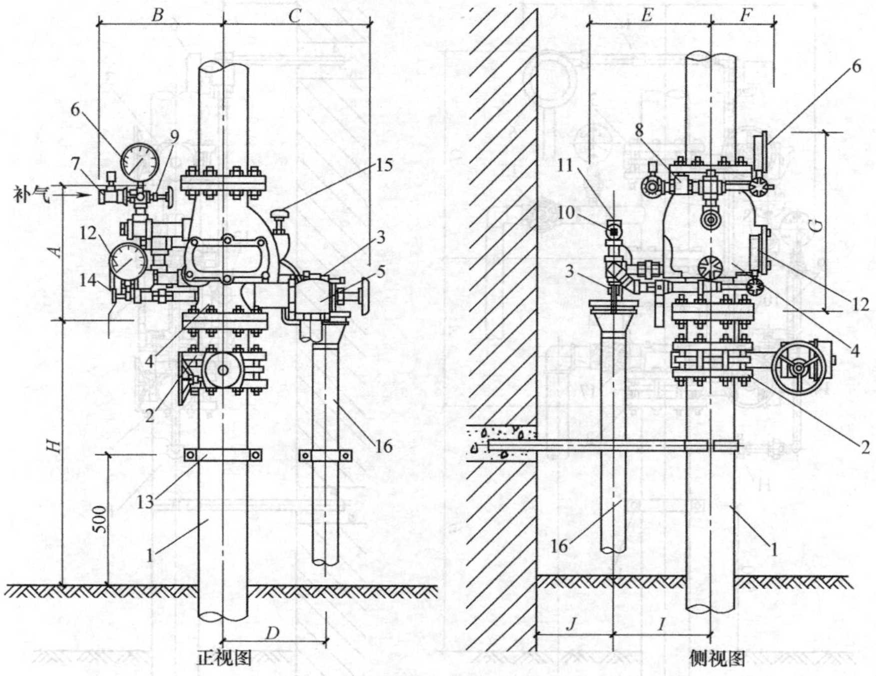

图 8-44 干式报警阀的安装

1—消防给水管 2—信号蝶阀 3—自动滴水阀 4—干式报警阀 5—主排水阀 6—气压表 7—补气接口 8—止回阀 9—补气截止阀 10—水力警铃接口 11—压力开关接口 12—压力表 13—立式管卡 14—排水阀 15—复位按钮 16—排水管

报警阀安装后应进行调试。湿式报警阀调试时，在试水装置处放水，当湿式报警阀进口水压大于 0.14MPa、放水流量大于 1L/s 时，报警阀应能及时启动；带延迟器的水力警铃应在 5 ~ 90s 内发出报警铃声，不带延迟器的水力警铃应在 15s 内发出报警铃声；压力开关及时动作，并正常反馈信号为调试成功。干式报警阀调试时，应开启系统试验阀，观察报警阀的启动时间、启动点压力、水流到试验装置出口所需时间，均应符合设计要求即可。

（6）雨淋报警阀 雨淋报警阀组，简称雨淋阀组，不仅用于雨淋灭火系统，还是水雾、水幕这类开式系统的专用报警阀门。雨淋报警阀组主要由报警阀、水力警铃、压力开关、节流阀、自动滴水球阀、启动管道与装置、控制阀等组件组成。其启动方式有三种：湿式启动、气压启动和电探测启动。

雨淋阀阀瓣上方为自由空气，阀瓣用锁定机构扣住，锁定机构的动力由供水压力提供。失火后，启动装置使锁定机构上作用的供水压力迅速降低，从而使阀板脱扣、开启，供水进入消防管网。雨淋报警阀组安装如图 8-45 所示。

电动开启、传导管开启或手动开启的雨淋阀组，其传导管的安装应按湿式系统有关要求进行，预作用系统的雨淋阀组后的管道若需充气，其安装应按干式报警阀组有关要求进行。雨淋阀组的观测仪表和操作阀门的安装位置应符合设计要求，压力表应安装在雨淋阀的水源一侧，并应便于观测和操作，手动开启装置的安装位置应符合设计要求，且在发生火灾时应能安全开启和便于操作。

雨淋阀调试宜利用检测、试验管进行。自动和手动方式启动的雨淋阀，应在 15s 之内启

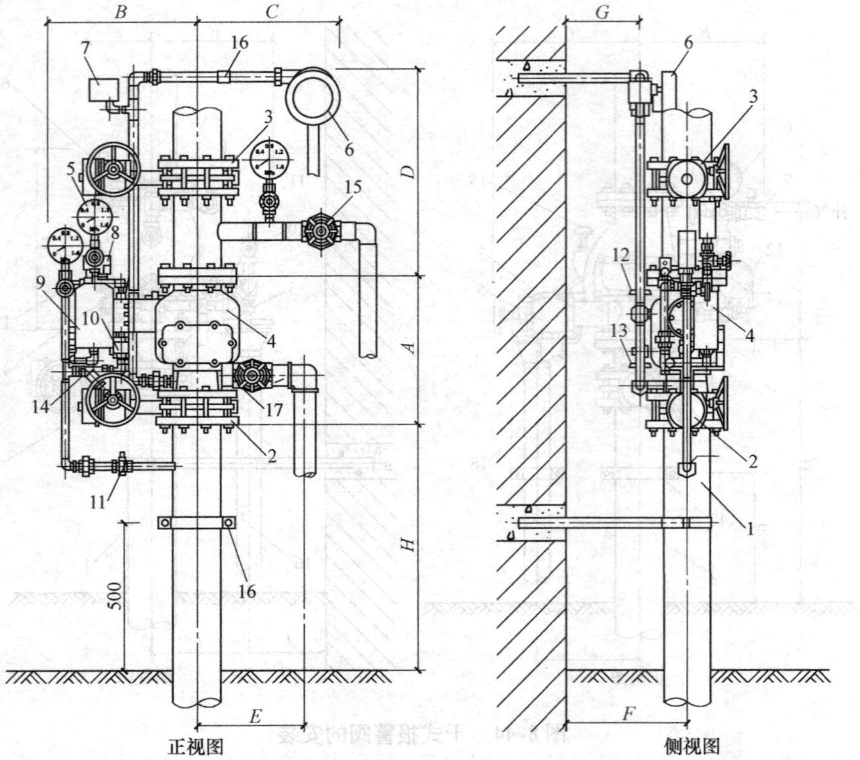

图 8-45　雨淋报警阀组安装

1—消防给水管　2—信号阀　3—试验信号阀　4—雨淋报警阀　5—压力表　6—水力警铃　7—压力开关　8—电磁阀　9—手动开启开关　10—止回阀　11—控制管球阀　12—报警管球阀　13—试警铃球阀　14—过滤器　15—试验放水管　16—管卡　17—泄水阀

动，直径大于200mm的雨淋阀，应在60s之内启动。

(7) 水流指示器　水流指示器是消防喷水灭火系统中主要的组件，一般安装在每个喷淋分区内的水平配水干管上。水流指示器必须水平安装，以保证叶片活动灵敏，水流指示器前后应有不小于5倍管径长度的直管段，安装时应注意，水流方向与指示器的箭头方向一致。水流指示器不应作为自动启动消防水泵的控制装置，只能在报警中显示位置。报警阀的压力开关、水位控制开关和稳压装置的压力开关可作为自动起动消防水泵的控制装置。水流指示器安装，如图8-46所示。

水流指示器安装工作应在管道试压和冲洗合格后进行，应竖直安装在水平管道上侧，其

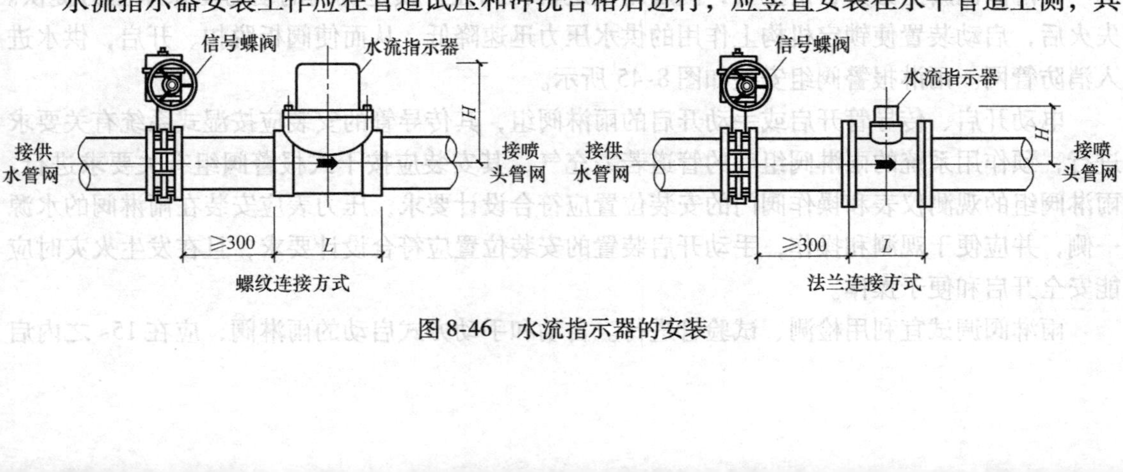

图 8-46　水流指示器的安装

动作方向应和水流方向一致，安装后的水流指示器应动作灵活。每个水流指示器所带的喷头不应超过 800 个。

（8）水力警铃　应安装在公共通道或值班室附近的外墙上，且应安装检修、测试用的阀门。水力警铃和报警阀的连接应采用镀锌钢管，当镀锌钢管的公称直径为 15mm 时，其长度不应大于 6m；当镀锌钢管的公称直径为 20mm 时，其长度不应大于 20m。安装后的水力警铃启动压力不应小于 0.05MPa，距警铃 3m 远的地方的报警声强不应小于 70dB。水力警铃处应设置排水点。

（9）其他阀门和设备　包括信号阀、减压阀、排气阀、节流装置和压力开关等。

信号阀应安装在水流指示器前的管道上，与水流指示器间的距离不宜小于 300mm。减压阀分为弹簧式和比例式，可以垂直安装或水平安装，应在供水管网试压、冲洗合格后安装。减压阀水流方向应与供水管网水流方向一致，并在进水侧安装过滤器，在其前后安装控制阀，以便于维修和减压阀的安装。

节流装置应安装在公称直径不小于 50mm 的水平管段上；减压孔板应安装在管道内水流转弯处下游一侧的直管上，且与转弯处的距离不应小于管道公称直径的 2 倍。

排气阀的安装应在系统管网试压和冲洗合格后进行；排气阀应安装在配水干管顶部、配水干管的末端且应确保无渗漏。

压力开关应竖直安装在通往水力警铃的管道上，且便于在安装中拆装改动。

自动喷洒灭火系统报警阀组、水力警铃和末端试水设备处，均应设置排水设施。

（10）水泵接合器　水泵接合器是室内消防给水系统与室外应急供水的连接点，当室内消防用水量不能满足消防要求时，消防车可通过水泵接合器向室内环状管网供水灭火。

超过 4 层的厂房和库房，高层工业建筑，设有消防管网的住宅及超过 5 层的其他民用建筑均应设置水泵接合器。高层建筑的消防给水按竖向分区供水时，应在消防车供水压力范围内设置水泵接合器。

水泵接合器的形式有地上式、地下式和墙壁式三种，尽量采用地上式或墙壁式，在有结冰可能的地区应采用墙壁式和地下式，并应设有明显标志。水泵接合器的位置应考虑消防车通行方便和取水方便，可设置在建筑物周边墙体上或车道旁，一般距室外消火栓和消防水池的距离在 15～40m，水泵接合器的数量应按室内消防用水量计算确定，每个水泵接合器的流量为 10～15L/s，有 2 个 *DN*100 或 *DN*150 的接口，当消防给水为竖向分区供水时，在消防车供水压力范围内的分区，应分别设置水泵接合器，两个水泵接合器的间距应大于 20m。图 8-47 所示为几种水泵接合器安装示意图。

（11）水泵的安装　水泵是给水系统特别是消防给水系统的常用设备，除较小的管道泵可直接安装在管道上外，一般都安装在专门的水泵房中。水泵安装的步骤依次是：基础施工及验收、机座安装、水泵泵体安装、水泵电动机安装。

水泵安装前应进行基础施工及验收，小型水泵多为整体组装式，安装时只需将机座安装在混凝土基础上即可，大型水泵泵体与电动机分别装箱出厂，安装时要分别把泵体和电动机装在混凝土基础上，再将电动机与泵体相连。

小型水泵基础一般由砖砌或混凝土建造，大型水泵的基础多由混凝土或钢筋混凝土浇筑而成，强度等级不低于 C15。有机座的基础，其基础各向尺寸要大于机座 100～150mm，无机座的基础，外缘应距水泵或电动机地脚螺栓孔中心 150mm 以上。基础顶面标高应满足水

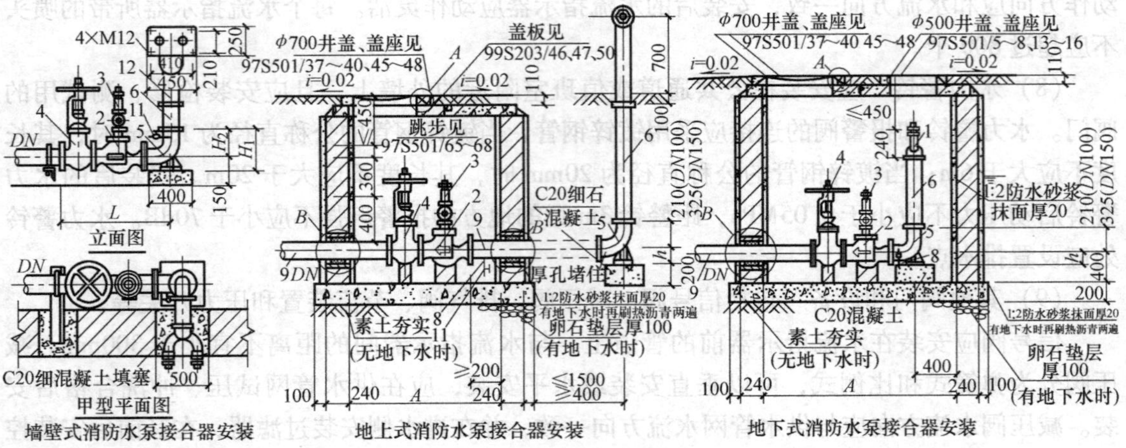

图 8-47 几种水泵接合器安装示意图

1—消防接口本体 2—止回阀 3—安全阀 4—闸阀 5—90 弯头 6—法兰接管 7—截止阀 8—镀锌钢管（泄水管） 9—法兰直管 10—阀门井 11—泄水阀 12—法兰

泵进出口中心高度要求，并不低于室内地坪 100mm。固定泵体用地脚螺栓，可随浇筑混凝土同时埋入，如难以保证精度时，可先预留埋置螺栓的深孔，待安装机座时再穿上地脚螺栓进行浇筑。目前水泵安装多采用二次浇筑的方法。

地脚螺栓直径是根据水泵底座上的螺栓孔直径确定的，一般比孔径小 2~10mm，地脚螺栓直径及埋深见表 8-18。地脚螺栓埋入基础的尾部做成弯钩或燕尾式，埋入深度可参照直径确定。地脚螺栓的垂直度不大于 10/1000；地脚螺栓距孔壁的距离不应小于 15mm，其底端不应碰预留孔底；安装前应将地脚螺栓上的油脂和污垢清除干净；螺栓与垫圈、垫圈与水泵底座接触面应平整，地脚螺栓的紧固，应在混凝土达到设计要求或相应的验收规范要求后进行，拧紧螺母后，螺栓必须露出螺母 1.5~5 个螺距。地脚螺栓拧紧后，用水泥砂浆将底座与基础之间的缝隙嵌填密实，再用混凝土将底座下的空间填满填实，以保证底座的稳定。

表 8-18 地脚螺栓直径及埋深 （单位：mm）

螺孔直径	12~13	14~17	18~22	23~27	28~33	34~40	41~47	48~55
螺栓直径	10	12~14	16	20	24	30	36	42
埋深尺寸	200~400				500		600	700

注：水泵基础深度一般比地脚螺栓埋深多 200mm。

当基础混凝土强度等级符合设计要求，用锤子轻打时声音清脆，平面位置，标高，外形尺寸，地脚螺栓留孔数量、位置、大小、深度尺寸与设计数据相同时，则认定为合格。当基础强度达到 70% 以上时，可进行水泵安装。当气温为 10~15℃时，一般要在 7~12 天以后才可进行二次浇灌并进行安装。水泵基础安装方式如图 8-48 所示。

水泵安装前应对水泵规格型号、电动机型号、功率、转速等性能参数进行核实。安装时首先在基础上画出中心线位置，水泵机座中心线应与基础中心线重合，机座用调整垫铁的方法进行找平，放置垫铁时，最厚的放在下面，最薄的放在中间，并将各垫铁相互焊接，每个垫铁组不超过 3 块，以免滑动影响机座稳固。机座的水平误差沿水泵轴方向不超过 0.1mm/m，与水泵轴垂直方向误差不超过 0.3mm/m。若水泵泵体、电动机为一体，则机座

图 8-48 水泵基础的安装方式

就位后找正、找平，即完成安装。分体安装时，还要进行水泵泵体和电动机的安装和连接。

用钢直尺立在联轴器上做接触性检查，转动联轴器，两个靠背轮与钢直尺处处紧密接触为合格，还要检查靠背轮之间的间隙能否满足在两轴作少量自由窜动时，不会发生顶撞和干扰。规定其间隙为小型水泵 2～4mm，中型水泵 4～5mm，大型水泵 4～8mm。

水泵安装允许偏差应符合表 8-19 的规定；水泵安装基准线的允许误差和检验方法见表 8-20。

表 8-19 水泵安装允许偏差

序号	项目			允许偏差/mm	检验频率 范围	检验频率 点数	检验方法
1	底座水平度			±2	每台	4	用水准仪测量
2	地脚螺栓位置			±2	每台	1	用尺量
3	泵体水平度、垂直度			每米 0.1	每台	2	用水准仪测量
4	联轴器同心度	轴向倾斜		每米 0.8		2	在联轴器互相垂直的四个位置上用水平仪、百分表、测微螺钉和塞尺检查
		径向位移		每米 0.1		2	
5	带传动	轮宽中心平面位移	平带	1.5		2	在主从动带轮端面拉线用尺检查
			V 带	1.0		2	

表 8-20 水泵安装基准线的允许误差和检验方法

项次	项目			允许偏差/mm	检验方法
1	安装基准线	与建筑轴线距离		±20	用钢卷尺检查
2		与设备	平面位置	±10	用水准仪和钢直尺检查
3			标高	+20 −10	

水泵的吸入管上应装有闸阀（截断关闭用阀门），吸入口若在水池中，还应装有底阀和过滤器，压出管上装有截止阀或蝶阀（作调节流量用阀门或截断关闭）及止回阀，连接管路应有牢固的独立支撑。

水泵与管道的连接多为法兰连接，要求同心并平行。为了减少水泵配管对水泵本身产生的应力和泵运转时通过管道传递振动和噪声，应在做好基础减振的同时做好管道的隔声措施，应在水泵进出水管上安装可曲挠性接头。图 8-49 所示为 SGD 可曲挠橡胶接头。

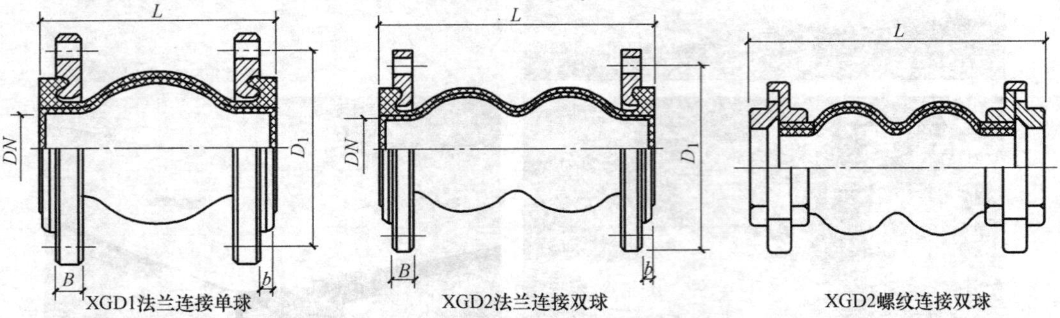

图 8-49　SGD 可曲挠橡胶接头

大型水泵的噪声较大，应尽量做好减振隔振工作。图 8-50 为水泵及管道减振安装示意图。

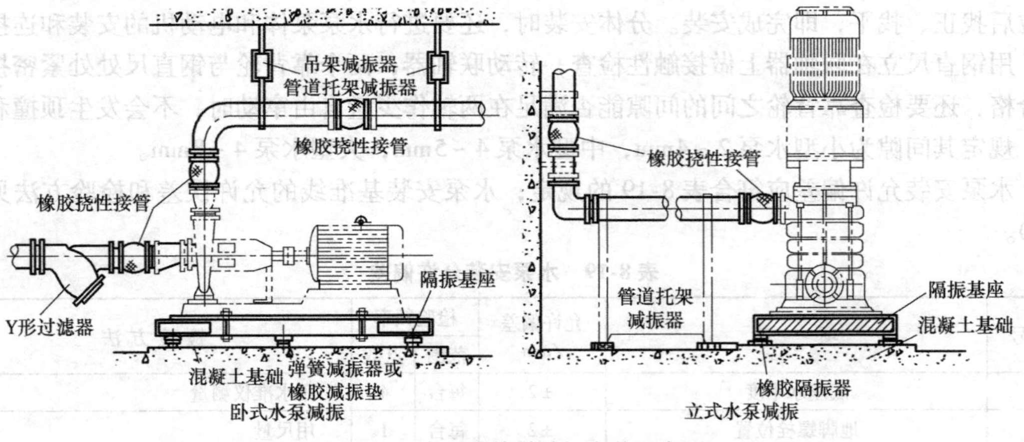

图 8-50　水泵及管道减振安装示意图

建筑给水系统加压水泵，一般采用离心清水泵。水泵宜设计成自动控制运行方式，间接起动抽水时应尽可能采用自灌式。当泵中心线高出吸水井或储水池水位时，需设置引水装置，以保证水泵的正常起动。常用的引水装置有底阀、真空引水罐、水射器和水上式底阀等。

每台水泵宜设单独的吸水管，若共用吸水管，应采用吸水母管制，水泵吸水管不应少于 3 根，并在连通母管上装设分段阀门。吸上式水泵吸水管应有向水泵方向上扬且大于 0.005 的坡度，吸水管路安装时不能出现空气囊，吸水管水平管段变径时，偏心异径管的安装要求管顶平接，水平管段不能出现中间高和倒坡现象，吸水管在水池中的位置也有一定要求，以避免吸空或吸入杂物。吸水管入口应做成喇叭口，喇叭口直径 D 等于 1.3～1.5 倍吸入管直径，喇叭口悬空高度不应小于 $0.8D$，且不宜小于 0.5m，其最小淹没深度一般为 0.5～1m。喇叭口与水池壁的净距为 $(0.75\sim1)D$，喇叭口之间净距不小于 $1.5D$，吸上式安装的水泵在停止运行时，吸水管会放空，一般应在吸水口处安装底阀。吸水管在水池中的位置要求如图 8-51 所示。

每台水泵出水管上应装设阀门、止回阀和压力表。消防水泵的出水管应不少于两条，分别与环状管网相连，并应装设试验和检查用的放水阀门。

出水管一般比吸水管小一号管径，与泵出口连接的铸铁变径管，作为泵体配件一同供货。在大流量供水系统中通常用微阻缓闭止回阀代替普通止回阀。在正常运行时，微阻缓闭止回阀是常开的，因此阻力小，当停泵，水停止流动时，阀板快闭并剩余 20% 左右开启面积，以缓解回流水击作用力，随后阀板徐徐缓闭，缓闭时间可在 0～60s 范围内调节。与普通旋启式止回阀相比，减少阻力 20%～50%，节电率大于 20%，并起到防止水击的安全作用。

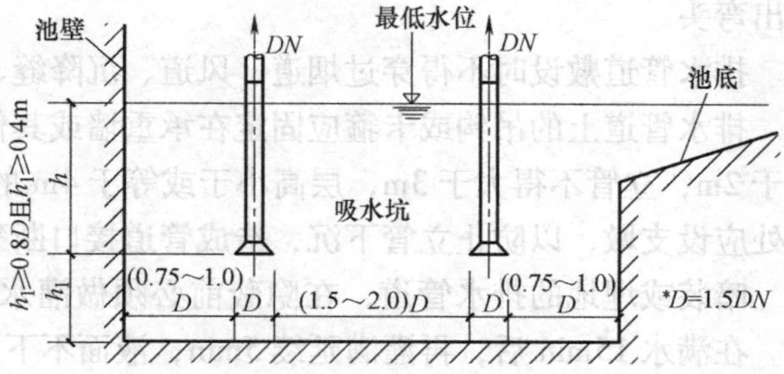

图 8-51 吸水管在水池中的位置要求

第三节 室内排水系统的安装

排水系统是建筑中必备的基础设施，由卫生器具、排水管道系统、通气系统、清通设备和污水提升设备等组成，随着技术的发展，新管材、新卫生设备不断涌现，使得安装技术、安装工艺不断更新，这里只介绍一些基本的安装技术。

室内排水管道由受水器、存水弯（水封）、横支管、立管、横干管、排出管以及清通口、通气管等组成，其安装工艺流程为安装准备→管道预制或配管→排水主干管（排出管）的安装→排水立管安装→排水支管安装→灌水试验→竣工验收。

1. 施工前的准备

施工前应熟悉设计图样并参加设计交底和图样会审，编制施工方案、技术交底材料并报监理工程师签认。提出材料计划，材料进场后进行验收、保存，在结构施工时做好孔洞预留、套管和构件预埋、设备基础检查等工作。

室内排水管道安装前应根据设计图样及施工预算书进行备料，并检查好管材和管件的质量，然后根据设计图样及技术交底的内容，检查、核对预留孔洞的尺寸大小是否正确，将管道位置、标高进行划线定位。对管道转弯、分支以及管件比较多的节点处安装前需进行管道节点组合尺寸的核算，并绘出排水管道的加工安装草图。

正式安装前，对于地下排水管道的敷设，必须满足基础达到或接近 ±0.00m 标高，房心回填土到管底或比管底稍高的位置，房心内沿管线的位置上无堆积物，在管道穿过建筑物基础处，按设计要求或表 8-17 预留好管洞。对于各楼层内的排水管道的安装，应与结构施工隔开一层建筑以上，且管道穿结构部位的孔洞等均已预留完毕，室内的杂物已清除，房间尺寸线及水平线已准确弹出。

2. 室内排水管道的安装

室内排水管道常用的有氯乙烯（PVC）排水管、聚氯乙烯（PVC-U）排水管、带芯层发泡聚氯乙烯管、氯化聚氯乙烯管、高密聚乙烯管、聚丙烯管等，以及柔性接口机制排水铸铁管。高层建筑多采用机制排水柔性接口铸铁管。排水管道的敷设应以保证通畅为原则，因此，排水管道的横管与横支管、横管与立管的连接，应采用45°三通（斜三通）和四通或90°斜三通（顺水三通）和四通。立管与排出管端连接，宜采用两个45°弯头或采用专门的排出弯头。

排水管道敷设时不得穿过烟道、风道、沉降缝、伸缩缝和居室。

排水管道上的吊钩或卡箍应固定在承重墙或其他可靠的支架上，支架间距要求横管不得大于2m，立管不得大于3m，层高小于或等于4m的立管可安装一个固定件，立管底部的弯管处应设支墩，以防止立管下沉，造成管道接口断裂。

暗装或埋地的排水管道，在隐蔽前必须做灌水试验，其灌水高度不应低于底层地面高度。在满水15min后，再灌满延续5min，液面不下降为合格。

排水管道穿越基础、墙体和楼板时，应配合土建预留孔洞，设计无规定时，可参见表8-21穿砖墙预留孔洞尺寸值。

表8-21 穿砖墙预留孔洞尺寸

管径/mm	≤100	125~200	125~200
孔洞尺寸/mm（长×宽）	240×240	370×370	490×490
a/mm	120	185	245
图示	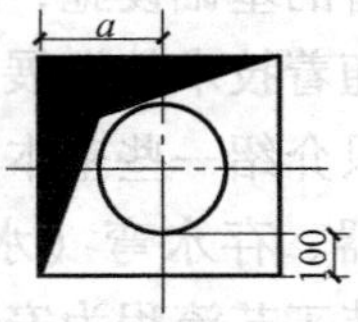		

室内排水管道的安装应遵守先地下后地上的原则。安装顺序依次为排出管（做至一层立管检查口）、一层埋地排水横管、一层埋地器具支管（做至承口突出地面）、埋地部分管道灌水试验与验收。此段工程完工俗称一层平口，其施工可在土建一层楼板盖好进行，其后的施工顺序是立管、各层的排水横管、器具支管。

室内排水管的坡度必须满足设计要求或表8-22要求。

表8-22 室内排水管的坡度

管材	管径/mm	标准坡度(‰)	最小坡度(‰)	管材	管径/mm	标准坡度(‰)	最小坡度(‰)
铸铁管	50	35	25	铸铁管	125	15	10
	75	25	15		150	10	7
	100	20	12		200	8	5
塑料管	50	25	12	塑料管	125	10	5
	75	15	8		160	7	4
	110	12	6				

（1）排出管安装　排出管是室内排水立管或横管与室外检查井之间的连接管道，是整个排水系统安装工程的起点，因此必须严格保证施工质量。安装中要保证管道的坡向和坡度，应设为直线管段，不能转弯或突然变坡。为了检修方便，排水管的长度不宜太长，一般检查井中心至建筑物外墙的距离不小于 3m，不大于 10m。排水管插入检查井的位置不能低于井的流水槽，图 8-52 所示为排出管穿过建筑物外墙的防水做法。

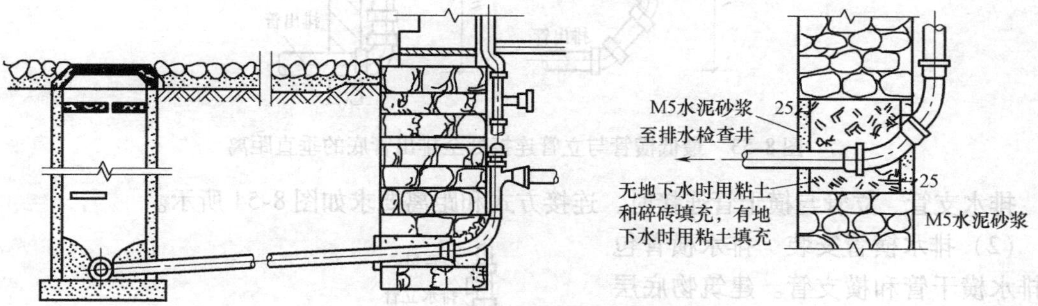

图 8-52　排出管穿过建筑物外墙的防水做法

排出管应做至首层立管检查口和地面扫除口，其中间连接的排水横管的三通（或四通）应根据排水横管的埋深确定其位置。当排水管的承口必须装在预留洞内时，排出管宜采用预制，待接口强度达到后，再穿入基础孔洞安装。允许偏差见表 8-23，排水管道穿墙预留孔洞尺寸见表 8-21。

表 8-23　允许偏差

管径/mm	≤100	125～200
$a \times b$/(mm × mm)	250×350	350×450
图示	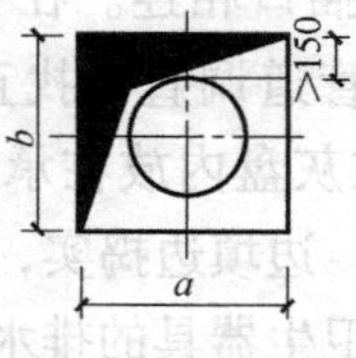	

一般情况下，排出管先做出建筑物墙外 1m，经室内排水管道通球试验和灌水试验合格后，再接至室外检查井。施工中，还要注意堵好室外管端敞口。

当仅设伸顶通气管时，排出管与最低立管的最小高差，如图 8-53 所示，并应满足表 8-24的要求，对于高层建筑的排水系统，当无法满足最小高差时，多采用首层或一、二层单独设置排水系统的做法。

表 8-24　最低排水横支管与立管连接处距排水立管管底垂直距离

立管连接卫生器具的层数	垂直距离 h_1/m	立管连接卫生器具的层数	垂直距离 h_1/m
≤4	0.45	13～19	3.0
5～6	0.75	≥20	6.0
7～12	1.2		

注：当与排出管连接的立管底部放大一号管径或横干管比与之连接的立管大一号时，表中距离可缩小一档。

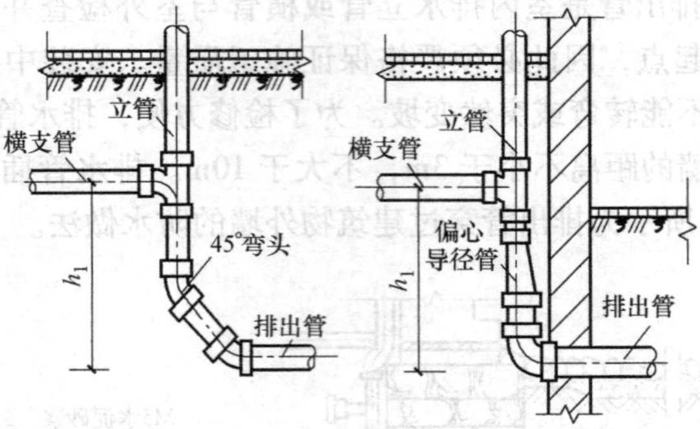

图 8-53　最低横管与立管连接处至排出管底的垂直距离

排水支管、立管与横干管连接时，连接方式和距离要求如图 8-54 所示。

(2) 排水横管安装　排水横管包括排水横干管和横支管。建筑物底层的排水横干管可直接敷设在底层的地下，在挖好的管沟或房心土回填到管底标高处时进行，将预制好的管段按照承口朝向来水的方向敷设。由出水口处向室内顺序排列，挖好打灰口用的工作坑，将预制好的管段慢慢地放入管沟内，封闭堵严总出水口，做好临时支撑，按施工图的位置标高找好位置和坡度，以及各预留管口的方向和中心线，将管段承插口相连。在管沟内打灰口前，先将管道调直、找正，用麻钎或捻凿将承口缝隙找均匀。将拌好的填料（水灰比为 1:9）装在灰盘内放在承口下部，人跨在管道上，一手填灰，一手用捻凿捣实，先填下部，由下而上，边填边捣实，填满后用锤子打实，再填再打，将灰口打满打平为止。然后再将首层立管及卫生器具的排水预留管口，按室内地坪线及轴线找好位置、尺寸，并接至规定高度，将预留管口临时封堵。打好的灰口，用麻绳缠好或回填湿润细土掩盖养护。各接口养护好后，就可按照施工图对敷设好的管道位置、标高及预留分支管口进行自检，确认准确无误后即可从预留口处灌水做灌水试验，水满后观察水位不下降、各接口及管道无渗漏为合格，经有关人员检查，并填写隐蔽工程验收记录，办理隐蔽工程验收手续。验收合格后，临时封堵各预留管口，配合土建填堵洞、孔，按规定回填土。

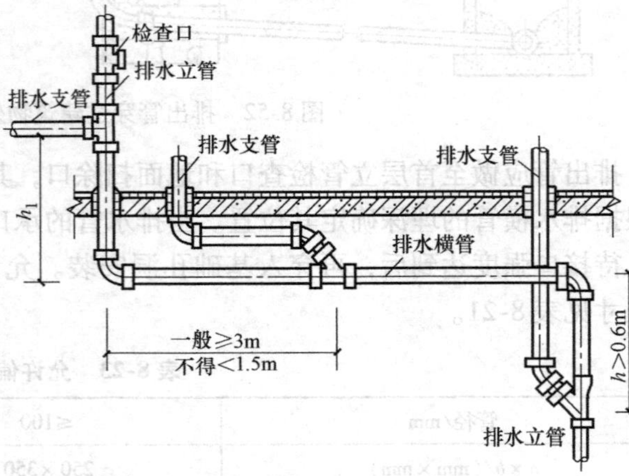

图 8-54　排水支管、立管与横干管的连接

各楼层中的排水横干管，可敷设在支、吊架上，安装时要先搭设架子，将支架按设计坡度做好或做好吊具，量好吊杆尺寸，将预制好的管道固定牢靠，并将立管预留管口及各层卫生器具的排水预留管口找好位置，接至规定高度，也将预留管口临时封堵。位于吊顶内的排水干管，也需按隐蔽工程项目办理检查验收手续。

排水横支管安装时也应先搭好架子，并将支、吊架按坡度做好，将预制好的管段放到架子上，再将支管插入立管预留口的承口内，将支管预留尺寸找准，并固定好支管，然后打麻、打灰口或抹胶粘接。如支管设在吊顶内，末端设有清扫口，宜将管道接至上层地面上，以便于清扫。支管安装完毕后，可将卫生器具或设备的预留管安装到位，找准尺寸并配合土建将楼板洞堵严，预留管口临时封堵。

由于塑料管道的抗拉和抗压强度不如金属管，其管道的支撑件、固定件会更多，常用固定件如图 8-55 所示，排水管支、吊架或固定点的最大间距可参见表 8-25。

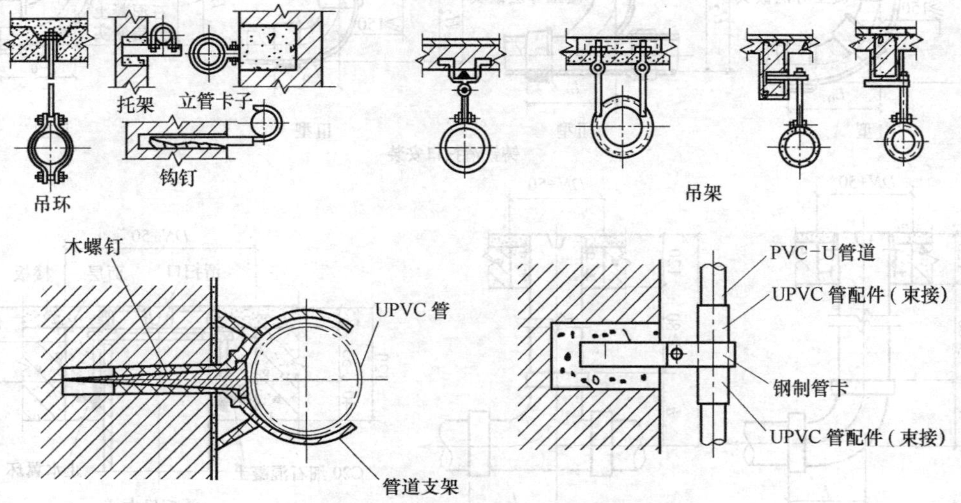

图 8-55　塑料管道的支、吊架和托件

表 8-25　排水管支、吊架或固定点的最大间距

管材	管径/mm	50	75	110	125	160
塑料管	横管间距/m	0.50	0.75	1.10	1.30	1.60
	立管间距/m	1.2	1.5	2.0	2.0	2.0
金属管	横管间距/m	≤2				
	立管间距/m	≤3 层高≤4m 可安装 1 个固定件，立管底部弯管处应设支墩或采取固定措施				

排水塑料管必须安装伸缩节，每个伸缩节间距不得大于 4m，横管伸缩节的设置如图 8-56所示。

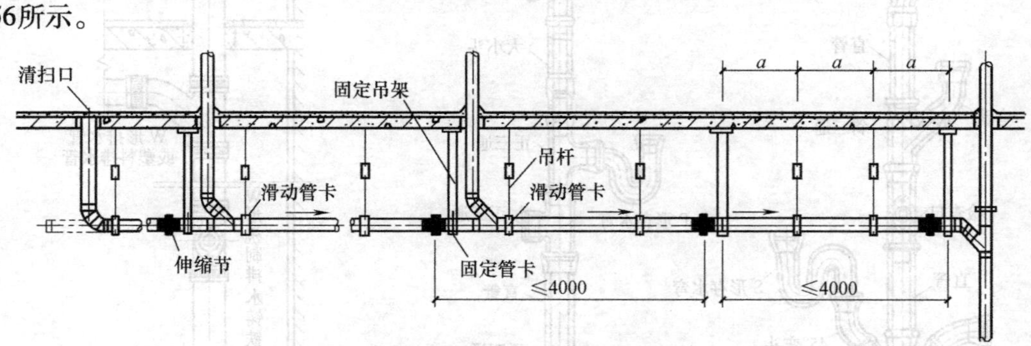

图 8-56　排水横管吊卡、伸缩节的安装

排水横管还应安装清扫口，清扫口多采用地面式，有时可与地漏合用。在一些有吊顶的建筑中也有将清扫口放置在横管末端的。各种清扫口的安装示意图如图 8-57 所示，详细尺寸参见样本或施工安装图集。

（3）排水立管安装　排水立管应设在排水量最大、污水最脏、杂质最多的排水点处，

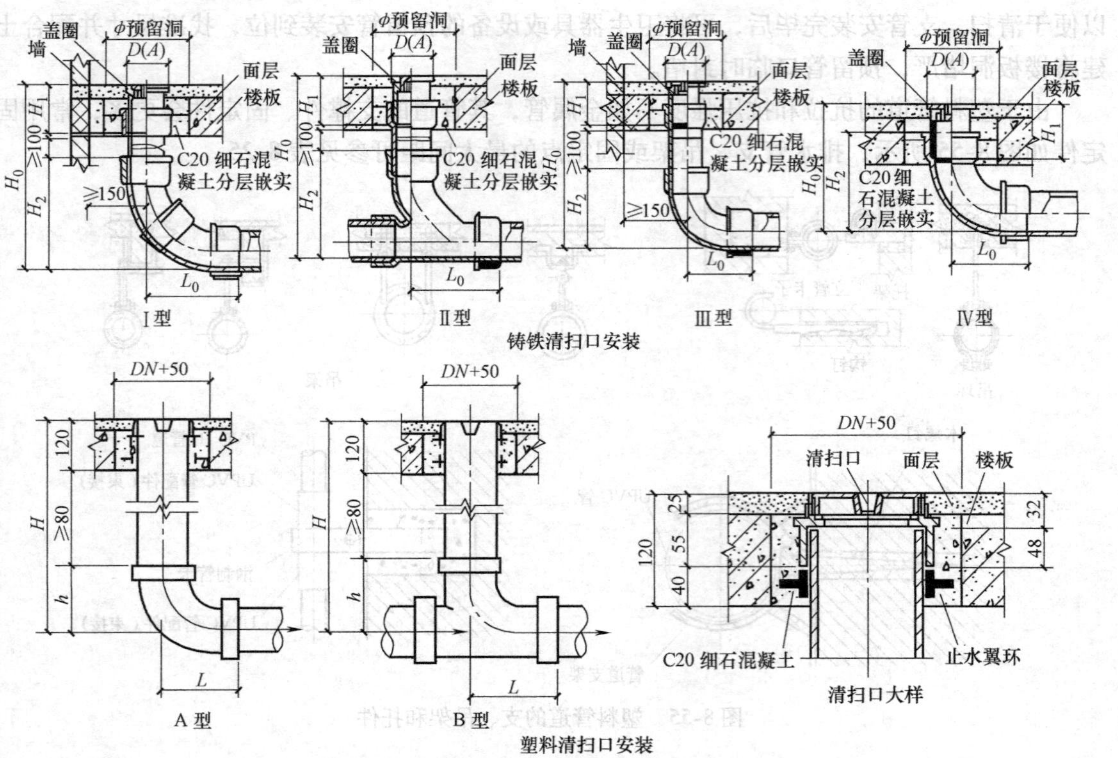

图 8-57 各种清扫口的安装示意图

可在墙角处明设，穿越楼板时，应事先预留安装孔洞，如需剔凿楼板，特别是需要断筋时，必须征得土建专业相关人员或设计单位同意。排水立管和管件构成如图 8-58 所示。

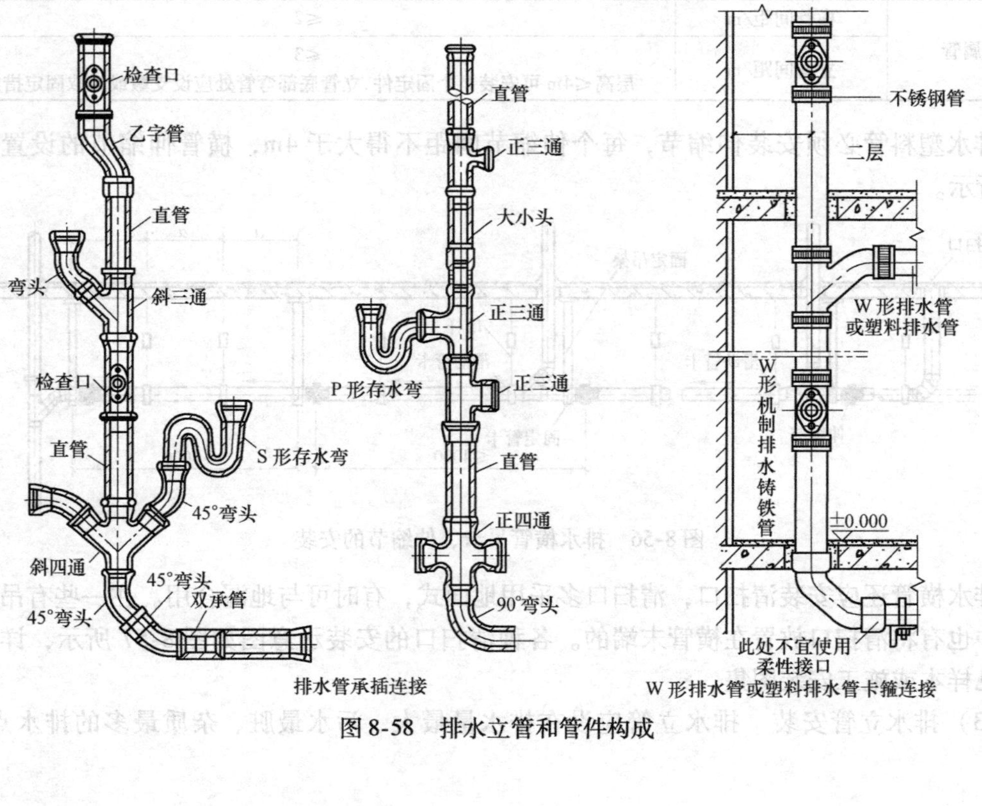

图 8-58 排水立管和管件构成

立管检查口应按照设计或施工验收规范要求设置，一般可隔层设置。当排水立管暗装在管槽或管井中时，在检查口处应设检修孔，也可在管井、管槽中暗装，暗装时应设置检修门，如图 8-59 所示。

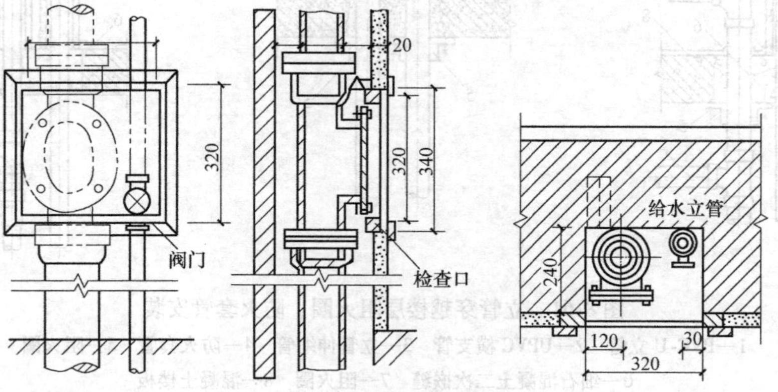

图 8-59　管道检修孔

承插及压兰排水铸铁立管安装应两人上下配合，一个在上一层，通过预留管孔放下绳索，一个人在楼板下，将排水管上部捆绑，上拉下托，自下而上，将管道插口插入承口内，同时下层的人把预留分支管口及立管检查口方向找正，上层的人用木楔将管道在楼板洞处临时卡牢，打麻、调直、打灰、复查立管垂直度，将立管临时固定牢靠，养护，压兰安装需拧紧螺栓。安装连续铸铁管卡箍连接立管时，自下而上顺序安装已下好料的管道即可。立管安装完毕后，配合土建用不低于楼板强度等级的混凝土将洞灌满堵实，拆除临时支架。

排水立管如果采用 PVC-U 管材时，一定要做好固定，并按照技术要求设置立管伸缩节，当层高小于或等于 4m 时，立管每层设一个伸缩节，层高大于 4m 时，应根据实际伸缩量确定设置数量。排水立管伸缩节的安装如图 8-60 所示。

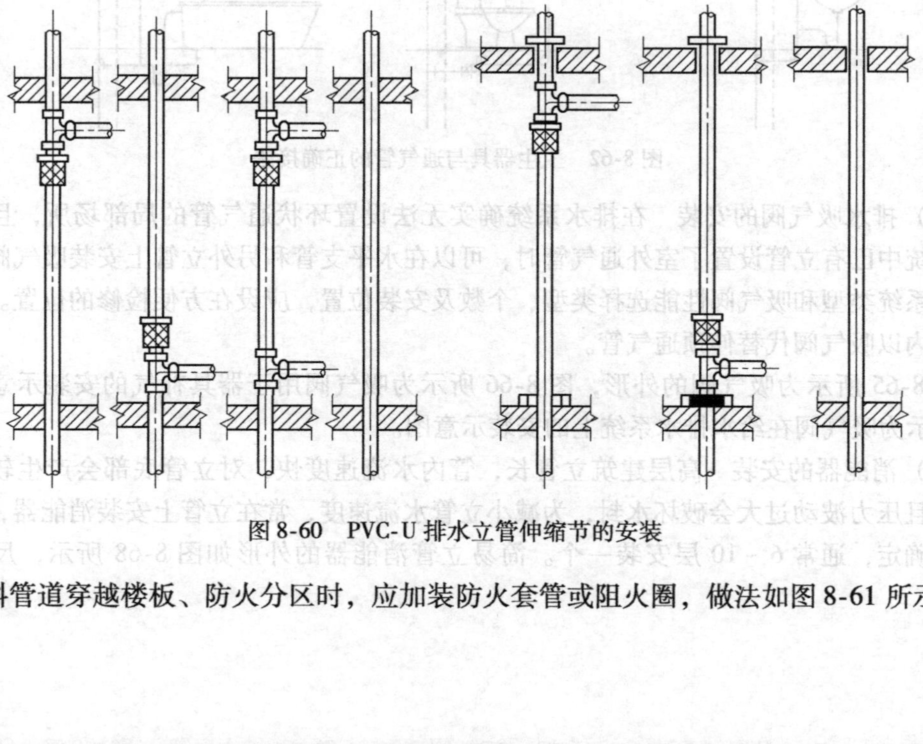

图 8-60　PVC-U 排水立管伸缩节的安装

塑料管道穿越楼板、防火分区时，应加装防火套管或阻火圈，做法如图 8-61 所示。

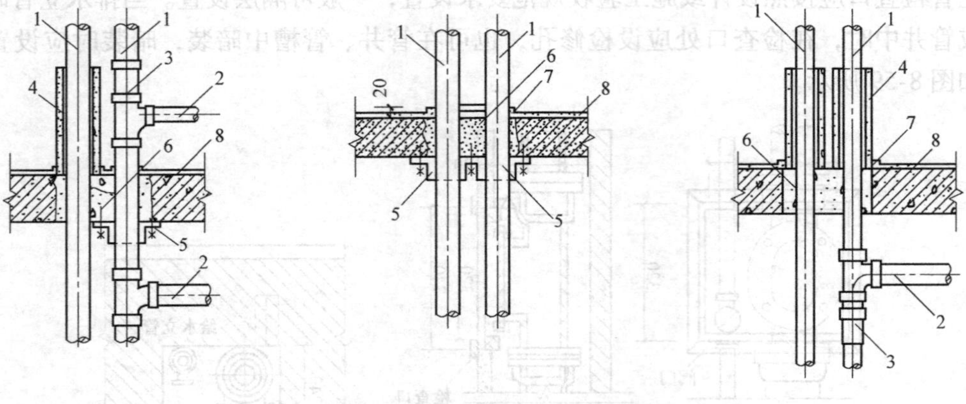

图 8-61　立管穿越楼层阻火圈、防火套管安装

1—PVC-U 立管　2—UPVC 横支管　3—立管伸缩管　4—防火套管　5—阻火圈　6—细石混凝土二次嵌缝　7—阻火圈　8—混凝土楼板

(4) 通气管和辅助通气管的安装　为提高排水系统的排水能力，避免管内压力波动过大，排水系统一般利用最高层卫生器具以上并延伸到屋顶上的一段管道作为通气管，当层数较多或同一排水支管上卫生器具较多时，应设置辅助通气管或专用通气立管。通气管应高出屋面 0.3m 以上，并应大于最大积雪深度。对上人屋面，通气管应高出屋面 2m 以上。卫生器具与通气管的正确连接方法如图 8-62 所示。常见通气管连接方法如图 8-63 所示，通气帽的安装方式如图 8-64 所示。

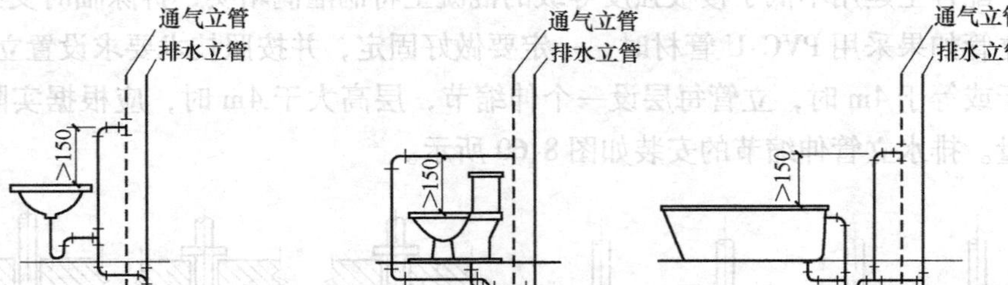

图 8-62　卫生器具与通气管的正确接法

(5) 排水吸气阀的安装　在排水系统确实无法设置环状通气管的局部场所，且在一个排水系统中已有立管设置了室外通气管时，可以在水平支管和另外立管上安装吸气阀。应根据排水系统类型和吸气阀性能选择类型、个数及安装位置，应设在方便检修的位置。不允许建筑物内以吸气阀代替伸顶通气管。

图 8-65 所示为吸气阀的外形，图 8-66 所示为吸气阀用于器具补气的安装示意图，图 8-67所示为吸气阀在给水排水系统上的安装示意图。

(6) 消能器的安装　高层建筑立管长，管内水流速度快，对立管底部会产生较大的冲击力，且压力波动过大会破坏水封，为减小立管水流速度，常在立管上安装消能器，其位置由设计确定，通常 6 ~ 10 层安装一个。简易立管消能器的外形如图 8-68 所示，尺寸见表 8-26。

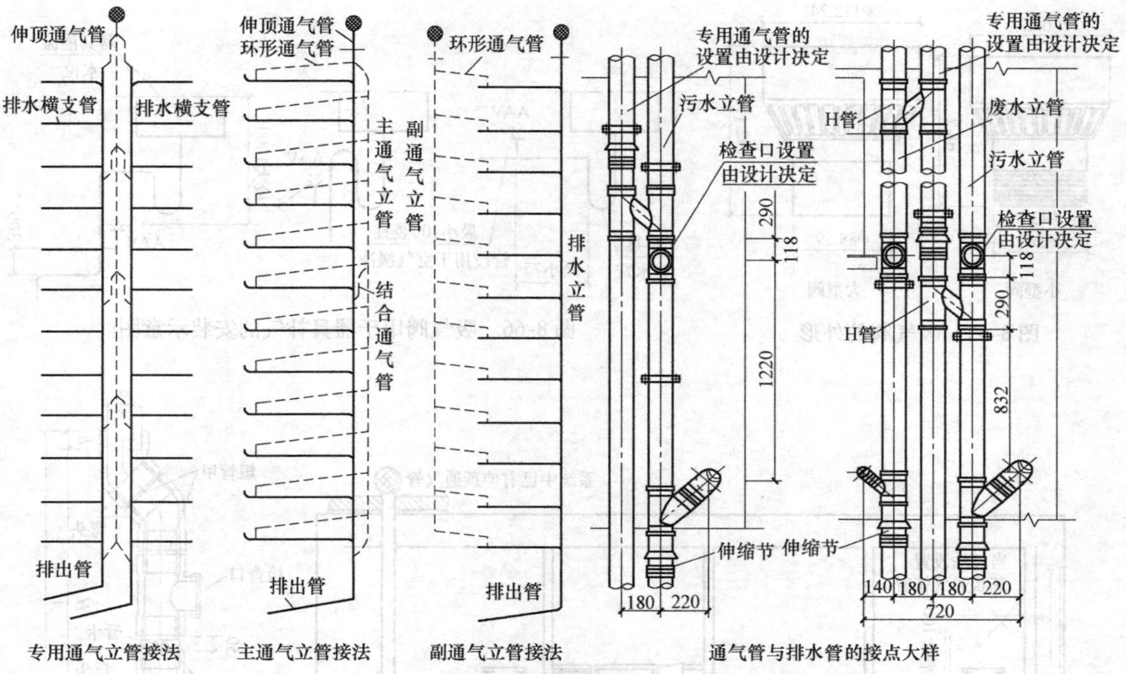

图 8-63　常见通气管连接方法

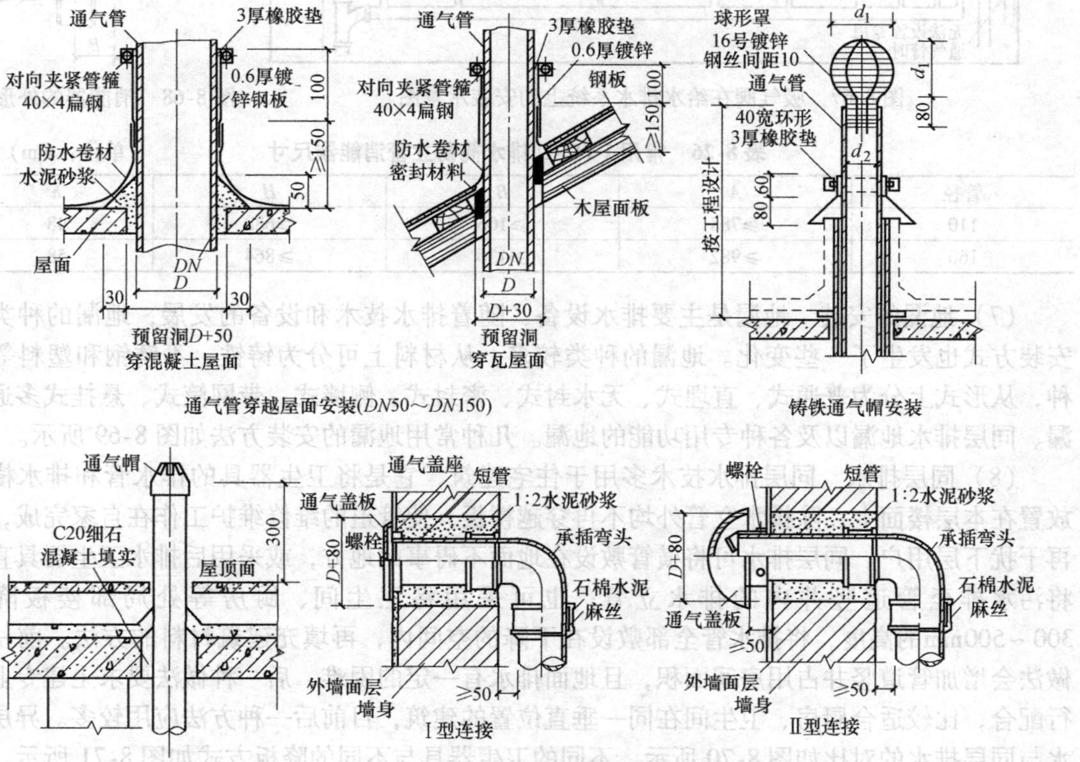

图 8-64　通气帽的安装方式

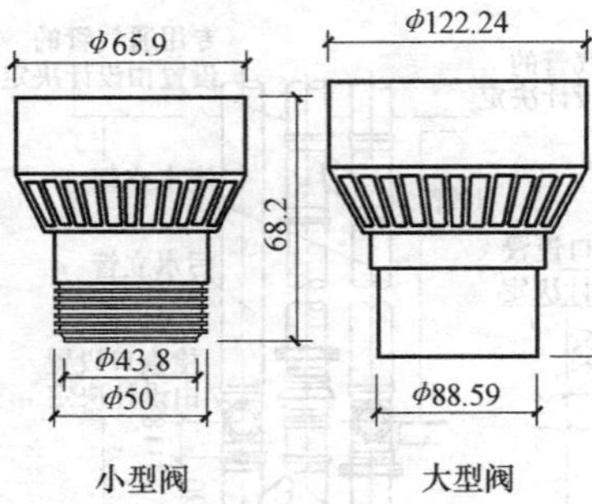

图 8-65 吸气阀的外形

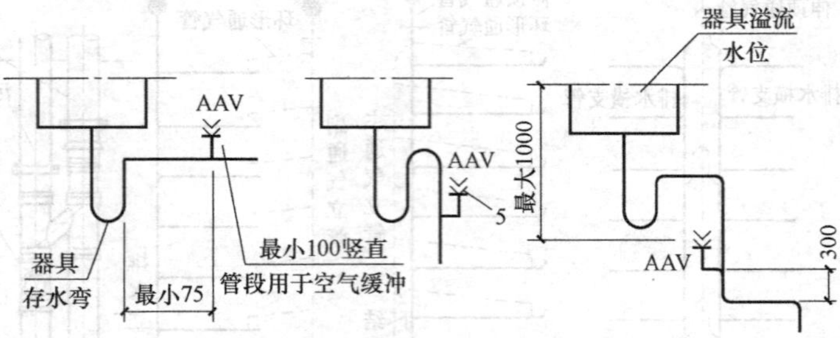

图 8-66 吸气阀用于器具补气的安装示意图

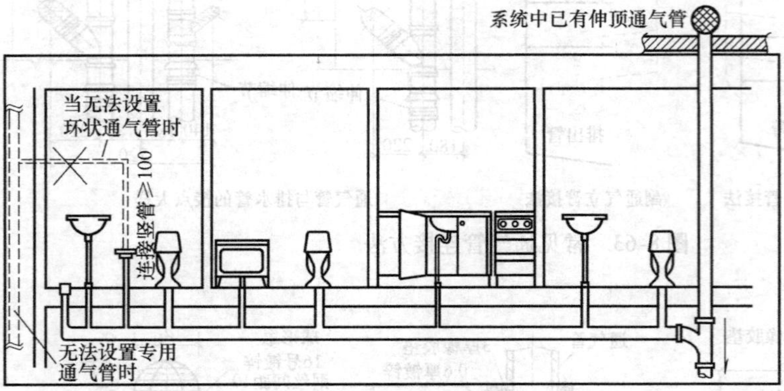

图 8-67 吸气阀在给水排水系统上的安装示意图

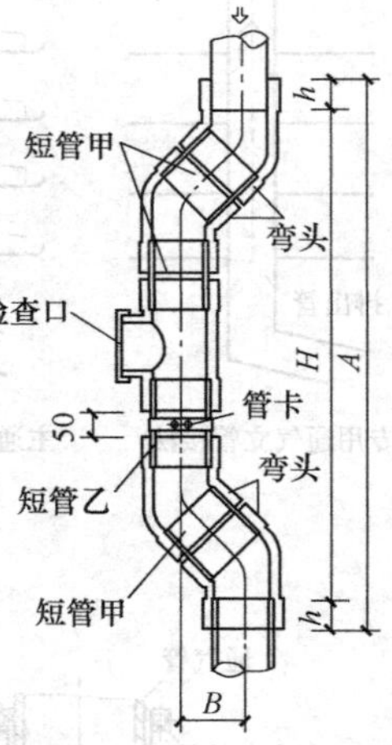

图 8-68 消能器的外形

表 8-26 常用 PVC-U 排水简易立管消能器尺寸 （单位：mm）

管径	*A*	*B*	*H*	*h*
110	≥788	≥106	≥688	48
160	≥982	≥136	≥864	58

（7）地漏的安装 地漏是主要排水设备，随着排水技术和设备的发展，地漏的种类和安装方式也发生了一些变化。地漏的种类较多，从材料上可分为铸铁、不锈钢和塑料等品种，从形式上分为普通式、直埋式、无水封式、密封式、侧墙式、带网筐式、悬挂式多通地漏、同层排水地漏以及各种专用功能的地漏。几种常用地漏的安装方法如图 8-69 所示。

（8）同层排水 同层排水技术多用于住宅建筑，它是将卫生器具的排水管和排水横管放置在本层楼面上，除排水立管外均不再穿越楼板，使管道的维修维护工作在自家完成，不再干扰下层用户。同层排水可将横管敷设在地面不碍事的地方，或采用后排水卫生器具直接将污水排至管道竖井内的排水立管；也可采用将卫生间、厨房等处局部楼板降低 300～500mm的高度，将排水管全部敷设在下降的空间内，再填充建筑材料的方法。前一种做法会增加管道竖井占用房间面积，且地面排水有一定的困难，后一种做法要求土建专业进行配合，比较适合厨房、卫生间在同一垂直位置的建筑，目前后一种方法应用较多。异层排水与同层排水的对比如图 8-70 所示，不同的卫生器具与不同的降板方式如图 8-71 所示，同层排水的施工过程如图 8-72 所示，其步骤是首先做好建筑防水，然后安装管道，再进行地面填充，最后做地面。

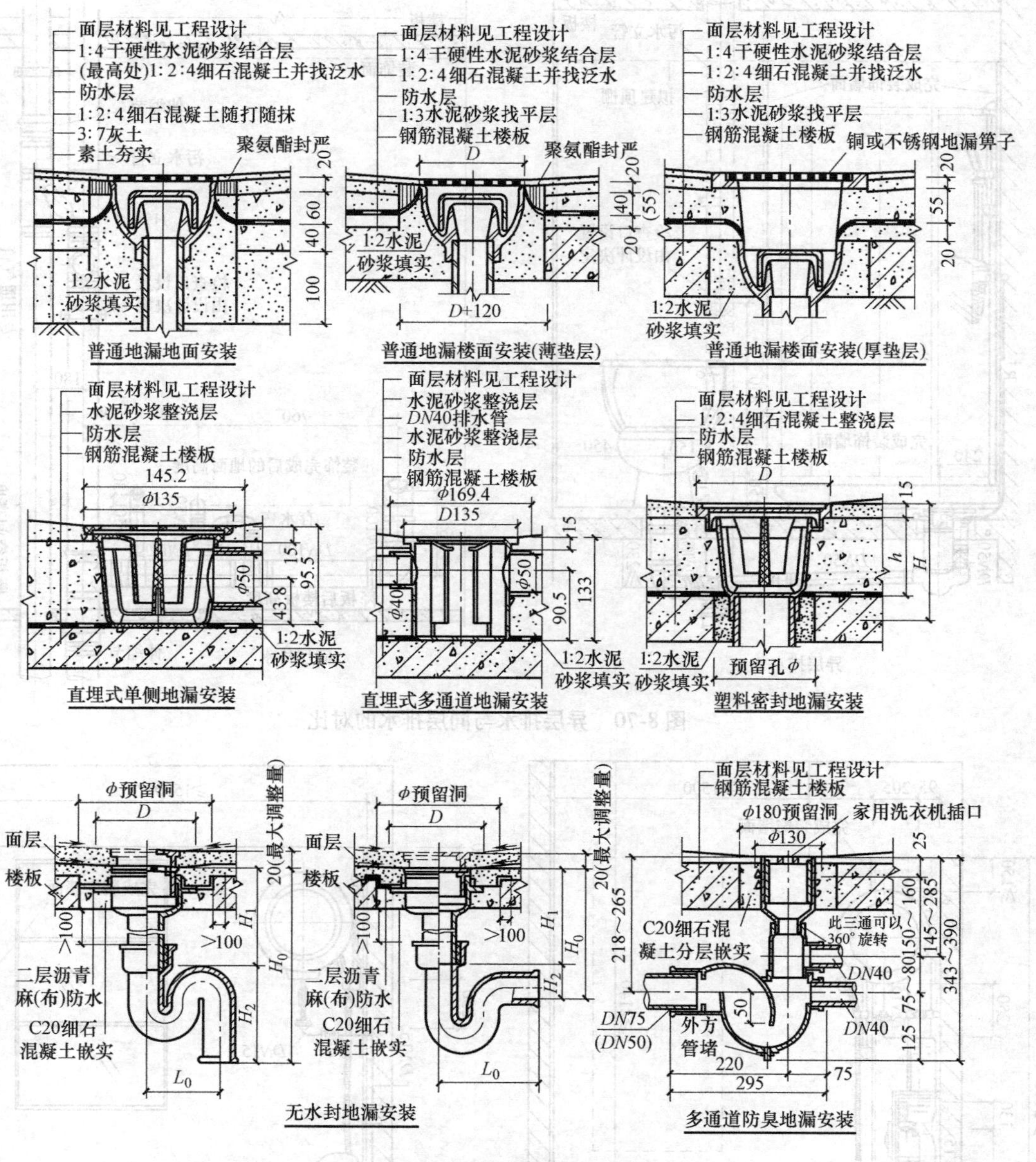

图8-69 几种常用地漏的安装方法

(9) 特殊管件 高层建筑的立管连接横支管多，同时排水机会大，易造成管内压力波动过大或流通不畅；排水立管过长，受建筑沉降的影响较大，易造成管道损坏，因此必须采取相应的措施保证系统的安全和正常工作。为保证排水系统的畅通，必须解决好管道通气问题，除采用设置专门的通气管的方法外，在单立管排水系统中，还广泛应用苏维托排水系统（其主要配件为连接横管和立管处安装的气水混合器以及安装于系统的气水分离器）、塞克斯蒂阿旋流排水系统（主要配件为旋流接头和特殊排水弯头）、高奇马芯形排水系统（主要配件为环流器和角笛弯头）以及 PVC-U 螺旋排水系统（使用偏心三通和管内壁带有螺旋导流凸起线的管材）等。各种特殊的排水管件如图 8-73 所示，安装时应注意预留出足够的管件安装空间。

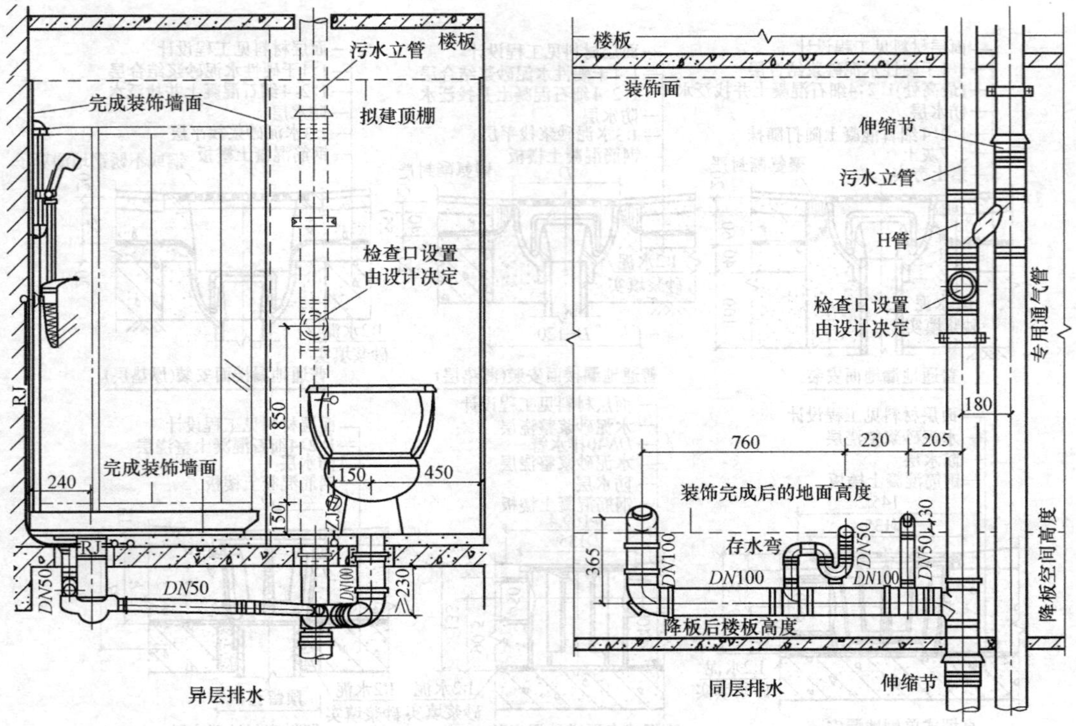

图 8-70 异层排水与同层排水的对比

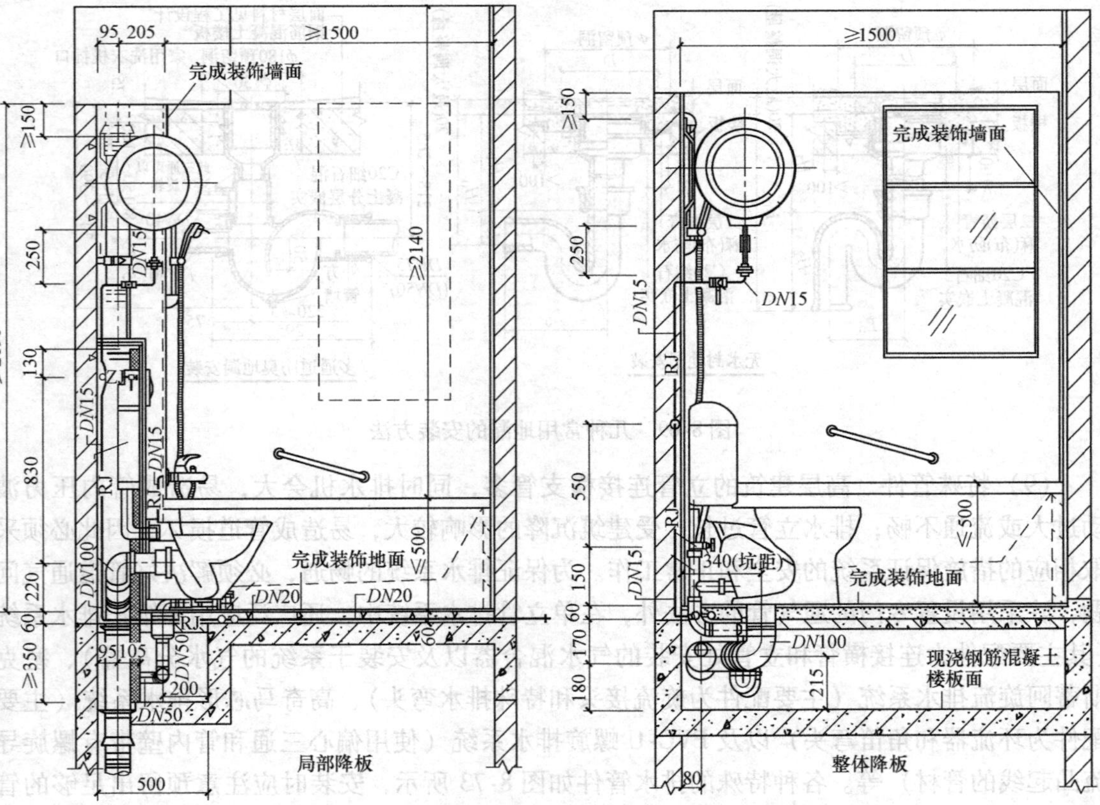

图 8-71 同层排水不同的卫生器具与不同的降板方式

图 8-72 同层排水的施工过程

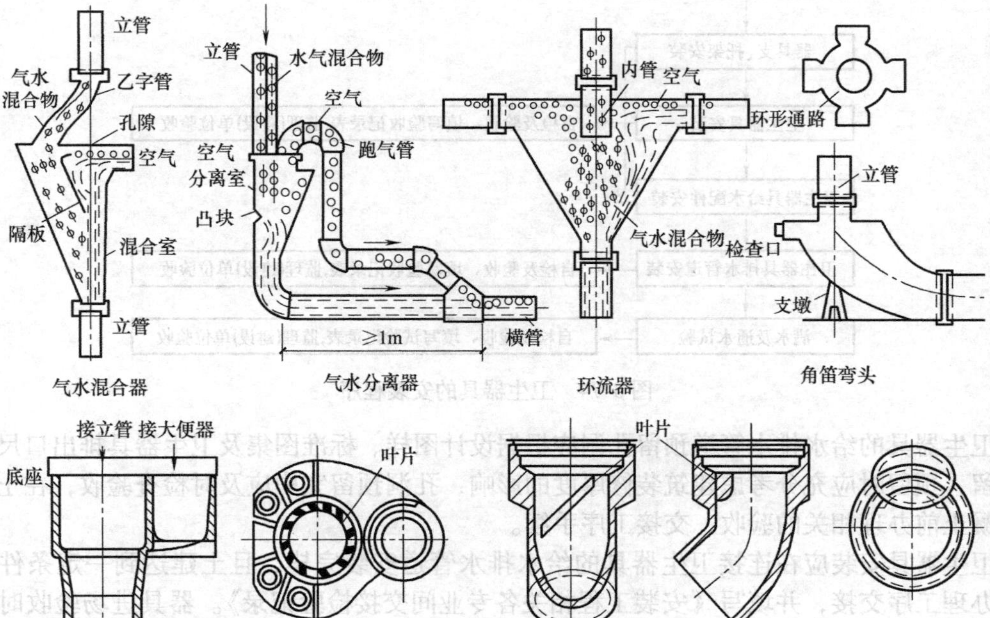

图 8-73 各种特殊的排水管件

第四节 卫生器具的安装

卫生器具是用来满足人们日常生活各种卫生要求，收集便溺、盥洗和洗涤器具中的污废水设备，是给水系统的末端和排水系统的起点。卫生器具安装是建筑给水排水分部工程中的一个子分部，由卫生器具安装、卫生器具给水配件安装和卫生器具排水管道安装三个分项工程组成。目前，卫生器具品种繁多，造型各异，豪华程度差别悬殊，故安装中除参照相关的施工安装图集外，有时还需参见产品样本或实物。

一、卫生器具的安装程序和一般要求

卫生器具安装适用于室内污水盆、洗涤盆、洗脸（手）盆、盥洗槽、浴盆、淋浴器、大便器、小便器、小便槽、大便冲洗槽、妇女卫生盆、化验盆、排水栓、地漏等卫生器具安装的质量检验与验收。

1. 卫生器具的施工安装程序

卫生器具给水配件及卫生器具排水配件的型号、规格、质量必须符合设计要求，并有出厂产品合格证及相关的符合国家技术标准或设计要求的性能检测报告。如为进口产品，除产品质量证明书外，还应有原产地证明书等。凡采用新产品，该产品必须是经技术鉴定及检验合格后投产的合格产品。卫生器具的安装程序如图 8-74 所示。

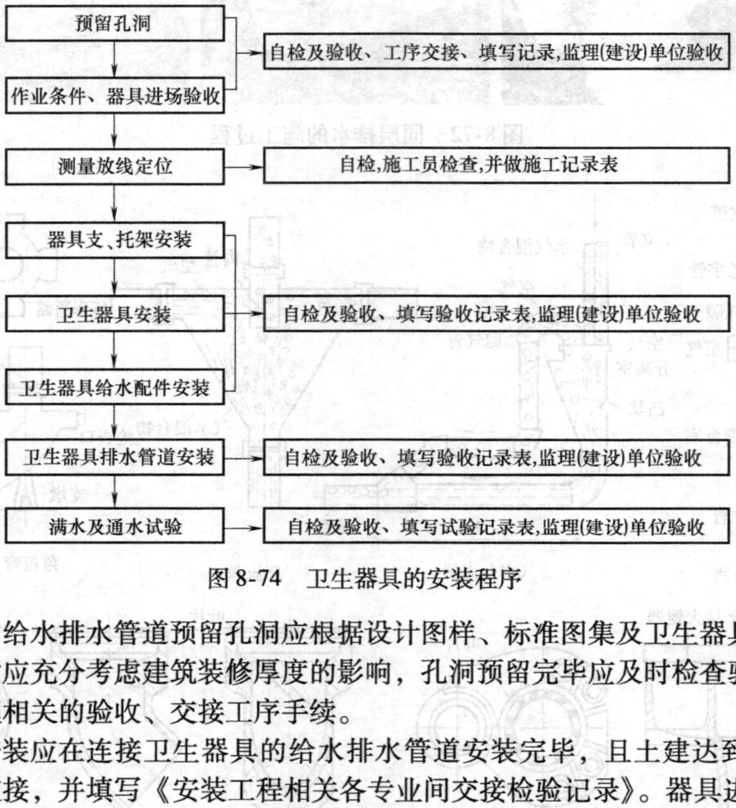

图 8-74　卫生器具的安装程序

卫生器具的给水排水管道预留孔洞应根据设计图样、标准图集及卫生器具排出口尺寸予以预留，预留时应充分考虑建筑装修厚度的影响，孔洞预留完毕应及时检查验收，在土建浇灌混凝土前办理相关的验收、交接工序手续。

卫生器具安装应在连接卫生器具的给水排水管道安装完毕，且土建达到一定条件后进行，办理工序交接，并填写《安装工程相关各专业间交接检验记录》。器具进场验收时应填写《材料设备进场申报表》和《材料设备使用审批表》。

卫生器具的位置、标高、间距等尺寸应按设计图样或标准图集进行放线定位，以保证卫生器具的坐标、标高、器具水平度及垂直度在规范的允许偏差范围内。卫生器具及卫生器具给水配件安装完毕应进行检查验收，并填写《卫生器具及给水配件安装工程检验批质量验收记录表》。

卫生器具排水管道是将器具与已敷设的排水管道甩口相连。卫生器具排水管道安装完毕应进行检查验收，并填写《卫生器具排水管道安装工程检验批质量验收记录表》。

卫生器具交工前应做满水和通水试验，以保证卫生器具给水、排水各连接件不渗不漏，零部件布局合理，阀门及手柄位置朝向合理，使用灵活，给水、排水畅通。检验合格应填写《卫生器具满水和通水试验记录》。

2. 卫生器具的施工验收程序

卫生器具安装的验收程序如图 8-75 所示。

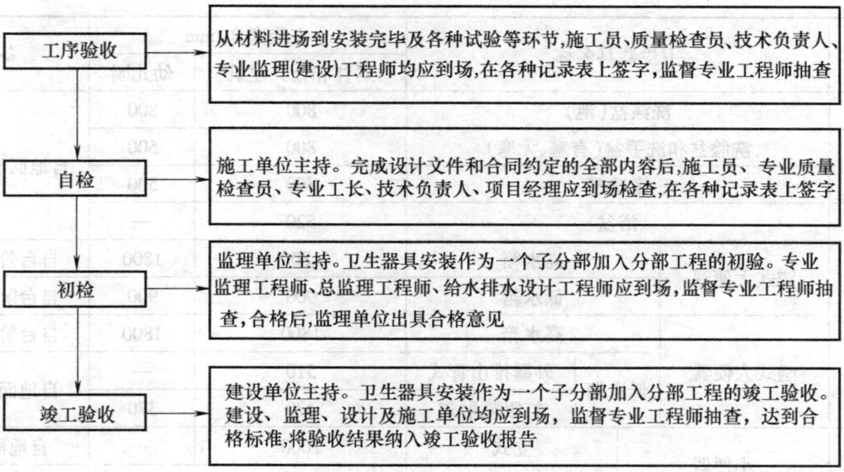

图 8-75 卫生器具安装的验收程序

卫生器具安装前应进行产品质量检验。外观检查，是否平整、光滑、无裂纹，镀铬制品表面应无锈斑及起壳等缺陷，陶瓷有无损伤（轻轻敲打，声音实而清脆是未受损伤的，声音沙裂是受损伤破裂的），各部分几何尺寸（实测主要尺寸）是否超过表 8-27 的允许公差等，排水口尺寸正确（通球检查，对圆形孔洞可做通球试验，检验用球直径为孔洞直径的 0.8 倍）。支架固定孔及给水排水管连接孔良好。卫生器具给水配件及排水配件应与卫生器具配套，无缺损，且卫生器具及其配件应为节水型产品。

表 8-27 卫生器具的允许公差

序号	项目		单位	允许公差值
1	外形尺寸公差		—	±3%
2	肥皂、手纸盒外观尺寸公差		mm	-3
3	安装尺寸公差	孔径≤15	mm	2
		孔径 16~29		±2
		孔径 30~80		±3
		孔径 >80		±5
4	洗脸盆水嘴孔距		mm	±2
5	洗脸盆、水箱、洗涤槽、妇女卫生盆下水口圆度变形直径偏差		mm	3
6	小便器排出口圆度变形直径偏差		mm	5
7	大便器及存水弯排出口、连接口圆度变形直径偏差		mm	8
8	排出口中心距边缘尺寸公差	≤300	mm	±10
		>300	—	±3%

常见卫生器具的安装高度见表 8-28。

表 8-28 卫生器具的安装高度

项次	卫生器具名称		安装高度/mm		备 注
			居住和公共建筑	幼儿园	
1	污水盆	架空式	800	800	
		落地式	500	500	

（续）

项次	卫生器具名称			安装高度/mm		备　注
				居住和公共建筑	幼儿园	
2	洗涤盆(池)			800	800	自地面至器具上边缘
3	洗脸盆和洗手盆(有塞、无塞)			800	500	
4	溅洗槽			800	500	
5	浴盆			520	—	
6	蹲式大便器	高水箱		1800	1800	自台阶至高水箱底
		低水箱		900	900	自台阶至低水箱底
7	坐式大便器	高水箱		1800	1800	自台阶至高水箱底
		低水箱	外露排出管式	510	—	自地面至低水箱底
			虹吸喷射式	470	370	
8	小便器	立式		1000	—	自地面至上边缘
		挂式		600	450	自地面至下边缘
9	小便槽			200	150	自地面至台阶面
10	大便槽冲洗水箱			不低于2000	—	自台阶至水箱底
11	妇女卫生盆			360	—	自地面至器具上边缘
12	化验盆			800	—	自地面至器具上边缘

卫生器具的安装位置和规格一般由建筑设计或装修设计确定，在一些只有器具的大致位置而无具体尺寸要求的设计中，或以装修风格为主时，常常需要现场定位。这就给设备专业的预留、预埋工作带来一定的困难，如果尚未选择产品，通常按照施工安装图集或产品样本选择预留尺寸。卫生器具位置包括平面位置（即距某一建筑轴线或墙、柱等实体的距离尺寸和器具之间的间距）和立面位置（安装高度），主要考虑使用方便、舒适、易检修等因素，并尽量做到与建筑布置的整体协调美观。确定位置后，在拟安装器具的后墙上弹画出安装中心线，作为排水管道安装和卫生器具安装时的安装基准线。排水卫生器具平面定位时的大体规则如下：蹲式大便器中心距900mm；洗脸盆、小便器中心距700mm；淋浴器中心距900～1100mm；盥洗槽水嘴中心距700mm。器具的安装位置应考虑到排水口相对集中，便于管道布置，同时应注意门的开启方向，避免门的开启与卫生器具相碰撞。

卫生器具是室内的固定陈设物，在实用的基础上，应特别注意支承卫生器具的底座、支架、支腿等的安装质量，同时应根据墙体结构和卫生器具的要求确定预埋固定件，以确保器具安装的稳固。具体做法可参见施工安装图集。

在安装过程中应随时用水平尺、线坠等工具进行检测和校正，使卫生器具的安装误差控制在表8-29、表8-30规定的允许偏差范围内。

表8-29　卫生器具安装的允许偏差

序号	项目		允许偏差/mm
1	坐标	单独器具	10
		成排器具	5
2	标高	单独器具	±15
		成排器具	±10
3	器具水平度		2
4	器具垂直度		3

表8-30　卫生器具给水配件安装标高的允许偏差

项次	项目	允许偏差/mm
1	大便器高、低水箱角阀及截止阀	±10
2	水龙头	±10
3	淋浴器喷头下沿	±15
4	浴盆软管淋浴器挂钩	±20

严密性体现在卫生器具和给水排水管道的连接及与建筑物墙体靠接两个方面。卫生器具与给水配件（水龙头、浮球阀等）连接的开洞处应加橡胶软垫，并压挤紧密，使连接处不漏水；与排水管、排水栓连接的下水口应用油灰、橡胶垫圈等结合严密，不漏水；与墙面靠接时，应抹油灰，或以白水泥填缝，使靠墙处结合严密，不污染墙面。

在使用和维修过程中，瓷质卫生器具可能被碰坏更换，安装时应考虑到器具的可拆卸特点。因此，卫生器具和给水支管连接处，必须装可拆卸的活接头；坐式大便器和地面的稳固，排出口和排水短管的连接，蹲式大便器排出口和存水弯的连接等，均应采用便于拆除的油灰填塞连接，并且存水弯上或排水栓处均设置根母连接。

硬金属与瓷器之间的所有结合处，均应垫以橡胶垫、铝垫等，做软结合。紧固器具的所有螺纹连接，应先用手加力拧，再用紧固工具缓慢加力，防止加力过猛损伤瓷器。用管钳紧拧铜质、镀光质的给水配件时，应垫布，防止管钳加力后在配件上留有痕迹。

卫生器具的安装应安排在建筑物施工的收尾阶段。器具一经安好，应进行有效的成品防护，如切断水源或用草袋加以覆盖等。防护最根本的措施是加强工种间的配合，避免人为的破坏。卫生器具安装后，器具的敞开排水口均应加以封闭，以防堵塞。地漏常常被建筑工人用来排除水磨石浆、清洗地面水等，最易堵塞，更应加强维护。

二、常用卫生器具的安装

1. 蹲式大便器的安装

蹲式大便器是传统卫生器具，多安装在公共场所的卫生间内。分为自带存水弯和不带存水弯两种。传统不带存水弯的大便器需要在管道上设置存水弯。蹲式大便器一般可采用高、中位水箱，也可采用脚踏冲洗阀。近年来公共场所推荐使用感应式冲洗阀。高位水箱的蹲式大便器的安装如图 8-76 所示，冲洗阀蹲式大便器的安装如图 8-77 所示，脚踏冲洗阀的安装如图 8-78 所示，自带存水弯蹲式大便器安装如图 8-79 所示，由于大便器高度较大，需要做两步台阶。

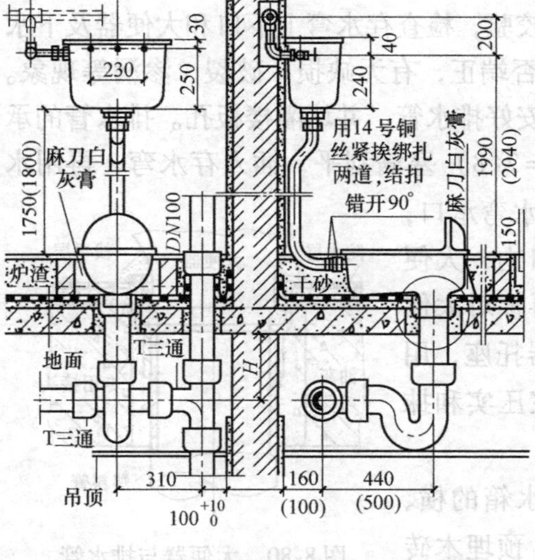

图 8-76 高位水箱蹲式大便器的安装

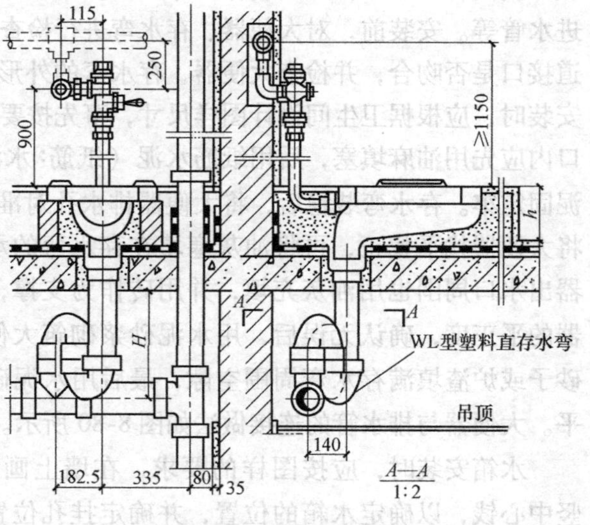

图 8-77 冲洗阀蹲式大便器的安装

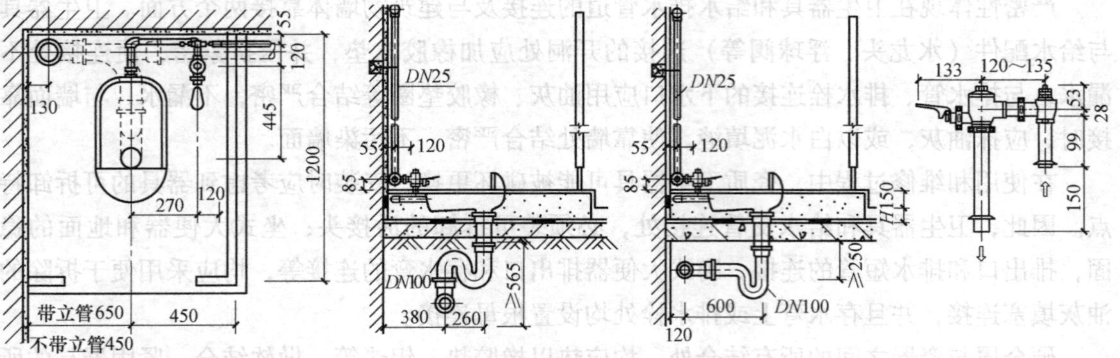

图 8-78　脚踏冲洗阀的安装

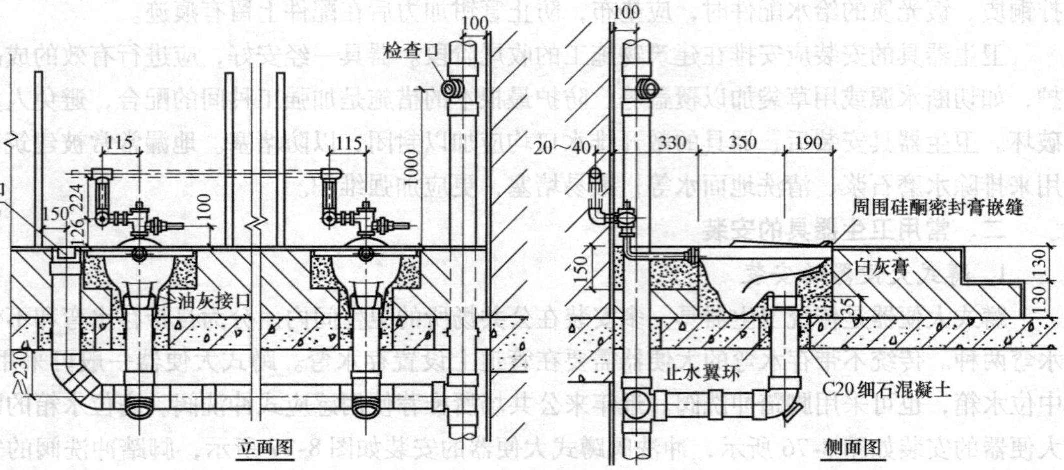

图 8-79　自带存水弯蹲式大便器安装

蹲式大便器的安装工作内容有便盆安装、存水弯安装、进水管安装、冲洗水箱及冲洗管或冲洗阀的安装。首先安装存水弯、大便器、冲洗水箱，然后再安装冲洗管、冲洗阀、水箱进水管等。安装前，对大便器、存水弯进行检查、校验，检查存水弯上下口和大便器及下水道接口是否吻合，并检查大便器、存水弯的外形是否端正，有无缺损、破裂、渗漏等现象。安装时，应根据卫生间设计图样尺寸，事先按要求安好排水管，并堵灌楼板孔。排水管的承口内应先用油麻填塞，后用纸筋水泥（纸筋: 水泥 = 2:8）塞满刮平，插入存水弯，再用水泥固定牢。存水弯装稳后，将大便器排水孔对准存水弯承口，将大便器找平找正，再将油灰塞填在存水弯的承口内，大便器出水口周围也用油灰充填，并用砖作为支撑，再核对大便器的平正度，确认无误后，用水泥砂浆砌筑大便器托座，用砂子或炉渣填满存水弯周围空隙，最后用水泥砂浆压实和抹平。大便器与排水管的连接做法如图 8-80 所示。

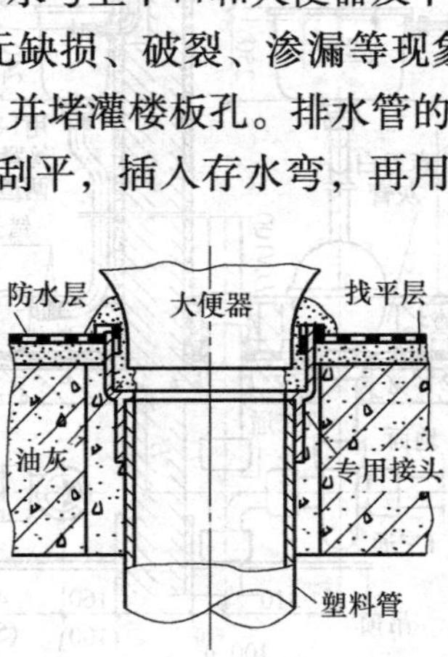

图 8-80　大便器与排水管的连接做法

水箱安装时，应按图样的要求，在墙上画好水箱的横、竖中心线，以确定水箱的位置，并确定挂孔位置，预埋木砖或膨胀螺栓。在水箱挂装前，可首先在地上把水箱内冲洗附件安装好，使其灵活可靠，挂装水箱并将其固定。安装冲洗管时，应将密封垫圈和锁紧螺母套至冲洗管上端，把冲洗管插进水箱排水孔，与冲水装置相连，再将螺母锁紧即可。冲洗管（塑料管或镀锌管）的下端用铜丝将橡胶碗绑扎好，然后把已装好的水箱内浮球阀螺纹端加上橡胶垫圈从水箱内的进水孔穿出，再将水箱外的螺纹端加上橡胶垫用螺母锁紧即可。

大便器稳固后，按土建要求做好地坪，橡胶碗处要用砂土埋好，再在砂土上面抹水泥砂浆。禁止用水泥砂浆把橡胶碗处全部填死，以免日后维修不便。

2. 坐式大便器的安装

坐式大便器分为分体式和联体式，又可分为下排水和后排水，有普通型和静音型之分。

分体式低水箱坐式大便器由本体结构自带存水弯的大便器、低水箱及进水管（*DN*15）和冲洗管（*DN*50）组成。其安装方法是将坐式大便器安装在卫生间的地面上，安装前应对大便器进行检查，检查其是否满足使用要求，有无缺陷，有无渗漏、破裂等现象。检查合格后方可进行安装。安装大便器时，将排水口插入预先在地面埋好的排水管内（有些大便器的底部有几个排水孔位置可供选择，到时将所用孔敲开即可），再将大便器底座外廓和螺栓孔眼的位置用石笔在地面上标出，移开大便器后，在孔眼位置处预埋木砖或预埋膨胀螺栓，用水泥砂浆固定。安装大便器时，取出大便器排水管口的管堵，把管口清理干净，并检查大便器内有无残留杂物。在大便器排水口周围和大便器底面抹油灰或纸筋水泥，但不能涂抹得过多，按所标出的外廓线将大便器的排水口插入 *DN*100 的排水管承口内，并用水平尺反复校正，慢慢嵌紧，把填料压实且稳正。

如果地板内预埋的是木砖，则应用长 70mm 的木螺钉配上铝垫圈插入底座孔眼内，拧紧在木砖上；如果地面内预埋螺栓或膨胀螺栓，只要把螺栓插入大便器底座孔眼内，将螺母拧紧即可。无论采用何种方法固定，不可过分用力，以免瓷质大便器底部碎裂。就位固定后应将大便器周围多余水泥及污物擦拭干净，并用 1 ~ 2 桶水灌入大便器，防止油灰或纸筋水泥粘贴，甚至堵塞排水管口。大便器的木盖（或塑料盖）应在即将交工时安装，以免在施工过程中将其损坏。

在安装低水箱之前，应先对水箱进行检查，看其是否满足使用要求和符合安装要求。然后将水箱内的冲水附件在地面上组装好。画线时，先按照低水箱上边缘的高度，在墙上用石笔或粉袋弹出横线，然后以此线和大便器的中心线为基准线，根据水箱背部孔眼的实际尺寸，在墙上标出螺栓孔的位置，打孔预埋膨胀螺栓或预埋木砖，再用螺母加铝垫圈或用木螺钉将水箱固定在墙上，就位固定后的低水箱，应横平竖直、稳固美观，水箱冲水口应和大便器进水口中心对正。将水箱出水口与大便器进水口的锁母卸下，将 90°弯的冲洗管（冲洗管管材有钢管、塑料管、铜铝管等）一端插入低水箱出口，另一端插入大便器进水口，套上柔性垫片，两端均用锁紧螺母锁紧。

水箱进水管上 *DN*15 角阀与水箱进水口处用短管相连（短管管材有铜管、塑料管、柔性短管等）。

连体式坐式大便器将水箱和大便器结合为一体。安装连体式坐式大便器时，应根据设计图样和施工现场的实际情况，采用比量定位法。画出固定螺栓的位置，再将坐式大便器底盘上抹满油灰，下水口上缠上油麻并抹油灰，插入下水管口，直接稳固在地面上，压实后，抹去底盘挤出的油灰，在固定螺栓上加设垫圈，拧紧螺母即可。连体式坐式大便器的安装要平正、整洁、稳固和美观。

分体坐式大便器的安装如图 8-81 所示，连体式坐式大便器的安装如图 8-82 所示，后出水大便器的安装如图 8-83 所示。

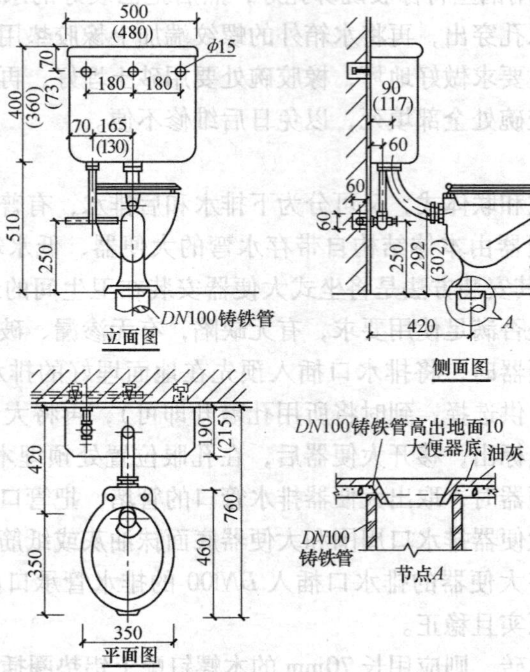

图 8-81 分体式低水箱坐式大便器的安装

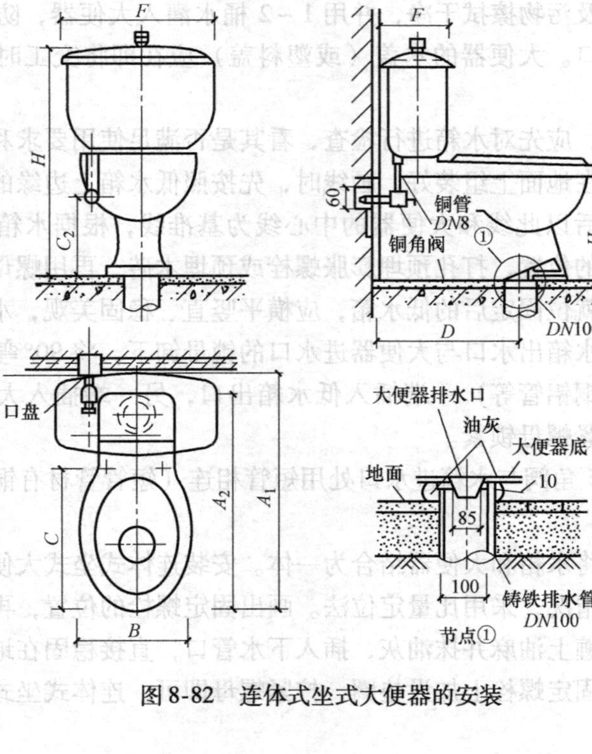

图 8-82 连体式坐式大便器的安装

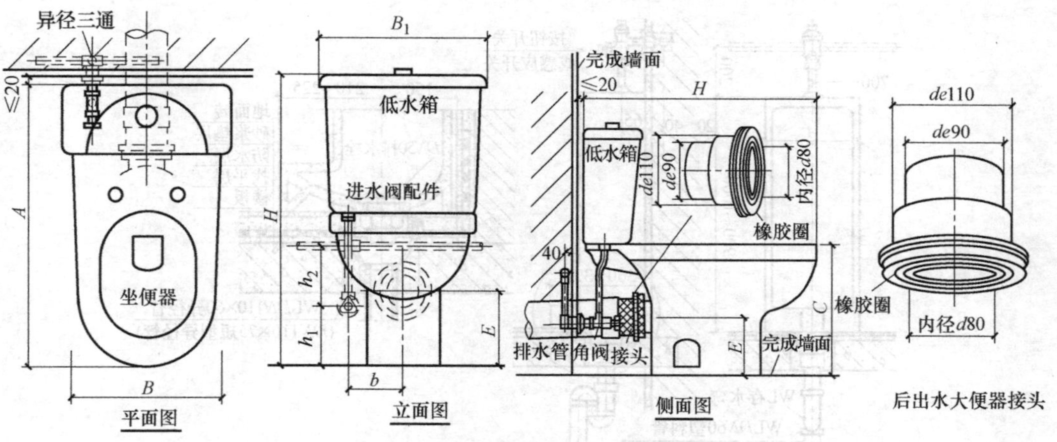

图 8-83　后出水大便器的安装

3. 小便器的安装

（1）斗式小便器的安装　斗式小便器又称挂式小便器或小便斗，用陶瓷制成，挂于墙上，可作下排水或后排水，斗内边缘有小孔，进水后小孔均匀分布淋洗斗内壁，装设小便斗的附近地面上应安装地漏，以排泄地面积水。成组安装的小便斗，斗间的中心距为0.6～0.7m，由于小便斗具有一定的高度，公厕中还应安装儿童使用的斗式小便器。挂式小便器的安装如图 8-84 所示。

安装程序为先安装小便斗，再安装存水弯，最后安装冲洗管。根据设计图样上要求安装的位置和高度，在墙上画出横竖中心线，找出小便斗两耳孔中心在墙上的具体位置，然后在该位置上打洞预埋木砖，木砖离安装地面的高度为 110mm，平行的两块木砖中心距为 340mm，木砖规格为 50mm×100mm×100mm，木砖预埋最好能与土建配合砌墙时埋入。小便斗用 4 颗 65mm 长的木螺钉配铝垫片，穿过小便斗耳孔将其紧固在木砖上（也可用 M6×10 的膨胀螺栓将其紧固），小便斗上沿离安装地面的高度为 600mm。

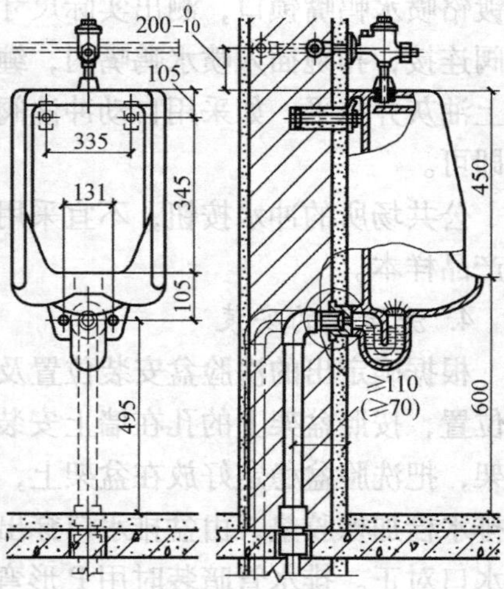

图 8-84　挂式小便器的安装

小便斗所用存水弯多为塑料件或不锈钢件，规格为 $DN25$～$DN32$，安装时，将其下端插入预留的排水管口内，上端套在已缠好麻和抹好铅油的小便斗排水嘴上，将存水弯找正，上端用锁紧螺母加垫后拧紧，下端与排水管的间隙处用铅油麻丝缠绕塞严即可。部分小便斗有后出水型，安装时应引起注意。

将角阀安装在预留的给水管上，使护口盘紧靠墙壁面，用截好的小铜管背靠背地穿上铜碗和锁紧螺母，上端缠麻，抹好铅油插入角形阀内，下端插入小便斗的进水口内，用锁紧螺母与角阀锁紧，用铜碗压入油灰，将小便斗进水口与小铜管下端密封。

（2）立式小便器的安装　立式小便器又称落地式小便器，用陶瓷制成，上有冲洗进水口，进水口下设扁形布水口（亦称喷水鸭嘴），下有排水口，靠墙立于地面上，立式小便器的安装如图 8-85 所示。

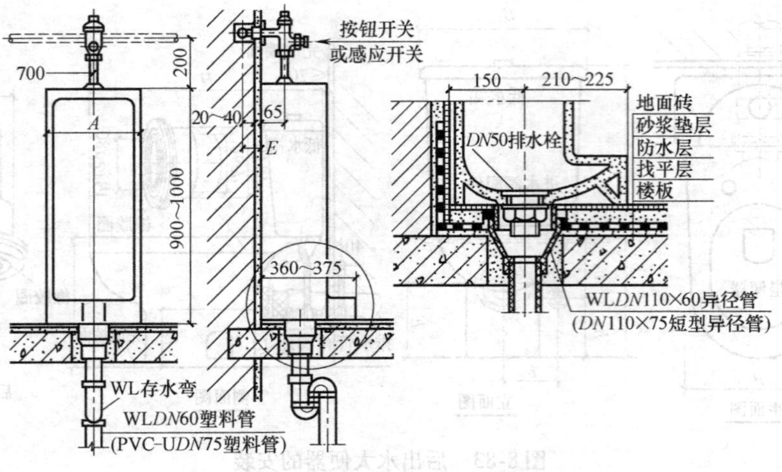

图 8-85　立式小便器的安装

立式小便器安装前应先安装好排水管，存水弯设在楼板（地面）以下，将排水栓用3mm厚的橡胶圈及锁紧螺母固定在小便器的排水口上，再在其底部凹槽中嵌入纸筋水泥或石膏，排水栓凸出部分涂抹油灰，即可将小便器垂直就位，使排水栓口与排水管口很好地接合，并用水平尺校正。如果小便器与墙面或地面不贴合，可用白水泥补齐和抹光。

在小便器安装完成后，再安装冲洗管。上端镀铬冲洗管镶接时，先将角阀出水口对准铜质镀铬喷水鸭嘴锁口，测出实际尺寸，将铜管画线下料，套上锁紧螺母及扣碗，锁紧螺母与角阀连接，扣碗插入喷水鸭嘴内，缠绕好油浸盘根绳，拧紧锁紧螺母至松紧适度，在扣碗下加上油灰并抹平。如采用自动冲洗阀，则应将感应器安装在适合位置，水阀串联在冲洗水管上即可。

公共场所的冲水按钮，不宜采用手动冲水阀，多采用电子感应式自动冲洗。其安装可参见产品样本。

4. 洗脸盆的安装

根据确定出的洗脸盆安装位置及洗脸盆类型，在墙上画出横、竖中心线，找出盆架的安装位置，按照盆架上的孔在墙上安装膨胀螺栓（也可在墙上打洞预埋木砖或预埋件）固定盆架，把洗脸盆稳定好放在盆架上，用水平尺测量平正，如盆不平，可用铝垫片垫平垫稳；将排水栓加橡胶垫，由盆排水口穿出，并加垫用根母锁紧，注意使排水栓的保险口与脸盆的溢水口对正。排水管暗装时用P形弯，明装时用S形弯，与存水弯连接的管口应套好螺纹，涂抹厚白漆后缠上麻丝，再用锁紧螺母锁紧。洗脸盆安装有冷热水管，两管应平行敷设，水平敷设时应为上热下冷（热水管在上，冷水管在下）；垂直敷设时，左热右冷（热水管在左侧，冷水管在右侧）。脸盆用水嘴垫上橡胶垫穿入脸盆进水孔，然后用垫并用锁紧螺母锁紧。冷热水嘴与角阀的连接可用铜短管，也可用柔性短管连接。洗脸盆水嘴的手柄中心有冷热水的标志，蓝色或绿色表示冷水嘴，红色表示热水嘴。水嘴安装应端正、牢靠和美观。洗脸盆的安装如图8-86所示。

台式脸盆应将脸盆卧装在预先开好孔洞的台面上，给水方式有冷热水双龙头式、带混合器的单龙头式、红外线自动出水式等。应根据洗脸盆的规格尺寸在平台上加工出脸盆孔，栽设支架，安装平台（平台由大理石、花岗石等制成），平台应平整、牢固。将脸盆卧装于平

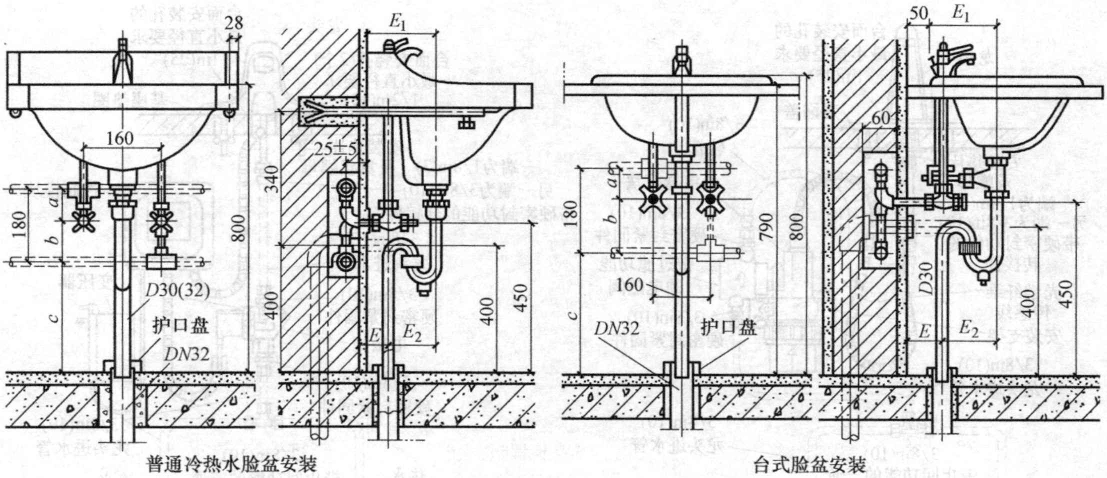

图 8-86 洗脸盆的安装

台，平台与脸盆的结合应严密。脸盆安装稳妥后，即可进行配管和水嘴的安装。配管及给水配件的安装与墙架式洗脸盆相同。台式洗脸盆的安装如图 8-86 所示。

立柱式洗脸盆安装时，应先画出脸盆安装的垂直中心线及安装高度水平线，然后用比量法使立柱柱脚和背部紧固螺栓定位。安装过程为：将脸盆放在立柱上，调整安装位置对准垂直中心线，与后墙靠严后，在地面上画出支柱外轮廓线和背部螺栓安装位置，然后钻眼栽埋膨胀螺栓，在地面上铺上厚 10mm 的方形油灰，使宽度大于立柱下部外轮廓，按中心位置摆好立柱并压紧、压实，刮去多余油灰，拧紧背部螺栓固定。连接给水排水管道同墙架式洗脸盆，存水弯要用 P 形或瓶形存水弯，置于空心的柱腿内，通过侧孔和排水短管暗接。立柱式洗脸盆的安装如图 8-87 所示。

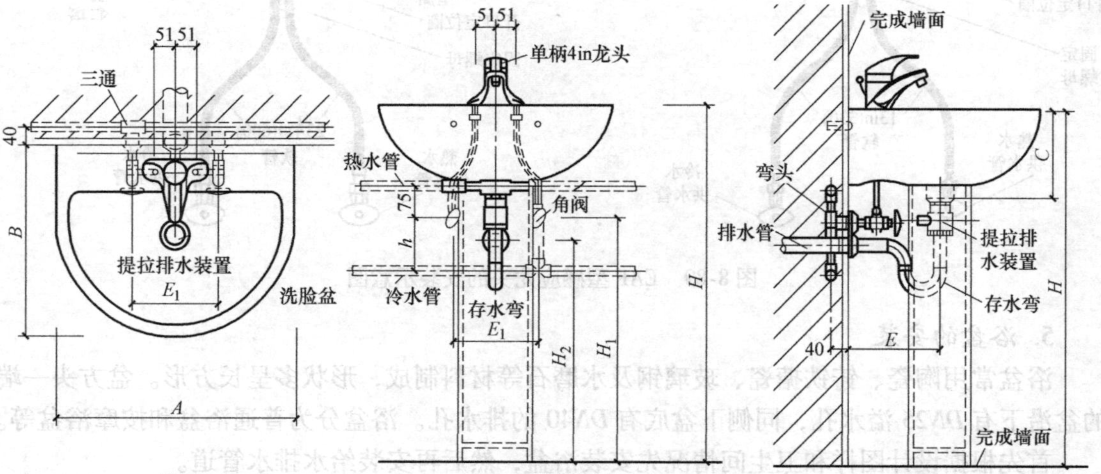

图 8-87 立柱式洗脸盆的安装

目前，公共场所的水龙头大多采用感应式，其安装要求参见样本，图 8-88、图 8-89 所示是几种感应龙头的安装示意图。

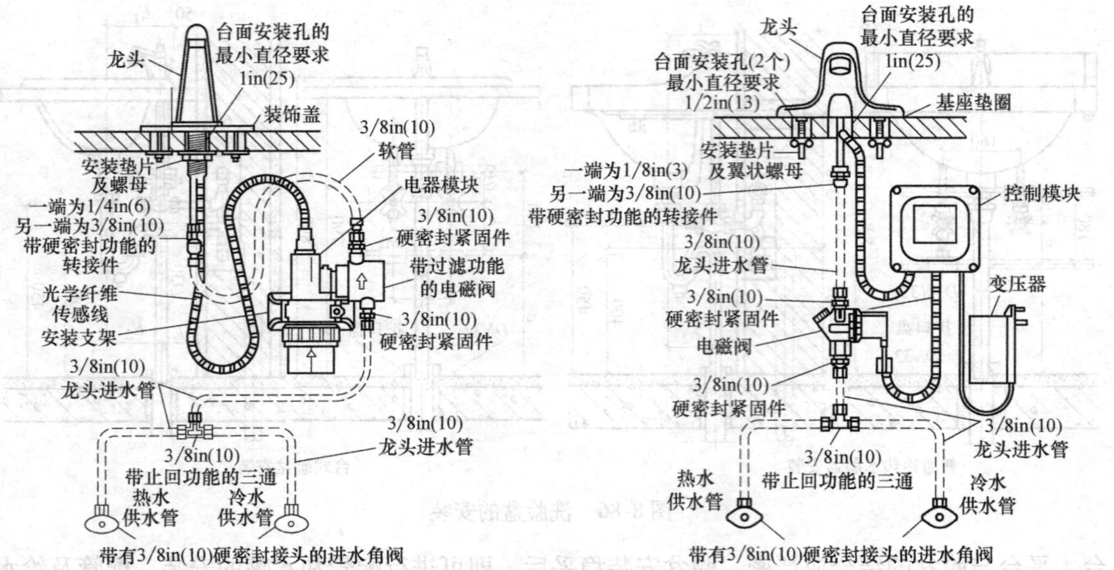

图 8-88 EBF 型感应龙头的安装示意图

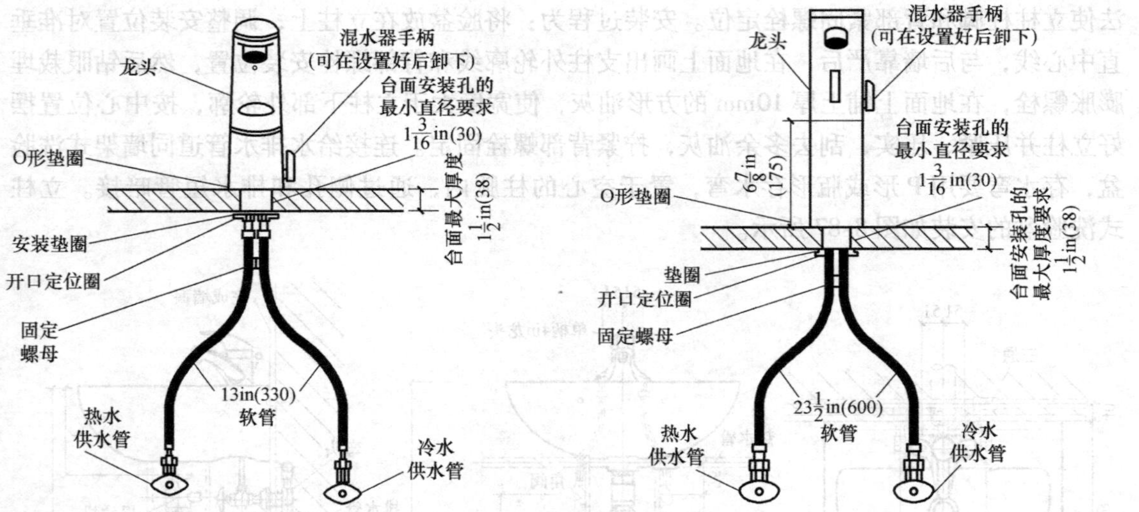

图 8-89 EAF 型感应龙头的安装示意图

5. 浴盆的安装

浴盆常用陶瓷、铸铁搪瓷、玻璃钢及水磨石等材料制成，形状多呈长方形。盆方头一端的盆沿下有 *DN*25 溢水孔，同侧下盆底有 *DN*40 的排水孔。浴盆分为普通浴盆和按摩浴盆等。

首先根据设计图样和卫生间情况先安装浴盆，然后再安装给水排水管道。

浴盆有溢、排水孔的一端和内侧靠墙壁放置，在盆底砌筑两条小砖墩，使盆底距地面一般为 120 ~ 140mm，并使盆底本身具有 0.02 的坡度并坡向排水孔，以便排净盆内水。盆四周用水平尺校正，不得歪斜。在不靠墙的一侧，用砖块沿边砌平并贴瓷砖。盆的溢、排水管一端，池壁上应开一个检查门，尺寸不小于 300mm × 300mm，便于修理和维护。在浴盆的方头端安装冷、热水嘴（或冷、热水混合水嘴），水嘴中心应高出盆面150mm。浴盆排水管安装时先将溢水管铜管弯头、三通等预先按设计尺寸量好各段的长度，下料并装配好，把盆下排水栓涂上油灰，垫上橡胶垫，由盆底穿出，并用锁紧螺母锁紧，多余油灰用手指刮平，再用管连接排水弯头和溢水管上三通。溢水管上的铜弯头用一端带短螺纹而另一端带长螺纹的短管连接。短螺纹一端连接铜弯头，另一端长螺纹插入浴盆溢水口内，最后在溢水口内外壁加橡胶支垫，并用锁紧螺母锁紧。三通与存水弯连接处装配一段短管，插入排水管内进行水泥砂浆抹口。浴盆的安装如图8-90所示。

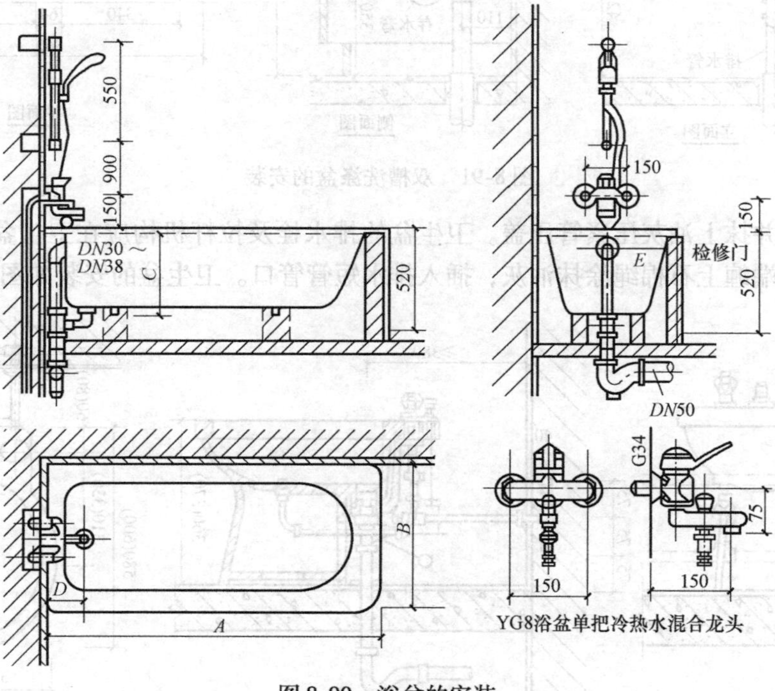

图8-90　浴盆的安装

6. 洗涤盆的安装

洗涤盆材料有陶瓷和不锈钢等种类，又分为单槽与双槽，多安装在厨房，上沿距地面的安装高度为800mm，其托架可由∟40×40×5的角钢制作，埋进墙内的角钢应开角，栽埋深度不小于150mm，安装时，盆的外边缘必须与墙面紧贴。厨房的洗涤盆也可与橱柜一起制作，放置在预留位置上。洗涤盆的排水管径多为*DN*50，排水管安装P形或S形存水弯。排水栓安装时，要装橡胶垫并涂油灰，将排水栓对准盆的排水孔，慢慢用水将排水栓嵌紧。用排水栓上的锁紧螺母向洗涤盆排水处拧紧，再将存水弯装到排水栓上拧紧。双槽洗涤盆的安装如图8-91所示。

7. 卫生盆的安装

应根据设计图样和卫生间的实际情况，确定卫生盆的方位。按排水短管中心定出卫生盆的安装中心线，并按盆的下水口距后墙的尺寸确定卫生盆的安装位置，画出盆底和地面的轮廓线，试安装后搬离卫生盆。在地面上画出的安装轮廓线处，抹上厚度为10mm的油灰层，把卫生盆稳固在油灰层上，用力压实，刮去多余的油灰，校正安装位置，固定卫生盆。连接冷热水管时，先在铜管上套好压盖，将铜管外螺纹拧入墙内暗装的管箍内，在铜管上裹上布

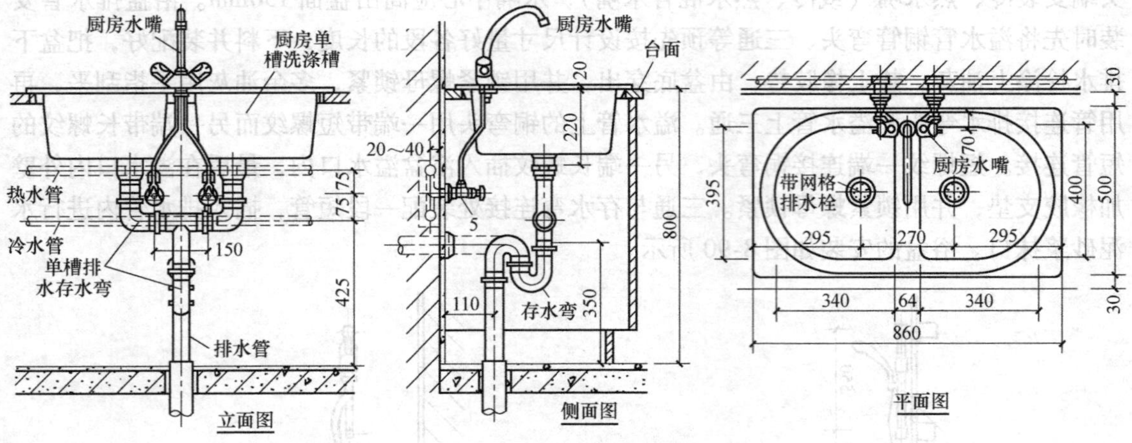

图 8-91 双槽洗涤盆的安装

用管钳拧紧，并抹上油灰压紧管压盖。卫生盆的排水栓及拉杆机构应在卫生盆固定前装好，使排水铜管一端缠上石棉绳涂抹油灰，插入排水短管管口。卫生盆的安装如图 8-92 所示。

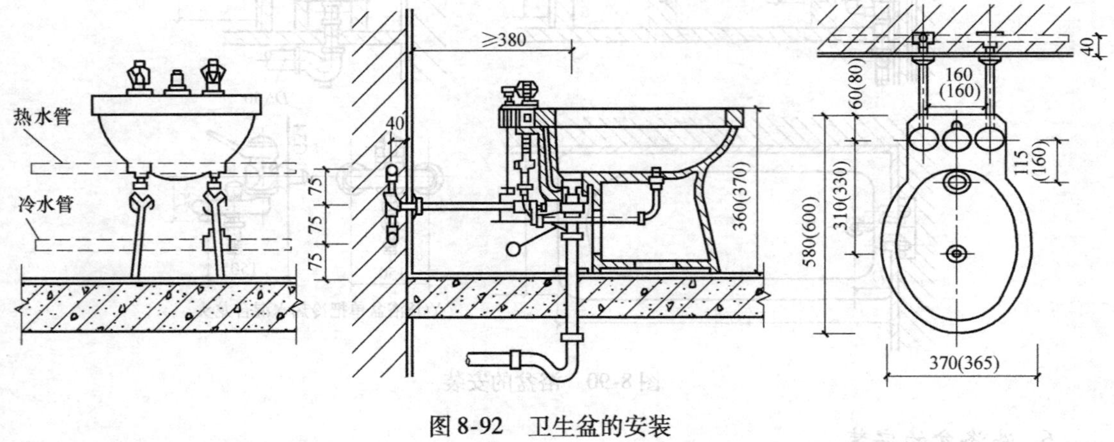

图 8-92 卫生盆的安装

8. 淋浴器的安装

普通淋浴器由莲蓬头、冷热水管、阀门及冷热水混合立管等组成，安装在墙上，按照节水的要求，公共场所的淋浴器应采取节水措施，采用脚踏阀或感应出水，图 8-93 所示为全自动刷卡式淋浴器的安装图。现在多功能的按摩淋浴器也很流行，具体安装可参见产品说明书。图 8-94 所示为多功能淋浴器。

淋浴器安装时，在墙上先画出管道垂直中心线和阀门的中心线，一般连接淋浴器的冷水横管中心距地面 900mm，热水管距地面为 1000mm。冷热水管应平行敷设，由于冷水管在下，热水管在上，所以连接莲蓬头的冷水支管用元宝弯的形状绕过横支管。明装淋浴器的进水管中心离墙面的距离为 40mm。元宝弯的弯曲半径为 50mm，与冷水横管夹角为 60°。淋浴器的冷热水管可采用镀锌钢管、铜管、塑料管、铝塑管等，管径一般为 *DN*15，在离地面 1800mm 处设管卡 1 个，将立管加以固定。

冷热水管上的阀门过去多采用截止阀或球阀，阀门中心距地面高度为 1150mm，现多采用混合阀。

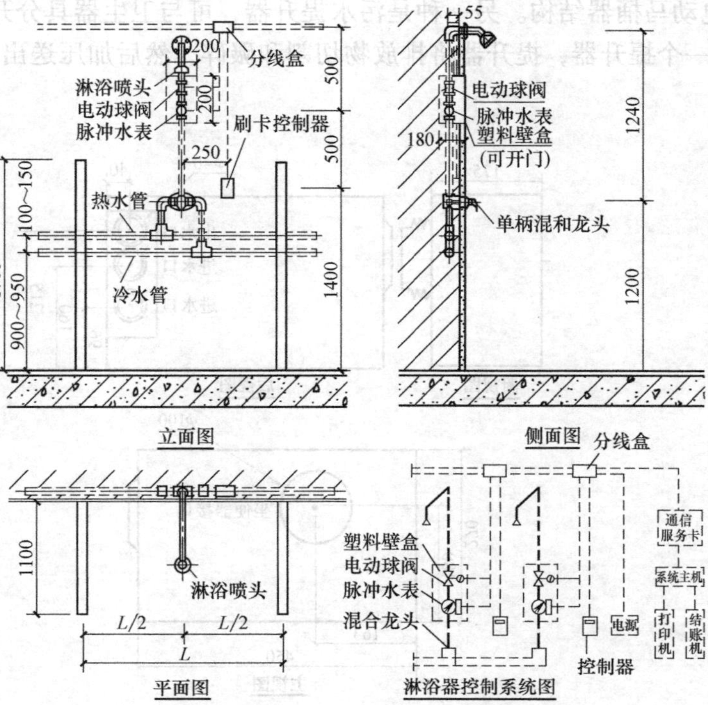

图 8-93　全自动刷卡式淋浴器的安装图

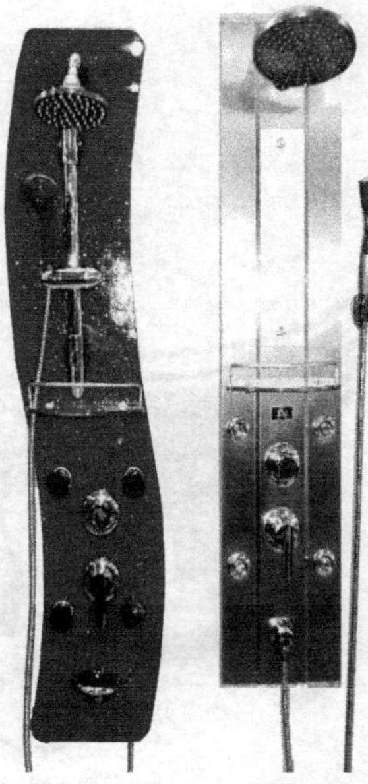

图 8-94　多功能淋浴器

两组以上的淋浴器成组安装时，阀门、莲蓬头及管卡应保持在同一高度，两淋浴器间距一般为 900～1000mm。安装时将两路冷热水横管组装调直后，先按规定的高度尺寸，在墙上固定就位，再集中安装淋浴器的成排支管、立管及莲蓬头。

9. 压力排水器具的安装

自然排水往往不能满足实际需要时，常需要设置压力排水系统，压力排水系统可分为污水提升器和自带压力排水装置的卫生器具。一种是自带加压提升装置的电动马桶，可直接将污物加压排放。图 8-95 所示为强制排水坐式大便器结构示意图，图 8-96 所示为压力排水管

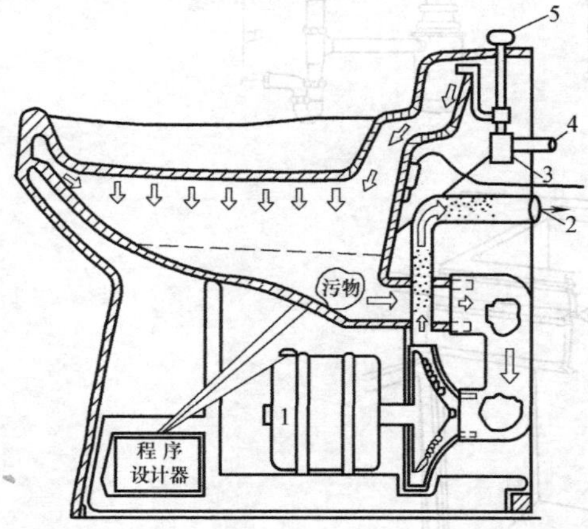

图 8-95　强制排水坐式大便器结构示意图

1—电动机　2—排水　3—电磁阀
4—给水　5—喷射器

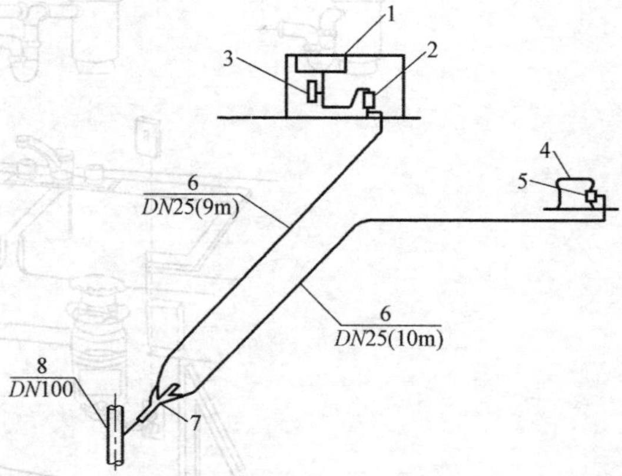

图 8-96　压力排水管道连接示意图

1—洗涤池　2—排水泵　3—水位传感器　4—坐式大便器
5—排水泵　6—排水横管　7—管接头　8—排水立管

道连接示意图，图 8-97 所示为电动马桶器结构。另一种是污水提升器，可与卫生器具分开设置，并可以几个卫生设备共用一个提升器，提升器将排放物切割和碾碎，然后加压送出，其尺寸大小如图 8-98 所示。

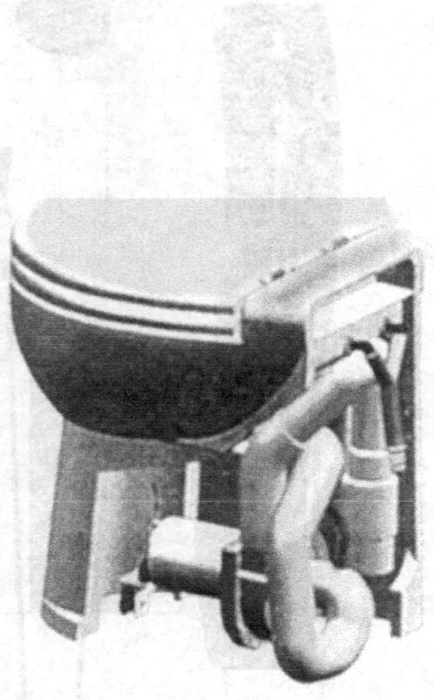

图 8-97　电动马桶器结构

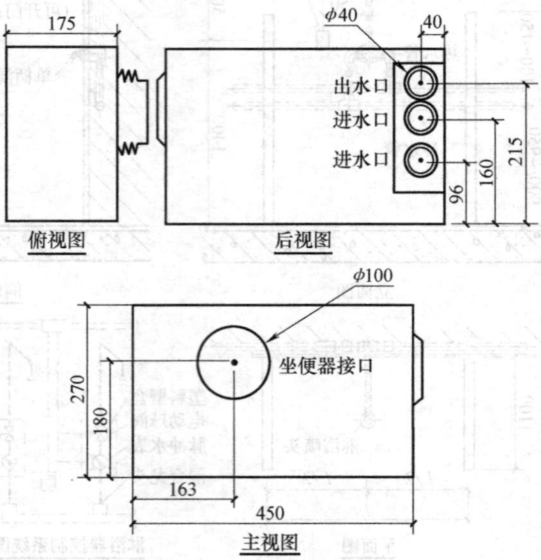

图 8-98　提升器尺寸示意图

10. 食物垃圾处理机的安装

食物垃圾处理机在国外很流行，近年来在我国发展很快，它是安装在厨房水槽下面，利用高速旋转的电动机带动粉碎腔中的转片，将食物垃圾彻底粉碎，排入下水道，从而减少了有机垃圾的处理量，是环保推荐产品。图 8-99 所示为食品垃圾处理机的安装示意图，包括预留电源位置。

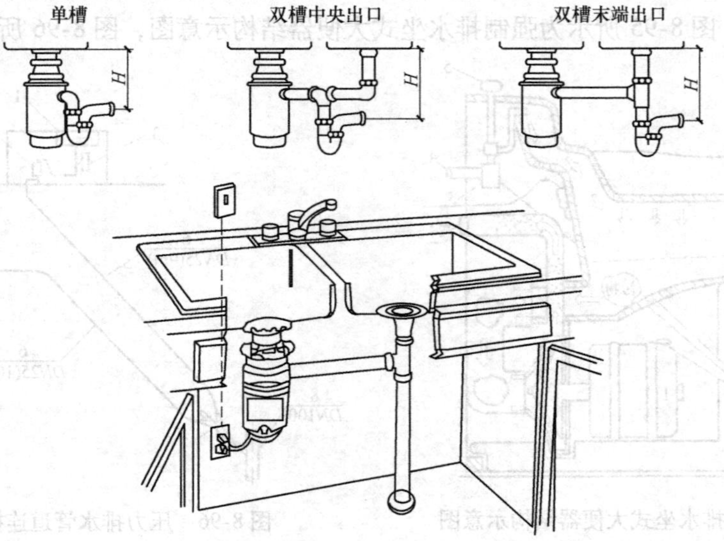

图 8-99　食品垃圾处理机的安装示意图

11. 其他卫生器具的安装

包括整体浴室、整体卫生间、整体桑拿房等其他卫生器具的安装，具体要求可参见产品样本。由于该类产品集合程度较高，往往只需要连接设备接口即可，这里不再详述。图8-100所示为某品牌整体浴室及安装尺寸。

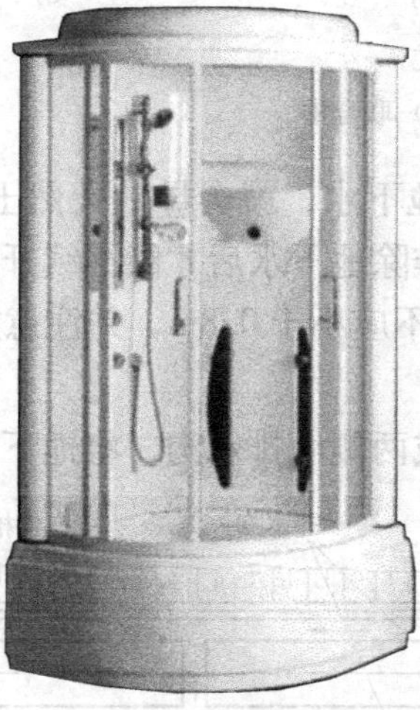

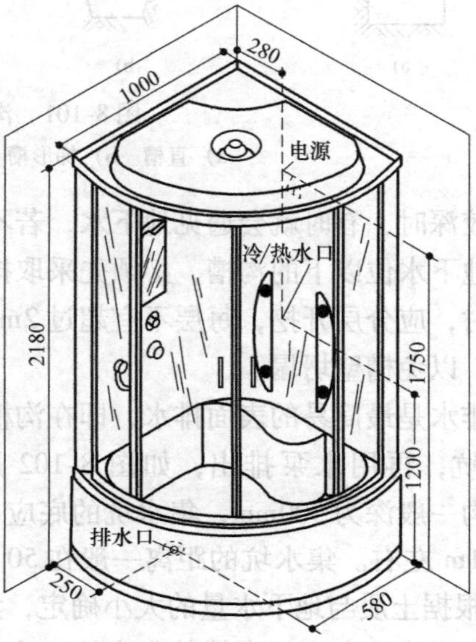

图 8-100 整体浴室及安装尺寸

第五节 室外（庭院）给水排水管道及设备的安装

室外给水排水管道工程的施工，主要包括土方工程、室外给水管道、阀门井、消火栓以及排水管道、化粪池、隔油池、检查井等的施工，还包括质量验收的内容。

室外给水与排水工程的共同点是都有土方工程，大规模施工采用机械开挖，小型工程多采用小型机械或人工开挖。

为了防止地下水以及气象条件对基础施工的影响，避免扰动沟槽地基的土壤而造成塌方，对较长管线施工时，可分段进行开挖沟槽工作，并应与后续工序密切配合。

沟槽开挖以前，应充分地了解开槽地段的土质及地下水位情况，进行必要的地基勘查。根据不同情况及管道直径、埋设深度、施工季节和地面上的建筑物等情况来确定沟槽的形式。由于室外给水管道埋设较浅，一般不超过2.0m，可以开直槽。

管道的基础一般由地基、基础和管座三部分组成，又分为砂石基础、混凝土枕基和混凝土带形基础。室外（庭院）的给水排水管道管径相对较小，故在敷设铸铁管、钢管、预应力管和高密度聚乙烯（HDPE）管、双壁波纹管等，可直接敷设在用天然土基作为基础的沟槽中，沟槽要将天然土地基整平或挖成与管道外形相符的弧形槽。当采用机械开挖沟槽时，机械挖至接近设计标高后，再用人工清理到设计标高。一定不要超挖，一旦超挖破坏了天然土基，或土基被地面水所浸泡，应采用换土法，将这部分土壤挖掉，再铺垫级配砂石，加固地基，以保证管基的坚固性。

沟槽的断面形式如图 8-101 所示。

图 8-101　沟槽的断面形式

a）直槽　b）梯形槽　c）混合槽　d）联合槽

当沟较深时，有时就会遇见地下水，若不及时排除地下水，就会导致天然土基的破坏，因此，在地下水位以下的沟槽，必须先采取排水措施，排除地下水后才能继续开挖。较深的沟槽开挖时，应分层开挖，每层不宜超过 2m，留台宽度不应小于 0.8m，并注意放坡或及时进行支撑，以免槽壁坍塌。

沟槽排水是最简易的表面排水，即在沟槽底的一侧或两侧做排水沟，将地下水聚集到设置的集水坑，再用水泵排出，如图 8-102 所示。排水沟一般深为 300mm，集水坑的底应比排水沟低 1m 左右。集水坑的距离一般在 50～150m。可根据土质与地下水量的大小确定，集水坑的结构形式，有木板支撑的集水坑、木框集水坑及钢筋混凝土管集水坑等。

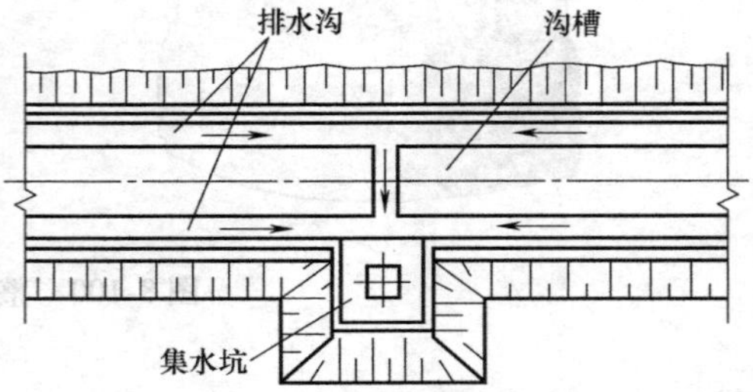

图 8-102　沟槽表面排水示意图

管道的埋深受地面荷载的和气候的影响。我国北方地区的管道的埋深应在冰冻线以下，对于无法达到埋深要求又有冻坏可能的管道，应采取有效的保温防冻措施，如可采用管道伴热方式。

一、室外给水系统的安装

1. 检查与清洗管道

室外给水管道工程的施工，一般包括开挖沟槽、下管、稳管、接口、试压、冲洗和覆土等主要施工工序，一般多采用给水铸铁管，有时也采用热镀锌钢管、塑料管和塑料复合管。

在沟槽开挖前应将管材运到施工现场，并沿管线走向按管径大小一字排开，注意铸铁管的承口应迎着水流方向，三通和阀门等管道配件也应按设计位置放好。

首先，应检查铸铁管，看管道是否有砂眼、破裂等缺陷，可用锤子轻击管道，并通过声音来识别管道是否有裂纹。经检查合格的管道，要清洗掉管道内的泥土及铲除承口内和插口外的毛刺、铸砂等，然后用氧乙炔焰或喷灯烧掉承口内和插口外的沥青保护层。其次，应检查阀门等管件是否开关灵活、严密，如果需要进行阀门的强度和严密性试验，应填写试验报告。

2. 管道基础的检查

应首先检查沟底层是否为原土或夯实的回填土，沟底应平整、坡度顺畅，不能有石块等杂物，沟底若是岩石或砾石层时，沟底应挖出 100～200mm 的深度，用来填铺细砂或颗粒小于或等于 5mm 的细土，夯实到沟底标高时，才能敷设管道。

由于埋地管道、基础要承受管道自身及输送介质的重力、覆土的重力和地面其他动静荷载，基础的牢固性直接影响到管道的使用寿命。不同材料的管道，管道基础做法不尽相同，金属管、复合管一般采用弧形素土或砂砾基础；塑料管基础一般采用砂基础；一般土质段基底可铺垫100mm砂垫层；软土地基，槽底又在地下水位之下时，宜在下层垫铺一层厚度大于或等于150mm、颗粒为5～40mm的砂砾石或碎石垫层，上面再敷厚度大于或等于50mm、颗粒为5～40mm的中粗砂垫层。非永冻土地区，管道不得安装在冻结的地基中。

3. 下管

下管应在沟槽和管道基础验收合格后进行，分为人工下管和机械下管，小区庭院的管径较小，多采用人工下管。

（1）压绳下管法　压绳下管方法应用较为广泛，如图8-103所示，把下管人员分成两组，分别站在欲下管的两端，将绳子套在管道上，靠近地面的一端固定在适当的地方（或地桩），另一端在地桩上绕1～2周后握在手中，借助管道的自重，靠绳子与地桩间地摩擦力，借助一些工具控制放松绳子，使管道沿着沟壁缓慢地溜入沟底。此法适用于管径为400～600mm以下的铸铁管及分段预制比较长的钢管。

（2）塔架下管法　塔架下管就是利用装在塔架上的复式滑车或导链等器具进行下管。塔架的种类比较多，有三脚塔架、四脚塔架及高凳等形式。管道先滚至塔架下横跨沟槽的跳板上，然后再将管道吊起，撤掉跳板后将管道缓慢下落至沟槽内。三脚塔架下管方法如图8-104所示。

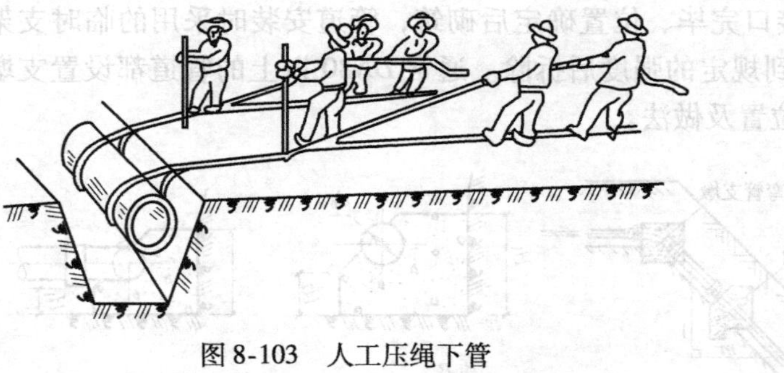
图8-103　人工压绳下管

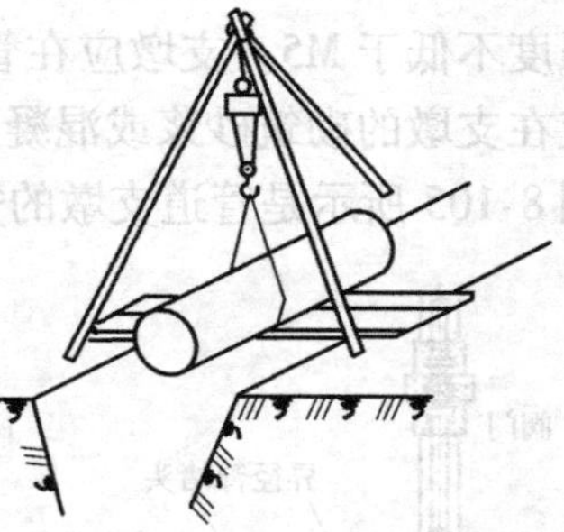
图8-104　三脚塔架下管方法

（3）木槽溜管法　将管道沿着用两块长条木板构成的三角木槽溜入沟槽内的下管方法称为木槽溜管法。木槽设置的坡度至少是1:2。为了控制管道的下溜速度，以防管道损坏，较常用的方法是用带有铁钩的大绳，让铁钩自管内穿出并勾住管皮，由人力握住大绳来控制管道的下溜速度。木槽溜管法一般适用于直径小于300mm的陶土管及较短的混凝土下水管。

4. 稳管

稳管是将管道按设计的高程和平面位置固定在管道基础上，根据管道的接口不同，稳管的操作内容略有不同。放至沟底的铸铁管，应清理好管端的泥土。当采用橡胶圈石棉水泥接口时，应将橡胶圈套在插口上，对正后将管的插口顶入（或拉入）承口内，承插口对好后，要保持插口端到承口底有一定的间隙，一般不小于3mm，最大间隙不得大于表8-31的规定。

表 8-31 铸铁管承插口最大间隙

管径/mm	沿直线敷设/mm	沿曲线敷设/mm	管径/mm	沿直线敷设/mm	沿曲线敷设/mm
75	4	5	300～500	6	14～22
100～200	5	7～13			

在接口工作开始之前，需在管道接口处挖好工作坑，其尺寸见表 8-32。

表 8-32 铸铁管接口工作坑尺寸

管径/mm	工作坑尺寸/m			
	宽度	长度		深度
		承口前	承口后	
75～200	管径 +0.6	0.8	0.2	0.3
200～700	管径 +1.2	1.0	0.3	0.4

应保证对好的承插口同心，在承插口间可打入不少于 3 根铁錾子。

如果管道上设有阀门，接头时，应先将阀门与其配合的两侧短管安装好，然后再安装阀门，使阀门找正，上紧螺栓很方便。

5. 管道支墩

承插式接口铸铁管和塑料管在输送流体时，转弯处、三通、变径处、盲板和阀门等处会产生向外的推力，致使承插口有脱开的危险，因此在该处应设置固定支墩，支墩分为水平转弯支墩、三通支墩、纵向向下支墩等形式，可根据需要设置。支墩应在坚固的地基上修筑，可用砖砌或用混凝土浇筑，要求砖的强度不低于 MU7.5 级、混凝土强度不低于 C10，砂浆强度不低于 M5。支墩应在管道接口完毕、位置确定后砌筑，管道安装时采用的临时支架，应在支墩的砌筑砂浆或混凝土达到规定的强度后拆除。通常 *DN*80 以上的管道都设置支墩。图 8-105 所示是管道支墩的安装位置及做法。

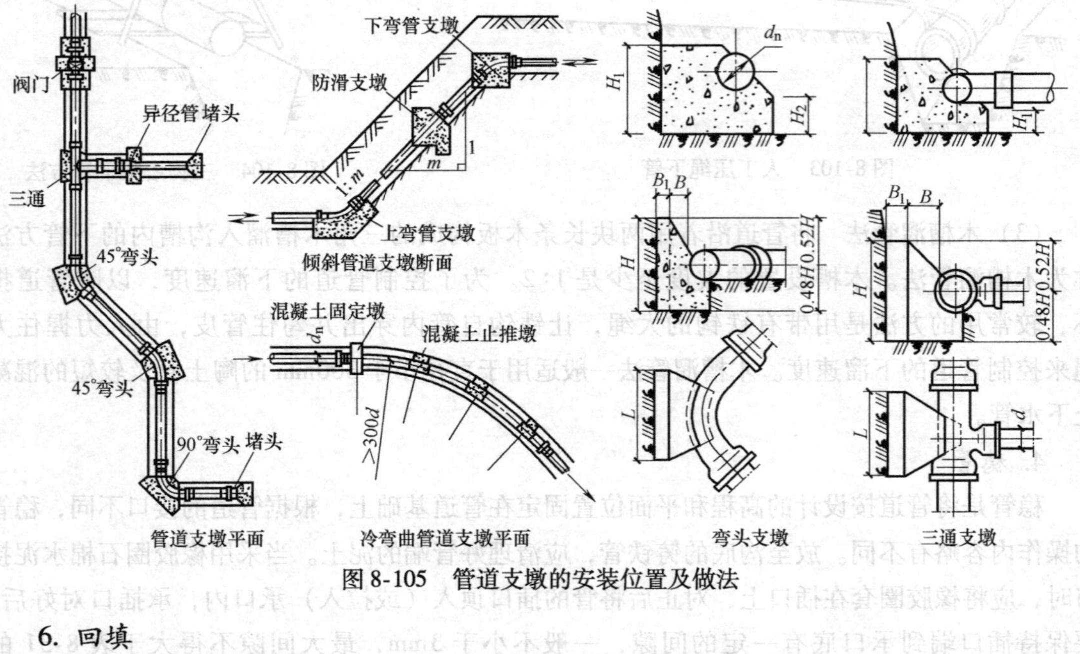

图 8-105 管道支墩的安装位置及做法

6. 回填

管道的埋深应满足荷载和防冻要求，在道路下的管道由于受到车辆荷载的影响，覆土厚度不应小于700mm的压实厚度，在寒冷地区，管道埋深不应小于当地的冰冻层厚度加上200mm左右的富裕度。

管沟的回填应在管道隐蔽工程验收合格后进行，具备回填条件时，应及时回填，回填应包括还土、摊平和夯实过程，应分层填土，分层摊平、分层夯实。当回填土超过管顶500mm时，可使用机械回填。

7. 室外给水的其他设备安装

室外给水常见的设备有水塔、水池、阀门井、室外消火栓、绿地花洒装置等。其中水塔在给水系统中起稳压和调节水量作用，在广大农村地区应用较广。对于我国北方地区，受冰冻影响，阀门井、消火栓等设备多做成地下式，并应设置明显标识。有关安装要求可参见相关图集。

阀门安装前应进行外观检查，还应检查阀体、阀芯、阀杆有无缺陷、是否转动灵活。还应做强度试验和严密性试验。强度试验压力为1.5倍公称压力，试验时间不少于5min，以阀体不变形、不破裂、填料无渗漏为合格。严密性试验压力为1.1倍公称压力，试验时间不少于3min，壳体、填料阀瓣及密封面无渗漏为合格。

二、室外（庭院）排水系统的安装

1. 室外（庭院）排水管道的安装

室外（庭院）排水管道必须有一定强度承受外部荷载且不能漏水，管材主要使用非金属管，其中有混凝土管、钢筋混凝土管、预应力管、自应力管、陶土管和石棉水泥管以及埋地排水用硬聚氯乙烯管和双壁波纹管等一些新型塑料管材等。施工时，所采用的管材必须符合相关质量标准，管道内外表面应光滑、平整，不得有裂纹、塌落、空鼓等现象，管口不得有残缺。

排水管道基础由管座和基础两部分组成，基础分为砂土基础（弧形素土基础、砂垫层基础）、混凝土枕基和混凝土带形基础等，可根据管径、施工现场地质情况、工人操作熟练程度等进行选择。对于地基不良者，可先打平地基。由于庭院排水管道目前绝大多数使用非金属管，最小管径为150mm，且需要有0.004~0.007的坡度，因此，铺筑管基工序是非常重要的。其中，金属管、复合管一般采用弧形素土或砂垫层基础，塑料管一般采用砂基础。管道的基础做法如图8-106所示。

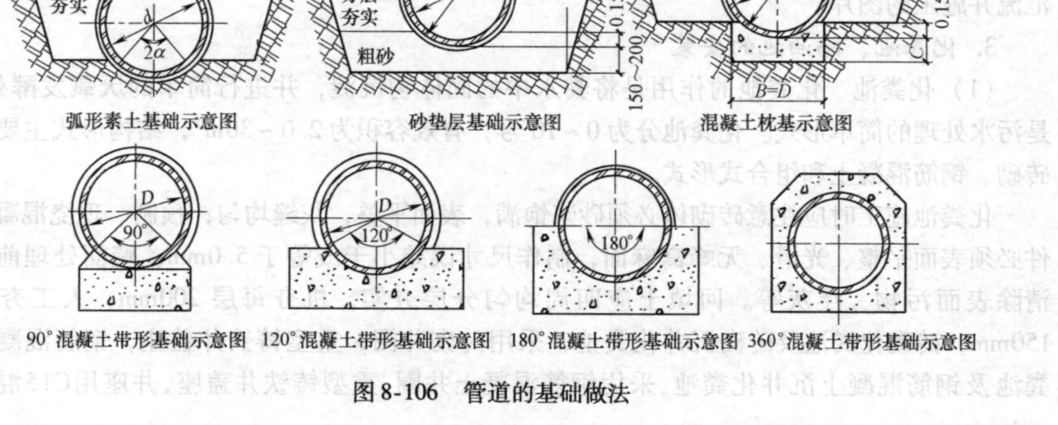

图8-106 管道的基础做法

排水管道常用的敷设方法有普通法、四合一施工法、前三合一法、后三合一法和垫块法，多适用于刚性基础和刚性接口管道的安装。

普通安装法的施工程序为建筑混凝土平基、养护基础、下管、管道安装、浇筑混凝土管座、管道接口和接口养护等几个步骤。

四合一施工法，即将平基、稳管、砌管座和抹带四个工序合在一起的施工方法。一般小管径管线应采用四合一施工法，操作程序为验槽、支模、下管、排管、浇筑平基混凝土、稳管、做管座、接口、养护。

垫块法施工时，在每节管下先设置两个垫块，再在垫块上安管、做基础，然后再浇筑混凝土基础和管座，其程序为预制垫块、设置垫块、下管、安管、支模、浇筑混凝土基础、接口及养护等。

排水管道的敷设与安装，与相同材质的给水管道的敷设安装方法、施工程序大致相同，不同的是排水管道是以两个检查井作为一个分段，在已做好的基础上进行敷设。不同材质的管道接口方式有所不同，施工方式也不同。管道的接口做法分为刚性接口、半刚性接口和柔性接口，做法和要求可参见第四章相关内容。排水管道安装质量，必须符合下列要求：平面位置及标高要准确，坡度应符合设计要求，接口要严密，混凝土基础与管壁结合应严密、坚固。排水管道必须经灌水试验合格后，方能交付使用。

2. 检查井、汇流井、跌水井的施工

排水（含雨水）检查井、汇流井是排水系统中的重要构筑物，井体分为圆形和矩形，原多采用粘土砖砌筑，目前部分地方已禁止使用砖砌井，改为水泥砌块砌筑，或者选择塑料、玻璃钢等成品井体。圆形检查井分为直口和偏心收口，深度较大及需要安装爬梯的检查井多采用偏心收口。

在管道转弯处、分支汇合处、变径处均应设置检查井。直管段的检查井的最大间距为30m（管径为 *DN*150）和40m（管径大于等于 *DN*200）。

检查汇流井内应做流槽，采用顺流方式，进出井内的排水管道无变径的可为管内底平或顶平，有变径的一律顶平，图 8-107 所示为几种检查井、汇流井图示。当排水落差较大时（通常大于1m），应设置跌水井，跌水井有几种形式，分别适用于不同管径、不同跌落高度，井内土建做法同汇流井，但井内立管应安装支架，且每隔 1.5m 必须安装一个支架，图 8-108所示为跌水井图示。

图 8-109 所示为小区内水泥排水管道及塑料管道与检查井施工的图片，图 8-110 所示为汇流井施工的图片。

3. 化粪池、隔油池的安装

(1) 化粪池　化粪池的作用是将粪水中的固体物沉淀，并进行简单的厌氧发酵处理，是污水处理的简单形式。化粪池分为 0 ~ 10 号，有效容积为 2.0 ~ 30m^3，结构形式主要分为砖砌、钢筋混凝土和组合式形式。

化粪池施工时应注意砖砌体必须砂浆饱满，表面平整，灰缝均匀；预制、现浇混凝土构件必须表面平整、光滑、无蜂窝麻面，制作尺寸误差小于或等于 5.0mm；壁面处理前必须清除表面污物、浮灰等。回填土应四周均匀分层夯实，机夯每层 200mm，人工夯每层 150mm；砖砌化粪池及砖砌沉井化粪池，采用砖砌井圈，重型铸铁井盖座，钢筋混凝土化粪池及钢筋混凝土沉井化粪池，采用钢筋混凝土井圈，重型铸铁井盖座，井座用C15混凝土

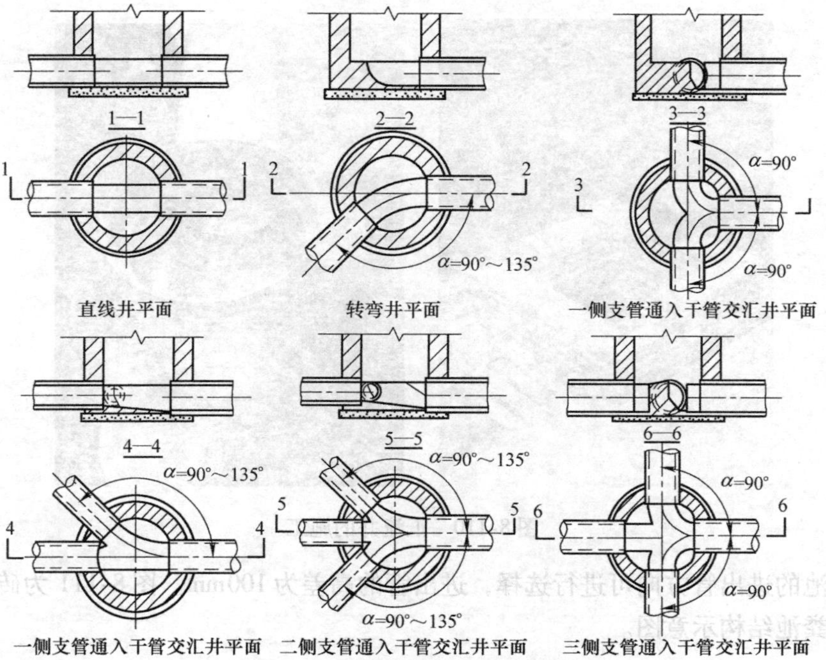

图 8-107 几种检查井、汇流井图示

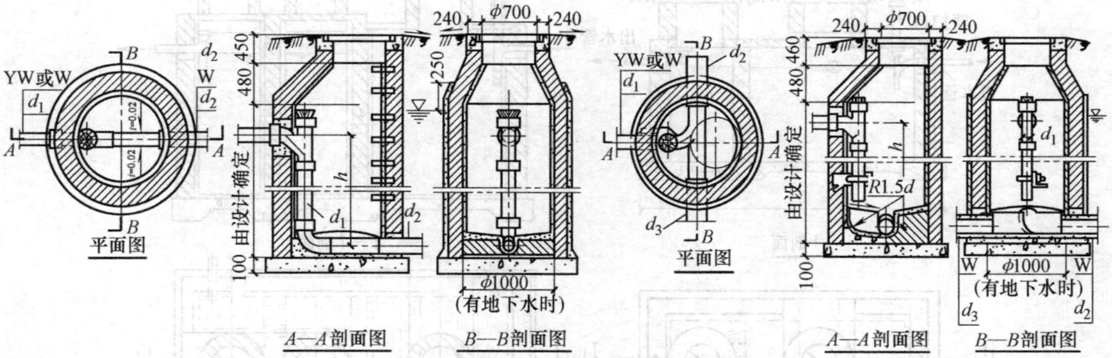

图 8-108 跌水井图示

图 8-109 小区内水泥排水管道及塑料排水管道与检查井施工

图 8-110　汇流井的施工

稳固。化粪池的进出管方向可进行选择，进出管的高差为100mm。图 8-111 为砖砌两格化粪池和三格化粪池结构示意图。

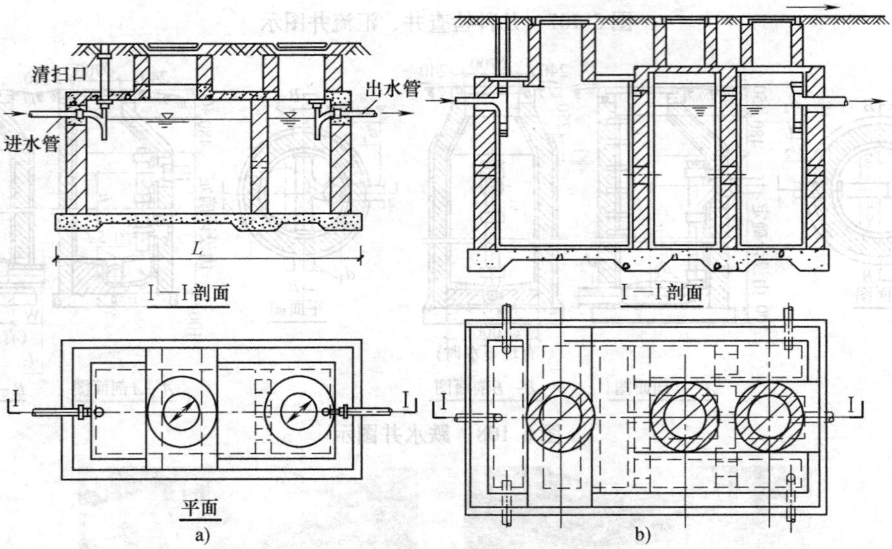

图 8-111　砖砌化粪池结构示意图
a）两格化粪池　b）三格化粪池

（2）隔油井　公共食堂和饮食业排放的污水中含有植物油和动物脂肪，在污水排入水体和城市排水管网前，应去除污水中的浮油（占含油量的65% ~70%），目前一般多采用隔油井。

隔油井施工时应注意：砌体砂浆必须饱满，表面平整，砖缝均匀；混凝土构件必须表面平整、光滑、无蜂窝麻面，制作尺寸误差小于或等于 5.0mm；壁面处理前必须清除表面污物、浮灰等。回填土应四周均匀分层夯实，机夯每层 200mm，人工夯每层 150mm；采用重型铸铁井盖座，井座用 C15 混凝土稳固。隔油井结构如图 8-112 所示。

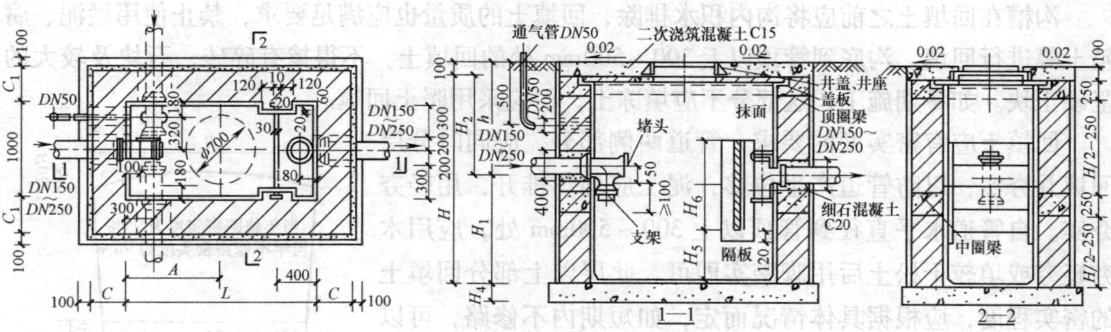

图 8-112 隔油井结构

4. 提升井

提升井是室内、外排（雨）水工程重要的设施之一，多数在室外，外形分为圆形和矩形，采用污水潜水泵，可单泵或双泵工作，液位控制水泵自动运行，排污量、提升扬程和电动机功率因选用水泵的不同而不同。井体施工时，应预留好埋件，并提出电源和控制位置的要求。双泵提升井安装示意图如图 8-113 所示。

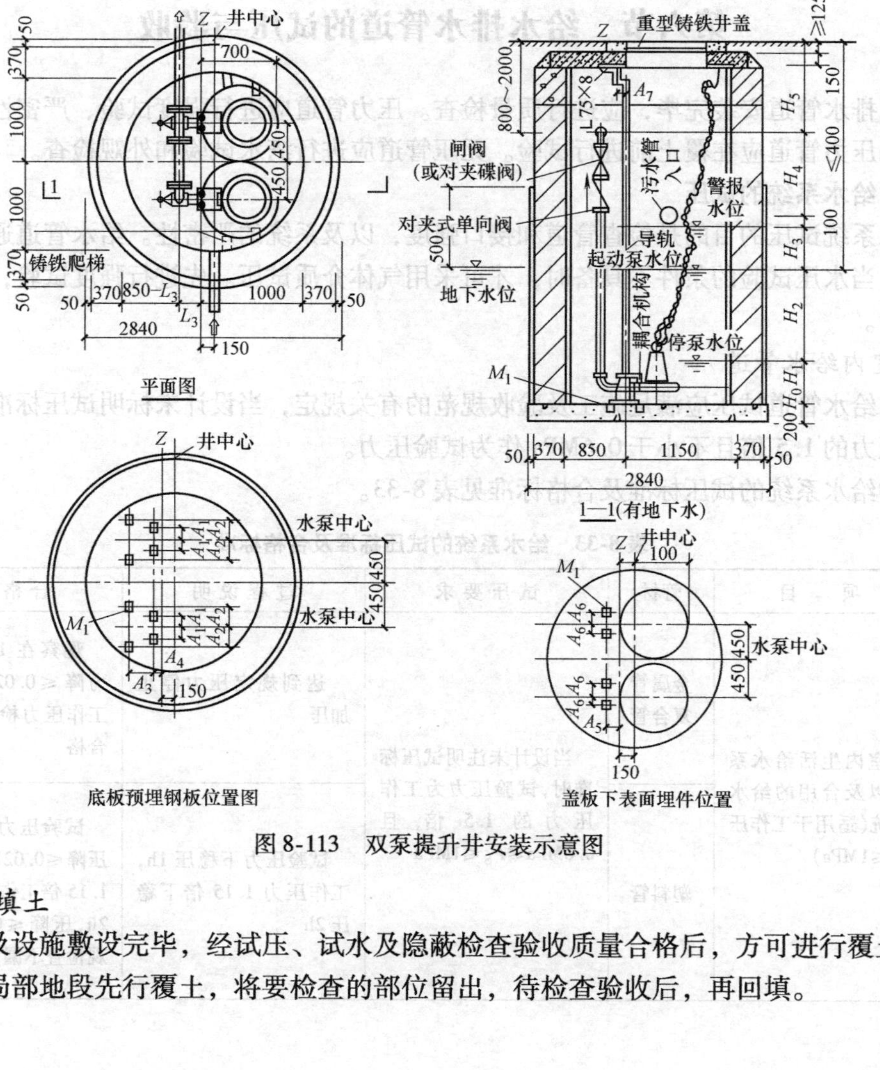

图 8-113 双泵提升井安装示意图

5. 回填土

管道及设施敷设完毕，经试压、试水及隐蔽检查验收质量合格后，方可进行覆土。有时也可以在局部地段先行覆土，将要检查的部位留出，待检查验收后，再回填。

沟槽在回填土之前应将沟内积水排除，回填土的质量也应满足要求，禁止使用烂泥、腐殖土等进行回填。沟底到管顶以上300～500mm处的回填土，不得掺有碎砖、石块及较大的坚硬土块。如冬期施工，这部分不应填冻土，而应采用暖土回填。

回填土应有密实度的要求，管道两侧部分，应同时分层回填并夯实，以防管道产生位移，泥土应均匀推开，用轻夯夯实。自管道水平直径到管顶以上300～500mm处，应用木夯轻夯或填较干松土后用脚踏实即可。此层以上部分回填土的密实程度，应根据具体情况而定，如短期内不修路，可以一般夯实。管槽回填密实程度要求如图8-114所示。

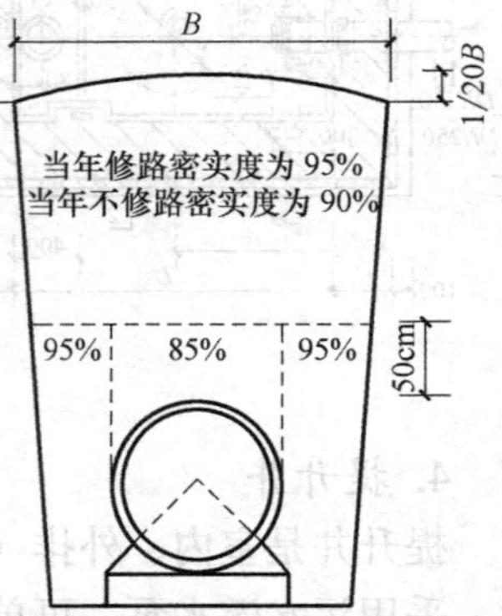

图8-114 管槽回填密实程度要求

采用机械回填土时，机械夯实的回填土虚铺厚度不大于300mm，人工夯实的虚铺厚度为200mm；管道接口工作坑处，必须仔细回填并夯实。沟底至管顶以上300～500mm范围内，应按上述要求用人工回填，管顶500mm以上可用机械回填，但机械设备不得在管沟上行走。

第六节 给水排水管道的试压与验收

给水排水管道安装完毕，应进行质量检查。压力管道应进行强度试验、严密性试验和冲洗，埋地压力管道应在覆土前进行试验。无压管道应进行满水试验和外观检查。

一、给水系统的试压

给水系统试压的目的是检查管道和接口强度，以及系统的严密性。给水管道通常采用水压试验，当水压试验的条件不具备时，才可采用气体介质试压。先进行强度试验，再进行严密性试验。

1. 室内给水管道

室内给水管道试压应满足施工及验收规范的有关规定，当设计未标明试压标准时，一般取工作压力的1.5倍且不小于0.6MPa作为试验压力。

各种给水系统的试压标准及合格标准见表8-33。

表8-33 给水系统的试压标准及合格标准

序号	项目	管材	试压要求	过程说明	合格标准
1	室内生活给水系统以及合用的给水系统(适用于工作压力≤1MPa)	金属管 复合管	当设计未注明试压标准时，试验压力为工作压力的1.5倍，且0.6MPa≤P_S≤1MPa	达到规定压力停止加压	观察在10min内，压力降≤0.02MPa，降至工作压力检查，不漏为合格
2		塑料管		试验压力下稳压1h，工作压力1.15倍下稳压2h	试验压力下稳压1h，压降≤0.02MPa，然后在1.15倍工作压力下稳压2h，压降≤0.03MPa，外观检查不漏为合格

（续）

序号	项目	管材	试压要求	过程说明	合格标准
3	热水管道（适用于工作压力≤1MPa、温度≤75℃条件）	金属管复合管	当设计未注明试压标准时，试验压力为顶点工作压力加0.1MPa，同时系统顶点的压力≤0.3MPa	达到规定压力停止加压	系统试验压力下10min内压力降不大于0.02MPa，降至工作压力检查压力应不降、且不渗不漏为合格
4		非金属管		试验压力下稳压1h，工作压力1.15倍下稳压2h	试验压力下稳压1h，压降≤0.02MPa，然后在1.15倍工作压力下稳压2h，压降≤0.03MPa，外观检查接口不漏为合格
5	消防给水系统	金属管	试压标准为工作压力的1.5倍，且$0.6MPa \leq P_S \leq 1MPa$	强度试验的测试点应设在管网最低点，缓慢排气充水加压至试验压力	稳压30min，目测管网无变形且压降≤0.05MPa为合格
6	消防喷淋系统	金属管	工作压力≤1.0MPa时，试验压力为工作压力的1.5倍，且不低于1.4MPa，工作压力>1.0MPa时，试验压力为工作压力加0.4MPa	强度试验的测试点应设在系统管网最低点，注水时，应将管内空气排净，并缓慢升压	达到试验压力30min后，管网不变形、无泄漏，且压降≤0.05MPa

通常采用空气或氮气作气压严密性试验，如自动喷水灭火系统试验压力为0.28MPa，并稳压24h，压降小于或等于0.01MPa为合格。

2. 室外给水管道

室外给水管道试压前应做好准备工作。水压试验应在管件支墩做完并达到要求的强度之后进行，试验时，管道堵头应做临时后背，对大口径管道试压时，要特别注意堵头设置和后座支撑的设置，后背墙的支撑面积，应根据土质和试验压力经计算后决定，一般土质可按承压0.15MPa考虑。给水管道水压试验如图8-115所示。

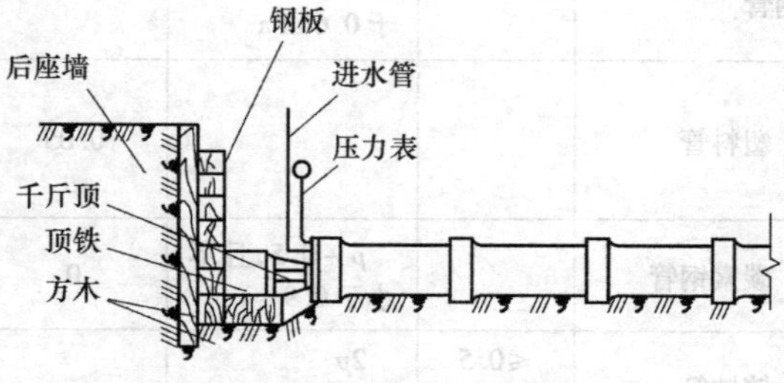

图8-115 给水管道水压试验后背

管道试压应在管基检查合格，填土不小于500mm后进行试压，试压管段长度一般不超过1000m。水压试验时，管道最高点设排气阀，最低点设放水阀，水压试验所用的压力表必须校验准确，水压试验所用手摇试压泵或电动试压泵应与试压管道连接稳妥。管道试压前，其接口处不得进行油漆和保温，以便进行外观检查。所有法兰连接处的垫片应符合要求，螺栓应全部拧紧。水压试验设备布置示意图如图8-116所示。

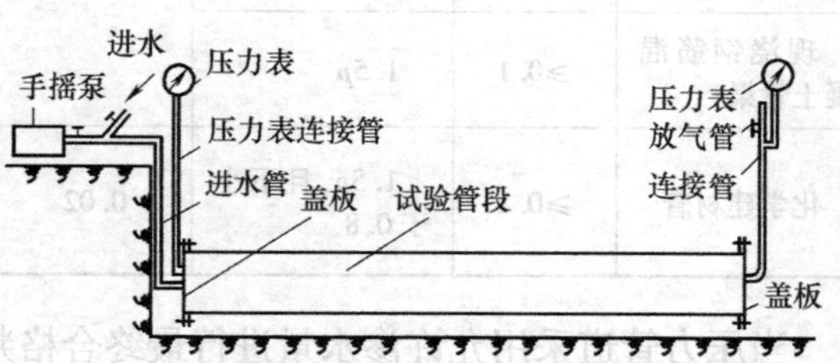

图8-116 水压试验设备布置示意图

当管道工作压力大于或等于0.1MPa

时，在管道全部回填土之前，应进行压力管道的强度及严密性试验。

水压试验选用清洁的水作为试压介质。打开管道各高处的排气阀向管内灌水，充满后，关闭排气阀和进水阀。用试压泵进行加压，压力逐渐升高，加压到一定数值时，应停下来对管道进行检查，无问题时再继续加压，一般应分 2～3 次使压力升至试验压力。压力达到试验压力时应停止加压，保持恒压 10min，检查接口、管身有无破损及漏水现象，无上述现象即认为强度试验合格。

对于管径小于或等于 400mm 的管道，当试验长度不超过 1km 时，可不测定渗水量，在试验压力下，观测 10min，压力降不大于 0.05MPa，且管道、附件和接口等处均未发生漏裂现象，即认为合格；在试压过程中，应注意检查法兰、螺纹接头、焊缝和阀件等处有无渗漏和损坏现象，试压结束后，将系统水放空，拆除试压设施，对不合格处进行补焊和修补。

对于管径小于 300mm 的小口径管道，当气温低于 0℃时，可在采取特殊防冻措施后用 50℃左右的水进行试验，试验完毕应立即将管内存水放净；对于大口径的管道，当气温在 -5℃时，可用掺盐 20%～30% 的冷盐水进行试压。

冬季进行管道试压，小口径的管道容易冻结，如压力表管、排气阀及放水阀短管等，都要预先缠好草绳或做好临时保温。此外，试压管段长度宜控制在 50m 左右，操作前做好各项准备工作，操作中行动要迅速，一般应在 2～3h 内试验完毕。

室外给水管道水压试验压力和合格标准应符合表 8-34 所示的规定。

表 8-34　室外压力管道水压试验压力和合格标准

<table>
<tr><th>管　材</th><th>工作压力/MPa</th><th>试验压力/MPa</th><th>允许压降/MPa</th><th>合 格 标 准</th><th>标 准 来 源</th></tr>
<tr><td>给水铸铁管、钢管</td><td>≤1.0MPa</td><td>工作压力的1.5倍且不小于0.6MPa</td><td>0.05</td><td>试验压力下，观察10min，压力降不大于0.05MPa，降至工作压力后，不渗不漏</td><td rowspan="2">GB 50242—2002《建筑给水排水及采暖工程施工质量验收规范》适用于小区室外给水管道验收</td></tr>
<tr><td>塑料管</td><td></td><td></td><td>0.05</td><td>试验压力下，稳压1h，压力降不大于0.05MPa，降至工作压力后，不渗不漏</td></tr>
<tr><td>碳素钢管</td><td></td><td>p+0.5，且不小于0.9</td><td>0</td><td rowspan="8">用于城镇及工业区市政给水管道验收
预试验阶段：将管道内水压缓缓地升至试验压力并稳压30min。如有压力下降可注水补压，但不得高于试验压力；检查管道接口、配件等处有无漏水、损坏现象；有漏水、损坏现象时应及时停止试压，查明原因并采取相应措施后重新试压
主试验阶段：停止注水补压，稳定15min；当15min后压力下降不超过本表所列允许压力降数值时，将试验压力降至工作压力并保持恒压30min，进行外观检查若无漏水现象，则水压试验合格</td><td rowspan="8">GB 50268—2008《给水排水管道工程施工及验收规范》适用于城镇和工业区室外给水排水管道工程</td></tr>
<tr><td rowspan="2">铸铁管</td><td>≤0.5</td><td>2p</td><td rowspan="5">0.03</td></tr>
<tr><td>>0.5</td><td>p+0.5</td></tr>
<tr><td rowspan="2">预(自)应力钢筋混凝土管、预应力钢筋混凝土管</td><td>≤0.6</td><td>1.5p</td></tr>
<tr><td>>0.6</td><td>p+0.3</td></tr>
<tr><td>现浇钢筋混凝土管渠</td><td>≥0.1</td><td>1.5p</td></tr>
<tr><td>化学建材管</td><td>≥0.1</td><td>1.5p，且不小于0.8</td><td>0.02</td></tr>
</table>

当压力管道采用允许渗水量进行最终合格判定依据时，实测渗水量应小于或等于表8-35规定的允许渗水量。

表 8-35 压力管道水压试验的允许渗水量

管道内径 D_i/mm	允许渗水量/[L/(min·km)]			管道内径 D_i/mm	允许渗水量/[L/(min·km)]		
	焊接接口钢管	球墨铸铁管、玻璃钢管	预(自)应力混凝土管、预应力钢筋混凝土管		焊接接口钢管	球墨铸铁管、玻璃钢管	预(自)应力混凝土管、预应力钢筋混凝土管
100	0.28	0.70	1.40	800	1.35	2.70	3.96
150	0.42	1.05	1.72	900	1.45	2.90	4.20
200	0.56	1.40	1.98	1000	1.50	3.00	4.42
300	0.85	1.70	2.42	1200	1.65	3.30	4.70
400	1.00	1.95	2.80	1400	1.75		5.00
600	1.20	2.40	3.14				

对于PVC-U管道的试压，应先进行严密性试验，合格后再进行强度试验，并以漏水量来判断强度试验结果。管道允许漏水量见表8-36。

表 8-36 PVC-U 给水管道允许漏水量

管外径/mm	允许漏水量/[L/(min·km)]		管外径/mm	允许漏水量/[L/(min·km)]	
	粘接连接	橡胶圈连接		粘接连接	橡胶圈连接
63~75	0.20~0.24	0.30~0.50	200	0.56	1.40
90~110	0.26~0.28	0.6~0.7	225~280	0.70	1.55
125~140	0.35~0.38	0.90~0.95	280	0.80	1.60
160~180	0.42~0.50	1.05~1.20	315	0.85	1.70

检查各管道接口及节点处的盖堵设置合格后，缓慢向试压管道注水，同时注意排出管道中的空气，灌满水后，在无压情况下保持12h。缓慢将管道内水加压到0.35MPa，保持恒压2h，检查各部位是否有渗漏和其他不正常现象，无渗漏和其他不正常现象即认为严密性试验合格。

在严密性检验合格后，继续进行强度试验，试验压力不超过工作压力的1.5倍，最低不宜小于0.6MPa，并保持2h，每当压力降落0.02 MPa时，则应向管内补水，总补水量不超过表8-37中的允许渗水量即为强度试验合格。

表 8-37 PVC-U 给水管道允许渗水量

公称外径/mm	双壁波纹管		直壁管	
	内径 D_0/mm	允许渗水量/[m^3/(24h·km)]	内径 D_0/mm	允许渗水量/[m^3/(24h·km)]
110	97	0.45	103.6	0.48
125	107	0.49	117.6	0.54
160	135	0.62	150.6	0.69
200	172	0.79	188.2	0.87
250	216	0.99	235.4	1.08
315	270	1.24	296.6	1.36
400	340	1.56	376.6	1.73
450	383	1.76		
500	432	1.99	470.8	2.17
630	540	2.48	593.2	2.73

对于粘接的 UPVC 管道，应在安装完毕 48h 后进行；强度试压应在沟槽回填至管顶以上 0.6m 并至少 48h 以后进行；试压管段上的管堵、管件，应有足够的支撑。

二、排水管、雨水管道的严密性试验

排水管道、雨水管道，一般均称为无压力管道，无压管道应进行严密性试验，又分为灌水试验、闭水试验和满水试验。

室内暗装或埋地的排水管道，在隐蔽或覆土之前必须做灌水试验，其灌水高度不应低于底层地面高度或底层卫生器具的上边缘。满水 15min 后，再灌满并观察 5min，液面不下降，管道及接口无渗漏为合格。

图 8-117 所示为室内排水管道的灌水试验示意图。

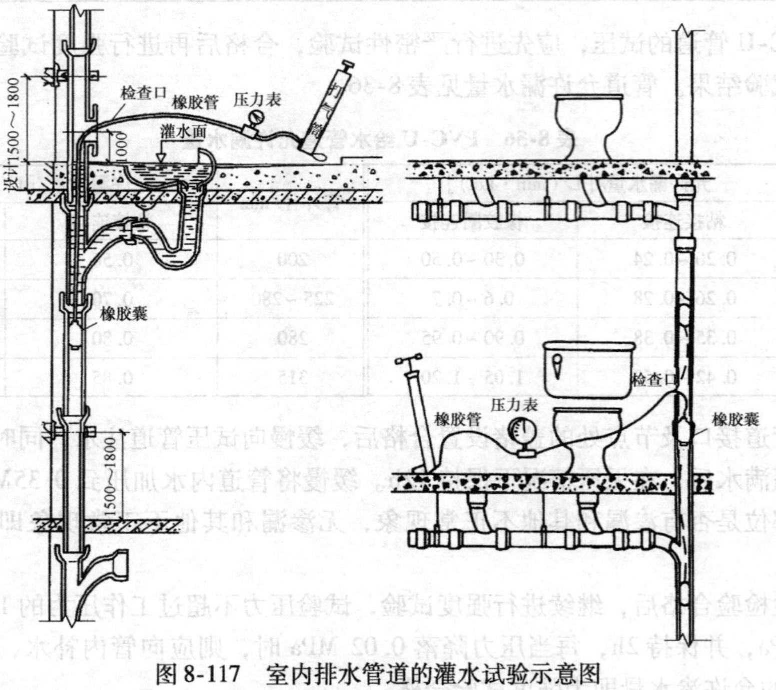

图 8-117　室内排水管道的灌水试验示意图

卫生器具交工前应做满水试验和通水试验。满水试验检查卫生洁具溢流排水是否通畅，检验时，将排水口堵住，放水至溢水口高度并持续一段时间，检查溢水排水是否通畅、接口是否渗漏。通水试验检查卫生器具及排水系统是否通畅，检验时，打开排水口放水，检查排水是否通畅、接口是否渗漏。

室内排水主立管及水平干管还应做通球试验，塑胶球径不应小于管道直径的 2/3，由放球口进入，出球口接出。通球试验宜分段、自下而上进行，通球率应达 100%。

内排雨水管道系统安装完毕后，也应进行灌水试验，灌水高度必须到每根立管最上部雨水斗。

污水、雨污合流管道，以及敷设在湿陷土、膨胀土地区的雨水管道，回填土之前，应做严密性试验。室外市政无压排水管道应进行严密性试验，通常做闭水试验。闭水试验应在管道覆土前，对接口和管身进行外观检查合格后进行。试验管段按照井距分隔，长度不宜大于 1km，带井试验。

图 8-118 所示为室外无压管道的闭水试验示意图。

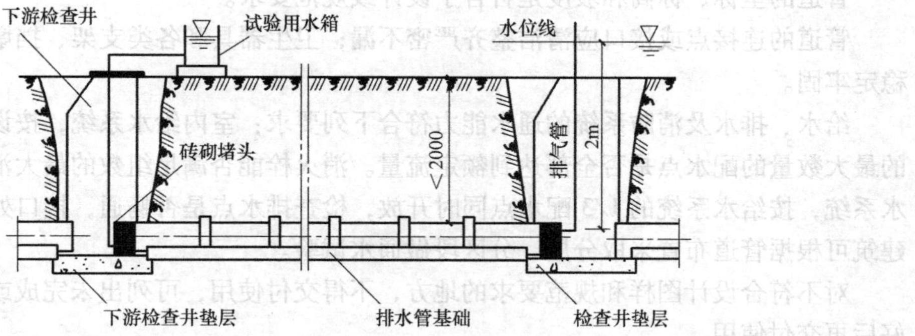

图 8-118 室外无压管道的闭水试验示意图

闭水试验在管道内灌满水，浸泡不少于24h后进行渗水量测定，试验压力根据试验段上游设计水头确定，通常为上游设计水头加2m，当试验压力小于10m，但已超过上游检查井口时高度时，以井口高度为准。观测时间不应小于30min。钢筋混凝土管、混凝土管、陶管及管渠的渗出的水量不应大于表8-38所示的规定。

表 8-38 无压管道严密性试验允许渗水量 ［单位：$m^3/(24h \cdot km)$］

管径/mm	200	300	400	500	600	700	800	900	1000
允许渗水量	17.60	21.62	25.00	27.95	30.60	33.00	35.35	37.50	39.52
管径/mm	1100	1200	1300	1400	1500	1600	1700	1800	2000
允许渗水量	41.45	43.30	45.00	46.70	48.40	50.00	51.50	53.00	55.90

三、给水排水工程的验收

工程验收是建设全过程中重要的工序之一，是质量保证的重要措施。工程验收分为隐蔽工程验收、中间验收和竣工验收。建筑给水排水工程的验收可分为分部、子分部和分项工程验收，还可根据工程施工的特点，分为中间验收（多为隐蔽工程验收）和竣工验收等环节。管道工程（多为隐蔽工程）必须经过中间验收合格后，方可进行下一道工序施工。

分项、分部工程应由监理工程师或建设单位专业负责人组织施工单位进行验收，单位工程应由主管单位或监理单位组织设计、施工有关单位进行联合验收。并应做好记录、签署文件、立卷归档。

1. 隐蔽工程验收

隐蔽工程是指上一道工序做完后将被下一道工序所掩盖，无法进行复查或检验的部位或工作内容。给水排水工程多属隐蔽工程。在隐蔽或填埋前，均应由施工单位组织有关监理、建设方，必要时约请设计方的人员进行检查验收，并填写好隐蔽工程的检查记录。

2. 分项工程的验收

分项工程完工、交付使用时，应办理中间验收手续，并做好检查记录，明确使用与保管的责任。在分项工程验收中，必须严格按照工程有关验收规范选择检查点数，计算出检验项目和实测项目的合格或优良的百分比，确定工程质量等级，从而确定是否验收。

3. 竣工验收

工程竣工验收是工程结束的重要环节，只有办理了验收证明书后方可交付使用。对中间已办理过验收手续的部分不再重新进行验收。竣工验收应重点检查和校验下列各项：

管道的坐标、标高和坡度是否合乎设计或规范要求。

管道的连接点或接口应清洁整齐严密不漏；卫生器具和各类支架、挡墩位置正确，安装稳定牢固。

给水、排水及消防系统的通水能力符合下列要求：室内给水系统，按设计要求同时开放的最大数量的配水点是否全部达到额定流量。消火栓能否满足组数的最大消防能力；室内排水系统，按给水系统的1/3配水点同时开放，检查排水点是否畅通，接口处有无渗漏；高层建筑可根据管道布置采取分层、分区段做通水试验。

对不符合设计图样和规范要求的地方，不得交付使用，可列出未完成或保修项目表，修好后再交付使用。

单位工程的竣工验收，应在分项、分部工程验收的基础上进行，验收时，应提供下列资料：

施工图、竣工图及设计变更文件；设备、制品或构件及主要材料的质量合格证明书或试验记录；隐蔽工程验收记录和分项中间验收记录；设备试验或试运行记录；水压试验记录、管道冲洗记录；工程质量事故处理记录；分项、分部、单位工程质量检验评定记录等。

上述资料是保证工程竣工后正常使用的重要依据，并是维修、改扩建时不可缺少的技术资料。该资料必须经各级有关技术人员审定，应如实反映情况，不得擅自伪造、修改和事后补办。

上报工程质监总站的材料，应包括以下内容：

开工报告，管道开挖记录，管道安装记录，阀门试压记录，回填土记录，管道吹扫，冲洗和消毒记录，强度试验和严密性试验记录，管道防腐防水记录，隐蔽工程记录，管沟回填记录，工程质量检验评定记录，工程事故处理记录，交工验收证书，工程竣工报告等。

工程交工时，施工单位一般还应保存以下资料作为技术备查：

该工程的施工组织设计、施工经验总结，新技术、新工艺和新材料的施工方法及施工操作的总结，重大质量事故的原因及处理情况记录，有关重要的技术决定，施工日记及管理经验总结等。

思考题

1. 简述室内给水系统、室内排水系统的施工安装流程。
2. 简述给水管、排水管穿越基础及结构的预留空洞尺寸和套管做法。
3. 简述室内消防给水管道采用的管材、连接方法及安装要求。
4. 简述消防栓给水系统和自动喷水灭火系统的试压及验收合格标准。
5. 简述消防给水系统及设备的基本安装要求。
6. 水泵等设备的基本安装要求有哪些？
7. 排水横管与排出管的距离有什么要求？
8. 简述非金属排水管的固定支架、防火圈、伸缩节等安装要求。
9. 简述排水系统通气管的正确安装方法。
10. 简述常用卫生器具的基本安装要求。
11. 简述室外给水管道的试压标准和合格标准。
12. 简述室外排水管道的闭水试验过程。
13. 简述室外给水、排水管道的施工程序。
14. 简述什么是管道渗水量？简述塑料给水管与金属给水管安装不同之处和管道的安装流程。

9

第九章

通风空调系统及设备的安装

通风空调系统是设备安装工程中重要的分部工程，安装内容包括常规通风、消防通风、人防通风、工业通风与除尘、气力输送、舒适性空调及工艺空调等系统。

通风管道的制作、施工安装应遵循 JGJ 141—2004《通风管道技术规程》，整体通风空调系统工程的施工，应按照 GB 50738—2011《通风与空调工程施工规范》执行。验收应按照 GB 50243—2002《通风与空调工程施工质量验收规范》执行。

第一节　风管及配件的加工

风管是通风空调系统主要的组成部分，其制作与安装应按照设计图样、技术合同和相关技术标准的规定执行。风管的加工安装工作是指组成整个系统的风管和附件、配件的制作和组装，包括放样、下料、板材连接、法兰制作、风管加固等施工过程，也是从原材料到半成品、成品，最终组合成完整的系统的过程。风管及附件的加工、制作工作视其工程量大小和现场允许条件，可以在加工厂完成，也可以在施工现场完成。

风管系统按其工作压力划分为低压系统（$p \leqslant 500\text{Pa}$）、中压系统（$500\text{Pa} < p \leqslant 1500\text{Pa}$）和高压系统（$p > 1500\text{Pa}$）。

一、风管及配件的规格

风管一般以外边长（或外径）为标注尺寸，非金属矩形风管以内边长（或内径）为标注尺寸。其长边与短边之比不宜大于4:1。

1. 风管的规格

风管形状有圆形（含椭圆）和矩形两种，金属风管按照成形方式分为板材对接的普通风管和带钢卷制螺旋焊风管。螺旋缝钢板圆风管还可压扁成椭圆形，用来代替矩形风管。螺旋缝钢板圆风管一般采用无法兰连接方式。

目前风管产品的规格已经标准化，并在全国范围内通用。表 9-1 所示为圆形风管的统一规格，表 9-2 所示为矩形风管的统一规格。

2. 风管的材料

风管材料可分为金属和非金属，金属风管又分为钢板风管（镀锌钢板风管）、铝板风管及不锈钢风管等，非金属风管分为酚醛铝箔复合风管、聚氨酯复合风管、玻璃纤维复合风管、水硬性无机玻璃钢风管、氯氧镁水泥风管、硬聚氯乙烯风管以及其他材料的风管等。

金属风管目前应用较多，可以作为输送空气（送风排风）、输送烟气、锅炉烟道以及气力输送等，镀锌钢板风管常被用于舒适性空调系统，铝板风管和不锈钢风管多用在工艺性空调系统（净化空调）和对静电要求较高的场所。

表 9-1 圆形风管统一规格

外径 D/mm		外径 D/mm		外径 D/mm		外径 D/mm	
基本系列	辅助系列	基本系列	辅助系列	基本系列	辅助系列	基本系列	辅助系列
100	90 100	250	240 250	560	530 560	1250	1180 1250
120	110 120	280	260 280	630	600 630	1400	1320 1400
140	130 140	320	300 320	700	670 700	1600	1500 1600
160	150 160	360	340 360	800	750 800	1800	1700 1800
180	170 180	400	380 400	900	850 900	2000	1900 2000
200	190 200	450	420 450	1000	950 1000		
220	210 220	500	480 500	1120	1060 1120		

注：应优先选用基本系列。

表 9-2 矩形风管统一规格

外边长/mm（长×宽）	外边长/mm（长×宽）	外边长/mm（长×宽）	外边长/mm（长×宽）	外边长/mm（长×宽）	外边长/mm（长×宽）
120×120	160×160	200×160	250×120	250×200	320×160
160×120	200×120	200×200	250×160	250×250	320×200
320×250	500×250	630×500	1000×320	250×500	1600×1000
320×320	500×320	630×630	1000×400	1250×630	1600×1250
400×200	500×400	800×320	1000×500	1250×800	2000×800
400×250	500×500	800×400	1000×630	1250×1000	2000×1000
400×320	630×250	800×500	1000×800	1600×500	2000×1250
400×400	630×320	800×630	1000×1000	1600×630	
500×200	630×400	800×800	1250×400	1600×800	

非金属风管材料的燃烧性能应符合 GB 8624—2012《建筑材料及制品燃烧性能分级》规定的不燃 A 级或难燃 B1 的规定，复合风管的敷面材料必须为不燃材料，内部的绝热材料应为不燃或难燃 B1 级，且对人体无害。防火风管的本体、框架与固定材料、密封材料必须为不燃材料，非金属风管板材的技术参数及适用范围见表 9-3。

表 9-3 非金属风管板材的技术参数及适用范围

风管类别		保温材料密度/(kg/m³)	风管板材厚度/mm	燃烧性能	强度/MPa	适用范围
无机玻璃钢	水硬性无机玻璃钢风管	≤1700	7～20	A 级	抗弯强度≥70	低、中、高压空调及防排烟系统
	氯氧镁水泥风管	≤2000		A 级	抗弯强度≥65	
硬聚氯乙烯风管		1300～1600	7～20	B1 级	抗拉强度≥34	洁净室及含酸碱的排风系统

(续)

风管类别	保温材料密度/(kg/m^3)	风管板材厚度/mm	燃烧性能	强度/MPa	适用范围
酚醛铝箔复合风管	≥60	≥20	B1 级	抗弯强度≥1.05	工作压力小于或等于 2000Pa 的空调系统及潮湿环境
聚氨酯复合风管	≥45	≥20		抗弯强度≥1.02	工作压力小于或等于 2000 Pa 的空调系统、洁净系统及潮湿环境
玻纤复合风管	≥70	≥25		—	工作压力小于或等于 1000 Pa 的空调系统

3. 风管板材的厚度

金属风管的板材厚度根据用途不同而不同，表 9-4 所示为钢板金属风管的板材厚度规格，表 9-5 所示为圆形金属风管板材厚度，表 9-6 所示为不锈钢板风管和配件的板材厚度，表 9-7所示为铝板风管板材厚度。

表 9-4 钢板金属风管的板材厚度规格 (单位：mm)

最大直径 D 或长边 b	矩形风管		除尘系统风管
	中、低压系统 $p \leqslant 1500$Pa	高压系统 $p > 1500$Pa	
$D(b) \leqslant 320$	0.5	0.75	1.5
$320 < D(b) \leqslant 450$	0.6	0.75	1.5
$450 < D(b) \leqslant 630$	0.6	0.75	2.0
$630 < D(b) \leqslant 1000$	0.75	1.0	2.0
$1000 < D(b) \leqslant 1250$	1.0	1.0	2.0
$1250 < D(b) \leqslant 2000$	1.0	1.2	按设计
$2000 < D(b) \leqslant 4000$	1.2	按设计	按设计

注：1．本表不适用于地下人防及防火隔墙的预埋管。
2. 排烟系统风管的板材厚度可按高压系统选用。
3. 特殊除尘系统风管的板材厚度应符合设计要求。

表 9-5 圆形金属风管板材厚度 (单位：mm)

最大直径 D	低压风管		中压风管		高压风管	
	螺旋缝	直缝	螺旋缝	直缝	螺旋缝	直缝
$D \leqslant 320$	0.50		0.50		0.50	
$320 < D \leqslant 450$	0.50	0.60	0.50	0.75	0.60	0.75
$450 < D \leqslant 1000$	0.60	0.75	0.60	0.75	0.60	0.75
$1000 < D \leqslant 1250$	0.75	1.00	0.75	1.00	1.00	
$1250 < D \leqslant 2000$	1.00	1.20	1.20		1.20	
>2000	1.20	按设计				

表 9-6　不锈钢板风管和配件的板材厚度　（单位：mm）

风管边长 b 或直径 D	不锈钢板厚度	风管边长 b 或直径 D	不锈钢板厚度
$100 < b(D) \leqslant 500$	0.5	$1120 < b(D) \leqslant 2000$	1.0
$500 < b(D) \leqslant 1120$	0.75	$2000 < b(D) \leqslant 4000$	1.2

注：不锈钢板厚度小于或等于 1mm 时，板材拼接应采用咬接或铆接；板材厚度大于 1mm 时，宜采用氩弧焊或电弧焊焊接，不得采用气焊。焊接时，焊材应与母材相匹配，并应防止焊接飞溅物沾污表面，焊后应将焊渣及飞溅物清除干净。

表 9-7　铝板风管板材厚度　（单位：mm）

风管边长 b 或直径 D	铝板厚度	风管边长 b 或直径 D	铝板厚度
$100 < b(D) \leqslant 320$	1.0	$630 < b(D) \leqslant 2000$	2.0
$320 < b(D) \leqslant 630$	1.5	$2000 < b(D) \leqslant 4000$	按设计

注：铝板厚度小于或等于 1.5mm 时，板材的连接可采用咬接或铆接，不得采用按扣式咬口，板厚大于 1.5mm 时，应采用氩弧焊或气焊焊接。

非金属风管的板材根据板材种类、管径及用途确定。当设计无规定时，中、低压系统硬聚氯乙烯圆形风管板材厚度不得小于表 9-8 要求，用于中、低压风管系统的硬聚氯乙烯矩形风管板材厚度应满足表 9-9 所示的要求。

表 9-8　中、低压系统硬聚氯乙烯圆形风管板材厚度　（单位：mm）

风管直径 D	板材厚度	风管直径 D	板材厚度
$D \leqslant 320$	3.0	$630 < D \leqslant 1000$	5.0
$320 < D \leqslant 630$	4.0	$1000 < D \leqslant 2000$	6.0

表 9-9　中、低压风管系统硬聚氯乙烯矩形风管板材厚度　（单位：mm）

风管长边尺寸 b	板材厚度	风管长边尺寸 b	板材厚度
$b \leqslant 320$	3.0	$800 < b \leqslant 1250$	6.0
$320 < b \leqslant 500$	4.0	$1250 < b \leqslant 2000$	8.0
$500 < b \leqslant 800$	5.0		

二、金属风管及配件的加工

金属风管的制作工序如图 9-1 所示。

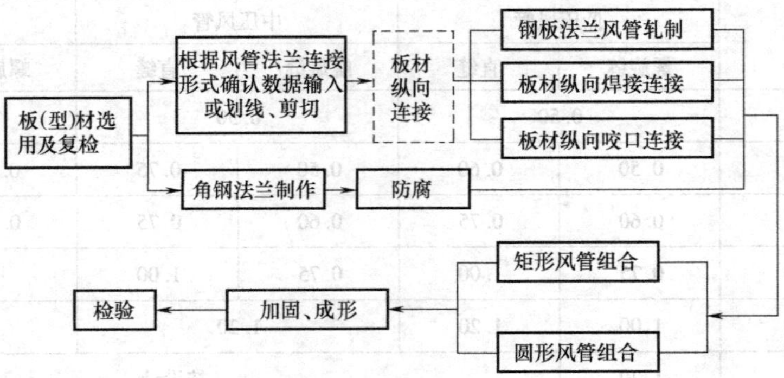

图 9-1　金属风管的制作工序

1. 金属风管板材及型钢的种类和特性要求

制作金属风管所用的的板材、型钢的材质及特性应满足表 9-10 所示的规定。

表 9-10 金属板材及型钢的种类、材质和特性要求

板材或型钢	材质要求及依据	板材特性要求及依据
普通钢板	GB/T 13237—2013《优质碳素结构钢冷轧薄钢板和钢带》，钢板表面应平整光滑，厚度应均匀，不得有裂纹、结疤等缺陷	GB/T 710—2008《优质碳素结构钢热轧薄钢板和钢带》
镀锌钢板（带）	GB/T 2518—2008《连续热镀锌钢板及钢带》，钢板表面应平整光滑，厚度应均匀，不得有裂纹结疤等缺陷	满足机械咬合功能，板面镀锌层厚度采用双面三点试验平均值应大于等于 $100g/m^2$（或 100 号以上）
不锈钢板	GB/T 3280—2009《不锈钢冷轧钢板和钢板》，不锈钢板表面不得有明显的划痕、刮伤、斑痕和凹穴等缺陷	奥氏体不锈钢
铝板	GB/T 3880.1—2012、GB/T 3880.2—2012、GB/T 3880.3—2012，铝板表面不得有明显的划痕、刮伤、斑痕和凹穴等缺陷	纯铝板或防锈铝合金板
型钢	GB/T 706—2008《热轧型钢》、GB/T 702—2008《热轧钢棒尺寸、外形、重量及允许偏差》	

2. 金属板材的剪切

金属板材的剪切应根据板材的厚度不同，选择相应的工具，分为手工剪切和机械剪切。

（1）剪切工具　手工剪切常用的工具有直剪刀、弯剪刀、侧剪刀和手动滚轮剪刀等，可依板材厚度及剪切图形情况适当选用。剪切厚度在 1.2mm 以下。

剪板机种类较多，可分为平刃剪板机、斜刃剪板机、多用途剪板机和专用剪板机，还可分为板料折弯剪切机、联合冲剪机，进行功能组合，又可分为板材开平线剪板机、钢结构生产线剪板机、冷弯成形线剪板机等。

图 9-2 所示为液压闸式剪板机，图 9-3 所示为机械剪板机，图 9-4 所示为脚踏剪板机。

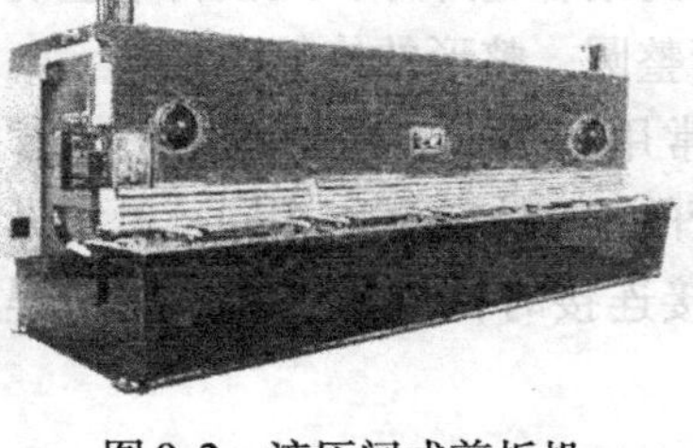
图 9-2　液压闸式剪板机

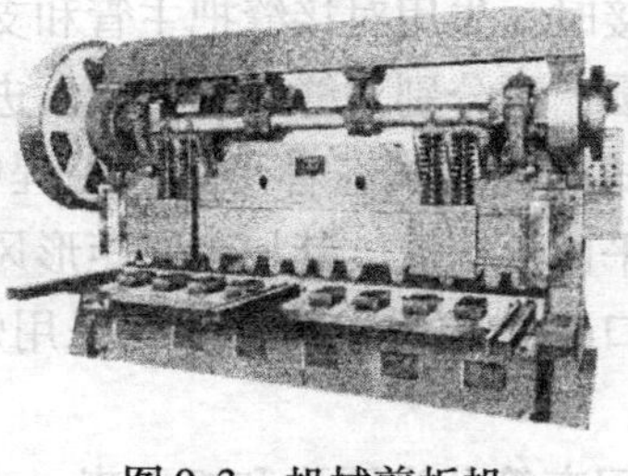
图 9-3　机械剪板机

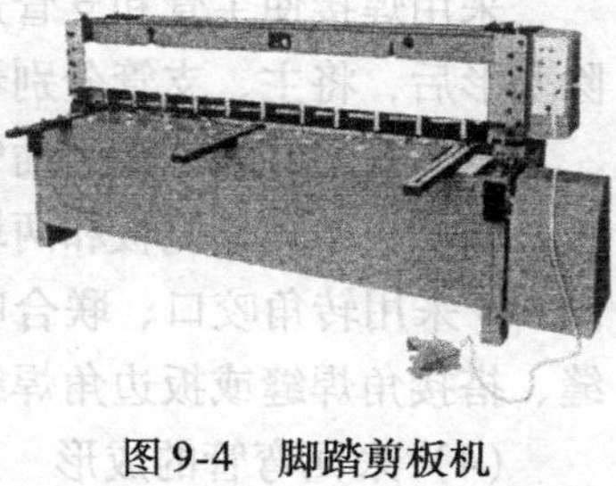
图 9-4　脚踏剪板机

（2）板材剪切　金属薄板的剪切就是按画线的形状进行裁剪下料。切剪前必须对所画出的剪切线进行仔细地复核，避免下料错误造成材料浪费。剪切时应对准画线，做到剪切位置准确，切口整齐，即直线平直，曲线圆滑。

3. 金属风管及配件的成形

即将剪切后的板材折方或卷圆成形，将接口连接成为风管或配件。

（1）风管的成形　板材依据风管的规格尺寸，通过剪切、折方或卷圆成形，再经过连接成为风管。

（2）弯头的成形　把剪切下的端节和中间节先做纵向接合的咬口折边，再卷圆咬合成各个节管，再用手工或机械在节管两侧加工立咬口的折边，进而把各节管组合成弯头。对于弯头的咬口要求咬口严密一致，各节的纵向咬口应错开，成形的弯头应和要求的角度一致，不应发生歪扭现象。

当弯头采用焊接时，先将各管节焊好，再次修整圆度后，进行节间组对定位焊成弯管整体，经角度、平整度等检查合格后，再进行焊接。

矩形弯头由两块侧壁、弯头背、弯头里组成，矩形弯头的成形，可采用单角咬口连接或联合咬口连接，也可以焊接连接，其工艺基本上与圆形弯头相同。

（3）三通的成形　三通主管及支管下料后，即可进行整体组合。主管和支管的接合缝的连接可采用咬口、插条或焊接连接。

采用咬口连接时，通常采用覆盖法咬接，如图9-5所示。先把主管和支管的纵向咬口折边放在两侧，把展开的主管平放在支管上，如图9-5中1、2所示的步骤套好咬口缝，再用手将主管和支管扳开，把结合缝打紧打平，如图9-5中3、4所示。最后把主管和支管卷圆，并分别咬好纵向结合缝，打紧打平纵向咬口，进行主、支管的正圆修整。

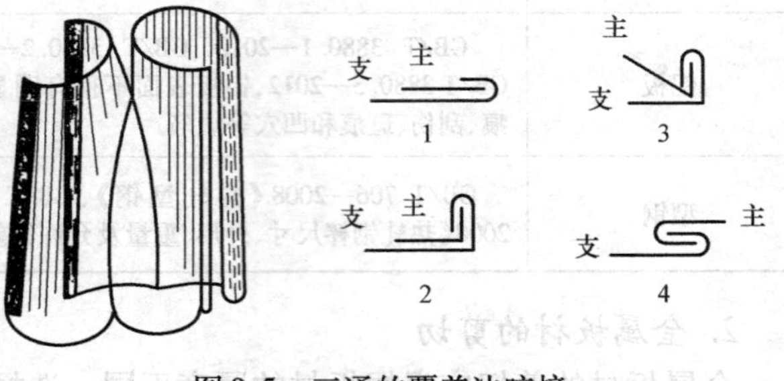

图9-5　三通的覆盖法咬接

采用插条连接时，主管和支管可分别进行咬口、卷圆，加工成独立的部件，然后把对口部分放在平钢板上检查是否贴实，再进行接合缝的折边工作，主管和支管均采用如图9-6所示的单平折边。用加工好的插条，在三通的接合缝处插入，并用木槌轻轻敲打，插条插入后，用小锤和衬铁打紧打平。

采用焊接使主管和支管连接时，先用对接缝把主管和支管的结合缝焊好，经板料平整消除变形后，将主、支管分别卷圆，再分别对缝焊接，最后进行整圆、整形的修整。

矩形三通有整体式、插管式和封板式三种形式，工程中常用整体式。整体式由平侧背板、斜侧板、角形侧板和两块平面板构成，其加工同矩形风管的加工方法基本相同，可参见图9-5采用转角咬口、联合咬口或扣式咬口连接。当采用焊接连接时，可按要求采用角焊缝、搭接角焊缝或扳边角焊缝。

（4）来回弯管的成形　来回弯管分为圆形和矩形来回弯管，其加工方法与圆形、矩形弯头基本相同。

（5）变径管的成形　圆形变径管下料时，咬口留量和法兰翻边留量应留得合适，做法如图9-7a所示。下料时可将相邻的直管剪掉一些，或将变径管高度减小，将减小量加工成正圆短管，套入法兰后再翻边，如图9-7b所示。为使法兰顺利套入，下料时可将小口稍微放小些，把大口稍微放大些，从上边穿大口法兰，翻

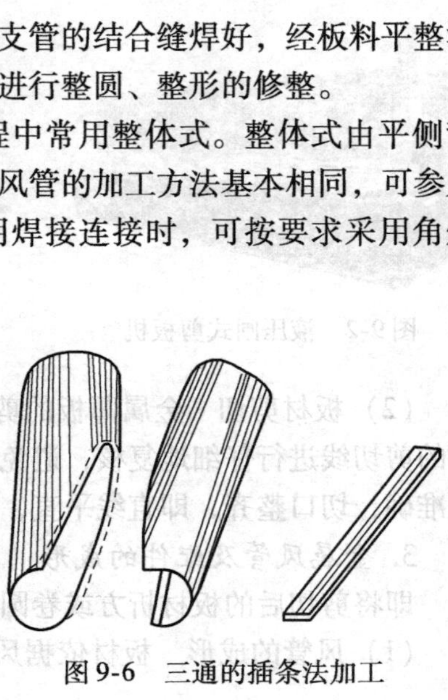
图9-6　三通的插条法加工

边后，再套入上口法兰进行翻边。

矩形变径管和天圆地方管的加工，可用一块板材加工制成，也可用四块小料拼接，即先咬合小料拼合缝，再依次卷圆或折边，最后咬口成形。

弯头、三通、变径管等风管配件已标准化，可按实际需要查阅《全国通用通风管道配件图表》，把图表规定的标准规格和尺寸作为配件加工的依据。

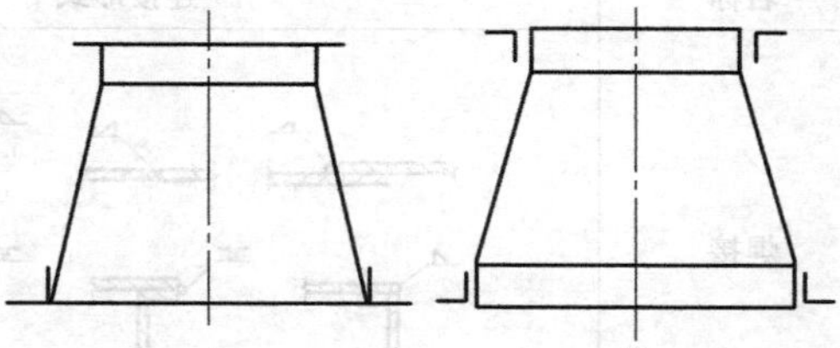

图 9-7 圆形变径管的加工

当通风空调系统采用法兰连接时，所有直风管、风管配件在加工后均应同时将两端的法兰装配好。

4. 金属风管的连接

金属板材的连接有拼接、闭合接和延长接三种方式。风管的连接方式有咬口连接、铆接和焊接三种，其中以咬口连接应用最为普遍。

金属风管板材连接形式及适用范围见表 9-11 的规定。金属矩形风管连接形式及适用范围见表 9-12。

表 9-11 金属风管板材连接形式及适用范围

名称	连接形式		适用范围
单咬口	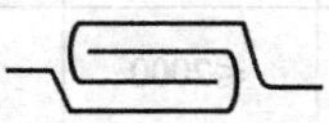	 内平咬口	低、中、高压系统
		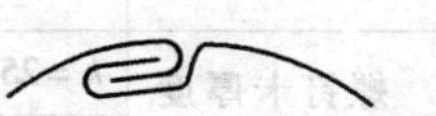 外平咬口	低、中、高压系统
联合角咬口	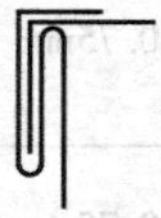		低、中、高压系统 矩形风管及配件四角咬接
转角咬口			低、中、高压系统 矩形风管或配件四角咬接
按扣式咬口			低、中压矩形风管或配件四角咬接 低压圆形风管
立咬口	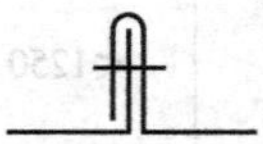	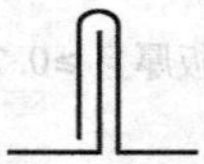	圆、矩形风管横向连接或纵向接缝 圆形弯头制作不加铆钉

（续）

名称	连接形式	适用范围
焊接	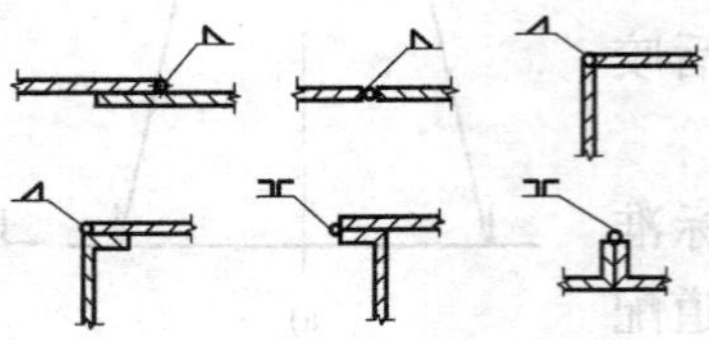	低、中、高压系统

表 9-12　金属矩形风管连接形式及适用范围

连接形式			附件规格		适用范围（风管边长/mm）		
					低压风管	中压风管	高压风管
角钢法兰		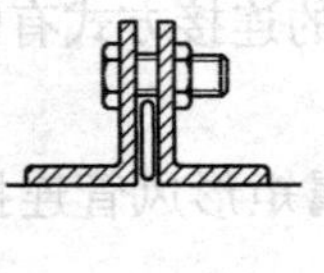	M6 螺栓	∠25 ×3	≤1250	≤1000	≤630
			M8 螺栓	∠30 ×3	≤2000	≤2000	≤1250
			M8 螺栓	∠40 ×4	≤2500	≤2500	≤1600
			M8 螺栓	∠50 ×5	≤4000	≤3000	≤2500
薄钢板法兰	弹簧夹式	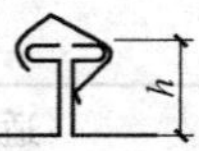	弹簧夹板厚度≥1.0mm 螺钉卡厚度≥3mm 螺钉 M8	$h=25$、$\delta_1=0.6$	≤630	≤630	—
	插接式	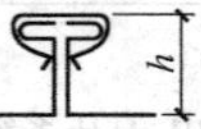		$h=25$、$\delta_1=0.75$	≤1000	≤1000	—
				$h=35$、$\delta_1=1.0$	≤2000	≤2000	—
	螺钉卡式	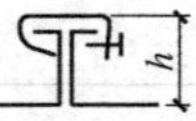		$h=40$、$\delta_1=1.2$	≤2000	≤2000	—
	组合式		螺钉卡厚度≥3mm	$h=25$、$\delta_2=0.75$	≤2000	≤2000	—
				$h=30$、$\delta_2=1.0$	≤2500	≤2000	—
S形插条	平插条		大于风管壁厚度且≥0.75mm		≤630	—	—
	立插条	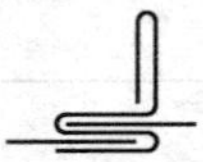	大于风管壁厚度且≥0.75mm h≥25mm		≤1000	—	—
C形插条	平插条		大于风管壁厚度且≥0.75mm		≤630	≤450	—
	立插条		大于风管壁厚度且≥0.75mm h≥25mm		≤1000	≤630	—
	直角插条	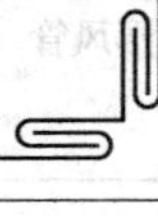	等于风管壁厚且≥0.75mm		≤630	—	—
立联合角形插条			等于风管板厚且≥0.75mm h≥25mm		≤1250	—	—

（续）

连接形式		附件规格	适用范围（风管边长/mm）		
立咬口	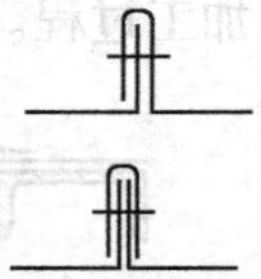	咬口包边板厚等于风管壁厚 $h \geqslant 25$mm	≤1000	≤630	—

注：h 为法兰高度，δ_1 为风管壁厚，δ_2 为组合法兰板厚度。

（1）咬口连接　咬口连接适用于厚度小于等于 1.2mm 的薄钢板、厚度小于等于 1.0mm 的不锈钢板和厚度小于等于 1.2mm 的铝板。

咬口形式有单平咬口、单立咬口、转角咬口、联合角咬口、按扣式咬口等。单平咬口适用于板材的拼接缝和圆风管纵向的闭合缝，以及严密性要求不高的制品接缝；单立咬口适用于圆风管端头环向接缝，圆形弯头、圆形来回弯各管节间的接缝；转角咬口选用于矩形风管及配件的纵向接缝和矩形弯管、三通的转角缝连接；联合角咬口，也叫做包角咬口，咬口缝处于矩形管角边上，用途同转角咬口，应用在有曲率的矩形弯管的角缝连接更为合适；按扣式咬口适用于矩形风管和配件的转角闭合缝，在加工时，一侧的板边加工成有凸扣的插口，另一侧板边加工成折边带有倒钩状的承口，安装时将插口插入承口即可组合成接缝，这种咬口的特点是咬合紧密，运行可靠。各种咬口形式如图 9-8 所示。

风管和配件的咬口宽度和板材厚度有关，应符合表 9-13 所示的规定。

一般对于单平咬口、单立咬口和转角咬口，在一块板上的咬口留量等于咬口宽度 B，在与其咬合的另一块板上，咬口留量为两倍的咬口宽度 B。对联合角咬口，一块板上的咬口留量为咬口宽度 B，另一块板上为 3 倍的咬口宽度。

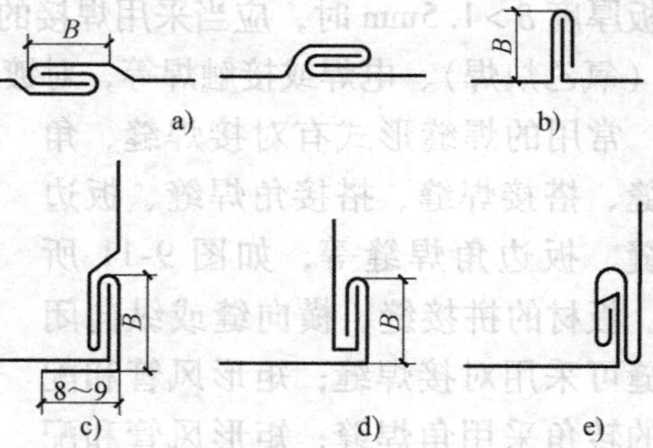

图 9-8　各种咬口形式

a）单平咬口　b）单立咬口　c）转角咬口　d）联合角咬口　e）按扣式咬口

手工咬口使用的工具主要有硬木拍板，其尺寸为 45mm × 35mm × 450mm，用来平整板料，拍打咬口；硬质木槌，用来打紧打实咬口；钢制小方锤，用来碾打圆形风管单立咬口或咬口合缝以修整。工作台上设置固定的槽钢，作为折方或拍打的垫铁使用；固定在工作台上的圆管，作为卷圆和修整圆弧用垫铁；此外，还有手持垫铁及咬口套，咬口套用来压

表 9-13　单平咬口、单立咬口折边尺寸　（单位：mm）

咬口形式	咬口宽度	折边尺寸	
		第一块钢板	第二块钢板
单平咬口	8 10 12	7 8 10	14 17 20
单立咬口	8 10 12	7 8 10	6 7 8

平咬口或控制咬口宽度。咬口宽度为6~8mm时，折边宽度应比咬口宽度小1mm，咬口宽度大于等于10mm时，折边宽度应比咬口宽度小2mm。

图9-9所示为单平咬口加工过程，图9-10所示为联合角咬口加工过程。

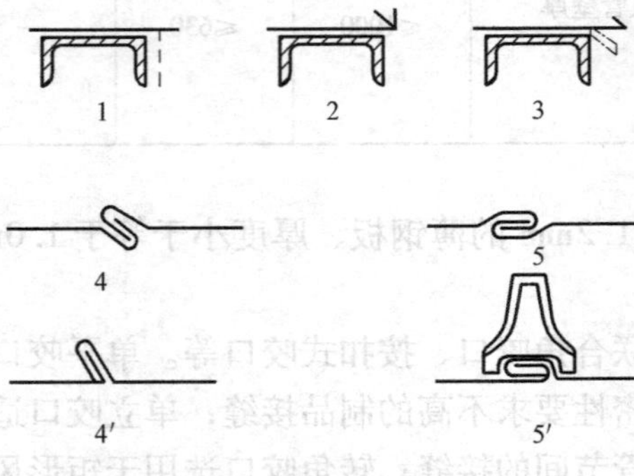

图9-9 单平咬口加工过程

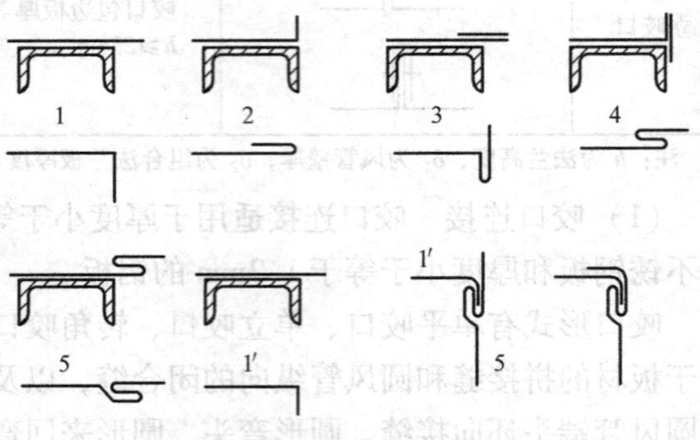

图9-10 联合角咬口加工过程

机械咬口常用的工具有直线多轮咬口机、圆形弯头联合咬口机、矩形弯头咬口机、合缝机、按扣式咬口机和咬口压实机等。目前已生产的有适用于各种咬口形式的圆形、矩形直管和矩形弯管、三通的咬口机系列产品。

（2）焊接 当普通（镀锌）钢板厚度$\delta>1.2$mm（或1mm），不锈钢板厚度$\delta>0.7$mm，铝板厚度$\delta>1.5$mm时，应当采用焊接的方法，以保证连接的严密性。常用的焊接方法有气焊（氧乙炔焊）、电焊或接触焊等，对镀锌钢板则用锡焊加强咬口接缝的严密性。

常用的焊缝形式有对接焊缝、角焊缝、搭接焊缝、搭接角焊缝、扳边焊缝、扳边角焊缝等，如图9-11所示。板材的拼接缝、横向缝或纵向闭合缝可采用对接焊缝；矩形风管和配件的转角采用角焊缝；矩形风管和配件及较薄板材拼接时，采用搭接缝、扳边角缝和扳边焊缝。

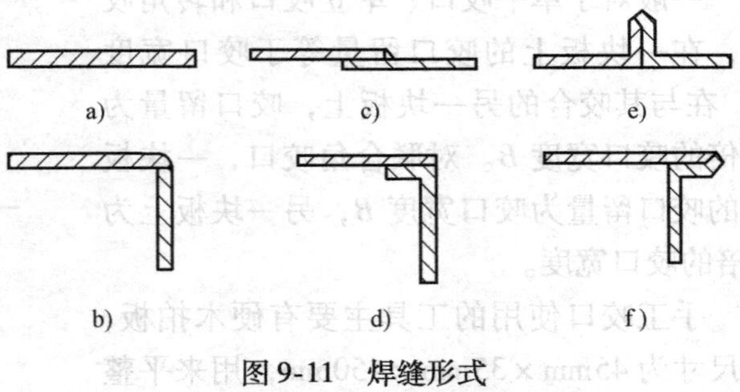

图9-11 焊缝形式

a）对接焊缝 b）角焊缝 c）搭接焊缝 d）搭接角焊缝 e）扳边焊缝 f）扳边角焊缝

电焊一般用于厚度大于1.2mm的薄钢板焊接。焊接时应除去焊缝周围的铁锈、污物，对接焊缝时应留出0.5~1.0mm的对口间隙，搭接焊时应留出10mm左右的搭接量。

气焊用于厚度为0.8~3mm钢板的焊接，常采用扳边缝及扳边角缝，先分段定位焊好后再进行连续焊接。

风管的拼接缝和闭合缝还可用点焊机或缝焊机进行焊接。除尘系统宜采用内侧满焊、外侧间断焊。氩弧焊接由于有氩气保护了被焊接的板材，故熔焊接头有很高的强度和耐腐蚀性能，且由于加热量集中，热影响区小，板材焊接后不易发生变形，因此更适于不锈钢板及铝板的焊接。

所有焊接的焊缝表面应平整均匀，不应有烧穿、裂缝、结瘤等缺陷，以符合焊接质量要求。

（3）铆接 铆接主要用于风管、部件或配件与法兰的连接，分为击铆和拉铆，现多用拉铆连接。在管壁厚度 $\delta\leqslant1.5$mm 时，常采用翻边铆接，为避免管外侧受力后产生脱落，铆接部位应在法兰外侧。铆接直径应为板厚的 2 倍，但不得小于 3mm，其净长度 $L=2\delta+1.5\sim2d$（mm），其中 d 为铆钉直径，δ 为连接钢板的厚度，铆钉与铆钉之间的中心距一般为 40～100mm，铆钉孔中心到板边的距离应保持 $(3\sim4)d$。图 9-12 所示为铆接示意图，图 9-13 所示为拉铆器具。使用铆接钳工效高，省力，操作简便，穿孔、铆接一次完成，噪声很小，质量很高。

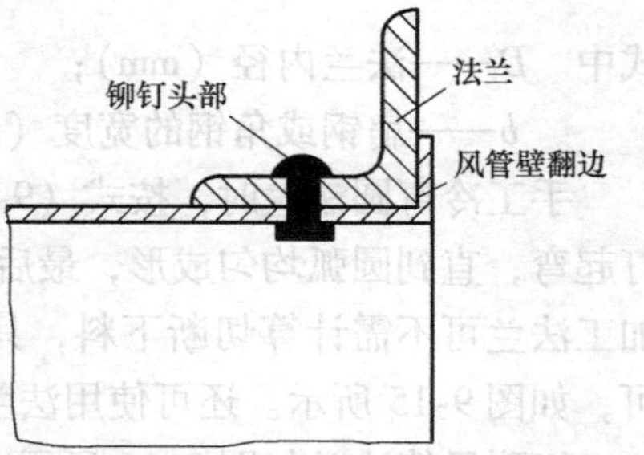

图 9-12 铆接示意图

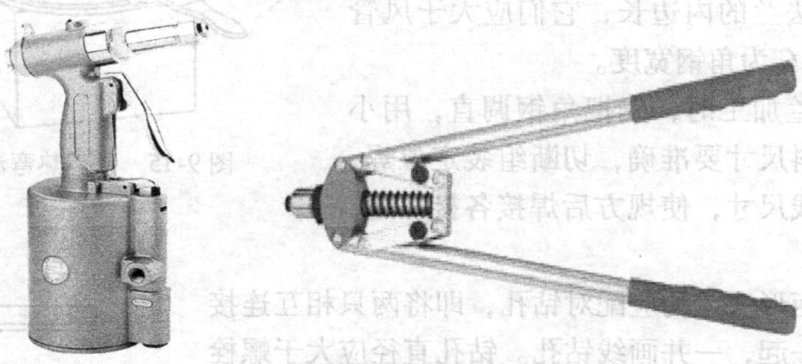
图 9-13 气动及手动拉铆器具

（4）法兰连接 法兰有圆形和矩形两种，广泛用于风管与风管、风管与配件、部件之间的延长连接，同时对风管整体有一定的加固作用，使安装和维修都很方便。表 9-14 所示为普通（镀锌）钢板圆形、矩形风管、不锈钢板、铝板风管配用法兰的材料和规格表。

表 9-14 各种风管法兰规格表

风管法兰种类	圆形管直径或矩形管大边长/mm	法兰用料规格		风管法兰种类	圆形管直径或矩形管大边长/mm	法兰用料规格	
		扁钢	角钢			扁钢	角钢
圆形风管法兰	≤140	—20×4		铝板风管法兰	≤280	—30×6	∟30×4
	150～280	—25×4			320～560	—35×8	∟35×4
	300～500		∟25×3		630～1000	—40×10	
	530～1250		∟30×4		1120～2000	—40×12	
	1320～2000	∟40×4		不锈钢板风管法兰	≤280	—25×4	
矩形风管法兰	≤630		∟25×3		320～560	—30×4	
	800～1250		∟30×4		630～1000	—35×6	
	1600～2000		∟40×4		1120～2000	—40×8	

圆形法兰的加工，如图 9-14 所示，可用手工或机械弯制，由于法兰弯制时外圆弧受拉，内圆弧受压，改变了原来材料长度，在加热弯制时，还存在材料的受热伸长问题，均应在下料时予以考虑。圆形法兰的下料长度可用下式计算

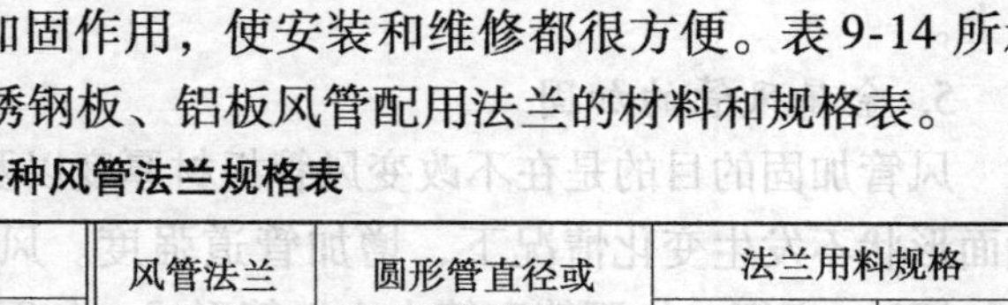
图 9-14 圆形风管法兰

$$L=\pi(D+b/2) \tag{9-1}$$

式中 D——法兰内径（mm）；

b——扁钢或角钢的宽度（mm）。

手工冷弯圆法兰时，按式（9-1）的计算长度 L 下料切断后，在弧形槽钢模上用锤子敲打起弯，直到圆弧均匀成形，最后焊接、平整、钻孔制成。一般情况下，在法兰标准胎具上加工法兰可不需计算切断下料，只要用长料在胎具上连续弯制、切断，再弯制圆形法兰即可，如图 9-15 所示。还可使用法兰弯制机械弯制圆形法兰。

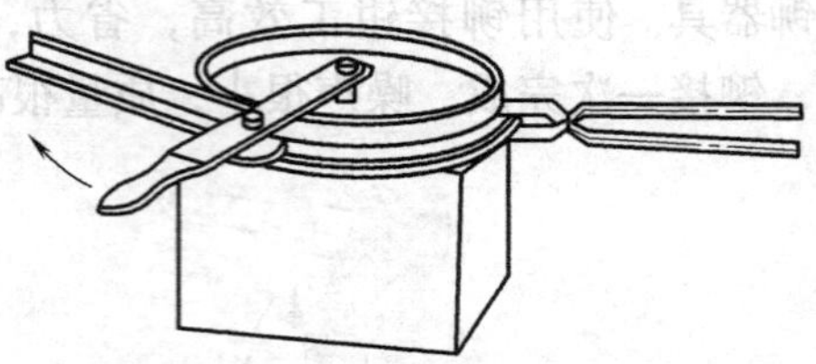

图 9-15 手工热弯法兰示意图

矩形风管法兰如图 9-16 所示。它由四根角钢组成。总下料长度 $L=2(A+B+2C)$，其中 A、B 分别为矩形风管法兰的内边长，它们应大于风管外边长 2～3mm；C 为角钢宽度。

矩形风管法兰加工时，先把角钢调直，用小钢角尺下料，下料尺寸要准确，切断组装定位焊，经平整复测对角线尺寸，使规方后焊接各接口缝，最后钻孔制成。

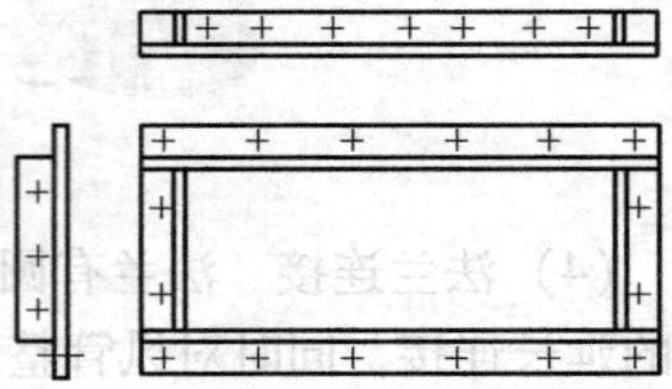

图 9-16 矩形风管法兰

所有圆形和矩形法兰均应配对钻孔，即将两只相互连接的法兰定位焊在一起，一并画线钻孔。钻孔直径应大于螺栓直径 1.5mm。只有在按风管或配件（附件）编号配用法兰时，方可打掉法兰定位焊处，将法兰按编号组装到风管或配件上。

5. 金属风管的加固

风管加固的目的是在不改变风管板材厚度以及保持风管截面形状不发生变化情况下，增加管道强度。风管的加固可采用楞筋、立筋、角钢（内、外加固）、扁钢、加固筋和管内支撑等形式，如图 9-17 所示。

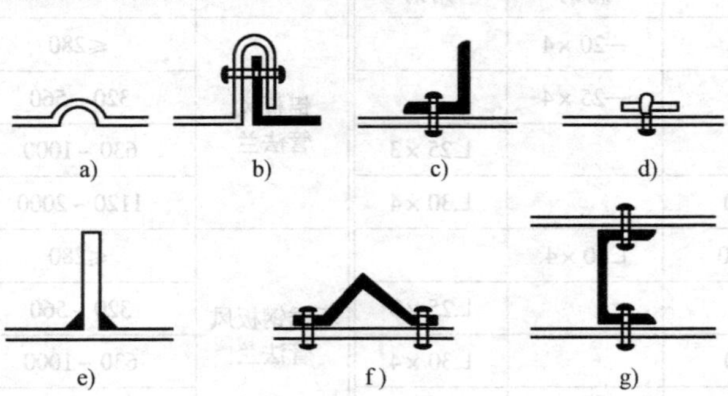

图 9-17 风管的加固方式

a）楞筋 b）立筋 c）角钢 d）扁钢平加固 e）扁钢立加固 f）加固筋 g）管内支撑

（1）圆形直风管的加工与加固 圆形直风管制作长度应按系统加工安装草图并考虑运输及安装方便、板材的标准规格、节省材料等因素综合确定，一般不宜超过 4m。圆形风管本身强度较高，一般不再考虑风管自身的加固。当直径大于 700mm，两端法兰间距较大时，每隔 1.2m 左右，加设一道 25mm×4mm 的扁钢加固圈，用铆钉固定在风管上。

（2）矩形风管的加工与加固 矩形直风管在下料后，即可进行加工制作。当风管周边总长小于板材标准宽度，即用整张钢板宽度折边成形时，可只设一个角咬口，当板材宽度小于风管周长，大于周长一半时，可设两个角咬口，当风管周长很大时，可在风管四个角分别设四个角咬口，如图 9-18 所示。

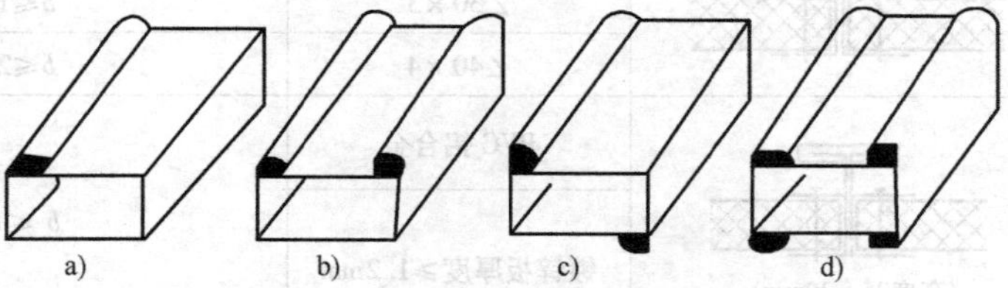

图 9-18 矩形风管的咬口位置

当风管大边长度大于或等于 630mm，管段长度在 1.2m 以上时，为减少风管在运输和安装中的变形，制作时必须同时加固。矩形风管的加固方法应根据大边尺寸确定。

通常用的加固方法有以下三种：将钢板面加工成凸棱、在风管内壁纵向设置加固肋条、用镀锌薄钢板条压成三角棱形铆在风管内。采用角钢做加固框，是使用较普遍的加固方法。矩形风管边长在 1000mm 以内的用∟25×4，边长大于 1000mm 的用∟30×4 做加固框，铆接在风管外侧，边长在 1500~2000mm 时，还应在风管外侧对角线上铆接∟30×4 的角钢加固条。框与框或框与法兰之间的距离为 1200~1400mm，铆钉直径为 4~5mm，铆钉间距为 150~200mm。矩形风管的加固如图 9-19 所示。

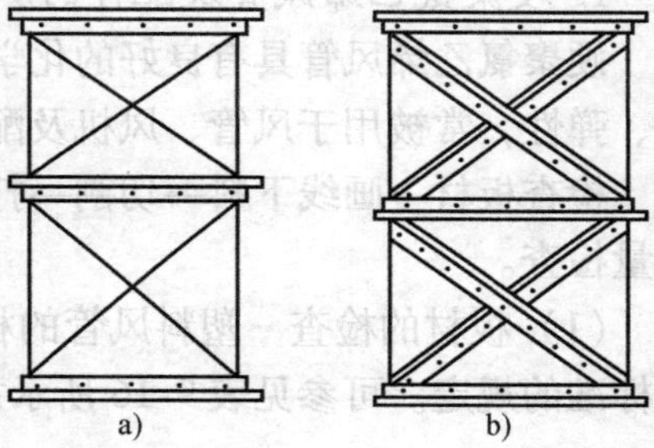

图 9-19 矩形风管的加固
a）边长 1000mm 以内时压出棱
b）边长 1500~2000mm 时加加固带

三、非金属风管的加工制作

非金属风管的种类较多，加工工艺有所不同，在使用粘接剂或密封胶带前，应清除风管粘贴处的油渍、水渍、灰尘及杂物。

非金属板材的适用范围可参见表 9-3 所示的非金属风管板材的技术参数及适用范围。非金属矩形风管连接形式及适用范围应符合表 9-15 所示的规定。

表 9-15 非金属矩形风管连接形式及适用范围

非金属风管连接形式		附件材料	适用范围
45°粘接	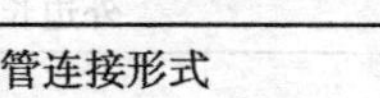	铝箔胶带	酚醛铝箔复合板风管、聚氨酯铝箔复合板风管 $b \leq 500$ mm
榫接	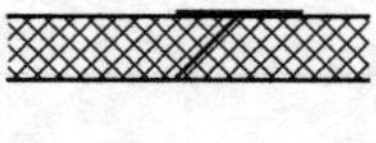	铝箔胶带	丙烯酸树脂玻璃纤维复合风管 $b \leq 1800$ mm
槽形插接连接	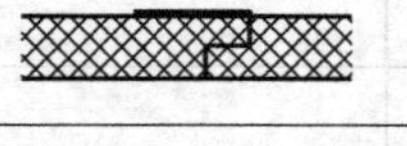	PVC	低压风管 $b \leq 2000$mm 中、高压风管 $b \leq 1600$mm
工形插接连接	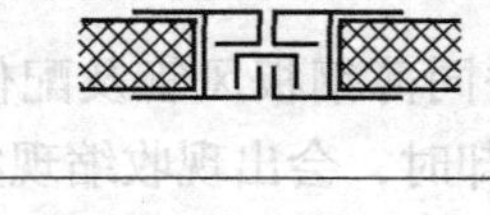	PVC	低压风管 $b \leq 2000$mm 中、高压风管 $b \leq 1600$mm
		铝合金	$b \leq 3000$mm

（续）

非金属风管连接形式		附件材料	适用范围
外套角钢法兰	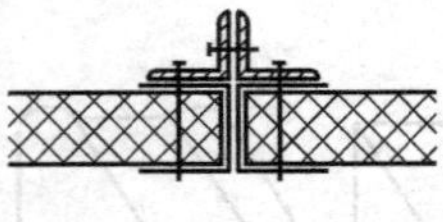	∠25×3	b≤1000mm
		∠30×3	b≤1600mm
		∠40×4	b≤2000mm
C形插接法兰	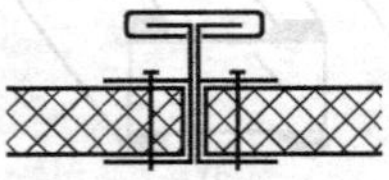 （高度25～30mm）	PVC铝合金	b≤1600mm
		镀锌板厚度≥1.2mm	
“H”连接法兰	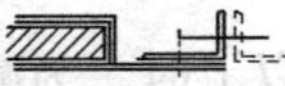	PVC铝合金	用于风管与阀部件及设备连接

注：b为风管边长。

1. 硬聚氯乙烯风管及配件的加工

硬聚氯乙烯风管具有良好的化学稳定性和抗酸、抗碱、抗腐蚀的功能，并具有较高的强度、弹性，常被用于风管、风机及配件的制造。硬聚氯乙烯风管和配件的加工步骤如下：

检查板材→画线下料→切割→打磨坡口→加热成型（折方或卷圆）→焊接或装配法兰→质量检查。

（1）板材的检查　塑料风管的材料品种、规格和性能等应符合设计要求和国家现行产品标准的规定。可参见表9-16所示加工。

表9-16　硬聚氯乙烯风管板材厚度及直径（边长）允许偏差　（单位：mm）

硬聚氯乙烯圆形风管板材厚度及直径允许偏差		
风管直径 D	板材厚度	内径允许偏差
D≤320	3	−1
320＜D≤630	4	−1
630＜D≤1000	5	−2
1000＜D≤2000	6	−2
硬聚氯乙烯矩形风管板材厚度及边长允许偏差		
风管边长 b	板材厚度	外边长允许偏差
b≤320	3	−1
320＜b≤500	4	−1
500＜b≤800	5	−2
800＜b≤1250	6	−2
1250＜b≤2000	8	−2

（2）画线下料　硬塑料风管的画线，展开放样方法同薄钢板风管及配件。应使用红蓝铅笔画线，以免损伤板面。由于塑料板材在加热后再冷却时，会出现收缩现象，其收缩量大小随加热时间和板材工艺的不同而各有不同，故在每批板材制作前应进行试验，得出加工余量。画线时，应注意焊缝不要设在转角处，四角应加热折方，相邻的纵焊缝也应交错设置，如图9-20和图9-21所示。

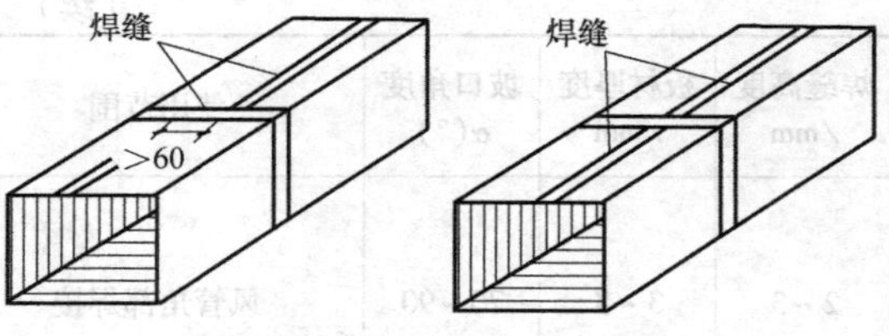

图 9-20　矩形风管纵缝布置

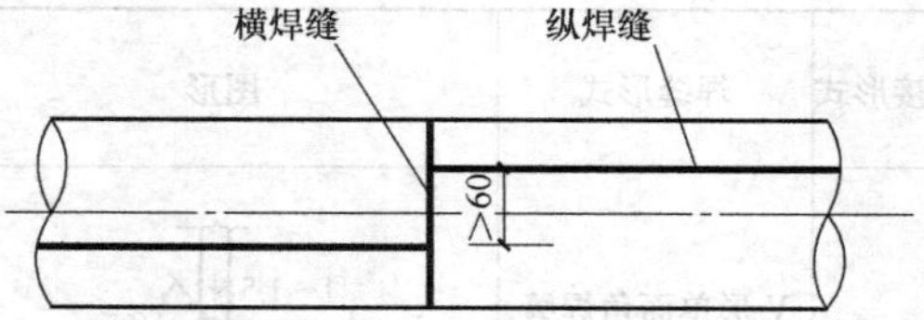

图 9-21　圆形风管纵缝布置

下料时，要用角尺对板材边角进行测量，如有缺陷不能使用。

（3）板材切割　在切割硬聚氯乙烯塑料板时，应考虑冲击韧性和温度的关系以及板材的导热性，以免造成板材破裂，或因切割摩擦过热而变形、烧焦变质，或造成机具损坏等现象。

塑料板材可用剪板机、圆盘锯或普通木工锯进行切割。使用剪板机进行切割时，厚5mm以下的板材可在常温下进行切割；厚5mm以上的板材不能在温度较低情况下进行切割，应把塑料板材加热到30℃左右进行切割，以免发生冷脆碎裂现象。

如果加工制作场地无机械设备或工程量较少时，可用普通木工锯、手锯或钢丝锯切割塑料板材。

（4）板材打坡口　坡口的角度和尺寸应均匀一致，可使用锉刀、木工刨、砂轮机或坡口机进行加工。对接口处的板边进行坡口加工，焊缝形式和坡口的规格及使用范围应符合表9-17所示的要求，坡口还应均匀一致。坡口可用坡口机或细砂轮机加工制作，也可用木工刨、锉刀加工。

表 9-17　硬聚氯乙烯塑料板焊缝形式和坡口的规格及使用范围

焊接形式	焊缝形式	图形	焊缝高度/mm	板材厚度/mm	坡口角度 α(°)	使用范围
对接焊	V形对接焊缝	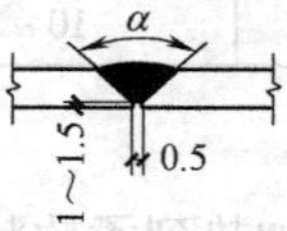	2~3	3~5	70~90	单面焊的风管
	X形对接焊缝	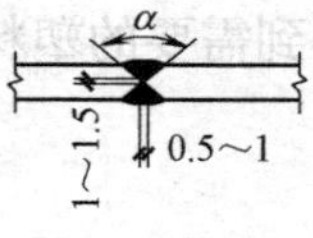	2~3	≥5	70~90	风管法兰及厚板的拼接
搭接焊	搭接焊缝	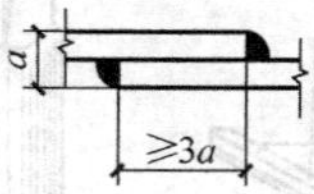	≥最小板厚	3~10	—	风管和配件的加固
填角焊	角焊缝（无坡口）	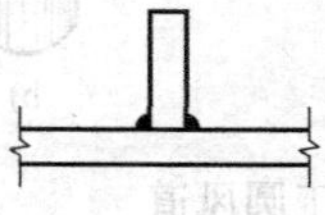	2~3	6~18	—	
			≥最小板厚	≥3	—	风管配件的角焊

（续）

焊接形式	焊缝形式	图形	焊缝高度/mm	板材厚度/mm	坡口角度α(°)	使用范围
对角焊	V形单面角焊缝	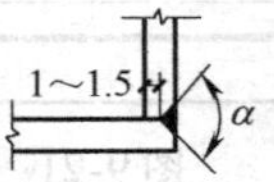	2～3	3～8	70～90	风管角部焊接
	V形双面角焊缝	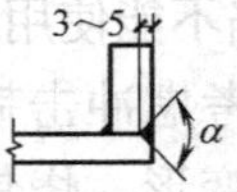	2～3	6～15	70～90	厚壁风管角部焊接

（5）风管及配件加热成形　工地常用电热箱来加热大面积塑料板材，电热箱加热如图9-22所示。

先使电热箱的温度保持在130～150℃，在温度稳定后，把需要加热制作的塑料板材放入箱内加热。加热时应使板材均匀受热。塑料板加热温度不能长时间处于170℃以上，按表9-18所示掌握加热时间。

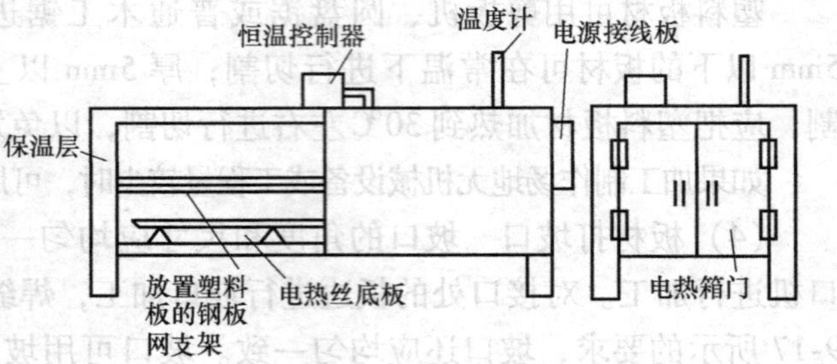

图9-22　电热箱加热

表9-18　塑料板材的加热时间

板材厚度/mm	2～4	5～6	8～10	11～15
加热时间/min	3～7	7～10	10～14	15～20

圆形风管的加工制作可采用下列两种方法：

一种方法是将硬聚氯乙烯塑料板材放在电热箱中加热到柔软状态时，从箱内取出，把板材放到垫有帆布的木模中卷成圆形，冷却硬化后便得到需要的塑料圆管。塑料板卷制圆管如图9-23a所示。

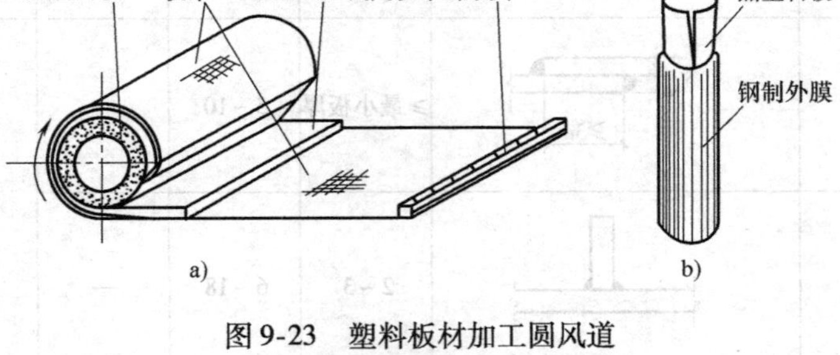

图9-23　塑料板材加工圆风道

a）木制内模成型　b）钢制外模成型

另一种方法是将硬聚氯乙烯塑料板材在电热箱中加热到柔软状态时，从箱内取出后立即放入钢制的外模中，待整形冷却后取出得到需要的塑料圆管，如图9-21b所示。

硬聚氯乙烯矩形塑料风管因为角焊处应力集中，所以矩形塑料风管的四角不应设置焊缝，且应加热折成方形。把划好线的塑料板材放在电加热器的两根电热管之间，把折线对正加热，变软时，迅速将塑料板材抽出放在手动折边机上，把板折成90°，冷却成型取出。按照同样的方法折方其他两个角边。管式电加热器如图 9-24 所示。

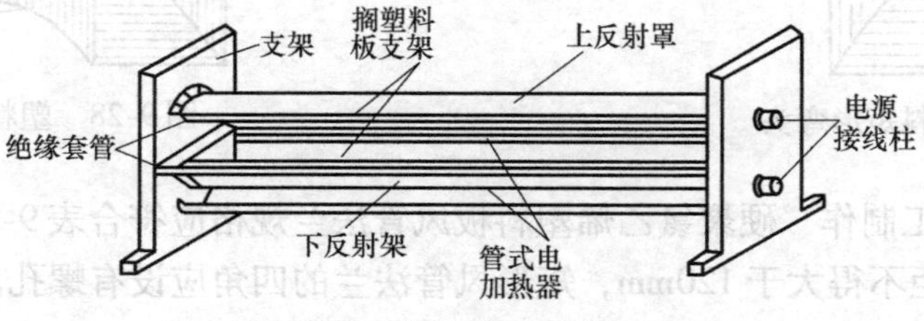

图 9-24 管式电加热器

弯管及配件的加工成型时，其塑料圆形弯管的弯曲半径（以中心线计算）和最少分节数量应符合表 9-19 所示的规定。圆形弯管的弯曲角度、圆形三通、四通支管与总管夹角的制作偏差不应大于 3°。

表 9-19 塑料圆形弯管的弯曲半径和最少节数

弯管直径 D /mm	弯曲半径 R /mm	弯管角度和最少节数							
		90°		60°		45°		30°	
		中节	端节	中节	端节	中节	端节	中节	端节
$80<D\leqslant220$	$\geqslant1.5D$	2	2	1	2	1	2	—	2
$220<D\leqslant450$	$1D\sim1.5D$	3	2	2	2	1	2	—	2
$450<D\leqslant800$	$1D\sim1.5D$	4	2	2	2	1	2	1	2
$800<D\leqslant1400$	D	5	2	3	2	2	2	1	2
$1400<D\leqslant2000$	D	8	2	5	2	2	2	2	2

硬聚氯乙烯塑料板材制作风管配件时，展开放样可参照金属材料的方法进行，但要注意留出收缩量。应将切割下料好的板材放在电热箱中加热，然后在胎模中成型，胎模可用薄钢板或木材制作，一般可按 1/2 或 1/4（部件断面较大）制作胎模，如图 9-25 所示。

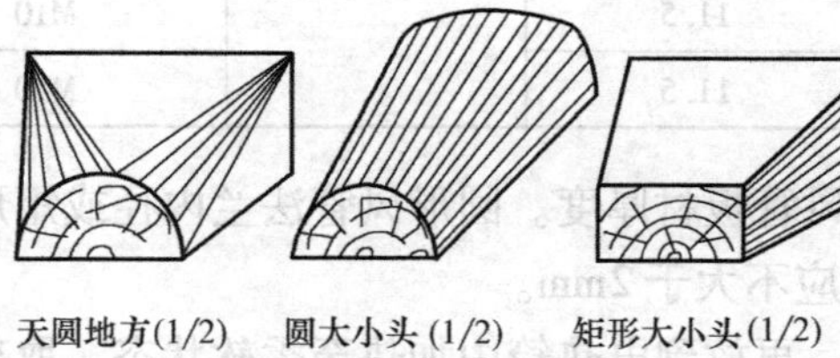

图 9-25 塑料风管配件胎模

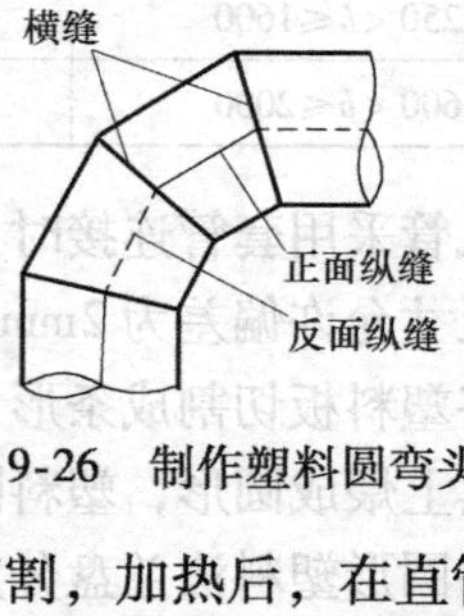

图 9-26 制作塑料圆弯头

硬聚氯乙烯塑料板材制作圆形弯头时，将板材按样板划线、切割，加热后，在直管仿模上卷成圆形，然后组对焊接成形，如图 9-26 所示。加工制作中应注意各节的纵向焊缝应互相错开。另一种方法是将塑料板材加热卷制成所需要的圆管，用样板在直圆管上划线下料，得到弯头的中节和端节，然后按设计把它们组焊成弯头，如图 9-27 所示。塑料矩形三通可通过裁剪不同形状的板，粘接组合而成，如图 9-28 所示。

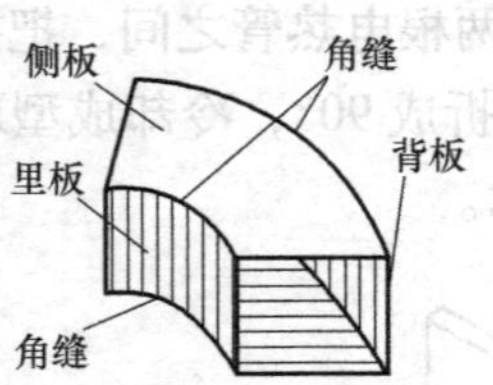

图 9-27 塑料矩形弯头

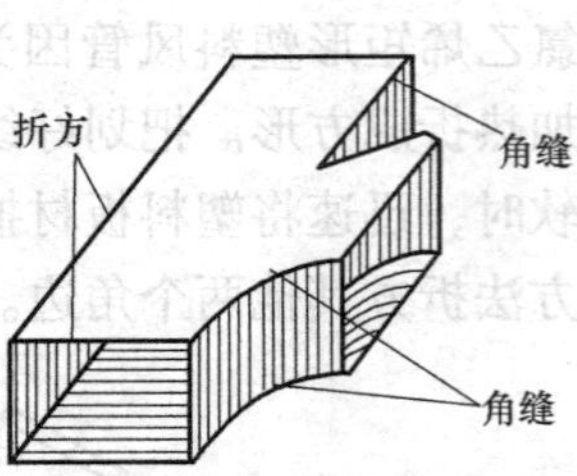

图 9-28 塑料矩形三通

（6）法兰的加工制作 硬聚氯乙烯塑料板风管法兰规格应符合表 9-20 和表 9-21 所示的规定，螺栓孔的间距不得大于 120mm，矩形风管法兰的四角应设有螺孔。

表 9-20 硬聚氯乙烯圆形风管法兰规格 （单位：mm）

风管直径 D	法兰宽×厚	螺栓孔径	螺孔数量	连接螺栓
$D \leqslant 180$	35×6	7.5	6	M6
$180 < D \leqslant 400$	35×8	9.5	8~12	M8
$400 < D \leqslant 500$	35×10	9.5	12~14	M8
$500 < D \leqslant 800$	40×10	9.5	16~22	M8
$800 < D \leqslant 1400$	45×12	11.5	24~38	M10
$1400 < D \leqslant 1600$	50×15	11.5	40~44	M10
$1600 < D \leqslant 2000$	60×15	11.5	46~48	M10
$D > 2000$	按设计			

表 9-21 硬聚氯乙烯矩形风管法兰规格 （单位：mm）

风管直径 b	法兰宽×厚	螺栓孔径	螺孔间距	连接螺栓
$b \leqslant 160$	35×6	7.5		M6
$160 < b \leqslant 400$	35×8	9.5		M8
$400 < b \leqslant 500$	35×10	9.5		M8
$500 < b \leqslant 800$	40×10	11.5	≤120	M10
$800 < b \leqslant 1250$	45×12	11.5		M10
$1250 < b \leqslant 1600$	50×15	11.5		M10
$1600 < b \leqslant 2000$	60×18	11.5		M10

风管采用套管连接时，套管厚度不得小于风管板材厚度。圆形风管法兰内径或矩形法兰内边尺寸允许偏差为 2mm，法兰平面的平面度应不大于 2mm。

将塑料板切割成条形，并将内圆侧坡好口，再放到电热箱中加热至柔软状态，取出后放在胎具上煨成圆形，塑料圆形法兰的煨制如图 9-29 所示，塑料圆形法兰如图 9-30 所示。

将圆形塑料法兰盘分为两个半圆形或多个弧形在塑料板上套裁下料，打磨、坡口、焊接成形。直径较小的法兰盘可在车床上加工制作。

硬聚氯乙烯塑料矩形法兰的制作如图 9-31 所示，制作方法是将塑料板材切割成所要求的条形、坡口，组焊成形。

法兰焊接后，必须将焊缝锉削平整。钻孔可在普通台钻上进行，也可使用手电钻。为避免法兰在钻孔处过热，应间歇地将钻头从钻孔中提出，或用压缩空气进行局部冷却。

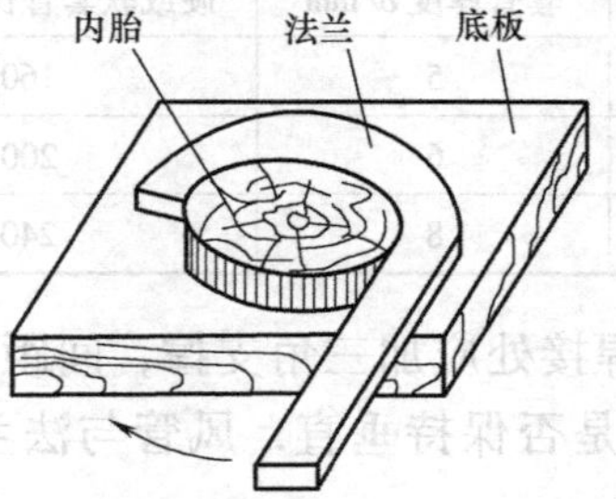

图 9-29 塑料圆形法兰的煨制

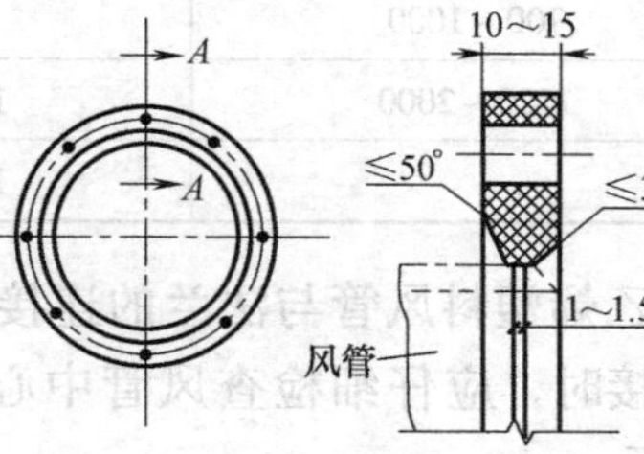

图 9-30 塑料圆形法兰

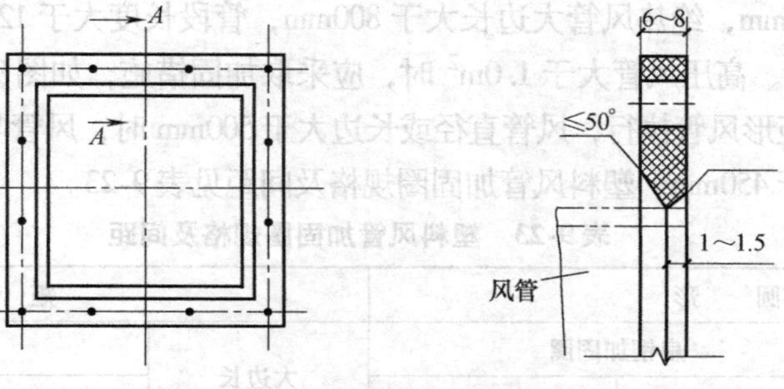

图 9-31 塑料矩形法兰的制作

（7）硬聚氯乙烯塑料风管的组配与加固 硬聚氯乙烯塑料风管采用焊接连接，风管管段长度一般为 1.8～4m，每一管段配一副法兰。如设计有要求按设计执行，若无要求，根据管径大小和运输条件，管段长度可增可减。塑料风管组配和加固如图 9-32 所示。

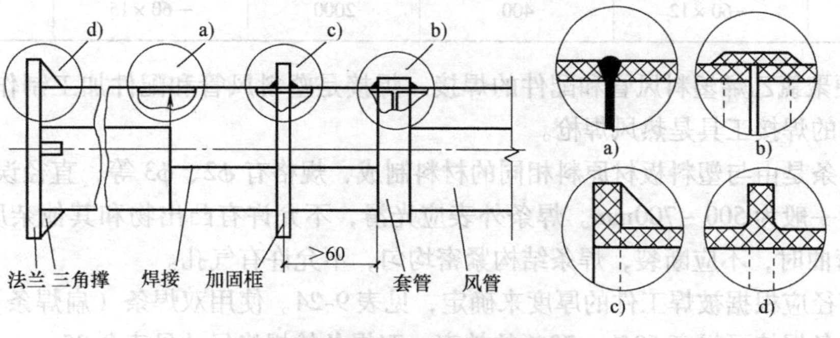

图 9-32 塑料风管组配和加固

硬聚氯乙烯塑料风管的组配应按照设计规定要求；相邻两节风管的纵焊缝应交错设置；当圆形风管直径小于 560mm，矩形风管大边长小于 500mm 时，可采用图 9-32a 所示的对接焊；当圆形风管直径等于或大于 500mm，矩形风管大边长等于或大于 500mm 时，可采用图 9-32b 所示的硬套或软套连接；塑料风管硬套管和软套管的规格见表 9-22。

表 9-22 塑料风管硬套管和软套管的规格

序号	圆形风管直径 D/mm	矩形风管大边长/mm	套管厚度 δ/mm	硬或软套管长度 L/mm
1	100～320	120～320	3	80
2	360～630	400～500	4	120

（续）

序号	圆形风管直径 D/mm	矩形风管大边长/mm	套管厚度 δ/mm	硬或软套管长度 L/mm
3	700 ~ 1000	630 ~ 800	5	160
4	1120 ~ 2000	1000 ~ 1250	6	200
5		1600 ~ 2000	8	240

硬聚氯乙烯塑料风管与法兰的连接应采用焊接，焊接处应加三角支撑，间距为 300 ~ 400mm。焊接时，应仔细检查风管中心线与法兰平面是否保持垂直，风管与法兰连接如图 9-32d所示。

当圆形风管直径大于或等于 800mm，且管长大于 1250mm，或总表面积大于 4m^2 时，当矩形风管大边长大于 630mm，绝热风管大边长大于 800mm，管段长度大于 1250mm，或低压风管单边面积大于 1.2m^2，中、高压风管大于 1.0m^2 时，应采取加固措施，如图 9-32c 所示。非规则椭圆风管的加固应参照矩形风管执行，风管直径或长边大于 500mm 时，风管与法兰连接处应设置加强板，且间距不得大于 450mm。塑料风管加固圈规格及间距见表 9-23。

表 9-23　塑料风管加固圈规格及间距　（单位：mm）

圆形			矩形		
风管直径	扁钢加固圈		大边长	扁钢加固圈	
	宽度（$a \times b$）	间距 L		宽×厚（$a \times b$）	间距 L
560 × 630	—40 × 8	800	500	—35 × 8	600
700 × 800	—40 × 8	800	650 × 800	—40 × 8	800
900 × 1000	—45 × 10	800	1000	—45 × 8	400
1120 × 1400	—45 × 10	800	1260	—45 × 10	400
1600	—50 × 12	400	1600	—50 × 12	400
1800 × 2000	—60 × 12	400	2000	—60 × 15	400

（8）硬聚氯乙烯塑料风管和配件的焊接　焊接是塑料风管和配件加工制作的主要连接方法，常用的焊接工具是热风焊枪。

塑料焊条是由与塑料板材原料相同的材料制成，规格有 $\phi2$、$\phi3$ 等，直径误差在 0.5mm 以内，长度一般为 500 ~ 700mm。焊条外表应光滑，不允许有凸出物和其他杂质，在 150℃ 进行 180°弯曲时，不应断裂，焊条结构紧密均匀，不允许有气孔。

焊条直径应根据被焊工件的厚度来确定，见表 9-24。使用双焊条（扁焊条）进行焊接，比使用圆焊条焊接可提高 60% ~ 70% 的效率。双焊条的规格尺寸见表 9-25。

表 9-24　焊条直径的选择

焊件厚度/mm	2 ~ 5	6 ~ 15	16 ~ 20
焊条直径/mm	2 ~ 2.5	2.5 ~ 3.0	4.0

表 9-25　双焊条的规格尺寸

形状	规格	d	L	h	备注
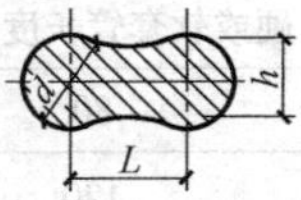	1.5	1.5	1.5	1.2	适用于焊接 8mm 以下板材
	2.0	2.0	2.0	2.0	
	2.5	2.5	2.5	2.2	适用于焊接 8mm 以上板材

2. 玻璃钢风管及配件的加工制作

有机玻璃钢风管由于不阻燃，在多数场合下已被禁用，目前多采用无机玻璃钢（又称为玻璃纤维增强氯氧镁水泥无机复合材料）制作通风管道、配件和部件。

无机玻璃钢风管应采用无碱、中碱或抗碱玻璃纤维网格布，分别符合 JC 561.1—2006《增强用玻璃纤维网布　第1部分：树脂砂轮用玻璃纤维网布》、GB/T 18370—2014《玻璃纤维无捻粗纱布》的规定。氯氧镁水泥风管氧化镁的品质应符合 WB/T 1019—2002《菱镁制品用轻烧氧化镁》的规定。无机玻璃钢风管分为整体非保温普通风管，内、外表面为无机玻璃钢，由复合板、专用胶、法兰、加固角件等连接成风管的组合型风道，中间为绝热材料的整体保温型以及组合保温型风道四类，规格及制作参数见表 9-26。

表 9-26　无机玻璃钢风管规格及制作参数　（单位：mm）

整体普通型风管制作参数

风管长边尺寸 b 或直径 D	风管管体			法兰					
	壁厚	玻璃纤维布层数		高度	厚度	玻璃纤维布层数		孔距(L)	螺栓规格
		C_1	C_2			C_1	C_2		
$b(D) \leqslant 300$	3	4	5	27	5	7	8	低、中压 $L \leqslant 120$ 高压 $L \leqslant 100$	M6
$300 < b(D) \leqslant 500$	4	5	7	36	6	8	10		M8
$500 < b(D) \leqslant 1000$	5	6	8	45	8	9	13		M8
$1000 < b(D) \leqslant 1500$	6	7	9	49	10	10	14		M10
$1500 < b(D) \leqslant 2000$	7	8	12	53	15	14	16		M10
$b(D) > 2000$	8	9	14	52	20	16	20		M10

注：$C_1 = 0.4$mm 厚玻璃纤维布层数；$C_2 = 0.3$mm 厚玻璃纤维布层数

整体保温型风管制作参数

风管长边尺寸 b 或直径 D	风管管体		法兰			
	内壁厚	外壁厚	净高度	厚度	孔距 L	螺栓规格
$b(D) \leqslant 300$	2	2	31	5	低、中压 $L \leqslant 120$ 高压 $L \leqslant 100$	M6
$300 < b(D) \leqslant 500$	2	2	31	6		M8
$500 < b(D) \leqslant 1000$	2	3	40	8		M8
$1000 < b(D) \leqslant 1500$	3	3	44	10		M10
$1500 < b(D) \leqslant 2000$	3	4	48	15		M10
$b(D) \geqslant 2000$	3	5	47	20		M10

注：保温层厚应符合设计要求

组合保温型风管制作参数（适用压力≤1500Pa）

风管边长 b /mm		玻璃纤维布层数		内壁厚	外壁厚	风管总厚	连接方式	法兰孔距
		内壁	外壁					
保温	$b \leqslant 1250$	2	2	2	3	5＋保温层	PVC 或铝合金 C 形插条	—
	$b > 1250$		3				∠36×4 角钢法兰	≤150
普通	$b \leqslant 630$	5		—		5	∠25×3 角钢法兰	≤150
	$b \leqslant 1250$						∠30×3 角钢法兰	
	$b > 1250$						∠36×4 角钢法兰	

注：表中法兰规格为允许的最小规格

玻璃钢风管及配件的加工制作，一般在玻璃钢厂用模具生产，保温玻璃钢风管可将管壁制成夹层，中间可采用聚苯乙烯、聚氨酯泡沫塑料、蜂窝纸等材料填充。

在专用的整体胎模上，铺以塑料薄膜作内衬，辊涂或压抹菱镁材料，贴铺玻璃丝布，重复多次，玻璃丝布应相互搭接，直至要求的玻璃丝布层数和总厚度，法兰处应另有加层，最后加铺厚的塑料薄膜，经滚压，揭开薄膜即为成形，然后自然风干，当固化度达到60%后脱胎膜，再揭内衬薄膜。固化程度达到90%后可以从加工点运往工地。成形的无机玻璃钢风管或部件与法兰连接成整体，安装时要在玻璃钢法兰上加工螺栓孔。

无机玻璃钢风管及其部件的规格、尺寸必须符合设计要求，中、低压系统的无机玻璃钢风管的壁厚应符合表9-27的要求，玻璃丝布应保持干燥清洁、不含蜡，玻璃丝布的铺置接缝应错开，无重叠现象，所用的玻璃纤维布的厚度和层数应符合表9-27所示的要求。

表9-27　中、低压系统的无机玻璃钢风管板材壁厚及玻璃纤维布厚度与层数

（单位：mm）

圆形风管直径 D 或矩形风管长边尺寸 b	壁厚	风管管体玻璃纤维布厚度		风管法兰玻璃纤维布厚度	
		0.3	0.4	0.3	0.4
		玻璃布层数			
$D(b) \leqslant 300$	2.5~3.5	5	4	8	7
$300 < D(b) \leqslant 500$	3.5~4.5	7	5	10	8
$500 < D(b) \leqslant 1000$	4.5~5.5	8	6	13	9
$1000 < D(b) \leqslant 1500$	5.5~6.5	9	7	14	10
$1500 < D(b) \leqslant 2000$	6.5~7.5	12	8	16	14
$D(b) > 2000$	7.5~8.5	14	9	20	16

玻璃钢风管及配件的内表面应平整光滑，外表面应整齐美观，厚度均匀，风管单位面积上的表面缺陷应符合表9-28的规定，制作尺寸允许公差应满足表9-29的规定，风管壁厚、整体成型法兰高度与厚度偏差见图9-30。

表9-28　风管表面缺陷的允许值

项　目	内　　容	允许值
表面缺陷	外露玻璃丝布	无
	严重飞边毛刺	无
裂纹	表面裂纹长度/mm	≤20
	表面裂纹深度/mm	≤1
	允许裂纹个数/个	≤2
气泡	表面上气泡长度/mm	≤5
	表面上气泡坑的深度/mm	≤1
	表面上气泡个数/个	≤5

无机玻璃钢风管法兰平面应与风管轴线成90°，连接应平行、严密。螺栓紧固时，螺栓

的露出长度应一致，与螺母应在同一侧；法兰间密封橡胶条或石棉绳等填料，均不应外露在法兰以外，法兰连接时，高度应一致，两侧必须加镀锌垫圈。玻璃钢风管法兰的规格见表9-31。

表 9-29 无机玻璃钢风管的制作尺寸允许公差

项目			允许公差/mm
壁厚	矩形长边或圆形直径≤1000mm		+1.0 -0.5
	矩形长边或圆形直径>1000mm		+1.5 -0.5
边长或直径	矩形长边或圆形直径/mm	≤400	±2.0
		400~700	±2.5
		800~1120	±3.0
		1250~2000	±3.5
圆形风管的横截面圆度			≤3
矩形风管截面两对角线长度差			≤3
矩形风管每米长的弯曲度			≤2
法兰对风管轴线垂直度(每米)			≤2
法兰平面的平面度			≤2

表 9-30 无机玻璃钢风管壁厚、整体成形法兰高度与厚度偏差 （单位：mm）

风管长边 b 或直径 D	风管壁厚	整体成形法兰高度与厚度	
		高度	厚度
$b(D)\leqslant300$	±0.5	±1	+0.5
$300<b(D)\leqslant2000$	±0.5	±2	±1.0
$b(D)>2000$			±2.0

表 9-31 玻璃钢风管法兰的规格 （单位：mm）

风管长边 b 或直径 D	风管壁厚	法兰规格(宽×厚)	连接螺栓
$b(D)\leqslant300$ $(b(D)\leqslant400)$	±0.5	30×4	M8
$300<b(D)\leqslant2000$ $(400<b(D)\leqslant1000)$	±0.5	40×6	M10 (M8)
$b(D)>2000$ $(1000<b(D)\leqslant20000)$		50×8	M10

注：括号外数据来源于 JGJ 141—2004《通风管道技术规程》，适用于无机玻璃钢管，括号内数据来源于 GB 50243—2002《通风与空调工程施工质量验收规范》，适用于有机和无机玻璃钢管。

3．无机玻璃钢风道的加固

无机玻璃钢风管加固支撑做法见表9-32。

四、复合风管的加工制作

1．复合板材料风管概述

复合材料风管是利用两种以上材料制作的风管，分为塑料复合钢板（没有保温作用）、酚醛铝箔复合保温风管、聚氨酯复合保温风管、玻纤复合保温风管等。

表 9-32 无机玻璃钢风管加固支撑做法

整体型风管内支撑横向加固点数及外加固框、内支撑加固点纵向间距

类别		系统工作压力/Pa				
		500～630	630～820	821～1120	1121～1610	1611～2500
		内支撑横向加固点数				
风管边长 b/mm	650 < b≤1000	—	—	1	1	1
	1000 < b≤1500	1	1	1	1	2
	1500 < b≤2000	1	1	1	1	2
	2000 < b≤3100	1	1	1	2	2
	3100 < b≤4000	2	2	3	3	4
纵向加固间距/mm		≤1420	≤1240	≤890	≤740	≤590

组合型风管内支撑加固点数及外加固框、内支撑加固点纵向间距

类别		系统工作压力/Pa				
		500～600	601～740	741～920	921～1160	1161～1500
		内支撑横向加固点数				
风管边长 b/mm	550 < b≤1000	—	—	1	1	1
	1000 < b≤1500	1	1	1	1	2
	1500 < b≤2000	1	1	2	2	2
	2000 < b≤3000	2	2	3	3	4
	3000 < b≤4000	3	3	4	4	5
纵向加固间距/mm		≤1100	≤1000	≤900	≤800	≤700

注：横向加固点数为 5 个时应加加固框，并与内支撑固定为一整体

组合保温型风管内支撑加固点数及外加固框、内支撑加固点纵向间距

类别		系统工作压力/Pa				
		500～600	601～740	741～920	921～1160	1161～1500
		内支撑横向加固点数				
风管边长 b/mm	1000 < b≤1500	1	1	1	1	1
	1500 < b≤2000	1	1	1	1	1
	2000 < b≤3000	2	2	2	2	2
	3000 < b≤4000	2	2	3	3	3
纵向加固间距/mm		≤1470	≤1370	≤1270	≤1170	≤1070

注：加固点数≥3，应加加固框，并与内支撑固定为一整体。

复合材料风管的覆面材料必须为不燃材料，内部的绝热材料应为不燃或难燃 B1 级，且对人体无害。复合材料风管采用法兰连接时，法兰与风管板材的连接应可靠，绝热层不得外露，不得采用降低板材强度和绝热性能的连接方法。图 9-33 所示为复合材料保温风管。

采用塑料复合钢板制作风管时，不得损坏复合钢板的塑料层，不能焊接，只能采用咬口连接形式，咬口机械边缘不得有尖锐的棱边，有损坏的地方应刷漆加以保护。

复合板风管应做加固，加固分为管内支撑加固及金属外框加固。支撑点间距及数量可参

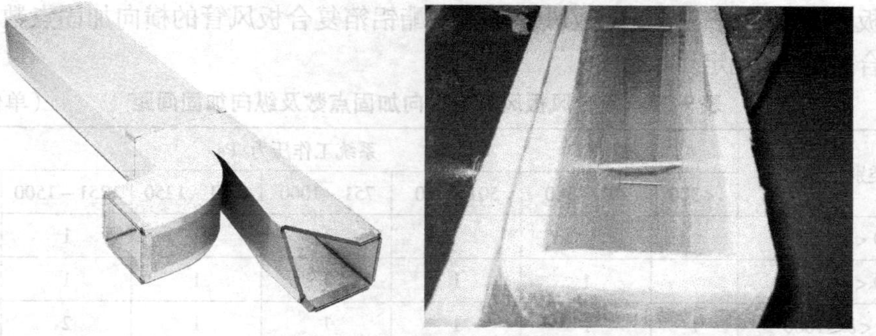

图 9-33 复合材料保温风管

见不同材料的风管的技术要求。

2. 酚醛铝箔复合风管和聚氨酯铝箔复合保温风管

酚醛铝箔复合板风管与聚氨酯铝箔复合板风管板材的厚度参见表 9-3，其拼接处应涂粘接剂进行粘合，当风管边长小于等于 1600mm 时，宜在 45°角形槽口处直接粘接，并在粘接缝处两侧粘贴铝箔胶带；边长大于 1600mm 时，应采用“H”形 PVC 或铝合金加固条在 90°角槽口处拼接，拼接处应涂粘接剂粘合。连接方式如图 9-34、图 9-35 所示。

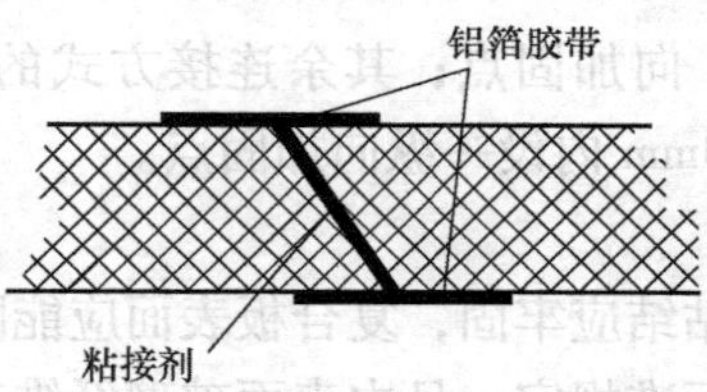

图 9-34 风道 45°粘接方式

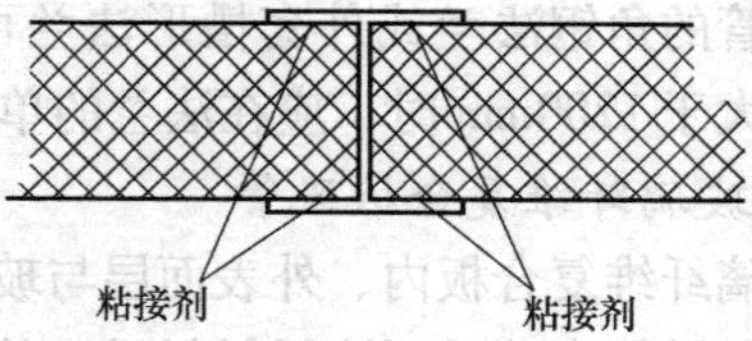

图 9-35 风道中间加“H”加固条拼接

复合板板材切割应使专用刀具，切口应平直。风管管板组合前应清除油渍、水渍、灰尘，组合可采用一片法、两片法或四片法形式，如图 9-36 所示。

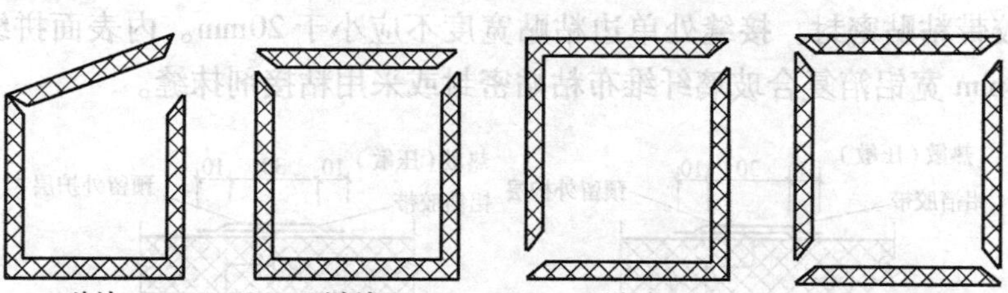

图 9-36 矩形风管 45°角组合方式

组合时 45°角切口处应均匀涂满粘接剂粘合，粘结缝应平整，不得有歪扭、错位、局部开裂等缺陷。铝箔胶带粘贴时，其接缝处单边粘贴宽度不应小于 20mm，风管内角缝应采用密封材料封堵；外角缝铝箔断开处，应采用铝箔胶带封贴，PVC 连接件的燃烧等级应为难燃 B1 级，其壁厚应大于等于 1. 5mm。

当采用法兰连接时，低压风管边长大于 2000mm、中高压风管边长大于 1500mm 时，风管法兰应采用铝合金等金属材料。边长大于 320mm 的矩形风管安装插接法兰时，应在风管四角粘贴厚度不小于 0. 75mm 的镀锌直角垫片，直角垫片宽度应与风管板料厚度相等，垫片边长不得小于 55mm。

复合板风管、酚醛铝箔复合板风管及聚氨酯铝箔复合板风管的横向加固点数及纵向加固间距应符合表 9-33 规定。

表 9-33　复合风板风管的横向加固点数及纵向加固间距　　（单位：mm）

类别		系统工作压力/Pa							
		<300	301～500	501～750	751～1000	1001～1250	1251～1500	1501～2000	
风管长边 b	$410 < b \leqslant 600$				1	1	1	1	—
	$600 < b \leqslant 800$		1	1	1	1	1	2	—
	$800 < b \leqslant 1000$	1	1	1	1	1	2	2	—
	$1000 < b \leqslant 1200$	1	1	1	1	1	2	—	2
	$1200 < b \leqslant 1500$	1	1	1	2	2	2	—	2
	$1500 < b \leqslant 1700$	2	2	2	2	2	2	—	2
	$1700 < b \leqslant 2000$	2	2	2	2	2	2	—	3
纵向加固间距									
聚氨酯铝箔复合板风管		≤1000	≤800	≤600					≤400
酚醛铝箔复合板风管		≤800							—

风管的角钢法兰或外套槽形法兰可视为一纵（横）向加固点；其余连接方式的风管，其边长大于1200mm 时，应在法兰的单侧方向长度为 250mm 内设一纵向加固点。

3. 玻璃纤维复合板风管

玻璃纤维复合板内、外表面层与玻璃纤维绝热材料粘结应牢固，复合板表面应能防止纤维脱落。风管内壁采用涂层材料时，其材料应符合卫生标准规定，且内表面玻璃纤维布不得有断丝、断裂等缺陷。

风管宜应采用整板材料制作，拼接时应在结合口处涂满胶液并紧密粘合，做法如图 9-37 所示。外表面拼缝处预留宽 30mm 的外护层涂胶密封后，用一层大于或等于 50mm 宽热敏（压敏）铝箔胶带粘贴密封。接缝处单边粘贴宽度不应小于 20mm。内表面拼缝处可用一层大于或等于 30mm 宽铝箔复合玻璃纤维布粘贴密封或采用粘接剂抹缝。

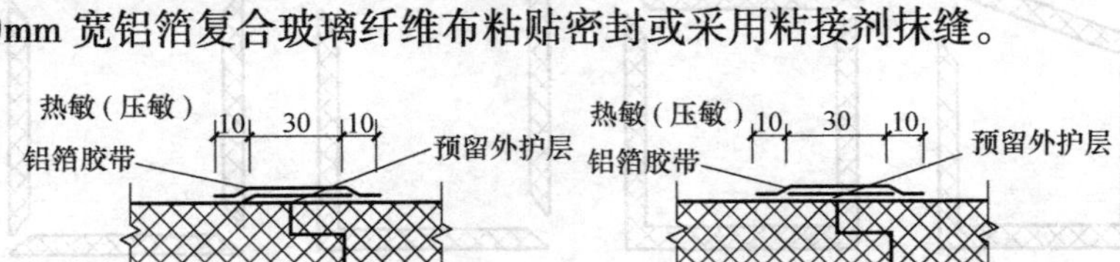

图 9-37　玻璃纤维复合板拼接

风管管板槽口形式可采用 45°角形（图 9-35）和 90°梯形（图 9-38）。切割槽口应选用专用刀具，且不得破坏铝箔表层。组合风管的封口处宜留有大于 35mm 的外表面搭接边量。

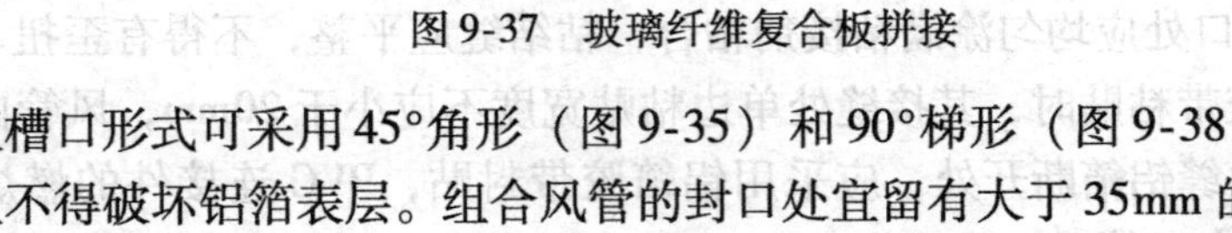

图 9-38　玻璃纤维复合风管梯形槽口

风管组合前，应清除管板表面的切割纤维、油渍、水渍。槽口处应均匀涂满粘接剂，不得有玻璃纤维外露。风管组合时，应调整风管端面的平面度，如图 9-39 所示，槽口不得有间隙和错口。风管内角接缝处应用粘接剂勾缝。风管外接缝应用预留外护层材料和热敏（压敏）铝箔胶带重叠粘贴密封。

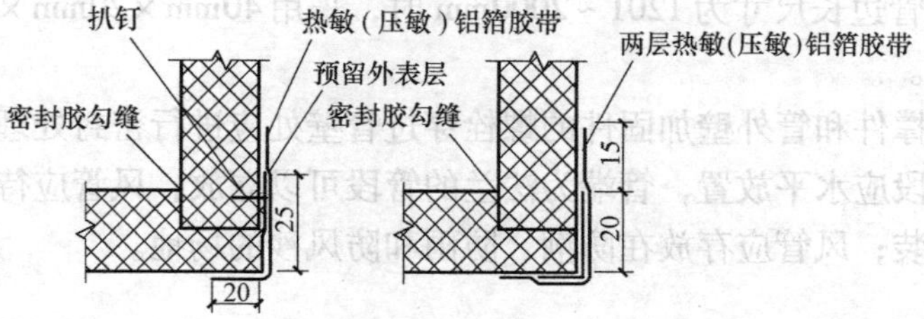

图 9-39　风管直角组合

风管采用金属槽形框加固时，应设置内支撑，并将内支撑与金属槽形框紧固为一体。负压风管的加固，应设在风管的内侧。风管的内支撑横向加固点数及外加固框纵向间距应符合表 9-34 所示的规定。

表 9-34　玻璃纤维复合风管的内支撑横向加固点数及外加固框纵向间距

类别		系统工作压力/Pa				
		0～100	101～250	251～500	501～750	751～1000
		内支撑横向加固点数				
风管边长 b/mm	300＜b≤400	—	—	—	—	1
	400＜b≤500	—	—	1	1	1
	500＜b≤600	—	1	1	1	1
	600＜b≤800	1	1	1	2	2
	800＜b≤1000	1	1	2	2	3
	1000＜b≤1200	1	2	2	3	3
	1200＜b≤1400	2	2	3	3	4
	1400＜b≤1600	2	3	3	4	5
	1600＜b≤1800	2	3	4	4	5
	1800＜b≤2000	3	3	4	5	6
槽形钢纵向加固间距/mm		≤600		≤400		≤350

风管采用外套角钢法兰、C 形法兰连接时，其法兰处可视为一外加固点。其他连接方式的风管长边大于 1200mm 时，距法兰 150mm 内应设纵向加固。当采用阴、阳榫连接风管时，应在距榫口 100mm 内设纵向加固。阴、阳榫尺寸及风道横向加固示意图如图 9-40 所示。

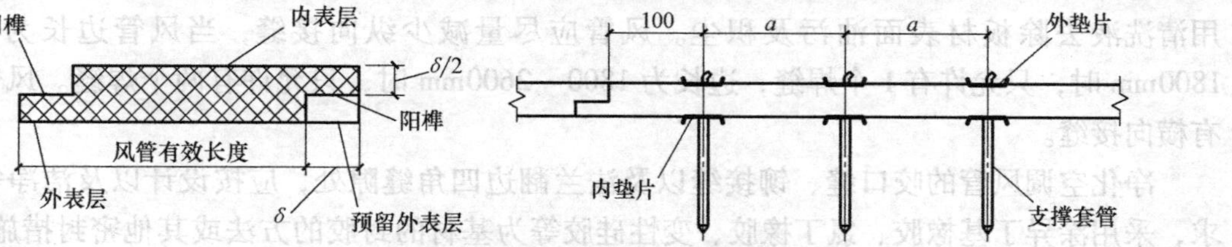

图 9-40　阴、阳榫尺寸及风道横向加固示意图

内表面层采用丙烯酸树脂的风管应保证涂层均匀，且不得有玻璃纤维外露；风管成形后，在外接缝处宜采用扒钉加固，其间距不宜大于50mm，并用宽度大于50mm的热敏胶带粘贴密封。外加固槽形钢规格如下：

当风管边长尺寸小于等于1200mm时，采用40mm×20mm×1.0mm（高度×宽度×厚度）槽形钢，当风管边长尺寸为1201~2000mm时，采用40mm×20mm×1.2mm（高度×宽度×厚度）槽形钢。

风管加固内支撑件和管外壁加固件的螺栓穿过管壁处应进行密封处理。风管成形后，管端为阴、阳榫的管段应水平放置，管端为法兰的管段可以立放；风管应待胶液干燥固化后方可挪动、叠放或安装；风管应存放在防潮、防雨和防风沙的场地。

4. 柔性风管

柔性风管也称软管，应选用防腐、不透气、不宜霉变的柔性材料制作，直径小于等于250mm的金属圆形柔性风管，其壁厚应大于等于0.09mm；直径为250~500mm的风管，其壁厚应大于等于0.12mm；直径大于500mm的风管，其壁厚应大于等于0.2mm。

铝箔聚酯膜复合柔性风管的壁厚应大于等于0.021mm，钢丝表面应有防腐涂层，且符合GB/T 14450—2008《胎圈用钢丝》的规定，风管直径在200mm以下时，钢丝直径为0.96mm；风管直径为200~400mm时，钢丝直径为1.2mm；风管直径大于400mm时，钢丝直径为1.42mm。

风管材料、粘接剂的燃烧性能应达到难燃B1级。粘接剂的化学性能应与所粘结材料一致，且在-30~70℃环境中不开裂、不融化，不水溶并保持良好的粘接性。

用于空调系统的软风管，应采取防止结露的措施，外保温风管应包覆防潮层。图9-41所示为不同种类的柔性风管。

图9-41 不同种类的柔性风管

5. 净化空调系统风管

净化空调系统风管制作场所应相对封闭，宜敷设不易产生灰尘的软性材料，制作前应采用清洗液去除板材表面油污及积尘。风管应尽量减少纵向接缝，当风管边长为900~1800mm时，只允许有1个焊缝，边长为1800~2600mm时，只允许有两个焊缝。风管不得有横向接缝。

净化空调风管的咬口缝、铆接缝以及法兰翻边四角缝隙处，应按设计以及洁净等级要求，采用涂异丁基橡胶、氯丁橡胶、变性硅胶等为基材的封胶的方法或其他密封措施堵严。

风管板材连接缝的密封面应设在风管壁的正压侧，管内不得设置加固框或加固筋，也不得采用S形插条、C形直角插条及立联合角插条的连接方式。空气洁净等级为1～5级的风管不得采用按扣式咬口，风管连接螺栓、螺母、垫圈和铆钉应镀锌或采用其他防腐措施，不得使用抽芯铆钉。空气洁净等级为1～5级的风管法兰铆钉间距应小于65mm。彩色涂层钢板风管的内壁应光滑，板材加工时不得损坏涂层，被损坏的部位应涂环氧树脂。

风管制作完毕应使用清洗液清洗，清洗后经白绸布擦拭检查达到要求后，应及时封口。

五、风管配件

风管配件包括三通、四通、弯头、风口、风阀、排风罩、消声器等。配件所用材料厚度、连接方法及制作要求应符合风管制作的相应规定。

1. 弯头

矩形弯管可按照内外同心弧形、内弧外直角形、内斜线外直角形及内外直角形几种方式制作，如图9-42所示，并应满足以下规定：

矩形弯管宜采用内外同心弧形。弯管曲率半径宜为一个平面边长，圆弧应均匀；矩形内外弧形弯管平面边长大于500mm，且内弧半径r与弯管平面边长a之比r/a小于或等于0.25时应设置导流片。导流片弧度应与弯管弧度相等，迎风边缘应光滑，片数及设置应按表9-35和表9-36所示的规定执行。

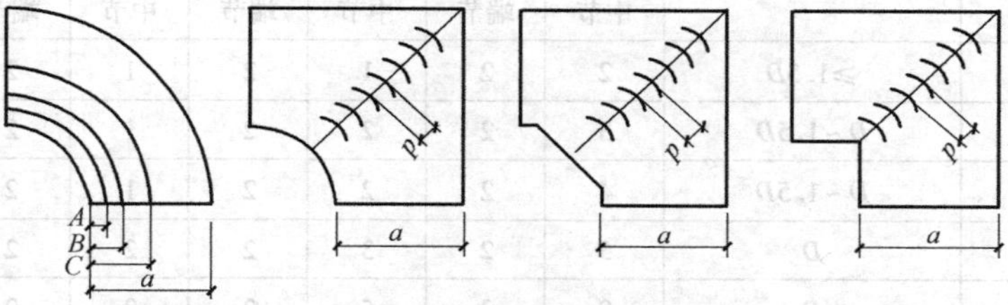

图9-42　矩形弯管示意图

表9-35　内外弧形矩形弯管导流片数及设置

弯管平面边长 a/mm	导流片数	导流片位置		
		A	B	C
$500<a\leqslant1000$	1	$a/3$	—	—
$1000<a\leqslant1500$	2	$a/4$	$a/2$	—
$a>1500$	3	$a/8$	$a/3$	$a/2$

表9-36　单弧形或双弧形导流片圆弧半径及片距　　（单位：mm）

单圆弧导流片		双圆弧导流片	
$r_1=50$ $p=38$	$r_1=115$ $p=83$	$r_1=50$ $r_2=25$ $p=54$	$r_1=115$ $r_2=51$ $p=83$
镀锌板厚度宜为0.8mm		镀锌板厚度宜为0.6mm	

矩形内外直角形弯管以及边长大于500mm的内弧外直角形、内斜线外直角形弯管应按图9-43所示选用并设置单弧形或双弧形等圆弧导流片。

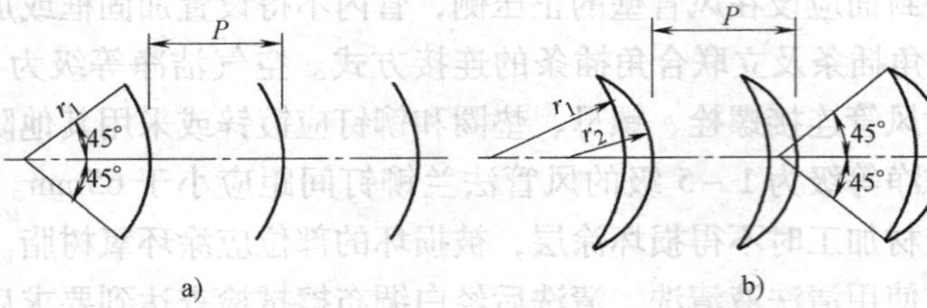

图 9-43 单弧形或双弧形导流片形式

a）单弧形 b）双弧形

采用机械压制成形非金属矩形弯管弧面，其内弧半径小于 150mm 的轧压间距宜为 20～35mm，内弧半径为 150～300mm 的轧压间距宜在 35～50mm，内弧半径大于 300mm 的轧压间距宜在 50～70mm，轧压深度不宜超过 5mm。

组合圆形弯管可采用立咬口，弯管曲率半径（以中心线计）和最少分节数应符合表 9-37 所示的规定。弯管的弯曲角度允许偏差宜为 3°。

表 9-37 圆形弯管曲率半径和最少分节数

弯管直径 D/mm	曲率半径 R/mm	弯管角度和最少节数							
		90°		60°		45°		30°	
		中节	端节	中节	端节	中节	端节	中节	端节
80 < D≤220	≥1.5D	2	2	1	2	1	2	—	2
220 < D≤450	D～1.5D	3	2	2	2	1	2	—	2
450 < D≤800	D～1.5D	4	2	2	2	1	2	1	2
800 < D≤1400	D	5	2	3	2	2	2	1	2
1400 < D≤2000	D	8	2	5	2	2	2	2	2

2. 三通

圆形三通、四通、支管与总管夹角宜为 15°～60°，制作偏差应为 3°。插接式三通管段长度宜为 2 倍支管直径加 100mm、支管长度不应小于 200mm，止口长度宜为 50mm。三通连接宜采用焊接或咬接形式，如图 9-44 所示。

3. 变径管

变径管单面变径的夹角 θ 宜小于 30°，双面变径的夹角宜小于 60°，单面变径与双面变径夹角如图 9-45 所示。变径管可采用风管材料制作，也可使用帆布等软质材料与法兰圈制作。

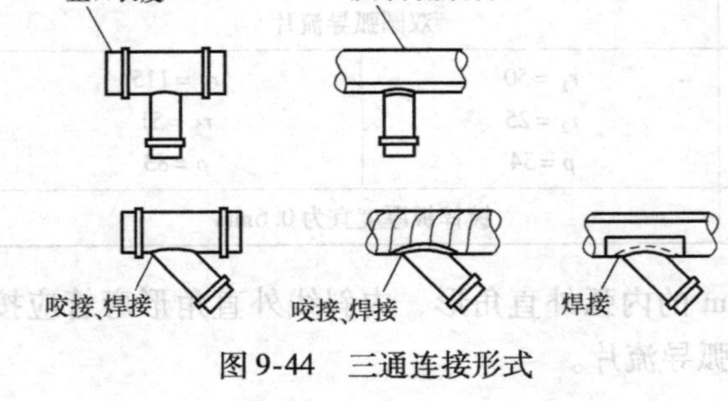

图 9-44 三通连接形式

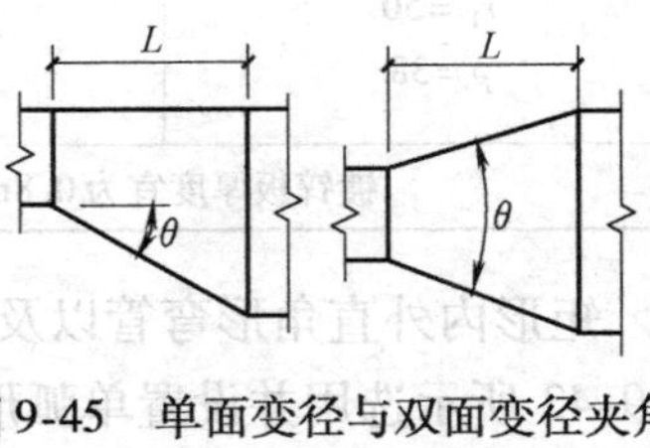

图 9-45 单面变径与双面变径夹角

4. 柔性短管

柔性短管多用于风管与设备的连接处，防止设备振动噪声通过风管传播扩散到通风空调系统。当风管穿越建筑物沉降缝时，也应设置柔性短管，其长度视沉降缝宽度适当加长。柔性短管常用帆布或人造革制作，输送腐蚀性气体的通风系统宜用耐酸的橡胶或0.8～1.0nm厚的聚氯乙烯塑料布加工制作，用于空调系统的柔性短管应选用防腐、防潮、不透气、不易霉变的柔性材料，还应采取防结露措施。用于净化空调系统的应该是内壁光滑，不易产生尘埃的材料，连接处应严密、牢固可靠，柔性短管不宜作为找正、找平异径连接管；设于结构变形缝的柔性短管，长度应为变形缝的宽度加100mm以上，制作排烟系统柔性短管的材料必须为不燃材料。

帆布柔性短管如图9-46所示。柔性短管的加工制作有两种方法。

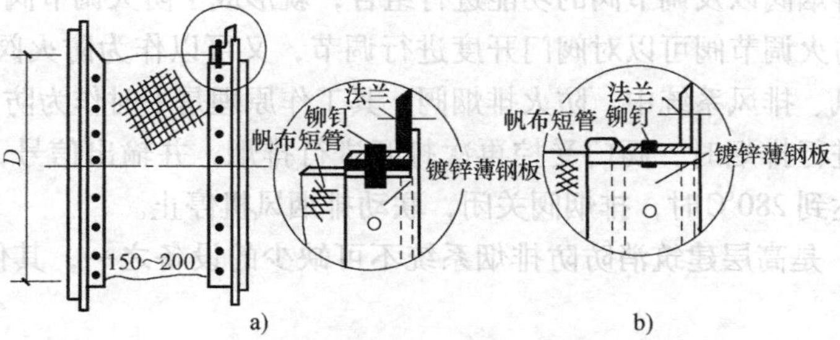

图9-46 帆布柔性短管

a）将帆布短管铆在法兰角钢上 b）将帆布与薄钢板条咬上

1）把帆布按管径展开放样，留出20～25mm的搭接量用缝纫机或手工缝合。然后用0.8～1.0mm的镀锌薄钢板或刷上油漆的不锈钢薄钢板将帆布短管的两端分别压铆在角钢法兰上，如图9-46a所示。

2）把展开放样好的帆布两端分别与60～70mm的镀锌薄钢板条咬上，卷圆或折方，将镀锌薄钢板闭合缝咬上，帆布闭合缝缝好，将短管与法兰铆接，如图9-46b所示，最后刷帆布漆。

塑料片材连接时，注意留出10～15mm的搭接量和法兰留量。把焊缝按线对好，将电烙铁端部插到上下两块塑料布的叠缝中加热，加热到出现微量的塑料浆，用压辊把塑料缝压紧，使其粘合在一起，如图9-47所示。

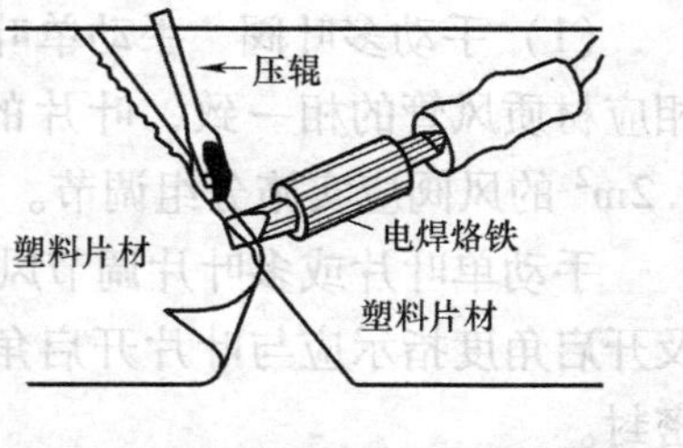

图9-47 塑料布柔性短管的加热焊接

5. 防火阀、排烟阀（口）的制作

防火阀是空调系统重要的安全装置，熔断关闭温度为70℃，其结构原理及外形如图9-48所示。

防火阀制作时，外壳钢板厚度不应小于2mm，防止在火灾状态下外壳变形影响阀板关闭。阀门轴承等可动部分必须用黄铜、青铜、不锈钢及镀锌钢件等耐腐蚀材料制作，以免在火灾时因锈蚀影响阀件动作而失灵。防火阀的易熔片是关键部件，必须用正规产品制作，不能用尼龙绳或橡胶片等代替。易熔片的检查应在水浴中进行，其熔点温度与设计要求的允许偏差为－2℃。防火阀有水平安装、垂直安装和左式、右式之分，易熔片要安装在阀板的迎

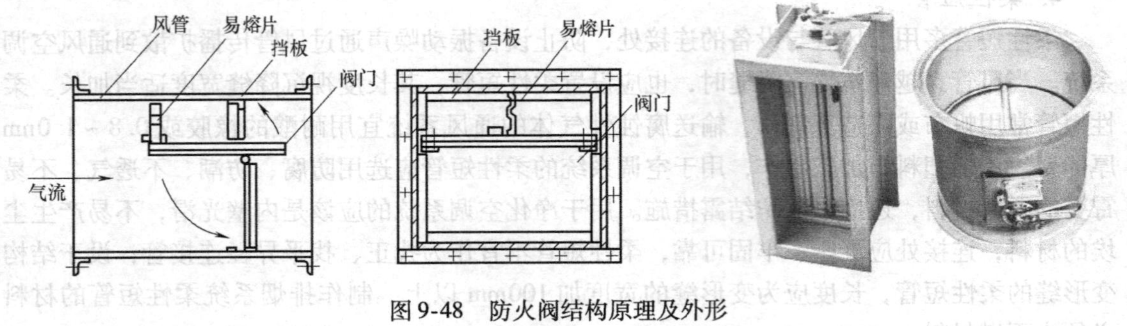

图 9-48 防火阀结构原理及外形

风侧。制作完成后应做漏风检验，以保证阀板关闭严密，能有效地隔绝气流。

将防火阀、排烟阀以及调节阀的功能进行组合，就形成了防火调节阀、防火排烟阀、防火排烟调节阀。防火调节阀可以对阀门开度进行调节，又可以作为防火阀使用，一阀两用，常被用在空调送风、排风系统中。防火排烟阀，其工作原理是平时作为防火阀使用，70℃关闭，当需要启动进行排烟时，阀门受控再次打开进行排烟，并输出信号，联动排烟风机起动，当环境温度达到 280℃时，排烟阀关闭，联动排烟风机停止。

排烟阀（口）是高层建筑消防防排烟系统不可缺少的设备之一，其使用的制造材料同防火阀。

上述部件多选用成品，并需选用当地消防部门认可的产品。

6. *风阀的加工制作*

风阀种类很多，有斜插阀、平插阀、密闭阀、蝶阀、多叶调节阀等。目前多数风阀均有定型产品及非标定做产品，可直接选用，部分结构简单的阀门可现场制作。防爆风阀的制作材料必须符合设计规定。洁净空调系统的风阀，其活动件、固定件以及紧固件应采用镀锌或采用喷塑或烤漆防腐处理的材料制作，阀体与外界相通的缝隙处应有可靠的密封措施。

（1）手动多叶阀　手动单叶片或多叶片调节风阀结构应牢固，启闭应灵活，法兰应与相应材质风管的相一致，叶片的搭接应紧合一致，与阀体缝隙应小于 2mm，截面积大于 $1.2m^2$ 的风阀应实施分组调节。

手动单叶片或多叶片调节风阀的手轮或扳手，应以顺时针方向转动为关闭，其调节范围及开启角度指示应与叶片开启角度相一致。用于除尘系统间歇工作点的风阀，关闭时应能密封。

（2）插板阀　插板阀分为正插板阀和斜插板阀。插板阀壳体应严密，内壁应作防腐处理；插板应平整，启闭灵活，并有可靠的定位固定装置；斜插板风阀的上下接管应成一直线。

斜插板阀多用于除尘系统，制作及安装时应考虑使其不积尘。其安装位置与气流方向的关系，如图 9-49 所示。

（3）蝶阀　蝶阀由短管、阀板和调节装置三部分组成，如图 9-50 所示。短管用厚为 1.2～2mm 的钢板制作，长为 150～200mm。短管上穿轴的孔洞应在展开图上准确画好，孔钻好后再卷圆焊接。为了便于连接风管，短管两端头应分别设置法兰。

阀板用厚为 1.5～2mm 的钢板制作；当直径较大时，应用扁钢加固。阀板的直径应略小于风管直径；但不能漏风。两个半圆轴用 $\phi5$ 的圆钢制成，较长一根的端部应锉方、套螺纹，两根轴上均钻有两个 ϕ48. 5mm 的连接阀板的孔。手柄用厚 3mm 的钢板制作，扇形部分开圆弧形月牙槽，圆弧中心开和轴匹配的方孔。阀板的固定是通过固定手柄来实现的，而手柄的固定又是通过焊在垫板（垫板可焊在风管上）上的螺钉穿过月牙槽后旋紧蝶形螺母来实现的。

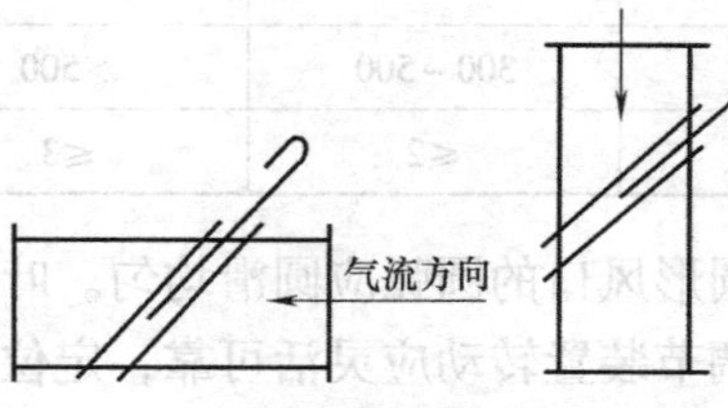

图 9-49　斜插板阀的安装

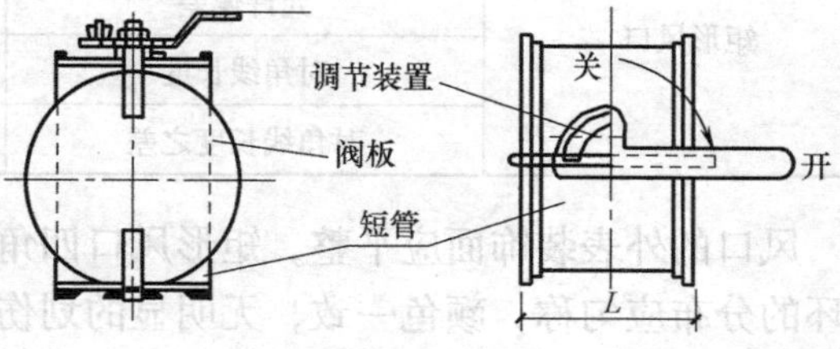

图 9-50　蝶阀

在组装过程中，首先要对零件尺寸和加工情况进行检查，其次将两根半轴穿入短管的轴孔并放入阀板，用螺栓将阀板固定在两个圆轴上。当阀板能绕轴灵活转动时，垫好垫圈，固定垫板，套上手柄即完成了蝶阀的加工制作。加工制作好的蝶阀应启闭灵活，手柄位置应能正确反应阀的开关位置。

(4) 止回阀　止回风阀应启闭灵活，关闭时应严密；阀叶的转轴、铰链应采用不易锈蚀的材料制作，保证转动灵活、耐用；阀片的强度应保证在最大负高压力下不弯曲变形；水平安装的止回风阀应有可靠的平衡调节机构。

(5) 三通调节阀　三通调节风阀的拉杆或手柄的转轴与风管的结合处应严密；拉杆可在任意位置上固定，手柄开关应标明调节的角度；阀板调节方便，并不与风管相碰擦。

阀门的加工制作要求调节和制动装置准确、灵活可靠，并有阀片运动方向和开启程度的标记。

其他阀门的制作这里不再赘述。

7. 风口的制作

送、吸风口的形式和规格很多，常用的有插板式送回风口、旋转式吹风口、单面或双面送风口、矩形空气分布器、百叶风口、箅板式回风口、网式回风口、孔板式送风口、圆形或方形直片式散流器、直片式送吸式散流器和流线型散流器等。图 9-51 和图 9-52 所示分别是圆形插板式送、吸风口和单层百叶风口。

(1) 风口的加工制作要求　风口的验收规格以颈部外径和外边长为准，尺寸的允许偏差值应符合表 9-38 所示的规定。

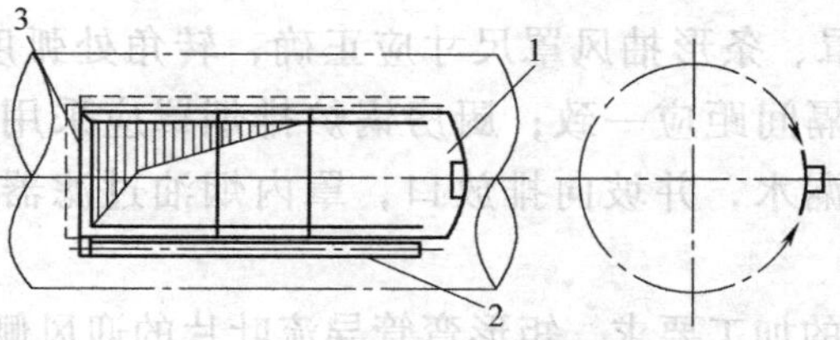

图 9-51　圆形插板式送、吸风口
1—插板　2—插板导向槽板　3—挡板

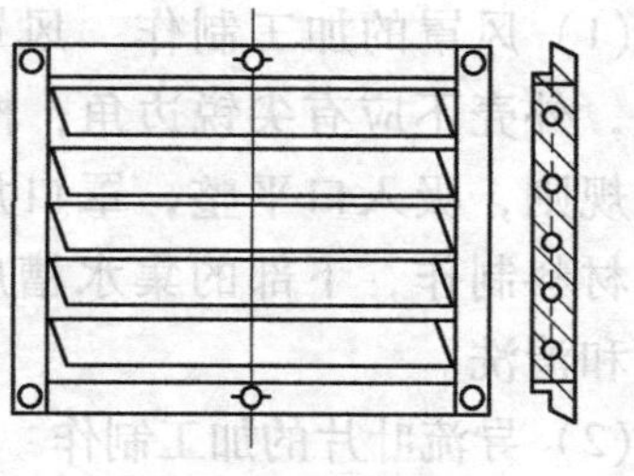

图 9-52　单层百叶风口

表 9-38 风口尺寸的允许偏差值 （单位：mm）

圆形风口	直径	≤250		>250
	允许偏差	0 ~ −2		0 ~ −3
矩形风口	边长	<300	300 ~ 800	>800
	允许偏差	0 ~ −1	0 ~ −2	0 ~ −3
	对角线长度	<300	300 ~ 500	>500
	对角线长度之差	≤1	≤2	≤3

风口的外表装饰面应平整，矩形风口四角应方正，圆形风口的圆弧应圆滑均匀。叶片扩散环的分布应匀称，颜色一致，无明显的划伤或压痕。调节装置转动应灵活可靠，定位后无明显松动。

（2）圆形插板式送、吸风口的加工制作方法　插板应和风管同圆弧，比风口稍长，尾部剪去两角，头部卷有半圆状的拉手，插板两侧切口应平直光滑，尺寸应和导向槽板铆接的距离配合得当。导向槽板可用手工剪制，用机械剪切质量更好。剪切后在模具上压制成型。在风口上下边各设一条导向槽板，槽板一端插入风管，与风管管壁铆接，另一端夹在风管外壁上。铆接时，应保持导向槽板在导向槽板中插抽灵活，不得卡住。为防止插板在关闭时用力过猛而滑出导向槽板，同时为增加关闭时的严密性，在风口的另一端应设置挡板。剪切挡板时，应将断面制成阶梯形，弯成和风管相同的圆弧，用铆钉铆接在风管壁上。

其他类型的风口通常采用成品。

8. 风帽的加工制作

风帽有伞形、锥形、筒形和三叉形等形式。风帽的加工制作要求是尺寸正确、结构牢固、风帽接管尺寸的允许偏差同风管相一致，伞形风帽伞盖的边缘应有加固措施，锥形风帽内外锥体的中心应同心，锥体组合的连接缝应顺水，下部排水应畅通；筒形风帽的形状应规则，外筒体的上下沿口应加固，圆度不应大于直径的2%。伞盖边缘与外筒体的距离应一致，挡风圈的位置应正确；三叉形风帽三个支管的夹角应一致，与主管的连接应严密，主管与支管的锥角应为3°～4°。筒形风帽如图 9-53 所示。

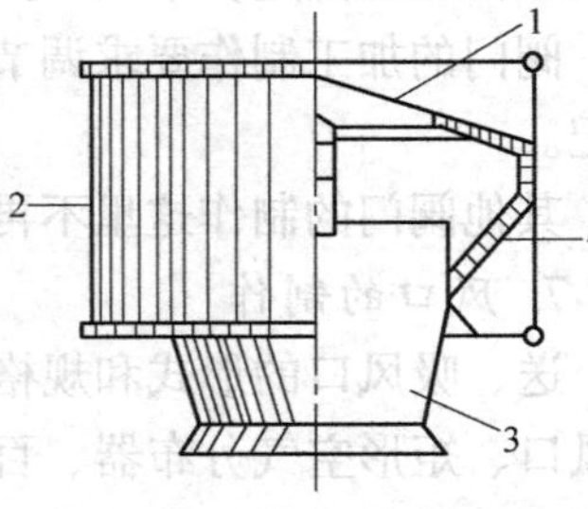

图 9-53 筒形风帽

1—伞形罩 2—外筒

3—扩散管 4—支撑

9. 风罩、导流片和检查门的加工制作

（1）风罩的加工制作　风罩加工要求尺寸正确，连接牢固，形状规则，表面平整光滑，外壳不应有尖锐边角；槽边侧吸罩、条形抽风罩尺寸应正确，转角处弧度均匀，形状规则，吸入口平整，罩口加强板分隔间距应一致；厨房锅炉排烟罩应采用不易锈蚀的材料制作，下部的集水槽应严密不漏水，并坡向排放口，罩内烟油过滤器应便于拆卸和清洗。

（2）导流叶片的加工制作　导流叶片的加工要求，矩形弯管导流叶片的迎风侧边缘应圆滑，固定应牢靠，导流叶片的弧度应与风管的角度一致，导流叶片的分布应按设计加工制作。当导流叶片的长度超过 1250mm 时，应有加强措施。

(3) 检查门的加工 检查门的加工要求，检查门应平整，开启灵活，关闭严密，与风管或空气处理室的连接处应采取密封措施，无明显渗漏。

10. 消声器的加工制作

消声器在加工制作时，所选用的材料应符合设计要求以及防火、防腐、防潮和卫生性能等要求。填充的消声材料应密度均匀，并有防止下沉的措施。消声材料的覆面层不得破损，搭接应顺气流方向，且应拉紧，界面无毛边，隔板与壁板结合处应紧贴、严密，穿孔板应平整、无毛刺，孔径和穿孔率应符合设计要求。消声弯管的平面边长大于800mm时，在风道中间应加设吸声导流片，消声器内直接迎风面的布质覆面层应有保护措施，净化空调系统消声器内的覆面应为不易产尘的材料，且消声器的外壳应牢固、严密，其漏风量的允许值同风道。

在通风空气调节工程中，经常采用的消声器主要有阻性消声器、抗性消声器、共振性消声器和宽频带复合式消声器，除特殊规格外，现多采用成品消声器，有消声直管段及消声弯头等供选择。

阻性消声器利用吸声材料消耗声能降低噪声，它对中高频噪声具有较好的消声效果。工程中常用的消声材料有超细玻璃棉、卡普隆纤维、矿渣棉、玻璃纤维板、聚氨酯泡沫塑料和工业毛毡等。

阻性消声器的结构形式有管式、片式、蜂窝式、声流式、腔式或室式、折式等，如图9-54所示。消声器中消声片的厚度约为25～120mm，材料越厚越有利于吸收噪声。气流自由通道越狭窄，消声的效果越好。在消声器的加工制作中，应严格按照设计的厚度选择消声材料，而且不能改变消声器内部尺寸和吸声材料的密度。

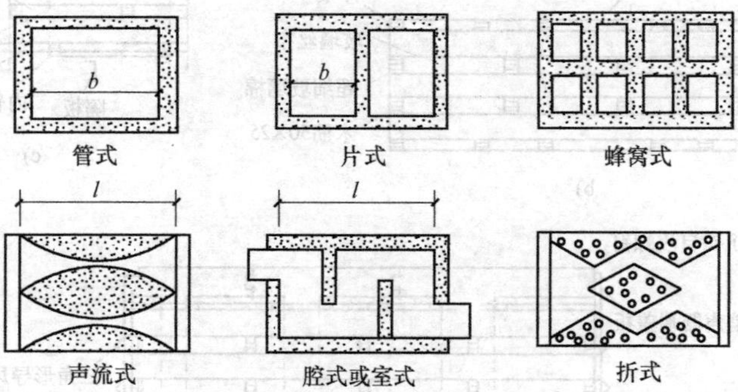

图9-54 阻性消声器的结构形式

抗性消声器对低频噪声的消声效果较好，它利用截面的突变来达到消声目的，如图9-55所示。

抗性消声器的消声性能取决于膨胀比，即原通道的截面积和膨胀室截面积之比，最大消声量还取决于腔长 l，因此在加工制作时不能改变膨胀室的尺寸。

共振性消声器对低频噪声的消声效果较好。共振性消声器的结构形式有薄板共振吸声结构、单个空腔共振吸声结构、穿孔板共振吸声结构，如图9-56所示。

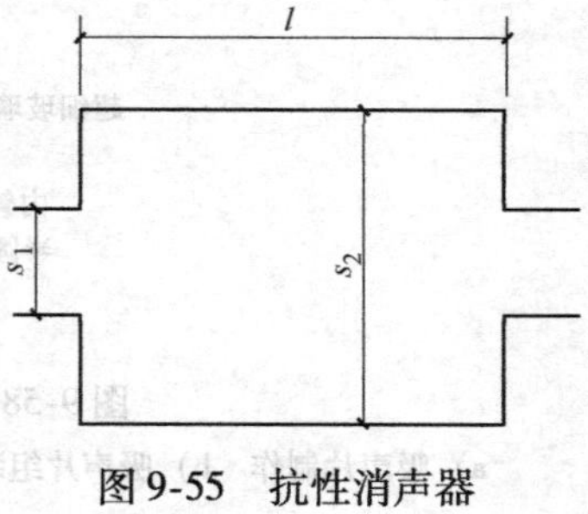

图9-55 抗性消声器

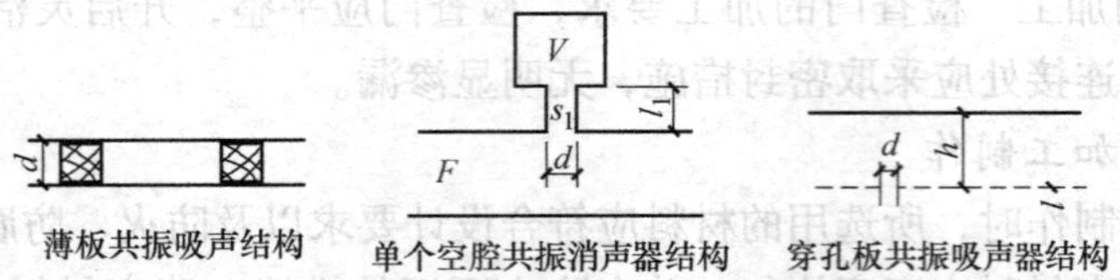

图 9-56　共振性消声器的结构形式

宽频带复合式消声器又称为阻抗复合式消声器，综合了阻式消声器和抗性消声器的特点，阻性吸声片是用木筋制成的木框，内填超细玻璃棉，外包玻璃布做成的。在填充吸声材料时，应按设计的密度将吸声材料铺放均匀，覆面层不得破损。消声器中用的覆面材料玻璃丝布脆性大、易碰破，所以要在钉泡钉（底钉）处加一层垫片，可减少破损。宽频带（阻抗）复合式消声器结构如图 9-57 所示，加工制作如图 9-58 所示。

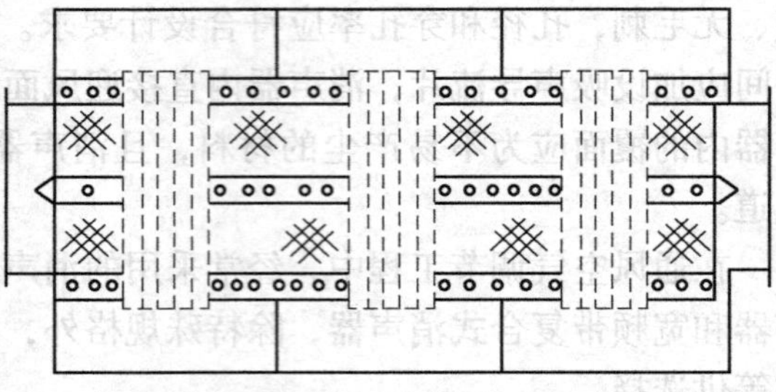

图 9-57　宽频带（阻抗）复合式消声器

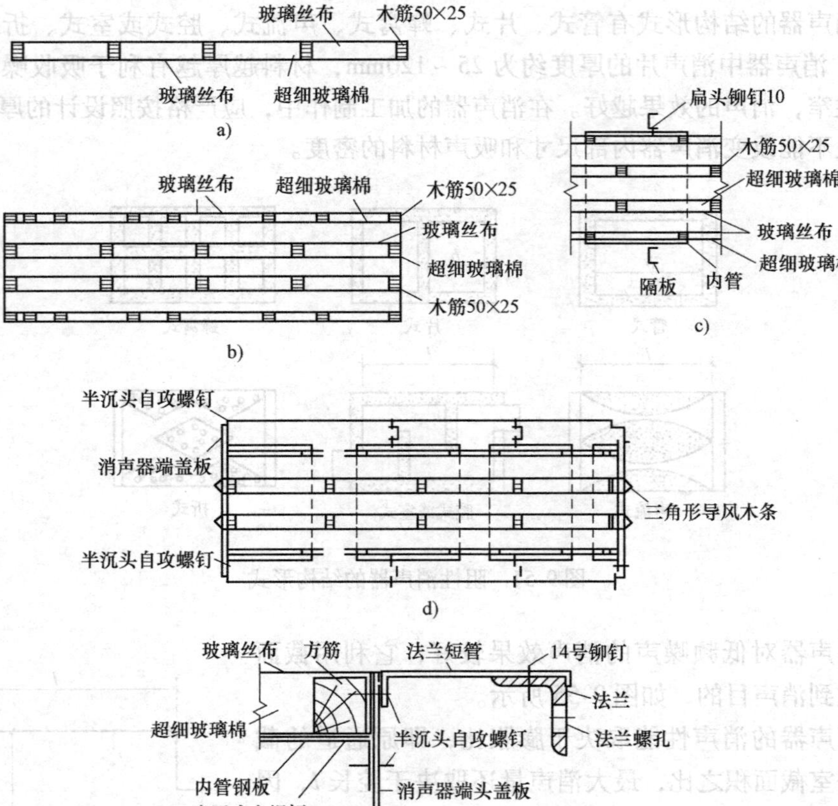

图 9-58　宽频带（阻抗）复合式消声器的加工制作

a）吸声片制作　b）吸声片组装　c）吸声片组外套内管　d）装外管　e）消声器端头法兰短管的装配

其他通风空调部件的制作，详见相关设备加工图样及标准图。

第二节 风管及部件的安装

一、风管及部件安装的有关规定

1. 风管安装的强制规定

当风管穿过需要封闭的防火、防爆墙体或楼板时，应设预埋管或防护套管。塑料风管穿墙及屋面做法如图 9-59 所示，保护圈如图 9-60 所示，金属风管穿越防火墙和屋面做法如图 9-61 及图 9-62 所示。套管钢板厚度不应小于 1.6mm，风管与防护套管之间应用不燃且对人体无害的柔性材料封堵，同时，风管应装设防火阀。

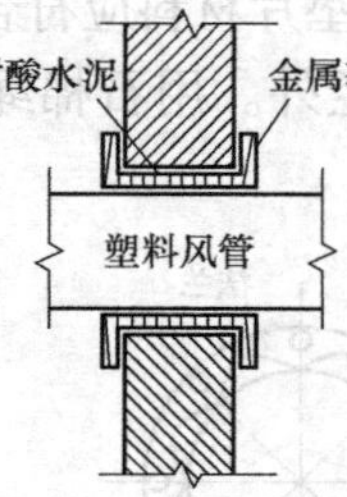

图 9-59 风管穿墙套管

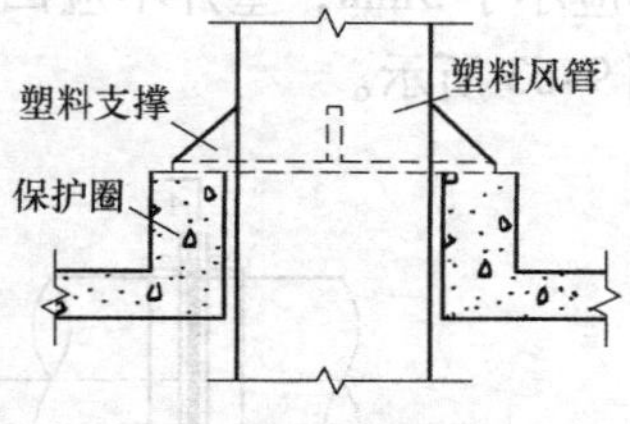

图 9-60 风管保护圈

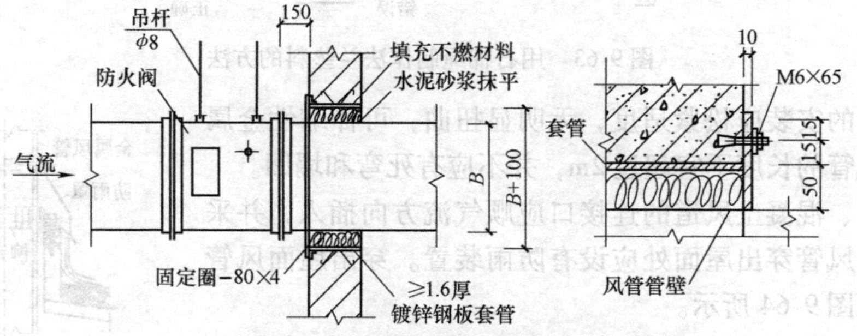

图 9-61 风管穿越防火墙做法

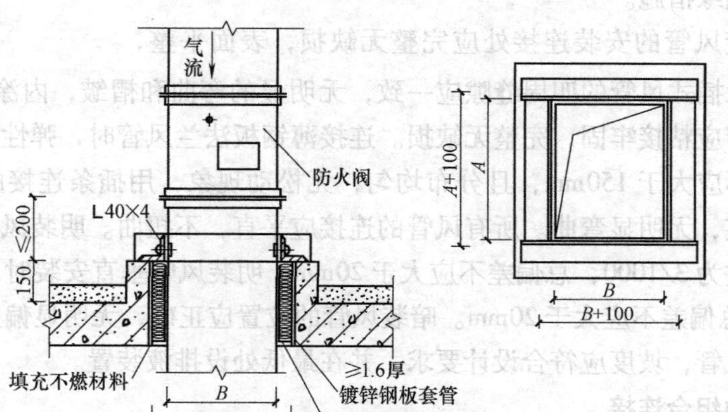

图 9-62 风管穿越屋面做法

风管内严禁各种管道、电线敷设及穿越，输送含有易燃、易爆气体或安装在易燃、易爆环境的风管系统，应有良好的接地，通过生活区或其他辅助生产房间时必须严密，并不得设置接口；室外主管的固定拉索严禁拉在避雷针或避雷网上。

输送温度高于80℃的空气的风管，应按设计要求采取防护措施。

2. 风管安装的一般规定

风管系统安装宜在建筑物围护结构施工完毕、安装部位及场所清理后进行。净化空调风管系统应在安装部位的地面已做好，墙面抹灰工序完毕，室内无飞尘或有防尘措施后进行安装。

安装风管前应清除管内外杂物，并做好清洁和保护工作，风管安装的位置、标高和走向等应符合设计要求，现场风管接口的配置不得缩小有效截面。连接法兰的螺栓应均匀拧紧，螺母宜在同一侧，风管接口的连接应严密、牢固。风管法兰的垫片材料应符合系统功能的要求，厚度不应小于3mm，垫片不应凹入管内，也不应凸出法兰外。用石棉绳制作法兰垫料的方法如图9-63所示。

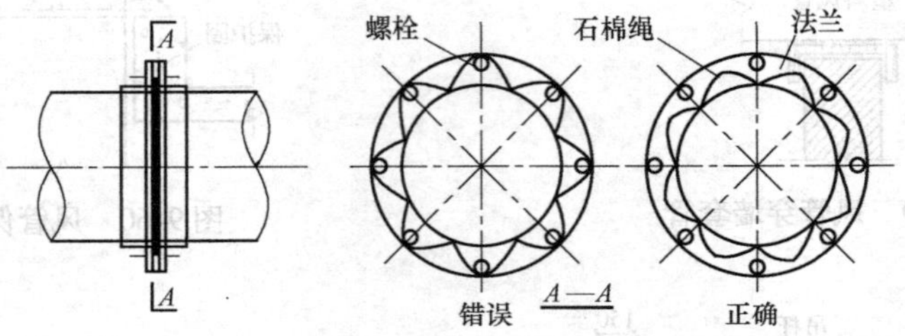

图9-63　用石棉绳制作法兰垫料的方法

柔性短管的安装应松紧适度，无明显扭曲，可伸缩性金属或非金属软风管的长度不宜超过2m，并不应有死弯和塌凹。

风管与砖、混凝土风道的连接口应顺气流方向插入，并采取密封措施，风管穿出屋面处应设有防雨装置。穿出屋面风管的安装做法如图9-64所示。

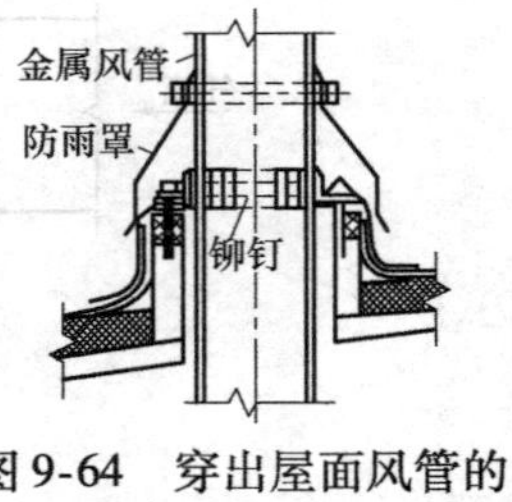

图9-64　穿出屋面风管的安装做法

不锈钢板风管、铝板风管与碳素钢支架、吊架的接触处应有隔热或防腐绝缘措施。

无法兰连接风管的安装连接处应完整无缺损，表面平整，无明显扭曲。承插式风管的四周缝隙应一致，无明显的弯曲和褶皱，内涂的密封胶应完整，外粘的密封胶带应粘接牢固，完整无缺损。连接薄钢板法兰风管时，弹性插条、弹簧夹或紧固螺栓的间距不应大于150mm，且分布均匀，无松动现象，用插条连接的矩形风管，连接后的板面应平整，无明显弯曲。所有风管的连接应平直，不扭曲。明装风管水平安装时，水平度的允许偏差为3/1000，总偏差不应大于20mm；明装风管垂直安装时，垂直度的允许偏差为2/1000，总偏差不应大于20mm。暗装风管的位置应正确，无明显偏差。对含有凝结水或其他液体的风管，坡度应符合设计要求，并在最低处设排液装置。

二、风管的组合连接

在通风空调系统的风管、配件及部件已按加工安装草图的规划预制加工、风管支架已安装的情况下，风管的安装可分为法兰连接风管安装和无法兰连接风管安装两部分。

1. 法兰连接风管

风管或配件（部件）与法兰的装配可采用翻边法、翻边铆接法和焊接法。

当风管与扁钢法兰装配时，可采用6~9mm的翻边，将法兰套在风管或配件上。翻边量不能太大，以免遮住螺栓孔。

当风管壁厚$\delta \leqslant 1.2$mm时，法兰与风管的装配可用直径为4~5mm的铆钉铆接，再用锤子将风管翻边。

当风管壁厚$\delta > 1.2$mm时，风管与角钢法兰的装配宜采用焊接，一种做法是风管翻边后进行定位焊，一种做法是将风管插入法兰4~5mm后进行满缝焊接。

法兰对接的接口处应填加垫料，输送一般空气的风管，可用浸过油的厚纸作衬垫，也可用橡胶作衬垫，输送含有粉尘空气的风管，可用3~4mm厚的橡胶板作衬垫，输送高温空气的风管，可用石棉绳或石棉板作衬垫，输送腐蚀性蒸汽和气体的风管，可用耐酸橡胶或软聚氯乙烯板作衬垫。衬垫不得凸入管内，以免增大气流阻力或造成积尘阻塞。

风管组合连接时，先把两法兰对正，能穿入螺栓的螺孔先穿入螺栓并拧上螺母，螺孔不正的用别棍插入别正。当螺孔各螺栓均已穿入后，再对角均匀用力将各螺栓拧紧。螺栓的穿入方向应一致，拧紧后法兰的垫料厚度应均匀一致且不超过2mm。

2. 组合法兰连接风管

组合法兰适用于通风空调系统中矩形风管的组合连接，由法兰组件和连接扁角钢（法兰镶角）两部分组成。法兰组件用厚度$\delta \geqslant 0.75 \sim 1.2$mm的镀锌钢板，通过模具压制而成，其长度可根据风管的边长而定，参见图9-65和表9-39。连接扁角钢用厚度$\delta = 2.8 \sim 4.0$mm的钢板冲压制成，如图9-66所示。

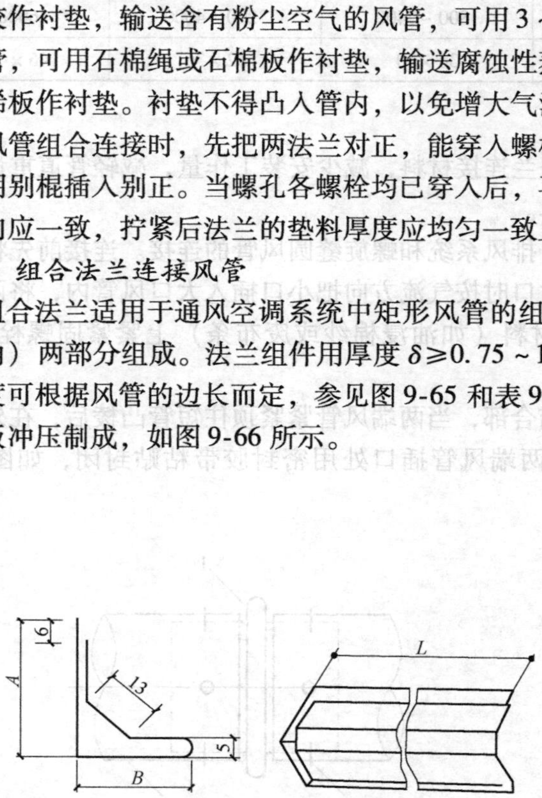

图9-65 法兰组件

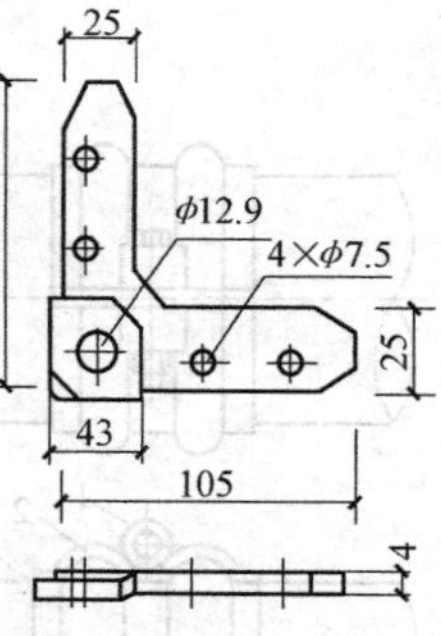

图9-66 连接扁角钢

表9-39 法兰组件长度 （单位：mm）

风管边长 b	200	250	320	400	500	630	800	1000	1250	1600
组件长度 L	174	224	294	874	474	604	774	974	1224	1574

风管组合连接时，将四个扁角钢分别插入法兰组件的两端，组成一个方形法兰，再将风管从法兰组件的开口处插入，并用铆钉铆住，即可将两风管组装在一起，如图9-67所示。

安装时，两风管之间的法兰对接，四角用4个M12螺栓紧固，法兰间垫一层闭孔海绵橡胶作垫料，厚度为3~5mm，宽度为20mm，如图9-68所示。

组合法兰的制作规格见表9-40。

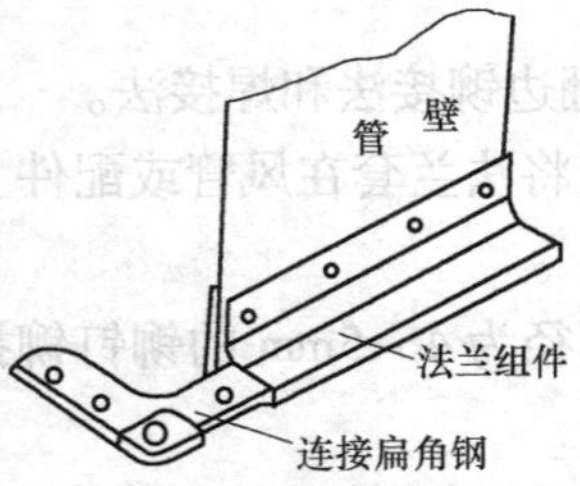

图 9-67 扁角钢的连接

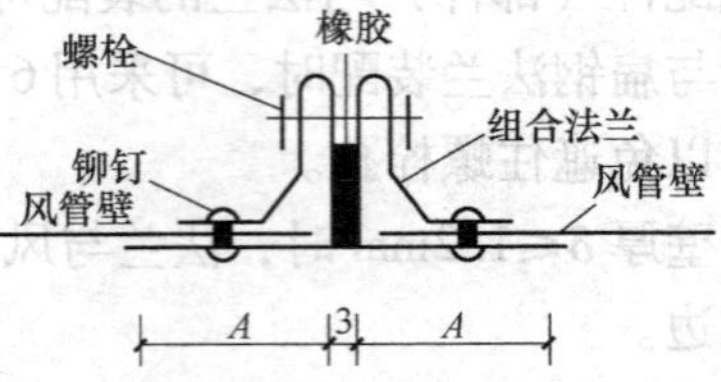

图 9-68 组合法兰的安装

表 9-40 组合法兰的制作规格 （单位：mm）

风管周长	800 ~ 1200	1800 ~ 2400	3200 ~ 4000	6000
法兰组件 $A \times B$	30 × 24	36 × 30	42 × 36	46 × 40

3. 无法兰连接风管安装

风管无法兰连接的特点是可以节省法兰连接材料，减少安装工作量，减轻管道重量，可适当增大支架间距，且加工工艺较为简单。

圆风管的无法兰连接，用于一般送、排风系统和螺旋缝圆风管的连接。连接前先将风管两端轧制出鼓筋，且使管端为大小口。对口时按气流方向把小口插入大口风管内，将两风管端部对接在一起，在外箍带内垫上密封材料（如油浸棉纱或废布条）上紧紧固螺栓即可，如图 9-69 所示。

将带凸棱的连接短管嵌入两风管的结合部，当两端风管紧紧顶住短管凸棱后，在外部用抽芯铆钉或自攻螺钉固定，还可在凸棱两端风管插口处用密封胶带粘贴封闭，如图 9-70 所示。

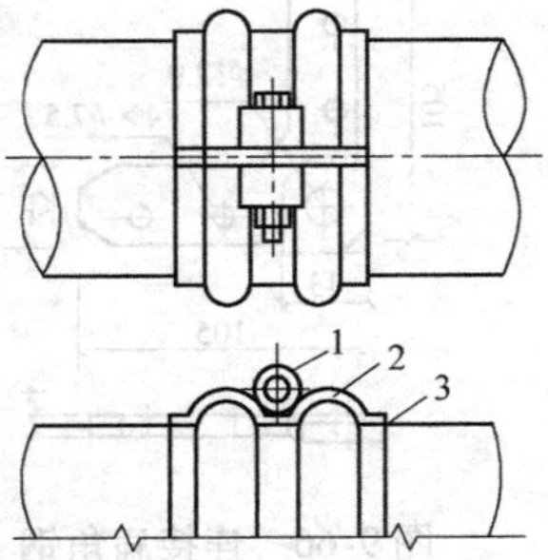

图 9-69 抱箍连接

1—耳环 2—抱箍 3—风管

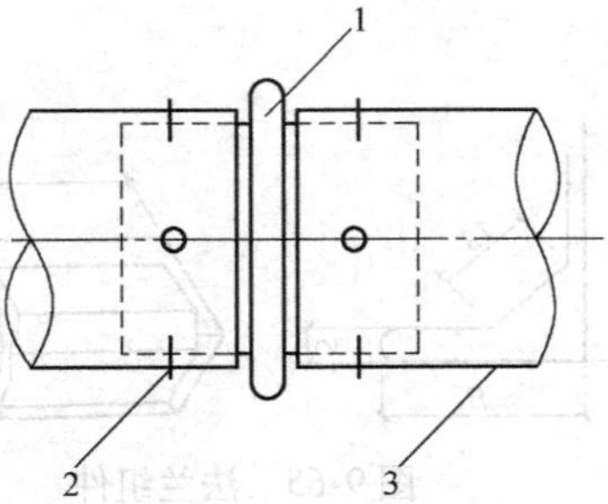

图 9-70 插入连接

1—连接短管 2—自攻螺栓或抽芯铆钉 3—风管

矩形风管的插条连接如图 9-71 所示，也称“搭栓”连接。根据矩形风管边长不同，把镀锌薄钢板加工成不同形状的插条。

图 9-71a 所示为平插条，分有折耳、无折耳两种形式。风管的端部也需折边 180°，然后将平插条插入风管两端的折边缝中，最后把折耳在风管角边复折。此插接形式适用于矩形风管长边小于 460mm 的风管。

图 9-71b 所示为立式插条，安装方法与平插条相同，适用于长边为 500 ~ 1000mm 的风管。

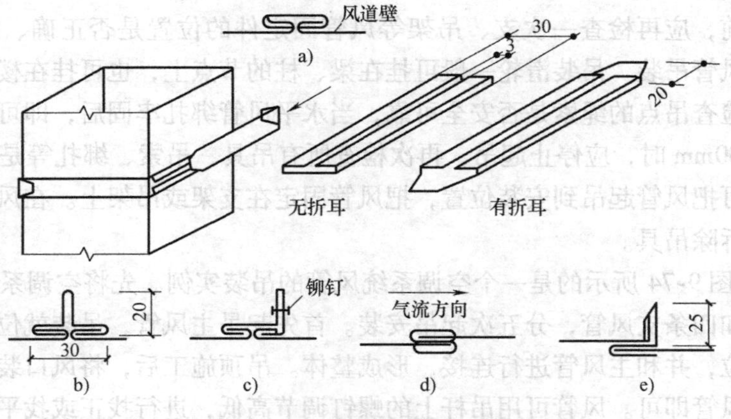

图 9-71 矩形风管的插条连接

a）平插条 b）立式插条 c）角式插条 d）平 S 形插条 e）立 S 形插条

图 9-71c 所示为角式插条。在立边上用铆钉加固，适用于长边大于或等于 1000mm 的风管。

图 9-71d 所示为平 S 形插条。采用这种插条连接的风管端部不需折边，可直接将两段风管对插入插条的上下缝中。适用于长边大于或等于 760mm 的风管。

图 9-71e 所示为立 S 形插条。用这种插条连接时，一端风管需折边 90°，先将立 S 形插条安装上，另一端直接插入平缝中，可用于边长较大的风管。

插条连接适用于风管内风速为 10m/s、风压为 500Pa 以内的低风速系统；接缝处凡不严密的地方应用密封胶带粘贴，以防止漏风。插条连接最好用于不常拆卸的通风空调系统中。

三、金属风管的安装

1. 风管的组对

预制好的风管和部件运到施工现场后，应按编号在现场进行排列组对，并对风管和部件进行检查和复校。视风管的厚度及现场具体情况、吊装方法确定风道组对方式，可以在地面上进行组对工作，然后进行整体吊装。

连接好的风管以两端的法兰为基准点，以每列法兰为测点，拉线检查风管的连接是否平直，如图 9-72 所示。平直的要求是每 10m 风管法兰和线的差值应小于 7mm，两副法兰间的差值应小于 4mm。不符合要求时，应将法兰拆掉，修正板边，重铆法兰后再行组对。

b)

$\Delta h=(D-d)/2$ 测点位置

图 9-72 用拉线的方法检查风管连接的平直度

a）直风管 b）异形风管

2. 风管吊装

风管安装前，应再检查一次支、吊架等风管固定件的位置是否正确、牢固。检验合格后，方可进行风管吊装。吊装滑轮一般可挂在梁、柱的节点上，也可挂在楼板的预制挂钩上或孔洞下，再检查吊点的绳索是否安全可靠，当水平风管绑扎牢固后，即可进行起吊。当风管离地200~300mm时，应停止起吊，再次检查所有吊具、吊索、绑扎等是否安全可靠，如没有问题，则可把风管起吊到安装位置，把风管固定在支架或吊架上。在风管固定好后，方可解开绳扣，拆除吊具。

图9-73和图9-74所示的是一个空调系统风管的吊装实例。先将空调系统在地面上组装成一条主风管和四条支风管，分五次起吊安装。首先起吊主风管，吊装就位后，分别将四条支风管起吊就位，并和主风管进行连接，形成整体。吊顶施工后，将风口装在顶棚上，连接风口的上端和风管即可。风管可用吊杆上的螺钉调节高低，进行找正或找平。

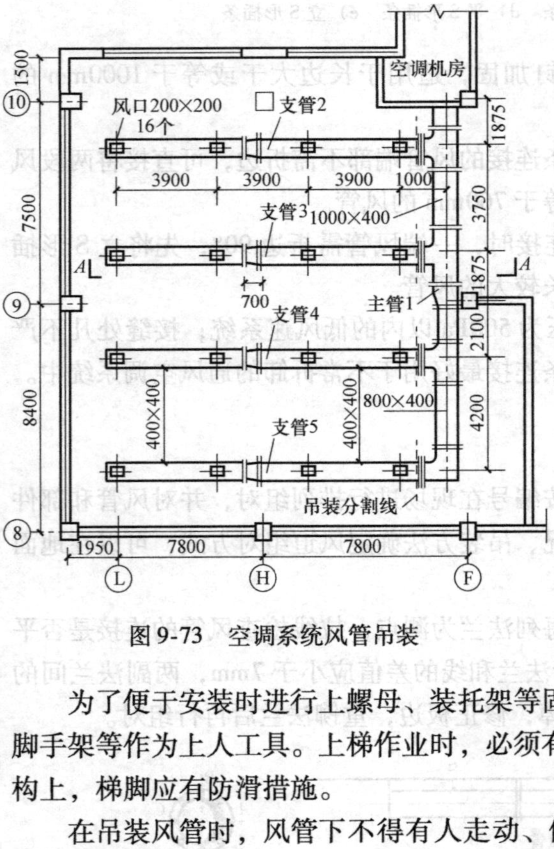

图9-73 空调系统风管吊装

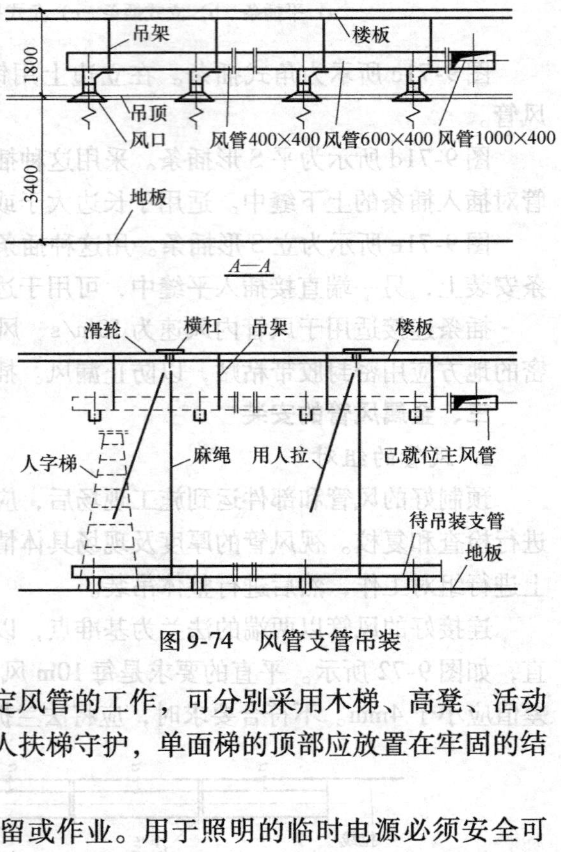

图9-74 风管支管吊装

为了便于安装时进行上螺母、装托架等固定风管的工作，可分别采用木梯、高凳、活动脚手架等作为上人工具。上梯作业时，必须有人扶梯守护，单面梯的顶部应放置在牢固的结构上，梯脚应有防滑措施。

在吊装风管时，风管下不得有人走动、停留或作业。用于照明的临时电源必须安全可靠，防止发生触电事故。

3. 不锈钢风管的安装

安装不锈钢风管时，应避免不锈钢风管与其他金属材料制品接触。风管的部件和配件应全部采用不锈钢材制作；如条件不允许，则应采取有效的防腐绝缘措施，如喷刷涂料，在不锈钢风管与普通碳素钢支、吊架接触处垫不锈钢片或塑料板、橡胶板、非金属片等，或者在碳素钢支架上喷涂防锈底漆和绝缘漆。不锈钢风管的其他安装方法与金属风管的安装方法基本相同。

4. 铝板风管的安装

安装铝板风管时，应避免铝板或铝合金板与铁、铜等金属直接接触，以免产生电化学腐蚀，所以如果法兰采用普通碳素钢法兰，应镀锌或做好防腐绝缘处理。铆接时应用铝铆钉；法兰应采用镀锌螺栓，并在法兰两侧垫上镀锌垫圈；铝板风管支、吊架的抱箍应镀锌，或按设计要求做好防腐绝缘处理。

安装铝板风管时，还应避免与含盐酸类物质、碱性材料接触，因为铝容易被它们腐蚀。所以铝板风管应避免与石材砌筑的墙接触，如不可避免，则应在风管上涂漆或包上绝缘层。铝板风管保温材料法兰之间的垫片不得使用石棉带、石棉绳、石棉板、石棉灰和玻璃棉等碱性材料。铝板风管的其他安装方法与金属风管的安装方法基本相同。

5. 复合材料风管的安装

复合材料风管的安装方法与金属风管安装方法基本相同。复合材料风管的连接处、接缝应牢固，无孔洞和开裂。当采用插接连接时，接口应匹配，无松动，端口缝隙不应大于5mm；采用法兰连接时，应有防冷桥的措施；支、吊架的安装按产品的标准规定执行。

四、非金属风管的安装

1. 一般规定

风管连接时，两法兰端面应平行、严密，法兰螺栓两侧应加镀锌垫圈；适当增加支、吊架与水平风管的接触面积；硬聚氯乙烯风管直段的连续长度大于20m时，应按设计要求设置伸缩节。支管的重量不得由主管来承受，必须另行设置支、吊架；风管垂直安装时，支架间距不应大于3m。

2. 特别要求

硬聚氯乙烯塑料风管的安装程序和方法与金属风管安装的程序和方法基本相同，由于塑料风管的特性，在支架设置、风管连接和受热膨胀的补偿等方面，与金属风道不同。

安装塑料风管时，塑料风管应沿墙柱或在楼板下敷设，并以吊装为主。塑料风管的支、吊架间距比金属风管小，一般为1.5~3m，风管与抱箍之间应有一定距离，风管与金属支、吊架之间应加垫厚3~5mm的塑料垫片，并用万能胶粘牢。塑料风管易脆易裂，搬运要轻拿轻放，吊装风管时，风管应设遛绳控制摇动，防止风管摆动碰撞破裂，影响安装工期和质量。

塑料风管热胀冷缩性大，当风管段较长，工作温度与周围温度差异较大时，应每隔15~20m设一个伸缩节，风道伸缩节如图9-75所示，以便得到热延伸和冷收缩的补偿。由于直线管段会伸缩，与直管相连的支管应设软接头，如图9-76所示。伸缩节和软接头可用厚3~6mm的软聚氯乙烯塑料板制作，尺寸见表9-41。伸缩节的两端与风管外壁采用焊接连接。

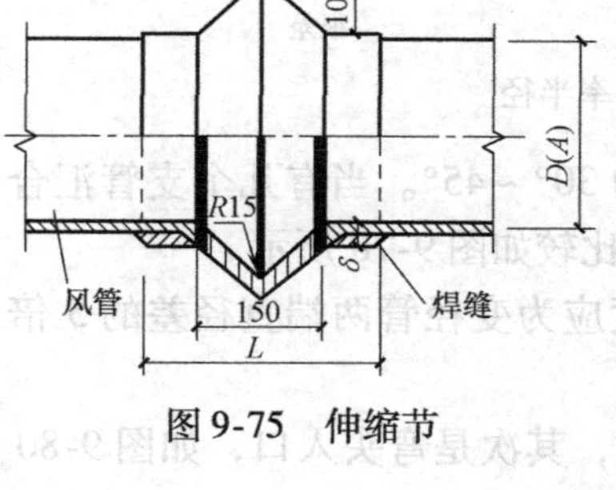

图9-75 伸缩节

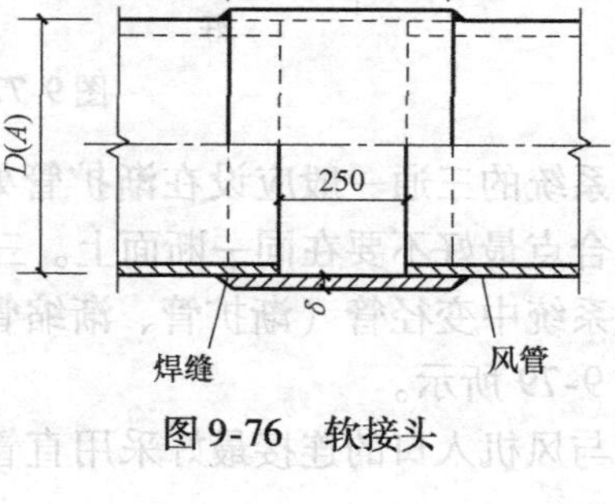

图9-76 软接头

表9-41 伸缩节、软接头尺寸 （单位：mm）

序号	圆形断面直径 D	矩形断面大边长	厚度 δ	伸缩长 L	软接头
1	100～320	120～320	3	230	330
2	360～630	400～500	4	270	370
3	700～1000	630～800	5	310	410
4	1120～2000	1000～1250	6	350	450
5		1600～2000	8	390	490

非金属风管与其他振动设备连接时，为了避免风机振动引起的噪声和风管振动或振裂现象，应在连接处设置柔性短管，柔性短管可用厚0.8～1mm的软塑料布加工制作。

玻璃钢风管和配件安装前，应存放在无阳光曝晒的地方，在运输、存放和安装过程中，注意不要碰撞和扭曲，严禁敲打，以防复合层破裂、脱落或界皮分层。安装玻璃钢风管的支、吊架与风管的受力接触面应适当加大，防止风管变形。

玻璃钢风管的安装方法与金属风管的吊装方法相同。风管安装必须牢固，位置、标高和走向应符合设计要求，部件方向正确、操作方便；防火阀的检查孔位置必须设在便于操作的部位；支、吊、托架的形式、规格、位置、间距及固定必须符合设计要求；一般每节风管应有一个及一个以上的支架；风管安装水平度的允许偏差为3mm/m，全长上的总偏差允许为20mm；垂直风管安装的垂直度允许偏差为2mm/m，全高上的总偏差允许为20mm。

五、除尘系统的安装

1. 集中式真空吸尘系统安装规定

真空吸尘系统弯管的曲率半径不应小于4倍管径，弯管的内壁应光滑，不得采用褶皱弯管；其他吸尘系统三通的夹角不得大于45°；吸尘管道的坡度应为5/1000，并坡向立管或吸尘点；吸尘嘴与管道的连接应牢固、严密。

2. 除尘系统风管的安装

除尘系统风管的安装与金属风管的安装方法基本相同，不同点在于除尘系统风管中流动的空气带有粉尘，容易堵塞和磨损风管，所以除尘系统风管应采用圆形风管，管件应尽量减少气流阻力，弯头的曲率半径一般为风管直径的2～2.5倍，如图9-77所示，曲率半径较大的效果好，较小的效果差。

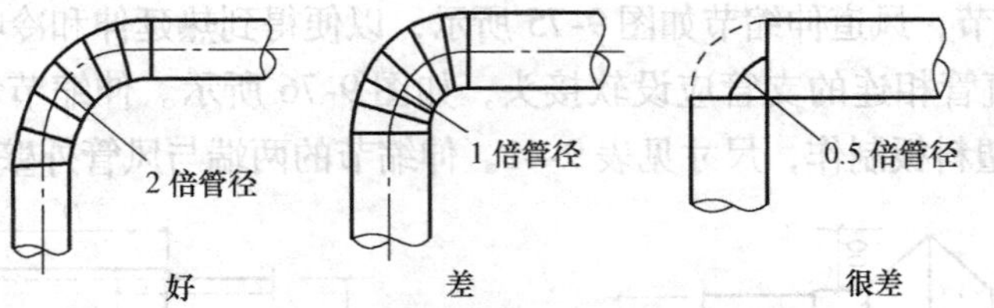

图9-77 弯头的曲率半径

除尘系统的三通一般应设在渐扩管处，夹角为30°～45°。当有几个支管汇合于同一主管时，汇合点最好不要在同一断面上。三通连接的比较如图9-78所示。

除尘系统中变径管（渐扩管、渐缩管）的长度应为变径管两端直径差的5倍或5倍以上，如图9-79所示。

风管与风机入口的连接最好采用直管入口方式，其次是弯头入口，如图9-80所示。风管与风机出口的连接要尽量避免涡流的产生，如图 9-81 所示。

为避免磨损除尘系统风管，风管要用较厚的钢板加工制作。直管一般用壁厚为 1.5～3mm 的薄钢板加工制作，弯管和三通因磨损较严重，加工制作的钢板还应厚些。

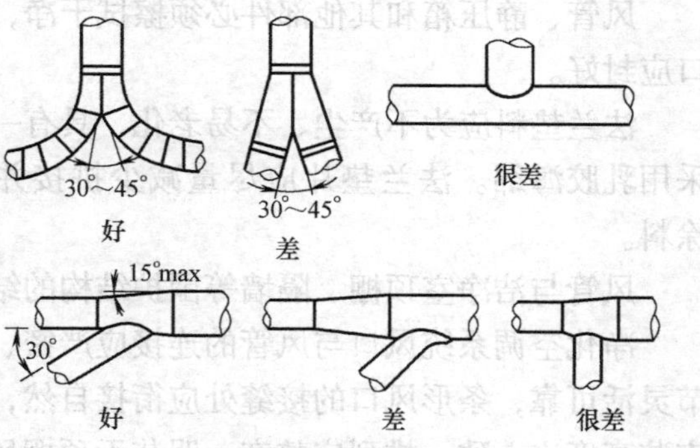

图 9-78 三通连接的比较

风管应与地面垂直或倾斜安装，倾斜的角度应大于50°，以使风管底部的积尘能自动滑下。同时应在风管的下部连接处设清灰斗，以便清理积尘。如条件有限，只能水平敷设风管或风管只有较小的倾斜度，水平风管应越短越好，并且在水平风管的一端设置清扫孔，以便清扫积尘。

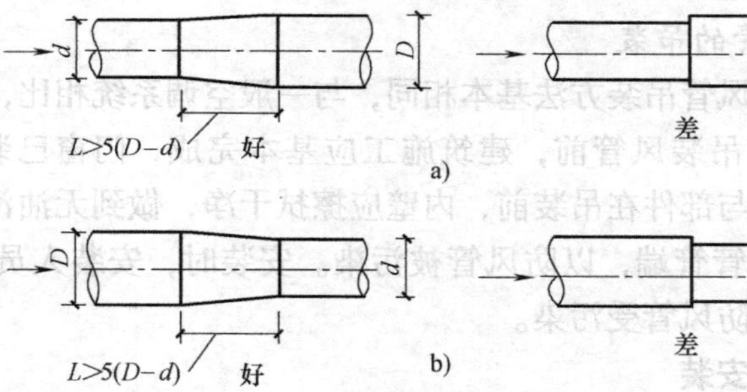

图 9-79 渐扩管与渐缩管的长度比较
a）渐扩管 b）渐缩管

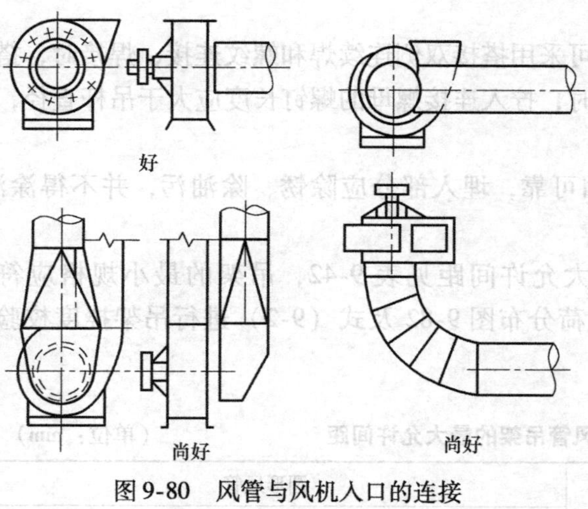

图 9-80 风管与风机入口的连接

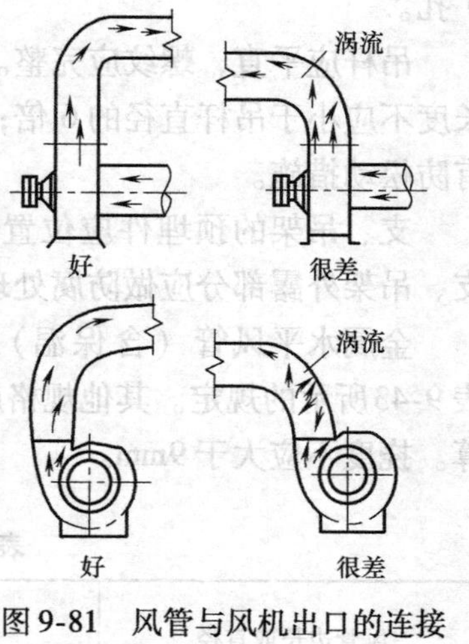

图 9-81 风管与风机出口的连接

六、净化空调系统的安装

1. 净化空调系统风管安装的规定

净化空调系统风管的安装除应执行普通空调的条款外，还应符合下列规定：

风管、静压箱和其他部件必须擦拭干净，做到无油污和浮尘；当施工停顿或完成后，端口应封好。

法兰垫料应为不产尘、不易老化、具有一定强度和弹性的材料。厚度为5~8mm，不得采用乳胶海绵。法兰垫片应尽量减少拼接并不得采用直缝对接连接，严禁在垫料表面涂涂料。

风管与洁净室顶棚、隔墙等围护结构的结缝处应严密。

净化空调系统风口与风管的连接应严密、牢固，与装饰面紧贴，表面平整，不变形，调节灵活可靠，条形风口的接缝处应衔接自然，无明显缝隙。同一厅室、房间内的相同风口的安装高度应一致，排列应整齐。明装无顶棚风口的安装位置和标高偏差不应大于10mm。风口水平安装时，水平度的偏差不大于3/1000。

风口安装前应清扫干净，边框与建筑顶棚或墙面间的接缝处应加设密封垫料或密封胶，不应漏风。

高效过滤器的送风口应设置可调节高度的吊杆。

2. 净化空调系统风管的吊装

吊装方法与普通金属风管吊装方法基本相同，与一般空调系统相比，净化空调系统有清洁、密封等特点。因此，吊装风管前，建筑施工应基本完成，门窗已装好，地坪已做好，支、吊架已预埋好。风管与部件在吊装前，内壁应擦拭干净，做到无油污和浮尘。如施工完成或中间停顿，应封好风管管端，以防风管被污染。安装时，安装人员应更换清洁的工作服、手套、工作鞋等，以防风管受污染。

七、风管支、吊架的安装

1. 风管支、吊架的加工及安装规定

风管支、吊架的固定件、吊杆、横担和所有配件材料的应用，应符合其载荷要求。支、吊架的下料宜采用机械加工，采用气焊切割口应进行打磨处理，不得采用电气焊开孔或扩孔。

吊杆应平直，螺纹应完整。吊杆加长可采用搭接双侧连续焊和螺纹连接，焊接时，搭接长度不应小于吊杆直径的6倍；螺纹连接时，拧入连接螺母的螺钉长度应大于吊杆直径，并有防松动措施。

支、吊架的预埋件应位置正确、牢固可靠，埋入部分应除锈、除油污，并不得涂漆。支、吊架外露部分应做防腐处理。

金属水平风管（含保温）吊架的最大允许间距见表9-42，吊架的最小规格应符合表9-43所示的规定。其他规格应按吊架载荷分布图9-82及式（9-2）进行吊架挠度校验计算。挠度不应大于9mm。

表9-42 金属风管吊架的最大允许间距 （单位：mm）

风管边长或直径	矩形风管	圆形风管	
		纵向咬口风管	螺旋咬口风管
≤400	4000	4000	5000
>400	3000	3000	3750

注：薄钢板法兰、C形插条法兰、S形插条法兰风管的支、吊架间距不应大于3000mm。

表 9-43 金属水平风管吊架的最小规格 (单位：mm)

金属矩形水平风管吊架的最小规格

风管长边 b	吊杆直径	吊架规格	
		角钢	槽形钢
$b \leqslant 400$	$\phi 8$	∠25×3	[40×20×1.5
$400 < b \leqslant 1250$	$\phi 8$	∠30×3	[40×40×2.0
$1250 < b \leqslant 2000$	$\phi 10$	∠40×4	[40×40×2.5 [60×40×2.0
$2000 < b \leqslant 2500$	$\phi 10$	∠50×5	—
$b > 2500$	按设计确定		

金属圆形水平风管吊架的最小规格

风管直径 D	吊杆直径	抱箍规格		横担
		钢丝	扁钢	角钢
$D \leqslant 250$	$\phi 8$	$\phi 2.8$	25×0.75	∠25×3
$250 < D \leqslant 450$	$\phi 8$	* $\phi 2.8$ 或 $\phi 5$		
$450 < D \leqslant 630$	$\phi 8$	* $\phi 3.6$		
$630 < D \leqslant 900$	$\phi 8$	* $\phi 3.6$	25×1.0	∠30×3
$900 < D \leqslant 1250$	$\phi 10$	—		
$1250 < D \leqslant 1600$	* $\phi 10$	—	* 25×1.5	∠40×4
$1600 < D \leqslant 2000$	* $\phi 10$		* 25×2.0	
$D > 2000$	按设计确定			

注：1. 吊杆直径中的“*”表示两根圆钢。
2. 钢丝抱箍中的“*”表示两根钢丝合用。
3. 扁钢中的“*”表示上、下两个半圆弧。

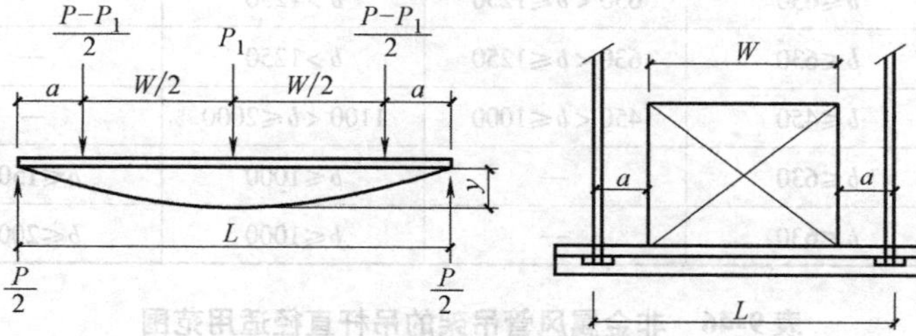

图 9-82 吊架载荷分布图

吊架挠度校验计算公式为

$$y = \frac{(P-P_1)a(3L^2-4a^2)+(P_1+P_z)L^3}{48EI} \tag{9-2}$$

式中 y——吊架挠度（mm）；

P——风管、保温及附件总质量（kg）；

P_1——保温材料及附件质量（kg）；

a——吊架与风管壁间距（mm）；

L——吊架有效长度（mm）；

E——刚度系数（kPa）；

I——转动惯量（mm^4）；

P_z——吊架质量（kg）。

水平安装非金属风管支、吊架最大间距应符合表 9-44 所示规定。

非金属风管水平安装横担允许吊装风管的规格按表 9-45 所示可选用相应规格的角钢和槽钢。

非金属风管吊架的吊杆直径不应小于表 9-46 所示的规定。

支、吊架不应设置在风口处或阀门、检查门和自控机构的操作部位，距离风口或插接管不宜小于 200mm。

表 9-44　水平安装非金属风管支、吊架最大间距　（单位：mm）

风管类别	风管边长						
	≤400	≤450	≤800	≤1000	≤1500	≤1600	≤2000
	支、吊架最大间距						
聚氨酯铝箔复合板风管	≤4000	≤3000					
酚醛铝箔复合板风管	≤2000				≤1500		≤1000
玻璃纤维复合板风管	≤2400		≤2200		≤1800		
无机玻璃钢风管	≤4000	≤3000			≤2500	≤2000	
硬聚氯乙烯风管	≤4000	≤3000					

表 9-45　非金属风管水平横担允许吊装风管的规格　（单位：mm）

风管类别	角钢或槽钢横担				
	∠25×3 [40×20×1.5	∠30×3 [40×20×1.5	∠40×4 [40×20×1.5	∠50×5 [60×40×2	∠63×5 [80×60×2
聚氨酯铝箔复合风管	b≤630	630<b≤1250	b>1250	—	—
酚醛铝箔复合风管	b≤630	630<b≤1250	b>1250	—	—
玻璃纤维复合风管	b≤450	450<b≤1000	1100<b≤2000	—	—
无机玻璃钢风管	b≤630	—	b≤1000	b≤1500	b<2000
硬聚氯乙烯风管	b≤630	—	b≤1000	b≤2000	b>2000

表 9-46　非金属风管吊架的吊杆直径适用范围　（单位：mm）

风管类别	吊杆直径			
	ϕ6	ϕ8	ϕ10	ϕ12
聚氨酯复合风管	b≤1250	1250<b≤2000	—	—
酚醛铝箔复合风管	b≤800	800<b≤2000	—	—
玻璃纤维复合风管	b≤600	600<b≤2000	—	—
无机玻璃钢风管	—	b≤1250	1250<b≤2500	b>2500
硬聚氯乙烯风管	—	b≤1250	1250<b≤2500	b>2500

注：b 为风管边长。

采用膨胀螺栓固定支、吊架时，应符合膨胀锚螺栓使用技术条件的规定。膨胀螺栓宜安装于强度等级 C15 及其以上混凝土构件；螺栓至混凝土构件边缘的距离应不小于螺栓直径的 8 倍；螺栓组合使用时，其间距不小于螺栓直径的 10 倍。螺栓孔直径和钻孔深度应符合表 9-47 所示的规定，成孔后应对钻孔直径和钻孔深度进行检查。

表 9-47　常用胀锚螺栓的型号、钻孔直径和钻孔深度　　（单位：mm）

胀锚螺栓种类	图示	规格	螺栓总长	钻孔直径	钻孔深度
内螺纹胀锚螺栓	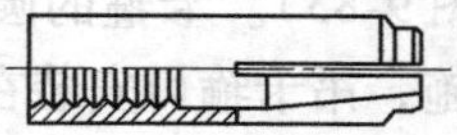	M6 M8 M10 M12	25 30 40 50	8 10 12 15	32~42 42~52 43~53 54~64
单胀管式胀锚螺栓	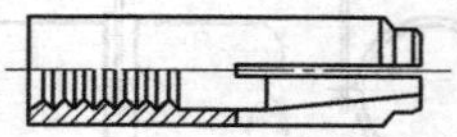	M8 M10 M12	95 110 125	10 12 18.5	65~75 75~85 80~90
双胀管式胀锚螺栓	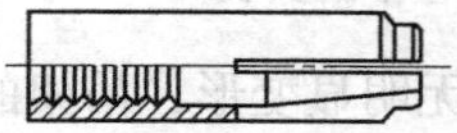	M12 M16	125 155	18.5 23	80~90 110~120

当设计无规定时，风道支、吊架安装宜按照下列原则执行：

1）靠墙或靠柱安装的水平风管宜用悬臂支架或斜撑支架；不靠墙、柱安装的水平风管宜用托底吊架。直径或边长小于 400mm 的风管可采用吊带式吊架。

2）靠墙安装的垂直风管应采用悬臂托架或有斜撑支架，不靠墙、柱穿楼板安装的垂直风管宜采用抱箍吊架，室外或屋面安装的立管应采用井架或拉索固定。

3）金属风管支、吊架与不锈钢板、铝板风管与碳素钢支架的横担接触处，应采取防腐措施。

4）矩形风管装立面与吊杆的间隙不宜大于 150mm，吊杆距风管末端不应大于 1000mm。

5）水平弯管在 500mm 范围内应设置一个支架，支管距干管 1200mm 范围内应设置一个支架。

6）风管垂直安装时，其支架间距不应大于 4000mm。长度大于或等于 1000mm 的单根直风管至少应设置 2 个固定点。

7）边长（直径）大于 200mm 的风阀等部件与非金属风管连接时，应单独设置支、吊架。风管支、吊架的安装不能有碍连接件的安装。

8）酚醛铝箔复合板风管与聚氨酯铝箔复合板风管垂直安装的支架间距不应大于 2400mm，每根立管的支架不应少于 2 个。

9）玻璃纤维复合板风管垂直安装的支架间距不应大于 1200mm。

10）无机玻璃钢风管垂直支架间距应不小于或等于 3000mm，每根垂直立管不应少于 2 个支架。

11）边长或直径大于 2000mm 的超宽、超高等特殊无机玻璃钢风管的支、吊架，其规格及间距应进行载荷计算。

12）无机玻璃钢消声弯管或边长与直径大于 1250mm 的弯管、三通等应单独设置支、吊架。

13）无机玻璃钢圆形风管的托座和抱箍所采用的扁钢不应小于 30mm×4mm。托座和抱箍的圆弧应均匀且与风管的外径一致，托架的弧长应大于风管外周长的1/3。

14）无机玻璃钢风管边长或直径大于1250mm的风管吊装时不得超过2节。边长或直径大于1250mm的风管组合吊装时不得超过3节。

15）柔性风管支、吊架的间隔宜不小于1500mm。风管在支架间的最大允许垂度宜小于40mm/m。

16）柔性风管的吊卡箍宽度应大于25mm（图9-83）。卡箍的圆弧长应大于1/2周长且与风管外径相符。柔性风管外保温层应有防潮措施，吊卡箍可安装在保温层上。

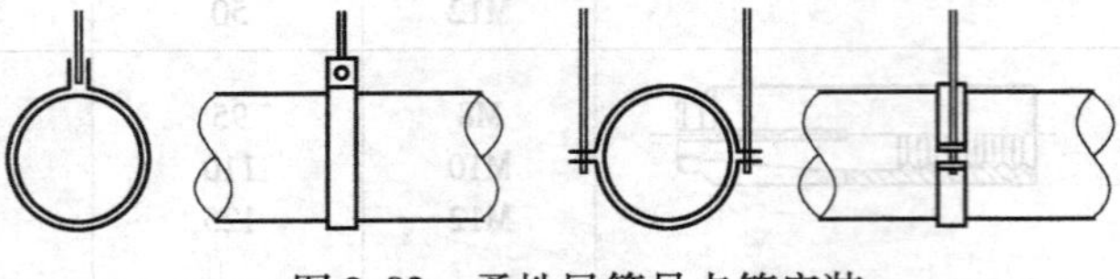

图9-83 柔性风管吊卡箍安装

17）风管安装后，支、吊架受力应均匀，且无明显变形，吊架的横担挠度应小于9mm。

18）水平悬吊的风管长度超过20m的系统，应设置不少于1个的防止风管摆动的固定支架。

19）支撑保温风管的横担宜设在风管保温层外部，且不得损坏保温层。

20）圆形风管的托座和抱箍的圆弧应均匀，且与风管外径一致。抱箍支架的紧固折角应平直，抱箍应箍紧风管。

2. 支架的安装

支架的安装有在墙上和在柱上两种。在墙上安装支架如图9-84所示，应先按风管的轴线和标高检查预留孔洞的位置是否正确，方法是在支架下约2mm处划一条安装基准线，如图9-85所示。

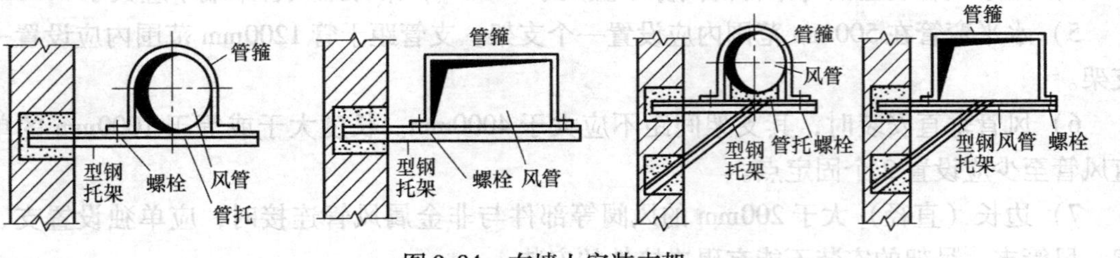

图9-84 在墙上安装支架

如风管设计有坡度，安装基准线也应有相同坡度，使支架顶面与安装基准线保持等距离，便于控制支架顶面的标高。在修正预留孔洞的位置和深度后，可敷设支架。敷设时，应先把洞内清理干净，并用水把墙洞浇湿，然后在洞内垫一部分砂浆，放进支架，利用安装基准线控制支架的标高，用水平尺调整支架的水平度，在标高、水平度和插入深度调整好后，即可用水泥砂浆将支架填实稳固。在砂

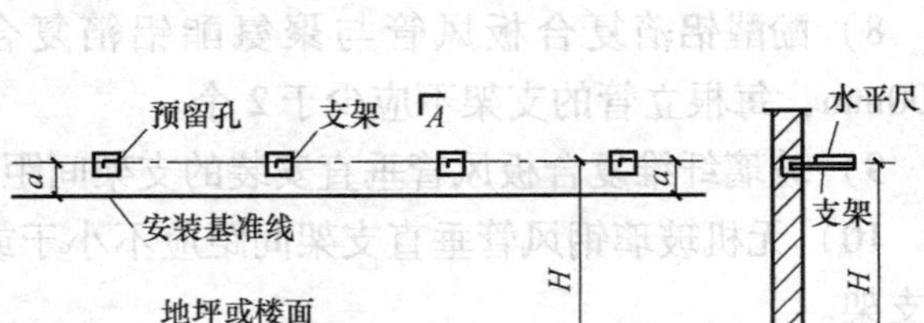

图9-85 支架安装的基准线

浆中可适当填入一些碎石、碎砖，增加稳固性。填水泥砂浆时，水泥砂浆应稍低于墙面，以便土建进行墙面修补和粉饰。

在柱上安装支架如图 9-86 所示，可把型钢焊在预埋铁件上或紧固在预埋螺栓上，用抱箍把支架夹在柱子上。进行以上操作前，要先找出支架的标高，按支架伸出柱子的距离在型钢上画好线，最后校平固定。

当风管较长，要安装一排支架时，可先把两端的支架安装好，以两端支架为基准，用拉线法找出中间其他支架的标高，然后进行安装。

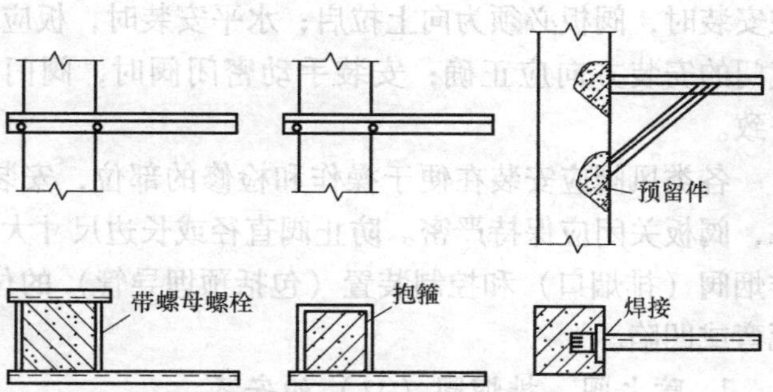

图 9-86　在柱上安装支架

3. 吊架的安装

当风管敷设在楼板、桁架下面，并离墙面较远时，一般要用吊架来固定风管。矩形风管的吊架如图 9-87 所示，吊架由吊杆和型钢托架组成。圆形风管的吊架如图 9-88 所示，吊架由吊杆和抱箍组成。吊杆长度较大时，为保持风管稳定，应每隔两个单吊杆配一副双吊杆。为便于调节风管标高，吊杆可以分节，并在端部加工 56 ~ 60mm 长的丝杆。吊杆可根据具体情况采用焊接或螺栓固定在楼板、钢筋混凝土梁和钢梁上，如图 9-89 所示，也可用膨胀螺栓固定在混凝土结构上。安装吊架时，应按风管中心线找出吊杆的设置位置，单吊杆在风管的中心线上，双吊杆可按风管中心线对称安装。

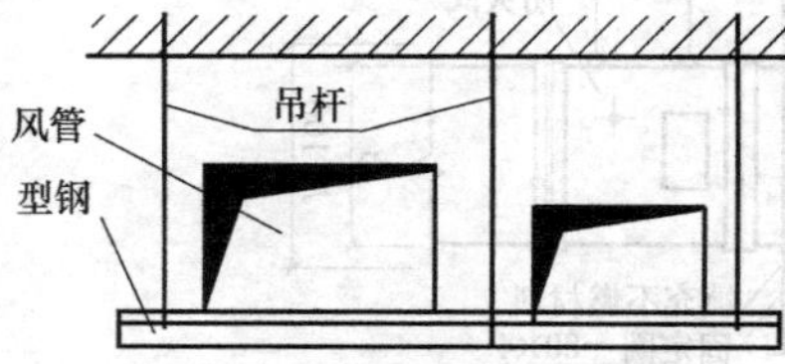

图 9-87　矩形风管吊架

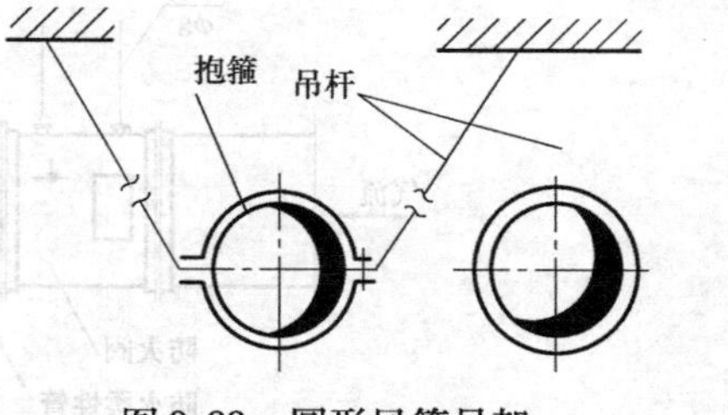

图 9-88　圆形风管吊架

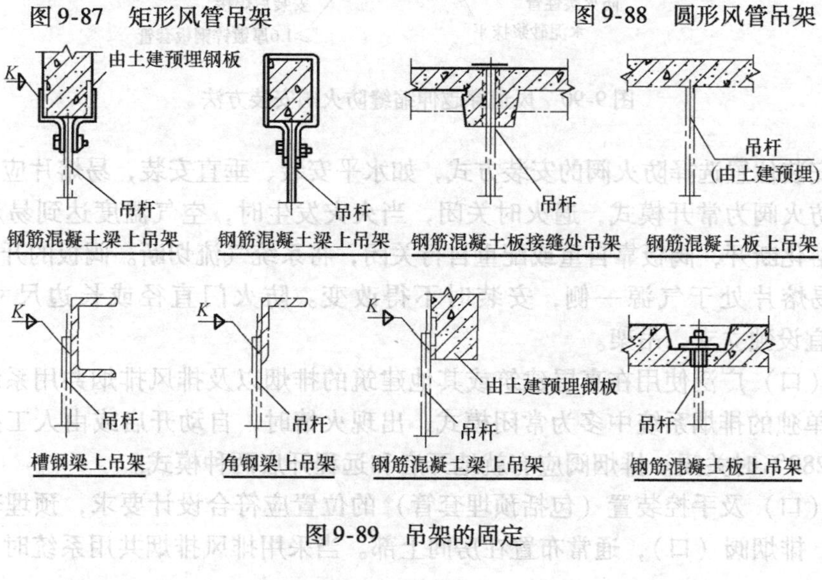

图 9-89　吊架的固定

第三节　通风空调系统部件的安装

风管部件指通风空调系统中风阀、风口、风罩等设备，其安装应遵守下列规定：

各类风管部件和操作机构的安装应能保证正常的使用功能，并便于操作；斜插板、风阀在安装时，阀板必须为向上拉启；水平安装时，板应沿顺气流方向插入；止回风阀、自动排气门的安装方向应正确；安装手动密闭阀时，阀门上的箭头方向必须与受冲击波的方向一致。

各类风阀应安装在便于操作和检修的部位，安装后的手动或电动操作装置应灵活、可靠，阀板关闭应保持严密。防止阀直径或长边尺寸大于等于630mm 时，应设独立支、吊架。排烟阀（排烟口）和控制装置（包括预埋导管）的位置应符合设计要求，预埋导管不得有死弯或凹陷。

1. 防火阀、排烟阀（口）的安装

防火阀的安装位置应按照建筑防火设计规范的要求设置，一般在进出空调机房、风管穿越防火分区（防火墙、楼板、屋面及伸缩缝）、水平风管与竖直风道连接等处，均应设置防火阀。防火阀门的开启和关闭应有指示信号，并与通风空调系统风机联动。防火分区隔墙两侧的防火阀距墙表面不应大于200mm，防火阀的易熔片应在阀安好后再装。风道穿越伸缩缝双侧均需设置防火阀，做法如图9-90 所示。

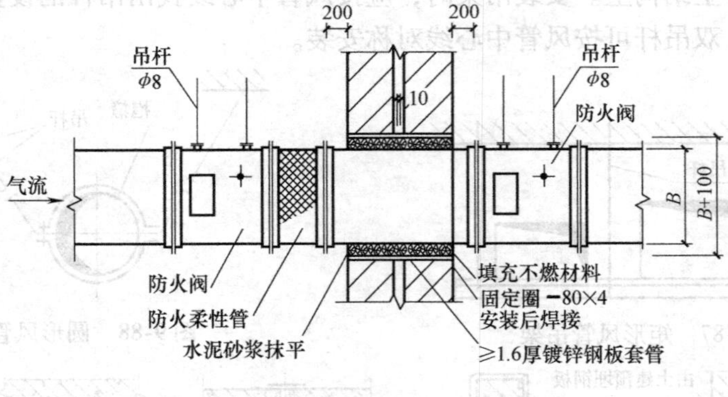

图9-90　风道穿越伸缩缝防火阀安装方法

应根据安装位置选择防火阀的安装方式，如水平安装、垂直安装，易熔片应安装在阀板的迎风侧。防火阀为常开模式，遇火时关闭，当火灾发生时，空气温度达到易熔片熔断点时，易熔片熔化断开，阀板靠自重或配重自行关闭，将系统气流切断。阀板的开启方向为逆气流方向，易熔片处于气源一侧，安装时不得改变。防火门直径或长边尺寸大于等于630mm 时，宜设独立支、吊架。

排烟阀（口）广泛使用在高层建筑或其他建筑的排烟以及排风排烟共用系统中。排烟阀（口）在单独的排烟系统中多为常闭模式，出现火情时，自动开启或由人工控制开启进行排烟，至280℃时关闭。排烟阀应有就地开启和远程开启两种模式。

排烟阀（口）及手控装置（包括预埋套管）的位置应符合设计要求，预埋套管不得有死弯及瘪陷。排烟阀（口），通常布置在房间上部。当采用排风排烟共用系统时，应通过管路中防火阀的合理设置，及时关闭不作为排烟使用的风口（如车库常用的排风排烟共用系统中的下部排风口），保证消防排烟的基本要求。排烟风口及远控装置的安装如图9-91所示。排烟阀结构及安装示意如图9-92所示。

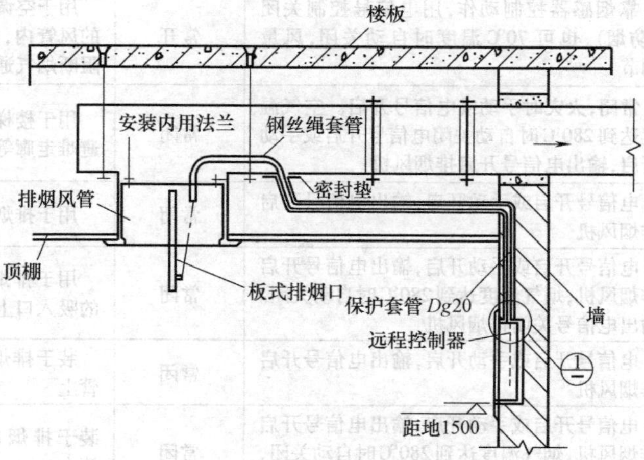

图9-91 排烟风口及远控装置的安装

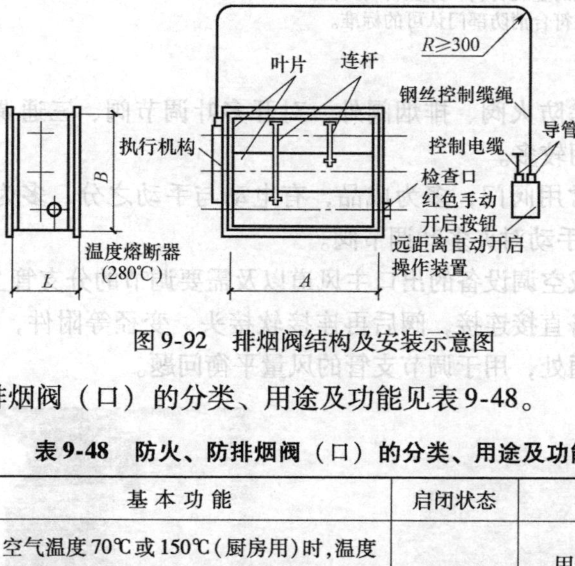

图9-92 排烟阀结构及安装示意图

各种防火、防排烟阀（口）的分类、用途及功能见表9-48。

表9-48 防火、防排烟阀（口）的分类、用途及功能

分类	名称	基本功能	启闭状态	适用范围
防火类	防火阀	空气温度70℃或150℃(厨房用)时,温度熔断器或记忆合金自动关闭阀,可输出电信号,手动复位	常开	用于空调通风系统风管内,防止火势沿风管蔓延
	防火调节阀	空气温度70℃或150℃(厨房用)时,自动关闭,手动复位,风量调节,输出关闭信号和联动信号	常开	用于空调通风系统风量需要调节的风管内,防止火势沿风管蔓延
	防火风口 简易防火阀	空气温度70℃时,温度熔断器或记忆关闭	常开	用于通风或回风管上,防止火势进入风口并蔓延
	防火排烟阀	烟气温度280℃时自动关闭,手动复位,输出关闭信号和联动信号	常开	用于排烟系统风管上,防止火势沿排烟风管蔓延

续表

分类	名称	基本功能	启闭状态	适用范围
防烟类	防烟防火阀	靠烟感器控制动作，用电信号控制关闭（防烟），也可70℃温度时自动关闭	常开	用于空调通风系统风管内，防止火势沿风管蔓延或阻断烟气通过
	防烟防火调节阀	靠烟感器控制动作，用电信号控制关闭（防烟），也可70℃温度时自动关闭，风量调节	常开	用于空调通风系统风量需要调节的风管内，防止火势沿风管蔓延或阻断烟气通过
	加压送风口	常闭，火灾时手动或电信号开启。空气温度达到280℃时自动关闭电信号开启或手动开启，输出电信号开启排烟风机	常闭	用于楼梯间前室、合用前室、防烟避难走廊等
排烟类	排烟阀	电信号开启或手动开启，输出电信号开启排烟风机	常闭	用于排烟系统的风管上
	排烟防火阀	电信号开启或手动开启，输出电信号开启排烟风机，烟气温度达到280℃时自动关闭。输出电信号关闭排烟风机	常闭	用于排烟系统的风管、排烟风机的吸入口上
	排烟口	电信号开启或手动开启，输出电信号开启排烟风机	常闭	装于排烟房间的墙上、顶棚或风管上
	防火排烟口	电信号开启或手动开启，输出电信号开启排烟风机，烟气温度达到280℃时自动关闭，输出电信号关闭排烟风机	常闭	装于排烟房间的墙上、顶棚成风管上

注：1. 阀叶为钢板，厚度为2～6mm。
2. 转动件应采用防腐蚀的金属材料，并应转动灵活。
3. 易熔件或记忆元件应符合消防部门认可的标准。

2. 风阀的安装

风阀有多种形式，除防火阀、排烟阀外，对开多叶调节阀、三通调节阀、蝶阀、插板阀、止回阀、余压阀应用较多。

对开多叶调节阀为常用阀门，多为成品，有电动与手动之分，多为钢板制作，法兰连接，图9-93所示为方形手动对夹多叶调节阀。

风阀多安装在风机或空调设备的出口主风道以及需要调节的分支管上，与风机或空调箱连接的风阀，一般与设备直接连接，阀后再连接软接头、变径等附件，如图9-94所示。三通调节阀安装在风管三通处，用于调节支管的风量平衡问题。

图9-93 方形手动对夹多叶调节阀

图9-94 风阀在空调机组处的安装位置

余压阀一般安装在净化空调场所的墙壁上，以保证空调房间的正压值恒定。图 9-95 所示为余压阀。

图 9-95 余压阀

除尘系统吸入管段的调节阀（多用斜插板阀）应安装在垂直管段上，斜插板阀应安装在不易积尘的管段上，安装方向如图 9-96 所示。

3. 柔性短管的安装

柔性短管的安装松紧应适度，不能扭曲。安装在吸入口的柔性短管可绷紧一些，防止风机运行时被抽吸而减小截面尺寸。不能把柔性短管当成找平找正的连接管或当成变径管使用。

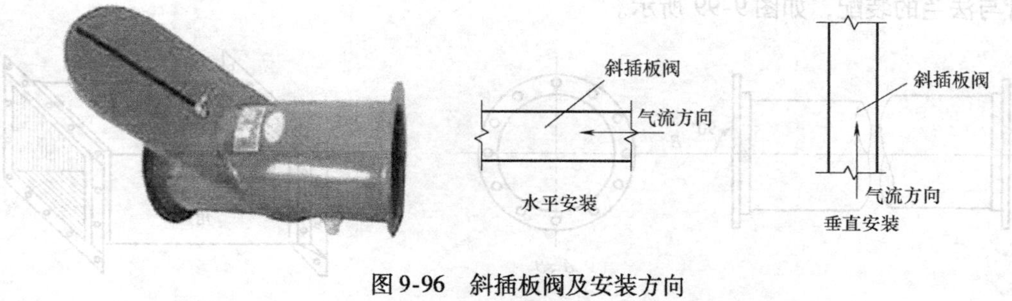

图 9-96 斜插板阀及安装方向

4. 风管与部件的装配连接

风管与部件等加工制作完成后，要按加工制作草图在加工厂或现场进行装配。装配的目的是为了检查加工制作的规格、数量和质量是否符合要求，减少或缩短施工现场的安装工期。

风管与法兰的装配可采用翻边、铆接或焊接等方法，如图 9-97 所示。

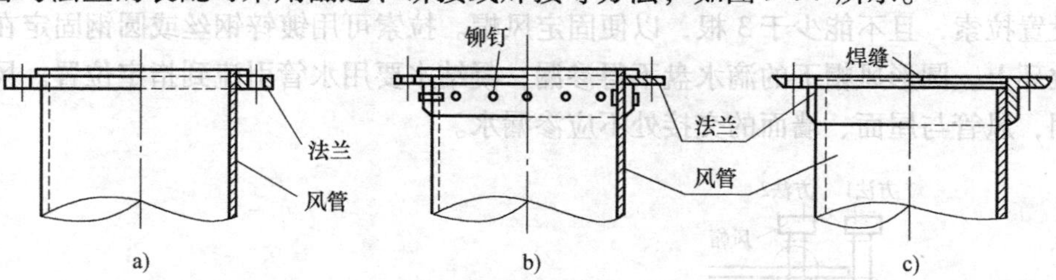

图 9-97 风管与法兰的装配
a）翻边 b）铆接 c）焊接

在装配前应对风管和法兰的加工质量进行检查，装法兰时，可将法兰稍微斜放，先把风管下半部放入，然后再把风管上半部压下，并用锤子把法兰敲进风管。上好法兰后，应根据风管与法兰的连接形式进行风管端部处理。

风管壁厚 $\delta<1.2$mm 时，圆形风管与扁钢法兰的装配可采用翻边连接，如图 9-97a 所示。风管套上法兰后，应使管端伸出法兰 8mm 左右，用衬铁顶住法兰盘，在管端选择几点，用锤子打出翻边，然后检查法兰面和风管中心线是否垂直，翻边的尺寸一般为 6～9mm，不能过长。

风管壁厚 $\delta\leqslant1.2$mm 时，圆形风管与角钢法兰可用 $\phi4\sim\phi5$mm 的铆钉将法兰固定在风管管端后，再进行翻边，如图 9-97b 所示。当 $\delta>1.2$mm 时，可不翻边，采用焊接方法连接，如图 9-89c 所示。焊接时，先定位焊几个点，检查合格后用电焊将风管与法兰连接的内侧周边焊满，外侧用定位焊把风管和法兰焊上。为使法兰连接面平整，风管端部应缩进法兰 4～5mm。在装配法兰时应注意：

法兰面应与风管中心线保持垂直，两端法兰螺栓孔应在断面的同一角度上。圆形风管与角钢法兰的装配如图 9-98 所示。

当风管壁厚 $\delta \leqslant 1.2$mm 时，矩形风管与法兰的装配采用铆接，在风管两端套上法兰后，用角尺检查、校正法兰位置，使法兰面与风管中心线垂直，然后用电钻在风管上钻出两个铆钉孔，并铆上铆钉。检查两端法兰是否平行，可用风管两对角线相等的方法检查，同时还应检查风管是否翘角。经查合格后，把其他铆孔钻好并铆上铆钉，然后用锤子将管端翻边，最后将咬口重叠处凸出部分铲平。当风管壁厚 $\delta > 1.2$mm 时，矩形风管与法兰的装配方法同圆形风管与法兰的装配，如图 9-99 所示。

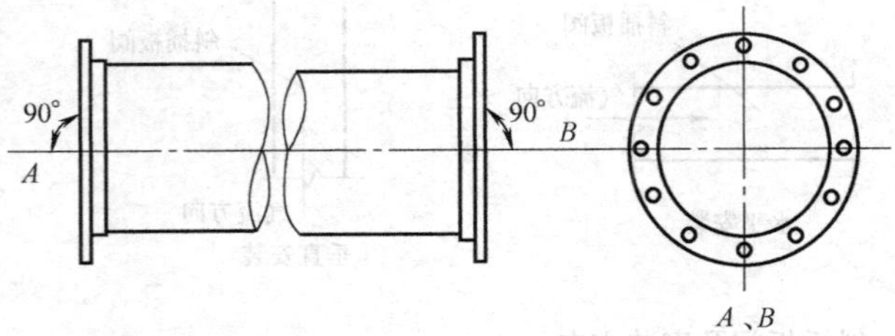

图 9-98 圆形风管与角钢法兰的装配

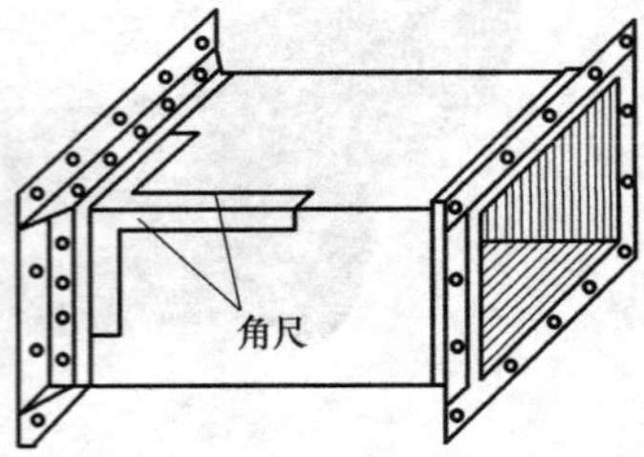

图 9-99 矩形风管与法兰的装配

5. 风帽的安装

风帽可在室外沿墙绕过檐口伸出屋面，或在室内直接穿过屋面板伸出屋顶，自然通风帽（底部不连接风管，如装在水池上的风帽等）应用法兰固定在混凝土内的预埋件上，安装必须牢固，且风管与屋面或墙面的交接处不应渗水，如图 9-100 所示。风帽高出屋面 1.5m 时，应设置拉索，且不能少于 3 根，以便固定风帽。拉索可用镀锌钢丝或圆钢固定在屋面板的预埋拉环上。圆形风帽下的滴水盘不得渗漏，凝结水要用水管引流到指定位置。风帽安装必须牢固，风管与屋面、墙面的交接处不应渗漏水。

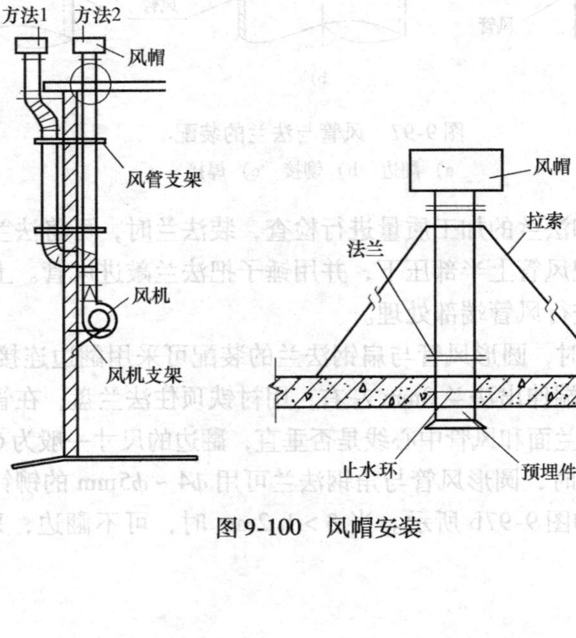

图 9-100 风帽安装

选用旋流式屋顶自然通风器时，可安装在各种形式屋面或屋脊的基础上，如图9-101所示，其基础做法可参见安装图集或产品样本。

图9-101 旋流式屋顶自然通风器的安装

6. 排、吸风罩的安装

排、吸风罩是通风系统中常用的部件，排、吸风罩分为密闭罩、柜式排风罩、外部吸气罩、槽边排风罩、接受式排风罩和吹吸式排风罩等形式，其安装基本要求是将污染源或产生有害物质的地方包裹起来，有效地进行排放，安装时应注意排、吸风罩的安装位置是否正确，排列是否整齐、是否牢固可靠，其固定支架不应设在影响操作的地方，安装排风罩时，应注意房间的气流组织使排风不经过人的呼吸区，还应考虑进出风量的平衡问题，确定进出风的路由，房间较严密时，应设置补风系统。

7. 风口的安装

风口按照形式分为百叶风口、散流器、条缝风口、旋流风口、孔板风口、喷口以及专用风口（包括自垂风口、格栅风口等），按照形状分为方形、圆形、异形等。风口的分类代号参见表9-49。

表9-49 风口的分类代号

风口名称	分类代号	生产厂风口型号
单、双层百叶风口	DB、SB	FK-2、FK-19、FK-1、FK-20
双层百叶固定风口	SB	FK-30
地送风固定百叶风口	DB	FK-21
圆形散流器	YS	FK-15、FK-16、FK-29、FK-8、FK-39
方、矩形散流器	FS、JS	FK-10、FK-31、FK-37、FK-18
固定百叶斜送风风口	JS	FK-22、FK-26
圆盘形散流器	PS	FK-9、FK-41
条缝风口	TF	FK-17、FK-25、FK-23、FK-24
格栅式风口	KS	FK-4、FK-27、FK-12
自垂式百叶风口	CB	FK-14
遮光式百叶风口	ZB	FK-28
门铰式回风口	MJ	
防水百叶风口		FK-54

风管与风口的连接有法兰连接和无法兰的粘接F形、H形连接件连接的方式。

风口采用法兰连接时，风管与风口的装配宜在现场进行，有吊顶时，先按现场情况放样制作连接支管后，将连接支管与主管连接，最后在吊顶时配接风口。

风口采用无法兰的粘接F形、H形连接时，风口与主风管间通过短管连接，不允许在风管上直接取孔，应在制作主管时预留三通口，三通口利用粘接F形、H形连接软管时，软管另一端以卡箍或镀锌短接头与风口连接。也可在风口内侧壁用自攻螺钉与F形、H形连接件固定。

单个风口安装位置应正确，风口的外表装饰面应平整，叶片或扩散环的分布应匀称，颜色应一致，无明显的划伤和压痕。调节装置定位后应无明显自由松动。室内安装的同类型风口横平、竖直、对称分布，同一方向的风口，其调节装置应在同一侧。各种散流器的风口面应与顶棚平行。

送风口与回风口安装位置不能太近，当设计无要求时，间距应满足气流组织的要求。

吊顶风口可以直接固定在装饰龙骨上，当有特殊要求或风口较重时，设置独立支、吊架。图 9-102 所示为顶棚风口的安装示意图，图 9-103 所示为单双百叶风口安装示意图，图 9-104 所示为散流器安装示意图。

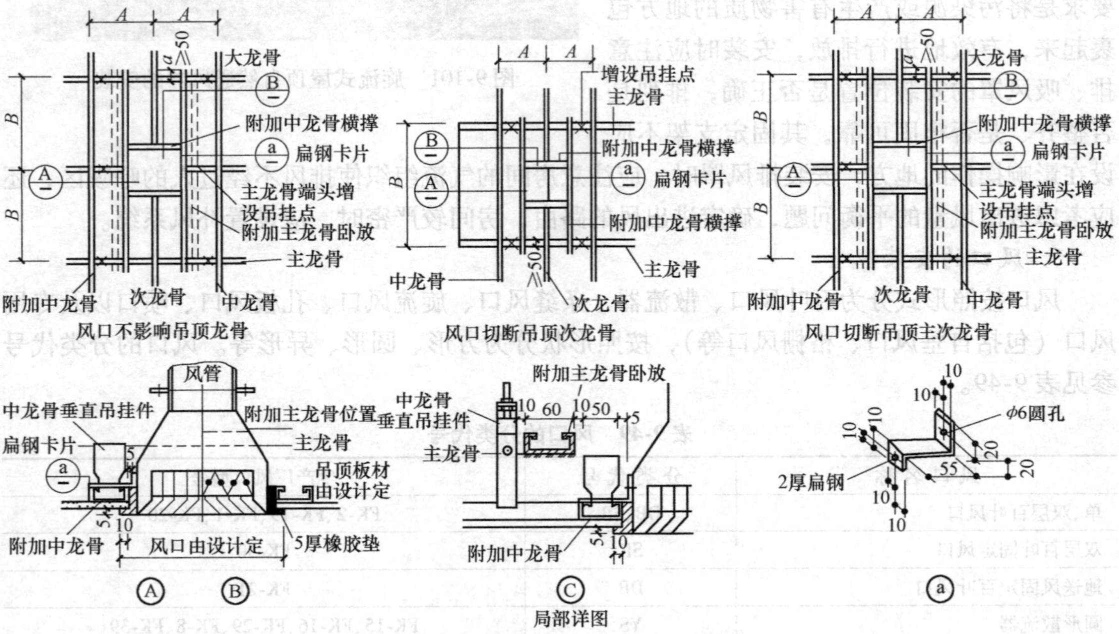

图 9-102　顶棚风口的安装示意图

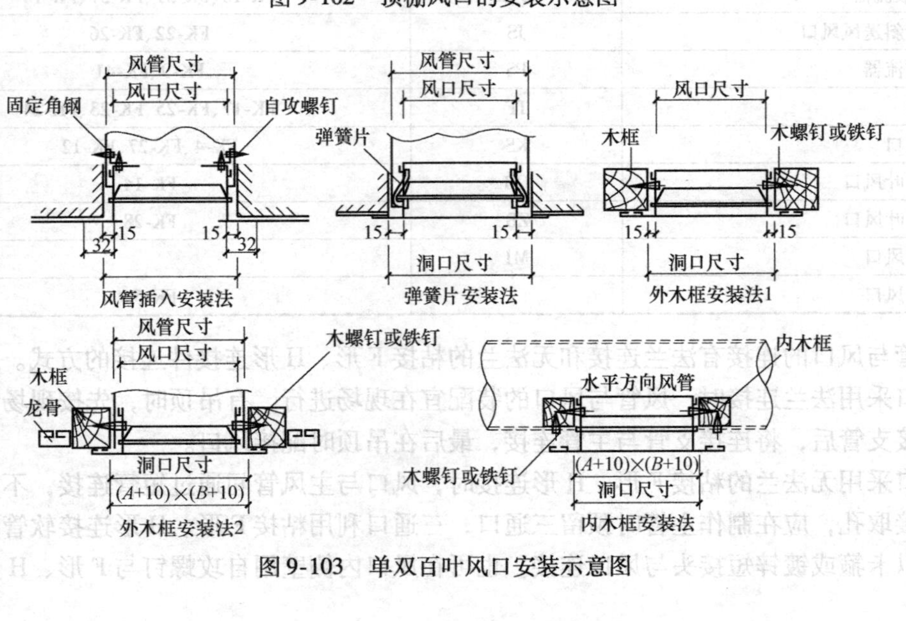

图 9-103　单双百叶风口安装示意图

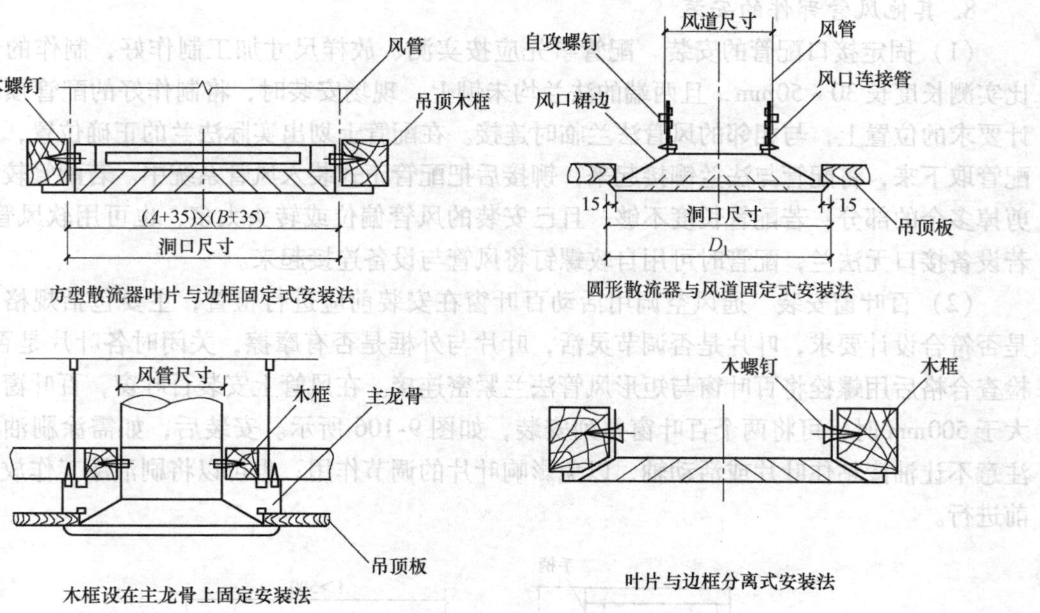

图 9-104 散流器安装示意图

风口安装前应清扫干净，边框与建筑顶棚或墙面间的接缝处应加设密封垫或密封胶，不应漏风。

风口与风管连接应严密、牢固，与装饰面贴紧，表面平整不变形，调节灵活可靠。安装条形风口时，接缝处应衔接自然，无明显缝隙，同一厅室、房间内的相同风口的安装高度应一致，排列应整齐。

无顶棚的明装风口，其安装位置的标高偏差不应大于10mm；风口水平安装时，水平度的偏差不应大于3/1000；风口垂直安装时，垂直度的偏差不应大于2/1000。

净化空调系统风口在安装前应清扫干净，其边框与建筑顶棚或墙面间的接缝应加设密封垫料或封胶，不应漏风。带高效过滤器的送风口还应采用可分别调节高度的吊杆。图 9-105 所示为高效空气过滤器送风口的安装。

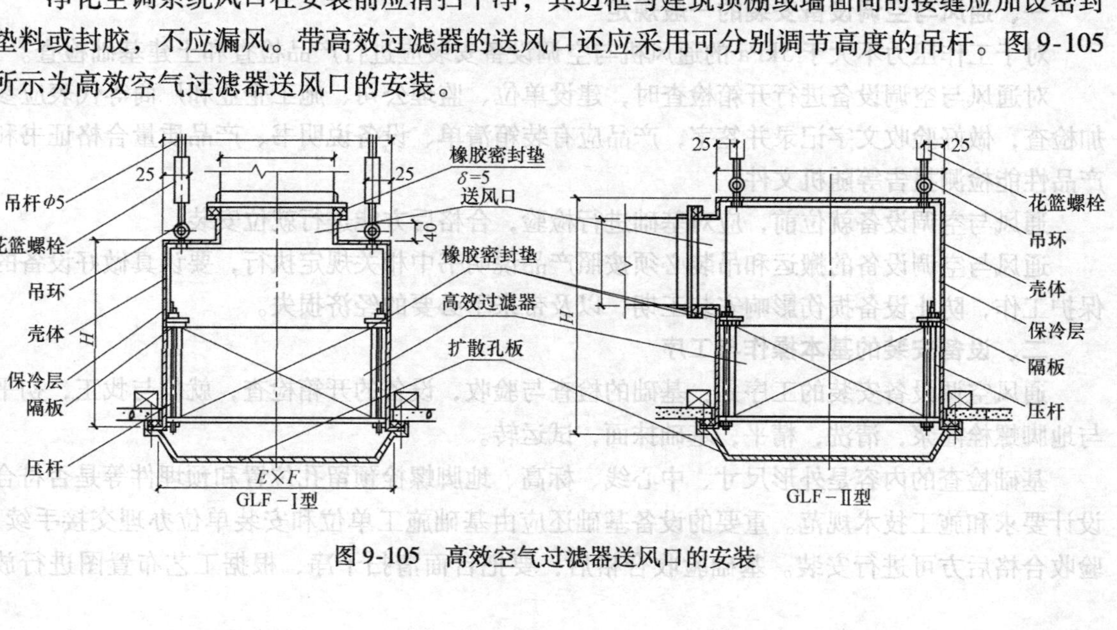

图 9-105 高效空气过滤器送风口的安装

8. 其他风管部件的安装

(1) 固定接口配管的安装　配管事先应按实测、放样尺寸加工制作好，制作的长度应比实测长度长 30～50mm，且两端的法兰均未铆上。现场安装时，将制作好的配管预装在设计要求的位置上，与相邻的风管法兰临时连接。在配管上划出实际法兰的正确位置，然后把配管取下来，将配管与法兰铆接起来，铆接后把配管正式装入风管系统中。若配管较长，应剪掉多余的部分；若配管长度不够，且已安装的风管偏位或转头太多，也可用软风管连接。若设备接口无法兰，配管时可用自攻螺钉将风管与设备连接起来。

(2) 百叶窗安装　通风空调用活动百叶窗在安装前应进行检查，主要包括规格、型号是否符合设计要求，叶片是否调节灵活，叶片与外框是否有摩擦，关闭时各叶片是否贴合。检查合格后用螺栓将百叶窗与矩形风管法兰紧密连接。在风管上安装百叶窗，百叶窗大边长大于 500mm 时，可将两个百叶窗并列安装，如图 9-106 所示。安装后，如需涂刷油漆，应注意不让油漆粘住叶片或活动轴，以免影响叶片的调节作用；也可以将刷油漆工作放在安装前进行。

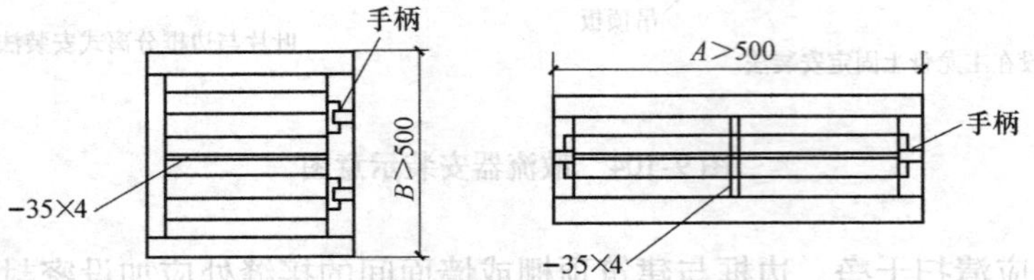

图 9-106　两个百叶窗并列安装

第四节　通风与空调设备的安装

通风与空调设备种类繁多，安装工作量大，技术要求高，必须严格按照工程施工规范、相关技术措施以及技术规程执行，并按照施工质量验收规范执行。

一、通风与空调设备安装的一般规定

对于工作压力不大于 5kPa 的通风机与空调设备安装应进行产品检查和土建基础检查。

对通风与空调设备进行开箱检查时，建设单位、监理公司、施工企业和厂商等代表应参加检查，做好验收文字记录并签字，产品应有装箱清单、设备说明书、产品质量合格证书和产品性能检测报告等随机文件。

通风与空调设备就位前，应对基础进行检验，合格后方能进行就位安装。

通风与空调设备的搬运和吊装必须按照产品说明书中相关规定执行，要认真做好设备的保护工作，防止设备损伤影响安装工期，以及带来不必要的经济损失。

二、设备安装的基本操作与工序

通风空调设备安装的工序是：基础的检查与验收，设备的开箱检查，就位与找正，初平与地脚螺栓灌浆，清洗，精平，基础抹面，试运转。

基础检查的内容是外形尺寸、中心线、标高、地脚螺栓预留孔位置和预埋件等是否符合设计要求和施工技术规范。重要的设备基础还应由基础施工单位和安装单位办理交接手续，验收合格后方可进行安装。基础验收合格后，要把台面清扫干净，根据工艺布置图进行放

线，用墨线弹出设备的纵横中心线和相应的其他基准线。若同类型的若干台设备布置在一条线上时，应具有同一纵向中心线和同一标高。

设备运至基础附近时才可进行开箱检查。参加检查的人员有建设单位、安装单位、监理单位和厂方代表，并应做好检查记录。记录内容有箱号及包装完整情况，设备名称、型号和规格，有无缺件、损坏件，表面锈蚀等，备件、专用工具等，产品合格证书、安装使用说明书等。最后各方代表应在记录上签字。

设备就位的方法很多，如利用先安装好的桥式起重机或其他吊装设备来吊装需安装的设备。吊装设备一般以起重工为主，通风工配合。找正就是将设备正确地放在规定的位置上，使设备的纵横轴线与基础上的放线重合。找正时，设备基座下应垫适量的垫铁，同时将地脚螺栓穿上，并插入预留孔内。

初平是在设备就位找正后，将设备的水平度大体调整到接近要求的程度，在地脚螺栓灌浆后再进行一次精平。设备就位、找正、初平如图 9-107 所示。初平和精平都是利用调整垫铁组的厚度进行的，其做法如图 9-108 所示，垫铁的种类如图 9-109 所示，螺栓调整垫铁做法如图 9-110 所示，图 9-111、图 9-112 分别表示短地脚螺栓和长地脚螺栓。常用斜垫铁和平垫铁的规格见表 9-50，设备底座孔与地脚螺栓尺寸见表 9-51。

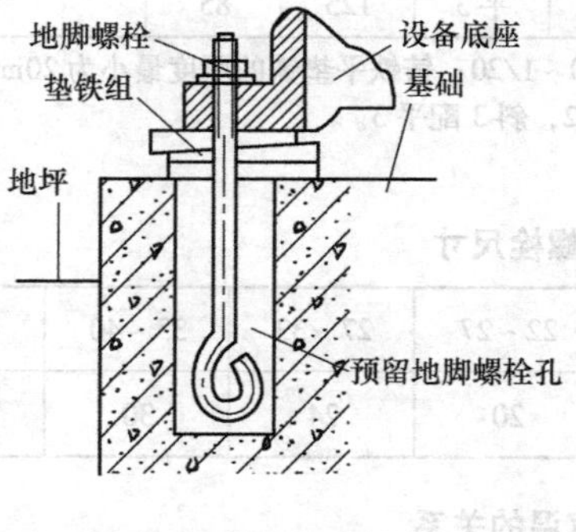

图 9-107　设备就位、找正、初平

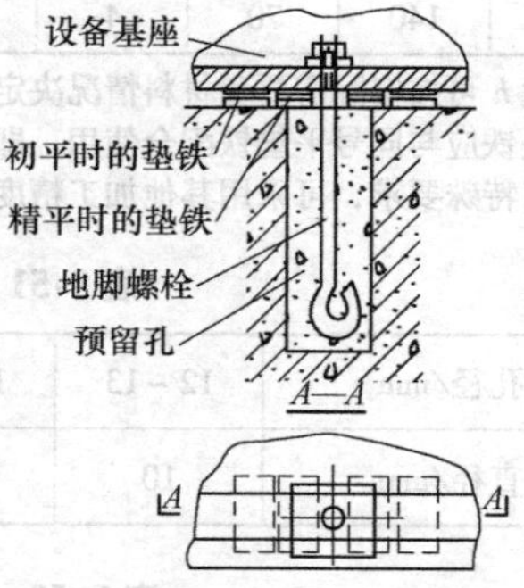

图 9-108　初平、精平时的垫铁位置

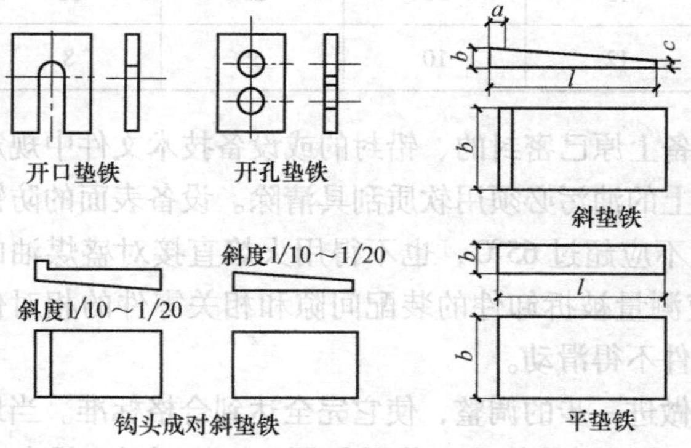

图 9-109　垫铁的种类

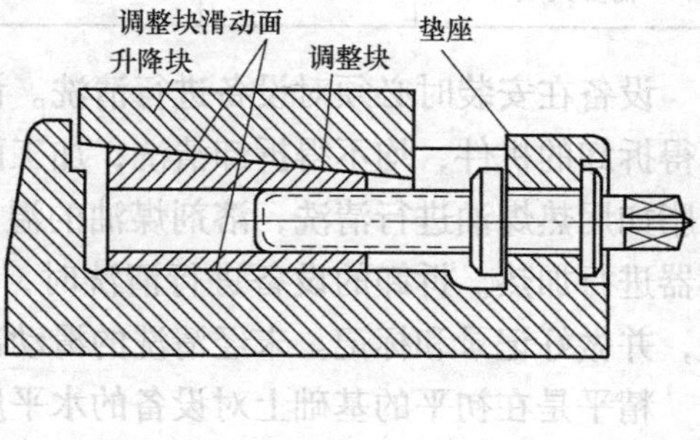

图 9-110　螺栓调整垫铁

灌浆一般采用细石混凝土，强度等级至少应比基础的强度等级高一级。灌浆前应将孔内的污水杂物等清除干净。灌浆不能中断，要一次完成，分层捣实。灌完后要浇水养护，养护时间与气温有关，一般应不少于 7 天。混凝土强度增长与气温的关系见表 9-52。

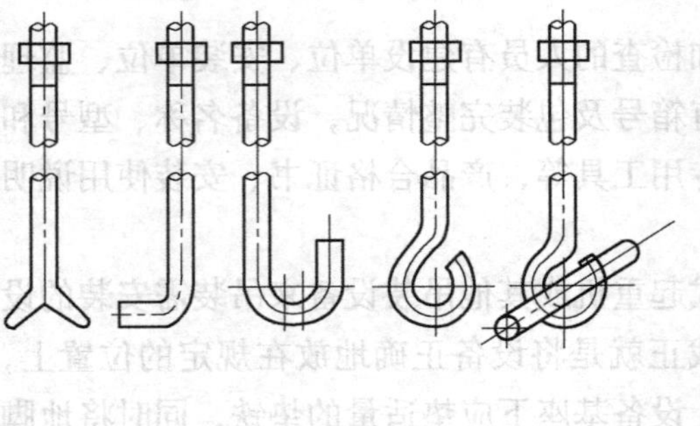

图 9-111　短地脚螺栓

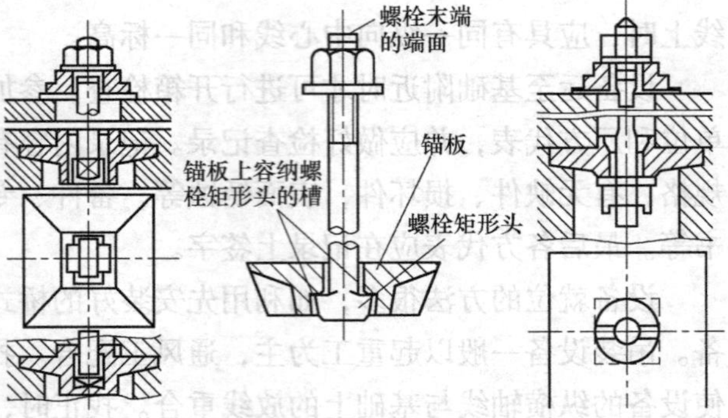

图 9-112　长地脚螺栓

表 9-50　斜垫铁和平垫铁的规格

项次	斜垫铁/mm					材料	平垫铁/mm			材料
	代号	l	b	c	a		代号	l	b	
1	斜 1	100	50	3	4	普通碳素钢	平 1	90	60	铸铁或普通碳素钢
2	斜 2	120	60	4	6		平 2	110	70	
3	斜 3	140	70	4	8		平 3	125	85	

注：1. 厚度 h 可按实际需要和材料情况决定；斜垫铁斜度宜为 1/10～1/20；铸铁平垫铁的厚度最小为 20mm。
2. 斜垫铁应与同号平垫铁配合使用，即斜 1 配平 1，斜 2 配平 2，斜 3 配平 3。
3. 如有特殊要求，可采用其他加工精度和规格的垫铁。

表 9-51　设备底座孔与地脚螺栓尺寸

设备底孔孔径/mm	12～13	13～17	17～22	22～27	27～33	33～40	40～48
地脚螺栓直径/mm	10	12	16	20	24	30	36

表 9-52　混凝土强度增长与气温的关系

温度/℃	5	10	15	20	25	30
需要天数	24	16	12	10	9	8

设备在安装时必须对设备进行清洗。设备上原已密封的、铅封的或设备技术文件中规定不得拆卸的机件，均不得拆卸清洗；加工面上的油污必须用软质刮具清除。设备表面的防锈油脂如用热煤油进行清洗，溶剂煤油的温度不应超过 65℃，也不得用火焰直接对盛煤油的容器进行加热。拆卸的设备进行清洗时，应测量被拆卸件的装配间隙和相关零件的相对位置，并做好记录和标记。未经清洗的滑动部件不得滑动。

精平是在初平的基础上对设备的水平度做进一步的调整，使它完全达到合格标准。当地脚螺栓灌浆的混凝土强度达到 70% 以上时，即可开始精平工作，如图 9-113 所示。设备的精平一般用水平仪放在一定的工作面上，测量调整水平度，纵横方向和各测点应反复测量，反复调控，直到合格为止。调好后，应分几次对称地拧紧地脚螺栓，其拧紧顺序如图 9-114 所示，然后再复查设备的水平度。精平应严格按照国家颁布的有关施工技术验收规范或设备安装说明书的规定进行。

设备精平后，要将设备底座与基础表面间的空隙用细石混凝土填满，并将除可调垫铁外的固定垫铁埋在混凝土内。基础抹面前，应使设备底座、底面和基础表面保持清洁，油污、泥土等杂物必须清除干净；灌浆、抹面的基础表面应凿成麻面，被油沾污的混凝土应进行清除，并用水彻底刷洗干净，凹处不得有积水。设备外缘的灌浆抹面层应平整美观，高度略高于设备底座底面，并略有向外坡度，以防油、水流向设备基座。精平后抹面如图 9-115 所示。

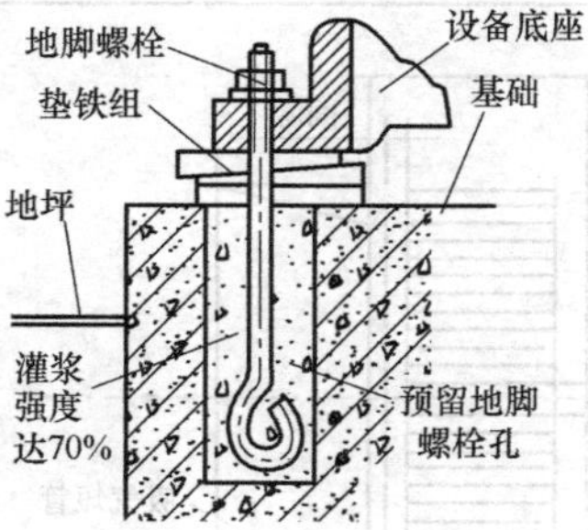

图 9-113　设备精平

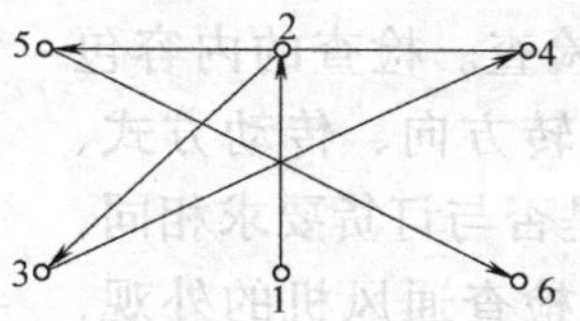

图 9-114　地脚螺栓拧紧顺序

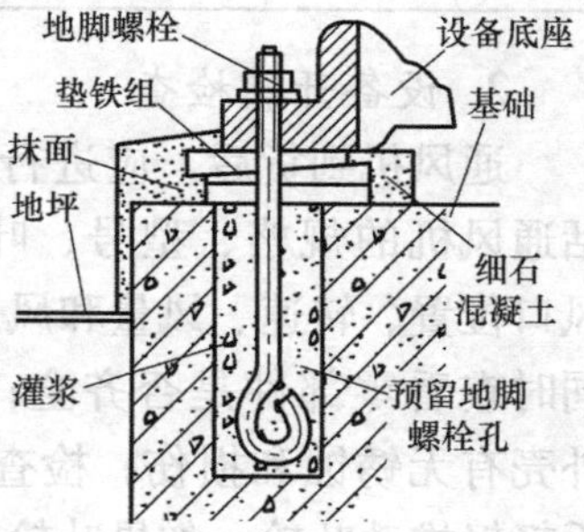

图 9-115　精平后抹面

完成上述工作后，应对设备和附属装置进行一次全面检查，均符合要求后方能进行运转。

试运转的程序是：电动机单独运转正常，并确定正确转向；先手动，后自动；先慢速，后高速；先无负荷，后带负荷；先单机运转，后联动运转。

试运转时应注意要按照程序顺序进行，上一个程序进行合格后，才能进行下一个程序。设备试运转应严格按照设备安装说明书、现行规范和施工方案进行。在试运转阶段，各专业应以设备安装调试为主相互配合，做好相应的检查和调试。

设备运转时润滑系统和相应的控制系统安全可靠，动力装置和相应的控制元件、线路安全可靠，运转中各系统的工作介质（油、水等）供应不间断、不漏泄，并保持规定的压力、数量和温度，运转中，各轴承部位不得有不正常的噪声，滑动轴承的温度一般不应超过60℃，滚动轴承的温度一般不应超过 70℃，油温一般不应超过 60℃。

试运转的全过程必须做好记录，试运转合格后应做好试车记录。

三、通风机的安装

1. 通风机安装的有关规定

通风机的型号、规格、出风方向必须符合设计规定；固定通风机的地脚螺栓应拧紧，并有防松动措施；通风机传动装置的外露部位以及直通大气的进、出口必须装设防护罩（网），或采取其他安全设施；叶轮转子与机壳的组装位置应正确，叶轮进风口插入风机机壳进风口或密封圈的深度应符合设备技术文件的规定，无要求时，可取叶轮外直径的1/100。轴流风机的叶片安装角度应一致，叶轮与筒体之间的间隙应均匀，水平度允许偏差为1/1000；运转时，叶轮旋转应平稳，停转后不应每次留在同一位置上。安装隔振器的地面应平整，各组隔振器承受荷载的压缩量应均匀，高度误差应小于 2mm。安装风机的隔振钢支、吊架，结构形式和外形尺寸应符合设计和设备技术文件的规定，焊接应牢固，焊缝应饱满、均匀。通风机安装的允许偏差应符合表 9-53 所示的规定。

表 9-53　通风机安装的允许偏差

项次	项目		允许偏差	检验方法
1	中心线的平面位移		10mm	经纬仪或拉线和尺量检查
2	标高		±10mm	水准仪或水平仪和直尺量检查
3	皮带轮轮宽中心平面偏移		1mm	在主、从动带轮端面拉线和尺量检查
4	传动轴水平度		纵向 0.2/1000 横向 0.3/1000	在轴或带轮0°和180°的两个位置上，用水平仪检查
5	联轴器	两轴心径向位移	0.05mm	在联轴器互相垂直四个位置上，用百分表检查
		两轴线倾斜		

2. 设备开箱检查

通风机到货后，应进行开箱检查。检查的内容包括通风机的规格、型号、叶轮旋转方向、传动方式、风口位置、转速、风量和风压等是否与订货要求相同，同时查看零部件是否齐全；还应检查通风机的外观，外壳有无锈蚀和损伤；检查叶轮的动、静平衡，可用手轻轻推动叶轮，如果叶轮转动到任何位置均能停止，或用手将叶轮拨到任何位置叶轮都能静止，则可认为符合质量要求。检查通风机叶轮与吸气短管之间的间隙，如图 9-116 所示，其间隙值见表 9-54。

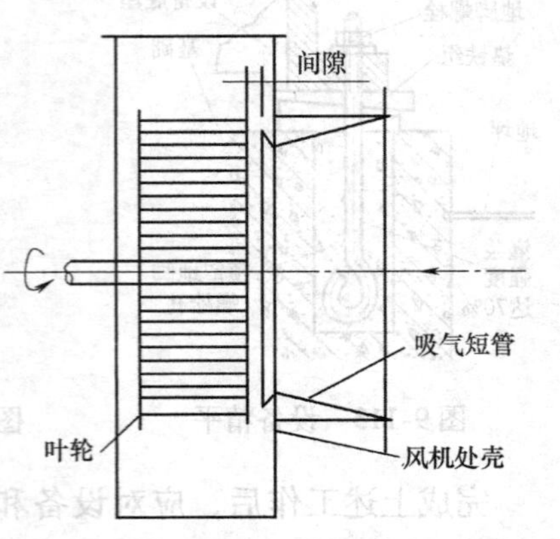

图 9-116　风机叶轮与吸气短管的间隙

检查时应做好检查结果记录，参检人员应签字确认。

表 9-54　叶轮与吸气短管的间隙值

通风机号	间隙不得大于/mm	通风机号	间隙不得大于/mm
2~3	3	6~11	6
4~5	4	12 以上	7

3. 通风机的搬运与吊装

整体安装的通风机，搬运和吊装的绳索不能捆绑在机壳和轴承盖的吊环上，与机壳边接触的绳索，在棱角处应垫好柔软材料，防止磨损机壳或绳索被切断；解体安装的通风机，绳索捆绑不能损坏主轴、轴承表面、机壳和叶轮等部件；输送特殊介质的通风机叶轮和机壳内应涂敷保护层，在搬运吊装过程中不得损坏保护层；通风机吊装时，应用牵引绳控制方向，保持平稳，防止与建筑物碰撞；搬动时不应将叶轮和叶轮轴等直接放在地面上滚动或移动。

4. 轴流通风机的安装

在砖墙（柱）上安装轴流通风机时，风机是悬装在型钢支架上的，如图 9-117 所示，

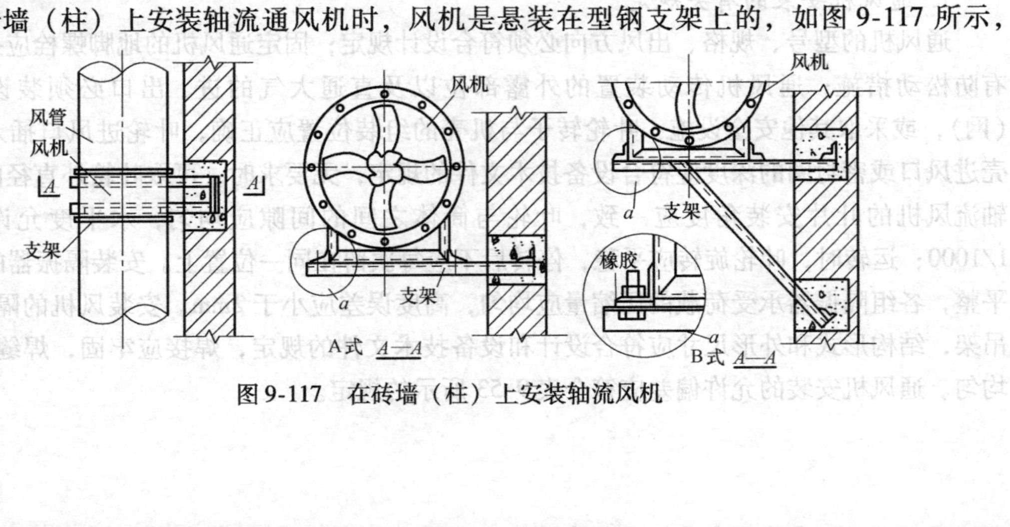

图 9-117　在砖墙（柱）上安装轴流风机

风机安装好后，两端接上风管即可。风机支架可分别采用埋设、抱箍、焊接等形式固定在砖墙或柱上。安装前应检查支架上的螺栓孔与风机螺孔是否相符，在支架安装牢固后，再将风机吊装到支架上，穿上螺杆，垫上橡胶垫，找正找平，拧紧螺母。安装时要注意气流方向和叶轮转向，不得装错。

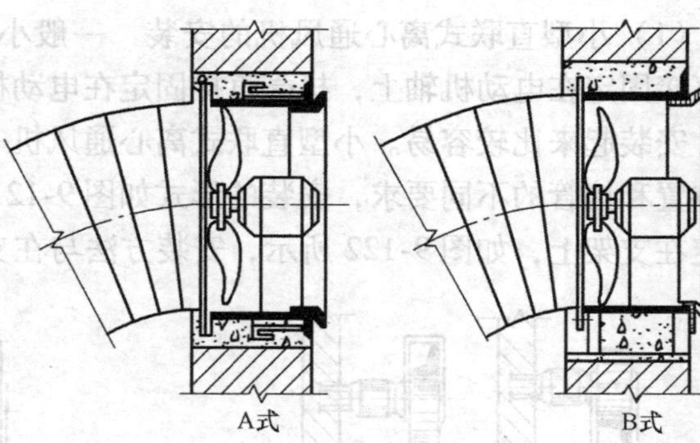

图 9-118 在墙洞内安装轴流风机

在墙洞内安装轴流通风机如图 9-118 所示。安装前，土建应留孔洞，在土建主体完工后，根据通风工程的安装进度安排施工，将轴流风机吊装到墙洞内，找平找正，用灌浆法固定，最后在墙外部装上防雨罩，在墙内部装上钢丝网或百叶风门等。

5. 离心式通风机的安装

离心式通风机规格、型号、种类很多，但机械原理和构造基本相同，传动方式共分六种，如图 9-119 所示。除一些特殊用途的风机外，离心式通风机的安装方法基本相同。

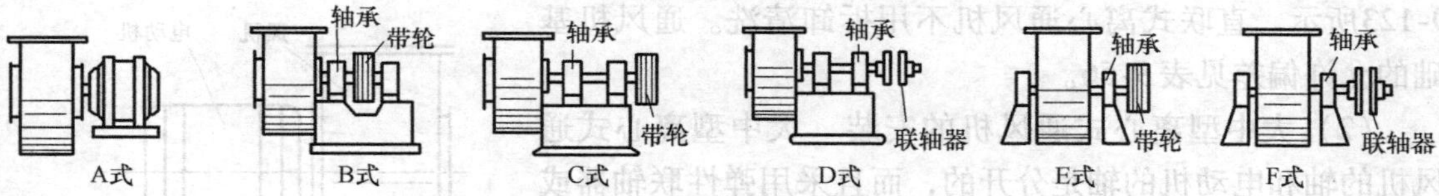

图 9-119 离心式通风机的传动方式

风机的传动方式见表 9-55。

表 9-55 通风机的传动方式

代号		A式	B式	C式	D式	E式	F式
传动方式	离心风机	直联电动机	带轮在两轴承中间	带轮在两轴承外侧	联轴器传动	双支撑带轮在外侧	双支撑联轴器传动
	轴流风机	直联电动机	带轮在两轴承中间	带轮在两轴承外侧	联轴器传动（有风筒）	联轴器传动（无风筒）	齿轮传动

风机的旋转方向和风口位置是识别风机的重要标志。有“右”、“左”之分，即从主轴槽轮或电动机位置看叶轮旋转方向，若为顺时针旋转则为“右”，若为逆时针旋转则为“左”。离心式通风机的风口位置如图 9-120 所示。

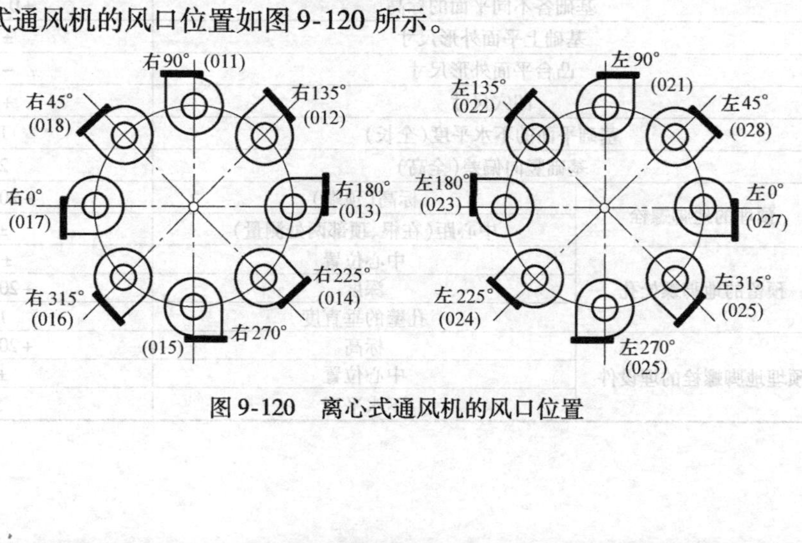

图 9-120 离心式通风机的风口位置

(1) 小型直联式离心通风机的安装　一般小型的通风机均采用直联式，即通风机的叶轮直接固定在电动机轴上，机壳直接固定在电动机的端头法兰上。安装这类风机不需要找中心，安装起来比较容易。小型直联式离心通风机一般安装在墙、柱或基础上，根据对风机风口位置和接管的不同要求，安装的形式如图9-121所示。安装时，墙、柱上设支架，把风机固定在支架上，如图9-122所示，安装方法与在支架上安装轴流风机相似。

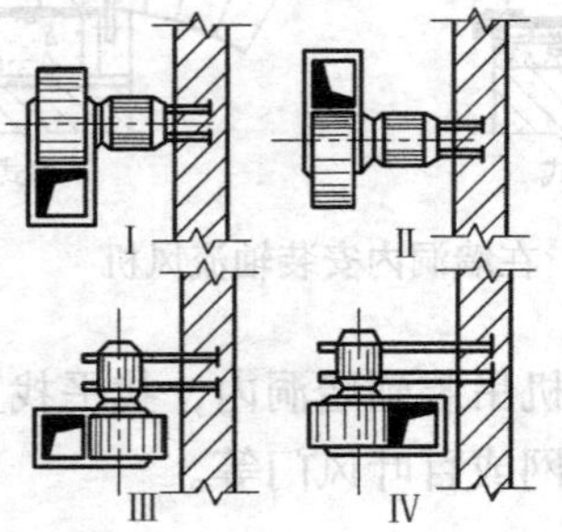

图9-121　直联风机安装的形式

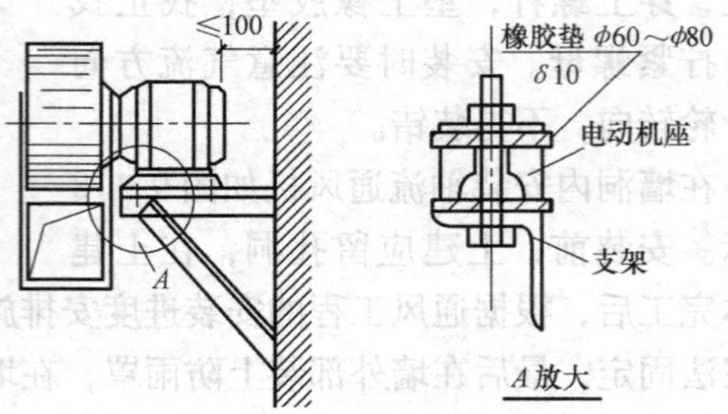

图9-122　直联风机在支架上安装

在基础上安装小型直联式离心通风机时，应按通风空调设备安装的工序进行，如图9-123所示。直联式离心通风机不用拆卸清洗。通风机基础的允许偏差见表9-56。

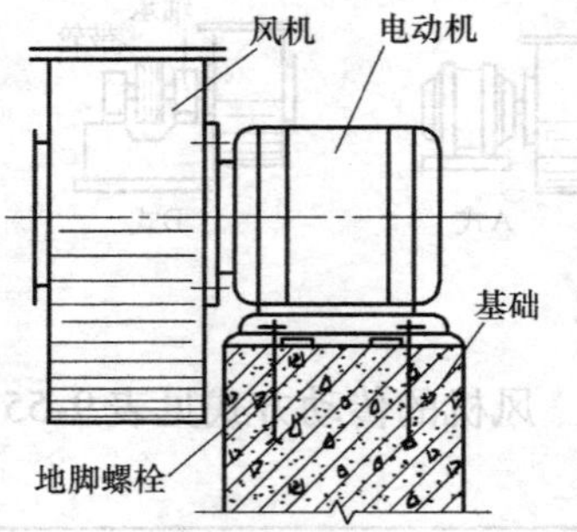

图9-123　直联风机在基础上安装

(2) 大中型离心式通风机的安装　大中型离心式通风机的轴和电动机的轴是分开的，而且采用弹性联轴器或V带传动，所以安装这类风机时必须找中心。根据风机的类型和传动方式的特点，大中型离心式通风机的基础设计是不一样的，风机在基础上的安装如图9-124所示。

安装工序如下：将风机的机壳、轴承箱打开，将叶轮、调节机构等拆卸下来清洗、检查；风机、带轮组合件和电动机等吊装到基础上后，应先进行轴承箱组合件的找正找平，轴承箱组合件是机壳和电动机找正找平的标准，它的轴心不能低于机壳中心，找

表9-56　通风机基础的允许偏差

项次	偏差名称		允许偏差值/mm
1	基础坐标位置(纵、横中心线)		±20
2	基础各不同平面的标高		+0、-20
3	基础上平面外形尺寸		±20
	凸台平面外形尺寸		-20
	凹穴尺寸		+20
4	基础平面的不水平度(全长)		10
5	基础竖向偏差(全高)		20
6	预埋的地脚螺栓	标高(顶端)	+20、-0
		中心距(在根、顶部两处测量)	±2
7	预留的地脚螺栓孔	中心位置	±10
		深度	+20、-0
		孔壁的垂直度	10
8	预埋地脚螺栓的埋设件	标高	+20、-0
		中心位置	±5
		不水平度	5

正、找平后应立即进行灌浆固定。用水平尺放在带轮上，将转动轴偏差控制在0.2mm/1000mm以内。根据联轴器组合件找正中心后，机壳以叶轮为准，采用加垫铁和拨动机壳的方法进行找正找平。

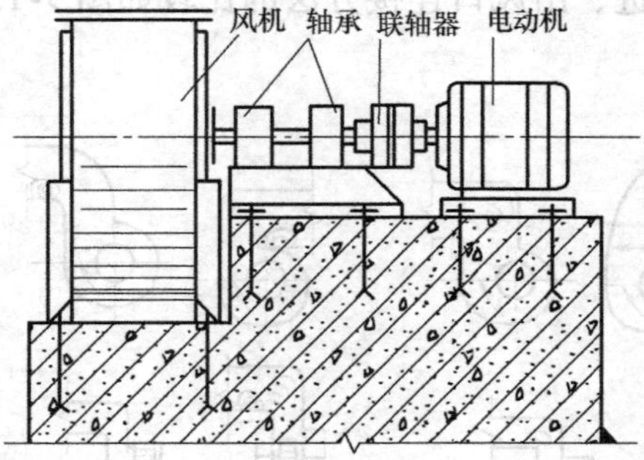

图 9-124 离心式风机在基础上的安装

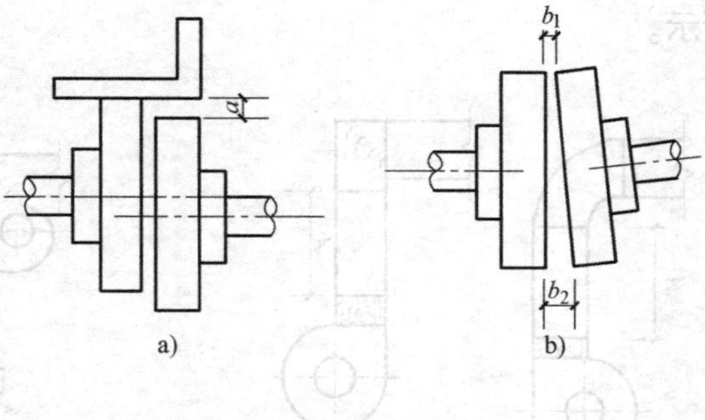

图 9-125 联轴器找正找平

a）径向偏差 b）倾斜偏差

当采用联轴器传动时，电动机应按已安好的风机进行找正，找正找平是在联轴器上进行的，如图 9-125 和图 9-126 所示。找正找平时，要在联轴器上、下、左、右四个位置上进行测量检查，联轴器的同心度径向位移应小于或等于 0.05mm，轴向倾斜应小于或等于 0.2/1000mm。

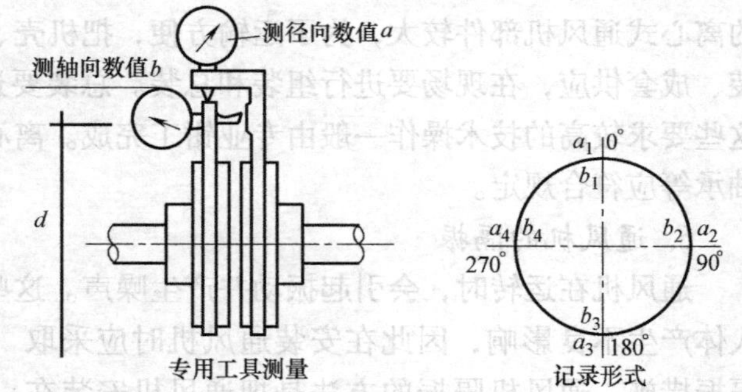

图 9-126 用百分表测量联轴器同轴度

当风机采用 V 带传动时，电动机可先用螺栓固定在电动机的两根滑轨上。滑轨的位置应能保证电动机和风机两轴的中心线互相平行，使两个带轮中心线重合并拉紧 V 带。带轮的位置偏移可采用在端面拉线的方法检查，采用拨动电动机、位移滑轨的位置进行调整。每对带轮的位置偏差允许值应小于 0.5mm、1000mm，如图 9-127 所示，V 带正确连接方式如图 9-128 所示。

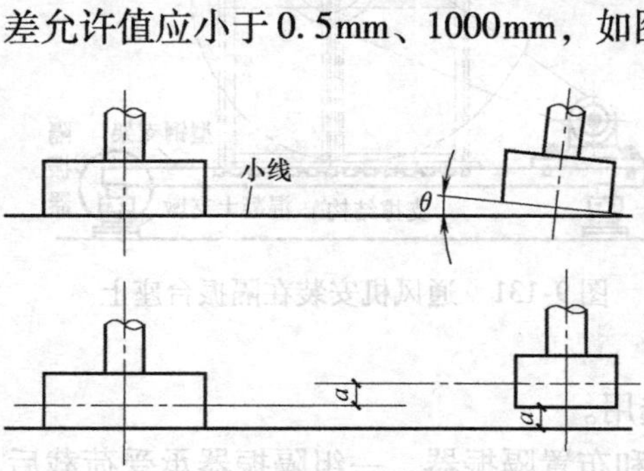

图 9-127 每对带轮的偏差检查

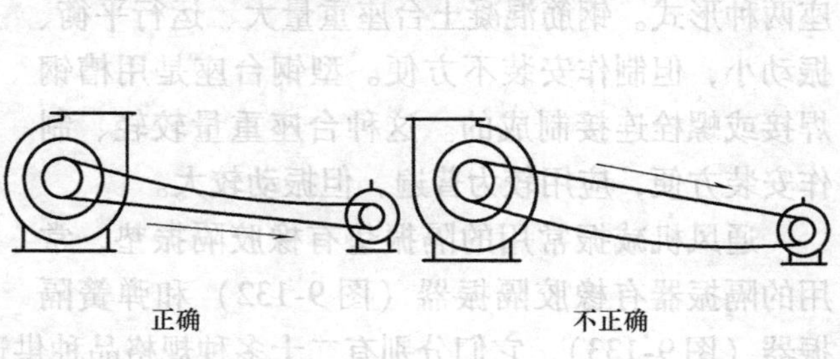

图 9-128 V 带正确连接方式

在安装好风机后，即可安装 V 带安全罩和联轴器保护罩等。输送湿度较大的空气的风机还应在机壳底部安装 $\phi15\sim\phi20$mm 的放水阀或水封弯头，高度应大于通风机的全压，管道与机壳连接处应做防腐处理。如轴承是用水冷却的，则应安装给水管和排水管。

离心式通风机进、出口的动力较大，局部阻力较大，因此，风机的出口应顺叶轮旋转方向接出弯管。在现场条件允许的情况下，应保证出口至弯管的距离大于或等于风机出口长边的1.5~2.5倍。如条件达不到此要求，应在弯管内设导流片，如图9-129所示。风机进口管的安装方法与出口管的安装方法基本相同。通风机进、出风口连接方法的比较如图9-130所示。

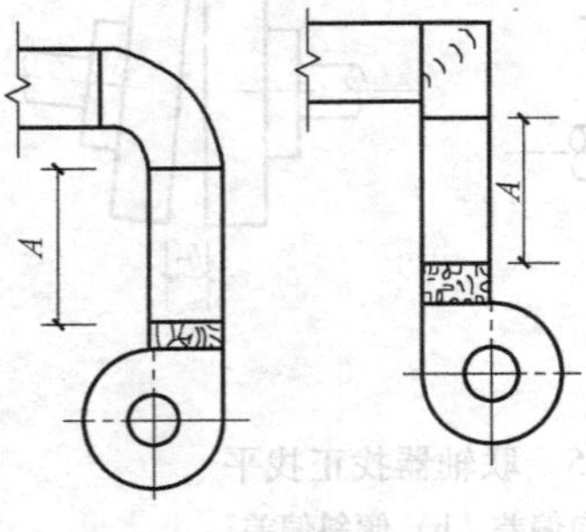

图9-129 风机出口接管

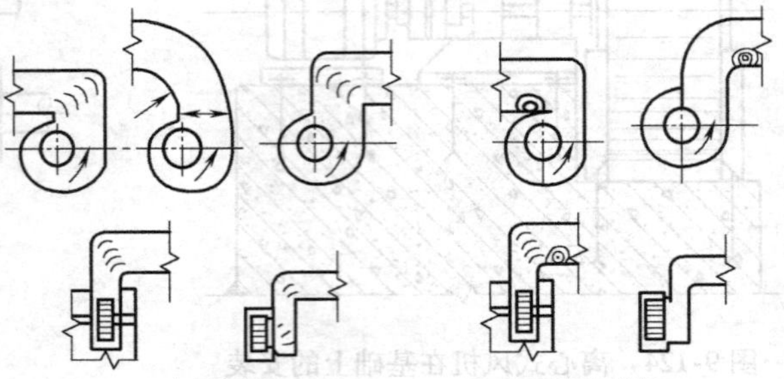

图9-130 通风机进、出风口连接方法的比较

（3）大型离心式通风机的安装 安装工序与通风空调设备安装工序基本相同。较大型的离心式通风机部件较大，为了运输方便，把机壳、叶轮、轴与轴承等部件和电动机分别包装、成套供应，在现场要进行组装和总装。总装要进行拆卸、清洗、轴互研刮等多项工作，这些要求较高的技术操作一般由专业钳工完成。离心式通风机总装后，间隙、叶轮、主轴和轴承等应符合规定。

6. 通风机的隔振

通风机在运转时，会引起振动并产生噪声。这些振动和噪声会对精密设备、建筑结构和人体产生不良影响，因此在安装通风机时应采取隔振措施。通风机隔振的方法是把通风机安装在隔振台座上，在台座与楼板或基础之间安装隔振器或隔振垫衬，如图9-131所示。

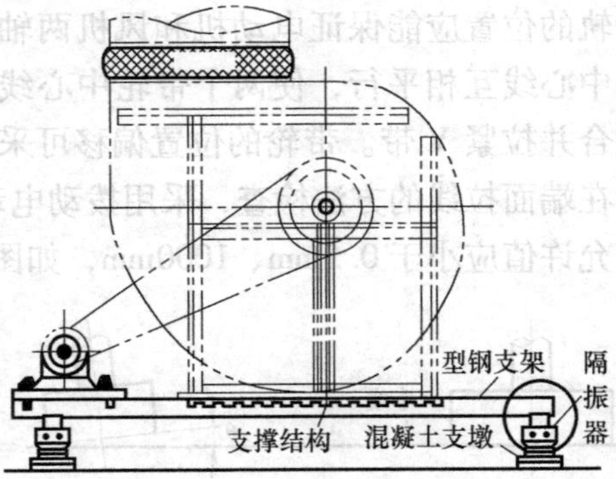

图9-131 通风机安装在隔振台座上

常见的隔振台座有钢筋混凝土台座和型钢台座两种形式。钢筋混凝土台座重量大、运行平衡、振动小，但制作安装不方便。型钢台座是用槽钢焊接或螺栓连接制成的。这种台座重量较轻、制作安装方便，应用较为普遍，但振动较大。

通风机减振常用的隔振垫有橡胶隔振垫，常用的隔振器有橡胶隔振器（图9-132）和弹簧隔振器（图9-133），它们分别有二十多种规格品种供选用。

安装隔振器时，要求地面平整，按设计要求选择和布置隔振器。一组隔振器承受荷载后的压缩量应均匀，不得偏心。安装后如发现隔振器的压缩量或受力不均匀，应及时调整。

7. 通风机的试运转

在通风机安装完备后，应进行风机的试运转。首先应检查进、出口阀门启闭是否灵活，并在相关处加上润滑油，关闭进、出口阀门；用手盘动叶轮，检查有无卡阻或摩擦现象、叶轮旋转方向是否正确；试运转的安全措施到位；起动风机，并慢慢开启进、出口阀门，以防

图 9-132 橡胶隔振器

图 9-133 弹簧隔振器

止因风机起动时电流强度大而跳闸。试运转时间一般为 2h，滑动轴承的最高温度不得超过 60℃，滚动轴承最高温度不得超过 70℃。试运转中若发现问题，应立即查出原因，进行调整，试运转过程要做好记录。试运转合格后，立即做出试车记录，相关人员应在记录上签字。

四、空调机组的安装

空调机组多为整体组合式设备，只需按照要求进行组装即可。空调机组分为立式和卧式，安装分为落地式安装及吊顶安装。组合式空调机组的垂直与水平运输主要以机械进行，机械运输可采用起重机、塔式起重机、倒链、叉车等，也可采用人工运输。

空调机组安装工序如下：基础验收、测量放线（同时进行空调机组本身检查试验）→底座安装→组合安装→连接配管→调整。

1. 基础的验收

对基础的验收、测量放线应符合下列规定：

基础表面高出地面的高度应考虑凝结水水封高度差，基础表面无蜂窝、裂纹、麻面、露筋：水平度、标高和平面位置及主要尺寸等符合设计要求：当设计无要求时，基础高度不得小于 150mm，并满足产品技术标准要求，基础旁留有至少与机组宽度同长的空间，可用于拆卸盘管和抽取过滤器和其他检修。

盘管和过滤器的长度略短于机组宽度，为了拆卸盘管和抽取过滤器，基础旁必须留有至少与机组宽度同长的空间。

2. 机组的检查

机组安装前应检查如下内容：

风机段、表冷段、过滤段等功能段尺寸、规格、参数符合设计要求，外表无粉尘及内部无杂物，各机段应按设计排列的顺序编号。

打开设备活动面板，以手盘动风机叶轮，检查叶轮是否与机壳碰撞发出金属摩擦声，风机减振部分是否符合要求。检查电动机接线应正确无误，手盘叶轮，叶片转动灵活、方向正确，机械部分无松脱，电气部分不漏电，声音正常，机组凝结水盘应贴有保温材料。

3. 机组的安装

组合式空调机组的机段一般与金属槽钢底座配套供货到现场，利用底座上的吊装孔垂直吊运，以叉车或卷扬机等水平卸落在基础上，就位后检查机组框架、连接管道、挡水板、过滤器框架等有无损伤。减振要求较高或风机不带减振器时应在底座下按厂家使用说明书或设计要求安装减振装置，无说明书或设计要求时，振动频率较低底座可垫减振橡胶。

对于有喷淋段的空调机组组装时，首先安装喷淋段，再组装两侧的其他功能段。

第一机段安装完毕后，将机组配带的密封胶条粘贴在第二机段的框架组对连接面上，以同样方式将第二机段吊运到基础上，向第一机段靠拢至约5~10mm间隙时，用长直尺检查机段连接处外框垂直立面重合时，将第二段轻轻推动直到连接口贴合，用密封胶条将两连接面粘贴在一起。然后在机组内部四角以连接片、螺栓、螺母将两机段连接，再次检查连接处紧密性、平整度后紧定螺栓，余下机段用同样方法组对连接。与加热段连接的机段应采用耐热密封胶粘接。

现场组装的机组，机段结合缝的严密性是机组安装质量的重点，是直接影响漏风量试验的关键，因此，结合面贴密封胶、对口连接是非常重要的工序，必须工序到位、检验仔细。

机组冷热进出水均以柔性接头与机组连接，单独设置支、吊架，盘管的水流方向和气流方向为逆流方式。蒸汽盘管的接管有坡度、坡向，安装有疏水器、补偿器。同时还应考虑在冬季防止盘管、管路的水冻结的措施。

机组的安装空间应满足基础离墙不小于200mm，机组基础地板距离地面不小于100mm，且能满足凝结水排放坡度要求；空调箱顶部有风管时，上部空间不小于1600mm，顶部无风管时，上部空间不小于500mm。

组合式空调机组的功能段如图9-134所示，结构示意如图9-135所示。

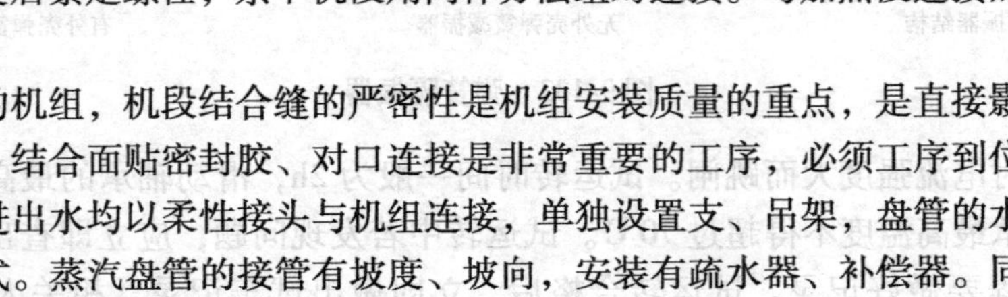

图9-134 组合式空调机组的功能段

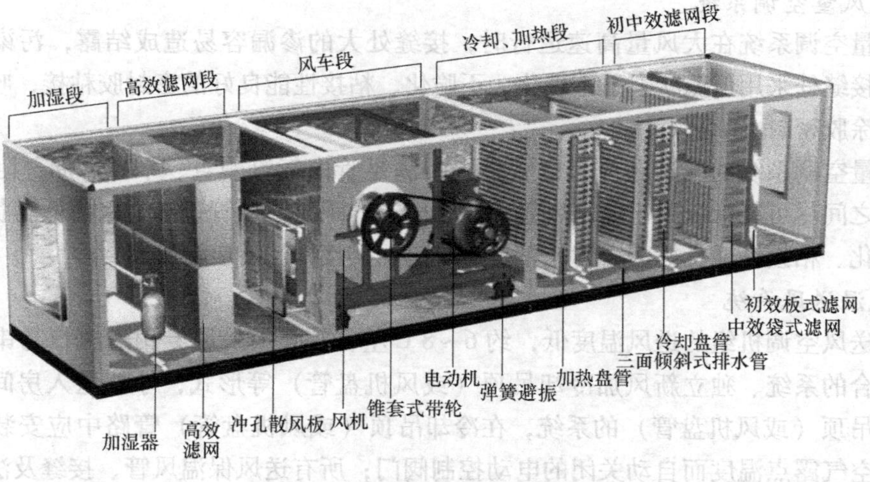

图 9-135　组合式空调机组结构示意

4. 机组风系统调节阀、止回阀、回风箱、过滤器等附件的安装

机组送回风口处安装带防火性能的调节风阀，与机组的接口采用法兰连接，有防止气流倒流要求的系统应安装止回阀，止回阀通常采用铝合金制作，保证重量轻、启闭灵活、防火、防烟，截面尺寸应保证风速不小于8m/s。

当系统不是集中回风方式时，机组应设置回风箱，回风箱下设型钢支架，系统安装、清理、单机调试完成后具备整体试运行条件时，向过滤器装入过滤网。

风系统管路，新风机组处理后的干燥空气管路与回风管路严密性好，没有介质的渗漏。

5. 水系统调节阀、过滤器及凝结水存水弯的安装

系统供回水管道以闸阀或截止阀作为调节阀或检修阀，要求较高的系统，以电动阀作为调节阀调节供回水量，电动阀前后安装闸阀或截止阀，作为切断检修，同时安装旁通管路，采用法兰或螺纹连接。

进出水管道上安装压力表、温度计，进水管压力表、温度计位于过滤器下游。出水管压力表、温度计位于调节阀组前。

冷冻水回水管出口安装放气阀，用于运行前的空气放空，采用法兰或螺纹连接，进水口管道上安装过滤器，以防堵塞换热器，为便于维修，过滤器前安装检修切断阀，采用法兰或螺纹连接。

表冷段凝结水管道必须设置P或S形存水弯，方可排放至地漏，以保证空调机组内部的负压。

6. 温湿度独立控制系统

温湿度独立控制系统主要采用溶液式除湿加机械制冷降温及城市热网或自备锅炉热源再生的方式，溶液管路连接要求密封良好，无渗漏，动力装置接线正确，通电起动后运转正常，介质流向正确。

新风除湿箱体内的溶液在塔板上应喷洒均匀，没有偏斜或集中流淌的现象，处理显热的辐射板、干式风机盘管等与新风口的安装布置有利于气流组织的均衡分布，气流流动顺畅自然。再生系统配管正确，管路无渗漏。

7. 变风量空调系统

变风量空调系统在大风量高速运行时，接缝处大的渗漏容易造成结露，污染顶棚。因此，风管接缝处采用低温状态下不硬化、不脆化、粘接性能良好的密封胶粘接，咬口、铆接部位均应涂胶密封。

变风量空调系统的安装还应考虑管件安装满足管内气流顺直、平稳、局部阻力小的要求，管件之间尽可能保证大于四倍风管大边长以上的距离。风管接缝处采用低温状态下不硬化、不脆化、粘接性能良好的密封胶粘接，咬口、铆接部位均应涂胶密封。

8. 低温送风系统

低温送风空调机组的送风温度低，约6~8℃左右，必须采用专用送风口与串联型变风量末端结合的系统、独立新风加冷却吊顶（或风机盘管）等形式，才能送入房间；独立新风加冷却吊顶（或风机盘管）的系统，在冷却吊顶（或风机盘管）管路中应安装有当进水温度低于空气露点温度而自动关闭的电动控制阀门；所有送风保温风管、接缝及法兰连接部位没有空隙，无冷桥现象。

9. 新风机组

新风机组在冬季空气温度低于0℃的寒冷地区，冷空气直接与新风机组接触，容易造成换热器冻裂，因此要求换热器必须安装排气阀（通气阀）、泄水阀，必须设置自控连锁防冻监控装置。

10. 风机盘管机组的安装

风机盘管机组主要由风机和盘管换热器组成。风机盘管机组有立式和卧式两种，按安装方式分为明装和暗装两种。

风机盘管安装前应进行单机试运转和水压减漏试验，试验压力为系统工作压力的1.5倍，试验观察时间为2min，不渗漏为合格；机组应设独立支、吊架，安装的位置、高度和坡度应正确，固定应牢固；机组与风管、回风箱或风口的连接应严密、可靠。

立式明装安装在室内地面上，立式暗装设在窗台下，送风口方向在上方或前方，如图9-136所示。卧式明装吊装在天花板下或门窗上方；卧式暗装吊装在顶棚内，回风方向可在上方或前方，如图9-137所示。机组安装时必须清洁进、出口水管，保证绝热性能，凝水管不得有压扁、折弯等现象，应使排水管畅通；立式安装时机组不得倾斜，卧式机组在吊装机组时应保持水平，切勿使凝水管一端拔高造成凝水外溢。

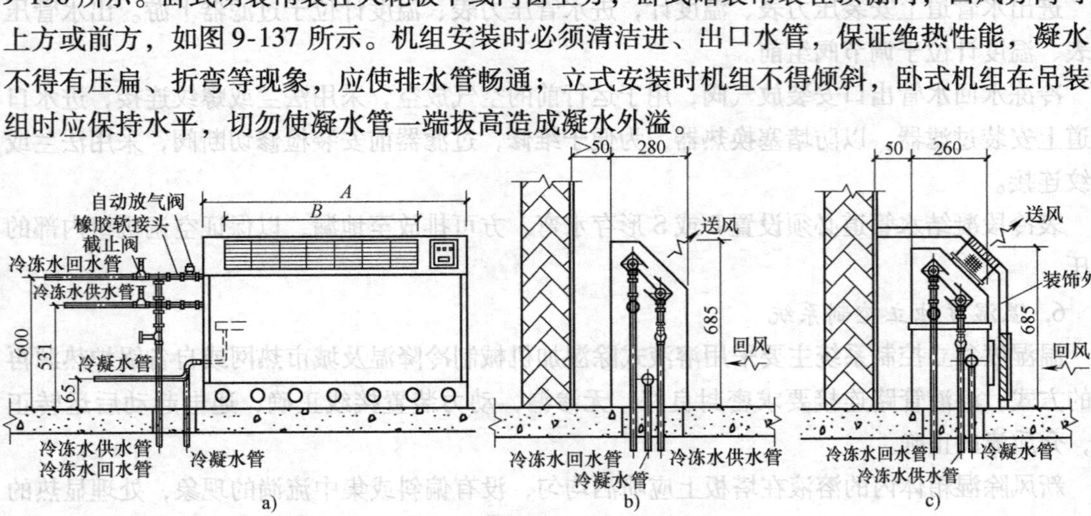

图9-136 明装与暗装的立式风机盘管机组

a）立面安装图 b）倾面安装图 c）暗装侧面图

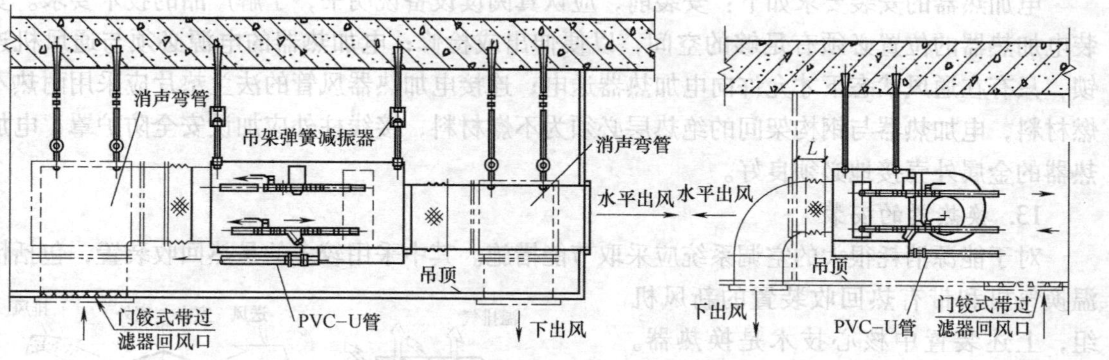

图 9-137 暗装卧式风机盘管

11. 诱导器的安装

诱导器是一只箱式回风器，它是利用一次风为动力而不用风机的空调箱，如图 9-138 所示。诱导器可分为立式和卧式两种；按对诱导风能否进行局部处理来分，有简易诱导器和冷热诱导器两类。

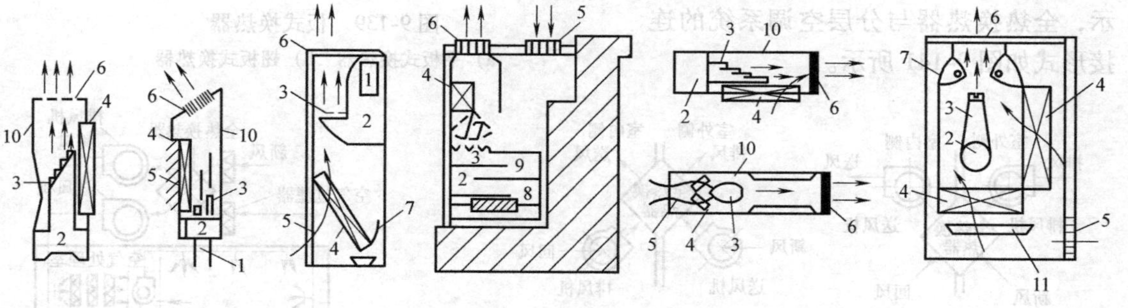

图 9-138 空气诱导器

1—初次风连接管 2—静压箱 3—喷嘴 4—冷热风器 5—回风口 6—送风口 7—调节阀 8—百叶窗 9—消声挡板 10—外壳 11—水盘

诱导器安装前应进行检查：各连接部分应无松动、变形和破裂现象；喷嘴无脱落、堵塞；静压箱封头处的密封材料应无裂痕、脱落现象；初次风量调节阀应灵活可靠，检查后调到全开位置，以便安装后进行系统调试。

诱导器应按设计要求就位安装，卧式暗装诱导器应用支、吊架固定，以便拆卸和维修；诱导器与水管的连接宜用软管，接管应平直，严禁渗漏。诱导器水管接头方向和回风面朝向应符合设计要求；诱导器与风管连接处应严密，防止漏风；立式双面回风诱导器靠墙一面应留出宽 50mm 的空间，以利回风；卧式双面回风诱导器靠墙一面应留足够的空间；诱导器与风管、回风风口的连接处应严密；有叶格栅的诱导器出风口或回风口有效通风面积不能小于 80%；诱导器的进、出水管接头和排水管接头不得漏水，排水坡度应正确，凝结水管应畅通。进、出水管应绝热，防止产生凝结水。

12. 电加热器的安装

电加热器体积小，反应灵敏，便于自动控制和检修，但耗电量大，所以适用于高精度的空调房间或加热量较小的空调系统作二次加热使用。

电加热器的安装要求如下：安装前，应认真阅读设备说明书，了解产品的技术要求。安装电加热器的位置必须有足够的空间，以便伸出或检修；电加热器的电源必须与通风机连锁，只有在通风状态下才允许向电加热器送电；连接电加热器风管的法兰垫片应采用耐热不燃材料，电加热器与钢构架间的绝热层必须为不燃材料，接线柱外应加设安全防护罩；电加热器的金属外壳接地必须良好。

13. 换热器的安装

对于能源消耗很大的空调系统应采取节能措施。其中采用较多的是热回收装置，包括恒温换气机和带有热回收装置的新风机组，上述装置中核心技术是换热器。换热器分为板式换热器和转轮换热器。

板式换热器又分为平板式和翅板式两种，如图 9-139 所示。安装板式换热器时，要注意接口与相应风管的正确连接，不得接反。全热换热器与送、排风机的连接形式如图 9-140 所示，全热换热器与分层空调系统的连接形式如图 9-141 所示。

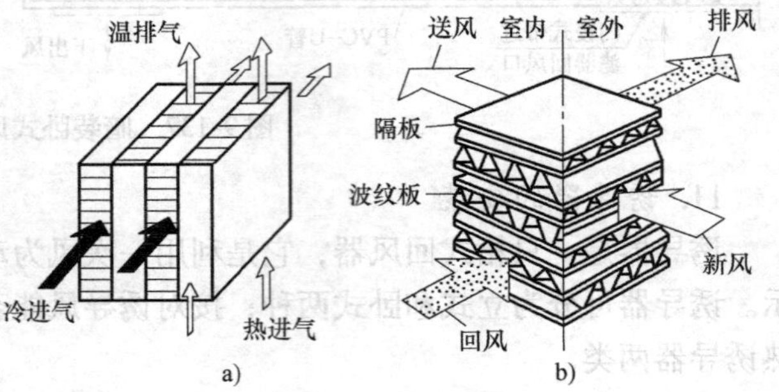

图 9-139 板式换热器
a）平板式换热器 b）翅板式换热器

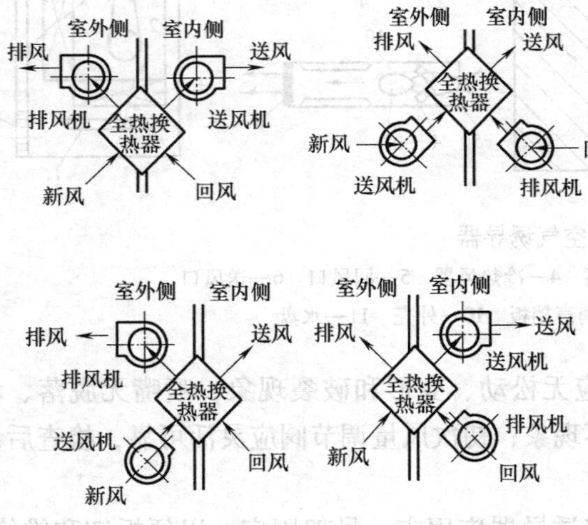

图 9-140 全热换热器与送、排风机连接形式

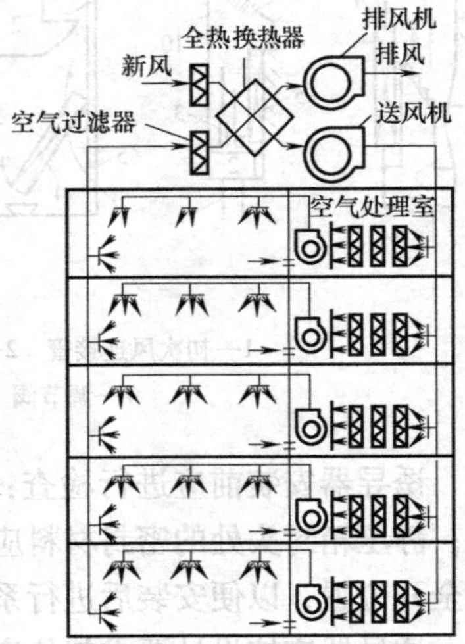

图 9-141 全热换热器与分层空调系统的连接形式

转轮式换热器是一种蓄热蓄湿型换热器，如图 9-142 所示，新风和回风分别在上、下两个平行面对向通过回转着的转轮的转芯部分。转轮蓄贮着从回风中获得的热能，当转向另一侧时，这些热能又被新风带走。转轮式换热器的安装与板式换热器的安装基本相同，应做到安装位置、转轮旋转方向和接管正确，运转平稳。

热管换热器是一种回收热量的空调装置，如图 9-143 所示，主要传热元件是热管，多根热管组成热管换热器。安装热管换热器应注意以下要求：换热器的一端连接新风管和送风管，另一端连接回风管和排风管，连接处应使用软管连接；为提高换热效率，应使两侧气流呈逆流状态；换热器在空调系统中必须水平安装或按设计角度倾斜安装，不允许垂直安装；为避免换热器的两股气流间发生交叉污染，要求换热器中分隔板与分热管的连接处严密不漏；还应保证凝结水的排出畅通。

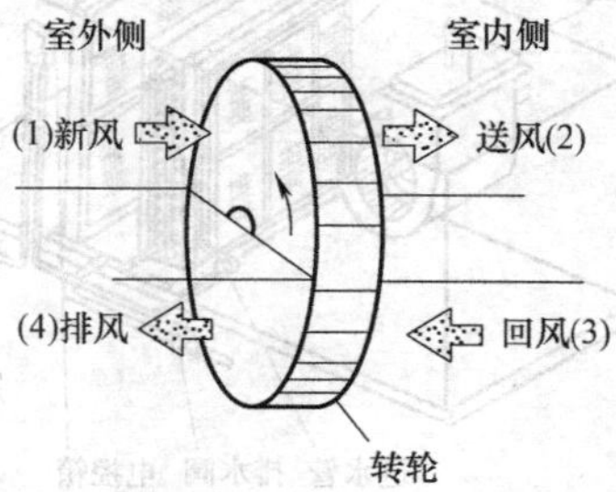

图 9-142　转轮式换热器

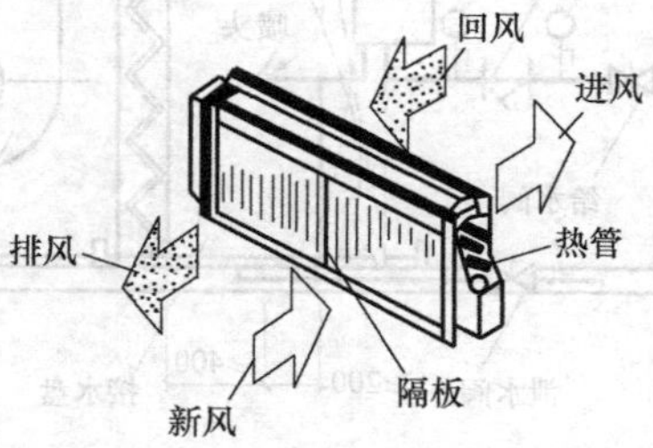

图 9-143　热管换热器

14. 加湿器的安装

加湿器有干蒸汽加湿器、电热加湿器、高压喷雾加湿器和湿膜加湿器等。

干蒸汽加湿器安装前要了解设计要求和加湿器的说明书，按照要求和规定进行安装；加湿器的蒸汽喷管不应朝下；应设立独立支架，并固定牢固，接管尺寸正确，无渗漏等。干蒸汽加湿器如图 9-144 所示。

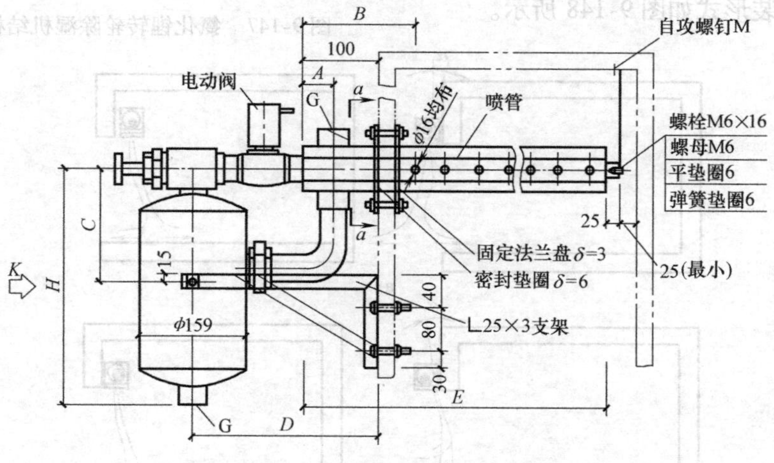

图 9-144　干蒸汽加湿器

电加湿器是由置于水槽内的管状电热元件加热水，使其产生蒸汽，从而达到加湿空气的目的。高压喷雾加湿器的连管方式如图 9-145 所示，湿膜加湿器的安装示意图如图 9-146 所示。

15. 除湿机的安装

除湿机多采用氯化锂转轮除湿机，其结构原理如图 9-147 所示。在安装转轮除湿机前，应了解设计要求和除湿机说明书，按照有关规定进行安装；转轮除湿机应安装牢固，转轮和传动部件应灵活、可靠，方向正确，处理空气与再生空气接管应正确。排风水平管须保持一定的坡度，并坡向排出方向。

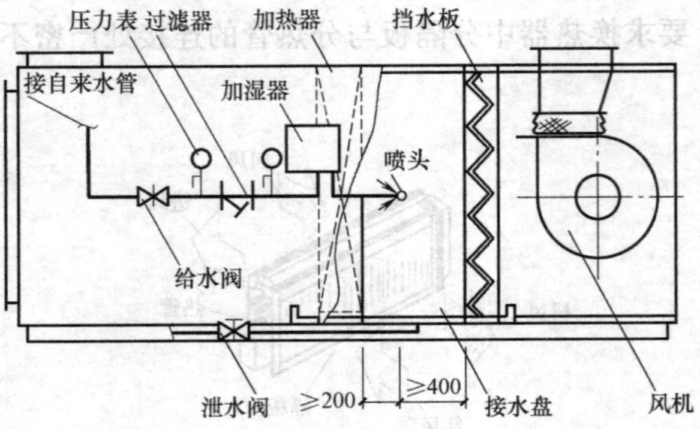

图 9-145 高压喷雾加湿器的连管方式

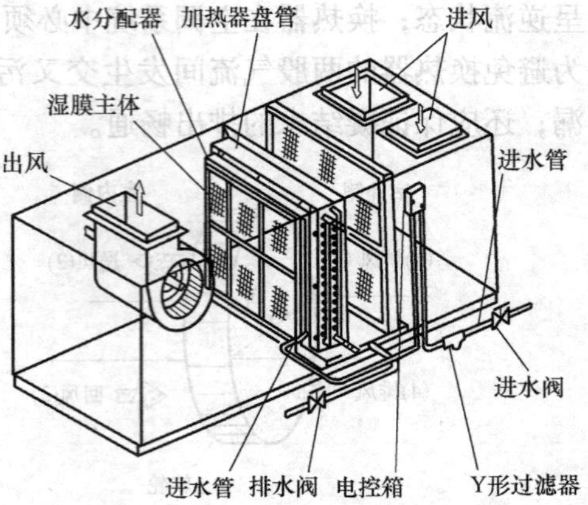

图 9-146 湿膜加湿器的安装示意图

16. 空气风幕机的安装

空气风幕机安装前应了解设计要求和风幕机的说明书，按照设计要求和说明书的规定进行安装；空气风幕机的安装位置、方向应正确，牢固可靠，纵向垂直度与横向水平度的偏差不应大于2/1000。空气风幕机的安装形式如图 9-148 所示。

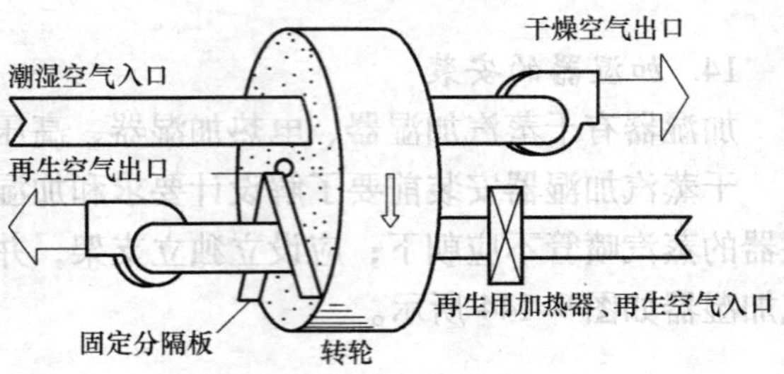

图 9-147 氯化锂转轮除湿机结构原理

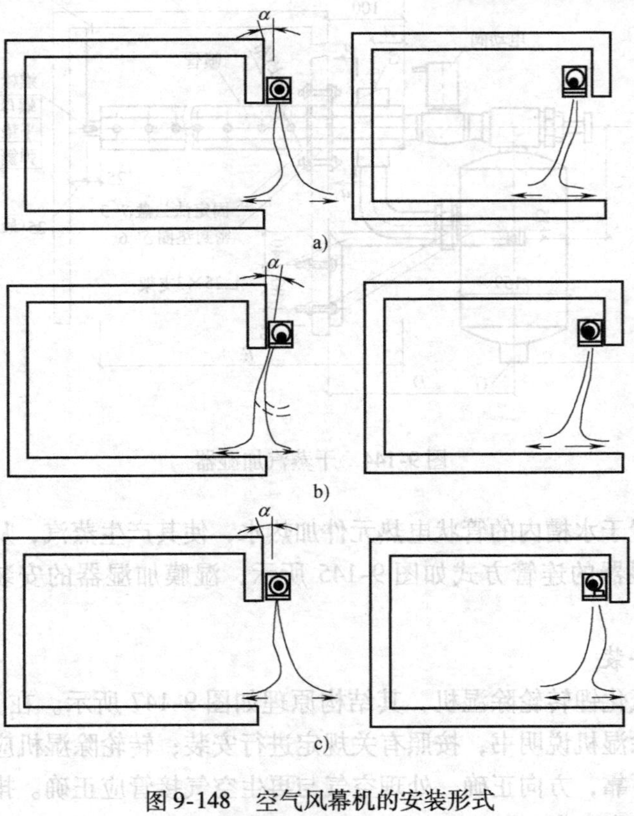

图 9-148 空气风幕机的安装形式

a）室内温度等于室外温度 b）室内温度大于室外温度 c）室内温度小于室外温度

17. 窗式空调器和壁挂式空调器的安装

窗式空调器可装在窗框或窗台上。它主要用于要求环境温度比较恒定的房间，作降温、采暖、通风之用。安装窗式空调器时，应按设计要求和设备说明书进行安装，固定应牢靠，并设防雨遮罩，罩体不得阻碍冷凝器排风。

壁挂式空调器室内机安装在房间的墙壁上，安装应按照设计或设备说明书进行。它的安装比窗式空调器要简单得多，只需在空调房间的适当墙壁上安上铁件，将其挂上即可，室外机组安装在外墙的支架上，一般室外机的安装位置低于室内机。

五、净化设备及洁净室的安装

1. 净化设备的安装

静电空气过滤器是利用电晕放电和静电场对荷电粒子相互作用的原理来净化空气中灰尘的，具有过滤效率高、空气阻力低、积尘后阻力变化小等优点。但它不适用于含有爆炸性气体、在低温下有可燃油雾或油气、高湿（相对湿度大于70%）或高温空气等场所。安装静电过滤器时要求牢固、平稳，与风管或风机连接的部位应设有柔性接管。过滤器的金属外壳接地必须良好，接地电阻应在4Ω以下。

自动浸油过滤器的安装：安装前应将链网清扫干净。安装时，要求传动机构的动作灵活；机组与预埋框架之间、两台以上并列安装的接缝处应垫10mm的耐油橡胶板，使接缝严密；过滤网的传动方向必须自下而上迎向进风方向，传动方向如图9-149所示。

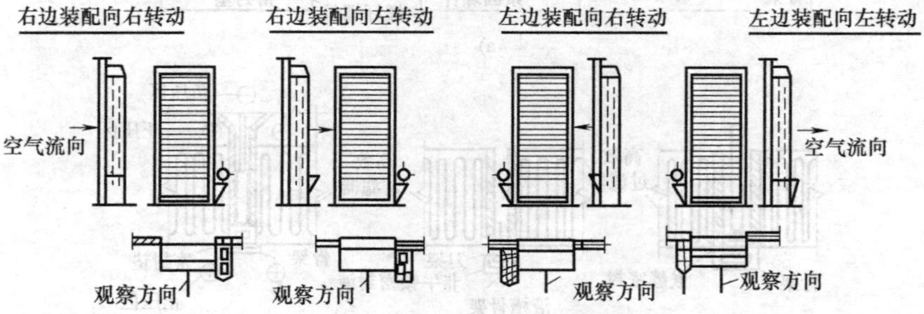

图9-149 自动浸油过滤器的传动方向

过滤吸收器的安装方向必须正确，应设独立支架，与室外的连接管段应严密牢靠，不得泄漏。

在安装风机过滤器单元（FFU、FMU）之前要熟悉设计要求和过滤器安装的规定，按照要求进行安装。安装风机过滤器单元的高效过滤器前，洁净室或净化空调系统已进行全面清扫，且系统连续试车12h以上；高效过滤器应在现场拆开包装后进行安装，安装前应进行外观检查和仪器检漏，目测不得有变形、脱落、断裂等破损现象，仪器抽检检漏应符合产品质量文件的规定，合格后立即进行安装；安装方向必须正确，安装后的高效过滤器四周和接口应严密不漏，在调试前应进行扫描检漏；安装后机组要便于检修；风机过滤器单元FFU安装后应保持整体平整，与吊顶衔接良好。风机箱与过滤器之间的连接，过滤器单元与吊顶框架间应有可靠的密封措施；系统试运转时，必须在进风口处加装临时中效过滤器作为保护。

2. 空气过滤器的安装

空气过滤器的安装要求应安装平整、牢固、方向正确，过滤器与框架、框架与围护结构之间应严密无穿透缝；框架式或粗效、中效袋式空气过滤器的四周与框架应均匀压紧，无可见缝隙，并应便于拆卸和更换滤料；卷绕式过滤器的框架应平整，展开的滤料应松紧适度，上下筒体应平行。

3. 高效过滤器的安装

高效过滤器应在洁净室和净化空调系统进行全面清扫和系统连续试车12h后，在现场拆开包装，进行外观检查和仪器检漏，目测不得有变形、脱落、断裂等破损现象，仪器抽检检漏合格，方可进行安装，安装后的高效过滤器四周和接口应严密不漏，在调试前应进行扫描检漏。

高效过滤器与洁净室围护结构相连的接缝必须密封；高效过滤器采用机械密封时，应采用密封垫料，厚度为5～6mm，并定位贴在过滤器边框上。安装后，垫料的压缩应均匀，压缩率为25%～50%；采用液槽密封时，槽架应水平，不得有渗漏现象，槽内应无污物和水分，槽内密封液高度宜为2/3槽深，密封液的熔点应高于50℃。

高效过滤器的安装方法有密封垫法、涂密封胶法、液封法和负压密封法等方法，如图9-150所示。

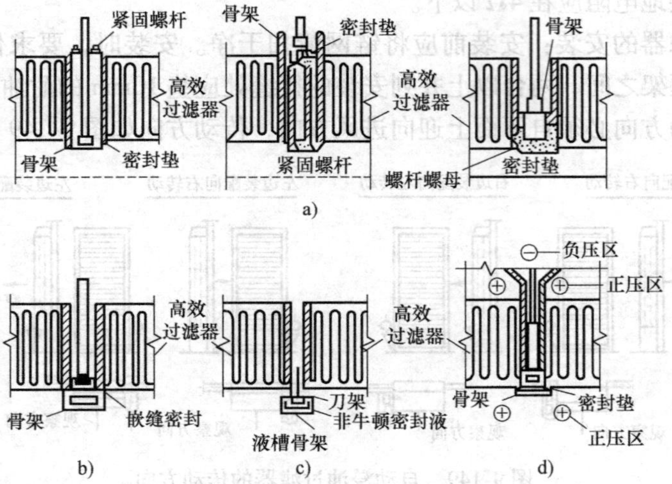

图9-150 高效过滤器的安装方法
a）密封垫法 b）涂密封胶法 c）液封法 d）负压密封法

密封垫法是在过滤器与安装框架之间缝隙部位垫上密封材料，利用机械压紧装置将其压紧以实现密封。密封垫材料可采用闭孔海绵橡胶或氯丁橡胶板。这种密封方式适用性强，在水平面或垂直面上安装高效过滤器时均可使用。

涂密封胶法是将密封胶涂在高效过滤器与安装框架之间的缝隙中，以达到密封的目的。

液封法又称液槽密封法，将过滤器框出风侧的端面和安装框架的一端做成刀架，另一端做成凹槽，槽内注入常温常压下不流动的粘胶状液体，当高效过滤器靠自重就位后，刀架与凹槽相互承插，在液槽内形成密封。通常将安装框架断面做出开口向上的凹槽，槽内储存液体，再将过滤器出风端面的边框做成刀架，过滤器就位时，刀架插入液槽则可实现密封。液封法与密封垫法、涂密封胶法相比，具有极高的气密性，构造简单，安装方便，因而得到广泛应用。

负压密封法是由相邻洁净室的空间造成负压，用以防止污染空气通过缝隙进入洁净室。

这种方法是从正压控制的角度来实现密封的。当安装缝隙出现泄漏时，泄漏只能朝向洁净室以外的负压空间，而不能进入洁净室内。

高效过滤器常装在技术夹层或夹道内的风管上，如有渗漏，只能渗漏到夹层或夹道内，不会影响到洁净室的洁净度。高效过滤器在风管上的安装，如图 9-151 所示，它用于散流器顶送或百叶风口侧送等送风方式。高效过滤器在湍流洁净室顶棚送风口的安装可分为上装式和下装式，如图 9-152 所示。

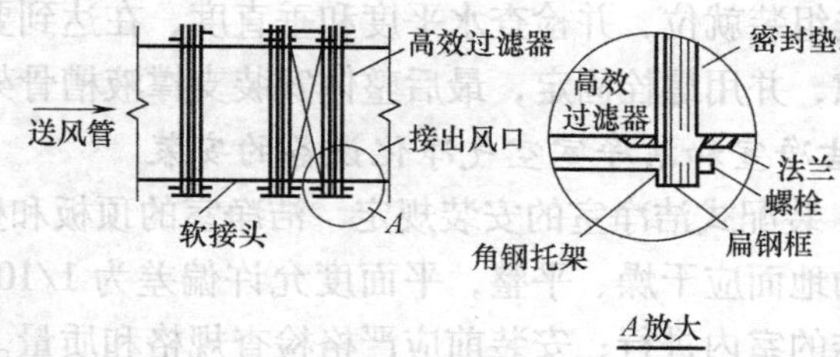

图 9-151 高效过滤器在风管上的安装

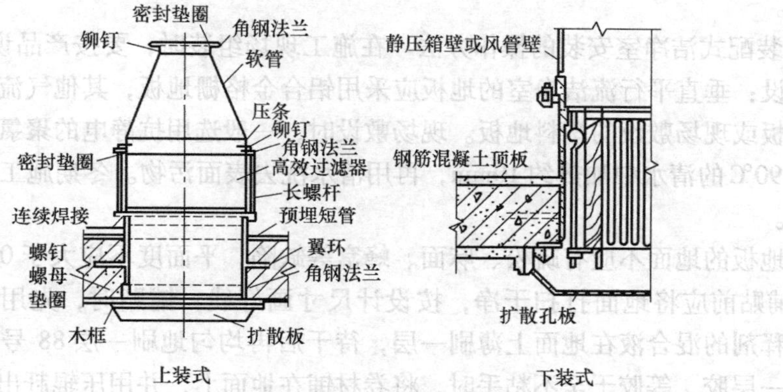

图 9-152 在顶棚送风口安装高效过滤器

上装式由于管道内处于正压，密封垫处如有漏气，只能从管内透过过滤器与框架间的安装缝隙向外泄漏，不会污染洁净室。下装式虽然节省了上装式所需的空间，但若安装缝隙不严密，过滤器前段的空气将有可能泄漏而进入室内。

高效过滤器安装在层流洁净室室外一侧如图 9-153 所示。图 9-153a 所示为采用扁钢框架的断面，其构造最为简单。若需布置灯带，则可采用槽形断面框架，如图 9-153b 所示。

垂直层流洁净室高效过滤器液封的安装如图 9-154 所示。

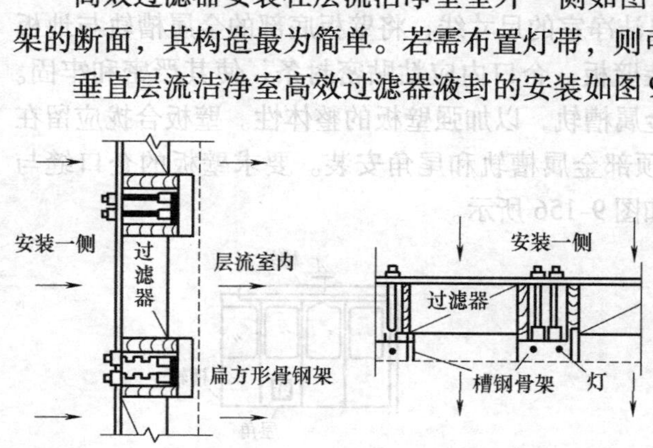

图 9-153 高效过滤器安装在层流洁净室室外一侧

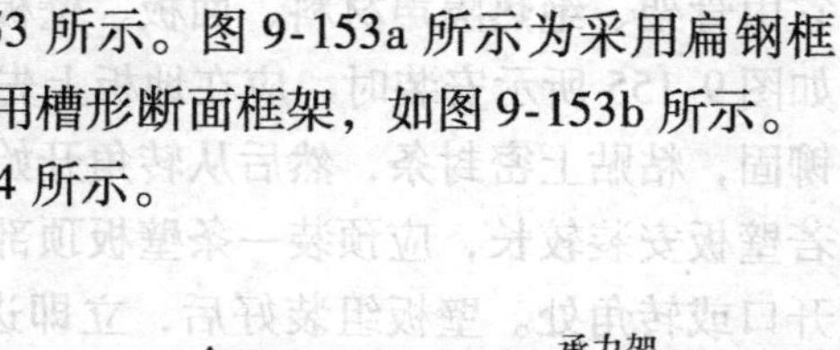

图 9-154 垂直层流洁净室高效过滤器液封的安装

安装骨架系统时，要求垂直方向上液槽纵向中心线高差不得大于 3mm，液槽就位后中心线的偏差不得大于 5mm。为了保证液槽骨架安装在一个水平面上，可将支撑液槽骨架的各构件先组装就位，并检查水平度和垂直度，在达到要求后，即可用环氧树脂胶填满各构件接缝缝隙，并用螺栓固定，最后整体安装支撑液槽骨架。

4. 洁净室和洁净室空气净化设备的安装

（1）装配式洁净室的安装规定　洁净室的顶板和壁板（包括夹心材料）应为不燃材料；洁净室的地面应干燥、平整，平面度允许偏差为1/1000；壁板的构配件和辅助材料的开箱应在清洁的室内进行；安装前应严格检查规格和质量。壁板应垂直安装，底部应采用圆弧或钝角交接。安装后的壁板之间、壁板与顶棚之间的接缝应平整严密；壁板的垂直允许偏差为2/1000，顶板水平度的允许偏差与每个单间的几何尺寸允许偏差均为2/1000；洁净室吊顶在受荷载后应保持平直，压条全部紧贴。洁净室壁板若为上、下槽形板时，接头应平整、严密。组装完备的洁净室所有拼接缝，包括与建筑的接缝，均应采取密封措施，做到不脱落，密封良好。

（2）装配式洁净室安装的操作方法　在施工现场组装时，要按产品说明书的要求进行。地板的敷设：垂直平行流洁净室的地板应采用铝合金格栅地板，其他气流组织形式应采用塑料活动地板或现场敷设的塑料地板。现场敷设时，一般选用抗静电的聚氯乙烯卷材，经剪裁后在80～90℃的清水中加热约10min，再用清水洗去表面污物。冬期施工时，先用温水泡一下再剪裁。

铺贴地板的地面不应有疏松、麻面、蜂窝等缺陷，平面度不应大于0.1%，湿度不应大于6%。铺贴前应将地面打扫干净，按设计尺寸画好线。铺贴时，先用80%的88号胶和70%的稀释剂的混合液在地面上薄刷一层，待干后再均匀地刷一层88号胶，同时在塑料卷材上也刷一层胶，等胶干至不粘手时，将卷材铺在地面上，并用压辊赶出里面的空气。铺贴应从中间开始，依次向四周进行。每两块卷材间要预留大约1～1.5mm的间隙作焊缝。焊接前应用丙酮或稀释剂将遗留在坡口内的胶洗净。焊接温度不得高于塑料的分解温度，即217℃。焊接速度为50～70mm/min。

（3）装配式洁净室壁板、顶棚的安装　壁板既是洁净室的围护结构，又是承重构件，它由骨架、绝热隔声材料、面板、壁板、门和窗等组成。壁板间的连接一般采用企口形式，如图9-155所示安装时，应在地板上先画出洁净室的尺寸线，将壁板底部的金属槽轨与地板铆固，粘贴上密封条，然后从转角开始安装壁板，企口内应粘贴密封条，使其严密和牢固。若壁板安装较长，应预装一条壁板顶部的金属槽轨，以加强壁板的整体性。壁板合拢应留在开口或转角处。壁板组装好后，立即进行顶部金属槽轨和尾角安装。要求壁板的企口缝与上、下金属槽轨的接缝错开。壁板的安装如图9-156所示。

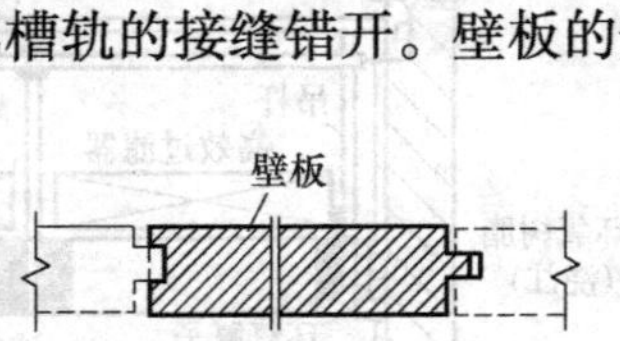

图9-155　壁板的连接

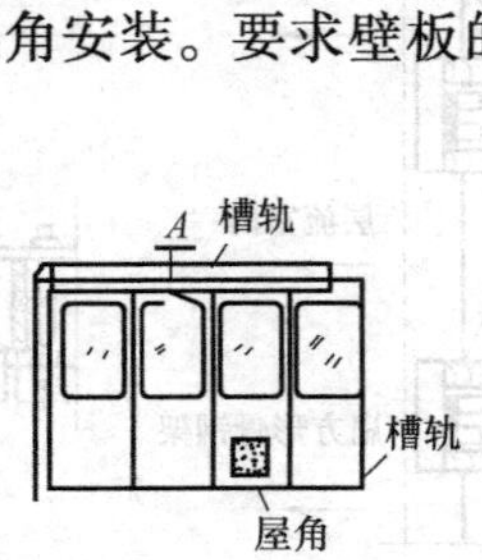

图9-156　壁板的安装

顶棚的结构形式与洁净室的气流组织形式有关，垂直平行流洁净室的顶棚由静压箱和高效过滤器组成，水平平流洁净室的顶棚是密封的，湍流洁净室的顶棚留有单元送风口。顶棚一般由骨架、吊杆和顶棚板等组成，安装步骤如下：根据产品说明书和布置图安装骨架，要求组装正确，方正平直；用吊杆、花篮螺钉等吊件连接骨架与洁净室内钢梁上的吊点；在骨架内侧贴好密封条，将顶棚反嵌进骨架内，并加以固定。

（4）洁净室空气净化设备的安装　带有通风机的气闸室、吹淋室与地面间应有隔振垫。机械式余压阀的安装：阀体、阀板的转轴均应水平，允许偏差为 2/1000；余压阀的安装位置应在室内气流的下风侧，并不应在工作面高度范围内；传递窗的安装应牢固、垂直，与墙体的连接处应密封；洁净层流罩安装时，应设置独立的吊架，并有防晃动的固定措施，四周与顶板之间应密封并采取隔振措施，其水平度允许偏差为 1/1000，高度的允许偏差为 ±1mm，层流罩应安装在吊架上。

六、消声器的安装

安装消声器前，应认真熟悉设计图样的意图和要求。对购置的消声器，应开箱检查设备是否完好无损、产品质量合格证书和产品说明书是否齐备，安装时应按说明书的要求进行。

自制的消声器，应检查产品是否符合设计要求。

消声器安装前应保持干净，做到无油污和浮尘。消声器不得有损坏或受潮；消声器安装的位置、方向应正确，与风管的连接应严密，不得有损坏。两组同类型消声器不宜直接串联安装；现场安装的组合式消声器，消声组件的排列、方向和位置应符合要求；单个消声器组件的固定应牢固。消声器、消声弯头均应设独立的支架和吊架。消声器安装方法如图 9-157 所示，应将出风口消声器与机房隔离，不宜配置在空调机房内，否则会造成消声短路。

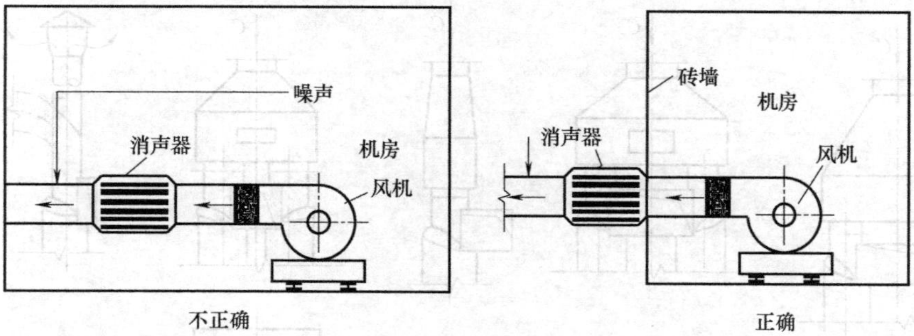

图 9-157　消声器的安装方法

在系统内消声器的配置一般不应低于 2 个，风机进出口各一个，以便从声源处降低噪声。另一个则应设置在进入空调用房前的部位，回风系统的处理也相同。这样设计可以消除旁路噪声进入已经消声的管道，防止相邻房间的串声。将两个消声器隔开一段距离安装比紧连着安装的消声性能好。

送回风系统应设置同等性能和数量的消声器，在气流速度不变的情况下，消声器不必过长，最长 4000mm。在气流速度较高的部位，应配置消声器，风机出风口进入主风道的流速最高，故在该处可设 1 ~2 个消声器（长度约为 1800mm 以内）而将其他所需的消声器分别设置在支风管和进入房间的部位，这样既控制了出风口处的强大噪声，又充分发挥了其他几个消声器的性能。

变风量系统（VAV）末端会产生很大的噪声，所以在它的后面要设置消声器或消声风道。

七、除尘器的安装

安装除尘器前应认真熟悉设计图样和设备说明书，按安装的要求和规定安装。

1. 除尘器的安装要求

除尘器的型号、规格和进、出口方向必须符合设计要求；现场组装的除尘器壳体应作漏风量检测，在设计工作压力下允许漏风率为5%，其中离心式除尘器为3%；除尘器的安装位置应正确，牢固平稳，允许偏差和检验方法应符合表9-57所示的要求；除尘器的活动或转动部件应灵活、可靠，并应符合设计要求；除尘器的排灰阀、卸料阀和排泥阀的安装应严密，并便于操作和维护修理。

表9-57 除尘器安装允许偏差和检验方法

项次	项目		允许偏差/mm	检验方法
1	平面位移		≤10	用经纬仪或拉线、尺量检查
2	标高		±10	用水准仪、直尺、拉线和尺量检查
3	垂直度	每米	≤2	吊线坠或尺量检查
		总偏差	≤10	

2. 旋风（离心）式除尘器的安装

旋风除尘器的型号很多，以CLT/A型旋风除尘器为例，如图9-158所示。

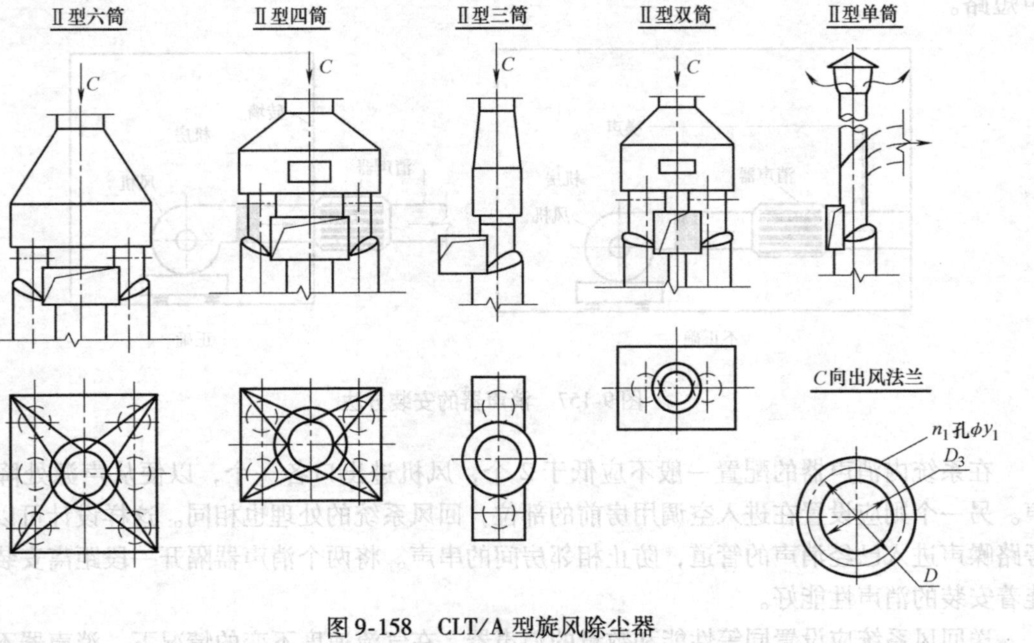

图9-158 CLT/A型旋风除尘器

安装前要认真阅读设计图样和设备说明书，弄清除尘器的装配形式和安装位置，因为除尘器有的设计在风机负压端，有的设计在正压端，所以要弄清楚除尘器应安装在哪一端，进、出口方向也必须正确；法兰连接处的垫片应为整垫圈，若垫片有接口，则接口缝应粘接平整、严密，设有检查门的部位也应严密，若接缝不严，可用密封胶密封；排灰阀安装必须严密，并便于操作与维修。

CLT/A 型旋风除尘器在楼板上的安装如图 9-159 所示，在楼板上安装除尘器时，应注意卸灰装置的安装位置，以便于操作与检修。配用圆锥式闪动阀的异径管如图 9-160 所示。

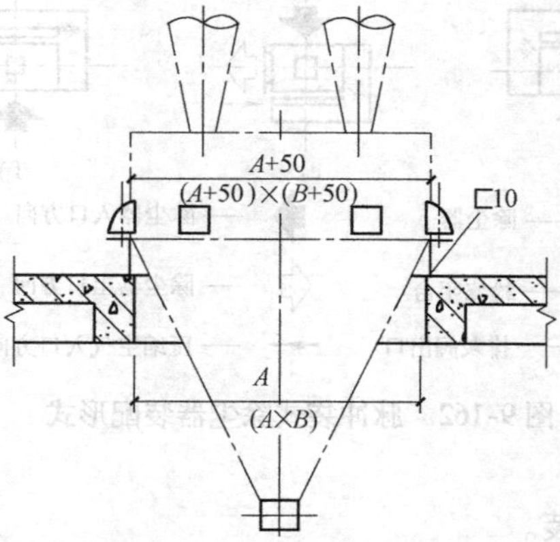

图 9-159 CLT/A 型旋风除尘器在楼板上的安装

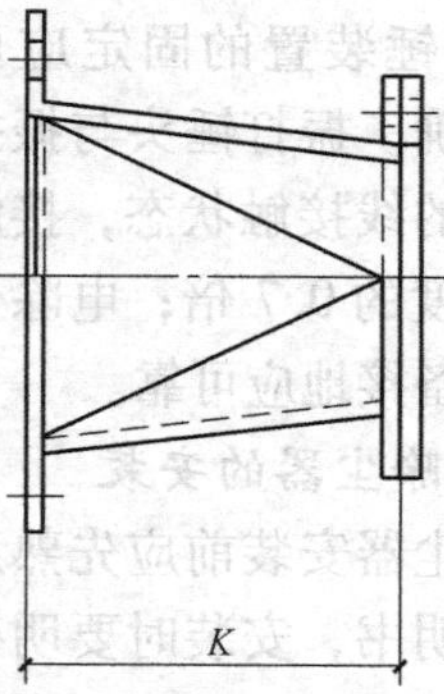

图 9-160 配用圆锥式闪动阀的异径管

除尘器支架的形式因除尘器的类型和安装位置不同而异，形式多样，有的安装在墙上或柱上，有的需要用型钢制作立架，装在室外的除尘器还要设落地架。CLT/A 型旋风除尘器钢支架如图 9-161 所示。

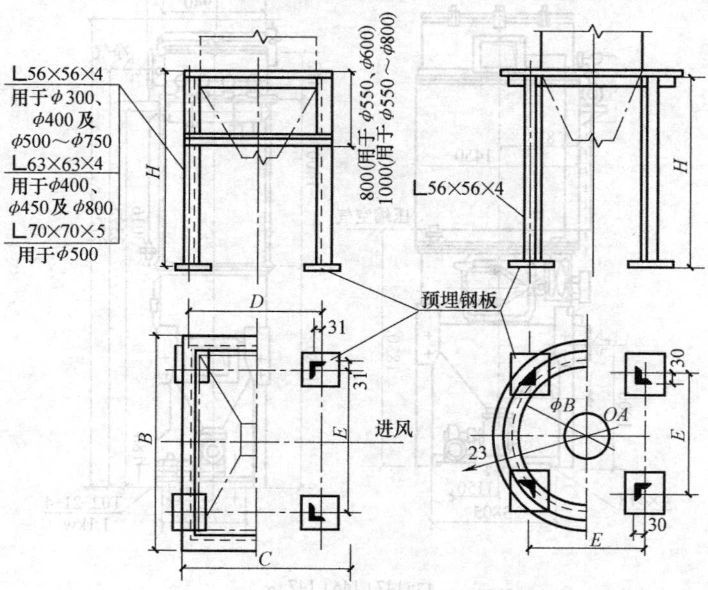

图 9-161 CLT/A 型旋风除尘器钢支架

3. 静电除尘器的安装

现场组装的静电除尘器应符合下列要求：

阳极板组合后，阳极板平面度允许偏差为 5mm，对角线允许偏差为 10mm；阴极小框架组合后，主平面的平面度允许偏差为 5mm，对角线允许偏差为 10mm。阴极大框架整体平面度的允许偏差为 15mm，整体对角线的允许偏差为 10mm；阳极板高度小于或等于 7m 的电除尘器，阴、阳极间距允许偏差为 5mm；阳极板高度大于 7m 的电除尘器，阴、阳极间距允许偏差为 10mm；振打锤装置的固定应可靠，锤头方向应正确。振打锤头与振打砧之间应保持良好的线接触状态，接触长度应大于锤头厚度的 0.7 倍；电除尘器的壳体和辅助设备接地应可靠。

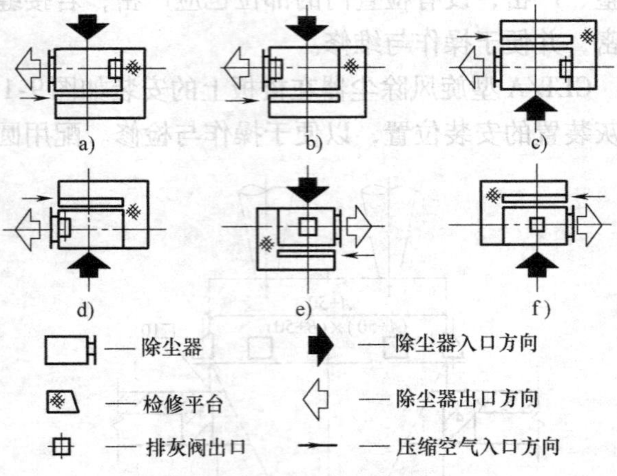

图 9-162 脉冲袋式除尘器装配形式

4. 袋式除尘器的安装

袋式除尘器安装前应先熟悉施工图样和设备说明书，安装时要明确装配形式（图 9-162），按照设计和说明书的要求进行安装。

现场组装袋式除尘器，外壳应严密、不漏，布袋接口应牢固，分室反吹袋式除尘器的滤袋安装必须平直，每条滤袋的拉紧力应保持在 25～35N/m，与滤袋和袋帽连接的短管应无毛刺，脉冲袋式除尘器的喷吹孔应对准文氏管的中心，同心度允许偏差为 2mm，除尘器的壳体和辅助设备应可靠接地。袋式除尘器的安装尺寸如图 9-163 所示。

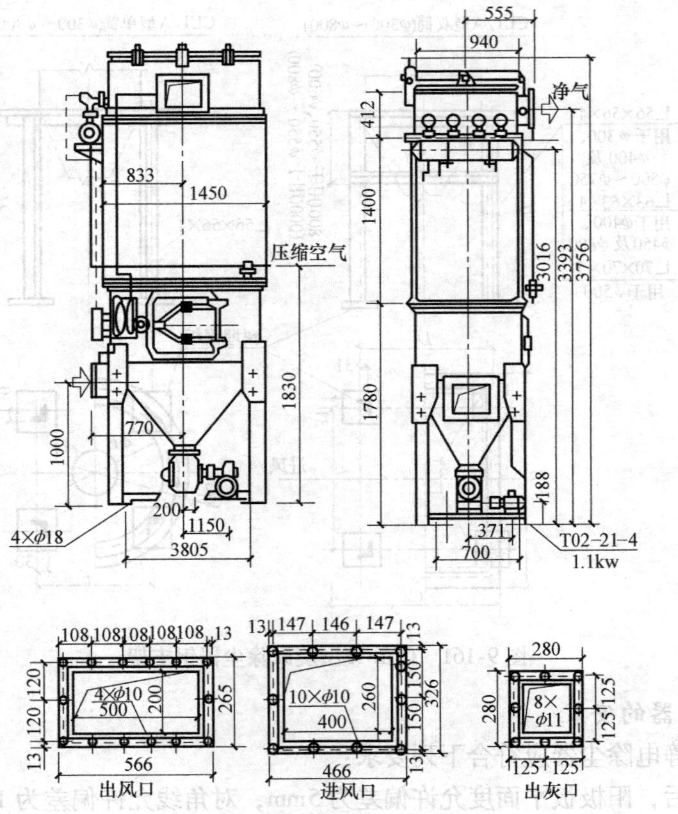

图 9-163 袋式除尘器的安装尺寸

八、变风量系统及设备介绍

变流量系统（VAV）是近年流行较广的一种空调系统，它由变风量机组和末端设备组成，可进行末端风量的调节，能够更精确地补偿房间负荷的变化。

变风量末端装置有很多类型，可参见表9-58。

表9-58 变风量末端装置分类

分类名称	类型
末端形式	单风管型、双风管型、诱导型、旁通型、串联式风机动力型、并联式风机动力型
再热方式	无再热型、热水再热型、电热再热型
风量调节	压力相关型、压力无关型
调节阀	中叶平板式、多叶甲板式、文丘里管式、皮囊式
风量检测	毕托管式、风伞式、热线热膜式、超声波式
控制方式	电气模拟控制、电子模拟控制、DDC控制
箱体	圆形、矩形、风口形
保温消声	带/无保温型、带/无消声型

目前国内最常用的是串联与并联式风机动力型和单风管节流型末端装置。串联式风机动力型变风量末端（简称串联型FPB）如图9-164所示，并联式风机动力型变风量末端（简称并联型FPB）如图9-165所示。

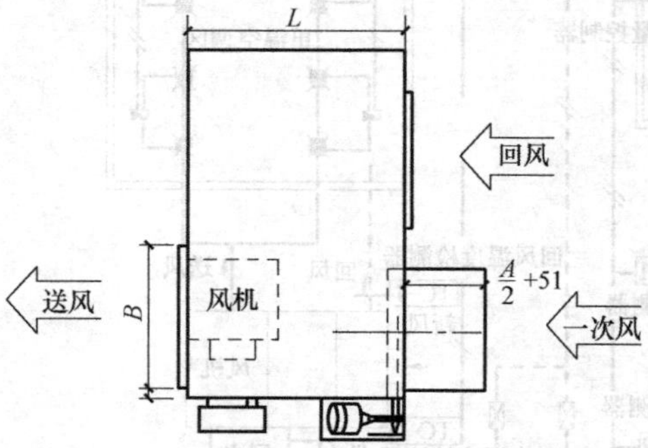

图9-164 串联型FPB

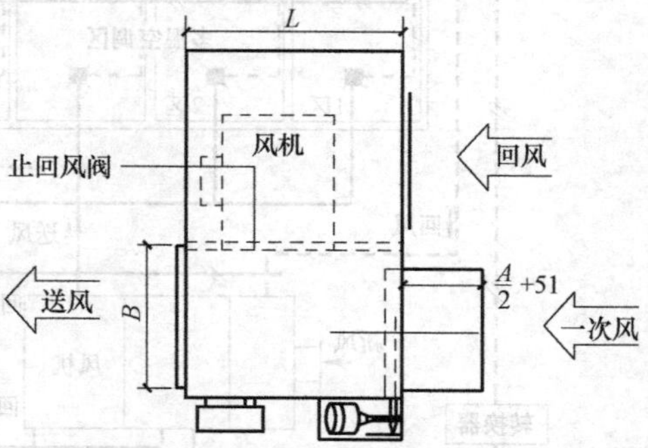

图9-165 并联型FPB

串联式风机动力型变风量末端运行时由变风量空调箱送出的一次风，经末端内置的一次风风阀调节，再与顶棚内二次回风混合后通过末端风机增压送入空调区域。末端也可增设热水或电热加热器，用于外区冬季供热和区域过冷再热，供热时一次风要保持最小风量。供冷时，末端的一、二次风混合可提高出风温度，适用于低温送风。供热时，二次回风既可以保持足够的风量，降低出风温度，防止热风分层，也可以减少一次风的再热损失。当一次冷风调到最小值后区域仍有过冷现象时，必须再热。二次回风可以利用顶棚内部分照明冷负荷产生的热量（约高于室内2℃）抵消一次风部分供冷量，有效减少了区域过冷再热量。

并联式风机动力型变风量末端运行时由变风量空调箱送出的一次风，经末端内置的一次风风阀调节后，直接送入空调区域。大风量供冷时末端风机不运行，风机出口止回阀关闭。此类末端常带热水或电热加热器，用于外区冬季供热和区域过冷再热。供热时一次风保持最小风量。在小风量供冷或供热时，起动末端风机吸入二次回风，与一次风混合后送入空调区域。对于区域过冷现象，二次回风可以利用顶棚内部分照明冷负荷产生的热量（约高于室内2℃）抵消一次风部分供冷量，以减少区域过冷再热量。并联型FPB的风机也可在冷热工况下连续运行，用于低温送风系统。并联型FPB的风机也可变风量运行，与一次风量反比调节，用以保持末端送风量稳定、室内气流分布均匀。

串、并联变风量末端外形如图9-166所示，单风管型变风量末端（简称单风管型VAV）如图9-167所示，变风量系统控制系统结构示意见图9-168所示，变风量末端现场安装如图9-169所示。

图9-166　串、并联变风量末端外形

图9-167　单风道型变风量末端

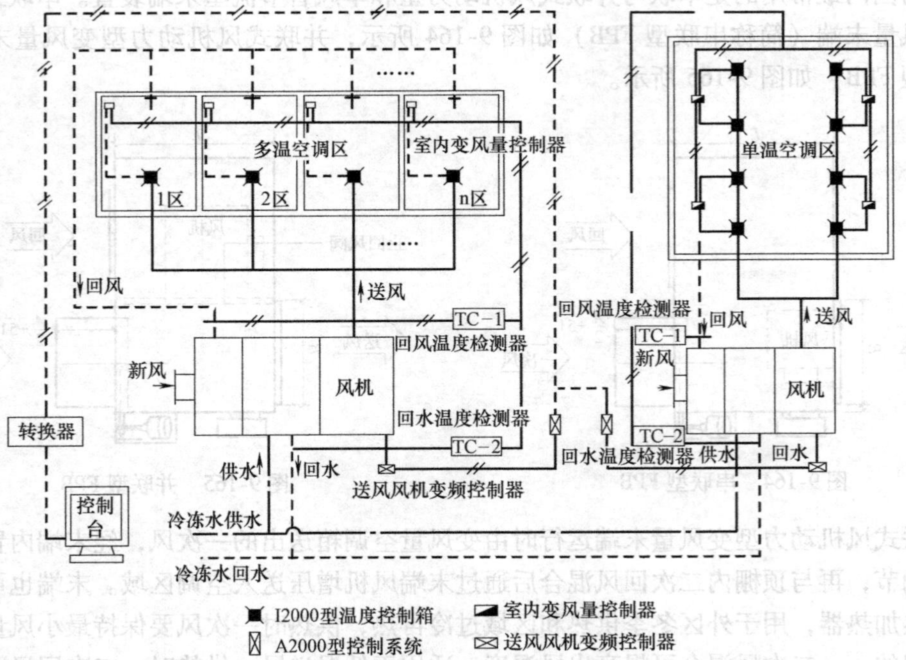

图9-168　变风量系统控制系统结构示意图

变风量末端需要配置电源以及信号传递接口。

九、蓄能技术介绍

蓄能技术主要分为蓄热及蓄冷，既可以对电力系统进行削峰填谷，又可利用用电的峰谷电价差降低运行成本。空调用蓄冷技术按照储冷能力分为显热蓄冷和全热蓄冷，按照负荷管理策略分为全部负荷蓄冷和部分负荷蓄冷，按照蓄冷介质可分为水蓄冷、冰蓄冷和共晶盐蓄冷三种方式，应用较多的是冰蓄冷。

图 9-169 变风量末端现场安装

冰蓄冷分为外融冰式盘管、内融冰式盘管和封装式、片冰滑落式、冰晶式等形式。

外融冰式盘管系统也称为直接蒸发式蓄冷系统，其制冷系统蒸发器盘管直接放入蓄冷槽内，冰结在盘管上。盘管为钢制，连续卷焊而成，外表面为热镀锌管。管径为 *DN*20，冰层最大厚度为 35mm 左右。在开放式系统中，蓄冰槽的进出口处（即水系统进出口管路上）应加装止回阀和稳压阀等辅助设备，以免水泵停转时系统中的水回流，造成蓄冰槽中水外溢。

内融冰式盘管系统是将冷水机组制出的低温乙二醇水溶液（二次冷媒）送入蓄冰槽（桶）中的塑料管或金属管内，使管外的水结成冰。蓄冰槽可以将 90% 以上的水冻结成冰，融冰时从空调负荷端流回的温度较高的乙二醇水溶液进入蓄冰槽，流过塑料或金属盘管内，将管外的冰融化，乙二醇水溶液的温度下降，再被抽回到空调负荷端使用。目前多采用细管、薄冰层蓄冰，这种融冰方式，盘管外可以均匀冻结和融冰，无冻坏的危险。目前常用的有蓄冰筒、蓄冰槽等形式。

封装式蓄冰装置是将冰封装在球形或板形小容器内，并将此种小蓄冰容器密集地放置在密封罐式或开式槽体内。载冷剂在球形或板形小容器外流动，球内的水用于结冰。

片冰滑落式系统以制冰机作为制冷设备，以保温的槽体作为蓄冷设备，制冰机安装在蓄冰槽的上方，在若干块平行板内通入制冷剂作为蒸发器。循环水泵不断将蓄冰槽中的水抽出至蒸发器的上方喷洒而下，而冰冷的板状蒸发器表面，结成一层薄冰，待冰达到一定厚度，机器使冰脱落。

冰晶式蓄冰装置也属于动态制冰，它是通过冰晶制冷机将低浓度的乙烯乙二醇水溶液冷却至低于0℃，然后，将此状态的过冷水溶液送入蓄冰水槽。

冰蓄冷系统可以实现能量的时间段转移，对缓解用电高峰有很大作用，现被广泛应用。

第五节 通风空调系统的检测与试验

1. 通用规定

通风空调系统施工过程中，检测与试验项目应包括下列内容：

成品风管出场检验，风管严密性检验（漏光检验和漏风量检验），水系统阀门压力试验：（强度试验和严密性试验），水系统管道压力试验（强度试验和严密性试验），冷凝水管道灌水试验，风机盘管机组水压试验，VRF 系统试验，变风量末端装置试验，通风空调辅助设备试验，制冷系统试验，通风空调设备电气检测与试验等。

检测与试验前，施工单位应编制检测与试验方案，并应制定相应的成品保护措施，职业健康安全、环境保护措施，报送专业监理工程师审核批准。检测与试验结束后，必须提供完整的检测与试验资料和报告。参加检测与试验的人员应经专业技术培训，应认真熟悉施工图样，充分了解通风空调系统的设计使用工况。

检测与试验所使用的测试仪器和仪表，性能应稳定可靠，其精度等级及最小分度值应能满足测定的要求，并应符合国家有关计量法规及检定规程的规定。

施工单位应配置检测所要求的相应设备和测量装置，并进行良好的维护保养。仪器设备的处置、运输、存放、使用和维护应有仪器设备管理与维护规定。

检测与试验人员应根据其检测与试验范围选择和操作相关检测仪器、设备，与检测设备相关的技术资料应便于相关人员取用。检测与试验结果应符合相关国家标准规范的要求，并应形成书面记录，并签字齐全。管道试压后应及时会同甲方或监理办理隐蔽验收或中间验收。

风管系统安装后必须进行严密性试验，合格后方能交付下一道工序；风管系统严密性检验以主、干管为主，在加工工艺得到保证时，低压风管系统可采用漏光法进行检测。

空调水系统安装后，必须按规定进行水压试验：试验合格后方能交付下一道工序。

检测与试验时的成品保护措施应符合下列规定：

检测与试验时，不得踩、踢、攀、爬管线、设备，不得破坏管线、设备外保护（保温）层；漏光测试时，光源应由装置前后拖动，操作者不应进入风管内，以免造成管道的变形。在拖动光源的时候应避免风管内壁的划伤。

风管强度试验时，如发现管道有异常变形，应立即停止试验，缺陷修复后才能继续试验。

管道试压用水要保持清洁。系统试验合格后，试验的水应排入相应标高段的给水排水污废水管，并注意安全。在气温可能达到0℃的地区，试压后应排尽管内积水，避免局部位置因结冰而胀裂管道，应使用0.1~0.2MPa的压缩空气把管内积水吹扫干净。

当气温接近或低于0℃时，如果进行水压试压，必须对试验用水进行预热，一般水温保持在10~20℃为宜，同时在试压段安装温度计进行水温监测，试验完成后立即排尽管内积水。同一系统不同高程的管道同时进行试压时，试压压力以低位压力仪表读数为准。

检测与试验时应采用必要的安全环保措施。参加检测与试验的有关人员，应由专业技术人员进行安全技术交底，让检测与试验人员了解项目的安全、环境管理方针和目标，了解施工作业过程中的危险源、环境因素及应采取的应急响应措施。检测试验仪器操作必须符合该仪器操作说明书的规定。

漏光检测时，所用电源必须是低压安全电源。进行漏风量测试装置内的风机，必须从0Hz开始，慢慢调高转速直至达到规定试验压力。

管道试压时，严禁使用失灵或不准确的压力表。试压中，对管道加压时，应集中注意力观察压力表，防止超压。试验过程中如发生泄漏，不得带压修理。缺陷消除后，应重新试验。试验合格后，清洁度较好的试压用水宜尽可能的重复利用，需要排放时应有组织地排放。在试验过程中所用完的电池要按固体废弃物的管理规定处理，不得胡乱丢弃。避免制冷剂的泄漏，减少对大气的污染。

在密闭空间或设备内焊接作业时，应有良好的通排风措施，并设专人监护。

管道吹扫的排放口应定点排放，不得污染已安装的设备及周围环境。用蒸汽吹扫时，应先进行暖管，并在现场设置警戒线。

2. 成品风管出场检验

成品风管出场必须进行检验，试验仪器、低压照明灯（不低于100W）、钢卷尺、U形压力计、倾斜式微压计、连接软管、计算器、手电钻、玻璃胶枪、扳手等应满足检验要求；

试验场地应具有 220～380V 的电源。

首先对测试风管的外观进行检查，不应有明显的缺陷、扭曲或褶皱，型号及尺寸应符合设计要求，测试风管周围环境应整洁，无障碍物。试验光源应为可移动带保护罩的不低于 100W 的低压照明灯，电源线长度或拉绳长度不应低于检测管段的长度；测试风管的端面已按照漏风量测试仪连接软管 $\phi80\sim\phi150$mm 和测压连接软管 $\phi6\sim\phi8$mm 给出的直径安装好短管。

将移动光源置于风管内侧或外侧，其相对侧应为暗黑环境。检测光源应沿着被检测风管接口缝部位与接缝作垂直或水平缓慢移动，检查人在另一侧观察漏光情况。有光线射出，说明有明显漏风处，做好记录并统计漏光点；根据检测风管的连接长度计算接口缝长度值。

工程所用的成品风管具备相应完整的产品合格证明文件时，可不再对成品进行强度和漏风量检验；当成品风管安装在需要封闭的防火、防爆的墙体或楼板、造型顶棚等难以检修的部位时，宜单独根据不同的系统分别抽取 3 节并不少于 15m^2 对其强度和严密性进行试验，试验结果应符合 GB 50243—2002《通风与空调工程施工质量验收规范》）的规定。

其他成品风管可待风管分段连接完成或系统主干管安装完毕，进行漏光检测合格后，再进行漏风量的检验。

3. 风管严密性检验

（1）准备工作　风管漏光检验准备应齐备（工具同成品风管检验），风管分段连接完成或系统主干管已安装完毕。测试风管周围环境整洁，无障碍物。试验光源应为可移动带保护罩的不低于 100W 的低压照明灯，电源线长度或拉绳长度不低于检测管段的长度。

（2）风管漏光检验过程要求　将移动光源置于风管内侧或外侧，其相对侧应为暗黑环境，检测光源应沿着被检测风管接口缝部位与接缝作垂直或水平缓慢移动，检查人在另一侧观察漏光情况，有光线射出，说明有明显漏风处，做好记录并统计漏光点。测光法检验风管如图 9-170 所示。

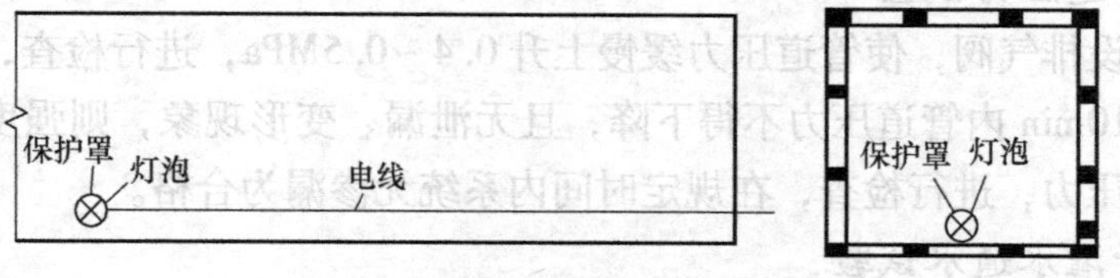

图 9-170　测光法检验风管

根据检测风管的连接长度计算接口缝长度值。对系统风管的检测，宜采用分段检测，汇总分析的方法。在严格安装质量管理的基础上，系统风管的检测以总管和主干管为主。低压系统风管以每 10m 接缝，漏光点不大于两处，且 100m 接缝平均不大于 16 处为合格；中压系统风管每 10m 接缝，漏光点不大于 1 处，且 100m 接缝平均不大于 8 处为合格。

风管漏风量检验过程应采用经检验合格的专用测量仪器或符合国家标准的计量单元搭设的测量装置。检验前应检查测试装置、钢卷尺、U 形压力计、倾斜式微压计、连接软管、计算器、手电钻、玻璃胶枪、扳手等是否能满足检验要求。

用连接软管把漏风量测试仪的出风口与被测风管连接起来并确保严密不漏；用测压软管连接被测风管和倾斜式微压计（或 U 形压力计）的一侧；用测压软管将倾斜式微压计与漏风量测试仪进口流量测试管测压口连接或将倾斜式微压计的双口与流量测试管的测压口连

接，如图 9-171 所示。

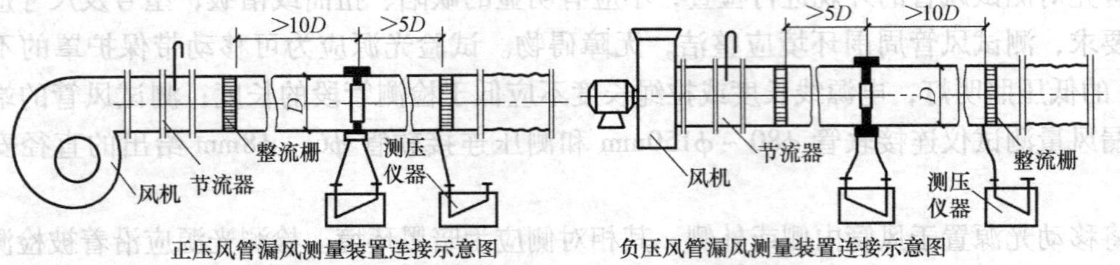

图 9-171　漏风量测试装置连接示意图

接通电源、起动风机，通过调整节流器或变频调速器，向被测试风管内注入风量，缓慢升压，使被测风管压力（倾斜式微压计或 U 形压力计）示值控制在要求测试的压力点上并基本保持稳定，此时记录漏风量测试仪进口流量测试管的压力或孔板流量测试管的压差。

计算或查流量表得风机进门风量或根据流量测试管的关系式代入流量测试管的压差计算出流量值即为被测试风管的漏风量，记录测试数据。根据测试风管的面积计算单位漏风量。

对比验收规范中允许漏风量判定结果的符合性，即实测风管单位面积漏风量不大于允许漏风量为合格。

4. 水系统阀门压力试验

试压泵、压力表、秒表、试验平台等满足试验要求；进场检验质量合格证明文件及性能检测报告应符合国家技术标准及设计要求。

阀门试验应在试验台上进行，通常以水作为介质，温度应在 5 ~ 40℃。阀门的强度试验压力为公称压力的 1.5 倍，持续时间为 5min。

锅炉严密性试验压力为公称压力的 1.1 倍，试验持续时间根据管径不同及密封材料不同而不同，为 15 ~ 120min。

5. 水系统管道压力试验

系统高处应设排气阀，使管道压力缓慢上升 0.4 ~ 0.5MPa，进行检查，如无渗漏继续升压至试验压力，10min 内管道压力不得下降，且无泄漏、变形现象，则强度试验合格。将试验压力降至工作压力，进行检查，在规定时间内系统无渗漏为合格。

6. 冷凝水管灌水通水试验

试验可分层或分段进行，封堵冷凝水管最低处，由该系统风机盘管托盘向该管段内注水，水位高于风机盘管托盘最低点，灌满水后观察 15min，检查管道及接口有无渗漏；确认管道及接口无渗漏时，从最低处泄水，同时检查各盘管托盘无存水为合格。灌水试验合格后应填写灌水试验记录，并签字齐全。

7. 风机盘管机组水压试验

风机盘管机组检验质量合格证明文件及性能检测报告应符合国家技术标准或设计要求。水压试验准备工作应齐备，试压泵、压力表、秒表、万用电表等满足试验要求。试验场地应具有 220 ~ 380V 连续电源。

试验方法及压力的确定：以水为介质，温度应在 5 ~ 40℃，进行水压试验；试验压力如设计无要求时应为工作压力的 1.5 倍，但不小于 0.6MPa。试验时间为 2 ~ 3min，压力不降且不渗不漏为合格。试验按下列步骤进行：先将风机盘管轻放在试验台上，安装试验用临时螺塞和补芯、放气阀门、压力表（1.5～2倍试验压力量程）和试压泵，然后连接试压管道，开启进水阀门向风机盘管内充水，同时打开放气阀，待水灌满后，关闭放气阀门。缓慢升压至风机盘管工作压力，检查无渗漏后再升压至规定的试验压力值，关闭进水阀门，稳压2～3min，观察风机盘管各接口无渗漏现象、压力表值无下降为合格，并按试验时间的不同分别填写试验记录。

8. VRF系统试验

为了保证冷媒配管的清洁性，在焊接冷媒配管时，必须进行氮气的替换，即在焊接时，在冷媒管内部吹氮气，以去除冷媒管内部的氧化物，应采用瓶装压缩氮气进行试验。

系统内污物吹净后，应对整个系统（包括设备、阀件）进行气密性试验。用肥皂水对系统所有焊缝、阀门等连接部件进行仔细涂抹检漏。试验过程中如发现泄漏要做好标记，必须在泄压后进行检修，不得带压修补。

在试验压力下，经稳压24h后观察压力值，前6h压力下降不大于0.03MPa，后18h除因环境温度变化而引起的误差外，压力无变化为合格。如温度有变化时，应隔1h记录一次室温和压力值，但试验终了时的压力值应符合下式计算值

$$p_1 = p_2[(273 + t_1)/(273 + t_2)] \quad (9\text{-}3)$$

式中 p_1、t_1——试验起始的压力（MPa）和温度（℃）；

p_2、t_2——试验终了的压力（MPa）和温度（℃）。

真空试验应用真空泵进行。真空试验的剩余压力，制冷系统不应高于5.3kPa，系统压力回升不大于0.53kPa为合格。

9. 变风量末端装置试验

应检验空调系统上的全部阀门是否灵活开启；清理机组及风管内的杂物，保证风管的通畅性；检查传动带的松紧度以及风机的风量是否与机组铭牌相匹配；检查VAV箱的各控制线是否到位，以及VAV箱与风口的软管连接是否严密。

变风量末端装置的风量、压力损失试验应在等温条件（即送风温度等于房间温度或两者温差不大于2℃）下进行控制，至少应改变执行机构的4种开启度（即开启度为25%、50%、75%、100%），各种开启度应做4种空气流量和压力损失试验。

风量、压力损失试验装置应由风机、流量调节装置、空气流量测量装置、压力测量装置和变风量末端装置组成。测量值计算按照JG/T 20—1999《空气分布器性能试验方法》的规定执行。

变风量末端装置的温度控制装置可另设置一个可控制温度的温度调节装置。温度调节装置应有冷却和加热功能，装置内的温度均匀，温度波动值应为±0.2℃。

变风量末端装置按下列步骤进行温度控制试验：

调节温度调节装置中的温度达到变风量末端装置室温控制器的设定温度，待稳定后，记录空气流量；调节温度调节装置中的温度高于变风量末端装置室温控制器的设定温度，记录执行机构动作停止后的空气流量；调节温度调节装置中的温度低于变风量末端装置室温控制器的设定温度，记录执行机构动作开启后的空气流量；变风量末端装置送风射流特性试验应配置送风口。试验应在规定的环境里等温送风条件下进行。射流特性包括射程（X）、扩散宽度（Y）和下降距或上升距（Z）。

变风量末端装置运转试验前，其控制线路与执行调节机构连接可靠，并无异常现象。每

台变风量末端装置均应作至少连续10次开启和关闭试验，动作灵活，检查部件之间应无异常现象。

10. 通风空调辅助设备试验

通风空调辅助设备的进场检验，质量合格证明文件及性能检测报告应符合国家技术标准或设计要求，试压泵、压力表、秒表、万用电表等满足试验要求；试压用电、用水应准备充足，排泄路由畅通。

换热器、密闭容器压力试验如果以水为介质，温度应在5~40℃，进行水压试验；开口箱、罐安装前应进行满水试验，满水试验为满水后静置24h不渗不漏为合格。

换热器、密闭容器压力试验时，先将换热器、密闭容器与安装试验用临时堵头和补芯、放气阀门、压力表（1.5~2倍试验压力量程）和试压泵进行连接，开启进水阀门向换热器、密闭容器内充水，同时打开放气阀，待水灌满后，关闭放气阀门；缓慢升压至换热器、密闭容器工作压力，检查无渗漏后再升压至规定的试验压力值，关闭进水阀门，稳压10min，观察换热器、密闭容器各接口无渗漏现象、压力表值无下降为合格。试验合格后，按试验时间的不同分别填写试验记录。

开口箱、灌满水试验时，应先封堵开口箱、罐最低处排水口，再向该开口箱、罐内注水至满水。静置24h，检查开口箱、罐及接口有无渗漏，确认开口箱、罐及接口无渗无漏为合格，最后应填写灌水试验记录。

11. 制冷系统试验

制冷系统管道安装后必须采用清洁干燥的空气对整个系统进行吹污，将残存在系统内部的铁屑、焊渣等杂物吹净。在系统的最低点设置排污口，采用压力为0.5~0.6MPa的干燥空气或氮气进行吹扫，管道较长时，可采用几个排污口分段进行排污的方法。

系统内污物吹净后，应对整个系统（包括设备、阀件）进行气密性试验，以氨为制冷剂的系统，应采用压缩空气进行试验。以氟利昂为制冷剂或使用其他制冷剂的系统，应采用瓶装压缩氮气进行试验；对于较大的制冷系统也可采用经干燥处理后的空气进行试验。

用肥皂水对系统所有焊缝、阀门、法兰等连接部件进行仔细涂抹检漏，试验过程中如发现泄漏要做好标记，必须在泄压后进行检修，不得带压修补。

在试验压力下，经稳压24h后观察压力值，前6h压力下降不大于0.03MPa，后18h除因环境温度变化而引起的误差外，压力无变化为合格。如温度有变化时，应隔1h记录一次室温和压力值，但试验终了时的压力值应符合式（9-2）的计算值。

系统气密性试验压力应符合表9-59的要求。

表9-59 系统气密性试验压力 （单位：MPa）

制冷剂	R717 R502	R22	R12 R134a	R11 R123
低压系统	1.8	1.8	1.2	0.3
高压系统	2.0	2.5	1.6	0.3

注：低压系统指截止阀起，经蒸发器到压缩机吸入口的试验压力；高压系统指自压缩机排出口起，经冷凝器到截止阀上的试验压力。

溴化锂吸收式制冷系统的气密性试验应符合设备技术文件规定，若无规定，应符合如下要求：

气密性试验正压试验为0.2MPa（表压）保持24h，压降不大于66.5Pa为合格。

系统抽真空试验的剩余压力，氟利昂制冷系统不应高于5.3MPa，氨制冷系统不应高于8MPa，保持24h，氟利昂系统压力回升不大于0.53kPa为合格，氨系统压力无变化为合格。

12. 通风空调设备电气检测与试验

通风空调系统电气设备、材料、成品和半成品进场检验应符合GB 50303—2002《建筑电气工程施工质量验收规范》的规定。通风空调系统电气设备及电动执行机构应检查接线，其可接近裸露导体必须接地（PE）或接零（PEN）。电动机、电加热器及电动执行机构绝缘电阻值应大于0.5MΩ。100kW以上的电动机，应测量各相直流电阻值，相互差不应大于最小值的2%，无中性点引出的电动机，测量线间直流电阻值，相互差不应大于最小值的1%。

通风空调系统电气设备试验和试运行应按以下程序进行：

设备的可接近裸露导体接地（PE）或接零（PEN）连接完成，经检验合格才能进行试验；通风空调系统设备的配电（控制）柜、屏、台、箱、盘的交流工频耐压试验、保护装置的动作试验合格，才能通电；控制回路模拟动作试验合格，盘车或手动操作，电气部分与机械部分转动或动作协调一致，经检查确认，才能空载试运行。

通风空调系统设备的配电（控制）柜、屏、台、箱、盘的运行电压、电流应正常，各种仪表指示正常。电动机应试通电，检查转向和机械转动有无异常情况，可空载试运行的电动机，试运行时间一般为2h，记录空载电流，且检查机身和轴承的温升。

电动机执行机构的动作方向及指示，应与通风空调系统设备装置的设计要求保持一致。

风机盘管机组的三速、温控开关的动作应正确，并与机组运行状态一一对应；电动机盘管和诱导器应每台进行通电试验检查，机械部分不得摩擦，电气部分不得漏电。

13. 通风空调系统施工过程的质量检查

（1）管道系统试压　管道系统安装完毕，外观检查合格后，应按设计要求进行水压试验。一般建筑可采用系统整体试压方法，空调冷热水、冷却水系统当工作压力小于等于1.0MPa时，试验压力为1.5倍工作压力，但最低不小于0.6MPa，工作压力大于1.0MPa时，试验压力为工作压力加0.5MPa。对于大型或高层建筑垂直位差较大的冷（热）水、冷却水管道系统宜采用分区、分层试压和系统试压相结合的方法。

分区、分层试压时，可对相对独立的局部区域的管道进行试压。在试验压力下，稳压10min，压力不得下降，再将系统压力降至工作压力，在60min内压力不下降、外观检查无渗漏为合格。

系统试压时，在各分区管道与系统主、干管全部连通后，对整个系统和管道进行系统的试压。试验压力以最低点的压力为准，但最低点的压力不得超过管道与组成件的承受压力。压力试验升至试验压力后，稳压10min，压力下降不得大于0.02MPa，再将系统压力降至工作压力，外观检查无渗漏为合格。

（2）压力容器试压　各类耐压塑料管的强度试验压力为1.5倍工作压力，严密性试验压力为1.15倍的设计工作压力。

（3）凝结水系统　应采用充水试验，以不渗漏为合格。

（4）VRF系统　应进行气密性试验和抽真空试验，且必须合格。

（5）制冷管道系统　应进行强度、气密性试验及真空试验，且必须合格。

通风与空调工程水系统必须在强度及严密性试验合格后，方可办理工程验收手续。试验验收时应具有试验用的机具及仪器仪表的有关技术文件、通风空调系统设备及管道强度及严密性试验记录、阀门试压记录、通风空调系统电气检查及试验记录及通风与空调工程系统施工图。

第六节 通风空调系统的试运行与调试

通风空调设备施工完成后，要进行设备的试运行，试运行分为单机试运行及联合试运行，在单机试运行合格的基础上，进行无生产负荷的联合试运行及调试，合格后进行空调系统带冷（热）源的正常联合试运行，不应少于8h，当竣工季节与设计条件相差较大时，仅作不带冷（热）源试运行。通风、除尘系统的连续试运行不应少于2h。

一、系统测定及试运行的一般规定

通风与空调工程安装完毕，工程竣工系统投入使用前，必须进行系统的测定和调整（简称调试）。系统调试应包括设备单机试运行及调试以及系统无生产负荷下的联合试运行及调试。

1. 通风与空调系统试运行与调试前应具备的施工条件

通风空调工程安装完毕，现场清理干净，机房门窗齐全，可以进行封闭；经施工、监理、设计及建设单位等相关人员全面检查，施工项目全部完成，全部分项工程检验验收资料齐全，工程质量符合设计和施工质量验收规范的要求；通风空调设备运转所需用的给水、电、蒸汽、燃油、燃气供应系统，压缩空气、排水、控制系统等已具备调试条件；调试所用仪表、工具已备齐。

2. 系统调试

所使用的测试仪器和仪表，性能应稳定可靠，其精度等级及最小分度值应能满足测定的要求，并应符合国家有关计量法规及检定规程的规定。

通风与空调工程的系统调试应由施工单位负责，监理单位监督，设计单位、建设单位应参与配合。系统调试的实施可以由具有调试能力的施工企业本身或委托具有调试能力的其他单位进行。

系统调试前，承包单位应编制调试方案，报送专业监理工程师审核批准。调试方案必须包含现场安全措施与事故应急处理方案；调试结束后，必须提供完整的调试资料和报告。

二、联合试运行与调试

通风与空调工程的试运行是在系统的设备、管道均已安装完好，设备安装已进行单机试运行并均已达到合格及以上标准后，对各通风与空调系统进行联合的试运行。

无生产负荷联合试运行，由施工单位负责，是安装工程施工的组成部分；带生产负荷的综合效能试验与调整，由建设单位负责，设计与施工单位配合进行。

1. 基本要求

（1）空调通风系统试运行及调试　应在制冷设备和通风与空气调节设备单机试运行合格后进行。空调系统带冷（热）源的正常联合试运行应不少于8h，当竣工季节与设计条件相差较大时，仅作不带冷（热）源试运行。通风、除尘系统的连续试运行应不少于2h。

（2）净化空调系统的检测和调整　运行前必须在回风、新风的吸入口处和初、中效过滤器前设置临时用过滤器（如无纺布等），实行对系统的保护。系统稳定后，检测前再撤去。系统的检测和调整，应在系统进行全面清扫，且已运行24h及以上达到稳定后进行。调试人员必须穿洁净的工作服，数量应严格控制，无关人员不应进入。净化空调系统洁净室洁净度的检测，应在空态或静态下进行。室内洁净度检测时，人员不宜多于3人，均必须穿与洁净室洁净度等级相适应的洁净工作服，尽量少走动。

2. 设备单机试运行及调试

一般成立由相关专业人员参加的现场调试小组，试运行调试小组由技术负责人统一指挥，负责组织和协调调试工作，并做到发现问题及时处理，确保调试工作正常有序地进行。

编制调试方案，报送专业监理工程师审核批准。

调试人员应经过培训，并具有上岗资格证。必须认真熟悉设计图样及调试方案，充分了解通风与空调系统的设计使用工况。

扳手、电筒、梯子、对讲机、电工仪表（万用电表、绝缘表、钳形电流表）、转速表、声级计、温度计、量杯等主要仪表工具等应满足使用要求。

单独设备试运转可分为制冷机组、水泵、风机、空气处理设备、末端设备、冷却塔等设备，按照相应的施工规范以及质量验收规范和产品技术规程执行。

系统中的风阀（含防火、排烟阀）、水路阀（自动及电动阀）运转应符合相关规定并满足使用要求，重点应检查电力线路接线是否正确、转向是否正确、绝缘电阻及接地是否满足安全要求、器件开启是否灵活等。

调试及试运行应符合GB 50243《通风与空调工程施工质量验收规范》的规定。

3. 系统联合试运行及调试

通风、空调工程的无生产负荷联合试运行应包括系统风量的测定与调整，空调水系统的测定与调整，自动调节和监控系统的检验、调整及联动运行，室内空气参数的测定与调整，防烟排烟系统的测定与调整，变流量多联机系统的调试等。

试运行及调试人员应熟悉空调系统设计图样和有关技术文件，室内、外空气计算参数，风量，冷热负荷，恒温精度要求等，弄清送（回）风系统、供冷和供热系统、自动调节系统等相关资料。调试人员应会同设计、施工和建设单位完成现场会检，检查明确空调系统安装质量不合格的地方、施工与设计不符的地方，记录在缺陷明细表中，并规定限期令其完成修改。

（1）风机风压、风量的测定　风机的压力通常以全压表示，应测出风机压出端和吸入端全压的绝对值，两者相加即为风机的全压。测定风机全压的仪器用毕托管和倾斜式微压计，如图9-172所示。

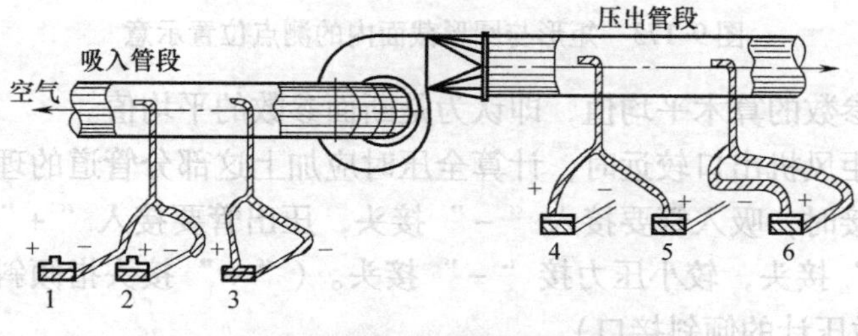

图9-172　毕托管和倾斜式微压计的连接

测孔位置选择时，在吸入端应尽可能靠近风机吸入口处，在压出端应尽可能选在靠近风机出口而气流比较稳定的直管段上。测定截面上的测点个数：对矩形风管所分成的小方格面积不大于 0.05m²，并不少于 9 个测点，测点设在小方格中心。对圆形风管应根据管径大小，分成若干个面积相等的同心圆环，测点应设于相互垂直的两个直径上。各风管圆环数见表 9-60，圆环上的测点至测孔的距离见表 9-61。测点位置示意如图 9-173 所示。

表 9-60　圆形风管测定截面的圆环数

风管直径/mm	200 以下	200～100	400～700	700 以上
圆环个数	3	4	5	5～6

表 9-61　圆环上各测点至测孔的距离

测　点	圆　环　数			
	3	4	5	6
	距　离			
1	0.1R	0.1R	0.05R	0.05R
2	0.3R	0.2R	0.2R	0.15R
3	0.6R	0.4R	0.3R	0.25R
4	1.4R	0.7R	0.5R	0.35R
5	1.7R	1.3R	0.7R	0.5R
6	1.9R	1.6R	1.3R	0.7R
7		1.8R	1.5R	1.3R
8		1.9R	1.7R	1.5R
9			1.8R	1.65R
10			1.95R	1.75R
11				1.85R
12				1.95R

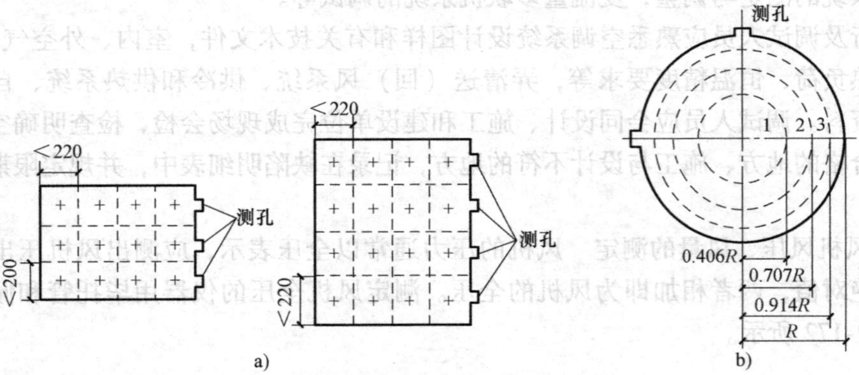

图 9-173　矩形与圆形截面内的测点位置示意

各测点测得的参数的算术平均值，即认为是断面参数的平均值。

若选定的测孔距风机出口较远时，计算全压时应加上这部分管道的理论压力损失值。在毕托管与微压计连接时，吸入管要接入“－”接头，压出管要接入“＋”接头。测压差时，将较大压力接“＋”接头，较小压力接“－”接头。（“＋”接头指倾斜式微压计的垂直进口，“－”接头指微压计的倾斜接口）。

测定风机的风量与风压时，应把所有风量调节阀全部打开，把三通调节阀调整到中间位置。图 9-172 中把测定风机进、出口全压（p_{qx}、p_{qy}）、静压（p_{jx}、p_{jy}）和动压（p_{dx}、p_{dy}）的测量仪表安装接管方法已全面示出，可依测定要求选择连接方法，但应注意不要接错。

风机的全压 p_{qt} 为

$$p_{qt}=|p_{qx}|+|p_{qy}| \tag{9-4}$$

即通风机的风压为风机吸入口和压出口所测平均全压绝对值之和。

（2）通风机风量的确定　在分别测定吸入口和压出口动压平均值后，代入平均风速的计算公式，分别计算出吸入口及压出口的平均风速，最后代入流量方程式，分别计算出吸入端风量 L_x 及压出端风量 L_y。如计算结果 L_x 及 L_y 的差值超过5%，则应重新测定。

通风机的平均风量按下式计算

$$L_t=\frac{L_x+L_y}{2} \tag{9-5}$$

即通风机的平均风量为吸入端风量与压出端风量之和的平均测定值（应略大于空调系统总风量）。

（3）通风机转速的测定　用转速表可直接测量通风机或电动机的转速。对于带传动的风机，也可在测得电动机转速的情况下，用下式计算风机转速

$$n_t=\frac{n_d D_d}{D_t K_p} \tag{9-6}$$

式中　n_t、n_d——风机、电动机的转速（r/min）；

D_t、D_d——风机、电动机带轮直径（mm）；

K_p——带的滑动系数，取 $K_p=1.05$。

（4）风管内和风口的风压及风量的测定　系统总风管和各支管内风量与风压的测定方法与风机风量、风压的测定方法相同。测定截面的位置应选择在气流均匀处，按气流方向，应选择在局部阻力之后大于或等于4倍直径（或矩形风管大边尺寸）和局部阻力之前，大于或等于1.5倍管径（或矩形风管大边尺寸）的直管段上，当条件受到限制时，距离可适当缩短，且应适当增加测点数量。

系统总风管、主干风管、支风管各测点实测风量与设计风量的偏差不应大于10%。

用叶轮风速仪或杯式风速仪，在紧贴近风口处作定点测量或等速回转法测量风速，取定点法各测点风速的平均值，或等速回转法三次以上测量的风速平均值，再按送、回风口的截面积代入流量方程式，即可求得送、回风口的实测风量。等速回转法测定风速的操作路线如图9-174所示。

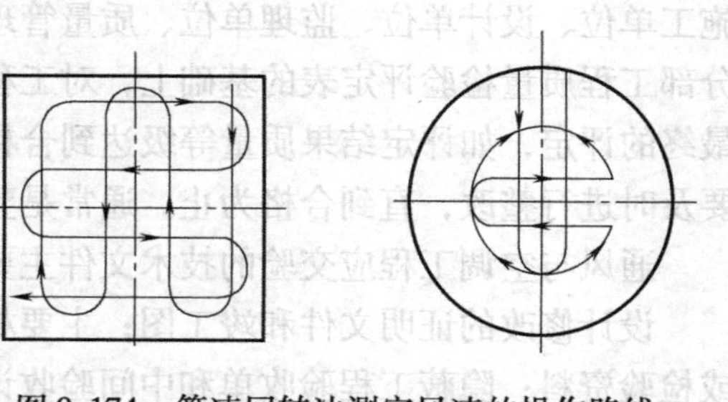

图9-174　等速回转法测定风速的操作路线

在计算送风口风量时，由于大部分送风口带有格栅或网格，其有效面积和外框面积相差较大，送出气流会出现紧缩现象，因此，当计算采用风口外框面积时，应乘以0.7~1.0的修正系数，使计算风量更符合实际风量。而对于吸风口，由于吸风口吸气作用范围较小，气流相对均匀，只要将测定点靠近吸风口，测量结果一般相当准确。风口实测风量与设计风量的偏差不应大于10%。

（5）系统风量的平衡　在风机风量、风压测定、系统风量的全面测定达到设计要求后，即可在全系统风量摸底的基础上，对系统进行调整，从而达到系统的风量平衡。

系统风量的平衡调整，可通过各类调节装置实现。如利用系统新风，一、二次风，风口

处的百叶窗及百叶阀，风机及各部管道处的调节阀等。调整常用的方法有流量等比分配法和逐段分支调整法。

如图9-175所示，当采用等比流量分配法进行风量平衡调整时，先从系统最不利环路开始，根据支管1、2的实测风量数据，利用调节阀将其风量 L'_2/L'_1 的比值，调整到与设计风量 L_2/L_1 的比值近似相等，即使 $L'_2/L'_1=L_2/L_1$ 后，再依次调整使 $L'_3/L'_4=L_3/L_4$，$L'_5/L'_6=L_5/L_6$，$L'_7/L'_8=L_7/L_8$，最后调整9管段，使 $L'_9/L'_9\approx1$（实际总风量近似等于设计总风量）。

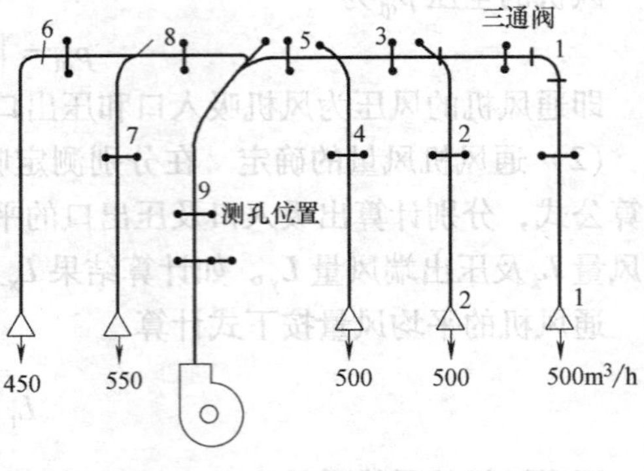

图9-175 系统风量平衡调整示意图

采用逐段分支调整法时先从风机开始，将风机送风量先调整到大于设计总风量5%～10%，再调整7、8两分支管，1和2支管，使之依次接近于设计风量，将不利环路调整近似平衡后，再调整5和6支管。最后再调整9管段的总风量，使之接近于设计风量。这种调整方法由于前后调整都互有影响需要“试测”，必须经数次反复调整才能使结果较为合适。

4. 通风与空调系统的试运行

在系统风量平衡的基础上，对空调系统进行联合试运行。其连续运转时间为不少于8h，注意冬季竣工时应接入热源，夏季竣工时应接入冷源，对通风、除尘系统应先在无生产负荷下进行风机、风管与附件等全系统的联合试运行，其连续运转时间不少于2h。

当空调系统的竣工季节与设计条件错季时，仅作不带冷、热源的试运行。

所有各通风、除尘、空调系统的联合试运行情况，均应做好运行记录，作为工程验收的技术文件之一。如各系统在连续运转时间内运转正常，则可认为系统联合试运行合格。

5. 通风与空调工程的竣工验收

向当地工程质量监督部门交付竣工文件并被受理后，由建设单位牵头组织，建设单位、施工单位、设计单位、监理单位、质量管理部门共同参加，在施工单位经自检提交的分项、分部工程质量检验评定表的基础上，对工程的质量进行全面的质量检查，并对质量等级进行最终的评定，如评定结果质量等级达到合格及以上标准后，即可办理验收手续；如不合格，要及时进行整改，直到合格为止。通常是整个工程的各专业一起进行验收。

通风与空调工程应交验的技术文件主要包括：

设计修改的证明文件和竣工图；主要材料、设备、成品、半成品和仪表的出厂合格证明或检验资料；隐蔽工程验收单和中间验收记录；分项、分部工程质量检验评定记录；制冷系统试验记录（单机清洗、系统吹污、严密性、真空试验、充注制冷剂检漏等记录）；空调系统的联合试运行记录。

通风与空调工程的全面外观检查，又称为观感质量。它包括如下内容：

风管、管道和设备安装的正确性、牢固性；风管连接处以及风管与设备或调节装置的连接处是否有明显漏风现象；各类调节装置的制作和安装正确牢固，调节灵活，操作方便；风管及部件的支、吊架形式及间距符合要求；防火及排烟阀关闭是否严密，动作可靠；通风机的带传动是否正确；除尘器、集尘室安装的密闭性；空气洁净系统风管、静压箱内是否清洁、严密；通风、空调系统的油漆是否均匀、光滑，油漆颜色与标志是否符合设计要求；隔热层有无断裂松弛现象，外表面是否光滑平整。

根据以上检查内容，施工班组在施工过程中应对照执行，加强自检，自检包括工序自检，分项工程竣工自检两方面，均应严格进行，把质量缺陷甚至隐患消灭于施工过程中。

在建筑工程中，通风与空调工程和采暖与卫生工程、电气工程、电梯工程一样是一个分部工程，并共同组成建筑设备安装单位工程。在工程质量检验与评定时，通风与空调工程按分项工程→分部工程的程序进行，并遵照 GB 50243—2002《通风与空调工程施工质量验收规范》的规定执行。

通风与空调分项工程的质量等级分为合格和优良两级。

思　考　题

1. 通风空调施工系统及相关设备安装的验收标准有哪些？
2. 常用风道的统一规格有哪些？
3. 风道的主要连接方法和加固方法有哪些？
4. 风道固定方法有哪些？
5. 简述常用风阀的种类、用途及安装要求。
6. 简述常用通风空调设备的安装要求。
7. 简述通风空调系统的检测与试验基本要求。
8. 简述空调系统的试运行及验收过程。
9. 简述防火阀、排烟阀的安装基本要术。

第十章 空调冷热源设备的安装

10

近年来空调冷源呈多样化趋势，传统的电制冷和非电制冷都在大量应用。随着节能环保要求执行力度的加大，洁净能源、可再生能源的应用逐渐增多。但目前应用最多的还是电制冷方式，其中以活塞式、离心式、螺杆式制冷机应用较为普遍。对于电力资源紧张的地方，可选择直燃机、吸收式制冷及燃气空调等非电制冷方式。受环境保护要求的制约，各种热泵系统也成为空调冷热源的主要选择。

由于制冷系统是与大气互相隔绝的密闭式系统，它的内部充满着制冷剂，其压力有时比大气压力要高出数倍，有时又要低于大气压力呈真空状态。因此，保证制冷系统内部的严密性，防止制冷剂从系统内泄漏及防止空气渗入系统内，是保证制冷系统正常运行的关键。另外，制冷系统内部要保持清洁，否则，将会造成系统的堵塞，影响整个制冷装置的正常运行，还会缩短制冷压缩机的使用寿命。

制冷系统安装时，还应注意各个施工环节，应按照 GB 50274—2010《制冷设备、空气分离设备安装工程施工及验收规范》及产品说明书中的技术要求进行施工，确保安装工程质量。

本章主要介绍各种制冷机组的安装，对于机组本身以外的冷却水系统、冷冻水系统以及通风、电气系统的安装请参照有关书籍或章节，这里不再讲述。

第一节 制冷机组的安装

一、活塞式制冷设备的安装

活塞式制冷机通常划分为三类：将制冷压缩机、冷凝器、蒸发器及各种辅助设备组装在同一个底座上或同一个箱体内，成整体式设备的整体式；将压缩机、冷凝器、油分离器、贮液器、过滤器等分为一组，将蒸发器、膨胀阀等分为另一组，将两组设备在现场用管道连接的组装式；压缩机、冷凝器、蒸发器及各种辅助设备均为散装供货，须现场进行单体安装，各部件之间再用管道连接的散装式。以上三种类型的制冷机组，从安装角度来说，散装式制冷机组的安装最为复杂，组装式和整体式制冷机组的安装相对比较简单。但它们在安装方面有着许多共同的规律，安装方法大同小异。因此，本章重点讲述散装活塞式制冷机组的安装。

1. 活塞式制冷机主体设备安装

制冷机通常安装在混凝土基础上，为了防止振动和噪声通过基础和建筑结构传入室内，影响周围环境，应设置减振基础或在机器的底脚下垫以隔振垫，如图 10-1 所示。

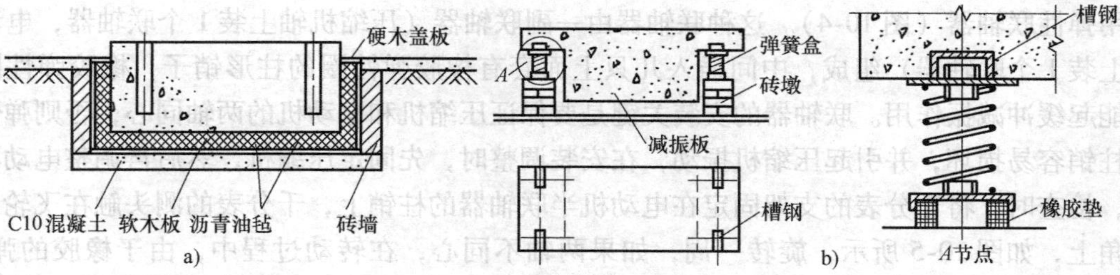

图 10-1 减振基础

a）软木减振基础 b）弹簧减振基础

活塞式制冷压缩机的安装步骤如下：

（1）开箱检查验收 首先要对制冷机进行设备的开箱检查和验收工作，还应在制冷压缩机就位之前，检查和验收混凝土基础，并依据图样放线找出混凝土基础中心线，如有多台压缩机时，应使中心线平行并且对齐。上述两项工作完成后，就可以进行机组的搬运和吊装。

（2）吊装就位 先将基础表面清理干净，按图样坐标位置，找出中心线、地脚螺孔中心线和设备底座边缘线，如图 10-2 所示。将压缩机搬运到基础旁，准备好设备就位的吊装工具，用强度足够的钢丝绳套在压缩机的起吊部位，接触的地方应垫以软木或旧布等加以保护，按吊装的技术安全规程将压缩机吊起，在压缩机落到基础上之前穿上地脚螺栓，对准基础中心线，在地脚螺栓孔两侧摆上垫铁，徐徐下落到预先浇筑好的混凝土基础上，一切准备妥当之后，将压缩机慢慢放在垫铁上。压缩机就位后，它的中心线应与基础中心重合。若出现纵横偏差，可用撬棍进行拨正，拨正方法如图 10-3 所示。

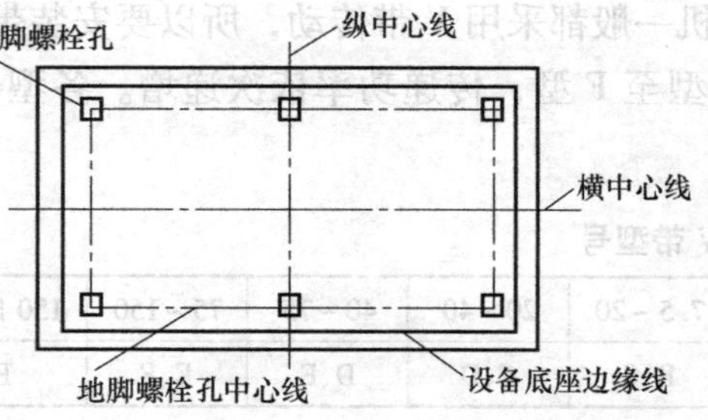

图 10-2 基础放线

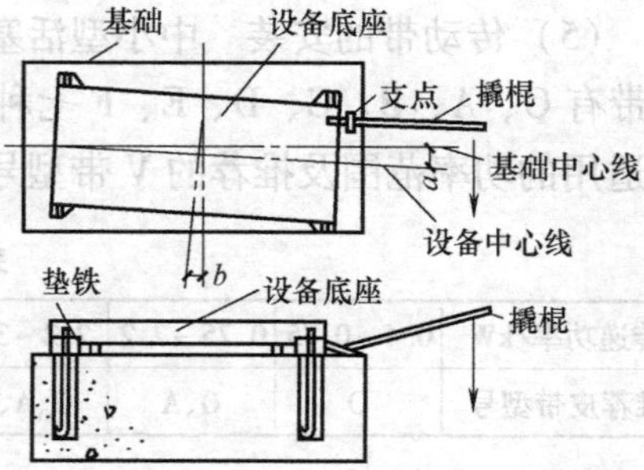

图 10-3 设备拨正

（3）测量水平度 用水平仪测量压缩机的纵横水平度，压缩机纵横向水平度的偏差小于0.1%，不符合要求时，用斜垫铁调整。当水平度达到要求后，用强度等级高于基础一级的混凝土将地脚螺栓孔灌实，待混凝土强度达到 75% 后，再做一次校核，符合要求后将垫铁用定位焊固定，然后拧紧地脚螺栓，进行二次灌浆。

（4）传动装置的安装 当压缩机与电动机不在一个共用底座上时，还需进行传动装置的安装。安装方法如下：将电动机及电动机导轨安装好，并用拉线的办法使电动机和压缩机带轮在一个平面上。常用的传动装置有联轴器和带轮两种形式，在小型活塞式制冷压缩机中，联轴器和带轮既是能量传动装置，又起蓄放能量的飞轮作用，以达到压缩机和电动机运转均匀平稳和电流波动小的目的。在中小型活塞式制冷压缩机中，一般都不单独设置飞轮而采用弹性联轴器（图10-4）。这种联轴器由一副联轴器（压缩机轴上装1个联轴器，电动机轴上装1个联轴器）组成，中间插入几只上面套有橡胶弹性圈的柱形销子，橡胶弹性圈柱销能起缓冲减振作用。联轴器的安装关键是要保证压缩机和电动机的两轴同心，否则弹性橡胶柱销容易损坏，并引起压缩机振动，在安装调整时，先固定压缩机，然后再调整电动机位置，检查时，将千分表的支架固定在电动机半联轴器的柱销上，千分表的测头触在飞轮的内侧角上，如图10-5所示，旋转一周，如果两轴不同心，在转动过程中，由于橡胶的弹性，千分表指针必然出现摆动，就可以根据指针摆动的大小和方向来判定两轴同心度的偏差大小和偏差方向，通过不断调整电动机的位置来使两轴同心。但实际两轴绝对同心不易做到，同时弹性连接不同于刚性连接，即使两轴绝对同心，转动时千分表的指针也会出现轻微摆动。因此，在实际工作中，千分表的摆动在±0.3mm的范围内时，即可认为符合要求。为了提高校正精度，也可用两只千分表同时进行校正。将一只千分表的测头触在联轴器端面的垂直方向，另一只千分表的测头触在水平方向。这种校正方法比单表校正麻烦一些，但比较精确。

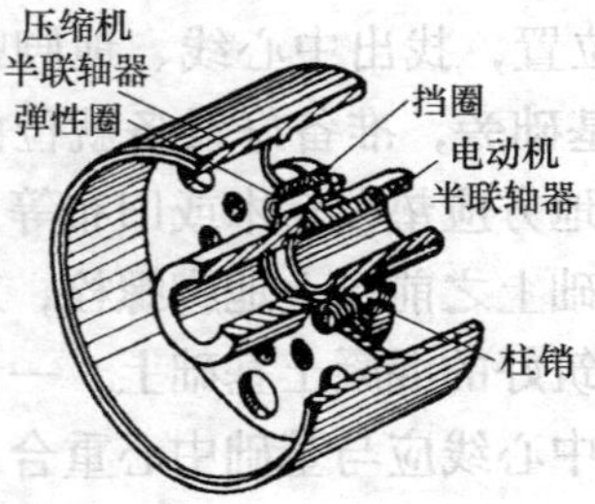

图10-4 弹性联轴器

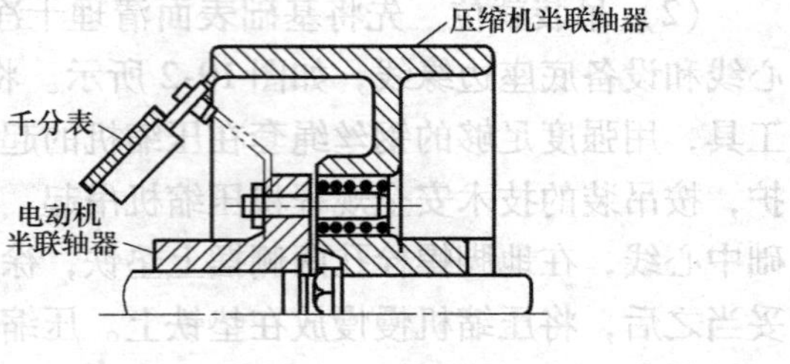

图10-5 测两轴同心度

（5）传动带的安装 中小型活塞式制冷压缩机一般都采用V带传动，所以要安装带轮。V带有O、A、B、C、D、E、F七种型号。从O型至F型，传递功率依次递增。各型号V带适用的功率范围及推荐的V带型号见表10-1。

表10-1 推荐V带型号

传递功率/kW	0.4~0.75	0.75~2.2	2.2~3.7	3.7~7.5	7.5~20	20~40	40~75	75~150	150以上
推荐皮带型号	O	O、A	O、A、B	A、B	B、C	C、D	D、E	E、F	F

安装带轮时应注意电动机带轮与压缩机带轮之间的相对位置和传动带的拉紧程度。两轮之间的相对位置偏差过大，会造成传动带自行滑脱，并加速传动带的磨损；传动带拉得过紧，会造成压缩机轴或电动机轴发生弯曲，加速主轴承过早地发生磨偏；且传动带处于大的张力下会缩短寿命，张得过松又会因打滑影响功率的传递。检查两轮之间相互位置偏差可用直尺或拉线的方法进行，用调整电动机位置的方法使两轮位于同一直线上，如图10-6所示。检查传动带的拉紧程度，经验做法是用食指压两轮中间的一条传动带，能压下20mm为宜。另外，在固定电动机滑轨时，应留出传动带使用伸延后调整电动机的余量，以便于调整传动带的松紧度。

（6）压缩机的拆卸与清洗 在技术文件规定的期限内，在外观完整、机体无损伤和锈

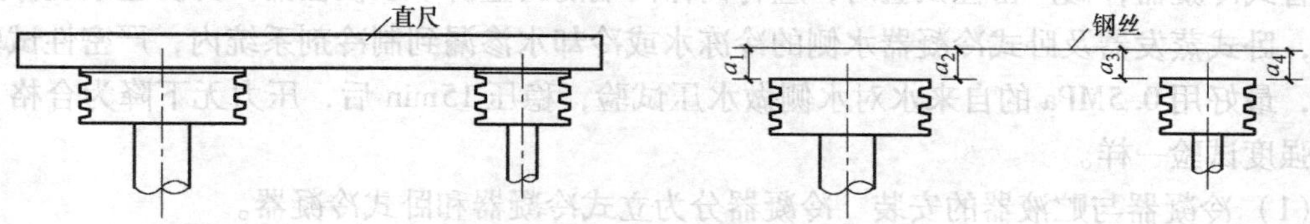

图 10-6 传动带偏差的检查

蚀等情况下，不必进行全面拆洗，仅需拆卸缸盖，清洗活塞、气缸内壁、连杆、吸排气阀等部件，并打开曲轴箱盖，清洗油路系统和更换箱内润滑油。对充有保护性气体的机组，在设备技术文件规定期限内，外观完整和氮封压力无变化的情况下，可不做制冷压缩机的内部清洗，只做机壳外表面擦洗。在擦洗过程中，应防止将水分混入内部。半封闭离心式压缩机一般可不做解体清洗，但应把油箱、油路清洗干净并畅通。在安装前或就位后，应用 0.6MPa 的压缩空气将内部彻底吹洗干净，不得有污物、铁屑等存留在设备内。

2. *活塞式制冷机辅助设备安装*

活塞式制冷机辅助设备包括冷凝器、蒸发器、贮液器、油分离器、空气分离器等。

对冷凝器、贮液器、蒸发器、油分离器等受压容器，安装前应进行强度试验和严密性试验。当设备在制造厂已经做过强度试验，无损伤和锈蚀现象以及在技术文件规定的期限内安装的，可不做强度试验，仅作严密性试验。如果在运输、装卸途中有损伤或有意外情况不符合上述三个条件时，仍需做强度试验。强度试验以水为介质。试验压力应按技术文件规定的压力值进行。若无规定时，可按表 10-2 所示的压力值进行。

表 10-2 强度试验压力值

（单位：MPa）

工作压力 p	试验压力 p_s
$p<0.6$	$p_s=1.5P$
$p=0.6\sim1.2$	$p_s=P+0.3$
$p>1.2$	$p_s=1.25P$

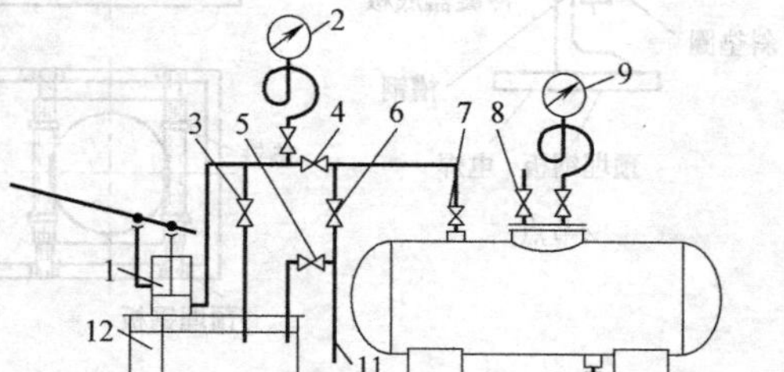

图 10-7 水压试验装置

1—试压泵 2、9—压力表 3、4、5、6—阀门 7—进水阀门 8、10—出气阀门 11—自来水管 12—水槽

水压试验装置如图 10-7 所示，试验时先打开阀门 5、6、7 和排气阀 8，由自来水管向水槽和设备内充水，当水槽内的水足够试压用时，关闭阀门 5，当设备内水位至阀门 8 处见水后再将阀门 6、8 关闭，然后开启阀门 4，起动试压泵对设备加压。在加压过程中，压力应缓慢均匀地上升，一般每分钟不超过 0.15MPa。当压力升至 0.3～0.4MPa 时，应进行一次检查。如果有漏水处，应泄水后进行修补，然后继续试压，当压力达到试验压力时，停止加压，关闭阀门 4，使设备在试验压力下维持 5min，此时可不做详细检查，然后稍微开启阀门 4、3，使压力降至工作压力时进行检查。检查时用锤子沿焊缝两旁 150mm 处轻轻敲击，如果没有渗漏和变形，同时压力表上的压力值也无下降，则水压试验合格。

若严密性试验的介质为干燥空气或氮气，其方法可参照系统的严密性试验进行。对于卧式壳管式冷凝器，做严密性试验时，应将筒体两端的封盖拆下以便检漏。为防止系统停止运行后，卧式蒸发器及卧式冷凝器水侧的冷冻水或冷却水渗漏到制冷剂系统内，严密性试验合格后，最好用0.5MPa的自来水对水侧做水压试验，稳压15min后，压力无下降为合格，方法与强度试验一样。

（1）冷凝器与贮液器的安装　冷凝器分为立式冷凝器和卧式冷凝器。

立式冷凝器一般安装在室外冷却水池上部的槽钢上或钢筋混凝土水池盖上。对于立式冷凝器应按图样对基础进行放线，以确定冷凝器就位方向。在槽钢上安装冷凝器时，先在混凝土水池口上预埋长300mm、厚10mm、宽度与池壁厚相同的钢板预埋件（图10-8、图10-9），然后将槽钢按照冷凝器底板地脚螺栓孔尺寸及位置钻上孔，将槽钢放置在预埋钢板上，再将冷凝器吊装到槽钢上，并用螺栓固定，然后对冷凝器找垂直（图10-10），不符合要求时应用垫铁调整，达到要求后，将槽钢、垫铁及预埋钢板用电焊固定即可，在钢筋混凝土水池盖上安装冷凝器时，应先按冷凝器地脚螺栓位置预埋地脚螺栓，待牢固后将冷凝器吊装就位，用事先准备的垫铁，调整冷凝器的垂直度，冷凝器垂直后，拧紧地脚螺栓将冷凝器固定，垫铁留出的空间应用混凝土填实。立式冷凝器安装后应保证其垂直，允许偏差不得大于1/1000，并不允许有偏斜和扭转。测量偏差的方法是在冷凝器顶部吊一线锤，测量筒体上、中、下三点距锤线的距离，x、y方向各测一次，a_1、a_2、a_3的差值不大于1/1000为合格。

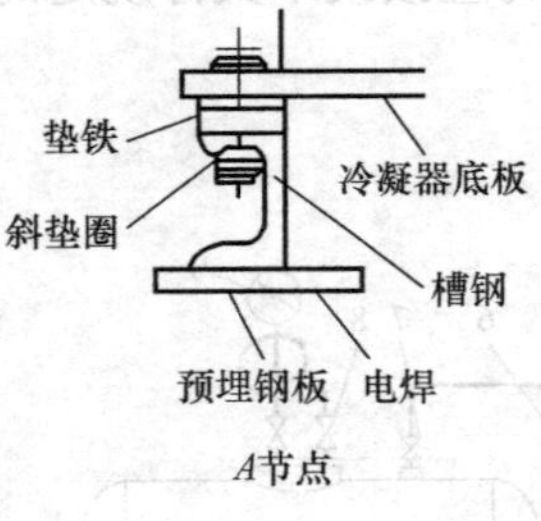

图10-8　立式冷凝器安装节点

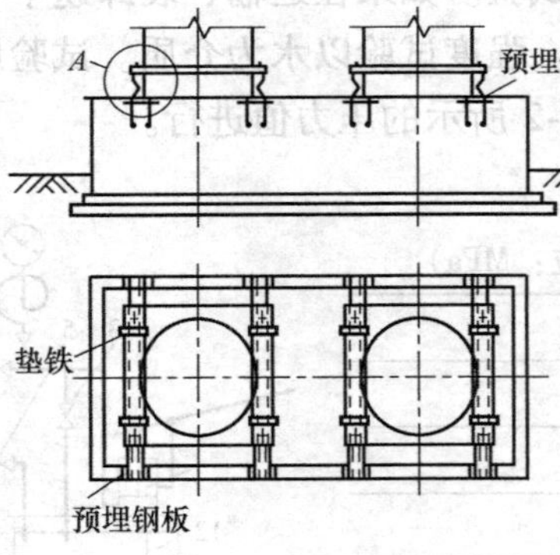

图10-9　立式冷凝器的安装

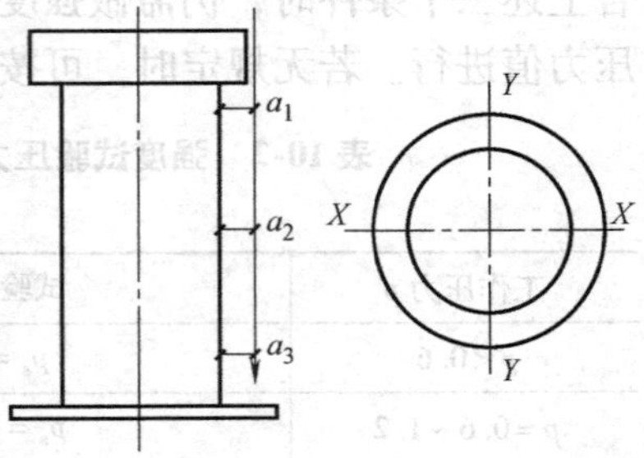

图10-10　立式冷凝器找垂直

卧式冷凝器与贮液器一般安装于室内，为满足两者的高差要求，卧式冷凝器可用型钢支架安装在混凝土基础上，也可直接安装于高位的混凝土基础上。为充分节省机房面积，通常的做法是将卧式冷凝器与贮液器一起安装于垂直于地面的钢架上。设备的水平度主要取决于钢架的水平度，焊接钢架的横向型钢要求用水平仪进行测量。由于型钢不是机加工面，仅测一处，误差较大，应多选几处进行测量，取其平均值作为水平度。一般情况下，当集油罐在设备中部或无集油罐时，卧式冷凝器与贮液器应水平无坡安装，允许偏差不大于1/1000；当集油罐在一端时，设备应设1/1000的坡度，坡向集油罐。由于卧式高压贮液器顶部的管接头较多，特别是进、出液管，进液管焊在设备表面上，出液管多由顶部表面插入筒体下部，一般进液管直径大于出液管的直径，安装时注意不要接错。卧式高压贮氨器如图10-11所示。

冷凝器与贮液器之间的高差要求，应严格按照设计要求进行，不得任意更改高度，一般情况下，冷凝器的贮液口应比贮液器的进液口至少高出200mm，如图10-12所示。

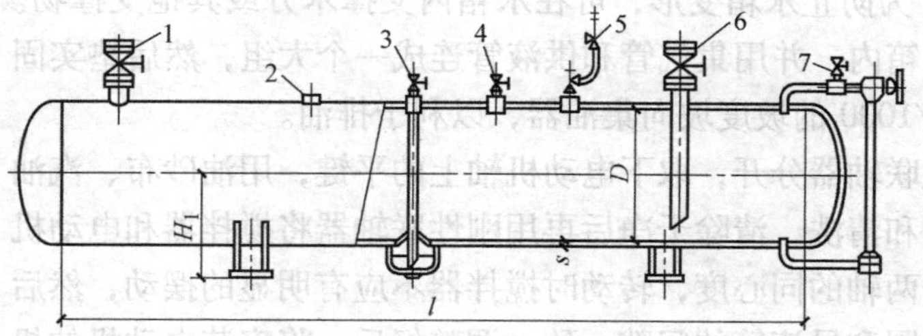

图10-11　卧式高压贮氨器

1—氨液进口　2—平衡管　3—放油　4—放空　5—安全阀　6—氨液出口　7—压力表阀

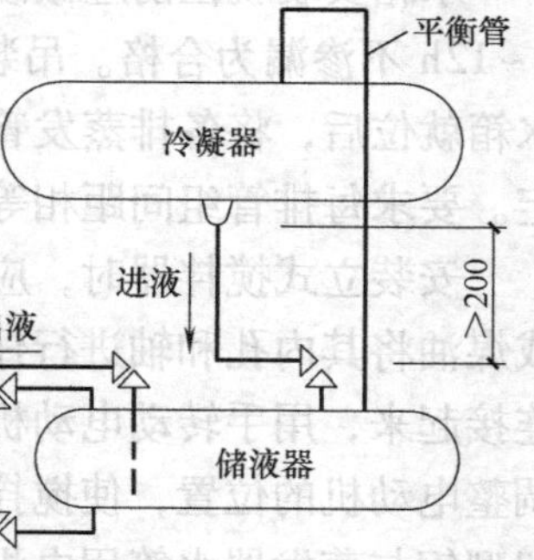

图10-12　冷凝器与贮液罐的安装高差

吊装冷凝器时，不允许将绳索绑扎在连接管上，应绑扎在筒体上。立式冷凝器的重心较高，就位后应采取措施防止其摆动或倾倒。待冷凝器牢固地固定后，再安装梯子、平台、顶部水槽等附件。

（2）蒸发器的安装　蒸发器也分为立式蒸发器和卧式蒸发器。

立式蒸发器一般安装于室内保温基础上，基础用混凝土垫层、“两毡三油”、绝热材料及与绝热层厚度相同的浸沥青枕木组成，枕木的数量根据蒸发器的重量及长度而定。基础做好之后，将试水压不漏的蒸发器箱体安放在基础上，再吊装蒸发器管束并予以固定。直立管蒸发器和螺旋管式蒸发器如图10-13和图10-14所示。

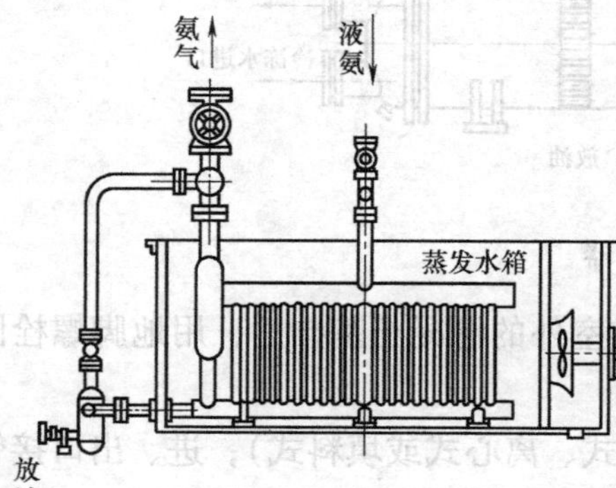

图10-13　直立管蒸发器

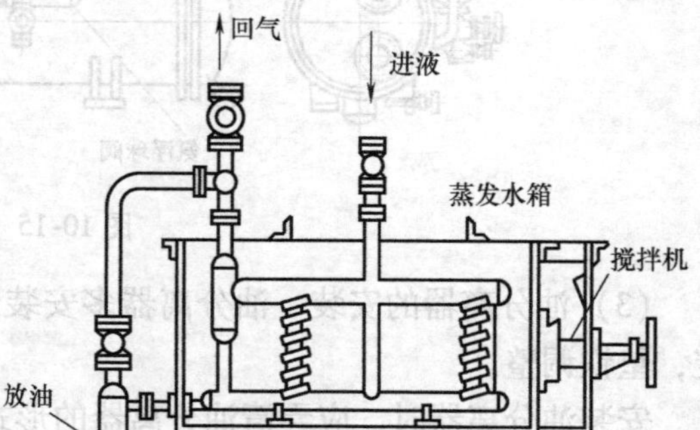

图10-14　螺旋管式蒸发器

蒸发器水箱基础在设计无规定时可按下述方法施工：先将基础表面清理平整，尘土清除干净，然后在基础上刷一道沥青底漆，用热沥青将油毡铺在基础上，在油毡上每隔800～1200mm处放一根与保温层厚度相同的防腐枕木，并以1/1000的坡度坡向泄水口。为防止“冷桥”的产生，蒸发器支座与基础之间垫以50mm厚的防腐垫木（经浸泡沥青处理）。在垫木上，再放上石棉板，使其受力均匀。枕木之间用保温材料填满，最后用油毡热沥青封面。立式蒸发器本身不带水箱盖板，安装时，通常的方法是用5cm厚，并经过刷油防腐的木板做成活动盖板，以减少冷损失。

水箱安装就位前应做渗漏试验，具体做法是：将水箱各处管接头堵死，然后灌满水，经8～12h不渗漏为合格。吊装水箱时，为防止水箱变形，可在水箱内支撑木方或其他支撑物。水箱就位后，将各排蒸发管组吊入水箱内，并用集气管和供液管连成一个大组，然后垫实固定。要求每排管组间距相等，并以1/1000的坡度坡向集油器，以利于排油。

安装立式搅拌器时，应先将刚性联轴器分开，取下电动机轴上的平键，用油砂布、汽油或煤油将其内孔和轴进行仔细地除锈和清洗，清除干净后再用刚性联轴器将搅拌器和电动机连接起来，用手转动电动机轴以检查两轴的同心度，转动时搅拌器不应有明显的摆动，然后调整电动机的位置，使搅拌器叶轮外圆和导流筒的间隙一致。调整好后，将安装电动机的机架型钢与蒸发器水箱用电焊固定。

卧式蒸发器一般安装于室内的混凝土基础上，用地脚螺栓与基础连接。为防止冷桥的产生，蒸发器支座与基础之间应垫以50mm厚、面积不得小于蒸发器支座的面积的防腐垫木。其安装水平度要求与卧式冷凝器及高压贮液器相同。一般在筒体的两端和中部选三点，直接测量，取三点的平均值作为设备的实际水平度。不符合要求时用平垫铁调整，平垫铁应尽量与垫木纹的方向垂直。

由制造厂供货的蒸发器均不带水箱盖板，为减少冷损失，必须设置盖板。通常的方法是用5cm厚，并经过刷油防腐的木板做成活动盖板。图10-15所示为卧式蒸发器。

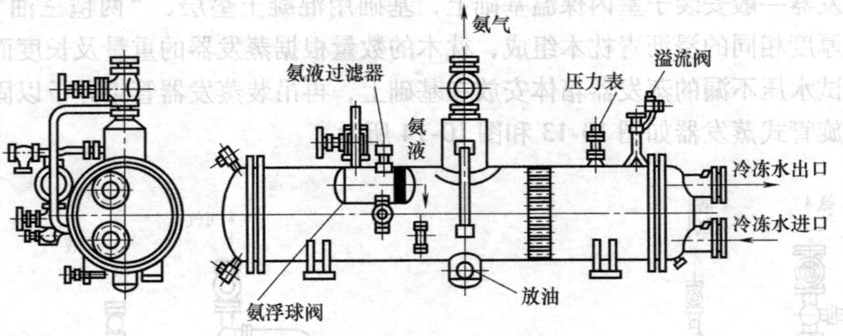

图10-15　卧式蒸发器

（3）油分离器的安装　油分离器多安装于室内或室外的混凝土基础上，用地脚螺栓固定，垫铁调整。

安装油分离器时，应弄清油分离器的形式（洗涤式、离心式或填料式），进、出口接管位置，以免将管接口接错。对于洗涤式油分离器，安装时应特别注意与冷凝器的相对高度，一般情况下，洗涤式油分离器的进液口应比冷凝器的出液口低200～250mm。油分离器应垂直安装，允许偏差不大于1.5/1000，可用吊垂线的方法进行测量，也可直接将水平仪放置在油分离器顶部接管的法兰盘上测量，符合要求后拧紧地脚螺栓将油分离器固定在基础上，然后将垫铁用定位焊固定，最后用混凝土二次灌浆将垫铁留出的空间填实。

（4）空气分离器的安装　目前常用的空气分离器有立式和卧式两种形式，一般安装在距地面1.2m左右的墙壁上，用螺栓与支架固定如图10-16所示。

安装的方法是：先制作支架，然后在安装位置放好线，打出埋设支架的孔洞，将支架安

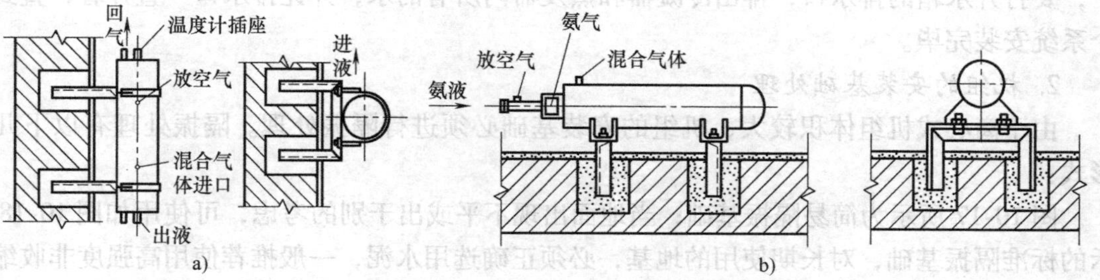

图 10-16 空气分离器的安装

a）立式空气分离器安装 b）卧式空气分离器安装

装在墙壁上，待埋设支架的混凝土达到强度后将空气分离器用螺栓固定在支架上。

（5）集油器及紧急泄氨器的安装 集油器一般安装于地面的混凝土基础上，其高度应低于系统各设备，以便收集各设备中的润滑油，其安装方法与油分离器相同。紧急泄氨器一般垂直地安装于机房门口便于操作的外墙壁上，用螺栓、支架与墙壁连接，其安装方法与立式空气分离器相同。紧急泄氨器的阀门高度一般不应超过 1.4m。进氨管、进水管、排出管均不得小于设备的接管直径。排出管必须直接通入下水管中。

二、离心式制冷机组安装

离心式制冷机组是以离心式制冷压缩机为主机，与冷凝器、节流装置、经济器、蒸发器等辅助设备一起组成的机组。这种机组大致可以分成两大类：一类为冷水机组，其蒸发温度在 -5℃以上，大多用于大型空调或制取5℃以上冷水或略低于0℃盐水的工业场合；另一类是低温机组，其蒸发温度为 -5 ~ 40℃，多用于化工工程。本章重点叙述离心式冷水机组。离心式制冷机组的主机是离心式制冷压缩机，它不同于容积式制冷压缩机，属于速度型制冷压缩机。由于该机械的流动是连续的，其流量比容积式机械要大得多。为了产生有效的动量转换，其旋转速度必须很高，对安装有较高的要求。

离心式制冷压缩机吸气量为 0.03 ~ $15m^3/s$，转速为 1800 ~ 30000r/min，吸气压力为 14 ~ 700kPa，排气压力小于 2MPa，压缩比为 2 ~ 30，几乎可采用所有制冷剂。

1. 机组安装

机组安装前应先进行准备工作，一般离心式冷水机组已在工厂完成装配、接线并经泄漏测试。安装工作主要包括机组吊装及将水和电接至机组。起吊、安装、现场接管、水室端盖绝热层的安装，由建设单位完成。机组安装前必须进行以下工作：首先，检查技术资料是否齐全，其中包括：工作合同和规范、机组位置图、起吊要求、接管图和详细资料、现场接线图、供应商提供的起动柜安装资料以及供应商提供的正式图样等。其次，要检查机组运输质量，检查运输时机组是否已有损坏，如有损坏或发现装运定位移动，应及时请运输部门进行检查，并直接通知运输公司，分析机组可能损坏的原因和责任方。装箱单检查时应注意设备及附件是否完整，如有缺件，应立即通知经销商或直接与制造公司联系。在开始安装前，不要拆开零件的原始包装。所有的开口已用盖板或塞子密封，以防止装运过程中脏物进入。第三，应检查机组铭牌上的型号、出场日期和编号及热交换器的型号、规格，是否与合同和有关技术文件上的一致。最后，应检查机组保护装置及配件，防止受潮和安装过程中的灰尘。在安装前不要拆除安装过程中的保护盖板。如果机组水系统已安装好，并暴露于结冰的温度下，要打开水箱的排水口，排出冷凝器和蒸发器内所有的水，并让排水口一直开着，直到整个系统安装完毕。

2. 机组的安装基础处理

由于离心式机组体积较大，机组的安装基础必须进行隔振处理。隔振处理有以下几种形式：

图 10-17 所示为简易隔振基础；当地面出现不平或出于别的考虑，可使用如图 10-18 所示的标准隔振基础，对长期使用的地基，必须正确选用水泥，一般推荐使用高强度非收缩型水泥；图 10-19 所示为弹簧隔振基础，隔振弹簧可以直接装在机组支撑板的下面或装在基础地板的下面。

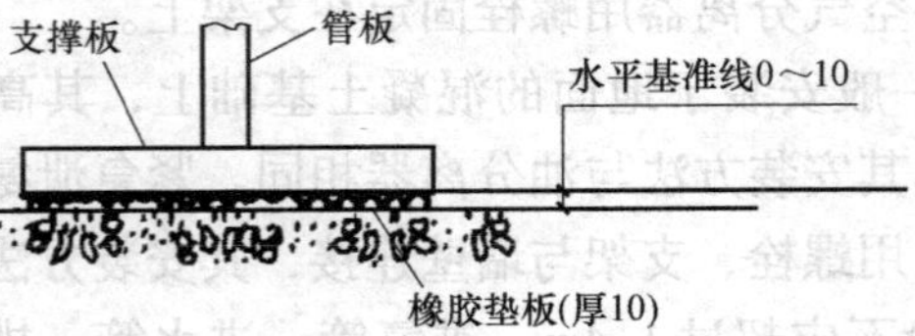

图 10-17 简易隔振基础

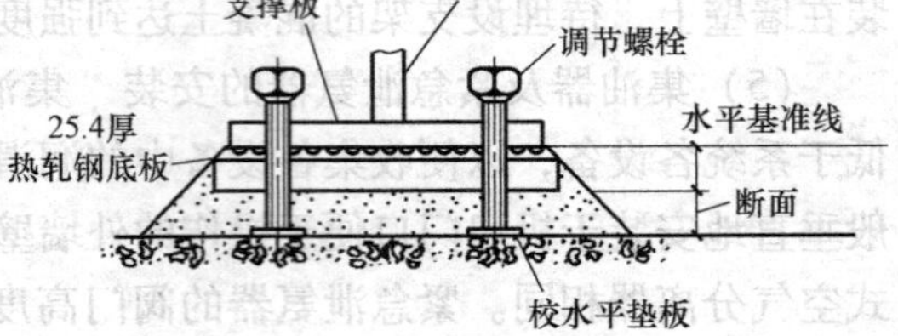

图 10-18 标准隔振基础

3. 机组就位

在机组安装时，必须考虑留出维修空间，图 10-20 所示为某机组的占用空间示意图，阴影部分表示机组所需的检修空间。

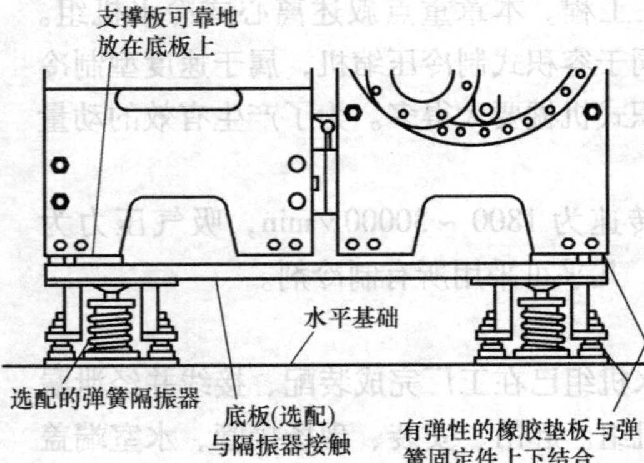

图 10-19 弹簧隔振基础

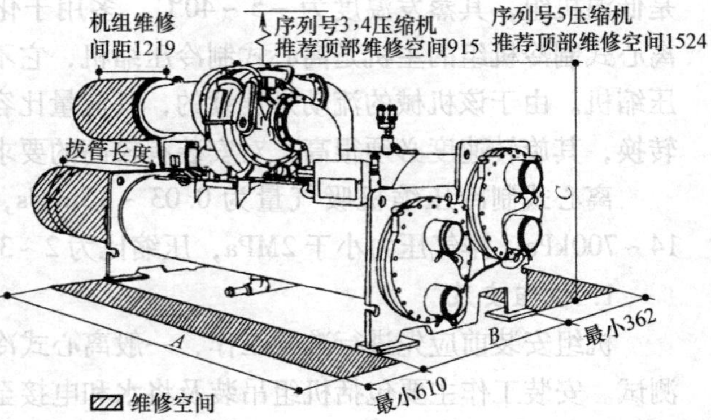

图 10-20 机组的维修空间

4. 泵出系统

在高压制冷剂（如 R22、R134a、R12）机组中，为解决高压制冷剂的灌入和倒出问题，应采用泵出系统。泵出系统由小型活塞压缩机、冷凝器（或冷却器）及一些阀门组成。

（1）19XL 机组的泵出系统 该机组使用 R22 或 R134a，适用于充注或维修中加压输送制冷剂。蒸发器和冷凝器为双筒体结构。蒸发器的设计工作压力与冷凝器相同，作为压力容器进行制造，且蒸发器和冷凝器之间带有隔离阀。这种泵出系统有带贮液筒和不带贮液筒两种形式。

当机组台数较多，制冷剂用量较大时，或在维修中要将制冷剂全部泵出时选用带贮液筒系统，用此系统可对机组直接充注液态制冷剂。若在维修蒸发器或冷凝器时，需将制冷剂输入另一换热器，或在开机前充注制冷剂，可采用如图 10-21 所示的不带贮液筒泵出系统。此系统可通过阀 a、b、c、d 和机组的相关阀门组合，达到制冷剂输送的目的。

利用泵出系统还可以对机组进行抽真空。

（2）KF 系列机组的泵出系统　该机组使用 R12 为制冷剂，这种机组还具有贮液筒和除湿器，它可以从外部加入制冷剂液体，抽出机组内制冷剂气体，把机组内的制冷剂液体和气体送入贮液筒，或反向进行等作用。图 10-22 所示为将制冷剂抽出贮液筒的系统。起动小型活塞式压缩机后，贮液筒中的制冷剂经过阀 C 到压缩机进口，经增压后，一部分经过阀 C 进入离心式制冷压缩机的进气管路上，另一部分通过冷却器、除湿器进入机组或进入贮液筒。

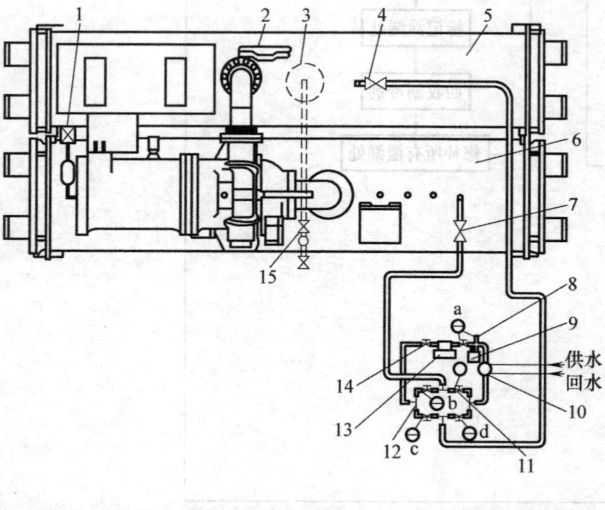

图 10-21　19XL 机组的泵出系统接管（不带贮液筒）

1—制冷机冷却阀　2—冷凝器隔离阀　3—线性浮阀　4—冷凝器输送阀　5—冷凝器　6—蒸发器　7—蒸发器输送阀　8—压缩机排气阀　9—油分离器　10—泵出系统冷凝器　11、12—转向阀　13—泵出系统压缩机　14—压缩机吸气阀　15—蒸发器隔离阀

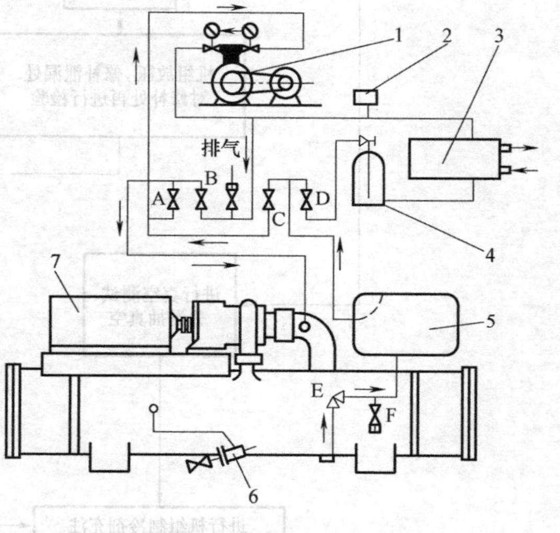

图 10-22　KF 机组泵出系统

1—小型活塞式压缩机　2—压力开关　3—冷却器　4—除湿器　5—贮液筒　6—过滤干燥器　7—电动机

5. 开机前准备

开机前应准备如下资料：产品样本资料（提供设计温度及压力表）；机组合格证、质保书、压力容器证明等；起动装置及线路图；特殊控制或配制的图表或说明；产品安装说明书、使用说明书。

开机前还应准备如下工具：真空泵或泵出设备的制冷常用工具、数字型电压/欧姆表（DVM）、钳形电流表、电子检漏仪、500V 绝缘测试仪等。

图 10-23 所示为机组泄漏试验的过程步骤和方法。机组抽真空后充注制冷剂，加压后，使用电子检漏仪检查所有的法兰及焊接连接处，如果发现泄漏，继续进行泄漏测试步骤。

如果压缩机组是弹簧减振，将所有弹簧两头固定，以防可能的管压及在检漏试验过程中，将制冷剂从一个容器移入另一个容器，或任何转移制冷剂的时候引起伤害。只有当制冷

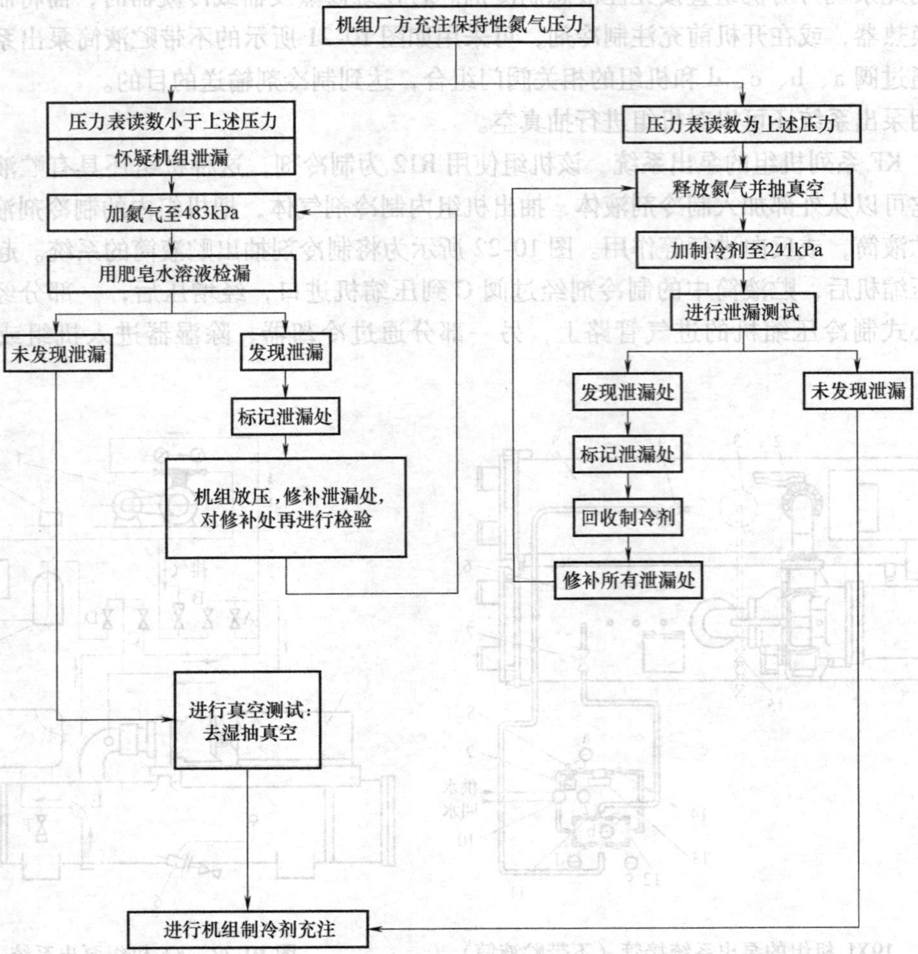

图 10-23　泄漏测试过程

剂处于工作状态且水回路已充满时，再调整弹簧。

推荐使用符合环保要求的制冷剂检漏仪（即电子检漏仪或卤素灯）对机组泄漏进行试验。如果机组处于压力下，也可用超声波检漏仪。考虑到制冷剂泄漏难以控制及从制冷剂中分离杂质的难度较大，推荐按图 10-23 所示的泄漏测试步骤进行测试。

当机组工作压力正常时，应继续完成如下工作：从容器中排出保持性充注气体；如果需要，通过增加制冷剂提高机组压力，直到机组压力等于周围环境温度的饱和压力；按泵出程序，将制冷剂从储存容器送入机组。

当机组压力读数异常时，应对带制冷剂运输的机组，进行泄漏试验，通过连接氮气瓶加压至 207kPa，用肥皂水检查所有连接处，如果试验压力能保持 30min，则进行小泄漏试验；发现的泄漏处均需做好标记。然后放掉系统压力，修补所有泄漏处，并重新试验修补处。完成大泄漏试验后，按照机组去湿程序，尽可能除去氮气、空气及水分，然后添加制冷剂，缓慢提高系统压力至最大值 1103kPa，对 R134a 的最小压力不低于 241kPa，然后进行小泄漏检测试验，采用电子检漏仪、卤素灯或肥皂水仔细检查机组。如果电子检漏仪发现泄漏，可用肥皂水进一步确认，统计整个机组泄漏率，若整机的泄漏率超过 0.45kg/a，则必须修补。

如果在初次开机时没有发现泄漏，完成制冷剂气体从储存容器到整个机组的转移后，再次测试泄漏。未发现泄漏时，完成如下工作：将制冷剂移入储存容器，执行标准的真空测试；如果机组无法通过真空测试，检查大的泄漏；如果机组通过标准真空试验，给机组去湿，用制冷剂充注机组。如果发现泄漏后，应将制冷剂泵入储存容器，如果有手动隔离阀，也可将制冷剂泵进未泄漏的容器。移出制冷剂后，机组压力降到40kPa，进行修补泄漏，从第二步开始重复以上步骤，确保密封。如果机组在大气中敞开一个相当长时期，在开始重复泄漏试验前应先进行排空。

进行机组真空试验或去湿抽真空，需使用压力表或真空计。用一个绝对压力表或真空计与机组相连，用真空泵或抽气装置将容器压力降至41kPa；关闭阀门保持真空，记下压力表或真空计读数。如果24h内泄漏压降小于0.17kPa，表明机组密封性相当好；如果24h内泄漏压降超过0.17kPa，机组需重新进行试验。

如果机组敞开相当长一段时间后，机组内部将含有水分，或已完全失去保持性充注制冷剂的压力，这时建议对机组进行去湿抽真空处理。环境温度越高，除湿也越快，如果周围环境温度较低，应采取如下方法：①将一高容量真空泵（0.002m^3/s或更大）与制冷剂充注阀相连，从泵到机组的接管尽可能短，直径尽可能大，以减小气流阻力。②用绝对压力表或真空仪测量真空度，只有读数时，才将真空仪的截止阀打开，并一直开启3min，以使两边真空度相等。③如果要对整个机组除湿，开启所有隔离阀。④在周围环境温度到达15.6℃或更高时，进行抽真空，直至绝对压力为34.6kPa时，继续抽2h。⑤关闭阀门和真空泵，记录测试仪读数。⑥等候2h，再记一次读数，如果读数不变，除湿完成。如果读数表示真空度已无法保持，重复④、⑤步。如果经几次测试后，读数一直在变化，在最大达1103kPa压力时，执行泄漏试验，确定泄漏处并进行修补，重新进行除湿。

参照管路图及产品安装说明书中的管路结构检查水路、蒸发器和冷凝器管路，确保流动方向正确及所有管路已满足技术要求。如果装有泵出系统，检查以确保冷却水排进该系统。根据提供的工作资料，检查现场提供的截止阀及控制元件，检查现场安装管线中制冷剂的泄漏。

遵照安全生产法规，应将系统的安全阀管接至户外，同时还应检查接线，看是否满足如下要求：

检查接线是否符合接线图和各有关电气规范；对低压（600V以下）压缩机，把电压表接到压缩机起动柜两端的电源线，测量电压。将电压读数与起动柜铭牌上的电压额定值进行比较；将起动柜铭牌上的电流额定值与压缩机铭牌上的值进行比较，过载动作电流必须是额定负载电流的108%～120%。检查接至下述零件的电压：油泵接触器、压缩机起动柜和润滑系统动力箱，与铭牌值进行比较；明确油泵、电源箱和泵出系统都已配备熔断开关或断路器；检查所有的电子设备和控制器是否都按照接线图及有关电气规范接地；对于现场安装的起动柜，用500V绝缘测试仪（如兆欧表）测试机组压缩机电动机及其电源导线的绝缘电阻。如果现场安装的起动柜读数不符合要求，应拆除电源导线，在电动机端子处重新测试电动机。如果读数符合要求，那么是电源导线出了故障。

对机械类起动柜，还应检查现场接线线头是否接好，活动零件的间隙和连接是否正确；接触器是否能够移动自如，机械连锁装置是否工作正常；所有的机电装置能否工作正常。对固态起动柜，应确保所有接线均已正确接至起动柜、接地线已安装正确，并且线径足够；确保所有的继电器均已可靠安装于插座中，所有的交流电均已按说明书接到起动柜。

油箱充满位置在上视镜的中部，最低油位为下视镜的底部。如果需要加油，必须满足离心压缩机油的技术规范，通过充油阀进行加油，当制冷剂压力比较高时，必须使用加油泵。加油或放油必须在机组停机时进行。在给控制系统通电以前，应检查油加热器，要确保能看到油位。起动柜内的断路器可以使控制系统的油加热器上电，这要在机组起动前几小时进行，以减少跑油。

6. 离心式制冷压缩机的使用注意事项

为了延长离心式制冷压缩机的使用寿命，使用者必须注意做好日常维护保养工作，除了对机组各点温度、压力、流量、液位、电气数据以及加进的制冷剂做好记录外，还应该保持系统密封不泄漏，检查或更换压缩机油和油过滤器，检查控制器有否漏电现象，测量封闭电动机的接地电阻，定期进行机组平衡和振动的测量。通过上述技术措施，及早发现事故隐患，从而避免发生大的责任事故。

三、螺杆式制冷机组的安装

螺杆压缩机具有结构简单、工作可靠、效率高和调节方便等优点，在制冷空调领域运用较为广泛。按照螺杆转子数量的不同，螺杆压缩机有双螺杆与单螺杆两种。

螺杆压缩机在制冷系统中起着将从蒸发器出来的低温低压的制冷剂气体，变成高温高压气体的作用，它是制冷系统的心脏部件。螺杆压缩机属于容积式压缩机，主要由机壳、螺杆转子、轴承、能量调节装置等组成。

1. 机组安装

(1) 机组安装前的准备工作　机组在运输过程中，应防止机组发生损伤，运达现场后，应存放在库房中，如无库房必须露天存放时，必须将机组底部适当垫高，防止浸水。箱体上必须加以遮盖，以防止雨水淋坏机组。安装前应进行开箱检查，查看机组型号是否与合同订货机组型号相符，根据随机出厂的装箱清单清点机组、附件以及所附的技术资料，并做好记录。还要检查机组和附件是否有损坏和锈蚀，设备在开箱后必须注意保管，放置平整。法兰及各种接口必须封盖、包扎，防止雨水、灰砂侵入。如机组经检查后来不及安装，必须将机组加上遮盖物，防止灰尘及产生锈蚀。

机组在吊装时，必须严格按照厂方提供的机组吊装图进行吊装。在安装前，必须考虑好机组搬运和吊装的路线，在机房预留适当的搬运口，如果机组的体积较小，可以直接通过门进入机房，如果机组的体积较大，可待设备搬入后，再进行补砌。如果机房已建好又不想损坏，而整机进入机房又有一定困难时，有些机组可以分体搬运。一般是将冷凝器和蒸发器分别搬入机房，然后再进行组装。

(2) 机房选择与机组定位　机房位置选择应避免高温，通风应良好，应干燥、清洁、排水通畅。机组安装时应按照平面布置图所注各设备与墙中心或柱中心间的关系尺寸，画定设备安装地点的纵、横基准线，根据随机所附的技术资料，在机组与机组之间、机组与墙体之间留有相应的空间，以便于机组维修保养和现场操作。螺杆式冷水机组一般要求安装在地基上。在修筑地基前，应核算所需地基是否满足机组运行质量的承重要求，机组的运行质量可以查阅技术资料或直接向厂方询问。基础一般以混凝土浇筑而成，在浇筑时必须注意要留下相应的地脚螺栓孔。具体位置可以参照厂方提供的基础图，地脚螺栓一般都由厂方提供，随机组一同出厂。一般螺杆式冷水机组在安装时，需要在地基上安装防振垫片。但随着螺杆式冷水机组技术的不断发展，机组的振动已大大减少，有的机组已不再需要加装防振垫片，可以直接将机组安装在地基上，紧固地脚螺栓即可。

（3）机组就位　机组在就位后，需要连接水管路，与整个空调系统相连接。水管路的连接形式有法兰连接、螺纹连接及焊接连接等。一般螺杆式冷水机组都采用法兰连接，但也有采用焊接连接的。有的小制冷量的机组，由于水管接口较小，也可以采用螺纹连接。与机组连接的水管建议采用软管，防止由于机组振动或移动而对水管路带来损伤。

电气安装方面，目前的螺杆式冷水机组都已将机组的配电柜、起动柜和控制柜集成在机组上了。所以，只需要将电缆线连接至配电柜中。具体的连接方法和连接形式各个制造厂家会有所不同，须参考各自的技术资料。

2. 机组的调试

制冷系统的正确调试是保证制冷装置正常运行、节省能耗、延长使用寿命的重要环节。对于现场安装的大、中型制冷系统，调试前首先应按设计图样要求，熟悉整个系统的布置和连接，了解各个设备的外形结构和部件性能，以及电控系统和供水系统等。为此，调试时应有制冷和水电工程师参加。用户在调试前应认真阅读厂方提供的产品操作说明书，按操作要求逐步进行。操作人员必须经过厂方的专门培训，获得机组的操作证书才能上岗操作，以免错误操作给机组带来损坏。

（1）调试前的准备　螺杆式冷水机组属于中大型制冷机，在调试中需要设计、安装、使用三方面密切配合。为了保证调试工作进行得有条不紊，有必要由有关方面的人员组成临时的试运转小组，全面指挥调试工作。负责调试的人员应全面熟悉机组设备的构造和性能，熟悉制冷机安全技术，明确调试的方法、步骤和应达到的技术要求，制订出详细具体的调试计划，并使各岗位的调试人员明确自己的任务和要求。检查机组的安装是否符合技术要求，机组的基础是否符合要求，连接管路的尺寸、规格、材质是否符合设计要求。单独对冷水和冷却水系统进行通水试验，冲洗水路系统的污物，水泵应正常工作，循环水量符合工况的要求。清理调试的环境场地，达到清洁、明亮、畅通的要求。准备好调试所需的各种通用工具和专用工具。准备好调试所需的各种压力、温度、流量、质量、时间等测量仪器仪表。准备好调试运转时必需的安全保护设备。机组的供电系统应全部安装完毕并通过调试。

（2）制冷剂的充注　制冷机组在出厂前一般都按规定充注了制冷剂，现场安装后，经外观检查如果未发现意外损伤，可直接打开有关阀门（应先阅读厂方的使用说明书，在运输途中，机组上的阀门一般处在关闭状态）开机调试。如果发现制冷剂已经漏完或者不足，应首先找出泄漏点并排除泄漏现象，然后按产品使用说明书要求，加入规定牌号的制冷剂。注意制冷剂充注量应符合技术要求。有些制冷机组需要在用户现场充注制冷剂，制冷剂的充注量及制冷剂牌号必须符合规定。制冷剂充注量不足，会导致冷量不足。制冷剂充注量过多，不但会增加费用，而且对运行能耗、设备安全等可能带来不利影响。如果一旦发生意外泄漏事故，制冷剂可能会给环境带来严重的污染。在充注制冷剂前，应预先备有足够的制冷剂。充注时，可直接从专用充液阀门充入。由于系统处于真空状态，钢瓶中制冷剂与系统压差较大，当打开阀门时（应先用制冷剂吹出连接管中的空气，以免空气进入机组，影响机组性能），制冷剂迅速由钢瓶流入系统，充注完毕后，应先将充液阀门关闭，再移去连接管。

（3）制冷系统调试　制冷剂充注结束后（如需要充注制冷剂），可以进行负荷调试。由于近年来，螺杆式冷水机组在机组性能和电气控制方面都有了长足的进步，许多机组在正式开机前，可以对主要电控系统作模拟动作检测，即机组主机不通电，控制系统通电，然后通过机组内部设定，对机组的电控系统进行检测。如果电控系统出现什么问题，可以及时解决。最后再通上主机电源，进行调试。在调试过程中，应特别注意以下几点：检查制冷系统中的各处阀门，是否处在正常的开启状态，特别是排气截止阀，切勿关闭；打开冷凝器的冷却水阀门和蒸发器的冷水阀门，冷水和冷却水的流量应符合厂方提出的要求；起动前应注意观察机组的供电电压是否正常；按照厂方提供的开机手册起动机组；当机组起动后，根据厂方提供的开机手册，查看机组的各项参数是否正常；可根据厂方提供的机组运行数据记录表，对机组的各项数据进行记录，特别是一些主要参数一定要记录清楚；在机组运行过程中，应注意压缩机的上下载机构是否正常工作；应正确使用制冷系统中安装的安全保护装置，如高低压保护装置，冷水和冷却水断水流量开关，安全阀等设备，如有损坏应及时更换；机组如出现异常情况，应立即停机检查。

在制冷系统调试前，一定要做好空调系统内部的清洁和干燥工作。如果前期工作不认真进行，在调试期间将会增加许多工作量，而且会给制冷装置以后的运行带来许多隐患。

3. 故障分析和对策

制冷机组的故障主要来自电控系统和制冷系统两方面。故障会导致机组无法正常起动、运行、制冷量的明显下降或者机组产生严重损坏。正确判断各种故障产生的原因及采取合理的排除方法，不但涉及电气和制冷技术方面的理论知识，更重要的是还需具备实践技能，只有通过长时间的实践，才能获得维修制冷装置的丰富经验。随着近年来螺杆式冷水机组的发展，机组的故障率较之以往大大减少。同时机组控制系统也日趋完善。许多厂家的机组的控制系统都带有自动检测故障的功能。机组如果出现异常故障，通过传感器或其他一些设备控制系统会报警，并把报警代码或内容显示到机组的操作界面上，便于维修人员查阅。如出现机组报警显示系统错误并不是造成故障的直接原因，就需要检查与报警相关的其他部件是否正常。

4. 机组维护保养

螺杆式冷水机组的维护保养的主要内容，包括日常保养和定期检修。定期的维修保养能保证机组长期正常运行，延长机组的使用寿命，同时也能节省制冷能耗。对于螺杆式冷水机组，应有运行记录，记录下机组的运行情况，而且要建立维修技术档案。完整的技术资料有助于发现故障隐患，及早采取措施，以防故障出现。

螺杆压缩机是机组中非常关键的部件，压缩机的好坏直接关系到机组的稳定性。由于目前螺杆压缩机制造材料和制造工艺的不断提高，许多厂家制造的螺杆压缩机寿命都有了显著的提高。如果压缩机发生故障，由于螺杆压缩机的安装精度要求较高，一般都需要请厂方来进行维修。

冷凝器和蒸发器应定期清洗。水冷式冷凝器的冷却水由于是开式的循环回路，一般采用的自来水经冷却塔循环使用，或者直接来源于江河湖泊，水质相差较大。当水中的钙盐和镁盐含量较大时，极易分解和沉积在冷却水管上而形成水垢，影响传热。结垢过厚还会使冷却水的流通截面缩小，水量减少，冷凝压力上升。因此，当使用的冷却水的水质较差时，对冷却水管每年至少清洗一次，去除管中的水垢及其他污物。一般使用专门的清管枪、清洗剂对管道进行清洗。

机组在长期使用后，润滑油的油质变差，油内部的杂质和水分增加，所以要定期观察和检查油质，一旦发现问题应及时更换，更换的润滑油牌号必须符合技术资料的规定。

干燥过滤器是制冷剂进行正常循环的重要部件。由于水与制冷剂互不相溶，如果系统内部含有水分，将大大影响机组的运行效率，因此保持系统内部干燥是十分重要的，干燥过滤器内部的滤芯必须定期更换。

螺杆式冷水机组上的冷凝器和蒸发器均属于压力容器，根据规定，要在机组的高压端即冷凝器筒体上安装安全阀，一旦机组处于非正常的工作环境下时，安全阀可以自动泄压，以防止高压可能对人体造成的伤害。所以安全阀的定期校验，对于整台机组的安全性是十分重要的。

如没有其他特殊的原因，一般机组不会产生大量的泄漏。如果由于使用不当或在维修保养后有一定量的制冷剂发生泄漏，就需要重新添加制冷剂，充注制冷剂必须注意机组使用制冷剂的牌号。

5. 运行管理和停机注意事项

螺杆式冷水机组的正常开、停机，必须严格按照厂方提供的操作说明书的步骤进行操作；机组在运行过程中，应及时、正确地做好参数的记录工作；机组运行中如出现报警停机，应及时通知相关人员对机组进行检查，如无法排除故障，可以直接与厂方联系；机组在运行过程中严禁将水流开关短接，以免冻坏水管；机房应有专门的工作人员负责，严禁闲杂人员进入机房；机房应配备相应的安全防护设备和维修检测工具，如压力表、温度计等，工具应存放在固定的位置。

螺杆式冷水机组停机后应切断主电源开关，如机组处于长期停机状态期间，应将冷水、冷却水系统的内部积水全部放净，防止产生锈蚀。水室端盖应密封住；机组在长期停机时，应做好维修保养工作；在停机期间，应该将机组全部遮盖，防止积灰；在停机期间，与机组无关的人员不得接触机器。

四、溴化锂吸收式制冷设备安装

机组的安装是保证机组性能及正常运行的重要环节之一。

溴化锂吸收式机组的性能是通过机组的调试而测得的，通常机组试验合格后才能交付用户使用。通过机组的调试，可以发现机组设计及制造中的问题，也可以发现需要改进的方面，同时可给用户提供一些重要的数据，如溴化锂溶液充注量及水系统的阻力损失等。新机组的调试一般在制造厂家的试验台上进行，也有在用户现场进行。机组调试应由制造厂家的专业技术人员进行（本章所述的机组调试，是指制造厂家新产品的调试）。

溴化锂吸收式机组运动部件少，振动噪声较小，运行较平稳，机组的基础及安装要求并不高，但是对机组的水平度有较高的要求。

（1）机组整体就位与安装 溴化锂吸收式机组是大型制冷设备。为了便于制造及运输，根据机组制冷量的大小，通常将机组分为整体出厂和分体出厂。分体机组通常为两件运输，但也可根据用户的要求做成三件或四件。

安装前，应首先对机组进行检查。机组在出厂前，内部已充注 0.02～0.04MPa（表压）的氮气，因此，在机组就位与安装前，应检查机组压力情况，一旦发现机组在运输过程中由于损坏而发生泄漏，要立即与制造厂家联系，防止机组发生锈蚀，影响机组的正常使用。同时还应检查电气仪表是否被损坏。

安装时，一般采用钢丝绳起吊机组，由于制造厂家的不同，机组起吊方法也各异。一般用两根钢丝绳起吊机组主筒体的两端，也有的机组用钢丝绳通过机组的吊孔起吊。吊装机组应非常小心，确保不损坏机组的任何部分。如果钢丝吊索与容易损坏的部分接触时就要调整吊绳的位置。如果确实有困难，也可在该部件上设置软垫来保护这一部分。要特别注意细管、接线和仪表等易损件不被损坏。在机组起吊及就位时，要保持机组的水平。当放下就位时，机组所有的底座应同时并轻轻地接触地面或基础表面。

溴化锂吸收式机组就位前，应清理基础表面的污物，并检查基础标高和尺寸是否符合设计要求，检查基础平面的水平度，同时，在基础支撑平面上各放一块面积稍大于机组底脚的硬橡胶板，厚度约为10mm，然后将机组放在其上。机组就位后，必须对机组进行水平校正才能安装。如对于发生器来说，溴化锂溶液在发生器中上下折流前进，本身就有一定的阻力，机组不平，就加大了溶液在两端的液位差，还可能引起制冷剂的污染及高温换热器的汽击。对于蒸发器来说，会减少冷剂水的贮存量，从而影响机组在变工况时的运行。特别是冷凝器，水盘很低，如冷剂水从端部流出，就会影响蒸发器的流动。

机组的水平校正方法如下：在吸收器管板两边，或者在筒体两端，找出机组中心点。如果找不到机组的中心点，也可利用钣金加工部位作为基准点。可取一根透明塑料管，管内充满水，塑料管不能打结，也不能压扁，管内的水中不允许存有气泡。然后在机组两端中心放置水平，一端为基准点，另一端点则表明了纵向水平差。再将塑料管置于一端管板的两边，用同样的方法来校正横向水平差。机组合格的水平标准是纵向在1mm/m内，若机组尺寸是6m或大于6m，合格值应小于6mm。机组横向水平标准是小于1mm/m。可用水平仪校正机组的水平。

当机组水平检测不合格时，可用起吊设备，通过钢丝绳慢慢吊起机组的一端，用钢制长垫片来调节机组的水平。如果没有合适的起吊设备，可以在机组的一端底座下半部焊上槽钢，用两只千斤顶，均匀地慢慢将机组顶起，再调节机组的水平，直至水平合格为止。

机组在运输、就位及安装过程中，一定要防止人为的损坏和无目的拨弄阀门及仪表，禁止将机组上的管道及阀门作为攀登点。要保护好机组上的控制箱、电气仪表及电气接线，非专业人员不得开启电气控制箱、拆动仪表及线路。

(2) 机组分体就位与安装　小型机组在制造厂内已经组装，主要的安装工作就是将机组搬到基础上并校正水平。但大型溴化锂吸收式机组是分体出厂并运输至用户，因此分体机组的就位与安装要比整体机组复杂。安装步骤如下：分体出厂的机组与整体出厂的机组所需的基础是一致的，都是根据机组运行质量而设计。机组安装前，同样需在基础上放置略大于机组底脚，厚度约10mm的硬橡胶板；分体机组在出厂时，每一件内部都充以氮气，因此，在机组就位前，应检查每件内部的压力并与出厂值进行比较，一旦发现机组由于损坏而发生泄漏，应及时与制造厂家联系。对于分两件或三件机组的吊装，与单件机组吊装基本相同，应先将下筒体用钢丝绳吊在基础上并校正水平，然后，再将上筒体吊装在下筒体上。分体机组就位后，也要校正机组的水平。其方法和整体机组校正一样，不过，在筒体就位后，先要对下筒体进行水平校正，不仅要校正机组纵向水平，还要校正横向水平。只有在下筒体水平合格后，方可将上筒体吊装在下筒体上，同时，还要对上筒体进行纵向及横向水平校正。如果机组水平不合格，可用垫钢板来调节机组的水平，先要调节好下筒体的水平，然后才能吊装上筒体，在上筒体底脚下垫钢板来调整。如果分体机组各部件已经就位，但机组水平未校正，也可用上述方法，分别校正上、下筒体的水平，并用垫钢板来调节。

（3）焊接　当上、下筒体就位完毕后，就要连接上、下筒体间的有关管道及部件，并现场焊接安装。打开蒸发—吸收器组件上的辅助阀门（一般为真空隔膜阀），将蒸发—吸收器壳体内充入的氮气放出，使壳体内的氮气压力和外面大气压一致。打开发生器或冷凝器上的辅助阀，将发生—冷凝器壳体内的加压氮气放出。用火焰切割方法割去所有管道上的盖板，除去毛刺和垃圾，以防进入机组。由具有合格证的电焊工焊接管道结合点。所有接管应进行清洁处理，除去管内的铁锈、油污等杂物并保持清洁。为了防止焊接时的焊渣、铁锈等杂物进入机组内，可采用如图10-24所示的内衬管焊接方法。应注意：机组在安装接管时，严禁将管道及阀门作为攀登点，不可将真空隔膜阀作为扶手来攀登机组。机组在就位及焊上、下筒体有关连接管道时，不要损坏电气仪表及电气线路。

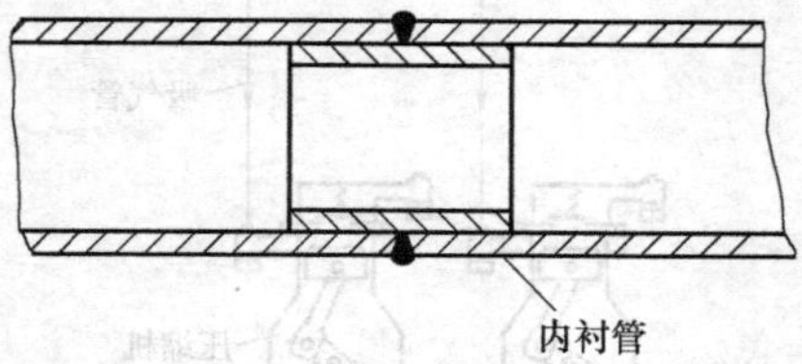

图10-24　内衬管焊接方法

目前，真空隔膜阀一般采用焊接式结构，其焊接部位离隔膜（一般为橡胶材料）较近，在焊接真空隔膜阀时，应采取保护隔膜免受高温损害的有效措施，如采用特种焊接，或焊接时对阀体采取有效冷却等。

第二节　制冷管道的安装

制冷剂不论是氨还是氟利昂，均不允许泄漏，氨泄漏对人体危害大，危险性大；氟利昂昂贵，破坏大气环境。因此，管路系统严密性要求高。其次，制冷管道的配置应保证系统安全、有效地运行。

1. 压缩机的管道配置

压缩机至冷凝器的排气管道，应有不小于0.01的坡度并坡向冷凝器，防止润滑油返流进入压缩机造成液击，如图10-25所示。为了防止管道中的液体制冷剂返流回制冷压缩机造成液击，自蒸发器至压缩机的吸气管道还应有不小于0.005～0.01的坡度，坡向蒸发器，如图10-26、图10-27所示。多台压缩机的排、吸气管，其支管应错开，应从主管侧面或顶部接出，还应设置一定的固定支架，防止过度振动。

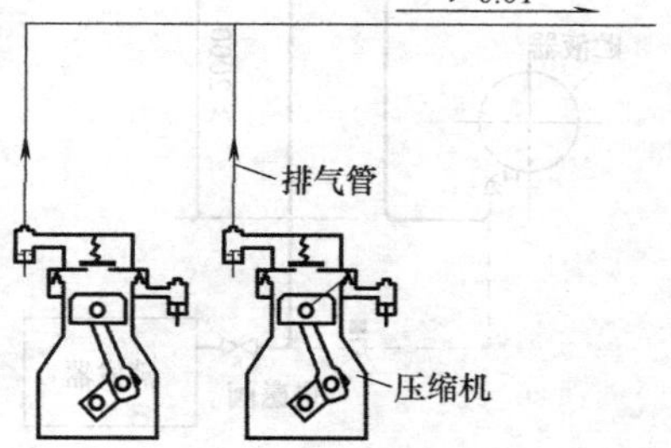

图10-25　压缩机排气管

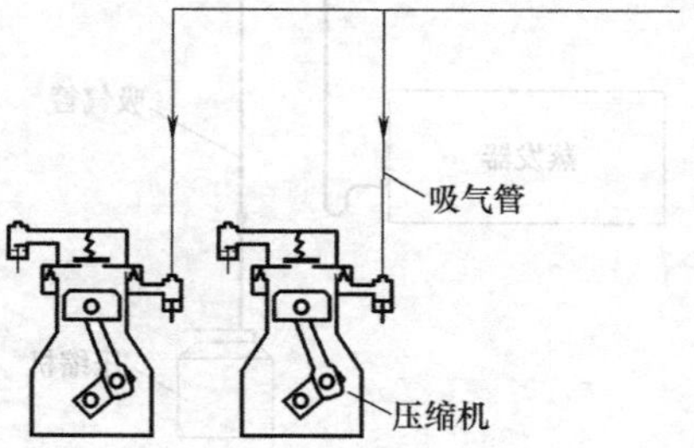

图10-26　氨压缩机吸气管

2. 冷凝器至贮氨器之间的管道配置

高压氨气在冷凝器内凝结成液体，靠重力作用流入贮氨器，并应保持一定流速，要求排液管出口至贮氨器接口有不小于300mm的高差，流速大于0.5m/s时，两者之间应设置均压管。立式冷凝器的水平出液管应有不小于0.003的坡度，坡向贮液器，如图10-28所示，储液器到蒸发器的给液管，应有不小于0.002坡度，如图10-29所示。

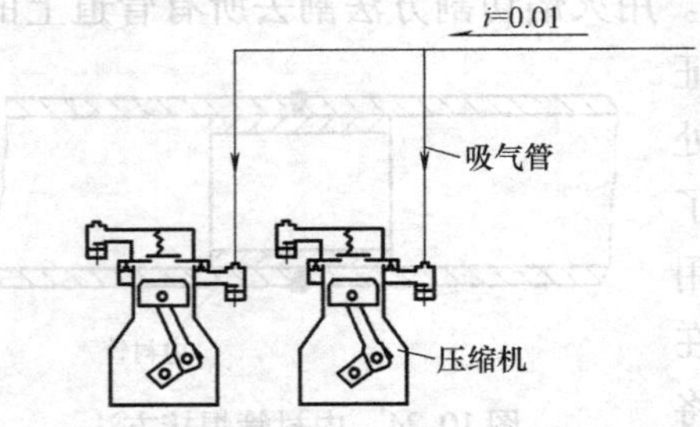

图10-27　氟压缩机吸气管

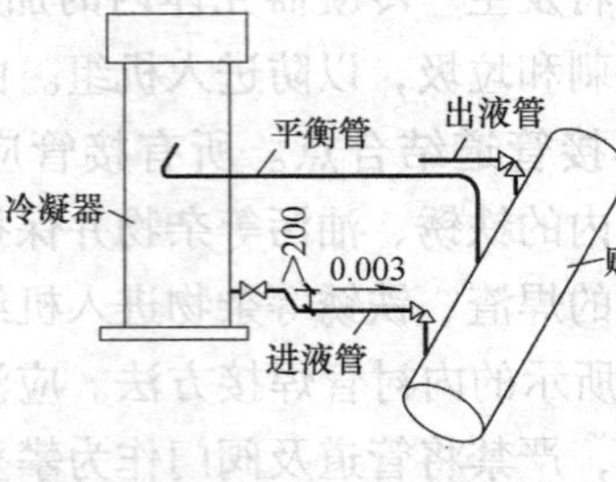

图10-28　冷凝器与贮液器的关系

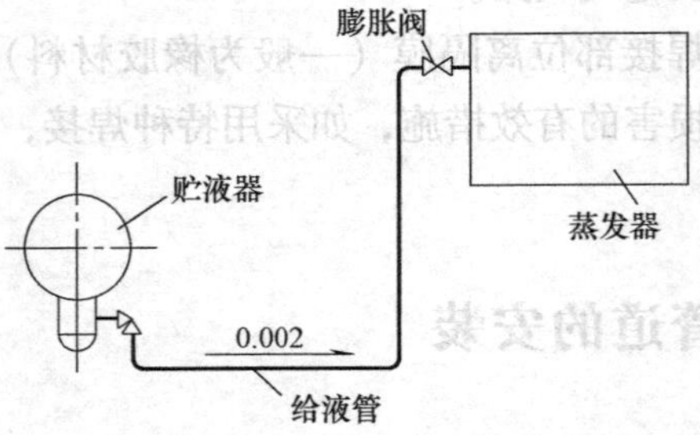

图10-29　贮液器与蒸发器的关系

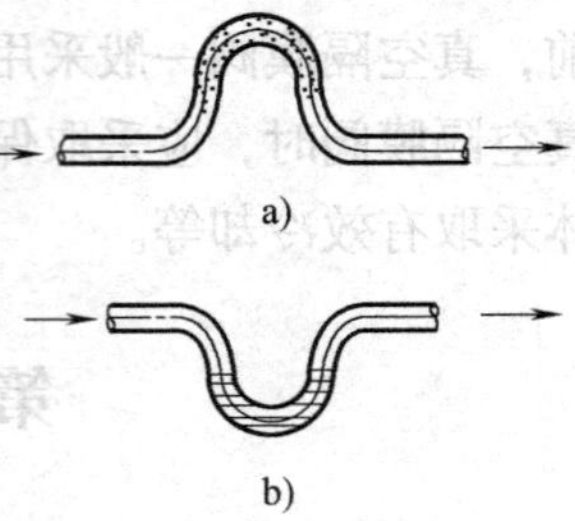

图10-30　气囊与液囊
a）气囊　b）液囊

采用立式冷凝器时，冷凝器出液管与贮氨器进液阀之间最小高差为300mm，液体管道应有不小于0.02的坡度，且须坡向贮液器。管道内液体流速不应大于0.8m/s。

液体管道不应有局部向上凸起的现象，气体管道不应有向下凹陷现象，以免产生如图10-30所示的“气囊”和“液囊”现象。

蒸发器安装在压缩机之上时，其连接应按照图10-31所示方法进行，蒸发器安装在冷凝器或贮液器之下时，按照图10-32所示的方法进行连接。

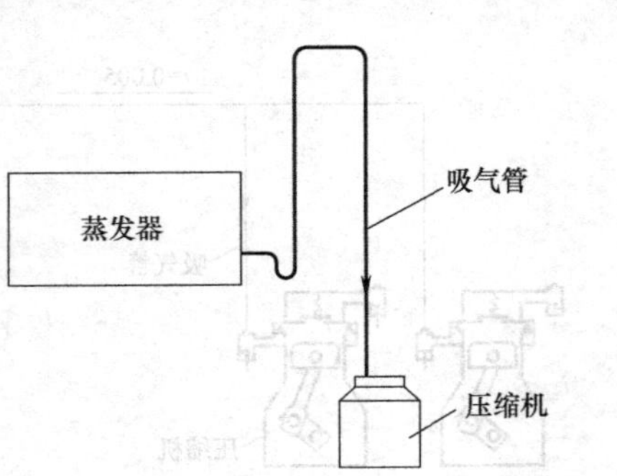

图10-31　蒸发器安装在压缩机之上管道连接

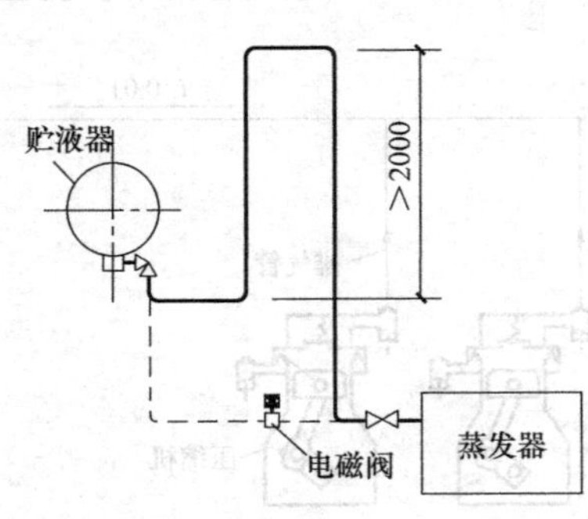

图10-32　蒸发器安装在贮液器之下管道连接

3. 制冷管材、附件的选择

工作温度高于 -40℃的氨制冷系统的管道，采用优质碳钢无缝钢管，工作温度低于 -40℃，使用经热处理的无缝钢管或低合金钢管（如 09Mn 钢）。氨管道的弯头一般采用冷弯或热弯的弯头，弯曲半径不应小于 $4D$，不得使用焊接弯头或褶皱弯头。氨管道的三通宜采用顺流三通。氨管道法兰应采用公称压力为 2.5MPa 的凹凸面平焊方形或腰形法兰。垫片采用耐油石棉橡胶板，安装前用冷冻油浸湿并加涂石墨粉。氨管道所用的阀门、仪表均为专用，DN25 以上的是法兰连接，DN25 以下的则是螺纹连接。

管径小于或等于 20mm 的氟利昂管道，通常采用纯铜管；管径大于 20mm 的氟利昂管道，采用符合国家标准的无缝钢管。冷却水和盐水管道，通常采用焊接钢管、镀锌钢管和无缝钢管，法兰采用公称压力小于 1.6MPa 的平焊法兰。

制冷管道在安装前必须进行除锈、清洗、干燥、封存等工作 对钢管可用与管内径相同的圆钢丝刷在管内往复拉擦，将污物、铁锈彻底清除，再用旧布将管壁擦干净。对氨管道，用干净纱线蘸煤油擦净；对氟利昂管道可用干净纱线蘸汽油擦净。擦洗之后，再用干燥过的压缩空气吹净管道内部，防潮封存。纯铜管退火后，将其放入 98% 的硝酸（30%）和水（70%）的混合液中浸泡数分钟，取出后用碱中和，再用清水冲洗烘干，可以清除管壁氧化皮。

4. 管道连接

制冷管道的连接主要有三种形式：焊接、法兰连接、螺纹连接。除配合阀门、设备安装采用法兰连接或螺纹连接外，其余均采用焊接。

（1）焊接 $DN \geqslant 50$mm 的钢管采用电焊，纯铜管采用插接焊。$DN < 50$mm 采用氧乙炔焊焊接，扩口迎向介质流向，插接长度为管径。焊接连接必须保证焊透，并且不得有咬边、夹渣、气孔等缺陷。铜管与铜管之间，纯铜管与黄铜管之间均采用铜焊。如需补焊，应将表面清除干净，原为铜焊的可采用银合金焊料，原为银合金焊料仍用银合金，原为磷铜焊只能用磷铜焊料补焊，补焊的次数一律不超过两次。

（2）法兰连接 用于 $DN \geqslant 32$mm 的管道与阀门、设备的连接，均采用凹凸面法兰，填料采用 2～3mm 的石棉橡胶板作垫片。法兰焊接在管道上的密封面与管轴心的垂直偏差不允许超过 0.5mm。

（3）螺纹连接 适用于 $DN \leqslant 25$mm 的设备、阀门连接处。螺纹连接的填料采用黄粉（一氧化铅）和甘油的调和料，不得使用白厚漆和麻丝作填料。

5. 制冷管道安装的技术要求

压缩机的吸、排气管的安装应符合设计的要求，保证液体不返流回压缩机；冷凝器的出液管与贮液器进口之间的高差及平管的坡度应保证氨液靠重力流入贮液器；水平液体管道不得向上安装成凸形，以免形成气囊，水平气体管道不得向下安装成凹形，以免形成液囊，阻塞管道；制冷管道应设置一定的固定支架或吊架，避免过分振动的影响，安装时应注意不影响维修及交通，并预留出绝热的操作空间；穿墙、楼板应加设套管，套管内应填塞防火材料；为了避免冷损失，管道与支架接触处应垫浸沥青的木垫，木垫大小应与绝热尺寸相符；阀门安装前应进行清洗、研磨，并作强度及严密性试验合格后方可使用。安装应平直不歪斜，电磁阀、调节阀、热力膨胀阀、升降式止回阀等均应水平安装，安装位置便于操作和维修；热力膨胀阀的安装位置应高于感温包。感温包应安装在蒸发器末端的水平回气管上，与管道接触良好，绑扎紧密，隔热材料包扎，其厚度与保温层相同；蒸发排管主要用于冷藏库内，主要有墙排管、顶排管、搁架式排管，其主要材料为 ϕ57mm×3.5mm 或 ϕ38mm×2.5mm 的无缝钢管。一般由安装单位按设计图样现场自行预制，主要工序为：管道除锈、清洗，弯管加工，排管组合，排管试漏，涂漆，干燥、封存。各工序均应严格按有关规范执行。安装采用整体吊装，其垂直度离建筑结构的尺寸及固定应符合设计的要求。

第三节　制冷系统试运行

对于组装或大修后的制冷设备，在经过拆卸、清洗、检查测量、装配完毕之后，必须进行系统试运行，以鉴定机器装配之后的质量和运转性能。主要分为单机试运行、系统试验及系统试运行。

活塞式压缩机为单体安装形式（即集中式配套形式）的制冷设备，一般要进行单机试运行及系统试验与试运行；分体组装形式或整体组装式制冷设备，如出厂已充注规定压力的氨气密封，且机组内压力没有变化时可仅做系统试验中的真空试验，充注制冷剂及进行系统试运行。整体组装式制冷设备，如出已充注制冷剂，且机组内压力无变化时，可只作系统试运行。

1. 单机试运行

压缩机分空负荷试运行、空气负荷试运行、抽真空试验。抽真空为压缩机负荷运转前应进行的重要的运转内容。单机试运行前，应检查设备安装质量、内部清洁情况、机体各紧固件是否拧紧、运行是否灵活，仪表和电气设备是否调试合格，并应在气缸内壁添加少量冷冻机油，在系统充灌制冷剂后试车，并应做好记录。

（1）空负荷试运行　应先拆去气缸盖和吸、排气阀并固定缸套；先起动压缩机运转10min，停车检查温升和润滑情况，无异常后，继续运行1h，检查运行是否平稳、主轴承温升是否正常、油封是否有滴漏、油泵供油是否正常，停车后，检查气缸是否有磨损。

（2）空气负荷试运行　将吸、排气阀组安装固定后，应调整活塞的止点间隙，并应符合设备技术文件的规定；压缩机的吸气口应加装空气滤清器；起动压缩机，当吸气压力为大气压力时，其排气压力：有水冷却的绝对压力应为0.3MPa、无水冷却的绝对压力应为0.2MPa，并应连续运转不得少于1h；油压调节阀的操作应灵活，调节的油压宜比吸气压力高0.15～0.3MPa；能量调节装置的操作应灵活、正确。压缩机各部位的允许温升应满足：有水冷却时，轴承、轴封、润滑油温升 $t \leqslant 40℃$，无水冷却时，轴承、轴封温升 $t \leqslant 50℃$、润滑油温升 $t \leqslant 60℃$。气缸套的进、出口水温度，不能大于35℃、45℃，且运行应平稳，吸、排气阀跳动正常，各连接部位、轴封、缸盖等应无漏气、漏油、漏水现象。试运行后，还应拆除空气滤清器和油滤清器，更换润滑油。

（3）抽真空试验　应关闭吸、排截止阀，打开放气孔，开动压缩机进行抽真空，其中曲轴箱应抽至绝对压力0.015MPa、油压不应低于绝对压力0.1MPa。

2. 系统试运行

系统试运行分为系统吹污、气密性试验、抽真空试验、充注制冷剂四个阶段进行。

（1）系统吹污　系统在安装前已经过清洗，但为了避免整个系统内残存杂质而影响运行，故需对整个系统再次进行吹污。吹污时，所有阀门（安全阀除外）处于开启状态。氨系统吹污介质为干燥空气，氟利昂系统可用氮气。吹污压力为 0.60MPa。一般选择最低点作为排污口，用白布布置在排污口 300~500mm 处观察，5min 内白布上无污物为合格。吹污时难免有少量杂物滞留在阀门里，因此吹污结束后将阀芯拆下清洗并吹干。

（2）气密性试验　系统气密性试验压力见表 10-3。

表 10-3　系统气密性试验压力　（单位：MPa）

系统压力	活塞式制冷机			离心式制冷机
	R717	R22	R12	R11
低压系统	1.18		0.91	0.091
高压系统	1.77		1.57	0.091

试验时间共计 24h，前 6h 压降不大于 0.03MPa，后 18h 压力无变化（除去因环境温度变化而引起的误差外）为合格。

环境温度变化而影响的压差可按下式修正

$$p_2 = p_1(273 + t_2)/(273 + t_1) \tag{10-1}$$

式中　p_1、t_1——试验开始时的压力及温度；

p_2、t_2——试验终了时的压力及温度。

（3）真空试验　以剩余压力表示，保持时间也是 24h。氨系统的试验压力不高于 0.0080MPa，24h 后压力基本无变化，氟利昂系统的试验压力不高于 0.0053MPa，24h 后回升不大于 0.0005MPa 为合格。

（4）充注制冷剂　首先充适量制冷剂检漏。氨系统加压到 0.1~0.2MPa，用酚酞试纸检漏。氟利昂系统加压到 0.2~0.3MPa，用卤素喷灯式卤素检漏仪检漏。经检查无渗漏方可继续加液（如有渗漏则抽尽所注制冷剂，检查修补后再试）。充注时，防止吸入空气和杂质。因空气中有水分，进入系统后会加剧对金属的腐蚀，氟利昂系统还会造成“冰塞”现象，破坏系统正常运行，重者会损坏压缩机。对氨系统虽不会产生“冰塞”，但也会产生蒸发压力和蒸发温度升高，冷冻水温不易下降，冷量下降，功耗增加等现象。所以，充注时要防止吸入空气。防止空气和水分吸入，可采取以下方法：

先利用少量制冷剂将临时连接管冲洗一下，以排出管内的空气；在充注时，管路中临时串接一只特制的干燥过滤器，容积要大一些（约比全系统大一倍）；让制冷剂先通过干燥过滤器，再进入系统除去水分。

当第一次灌注氟利昂时，一般采用高压段充灌。在真空试验停车后系统仍处于真空状态，将充液铜管接到压缩机排气截止阀旁通孔上，靠钢瓶内的氟利昂与系统之间的压力差与高度差而自行进入系统。充注氟利昂液体时，切不可起动压缩机，以防发生事故。

（5）系统试运行　在系统内充注了额定的制冷剂后才可进行系统试运行。运行前，应首先起动冷凝器的冷却水泵及蒸发器的冷冻水泵或风机，并检查供水量、风量是否满足要求。凡有油泵设备的应先起动油泵，检查压缩机油面高度、压缩机电动机运转方向等，确认无误后方可运行。正常试运行应不少于 8h。在运行过程中要注意油温、油压、水温是否符合要求。由于带制冷剂与单机试运行不同，不同的制冷剂其排气温度的控制值不同。制冷剂为 R717、R22 时排气温度不得超过 150℃；如为 R12 时则不得超过 130℃。系统试运行正常后，停车时必须按照下列顺序进行：先停制冷机、油泵（离心制冷系统应在主机停车2min后停油泵），再停冷冻水泵、冷凝水泵。虽然有些工程在设计时已对电气开关采取了程序控制措施，但施工或管理人员还是应了解这一程序。试运行结束后，应清洗滤油器、滤网，必要时更换润滑油。对于氟利昂系统尚需更换干燥过滤器的硅胶。清洗完毕后，将有关装置调整到准备起动状态。

第四节　热泵工程技术

热泵是可以把热量由低温热源输送到高温热源的机械设备，采用热泵装置可以充分利用低位能量而节约高位能量，同时机组具有环保、节能及冷暖联供等优点，目前在国内外应用十分广泛。常用的有空气源热泵冷热水机组、水源热泵机组、地源热泵机组以及家用分体热泵式空调器、变频式热泵空调器、柜式热泵空调机组等，近年来风靡世界的户式中央空调系统，大多采用热泵系统。

一、空气源热泵

空气源热泵机组使用的压缩机组有活塞压缩式机组、螺杆式机组，有整体式机组、模块式机组等形式，单台机组制冷量从3～400RT，按机组容量大小分为户式小型机组、中型机组、大型机组，按机组组合形式分为整体式机组（由一台或几台压缩机共用一台水侧换热器的机组称为整体式机组）和模块化机组（由几个独立模块组成的机组，称为模块化机组）等。目前常用的产品有家用热泵式空调器、商用单元式热泵空调机组和热泵冷热水机组等。

1. 空气源热泵的特点

空气源热泵系统，也称为风冷热泵机组，是一种可将冷、热源合一，无需锅炉、不产尘、不排放有害物质、无冷却水系统、对环境无污染、可采用模块化组合设计、可靠程度高的冷热源形式。空气源热泵系统可以不占用建筑的有效使用面积，机组可放置在屋顶或地面，使施工安装大为简便。空气源热泵适用于我国绝大多数地区，对于长江流域及以南地区，提倡采用复合式冷却的热泵机组，在我国北方严寒地区进行冬季制热采暖时，常需在系统末端设置辅助加热装置，或在室外机出风口处设加热器，机组也可以采用单级双循环或多级压缩等技术来保证供热。在某些地区应用时，冬季室外机有结霜问题，应引起注意。在选择热泵机组时，除了将铭牌上标准工况下制热量，变为使用工况下制热量外，还要考虑使用工况下结霜除霜的热量损失。一般按最佳平衡点温度（热泵供热量等于建筑物耗热量时的室外计算温度）来选择热泵机组和辅助热源，对于有同时供冷、供热要求场合，可选用热回收式机组。

2. 空气源热泵机组的安装

空气源热泵机组分为冷水机组和冷媒机组（VRV多联机组），其安装包括室内机和室外机组。对于冷水机组，室内空调末端设备的安装与普通空调系统安装基本相同。对于冷媒空调系统的室内末端设备的安装，则应参见产品样本要求和有关技术规程，重点应注意多联机的主机与各室内机组的允许高差和室内机之间的高差，并应注意冷凝水的排放。

对于小型室外机组，可参照家用空调室外机的安装方法，将机组安置在建筑预留的空调机位置上，落地安装和挂墙安装均可。安装时注意胀杆螺栓及钢支架应牢固，能够承受室外机组的运行重量和振动荷载，还应注意室外机组的气流流向，不要形成不利于室外机向空气中散热的温度场，有条件的还应将冷凝水的冷量加以利用。

对于大型室外机组，安装位置应保证通风良好，还应考虑机组不能影响到周围的环境，特别要注意噪声对周围的影响以及室外机组对建筑立面的影响。大型机组一般放置在屋顶，并做混凝土基础支墩，施工时应注意不要破坏建筑的防水层。图10-33所示是空气源热泵冷水机组的屋顶安装图。

图 10-33 安装在屋面上的空气源热泵冷水机组

二、地源热泵

地源热泵是指以岩体、地下水或地表水为低温热源，由水源热泵机组、地热能交换系统、建筑物内系统组成的供热空调系统。地源热泵根据地热能交换系统形式不同可分为：地埋管地源热泵系统、地下水地源热泵系统、地表水地源热泵系统。

地源热泵系统方案确定前，应进行工程场地状况勘察，根据调查及勘察情况确定选择采用哪种地源热泵系统。工程勘察要求由具有勘察资质的专业队伍承担，调查的内容应包括：场地规划面积、形状及坡度，场地内已有建筑物和规划建筑物的占地面积及其分布，场地内树木植被、池塘、排水沟及架空输电线、电信电缆分布，场地内已有的、计划修建的地下管线和地下构筑物的分布及埋深，场地内已有水井的位置。

对于工程场区内或附近有水井的地区，可调查收集已有工程勘察及水井资料。调查区域半径宜大于拟定换热区100~200m。调查以收集资料为主，除观察地形地貌外，还应调查已有水井的位置、类型、结构、深度、地层剖面、出水量、水位、水温、水质情况，以及了解水井的用途，开采方式、年用水量及水位变化情况等。

1. 地埋管换热系统的安装

地埋管换热系统又称土壤热交换系统，介质通过竖直或水平地埋管换热器与岩土体进行热交换，是常规地源热泵系统的主要组成部分。地埋管换热成功的关键在于土壤物理特性及热扩散条件，因此，在设计前，需对工程场区内岩土体地质条件进行勘察，对土壤热物性进行测试。

岩土体地质条件勘察可参照GB 50021—2001《岩土工程勘察规范》及GB 50027—2001《供水水文地质勘察规范》进行。岩土体热物性指岩土体的热物性参数，包括岩土体热导率、密度及比热容等。若埋管区域已具有权威部门认可的热物性参数，可直接采用已有数据，否则应进行岩土体热物性测定。常用的测定方法有实验室法和现场测定法。

当采用水平地埋管换热器时，地埋管换热系统勘察采用槽坑、坑探进行，探槽应根据场地形状确定，深度一般超过埋管深度1m。当采用垂直地埋管换热器时，地埋管换热器系统勘察采用钻探的方法进行，钻探方案应根据场地大小确定，勘探孔深度应比钻孔至少深5m，勘探孔的数量不应少于3个。

地埋管换热器根据管路埋置方式不同可分为水平和竖直两种形式。当可利用地表面积较大，浅层岩土体的温度及热物性受气候、雨水、埋深影响较小时，以及湿地等环境，可采用水平地埋管换热器。不满足上述条件时，宜采用竖直地埋管换热器系统。图 10-34 所示为水平地埋管换热器工程图片，图 10-35 所示为水平地埋管换热器形式，图 10-36 所示为竖直地埋管换热器形式。

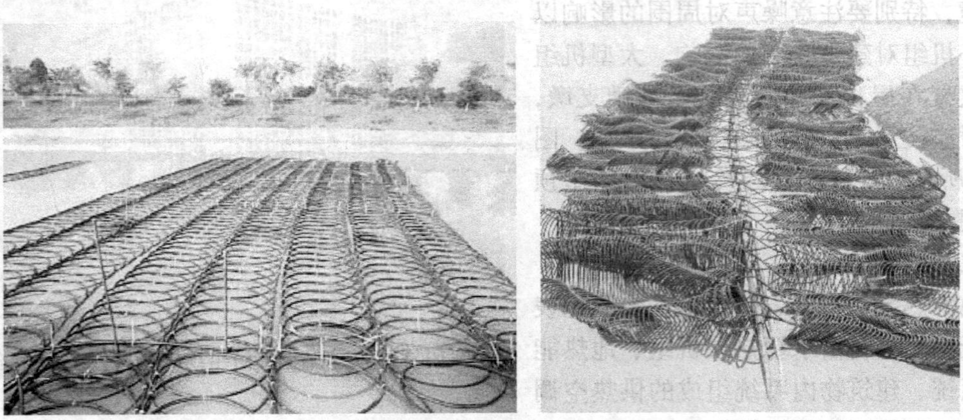

图 10-34　水平地埋管换热器工程图片

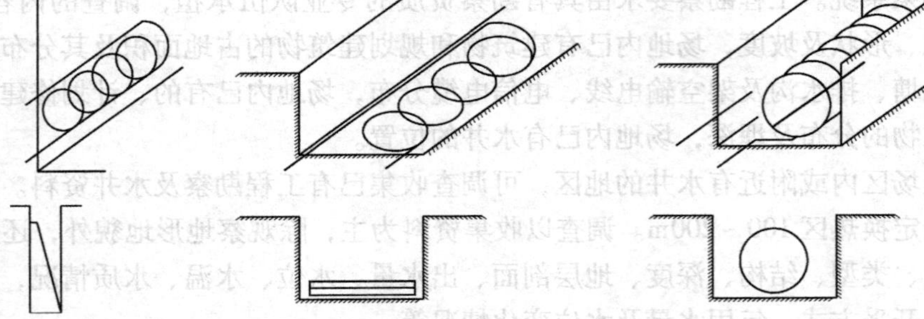

a)　b)　c)

图 10-35　水平地埋管换热器形式

a）垂直排圈式　b）水平排圈式　c）水平螺旋式

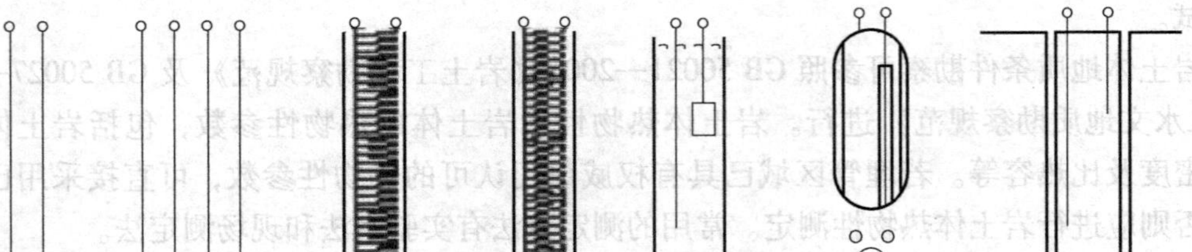

a)　b)　c)　d)　e)　f)　g)

图 10-36　竖直地埋管换热器形式

a）单 U 形管　b）双 U 形管　c）小直径螺旋盘管　d）大直径螺旋盘管　e）立柱状　f）蜘蛛状　g）套管式

（1）竖直地埋管换热器的施工 在地埋换热器施工前，应首先进行施工前的准备，了解埋管场内已有地下管线、其他地下构筑物的功能及其准确位置，并应进行地面清理，铲除地面杂草、杂物，平整地面。同时，应具备埋管场内的工程勘察资料、设计文件和施工图样，并完成施工组织设计和施工方案的制订。钻孔前应勘测现场，做好和其他专业的交叉与衔接，根据施工钻孔平面图的孔数、行距和面积，进一步核实现场的施工面积以满足打孔要求。核实无误后，按施工平面图对场地进行平整，定位放线确定打井位置。图10-37所示为某工程地埋换热井平面位置。

图10-37 某工程地埋换热井平面位置

地源热泵钻井方法有正循环钻井、反循环钻井、冲击钻井、浅孔锤钻井、欠平衡钻井等。图10-38所示为常规钻井机具，图10-39所示为钻井车打井。

图10-38 常规钻井机具

图10-39 钻井车打井

地埋换热管多采用化学稳定性好、耐腐蚀、热导率大、流动阻力小的塑料管材及管件，一般采用聚乙烯（PE）管或聚丁烯（PB）管，应符合GB/T 13663—2000《给水用聚乙烯（PE）管材》和GB/T 19473.2—2004《冷热水用聚丁烯（PB）管道系统 第2部分：管材》的要求。管材的公称压力及使用温度应满足设计要求，且管材的公称压力不应小于0.1MPa。

进入现场的地埋管及部件必须逐件进行外观检查，破损或不合格的产品严禁使用，同时应用空气试压进行检漏试验。存放时，不得在太阳下暴晒，搬运和运输时，应小心轻放，采用柔韧性好的皮带、吊带或吊绳进行装卸，不应抛摔或沿地拖拽。

竖直地埋管换热器U形管安装应在钻孔钻好且孔壁固化后进行，当钻孔孔壁不牢固或者存在孔洞、洞穴等导致成孔困难时应加设护壁套管。钻孔前，护壁套管应预先组装好，施钻完毕应尽快将套管放入钻孔中，并立即将水充满套管，以防孔内积水使套管上浮，达不到预定埋设深度。地埋管换热器安装前后均应对管道进行清洗，下管前应将 U 形管和灌浆管捆绑在一起，并采取防止 U 形管上浮的措施，一般是在 U 形管内充满水。下管时，可采用每隔 2 ~4m 设一个弹簧卡（或固定卡）的方式将 U 形管两支管分开，以提高换热效果。图 10-40 所示为地埋换热器固定卡，图 10-41 所示为地埋换热器下管。

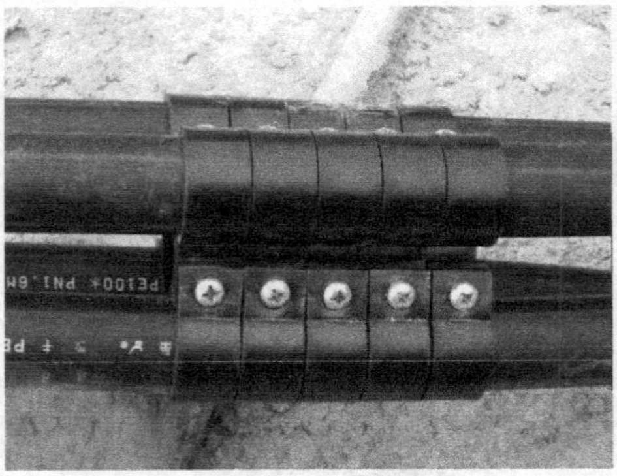

图 10-40　地埋换热器固定卡

图 10-41　地埋换热器下管

U 形管安装完毕后，应立即灌浆回填封孔，隔离含水层。灌浆的目的是强化换热管与孔壁之间的传热，避免地表污染物渗漏到钻孔中，防止不同含水层水质的混合串通，防止自流井水由钻孔向上喷漏。

灌浆回填料一般为膨润土和细砂（或水泥）的混合浆或其他专用灌浆材料。膨润土的比例宜占 4% ~6%。钻孔取出的泥砂浆凝固后如收缩很小时，也可用作灌浆材料。如果地埋管换热器设在非常密实或坚硬的岩土体或岩石上，宜采用水泥基料灌浆，以防止孔隙因冻结膨胀损坏膨润土灌浆材料而导致管道被挤压节流。

灌浆即使用泥浆通过灌浆管将混合浆灌入钻孔中的过程，泥浆泵的泵压应足以使孔底的泥浆上返至地表，当上返泥浆密度与灌注材料的密度相等时，认为灌浆过程结束。灌浆时，应保证灌浆的连续性，应根据机械灌浆的速度将灌浆管逐渐抽出，使灌浆液自下而上灌注封孔，确保钻孔灌浆密实，无空腔，否则会降低传热效果，影响工程质量。当埋管深度超过 40m 时，灌浆回填宜在周围邻近钻孔钻凿完毕后进行，目的在于一旦孔斜将相邻 U 形管钻伤，便于更换。图 10-42 所示为垂直地埋换热器单井双 U 形管换热器，图 10-43 所示为垂直地埋换热器单井单 U 形管换热器。

地埋换热器的连接管主要有集管式和非集管式两种。集管式连接管即采用两根大口径的管材将 U 形管进水支管和出水支管分别连接起来，起到分水器和集水器的作用，但各支路没有控制阀门。图 10-44 所示为集管式连接方式。

非集管式连接管即将每个钻孔的进、出水管分别独立引入分水器和集水器，各分支管设有阀门，便于控制调节。分水器和集水器分为室外和室内设置两种形式，图 10-45 所示为室外集分水器，图 10-46 所示为室内集分水器。

（2）水平式地埋管换热器的施工　水平地埋管换热系统施工时，除地埋管为水平敷设外，其他部分与垂直地埋管换热系统基本相同。图 10-47 所示为水平地埋管敷设现场。

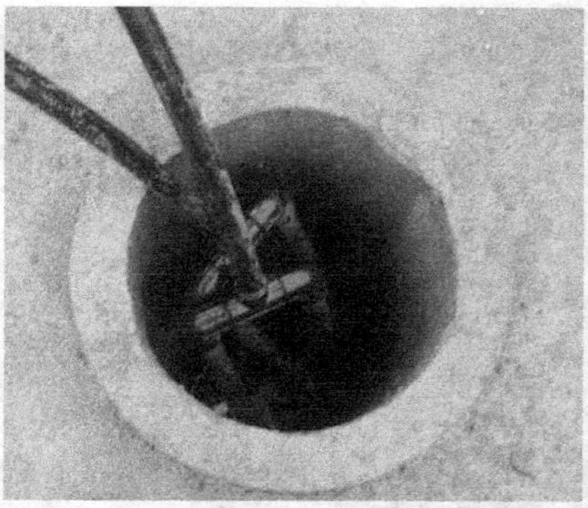

图 10-42　垂直地埋换热器单井双 U 形管换热器

图 10-43　垂直地埋换热器单井单 U 形管换热器

图 10-44　集管式连接方式

图 10-45　地埋换热器室外集分水器

施工时应根据施工图尺寸、位置，在施工现场画出管沟开挖位置线，采用小型挖掘机或人工进行沟槽挖掘。水平地埋管换热器敷设前，沟槽底部应先铺设相当于管径厚度的细砂。水平地埋管换热器安装时，应防止石块等重物撞击管身。管道不应有折断、扭结等问题，转弯处应光滑，且应采取固定措施。

水平管换热器回填料应细小、松散、均匀，且不应含石块及土块。回填料应采用网孔不大于 15mm × 15mm 的筛进行过筛，保证回填料不含有尖利的岩石块和其他碎石。为保证回填均匀且回填料与管道紧密接触，回填应在管道两侧同步进行，同一沟槽中有双排或多排管

图 10-46　地埋换热器室内集分水器

图 10-47　水平地埋管敷设现场

道时，管道之间的回填压实应与管道和槽壁之间的回填压实对称进行。各压实面的高差不宜超过 30cm。管腋部采用人工回填，确保塞实、捣实。分层管道回填时，应重点做好每一管道层上方 15cm 范围内的回填。管道两侧和管顶以上 50cm 范围内，应采用轻夯实，严禁压实机具直接作用在管道上，使管道受损。

（3）与建筑结构一体的换热器的施工　有些地源热泵的地埋管散热器采用与建筑结构合为一体的做法或做成桩柱形式，有些换热器则采取利用结构钻孔灌注桩埋管的方式，图 10-48 所示为桩基柱体结合成一体的换热器中换热管做法，图 10-49 所示为结构钻孔灌注桩埋管方式。

图 10-48　与桩基柱体结合成一体的换热器中换热管做法

地埋管换热系统安装过程中，应进行现场检验，并应提供检验报告。检验内容应符合下列规定：管材、管件等材料应符合国家现行标准的规定；钻孔、水平埋管的位置和深度、地埋管的直径、壁厚及长度均应符合设计要求；回填料及其配比应符合设计要求；水压试验应合格；各环路流量应平衡，且应满足设计要求；防冻剂和防腐剂的特性及含量应符合设计要求；循环水流量及进出水温差均应符合设计要求。

地埋换热器水压试验的试验压力应符合下列规定：当工作压力小于等于 1.0MPa 时，应为工作压力的 1.5 倍，且不应小于 0.6MPa；当工作压力大于 1.0MPa 时，应为工作压力加 0.5MPa。

2. 地下水地源换热系统的安装

地下水地源换热系统是利用浅层低温能，将浅层含水层作为储能场所。一般的情况下其

图 10-49　结构钻孔灌注桩埋管方式

深度局限于地下 200m 以内的范围，地下水地源热泵的水井应符合 GB 50296—1999《供水管井技术规范》的规定。

地下水地源热泵系统通常采用打井将地下水抽上来，通过换热器换热后再回灌的做法，这时需要设置抽水井和回灌井。

（1）管井的基本结构　管井一般是由井室、井管、过滤器和沉淀管组成，如图 10-50 所示。

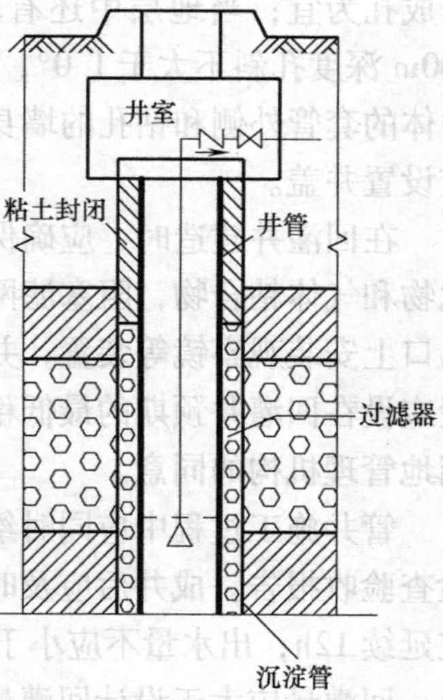

图 10-50　管井结构示意图

1）井口应高出地面 0.3～0.5m，以防止井口地面的积水进入井内，井口周围需要用粘土或水泥等不透水材料封闭，其封闭深度不小于 3m。

2）井管主要安装在不需要进水的岩土层段，其功能是加固井壁、隔离不良的含水层。要求井管要有足够的强度，能经受地层和人工充填物的侧压力，可采用钢管、铸铁管、卷焊管及非金属材料管等，井深大于 100m 时常采用钢管。

井管口径的大小与浅层含水层富水性、透水性以及抽水设备等有关，当安装抽水设备时，井管口径应比泵管外径大 50～100mm。有时，为了充分发挥管井的作用，管井可以采用不同口径，即上大下小，这样就可以安装较大规格的水泵。不同口径的管井用大小头连接，常见的大小头有：大口径为 250～300mm，小口径为 200mm；大口径为 400～500mm，小口径为 300～400mm。

常用井管应符合下列要求：不应弯曲；内壁光滑、圆整，满足在井管内不阻碍安装抽水和回灌设备；管材应有足够的抗压、抗剪、抗弯强度；安装时，管井及连接部分要有一定的抗拉强度，能经受全部管井的重量。

3）过滤器又称花管，它是带有孔眼或缝隙的管段，与井壁管直接连接，安装在含水层中，其功能是集取地下水和阻挡含水层的砂粒进入井中。含水层特性不同，选取的过滤器类型也不同，详见表 10-4。

4）沉淀管位于管井的底部，用于沉淀进入井内的细小泥砂颗粒和自地下水析出的其他沉淀物。沉砂管材料同井管，其长度与含水层岩性和井的深度有关，一般为 2～10m。

表 10-4 不同含水层适用的过滤器类型

含水层特性	过滤器类型
粉砂	填砾过滤器、笼状填砾过滤器
中细砂	填砾过滤器
粗砂	圆孔或条孔外缠金属丝或包网过滤器、钢筋骨架或填砾过滤器
砂、砾、卵石	圆孔或条孔外缠金属丝或包网过滤器、钢筋骨架或填砾过滤器
半坚硬的不稳定岩石	圆孔或条孔过滤器
坚硬或半坚硬的稳定岩石	不安装

(2) 抽水井和回灌井的施工　地下水换热系统施工前应具备热源井及其周围区域的工程勘察资料、设计文件和施工图样，并完成施工组织设计。施工队伍应具有相应的施工资质，施工应符合现行国家标准 GB 50296—2014《供水管井技术规范》的规定。

井体开挖时，常采用喷射、振荡和泵吸等方法，不管采用何种方法，都应严格按照打井程序和施工规程进行，必须保证在整个打井过程中，井中的固体颗粒被及时吸出，水质清澈。成孔时，钻凿工艺应根据当地水文地质条件确定，当地层为砂类土质时，钻进方式以冲击成孔为宜；当地层中还有较厚的粘土层，钻进方式以回转反循环成孔方式为宜。要求 100m 深度孔斜不大于 1.0°，200m 不大于 2.0°；孔深误差不大于 0.2%。水井完成后，应对井体的套管外侧和钻孔的墙身之间安装密封环面，阻止污物渗出。在设有潜水泵的井口，还应设置井盖。

在回灌井建造时，应确保无空气进入，回水在进入井之前应进行除氧，防止产生铁的氧化物和气体粘合物，阻塞滤网，系统应安装必要的流量仪、温度计、水压表以及在换热器进出口上安装观察镜等装置，并保证管线连接正确无泄漏，管沟及坡度符合设计要求，排水装置应设在回灌井预期的最低稳定水平线下数米，当回灌水需排到地表水体的地方时，应征得当地管理机构的同意。

管井施工过程中应同时绘制地层钻孔柱状剖面图，分阶段检查验收，并分别填写对应的检查验收报告。成井后应及时洗井。洗井结束后应进行抽水试验和回灌试验。抽水试验应稳定延续 12h，出水量不应小于设计出水量，降深不应大于 5m；回灌试验应稳定延续 36h 以上，回灌量应大于设计回灌量。

地下水换热系统验收后，施工单位应提交热源井成井报告。报告应包括管井综合柱状图，洗井、抽水和回灌试验、水质检验及验收资料。

3. 地表水地源热泵系统

根据地表水换热系统形式的不同，其施工包括开式系统和闭式系统的施工。

开式地表水换热系统的施工主要包括取水构筑物、排水口、取水泵和管道的施工，其中比较复杂和特殊的是取水构筑物。地表水源取水构筑物的施工方法取决于河流水位、水深、水流速度、河床地质情况及其他技术经济条件，而取水构筑物的形式又受到施工方法的影响。因此，在设计取水构筑物时应考虑相应的施工方法及其实现的可能性。

现以常见的江河固定式取水构筑物中的岸边式和河床式为例，简单介绍一下其施工工艺。

(1) 岸边式取水构筑物施工工艺　岸边式地表水源热泵取水构筑物的施工方法大致有以

下几种：大开槽施工法、围堰施工法、沉井施工法、钢围囹、管桩施工法。其中，大开槽施工法施工简单，适用于岸上土质较好、构筑物埋深不大的情况；围堰施工法需专业的施工单位承揽；沉井施工法应用最为普遍，简单易行，但对构筑物外形、尺寸限制较大；在水深流急处常采用钢围囹、管桩施工法取代一般的钢围囹施工法。

（2）河床式取水构筑物的施工工艺　河床式取水系统中，取水头部及进水管渠深入河流，施工困难。通常采用分段围堰、筑岛或栈台法施工，当施工期河流水深大于3m时，应采用其他水下作业法。如水下开挖作业常用顶管、开凿隧洞、机械开挖、水下爆破和高压空气法等，进水管渠与取水头部的构筑方法常用水下法、吊装法、浮沉法。闭式地表水换热系统中换热盘管应根据技术部门的选型设计图样，对换热器进行制作。换热盘管有两种形式：图10-51所示为平铺式，图10-52所示为盘管式。两种形式均具有很好的换热性能，但盘管形式应用更为普遍。

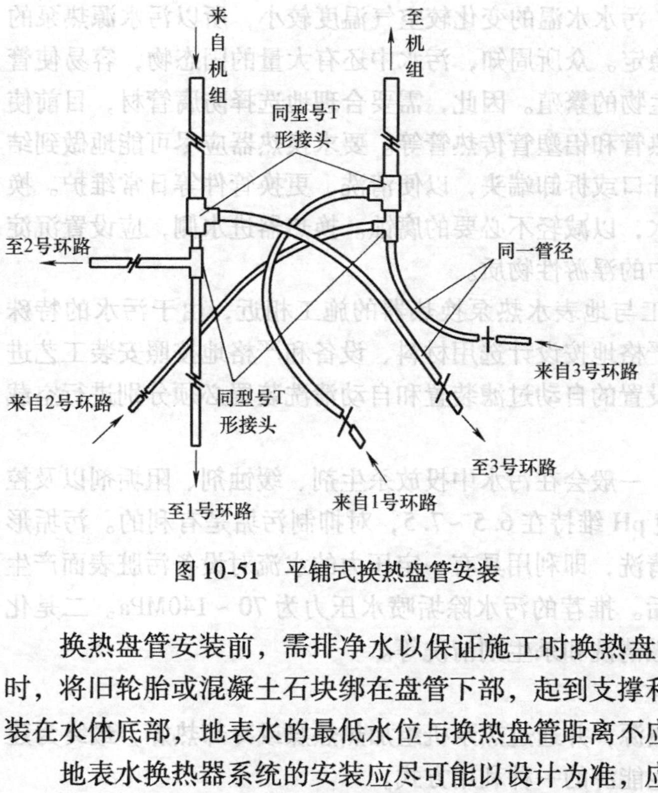

图10-51　平铺式换热盘管安装

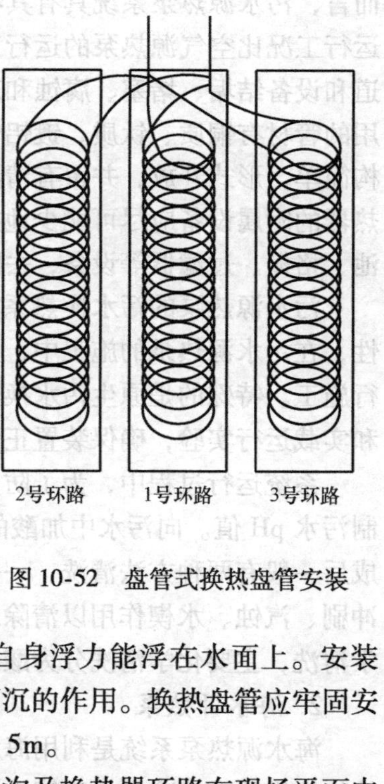

图10-52　盘管式换热盘管安装

换热盘管安装前，需排净水以保证施工时换热盘管利用自身浮力能浮在水面上。安装时，将旧轮胎或混凝土石块绑在盘管下部，起到支撑和帮助下沉的作用。换热盘管应牢固安装在水体底部，地表水的最低水位与换热盘管距离不应小于1.5m。

地表水换热器系统的安装应尽可能以设计为准，应标明管沟及换热器环路在现场平面中的位置，以及供水与回水环路干管在机房建筑物的入口位置。当现场安装与设计要求有一些偏差时，偏差应与设计意向保持一致。在管网中一般使用特殊的塑料管材，在泵壳和板式换热器上一般使用不锈钢材料。当进行管沟内管道连接和地表水换热器的管道连接时，一般采用热熔技术。对板式换热器来说，金属端板和换热板之间还应有足够的移动空间。地表水换热系统安装过程中，应进行现场检验，并应提供检验报告，检验内容应符合下列规定：管材、管件等材料应具有产品合格证和性能检验报告；换热盘管的长度、布置方式及管沟设置应符合设计要求；水压试验应合格；各环路流量应平衡，且应满足设计要求；防冻剂和防腐剂的特性及含量应符合设计要求；循环水流量及进出水温差应符合设计要求。

闭式地表水换热系统水压试验应符合以下规定：试验压力：当工作压力小于等于1.0MPa时，应为工作压力的1.5倍，且不应小于0.6MPa；当工作压力大于1.0MPa时，应为工作压力加0.5MPa。水压试验步骤：换热盘管组装完成后，应做第一次水压试验，在试验压力下，稳压至少15 min，稳压后压力降不应大于3%，且无泄漏现象；换热盘管与环路集管装配完成后，应进行第二次水压试验，在试验压力下，稳压至少30 min，稳压后压力降不应大于3%，且无泄漏现象；环路集管与机房分集水器连接完成后，应进行第三次水压试验，在试验压力下，稳压至少12h，稳压后压力降不应大于3%为合格。

开式地表水换热系统水压试验应符合GB 50243—2002《通风与空调工程施工质量验收规范》的相关规定。

三、其他热泵系统

1. 污水源热泵

污水源热泵是地源热泵系统的一种类型。由于污水水质的缘故，相对于其他地热源热泵而言，污水源热泵系统具有其特殊性。污水水温的变化较空气温度较小，所以污水源热泵的运行工况比空气源热泵的运行工况要稳定。众所周知，污水中还有大量的固态物，容易使管道和设备结垢、堵塞、腐蚀和产生微生物的繁殖。因此，需要合理地选择防腐管材，目前使用的管材有铜质、钛质、镀铝管材传热管和铝塑管传热管等。要求换热器应尽可能地做到结构简单，形式开放，并留有清洗用的开口或拆卸端头，以便清洗、更换管件等日常维护。换热器的附属设备应尽可能少地接触污水，以减轻不必要的腐蚀。换热器进水侧，应设置沉淀池、格栅、过滤器等设备，去除污水中的浮游性物质。

污水源热泵的污水换热系统的施工与地表水热泵换热器的施工相近，由于污水的特殊性，在污水源热泵的施工中，要求更严格地按设计选用材料、设备和严格地按照安装工艺进行施工。特殊的是原生污水换热系统设置的自动过滤装置和自动清洗装置必须分别进行空载和实载运行实验，确保装置正常运行。

系统运行过程中，为了防止结垢，一般会在污水中投放杀生剂、缓蚀剂、阻垢剂以及控制污水pH值。向污水中加酸的方法使pH维持在6.5~7.5，对抑制污垢是有利的。污垢形成后一般有两种方法清洗：一是物理清洗，即利用具有一定压力的水流对设备污脏表面产生冲刷、汽蚀、水楔作用以清除表面污垢。推荐的污水除垢喷水压力为70~140MPa。二是化学清洗，主要化学清洗分为酸清洗、碱清洗和杀生剂清洗等。

2. 海水源热泵

海水源热泵系统是利用海水作为热源，并通过热泵机组加热热媒或冷却热媒，最终为建筑物提供热量或冷量的系统，是可再生能源的一种利用方式。

对于海水源热泵的使用，人们普遍关心的问题主要是海水对设备和管道的腐蚀以及海生物附着造成的管道和设备堵塞问题。这就要求与海水接触的所有设备、部件及管道应具有防腐、防生物附着的能力，与海水连通的所有设备、部件及管道应具有过滤、清理的功能。

海水源热泵的管材可以采用耐腐蚀的铸铁或高密度聚乙烯材料等，水泵中由于腐蚀发生机械磨损和水流较快的部位，最好采用铸铜、磷青铜和不锈钢材料。阀门的腐蚀主要是丝杆，可采用不锈钢或者铜质材料。管道的防腐措施可以采用涂刷防腐保护层、电化学防腐以及化学防腐等方法。

思 考 题

1. 简述制冷机基础的基本安装要求。
2. 制冷设备验收的依据主要有哪些?
3. 简述制冷系统管道安装的基本要求。
4. 简述制冷机安装的空间要求。
5. 简述制冷机及附属设备的安装基本要求。
6. 简述制冷剂的充填过程。
7. 简述热泵系统的分类。
8. 简述地源热泵的换热方式和安装要求。

11

第十一章

燃气管道与设备的安装

燃气是一种清洁燃料，具有热值高、宜输送、使用方便等优点，同时具有易燃、易爆和带有部分有害物质等特性，被广泛应用在国民经济的各个领域。

室外燃气工程按照 CJJ 33—2005《城镇燃气输配工程施工及验收规范》执行，室内燃气工程按照 CJJ 94—2009《城镇燃气室内工程与质量验收规范》执行。

第一节　燃气的分类与特性

1. 燃气的分类

燃气分为天然气、人工燃气、液化石油气三类。

天然气可分为气田气或称纯天然气、油田伴生气或石油伴生气、含石油轻质馏分的凝析气田气以及从井下煤层抽出的矿井气。天然气由于气体纯、无水蒸气，适合于长距离输送。也可以压缩成高压液体进行运输和储存。

人工燃气根据制气原料和制气方法的不同，分为干馏煤气、气化煤气和油制气。人工燃气多用管道输送，由于含有一定的蒸汽，又称为湿燃气，当燃气温度下降到蒸汽露点以下，蒸汽便会凝结。因此，燃气管道应在适当位置的最低点处设置凝水器。

液化石油气是开采和炼油过程的副产品，其热值较高，同时也是一种重要的化工原料，通常作为一种过渡性燃料。液化石油气加压至 0.8 ~ 1.5MPa 能变成液体，体积缩小至原气态体积的 1/250，多采用罐体储存，经减压后即可使用。

2. 燃气的特性

燃气具有热效率高、污染小的特点，但具有易燃、易爆和有毒的特性，应采取可靠的预防措施。常用燃气的实用参数见表 11-1。

表 11-1　常用燃气的实用参数

燃气种类名称			相对密度	热值/(kJ/m^3)		理论烟气量/(m^3/m^3)		理论空气需要量/(m^3/m^3)	爆炸极限(体积分数)(%)		理论燃烧温度/℃	密度/(kg/m^3)
				高热值	低热值	湿	干		上	下		
人造燃气	煤制气	炼焦煤气	0.3623	19820	17618	4.88	3.76	4.21	35.8	4.5	1998	0.4686
		直立炉气	0.4275	18045	16136	4.44	3.47	3.80	40.9	4.9	2003	0.5527
		混合煤气	0.5178	15412	13858	3.85	3.06	3.18	42.6	6.1	1986	0.6695
		发生炉气	0.8992	6004	5744	1.98	1.84	1.16	67.5	21.5	1600	1.1627
		水煤气	0.5418	11451	10383	3.19	2.19	2.16	70.4	6.2	2175	0.7005
	油制气	催化制气	0.4156	18472	16521	4.55	3.54	3.89	42.9	4.7	2009	0.5374
		裂化制气	0.6116	37953	34780	9.39	7.81	8.55	25.7	3.7	2038	0.7909
天燃气	四川、陕西干气		0.5750	40403	36442	10.64	8.65	9.64	15.0	5.0	1970	0.7435
	大庆石油伴生气		0.8054	52833	48383	13.73	11.33	12.52	14.2	4.2	1986	1.0415
	天津石油伴生气		0.7503	48077	43643	12.53	10.3	11.40	14.2	4.4	1973	0.9709

（续）

燃气种类名称		相对密度	热值/（kJ/m³）		理论烟气量/（m³/m³）		理论空气需要量/（m³/m³）	爆炸极限（体积分数）（%）		理论燃烧温度/℃	密度/（kg/m³）
			高热值	低热值	湿	干		上	下		
液化石油气	北京、大庆	1.9545	123678	115062	30.67	26.58	28.28	9.7	1.7	2050	2.5272
		1.9542	122284	113780	30.04	25.87	28.94	9.7	1.7	2060	2.5268

当燃气设备、管道和阀类等发生泄漏时，燃气便在通风不畅的空间内积聚，当含量达到燃爆极限时，遇明火或电火花便会发生爆炸。发生爆炸的最低含量叫做燃爆下限；最高含量叫做燃爆上限。当含量低于下限或高于上限时，不会发生爆炸，但仍可燃烧。

第二节　室外燃气管道的安装

一、燃气管道的分类

我国城市燃气管道可按用途、输送压力、输送距离和敷设方式分类，按输送距离可分为长距离输气管道、城镇燃气管道和工业企业燃气管道；按输送压力可分为8类管道，见表11-2；按照燃气压系统压力级制分类，可分为两级系统、三级系统和多级系统，其分级和组成见表11-3。

表11-2　城市燃气管道的输送压力

燃气管道分类	压力范围	燃气管道分类	压力范围
低压煤气管道	$p \leq 0.01$MPa	次高压A煤气管道	0.8MPa $< p \leq$ 1.6MPa
中压B煤气管道	0.01MPa $< p \leq$ 0.2MPa	高压B煤气管道	1.6MPa $< p \leq$ 2.5MPa
中压A煤气管道	0.2MPa $< p \leq$ 0.4MPa	高压A煤气管道	2.5MPa $< p \leq$ 4.0MPa
次高压B煤气管道	0.4MPa $< p \leq$ 0.8MPa		

表11-3　输气管道按压力级制分级和组成

系统名称	组成	适用范围
两级系统	低压—中压或低压—高压 <0.6MPa	低压气源以低压一级管网系统供给燃气的输配方式，一般只适用于小城镇
三级系统	低压—中压—高压 <0.6MPa	中压燃气管道经中—低压调压站调至低压，由低压管网向用户供气；或由低压气源厂和储气柜供应的燃气经压送机加至中压，由中压管网输气，再通过区域调压器调至低压，由低压管道向用户供气。在系统中设置储配站以调节用气不均匀性
多级系统	低压—中压—二级高压 <0.6MPa或<1.2MPa	高压燃气从城市天然气接收站（天然气门站）或气源厂输出，由高压管网输气，经区域高—中压调压器调至中压，输入中压管网，再经区域中—低压调压器调成低压，由低压管网供应给燃气用户。在燃气供应区域内设置储气柜，用于调节不均匀性，目前多采用管道储气来调节用气的不均匀性。适用于城市供气系统

输送的燃气的压力不同，使用的管材、敷设要求以及采取的安全措施均有所不同。

二、燃气管道的布置形式与原则

室外燃气管网分为区域管网和庭院管网两部分，区域管网一般采用环状管网，庭院管网采用枝状管网。敷设方式又可分为埋地敷设和架空敷设，多采用埋地敷设。

1. 室外燃气管道常见布置形式

城镇燃气管网有低压单级系统，中、低压两级系统，高、中、低压三级系统。为了供气安全、稳定以及便于维修，宜布置成环状管网。

图 11-1 所示为枝状管网形式，是最为常见的一种布置形式。从干管引出的支管，靠近干管和接至用户的入口处均应各设阀门一个。

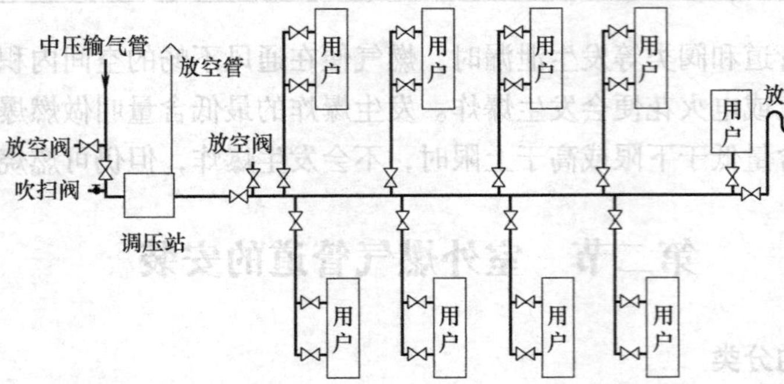

图 11-1 枝状管网形式

图 11-2 所示的是环状管网形式，又可分为若干个小型环状管网，还可与树枝形管网相结合，组成混合型管网，更为经济实用。

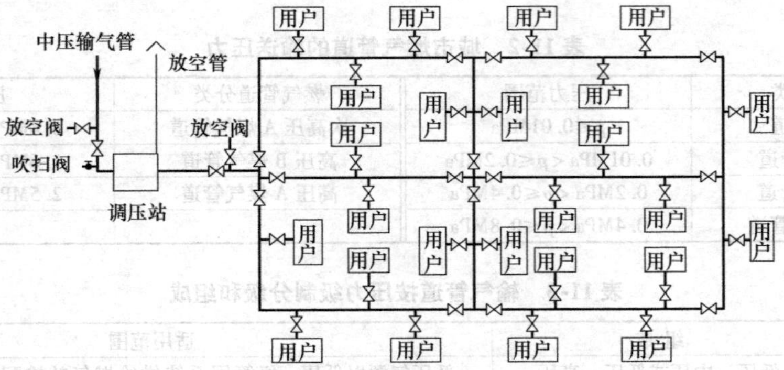

图 11-2 环状管网形式

图 11-3 所示的是放散状管网形式。这种形式一般用于较小规模的管网，如工厂、居民小区等。各分路干管均由总干管或调压站接出，接至各车间或居民建筑引入口。这种形式供气更为可靠，但增加了管道长度。

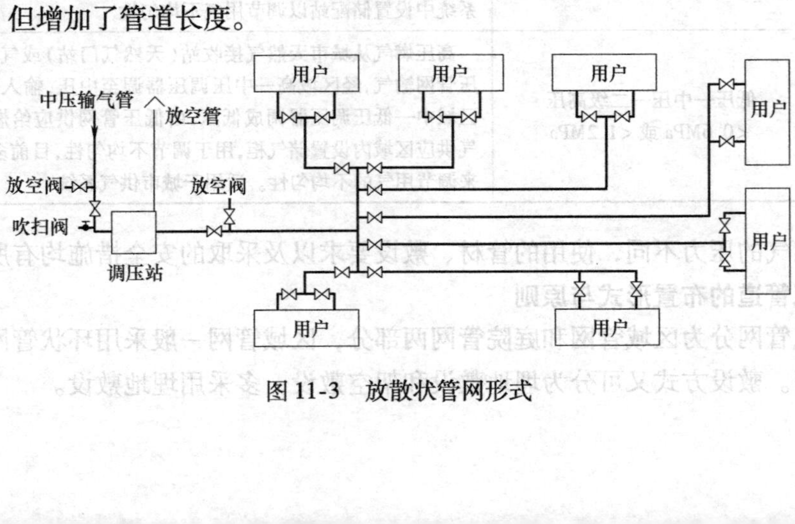

图 11-3 放散状管网形式

图 11-4 所示为干线复线管网形式，主干管采用双线布置，平时两根管道都供气，当一根管道检修时，还留有一根管道供气，提高了供气的可靠性。

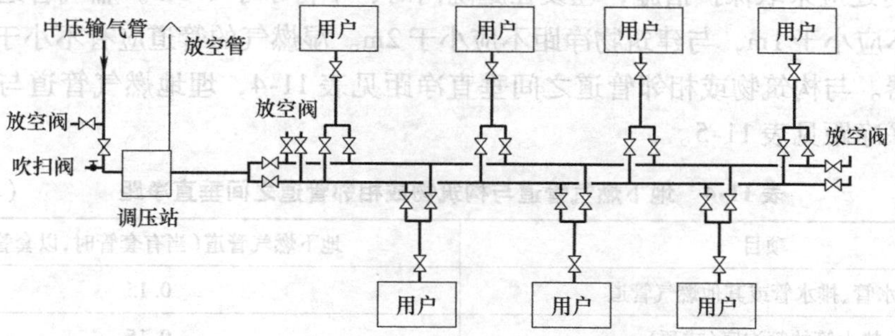

图 11-4 干线复线管网形式

2. 室外燃气管道的敷设原则

在城镇燃气管网供气规模、供气方式和管网压力级制选定以后，根据气源规模、用气量及其分布、城市状况、地形地貌、地下管线与构筑物、管材设备供应条件、施工和运行条件等因素综合考虑管线的布置，并按压力高低，先布置高、中压管网，后布置低压管网，高、中压燃气干管应靠近大型用户，并尽量靠近调压站，尽量缩短管线，主要干线应逐步连成环状。

城镇燃气管道应布置在道路下，尽量避开主要交通干道和繁华的街道。沿街道敷设的燃气管道，多采用单侧布置，也可采用双侧布置。低压燃气干管应在小区内部的道路下敷设，可兼顾两侧供气。

燃气管道应尽量避免穿越铁路、河流、主要公路和其他较大障碍物，必须穿越时，应采取相应安全防护措施。尽量不穿越其他管沟，必须穿越时，应全程加装套管或采取防止燃气泄漏到沟槽中的措施。图 11-5 所示为燃气管道穿越道路、管沟等障碍物时套管的做法，图 11-6 所示为管道穿越墙体、水池壁防水套管做法。

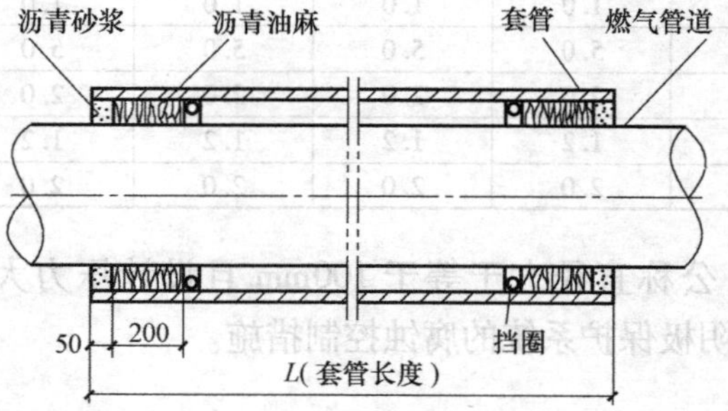

图 11-5 燃气管道穿越道路、管沟等障碍物时套管的做法

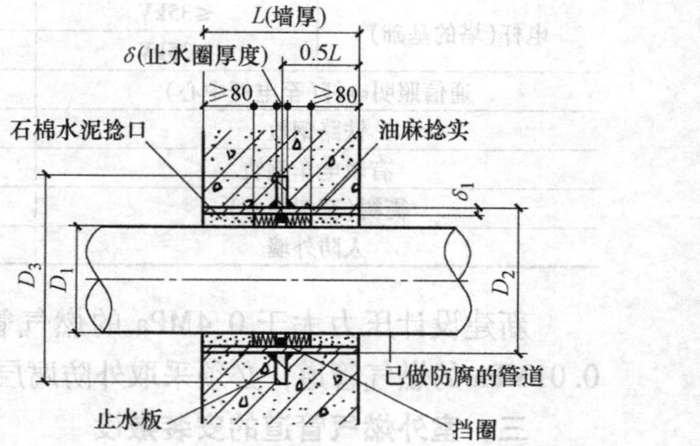

图 11-6 管道穿越墙体、水池壁防水套管做法

燃气管道不得敷设在建筑物、构筑物下面，不得与其他管道上下重叠平行布置，禁止在机械设备和货物堆放地，易燃、易爆材料和腐蚀性液体的堆放场所和高压电线走廊下敷设燃气管道。

燃气管道应敷设在冰冻线以下0.1～0.2m，管顶覆土厚度不得小于0.6～0.8m，道路下埋设的管道，应考虑路面荷载问题，机动车道下不得小于0.9m，非机动车道下不得小于0.6m，必要时还应采取保护措施，埋设在庭院内时，不得小于0.3m。燃气管道与其他水平管道的净距不应小于1m，与建筑物净距不应小于2m。湿燃气的管道应有不小于0.003的坡度坡向凝水器。与构筑物或相邻管道之间垂直净距见表11-4，埋地燃气管道与建筑物及其他管线的水平净距见表11-5。

表11-4　地下燃气管道与构筑物或相邻管道之间垂直净距　（单位：m）

项目		地下燃气管道（当有套管时，以套管计）
给水管、排水管或其他燃气管道		0.15
热力管的管沟底（或顶）		0.15
电缆	直埋	0.50
	在导管内	0.15
铁路轨道		1.20
有轨电车轨道		1.00

表11-5　地下燃气管道与建筑物及其他管线的水平净距　（单位：m）

项目		地下燃气管道				
		低压	中压		高压	
			B	A	B	A
建筑物基础		0.7	1.5	2.0	4.0	6.0
给水管		0.5	0.5	0.5	1.0	1.5
排水管		1.0	1.2	1.2	1.5	2.0
电力电缆		0.5	0.5	0.5	1.0	1.5
通信电缆	直埋	0.5	0.5	0.5	1.0	1.5
	在导管内	1.0	1.0	1.0	1.0	1.5
其他燃气管道	*DN*≤300mm	0.4	0.4	0.4	0.4	0.4
	DN＞300mm	0.5	0.5	0.5	0.5	0.5
热力管	直埋	1.0	1.0	1.0	1.5	2.0
	在管沟内	1.0	1.5	1.5	2.0	4.0
电杆（塔的基础）	≤35kV	1.0	1.0	1.0	1.0	1.0
	＞35kV	5.0	5.0	5.0	5.0	5.0
通信照明电杆（至电杆中心）		1.0	1.0	1.0	1.0	1.0
铁路钢轨		5.0	5.0	5.0	5.0	5.0
有轨电车钢轨		2.0	2.0	2.0	2.0	2.0
街树（至树中心）		1.2	1.2	1.2	1.2	1.2
人防外墙		2.0	2.0	2.0	2.0	2.0

新建设计压力大于0.4MPa的燃气管道、公称直径大于等于100mm且设计压力大于0.01MPa的燃气管道，必须采取外防腐层辅以阴极保护系统的腐蚀控制措施。

三、室外燃气管道的安装敷设

室外燃气管道按敷设形式可分为地下敷设和地上敷设。一般在城镇街区、居民小区、庭院等均为地下敷设；一般工业厂区为了便于管理和维修，也可以采用架空敷设。

室外燃气管道敷设应遵循CJJ 33—2005《城镇燃气输配工程施工及验收规范》、GB 50494—2009《城镇燃气技术规范》以及CJJ 63—2008《聚乙烯燃气管道工程技术规程》等相关规范。

进行城镇燃气输配工程施工的单位，必须具有与工程规模相适应的施工资质；进行城镇燃气输配工程监理的单位，必须具有相应的监理资质。工程项目必须取得建设行政主管部门批准的施工许可文件后方可开工。

承担燃气钢质管道、设备焊接的人员，必须具有锅炉压力容器压力管道特种设备操作人员资格证（焊接）焊工合格证书。承担其他材质燃气管道安装的人员，必须经过专门培训，并经考试及技术评定。且在证书的有效期及合格范围内从事焊接工作。当使用的安装设备发生变化时，应针对该设备操作要求进行专门培训。

1. 地下敷设

土方施工前，建设单位应组织有关单位向施工单位进行现场交桩。临时水准点、管道轴线控制桩、高程桩，应经过复核后方可使用，并应定期校核。

正式开工前，建设单位应对施工区域内已有地上、地下障碍物，与有关单位协商处理完毕。施工单位应会同建设等有关单位，核对管道路由、相关地下管道以及构筑物的资料，必要时局部开挖核实。

在繁华路段和城市主要道路施工时，宜采用封闭式施工方式。在交通不可中断的道路上施工，应有保证车辆、行人安全通行的措施，并应设有负责安全的人员。在沿车行道、人行道施工时，应在管沟沿线设置安全护栏，并应设置明显的警示标志。在施工路段沿线，应设置夜间警示灯。燃气管道穿越其他市政设施时，应对市政设施采取保护措施，必要时应征得产权单位的同意。

（1）通用原则　沟槽开挖前应由放线工按设计施工图给定的平面位置和标高进行放线，开挖中应严格按设计沟底的高程开挖，不得超挖。一旦超挖或沟底基土扰动，应进行处理。管沟的宽度、坡度、工作坑尺寸以及对土壤的处理，应根据现场实际情况和管道敷设方法确定，也可按照 CJJ 33—2005《城镇燃气输配工程施工及验收规范》相关条款执行。

管道主体安装检验合格后，沟槽应及时回填，但需留出未检验的安装接口。回填前，必须将槽底施工遗留的杂物清除干净，回填时，应先回填管底局部悬空部位，再回填管道两侧，不得采用冻土、垃圾、木材及软性物质回填。管道两侧及管顶以 0.5m 内的回填土，不得含有碎石、砖块等杂物，且不得采用灰土回填。距管顶 0.5m 以上的回填土中的石块不得多于 10%、直径不得大于 0.1m，且均匀分布。回填土应分层压实，每层虚铺厚度宜为 0.2～0.3m，管道两侧及管顶以上 0.5m 内的回填土必须采用人工压实，管顶 0.5m 以上的回填土可采用小型机械压实，每层虚铺厚度宜为 0.25～0.4m。管沟回填土密实要求如图 11-7 所示，对 Ⅰ、Ⅱ 区部位，密实度不应小于 90%。

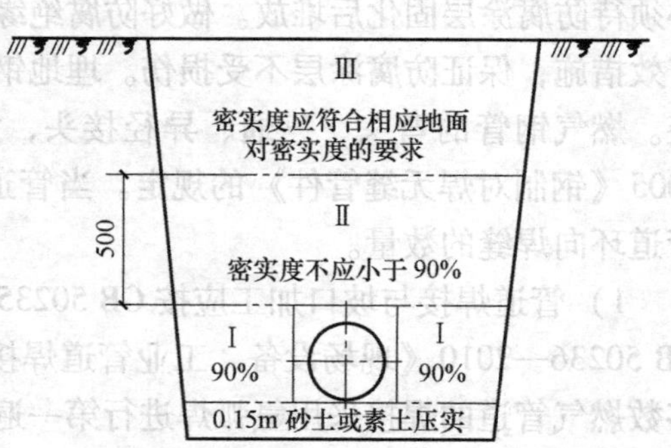

图 11-7　管沟回填土密实要求

埋设燃气管道的沿线应连续敷设警示带。警示带敷设前应将敷设面压实，并平整地敷设在管道的正上方，距管顶的距离宜为 0.3～0.5m，但不得敷设于路基和路面里。

当燃气管道设计压力大于或等于 0.8MPa 时，管道沿线宜设置路面标志。对混凝土和沥青路面，宜使用铸铁标志；对人行道和土路，宜使用混凝土方砖标志；对绿化带、荒地和耕地，宜使用钢筋混凝土桩标志。铸铁标志和混凝土方砖标志埋入后应与路面平齐；钢筋混凝土桩标志埋入的深度，应使回填后不遮挡字体。混凝土方砖标志和钢筋混凝土桩标志埋入后，应采用红漆将字体描红。路面标志应设置在燃气管道的正上方，应标注“燃气”字样，可选择标注“管道标志”、“三通”及其他说明燃气设施的字样或符号和“不得移动覆盖”等警示语。燃气标志桩如图11-8所示。

图 11-8　燃气标志桩

地下燃气管道与建筑物及相邻管线的垂直净距见表11-6。

表 11-6　地下燃气管道与建筑物及其他管线的垂直净距　（单位：m）

项目		地下燃气管道（有套管时以套管计）	项目		地下燃气管道（有套管时以套管计）
给水管、排水管或其他燃气管道		0.15	电缆	在导管内	0.15
热力管的管沟底或沟顶		0.15	铁路轨底		1.20
电缆	直埋	0.5	有轨电车轨底		1.00

（2）埋地钢管的敷设　埋地钢管敷设前应做好加强防腐层或特强防腐层，防腐宜统一在车间（场、站）进行。必要时管道应设置牺牲阳极法等保护措施。

钢管表面的预处理应符合 SY/T 0407—2012《涂装前钢材表面预处理规范》和所使用的防腐材料对钢管除锈的要求。管道宜采用喷（抛）射除锈。除锈后的钢管应及时进行防腐，如防腐前钢管出现二次锈蚀，必须重新除锈。各种防腐材料的防腐施工及验收要求，均应符合国家现行标准的规定。

经检查合格的防腐管道，应按防腐类型、等级和管道规格分类堆放，需固化的防腐涂层必须待防腐涂层固化后堆放。做好防腐绝缘涂层的管道，在堆放、运输、安装时，必须采取有效措施，保证防腐涂层不受损伤。埋地钢管应在沟底标高和管基质量检查合格后，进行安装。燃气钢管的弯头、三通、异径接头，宜采用机制管件，其质量应符合 GB/T 12459—2005《钢制对焊无缝管件》的规定。当管道穿越铁路、公路、河流及城市道路时，应减少管道环向焊缝的数量。

1）管道焊接与坡口加工应按 GB 50235—2010《工业金属管道工程施工及验收规范》和 GB 50236—2010《现场设备、工业管道焊接工程施工及验收规范》的有关规定执行。目前，多数燃气管道的焊接采用氩弧焊进行第一遍打底，然后再进行焊接的方式。管道切割及坡口加工宜采用机械方法，当采用气割等热加工方法时，必须除去坡口表面的氧化皮，并进行打磨。采用氩弧焊时，坡口组对间隙宜为2～4mm，其他坡口尺寸应符合有关规范规定。

不得在管道焊缝上开孔。管道开孔边缘与管道焊缝的间距不应小于100mm。管道焊接完成后，必须对所有焊缝进行外观检查和对焊缝内部质量进行检验，外观检查应在内部质量检验前进行。

2）法兰连接的管道公称压力应符合设计要求。法兰密封面应平整光洁，不得有毛刺及径向沟槽。法兰螺纹部分应完整，无损伤。凹凸面法兰应能自然嵌合，凸面的高度不得低于凹槽的深度。螺栓及螺母的螺纹应完整，不得有伤痕、毛刺等缺陷；螺栓与螺母应配合良好，不得有松动或卡涩现象。

非金属垫片应质地柔韧，不得有老化变质或分层现象，表面不应有折损、皱纹等缺陷。金属垫片的加工尺寸、精度、光洁度及硬度应符合技术要求，包金属及缠绕式垫片不应有径向划痕、松散、翘曲等缺陷。法兰连接时应保持平行，其偏差不得大于法兰外径的1.5‰，且不得大于2mm，不得采用紧螺栓的方法消除偏斜。法兰与支架边缘或墙面距离不宜小于200mm。直埋时，必须对法兰和紧固件按管道相同的防腐等级进行防腐。

3）管道敷设应按照设计图样的要求控制管道的平面位置、高程、坡度，与其他管道或设施的间距应符合相关规定，管道在保证与设计坡度一致且满足设计安全距离和埋深要求的前提下，管线高程和中心线允许偏差应控制在当地规划部门允许的范围内，管道下沟前，应清除沟内的所有杂物，管沟内积水应抽净，管道下沟宜使用吊装机具，严禁采用抛、滚、撬等破坏防腐层的做法，吊装时应保护管口不受损伤，吊装点间距不应大于8m，吊装管道最大长度不宜大于36m。管道在敷设时应在自由状态下安装，严禁强力组对，当管道的纵断、水平位置折角大于22.5°时，必须采用弯头。管道环焊缝间距不应小于管道的公称直径，且不得小于150mm，在套管内敷设时，套管内的燃气管道不宜有环向焊缝。

管道对口前应将管道、管件内部清理干净，不得存有杂物。每次收工时，敞口管端应临时封堵。管道下沟前必须对防腐层进行100%的外观检查，回填前应进行100%电火花检漏，回填后必须对防腐层完整性进行全线检查，不合格必须返工处理直至合格。

（3）球墨铸铁管敷设　管道应使用起重机或其他合适的工具和设备将管道放入沟渠中，不得损坏管材和保护性涂层。当起吊或放下管道的时候，应使用钢丝绳或尼龙吊具。当使用钢丝绳的时候，必须使用衬垫或橡胶套。使用橡胶密封圈密封时，性能必须符合燃气输送介质的使用要求，橡胶圈应光滑、轮廓清晰，不得有影响接口密封的缺陷，管材及管件的尺寸公差应符合GB/T 13295—2008《水及燃气管道用球墨铸铁管、管件和附件》的规定。

1）球墨铸铁管多采用承插连接和压兰连接，安装前应及时清除管道承口和插口端工作面的团块状物、铸瘤和多余的涂料，并整修光滑，擦干净，然后在承口密封面、插口端和密封圈上涂一层润滑剂，将压兰套在管道的插口端，使其延长部分唇缘面向插口端方向，然后将密封圈套在管道的插口端上，使橡胶圈的密封斜面也面向管道的插口方向。将管道的插口端插入到承口内，并紧密、均匀地将密封橡胶圈按进填密槽内，橡胶圈安装就位后不得扭曲。在连接过程中，承插接口环形间隙应均匀，其值及允许偏差应符合规定。将压兰推向承口端，压兰的唇缘应靠在密封橡胶圈上，插入螺栓。使用扭力扳手拧紧螺栓。拧紧螺栓顺序：底部的螺栓→顶部的螺栓→两边的螺栓→其他对角线的螺栓。管道敷设时，弯头、三通和固定盲板处均应砌筑永久性支墩。临时盲板应采用足够的支撑，除设置端墙外，应采用两倍于盲板承压的千斤顶支撑。

2）球墨铸铁管安装就位前，应采用测量工具检查管段的坡度，并应符合设计要求。管道或管件安装就位时，生产厂的标记宜朝上，已安装的管道暂停施工时应临时封口。管道最大允许借转角度及距离不应大于表11-7的规定。当采用2根相同角度的弯管相接时，借转距离应符合表11-8的规定。

表 11-7 管道最大允许借转角度及距离

管道公称尺寸/mm	80～100	150～200	250～300	350～600
平面借转角度(°)	3	2.5	2	1.5
垂直借转角度(°)	1.5	1.25	1	0.75
平面借转距离/mm	310	260	210	160
垂直借转距离/mm	150	130	100	80

注：本表适合于6m长管道。

表 11-8 弯管借转距离

管道公称直径/mm	借转距离/mm				
	90°	45°	22°30″	11°15″	乙字弯
80～100	592	405	195	124	200
150	742	465	226	124	250
200	943	524	258	162	250
250	995	525	259	162	300
300	1297	585	311	162	300
400	1400	704	743	202	400
500	1604	822	418	242	400
600	1855	941	478	242	

(4) 聚乙烯和钢骨架聚乙烯复合管敷设　管道敷设应符合 CJJ 63—2008《聚乙烯燃气管道工程技术规程》的规定。管道施工前应制定施工方案，确定连接方法、连接条件、焊接设备及工具、操作规范、焊接参数、操作者的技术水平要求和质量控制方法。

管材、管件从生产到使用之间的存放时间，黄色管道不宜超过1年，黑色管道不宜超过2年。超过期限时必须重新抽样检验合格后方可使用。管道连接过程中，在环境温度 -5～45℃范围内进行，还应避免强烈阳光直射，当不符合环境温度条件时应采取相应措施，并调整连接工艺。连接前应将管材、管件在施工现场搁置一定时间，使其温度和施工现场温度接近。连接完成后的接头应自然冷却，冷却过程中不得移动接头、拆卸夹紧工具或对接头施加外力。管道连接完成后，应进行序号标记，并做好记录。

管道敷设时，管沟内的积水应抽净，管道应在沟底标高和管基质量检查合格后，才能下沟。不得使用金属材料直接捆扎和吊运管道。管道下沟时应防止划伤、扭曲和强力拉伸。对穿越铁路、公路、河流、城市主要道路的管道，应减少接口，且穿越前应对连接好的管段进行强度和严密性试验。

1) 管径在90mm以上的聚乙烯燃气管材、管件连接可采用热熔对接连接或电熔连接，直径小于90mm的管材及管件宜使用电熔连接。聚乙烯燃气管道和其他材质的管道、阀门、管路附件等连接应采用法兰或钢塑过渡接头连接。钢塑过渡接头如图11-9所示。

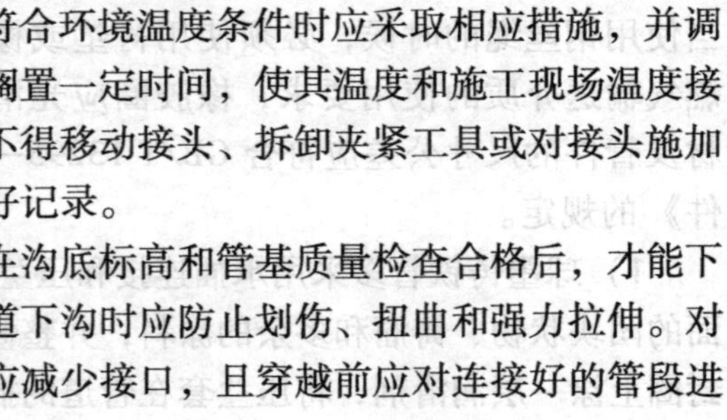

图 11-9　钢塑过渡接头

对不同级别、不同熔体流动速率的聚乙烯原料制造的管材或管件，不同标准尺寸比（SDR值）的聚乙烯燃气管道连接时，必须采用电熔连接。施工前应进行试验，判定试验连接质量合格后方可进行电熔连接。电熔和热熔连接的焊接接头连接完成后，应进行100%外观检验及10%翻边切除检验。

钢塑过渡接头金属端与钢管焊接时，过渡接头金属端应采取降温措施，但不得影响焊接接头的力学性能。法兰或钢塑过渡连接完成后，其金属部分应按设计要求的防腐等级进行防腐，并检验合格。

聚乙烯燃气管道利用柔性自然弯曲改变走向时，其弯曲半径不应小于25倍的管材外径。管道敷设完毕后，应对外壁进行外观检查，不得有影响产品质量的划痕、磕碰等缺陷；检查合格后，方可对管沟进行回填，并做好记录。聚乙烯燃气管道敷设时，应在管顶同时随管道走向敷设示踪线，示踪线的接头应有良好的导电性。

2）钢骨架聚乙烯复合管道应采用电熔连接或法兰连接。电熔连接内部质量应符合CJ/T 126—2000《燃气用钢骨架聚乙烯塑料复合管件》的规定。施工现场断管时，其截面应与管道轴线垂直，截口应进行塑料（与母材相同材料）热封焊。电熔连接后应进行外观检查，溢出电熔管件边缘的溢料量（轴向尺寸）*D*300以下管道不得超过10mm，*D*300以上不超过15mm。管道用法兰连接时，宜设置检查井，且法兰密封面、密封件（垫圈、垫片）不得有影响密封性能的划痕、凹坑等缺陷。管材应在自然状态下连接，严禁强行扭曲组装。

3）钢质套管内径应大于穿越管段上直径最大部位的外径加50mm；混凝土套管内径应大于穿越管段上直径最大部位的外径加100mm。套管内严禁法兰接口，并尽量减少电熔接口数量。

4）复合管可随地形弯曲敷设，*DN*150以下的管道，其允许弯曲半径应大于等于80倍管径，*DN*200以上的管径应大于等于100～110倍管径。在复合管上安装口径大于100mm的阀门、凝水缸等管路附件时，应设置支撑。

2. 架空敷设

室外架空低压燃气管道可沿居民小区、厂区等建筑物外墙或支柱敷设。架空敷设一般多采用钢管。

（1）管道固定支架　固定支架应严格按照设计要求安装，其他支、吊架安装前应进行标高和坡降测量，确保位置准确，安装时应确保平整、牢固，并与管道接触良好。导向支架或滑动支架的滑动面应洁净平整，不得有歪斜和卡涩现象。其安装位置应从支承面中心向位移反方向偏移，偏移量应为设计计算位移值的1/2或按设计规定。

（2）燃气管网与其他管道的间距　燃气管道上的放空管应设在管道末端及最高点，放空管的管口应高出燃气管道或设备4m，且距地面不应小于10m，距厂房10m以内的放空管应高出厂房4m。

与水管、热力管、不燃气体管和燃油管在同一个支柱（架）或栈桥上敷设时，上下平行敷设的垂直净距不应小于250mm。在同一个支架上与其他管道平行敷设时，最小水平净距见表11-9。

表11-9　架空燃气管道与同一支架上的其他管道最小水平净距　（单位：mm）

其他管道公称直径	燃气管道公称直径 *DN*		
DN	>300	300～600	>600
<300	100	150	150
300～600	150	150	200
>600	150	200	300

安装补偿器时，应在补偿器预拉伸（压缩）之后固定。

(3) 架空管道的防腐及保护 金属管涂漆前应清除被涂表面的铁锈、焊渣、毛刺、油、水等污物。涂料的种类、涂敷次序、层数、各层的表干要求及施工的环境温度应按设计和所选涂料的产品规定进行。在涂敷施工时，应有相应的防火、防雨（雪）及防尘措施，涂层质量应均匀，颜色应一致。漆膜应附着牢固，不得有剥落、皱纹、针孔等缺陷，涂层应完整，不得有损坏、流淌。

(4) 管道安装 架空敷设的管道安装应有防止车辆冲撞等外力损害的有效防护措施，安装前管道应除锈并涂完底漆。管道的焊接应满足要求，焊缝距支、吊架净距不应小于50mm。架空管道还应做好防雷和接地。管道吹扫、压力试验完成后，应补刷底漆并完成管道设备的防腐。

四、管道附件与设备的安装

1. 基本要求

附件与设备安装前应将管道附件及设备的内部清理干净，不得存有杂物，阀门、凝水缸及补偿器等在正式安装前，应按其产品标准要求单独进行强度和严密性试验，经试验合格的设备、附件应做好标记，并应填写纪录。

试验使用的压力表必须经校验合格，且在有效期内，量程宜为试验压力的1.5~2.0倍，精度等级不得低于1.5级。

管道附件、设备应抬入或吊入安装处，不得采用抛、扔、滚的方式。每处安装宜一次完成，安装时不得有再次污染已吹扫完毕管道的操作。安装完毕后，应及时对连接部位进行防腐。阀门、补偿器及调压器等设施严禁参与管道的清扫。凝水缸盖和阀门井盖面与路面的高度差应控制在0~+5mm范围内。

管道附件、设备安装完成后，应与管线一起进行严密性试验。

2. 阀门的安装

在中、高压干管上应装设分段阀门，其间距输送干线一般为4km、环状管网为2km，并在阀门前、后各装一个放空阀和放空管。放空阀(管)的作用是第一次通入燃气时，用二氧化碳或蒸汽吹净管内原有空气；修理管道时，吹净管道内剩余燃气。

中压支管应设阀门，阀门前、后还应各装一个放空阀。当支线到调压站的间距小于100m时，可将支线阀门与调压站进口阀门合并为一个，低压管线一般不装设阀门。调压站(箱)进口阀门前和出口阀门后应加装放空阀，放空阀宜采用闸板阀。

阀门安装前应检查阀芯的开启度和灵活度，并根据需要对阀体进行清洗、上油。安装有方向性要求的阀门时，阀体上的箭头方向应与燃气流向一致。法兰或螺纹连接的阀门应在关闭状态下安装，焊接阀门应在打开状态下安装。焊接阀门与管道连接焊缝宜采用氩弧焊打底。

阀门安装时，吊装绳索应拴在阀体上，严禁拴在手轮、阀杆或转动机构上。与阀门连接的法兰应保持平行，其偏差不应大于法兰外径的1.5‰，且不得大于2mm。严禁强力组装，法兰连接时，应使用同一规格的螺栓，并符合设计要求。紧固螺栓时应对称均匀用力，松紧适度，螺栓紧固后螺栓与螺母宜齐平，但不得低于螺母。安装过程中应保证受力均匀，阀门下部应根据设计要求设置承重支撑。

在阀门井内安装阀门和补偿器时，阀门应与补偿器先组对好，然后与管道上的法兰组对，将螺栓与组对法兰紧固好后，方可进行管道与法兰的焊接。采用直埋阀门时，应按设计要求做好阀体、法兰、紧固件及焊缝的防腐。燃气直通单阀门井的安装如图 11-10 所示，阀门井安装尺寸见表 11-10。

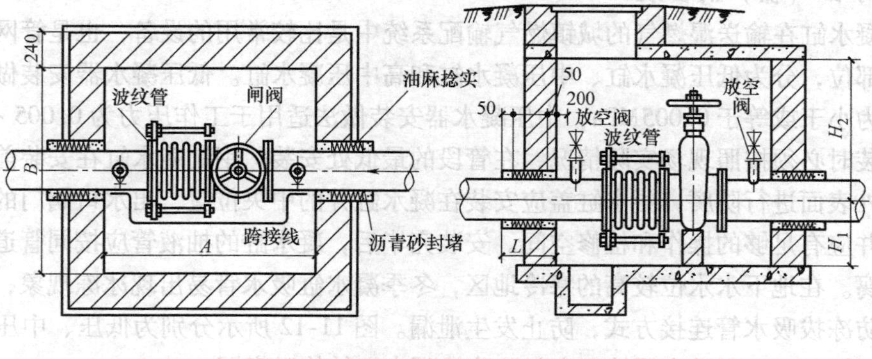

图 11-10　燃气直通单阀门井的安装

表 11-10　直通、双放空、单阀门井燃气管安装尺寸　（单位：mm）

管径(*DN*)	*A*	*B*	H_1	H_2
100	1800	1500	550	520
150	1800	1500	575	730
200	1800	1500	600	948
250	1800	1500	625	1140
300	2100	1900	650	886
350	2100	1900	675	968
400	2100	1900	700	1090
450	2100	1900	725	1174
500	2100	1900	750	1474

安全阀应垂直安装，在安装前必须经法定检验部门检验并铅封。

3. 补偿器的安装

波纹补偿器安装前应按设计规定的补偿量进行预拉伸（压缩），受力应均匀。补偿器应与管道保持同轴，不得偏斜。安装时不得用补偿器的变形（轴向、径向、扭转等）来调整管位的安装误差。安装时应设置临时约束装置，待管道安装固定后再拆除临时约束装置，并解除限位装置。

填料式补偿器的安装应按设计规定的安装长度及温度变化，留有剩余的收缩量，允许偏差应满足产品的安装说明书的要求，应保持与管道同心。导向支座应保证运行时自由伸缩，不得偏离中心。插管应安装在燃气流入端，填料石棉绳应涂石墨粉并应逐圈装入，逐圈压紧，各圈接口应相互错开。

4. 绝缘法兰的安装

绝缘法兰又称绝缘接头，是埋地钢管进行阴极保护时避免阴极保护电流散失到不需要保护的相连部件上的重要部件，目前多采用整体式，可整体直埋，可靠性极高，是绝缘法兰的换代产品，其外形如图 11-11 所示。

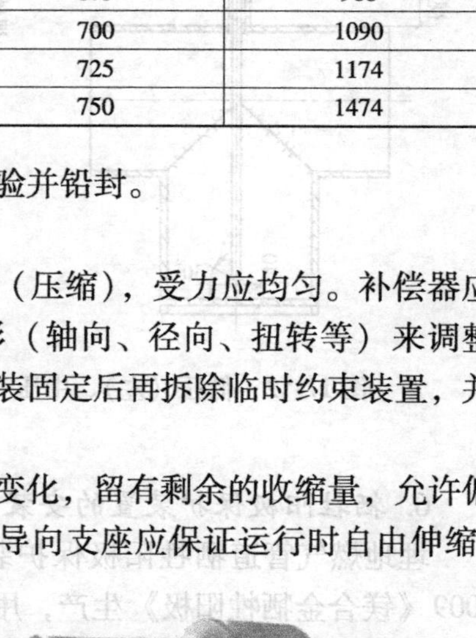

图 11-11　燃气管道整体式绝缘接头

安装前，应对绝缘法兰进行绝缘试验检查，其绝缘电阻不应小于1MΩ；当相对湿度大于60%时，其绝缘电阻不应小于500kΩ。对绝缘法兰的电缆线连接应符合设计要求，并应做好电缆线及接头的防腐，金属部分不得裸露于土中。绝缘法兰外露时，应有保护措施。

5. 凝水缸（器）的安装

管道凝水缸在输送湿燃气的城镇燃气输配系统中是比较常用的设备，也是管网系统中比较脆弱的部位，分为低压凝水缸、中压凝水缸和高中压凝水缸。低压凝水器安装做法适用于工作压力为小于或等于0.005MPa，中压凝水器安装做法适用于工作压力为0.005～0.2MPa。凝水缸安装时必须按照现场实际情况，在管段的最低处安装。钢制凝水缸在安装前，应按设计要求对外表面进行防腐，凝水缸盖应安装在凝水缸井的中央位置，出水口阀门的安装位置应合理，并应有足够的操作和检修空间。安装完毕后，凝水缸的抽液管应按同管道的防腐等级进行防腐。在地下水水位较高的寒冷地区，冬季凝水缸吸水管易出现冰冻现象，可采用柔性双密封防冻拔吸水管连接方式，防止发生泄漏。图11-12所示分别为低压、中压凝水缸安装示意图。图11-13所示为柔性双密封防冻拔凝水缸结构示意图。

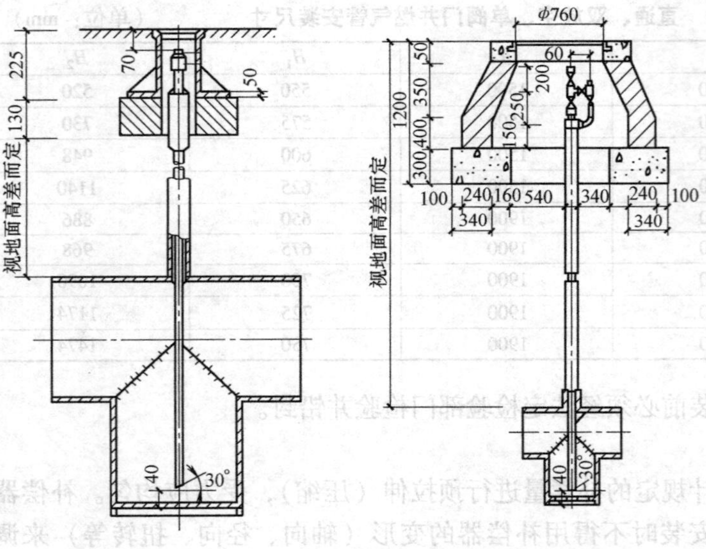

图11-12 低压（左）、中压（右）凝水缸安装示意图

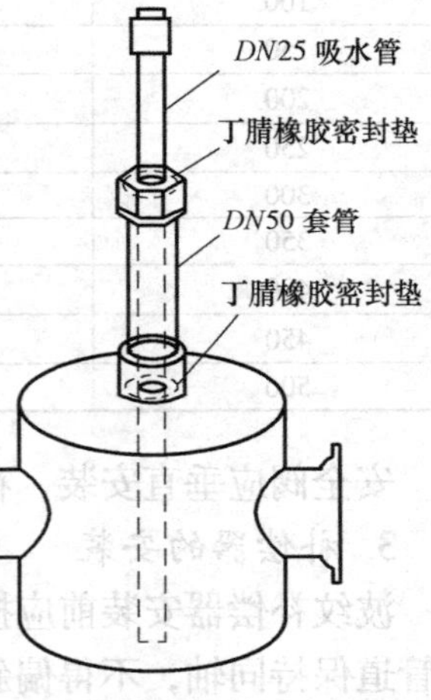

图11-13 柔性双密封防冻拔凝水缸结构示意图

6. 牺牲阳极保护装置的安装

埋地燃气管道牺牲阳极保护装置一般采用镁阳极，镁合金牺牲阳极按GB/T 17731—2009《镁合金牺牲阳极》生产，用于管道的阳极同时符合GB/T 21448—2008《埋地钢质管道阴极保护技术规范》的规定。该类产品具有密度小、电位较负、对铁的驱动电压高、电流效率低等特点，特别适用于高电阻率介质中，有柱状和带状形式，成套镁牺牲阳极，由镁牺牲阳极锭1支、一根VV10mm^{2}电缆3m、填包料50kg、棉布口袋1条、塑料编织袋1条组成，其镁牺牲阳极锭外形如图11-14所示。安装时，镁阳极首先和电缆连接，连接部位用环氧树脂密封。然后加填充料封装在棉布袋里即可。

7. 调压站（箱）设施的安装

调压站（箱）与周围建（构）筑物之间的距离应满足要求。对于燃气相对密度大于

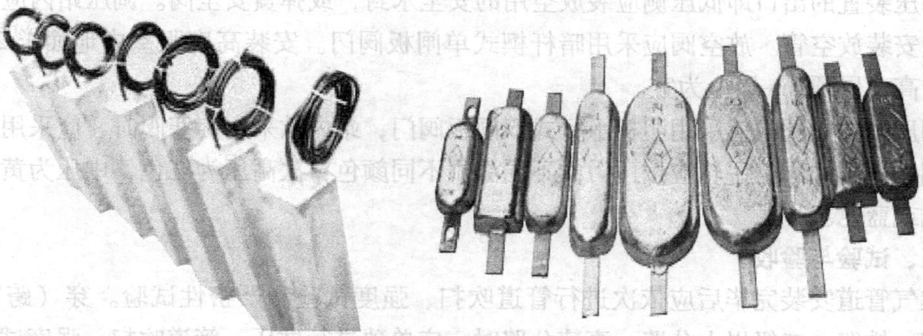

图 11-14 埋地燃气管道用电保护的镁阳极

0.75 的调压装置，不得设置在地下室、半地下室和地下单独的箱内。设置调压装置的建筑以及体积大于 1.5m³ 的调压箱应符合国家防爆要求。调压箱周边的环境温度应能保证装置正常工作。

调压站（箱）内的调压器，安全阀，过滤器，计量、检测仪表及其他设备，安装前应进行检查。所有非标准设备应按设计要求制造和检验，除设计另有规定外，应按制造厂说明书进行安装与调试。调压器、安全阀、过滤器、仪表等设备的安装应在进出口管道吹扫、试压合格后进行，并应牢固平正，严禁强力连接。

调压站内管道的焊缝、法兰和螺纹等接口，均不得嵌入墙壁和基础中。管道穿墙或穿基础时，应设置在套管内。焊缝与套管一端的间距不应小于 100mm。干燃气的站内管道应横平竖直；湿燃气的进出口管道应分别坡向室外，仪器仪表接管应坡向干管。调压器前后的直管段长度应按设计或制造厂技术要求施工，进出口箭头指示方向应与燃气流动方向一致。进口压力大于等于 0.01MPa 的调压箱燃气入口、进口压力大于 0.4MPa 的调压箱燃气出口的连接管道，应设置切断阀门，且距调压设备保持一定的距离。调压箱的常规做法及工程实景如图 11-15 和图 11-16 所示。

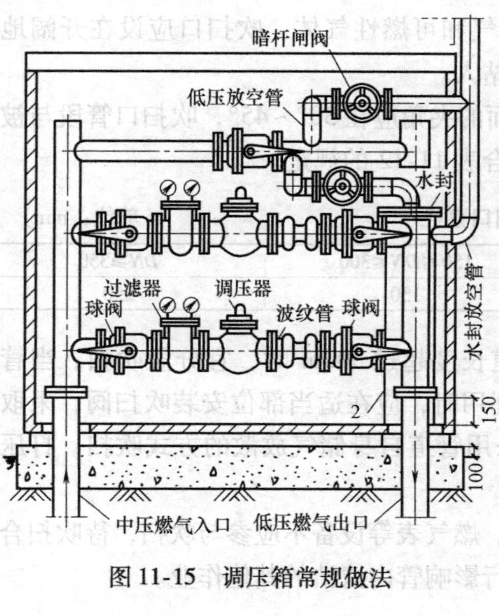

图 11-15 调压箱常规做法

图 11-16 调压箱工程实景

调压装置的出口即低压侧应装放空用的安全水封，或弹簧安全阀。调压站内应在进出口管道上安装放空管。放空阀应采用暗杆楔式单闸板阀门。安装高度距室内地面1.2～1.5m，排空口高出屋顶2m以上为宜。

调压站内的阀门应采用明杆平行式双闸板阀门，站内欲采用旋塞阀时，应采用压兰旋塞阀。调压站内的阀门手轮应按压力的不同涂刷不同颜色：次高压为红色，中压为黄色，低压为绿色或蓝色。

五、试验与验收

燃气管道安装完毕后应依次进行管道吹扫、强度试验和严密性试验。穿（跨）越大中型河流、铁路、二级以上公路、高速公路时，应单独进行试压。管道吹扫、强度试验及中高压管道严密性试验前应编制施工方案，制定安全措施，确保施工人员及附近民众与设施的安全。试验时应设巡视人员，无关人员不得进入。在试验的连续升压过程中和强度试验的稳压结束前，所有人员不得靠近试验区，管道上的所有堵头必须加固牢靠，试验时堵头端严禁人员靠近。人员离试验管道的安全间距可按表11-11确定。

表11-11 试验安全间距

管道设计压力/MPa	安全间距/m
>0.4	6
0.4～1.6	10
2.5～4.0	20

1. 管道吹扫与通球扫线

根据设计要求，应先进行通球扫线，合格后再做管道系统的严密性试验。

吹扫和待试验管道应与无关系统采取隔离措施，与已运行的燃气系统之间必须加装盲板且有明显标志。试验前应按设计图检查管道的所有阀门，试验段必须全部开启。试验时所发现的缺陷，必须待试验压力降至大气压后进行处理，处理合格后应重新试验。

管道安装检验合格后，应由施工单位负责组织吹扫工作，并应在吹扫前编制吹扫方案。应按主管、支管、庭院管的顺序进行吹扫。吹扫压力不得大于管道的设计压力，且不应大于0.3MPa，吹扫介质宜采用压缩空气，严禁采用氧气和可燃性气体，吹扫口应设在开阔地段并加固，吹扫时应设安全区域，吹扫出口前严禁站人。

吹扫气体流速不宜小于20m/s，吹扫口与地面的夹角应在30°～45°，吹扫口管段与被吹扫管段必须采取平缓过渡对焊，吹扫口直径应符合表11-12的规定。

表11-12 吹扫口直径 （单位：mm）

末端管道公称直径 DN	$DN<150$	$150\leqslant DN\leqslant 300$	$DN\geqslant 350$
吹扫口公称直径	与管道同径	150	250

每次吹扫管道的长度不宜超过500m；当管道长度超过500m时，宜分段吹扫。当管道长度在200m以上，且无其他管段或储气容器可利用时，应在适当部位安装吹扫阀，采取分段储气，轮换吹扫；当管道长度不足200m，可采用管道自身储气放散的方式吹扫，打压点与放散点应分别设在管道的两端。

吹扫管段内的调压器、阀门、孔板、过滤网、燃气表等设备不应参与吹扫，待吹扫合格后再安装复位。吹扫合格设备复位后，不得再进行影响管内清洁的其他作业。

在对聚乙烯管道或钢骨架聚乙烯复合管道吹扫及试验时，进气口应采取油水分离及冷却等措施，确保管道进气口气体干燥，且其温度不得高于40℃；排气口应采取防静电措施。

球墨铸铁管道、聚乙烯管道、钢骨架聚乙烯复合管道和公称直径小于100mm或长度小于100m的钢质管道，可采用气体吹扫；公称直径大于或等于100mm的钢质管道，宜采用清管球进行清扫。吹扫范围内的管道安装工程除补口、涂漆外，已按设计图样全部完成。

采用清管球清扫时，管道直径必须是同一规格，不同管径的管道应断开分别进行清扫，对影响清管球通过的管件、设施，在清管前应采取必要措施，清管球清扫如不合格可采用气体再清扫至合格。

通球扫线推球压力 $p_1=0.3\text{MPa}$，最大推球压力 $p_2=0.7\text{MPa}$，推球介质用压缩空气。清管球在被清扫管内是断断续续前进的，当球在管道中保持卡紧密封状态时，空气压缩机不断地向发球筒压入压缩空气，使管道压力不断上升，当推球压力大于球的前进阻力时，便将球推动前进一段距离。若在不断压入空气的情况下，压力表指针显示始终不上升，相关图上成一平线，则表明清管球在管内不断卡紧密封，有漏气故障。

清管球失密的原因有清管球破裂、清管球漏水、空心球未灌足水发软、遇石块等物垫起漏气、球磨损太大、过盈量不够、管道椭圆度太大等。失密尤其容易发生在管径较大的三通处，处理故障的方法是再发一个新球，加强密封作用，将第一个球顶出来。第二个球质量要好，过盈量较大，效果才会好。若漏气量不大，也可关闭收球装置的排气阀门，提高全段管道内的压力，然后迅速开启排气管阀门，迅速排气。在清管球下游造成抽吸力，使球在推力与抽吸力作用下运动。

2. 强度试验

试验用的压力计及温度记录仪应在校验有效期内，试验方案已经批准，有可靠的通信系统和安全保障措施，并已进行了技术交底。管道焊接检验、清扫合格。埋地管道回填土宜回填至管上方0.5m以上，并留出焊接口。管道应分段进行压力试验，试验管道分段最大长度参照表11-13执行。

表11-13 管道试压分段最大长度

设计压力 PN/MPa	试验管段最大长度/m	设计压力 PN/MPa	试验管段最大长度/m
$PN\leqslant0.4$	1000	$1.6<PN\leqslant4.0$	10000
$0.4<PN\leqslant1.6$	5000		

管道试验用压力计及温度记录仪表均不应少于两块，并应分别安装在试验管道的两端。试验用压力计的量程应为试验压力的1.5~2倍，其精度不得低于1.5级。强度试验压力和介质应符合表11-14的规定。

表11-14 强度试验压力和介质

管道类型	设计压力 PN/MPa	试验介质	试验压力/MPa
钢管	$PN>0.8$	清洁水	$1.5PN$
	$PN>0.8$	压缩空气	$1.5PN$ 且 $\geqslant0.4$
球墨铸铁管	PN		$1.5PN$ 且 $\geqslant0.4$
钢骨架聚乙烯复合管	PN		$1.5PN$ 且 $\geqslant0.4$
聚乙烯管	PN(SDR11)		$1.5PN$ 且 $\geqslant0.4$
	PN(SDR17.6)		$1.5PN$ 且 $\geqslant0.2$

水压试验时，试验管段任何位置的管道环向应力不得大于管材标准屈服强度的90%。架空管道进行水压试验前，应核算管道及其支撑结构的强度，必要时应临时加固。试压宜在环境温度为5℃以上时进行，否则应采取防冻措施。水压试验应符合 GB/T 16805—2009《液体石油管道压力试验》的有关规定。

进行强度试验时，压力应缓升，首先升至试验压力的50%，进行初检，如无泄漏等异常，继续升压至试验压力，然后宜稳压 1h 后，观察压力计不应少于 30min，无压力降为合格。经分段试压合格的管段相互连接的焊缝，经射线照相检验合格后，可不再进行强度试验。

水压试验合格后，应及时将管道中的水放（抽）净，并进行吹扫。

3. 严密性试验

管道的严密性试验应在强度试验合格、管线全线回填后进行，试验介质宜采用空气。试验用的压力表应在校验有效期内，其量程应为试验压力的 1.5~2 倍，其精度等级、最小分格值及表盘直径应满足表 11-15 的要求。

表 11-15 试压用压力表选择要求

量程/MPa	精度等级	最小表盘直径/mm	最小分格值/MPa
0~0.1	0.4	150	0.0005
0~1.0	0.4	150	0.005
0~1.6	0.4	150	0.01
0~2.5	0.25	200	0.01
0~4.0	0.25	200	0.01
0~6.0	0.16	250	0.01
0~10	0.16	250	0.02

当设计压力小于 5kPa 时，试验压力应为 20kPa；当设计压力大于或等于 5kPa 时，试验压力应为设计压力的 1.15 倍，且不得小于 0.1MPa。

试压时的升压速度不宜过快。对设计压力大于 0.8MPa 的管道试压，压力缓慢上升至30%和60%试验压力时，应分别停止升压，稳压 30min，并检查系统有无异常情况，如无异常情况继续升压。管内压力升至严密性试验压力后，待温度、压力稳定后开始记录。

严密性试验稳压的持续时间应为 24h，每小时记录不应少于 1 次，当修正压力降小于133Pa 时为合格。修正压力降应按下式确定

$$\Delta p' = (H_1 + B_1) - (H_2 + B_2)\frac{273 + t_1}{273 + t_2} \tag{11-1}$$

式中 $\Delta p'$——修正压力降（Pa）；

H_1、H_2——试验开始和结束时的压力计读数（Pa）；

B_1、B_2——试验开始和结束时的气压计读数（Pa）；

t_1、t_2——试验开始和结束时的管内介质温度（℃）。

所有未参加严密性试验的设备、仪表、管件，应在严密性试验合格后进行复位，然后按设计压力对系统升压，应采用发泡剂检查设备、仪表、管件及其与管道的连接处，不漏为合格。

4. 工程竣工验收

工程竣工验收应以批准的设计文件、国家现行有关标准、施工承包合同、工程施工许可

文件为依据。

当完成工程设计和合同约定的各项内容，且施工单位在工程完工后对工程质量自检合格，应提出《工程竣工报告》，同时工程资料准备齐全、施工单位签署了工程质量保修书、监理单位对施工单位的工程质量自检结果予以确认并提出《工程质量评估报告》、施工过程中的工程质量检验合格，检验记录完整，可以进行工程竣工验收。

工程竣工资料的收集、整理工作应与工程建设过程同步，工程完工后应及时做好整理和移交工作。整体工程竣工资料宜包括：

工程依据文件，包括工程项目建议书、申请报告及审批文件、批准的设计任务书、初步设计、技术设计文件、施工图和其他建设文件；工程项目建设合同文件、招标投标文件、设计变更通知单、工程量清单等；建设工程规划许可证、施工许可证、质量监督注册文件、报建审核书、报建图、竣工测量验收合格证、工程质量评估报告。

交工技术文件，包括施工资质证书；图样会审记录、技术交底记录、工程变更单(图)、施工组织设计等；开工报告、工程竣工报告、工程保修书等；重大质量事故分析、处理报告；材料、设备、仪表等的出厂合格证明，材质书或检验报告；施工记录；隐蔽工程记录、焊接记录、管道吹扫记录、强度和严密性试验记录、阀门试验记录、电气仪表工程的安装调试记录等；竣工图样，竣工图应反映隐蔽工程、实际安装定位、设计中未包含的项目、燃气管道与其他市政设施特殊处理的位置等。

检验合格记录文件，包括测量记录；隐蔽工程验收记录；沟槽及回填合格记录；防腐绝缘合格记录；焊接外观检查记录和无损探伤检查记录，管道吹扫合格记录；强度和严密性试验合格记录；设备安装合格记录；储配与调压各项工程的程序验收及整体验收合格记录；电气、仪表安装测试合格记录；在施工中受检的其他合格记录。

工程竣工验收应由建设单位主持，并按下列程序进行：

工程完工后，施工单位按规范的要求完成验收准备工作后，向监理部门提出验收申请；监理部门对施工单位提交的《工程竣工报告》、竣工资料及其他材料进行初审，合格后提出《工程质量评估报告》，并向建设单位提出验收申请；建设单位组织勘察、设计、监理及施工单位对工程进行验收；验收合格后，各部门签署验收纪要。建设单位及时将竣工资料、文件归档，然后办理工程移交手续；验收不合格应提出书面意见和整改内容，签发整改通知限期完成。整改完成后重新验收。整改书面意见、整改内容和整改通知编入竣工资料文件中。

工程验收应符合下列要求：

审阅验收材料内容，应完整、准确、有效；按照设计、竣工图样对工程进行现场检查。竣工图应真实、准确，路面标志符合要求；工程量符合合同的规定；设施和设备的安装符合设计的要求，无明显的外观质量缺陷，操作可靠，保养完善；对工程质量有争议、投诉和检验多次才合格的项目，应重点验收，必要时可开挖检验、复查。

5. 燃气管道置换与带压接气

(1) 燃气置换　新建燃气管投入使用，要将燃气输入管道内，并将管内空气排出去。燃气管道内将出现混合气体，所以对新建管道内混合气体的置换必须在严密的安全技术措施保证前提下进行。

置换方法分为间接置换法和直接置换法。间接置换法是用惰性气体（常用氮气）先将管内空气置换，然后再输入燃气置换，优点是安全可靠，缺点是费用高昂，故一般很少采用。直接置换法是用燃气输入新建管道内直接置换管内空气。尽管燃气与空气的混合气体随着燃气输入量增加其浓度可达到爆炸极限，但如果采取相应的安全措施，用直接置换法是一种既经济又快速的换气工艺。

置换工作存在危险，各操作人员必须明确职责，熟悉操作要求及安全要求，不得擅自行动，必须一切听指挥。现场应严禁吸烟，并严禁明火检漏。放散点要有一定范围，在放散点区域内，杜绝一切明火。各放散点的工作人员应站在放散口的上风侧，以免中毒。进入阀门井操作时应遵守阀门井操作技术规程。阀门井井盖应全部开启，并设防爆照明。所有预留管线的阀门后侧，必须加设法兰盲板，防止燃气泄漏。各放散点必须加设堵头。

在置换时，燃气的压力不能快速升高。当阀门快速开启时容易在置换管道内产生涡流，出现燃气抢先至放散（取样）孔排出，会产生取样合格的假象。因此，开启阀门时应缓慢进行，边开启边观察压力变化情况。

置换工作不宜选择在夜间与阴雨天进行，因阴雨天气压较低，置换过程中放散的燃气不易扩散，故一般选择在天气晴朗的上午为好。大风天气虽然能加速气体扩散，但应注意下风侧的安全措施。检测分析人员要做好记录，要履行签字手续。置换完成后，应在现场观察30min，如发现异常情况，及时处理。待一切正常后，方可撤离现场。

发生意外情况时，不要惊慌，要迅速切断气源并通知现场指挥，防止事故扩大。

（2）燃气管道带气接管　带气连接就是将新建燃气管道与正在使用的燃气管道连接。它需要在使用的燃气管道上切割、焊接或钻孔、攻螺纹，如措施不当，会发生着火与爆炸，是一项危险的作业。

带气接管分为降压接气（中、高压管道）与不降压（低压管道）接气。对已使用的燃气管道，应查清停气降压时阀门关闭范围内影响调压器的数量及该调压器所供应的范围，其低压干管是否与停气范围以外的低压干管相连通。高、中压管道只有采取降压措施方可带气进行割焊。降压后，管内的压力必须大于大气压力，以免造成回火事故。

对新建管道，与原有燃气管道连接的三通、管道、法兰短管等应放样下料，做好坡口，保证在已使用的燃气管道割开后可以吻合。准备好所需机具，熟练的操作人员就位。新建管道中阀门必须检验合格，开关灵活。

高、中压燃气管道的接管一般要停气降压，将压力降至500~700Pa，并稳定到这一范围，保证正压操作，用放散管排放管内剩余燃气。

第三节　室内燃气管道及设备的安装

许多工业与民用建筑以及公共建筑，都需要在室内设置燃气供应系统，由于该系统具有一定的危险性，一旦发生泄漏就会造成严重的后果，因此，安装质量要求十分严格。

承担城镇燃气室内工程和燃气室内配套工程的施工单位，除应具有国家相关行政管理部门批准的与承包范围相应的资质，还需得到当地燃气管理或经营部门的特许。从事燃气管道施工焊接的工作人员必须具有相应的岗位操作资格证书，且应在证书的有效期及合格范围内从事焊接工作，从事燃气管道机械连接的安装人员应经专业技术培训合格，并持相关部门签发的上岗证书，方可上岗操作。

城镇燃气室内工程施工必须按已审定的设计文件实施。当需要修改设计文件或材料代用时，应经原设计单位同意，施工单位应结合工程特点制定施工方案，并应经有关部门批准。

室内燃气系统包括引入管、总立管、水平干管、用户立管、支管、灶具连接管以及计量设备、用气设备等。

一、室内燃气管道的安装

室内燃气管道包括引入管、总立管、水平干管、用户立管、支管等。室内燃气管道不得用任何材质的塑料管材。一般 *DN*50 内的宜用镀锌低压流体管（即水煤气镀锌钢管）螺纹连接。其填料一般用聚四氟乙烯生料带。当管径大于或等于 70mm 时，一般宜用无缝钢管焊接。

1. 燃气入户管道安装

燃气引入管一般采用无缝钢管，$DN \leqslant 50$ 应焊接或螺纹连接，$DN > 50$ 应焊接，与阀门、煤气表连接时可采用法兰连接。引入管一般直接进入厨房，设在厨房或走廊等便于检修的非居住房间内，不得经过卧室、浴室、地下室、易燃或易爆品的仓库、有腐蚀性介质的房间、配电室、变电室、电缆沟、烟道和进风道等地方。当引入确实有困难时，可以从楼梯间引入，此时引入管阀门宜设在室外。燃气引入管进入密闭室时，密闭室必须进行改造，并设置换气口，其通风换气次数每小时不得少于 3 次。

在地下室、半地下室、设备层和地上密闭房间以及地下车库安装燃气引入管道时应符合设计文件的规定；当设计文件无明确要求时，应采取如下措施：引入管道应使用钢号为 10、20 的无缝钢管或具有同等及同等以上性能的其他金属管材；管道的敷设位置应便于检修，不得影响车辆的正常通行，且应避免被碰撞；管道的连接必须采用焊接连接。其焊缝外观质量应按 GB 50236—1998《现场设备、工业管道焊接工程施工及验收规范》进行评定，Ⅲ级合格；焊缝内部质量检查应按 GB/T 12605—2008《无损检测　金属管道熔化焊环向对接接头射线照相检测方法》进行评定，Ⅲ级合格。

燃气引入管阀门宜设置在室内，对重要用户尚应在室外另外设置阀门，阀门应选择快速式切断阀。地上低压燃气引入管的直径小于或等于 75mm 时，可在室外设置带堵头的三通，不再另设置阀门。

管道材质应用无缝钢管机械煨弯（防护井内至室内不可有焊接口，需用整根管道煨制）做法。也可采用镀锌管、管件螺纹连接至室内，但外露螺纹必须补做加强级防腐（防护井内的防腐同室外管道）。

图 11-17 所示是入户管直接进入室内的安装方式，图 11-18 所示为入户管道遇有地下室或采暖管沟的安装方式。穿楼板及穿承重墙套管做法有多种形式，图 11-19 所示为其中一种形式。套管处在室内端不可用任何材质的沥青材料封口，可采用与装饰墙面相同颜色的密封胶封堵。

上述做法适用于多层建筑，如用于高层建筑时，设计应另附详图或说明。立管和入户管穿墙做法应考虑建筑物的最大沉降量，立管应有承重支撑和必要的补偿措施。图 11-20 所示为采用波纹补偿器的补偿方式。

2. 室内燃气管道的安装

（1）管材与敷设方式的选择　燃气室内工程使用的管道组成件应按设计文件选用，当管道公称尺寸小于或等于 *DN*50，且管道设计压力为低压时，宜采用热镀锌钢管和镀锌管件，

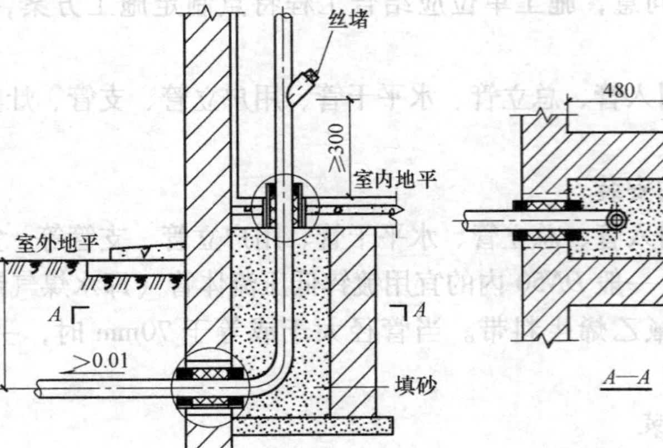

图 11-17　燃气入户管直接进入室内的安装方式

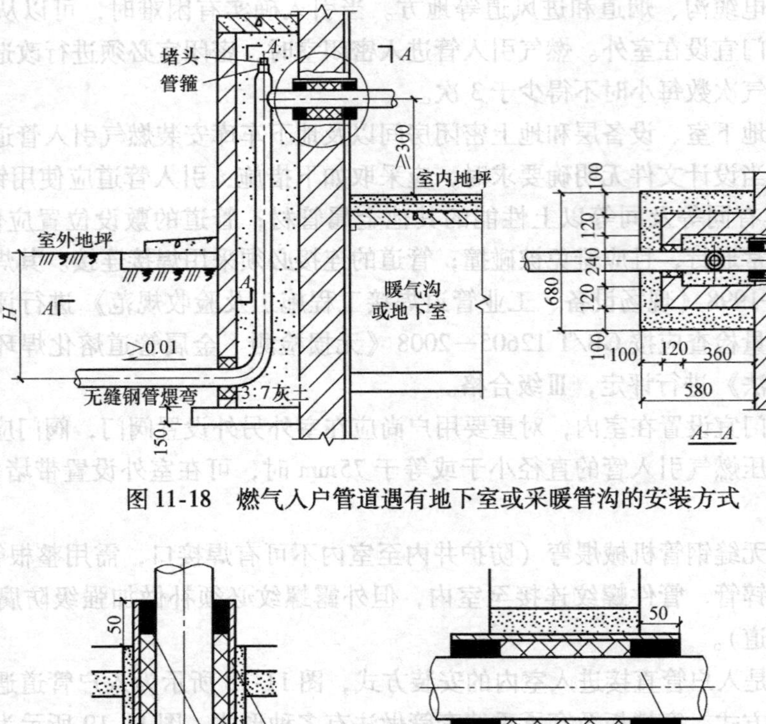

图 11-18　燃气入户管道遇有地下室或采暖管沟的安装方式

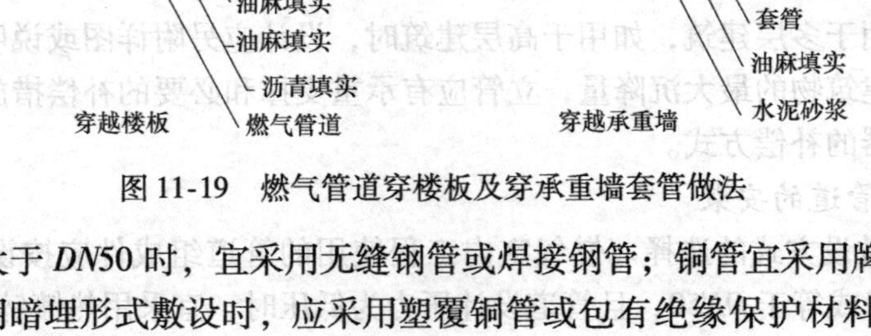

图 11-19　燃气管道穿楼板及穿承重墙套管做法

当管道公称尺寸大于 *DN*50 时，宜采用无缝钢管或焊接钢管；铜管宜采用牌号为 TP2 的铜管及铜管件；当采用暗埋形式敷设时，应采用塑覆铜管或包有绝缘保护材料的铜管；当采用薄壁不锈钢管时，其厚度不应小于0.6mm；薄壁不锈钢管和不锈钢波纹软管用于暗埋形式敷设或穿墙时，应具有外包覆层；当工作压力小于10kPa，且环境温度不高于60℃时，可在户内计量装置后使用燃气用铝塑复合管及专用管件。当室内燃气管道的敷设方式在设计文件中无明确规定时，宜按表11-16选用。

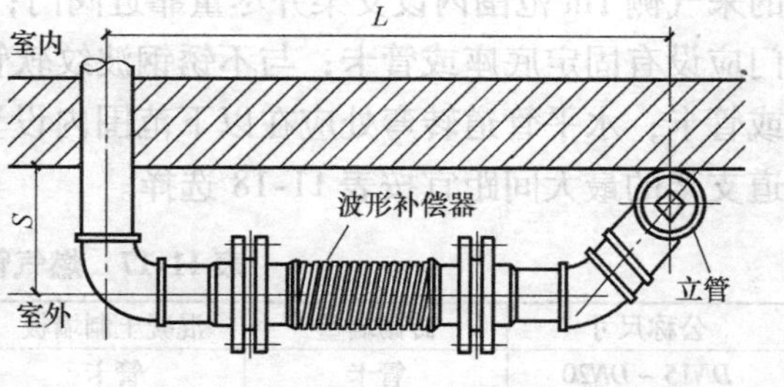

图11-20 高层建筑燃气引入管的补偿方式

表11-16 室内燃气管道敷设方式

管道材料	明设管道	暗设管道	
		暗封形式	暗埋形式
热镀锌钢管	应	可	不推荐
无缝钢管	应	可	不推荐
铜管	应	可	可
薄壁不锈钢管	应	可	可
不锈钢波纹软管	可	可	可
燃气用铝塑复合管	可	可	可

（2）室内燃气管道的连接　燃气管道的连接方式应符合设计文件的规定。当设计文件无明确规定时，设计压力大于或等于10kPa的管道以及布置在地下室、半地下室或地上密闭空间内的管道，除采用加厚的低压管或与专用设备进行螺纹或法兰连接以外，应采用焊接的连接方式。公称尺寸不大于*DN*50的镀锌钢管应采用螺纹连接；当必须采用其他连接形式时，应采取相应的措施。无缝钢管或焊接钢管应采用焊接或法兰连接；铜管应采用承插式硬钎焊连接，不得采用对接钎焊和软钎焊；薄壁不锈钢管应采用承插氩弧焊式管件连接或卡套式、卡压式、环压式等管件机械连接；不锈钢波纹软管及非金属软管应采用专用管件连接；燃气用铝塑复合管应采用专用的卡套式、卡压式连接方式。铝塑复合管的质量应符合GB/T 18997.1—2003《铝塑复合压力管　铝管搭接焊式铝塑管》的规定，连接管件的质量应符合CJ/T 190—2004《铝塑复合管用卡压式管件》和CJ/T 111—2000《铝塑复合管用卡套式铜制管接头》的规定，并应附有质量合格证书；连接用的管件应与管材配套，并应用专用工具进行操作；连接时应将管口整圆，并修整管口毛刺，保证管口端面与管轴线垂直。

（3）燃气管道的切割　碳素钢管宜采用机械方法或氧—可燃气体火焰切割；薄壁不锈钢管应采用机械或等离子弧方法切割；当采用砂轮切割或修磨时，应使用专用砂轮片；铜管应采用机械方法切割；不锈钢波纹软管和燃气用铝塑复合管应使用专用管剪切割。

切口表面应平整，无裂纹、重皮、毛刺、凹凸、缩口、熔渣等缺陷；切口端面（切割面）倾斜偏差不应大于管道外径的1%，且不得超过3mm；凹凸误差不得超过1mm；应对不锈钢波纹软管、燃气用铝塑复合管的切口进行整圆。不锈钢波纹软管的外保护层，应按有关操作规程使用专用工具进行剥离后，方可连接。

（4）燃气管道采用的支撑方式　建筑室内燃气管道的支撑形式应符合设计文件的规定，无规定时，可按表11-17所示选择。

管道支架、托架、吊架管卡（以下简称“支架”）应安装稳定、牢固，不影响管道安装、检修与维护；每个楼层的立管至少应设支架1处；当水平管道上设有阀门时，应在阀门的来气侧1m范围内设支架并尽量靠近阀门；与不锈钢波纹软管、铝塑复合管直接相连的阀门应设有固定底座或管卡；与不锈钢波纹软管、铝塑复合管直接相连的阀门应设有固定底座或管卡；水平管道转弯处应在以下范围内设置固定托架或管卡座，每侧不应大于0.3m。管道支架的最大间距宜按表11-18选择。

表11-17　燃气管道采用的支撑形式

公称尺寸	砖砌墙壁	混凝土制墙板	石膏空心墙板	木结构墙	楼板
*DN*15 ~ *DN*20	管卡	管卡	管卡、夹壁管卡	管卡	吊架
*DN*25 ~ *DN*40	管卡、托架	管卡、托架	夹壁管卡	管卡	吊架
*DN*50 ~ *DN*65	管卡、托架	管卡、托架	夹壁托架	管卡、托架	吊架
> *DN*65	托架	托架	不得依敷	托架	吊架

表11-18　管道支架最大间距

钢管支架最大距离												
管径/mm	15	20	25	32	40	50	65	80	100	125	150	200
间距/m	2.5	3.0	3.5	4.0	4.5	5.0	6.0	6.5	7.0	8.0	10.0	12.0
铜管支架最大距离												
外径/mm	15	18	22	28	35	42	54	67	85			
垂直/m	1.8	1.8	2.4	2.4	3.0	3.0	3.0	3.5	3.5			
水平/m	1.2	1.2	1.8	1.8	2.4	2.4	2.4	3.0	3.0			
薄壁不锈钢管支架最大距离												
管径/mm	15	20	25	32	40	50	65	80	100	125	150	200
垂直/m	2.0	2.0	2.5	2.5	3.0	3.0	3.0	3.0	3.5			
水平/m	1.8	2.0	2.5	2.5	3.0	3.0	3.0	3.0	3.5			
铝塑复合管支架最大距离												
管径/mm	16	18	20	25								
垂直/m	1.2	1.2	1.2	1.8								
水平/m	1.5	1.5	1.5	2.5								

（5）间距要求　当燃气相对密度比空气轻时，可燃气体检测报警器与燃具或阀门的水平距离应控制在0.5~8.0m范围内，安装高度应距屋顶0.3m之内，且不得安装于燃具的正上方；当燃气相对密度比空气重时，水平距离应控制在0.5~4.0m范围内，安装高度应距地面0.3m以内。室内燃气管与其他管道及设备的最小净距见表11-19。

室内明设或暗装形式敷设的燃气管道与装饰后墙面的净距应满足维护、检查的需要，并宜符合表11-20的要求。

表11-19　室内燃气管与其他管道及设备的最小净距　　（单位：mm）

项目	最小水平距离	最小交叉净距	项目	最小水平距离	最小交叉净距
明装或暗装电线	250	100	给水、排水、采暖管道	保证燃气管道、各种管道的安装、检查及维修	20
暗装或管内绝缘电线	50(从边缘算起)	10			
电源插座、电源开关	150	不允许			
电压低于1000V裸线	1000	1000	燃具	主立管与燃具水平净距不小于300mm，灶前管与燃具水平净距不小于200mm，当燃气管道在燃具上方通过时，应位于抽油烟机上方，且与燃具的垂直净距应大于1000mm	
配电盘、配电箱或电表	300	不允许			

注：1. 当明装电线加绝缘套管且套管的两端各伸出燃气管道10cm时，套管与燃气管道的交叉净距可降至10mm。
2. 当布置确有困难时，采取有效措施后可适当减小净距。
3. 灶前管不含铝塑复合管。

表 11-20 室内燃气管道与装饰后墙面的净距 (单位：mm)

管道公称尺寸	<DN25	DN25 ~ DN40	DN50	>DN50
与墙净距	≥30	≥50	≥70	≥90

(6) 管道避雷　沿屋面或外墙明敷的室内燃气管道，不得布置在屋面上的檐角、屋檐、屋脊等易受雷击部位。当安装在建筑物的避雷保护范围内时，应每隔 25m 至少与避雷网采用直径不小于 8mm 的镀锌圆钢进行连接，焊接部位应采取防腐措施，管道任何部位的接地电阻值不得大于 10Ω；当安装在建筑物的避雷保护范围外时，应符合设计文件的规定。

(7) 管道的现场弯制　应符合 GB 50235—1997《工业金属管道工程施工及验收规范》的有关规定，弯制时应使用专用弯管设备或专用方法进行，焊接钢管的纵向焊缝在弯制过程中应位于中性线位置处（45°）；管道最小弯曲半径和最大直径、最小直径差值与弯管前管道外径的比率应符合表 11-21 的规定。

表 11-21 管道最小弯曲半径和最大直径、最小直径的差值与弯管前管道外径的比率

	钢管	铜管	不锈钢管	铝塑复合管	备注
最小弯曲半径	$3.5D_o$	$3.5D_o$	$3.5D_o$	$5D_o$	Do 为管道的外径
弯管的最大直径与最小直径的差与弯管前管道外径之比率	8%	9%	—	—	

室内燃气管道安装的允许偏差见表 11-22。

表 11-22 内燃气管道安装的允许偏差

项目			允许偏差
标高			±10mm
水平管道纵横方向弯曲	钢管	管径小于或等于 DN100	2mm/m 且≤13mm
		管径大于 DN100	3mm/m 且≤20mm
	铝塑复合管		1.5mm/m 且≤25mm
立管垂直度	钢管		3mm/m 且≤8mm
	铝塑复合管		2mm/m 且≤8mm
引入管阀门	阀门中心距地面		±15mm
普通保温	厚度(δ)		+0.1δ −0.05δ
	表面平面度(不整度)	卷材或板材	±2mm
		涂抹或其他	±2mm

二、室内燃气器具的安装

1. 阀门的安装

用户燃气立管、调压器和燃气表前、燃具前、测压管前、放散管起点等部位应设置手动快速式切断阀。

2. 燃气计量表的安装

燃气表一般安装在墙壁上，高位安装时，表背面距净墙面不小于 100mm，表底距地面为 1.4m 或 1.8m，燃气表侧面与灶边净距不小于 300mm 或 100mm，避免灶具对燃气表的烘烤。预付费式燃气表可低位安装，通常放置在距地 300mm 以上的位置。民用住宅室内燃气系统及高位燃气表的关系如图 11-21 所示。燃气表的安装详图如图 11-22 所示，低位安装的

燃气表如图 11-23 所示。

锅炉房供气量较大，一般设有专门的计量室，图 11-24 所示为某燃气锅炉房燃气计量间。

3. 用气设备的安装

燃气用气设备主要有锅炉（含直燃机）、灶具、热水器等。

锅炉及直燃机一般使用中压燃气，燃气在计量间内分成几路，经过独立的计量表计量，分别供给每一台锅炉或直燃机。燃气管道通常架空敷设至每台锅炉前，每一路均需设置紧急关断阀门和放空阀门，放空管接至室外至少高于建筑2m 以上的地方。图 11-25 所示为燃气锅炉房燃气供给系统。

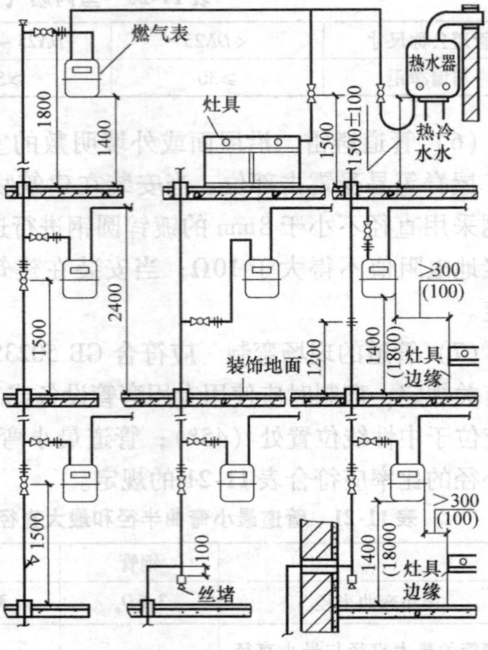

图 11-21　室内燃气系统及高位燃气表的关系

民用建筑燃烧器具的安装应遵循 CJJ 12—1999《家用燃气燃烧器具安装及验收规程》以及政府及相关部门发布的条例、技术措施的有关条款，对于一些燃气产品以及材料的限制使用的通知应特别引起注意。民用建筑的燃烧设备的安装较为简单，这里不再赘述。

三、室内燃气系统的试验与验收

室内燃气管道安装完毕后，必须按照 CJJ 94—2009《城镇燃气室内工程施工与质量验收规范》的要求进行强度和严密性试验。试验前燃气管道应吹扫干净，试压介质也应采用空气或氮气，严禁使用可燃气体和氧气进行试验。

试验用的压力表应在校验的有效期内，其量程应为被测最大压力的 1.5 ~2 倍，弹簧压力表的精度不应低于 0.4 级，U 形压力计的最小分度值不得大于 1mm。

暗埋敷设的燃气管道系统的强度试验和严密性试验应在未隐蔽前进行。

试验工作应由施工单位负责实施，监理以及建设等单位参加。根据项目的不同以及当地政府部门的要求，有时需要在竣工验收时组织城建、公安消防、劳动等有关部门及燃气安全方面的专家参加。

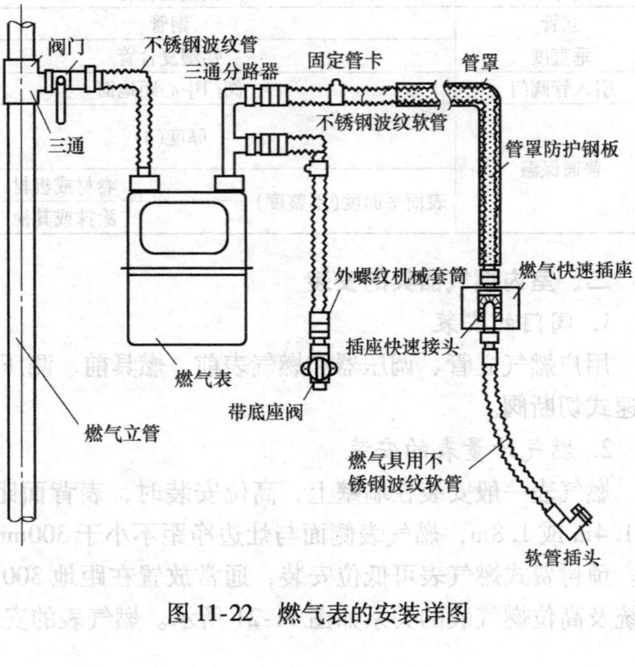

图 11-22　燃气表的安装详图

1. 强度试验

强度试验压力应为设计压力的1.5倍，且不得小于0.1MPa。

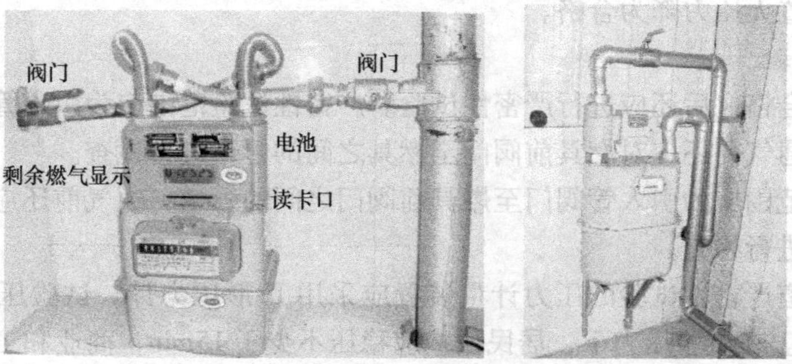

图11-23 低位安装的燃气表

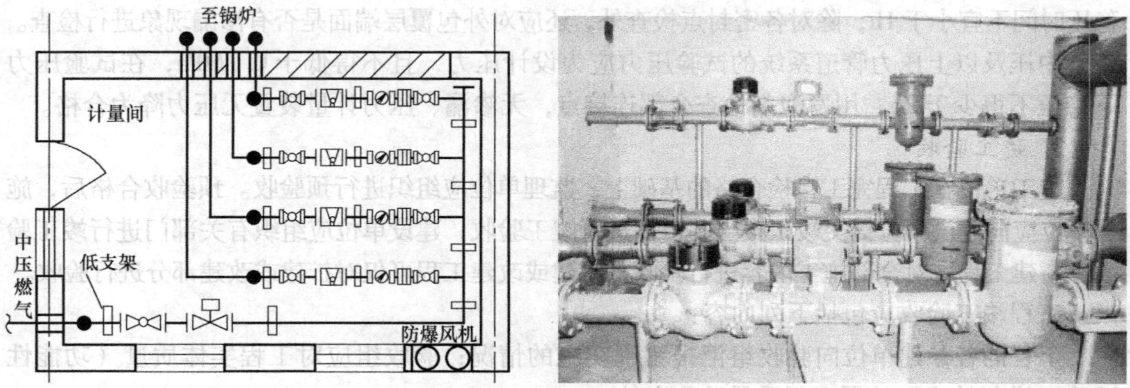

图11-24 燃气锅炉房计量间

室内燃气管道强度的试验范围包括：明管敷设时，居民用户应为引入管阀门至燃气计量装置前阀门之间的管道系统；暗埋或暗封敷设时，居民用户应为引入管阀门至燃具接入管阀门（含阀门）之间的管道；商业用户及工业企业用户应为引入管阀门至燃具接入管阀门（含阀门）之间的管道（含暗埋或暗封的燃气管道）。待进行强度试验的燃气管道系统与不参与试验的系统、设备、仪表等应隔断，并应有明显的标志或记录；强度试验前安全泄放装置应已拆下或隔断。

图11-25 燃气锅炉房燃气供给系统

在低压燃气管道系统达到试验压力，稳压不少于0.5h后，应用发泡剂检查所有接头，无渗漏、压力计量装置无压力降为合格。

在中压燃气管道系统达到试验压力，稳压不少于0.5h后，应用发泡剂检查所有接头，无渗漏、压力计量装置无压力降为合格；或稳压不少于1h，观察压力计量装置，无压力降为合格。

当中压以上燃气管道系统进行强度试验时，应在达到试验压力的50%时停止不少于15min，用发泡剂检查所有接头，无渗漏后方可继续缓慢升压至试验压力并稳压不少于1h后，压力计量装置无压力降为合格。

2. 严密性试验

在强度试验合格之后还应进行严密性试验。严密性试验范围应为引入管阀门至燃具前阀门之间的管道。通气前还应对燃具前阀门至燃具之间的管道进行检查。

严密性试验范围应为引入管阀门至燃具前阀门之间的管道，通气前还应对燃具前阀门至燃具之间的管道进行检查。

低压燃气管道严密性试验的压力计量装置应采用U形压力计。试验压力应为设计压力且不得低于5kPa。在试验压力下，居民用户应稳压不少于15min，商业和工业企业用户应稳压不少于30min，并用发泡剂检查全部连接点，无渗漏、压力计无压力降为合格。

当试验系统中有不锈钢波纹软管、覆塑铜管、铝塑复合管、耐油胶管时，在试验压力下的稳压时间不宜小于1h，除对各密封点检查外，还应对外包覆层端面是否有渗漏现象进行检查。

中压及以上压力管道系统的试验压力应为设计压力，且不得低于0.1MPa，在试验压力下稳压不得少于2h，用发泡剂检查全部连接点，无渗漏、压力计量装置无压力降为合格。

3. 竣工验收

施工单位在工程完工自检合格的基础上，监理单位应组织进行预验收。预验收合格后，施工单位应向建设单位提交竣工报告并申请进行竣工验收，建设单位应组织有关部门进行竣工验收。新建工程应对全部施工内容进行验收，扩建或改建工程可仅对扩建或改建部分进行验收。

工程竣工验收应包括下列内容：

工程的各参建单位向验收组汇报工程实施的情况；验收组应对工程实体质量（功能性试验）进行抽查；签署工程质量验收文件。

工程竣工验收前应备齐设计文件、设备、管道组成件、主要材料的合格证、检定证书或质量证明书、施工安装技术文件记录、焊工资格备案、阀门试验记录、射线探伤检验报告、超声波试验报告、隐蔽工程（封闭）记录、燃气管道安装工程检查记录、室内燃气系统压力试验记录、质量事故处理记录、城镇燃气工程质量验收记录、燃气分项工程质量验收记录、燃气分部（子分部）工程质量验收记录、燃气单位（子单位）工程竣工验收记录、管道焊接常用的坡口形式和尺寸记录以及其他相关记录。

思考题

1. 简述燃气特性及分类。
2. 简述室外燃气管道的分类。
3. 室外燃气管道的敷设原则是什么？
4. 室外燃气管道常用材料是什么？施工安装要求和常规做法有哪些？
5. 室外燃气管道的防腐做法有哪些？
6. 简述燃气管道、附件及设备的基本安装要求。
7. 简述燃气带气接线和燃气置换的流程及要求。
8. 室内燃气管道和燃气表的安装要求有哪些？
9. 室内、外燃气管道的试压标准与合格标准是什么？
10. 燃气与供热、给水排水管道安装的区别有哪些？

第十二章　12

管道与设备的防腐与绝热

设备安装工程的最后两道必备工序是管道和设备防腐与绝热，其中，防腐工程对系统和设备的使用寿命起到非常重要的作用，而绝热工程对于满足用户使用介质参数要求、节约能源和改善工作环境有重大作用，因此，两道工序必须得到足够的重视。

第一节　管道与设备的防腐

管道防腐是为减缓或防止管道在内外介质及环境的化学、电化学作用下或由微生物的代谢活动而被侵蚀和变质所采取的重要措施，主要有绝缘层保护法和电化学保护法。设备安装工程中的管道、风道防腐工艺流程通常按照以下程序：基面处理→调配涂料→刷中间漆→防腐材料的喷刷或喷涂施工→养护。管道及设备的防腐又分为主体防腐和补口坡口防腐，金属埋地管道还可以采用电化学防腐方法，究竟选用什么防腐材料和防腐工艺，应根据具体情况确定。

一、管道及设备的表面除锈

管道在安装前要除去管道表面和内部的铁锈和其他污物。除锈的方法很多，细分有物理除锈和化学除锈，又可分为手工除锈、机械除锈、喷射除锈和酸洗除锈等方法。各种除锈方法优缺点见表12-1。

表12-1　各种除锈方法优缺点

除锈方法	除锈质量	对漆膜保护性能的影响	必要的施工场地	现场施工的适用性	粉尘问题	钢板厚度限制	除锈费用
喷射处理	最佳	最佳	不适合	良好	不适合	不适合	不适合
动力工具处理	勉强适用	良好	最佳	最佳	良好	最佳	良好
手工工具处理	不适	良好	最佳	最佳	良好	最佳	最佳
酸洗处理	最佳	勉强适用	—	不适合	最佳	最佳	不适合

管道及设备的除锈分为几个等级，以代所采用的除锈方法的字母“Sa”、“St”或“FI”表示，用手工和动力工具，如用铲刀、手工或动力钢丝刷、动力砂纸盘或砂轮等工具除锈，以字母“St”表示，喷射或抛射除锈以字母“Sa”表示，火焰除锈以字母“FI”表示。如果字母后面有阿拉伯数字，则其表示清除氧化皮、铁锈和油漆涂层等附着物的程度等级。

1. 人工除锈

人工除锈一般采用钢丝刷、砂布、废砂轮片等摩擦金属材料的表面，使金属表面无锈斑、油污，再用干净的废棉纱或废布擦拭干净，露出金属光泽为合格。当管道及设备浮锈较厚时，应先采用、锤子轻轻敲击，使铁锈层脱落，然后再进行擦拭。对于金属管道的内表面可采用圆形钢丝刷来回刷，再用压缩空气吹洗干净。

2. 机械除锈

机械除锈主要使用气动或电动除锈机，电动除锈机又分为管道内除锈机具和管道外除锈机具，用软轴内圆除锈机可清除钢管内壁浮锈，用外圆除锈机可清除钢管外壁锈蚀，还可以用离心式钢管除锈机，同时清除管道内外壁的锈蚀。管道内除锈机具和管道外除锈机具分别如图 12-1、图 12-2 所示。

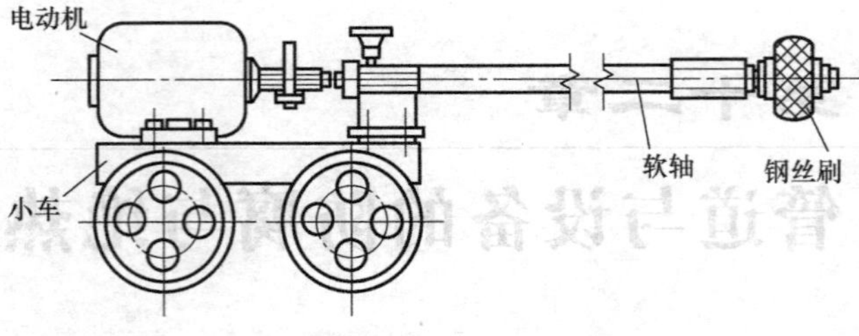

图 12-1　管道内壁除锈机

3. 喷砂除锈

喷砂法除锈既能除去钢管表面的锈层、氧化皮、旧漆层和其他污物，又能使钢管表面形成均匀的小麻点，这样可增加涂料和金属间的附着力，提高涂料的防腐效果和使用寿命。

图 12-2　大型管道外壁除锈机

喷砂除锈法是用压缩空气将粒径 1～2mm 的石英砂喷射在除锈的物体上，靠砂子的冲击力撞击金属表面达到除锈的目的。压缩空气的压力以 0.4～0.6MPa 为宜。压缩空气从喷枪喷出时形成吸力，通过吸砂管的小孔吸入空气并把砂斗内的砂子带走，由喷枪喷出。操作过程中喷砂方向尽量与现场风向一致。喷枪宜用铬钢或铬锰钢管制成，喷嘴与管道表面成 70°夹角，并距离钢管 100～150mm。喷砂除锈装置如图 12-3 所示。

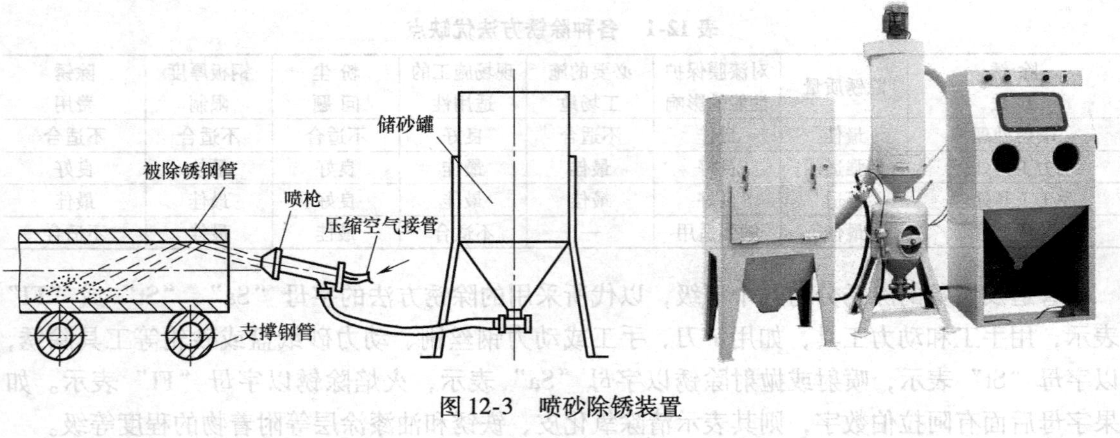

图 12-3　喷砂除锈装置

喷砂除锈的优点是操作简单，质量好，生产效率高。缺点是操作时灰尘过大，应戴风镜、风帽和口罩等防护用品。此外，对于集中处理的大批管道，还可以采用高压水除锈。

4. 化学除锈

化学除锈（又称酸洗除锈），是利用无机稀酸溶液刷（或喷）涂于基体表面上，使无机稀酸溶液与金属基体表面锈蚀（氧化物）发生化学反应，锈蚀（氧化物）溶解掉，达到除锈目的，此种方法仅适用于局部或结构复杂的基体表面。化学除锈前，应先将管壁上的油脂去掉。

化学酸洗除锈工序可分为：酸洗→水冲洗+二次酸洗+中和+二次水冲洗+干燥→钝化（或刷漆、磷化、电镀等）。

化学酸洗还可分为硫酸除锈、盐酸除锈、电解酸洗除锈及碱性电解除锈等。钢铁制品一般可用硫酸或盐酸，铜和铜合金及其他一些有色金属常用硝酸进行酸洗除锈。

酸洗是一种化学作用，其速度决定于氧化物的组成、酸的种类、酸的含量与温度。适当提高酸的含量可以加速酸洗的速度，但是酸的含量过高容易产生过度侵蚀现象（即发生过多的金属溶解）。像硫酸含量超过25%时，酸洗的速度反而下降，所以实际使用硫酸的含量一般不超过20%。酸溶液的温度升高也可加快酸洗的速度，但是硫酸溶液的温度不宜超过50~60℃，盐酸溶液的温度不宜超过30~40℃。

化学酸洗的方法一般有槽式浸泡法、系统循环法和涂擦法三种。

据有关资料介绍，用10%的亚硝酸钠、1%的氨水、89%的水组成的溶液作钝化处理的管道可维持一个月左右不生锈。

5. 化学酸洗施工安全注意事项

由于酸洗液是强腐蚀剂，施工时应注意安全。

酸洗场地在厂房内的应加以保护地坪，防止酸腐蚀，酸洗设备必须远离生产设备，以防设备损坏；酸洗操作人员应带好防酸手套，穿好防酸衣鞋，倒酸时必须戴好眼镜，先将水灌入槽内后才能倒酸，防止产生酸爆炸事故烧伤人身；酸缸要放在酸洗场地外面安全的地方，且不要日晒雨淋。酸洗场地要有水龙头、苏打溶液，以备发生事故时使用。循环酸洗时，必须先经过空气试漏或液压试漏才能使酸液进入管道，否则会因为酸漏腐蚀生产设备；酸洗时间要严格掌握，酸洗时防止过酸洗。废液排放时，必须用碱进行中和达到排放标准后方能进行排放。使用氨液时，氨液要单独放在防火的仓库内，最好放在地下仓库或阴凉的地方，防止由于温度过高自爆及发生火灾，向中和槽倒氨液时，要戴上口罩、眼镜或专用保护面具，以防氨气熏人中毒；操作人员操作时最好站在上风头，尽量避开在厂房内飘移着的酸雾。

6. 除锈的质量检查

除锈后，金属表面应呈现出均匀一致的金属光泽，不应有金属氧化物和其他附着物；金属表面不应有油垢和污物斑点；管材等应处于干燥状态，并不得再被其他物质污染。经检查合格应尽早进行防腐处理，防止受潮重新产生锈蚀。

二、管道及设备的防腐

除锈后的管道及设备应迅速进行防腐处理。目前防腐的方法较多，下面只介绍常用的几种防腐做法。

1. 涂料防腐

涂料防腐是工程中最常用的防腐措施，选用防腐涂料时，首先应考虑被涂物的使用条件与选用的涂料适应范围的一致性，各种涂料都有一定的适用范围和条件，应根据具体使用条件选用适用的品种，并应考虑环保的要求。

（1）防腐涂料　常用的金属管道、风道的防腐涂料有近30种，可分为底漆和面漆，先用底漆打底，再用面漆罩面。防锈漆和底漆都能防锈，都可用于打底，它们的区别是：底漆的前面颜料成分高，可以打磨，漆料着重在对物面的附着力，而防锈漆的漆料偏重在于满足耐水、耐碱等性能的要求。

不同金属对底漆的选择要求不同，对底漆的选择可参照表12-2。

表12-2 不同金属对底漆的选择要求

金属	底漆品种
黑色金属	铁红醇酸底漆，铁红纯酚醛底漆，硼钡酚醛底漆，铁红酚醛底漆，铁红环氧底漆，铁红油
铁、铸铁、钢	锌黄油性底漆，红丹底漆，过氯乙烯底漆，沥青底漆，磷化底漆等
铝及铝镁合金	锌黄油性、醇酸或丙烯酸底漆，磷化底漆，环氧底漆
锌金属	锌黄底漆，纯酚醛底漆，磷化底漆，环氧底漆，锌粉底漆等
镉金属	锌黄底漆，环氧底漆
铜及其合金	氨基底漆，铁红醇酸底漆，磷化底漆，环氧底漆
铬金属	铁红醇酸底漆
铅金属	铁红醇酸底漆
锡金属	铁红醇酸底漆，磷化底漆，环氧底漆

常用防腐涂料的品种及特性详见表12-3。

表12-3 常用防腐涂料的品种及特性

序号	类别	名称及型号	用途及特性
1	底漆	乙烯磷化底漆X06—1	有色及黑金属底层防锈材料，能代替磷化处理，增加附着力，延长有机涂料寿命，不能代替底漆，可作金属表面涂刷打底
2		锌黄、铁红过氯乙烯底漆G06—4	适合于钢铁表面打底，可与各种同类面漆配合使用。具有一定的防锈性及耐化学性，但附着力不强。如在60～65℃温度下烘烤2h可增强附着力。涂刷前金属表面应除锈后先涂X06—1磷化底漆一层。耐温60℃
3		铁红、铁黑、锌黄环氧树脂底漆H06—2	铁红、铁黑环氧树脂底漆用于黑色金属表面打底，锌黄环氧树脂底漆用于有色金属表面打底。涂前去锈、去油后，先涂一层磷化底漆，再涂本漆。漆膜坚硬耐久，附着力良好。如与磷化底漆配套使用，可提高漆膜的耐潮耐盐雾性能
4		铁红醇酸底漆C06—1	适用于一切黑色金属表面作打底用，涂膜不宜过厚，涂后最好能在(105±2)℃下烘干。有良好的附着力和防锈能力，它与硝基、醇酸、醇酸磁漆、氨基磁漆、硝基磁漆、沥青漆、过氯乙烯磁漆等多种面漆的结合力好，易喷涂，价廉
5		铁红、锌黄醇酸底漆006-12	锌黄适用于铝、镁合金等轻金属表面打底防锈用，铁红适用于黑色金属表面，需烘干。对金属有较好的附着力
6	防腐漆	红丹油性防锈漆Y53—1	适用于黑色金属，不适用于涂刷铝、锌合金等表面，适用于室外钢铁表面防锈打底用，需涂刷2遍，表面需涂其他面漆，不宜用于铝、锌板及其制品。防锈性能好，易涂刷，涂膜有较好的坚韧性、防水性和附着力，且能起阳极阻蚀剂作用。对表面处理要求不高。耐温150℃以下，但干燥慢，且有一定毒性，易沉淀结块，不便喷涂，只能手工涂刷。现已逐渐被铁红酚醛底漆、铝粉铁红酚醛底漆等代替
7		铁红油性防锈漆Y53—2	可用于室内外要求不高的黑色金属表面防锈打底。防锈性能仅次于红丹防锈漆，附着力强。耐温150℃下
8		铁黑 油性防锈漆Y53—4	既可用于室内外钢铁结构打底防锈，也可用于面漆。涂刷方便，具有良好的耐晒性和一定的防锈性能
9		各色过氯乙烯油性防腐漆G52—1	具有优良的耐腐蚀性、耐酸碱性、防霉、防潮性。但附着力较差，如与其他合适的漆配用得好，可以弥补。在60～65℃温度下烘烤2h可增强附着力。应与过氯乙烯底漆（G06—4）及过氯乙烯防腐清漆（G52—2）配套使用，喷涂在各种管道、风管等金属表面，以防酸碱等气体侵蚀
10		过氯乙烯防腐清漆G52—2	干燥快，有良好的防化学腐蚀性能，耐无机酸、碱、盐类及煤油。单独使用时附着力差，要求配套使用。耐温60℃。配套要求喷G06—4底漆1～2遍，再喷G52—1 2～3遍。最后喷本漆3～4遍

（续）

序号	类别	名称及型号	用途及特性
11		铁黑防锈漆 Y53—4	既可用于室内外钢铁结构打底防锈,也可用于面漆。涂刷方便,具有良好的耐晒性和一定的防锈性能
12		锌灰油性防锈漆	底面合一漆,可作防锈漆和面漆。不易粉化,防锈性能良好,易涂刷
13		各色过氯乙烯防腐漆	与过氯乙烯底漆(G06—4)及过氯乙烯防腐清漆(G52—2)配套使用,喷涂在各种管道、风管等金属表面,以防酸碱等气体侵蚀,具有优良的耐腐蚀性、耐酸碱性、防霉、防潮性。但附着力较差,如与其他合适的漆配用得好,可以弥补。在60~65℃温度下烘烤2h可增强附着力
14		过氯乙烯防腐清漆	干燥快,有良好的防化学腐蚀性能,耐无机酸、碱、盐类及煤油。单独使用时附着力差,要求配套使用。耐温60℃。喷G06—4底漆1~2遍,再喷G52—1 2~3遍。最后喷本漆3~4遍
15		锌黄酚醛防锈漆 F53—4	适用于铝及其他轻金属构件表面涂刷,作防锈打底用。锌黄能使金属表面钝化,故有良好的保护性和防锈性
16		铝粉铁红酚醛防锈漆 F53—8	可作防锈底漆打底涂层和金属结构防锈用。漆膜坚韧,附着力强,能受高温烘烧(如装配切割,电焊火工校正等),不会产生有毒气体,其防锈性能与Y53—1红丹防锈漆相同,并有干燥快速,施工方便等优点。但耐溶剂性较差,不耐酸碱
17		各式油性调和漆 Y03—1	耐候性较好,但干燥时间较长,漆膜较软。适用于室内外一般金属构配件表面的涂刷作保护和装饰用。T03—1比Y03—1干燥快,硬度大
18		各式酯胶调合漆(磁性调和漆)T03—1	
19		各式酚醛防火漆 F60—1	漆膜中含有耐温颜料与防火剂,燃烧时漆膜内的防火剂受热产生烟气,能起延迟着火、制止火势蔓延的作用
20		红丹醇酸防锈漆 C53—1	用于钢铁等黑色金属表面打底防锈。防锈性能良好,比红丹防锈漆的附着力及干燥性好,漆膜坚韧
21	防腐漆	锌黄醇酸防锈漆 C53—3	有一定防锈性,干燥较快。适用于铝金属及其他轻金属表面作防锈打底涂层
22		铁红醇酸底漆 C06—1	有良好的附着力和防锈能力,它与硝基、醇酸等多种面漆的结合力好,易喷涂,价廉。适用于一切黑色金属表面作打底用,涂膜不宜过厚,涂后最好能在(105±2)℃下烘干
23		各式醇酸磁漆 C04-2	有较好的光泽和机械强度,能常温干燥,耐候性比调和漆及酚醛漆好,适合室外使用。耐水性较差,如能在60~70℃下烘烤后可提高耐水性。适宜涂刷金属表面。配套要求:先涂C06—1醇酸底漆1~2遍,并以C07—1醇酸腻子补平,再涂C06—10醇酸底漆2遍,最后涂本漆
24		各式环氧防腐漆 H52—3	有一定的耐腐蚀和粘结能力。专用于具有涂刷耐腐蚀要求的金属、混凝土贮槽等表面或用于粘结陶瓷、耐酸砖
25		各式酚醛耐酸漆 FS0—1	有一定的耐稀酸性,对抗御酸性气体腐蚀较为适宜。但不宜浸渍在稀酸溶液内。只宜用于有酸性气体侵蚀的金属、木材表面作防腐蚀用
26		沥青耐酸漆 L50—1	有一定的耐硫酸腐蚀性能,附着力良好。适用于防硫酸气体侵蚀的金属、木材表面
27		黑酚醛烟囱漆 F83—1	用于钢板烟囱及锅炉等外部表面作防锈防腐蚀用,耐温300℃以下,短时能耐400℃高温不脱落
28		环氧耐热漆 H61—1	有较好的耐水性、耐汽油性及耐温变性,尤以耐热性和耐化学腐蚀性为好。可常温干燥,供铝及镁合金等轻金属的防腐蚀用
29		环氧树脂漆(有烘干型和自干型两种)	由环氧树脂、溶剂、填料、增塑剂和颜料研磨而成。加胺固化剂后成为自干型。耐碱力强,耐有机溶剂,耐寒,耐磨。但对苯、丙酮、乙醇、硝基苯、硝酸、硫酸等不耐蚀。耐紫外线照射性能差,适用于室内制品或化学腐蚀环境中制品的涂装。有毒,施工需注意
30		酚醛树脂漆	酚醛树脂为主,掺入不同材料配制而成,有清漆和磁漆两种。能耐酸、碱及盐类腐蚀,且有一定耐稀酸性能,能抗御酸性气体,但不耐浓磷酸、硝酸。适用于涂刷钢材表面

（续）

序号	类别	名称及型号	用途及特性
31	防腐漆	环氧沥青漆	由601号高分子环氧树脂、煤焦油沥青、颜料、填料及溶剂等配制而成。在使用时加入一定量的胺固化剂，漆膜有极好的抗腐蚀气体性能，坚牢度、柔韧性都突出，能在常温和湿度较高环境下固化成膜。但透水、透蒸汽性能很低。适用于涂刷金属、木材、水泥和混凝土表面，室内外均可用
32		漆酚环氧防腐漆 T09—16	由天然生漆为漆基经化学改性工艺改良而成，产品保持了天然生漆的优良性能，消除了生漆的缺陷，且对人无过敏反应。用于石油储罐及管道、化工设备、金属制品等的防腐
33		漆酚耐候耐热重防腐漆	由天然生漆为漆基经化学改性工艺改良而成，产品保持了天然生漆的优良性能，消除了生漆的缺陷，且对人无过敏反应。适用于各种石油化工管道、铁路、桥梁等户外大型钢铁结构及机械设备的重度防腐蚀

一般的防腐涂料都需要除锈后涂抹，目前也有一些由改性酚醛树脂、环氧树脂、聚氨酯树脂、转化液、防锈颜料、助剂及溶剂制成的单组分或双组分系列可带锈施工的涂料。该涂料可带锈、带微油、带湿施工，具有化锈、磷化、缓蚀、底漆等作用。同时在钢铁表面生成薄层的磷化膜，抑制腐蚀的发展，有良好的缓蚀功能。常用带锈涂料性能及做法见表12-4。

表12-4 常用带锈涂料性能及做法

名　称	性能及做法
环氧酯稳定型带锈涂料	防锈性能良好，可在带锈钢铁上涂刷，但被涂物表面的松散锈层及污物、水分均需清除干净，需涂2遍，每遍涂层40～50μm为宜。配套面漆有醇酸漆、过氯乙烯漆、氨基漆、环氧漆或聚氨酯漆，两种带锈涂料中以环氧漆稳定型为好
醇酸稳定型带锈涂料	
70型带锈涂料	与金属表面结合力强，有较好的化锈磷化、缓蚀作用，涂于钢铁表面打底用。使用温度150℃，应与面漆配套使用
S—01金属带锈防锈涂料	金属表面不用除锈，单组分，粘度低，无毒无味，便于施工，使用温度300℃
PV—150耐温防腐涂料	需喷砂除锈，底漆、面漆各涂2遍，耐温150℃，可用于钢铁表面打底用

面漆对管道及设备起到标识和保护作用，常用面漆性能及用途见表12-5。

表12-5 常用面漆性能及用途

名　称	型　号	性　能	主要用途
各色厚漆（铅油）	Y02—1	涂膜较软，干燥慢，在炎热而潮湿的天气有发粘现象	用清油稀释后，用于室内钢铁、木材表面打底或盖面
各色油性调和漆	Y03—1（HG2—567—74）	附着力强，耐候性较好，不易粉化、龟裂，在室外使用优于磁性调和漆	作室内外金属、木材、建筑物表面防护和装饰用
银粉漆	C01—2	银白色，对钢铁与铝表面具有较强的附着力，涂膜受热后不易起泡	供采暖管道及散热器作面漆
各色酚醛调和漆	F03—1	附着力强，光泽好，耐水，漆膜坚硬，但耐候性稍差	作室内外金属和木材的一般防护面漆
各色醇酸调和漆	C03—1	附着力强，涂膜坚硬光亮，耐候性、耐久性和耐油性都比油性调和漆好	作室外金属防护面漆
生漆（大漆）	—	附着力好，涂膜坚硬，耐多种酸，耐水，但毒性大	作钢铁，木材表面的防潮、防腐
过氯乙烯防腐漆	G52—1	有良好的防腐性，能耐酸、碱和化工介质腐蚀，并能防霉防潮	用于钢铁和木材表面，以喷涂为佳
漆酚树脂漆（自干漆）	—	与钢铁附着力强，涂膜坚韧，耐酸、耐水，是生漆脱水、聚缩、稀释而成，改变了生漆毒性大、干燥性差等缺点	由于它保持了生漆耐腐蚀的优点，适宜于金属表面作耐腐涂剂

（续）

名　称	型　号	性　能	主要用途
过氯乙烯防腐清漆	G52—2	防水，耐酸、碱、盐、煤油的腐蚀，可与各色过氯乙烯防腐漆配套，亦可单独使用	可用于室外设备、管道等须防腐的地方
煤焦沥青清漆	L01—17	干燥快，耐水性强，有较好的防腐防锈能力，但耐候性、耐油性、机械强度差，涂漆不少于2遍	用于阴湿处钢铁及木材表面防腐
沥青清漆	L01—21	硬度大，耐水性良好，可以防腐防锈，但耐候性不好	适用于钢铁、镀锌（或锡）薄钢板、木材、竹等表面防腐
铝粉沥青磁漆	L04—2	有良好的耐水、耐盐水、耐候性能，能防锈	钢梁经磷化底漆和红丹防锈漆涂装后，再涂2遍此漆，涂层耐久6~8年
环氧沥青清漆（分装）	H01—4	漆膜坚硬，附着力好，有良好的耐潮和防腐性能。但不宜阳光照射	用于涂装地下管道、贮槽及金属或混凝土表面
各色环氧磁漆（分装）	H04—1	有良好的附着力、柔韧性和硬度，耐碱性强，耐油耐水性均好	适用于金属、非金属及混凝土表面涂装
各色分装环氧防腐漆	H52—3	有一定耐强溶剂和耐碱液腐蚀能力，附着力及耐盐水性能良好，漆膜坚韧耐久	适用于金属、混凝土表面涂装，可粘合陶瓷、砖等
各色醇酸磁漆	C04—42（HG2—591—74）	户外耐久性、附着力较好，表干时间长	用于室内外钢铁表面
白丙烯酸磁漆	B04—6（HG2—634—67）	有良好的耐光性、耐久性，对湿热带气候有良好的稳定性	适用于各种金属表面及有底漆的硬铝表面
各色环氧硝基磁漆	H04—2（HG2—603—75）	漆膜坚硬，耐候性、耐油性好，防大气腐蚀	涂于已涂有环氧底漆的金属表面
铝粉醇酸耐热烘漆	C61—1（HG2—596—74）	有较好的耐水性和防潮性，附着力好，受热后不易起泡	适用于钢铁和铝表面作耐热和防腐涂层
草绿有机硅耐热烘漆	W61—24（HG2—637—74）	耐热（400℃），耐汽油、耐盐水性能良好	用于涂覆各种耐高温又要求常温干燥的钢铁表面
铝粉有机硅耐热烘漆	W61—25（HG2—638—74）	耐500℃高温，耐腐蚀	用于高温钢铁表面，如烟囱、暖气管等
各色脂胶调和漆	T03—1（HG2—781—74）	漆膜硬，干燥快，耐候性差	适用于室内外一般金属作保护装饰用

各种通风空调系统的金属钢板风管的防腐涂料的选择见表12-6。

表12-6　各种通风空调系统的金属钢板风管的防腐涂料的选择

序号	风管部位及所输送的气体介质	油漆类别	油漆遍数
1	不含有粉尘且输送空气温度不高于70℃时	内表面涂防锈底漆 外表面涂防锈底漆 外表面涂面漆（调和漆等）	2 1 2
2	不含有粉尘且输送空气温度高于70℃时	内外表面各涂耐热漆	2
3	含有粉尘或粉屑的空气	内表面涂防锈底漆 外表面涂防锈底漆 外表面涂面漆	1 1 2
4	含有腐蚀性介质的空气	内外表面涂耐酸底漆 内外表面涂耐酸面漆	>2 >2

（续）

序号	风管部位及所输送的气体介质	油漆类别			油漆遍数
5	空气洁净系统 中效过滤器前的送风管及回风管（薄钢板）	内表面	醇酸类底漆		2
			醇酸类磁漆		2
		外表面	保温风道	铁红底漆	2
			非保温风道	调和漆	1
				铁红底漆	2
6	空气洁净系统 中效过滤器后和高效过滤器前的送风管	镀锌钢板	一般不涂漆		0
		薄钢板内表面	醇酸类磁漆		2
			醇酸类底漆		2
		薄钢板外表面（保温）铁红底漆			2
		薄钢板外表面	（非保温）调合漆		2
			铁红底漆		1
			磷化底漆		1
	空气洁净系统 高效过滤器后的送风道	镀锌钢板内表面	锌化醇酸类底漆		2
			面漆		2
		镀锌钢板外表面	一般不涂漆		0

不保温管道及支、吊架的防腐做法参见表12-7，保温管道外保护层的防腐做法见表12-8。

表12-7　不保温管道及支、吊架的防腐做法

管道种类	敷设环境	底漆		面漆	
		名称	层数	名称	层数
燃气管道（煤气、天然气、液化气）、各种气体管道（氧气、乙炔、氢气、二氧化碳、压缩空气）	室内架空	铁红酚醛底漆，铁红酚醛防锈漆，灰酚醛防锈漆，铁红醇酸底漆	2	各色油性或脂胶调和漆	2
	室外架空			各色醇酸磁漆	2
低温热力管道（地沟中包括同沟敷设的其他管道）	室内架空			铝粉调和漆	1
	室外架空	铁红环氧酯底漆	2	各色醇酸磁漆	2
	地沟敷设		2	煤焦沥青清漆	2
支吊架		铁红酚醛防锈漆	2	调和漆	1
各种燃气管道、各种气体管道	直接埋地	根据土壤腐蚀性处理			

表12-8　保温管道外保护层的防腐做法

保护层结构	保护层表面防腐涂料		
	使用环境	涂料名称	层数
油毡、玻璃布等复合保护层	室内架空	醇酸磁漆或者调和漆	2
	室外架空		2
	地　　沟	沥青冷底子油或乳化沥青	2
石棉水泥保护层	室内架空	调和漆	2
	地　　沟	可不刷漆	—
金属薄板	室内外架空管道	薄钢板内外表面刷铁红醇酸底漆	2
		薄钢板外表面刷醇酸磁漆	2

（2）防腐涂料的施工方法　防腐涂料常用的施工方法有刷、喷、浸、浇等，施工中一般采用刷和喷两种方法，又可分为手工涂抹、压缩空气喷涂、高压喷涂和静电喷涂等。

手工涂抹是将涂料稀释到合适程度，用刷子进行人工分层涂抹。操作时应自上而下、从左到右、先里后外、纵横交错地进行，涂层厚度应均匀一致。

各种喷涂是利用压力作为动力，用喷枪将涂料以雾状形式，均匀地喷涂在钢管的表面上。用喷涂法得到的涂料层，表面均匀光亮，质量好，耗料少，效率高，适用于大面积的涂料施工。

（3）涂料防腐施工要求 涂装前应将被涂件表面清除干净，并保持干燥。操作环境应保持洁净、无风沙、灰尘，宜在5~40℃的环境温度下进行，15~30℃最佳，相对湿度不大于70%，并应有防火、防冻、防雨措施。

涂料使用前，应先搅拌均匀。表面已起皮的涂料，应加以过滤，除去小块漆皮，然后根据喷涂方法的需要，选择相应的稀释剂进行稀释至适宜稠度，调成的涂料应及时使用。

喷涂时喷射的漆流应和喷漆面垂直，喷漆面为平面时，喷嘴与喷漆面应相距250~350mm，喷漆面如为圆弧面，喷嘴与喷漆面的距离应为400mm左右。喷涂时，喷嘴的移动应均匀，速度宜保持在10~18m/min，喷漆使用的压缩空气压力为0.2~0.4MPa。

采用手工涂刷时，是用刷子将涂料往返地涂刷在管道表面，涂层应均匀，不得漏涂。对于管道安装后不易刷涂料的部位，应预先刷涂好。

涂层干燥后，需用砂皮布打磨后再喷涂下一层。这样做使涂料层平整，并可增加与下一层涂层之间的附着力。为了防止遗漏喷涂，前后两次涂料的颜色配比时可略有区别。涂层质量应使涂膜附着牢固均匀，颜色一致，无剥落、皱纹、气泡、针孔等缺陷；涂层应完整，无损坏、漏涂现象。

现场刷涂料一般应任其自然干燥，多层涂刷的前后间隔时间，应保证涂膜干燥，涂层未经充分干燥，不得进行下一工序施工。

施工用剩的涂料，应使涂料表面与空气隔离，防止涂料表面形成干硬的漆皮，常用硬牛皮纸加以覆盖。最好是用多少调多少，或者集中倒入有密封盖的涂料桶内。

有色金属、不锈钢、镀锌钢件、铝等材料的表面不宜进行涂抹，可作钝化处理。

（4）常用防腐做法举例 室内明装的镀锌钢管一般刷银粉漆或面漆1道，镀锌层未被破坏的也可不刷漆；明装的不锈钢管和支架以及散热器等，刷红丹底漆1道，银粉漆2道；暗装的不锈钢管刷红丹底漆2道；潮湿房间（如浴室、蒸煮间等）内的明装不锈钢管、支架和散热器等均刷红丹底漆2道、银粉面漆2道；明装的各种水箱及设备刷红丹底漆2道，面漆2道。

室外明装管道刷底漆或防锈漆1道，再刷2道面漆；装在通行或半通行地沟内的管道，刷防锈漆2道，再刷2道面漆。

埋地敷设的金属管路用得最多的是碳钢管和铸铁管。由于铸铁管耐腐蚀能力较强，所以埋地前一般只需在铸铁管表面涂1~2道绝缘沥青漆即可。对于埋地碳钢管道，由于其耐腐蚀能力差，所以，要特别加强防电化学腐蚀措施。在有轨电车及电气机车线路附近埋设金属管路时，还要测定地下杂散电流，并作出相应的特别防腐措施。对于穿越河流、铁路、公路、山洞、盐碱沼泽地，靠近电气铁路等地段的管路，更要注意加强防腐。

（5）涂抹层质量等级 目前多采用目测定性的方法检验等级，按照视觉的好坏，一般分为四级。一级要求漆膜颜色一致、亮光好、无漆液流挂、漆膜平整光滑、镜面反映好、不允许有划痕和肉眼能看到的瑕疵、装饰感强。二级要求漆膜颜色一致、底层平整光滑、光泽好、无流挂、无气泡、无杂纹、无用肉眼看不到显著的机械杂质和污浊、有装饰性。三级要求面漆颜色一致、无漏漆、无流挂、无气泡、无触目颗粒、无皱纹。四级要求底漆涂后不露金属、面漆涂后不漏底漆。管道工程一般参照三级精度要求施工。

2. 防腐层做法

对于埋地等特定环境中的管道与设备，腐蚀问题更加突出，简单的涂料防腐已不能满足需要，需要根据不同环境的腐蚀等级，在管道和设备表面做防腐层，防止管道及设备受到化学和电化学作用的腐蚀，保证系统的运行寿命。

（1）土壤腐蚀性等级、埋地管道及设备的防腐等级 不同的土壤腐蚀等级及埋地管道应采取的防腐等级见表12-9。

表12-9 不同的土壤腐蚀等级及埋地管道应采取的防腐等级

土壤腐蚀性等级		特高	高	较高	中等	低
测定方法	土壤电阻率/(Ω·m)	0~5	5~10	10~20	20~100	>100
	含盐率(%)	>0.75	0.75~0.1	0.1~0.05	0.05~0.01	<0.1
	含水率(%)	12~25	10~12	10~5 25~40	5	<5 >40
	在$\Delta V=500\text{mV}$时极化电流密度/(mV/cm^2)	0.3	0.3~0.08	0.08~0.025	0.025~0.001	<0.001
	管盒测质量损失/(g/d)	>6	3~6	2~3	1~2	0~1
钢的平均腐蚀速度/(mm/a)		>1	1~0.2		0.2~0.05	<0.05
埋地管道及设备的防腐等级		特加强级	加强级		普通级	

注：测定方法中，一般只需测定土壤电阻率和管盒测质量损失两项即可。

（2）沥青防腐层结构 防腐层做法多采用建筑石油沥青或环氧煤沥青，可在低温-40~20℃静置不裂、低温-30~-20℃弯曲3.5°不裂。石油沥青可在-25~80℃使用，环氧煤沥青可在-25~110℃使用，使用时应保证软化点应比管路输送介质的温度高出45℃以上，才能有足够的热稳定性。埋地钢制管道石油沥青防腐层结构见表12-10。环氧煤沥青防腐层结构形式见表12-11。

表12-10 埋地钢制管道石油沥青防腐层结构

防腐等级		普通级	加强级	特加强级
防腐层总厚度/mm		≥4	≥5.5	≥7
防腐层结构		三油三布	四油四布	五油五布
防腐层数	1	底漆1道(冷底子油)	底漆1道(冷底子油)	底漆1道(冷底子油)
	2	石油沥青 厚度≥1.5mm	石油沥青 厚度≥1.5mm	石油沥青 厚度≥1.5mm
	3	玻璃布1层	玻璃布1层	玻璃布1层
	4	石油沥青 厚度1.0~1.5mm	石油沥青 厚度1.0~1.5mm	石油沥青 厚度1.0~1.5mm
	5	玻璃布1层	玻璃布1层	玻璃布1层
	6	石油沥青 厚度1.0~1.5mm	石油沥青 厚度1.0~1.5mm	石油沥青 厚度1.0~1.5mm
	7	外保护层	玻璃布1层	玻璃布1层
	8		石油沥青 厚度1.0~1.5mm	石油沥青 厚度1.0~1.5mm
	9		外保护层	玻璃布1层
	10			石油沥青 厚度1.0~1.5mm
	11			外保护层

表 12-11 环氧煤沥青防腐层结构形式

防腐等级	做法简述	防腐层结构	总厚度/mm
普通级	底漆1道，面漆3道，玻璃布2层	底漆—面漆—玻璃布—面漆—玻璃布—面漆	>0.3(一般0.5~0.6)
加强级	底漆1道，面漆4道，涂层间缠绕玻璃布3层	底漆—面漆—玻璃布—面漆—玻璃布—面漆—玻璃布—面漆	>0.4(一般0.7~0.8)
特加强级	底漆1道，面漆5道，涂层间缠绕玻璃布4层	底漆—面漆—玻璃布—面漆—玻璃布—面漆—玻璃布—面漆—玻璃布—面漆	>0.6(一般0.9~1.0)

图12-4所示为不保温埋地管石油沥青防腐层结构示意图。

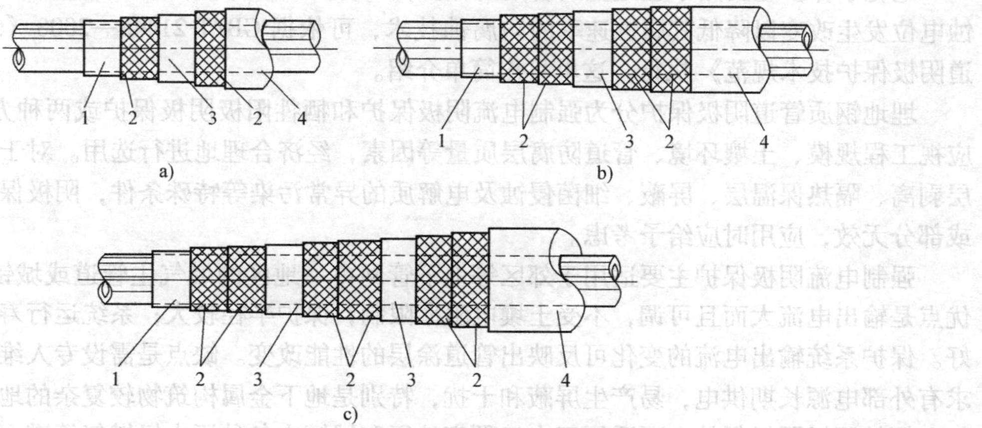

图12-4 不保温埋地管石油沥青防腐层结构示意图

a）普通防腐层 b）加强防腐 c）特加强防腐

1—冷底子油 2—石油沥青涂层 3—防水卷材（玻璃布） 4—外壳保护层

（3）石油沥青防腐层的施工要求 防腐层的施工应在表面处理之后进行，通常先刷底漆（冷底子油）。冷底子油是用沥青与汽油按照1:（2.25~2.5）的质量比或1:（2.5~3）的体积比配置而成的，应先将沥青加热到180℃左右脱水，然后降温至70~80℃时再将汽油混入搅匀即可。将底漆涂在尘土和铁锈已清除干净的管道上，厚度应均匀一致，一般为0.1~0.2mm。

涂抹沥青时，沥青温度应保持在160~180℃，如施工时环境温度高于30℃，则允许沥青温度降低到150℃。涂抹层的玻璃纤维布（或麻袋片等）应与沥青材料紧密粘合，要求厚度均匀，表面连续，无气泡、折皱。如涂抹厚度一次不能满足要求时，可在涂层干燥后再涂抹第二层，直至所需要厚度为止。玻璃纤维布最好以条状成螺旋式包缠，压边宽度一般为10~20mm，圈与圈之间的接头搭接长度应为50~80mm，并用热沥青粘合。外包聚氯乙烯薄膜作保护层时，一般在沥青涂层温度降到40~60℃时进行，包缠时薄膜要拉平直，圈与圈之间的搭接宽度为10~20mm。沥青防腐层施工，应在环境温度高于5℃的常温下进行，如气温过低，应当经加热后进行防腐工作，不准在雨、雾、雪和大风中进行涂抹作业。

在现场焊缝处修补绝缘层或其他破损处时，所用材料、结构、厚度应与原绝缘防腐层相同。测定防腐层厚度时，应用带刻度的测针沿管道每100m处再沿管道圆周检查4点，其厚度偏差一般不应超过设计厚度的1/10；若是特别加强防腐层，则不应超过设计厚度的1/18。涂抹绝缘防腐层的管道在吊装和下沟过程中，钢丝绳外面应包橡胶管及软垫等，防止损伤绝缘层，敷设管道的沟底应平整，无石块等硬物。回填土前应用电火花检查防腐层的绝缘性能。检查电位：普通防腐层为12kV，加强防腐层为24kV，特加强防腐层为36kV。如有损伤时应修补好后再回填上。

防腐层粘着力质量好坏的检查，至少每500m应检查一处。在防腐层上切一夹角45°～60°的叉口，并从角头揭开，若防腐层不脱离管道表面或仅以小块脱落，而大部分防腐层仍留在管道表面上，即认为合格。检查完毕后，接口处应及时修复。

防腐施工各工序间应进行严格检查，并做好详细记录。

3. 电化学防腐

电化学保护主要用于埋地金属管道的保护，又称为阴极保护，是利用外部电流使金属腐蚀电位发生改变以降低其腐蚀速率的防腐蚀技术，可依据GB/T 21448—2008《埋地钢质管道阴极保护技术规范》执行，这里只作简单介绍。

埋地钢质管道阴极保护分为强制电流阴极保护和牺牲阳极阴极保护或两种方法的结合，应视工程规模、土壤环境、管道防腐层质量等因素，经济合理地进行选用。对于高温、防腐层剥离、隔热保温层、屏蔽、细菌侵蚀及电解质的异常污染等特殊条件，阴极保护可能无效或部分无效，应用时应给予考虑。

强制电流阴极保护主要适用于郊区等地下管网单一地区的燃气主管道或城镇燃气环网。优点是输出电流大而且可调，不受土壤电阻率限制，保护半径较大；系统运行寿命长，效果好。保护系统输出电流的变化可反映出管道涂层的性能改变。缺点是需设专人维护管理，要求有外部电源长期供电，易产生屏蔽和干扰，特别是地下金属构筑物较复杂的地方。

牺牲阳极阴极保护主要适用于人口稠密地区和城镇内各种压力级燃气管道。优点是不需外加电源，施工方便，不需进行经常性专门管理，不会产生屏蔽，对其他构筑物也不会产生干扰，保护电流分布均匀、利用率高。缺点是输出电流小，保护范围有限；需定期更换电极，不能实时监测输出电流的变化，不能反映管道涂层的状况。

新建管道应采用防腐层加阴极保护的联合防护措施，或采用其他已证明有效的腐蚀控制技术。保护工程应与主体工程同时勘察、设计、施工和投运。当阴极保护系统在管道埋地六个月内不能投入运行时，应采取临时性阴极保护措施，在强腐蚀性土壤环境中，管道在埋入地下时就应加临时阴极保护措施，直至正常阴极保护设施投产；对于受到直流杂散电流干扰影响的管道，阴极保护（含排流保护）应在三个月之内投入运行。

阴极保护管道应与公共或场区接地系统电绝缘。当管道处在交流高压输电系统感应影响范围内时，管道上可能产生超过绝缘接头绝缘能力的高压危险电涌冲击，电绝缘装置应当采用接地电池、极化电池或避雷器保护。阴极保护管道应与非保护构筑物电绝缘。

第二节　管道与设备的保温绝热

保温又称为绝热，是保温保冷的统称。保温绝热是减少系统内介质的热量向外界环境传递，保冷绝热则是减少外部的热量向系统内介质传递。

保温绝热层和保冷绝热层本身并没有什么区别，但由于热量传递的方向不同和应用的温度范围不同，因此在保温结构构造上也有所不同。保温绝热层，无须设置防潮隔汽层，但对于室外架空管道，由于要防雨防雪，也要在保温绝热层外设防潮防水层。作为保冷绝热层，必须在绝热层外设置防潮隔汽层，阻止水蒸气向绝热层内部渗流产生凝结水或结冰现象，因此，保冷比保温的要求高。

一、常用保温绝热材料

常用的保温绝热材料有很多，应优先选用质量轻（密度小，一般保温硬质材料不应大于220kg/m^3、半硬质材料不大于200kg/m^3，软质材料不大于150kg/m^3，用于保冷材料及其制品的密度不应大于180kg/m^3）的保温绝热材料。

平均温度为350℃时，保温材料热导率不得大于0.10W/(m·K)；平均温度为27℃时，保冷材料热导率不得大于0.064W/(m·K)；泡沫塑料及其制品常温时的热导率不大于0.044W/(m·K)。

硬质无机成型绝热制品的抗压强度不得小于0.3MPa；用于保温的有机成型绝热制品的抗压强度不得小于0.2MPa；用于保冷的有机成型绝热制品的抗压强度不得小于0.15MPa。

保温材料的含水率（质量分数）不得大于7.5%，保冷材料的含水率（质量分数）不得大于1%。保冷应优先采用热导率小、湿阻因子大、吸水率低、密度小、耐低温性能好的绝热材料，如闭孔泡沫橡塑保温材料或硬质聚氨酯发泡材料。冰蓄冷系统的保冷材料应采用闭孔型材料和对异形部位保冷简便的材料。保温材料应选择符合GB 8624—2006《建筑材料及制品燃烧性能分级》规定的燃烧等级的产品。

常用保温材料用法见表12-12。

表12-12 常用保温材料用法

保温内容	常用材料	保温内容	常用材料	保温内容	常用材料
室内普通给水、排水管防结露	橡塑管壳卷材，其他毡类卷材	室内空调冷冻水管	各种管壳、棉类毡材，注意采取防结露措施	埋地热力管道	聚氨酯（直埋管）
室内供热管道保温	各种保温管壳、棉类毡材	空调冷媒管	橡塑管壳及毡材	地沟内供热管道	各种管壳、毡材

常用保温绝热材料的分类及应用范围见表12-13。常用绝热（保热、保冷）材料及其制品的主要技术性能见表12-14。

表12-13 常用保温绝热材料的分类及应用范围

类别		名称		应用范围
		形状	组成	
按温度分类	高温保温材料使用温度>700℃	纤维材料	硅酸铝纤维，硅纤维	各种工业锅炉耐火砖之间的填充料及其他的高温场所
		多孔材料	硅藻土、蛭石加石棉、耐热粘合剂等并加工成形	
	中温保温材料100~700℃之间	纤维材料	石棉、矿渣棉、玻璃纤维等	各种热力设备及热力管道的常用的保温材料
		多孔材料	硅酸钙、膨胀珍珠岩、蛭石和泡沫混凝土等	
	低温保温材料，使用温度<100℃	松散粉末、纤维状、粒状、瓦状砖等种类		常用于保冷的工程中
按施工方法分类	涂抹式	将石棉、石棉硅藻土等保温材料加水调成胶泥，涂抹在保温绝热管道表面		
	填充式	在管道及设备外面做成罩子，其内部填充矿渣棉、玻璃棉、聚氨酯等		
	预制式	将一些预制的保温板或管壳放在管道或设备外面，用钢丝绑扎或塑料带缠裹，外表再涂保护层材料，属于这类保温材料的有石棉制品、膨胀珍珠岩、硅酸钙、聚氨酯、硅酸盐、硅酸铝、聚乙烯、橡塑等		
	包裹及缠绕式	毡状或绳状，直接包裹或缠绕在被保温体上，如矿渣棉毡、玻璃棉毡、石棉绳、橡塑毡保温材料等		

表 12-14　常用绝热（保热、保冷）材料及其制品的主要技术性能

材料名称	密度 /(kg/m³)	热导率 /[W/(m·K)]	适用温度 /℃	抗压强度 /MPa	吸湿率 (%)	燃烧性	备　注
岩棉	27～200	0.0224～0.041	-250～650		≤5	不燃	适用范围广，密度较小，热导率较小，价格低，施工简便，但刺激皮肤
岩棉保温毡	40～130	≤0.049	≤400				
岩棉板	50～200	≤0.048	≤400				
岩棉带	50～150	≤0.054	≤400				
岩棉板管壳	80～200	≤0.044	≤600				
矿渣棉	70～200	0.032～0.064	≤600	—	≤2	不燃	密度较小，耐高温，耐腐蚀，热导率较小，价格低；货源广，填充后易沉陷，施工时刺激皮肤，且尘土大
矿棉毡	80～150	0.035～0.048	≤250				
矿棉保温板	70～330	<0.047	≤400				
矿棉保温带	90～140	<0.041	≤400				
矿棉管壳	80～220	0.035～0.052	≤400				
超细玻璃棉	≤20	0.041～0.049	100～400		≤5	不燃	密度低，热导率较小，耐酸，抗腐，不蛀，化学稳定性好，无毒无味，价廉，寿命长，施工方便，但对皮肤稍有刺激
玻璃棉毡	10～48	0.032～0.048	≤250				
玻璃棉板	24～96	0.031～0.049	≤300				
玻璃棉管壳	45～90	≤0.043	≤350				
膨胀珍珠岩类							
散料(Ⅰ类)	<80	<0.052	-200～800	—	—	不燃	密度低，热导率小，化学稳定性强，不燃，不腐蚀，无毒，无味，价廉，产量大，资源丰富，适用范围广
散料(Ⅱ类)	80～150	0.052～0.064	-200～800				
散料(Ⅲ类)	150～250	0.064～0.076	-200～800				
水泥膨胀珍珠岩板、管壳	250～400	0.058～0.087	-20～600	0.3～1.0	—		
水玻璃膨胀珍珠岩板、管壳	200～300	0.056～0.065	≤650	0.5～1.2	<23		
憎水型膨胀珍珠岩板、管壳	200～300	0.058～0.07	—	≥0.5	—		
膨胀蛭石	80～200	0.047～0.070	<1000	—	—	—	密度较小，热导率较小，防火，抗菌，无毒，无味，常用于设备与建筑的保温，隔热，价廉，施工方便
水泥膨胀蛭石板、砖、管瓦	350～500	0.07～0.168	<600	≥0.25	2.5～6	—	
硅酸铝纤维制品	150～210	0.11～0.24	<1000	—	—	—	密度较小、热导率较小、耐高温、价较高
微孔硅酸钙板、管	170～250	0.041～0.062	≤650	0.4～0.5	—	不燃	密度小，强度高、耐高温，无腐蚀、经久耐用
泡沫玻璃	140～180	0.049～0.070	200～400	0.5～0.8	0.15～0.2	不燃	热膨胀系数小，尺寸稳定性好，不吸水，不透湿
泡沫塑料类							
硬质聚氨酯泡塑制品	40～120	0.023～0.035	-60～110	≥0.20	1.6	自熄	密度小，热导率小，施工方便，不耐高温，一般适用于65℃以下的低温管道保温。此类材料多可燃，防火性能差，燃烧时烟密度较高，有阻燃与难燃之分，使用时须注意
软质聚氨酯泡塑制品	32～45	≤0.042	-50～100			—	
发泡橡塑制品	40～120	≤0.043	-40～85	—	≤4	难燃	
酚醛泡沫制品	40～120	0.025～0.038	-180～130	—	—	难燃	密度小，热导率小，燃烧时烟密度较小

二、保温绝热层的施工

管道保温绝热工程应符合设计要求，一般按保温层、防潮层、保护层的顺序施工。

1. 保温绝热层通用施工要求

管道保温施工应在管道试压合格后进行，施工前必须先清除管道表面污物及铁锈，再涂上两遍防锈漆，并保持管道外表面的清洁干燥。冬、雨期施工还应有防冻、防雨措施。保温工程的主要材料应有产品合格证明书或分析检验报告，参数应符合设计要求。除伴热管道外，保温层施工一般应单根进行，热保温层厚度大于100mm和冷保温层厚度大于75mm时，应分层进行施工。非水平管道的保温工程施工应自下而上进行。防潮层、保护层搭接时，其宽度应为30~50mm。应按设计规定的位置、大小和数量设置保温膨胀缝，并填塞热导率相近的软质材料，保温绝热结构伸缩缝见表12-15。

表12-15　保温绝热结构伸缩缝

保温管状况		缝宽/mm	缝距/m	缝数
直管段介质温度/℃	$t<300$	5	5~7	—
	$t\geqslant300$	20	3~4	—
弯管管径/mm	$DN<300$	20~30	—	1
	$DN\geqslant300$	20~30	—	2

同层保温预制管壳搭接时应注意错缝，内、外保温层应注意盖缝，最外层的水平接缝应在侧面。预制管壳缝隙应小于2mm（冷保温）和5mm（热保温），并用胶泥填充密实。每个预制管壳至少应有两道镀锌钢丝或箍带，不得采用螺旋形捆扎。与冷管道连接的支管及金属构件也应有冷保温层，且伸展长度应不低于冷保温层厚度的4倍或到达垫木处。保温层所用的毡、席等材料应与被保温表面紧贴，疏松的毡、席制品宜分层施工，环缝和纵缝接头间不得有空隙，但不得填塞伴热管与主管之间的加热空间。其捆扎的镀锌钢丝或箍带间距为150~200mm。

阀门或法兰处的保温施工，应在管道热拉和冷紧完毕后进行。保温层结构应易于拆装，法兰一侧应留有螺栓长度加25mm的空隙。阀门的保温应不妨碍填料的更换。

防潮层的施工应在干燥的保温层上，在管道连接支管及金属件上的施工范围应由保温层边缘向外伸展出150mm或至垫木处，并予以封闭。防潮层应完整严密，厚度均匀，无气孔、鼓泡或开裂等缺陷。油毡防潮层应搭接，搭接宽度为30~50mm，缝口朝下，并用沥青粘结密封，每300mm捆扎镀锌钢丝或箍带一道。玻璃布防潮层应搭接，搭接宽度为30~50mm，应粘贴于涂有3mm厚的沥青的绝缘层上，玻璃布外再涂3mm厚的沥青。保温层上采用石棉水泥保护层时，应有镀锌钢丝网。

保温层应进行固定，用于固定保温层时，销钉间距为250~500mm，用于固定金属外保护层时，销钉间距为500~1000mm，并使每张金属板端头有不少于两个销钉。当采用支承圈固定金属外保护层时，每道支撑圈间距为1200~2000mm，并使每张金属板有两个支撑圈。保温工程的其他质量要求应符合表12-16所示的规定。

保护层抹面应分两次进行，要求平整、圆滑。端部棱角整齐，无显著裂纹。缠绕式保护层，重叠部分为其带宽的1/2。缠绕时应裹紧，不得有松脱、翻边、皱褶和鼓包，起点和终点必须用镀锌钢丝捆扎牢固，并应密封。金属保护层应压边、箍紧，不得有脱壳或凸凹不平，其环缝和纵缝应搭接或咬口，缝口应朝下，用自攻螺钉紧固时不得刺破防潮层。螺钉间距不应大于200mm，保护层端头应封闭。设备高度大于2m时，每隔2~3m设置保温层支撑板（或抱箍），其宽度为保温层厚度的2/3。立管保温每隔3m左右应设置保温承重托环，其宽度为保温厚度的2/3。

表12-16 保温工程的其他质量要求

检查项目		允许偏差	检查方法
表面平面度	涂抹层	<10mm	用2m靠尺和楔形塞尺检查
	金属保护层	<5mm	
	防潮层	<10mm	
厚度	预制块	<5%	用针刺入绝热层和用尺检查
	毡、席材料	<8%	
	填充品	<10%	
宽度	膨胀缝	<5mm	用尺检查

注：绝缘层厚度不得有负偏差。

2. 管道保温绝热结构及施工方法

（1）保温层结构 保温层包括绝热层和保护层，保冷层结构应包括绝热层、隔气层和保护层。管道与设备的保温、保冷结构应符合下列要求：

保冷层外表面不得产生空气冷凝水，冷管道与托架之间应采用绝热型支架，防止产生“冷桥”。热管道宜采用绝热型支架，穿越墙体或楼板处的管道绝热层应保持连续不断，设备、直管道、管件等无须检修处，宜采用固定式保温结构，法兰、阀门、人孔等处宜采用可拆卸式的保温结构。

保温层厚度大于或等于100mm，保冷层厚度大于或等于80mm时，同一种绝热制品宜按双层或多层考虑，内外层接缝应彼此错开。保温层应支撑紧固。

管道保温结构施工方法分为涂抹法、预制（绑扎）法、缠包（捆绑）法和填充（浇注）法以及粘贴法等。图12-5所示为管道常用的保温结构断面示意图。图12-6所示为无防潮层管道绝热层结构做法示意图。

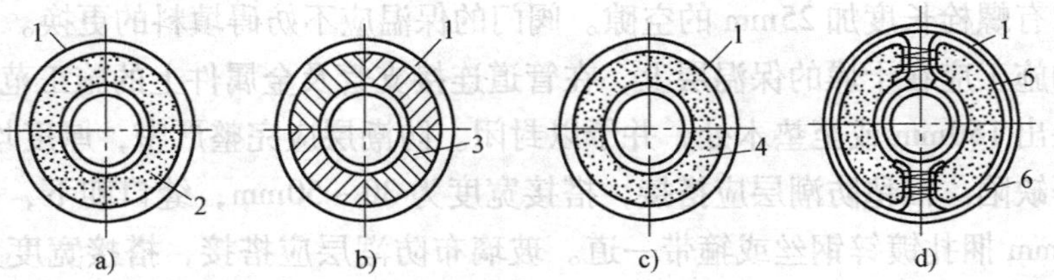

图12-5 管道常用的保温结构断面示意图

a）涂抹式 b）预制式 c）缠包捆绑式 d）填充式

1—保护壳或保护层 2—涂抹保温层 3—预制保温层 4—缠包保温层 5—充填式保温层 6—支撑环

图12-7所示为有防潮层管道绝热层结构示意图，室内管道的防潮层可采用阻燃型聚乙烯薄膜、复合铝箔等；条件恶劣时，可采用防水防腐敷面材料。

（2）涂抹式保温 将石棉硅藻土或碳酸石棉纤维用水调成胶泥，涂抹在已刷过两道防锈漆的管道上。涂抹前可先在管道上抹一层六级石棉和水调成的胶泥作底层，厚度约5mm，用以增大绝热材料与管壁的粘结力，干燥后再涂抹绝热材料。每层保温材料的涂抹厚度为10~15mm。等前一层干燥后再涂抹后一层，直至达到需要的保温厚度为止。

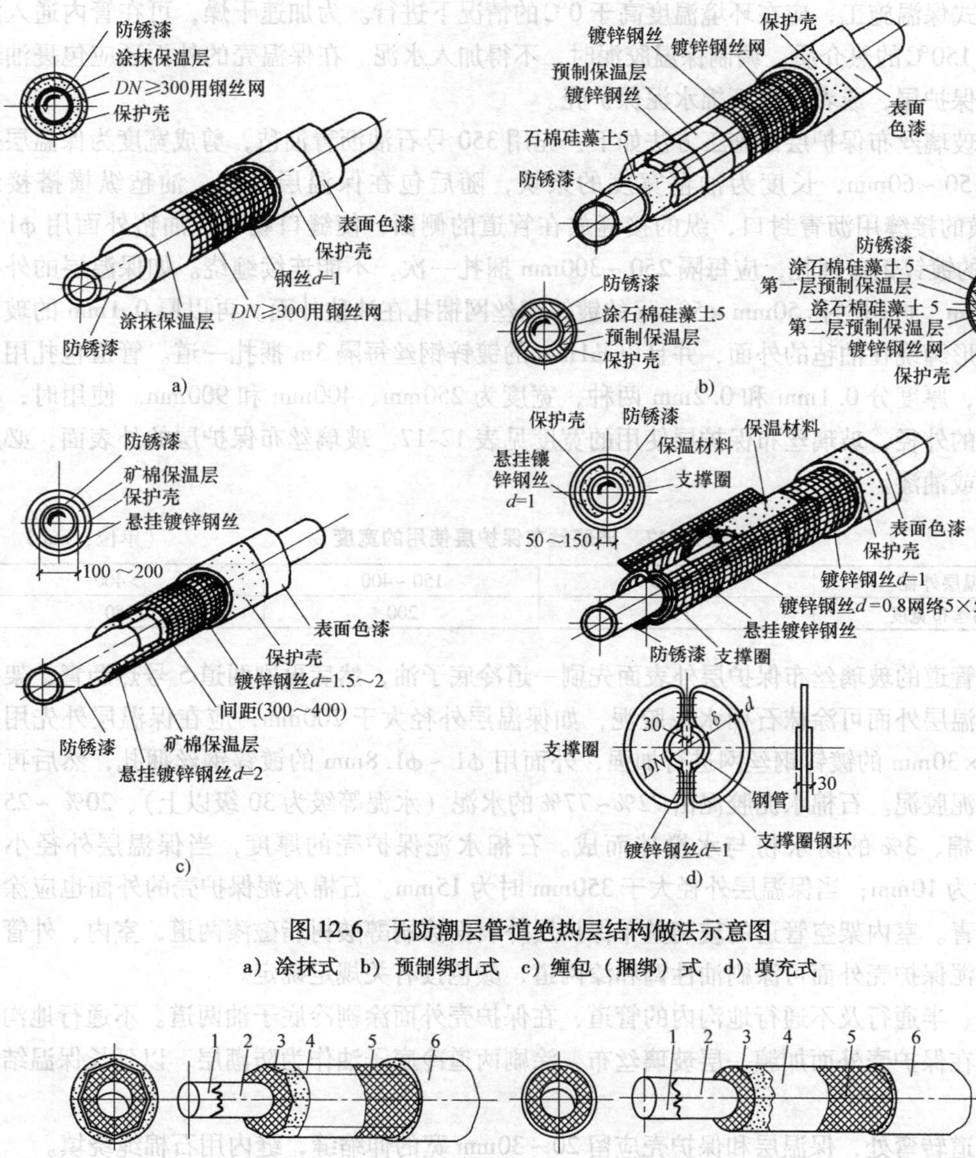

图 12-6 无防潮层管道绝热层结构做法示意图

a) 涂抹式 b) 预制绑扎式 c) 缠包（捆绑）式 d) 填充式

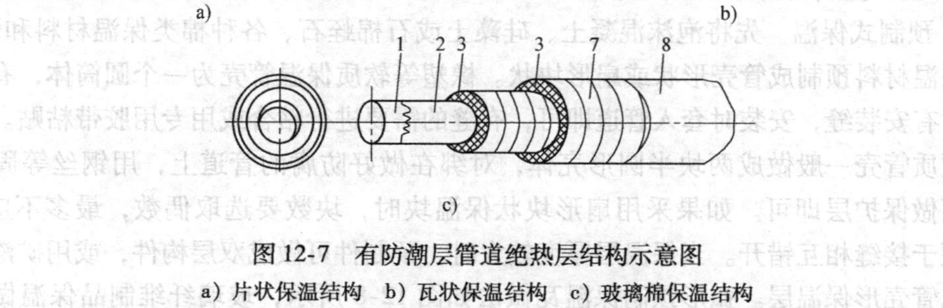

图 12-7 有防潮层管道绝热层结构示意图

a) 片状保温结构 b) 瓦状保温结构 c) 玻璃棉保温结构

1—管道 2—热沥青 3—保温层 4—防潮层 5—铅丝网 6—保护壳 7—绑扎钢丝 8—塑料布

在直立管段保温时，为了防止保温层下坠，应先在管道上焊接支承环，然后再涂抹保温材料。支承环由 2 ~4 块宽度与保温层厚度相等的扁钢组成；当管径小于 150mm 时，也可以在管道上捆扎几道钢丝代替扁钢支承环。支承环的间距为 2 ~4m。

涂抹式保温施工，应在环境温度高于0℃的情况下进行。为加速干燥，可在管内通入温度不高于150℃的热介质。调制保温胶泥时，不得加入水泥。在保温壳的外面还应包裹油毡玻璃丝布保护层，或者涂抹石棉水泥保护壳。

油毡玻璃丝布保护层的施工方法如下：先用350号石油沥青油毡，剪成宽度为保温层外圆周长加50～60mm，长度为油毡宽度的条块，随后包在保温层外侧。油毡纵横搭接约50mm。横的接缝用沥青封口，纵的接缝放在管道的侧面，使缝口朝下。油毡外面用$\phi1$～$\phi1.6$mm的镀锌钢丝捆扎，应每隔250～300mm捆扎一次，不能连续缠绕。如保温层的外径大于600mm，可用网孔50mm×50mm的镀锌钢丝网捆扎在油毡外面。再以厚0.1mm的玻璃丝布螺旋形缠绕在油毡的外面，并且以$\phi1$mm的镀锌钢丝每隔3m捆扎一道。管道包扎用的玻璃丝布，厚度分0.1mm和0.2mm两种，宽度为250mm、400mm和900mm。使用时，根据保温层的外径，玻璃丝布保护层使用的宽度见表12-17。玻璃丝布保护层的外表面，必须涂刷沥青或油漆。

表12-17　玻璃丝布保护层使用的宽度　（单位：mm）

保温层外径	<150	150～400	>400
玻璃丝布宽度	150	200	250

室外管道的玻璃丝布保护层外表面先刷一道冷底子油，然后再刷两道5号热沥青，架空管道在保温层外面可涂抹石棉水泥胶泥，如保温层外径大于200mm，应在保温层外先用网孔30mm×30mm的镀锌钢丝网进行加强，外面用$\phi1$～$\phi1.8$mm的镀锌钢丝捆扎，然后再涂抹石棉水泥胶泥。石棉水泥胶泥由72%～77%的水泥（水泥等级为30级以上）、20%～25%的4级石棉、3%的防水粉与水搅拌而成。石棉水泥保护壳的厚度，当保温层外径小于350mm时为10mm；当保温层外径大于350mm时为15mm。石棉水泥保护壳的外面也应涂刷油漆或沥青。室内架空管道的玻璃丝布保护层外表面涂刷醇酸树脂磁漆两道，室内、外管道在石棉水泥保护壳外面可涂刷油性调和漆两道，颜色按有关规定确定。

通行、半通行及不通行地沟内的管道，在保护壳外面涂刷冷底子油两道。不通行地沟内的管道再在保护壳外面加缠一层玻璃丝布，涂刷两道冷底子油作为防潮层，以延长保温结构的寿命。

在管道转弯处，保温层和保护壳应留20～30mm宽的伸缩缝，缝内用石棉绳绕填。

（3）预制式保温　先将泡沫混凝土、硅藻土或石棉蛭石、各种棉类保温材料和聚氨酯、橡塑等保温材料预制成管壳形状或扇形块状。橡塑等软质保温管壳为一个圆筒体，有的在筒体一侧留有安装缝，安装时套入管道即可，有缝的需要进行粘合或用专用胶带粘贴。其他硬质、半硬质管壳一般做成两块半圆形壳体，对绑在做好防腐的管道上，用钢丝等固定带固定，外面做保护层即可。如果采用扇形块状保温块时，块数要选取偶数，最多不应超过8块，以便于接缝相互错开。当保温层厚度较大时，预制件可做成双层构件，或用矿渣棉或玻璃棉制成管壳形保温层。弧形预制保温瓦做法如图12-8所示，玻璃纤维制品保温做法如图12-9所示。

装配预制件的要求如下：横向接缝和双层构件的纵向接缝，应当相互错开，接缝用石棉硅藻土胶泥填实。当保温层外径小于200mm时，在保温层预制件的外面，用$\phi1$～$\phi2$mm的镀锌钢丝捆扎，间隔为预制件长度的一半，但不应超过300mm，并应使每块预制件至少捆

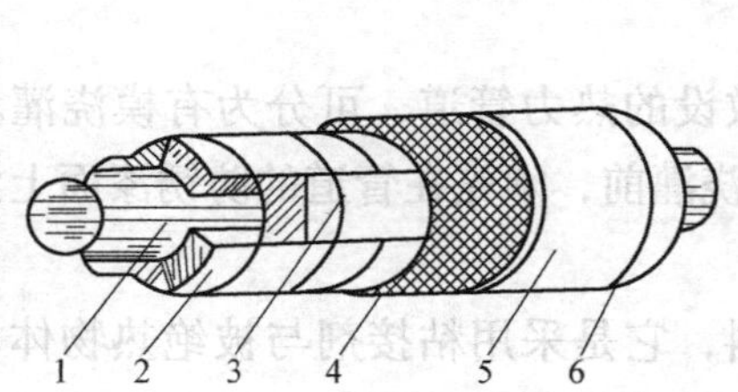

图 12-8 弧形预制保温瓦做法

1—管道 2—保温层 3—镀锌钢丝 4—镀锌钢丝网 5—保护层 6—面漆

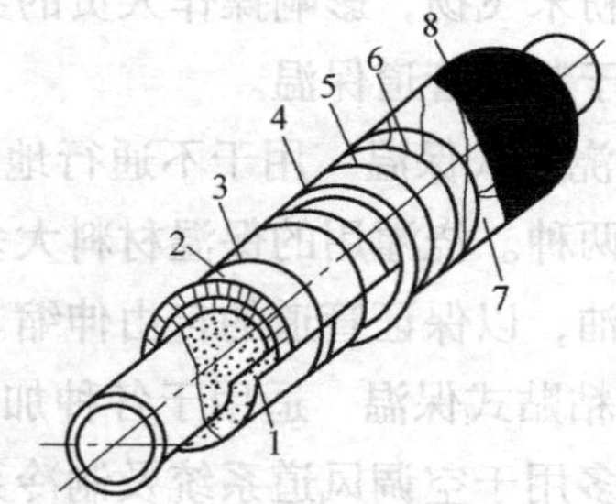

图 12-9 玻璃纤维制品保温做法

1—防锈漆 2—玻璃棉管壳 3—$\phi1.0\sim\phi1.6$mm 镀锌钢丝 4—350 号石油沥青油毡 5—镀锌钢丝或薄钢板 6—密纹玻璃包扎布 7—$\phi1.0$mm 镀锌钢丝 8—冷底子油

扎两处。当保温层外径大于 200mm 时，应在保温层预制件外面用网格 30mm × 30mm ~ 50mm × 50mm 的镀锌钢丝网捆扎。预制装配式保温的保护层或保护壳的做法，以及保护层和保护壳外面的涂漆要求，管道转弯处留出伸缩缝的处理方法，均与涂抹式保温相同。

采用矿渣棉或玻璃棉制的管壳做保温层时，宜使用油毡玻璃丝布保护层，不宜采用石棉水泥保护壳。

（4）缠包式保温　常采用矿渣棉毡或玻璃棉毡作为保温材料。在施工时，先按管道的外圆周长加上搭接宽度，把矿渣棉毡或玻璃棉毡剪成适用的条块，再把这种条块缠包在已涂刷过两道防锈漆的管道上。缠包时应将棉毡压紧，使矿渣棉毡的密度不小于 150 ~ 200kg/m^3，玻璃棉毡的密度不小于 130 ~ 160kg/m^3，以减少它们在运行期间的压缩变形。

如果一层棉毡的厚度达不到规定的保温厚度时，可以使用两层或三层棉毡。棉毡的横向接缝必须紧密结合，如有缝隙应用矿渣棉或玻璃棉填塞。棉毡的纵向接缝应放在管道的顶部。搭接宽度为 50 ~ 300mm，可根据保温层外径的大小确定。

保温层外径小于 500mm 时，棉毡外面用直径 $\phi1\sim\phi1.4$mm 的镀锌钢丝捆扎，间隔为 150 ~ 200mm。保温层外径大于 500mm 时，除用镀锌钢丝捆扎外，还以网孔为 30mm × 30mm 的镀锌钢丝网包扎。

缠包式保温必须用干燥的保温材料，不宜采用石棉水泥保护壳，宜用油毡玻璃丝布保护层，做法与涂抹式保温结构相同。室内架空管道的保护层，可用 1mm 厚的硬纸板代替油毡。缠包式保温结构做法如图 12-10 所示。

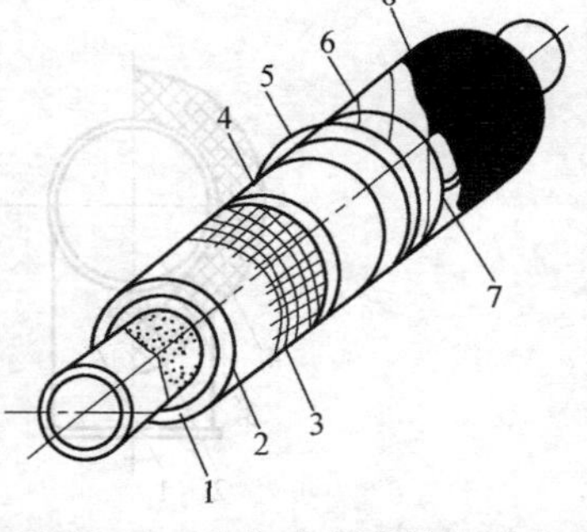

图 12-10 缠包式保温结构做法

1—防锈漆 2—保温棉毡 3—$\phi1.0\sim\phi1.6$mm 镀锌钢丝或方格镀锌钢丝网（保温外径大于 500mm 时用）4—350 号石油沥青油毡 5—镀锌钢丝或打包薄钢板 6—管道包扎布（密纹玻璃布） 7—$\phi1.0$mm 镀锌钢丝 8—冷底子油

预制装配式和缠包式保温结构宜采用薄钢板保护层，以延长保温层的使用期限。

（5）填充式保温　将矿渣棉、玻璃棉或泡沫混凝土等保温材料，填充在管道周围的特殊套子或钢丝网中。这种保温结构要用大量支撑环，施工时保温材料的粉末飞扬，影响操作人员的身体健康，也比较浪费时间，在热力管道保温中采用较少，常用于制冷管道保温。

（6）浇灌式保温　用于不通行地沟内或无沟地下敷设的热力管道，可分为有模浇灌和无模浇灌两种。浇灌用的保温材料大多用泡沫混凝土。浇灌前，须先在管道的防锈漆面上涂抹一层机油，以保证管道的自由伸缩。

（7）粘贴式保温　适用于各种加工成形的绝热材料，它是采用粘接剂与被绝热物体相固定的，多用于空调风道系统及制冷系统的绝热，其做法如图 12-11 所示。

（8）钉贴式保温结构　适用于空调风道的绝热，其结构如图 12-12 所示。其做法是用胶将保温钉粘贴在风管表面上，将保温材料固定在钉上，然后将保温钉扳倒或扣上锁紧片即可。

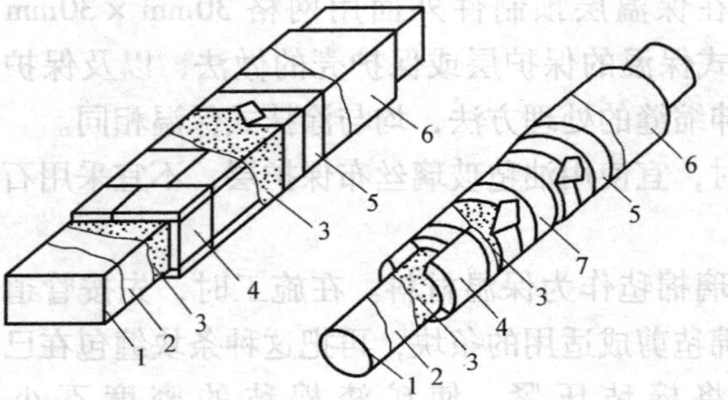

图 12-11　粘贴式保温绝热做法

1—管道　2—防锈漆　3—粘接剂　4—绝热层　5—玻璃丝布　6—防腐漆　7—聚乙烯薄膜

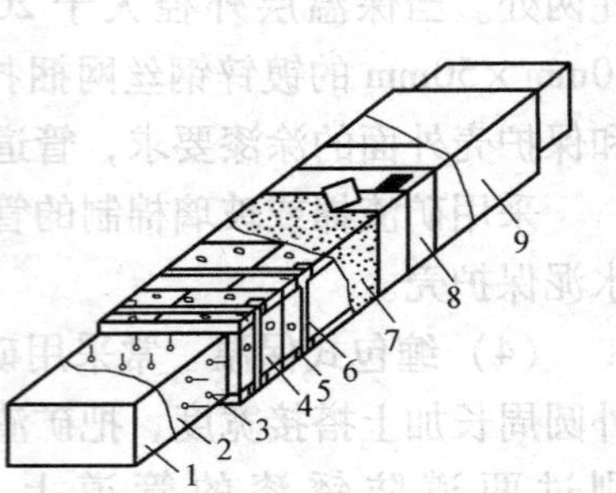

图 12-12　钉贴式保温绝热做法

1—风管　2—防锈漆　3—保温钉　4—绝热层　5—钢垫片　6—包扎带　7—粘接剂　8—玻璃丝布　9—防腐漆

（9）管道伴热　敷设在冰冻层以上的水管道以及非采暖房间可能发生冻裂的管道需要采用伴热的保护方式，伴热管多采用发热电缆。其做法如图 12-13 所示。

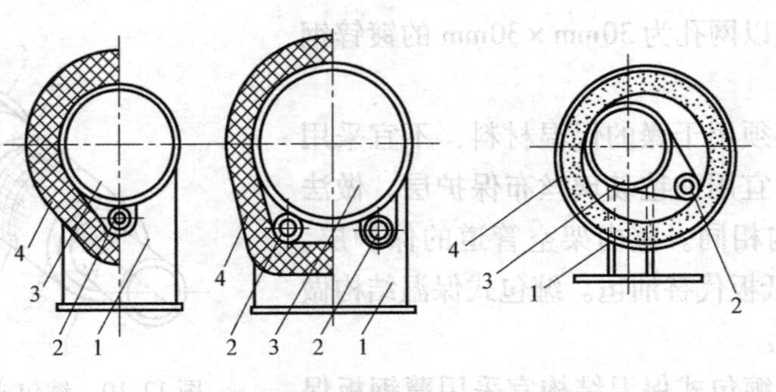

图 12-13　管道伴热保温做法示意图

1—支架　2—伴热管　3—主管道　4—绝热层

（10）管件附件及阀门的保温　管道系统的阀门、法兰、三通、弯管和支、吊架等附件需要绝热时可根据情况采用图 12-14～图 12-19 所示的形式及做法。

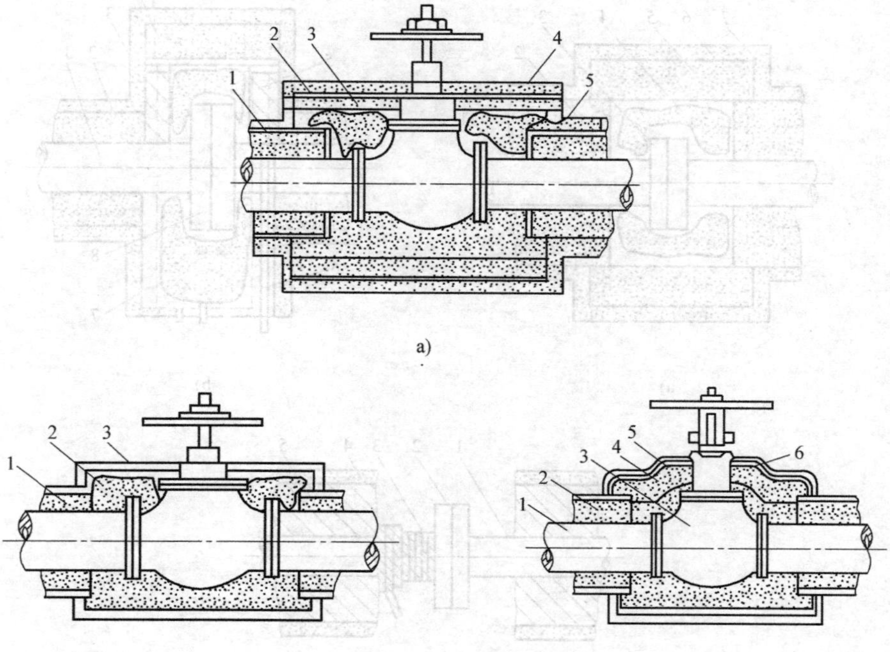

图 12-14　阀门的绝热做法

a）预制管壳绝热

1—管道绝热层　2—绑扎钢带　3—填充绝热材料　4—保护层　5—镀锌钢丝

b）薄钢板壳绝热

1—管道绝热层　2—填充绝热材料　3—薄钢板壳

c）棉毡包扎绝热

1—管道　2—管道绝热层　3—阀门　4—绝热棉毡　5—镀锌钢丝网　6—保护层

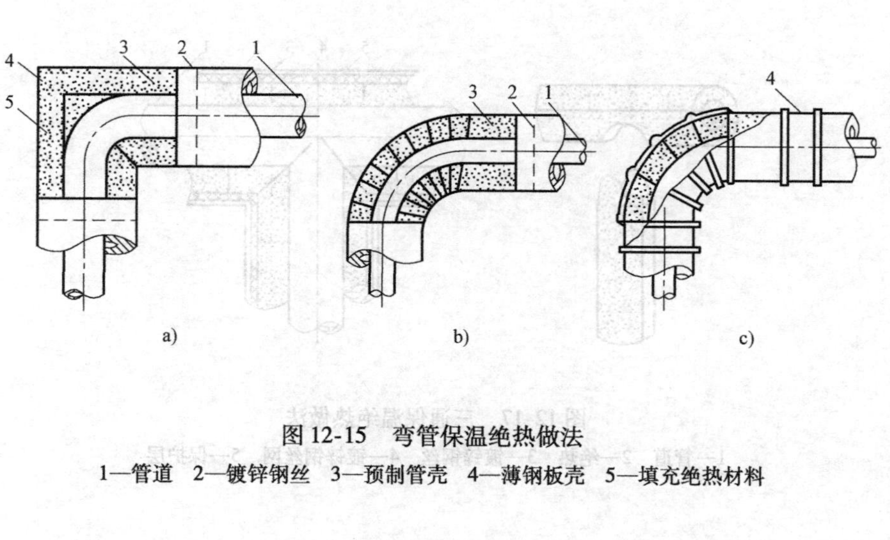

图 12-15　弯管保温绝热做法

1—管道　2—镀锌钢丝　3—预制管壳　4—薄钢板壳　5—填充绝热材料

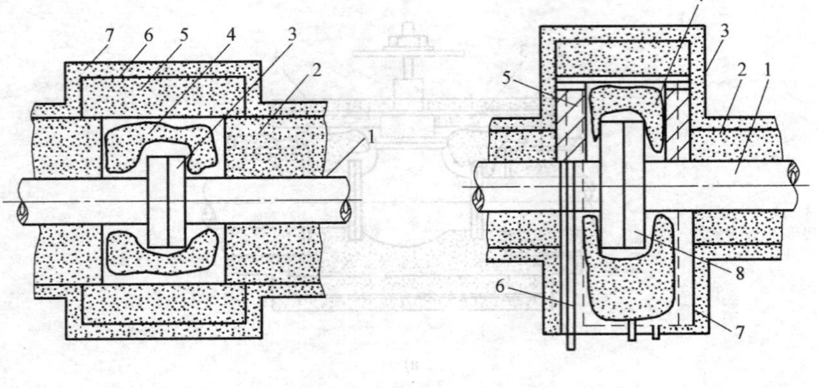

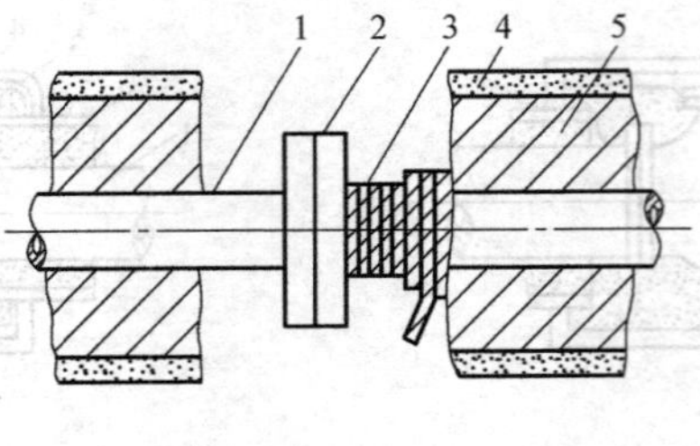

图 12-16　法兰保温绝热做法

a）预制管壳绝热

1—管道　2—管道绝热层　3—法兰　4—法兰绝热层　5—散状绝热材料　6—镀锌钢丝　7—保护层

b）包扎式绝热

1—管道　2—管道绝热层　3—保护层　4—散状填充绝热材料　5—制成环　6—钢带　7—石棉布　8—法兰

c）缠绕式绝热

1—管道　2—法兰　3—石棉绳　4—保护层　5—管道绝热层

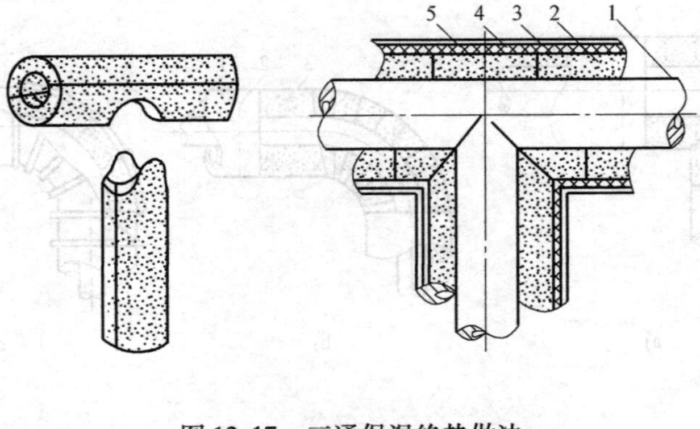

图 12-17　三通保温绝热做法

1—管道　2—绝热　3—镀锌钢丝　4—镀锌钢丝网　5—保护层

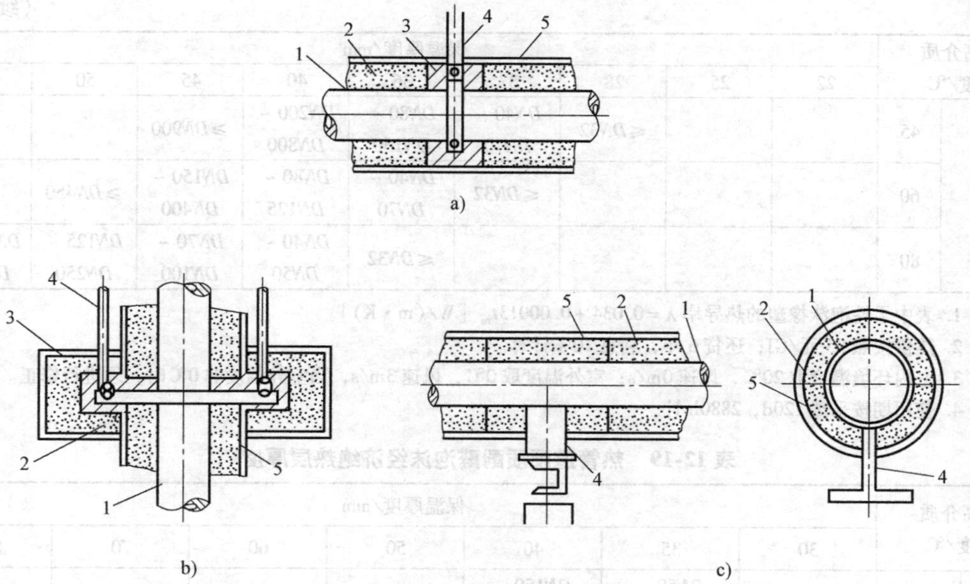

图 12-18 吊架、支架保温绝热做法

a）水平吊架 b）垂直吊架 c）支托架

1—管道 2—绝热层 3—吊架处填充散状绝热材料 4—吊架、托架、支架 5—保护层

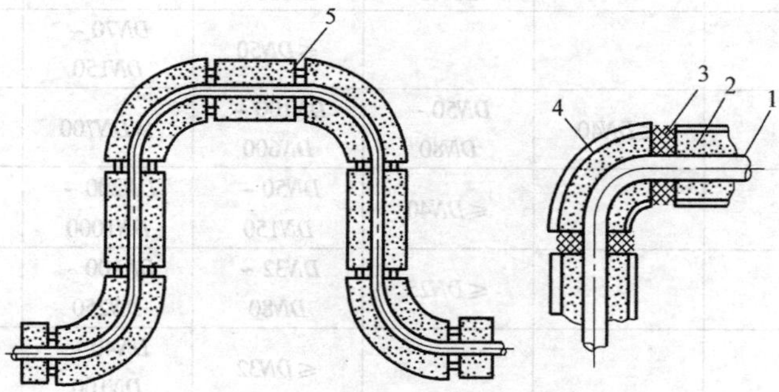

图 12-19 方形补偿器保温绝热做法

1—管道 2—绝热层 3—填充层 4—保护壳 5—膨胀缝

三、常用管道及设备保温、保冷层的厚度

在工程施工中，保温层的厚度应由设计确定，当设计未明确时，可参照表 12-18 ~ 表 12-25 选用。

表 12-18 热水管柔性泡沫橡塑经济绝热层厚度

最高介质温度/℃		保温厚度/mm								
		22	25	28	32	36	40	45	50	55
室内	45	≤*DN*40	*DN*50 ~ *DN*100	*DN*125 ~ *DN*450	≥*DN*500					
	60		≤*DN*20	*DN*25 ~ *DN*40	*DN*50 ~ *DN*125	*DN*150 ~ *DN*400	≥*DN*450			
	80				≤*DN*32	*DN*40 ~ *DN*70	*DN*80 ~ *DN*125	*DN*150 ~ *DN*450	≥*DN*500	

（续）

最高介质温度/℃		保温厚度/mm								
		22	25	28	32	36	40	45	50	55
室外	45			≤DN32	DN40～DN70	DN80～DN150	DN200～DN800	≥DN900		
	60				≤DN32	DN40～DN70	DN80～DN125	DN150～DN400	≥DN450	
	80					≤DN32	DN40～DN50	DN70～DN100	DN125～DN250	DN300～DN900

注：1. 表中柔性泡沫橡塑的热导率 $\lambda = 0.034 + 0.00013t_m$ [W/(m·K)]。

2. 热价按照85元/GJ；还贷6年，利息10%计算。

3. 室内环境温度取20℃，风速0m/s；室外温度取0℃，风速3m/s，当室外温度非0℃时，须进行修正。

4. 使用期按采暖120d，2880h计。

表12-19 热管道硬质酚醛泡沫经济绝热层厚度

最高介质温度/℃		保温厚度/mm						
		30	35	40	50	60	70	80
室内	60	≤DN40	DN50～DN125	DN150～DN450	≥DN500			
	80		≤DN32	DN40～DN80	DN100～DN500	≥DN600		
	95		≤DN20	DN25～DN40	DN50～DN150	≥DN200		
	130				≤DN50	DN70～DN150	DN200～DN500	≥DN600
室外	60		≤DN40	DN50～DN80	DN100～DN600	≥DN700		
	80			≤DN40	DN50～DN150	DN200～DN1000	≥DN1100	
	95			≤DN25	DN32～DN80	DN100～DN250	≥DN300	
	130				≤DN32	DN40～DN100	DN125～DN250	DN300～D1000

注：1. 酚醛泡沫热导率 $\lambda = 0.026 + 0.00013t_m$ [W/(m·K)]。

2. 热价按85元/GJ，还贷6年，利息10%进行计算。

3. 室内环境温度按20℃，风速0m/s；室外温度取0℃，风速3m/s，当室外温度非0℃时，须进行修正。

4. 使用期按120d，2880h计。

表12-20 热管道硬质聚氨酯泡沫经济绝热层厚度

最高介质温度/℃		保温厚度/mm						
		25	30	35	40	50	60	70
室内	60	≤DN25	DN32～DN70	DN80～DN300	≥DN350			
	80		≤DN20	DN25～DN50	DN70～DN125	≥DN150		
	95			≤DN32	DN40～DN70	DN80～DN350	≥DN400	
	120				≤DN32	DN40～DN100	DN125～DN450	≥DN500

（续）

最高介质温度/℃		保温厚度/mm 25	30	35	40	50	60	70
室外	60		≤DN25	DN32～DN50	DN70～DN150	≥DN200		
	80			≤DN25	DN32～DN50	DN70～DN300	≥DN350	
	95				≤DN40	DN50～DN150	DN200～DN1000	≥DN1100
	120				≤DN20	DN25～DN70	DN80～DN200	DN250～DN1000

注：1 硬质聚氨酯泡沫热导率 $\lambda = 0.024 + 0.00014t_m$ [W/(m·K)]。

2. 热价按85元/GJ，还贷6年，利息10%进行计算。

3. 室内环境温度按20℃，风速0m/s；室外温度取0℃，风速3m/s，当室外温度非0℃时，须进行修正。

4. 使用期按120d，2880h计。

表12-21 热管道离心玻璃棉经济绝热层厚度

最高介质温度/℃		保温厚度/mm 35	40	50	60	70	80	90	100	110	120	130
室内	60	≤DN25	DN32～DN50	DN70～DN300	≥DN350							
	80		≤DN20	DN25～DN70	DN80～DN200	≥DN250						
	95			≤DN40	DN50～DN100	DN125～DN300	≥DN350					
	125				≤DN40	DN50～DN100	DN125～DN300	≥DN350				
	150				≤DN25	DN32～DN50	DN70～DN125	DN150～DN200	DN250～DN500	DN600～DN2000		
	175					≤DN40	DN50～DN70	DN80～DN125	DN150～DN250	DN300～DN500	DN600～DN1500	
	200					≤DN25	DN32～DN50	DN70～DN80	DN100～DN150	DN200～DN250	DN300～DN500	DN600～DN1000
室外	60		≤DN20	DN25～DN80	DN100～DN250	DN300～DN1000						
	80			≤DN40	DN50～DN100	DN125～DN250	DN300～DN1000	≥DN1000				
	95			≤DN25	DN32～DN70	DN80～DN150	DN200～DN400	≥DN450				
	125				≤DN32	DN40～DN70	DN80～DN150	DN200～DN300	DN350～DN800	≥DN900		
	150				≤DN20	DN25～DN40	DN50～DN80	DN100～DN150	DN200～DN300	DN350～DN700	≥DN800	
	175					≤DN32	DN40～DN50	DN70～DN100	DN125～DN150	DN200～DN350	DN400～DN700	≥DN800
	200					≤DN20	DN25～DN40	DN50～DN70	DN80～DN125	DN150～DN200	DN250～DN350	DN400～DN700

注：1. 离心玻璃棉热导率 $\lambda = 0.031 + 0.00017t_m$ [W/(m·K)]。

2. 热价按85元/GJ，还贷6年，利息10%进行计算。

3. 室内环境温度按20℃计。

4. 室外温度取0℃，风速3m/s；当室外温度非0℃时，须进行修正。

5. 使用期按120d，2880h计。

表 12-22 室内空调冷水管保冷最小绝热层厚度（介质温度≥5℃）

绝热材料	柔性泡沫橡塑		离心玻璃棉	
	公称管径/mm	厚度/mm	公称管径/mm	厚度/mm
室内	≤*DN*25	25	≤*DN*25	25
	*DN*32～*DN*50	28	*DN*32～*DN*80	30
	*DN*70～*DN*150	32	*DN*100～*DN*400	35
	≥*DN*200	36	≥*DN*450	40

注：1. 按满足防结露要求与经济厚度计算确定，冷价按照75元/GJ，还贷6年，利息10%计算。
2. 柔性泡沫橡塑热导率 $\lambda=0.034+0.00013t_m$ [W/(m·K)]，安全系数取1.18。
3. 离心玻璃棉热导率 $\lambda=0.031+0.00017t_m$ [W/(m·K)]；安全系数取1.25。
4. 室内系指温度不高于33℃，相对湿度不大于80%的房间。

表 12-23 室内蓄冰系统管道保冷最小绝热层厚度（介质温度≥－10℃）

绝热材料	柔性泡沫橡塑		硬质聚氨酯发泡	
	公称管径/mm	厚度/mm	公称管径/mm	厚度/mm
室内	≤*DN*50	40	≤*DN*50	35
	*DN*70～*DN*100	45	*DN*50～*DN*125	40
	*DN*125～*DN*250	50	*DN*125～*DN*500	45
	*DN*300～*DN*2000	55	≥*DN*600	50
	≥*DN*2100	60		

注：1. 按满足防结露要求与经济厚度计算确定，冷价按照75元/GJ，还贷6年，利息10%计算。
2. 柔性泡沫橡塑热导率 $\lambda=0.034+0.00013t_m$ [W/(m·K)]；安全系数取1.18。
3. 硬质聚氨酯发泡热导率 $\lambda=0.0275+0.00009t_m$ [W/(m·K)]；安全系数取1.25。
4. 室内环境系指温度不高于33℃，相对湿度不大于80%的房间。

表 12-24 空调冷凝水管防结露最小绝热层厚度 （单位：mm）

位　置	材　料	
	柔性泡沫橡塑管套	离心玻璃棉管壳
在空调房吊顶内	9	10
在非空调房间内	13	15

表 12-25 室内空气调节风管绝热层的最小热阻

风管类型	适用介质温度/℃		最小热阻/(m^2·K/W)
	冷介质最低温度	热介质最高温度	
一般空调风管	15	30	0.81
低温风管	6	39	1.14

注：1. 建筑物内环境温度：冷风时26℃，暖风时20℃。
2. 冷价按照75元/GJ、热价按照85元/GJ计算。
3. 以玻璃棉为代表材料，热导率 $\lambda=0.031+0.00017t_m$ [W/(m·K)]。

四、设备的保温绝热

由于一般设备表面积大，保温层不容易附着，所以设备保温时要在设备表面焊制钉钩并在绝热层外设置镀锌钢丝网，钢丝网与钉钩扎牢，以帮助绝热材料能附着在设备上。设备保温绝热结构如图12-20所示，具体结构形式有湿抹式、包扎式、预制式和填充式等几种。

湿抹式适用于石棉硅藻土等绝热材料。涂抹方式与管道涂抹法相同，涂抹完后罩一层镀锌钢丝网，钢丝网与钉钩扎牢。包扎式适用于半硬质板、毡等保温材料，施工时绝热材料搭接应紧密。湿抹式和包扎式钉钩间距以250～300mm为宜，钉网布置如图12-21所示。预制式绝热材料为各种预制块。绝热时预制块与设备表面及预制块之间须用胶泥等绝热材料填实，预制块应错缝拼接，并用钢丝网与钉钩扎牢固定。钉网布置如图12-22所示。填充式多用于松散绝热材料。绝热时先将钢丝网绑扎到钉钩上，钢丝网与设备外壁的间距（钉钩长度）等于绝热层厚度，然后在钢丝网内衬一层牛皮纸，再向牛皮纸和设备外壁之间的空隙填入绝热材料。钉网布置如图12-23所示。

热设备保温层的经济厚度可按照表12-26选取。

所有保温绝热层的经济厚度确定后，还应根据有关节能设计规范要求，在此基础上增加一定的厚度。

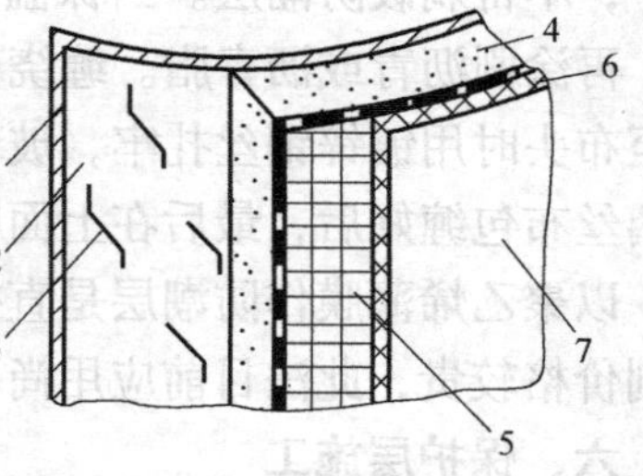

图12-20 设备保温绝热结构

1—设备外壁 2—防锈漆 3—钉钩 4—绝热层 5—镀锌钢丝网 6—保护层 7—防腐层

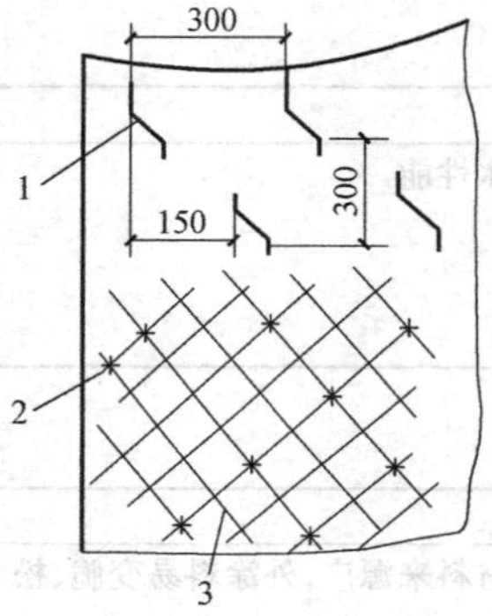

图12-21 湿抹式钉网布置

1—钉钩 2—绑扎镀锌钢丝 3—镀锌钢丝网

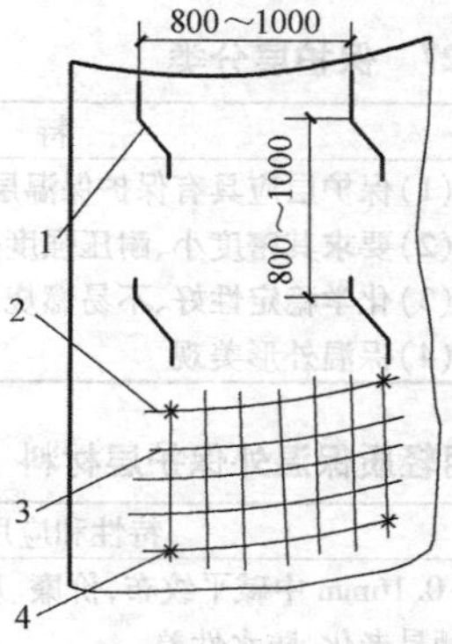

图12-22 预制式钉网布置

1—钉钩 2—钢丝扎环 3—镀锌钢丝网 4—绑扎钢丝

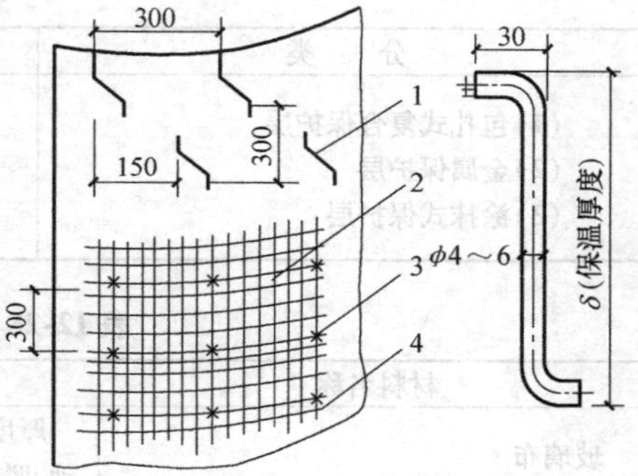

图12-23 填充式钉网布置

1—钉钩 2—镀锌钢丝扎环 3—镀锌钢丝扎丝 4—镀锌钢丝网

表12-26 热设备保温层的经济厚度

保温材料	聚氨酯				离心玻璃棉板								
设备表面温度/℃	80	95	80	95	80	95	130	80	95	130	150	175	200
环境温度/℃	20		0		20			0					
保温厚度/mm	50	57	58	64	80	92	115	93	103	125	137	152	166

五、防潮层施工

保冷管道以及露天敷设的保温管道，均要在保温结构中增设防潮层。目前防潮层材料有两种，一种是以沥青为主的防潮材料，一种是聚乙烯薄膜防潮材料。

以沥青为主体材料的防潮层有两种结构和施工方法：一种是用沥青或沥青脂粘沥青油毡，一种是以玻璃丝布作胎料，两面涂刷沥青或沥青脂。沥青油毡因过分卷折易断裂，只能用于平面及大直径管道的防潮。用沥青为主体材料做防潮层施工时，应先将油毡裁剪下来，用单块包裹法施工，裁剪宽度为保温层外圆长度再加搭接宽度30～50mm，用螺旋缠绕法包在管道保温层表面上。包（缠）防潮层前应先在保温层上涂刷一层1.5～2.0mm厚的沥青或沥青脂，再包缠油毡或玻璃丝布，包缠应自下而上，纵向接缝应设在管道外侧，且搭接口向下，接缝用沥青或沥青脂封口，外面再用镀锌钢丝绑扎，间距为250～300mm。钢丝接头接平，不得刺破防潮层。当保温层表面不易涂刷沥青或沥青脂时，可先缠绕一层玻璃丝布后，再涂刷沥青或沥青脂。缠绕玻璃丝布时，搭接宽度为10~20mm，应边缠边拉紧边整平，缠至布头时用镀锌钢丝扎牢，玻璃丝布能用于任意形状的粘贴，故应用范围更广泛。油毡或玻璃丝布包缠好后，最后在上面刷一层沥青或沥青脂，厚度一般为2~3mm。

以聚乙烯薄膜作防潮层是直接将薄膜用粘接剂粘贴在保温层表面，施工方便，但由于粘接剂价格较贵，此法目前应用尚不广泛。

六、保护层施工

各种绝热结构，都应设置保护层，保护层可用的材料较多，应根据需要和具体情况适当选用。保护层应具有防止外力损坏绝热层的能力，并应符合施工方便，防火、抗大气腐蚀、抗老化、耐久、美观、无毒等要求，室外设置时还应具有防雨雪能力。保护层材料不同，施工方法也不同。

保护层分类见表12-27，常用轻质保温外保护层材料见表12-28。

表12-27 保护层分类

分类	特点
(1)包扎式复合保护层 (2)金属保护层 (3)涂抹式保护层	(1)保护层应具有保护保温层和防水性能 (2)要求其密度小、耐压强度高 (3)化学稳定性好、不易燃烧 (4)保温外形美观

表12-28 常用轻质保温外保护层材料

材料名称	特性和应用范围
玻璃布	厚度0.1~0.16mm中碱平纹布，价廉、质轻，材料来源广，外涂料易变脆、松动、脱落，日晒易老化，防水性差
铝箔玻璃布	可用于室内外温度较高的架空管道，外形不挺括，易损坏
改性沥青油毡	用于地沟或室外架空管作防潮层。质轻价廉，材料来源广，防水性好，防火性能差，易燃，易撕裂
沥青玻璃布油毡	型号YG84—74，用于地沟或室外架空管道作防潮层，易燃
改性聚氯乙烯防水卷材(PVC)	价格适中，便于施工，防水性能好，耐蚀性强，使用寿命较长。使用温度-20~80℃，阻燃，但长时间接触火焰仍会燃烧，并分解出有毒气体
铝-玻璃钢外护层复合材料(简称AFC) 铝箔玻璃钢 镀铝复合PVC卷材	厚度0.6~0.1mm，外表平整挺括，可代替金属薄板和玻璃钢。防水性好、耐酸碱性强，阻燃，耐老化，使用寿命长，使用温度≤80℃，适用于室内外架空管道
铝皮、铝合金板，镀锌薄钢板，不锈钢薄钢板	厚度0.5~0.8mm，质轻，价贵，防水性好，外观挺括，美观，机械强度高，可在工厂预制，因而施工速度快，适用于室内外架空管道

1. 沥青油毡和玻璃丝布保护层

先将沥青油毡按保温层（或加防潮层）外圆长度加搭接长度（50mm）裁剪成块状，包裹在管道上，用镀锌钢丝绑扎紧固，其间距为250~300mm。包裹应自下而上进行，使纵向接缝留在管道外侧，接口朝下。在包裹的油毡表面再用螺旋式缠绕的方法缠绕玻璃丝布，搭接宽度为玻璃丝布宽度的一半，缠绕的起点和终点均应用钢丝扎牢，缠绕的玻璃丝布应平整无皱纹且松紧适当。油毡和玻璃丝布保护层一般用于室外露天敷设的管道保温，在玻璃丝布表面还应根据需要涂刷一遍耐气候变化的、可区别管内介质的不同颜色涂料。

2. 单独用玻璃丝布缠包保护层

在保温层或防潮层表面只用玻璃丝布缠绕作为保护层时，其施工方法同上法，多用于室外不易受到碰撞的管道。当管道未做防潮层而又处于潮湿空气中时，为防止保温材料吸水受潮，可先在保温层上涂刷一道沥青或沥青玛瑞脂，然后再缠绕玻璃丝布。

3. 石棉石膏、石棉水泥保护层

采用石棉石膏、石棉水泥、石棉灰水泥麻刀、白灰麻刀等材料做保护层时，均采用涂抹法施工。施工时，先将选用材料按一定比例用水调配成胶泥（应先干拌和再加水，以使拌和均匀省力），如保温层（或防潮层）外径大于或等于200mm，还应在保温层（或防潮层）外先用30mm×30mm~50mm×50mm网孔的镀锌钢丝网包扎，并用镀锌钢丝将网口扎牢，然后将胶泥涂抹在镀锌钢丝网外面，涂抹厚度为：保温层（或防潮层）外径小于或等于500mm时为10mm，大于500mm时为15mm；设备、容器不小于15mm；涂抹保护层时，一般分两次进行。第一次粗抹，厚度为设计厚度的1/3左右，胶泥可干一些，待凝固干燥后，再进行第二次细抹，细抹的胶泥应稍稀一些，细抹必须保证设计厚度，并使表面光滑平整，不得有明显裂纹。石棉石膏、石棉水泥保护层一般用于室外及有防火要求的非矿纤材料保温的管道，为防止保护层在冷热应力影响下产生裂缝，可在趁细抹胶泥未干时，缠绕一道玻璃丝布，搭接宽度为10mm，待胶泥凝固干燥后即与玻璃丝布结为一体。

4. 金属薄板保护层

明装管道的外保护层多采用不锈钢板、铝板、镀锌薄钢板及不锈钢薄钢板。如果采用涂环氧树脂的铝板一般厚度选用0.3~1mm，若采用薄钢板则厚度选用0.3~0.7mm。使用不锈钢薄钢板时，还应在内外表面涂刷红丹底漆两遍。金属保护层薄板剪切下料后，先用压边机压边，再使用滚圆机滚成圆筒状，一般是按照管道保护层（或防潮层的）外径加工成形，再套在管道保温层上。保护层圆筒绕裹到保温层外面时，应使其紧贴到保温层上，不留空隙，并使纵向缝搭口朝下。水平敷设的管线，其环向接口应与管线的坡度相同。每段保护圆筒的搭接长度，沿环向为30mm，纵向不得小于30mm。用半圆头自攻螺钉紧固。螺钉的间距为200~250mm，螺钉孔可用手电钻钻孔，当自攻螺钉直径为4mm时，钻头直径为3.2mm（如用3mm螺钉代替时，钻头直径为2.4mm）。禁止手工冲孔。对有防潮层的保温管不能使用自攻螺栓固定，而应用镀锌薄钢板卡具扎紧防护层接缝。最后在薄钢板保护层外壁涂刷醇酸磁漆两遍。

金属壳保护层工程造价高，仅适用于有防火、美观特殊要求的管道。图12-24所示为弯管金属薄板的保护层结构。

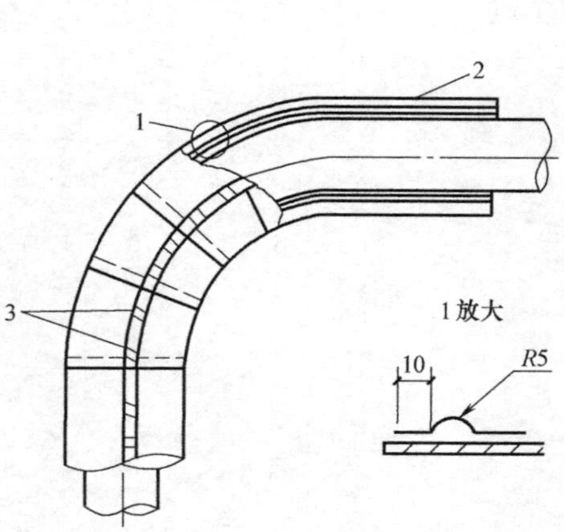

图12-24 弯管金属薄板的保护层结构
1—0.5mm薄钢板保护层 2—保温层
3—半圆头自攻螺钉M4×16

七、管道涂色

为了操作、管理和检修的方便，应在不同介质的管道表面或保温层表面，涂不同颜色的油漆及色环，以区别管道输送的介质种类。管道外部涂漆及色环颜色的规定见表12-29。

色环宽度及间距应根据管径大小确定。*DN*小于150mm的管道，色环宽度为30mm，间距为1.5~2m；*DN*150~*DN*300的管道，色环宽度为50mm，间距为2~2.5m；*DN*为300mm的管道，色环宽度和间距还可适当加大。双色环的两个色环之间的距离，等于色环的宽度。涂刷色环时，要求间距均匀、宽度一致。

表 12-29　管道外部涂漆及色环的规定

管道名称	颜色		管道名称	颜色	
	基本色	色环		基本色	色环
过热蒸汽管	红	黄	压缩空气管	浅蓝	黄
饱和蒸汽管	红		净化压缩空气管	浅蓝	白
废蒸汽管	红	绿	乙炔管	白	
凝结水管	绿	红	氧气管	浅蓝	
余压凝结水管	绿	白	氢气管	深蓝	白
热水供水管	绿	黄	氮气管	深蓝	黄
热水回水管	绿	褐	氨管	橘黄	
疏水管	绿	黑	酸管	橘黄	褐
高热值煤气管	灰		碱液管	橘黄	黑
低热值煤气管	灰	黄	工业用水管	绿	
天然气管	灰	白	生活饮水管	绿	
液化石油气管	灰	红	消防用水管	绿	红蓝
油管	橙		排水管	黑	

思　考　题

1. 常用的管道与设备除锈工艺程序是什么？
2. 常用的管道与设备防腐工艺程序及做法有哪些？
3. 埋地管道的防腐层级别有哪些？结构做法有哪些？
4. 常用绝热保温层的做法有哪些？
5. 保温和保冷做法上的区别是什么？
6. 空调风道的保温做法有几种？
7. 管道电伴热的做法是什么？
8. 管道保护层的做法有哪些？

第十三章 建筑电气工程的施工安装

13

随着现代化智能建筑的飞速发展，建筑电气工程范围不断扩展和更新，建筑电气工程的安装施工也朝着复杂化、多样化的方向发展。

第一节 建筑电气工程施工概论

建筑电气安装工程的安装质量必须符合设计要求、施工及验收规范和质量检验评定标准。

一、建筑电气施工及验收过程应执行的规范和标准

国家颁布的建筑电气安装工程的施工与验收规范、标准主要有以下内容：

GB 50303—2013《建筑电气工程施工质量验收规范》、GB 50093—2013《自动化仪表工程施工及验收规范》、GB 50147—2010《电气装置安装工程高压电器施工及验收规范》、GB 50148—2010《电气装置安装工程电力变压器、油浸电抗器、互感器施工及验收规范》、GB 50149—2010《电气装置安装工程母线装置施工及验收规范》、GB 50150—2006《电气装置安装工程电气设备交接试验标准》、GB 50168—2006《电气装置安装工程电缆线路施工及验收规范》、GB 50169—2006《电气装置安装工程接地装置施工及验收规范》、GB 50170—2006《电气装置安装工程旋转电机施工及验收规范》、GB 50171—2012《电气装置安装工程盘、柜及二次回路结线施工及验收规范》、GB 50172—2012《电气装置安装工程蓄电池施工及验收规范》、GB 50173—2014《电气装置安装工程 35kV 及以下架空电力线路施工及验收规》、GB 50194—2008《建筑工程施工现场供电安全规范》、GB 50254—2014《电气装置安装工程低压电器施工及验收规范》、GB 50255—1996《电气装置安装工程电力变流设备施工及验收规范》、GB 50256—1996《电气装置安装工程起重机电气装置施工及验收规范》、GB 50257—2014《电气装置安装工程爆炸和火灾危险环境电气装置及验收规范》、GB 50310—2002《电梯工程施工质量验收规范》、GB 50312—2007《综合布线系统工程验收规范》、GB 50327—2001《住宅装饰装修工程施工规范》、GB 50339—2013《智能建筑工程质量验收规范》、GB 50374—2006《通信管道工程施工及验收规范》、GB 50606—2010《智能建筑工程施工规范》、CJJ 89—2012《城市路灯照明工程施工验收规范》。

施工及质量验收主要执行 GB 50303—2011《建筑电气工程施工质量验收规范》、GB 50300—2013《建筑工程施工质量验收统一标准》以及行业和地方标准，并在工程施工中按照“质量检验评定标准”进行检查验收。

二、建筑电气施工安装

电气工程分为强电工程和弱电工程。强电一般是指动力配电系统，弱电一般是指直流电

路或控制电路及设备等。建筑电气施工安装通常分为三大阶段，即施工准备阶段、施工安装阶段和竣工验收阶段。

1. 施工准备阶段

施工准备包括技术准备、现场准备，物资、机具及劳力准备以及季节施工准备。应全面熟悉图样及会审情况，熟悉电气工程与其他工程的交叉配合，熟悉工程有关施工及验收规范、技术规程、操作规程、质量检验评定标准以及制造厂提供的技术资料，明确工程所用的设备和材料，在此基础上，依据图样并根据施工现场实际情况、技术力量及技术装备情况，以及施工图预算和施工预算，综合作出合理的施工方案。

2. 施工安装阶段

首先配合土建作好预埋、预留工作，包括保护管及固定件、固定接线箱、电器底座等。随着工程的进展，逐步进行设备安装、线路敷设以及单体设备检查试验、系统调试等工作。

3. 竣工验收阶段

竣工验收阶段主要进行系统运行和调试，并填写有关交接试验表格，请建设单位、施工单位、政府质量监督部门审查、现场验收，最后由政府质量监督部门对工程作出质量等级评定。

三、建筑电气工程的质量验收

质量检验的程序是先分项工程，再分部工程，最后是单位工程。检验形式分为自检、互检、初次送电前检查以及试运转前的检查。质量检查也分为施工前检查、施工期检查和施工后期检查，然后进行工程质量的评定。建筑电气工程详细分工及施工验收的内容见表13-1。

表13-1　建筑电气工程分工及施工验收项目

<table>
<tr><td rowspan="5">强电系统</td><td>室外电气</td><td>架空线路及杆上电气设备安装、变压器、箱式变电所安装；成套配电柜（箱）和动力、照明配电箱（盘）及控制柜（屏、台）安装；电线、电缆导管和线槽敷设；电线、电缆穿管和线槽敷设；电缆头制作、导线连接和线路电气试验；建筑物外部装饰灯具、障碍标志灯和庭院路灯安装；建筑照明通电试运行，接地装置安装等</td></tr>
<tr><td>变配电室</td><td>变压器、箱式变电所安装；成套配电柜（箱）和动力、照明配电箱（盘）及控制柜（屏、台）安装；裸母线、封闭母线、插接式母线安装；电缆沟内和电缆竖井内电缆敷设；导线连接和线路电气试验；接地装置安装；避雷引下线和变配电室接地干线敷设等</td></tr>
<tr><td>动力</td><td>成套配电柜（箱）和动力、照明配电箱（盘）及控制柜（屏、台）安装；电动机、电加热器及电动执行机构检查、接线，低压电器动力设备检测、试验和空载运行；桥架安装和桥架内电缆敷设；电线、电缆导管和线槽敷设；电线、电缆穿管和线槽敷设；电缆头制作、导线连接和线路电气试验；插座、开关、风扇安装等</td></tr>
<tr><td>备用和不间断电源安装</td><td>成套配电柜（箱）和动力、照明配电箱（盘）及控制柜（屏、台）安装；发电机组安装；蓄电池组安装；不间断电源的其他功能单元安装；裸母线、封闭母线、插接式母线安装；电线、电缆导管和线槽敷设；电缆头制作、导线连接和线路电气试验等</td></tr>
<tr><td>防雷及接地安装</td><td>接地装置安装；避雷引下线和变配电室接地干线敷设；建筑物等电位连接；接闪器安装等</td></tr>
<tr><td rowspan="2">弱电系统</td><td>建筑物设备自动化系统</td><td>暖通空调及冷热源监控系统；供配电、照明、动力及备用电源监控系统；卫生、给水排水、污水监控安装；其他建筑设备监控系统安装等</td></tr>
<tr><td>火灾报警与消防联动控制系统</td><td>火灾报警系统安装，防火排烟设备联动控制系统安装；气体灭火设备联动控制系统安装；消防专用通信安装；事故广播系统、应急照明系统安装；安全门、防火门或防火水幕控制系统安装；电源和接地系统调试等</td></tr>
</table>

（续）

弱电系统	建筑物安防监控系统	闭路电视监控系统、防盗报警系统、保安门禁系统、巡查监控系统安装；线路敷设；电源和接地系统调试等
	建筑物通信自动化系统	电话通信和语音留言系统、卫星通信和有线电视广播系统、计算机网络和多媒体系统、大屏幕显示系统安装；线路敷设；电源和接地系统安装；系统调试等
	建筑物办公自动化系统	电视电话会议系统、语音远程会议系统、电子邮件系统、计算机网安装；线路敷设；电源和接地安装；系统调试等
	广播音响系统	公共广播和背景音乐系统及音响设备安装；线路敷设；电源和接地安装；系统调试等
	综合布线系统	插座、插座盒、适配器安装、跳线架、双绞线、光纤安装和敷设；大对数电缆馈线、光缆安装和敷设，管道、直埋铜缆或光缆敷设；防雷、防浪涌电压装置安装；系统调试等

四、常用缆线

裸电线、裸导体、裸绞合线制品的主要特征是纯的金属导体，无绝缘及护套层，主要用在高低压主线。金属汇流排主要用在开关柜接线。

电力电缆主要用在发、配、输、变、供电线路中的强电电能传输。电缆按其用途和使用范围分为电力电缆和控制电缆，按其电压等级分为高压电缆和低压电缆，按其绝缘材料又分为油浸纸质绝缘电缆、塑料绝缘电缆、橡胶绝缘电缆等。

用于通信及信号传递的主要有通信电缆和光纤。

1. 室外缆线

室外架空配电线路要求导线有一定的机械强度和耐腐蚀性能。架空配电线路常用裸绞线的种类有裸铜绞线（TJ）、裸铝绞线（LJ）、钢芯铝绞线（LGJ）和铝合金线（HLJ）。低压架空配电线也可采用绝缘导线。

电缆按其用途和使用范围可分为电力电缆和控制电缆，按其电压等级可分为高压电缆和低压电缆，按绝缘材料可分为油浸纸质绝缘电缆、塑料绝缘电缆、橡胶绝缘电缆等。对于直接埋地敷设的电缆，应采用有外护层的铠装电缆；在无机械损伤可能的场所，或管内或排管内敷设的电缆，可采用塑料护套电缆、带外护层的铅（铝）包电缆或裸铠装电缆，在可能发生位移的土壤中，应采用钢丝铠装电缆，在电缆沟或电缆隧道内敷设的电缆，应采用阻燃性塑料护套电缆或裸铠装电缆、裸 铅（铝）包电缆在有化学腐蚀或杂散电流腐蚀的土壤中，应采用防腐型电缆。

2. 室内缆线

室内电气工程常用缆线主要有耐压300V/500V低频缆线、同轴电缆、对绞电缆、防火电缆和光纤等。目前电线应用最广泛的传输材料是铜和铝，弱电传输材料以铜为主。固定敷设用的聚氯乙烯绝缘电缆（电线）型号和名称如表13-2所示，强弱电工程常用的铜芯聚氯乙烯绝缘连接软电缆（电线）的型号和名称如表13-3所示。

表13-2 固定敷设用聚氯乙烯绝缘电缆（电线）型号、名称及规格

型号	名称	主要用途	额定电压/V	芯数	标称截面积/mm^2
BV	铜芯聚氯乙烯绝缘电缆（电线）	固定敷设	300/500	1	0.5～1
			450/750	1	1.5～400
BLV	铝芯聚氯乙烯绝缘电缆（电线）	固定敷设	450/750	1	2.5～400

（续）

型号	名称	主要用途	额定电压/V	芯数	标称截面积/mm²
BVR	铜芯聚氯乙烯绝缘软电缆（电线）	固定敷设时要求柔软的场合	450/750	1	2.5～70
BVV	铜芯聚氯乙烯绝缘聚氯乙烯护套圆形电缆	固定敷设	300/500	1、2、3、4、5	0.75～10 1.5～35
BLVV	铝芯聚氯乙烯绝缘聚氯乙烯护套圆形电缆	固定敷设	300/500	1	2.5～10
BVVB	铜芯聚氯乙烯绝缘聚氯乙烯护套平形电缆（电线）	固定敷设	300/500	2、3	0.75～10
BLVVB	铝芯聚氯乙烯绝缘聚氯乙烯护套平形电缆（电线）	固定敷设	300/500	2、3	2.5～10
BV-105	铜芯耐热105℃聚氯乙烯绝缘电线	固定敷设	450/750	1	0.5～6

表13-3　铜芯聚氯乙烯绝缘连接软电缆（电线）名称、型号及规格

型号	名称	额定电压/V	芯数	标称截面积/mm²
RV	铜芯聚氯乙烯绝缘连接软电缆（电线）	300/500 450/750	1	0.3～1 1.5～70
RVB	铜芯聚氯乙烯绝缘平形连接软电线	300/300	2	0.3～1
RVS	铜芯聚氯乙烯绝缘绞形连接软电线	300/300	2	0.3～0.75
RVV	铜芯聚氯乙烯绝缘聚氯乙烯护套圆形连接软电缆	300/300 300/500	2、3 2、3、4、5	0.5～0.75 0.75～2.5
RVVB	铜芯聚氯乙烯绝缘聚氯乙烯护套平形连接软电缆	300/300 300/500	2	0.5～0.75 0.75
RV-105	铜芯耐热105℃聚氯乙烯绝缘连接软电线	450/750	1	0.5～6

防火型电缆要求电缆本身耐热、不燃或阻燃，我国防火型电缆型号和名称见表13-4。

表13-4　防火型电缆型号和名称

电缆类型	型号	名称	主要用途
阻燃电缆	ZR—VV ZR—YJV ZR—KVV ZR—KVV22	铜芯聚氯乙烯绝缘聚氯乙烯护套阻燃电力电缆 铜芯交联聚乙烯绝缘聚氯乙烯护套阻燃电力电缆 铜芯聚氯乙烯绝缘聚氯乙烯护套阻燃控制电缆 铜芯聚氯乙烯绝缘聚氯乙烯护套钢带铠装阻燃电缆	重要建筑物等
无卤阻燃电缆	WL—YJE23 WL—YJEQ23	核电站用交联聚乙烯绝缘钢带铠装热缩性聚乙烯护套无卤电缆0.6/1,6/10,6.6/10kV符合IEC 332-3B类 交联聚乙烯绝缘无卤阻燃电缆0.6/1kV（符合IEC332-3C类）	防火场地、高层建筑、地铁、隧道等
隔氧层阻燃电缆	GZRKVV GZRVV GZRYJV	聚氯乙烯绝缘聚氯乙烯护套隔氧层阻燃控制电缆 铜芯聚氯乙烯绝缘聚氯乙烯护套隔氧层阻燃电力电缆 铜芯交联聚乙烯绝缘聚氯乙烯护套隔氧层阻燃电力电缆	信号控制系统建筑物内等
耐火电缆	NH—VV NH—BV	铜聚氯乙烯绝缘聚氯乙烯护套耐火电力电缆 铜芯聚氯乙烯绝缘耐火电缆（电线）	高层建筑、地铁、电站等

（续）

电缆类型	型 号	名 称	主要用途
防火电缆 500V/750V	BTTQ BTTVQ BTTZ BTTVZ	轻型铜芯铜套氧化镁绝缘防火电 轻型铜芯铜套聚氯乙烯外套氧化镁绝缘防火电缆 重型铜芯铜套氧化镁绝缘防火电缆 重型铜芯铜套聚氯乙烯外套氧化镁绝缘防火电缆	耐高温、防爆，适用于历史性建筑等

3. 通信及控制电缆

（1）同轴电缆　闭路电视（CCTV）、共用天线电视（MATV）、有线电视（CATV）、卫星电视等系统都要使用同轴电缆。电视用同轴电缆常用产品的结构与性能如表13-5所示。

表13-5　电视用同轴电缆

电缆型号	RG59/U(美国)	SYWV75-5(中国)	RG6/U(美国)
内导体	ϕ0.81mm 铜包钢线	ϕ1.0mm 铜线	ϕ1.02mm 铜线
绝缘	物理发泡聚乙烯		
绝缘外径/mm	3.66	4.80	4.57
外导体	铝塑薄膜纵包 + 铝镁合金线编织	铝塑薄膜纵包 + 镀锡铜线编织	铝塑薄膜纵包 + 铝镁合金线编织
聚氯乙烯护套外径/mm	6.02	7.20	6.90
特性阻抗/Ω	75		
衰减/(dB/100m)	10MHz:3.3 50MHz:5.9 200MHz:11.5 400MHz:16.1 900MHz:24.3 1000MHz:25.9	50MHz:4.4 200MHz:6.7 300MHz:10.7 450MHz:3.6 800MHz:18.9 1000MHz:21.10	5MHz:2.13 300MHz:11.08 450MHz:13.80 900MHz:20.13 1200MHz:23.61 1800MHz:53.79
主要用途	CCTV、MATV	CATV	卫星电视

（2）对绞电缆　对绞电缆一直用于电话及网络通信，按现行国内外有关标准和规范，可将对绞电缆的传输性能加以分类，最常用的对绞电缆是4对无屏蔽对绞电缆，即UTP电缆，如表13-6所示。

表13-6　对绞电缆的分类

类别(Category)	宽带/MHz	传输速率/(MB/s)	主要用途	标准发布时间	说明
一类(Catl)	—	—	电话		
二类(Cat2)	1	4	低速数据		
三类(Cat3)	16	10	以太网10BaseT		
四类(Cat4)	20	16	1BM令牌环网		
五类/超五类(Cat5/Cst5e)	100	100~155	快速以太网及ATM网		
六类(Cat6)	200	155	千兆位以太网及622MB/ATM网	2002年6月TIA/EIA委员会正式发布六类布线标准	6A类布线系统支持的传输带宽为500MHz
七类(Cat7)	600	>155		1996年8月发布的德国标准DIN44312-5规定	原六类600MHz带宽的对绞电缆已被ISO/IEC采纳为七类

超五类和六类电缆是目前综合布线系统最常用的传输媒质，可用作垂直干线、水平布线、设备连线及跳线等。垂直干线为建筑物各个楼层之间的布线，一般应采用光缆、同轴电缆，要求不高的场合也可采用大对数五类电缆（例如25对五类电缆）。水平布线用于每一楼层上的配线设备与其信息插座之间的布线，通常采用4对超五类或六类电缆。这种电缆的用量最多，使用长度应小于90m。

在综合布线系统中常用的双绞线型号规格如表13-7所示。

表13-7　综合布线系统（PDS）三类/四类/五类双绞线型号规格

线缆型号 \ 线缆规格	支持网络速率 MB/s	频率衰减量/(dB/100FT)			
		1MHz	10MHz	16MHz	20MHz
Cat3	10MB/s/Ethernet	7.8	30	40	NS
Cat4	20MB/s/Ethernet	6.5	22	27	31
Cat5	155MB/s/FDDI/CDDI/ATM	6.3	20	25	28

（3）光缆　光缆是信息高速公路的主干，目前正全面实施光纤到小区（FTTZ）、光纤到路边（FTTC）以及光纤到大楼（FTTB）等计划。有些地方实施光纤到家（FTTH）、光纤到桌面（FTTB）。

光纤作为综合布线系统PDS的传输媒质，其传输特性（即数据率、带宽、损耗—距离）是最理想的，但光缆本身及接插件的成本相对较高。常用通信光纤用途及特性如表13-8所示。

表13-8　常用通信光纤用途及特性

种类		特性	用途	尺寸和特性					
				芯径/μm	包层直径/μm	损耗/(dB/km)	传输带宽/(MHz·km)	波长/μm	数值孔径/(N·A)
石英	多模突变光纤	传输损耗大	小容量、短距离，低速数据传输	50~100	125~150	3~4	200~1000	0.85	0.17~0.26
	多模渐变光纤	损耗较小，频带较宽	中小容量，中距离，高速数据传输	50(1±6%)	125±(1+2.4%)	0.8~3	200~1200	1.30	0.17~0.25
	单模光纤	损耗小，频带宽	大、中、小容量，长距离通信	9~10(1±10%)	125±(1+2.4%)	0.4~0.7 0.2~0.5	×GHz~××GHz	1.30 1.55	≤6

注：1. 1GHz（吉赫）$=1\times10^9$Hz。

2. 表中×表示几，××表示几十。

第二节　电气线路工程施工

电气线路工程包括外线工程和室内配线工程。

一、外线工程

外线工程主要包括架空线路的架设、地下电缆的敷设以及引入线工程。

1. 架空线路的敷设

应先熟悉图样，并按照设计图样的规定，明确施工要求，准备材料与机具。结合施工现场的实际情况，确定杆位，进行电杆基础施工和组装电杆、立杆。第三，进行放线、架线、紧线、绑线与连线及线路运行前的检查与试验。

（1）电杆施工 包括基础施工和组装施工，基础施工包括电杆定位、挖基坑。架空电杆的组成如图13-1所示。

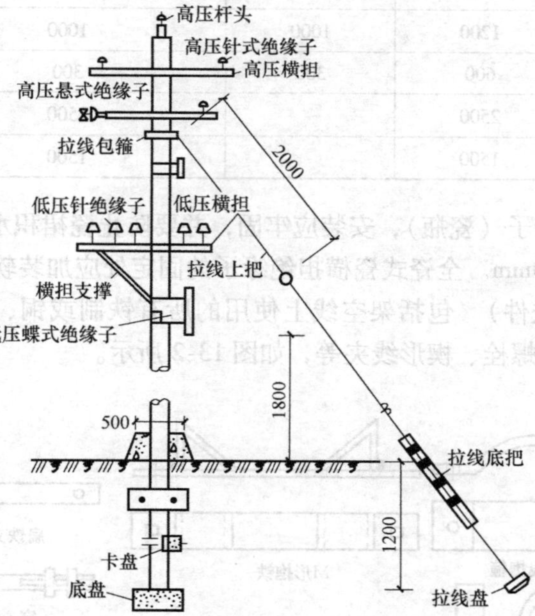

图13-1 架空电杆的组成

架空线路的档距见表13-9，电杆的高度与埋深见表13-10。

表13-9 架空线路的档距 （单位：m）

地区	高压线路	低压线路
居住区	35～50	30～40
城区	40～50	30～45
郊区	50～100	40～60

注：1. 线杆的顺线路方向偏差：35kV架空电路设计档距的1%，10kV及以下的架空不应超过设计档距的3%，横向偏差不应超过50mm。
2. 直线杆的倾斜：35kV架空线路不应大于杆长的3‰，10kV及以下架空线路杆梢的位移不应大于杆梢直径的1/2。
3. 其他杆的误差不应大于50mm。

表13-10 电杆的高度与埋深

杆高/m	8	9	10	11	12	13	15
埋深/m	1.5	1.6	1.7	1.8	1.9	2.0	2.1

注：1. 一般电杆的埋深为电杆杆长的1/6。
2. 埋电杆地点土壤如遇有土质松软、流砂、地下水位较高等情况时，应做特殊处理。
3. 电杆基础坑深度的允许偏差应为－50～100mm。
4. 双杆基坑的中心偏差不应超过±30mm，两杆坑深度宜一致。
5. 装设变压器的电杆，其埋设深度不宜小于2m。

（2）横担 横担分为木横担、铁横担和陶瓷横担，装在电杆的上端。在低压线路中，导线的布置都采用水平排列，在3～10kV高压线路中，导线有三角形排列与水平排列两种。

在同一根电杆上架设多回路线路时，各层横担间的垂直距离不应小于表13-11所示数据。

表 13-11 横担间的垂直距离 （单位：mm）

类别	直线杆	耐张杆	转角或分支杆	绝缘线杆
高压与高压	800	450/600	距上担 450/下担 600	500
高压与低压	1200	1000	1000	1000
低压与低压	600	300	300	1000
高压与通信线	2500		2500	
低压与通信线	1500		1500	

（3）绝缘子 绝缘子（瓷瓶），安装应牢固，并要防止瓷裙积水。绝缘子裙边与带电部位的间隙，不应小于 50mm。全瓷式瓷横担绝缘子的固定处应加装软垫。

（4）金具（金属铁件） 包括架空线上使用的所有铁制或铜、铝制的金属部件。有抱箍、抱铁、支撑、花篮螺栓、楔形线夹等，如图 13-2 所示。

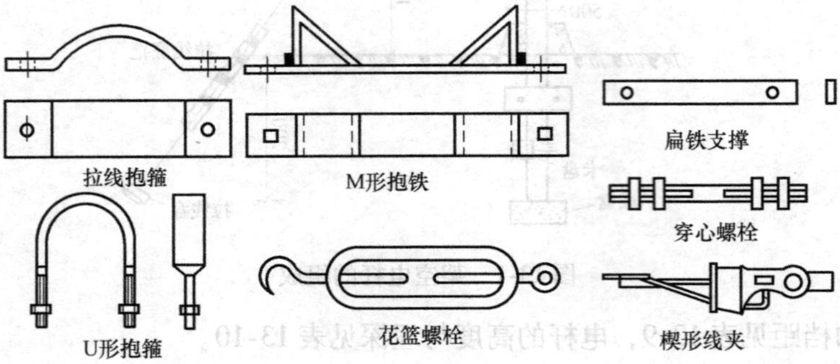

图 13-2 常用金具

（5）架空线缆的施工 高压线路多为三角排列，导线排列为 L1、L2、L3，视线路档距的不同，线间水平最小间距为 0.6～1.00m。低压电力线路均为水平排列，面向负荷时，左起依次为 L1（火线）、N（零线）、L2（火线）、L3（火线）、PE（保护接地线），视线路档距的不同，导线间最小水平距离为 0.3～0.45m。考虑登杆的需要，靠近电杆两侧的导线距电杆中心距离增大至 0.3m。高低压组合多层架设时，自上而下的顺序是高压＋动力—照明＋路灯。低压电力架空线在电杆上的排列顺序如图 13-3 所示。

架空线路最低点与地面的最小允许距离及架空线导线间最小距离如表 13-12 所示。

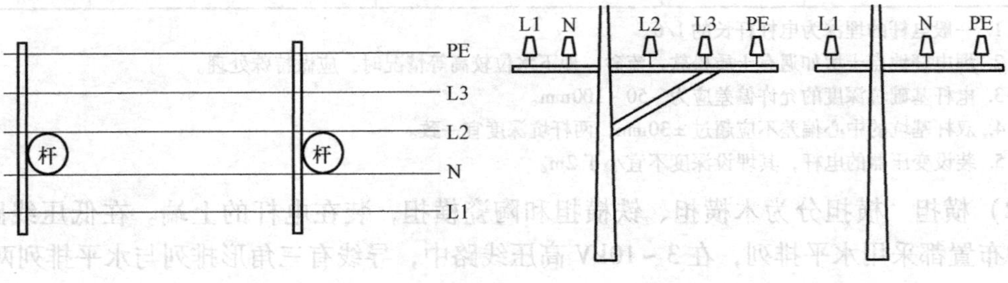

图 13-3 低压架空线在电杆上的排列顺序

表 13-12 架空线路最低点与地面的最小距离及架空线间最小距离 (单位：m)

<table>
<tr><td colspan="2" rowspan="2">地区条件</td><td colspan="7">电压/kV</td></tr>
<tr><td colspan="3">1.0 以下</td><td colspan="4">1～10</td></tr>
<tr><td colspan="2">交通要道</td><td colspan="3">6.0</td><td colspan="4">7</td></tr>
<tr><td colspan="2">居民区</td><td colspan="3">6.0</td><td colspan="4">6.5</td></tr>
<tr><td colspan="2">非居民区</td><td colspan="3">5.0</td><td colspan="4">5.5</td></tr>
<tr><td colspan="2">铁道(铁轨顶)</td><td colspan="3">7.5</td><td colspan="4">7.5</td></tr>
<tr><td colspan="9">架空线间最小距离</td></tr>
<tr><td colspan="2">档距</td><td>40 以下</td><td>50</td><td>60</td><td>70</td><td>80</td><td>90</td><td>100</td></tr>
<tr><td rowspan="2">电压</td><td>低压</td><td>0.30</td><td>0.40</td><td>0.45</td><td></td><td></td><td></td><td></td></tr>
<tr><td>高压</td><td>0.60</td><td>0.65</td><td>0.70</td><td>0.75</td><td>0.85</td><td>0.90</td><td>1.00</td></tr>
</table>

导线的架设分为放线、架（挂）线、紧线、绑线和连接几大步骤。截面积较小的导线可用手工放线，截面积较大的导线在直线杆上加挂滑轮，用人力或卷扬机牵引放线。多数情况下，放线与架线同时进行。

紧线在每个耐张段内进行，多使用钳式紧线器，多线紧线时，先收紧两侧的线，再收紧中间线或三根主线一起收紧。截面较大或较长时，可使用卷扬机收紧。手工紧线如图 13-4 所示。

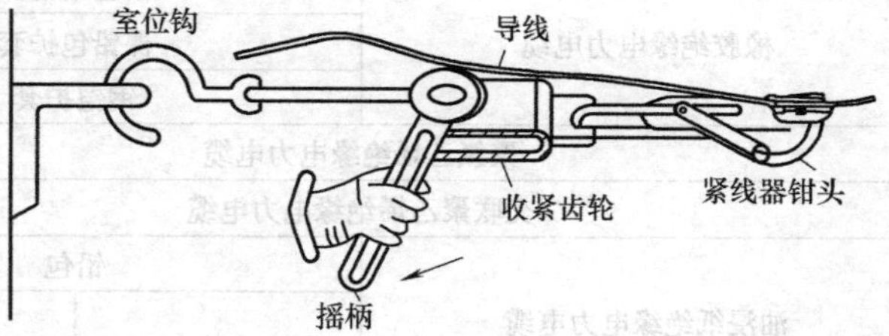

图 13-4 手工紧线

导线连接有钳压接法（适合于各种绞线）和缠绕法（适用于多股同心导线）等。如果接头在跳线处，可用线夹连接，接头处在其他位置时，则采用钳压接法连接。

2. 地下电缆的敷设

电缆的地下敷设方式有直埋敷设、穿管（包封）敷设、浅槽敷设、电缆沟敷设、电缆隧道敷设、空敷设等几种方式。电缆隧道敷设和电缆沟敷设方式便于施工和维修养护，是较为理想的敷设方式。

采用直埋敷设时，当同一路径的电缆根数为 8 根以下，宜采用有外保护层的铠装电缆。在无机械损伤可能的场所，可采用塑料护套电缆或带外护层的铅（铝）包电缆，在可能发生位移的土壤中，应采用钢丝铠装电缆，在有化学腐蚀或杂散电流腐蚀的土壤中，则应采用防腐型电缆。敷设在电缆沟或电缆隧道内的电缆，应采用阻燃性塑料护套电缆或裸铠装电缆、裸铅（铝）包电缆，敷设在管内或排管内的电缆，应采用塑料护套电缆或裸铠装电缆，三相四线制线路中的电力电缆，则应采用四芯电缆。

电力电缆的埋设深度以及与各种设施的安全距离、间距应符合表 13-13 所示的规定。

表 13-13 电缆埋深以及与各种装置交叉距离、间距 (单位：m)

内容		最小埋深或间距
直埋电缆埋设深度	一般情况	0.7
	机耕农田	1.0
电缆与各种设施平行与交叉净距	穿越路面	1.0
	离建筑物基础	0.6
	与排水沟底的交叉	0.5

（续）

内 容		最小埋深或间距
电缆与各种设施平行与交叉净距	与热力管道的近似平行	2.0
	与热力管道的交叉	0.5
	与其他管道的接近或交叉	0.5
电缆相互间净距	平行接近时	0.1
	交叉接近时	0.5
电缆明装时的支架间距	铅包电缆垂直装置时	1.5
	其他类电缆垂直装置时	2.0
	各类电缆水平装置时	1.0

电缆弯曲不能成死弯，因此弯曲半径较大，必须满足表13-14所示的要求。

表13-14 电缆最小弯曲半径（D为电缆外径）

电 缆 形 式			多芯	单芯
控制电缆			10D	
橡胶绝缘电力电缆	无铅包钢铠护套		10D	
	裸铅包护套		15D	
	钢铠护套		20D	
聚氯乙烯绝缘电力电缆			10D	
交联聚乙烯绝缘电力电缆			15D	20D
油浸纸绝缘电力电缆	铅包		30D	
	铅包	有铠装	15D	20D
		无铠装		20D

电缆穿越建筑物和路面或引出地面时应穿保护管。一根保护管只穿一根电缆。保护管内径应不小于电缆外径的1.5倍。电缆露出地面2m长的部分应加装钢管进行保护，安装完毕后，将管口用黄麻沥青密封。

直埋电缆的管沟为梯形，深度应使电缆表面距地面不小于0.7m，地面是农田时不应小于1m。寒冷地区的电缆应埋设于冻土层以下。直埋深度不超过1.1m可不考虑上部压力的机械损伤，电缆外表至地下构筑物的基础不得小于0.3m。电缆沟沟底的挖掘深度，根据电缆在沟内平行敷设时，电缆外径加上电缆之间最小净距计算。电缆沟的沟底宽度取决于电缆根数及散热间距，见表13-15，电缆沟断面示意图如图13-5所示。

表13-15 电缆沟沟底的挖掘宽度 B（单位：mm）

控制线缆数 / 10kV以下电缆数	0	1	2	3	4	5	6
0		350	380	510	640	770	900
1	350	450	580	710	840	970	1100
2	550	600	780	860	990	1120	1250
3	650	750	880	1010	1140	1270	1400
4	800	900	1030	1160	1290	1420	1550
5	950	1050	1180	1310	1440	1570	1800
6	1120	1200	1330	1460	1590	1720	1850

电缆敷设完毕，应在电缆上、下各均匀敷设 100mm 厚的细砂或软土，然后覆盖保护板或类似的保护层，覆盖的保护层应超过电缆两侧各 50mm。

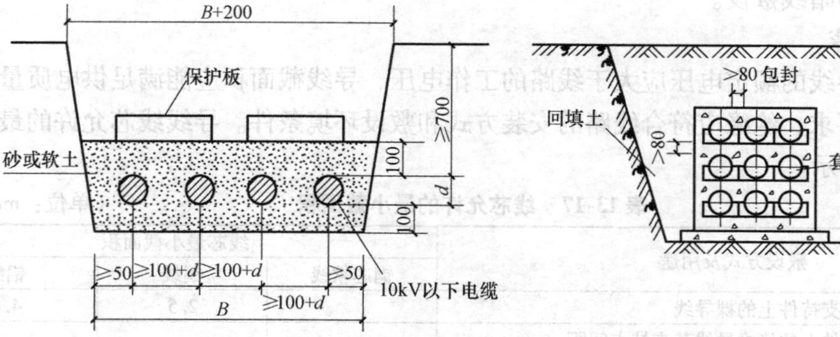

图 13-5 直埋电缆沟（左）和穿管包封电缆沟断面示意图

电缆之间、电缆与其他管道、道路、建筑物等之间平行或交叉时的最小净距，应符合表 13-16 所示的规定。

表 13-16 电缆之间、电缆与其他管道、道路、建筑物等之间的最小净距（单位：m）

项目		最小净距		项目	最小净距	
		平行	交叉		平行	交叉
电缆及控制电缆	10kW 以上	0.25	0.50	热力管道及管沟	2.00	0.50
	10kW 以下	0.10	0.50	油管道、管沟	1.00	0.50
电气化铁路	直流	10.00	1.00	可燃气体及易燃液体管道、沟	1.00	0.5
	交流	3.00	1.00	其他管道、管沟	0.50	0.50
铁路		3.00	1.0	城市街道路面	1.00	0.70
公路		1.50	1.00	建筑基础、边线	0.60	

穿管敷设时一般都是指管道包封时，此时电缆不必计算敷设驰度。

穿管敷设多采用专用金属管或非金属管排列穿管，为安全起见，多采用混凝土导管模式或水泥包封模式，如图 13-5 所示。

3. 电缆工程的验收

验收时应检查电缆规格是否符合规定，有无机械损伤，标志牌是否装设齐全和清晰。电缆的固定、弯曲半径、有关距离和单芯电力电缆的金属护层的接线、相序排列是否符合要求。充油电缆的供油系统应牢固，油压、电缆及护层保护器的接地电阻是否符合设计要求，电缆终端的相色是否正确，电缆支架等的金属部件防腐层是否完好。电缆沟及隧道内照明、通风、排水等设施是否符合设计要求。直埋电缆路径标志是否清晰牢固、间距适当并与实际路径相符，防火措施是否符合设计要求，隐蔽工程是否在施工过程中进行了中间验收等。

验收需要的资料和技术文件包括电缆线路路径的协议文件、设计图样资料、电缆清册、变更设计的证明文件和标明各线路的相对位置的竣工图、直埋电缆敷设位置图等，并有标明地下管线的剖面图，制造厂提供的产品说明书、试验记录、合格证件及安装图样等技术文件，隐蔽工程的技术记录，电缆线路的原始记录、试验记录。

二、室内配线

线缆沿墙壁、天花板、桁架及梁柱等布线称为明线敷设，导线埋设在墙内、地坪内及顶棚内等布线称为暗线敷设。

1. 基本要求

配线时，导线的额定电压应大于线路的工作电压，导线截面积应能满足供电质量、发热和机械强度的要求，绝缘应符合线路的安装方式和敷设环境条件。导线线芯允许的最小截面积如表13-17所示。

表13-17 线芯允许的最小截面积 （单位：mm^2）

敷设方式及用途	线芯最小截面积		
	铜芯软线	铜线	铝线
1. 敷设在室内绝缘支持件上的裸导线		2.5	4.0
2. 敷设在绝缘支持件上的绝缘导线其支持点间距			
(1)1m及以下 室内		1.0	1.5
室外		1.5	2.5
(2)2m及以下 室内		1.0	2.5
室外		1.5	2.5
(3)6m及以下		2.5	4.0
(4)12m及以下		2.5	6.0
3. 穿管敷设的绝缘导线	1.0	1.0	2.5
4. 槽板内敷设的绝缘导线		1.0	1.5
5. 塑料护套线敷设		1.0	1.5

导线敷设时应尽量避免接头，穿管导线和槽板配线中间不允许有接头，接头则采用接线盒或分线盒。导线在通过伸缩缝的地方，应稍微松弛，对于线管配线应设置补偿盒，以适应建筑物的伸缩。为确保用电安全，室内配线与管道间及配线间距参见表13-18。

表13-18 室内配线与管道间及配线间距 （单位：mm）

管道名称		配线方式		
		穿管配线	绝缘导线明配线	裸导线配线
		最小间距		
蒸汽管	平行	位于管上1000 位于管下500	位于管上1000 位于管下500	1500
	交叉	300	300	1500
暖、热水管	平行	位于管上300 位于管下200	位于管上300 位于管下200	1500
	交叉	100	300 位于管下200	1500
通风、上下水压缩空气管	平行	100	位于管上200	5100
	交叉	50	100	5100

配线间距			
线路敷设情况		间距	采取的措施
水平高度距地	水平线	>2500	不满足距离要求时，应加装管槽保护
	垂直线	>1800	
导线穿墙保护管			伸出墙面长度10mm，并保持一定的倾斜度
导线彼此交叉			每根导线上加套绝缘管并相互固定
当导线沿墙壁或天花板敷设导线与建筑物之间最小距离			瓷夹板配线大于5mm、瓷瓶配线大于10mm

2. 室内配线施工

室内配线施工应根据施工图样，确定电气设备安装位置、导线敷设路径及导线穿过墙壁和楼板的位置，在土建抹灰前将配线所有的固定点打好孔洞或埋设好支持构件，同时配合土建工程做好预留、预埋工作，装设绝缘支撑物、线夹、支架或保护管，敷设导线，安装灯具及电气设备，测试导线绝缘，连接导线校验、自检、试通电等。

（1）室内布线与连接　室内布线方式分为明敷及暗敷两种，暗装敷设通常是先预埋管道，以后再向管内穿线。

同质导线连接时，铜芯导线可采用缠绕或涂锡方法，多股铝芯及导线截面积超过 $2.5mm^2$ 的多股铜芯导线应紧压端子后再与电气设备的端子连接，单股铜（铝）芯及导线截面积为 $2.5mm^2$ 及以下的多股铜芯导线可直接连接，多股铜芯导线的线芯应先拧紧、涂锡后再连接。铜芯导线及铜接线端子涂锡时不要使用酸性焊剂。不同质导线连接时，铜、铝导线相连接可使用铜铝过渡端子、铜铝过渡套管、铜铝过渡线夹等连接。铜铝端子相连接时应将铜接线端子做涂锡处理。截面积为 $10mm^2$ 及以下的单股铜线和截面积为 $2.5mm^2$ 及以下的单股铝线，可直接与电气设备连接。导线对接或导线与设备连接好后，应用汤姆逊电桥测定连接点的接触电阻，接触电阻不应大于该段导线本身的电阻值。

（2）配线施工规定　埋入墙体或混凝土内的管线，离表面层净距不应小于 15mm，塑料电线管在砖墙内剔槽敷设时必须用强度等级不小于 M10、厚度不小于 15mm 的水泥砂浆抹面保护，配线工程中使用的金属辅件、配线管材及金属构架等均应做防腐处理，镀锌或涂樟丹油漆一道，明敷设部分还应涂灰色油漆两道。线路在通过建筑物伸缩缝、沉降缝时应有补偿装置。管路敷设宜沿最短路线并应减少弯曲和重叠交叉，超过一定长度时应加装中间盒，间距参见表 13-19。

表 13-19　中间盒间距　（单位：m）

弯曲情况	3 个弯曲	2 个弯曲	1 个弯曲	无弯曲
中间盒间距	8	15	20	30

配线支持件宜采用预埋螺栓、胀管螺栓、胀管螺钉、预埋金属件焊接等方法固定。各种金属构件的安装螺孔不得采用电气焊割孔。直径在 20mm 及以下的钢管、直径在 25mm 及以下的电线管可利用顶棚的顶杆或主龙骨敷设，其他线管、线槽应有单独的吊挂或支撑。

金属管、金属线槽、金属箱、盒及支架等不应外露带电部分，线槽与配管、顶棚内敷设的线管在进入箱、盒时，其内外侧均应有螺母固定，且应连接为一个整体并接地。将同一回路的所有相线及中性线穿于同一根线管内。明配于潮湿场所或埋地敷设的线管应采用焊接钢管（SC）；明配或暗配于干燥场所的线管可采用电线管（TC）。

交流三相线路一般使用下列颜色区分：L1 相为黄色，L2 相为绿色，L3 相为红色，中性线为淡蓝色，保护线为绿/黄双色。直流线路的正极“+”为棕色，负极“-”为蓝色，接地中性线为淡蓝色。绿/黄双色线只用于标记保护导体不能用于其他目的。淡蓝色只用于中性线或中间线，线路中包括用颜色来识别的中性线或中间线时，所用颜色必须是淡蓝色。

（3）室内布线　可采用钢管布线、硬塑料管布线、普利卡金属套管布线、钢索布线及线槽布线。

1）钢管布线使用的钢管有薄壁钢管（$\delta \leqslant 2mm$）和厚壁钢管。要根据所穿导线截面、根数选择配管管径。两根绝缘导线穿于同一根管，管内径不应小于两根导线外径之和的 1.35 倍（立管可取 1.25 倍）。三根及以上绝缘导线同穿一根管时，导线截面积（包括外护层）的总和不应超过管内径截面积的 40%。钢管连接做法见图 13-6，顶棚内的钢管的固定见图 13-7。

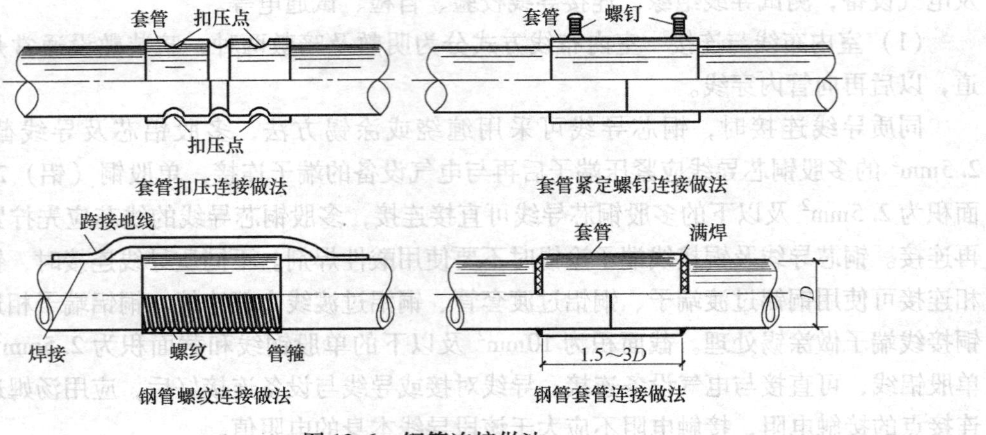

图 13-6　钢管连接做法

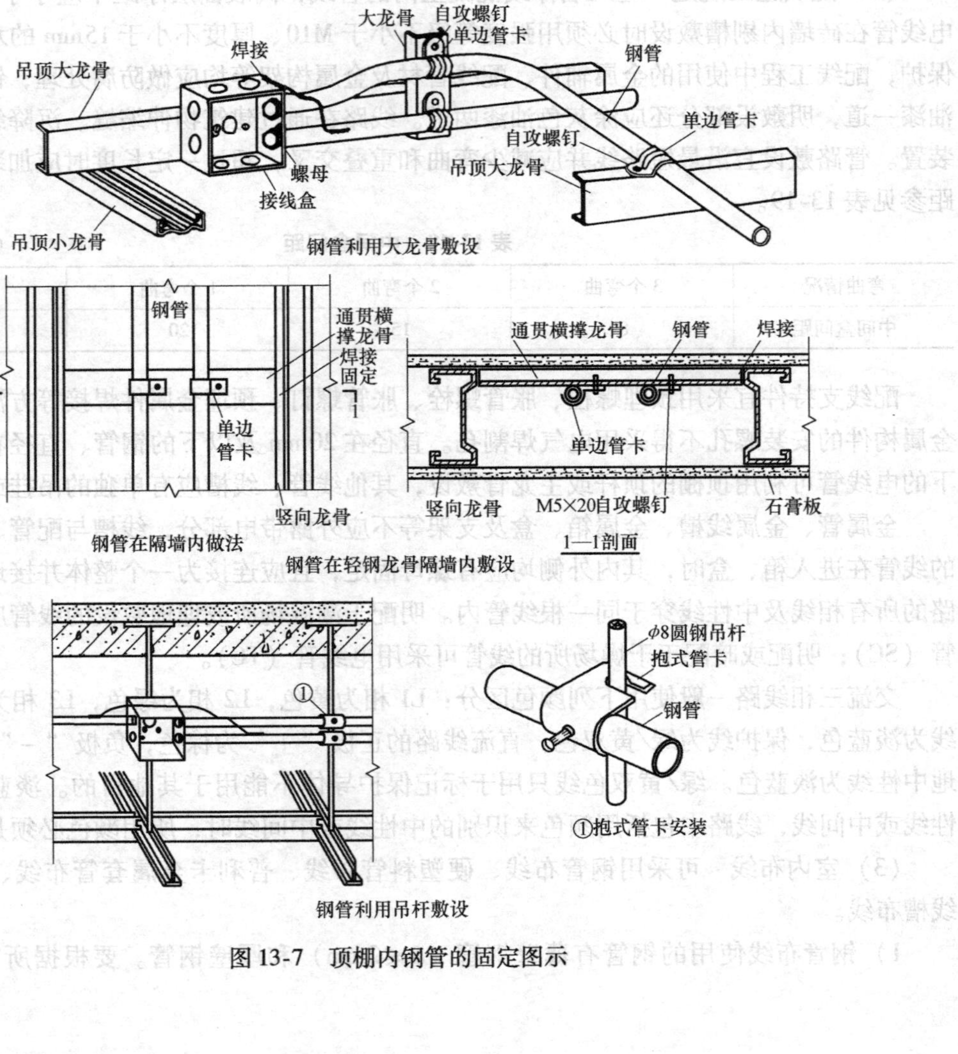

图 13-7　顶棚内钢管的固定图示

配管管路通过建筑物变形缝时，要在其两侧各埋设接线盒（箱）做补偿装置，接线盒（箱）相邻面穿一短钢管，短管一端与盒（箱）固定，另一端应能活动自如。钢管穿变形缝的补偿措施之一见图 13-8。

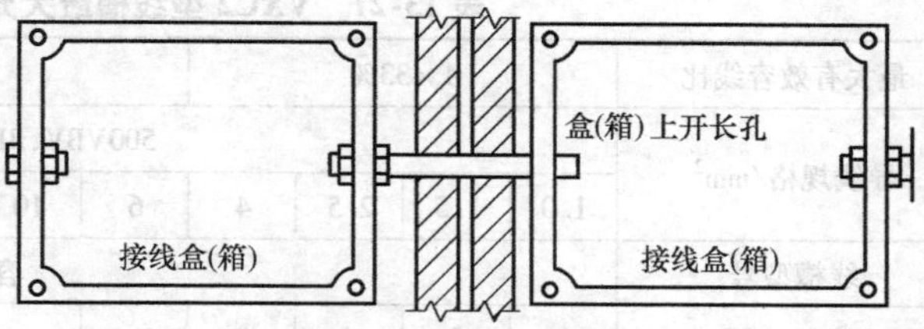

图 13-8　钢管穿变形缝的补偿措施

2）在有腐蚀性气体和潮湿的场所使用热塑性硬塑料管、聚氯乙烯半硬性塑料管和可弯硬塑料管。塑料管的锯断、弯曲、连接施工都比较方便。

3）普利卡金属套管布线是电线电缆保护套管的更新换代产品，属于可挠性金属套管。普利卡金属套管种类很多，但其基本结构是由镀锌钢带卷绕成螺纹式的可挠性金属套管。

4）线槽分为金属线槽和塑料线槽。金属线槽多由厚度为 0.4～1.5mm 的钢板制成，一般适用于干燥和不易受机械损伤的室内场所明敷设。常用吊装线槽型号有 GXC-30、GXC-40、GXC-45、GXC-65。

地面暗装金属线槽是壁厚为 2mm 的封闭式矩形金属成品线槽，可直接敷设在混凝土地面、现浇钢筋混凝土楼板或预制混凝土楼板的垫层内，一般为 3m 长，每 0.6m 设一个出口。选用地面暗装金属线槽主要根据所需敷设导线的根数，见表 13-20，地面暗装金属线槽的敷设如图 13-9 所示。

图 13-20　地面暗装金属线槽的选择

导线型号	500VBV 绝缘导线						通信及弱电线路导线及电缆			
名称及规格	单芯导线规格/mm^2						RVB 平行软线	HYV 电话电缆	SYU 同轴电缆	
线槽型号及规格	1.0	1.5	2.5	4.0	6.0	10	2×0.2	2×0.5	75-5	75-9
	槽内容纳导线根数						槽内容纳导线对数或电缆(条数)			
50 系列	60	35	25	20	15	9	40 对	(1)×80 对	(25)	(15)
70 系列	130	75	60	45	35	20	80 对	(1)×150 对	(60)	(30)

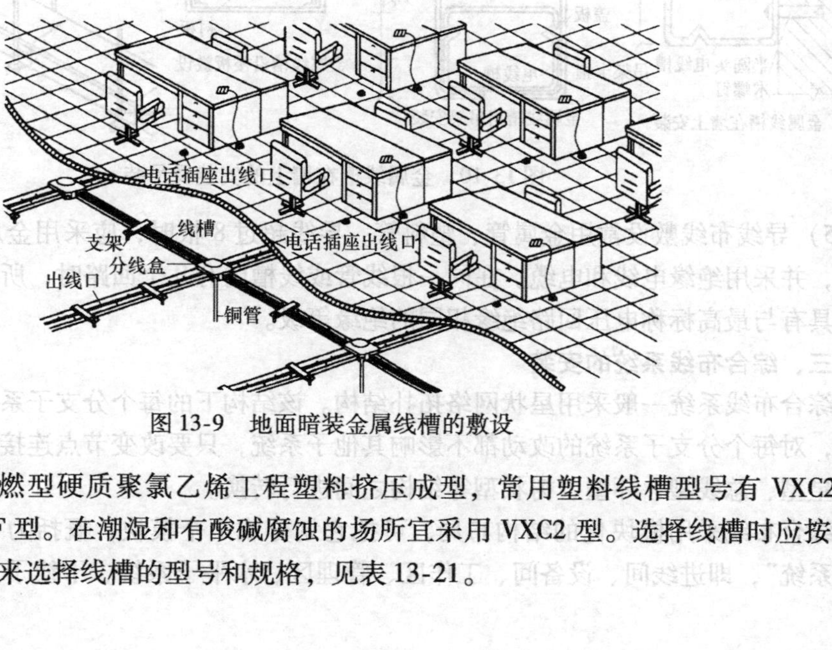

图 13-9　地面暗装金属线槽的敷设

塑料线槽由难燃型硬质聚氯乙烯工程塑料挤压成型，常用塑料线槽型号有 VXC2 型、VXC25 型和 VX-CF 型。在潮湿和有酸碱腐蚀的场所宜采用 VXC2 型。选择线槽时应按线槽允许容纳导线根数来选择线槽的型号和规格，见表 13-21。

表 13-21　VXC2 型线槽最大允许容纳导线根数

最大有效容线比	$A\times33\%$				$A\times27.5\%$					$A\times22\%$			
导线规格/mm^2	500VBV、BLV 型聚乙烯绝缘导线												
	1.0	1.5	2.5	4	6	10	16	25	35	50	70	95	
线槽型号	容纳导线根数												
VXC2—25	9	5	4	3									
VXC2—30	19	10	9	7	5								
VXC2—40		14	12	9	7	3							
VXC2—50			15	11	9	4	3						
VXC2—60						9	6	4	3				
VXC2—80							9	6	4	3			
VXC2—100								7	6	4	3		
VXC2—120										7	4	3	

线槽应敷设在干燥和不易受机械损伤的场所，每节线槽的固定点不应少于两个，在转角、分支处和端部应有固定点，紧固后线槽内表面应光滑，出线口应位置正确、光滑、无毛刺，且应平直整齐，水平或垂直允许偏差为其长度的 0.2%，且全长允许偏差为 20mm。

金属线槽敷设的固定间距直线段不应大于 3m，在线槽的首端、终端、分支、转角、接头及进出接线盒处应不大于 0.5m。墙上安装时，可采用 8×35mm 半圆头木螺钉配塑料胀管的安装方式，也可以采用托臂支承或用扁钢、角钢支架支承。金属线槽还可以采用吊杆安装。金属线槽在墙上的安装及吊装参见图 13-10。

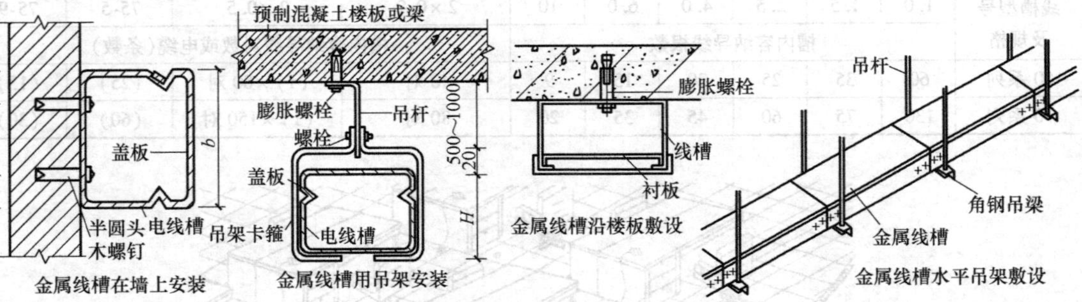

图 13-10　金属线槽在墙上的安装及吊装

5）导线布线敷设常用金属管、塑料管，导线超过 8 根时，应采用金属线槽或塑料线槽布线，并采用绝缘电线和电缆。在同一根线管或线槽内有几个回路时，所有绝缘电线和电缆都应具有与最高标称电压回路绝缘相同的绝缘等级。

三、综合布线系统的安装

综合布线系统一般采用星状网络拓扑结构。该结构下的每个分支子系统都是相对独立的单元，对每个分支子系统的改动都不影响其他子系统，只要改变节点连接方式就可使综合布线在星型、总线型、环型、树状型等结构之间进行转换。

综合布线采用模块化的结构布局，可把它划分成 7 个模块，概括为“二间、二区、三个子系统”，即进线间、设备间、工作区、管理区、水平子系统、干线子系统、建筑群干线子系统7个部分。图13-11所示的每一部分都是相互独立，可以单独设计、单独施工，更改其中一个子系统时，均不会影响其他子系统。

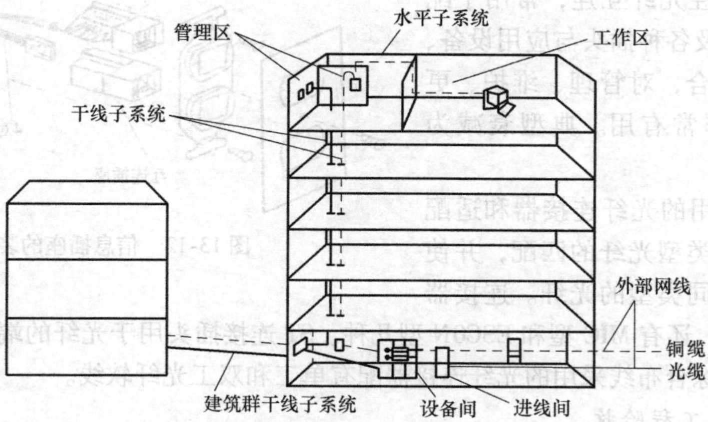

图13-11　建筑物综合布线结构

1. 线缆的施工

在工程开工前，应做好器材检验，对工程所用线缆和连接件的规格、程式、数量、质量进行检查。工程所用线缆的规格、形式应符合设计的规定和合同要求。

布放线缆应留有余量，二级交接间、设备间双绞电缆预留长度一般为3~6m，工作区为0.3~0.6m。非屏蔽4对双绞电缆的弯曲半径应至少为电缆外径的4~8倍，屏蔽双绞电缆、干线双绞电缆的弯曲半径应至少为电缆外径的6~10倍。光缆的弯曲半径要大于光缆自身直径的20倍。

布放线缆的牵引吊挂线缆支点相隔间距不应大于1.5m。拉线缆应采取慢而又平稳的速度，n根4对双绞电缆，拉力为$(n\times50+50)$N，最大拉力不能超过400N，速度不宜超过15m/min。

2. 配线设备安装

机架安装完毕后，水平度、垂直度应符合生产厂家规定。若无规定时，垂直度偏差不应大于3mm。配线架垂直倾斜误差应不大于3mm，底座水平误差每平方米应不大于2mm。接线端子各种标记应齐全，配线设备接地体应符合设计要求，并保持良好的电气连接。

3. 信息插座端接

按照T568B标准布线的接线和T568A（ISDN）标准接线，信息插座模块化的插针与电缆连接有两种方式。在同一个工程中，宜只采用一种连接方式。

信息插座应牢固地安装在平坦的地方，其面应有盖板。安装在墙体上的插座，宜高出地面300mm。信息插座应有标签，以颜色、图形、文字表示所接终端设备的类型。信息插座没有自身的阻抗。如果连接不好，可能要增加链路衰减及近端串扰。所以，安装和维护综合布线的人员，必须进行严格培训，掌握安装技能。信息插座在端接前应已装好，如图13-12所示。

4. 光纤连接

光纤与光纤的连接常用的技术分为拼接技术和端接技术，拼接技术又可分为高压放电使待接光纤端头熔融的熔接技术和微截面处理抛光加箍的机械拼接技术。

光纤的端接是使用光纤连接元件对于需要进行多次插拔的光纤连接部位进行连接，属活动性光纤互连，常用于配线架的跨接线以及各种插头与应用设备、插座的连接等场合，对管理、维护、更改链路等方面非常有用。典型衰减为1dB/接头。

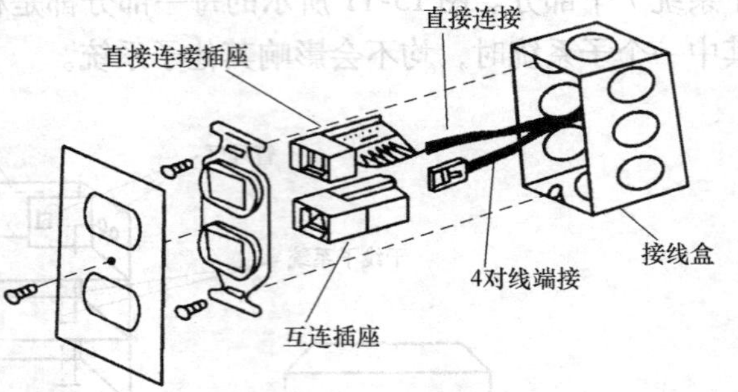

图 13-12　信息插座的装配

综合布线选用的光纤连接器和适配器应适用于不同类型光纤的匹配，并使用色码来区分不同类型的光纤。连接器有 ST 型、SC 型，还有 MIC 型和 ESCON 型几种。ST 连接插头用于光纤的端接，MIC 型是一种双工连接器。综合布线采用的光纤连接器配有单工和双工光纤软线。

5. 综合布线工程验收

综合布线工程的竣工验收必须经过严格的传输通道参数测试，它是鉴定综合布线工程各建设环节质量的手段，测试资料也必须作为验收文件存档。

由电缆和相关连接件组成的信息传输通道，测试可以分为电缆传输链路验证测试与电缆传输通道认证测试。

综合布线工程验收，按工程进度可分为工程验收准备、工程验收检查、工程竣工验收三个阶段。工程验收准备由施工单位会同建设单位进行，工程验收检查和工程竣工验收由行业技术主管单位会同有关部门进行。

在施工单位自检的基础上，工程验收检查一般应按施工前检查、隐蔽工程检查、工程验收检。

工程竣工验收包括整个工程质量和传输性能。工程质量以现场检查方式进行；传输性能必须用测试仪器进行测试。双绞电缆测试仪器，应分别满足 ANSI/TIA/EIATSB-67 基本链路和通道二级精确度测试仪器的要求，测试链路或通道应符合 ANSI/TIA/ELATSB-67 的要求。在验收过程中发现不合格的项目，应由验收部门查明原因，分清责任，提出解决办法。

竣工验收测试包括电缆传输通道性能测试、光纤传输通道性能测试以及接地电阻测量。竣工技术文件要做到内容齐全、数据准确、外观整洁。

工程竣工后，应移交下列资料：修改后的竣工图、原材料出厂质量合格证明和抽查记录、工程测试报告、隐蔽工程验收检查记录、配线表。

第三节　常用电气设备的安装

本章节主要介绍照明系统、室内供电设施以及变配电设备的安装。

一、照明灯具安装

照明是建筑工程中不可缺少的组成部分。照明方式可分为一般照明、分区一般照明、局部照明和混合照明。照明种类可分为正常照明、应急照明、值班照明、警卫照明和障碍照明。

灯具主要由灯座和灯罩两部分组成。室内灯具安装方式通常分为吸顶式、嵌入式、壁挂式和悬吊式。悬吊式又分为软线吊灯、链条吊灯和钢管吊灯。

1. 灯具安装一般要求

灯具安装一般在配线完成之后进行，室内照明灯距地面高度不得低于2.5m，极限为2.2m，人碰不到的地方，可减为1.5m。低于极限时应进行接地、接保护或采用安全电压供电。室外照明灯一般高度不低于3m，墙上灯具可减为2.5m，不足以上高度时，应加保护措施，同时尽量防止风吹而引起的摇动。

同一室内或场所成排安装的灯具，其中心线偏差不应大于5mm。荧光灯和高压汞灯及其附件应配套使用，位置应便于检修，灯具固定应牢固可靠，每个灯具固定用的螺钉或螺栓不应少于2个。

在砖石结构中安装电气照明装置，应采用预埋吊钩、螺栓、螺钉、膨胀螺栓、尼龙塞或塑料塞，严禁使用木楔。固定件的承载能力应与电气照明装置的重量相匹配。

电气照明装置的接线应牢固、电气接触应良好，需要接地或接零的灯具、开关、插座等非带电金属部分，应有明显标志的专用接地螺钉，在危险性较大及特殊危险场所，应使用额定电压为36V以下的照明灯具或采用保护措施。

2. 照明及装饰灯具的安装

照明灯具包括吸顶灯具、吊装灯具、嵌入式灯具、壁灯、花灯、应急照明灯，装饰灯具包括荧光灯、景观照明灯、节日彩灯、舞厅灯、喷水照明装置、水中照明灯和光檐照明等。

（1）照明灯具的安装　分为吸顶安装、吊装、墙壁安装等。

小型吸顶灯具可直接将绝缘台固定在顶棚的预埋木砖上或用预埋的螺栓固定，然后再把灯具固定在绝缘台上。超过3kg的吸顶灯，应根据预埋的螺栓和灯头盒的位置在灯具托板上用电钻开好安装孔和出线孔，把灯具或绝缘台直接固定在预埋螺栓或膨胀螺栓上。固定用的吊钩，其圆钢直径不应小于灯具吊挂销钩的直径，也不得小于6mm。对大型吸顶花灯悬吊装置，应按照灯具质量的1.25倍做过载试验。对装有白炽灯泡的吸顶灯具，灯泡不应紧贴灯罩。

灯具吊装时，质量应在1kg以下的灯具可用软线吊装，电线应与吊线编叉在一起，电线不应受到拉力。3kg以下的吊灯应采用吊链式或吊杆式固定，质量超过3kg时，应采用内径不应小于10mm、管壁厚度不应小于1.5mm钢管吊装，并应预埋吊钩或螺栓进行固定。安装时应把灯具托起，并将预埋的吊杆插入灯具内将吊挂销钉插入后再把尾部掰开成燕尾状，并将其压平。调整好各个灯口，装好灯泡，最后配上灯罩。

壁灯应根据灯具底座的外形选择合适的绝缘台，把灯具底座摆放在上面，四周留出的余量要对称，确定好出线孔和安装孔的位置，再用电钻在绝缘台上钻孔。如果壁灯装在柱上，将绝缘台固定在预埋柱内的木砖或螺栓上，也可打眼用膨胀螺钉固定灯具绝缘台；同一工程中成排安装的壁灯，安装高度应一致，高低差不应大于5mm。

应急备用照明宜安装在墙面或顶棚部位，疏散照明应安装在应急出口（安全出口）照明和疏散走道及其转角处，距地1m以下的墙面上，疏散标志灯也可以安装在顶部，并应有指示疏散方向的箭头标志，间距不宜大于20m（人防工程10m）。楼梯间的疏散标志灯宜安装在休息平台板上方的墙角处或壁上，并用箭头及阿拉伯数字清楚标明上、下层层号。

安全出口标志灯宜安装在疏散门口的上方，可明装或暗装。在首层的疏散楼梯，应安装于楼梯口的里侧上方。安全出口标志灯距地高度宜不低于2m。

（2）装饰灯具的安装　包括霓虹灯、景观照明灯、节日彩灯、舞厅灯、喷水照明装置、水中照明灯和光檐照明的安装等。

霓虹灯的灯管应采用专用的绝缘支架固定，且必须牢固可靠，专用支架可采用玻璃管制成，灯管与建筑物、构筑物表面的最小距离不宜小于20mm。专用变压器不宜装在吊平顶内，明装时其高度不宜小于3m，离阳台、架空线路等距离不应小于1m。高压线路在穿越建筑物时，应穿双层玻璃管加强绝缘，玻璃管两端须露出建筑物两侧，长度各为50～80mm。容量不超过4kW的霓虹灯，可采用单相供电，对超过4kW的大型霓虹灯，需要提供三相电源，霓虹灯变压器要均匀分配在各相上。

在建筑物本体上安装泛光灯时，投光灯凸出建筑物的长度应在0.7～1m处，应使窗墙形成均匀的光幕效果。

固定安装的彩灯装置，其灯间距离一般为600mm，每个灯泡的功率不宜超过15W，节日彩灯每一单相回路不宜超过100个。电线应采用钢管敷设，不能使用非金属管。连接彩灯灯具的每段管路应用管卡子及塑料膨胀螺栓固定，管路之间（即灯具两旁）应用直径不小于6mm的镀锌圆钢进行跨接连接。

悬挂式彩灯一般采用防水吊线灯头连接，同线路一起悬挂于钢丝绳上。悬挂式彩灯导线应采用绝缘强度不低于500V的橡胶铜导线，截面积不应小于$4mm^2$。灯头线与干线的连接应牢固，绝缘包扎紧密即可。

二、常用电气设备的安装

1. 插座及开关的安装

插座及开关在接线安装时，首先将电气和机械性能抽样检测合格的开关及插座盒内预留导线端部剥去绝缘层，按照技术及设计要求进行接线。

（1）插座的安装　插座距地面高度一般为0.3m；托儿所、幼儿园及小学校的插座距地面高度不宜小于1.8m。同一场所安装的插座高度应一致。车间及试验室的插座安装高度距地面不宜小于0.3m；特殊场所安装的插座不宜小于0.15m；在潮湿场所，应采用密封良好的防水、防溅插座，安装高度不应低于1.5m；同一室内安装的插座高度差不宜大于5mm；并列安装的相同型号的插座高度差不宜大于1mm；住宅使用的安全插座，安装高度可为0.3m；暗装的插座应采用专用盒，专用盒的四周不应有空隙，而盖板应端正，并紧贴墙面；对于不经常移动的用电设备，多联插座可固定安装在墙上，距地面高度一般不低于1.3m。落地插座应具有牢固可靠的保护盖板。

当交流、直流或不同电压等级的插座安装在同一场所时，应有明显的区别，必须选择不同结构、不同规格和不能互换的插座；其配套的插头，应按交流、直流或不同电压等级区别使用。

同一场所的三相插座，其接线的相位必须一致。图13-13所示为插座接线顺序示意图。

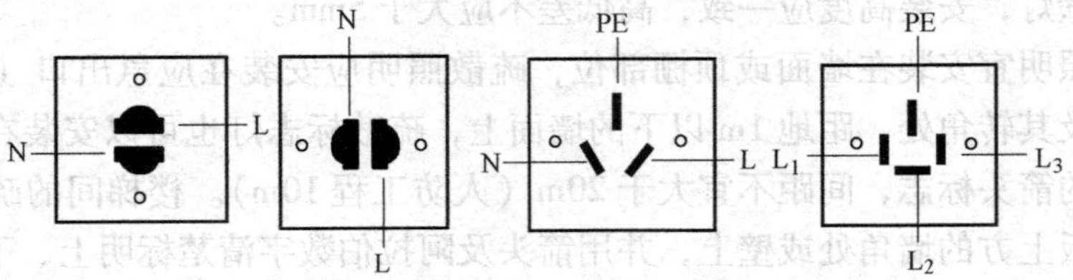

图13-13　插座接线顺序示意图

(2) 开关的安装 开关安装的位置应便于操作，边缘距门框的距离宜为150~200mm，不得置于单扇门后，距地面高度宜为1.3m；拉线开关距地面高度宜为2~3m，拉线出口应垂直向下，开关位置与灯位相对应。安装在同一建筑物、构筑物内的开关，宜采用同一系列的产品，开关的通断位置应一致；并列安装的相同型号开关距地面高度应一致，同一室内安装的开关高度差不应大于5mm。

相线（俗称火线）应经开关控制。暗装的开关应采用专用盒，专用盒的四周不应有空隙，盖板应端正，并紧贴墙面。多尘潮湿场所和户外应选用防水瓷制拉线开关或加装保护箱，易燃、易爆和特别潮湿的场所，应分别采用防爆型、密闭型，或采取其他保护措施。

开关接线时，应将盒内导线理顺，依次接线后，将盒内导线盘成圆圈，放置于开关盒内。安装固定面板时，找平找正后再与开关盒安装孔固定。用手将面板与墙面顶严，防止拧螺钉时损坏面板安装孔，并把安装孔上所有装饰帽一并装好。

2. 配电箱的安装

配电箱应安装在靠近电源的进口处，并应在尽量接近负荷中心的位置上，一般配电箱的供电半径为30m左右。多层建筑各层的配电箱应尽量设在同一垂直位置上，以便于干线立管敷设和供电。住宅楼总配电箱和单元及梯间配电箱，一般应安装在梯间过道的墙壁上，以便支线立管的敷设。配电箱与采暖管道距离不应小于300mm，与给水排水管道距离不应小于200mm，与燃气管和燃气表距离不应小于300mm。

安装配电箱（板）所需的木砖及铁件等均应预埋，挂式配电箱（板）应采用金属膨胀螺栓固定。配电箱安装时底口距地面一般为1.5m，明装电度表板底口距地面不得小于1.8m。在同一建筑物内，同类箱（板）的高度应一致，允许偏差为10mm。

盘面引出及引进的导线应留有余量，导线剥削处不应损伤线芯或使线芯过长，导线压头应牢固可靠，多股导线不应盘圈压接，应加装压线端子（有压线孔者除外）。当必须穿孔用内六角螺钉压接时，多股线应涂锡后再压接，不得减少导线股数。

配电箱（板）带有器具的铁制盘面和装有器具的门都应有明显可靠的裸软铜PE线接地，箱（板）盘面上安装的刀开关及断路器等，当处于断路状态时，刀片可动部分不应带电。垂直装设的刀开关及熔断器等上端接电源，下端接负荷，水平装设时，面对盘面左侧接电源，右侧接负荷。配电箱（板）的电源指示灯，其电源应接至总开关的外侧，应装单独熔断器（电源侧）。盘面闸具位置应与支路相对应，其下面应装设卡片框，标明路别及容量。

电气系统的保护接地方式分为TN系统（包括中性线N与接地线PE合一的TN-C系统、中性线N与接地线PE分开设置的TN-S系统、中性线N与保护线PE部分共用的TN-C-S系统）、TT（中性点直接接地）系统以及IT（中性点不接地或经阻抗接地）系统。TN—C和TN—C—S保护接零系统中的中性线应在箱体进户线处做好重复接地。零母线在配电箱（板）上应用中性线端子板分路，中性线端子板分支路排列位置，应与熔断器相对应。

配电箱（板）上器具、仪表应安装牢固、平正、间距均匀、铜端子无松动，启闭灵活，零部件齐全。其排列间距应符合表13-22所示的要求。

表 13-22 器具、仪表排列间距要求

间距			最小尺寸/mm
仪表侧面之间或侧面与盘边			>60
仪表顶面或出线孔与盘边			>50
闸具侧面之间或侧面与盘边			>30
上、下出线孔之间			>40 以上（隔有卡片框） >20 以上（未隔卡片框）
插入式熔断器顶面或底面与出线孔	插入式熔断器/A	10～15	>20
		20～30	>30
		60	>50
仪表、胶盖闸顶面或底面与出线孔	导线截面积/mm²	≤10	80
		16～25	100

悬挂式配电箱在墙上或柱子上安装。墙上直接挂装时，应先埋设固定螺栓，螺栓长度应为埋设深度 120～150 mm 加上箱壁厚度以及螺母和垫圈的厚度，再加上 3～5 扣螺纹的余量长度。支架上安装时，应先将支架做好并固定在墙上，或用抱箍固定在柱子上，再用螺栓将配电箱安装在支架上。配电箱安装高度按施工图样要求。回路名称也按设计图样给予标明。悬挂式配电箱安装如图 13-14 所示。

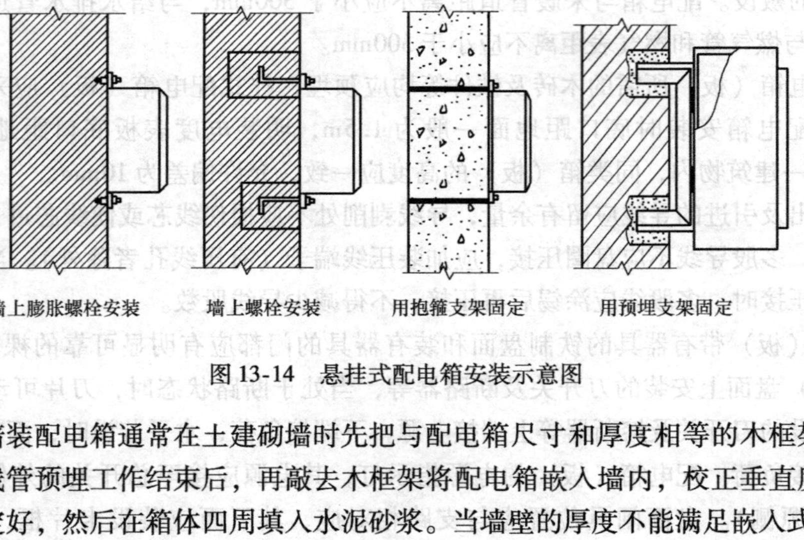

墙上膨胀螺栓安装　墙上螺栓安装　用抱箍支架固定　用预埋支架固定

图 13-14 悬挂式配电箱安装示意图

嵌入式暗装配电箱通常在土建砌墙时先把与配电箱尺寸和厚度相等的木框架嵌在墙内，待土建及配线管预埋工作结束后，再敲去木框架将配电箱嵌入墙内，校正垂直度和水平度，将配电箱固定好，然后在箱体四周填入水泥砂浆。当墙壁的厚度不能满足嵌入式要求时，可采用半嵌入式安装。

配电箱落地安装时，在安装前要预制 1 个高出地面一定高度的混凝土空心台，可使进出线方便，不易进水，如图 13-15 所示。进入配电箱的钢管应排列整齐，管口高出基础面 50mm 以上。

三、电力变压器及动力设备的安装

变压器及附件进场后首先进行器身检查，基础验收合格后进行本体及附件安装、接地（接零）支线敷设、电气试验、注油＋整体密封检查，再进行试运行。

由高压成套开关柜、低压成套开关柜和变压器三个独立单元组成的箱式变电站高压电气设备部分，应符合 GB 50150—2006《电气装置安装工程交接试验标准》的规定。

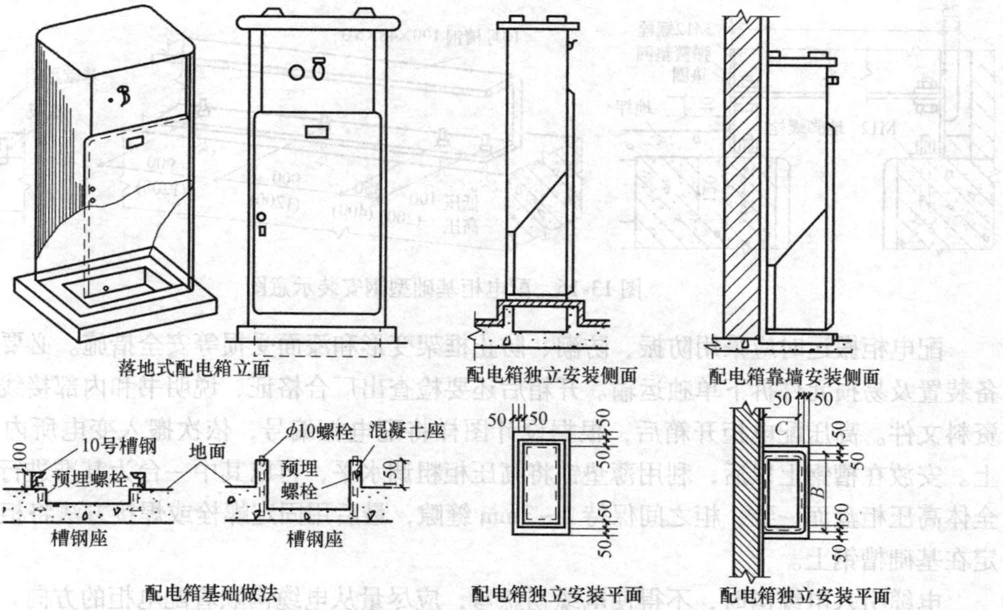

图 13-15　配电箱的落地安装

1. 变压器及箱式变电站的安装

箱式变电站一般是成套供货或由生产厂家到现场组装，安装时主要观察外围设施，如变电站的中性线母线 N 与接地母线 PE 是否与接地干线直接相连，高压进线与低压出线是否符合要求等。

试运行中应仔细倾听变压器有无异常声音，检查冷却通风等设施是否正常工作，注意负荷变化后变压器温升变化情况，满负荷时变压器温度是否低于允许温升。经常查看变压器运行记录，及时发现问题及时解决。

变压器、箱式变电站的高压交接试验，采用高压试验台做工频耐压试验。低压交接试验采用仪器及试验电压标准为低压母线的交接试验应进行相间与相对地绝缘电阻测试，测试值应大于 0.5Ω。其交流工频耐压试验电压为 1kV，当绝缘电阻值大于 10Ω 时，可采用 2500V 兆欧表摇测替代，试验持续时间 1min，无击穿闪络现象。绝缘电阻测试采用 500V 兆欧表，耐压试验采用绝缘介质测试仪，试验前监理应确认或自行抽测。

变压器试运行前，应进行空载全电压冲击合闸试验，有条件时应从零起升压，且宜从高压侧投入。第一次冲击带电持续时间不少于 10min，变压器应进行五次空载全电压冲击合闸试验不出现异常情况。

2. 高压配电柜的安装

配电柜通常以 8～10 号槽钢为基础，将其放在安装位置。基础型钢的埋设方法分为直接埋设法和预留槽埋设法。施工中经常是土建先预埋铁件，电气施工时再安装槽钢。两条槽钢应保持平行和水平，安放误差不超过 1mm/m，全长不超过 5mm。槽钢调整完毕后将槽钢与预埋件焊接牢固，防止位移。埋设的基础型钢与变电所接地干线用扁钢或圆钢焊接，露出地面部分应涂防腐漆。槽钢下面的空隙应填充水泥砂浆并捣实。图 13-16 所示为配电柜基础型钢安装示意图。

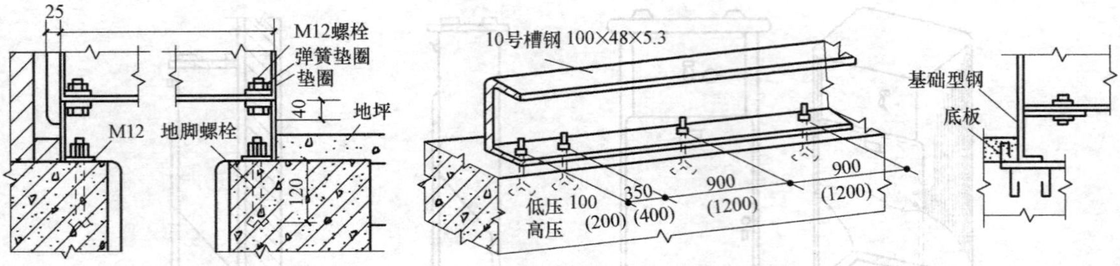

图 13-16 配电柜基础型钢安装示意图

配电柜搬运时应采用防振、防潮、防止框架变形和漆面受损等安全措施。必要时应将设备装置及易损元件拆下单独运输。开箱后还要检查出厂合格证、说明书和内部接线图等技术资料文件。高压配电柜开箱后，根据设计图样将配电柜编号，依次搬入变电所内安装位置上。安放在槽钢上以后，利用薄垫铁将高压柜粗调水平，再以其中一台为基准进行调整，使全体高压柜盘面一致，柜之间保持 2 ~ 3mm 缝隙，最后用固定螺栓或焊接方法将柜子永久固定在基础槽钢上。

电缆引入电缆沟时，不得使电缆拐急弯，应尽量从电缆沟顺着配电柜的方向。进入室内电缆沟的电缆要剥去麻皮，接线端子必须做好绝缘包扎。高压配电柜上的主母线连接及与仪表连接均采用螺栓连接，在母线连接面处应涂上电力复合脂，螺栓的拧紧程度以及连接面的连接状态，由力矩扳手按规定力矩值拧紧螺栓来控制。

沟内电缆管口处应满足电缆弯曲半径的要求。设置电缆夹层净高应不低于 1.8m。用于应急照明及消防用电设备的配电柜的正面应涂以红色边框作标志。

配电柜排列应与电缆夹层的梁平行布置，与梁垂直布置时，应满足每个柜下可进入柜内 2 条电缆（3 芯 240mm^2）的条件。高压配电柜下采用电缆沟时，沟深≥1.5m，沟宽 1m。柜（屏）后通道净宽度一般为 1.3 ~ 1.5m。电气设备的套管和绝缘子最低绝缘部位距地板面小于 2.3m 时，应装设固定围栏。位于地（楼）面上的裸导电部分，应用遮栏隔离，遮栏下通行部分的高度应不小于 1.9m，配电装置距屋顶的距离一般不小于 0.8m。

配电装置的回路的相序排列应一致，硬导体的各相均应涂色。高压配电装置均应装设闭锁装置及连锁装置，以防止带负荷拉合隔离开关、带接地合闸、有电挂接地线、误拉合断路器、误入屋内有电间隔等电气误操作事故。高压成套开关设备应选用防误式。二级及以下用电负荷，宜优先选用环网负荷开关。住宅小区变电站宜优先选用户外成套变电设备。如果采用箱式变电站时，环境温度比平均温度（35℃）每升高 1℃，箱式变电设备连续工作电流降低 1% 使用。

3. 低压配电柜的安装

（1）成排配电柜的通道　成排的配电柜长度超过 6m 时，柜后面的通道应有两个通向本室或其他房间的出口。成排布置的配电柜，其柜前柜后的通道宽度，应不小于表 13-23 所示数值。

表 13-23　配电柜前后的通道宽度　（单位：m）

布置方式通道宽度装置种类	单排布置		双排对面		双排背对背		多排同	句布置
	柜前	柜后	柜前	柜后	柜前	柜后	柜前	柜后
固定式	1.5 1.3	1.0 0.8	2.0	1.0 0.8	1.5 1.3	1.5	2.0	

（续）

布置方式通道宽度装置种类	单排布置		双排对面		双排背对背		多排同向布置	
	柜前	柜后	柜前	柜后	柜前	柜后	柜前	柜后
抽屉式 手车式	1.8 1.6	0.9 0.8	2.3 2.0	0.9 0.8	1.8	1.5	2.3 2.0	
控制屏（柜）	1.5	0.8	2.0	0.8			2.0	靠墙

注：第二行数字为特殊情况下的数值。

（2）设备条件与连接　低压配电装置除应满足所在网络的标称电压、频率及所在回路的计算电流外，还应满足短路回路的动、热稳定。对于要求断开短路电流的通、断保护电器，应能满足短路条件下的通断能力。

低压断路器和变压器低压侧与主母线之间应经过隔离开关或插头组连接。同一配电室内的两段母线，如任一段母线有一级负荷时，则母线分段处应设有防火隔断措施。供给一级负荷的两路电源线路不应敷设在同一电缆沟内。当无法分开时，该两路电源线路应采用的绝缘和护套都应是非延燃性材料的电缆，并且应分别设置于电缆沟两侧的支架上。

（3）配电装置的布置及裸体带电体距地面的高度　应考虑设备的操作、搬运、检修和试验的方便。屋内配电装置裸露带电部分的上面不应有明敷的照明或动力线路跨越（顶部具有符合 IP4X 防护等级外壳的配电装置可例外）。

低压配电室通道上方裸带电体距地面高度，柜前通道内为 2.5m，加护网后其高度可降低，但护网最低高度为 2.2m，柜后通道内为 2.3m，否则应加遮护，遮护后的高度应不低于 1.9m。

四、接地与防雷

为确保电力系统及电气设备的正常运行以及人身安全，必须采取可靠的接地措施。接地装置多采用镀锌钢材，导体的截面积不应小于表 13-24 所规定的数值。

表 13-24　钢接地体和接地线的最小规格

种类、规格及单位		地上		地下	
		室内	室外	交流电流回路	直流电流回路
圆钢直径/mm		6	8	10	12
扁钢	截面积/mm²	60	100	100	100
	厚度/mm	3	40	4	6
角钢厚度/mm		2	2.5	4	6
钢管管壁厚度/mm		2.5	2.5	3.5	4.5

低压电气设备地面上外露的铜和铝接地线的最小截面积应符合表 13-25 所示的规定。

表 13-25　电气设备地面上外露的铜和铝接地线的最小截面积　（单位：mm^2）

名　称	铜	铝
明敷裸导体	4	6
绝缘导体	1.5	2.5
电缆的接地芯或与相线包在同一保护壳内的多芯导线的接地芯	1	1.5

在地下不得采用裸铝导体作为接地体或接地线，不得利用蛇皮管、管道保温层的金属外皮或金属网以及电缆金属外皮或保护层作为接地线。

1. 人工接地

人工接地分为水平与垂直安装。水平安装可利用敷设在建筑物四周闭合环状的水平接地体，并在建筑物散水及灰土基础以外埋设 40mm×4mm（最小截面积不应小于 $100mm^2$、厚度不应小于 4mm）镀锌扁钢，顶部距地面深度不应小于 0.6m，多根平行敷设时水平间距不小于 5m，如图 13-17 所示。

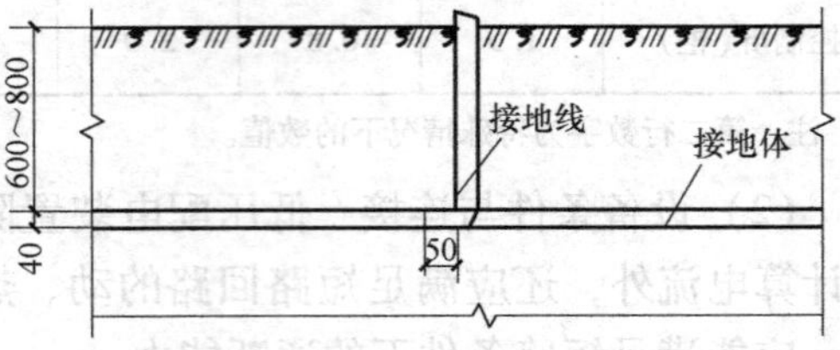

图 13-17 水平接地体的敷设

垂直接地体一般采用长度不小于 2.5m 的 50mm×50mm 的角钢、ϕ50mm 钢管或 ϕ20mm 圆钢。圆钢或钢管的端部应锯成斜口或锻造成锥形，角钢的一端成 120mm 尖头形状，尖点在角钢的角脊线上，两斜边对称。

在接地沟内接地极应沿沟的中心垂直线打入，接地体顶面埋设深度应符合设计规定。当无规定时，不宜小于 0.6m，间距不小于接地体长度的 2 倍，如图 13-18 所示。

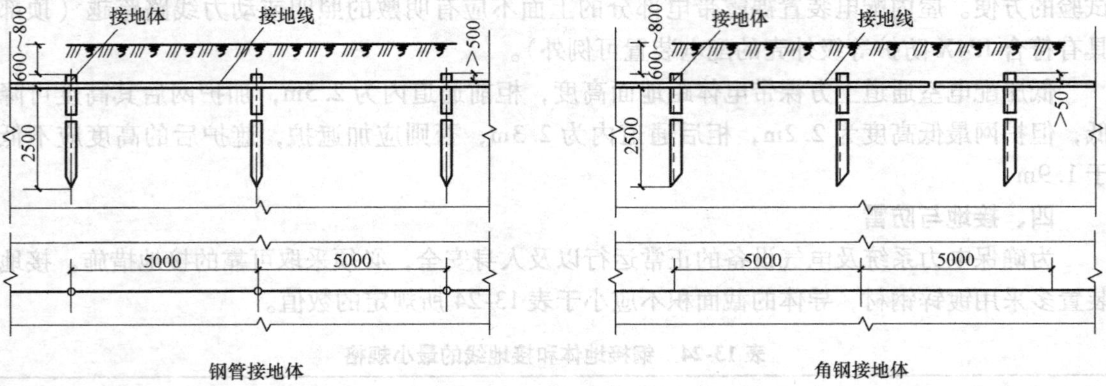

图 13-18 垂直接地的敷设

接地线应防止发生机械损伤和化学腐蚀。敷设在腐蚀性较强的场所或土壤电阻率大于 10Ω·m 的潮湿土壤中接地装置应适当加大截面积或热镀锌。

铜板接地一般用 900mm×900mm×1.5mm 铜板，在接地铜板上打孔后用单股 ϕ5 ~ ϕ2.5mm 铜线将铜接地线（绞线）绑扎在铜板上，并在铜绞线两侧焊接，如图 13-19 所示。

2. 接地母线

接地母线一般应使用 40mm×4mm 的镀锌扁钢。扁钢连接线与接地体的连接做法如图 13-20 所示，圆钢连线与接地体的连接做法如图 13-21 所示。

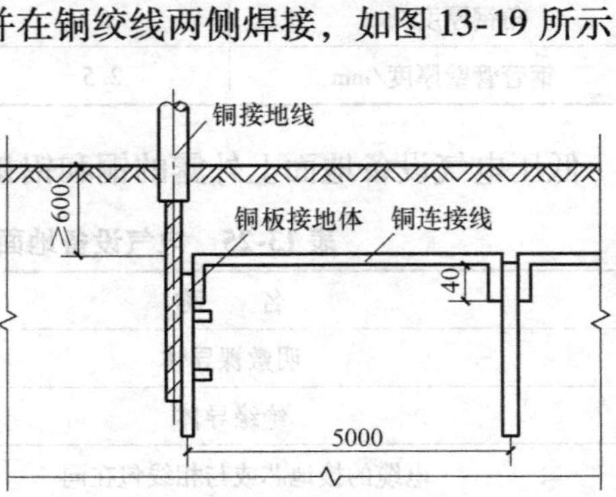

图 13-19 铜板接地

3. 建筑物基础接地装置的安装

建筑物基础接地体安装分为条形基础内人工接地体安装、钢筋混凝土桩基础接地体安装、独立柱基础、箱型基础接地体安装、钢筋混凝土板式基础接地体安装、钢筋混凝土杯形基础预制柱接地体安装、钢柱钢筋混凝土基础接地体安装。具体做法可参见有关手册。

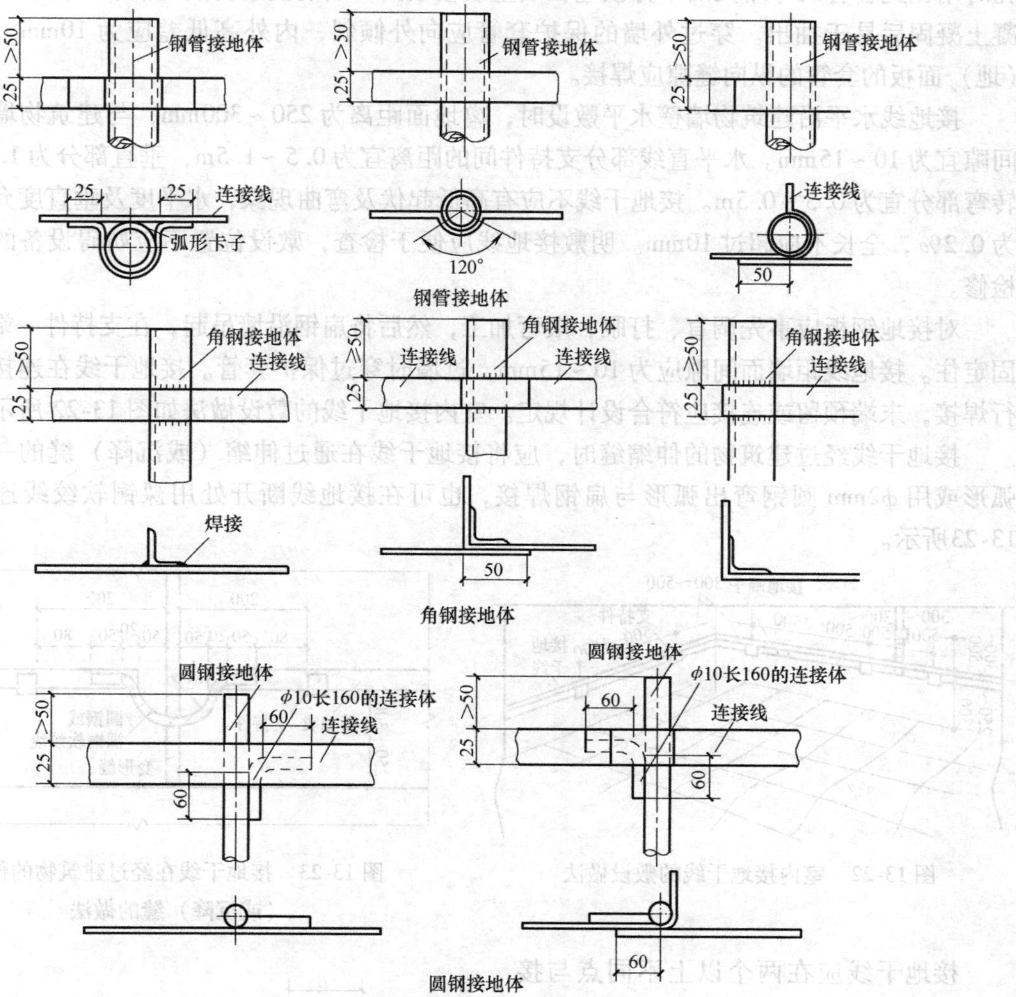

图 13-20 扁钢连接线与接地体的连接做法

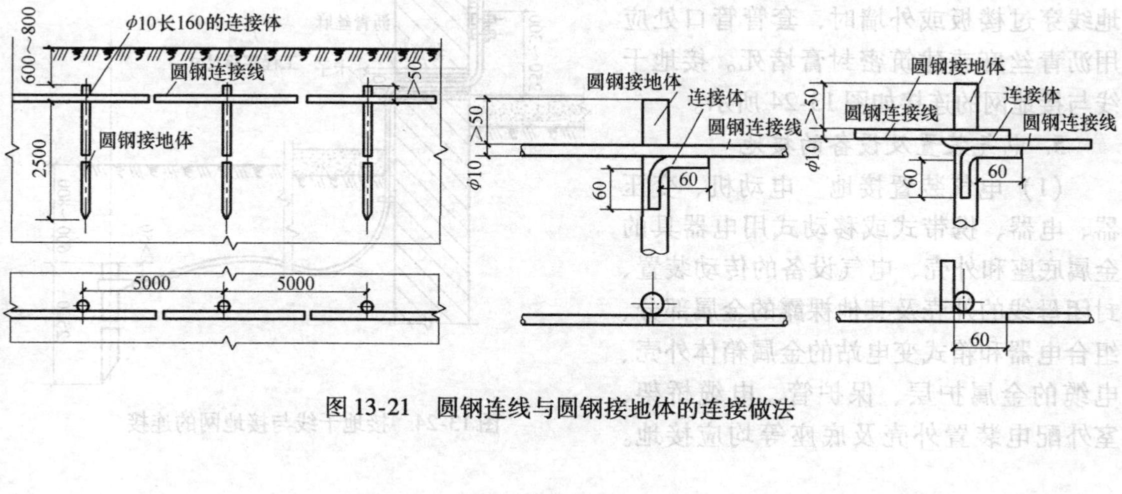

图 13-21 圆钢连线与圆钢接地体的连接做法

4. 室内接地线的敷设

接地干线穿墙体或楼板时需要加装保护套管，保护套管用1mm厚钢板制作，设置预留孔时用比此套管尺寸略大的木方预埋在墙壁或楼板内，当混凝土初凝时活动木方，以便待混凝土凝固后易于抽出。穿过外墙的保护套管应向外倾斜，内外高低差应为10mm。穿过楼（地）面板的套管的纵向缝隙应焊接。

接地线水平沿建筑物墙壁水平敷设时，离地面距离为250~300mm，与建筑物墙壁间的间隙宜为10~15mm。水平直线部分支持件间的距离宜为0.5~1.5m，垂直部分为1.5~3m，转弯部分宜为0.3~0.5m。接地干线不应有高低起伏及弯曲现象，水平度及垂直度允许偏差为0.2%，全长不应超过10mm。明敷接地线应便于检查，敷设位置不应妨碍设备的拆卸与检修。

对接地钢板应事先调直、打眼、煨弯加工，然后将扁钢沿墙吊起，在支持件一端将扁钢固定住。接地线距墙面间隙应为10~15mm，过墙时穿过保护套管。接地干线在连接处应进行焊接，末端预留或连接应符合设计规定。室内接地干线的敷设做法如图13-22所示。

接地干线经过建筑物的伸缩缝时，应将接地干线在通过伸缩（或沉降）缝的一段做成弧形或用ϕ2mm圆钢弯出弧形与扁钢焊接，也可在接地线断开处用裸铜软绞线连接如图13-23所示。

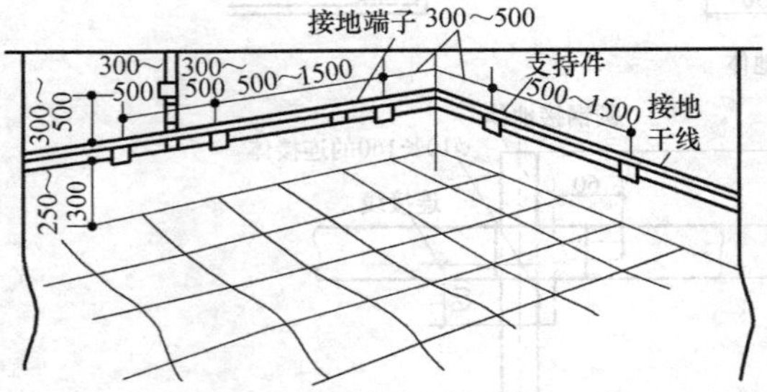

图13-22 室内接地干线的敷设做法

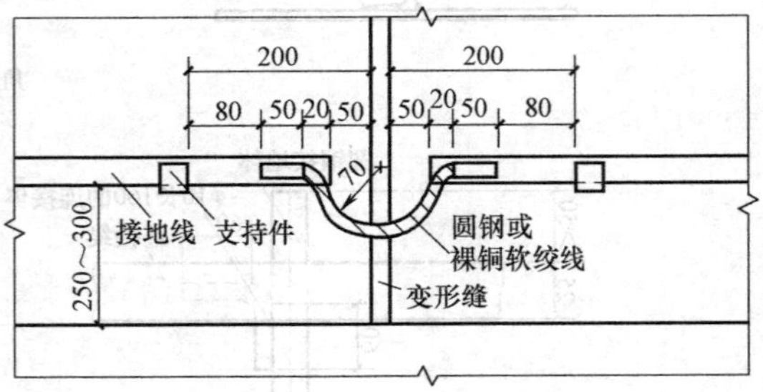

图13-23 接地干线在经过建筑物的伸缩（或沉降）缝的做法

接地干线应在两个以上不同点与接地网相连接。为了便于检测，室内接地干线与室外接地线应使用螺栓连接。接地线穿过楼板或外墙时，套管管口处应用沥青丝麻或建筑密封膏堵死。接地干线与接地网的连接如图13-24所示。

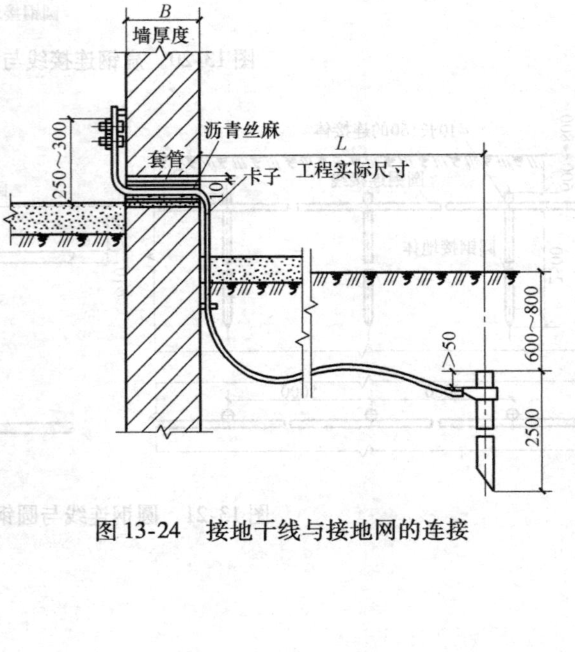

图13-24 接地干线与接地网的连接

5. 电气装置及设备的接地

（1）电气装置接地 电动机、变压器、电器、携带式或移动式用电器具的金属底座和外壳、电气设备的传动装置、封闭母线的外壳及其他裸露的金属部分、组合电器和箱式变电站的金属箱体外壳、电缆的金属护层、保护管、电缆桥架、室外配电装置外壳及底座等均应接地。

装有避雷线的电力线路杆塔、装在配电线路杆上的电力设备等也应接地。直流电力回路专用的中性线和直流两线制正极的接地体、接地线不得与自然接地体有金属连接，当无绝缘隔离装置时，相互间的距离不应小于1m。三线制直流回路的中性线宜直接接地。

（2）电气设备接地　交流电气设备接地可以利用埋设在地下的金属管道、与大地有可靠连接的建筑物的金属结构（梁、柱等）、水工构筑物及其类似的构筑物的金属管（桩）、起重机的轨道、配电设备的外壳、走廊、平台、电梯竖井、起重机与升降机的构架、运输带的钢梁、电除尘器的构架等金属结构、配线的钢管等作为自然接地体。直接接地或经消弧线圈接地的变压器、旋转电动机的中性点与接地体或接地干线的连接，应采用单独的接地线。变电所、配电所的避雷器应用最短的接地线与主接地网连接。高压配电间隔和静止补偿装置的栅栏门铰链处应用软铜线连接，以保持良好接地。

装有避雷针和避雷线的构架上的照明灯电源线，必须采用直埋于土壤中的带金属护层的电缆或穿入金属管的导线，同时必须接地。埋入土壤中的长度应在10m以上，方可与配电装置的接地网相连或与电源线、低压配电装置相连。

（3）携带式和移动式电气设备的接地　携带式电气设备应用专用芯线接地，严禁利用其他用电设备的中性线接地。中性线和接地线应分别与接地装置相连接。

（4）重复接地　在低压TN系统中，架空线路干线和分支线的终端的PEN线或PE线应重复接地。电缆线路和架空线路的每个建筑物进线处，均需重复接地（如无特殊要求，对小型单层建筑，距接地点不超过50m的可除外）。

6. 防雷

雷电危害分为直接雷击、感应雷击和高电位引入。建筑物的防雷分类参见GB 50057《建筑物防雷设计规范》。

建筑物防雷直击的措施主要是装设防雷装置。防雷装置包括接闪器、引下线、接地装置、过电压保护器及其他连接导体的总合。避雷针可采用圆钢或钢管制成，需要在顶端砸尖。当长度超过3m时，需要几节不同直径的钢管组合起来。避雷带、避雷网和避雷环可采用直径8~12mm的圆钢或厚度4mm、截面积大于等于48mm^{2}的扁钢制作。避雷网适用于建筑物的屋脊、屋檐（坡屋顶）或屋顶边缘及女儿墙上（平屋顶）。对建筑物的易受雷击部位应进行重点保护。

引下线是指连接接闪器与接地装置的金属导体，可采用直径大于等于8~12mm的圆钢或厚度4mm、截面积大于等于48mm^2（明敷）、80mm^2（暗敷）、100mm^2（烟囱避雷针）的扁钢制作，引下线应镀锌。引下线一般沿建筑均匀或对称布置，不少于2根，二级防雷建筑引下线平均间距不大于18m，三级不大于25m，高度不超过40m建筑可只设1根引下线。

接地装置包括接地体和接地线。独立避雷针（线）应设置独立的集中接地装置，且与接地网的地中距离不应小于3m。接地装置与道路或建筑物的出入口等的距离应大于3m。利用建筑物钢筋混凝土基础内的钢筋作为接地装置时，每根引下线处的冲击接地电阻应满足设计要求，否则应加接外附人工接地体。不得在避雷针构架上架设低压线路或通信线路。避雷针在山墙上的安装见图13-25，在屋面上的安装见图13-26。

独立避雷针到配电装置的导电部分以及到变电所电气设备和构架接地部分间的空间距离不应小于5m，接地装置与变电所接地网间最近的地中距离一般不小于3m，独立避雷针及其

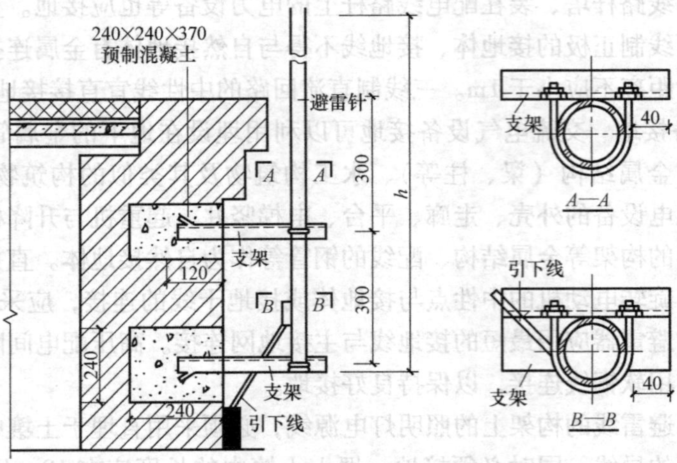

图 13-25 避雷针山墙上安装

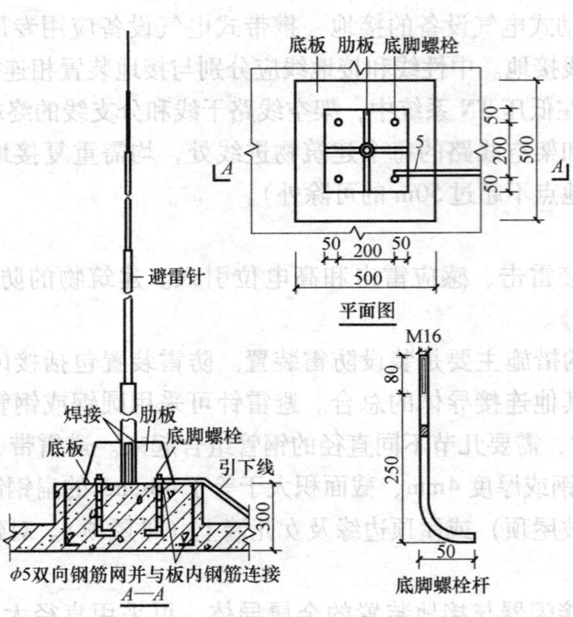

图 13-26 避雷针屋面上安装

接地装置与道路或建筑物的出入口等的距离应大于 3m，从避雷针与接地网连接处算起，到变压器或 35kV 及以下电气设备与接地网的连接处止，沿接地网地线的距离不得小于 15m，独立避雷针的接地电阻一般不宜超过 10Ω。

7. 等电位连接

将建筑物电气装置内外露可导电部分、电气装置外可导电部分、人工或自然接地体用导体连接起来以达到减少电位差，称为等电位连接。等电位连接一般是由总等电位连接（MEB）、辅助等电位连接（SEB）和局部等电将建筑物位连接（LEB）组成。

（1）总等电位连接 总等电位连接是在建筑物电源进线处采取的一种等电位连接措施，它所需连接的导电部分有：进线配电箱的 PE（或 PEN）母线，公共设施的金属管道，如上、下水，热力、燃气等管道，应尽可能包括建筑物金属结构，如果有人工接地，也包括其接地极引线。

（2）辅助等电位连接　在一个装置或部分装置内，如果作用于自动切断供电的间接接触保护不能满足规范规定的条件时，则需设置辅助等电位连接。辅助等电位连接必须包括固定式设备的所有能同时触及的外露可导电部分，既可直接用于降低接触电压，又可作为总等电位连接的一个补充，进一步降低接触电压。

（3）局部等电位连接　需要在一局部场所范围内作多个辅助等电位连接时，可将多个辅助等电位连接通过一个等电位连接端子板来实现。

局部等电位连接应通过局部等电位连接端子板将以下部分连接起来：PE 母线或 PE 干线、公用设施金属管道、尽可能包括建筑物金属构件、其他装置外可导电部分和装置的外露可导电部分。总等电位连接系统示意如图 13-27 所示。厨卫间等电位连接如图 13-28 所示。

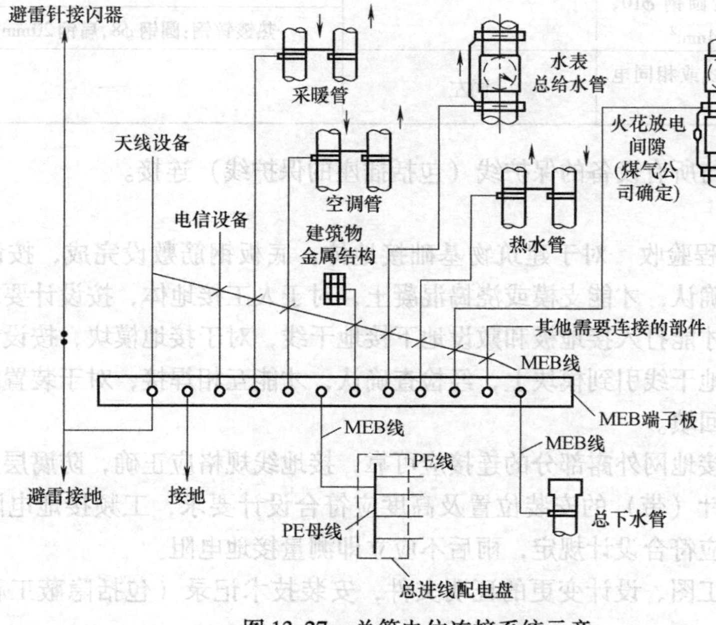

图 13-27　总等电位连接系统示意

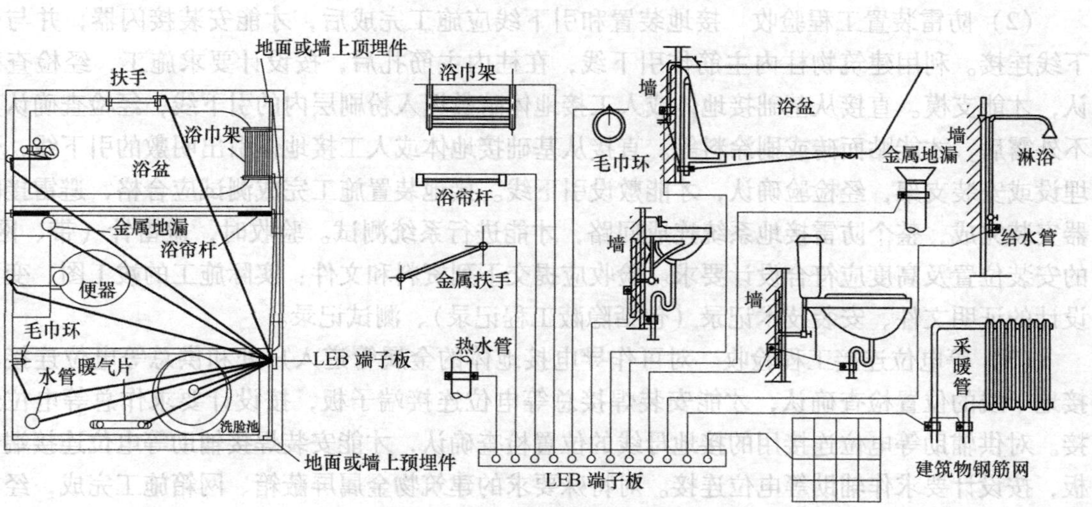

图 13-28　厨卫间等电位连接图

(4) 等电位连接与接地　等电位连接线截面积有具体要求，见表13-26。

表13-26　等电位连接线截面积

<table>
<tr><th>类别
取值</th><th>总等电位连接线</th><th>局部等电位连接线</th><th colspan="2">辅助等电位连接线</th></tr>
<tr><td rowspan="2">一般值</td><td rowspan="2">不小于0.5倍进线PE(PEN)线截面积</td><td rowspan="2">局部场所内最大PE线不应小于0.5倍PE线截面积</td><td>两电气设备外露导电部分间</td><td>1倍于较小PE线截面积</td></tr>
<tr><td>电气设备与装置外可导电部分间</td><td>0.5倍于PE线截面积</td></tr>
<tr><td rowspan="3">最小值</td><td rowspan="2">$6mm^2$ 铜线或相同电导值导线(不允许使用无机械保护的铝线)</td><td rowspan="3">同右</td><td>有机械保护时</td><td>$2.5mm^2$ 铜线或 $4mm^2$ 铝线</td></tr>
<tr><td>无机械保护时</td><td>$4mm^2$ 铜线</td></tr>
<tr><td>热镀锌钢：圆钢 $\phi 10$，扁钢 $25mm \times 4mm^2$</td><td colspan="2">热镀锌钢：圆钢 $\phi 8$，扁钢 $20mm \times 4mm^2$</td></tr>
<tr><td>最大值</td><td>$25mm^2$ 铜线或相同电导值导线</td><td>同左</td><td colspan="2">—</td></tr>
</table>

等电位系统必须与所有设备的保护线（包括插座的保护线）连接。

8. 工程验收

(1) 接地装置工程验收　对于建筑物基础接地体，底板钢筋敷设完成，按设计要求进行接地施工，经检查确认，才能支模或浇捣混凝土，对于人工接地体，按设计要求位置开挖沟槽，经检查确认，才能打入接地极和敷设地下接地干线，对于接地模块，按设计位置开挖模块坑，并将地下接地干线引到模块上，经检查确认，才能互相焊接，对于装置隐蔽，检查验收合格，才能覆土回填。

在验收时，整个接地网外露部分的连接应可靠，接地线规格应正确，防腐层应完好，标志应齐全明显。避雷针（带）的安装位置及高度应符合设计要求，工频接地电阻值及设计要求的其他测试参数应符合设计规定，雨后不应立即测量接地电阻。

验收资料包括竣工图、设计变更的证明文件，安装技术记录（包括隐蔽工程记录等），测试记录等。

(2) 防雷装置工程验收　接地装置和引下线应施工完成后，才能安装接闪器，并与引下线连接。利用建筑物柱内主筋作引下线，在柱内主筋扎后，按设计要求施工，经检查确认，才能支模。直接从基础接地体或人工接地体暗敷埋入粉刷层内的引下线，经检查确认其不外露后，才能贴面砖或刷涂料等。直接从基础接地体或人工接地体引出明敷的引下线，先埋设或安装支架，经检验确认，才能敷设引下线。接地装置施工完成测试应合格，避雷接闪器安装完成，整个防雷接地系统连成回路，才能进行系统测试。验收时，避雷针（带、网）的安装位置及高度应符合设计要求。验收应提交下列资料和文件：实际施工的竣工图、变更设计的证明文件、安装技术记录（包括隐蔽工程记录）、测试记录。

(3) 等电位连接工程验收　对可作导电接地体的金属管道入户处和供总等电位连接的接地干线的位置检查确认，才能安装焊接总等电位连接端子板，按设计要求作总等电位连接。对供辅助等电位连接用的接地母线的位置检查确认，才能安装焊接辅助等电位连接端子板，按设计要求作辅助等电位连接。对特殊要求的建筑物金属屏蔽箱、网箱施工完成，经检查确认，才能与接地线连接。在验收时按以下要求进行检查：整个等电位连接网的连接可靠，整个等电位连接线规格正确，防腐层完好，标志齐全明显；整个等电位连接的位置符合要求；整个等电位连接端子板的数量和位置符合要求。

第四节 安全防护与消防系统的安装

安全防护（简称安防）系统指采用以电子技术、传感技术和计算机技术及设备组成的防入侵、防盗、防火、防爆、防止破坏以及进行安全检查的系统。

一、安全报警系统设备安装

1. 安全报警系统组成与分类

安全报警系统通常由探测器、信号传输信道和控制器组成。可根据不同的防范场所，选用不同的信号传感器（红外探测器、振动电磁传感器等）探测和预报各种危险情况，再经前置信号处理电路将传感器输出的电信号放大处理后变成信道中传输的电信号传输。信号传输信道种类很多，分为有线信道和无线信道。

报警器通常按其传感器种类、工作方式、警戒范围进行区分。通常分为开关报警器，振动报警器，超声、次声报警器，红外报警器，微波、激光报警器，视频运动报警器，烟感和温感报警器等。按工作方式分类，有主动和被动报警器。按警戒范围分为点、线、面和空间探测报警器。也有按报警器材用途分类的，如防盗、防破坏报警器，防火报警器，防爆炸报警器等。有时还按探测电信号传输信道分类，分为有线报警器和无线报警器。

2. 探测器的安装

振动探测器应安装在远离振动源的地方，选定地方后应将其固定牢靠。室外安装时，应远离风口、树木、马路等振动源。

被动红外探测器安装时，应充分考虑探测背景的红外辐射情况，应选择的背景不动、光不能直接照射或散射、不发热、不振动的物体上。

主动红外探测器也应安装在固定的物体上，尤其是发射机和接收机较远时，轻微的晃动就会引起误报警。安装在室外要注意警戒范围内的干扰物，如纸张、树叶等。

微波多普勒探测器安装时不能对准可能活动的物体，如门帘、窗帘，也不能靠近水管。其探头必须安装牢靠，不能晃动，也不能对准闪烁的荧光灯、水银灯等冷光源。探测器应安在比较高的地方，向下照射。

声控探测器只能在安静的地区内使用，安装时应尽可能靠近被探测和保护目标。

超声波移动探测器安装时应注意防范区域要求密闭，不随外界因素而晃动，室内不应有流动空气；墙应有较好的隔声性能，以避免室外声源的干扰，固定安装探测器时应有防盗防拆措施。

门窗磁开关安装在门、窗上。磁铁件安装在门、窗扇上，开关件安装在门、窗框上，两者之间的间隙距离控制在 5 ~ 15mm。

3. 报警控制器的安装

报警控制器应设在安全保卫部门，24h 有人值班。控制器应安装牢靠，其操作、显示面板应避开阳光直射，房内无高温、高湿、尘土、腐蚀气体，不受振动、冲击等影响。

墙上安装控制器时，其底边距地面不应小于 1.5m；落地安装时，其底边宜高出地面 0.1 ~ 0.2m，靠近其门轴的侧面距墙不应小于 0.5m，正面操作距离不应小于 1.2m。

集中报警器需从后面检修时，其后面板距墙不应小于 1m，另一侧靠墙安装时，距墙不应小于 1m；当设备单列布置时，正面操作距离不应小于 1.5m，双列布置时不应小于 2m；在值班人员经常工作的一面，控制器距墙不应小于 3m。

引入控制器的电缆或电线应配线整齐，避免交叉，并应固定牢靠。电缆芯线和所配导线的端部均应标明编号，并与图样一致。控制器的主电源引入线应直接与电源连接，严禁使用电源插头，主电源应有明显标志。控制器的接地牢固，并有明显标志。

防盗报警控制器的工作接地电阻应小于 4Ω，采用联合接地时，应使用铜芯绝缘电线或电缆，其芯线面积不应小于 $16mm^2$，由控制室引到接地体，接地电阻值应小于 1Ω。工作接地线应采用铜芯绝缘线或电缆，不得用镀锌扁钢或金属软管，由控制室引到其他各防盗设备的接地线应选用铜芯绝缘软线，其芯线截面积不应小于 $4mm^2$。接地电阻大于规定值时，需降低接地电阻或增加接地体。

由控制室引到接地体的工作接地线在通过墙壁时应穿钢管或其他坚硬的保护管。接地线跨越建筑物伸缩缝、沉降缝处，应加设补偿器，补偿器可由接地线本身弯成弧状代替。工作接地线应与保护接地线分开，保护接地导体不得利用金属软管。接地装置施工完毕，应及时进行隐蔽工程验收，测量接地电阻并记录，查验应提交的技术文件，审查施工质量。

二、电子巡查系统

电子巡查系统是执行巡逻功能的专门系统。巡查系统分为有线（又称在线式系统）和无线两种。

有线巡查系统巡查点主要设置在各主要出入口、主要通道、各紧急出入口、主要部门等处。在线式电子巡查系统在土建施工时就应同步进行。每个电子巡查站点需要穿 RVS4 × $0.75mm^2$ 铜芯塑料线，巡查站距地 1.4m。

离线式电子巡查系统不需要穿管布线，系统设置灵活方便。每个电子巡查站点设置一个信息钮。信息钮有唯一的地址信息。设有门禁系统的安全防护系统，通常可用门禁读卡器作为电子巡查站点。

三、门禁与对讲系统的安装

1. 门禁控制系统

门禁控制系统的设备布置如图 13-29 所示。

电控门锁的选择应根据门的材质、门的开启方向等因素选择。

门禁控制系统的读卡器距地 1.4m 安装。安装时应根据锁的类型、安装位置、安装高度、门的开启方向等。磁卡门锁分内设置电池和使用外接电源两种。阴极式及直插式电控门锁通常安装在门框上，在主体结构施工时在门框外侧门锁安装高度预埋穿线管及接线盒，锁体安装要与土建工程配合。在门扇上安装电控门锁时，需要通过电合页进行导线的连接，门扇上电控门锁与电合页之间可预留软塑料管，在主体施工时在门框外侧电合页处预埋导线管

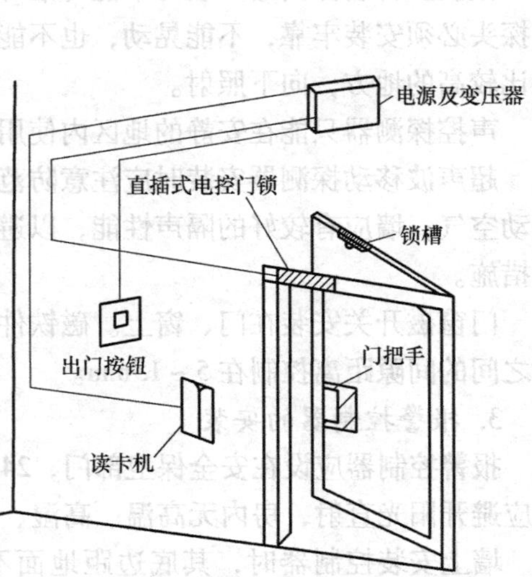

图 13-29 门禁控制系统

及接线盒，导线选用 RVS2X-1.0mm^2，连接应采用焊接或接线端子连接。

2. 对讲系统

对讲系统分为可视对讲系统和非可视对讲系统。对讲系统由主机、楼层分配器、若干分机、电源箱、传输导线、电控门锁等组成。主机通常安装在楼宇入口处的墙或防盗门上，分机则分别安装在住户内，对讲机可用塑料胀管及螺钉或膨胀螺栓等进行安装。可视对讲机的安装高度为镜头对地距离为 1.5m。对讲传输系统有 2 总线制、4 线制、多线制。对讲系统的布线、安装应按厂家提供的技术资料进行。

3. 视频安防监控系统

视频安防监控系统，一般由摄像、传输、控制、图像处理和显示五部分组成。现场设备由摄像机、镜头、防护罩、云台、支架、解码箱等组成。控制室由监视器、长时间录像机、矩阵切换控制器、主控键盘、视频分配器、画面分割器、时序切换器、计算机硬盘录像等组成。通常安装在机架或控制台上。

在工程施工前，应对闭路电视监控系统图样、现场情况、材料、设备的情况进行全面了解，具备条件时才可施工。施工中应做好隐蔽工程的施工验收，并做好记录。施工时应与相关专业配合，如管线的敷设、吊顶检修口的预留、电梯摄像机视频电缆、电源电缆的定制。

4. 现场设备的安装

现场设备主要包括摄像机、镜头、防护罩、云台、支架及解码器等。

摄像机宜安装在监视目标附近且不易受外界损伤的地方，安装位置不应影响现场设备运行和人员正常活动。安装的高度，室内宜距地面 2.5 ~ 5m 或顶棚下 0.2m 处，室外应距地面 3.5m ~ 10m。摄像机墙上安装时应有固定支架支撑，支架安装牢固，不应晃动。支架应能承受摄像机、防护罩、电动云台等设备的重量。电动云台运动时，支架不应有晃动。摄像机安装前应逐个通电进行检测和粗调，在摄像机处于正常工作状态后，方可安装。摄像机引出的电缆应留有 1m 的余量，不得影响摄像机的转动。摄像机的电缆和电源线均应固定。摄像机在装修工程结束后，系统调试、正式运行前再安装。

镜头安装要注意安装方式：镜头与摄像机大部分采用 C、CS 型安装座连接，C 型接口从镜头安装基准面到焦点的距离是 17.52mm。C 型接口为 1in 32 牙螺纹座，镜头安装部位的口径是 25.4mm；CS 型接口的安装座距离为 12.52mm。C 型安装座镜头通过线圈可以安装在 CS 型安装座的摄像机上，反之则不行。

根据摄像机的工作环境和摄像机配用的不同镜头选择不同的防护罩，室内型防护罩通常用于防尘和隐蔽作用，室外型防护罩主要为了防晒、防雨、防尘、防冻、防结露等。防护罩的附属设备包括雨刷器、防霜器、加热器和风扇等。为了隐蔽和美观的要求，经常采用球形和半球形的防护罩。

云台是安装在支架上支撑摄像机运动的工作台，云台分手动云台和电动云台。手动云台在摄像机安装时调整好角度，然后加以固定。电动云台分单向云台（水平）和双向（水平、垂直）云台。云台选用要考虑的参数有承重、转动角度、转动速度及供电电压等。

解码器通常安装在现场摄像机附近，安装在吊顶内，要预留检修口，室外安装时要选用具有良好的密封防水性能的室外解码器。解码器通过总线实现云台旋转，镜头变焦、聚焦、光圈调整，灯光、摄像机开关，防护罩清洗器、雨刷，辅助功能输入、位置预置等功能。输入一般多为 220V 50Hz，输出为 6 ~ 12VDC，供聚焦、变焦和改变光圈速度。另外，它还可为云台（均为24VAC/50Hz标准云台）提供电源。安装解码器需完成地址设定、辅助功能输入，镜头、摄像机、雨刷、云台的电压选择等工作。解码器地址通常由8位二进制开关确定，开关置OFF时为0（零），ON时为1。

5. 控制室设备安装

(1) 监视器机架安装　监视器机架的底座应与地面固定，有防静电地板的控制室，监视器机架通过地板下的角铁支架与地面固定。机架安装应竖直平稳，垂直偏差不得超过0.1%。并排机架的面板应在同一平面上并与基准线平行，偏差不得大于3mm；两个机架中间缝隙不得大于3mm。监视器装在固定的机架或台上，监视器的安装位置应使屏幕不受外来光直射。监视器的外部可调节部分应暴露在便于操作的位置，并可加盖保护。

(2) 控制台安装　控制台底座应与地面固定；有防静电地板的控制室，控制台底座通过地板下的角铁支架与地面固定。所有连接线缆应从机架、控制台底部引入，线路离开机架和控制台时，应在距拐弯点10mm处捆绑，根据线路的数量应每隔100～200mm捆绑一次。当为活动地板时，线路在地板下可灵活布放，并应理直，线路两端应留适度余量，并做明显的永久性标志。

6. 视频安防监控系统的工程验收

视频安防监控系统的工程验收应由工程的设计、施工、建设单位（用户）和本地区的系统管理部门的代表组成验收小组，按竣工图进行。验收时应做好记录，签署验收证书，并立卷、归档。各工程项目验收合格后，方可交付使用。当验收不合格时，应由设计、施工单位返修，直到合格后再行验收。

系统的工程验收应包括系统工程的施工质量、系统质量的主观评价、系统质量的客观评价、图样、资料的移交、有关部位的安全防范措施。系统的工程施工质量应按施工要求进行验收。

建设单位应对隐蔽工程或隐蔽部分进行随工验收。凡经过检验合格的办理验收签证，在进行竣工验收时，可不再进行检验。

主观评价应在摄像机标准照度下进行，采用符合国家标准的监视器。黑白电视监视器的水平清晰度应高于450线，彩色电视监视器的水平清晰度应高于300线。观看距离应为荧光屏面高度的6倍，光线柔和。

客观测试应在摄像机标准照度下进行，测试所用的仪器应有计量合格证书。系统清晰度、灰度等级可用综合测试卡进行抽测，抽查数不宜小于10%。当对主观评价的分级有争议时，可用仪器对系统的随机信噪比及各种信号的干扰进行测试，其指标应符合有关规定。

系统的工程竣工验收前，施工单位应按下列内容编制验收文件、工程说明、综合系统图（或系统结构图）。线槽、管道布线图、设备配置图、设备连接系统图、设备概要说明书、设备器材一览表。施工质量验收记录、其他规定的有关文件或图样。

竣工验收文件应保证质量，做到内容齐全、标记详细、缮写清楚、数据准确、互相对应。系统工程验收合格后，验收小组应签署验收证书。验收证书的格式应符合有关规范和规定。

四、火灾报警与消防联动系统

火灾自动报警及消防联动控制系统是自动监测防护区域内火灾发生时产生的热、光和烟雾等火灾信息，有情况时发出声光报警并联动相关消防设备的控制接点，切断常规电源及普通通风空调系统，启动紧急广播、事故照明、消防电梯、消防供水、自动灭火系统、防排烟系统，实现监测、报警和灭火的自动化。

火灾自动报警系统的施工必须按照有关部门批复的设计图样进行，不得随意更改，施工必须接受公安消防监督机构监督，交付使用前必须经过公安消防监督机构验收。

1. 火灾自动报警及消防联动系统的安装

火灾自动报警与消防联动控制系统分为区域系统、集中系统、区域—集中系统和控制中心系统。

10 层及以上的住宅建筑（包括底层设置商业服务网点的住宅）、建筑高度超过 24m 的其他建筑、与高层建筑直接相连且高度不超过 24m 的裙房、建筑高度不超过 24m 的单层及多层有关公共建筑、单层主体建筑高度超过 24m 的体育馆、会堂、剧院等有关公共建筑，均需要设置火灾报警与消防联动控制系统。

火灾探测器有不同形式。可分为点型和线型，民用建筑中常使用点型探测器，点型探测器又可分为感烟式、感温式、感火焰式、可燃气体探测式和复合式。

宽度小于 3m 的走道顶棚上，火灾探测器宜居中布置。感温探测器的安装间距，应满足设计要求。探测器周围 0.5m 内，不应有遮挡物，至空调送风口边的水平距离不小于 1.5m，并应靠近回风口安装。天棚较低（小于 2.2m）面积较小（不大于 $10m^2$）的房间，宜设置在入口附近。楼梯间、走廊等处感烟探测器宜安装在不直接受外部风吹的位置处。安装光电感烟探测器时，应避开日光或强光直射的位置。在厨房、开水房、浴室等房间连接走廊安装时，应避开其入口边缘 0.5m 以上。电梯井、未按每层封闭的管道井（竖井），应在最上层顶部安装探测器。探测器宜保持在与照明灯具不小于 0.2m、与高温光源灯具（如碘钨灯及容量大于 100W 的白炽灯等）不小于 0.5m、与电风扇不小于 1.5m、与不突出的扬声器不小于 0.1m、与各种自动喷水灭火喷头不小于 0.3m、与多孔送风顶棚孔口不小于 0.5m、与防火门或防火卷帘的距离在 1～2m 的适当位置。

探测器的“+”线应为红色，“-”线应为蓝色，其余线应根据不同用途采用其他颜色区分。在同一工程中相同用途的导线颜色应一致。探测器底座的外接导线应留有不少于 15cm 的余量，入端处应有明显标志。探测器底座的穿线孔宜封堵，安装完毕后的探测器底座应采取保护措施。探测器的确认灯应面向便于人员观察的主要入口方向，即将调试时方可安装，在安装前应妥善保管并应采取防尘、防潮、防腐蚀措施。

火灾探测器的传输线路，宜采用不同颜色的绝缘导线（同一工程的相同线别采用同一种颜色的绝缘导线）。接线端子应有标号。

报警区域内的每个防火分区，至少应设置一只手动火灾报警按钮。手动火灾报警按钮应安装在大厅、过厅、餐厅、多功能厅、主要公共活动场所的出入口、主要通道、各楼层的电梯间、电梯前室等经常有人通过的地方。在一个防火分区内的任何位置到最邻近的一个手动火灾报警按钮的步行距离均不应大于 25m。按钮应安装在墙上距地（楼）面高度 1.5m 处、按钮盒应安装牢固，并具有明显的标志和防误动作的保护措施。手动火灾报警按钮系统的布线宜独立设置。

在火灾报警与消防联动控制系统中，还应设置火灾事故广播，走道及交叉处、大厅、餐厅等公共场所以及客房、空调、通风机房、文娱场所、车库、拐弯处，均应安装扬声器，且间距不超过15m。走道末端最后一个扬声器距墙距离不大于8m。

火灾事故广播的配线，应按疏散楼层或报警区域进行划分分路。各分路应设有显示信号与保护控制装置。火灾事故广播线路应独立敷设，不应和其他线路（包括火警信号、联动控制等线路）同管或同线槽孔敷设。火灾事故广播馈线电压不宜大于100V，各楼层宜设置馈线隔离变压器。

消防控制设备中，对于不同电流等级的设备，应分开布置；控制屏（台）（盘）的操作距离，单列布置时，不应小于1.5m；双列布置时，不应小于2m。在值班人员经常工作的一面，控制屏（台）（盘）到墙的距离，不宜小于3m，控制屏（台）（盘）的维护距离不应小于1m，控制屏（台）（盘）的排列长度大于4m时，应在两端设置宽度不小于1m的通道；消防控制室内不允许穿过与消防控制室无关的电气线路及其他管道，也不可装设与其无关的设备。

消防联动控制的设备包括灭火设施、防排烟设施、电动防火卷帘、电动防火门、水幕、消防电梯、非消防电源的断电控制等。电气安装施工的任务，就要保证这些设备获得安全可靠的供电与准确无误的控制。

2. 系统供电

在设有消防控制室的民用建筑中，消防用电设备的两个独立电源（或两回线路），应在消防控制室、消防泵房、消防电梯机房、防排烟设备机房、火灾应急照明配电箱、各楼层消防配电箱等处的配电屏（箱）处进行自动切换。专供消防设备用的配电箱、控制箱、导线等，均应采用耐火耐热型。当与其他设备合用时，消防设备的线路，应进行耐热、隔热处理，并且消防电源不可受别处故障的影响。

消防用电设备的配电系统，其干线与支线均不应跨越防火分区。消防用电设备的电源不应装设漏电保护装置，而宜装设单相接地报警装置。

系统供配电线路中的导线应选用耐压不低于交流500V的铜芯电线或铜芯电缆，超高层建筑内的电力、照明、控制等线路，应采用阻燃型电线和电缆。重要消防设备（如消防水泵、消防电梯、防排烟风机等）的供电回路，应采用防火型电缆；火灾自动报警系统的传输线，当采用绝缘电线时，应采取穿管（金属管或不燃、难燃型硬质、半硬质塑料管）或封闭式线槽进行保护。

消防联动控制、自动灭火控制、通信、应急照明、事故广播等线路，应穿金属管保护，并宜暗敷在非燃烧体结构内，其保护层厚度不宜小于3cm。当必须采用明敷时，则应对金属管采取防火保护措施。当采用具有非延燃性绝缘和护套的电缆时，可以不穿金属保护管，但应将其敷设在电缆竖井内。

不同电压、不同电流类别、不同系统的线路不可共用一个线管或线槽，横向敷设的报警系统传输线路，若采用穿管布线，则不同防火分区的线路不可共管敷设。

弱电线路的电缆宜与强电线路分开设置电缆竖井，若必须合用一个电缆竖井时，则应将弱电线路与强电线路分别布置在竖井两侧。从线槽、接线盒等处引至火灾探测器的底座盒，控制设备的接线盒、扬声器箱等的线路，应穿金属软管保护。

横向敷设在建筑物内的暗配管，管径不宜大于25mm，水平或垂直敷设在顶棚内或墙内的暗配管，管径不宜大于40mm。

配线中使用的非金属管材、线槽及其附件，均应采用不燃或非延燃性材料制成。

当采用共同接地时，应采用专用接地干线，由消防室的接地板引至接地体。专用接地干线应采用截面积不小于 $25mm^2$ 的塑料铜芯线或电缆两根。

消防控制室的接地电阻值，当采用共用接地时，不应大于1m；当采用专设工作接地装置时，不应大于4m。

3. 火灾应急照明

火灾发生后的应急照明，应该包括备用照明、疏散照明和安全照明。

消防控制室、自备电源室（包括发电机房、UPS室和蓄电池室等）、配电室、消防水泵房、防排烟机房等，疏散楼梯、消防电梯及其前室，观众厅、宴会厅、重要的多功能厅以及每层建筑面积超过 $1500m^2$ 的展览厅、营业厅，建筑面积超过 $200m^2$ 的演播厅，人员密集且建筑面积超过 $300m^2$ 的地下室，每层人员密集的公共场所，公共建筑内的疏散走道，居住建筑内长度超过200m的内走道，通信机房、大中型电子计算机房，BAS（建筑设备自动化系统）中央控制室等重要技术用房均应设置备用照明。备用照明灯宜安装在墙面或顶棚上，宜采用专用照明灯具。

疏散照明平时都应处于点亮状态，特殊情况可以处于不点亮状态。疏散照明的安装位置，应使人员易寻找在疏散线路上的所有手动报警器，呼叫通信装置和灭火设备等。疏散照明一般应安装在安全出口的顶部、疏散走道及其转角处的墙面上（距地1m以下）。当交叉口处墙面下侧安装难以明确表示疏散方向时，也可将疏散标志灯安装在顶部。疏散走道上的标志灯间距不宜大于20m（人防工程不宜大于10m）。楼梯间内的疏散标志灯宜安装在休息板上方的墙角处或壁装。

安全出口标志灯，在疏散走道上的，可采用明装；在厅室内的，宜采用暗装。安全出口标志灯宜安装在疏散门口的上方，在首层的疏散楼梯应安装在楼梯口的里侧上方。安装高度宜不低于2m。疏散照明灯宜采用专用照明灯具。

4. 智能消防

智能火灾监控系统分为主机智能系统和分布式智能系统。分布式智能系统实际上是主机智能系统和探测器智能系统的结合，所以也称为全智能系统。

主机智能系统是将探测器的阈值比较电路取消，使探测器成为火灾传感器，无论烟雾影响大小，探测器本身不报警，而是将烟雾影响产生的电流、电压变化信号通过编码电路和总线传给主机，由主机内置软件将探测器传回信号与火警典型信号比较，根据其速度变化等因素判断出信号类型是火灾信号还是干扰信号，只有信号特征与计算机内置的典型火灾信号特征相符时才会报警，极大地减少了误报警。

主机智能系统的主要优点是灵敏度信号特征模型可根据探测器所在环境特点来设定，可补偿各类环境中干扰和灰尘积累对探测器灵敏度的影响，并能实现报警功能；主机采用微处理机技术，可实现时钟、存储、密码、自检联动、联网等多种管理功能；可通过软件编辑实现图形显示、键盘控制、翻译等高级扩展功能。

分布式智能系统是在保留智能模拟量探测系统优势的基础上形成的，它将主机智能系统中对探测信号的处理、判断功能由主机移到每个探测器，使探测器真正具有智能功能，而主机由于免去了大量的现场信号处理负担，可以从容不迫地实现多种管理功能，从根本上提高了系统的稳定性和可靠性。

第五节　楼宇设备监控系统的安装

楼宇设备监控系统是利用电子技术、计算机技术和通信技术对建筑物内的机电设备进行集中监视和管理、分散控制的综合系统，也是智能建筑重要的组成系统。

一、楼宇设备监控系统的安装内容

楼宇设备监控系统的施工安装内容包括现场设备、现场直接控制数字器以及线路三部分。

1. 现场设备

现场设备安装包括传感器、执行器、被控设备等。

传感器包括温度、湿度、压力、压差、流量、液位传感器等。施工时应与相关专业配合，设备安装完成后要注意保护。

执行器包括各种风门、阀门驱动器等，一般安装在管道阀门、风道风阀处。通过执行器对风门、阀门的开度进行调节。

被控设备指电动阀、电磁阀、电动风阀、水泵、风机等机电设备。被控设备或被控设备的控制配电箱、动力箱与现场直接数字控制器连接，实现设备状态的检测和启动/停止的控制。

2. 现场直接控制数字器（DDC）

DDC通常安装在被控设备的机房中（如冷冻站、热交换站、水泵房、空调机房等），最好就近安装在被控设备如水泵、空调机、新风机、通风机及其他被控设备附近。

3. 线路敷设

所有现场设备均通过线缆与DDC相连，现场传感器输入信号与DDC之间的连接线可采用2芯或3芯、每芯截面积大于0.75mm^2的RVVP或RVV屏蔽或非屏蔽铜芯聚氯乙烯绝缘、聚氯乙烯护套圆形连接软电缆。

DDC与现场执行机构之间的连接线可采用2芯或4芯（如需供电），每芯截面积大于0.75mm^2的RVVP或RVV屏蔽或非屏蔽铜芯聚氯乙烯绝缘、聚氯乙烯护套圆形连接软电缆。DDC之间、DDC与控制中心间通常用2芯RVVP或3类以上的非屏蔽双绞线连接。进出DDC线缆应采用金属管、金属线槽保护。

二、楼宇设备监控系统安装

楼宇设备监控系统（楼宇自动化系统）分为BAS输入设备和BAS输出设备。信号采集处理属输入范畴，控制及执行系统属输出部分。

1. 温度传感器安装

温度传感器包括风管、水管的温度传感器，以及室内外温度传感器。按传感器使用的敏感材料又分为1kΩ镍薄膜、1kΩ铂薄膜、1Ω和100Ω铂等效平均值及20kΩNTC非线性热敏电阻等。

应根据被测介质的性质、温度范围、传感器的安装长度、精度和价格选用适合于监控要求的温度传感器，选择的温度传感器应与DDC模拟输入通道的特性相匹配。温度传感器输出按温度变化的电阻值或再由放大单元转换成与温度变化成比例的0～10VDC或4～20mA的输出信号。

（1）室内/外空气温度传感器的安装　不宜安装在阳光直射的地方，并应远离室内冷/热源、空调出风口以及窗、门直接通风的位置，如无法避开则与之距离应大于2m。室内温度传感器安装要求美观，同一区域内高度差不应大于5mm，多个传感器安装距地高度应一致，高差不应大于1mm。室外温度传感器安装应设有遮阳罩，避免阳光直射，还应设有防风雨的防护罩，远离风口、过道。避免过高的风速对室外温度检测的影响。选用RVV或RVVP2×1.0线缆连接现场DDC。

（2）水管温度传感器的安装　水管温度传感器不宜在焊缝及焊缝边缘上开孔和焊接安装。其开孔与焊接应在工艺管道安装时同步进行，且必须在工艺管道的防腐和试压前进行。水管温度传感器的安装不宜选择在阀门等阻力件附近和水流流束死角和振动较大的位置，其感温段宜大于管径的二分之一，并应安装在管道的顶部、便于调试、维修的地方。选用RVV或RVVP2×1.0线缆连接现场DDC。

（3）风管温度传感器的安装　风管温度传感器应安装在能反映准确风温、风速平稳的位置。安装应在风管保温层完成后，安装在风管直管段或应避开风管死角的位置，且应安装在便于调试、维修的地方。选用RVV或RVVP2×1.0线缆连接现场DDC。

温度传感器至DDC应尽量减少因接线电阻引起的误差，对于1kΩ铂温度传感器的接线总电阻应小于1Ω。对于NTC非线性热敏电阻传感器的接线总电阻应小于3Ω。

2. *湿度传感器的安装*

湿度传感器在不同的相对湿度情况下有不同的精度，所以应根据不同的需要选用不同的湿度传感器。通常根据被测介质的湿度范围、场所、精度和价格进行选择，以满足BAS监控的要求。其输出信号通常为4～20mA或0～10VDC，应注意与DDC模拟输入通道的特性相匹配。

（1）室内外空气湿度传感器的安装　安装要求同温度传感器，同一区域内高度差不应大于5mm。选用RVV或RVVP3×1.0线缆连接现场DDC。

（2）风管湿度传感器的安装　风管湿度传感器应安装在风速平稳，能反映风温的位置，应安装在风管直管段或应避开风管死角，便于调试、维修的地方，安装应在风管保温层完成后进行。选用RVV或RVVP3×1.0线缆连接现场DDC。

3. *压差开关的安装*

（1）风压压差开关的安装　风压压差开关通常用来检测空调机过滤网堵塞、空调机风机运行状态。风压压差开关安装时，应注意安装位置，宜将压差开关的受压薄膜处于垂直位置。可使用L形托架进行安装，托架可用铁板制成。风压压差开关不应影响空调器本体的密封性，安装时应注意压力的高、低。过滤网前端接高压端、过滤网后端接低压端。空调机风机的出风口接高压端，空调机风机的进风口接低压端，风压压差开关应安装在便于调试、维修的地方，如图13-30所示。

导线敷设可选用*DN*20电线管及接线盒，并用金属软管与压差开关连接，选用RVV或RVVP2×1.0线缆连接现场DDC。

（2）水压压差开关的安装　通常用来检测管道水压差、分集水器之间的水压差，并用其压力差来控制旁通阀的开度。开关应安装在管道顶部，便于调试、维修的位置，开关不宜在焊缝及其边缘上开孔和焊接安装，开孔与焊接应在工艺管道安装同时进行，并在工艺管道的防腐和试压前进行安装。压差开关应选在管道直管部分，不宜选在管道弯头、阀门等阻力

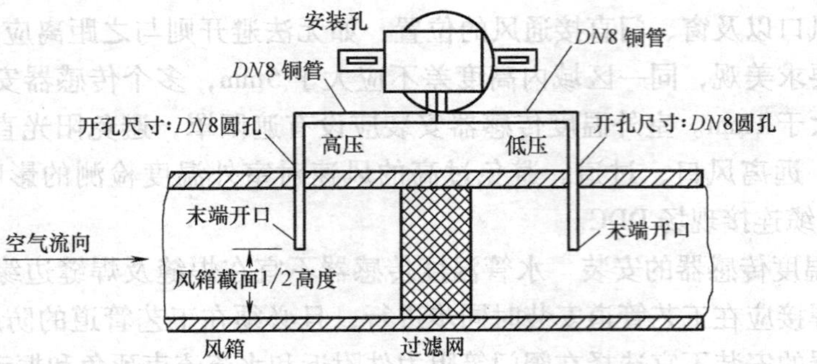

图 13-30 风压压差开关安装示意图

部件附近，以及水流流束死角和振动较大的位置，应有缓冲弯管和截止阀，最好加装旁通阀。选用 RVV 或 RVVP3 ×1.0 线缆连接现场 DDC。

4. 压力传感器的安装

压力传感器通常用来测量室内、室外、风管、水管的空气或水的压力，应安装在便于调试、维修的位置，以及管道直管部分，不宜选在管道弯头、阀门、分支、变径等阻力部件位置，也不易安装在易受到干扰的地方。选用 RVV 或 RVVP3 ×1.0 线缆连接现场 DDC。

风管压力传感器应安装在风管的直管段，避开风管内通风死角和弯头。风管压力传感器的安装应在风管保温层完成之后。

水管压力传感器不宜在焊缝及其边缘上开孔和焊接安装，并应与工艺管道安装时同步，在工艺管道的防腐和试压前进行。水管压力传感器应加接缓冲弯管和截止阀，如图 13-31 所示。

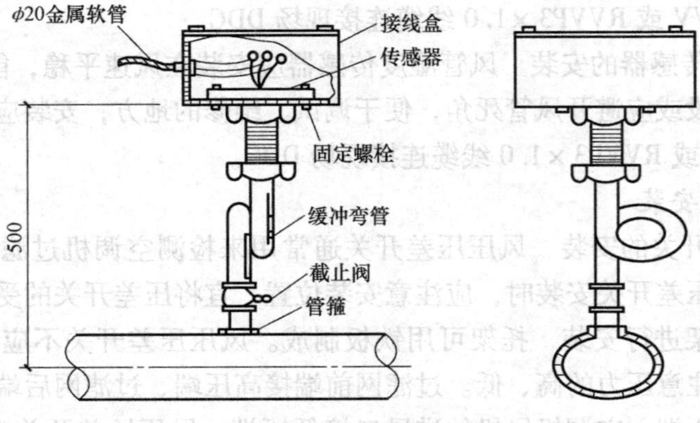

图 13-31 水管压力传感器安装示意图

5. 水流开关的安装

水流开关通常用来检测水管中的水流状态，应安装在水平管段且便于调试、维修的地方，不宜在焊缝及其边缘上开孔和焊接安装，开孔与焊接应与工艺管道安装同步，必须在工艺管道的防腐和试压前进行。水流开关安装应注意水流叶片与水流的方向。水流叶片的长度应大于管径的1/2。选用 RVV 或 RVVP2 ×1.0 线缆连接现场 DDC。水流开关安装示意如图 13-32 所示。

6. 流量传感器的安装

流量传感器用来测量系统流量，配合系统温度的变化，换算出系统的冷/热负荷。常用的流量传感器有电磁式和涡轮式。无论何种传感器，均应安装在管道的直管段，流量计的前端应有长度为10D的直管段，流量计的后端应有长度为5D的直管段。传感器前后的管道中安装有阀门和弯头等影响流量平稳的设备，则直管段的长度还需相应增加。无法满足时，应安装整流设备。选用RVV或RVVP3×1.0线缆连接现场DDC。

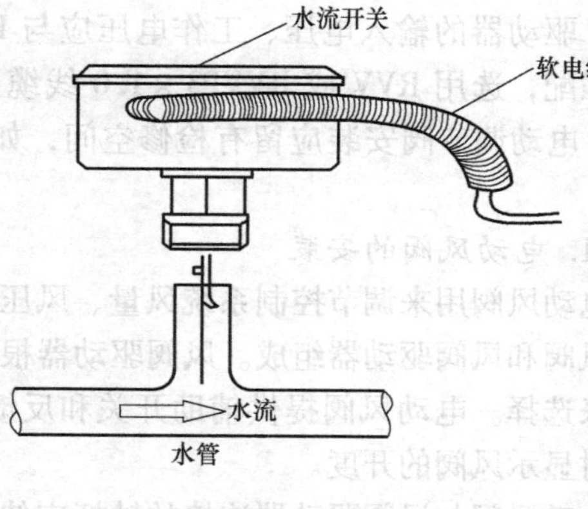

图13-32 水流开关安装示意图

7. 防霜冻开关的安装

防霜冻开关用来保护空调机盘管，防止意外冻坏。防霜冻开关的感温铜管应由附件固定在空调箱内盘管前部，不可折弯、不能压扁，尤其是感温铜管的根部。选用RVV或RVVP2×1.0线缆连接现场DDC。

8. 空气质量传感器的安装

空气质量传感器用来检测室内CO_2、CO或其他有害气体含量。以0~10V直流输出信号或者以继电器输出开/关信号。空气质量传感器安装在能真实反映被监测空间的空气质量状况，便于调试、维修的地方。探测气体比空气密度小，空气质量传感器应安装在房间、风管的上部；探测气体比空气密度大，空气质量传感器应安装在房间、风管的下部；风管空气质量传感器安装应在风管保温层完成之后。风管空气质量传感器应安装在风管的直管段，避开风管内通风死角。选用RVV或RVVP3×1.0线缆连接现场DDC。

9. 电量变送器的安装

电量变送器是将电压、电流、频率、有功功率、无功功率、功率因数等信号转换成直流电流、直流电压，并输出模拟信号或数字信号的装置。

变送器接线时，应严防电压输入端短路和电流输入端断路；被测回路加装电流互感器，互感器输出电流范围应符合电量变送器的电流输入范围；变送器的输出应与现场DDC输入通道的特性相匹配。

10. 电动调节阀的安装

电动调节阀属于BAS输出设备，通常用来调节系统流量。电动调节阀通常由阀体和阀门驱动器组成。阀门驱动器以电动机为动力，依据现场DDC输出的0~10V DC电压或4~20mA电流控制阀门的开度。

阀门驱动器按输出方式可分为直行程、角行程和多转式三种类型，分别同直线移动的调节阀、旋转的蝶阀、多转式调节阀配合工作。

电动调节阀的安装应与工艺管道安装同步，必须在工艺管道的防腐和试压前进行。电动调节阀应垂直安装于水平管道上，不能有倾斜。电动调节阀阀体上的水流方向应与实际水流方向一致，对于循环性管道，一般安装在回水管上。

电动调节阀应有手动操作机构，手动操作机构应安装在便于操作的位置，阀位指示装置应安装在便于观察的位置。调节阀阀旁应装有旁通阀和旁通管路。电动调节阀的行程、关阀的压力、阀前/后压力必须满足设计和产品说明书的要求，驱动器的输入电压、工作电压应与 DDC 的输出相匹配，选用 RVV 或 RVVP3×1.0 线缆连接现场 DDC。电动调节阀安装应留有检修空间，如图 13-33 所示。

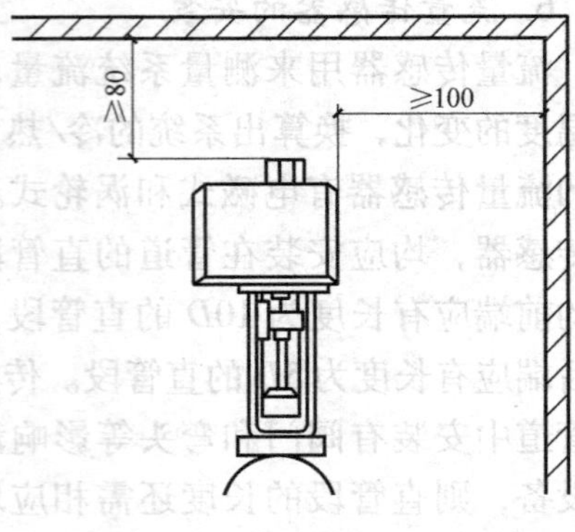

图 13-33 电动调节阀安装

11. 电动风阀的安装

电动风阀用来调节控制系统风量、风压。电动风阀由风阀和风阀驱动器组成。风阀驱动器根据风阀的大小来选择。电动风阀提供辅助开关和反馈电位器，能实时显示风阀的开度。

电动风阀与风阀驱动器连接的轴杆应伸出风阀阀体 80mm 以上，风阀驱动器与风阀轴的连接应牢固。风阀驱动器应与风阀轴垂直安装，开闭箭头的方向应与风门开闭方向一致，驱动器输出力矩必须满足风阀转动的需要，风阀驱动器的工作电压、输入电压应与 DDC 的输出相匹配。应选用 RVV 或 RVVP3×1.0 线缆连接现场 DDC。

12. 电磁阀的安装

电磁阀是利用线圈通电后产生电磁吸力，提升活动铁芯，带动阀塞运动，控制阀门开关。电磁阀一般只有通、断两挡，可靠性强，响应速度快。电磁阀的安装要求同电动调节阀。

13. 风机盘管温控器、电动阀的安装

风机盘管温控器、电动阀用来控制现场的温度。

风机盘管温控器与其他开关并列安装时，距地面高度应一致，高度差不应大于 1mm；与其他开关安装于同一室内时，高度差不应大于 5mm。温控开关外形尺寸与其他开关不一样时，以底边高度为准。温控开关输出电压应与风机盘管电动阀的工作电压相匹配。

风机盘管电动阀阀体水流箭头方向应与实际水流方向一致，它安装于风机盘管的回水管上，与回水管连接应有软接头，以免风机盘管的振动传到系统管线上。

14. 现场控制器（DDC）的安装

DDC 通常安装在被控设备机房中（如冷冻站、热交换站、水泵房、空调机房等）。最好就近安装在被控设备附近。如水泵、空调机、新风机、通风机附近墙上用膨胀螺栓安装。DDC 安装应远离强电磁干扰，与被监控设备就近安装，应有良好接地，输入、输出接线应有易于辨别的标记，安装高度距地 1.5m。

DDC 的数字输出宜采用继电器隔离，不允许用 DDC 数字输出的无源触点直接控制强电回路。DDC 电源容量应满足传感器、驱动器的用电需要。

三、子系统通信接口

构成 BAS 的各设备子系统，如空调系统（包括变频空调控制器、冷热源系统等）、给水排水系统、消防系统、安保系统、变配电系统、照明系统、电梯系统等的硬件接口（如适配器卡等），通信线缆，信息传输及通信方式等必须相互匹配。它们的软、硬件产品的品牌、版本、型号、规格、产地和数量应符合设计及产品技术标准要求，并符合双方签订的技术协议要求。

通信接口应符合智能建筑统一规划的要求，即各子系统的信息接口、协议等应符合国家标准。在订货时统一预留，各子系统的供应商应共同遵守，承诺技术协议，为集成创造条件。

智能建筑中设备子系统往往是针对不同专业要求开发的，信息交互界面和通信接口千差万别，种类繁多，协议各不相同，为使 BAS 运行正常，必须做到信息交互、综合和共享。因此，各系统通信硬件接口应与其他子系统硬件接口、信息传输方式、通信方式、系统软界面等相匹配。

系统设备和子系统应用软件的接口界面软件，如各供应商（冷冻机，锅炉，供电设备）将其设备的遥控、遥测和运行信号通过硬件和标准接口的数据通信方式向外传输，则子系统应用软件必须有一套与此相适应的接口界面软件。为保护原有设备不受损失，子系统应具备进行二次开发软件的功能。

通信缆线铺设应符合设计要求及技术标准规定，并需要进行通信验收检查。

四、BAS 的调试与验收

BAS 的调试应在所有设备（楼宇机电设备、自控设备）安装完毕，楼宇机电设备试运行工作状况良好，而且满足各自系统的工艺要求的情况下进行。

1. 传感器、DDC、驱动器的检测

传感器、DDC 作为 BAS 的基础单元，其性能的好坏直接影响系统的性能。要确保系统稳定、可靠、高质量地运行，必须加强对传感器、DDC 性能检测。

（1）数字量传感器检测 常用数字量传感器有压差开关、防霜冻开关等。检测时，按照设备和设计要求输入相应的参数，检查相应的压差传感器及防霜冻开关输出是否符合设备性能和设计要求。

（2）模拟量传感器检测 常用模拟量传感器有温度传感器、湿度传感器、压力传感器、压差传感器及流量传感器等。检测时，按照各自设备说明书的要求，输入相应的参数，检查传感器输出是否满足设备性能和设计要求。

上述检测可以在工程现场进行，也可以在试验室完成。

（3）DDC 输入输出检测 开关量输入检测（运行、故障状态）时，将模拟开关量输入，检测现场 DDC 输出并在上位机记录。检测开关量输入的次数、时间、地址是否准确。脉冲信号输入检测检测时，按设备和设计要求模拟输入相应脉冲宽度、相应脉冲幅度、相应脉冲频率的开关量信号，检查现场 DDC 输出，并在上位机记录。检查上位机记录与实际输入是否一致。

现场 DDC 开关量输入检测时，应连接现场被控设备干触点，改变干触点状态，检查上位机显示、记录与实际输入是否一致。

现场 DDC 开关量输出检测时，在上位机用程序方式或手动方式设置数字量输出点，检查被设置 DDC 数字输出点的输出状态是否准确。检测接口电压、电流是否满足设备性能和设计要求。

模拟量输入检测时，按设备说明书要求输入相应的电压或电流（如 0～10V，0～20mA 等），检查 DDC 输出端的电压和电流是否符合设计要求。模拟量输出检测时，在系统中变化温度、湿度、压力、压差、流量，逐个检查 DDC 输出的电压和电流是否符合设计要求。

（4）驱动器的检测 检测前，首先用手动方式检查驱动器工作是否正常，机械传动是

否灵活，是否满行程可调。手动方式检查驱动器工作正常后，连接电动水阀、电动风阀、电动蒸气阀，手动方式通过驱动器的传动检查阀门运动状况是否符合设备性能和设计要求。根据驱动器驱动的要求，输入相应的电压或电流，检测电动水阀、电动风阀、电动蒸汽阀的开度是否符合设备性能和设计要求。

在系统中改变温度、湿度、压力、压差、流量，逐个检查相应的电动水阀、电动风阀、电动蒸气阀的开度是否符合设备性能和设计要求。

2. 机房冷热源设备的调试

机房冷热源设备的调试应在冷水机组，冷、热水泵，冷却水泵，冷却塔等设备都能正常工作的情况下进行。检查机房冷热源设备的所有检测点 DI、AI、DO、AO 是否符合设计的要求；检查所有检测点 DI、AI、DO、AO 接口设备是否符合 DDC 接口要求；检查所有检测点 DI、AI、DO、AO 的接线是否符合设计图样的要求；检查所有传感器、执行器、水阀的安装、接线是否正确；分别手动起/停每一台冷、热水泵、冷却水泵及冷却塔风机以及手工输入故障信号，检查上位机显示、记录与实际工作状态是否一致。

在上位机控制每台冷、热水泵，冷却水泵，冷却塔风机的起/停。检查上位机的控制是否有效；模拟一台冷、热水泵，冷却水泵，冷却塔风机故障，故障设备应停止运行，备用水泵、风机应能自动起动投入运行。

关闭分水器输出部分阀门，降低系统负荷，检测分水器、集水器的压力差，检测旁通阀门的开度是否符合设计的要求。检测流量计的流量变化，检测冷、热机组的运行变化是否满足设计要求；模拟冷却水的回水温度变化，检测冷却塔风机的运行状态是否符合设计要求；检测机房冷热源设备是否按设计和工艺要求的顺序自动投入运行和自动关闭。

3. 新风机、空调机机组的调试

新风机、空调机机组的调试应在新风机、空调机机组单机运行正常的情况下进行。调试时，应检查新风机、空调机机组的所有检测点 DI、AI、DO、AO 是否符合设计点表的要求；检查所有检测点 DI、AI、DO、AO 接口设备是否符合 DDC 接口要求及设计要求；检查所有传感器、执行器、水阀、风阀的安装、接线是否正确。

手动起/停新风机、空调机机组或手动输入新风机、空调机机组的故障信号，同时检查上位机的显示、记录与实际工作状态是否一致。在上位机控制新风机、空调机机组的起/停，检查上位机的控制是否有效。模拟低温空气输入、防霜冻开关应有信号输出，上位机应有低温报警，并应有相关的联动控制；检测新风、空调机机组是否按设计和工艺要求的顺序自动投入运行和自动关闭。模拟空调机组的回风温、湿度变化（新风机无此项），检测电动水阀、电动加湿阀、电动风阀的开度变化是否符合设计要求；模拟压差开关两端压力变化，上位机应显示过滤网堵塞报警信号。

4. 给水排水系统的调试

给水排水系统的调试应在所有的供水泵、排水泵、污水泵等设备都能正常工作的情况下进行。测试时应检查给水排水系统的所有检测点 DI、AI、DO、AO 是否符合设计的要求；检查所有检测点 DI、AI、DO、AO 接口设备是否符合 DDC 接口要求和设计图样的要求。

检查所有传感器、执行器的安装、接线是否正确。手动起/停系统的每一台水泵以及手动输入系统每一台水泵的故障信号，检查上位机显示、记录与实际工作状态是否一致。用上位机控制每台水泵的起/停。检查上位机的控制是否有效；模拟一台水泵故障，停止运行，备用水泵能否自动起动投入运行；模拟供水管道出水压力，检测变频器输出是否符合设计要求；模拟水箱、污水池液位变化，检测水泵运行变化是否满足设计要求。

5. 变配电系统、照明系统、电梯系统的调试

应检查变配电系统、照明系统、电梯系统所有检测点 DI、AI 是否符合设计点表的要求；检查所有检测点 DI 接口是否符合 DDC 接口要求；检查所有检测点 AI 的量程（电压、电流）与变送器的量程范围是否相符，接线是否正确。手动起/停柴油发电机组以及手动输入柴油发电机组故障信号，检查上位机显示、记录与实际工作状态是否一致。用上位机启动顺序、时间控制程序，检查每一个被控回路，是否符合设计要求。输入控制信号，检查上位机的控制是否有效。

6. 基本应用软件设定与确认

先确认 BAS 图与实际运行设备是否一致。按系统设计要求确认 BAS 中主机、分站、网络控制器、网关等设备运行及故障状态等；按监控点表的要求确认 BAS 各子系统设备的传感器、阀门、执行器等运行状态、报警、控制方式等。

还要确认 BAS 受控设备的平面图与实际位置一致。激活 BAS 受控设备的平面位置后，确认其监控点的状态、功能与监控点表的功能是否一致；确认在 CRT 主机侧对现场设备是否可进行手动控制操作。系统软件调试应按各机电子系统逐个调试，应根据工艺要求进行调试。

7. 系统调试

按系统设计图样要求，检查主机与网络控制器、网关设备、分站、系统外部设备（包括 UPS 电源、打印设备）、通信接口（包括与其他子系统）之间的连接、传输线型号规格是否正确，通信接口的通信协议、数据传输格式、数据速率等是否符合设计要求。

主机及其相应设备通电后，启动程序检查主机与本系统其他设备通信是否正常，确认系统内设备无故障。

在主机侧按监控点表和调试大纲的要求，对本系统的 DO、DI、AO、AI 进行抽样测试；系统若有热备份系统，则应确认其中一机处于人为故障状态下，确认其备份系统运行正常并检查运行参数不变，确认现场运行参数不丢失。系统与其他子系统采取硬连接方式联动，按设计要求对各监控点进行测试，采取通信方式连接，则按系统集成的要求进行测试。系统功能测试按工程的调试大纲进行。

8. BAS 工程验收

对 BAS 进行检测的主要目的是对系统的实时性、可靠性、安全性、易操作性、易维护性、控制精度、安装质量等重要指标进行综合评价，不仅对存在的问题提出改进措施，使 BAS 能够正常运行，实现一定的节能效果，而且将普遍提高 BAS 的工程质量。

智能化系统的检测是工程检测，不同于实验室检测，必须结合建筑设备现场实际情况制定检测方案，检测应由行业主管部门审定的机构实施，只接受建设方（业主）或物业管理公司的委托。检测的合格率以设计的设备功能点数为基数，检测不合格的点数超过 1%（或 0.5%）时，系统应判为不合格。

BAS 的检测需提供的主要文件有系统选型论证、系统规模容量、控制工艺说明、系统功能说明及性能指标、BAS 结构图、各子系统控制原理图、BAS 设备布置与布线图、与 BAS 监控相关的动力配电箱电气原理图、现场设备安装图、分站与中央管理工作站/操作员站的

监控过程程序流程图、中央监控室设备布置图、BAS供货合同及工程合同、BAS施工质量检查记录、相关的工程设计变更单、BAS投入运行后3个月的运行记录等。在此基础上，根据BAS的验收标准，制定出一套合理的BAS检测方案。如果工程资料不齐全，则应整改补充，否则不能予以检测。BAS的检验采用现场检查及在线测试方式进行。测试结果按相关国家规范以及设备厂家的技术标准和用户功能要求进行评估。BAS检测项目应以建筑设备工程（空调、通风、给水排水、供配电、照明、电梯与自动扶梯等）设计的工艺要求、系统工程设计文件与订购合同技术文件为依据进行确认。检测方式为抽检，抽检数量应不低于20%，被检参数合格率100%为检测合格。

冷冻和冷却水系统的功能检测，应进行系统负荷调节、预定时间表、自动启停和节能优化控制功能检测。通过工作站对冷冻、冷却水系统设备控制和运行参数、状态、故障等的监视、记录与报警情况进行检查，并检查设备运行的联动情况。检验方式为抽检，抽检数量应不低于50%，被检参数合格率100%时为检验合格。

对建筑物内电梯和自动扶梯系统进行检测时，应通过工作站对系统的运行状态和故障进行监视，并与系统实际工作情况进行核实。当与电梯管理系统提供的通信接口进行数据传输时，应对电梯运行方式、运行状态和故障进行检测。检验方式为抽检，抽检数量应不低于50%，被检参数合格率100%时为检验合格。

对中央管理工作站和操作分站进行检测时，主要检测其监控和管理功能。检测时应以中央管理工作站为主，对操作分站主要检测其监控和管理权限以及数据与中央管理工作站的一致性。

检测中央管理工作站记录各种运行状态信息、测量数据信息、故障报警信息的实时性和准确性，对控制设备进行远程控制和管理。中央管理工作站的远程控制功能测试是对每类系统被控设备的20%进行抽检。测定远程控制的有效性、正确性和响应时间。

检测中央管理工作站数据的存储和统计（包括检测数据、运行数据）、历史数据趋势图显示、报警存储统计（包括各类参数报警、通信报警和设备报警）情况，中央管理工作站存储的历史数据时间应大于3个月。

检测中央管理工作站数据报表生成及打印功能，故障报警的打印功能。检测中央管理工作站操作的方便性，人机界面应符合友好、汉化、图形化要求，图形切换流程清楚易懂，便于操作，对报警信息的处理应直观。

以上功能全部满足设计要求为检测合格。还应进行BAS与子系统（设备）间的数据通信接口功能检测、现场设备安装质量检查及性能测试、实时性能测试、维护功能检测、可靠性测试以及其他项目评测等。

9. 工程验收

(1) 验收的基本条件　系统正常连续运行时间不少于3个月，按照规范进行系统检测，检测结论合格，或对其中的不合格项已进行了整改，有整改复验报告。各智能化子系统已进行了系统管理人员和操作人员的培训，并有培训记录，系统管理人员和操作人员已可以独立工作。

(2) 文件与记录　应包括工程合同技术文件、竣工图样、系统设备产品说明书、系统技术、操作和维护手册、设备及系统测试记录以及其他文件等。

(3) 验收管理办法　在通过工程验收后方可正式交付使用，未经工程竣工验收BAS不应投入正式运行。当验收不合格时，应由工程承接单位返工，直至自检合格后再组织验收。BAS 子系统工程的验收可由监理、业主、施工单位联合验收，并将其纳入整个建筑智能化系统工程的整体验收，整体验收程序一般分为初验和复验。

思 考 题

1. 简述建筑强弱电工程内容的划分。
2. 电气施工及验收遵循哪些规范？
3. 常用的线缆有哪些？如何表示？
4. 线路施工的一般程序是什么？
5. 低压架空线缆的排列顺序是什么？
6. 电缆敷设有哪些规定？
7. 室内导线的敷设与连接方式有哪些？
8. 线槽的敷设原则是什么？
9. 综合布线的施工程序是什么？
10. 常用电气的安装包含哪些内容？
11. 如何做好接地？
12. 火灾报警系统的安装要求是什么？
13. 楼宇设备监控系统有哪些具体安装内容？各自的要求是什么？

14

第十四章

施工组织与管理

安装工程施工是指在工业与民用建筑工程项目中，根据设计设置的环境功能和各生产系统的成套设备等，按施工程序有计划地安装工业生产系统及给水排水、供热通风与空调、建筑电气和设备等，然后进行检测、调试，直至满足生产和使用预期要求的生产活动，是一项十分复杂的社会生产活动。就建筑安装企业内部来说，施工生产是多工种的综合施工作业，从企业外部关系来说，需要建设单位、设计单位、监理单位专业化施工企业，以及材料、运输、公用事业、市政、环保、劳动、银行等部门和单位的大力合作；在完成建筑安装产品的过程中要将各方面的力量综合组织起来，围绕缩短工期、降低成本、提高工程质量和投资效益来进行。因此，科学的组织和管理建筑安装工程施工就显得特别重要。

第一节　建设工程管理概论

管理是为达到预期目的而进行的计划、组织、指挥、协调和控制等一系列活动，建设工程管理的范围贯穿于工程建设的决策、勘察、设计、施工的全过程，建设工程的不同参与方在不同阶段对建设工程管理的目标和任务各不相同。施工企业对建设工程施工阶段的管理主要是安全、成本、进度、质量、合同、信息等方面的管理。通过对建设工程的计划、组织、指挥、协调与控制的活动，实现对建设工程的管理目标。

一、基本建设概论

1. 基本建设定义

基本建设是指建造、购置和安装固定资产的活动以及与此相联系的其他活动，是将一定数量的建筑材料、机器设备等，通过购置、建造和安装调试等活动，使之成为固定资产，形成新的生产能力或使用效益的过程。

基本建设包括以下内容：

1）固定资产的建造，即建筑工程、安装工程，是基本建设的重要组成部分。

2）固定资产的购置，即设备、工具、器具的购置，包括一切需要安装与不需安装设备的购置，车间、试验室等所应配备的各种工具、器具、仪器及家具的购置等。

3）其他基本建设工作，主要包括土地征用、原有建筑物拆迁及赔偿、青苗补偿、勘察设计、生产人员培训、建设单位管理等工作。

2. 基本建设项目的组成

基本建设工程项目可划分为建设项目、单项工程、单位工程、分部工程和分项工程。

（1）建设项目　按一个总体设计和总规划进行建设，建成后能形成完整的、系统的、独立的生产能力或使用价值的建设工程称为一个建设项目。进行基本建设的企业或事业单位称为业主——基本建设单位，在行政上具有独立的组织形式，经济上实行独立核算。如按一个总体设计，在一个场地上或几个场地上进行施工兴建的某一工厂或学校，都可称为一个建设项目。根据国家规定，建设项目又分为大、中、小型，特殊和一般建设项目，以便突出重点，分级管理。一个建设项目中，既可包括多个单项工程，也可能只有一个单项工程。

（2）单项工程（也称工程项目） 单项工程是建设项目的组成部分，是指具有独立的设计条件、独立的概算，建成后可以独立发挥生产能力或使用效益的工程。如在某工厂建设中的各个生产车间、办公楼、食堂、住宅等，在学校建设中的教学楼、办公楼、实验楼、图书馆等都是单项工程。单项工程是由若干个单位工程所组成的。

（3）单位工程 具备独立施工条件并能形成独立使用功能的建筑物及构筑物为一个单位工程。它具有独立的施工图设计，能独立组织施工，但完成后不能独立发挥生产能力或使用效益。在实际工作中，为了便于施工，通常根据工程性质和独立施工的要求，将一个单项工程划分为若干个单位工程。如一个生产车间可分为厂房修建、电气照明、给水排水、工业管道安装、机械设备安装、电气设备安装等单位工程。学校的实验楼是一个单项工程，则实验楼的建筑工程和安装工程（包括设备、水、暖、电、卫、通风、空调等）各是一个单位工程。单位工程一般是进行工程核算的对象，它本身仍然可以划分成许多分部工程。

（4）分部工程 分部工程是单位工程的组成部分，分部工程是按建筑部位、专业性质划分的。如建筑工程是按建筑物的主要部位划分的。如地基及基础工程、主体工程、地面工程、装饰工程等各是一个分部工程。安装工程是按安装工程的种类划分的。住宅楼内的安装工程是按专业性质划分的。如建筑给水排水及采暖工程、建筑电气工程、通风与空调工程、电梯工程等各是一个分部工程。

（5）分项工程 它是指分部工程的组成部分，分项工程是按照主要工种、材料、施工工艺、设备类别等进行划分的。如空调风系统可分为风管与配件制作、部件制作、风管系统安装、空气处理设备安装、消声设备制作与安装、风管与设备防腐、风机安装、风管与设备绝热、系统调试等分项工程。

3. 基本建设程序

基本建设程序是指建设（或改造）项目从决策、设计、施工到竣工验收整个工作过程中各个阶段必须遵循的先后顺序，是按照自然规律和经济规律管理基本建设的根本原则。在基本建设工作中，要正确处理从制定建设规划，确定建设项目，勘察、设计、建筑、安装、试车，直到竣工验收、交付使用等各个阶段、各个环节之间的关系，以达到提高投资效益的目的。

建设程序主要包括以下几个阶段和内容：

1）项目建议书阶段。是要求建设某一具体项目的建议文件，是投资决策前对拟建项目的轮廓设想。

2）可行性研究阶段。是指对拟建项目的主要问题进行详细的调查研究，从技术、经济方面作全面分析论证，预测其投产后的经济效益和社会效益，从不同条件下的多方案中，比选出其中最优的可行方案，以取得尽可能好的经济效果。在可行性研究的基础上，编制可行性研究报告，并报告审批。可行性研究报告被批准后，不得随意修改和变更。

3）建设地点的选择阶段。选择建设地点主要考虑三个问题：一是工程地质、水文地质等自然条件是否可靠；二是建设时所需水、电、运输条件是否落实；三是项目建成投产后原材料、燃料等是否具备，同时对生产人员生活条件、生产环境等也应全面考虑。从多方案中比选出一个最佳方案，提出选址报告。

4）设计工作阶段。是对拟建工程的实施在技术上和经济上所进行的全面而详细的安排，是项目建设计划的具体化，是组织施工的依据。一般项目进行两阶段设计，即初步设计和施工图设计。技术复杂而又缺乏设计经验的项目，在初步设计后加技术设计。

5）建设准备阶段。包括征地、拆迁和场地平整；完成施工用水、电、路等工程；组织设备、材料订货；准备必要的施工图样；组织施工招标投标、择优选定施工单位，签订承包合同。

6）编制年度建设投资计划阶段。建设项目要根据经过批准的总概算和工期，合理地安排分年度投资。年度投资计划的安排要与长远规划的要求相适应，保证按期建成。

7）建设施工阶段。建设项目经批准新开工建设，项目便进入建设施工阶段。这是项目决策的实施、建成投产发挥效益的关键环节。建设工期从新开工建设时算起，新开工建设的时间，是指项目计划文件中规定的任何一项永久性工程第一次破土开槽开始施工的日期。

8）生产准备阶段。不同类型的项目对生产准备的要求也各不相同，但从总的方面看，生产准备的主要内容有：招收和培训人员、生产组织准备、生产技术准备、生产物资准备。

9）竣工验收阶段。是工程建设过程的最后一环，是全面考核建设成本、检验设计和施工质量的重要步骤，也是项目由建设转入生产或使用的标志。通过竣工验收，一是检验设计和施工工程质量，保证项目按设计要求的技术经济指标正常生产；二是有关部门和单位可以总结经验教训；三是施工单位对经验收合格的项目及时向建设单位办理工程移交及工程竣工结算，使其由建设系统转入生产系统或投入使用。

10）后评价阶段。是在项目建成投产或投入使用后，对项目的运行进行全面评价，即对投资项目的实际成本—效益进行系统审计，将项目的预期效果与项目实施后的终期实际结果进行全面对比考核。对建设项目投资的财务、经济、社会和环境等方面的效益与影响进行全面科学的评价。

二、定额与造价

工程定额是指工程建设中，在正常的施工条件和合理劳动组织、合理使用材料及机械的条件下，完成单位合格产品所必须消耗的人工、材料、施工机械台班等资源或资金数量的标准额度，是确定工程物资消耗和工程造价的主要依据。工程造价是按照确定的建设内容、建设规模、建设标准、功能要求和使用要求等将工程项目全部建成并验收合格交付使用所需的全部费用。

1. 工程定额的分类

建设工程定额是工程建设中各类定额的总称。为对建设工程定额有一个全面的了解，可以按照不同的原则和方法对其进行科学的分类，如图 14-1 所示。

（1）按定额反映的生产要素分类　可分为劳动定额、材料消耗定额和机械台班消耗定额。

1）劳动定额又称人工定额，是定额的主要组成部分，它反映了建筑安装工人劳动生产率的社会平均先进水平，分为时间定额和产量定额。

时间定额是指在正常施工条件下，在合理的劳动组织、合理的使用材料与合理的机械配

图 14-1　工程定额的分类

合条件下，规定某种技术等级的工人小组或个人完成某一质量合格的单位产品所需消耗的劳动时间，包括准备时间和结束时间、基本生产时间、辅助生产时间、不可避免的中断时间以及工人必需的休息时间。

时间定额的单位是工日，每工日按 8h 计算，其计算式如下

$$单位产品时间定额(工日)=\frac{1}{每工产量}$$

或

$$单位产品时间定额(工日)=\frac{小组成员工日数的总和}{台班产量}$$

产量定额也称“每工产量”，是指在正常条件下，在合理的使用材料，合理的机械配合条件下，规定某种专业技术等级的工人小组或个人，在单位时间（工日）内完成的合格产品的数量，其计算式如下

$$每工产量 = \frac{1}{单位产品时间定额(工日)}$$

或

$$台班产量 = \frac{小组成员工日数的总和}{单位产品时间定额(工日)}$$

产量定额的单位以 m、m^2、m^3、t、台、件等计量。

可以看出，时间定额和产量定额是倒数的关系，即

$$时间定额 = \frac{1}{产量定额}$$

或

$$产量定额 = \frac{1}{时间定额}$$

时间定额和产量定额是同一劳动定额的不同表示方法，其用途也不一样。时间定额统一以工日为单位，便于综合，便于计算总需工日数，便于核算工资，所以劳动定额一般以时间定额为单位。而产量定额是以产品数量为单位，便于小组分配各项任务，编制作业计划。

2）材料消耗定额是指在正常施工条件下和合理使用材料的情况下，完成每单位合格产品所必须消耗的各种材料、成品、半成品等的数量标准。材料消耗量可分为直接消耗在建筑产品实体上的净用量和施工现场运输及操作过程的不可避免的损耗量。常用以下公式表达，即

$$材料总消耗量 = 材料净用量 + 材料损耗量 = 材料净用量 \times (1 + 损耗率)$$

$$损耗率 = \frac{损耗量}{净用量} \times 100\%$$

3）机械台班定额也称机械使用定额，是指施工机械在正常施工条件下，合理的组织劳动和使用机械，完成单位合格产品（或某项工作）所必需的工作时间，是指施工机械在正常施工条件下，合理的组织劳动和使用机械，完成单位合格产品（或某项工作）所必需的工作时间，是机械生产率的反映，机械台班定额以台班为单位，即 8h/台班。

（2）按编制程序和用途分类　可分为施工定额、预算定额、概算定额、概算指标和投资估算指标。

1）施工定额是建筑安装工人（或小组）在正常的施工条件下，为完成单位合格产品，所需人工、材料消耗量和机械台班使用量的标准。它根据施工的特点制定，并按照一定程序颁发执行。它反映了制定和颁发施工定额的机构和企业对工人工作成果的要求，也是衡量建筑安装企业劳动生产率水平和管理水平的标尺，属于企业定额性质。施工定额是建筑安装施工企业进行施工组织、成本管理、经济核算和投标报价的重要依据，直接应用于施工项目的施工管理，用来编制施工作业计划、签发施工任务单、签发限额领料单，以及结算计件工资或计量奖励工资等。施工定额的定额水平反映施工企业生产与组织的技术水平和管理水平。施工定额也是编制预算定额的基础。

2）预算定额（消耗量定额）是完成规定计量单位分部分项工程所需的人工、材料、施工机械台班的消耗量标准，是统一全国安装工程预算的工程量计算规则、项目划分、计量单位的依据；是编制安装工程地区单位估价表、施工图预算、招标工程标底或招标控制价、确定工程造价的依据；也是编制概算定额（指标）、投资估算的基础；也可作为制定企业定额和投标报价的基础。与施工定额不同，预算定额是按目前国内大多数施工企业采用的施工方法、机械化装备程度、合理的工期、施工工艺和劳动组织条件制定的，是社会性的，而施工

定额则是企业性的。

3）概算定额是在预算定额基础上，确定完成合格的单位扩大分项工程或单位扩大结构构件所需消耗的人工、材料和机械台班的数量标准，所以概算定额又称作扩大结构定额。概算定额一般是在预算定额的基础上综合扩大而成的，每一综合分项概算定额都包含了数项预算定额。概算定额是初步设计阶段编制设计概算和技术设计阶段编制修正概算的依据；是定量比较设计方案优劣的依据；是编制主要材料需要量的基础；也是编制概算指标和投资估算指标的依据。

4）概算指标是概算定额的扩大与合并，它是以整个建筑物为对象，以更为扩大的计量单位来编制的。概算指标的设定和初步设计的深度相适应，是设计单位编制设计概算或建设单位编制年度投资计划的依据，也可作为编制估算指标的基础。

5）投资估算指标通常是以独立的单项工程或完整的工程项目为计算对象编制确定的生产要素消耗的数量标准或项目费用标准，是根据已建工程或现有工程的价格数据和资料，经分析、归纳和整理编制而成的。投资估算指标是在项目建议书和可行性研究阶段编制投资估算、计算投资需要量时使用的一种指标，是合理确定建设工程项目投资的基础。

（3）按编制单位和适用范围分类　可分为全国统一定额、地区定额、行业定额和企业定额。

1）全国统一定额是指由国家建设行政主管部门组织，依据有关国家标准和规范，综合全国工程建设的技术与管理状况等编制和发布，在全国范围内使用的定额。

2）地区定额是指由地区建设行政主管部门组织，参照统一定额水平编制，考虑地区工程建设特点和情况制定和发布，在本地区内使用的定额。

3）行业定额是指由行业建设行政主管部门组织，依据有关行业标准和规范，考虑行业工程建设特点等情况所编制和发布的，在本行业范围内使用的定额。

4）企业定额是施工企业根据本企业的施工技术和管理水平而编制的人工、材料和施工机械台班等的消耗标准，是施工企业以统一定额和地区定额为依据，主要根据企业的自身情况，包括人员素质、机械装备程度、技术和管理水平等自行组织编制，在本企业内部使用的定额。

2. 建设工程造价

广义的建设工程造价是指建设工程总投资，包括建设投资和铺底流动资金投资两部分。前者是建设项目用于固定资产的投资，由建筑安装工程费用、设备及工具（器具）购置费用、工程建设其他费、预备费、建设期贷款利息和固定资产投资方向调节税构成，后者是指生产性建设项目投产后，用于购买原材料、燃料、备品备件等保证生产经营所需的周转资金的投资。

狭义的建设工程造价是指建筑安装工程造价，按照《建筑安装工程费用项目组成》的规定，由直接费、间接费、利润和税金四部分组成。

直接费包括直接工程费（施工中耗费的直接构成工程实体的费用，包含人工费、材料费和机械使用费）和措施项目费（为完成施工，发生于施工前和施工过程中的非工程实体项目费，包括临时设施、脚手架等十余项费用）。

间接费由规费和企业管理费组成。规费指政府和有关权力部门规定必须缴纳的费用。企业管理费是施工企业为组织施工生产经营活动所发生的管理费用。

利润指施工企业承包工程获得的盈利。税金是国家税法规定应计入建筑安装工程造价内的营业税、城市建设维护税及教育费附加。

建设工程造价，是建设工程的投资估算、设计概算和施工图预算等的总称，它是建设工程在不同的实施阶段、预先计算和确定的计划价格文件。

根据建设工程不同的实施阶段和预算文件所起的不同作用，建设工程造价可分为以下几类：

(1) 投资估算　投资估算是指在编制项目建议书和可行性研究报告阶段，对拟建项目根据工程估算指标和设备、材料预算价格及有关文件规定，确定的投资总额度。因其是按估算指标确定的，故称为投资估算，它是国家审批确定基本建设投资计划的重要文件。编制依据主要有估算指标、估算手册或类似工程的预（决）算资料等。

(2) 设计概算　简称概算，是在（扩大）初步设计阶段，由设计单位根据扩初设计图样、概算定额、设备材料预算价格和有关文件规定，预先计算确定的建设项目从筹建到竣工交付使用的全部建设费用的经济文件。因其是由设计单位根据概算定额编制的，故称为设计概算。设计概算是设计文件的重要组成部分，是编制年度基本建设计划，控制建设项目拨款和施工图预算，考核基本建设成本的依据，也是衡量设计方案是否经济合理的基本文件。

(3) 施工图预算　它是计算单位工程或分部分项工程费用的文件。一般由施工单位编制，是建设单位向施工单位拨付工程价款和施工单位与建设单位进行工程结算和竣工结算的重要依据之一；它不包括设备工器具购置费和其他各种费用。施工图预算编制的依据是施工图样、地区安装工程消耗量定额、地区安装工程价目表、地区发布的材料预算价格信息、费用计算规则、施工及验收规范、标准图集、施工组织设计或设计方案。

(4) 施工预算　施工预算是指工程施工前，在施工图预算的控制下，施工单位根据施工图样、施工定额、施工及验收规范等编制的单位工程（或分部分项工程）施工所需人工、材料和施工机械台班消耗量及相应费用的技术经济文件，是施工企业内部文件，主要作用是控制班（组）单位工程（或分部分项工程）施工所消耗的人工、材料和施工机械台班数量，降低工程成本。因此，施工预算是施工企业加强经营管理，提高经济效益，降低工程成本的重要手段。

(5) 工程结算　工程结算是指单位工程或分部、分项工程完工，经建设单位及质检部门检验合格后，施工企业根据工程合同的规定及施工进度，在施工图预算基础上，按照实际完成的工程量所编制的结算文件，由施工单位编制。它是施工单位向建设单位办理工程价款结算，用以补偿施工过程中的资金消耗，考核经济效益的经济文件。

(6) 竣工结算　竣工结算是指在单项工程或建设项目所有施工内容均已完成，并经质检部门检验合格，可交付建设单位使用后，进行工程建设费用的最后核算，确定的单项工程或建设项目从筹建到建成投入使用的全部实际成本（实际造价），其文件称为竣工结算书。

三、工程量清单

原建设部 2003 年批准发布了 GB 50500—2003《建设工程工程量清单计价规范》，2008 年又修订为 GB 50500—2008，现行规范为 GB 50500—2013（简称 13 清单计价规范）。13 清单计价规范的颁布，对巩固工程量清单计价改革的成果、全面推行工程量清单计价、规范工程建设参与各方的计价行为，对建立公开、公平、公正的市场竞争秩序，推进和完善市场形成工程造价机制具有十分重要的意义，进一步推动我国工程造价改革迈上新的台阶。

13 清单计价规范由总则、术语、一般规定、工程量清单编制、招标控制价、投标报价、工程计量、合同价款调整、合同价款中期支付、竣工结算与支付、合同解除的价款结算与支付、合同价款争议的解决、工程造价鉴定、工程计价资料与档案、计价表格组成。分别就规范的适应范围、遵循的原则、编制工程量清单及工程量清单计价活动的规则、计价表格做了明确规定。各专业工程量计算规范分别为：房屋建筑与装饰工程、仿古建筑工程、通用安装工程、市政工程、园林绿化工程、矿山工程、构筑物工程、城市轨道交通工程、爆破工程。

工程量清单是建设工程的分部分项工程项目、措施项目、其他项目、规费项目和税金项目的名称和相应数量等的明细清单，由分部分项工程量清单、措施项目清单、其他项目清单、规费项目清单、税金项目清单组成。编制工程量清单的依据包括：13 清单计价规范；国家或省级、行业建设主管部门颁发的计价依据和办法，建设工程设计文件，与建设工程项目有关的标准、规范、技术资料，招标文件及其补充通知、答疑纪要，施工现场情况、工程特点及常规施工方案，其他相关资料。

（1）分部分项工程量清单　分部分项工程量清单由项目编码、项目名称、项目特征、计量单位和工程量组成。根据 GB 50856—2013《通用安装工程工程量计算规范》规定的项目编码、项目名称、项目特征、计量单位和工程量计算规则进行编制。例给水排水、采暖、燃气管道安装的分部分项工程量清单应按规范中给排水、采暖、燃气工程的规定进行编制，详见表 14-1。

表 14-1　给排水、采暖、燃气工程（编码：031001）

项目编码	项目名称	项目特征	计量单位	工程量计算规则	工程内容
031001001	镀锌钢管	1. 安装部位（室内、外） 2. 输送介质（给水、排水、热媒体、燃气、雨水） 3. 材质 4. 型号、规格 5. 连接方式 6. 套管形式、材质、规格 7. 接口材料 8. 除锈、刷油、防腐、绝热及保护层设计要求	m	按设计图示管道中心线长度以延长米计算，不扣除阀门、管件（包括减压器、疏水器、水表、伸缩器等组成安装）及各种井类所占的长度；方形补偿器以其所占长度按管道安装工程量计算	1. 管道、管件及弯管的制作、安装 2. 管件安装（指铜管管件、不锈钢管管件） 3. 套管（包括防水套管）制作、安装 4. 管道除锈、刷油、防腐 5. 管道绝热及保护层安装、除锈、刷油 6. 给水管道消毒、冲洗 7. 水压及泄漏试验
031001002	钢管				
031001003	不锈钢管				
031001004	铜管				
031001005	铸铁管				
031001006	塑料管				
031001007	复合管				
031001008	直埋式预制保温管				
031001009	承插陶瓷缸瓦管				
031001010	承插水泥管				
031001011	室外管道碰头				

（2）措施项目（费）清单　措施项目指为完成工程项目施工，发生于该工程施工准备和施工过程中的技术、生活、安全、环境保护等方面的非工程实体项目，属于竞争性费用。措施项目清单应根据拟建工程的实际情况列项，分为通用项目、建筑工程、装饰装修工程、安装工程、市政工程等。

通用措施项目可按08规范选择列项，见表14-2。

表14-2 通用措施项目一览表

序号	项目名称
1	安全文明施工(含环境保护、文明施工、安全施工、临时设施)
2	夜间施工
3	二次搬运
4	冬雨期施工
5	大型机械设备进出场及安拆
6	施工排水
7	施工降水
8	地上、地下设施，建筑物的临时保护设施
9	已完工程及设备保护

专业工程的措施项目可按08规范附录中规定的项目选择列项，安装工程的专业工程的措施项目见表14-3。若出现08规范未列的项目，可根据工程实际情况补充。

表14-3 安装工程的专业工程的措施项目

序号	项目名称
1	组装平台
2	设备、管道施工的防冻和焊接保护措施
3	压力容器和高压管道的检验
4	焦炉施工大棚
5	焦炉烘炉、热态工程
6	管道安装后的充气保护措施
7	隧道内施工的通风、供水、供气、供电、照明及通信设施
8	现场施工围栏
9	长输管道临时水工保护措施
10	长输管道施工便道
11	长输管道跨越或穿越施工措施
12	长输管道地下穿越地上建筑物的保护措施
13	长输管道工程施工队伍调遣
14	各架式抱杆

(3) 其他项目清单 其他项目指除分部分项工程项目、措施项目外，因招标人的要求而发生的与拟建工程有关的费用项目。

其他项目清单宜按照下列内容列项：

1) 暂列金额指招标人在工程量清单中暂定并包括在合同价款中的一笔款项。用于施工合同签订时尚未确定或者不可预见的所需材料、设备、服务的采购，施工中可能发生的工程变更、合同约定调整因素出现时的工程价款调整以及发生的索赔、现场签证确认等的费用。

2) 暂估价指招标人在工程量清单中提供的用于支付必然发生但暂时不能确定价格的材料的单价以及专业工程的金额，包括材料暂估单价、专业工程暂估价。

3) 计日工指在施工过程中，完成发包人提出的施工图样以外的零星项目或工作，按合同中约定的综合单价计价。

4）总承包服务费是指总承包人为配合协调发包人进行的工程分包、自行采购的设备、材料等进行管理、服务以及施工现场管理、竣工资料汇总整理等服务所需的费用。

(4) 规费项目清单 规费是指根据省级政府或省级有关权力部门规定必须缴纳的应计入建筑安装工程造价的费用。

规费项目清单应按照下列内容列项：工程排污费，工程定额测定费，社会保障费，包括养老保险费、失业保险费、医疗保险费，住房公积金，危险作业意外伤害保险。

(5) 税金项目清单 税金是指国家税法规定的应计入建筑安装工程造价内的税金，包括营业税、城市维护建设税及教育费附加。

第二节 施工组织设计

施工组织设计是对拟安装工程施工过程进行规划和部署，是施工全过程技术和经济的指导文件。由于建筑设备安装是一项复杂的生产过程，涉及各工种在时间和空间上的交叉，要合理安排人力、材料、机械、技术和资金等各项生产因素，才能使施工安装过程有组织、有秩序、按计划地进行。

施工组织设计的具体任务包括确定开工前必须完成的各项准备工作；确定施工过程中应执行和遵循国家的法令、规程、规范和标准；确定施工方案，选择施工方法和施工机具，做好施工部署；合理安排施工程序，编制施工进度计划；计算劳动力和各种物资资源的需用量，为后期供应计划提供依据；合理布置施工现场平面图；提出切实可行的施工技术组织措施。

一、施工组织设计

根据施工对象的规模和工程阶段、编制内容的深度和广度要求，施工组织设计可分为施工组织总设计、单位工程施工组织设计和分部工程施工组织设计。

1. 施工组织设计分类

(1) 施工组织总设计 施工组织总设计是以整个建设项目群或大型单项工程为对象，对项目全面的规划和部署的控制性组织设计，是在初步设计阶段，根据现场条件，由工程总承包单位组织建设单位、设计单位和施工分包单位共同编制的。

施工组织总设计的主要内容包括以下内容：

1）工程概况是对拟建工程的总说明，主要说明工程的性质、规模、建设地点、总投资、总工期，工程要求，建设地区的交通、资源及其他与施工有关的自然条件，人力、材料、预制件和机具的供应等。

2）施工部署是对如何完成整个工程项目施工总设想的说明，是施工组织总设计的核心，主要内容包括确定拟建工程各项目的开、竣工程序，规划各项准备工作，明确各分包施工单位的任务，规划整个工地大型临时设施的布置等。

3）施工总进度计划是根据施工部署所确定的工程开、竣工程序，对单位工程施工在时间上的安排。主要内容是确定施工准备时间、各单位工程的开、竣工时间，各项工程的搭接关系，工程人力、材料、成品、半成品和水电的需用量和调配情况，各临时设施的布置面积等。

4）施工准备工作的作用在于为施工过程创造有利的施工条件，保证工程施工能按施工进度计划进行。包括技术准备、现场施工准备、物资准备和施工队伍准备等。

5）劳动力和主要物资需要量计划是施工过程中劳动力和各种物资供应安排的依据，便于在施工中提前安排劳动力和各种物资。包括劳动力需要量计划，主要材料、成品、半成品等需要量计划和主要机具的需要量计划。

6）施工总平面图是包括施工工区范围内已建及拟建的建筑物、各种临时设施、临时建筑、运输线路和供水供电等内容的总规划和布置图，是施工现场空间组织方案。

7）技术经济指标是评价一个施工组织总设计优劣的依据。主要包括以下指标：工期指标、劳动生产率指标、工程质量指标、安全生产指标、机械化施工程度指标、劳动力不平衡系数、降低成本率等。

（2）单位工程施工组织设计　单位工程施工组织设计是以单位工程为对象对施工组织总设计的具体化，是指导单位工程施工准备和现场施工过程的技术经济文件。它是由施工单位根据施工图设计和施工组织总设计所提供的条件和规定编制的，具有可实施性。

单位工程施工组织设计主要包括以下内容：

1）工程概况和施工条件。单位工程的地点、工程内容、工程特点、施工工期和工程的其他要求。

2）施工方案。确定单位工程施工程序，划分施工段，确定主要项目的施工顺序、施工方法和施工机械，制定劳动组织技术措施。

3）施工进度计划。确定单位工程施工内容及计算工程量，确定劳动量和施工机械台班数，确定各分部分项工程的工作日，考虑工作的搭接，编排施工进度计划。

4）施工准备计划。单位工程的技术准备，现场施工准备，劳动力准备，施工机具和各种施工物资准备。

5）资源需要量计划。单位工程劳动力、材料、成品、半成品和机具等的需要量计划。

6）施工现场平面图。各种临时设施的布置，各施工物资的堆放位置，水电管线的布置等。

7）各项经济技术指标。单位工程工期指标、劳动生产率指标、工程质量和安全生产指标、主要工种机械化施工程度指标、降低成本指标和主要材料节约指标等。

8）质量及安全保障措施和有关规定。

（3）分部工程施工组织设计　分部工程施工组织设计是以分部工程为对象，用于具体指导分部工程施工的技术经济文件。所涉及的内容与单位工程施工组织设计相同，但更具体详尽。

2. 施工组织设计编制的程序

施工组织设计的编制必须根据工程计划任务书或上一级施工组织设计要求、建设单位的要求，依据设计文件和图样、有关勘测资料及国家现行的有关施工规范和质量标准、操作规程、技术定额等来进行，同时还要考虑施工企业拥有的资源状况、施工经验和技术水平及施工现场条件等。单位工程施工组织设计的编制程序如图 14-2 所示。

3. 资源供应计划的编制

资源供应计划包括劳动力需用量计划、主要材料需用量计划和施工机械需用量计划。

（1）劳动力需用量计划　劳动力需用量计划是在施工过程中对各工种劳动力的需要安排，是调配劳动力的依据。劳动力需用量计划是根据施工进度计划、施工预算及劳动定额的

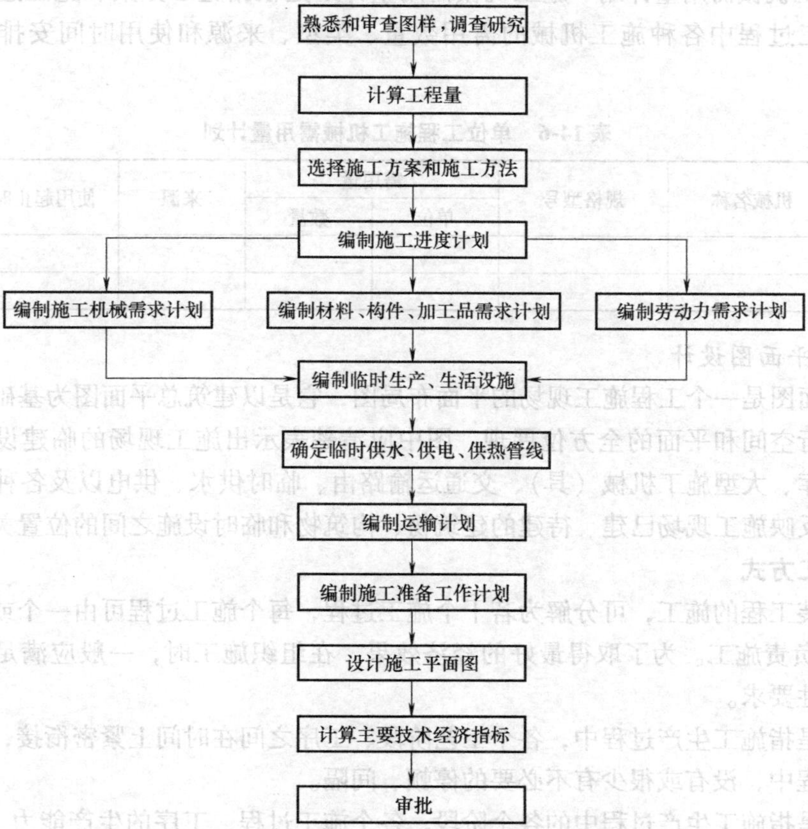

图 14-2 单位工程施工组织设计的编制程序

要求编制的。具体编制方法是：先将施工进度计划中各施工项目每日所需的各工种的工人人数统计汇总；再将每日需求汇总成周、旬、月的需求，将汇总结果填入表 14-4 中。

表 14-4 单位工程劳动力需用量计划

序号	工种名称	总工日数	人数	月			月			月			备注
				上	中	下	上	中	下	上	中	下	

（2）主要材料需用量计划 单位工程主要材料需用量计划根据施工进度计划、施工预算及材料消耗定额的要求编制。它主要为材料的储备、进料、仓库、堆放场面积，组织运输等提供依据。各种材料的需用量及需要时间可以从施工预算和施工进度计划中计算汇总得出。常用单位工程主要材料需用量计划见表 14-5。

表 14-5 单位工程主要材料需用量计划

序号	材料名称	规格	需用量		供应时间	备注
			单位	数量		

(3) 施工机械需用量计划　施工机械需用量计划是根据施工方案和施工进度计划编制的，反映施工过程中各种施工机械的需用数量、类型、来源和使用时间安排，形式见表14-6。

表14-6　单位工程施工机械需用量计划

序号	机械名称	规格型号	需用量		来源	使用起止时间	备注
			单位	数量			

4. 施工平面图设计

施工平面图是一个工程施工现场的平面布局图，它是以建筑总平面图为基础，将施工方案在现场进行空间和平面的全方位展现。图中应清楚表示出施工现场的临建设施、加工场所、材料仓库、大型施工机械（具）、交通运输路由、临时供水、供电以及各种管线的布置情况，准确反映施工现场已建、待建的建筑物、构筑物和临时设施之间的位置关系。

二、施工方式

建筑安装工程的施工，可分解为若干个施工过程，每个施工过程可由一个或几个专业施工队（组）负责施工。为了取得最好的经济效果，在组织施工时，一般应满足连续性、比例性、均衡性要求。

连续性是指施工生产过程中，各个工艺阶段、工序之间在时间上紧密衔接，它表现为在整个施工过程中，没有或很少有不必要的停顿、间隔。

比例性是指施工生产过程中的各个阶段、各个施工过程、工序的生产能力（人和机械）要保持一定的比例关系。也就是说，各个生产环节的工人人数、机械数量、生产效率等，都应相互协调。

均衡性是指在规定的一段时间间隔内（如年、月、日、旬），完成大致相等或稳定递增（减）的产量或工作量，使施工生产过程不致出现前松后紧和经常突击赶工的现象，保证均衡地完成生产任务。

安装工程的施工方法分为顺序施工法（又称依次施工法）、平行施工法和流水作业法。

以某厂区管道工程为例，工程分为Ⅰ、Ⅱ、Ⅲ三个施工段，各段工程量相等，形式基本相同，每段分为三个工艺过程1、2、3，每个过程均需要5d时间，各过程施工人员分别为10人、16人和8人，施工过程、劳动组织与时间安排见表14-7，不同的施工组织方式的施工进度计划对比如图14-3所示。

表14-7　施工项目（过程）、劳动组织与时间安排

施工项目	各过程环节的劳动组织/人	工作队的工作天数
过程1	10	5
过程2	16	5
过程3	8	5

1. 各种施工方法的比对

(1) 顺序（依次）施工法　顺序施工法是将施工对象划分为若干个施工段，各专业队

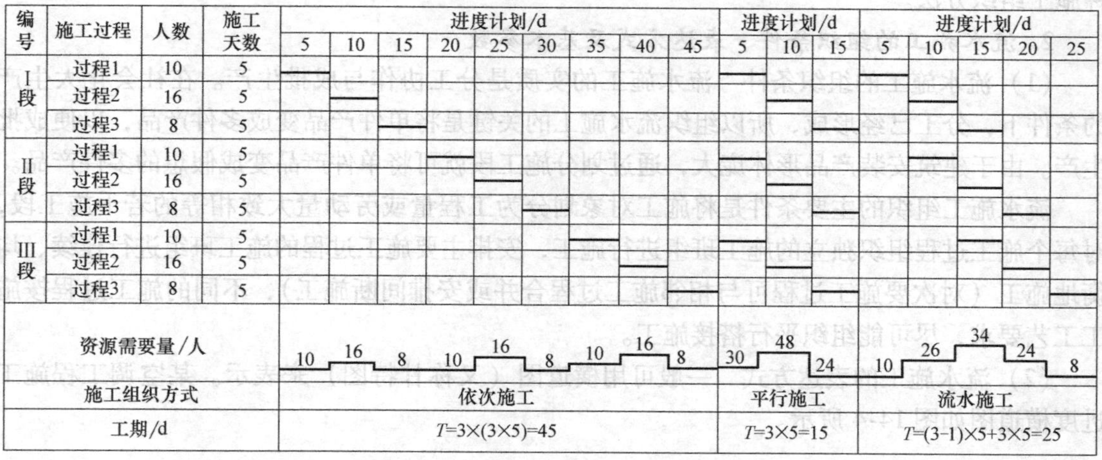

图 14-3 不同施工组织方式的施工进度计划对比

（组）按拟订的施工顺序，逐段完成各施工过程的组织施工的方法。

由图 14-3 可知，顺序施工是各专业队（组）先完成过程 1 工程后，再完成过程 2 和过程 3，其优点是施工组织、调度简单，施工作业单一，每天投入的劳动力和材料供应量少。缺点是劳动力使用和材料供应不连续，易形成窝工现象；施工期长，每段施工期为 5d，总工期为 45d。因此，顺序施工法仅适用于工程规模小，施工队人数少的工程。

（2）平行施工法　平行施工法是将施工对象划分若干个施工段，各专业队（组）在各施工段同时开工、同时施工、同时结束的组织施工的方法。

由图 14-3 可知，平行施工法是对三段管道工程分别组织如表 14-7 所列的施工力量同时施工，同样以 5d 的时间完成各段管道工程。其优点是工作面得到了充分利用，施工期最短，总工期为 15d。缺点是投入的劳动力增大（为顺序法的 4 倍），机械设备、材料供应过于集中，使临时设施增多，从技术经济上看，效果并不理想。这种施工方法仅适用于各种资源充足，对工期要求紧或抢施工进度的工程。

（3）流水施工法　流水施工法是将施工对象划分为工作量大致相等的若干个施工段，每个施工过程内各专业队（组）之间采用顺序施工，而各施工段按一定时间间隔投入施工，各专业队（组）从第Ⅰ施工段开始，按先后次序（即流水方向）完成各段工程任务。这种施工方法就整个工程来说，相同工序可顺序进行，不同工序可平行进行。

由图 14-3 可知，流水施工是将划分的三个施工过程按一定时间间隔依次投入施工，各过程施工专业队先在过程 1 顺序施工，第一个专业队在Ⅰ段结束后，依次移到Ⅱ、Ⅲ段施工，其他专业队按第一专业队方法依次进行施工，直到Ⅲ段最后一个工序完成为止。其优点是吸收顺序施工和平行施工的优点，克服了它们的缺点。首先是流水施工能保持各施工过程的连续性、均衡性，从而有利于提高施工管理水平和技术经济效益；其次是流水施工能合理充分地利用工作面，消除了窝工现象，加快了施工进度，缩短了工期；第三是流水施工能使各专业队在施工期内保持同一施工作业，便于提高工人的技术熟练程度，使施工生产专业化，有利于保证工程质量和安全生产，提高劳动生产率。

综上所述，流水施工是比较先进、科学和行之有效的施工方法，它以合理的组织方式，最低的消耗，按期、保质、保量地完成工程任务。因此，流水施工是应大力推广、使用的一种施工组织方法。

2. 流水施工的组织条件、表达方式及基本参数

（1）流水施工的组织条件　流水施工的实质是分工协作与成批生产。在社会化大生产的条件下，分工已经形成，所以组织流水施工的关键是将单件产品变成多件产品，以便成批生产。由于建筑安装产品形体庞大，通过划分施工段就可将单件产品变成假想的多件产品。

流水施工组织的主要条件是将施工对象划分为工程量或劳动量大致相等的若干施工段，对每个施工过程组织独立的施工班组进行施工，安排主要施工过程的施工班组进行连续、均衡地施工（对次要施工过程可与相邻施工过程合并或安排间断施工），不同的施工过程按施工工艺要求，尽可能组织平行搭接施工。

（2）流水施工的表达方式　一般可用横道图（又称甘特图）来表示。某空调工程施工进度横道图如图14-4所示。

序号	工作名称	持续时间/d	施工进度/d										
			2	4	6	8	10	12	14	16	18	20	22
1	风管制作	4											
2	设备安装	4											
3	风管安装	12											
4	风管保温	6											
5	系统调试	2											

图14-4　某空调工程施工进度横道图

（3）流水施工的主要参数　流水施工是不同专业队（组），在有限空间、时间内展开工序间搭接、平行流水作业，以取得较好的技术经济效果为目的。为此，在流水施工中将工艺参数（施工过程、流水强度）、空间参数（施工段）和时间参数（主要指流水节拍、流水步距等）三大类参数，统称为流水参数。

1）施工过程（用 N 表示）就是在建设工地范围内所进行的生产过程，它由不同工种、不同技术等级的建筑安装工人完成，并且必须有一定的劳动对象（建筑材料、半成品、配件等）、一定的劳动工具（手动工具、小型机具和机械等）。每个施工过程的结果，都将获得一定的产品或成品。其最终目的是要建造、恢复、改建移动或拆除工业与民用建筑物和构筑物的全部或一部分。

建筑安装工程施工是由很多不同的施工过程（施工项目）组成的复杂的生产过程。为了组织流水施工，首先将施工对象划分为若干个施工过程，交给各专业队进行施工，以便对工程施工进行具体安排和物资调配。分解施工过程，可根据工程的计划性质、特点、施工方法和劳动组织形式等统筹考虑。

施工过程划分的粗细程度，主要取决于计划的类型和作用。

在编制工程施工控制性计划（施工总进度计划）时，由于包含内容和范围大，因此施工过程划分应粗些。如编制住宅小区施工的控制计划，可按工程的专业性质、类别，分解为房屋建筑工程、采暖通风工程、供电工程、给水排水与卫生工程、室外道路与绿化工程等若干施工过程。

在编制工程实施性计划（单位工程或分项工程施工进度计划）时，由于内容具体、明确，因此施工过程划分要细些，使流水作业有重点。如室外地沟敷设管道工程的实施性计划，可按工序划分为挖沟槽做垫层、地沟砌筑、管道安装、盖板与回填土等施工过程。

在组织流水施工时，对每一个施工过程通常组织一个专业队（组）来完成，因此施工过程数一般来讲等于专业队（组）数（用 N' 表示）。

2）施工段数（用 M 表示）是指在组织流水施工时，将施工对象划分为若干个工程量（或工作量）大致相等的几个段落，这些段称为施工段，也称为流水段。划分施工段的目的是适应流水施工的要求，将庞大的工程实体划分成多个部分以形成“假定产品批量”。划分施工段应考虑以下几个问题：

划分施工段时，应使各段工程量大致相等（相差在 15% 以内），以便使施工均衡、连续、有节奏。

段数的多少应与主要施工过程相协调，以主导施工过程为主形成工艺组合。施工段数应大于或等于工艺组合数。段数过少会引起劳动力、机械和材料供应过于集中，造成流水施工流不开的现象；段数过多会使工作面缩小，造成施工人数少、施工进度慢、工期拉长的现象。

施工段的大小应与劳动组织相适应，有足够的工作面。以机械为主的施工对象还应考虑机械的台班能力，使其能力得以发挥。

应有利于结构的整体性，尽量利用伸缩缝、沉降缝或住宅的单元、在平面上有变化处，以及接槎而不影响工程质量处。如对大型工程（如住宅开发区），可按相同的建筑物、构造物作为分段界线；对单元式住宅工程可按单元作为分段界线；对线性（如道路、管线）工程，可按相同的工程量，以路面的伸缩缝或管线的接合点作为分段界线。

3）流水节拍（用 t 表示）。在流水施工中，从事某施工过程的一个专业队（组）在一个施工段上的工作延续时间，称为一个流水节拍。流水节拍的大小直接关系到投入的劳动力、材料和机械的多少，决定着施工进度和流水的节奏。因此，合理确定流水节拍具有重要意义。流水节拍的确定方法有两种：一种是根据工期要求来确定；另一种是根据现有能够投入到工程上的资源（人力、材料、机械）数量来确定。其计算公式如下

$$t = P/(Rb) = Q/(SRb) \tag{14-1}$$

式中 t——流水节拍，按进度计划的粗细可以采用小时、日或周；

P——劳动量或机械台班量（工日或台班）；

R——专业队（组）的人数或机械台数；

b——每天工作班数；

Q——某施工过程在一个施工段上的工程量，以实物量表示；

S——工人或机械的产量定额。

按式（14-1）确定流水节拍时应考虑下列因素：

专业队（组）人数应符合施工过程最少劳动组合数的要求。如焊接管道，通常需焊工、管工、普通工各一名，当队（组）只有 2 人时，就不能正常施工。

要考虑工作面的大小或某种条件的限制。施工班组人数也不能太多，每个工人的工作面要符合最小工作面的要求。还要考虑施工技术条件的要求及各种机械的台班效率或

机械台班产量的大小，以及各种材料、构配件等的现场堆放量、供应能力及其他有关条件的制约。

确定流水节拍值时，首先考虑主要的工程量大的施工过程的节拍值（它对工程工期起主要作用），再确定其他施工过程的节拍值。

流水节拍值一般取整数，必要时可保留0.5d（台班）。

4）流水步距（用K表示）是指两个相邻的专业队（组）进入流水作业的最小时间间隔。流水步距的大小，对工期有着较大的影响。一般来说，在流水段数不变的条件下，流水步距越大，工期越长；流水步距越小，则工期越短。流水步距还与前后两个相邻施工过程流水节拍的大小、施工工艺技术要求、是否有技术和组织间歇时间、流水施工的组织方式等有关。

5）流水展开时间（用t'表示）。在一个施工段上，第一个专业队（组）开始工作到最后一个工作队（组）开始工作，其中间隔的时间称为流水展开时间。显然流水展开时间与施工过程数、流水步距有关。

6）施工工期（用T表示）。工期是指完成一项工程任务所需的时间。即在流水施工时，工期是指从第一个专业队投入流水作业开始，到最后一个专业队完成最后一个施工过程的最后一段工作退出流水作业为止的整个延续时间。

3. 流水施工的分类

按流水施工的组织范围可分为细部流水、专业流水、工程项目流水和综合流水。

1）细部流水指一个专业队利用同样的生产工具依次连续地在各个区段中完成同一施工过程的工作。

2）专业流水（或称工艺组合流水）指把若干个工艺上密切联系的细部流水结合起来，就形成了专业流水。它是各个专业队共同围绕完成一个分部工程的流水，如室内采暖工程中，把干管安装、散热器的组对安装、立支管安装等三个细部流水结合起来，就形成了采暖工程流水。

3）工程项目流水即为完成单位工程而组织起来的全部专业流水的总和。

4）综合流水是为完成工业企业或民用建筑群而组织起来的全部工程项目流水总和。

按流水施工的节奏性可分为有节奏流水和无节奏流水。

有节奏流水是指流水施工时，各施工过程的流水节拍有一定规律。有节奏流水又分为等节奏流水和异节奏流水。

无节奏流水指流水组中各施工过程本身在各施工段上的作业时间（流水节拍）不全相等，也无规律可循。

4. 流水段法

在组织流水施工时，将施工对象划分为若干个劳动量大致相等的施工段，组织若干个在工艺上密切联系的专业队，使其按工艺顺序依次从一个施工段转移到另一个施工段重复完成各自的工作，这种组织施工的方法称为流水段法。

(1) 全等节拍流水施工法　指在组织流水施工范围内，各施工过程的流水节拍相等，并使流水步距等于流水节拍的一种施工组织方法。

如某工程施工段数M为V段，施工过程（专业队）数N是4个，各流水节拍t和流水步距K相等均为1d，则流水施工进度如图14-5所示。

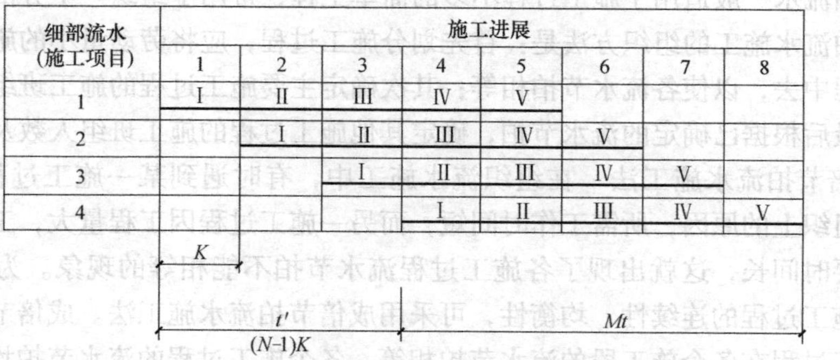

图 14-5 流水施工进度

由图 14-5 可知

$$t' = (N-1)K$$

$$T = (N-1)K + Mt \tag{14-2}$$

如果 $K = t$，则

$$T = (M+N-1)t$$

$$t = T/(M+N-1) \tag{14-3}$$

式中 T——总工期；

t'——流水展开时间；

M——施工段数；

N——施工过程数或专业队数；

t——流水节拍；

K——流水步距。

但在实际施工中，有时某一施工过程（工序）可以提前插入，与前一个施工过程平行搭接施工；有时某道工序结束后，还需要一定的技术间歇时间才能进行下一道工序施工。此时流水施工进度如图 14-6 所示。

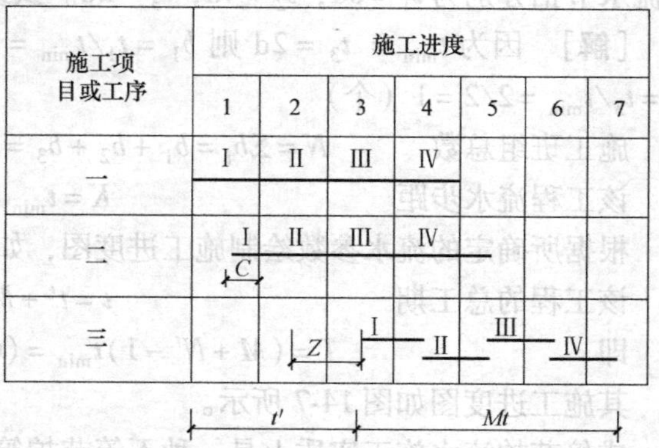

图 14-6 流水施工进度

流水展开时间

$$t' = (N-1)K - \Sigma C + \Sigma Z$$

总工期

$$T = t' + Mt = (M+N-1)t - \Sigma C + \Sigma Z \tag{14-4}$$

则

$$t = (T + \Sigma C - \Sigma Z)/(M+N-1) \tag{14-5}$$

式中 ΣC——各工序间所有平行搭接时间总和；

ΣZ——各工序间所有技术间歇时间总和。

显然式（14-3）和式（14-5）是根据工期确定流水节拍的计算式。可以根据已确定的流水节拍，按式（14-1）求出各施工过程所需的人数和机械台班，这种组织施工的方法称为倒排工期法。

全等节拍流水一般适用于施工过程不多的简单工程，常用于组织一个分部工程的流水施工。全等节拍流水施工的组织方法是：首先划分施工过程，应将劳动量小的施工过程合并到相邻施工过程中去，以使各流水节拍相等；其次确定主要施工过程的施工班组人数，计算其流水节拍；最后根据已确定的流水节拍，确定其他施工过程的施工班组人数及其组成。

（2）成倍节拍流水施工法　在组织流水施工中，有时遇到某一施工过程的工程量小，由于技术或组织上的原因，所需工作时间短，而另一施工过程因工程量大，工艺复杂、施工难度大，需要时间长，这就出现了各施工过程流水节拍不能相等的现象。为了加快工程进度，保证各施工过程的连续性、均衡性，可采用成倍节拍流水施工法。成倍节拍流水施工法是指同一施工过程在各个施工段的流水节拍相等，各个施工过程的流水节拍均为其中最小流水节拍的整数倍的流水施工方式。

成倍节拍流水施工的组织方法是：首先根据工程对象和施工要求，划分若干个施工过程；其次根据各施工过程的内容、要求及其工程量，计算每个施工过程在每个施工段所需的劳动量；接着根据施工班组人数及组成确定劳动量最少的施工过程的流水节拍；最后确定其他劳动量较大的施工过程的流水节拍，用调整施工班组人数或其他技术组织措施的方法，使它们的流水节拍值分别等于最小节拍值的整数倍。为充分利用工作面，加快施工进度，流水节拍大的施工过程应相应增加班组数，每个施工过程所需施工班组数可按下式确定

$$b_i = t_i / t_{\min} \tag{14-6}$$

式中　b_i——第 i 个施工过程所需施工班组数；

t_i——第 i 个施工过程的流水节拍；

$t_{\min}$——所有流水节拍中的最小流水节拍。

对于成倍节拍流水施工，任何两个相邻的施工班组间的流水步距，均等于最小流水节拍。即 $K = t_{\min}$。

[例]　已知某工程划分为六个施工段（$M=6$）和三个施工过程（$N=3$），各施工过程的流水节拍分别为 $t_1=6\text{d}$，$t_2=4\text{d}$，$t_3=2\text{d}$。试组织成倍节拍流水施工。

[解]　因为 $t_{\min} = t_3 = 2\text{d}$ 则 $b_1 = t_1/t_{\min} = 6/2$ 个 $=3$ 个，$b_2 = t_2/t_{\min} = 4/2$ 个 $=2$ 个，$b_3 = t_3/t_{\min} = 2/2 = 1$（个）

施工班组总数　　$N = \Sigma b_i = b_1 + b_2 + b_3 = (3+2+1)$个$=6$个

该工程流水步距　　$K = t_{\min} = 2\text{d}$

根据所确定的流水参数绘制施工进度图，如图 14-7 所示。

该工程的总工期　　$t = t' + M t_{\min}$

即　　$T = (M + N' - 1) t_{\min} = (6+6-1) \times 2\text{d} = 22\text{d}$

其施工进度图如图 14-7 所示。

成倍节拍流水施工实质上是一种不等节拍等步距的流水施工。其特点是通过增加施工班组，使其以交叉作业的方式在不同施工段上施工，达到加快施工进度、缩短工期的目的。适用于一般建筑安装工程。

5. 流水线法

施工中经常遇到延伸很长的线路、管道等工程，其特点是结构单一、工程量分布均匀，这类工程称为线性工程。

在组织线性工程流水施工时，将线性工程划分为若干个施工过程，并对各施工过程进行

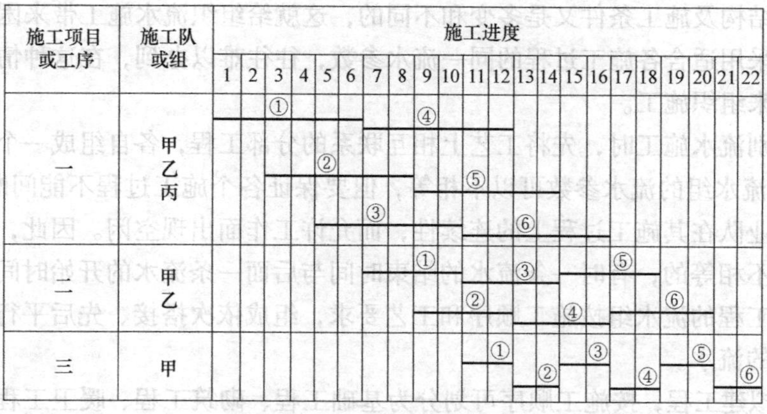

图 14-7 成倍节拍施工进度图

分析，找出一个起决定作用的主导施工过程；以主导施工过程的每班进度确定其他施工过程的进度。组织若干个在工艺上密切联系的专业队，按一定的工作顺序相继投入生产，各专业队以相同的速度向前移动，每天完成各自的工作内容。这种施工方法称为流水线法。

如某厂区直埋管道安装工程 1800m，施工过程可分为挖管沟、管道安装和回填土，其中挖管沟为主导施工过程。根据现有条件，挖土队每天能挖 100 延长米管沟，则组织其余队组时，均按每天完成 100 延长米组织。这样每隔 100m 有一个专业队投入施工，共同完成管道安装工程。其施工进度计划如图 14-8 所示。

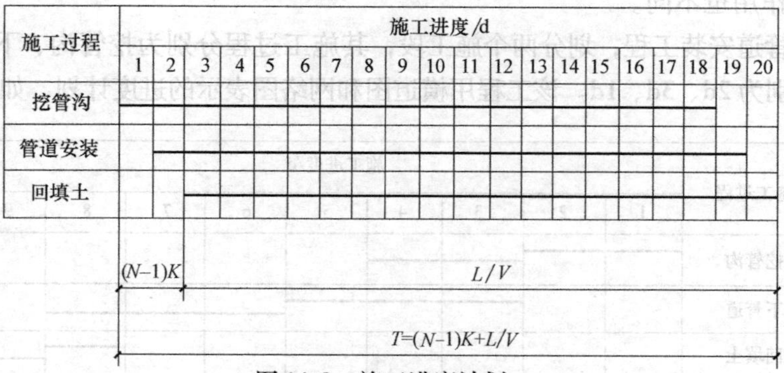

图 14-8 施工进度计划

施工总工期 $T=(N-1)K+L/V=[(3-1)\times1+1800/100\text{d}]=20\text{d}$。

式中 T——总工期；

N——施工过程数或专业队组数；

K——流水步距；

L——线性工程总长度；

V——专业队每天移动速度。

流水线法在组织上比较简单，用起来比较容易，仅适用于线性工程。流水线法与流水段法的区别是流水线法没有明确施工段，只有每班移动速度。如把一个台班向前进展的长度看做一个施工段，则流水线法与施工段法相同。

6. 分别流水法

流水段法、流水线法在流水参数不变的条件下才能使用。由于建筑安装工程种类多，情况复杂，工艺结构及施工条件又是多变和不同的，这就给组织流水施工带来困难。对整个建筑安装工程要采用适合各施工过程的同一流水参数，往往难以办到，在这种情况下，就应采用分别流水法来组织施工。

在组织分别流水施工时，先将工艺上相互联系的分部工程，各自组成一个独立的流水组（专业流水），流水组的流水参数可以不相等，但要保证各个施工过程不能间断，换句话说，必须保证各专业队在其施工过程上的连续性，而允许工作面出现空闲。因此，分别流水的流水步距可能是不相等的，有时一条流水的结束时间与后面一条流水的开始时间间隔很长。然后再将各分部工程的流水组按施工顺序和工艺要求，组成依次搭接、先后平行作业的工程流水或建设项目的流水。

如某一个拟建工程，按施工顺序可划分为基础工程、砌筑工程、暖卫工程、设备安装工程、电气安装工程、装饰工程等若干个分部工程，每个分部工程可单独组成一个专业流水。在组织分别流水施工时，各专业流水按顺序分别投入施工，而各专业流水的参数（步距）可能不相等，但各专业流水的各施工过程要连续，这种综合性的流水施工，称为分别流水法。

分别流水的特点：由于分别流水没有节拍、步距、段数的约束与限制，故组织施工的方法自由、灵活，可根据施工条件来调整施工项目，所以它的适应性、应用性广泛。

三、网络计划的编制

1. 横道图计划与网络图的对比

组织流水施工的表达形式，常用的有横道图计划和网络图计划。由于两者的表达形式不同，其特点与作用也不同。

如某排水管道安装工程，划分两个施工段，其施工过程分别为挖管沟、下管道、回填土，其流水节拍分别为2d、3d、1d。该工程用横道图和网络图表示的进度计划，如图14-9所示。

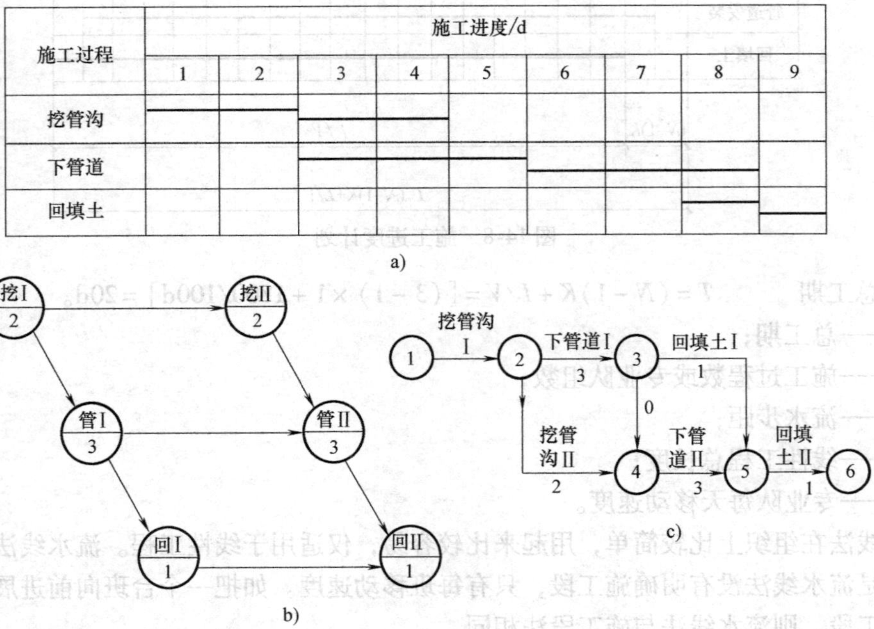

图14-9 施工进度计划

a）横道图 b）单代号网络图 c）双代号网络图

从图 14-9 中可以看出横道图计划是结合时间坐标轴，用一系列水平线段分别表示各施工过程和施工起止时间及其先后顺序的施工进度计划，而网络图计划是用一系列箭线和节点（圆圈）所组成的网状图形，来表示各施工过程、工作顺序，并加注工作时间参数的施工进度计划。

（1）横道图计划的优缺点　横道图计划具有编制比较容易，绘图比较简便，排列整齐有序，表达形象直观，便于统计劳动力、材料及机具的需要量等优点。这种方法已为施工管理人员熟悉和掌握，目前仍被广泛采用。但它还存在如下的缺点：

1）不能反映各施工过程之间的相互联系、相互依赖、相互制约的逻辑关系。

2）不能明确指出哪些施工过程是关键的，哪些不是关键的，即不能明确表明某个施工过程的推迟或提前完成对整个工程任务完成的影响程度。

3）不能计算每个施工过程的各项时间指标，既不能指出在总施工期限不变的情况下，某些施工过程存在的机动时间，也不能指出计划安排的潜力有多大。

4）不便应用计算机进行计算，更不能对计划进行科学的调整与优化。

（2）网络图计划　为了适应生产发展和科技进步的要求，自20 世纪 50 年代中期开始，国外陆续出现了一些用网络图形表达计划管理的新方法，如关键线路法、计划评审技术等。由于这些方法都建立在网络图的基础上，因此统称网络计划方法。这种方法得到了世界各国的公认，广泛应用在工业、农业、国防和科研计划与管理中。

网络图计划与横道图计划相比，具有以下优点：

1）网络图把施工过程中的有关工作组成了一个有机的整体，能全面而明确地表达出各项工作开展的先后顺序和反映出各项工作之间的相互制约和相互依赖的关系。

2）能进行各种时间参数的计算，能够从许多可行方案中，选出最优方案。

3）能在名目繁多、错综复杂的计划中找出决定工程进度的关键工作，便于计划管理者集中力量抓主要矛盾，确保工期，避免盲目施工。

4）在计划执行过程中，某一工作由于某种原因推迟或者提前完成时，可以预见到它对整个计划的影响程度，而且能根据变化的情况迅速进行调整，保证自始至终对计划进行有效的控制与监督。

5）利用网络计划中反映出的各项工作的时间储备，可以更好地调配人力、物力，以达到降低成本的目的。

6）它的出现与发展使计算机在建筑施工计划管理中得以应用。

网络计划的缺点是在计算劳动力、资源消耗量时，与横道图相比较为困难。

2. 网络图的基本知识

所谓网络图，是指由箭线和节点组成的，用来表示工作流程的有向、有序网状图形。所谓网络计划，是用网络图表达任务构成，工作顺序，并加注工作时间参数的进度计划。网络图分为单代号、双代号两种。单代号网络图是以节点及其编号表示工作，以箭线表示工作之间逻辑关系的网络图，如图 14-9b 所示。双代号网络图是以箭线及其两端节点的编号表示工作的网络图，如图 14-9c 所示。目前，在建筑安装企业施工管理中多采用双代号网络图，所以本节仅介绍双代号网络计划的方法。

（1）网络（图）计划的分类　网络计划按不同的分类方法有不同的名称，常见的分类方法如下：

1）按代号的不同分，可分为单代号网络计划和双代号网络计划。单代号网络计划是以单代号网络图表示的网络计划；双代号网络计划是以双代号网络图表示的网络计划。

2）按绘制网络图时是否以时间坐标为尺度分，可分为时标网络计划和非时标网络计划。时标网络计划是以时间坐标为尺度编制的网络计划，其特点是箭线的长度根据工作时间的多少绘制。

3）按目标的多少区分，可分为单目标网络计划和多目标网络计划。单目标网络计划是指网络图中只有一个终点节点的网络计划；多目标网络计划是指网络图中有多个终点节点的网络计划。所谓终点节点，是指网络图最后一个节点，表示一项任务的完成。终点节点的特征是没有外向箭线，即没有从该节点引出的箭线。单目标网络图和多目标网络图都只有一个起点节点，即网络图的第一个节点，表示一项任务的开始。起点节点的特征是没有内向箭线，即没有指向该节点的箭线。

4）按网络计划包含的范围区分，可分为局部网络计划、单位工程网络计划和综合网络计划。局部网络计划是指以一个建筑物或构筑物的一部分，或以一个施工段为对象编制的网络计划；单位工程网络计划是指以一个单位工程为对象编制的网络计划；综合网络计划是指以一个单项工程或以一个建设项目为对象编制的网络计划。

（2）双代号网络图的基本符号　双代号网络图的基本符号是箭线、圆圈（节点）及编号，表示方法如图 14-10 所示。箭线上面标注的是工作名称，箭线下面标注的是这项工作所需要的持续时间，i—j 为这项工作的代号。把每一个施工过程，按施工顺序和相互之间的逻辑关系，用若干个箭线和节点从左向右连接起来，就构成一项工程计划的网络图，这个网络图就能表达工程的基本内容。

1）在双代号网络图中，箭线表示一项工作或工序、施工过程。工作的名称写在箭杆线之上，工作的持续时间写在箭杆线之下，箭头的方向表示工作的进行方向，如图 14-11 所示。

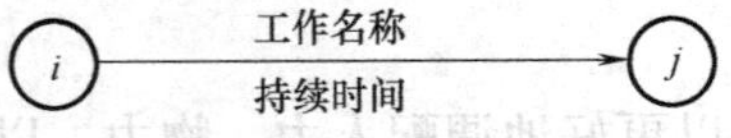

图 14-10　双代号网络图工作的表示方法

图 14-11　工作节点

“工作”是指计划任务按需要粗细程度划分而成的消耗时间或同时也消耗资源的一个子项目或子任务。箭线表示的工作可大可小，如在总控制性网络计划中，它可以表示一个单位工程；而在实施性计划中，它也可以表示一个分项工程。需要注意的是，每项工作（施工过程）一般都要消耗一定的时间及资源，但也有只消耗时间不消耗资源的工作，如混凝土养护、油漆干燥等技术间歇，如单独考虑时，也应作为一项工作来对待。

在非时标网络图中，箭线的长度不直接反映该工作所占的时间长短，所用时间的多少由箭线下标注的数字表示，因此箭线的长度不需按比例绘制。箭线应画成水平直线、垂直线、折线或斜线，而以水平直线为主，其水平投影方向应自左向右，表示工作的进行方向。

2）圆圈（节点）及编号表示节点，也称为事件，圆圈内的数字表示节点编号。节点表示前面工作的结束和后面工作开始的瞬间，它不需要消耗时间和资源。

在双代号网络图中，每条箭线的箭头和箭尾都有一个节点（圆圈），位于箭尾的节点称为箭尾（开始）节点，表示工作的开始；位于箭头的节点称为箭头（结束）节点，表示工作的结束。当两条箭线相连接时，它们当中的节点称为中间节点，表示前面工作的结束，也表示后面工作的开始，如图 14-11 所示。

在网络图中，对一个节点来讲，可以有若干箭线通向该节点，这些箭线称为“内向箭线”或“内向工作”；同样也可以有若干箭线从同一节点发出，这些箭线称为“外向箭线”或“外向工作”，如图 14-12 所示。

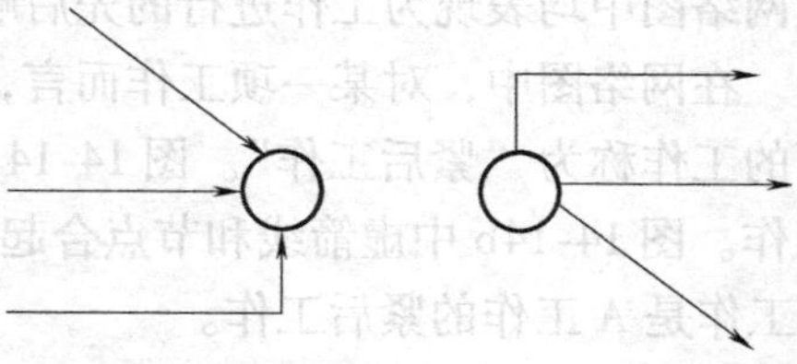

图 14-12 内向箭线、外向箭线

节点的完成，取决于通向节点的若干工作的全部完成。如图 14-9c 中的⑤节点的完成，它不仅取决于③—⑤工作的完成，也取决于④—⑤工作的完成，因此⑤节点的完成是在 8d 以后，而不是 6d 以后。

网络图中的每个节点都要有编号，每一项工作都可由它的箭尾节点编号和箭头节点编号来表示，如图 14-9c 中的②—④可以表示工作挖管沟Ⅱ。编号的顺序是：从起点节点开始，依次向终点节点进行。编号的原则是：每个箭线的箭尾节点编号必须小于箭头节点编号，且所有节点编号不能重复出现。

（3）虚工作　又称为虚箭线，它是虚设的工作，工程中并不存在，只是说明一个工作开始决定于另外一些工作结束的关系，即表示两个工序（工作）在时间上的依赖关系。因此，它没有工作名称，也不消耗时间和资源。在网络图中，为了与正式工作（实际工作）区别开来，虚工作一般用虚箭线表示，也可用实箭线下面注零表示。

在网络图中，虚箭线的唯一功能是用以正确表达相关工作的逻辑关系。图 14-13 所示的三个图表示了虚工作的作用：图 14-13a 用虚箭线将节点①到节点④的三项工作从开始节点区分开来；图 14-13b 用虚箭线将节点①到节点④的三项工作从结束节点区分开来；图 14-13c表示 A 工作完成之后进行 C，A、B 完成之后进行 D，A、D 两项工作的逻辑关系就是用虚箭线相连的，由于箭头向下，证明 B、C 工作被隔断，并无联系。

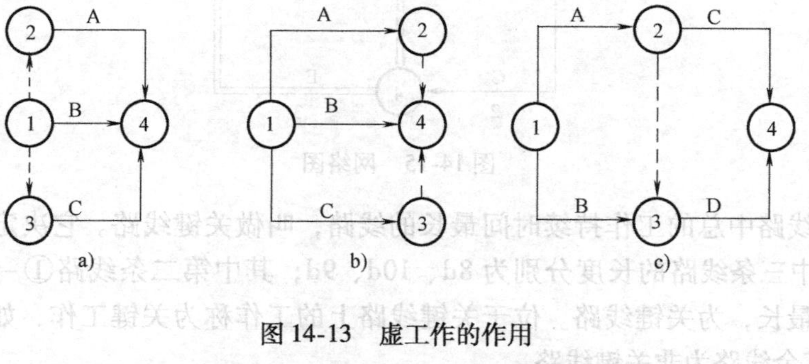

图 14-13 虚工作的作用

（4）网络图中的逻辑关系　网络图中的逻辑关系是指工作之间相互制约或依赖的关系。它包括工艺关系和组织关系。工艺关系是指生产工艺上客观存在的先后顺序。如图 14-9a 中，先挖管沟，再安管道，最后回填土，就是一种工艺关系。组织关系是指在不违反工艺关系的前提下，人为安排的工作先后顺序关系，如建筑群中某栋号开工的先后顺序。图14-9b、c 中施工段Ⅰ和施工段Ⅱ之间的施工顺序等，就是组织关系。在施工方案确定后，一般说来，工艺关系是不变的，而组织关系则应优化，即它是可变的。无论工艺关系或组织关系，在网络图中均表现为工作进行的先后顺序。

在网络图中，对某一项工作而言，紧跟在它前面的工作称为“紧前工作”，紧跟在它后面的工作称为“紧后工作”。图 14-14 a 中，*h—i* 是 *i—j* 的紧前工作，而 *j—k* 是 *i—j* 的紧后工作。图 14-14b 中虚箭线和节点合起来，仍可视作“瞬间”，A 工作是 B 工作的紧前工作，B 工作是 A 工作的紧后工作。

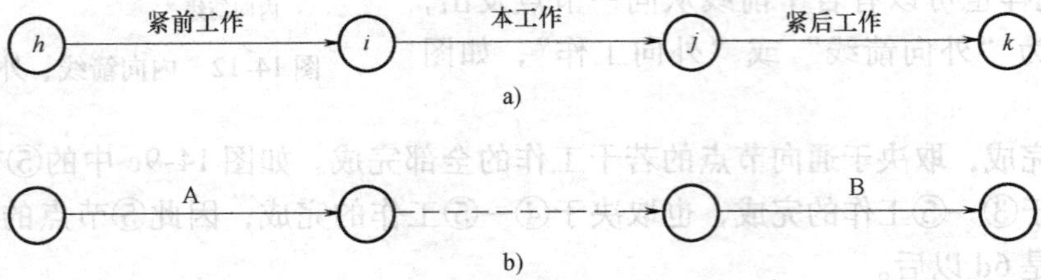

图 14-14　紧前工作、紧后工作图

沿箭线方向顺序通过一系列箭线与节点，最后达到终点节点的通路称为线路。在一个网络图中，一般都存在着一条或多条线路。每条线路都包含着若干个工作，这些工作的持续时间之和称为这条线路的长度，即线路的总持续时间。如图 14-15 所示的网络图，图中有三条线路，即

1）①→②→③→⑤→⑥，8d。

2）①→②→③→④→⑤→⑥，10d。

3）①→②→④→⑤→⑥，9d。

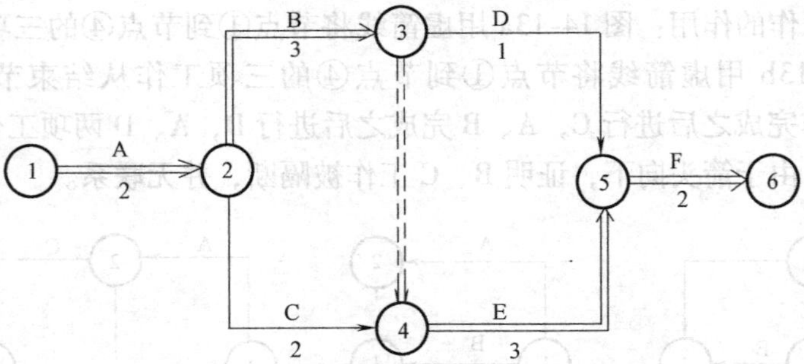

图 14-15　网络图

网络图各线路中总的工作持续时间最长的线路，叫做关键线路。它决定着工程的总工期，图 14-15 中三条线路的长度分别为 8d、10d、9d，其中第二条线路①→②→③→④→⑤→⑥的长度最长，为关键线路。位于关键线路上的工作称为关键工作，如图中的 A、B、E、F 工作。其余线路为非关键线路。

位于关键线路上的工作（关键工作），在时间上没有灵活机动的余地，任何一个关键工作在施工过程中的拖延或提前，都会使得总工期相应地延缓或提前。所以关键工作完成的快慢，直接影响着整个工程的工期。为了与非关键线路相区别，关键线路一般用黑粗线、双线或红线表示。

需要指出的是，在一个网络图中也可能出现几条关键线路，即这几条线路的工作延续时

间相等，并且最大。同时，关键线路不是一成不变的，在一定条件下，关键线路和非关键线路可以相互转换。如关键线路上的工作时间缩短或非关键线路上的工作时间延长，就可能使关键线路转移，图 14-15 中，如果 D 工作的延续时间变为 4d，则第一条线路的工作延续时间变为 11d，第一条线路就变成了关键线路。

在非关键线路上总是或多或少地存在着时差（即机动时间，它意味着某些工作的完成日期允许适当挪动而不影响工程的总工期）。其中存在时差的工作为非关键工作。必须注意，并不是非关键线路全由非关键工作组成，任何一条线路中，只要有一个非关键工作存在，该线路就是非关键线路。如图 14-15 中，C、D 工作分别有时差 1d、2d，为非关键工作，则第一条线路和第三条线路就是非关键线路。

因为非关键工作具有时差，所以总有一定的机动时间可供调剂使用，如可以在时差范围内放慢施工速度，增加作业持续时间，将节余的劳动力和设备转移到关键工作上去，加快关键工作的进行；或者在时差范围内改变工作的开始和结束时间，以达到均衡施工的目的。

3. 双代号网络图的绘制规则

网络图是运用统筹理论，来表示各项工作之间相互依赖和相互制约的关系，只有掌握网络图的正确画法，才能合理表达网络的衔接关系，得到正确的计算结果。JGJ/T 121—1999《工程网络计划技术规程》确定了七条网络计划的规则。

1）双代号网络图必须正确表达已定的逻辑关系，表达见表 14-8。

表 14-8 双代号网络图中各工作逻辑关系表示方法

序号	工作之间的逻辑关系	网络图中表示方法	说 明
1	有 A、B 两项工作，按照依次施工方式进行	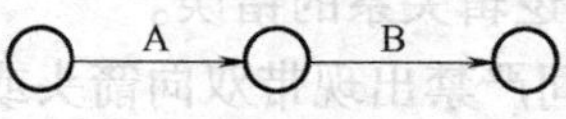	B 工作依赖着 A 工作，A 工作约束着 B 工作的开始
2	有 A、B、C 三项工作同时开始	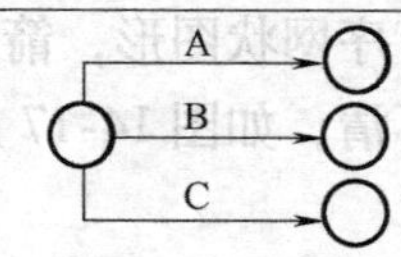	A、B、C 三项工作称为平行工作
3	有 A、B、C 三项工作同时结束	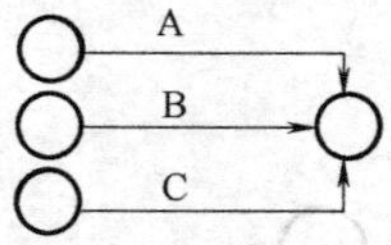	A、B、C 三项工作称为平行工作
4	有 A、B、C 三项工作，只有在 A 完成后，B、C 才能开始	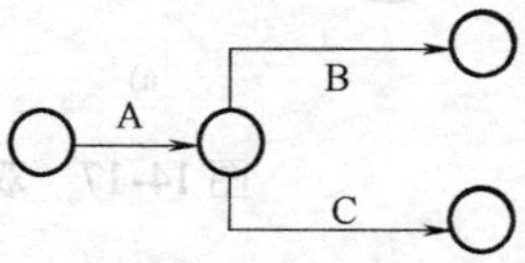	A 工作制约着 B、C 工作的开始，B、C 为平行工作
5	有 A、B、C 三项工作，C 工作只有在 A、B 完成后才能开始	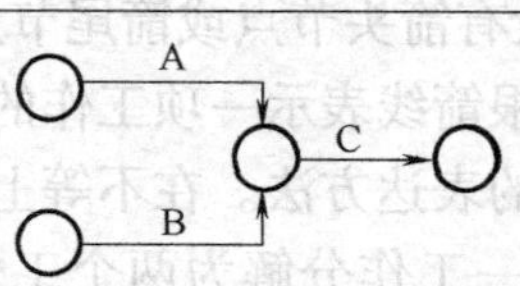	C 工作依赖着 A、B 工作，A、B 为平行工作
6	有 A、B、C、D 四项工作，只有当 A、B 完成后，C、D 才能开始	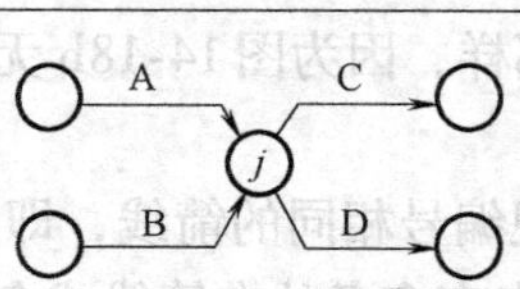	通过中间事件 j，正确地表达了 A、B、C、D 之间的关系

（续）

序号	工作之间的逻辑关系	网络图中表示方法	说　明
7	有A、B、C、D四项工作，A完成后C才能开始，A、B完成后D才开始	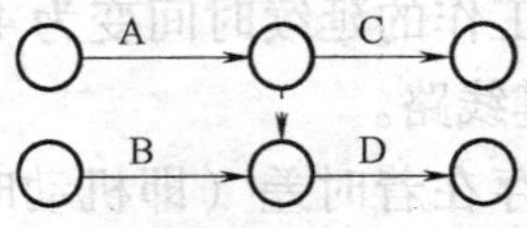	D与A之间引入了逻辑连接（虚工作）只有这样才能正确表达它们之间的约束关系
8	有A、B、C、D、E五项工作，A、B完成后C开始，B、D完成后E开始	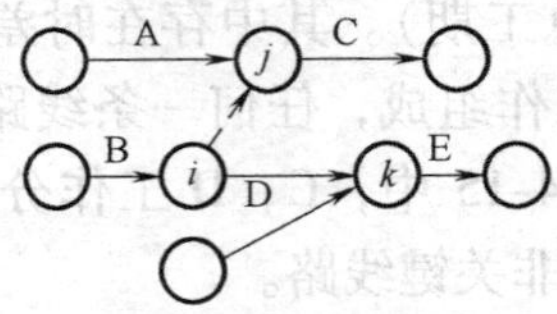	虚工作 $i=j$ 反映出C工作受到B工作的约束；虚工作 $i=k$ 反映出E工作受到B工作的约束
9	有A、B、C、D、E五项工作，A、B、C完成后D才能开始，B、C完成后E才能开始	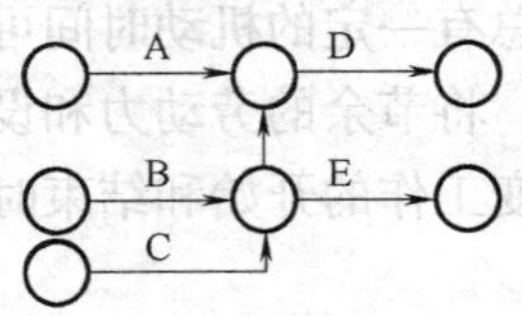	这是前面序号1、5情况通过虚工作连接起来，虚工作表示D工作受到B、C工作制约
10	A、B两项工作分三个施工段，平行施工	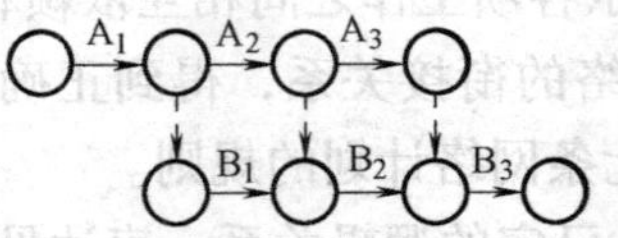	每个工种工程建立专业工作队，在每个施工段上进行流水作业，不同工种之间用逻辑搭接关系表示

2）双代号网络图中，严禁出现循环回路。在网络图中，从某一节点出发，按箭线方向前进又回到该节点的线路叫循环回路。如图14-16中的②→③→④→②就组成了循环回路，它会形成循环不止的工作，导致违背逻辑关系的错误。

3）双代号网络图中，在节点之间严禁出现带双向箭头或无箭头的连线。

网络图是用来表示工作流程的有向有序网状图形，箭头的方向表示工作前进的方向。无箭头或双箭头会造成施工前进方向含糊不清，如图14-17所示。

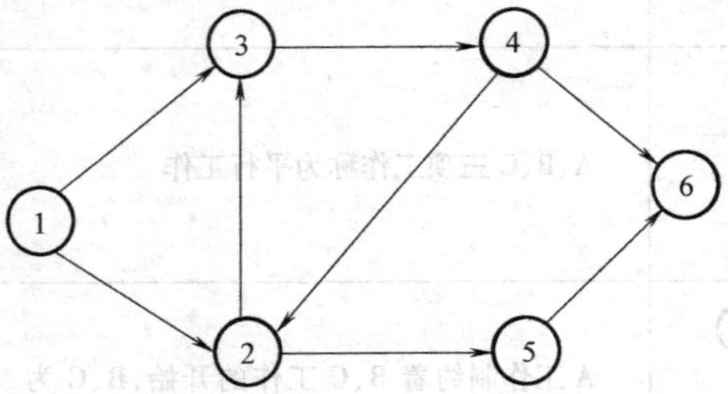

图14-16　循环回路

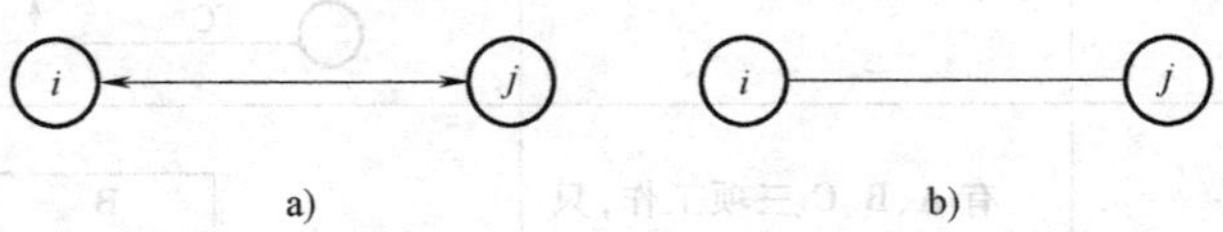

a)　　b)

图14-17　双向箭头和无箭头连线示意图

4）双代号网络图中，严禁出现没有箭头节点或箭尾节点的箭线。

双代号网络图是用两个节点和一根箭线表示一项工作的，如出现没有箭头节点或箭尾节点的箭线，这就不符合双代号网络图的表达方法。在不等上一工作全部完成或上一工作完成一部分即要进行下一工作时，要把上一工作分解为两个工作，它们之间的关系应画成如图14-18a所示，而不能画成图14-18b那样，因为图14-18b无法计算，无法知道B工作在什么时候开始。

5）双代号网络图中，不允许出现编号相同的箭线，即两个节点之间的直接连线不得超过一条，如图14-19所示。当某些节点有多条外向箭线或多条内向箭线时，在保证一项工作

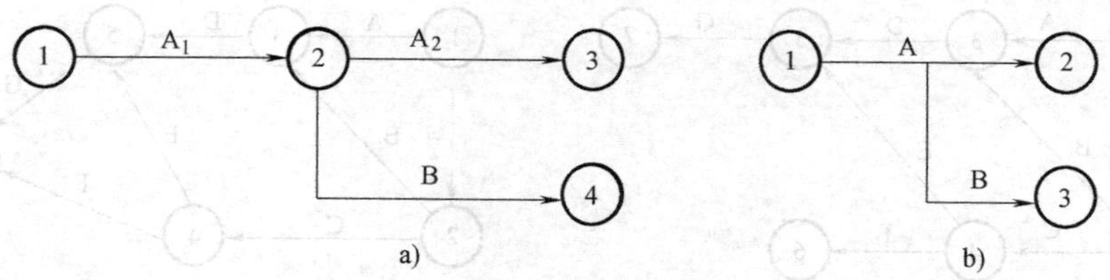

图 14-18 工作分解

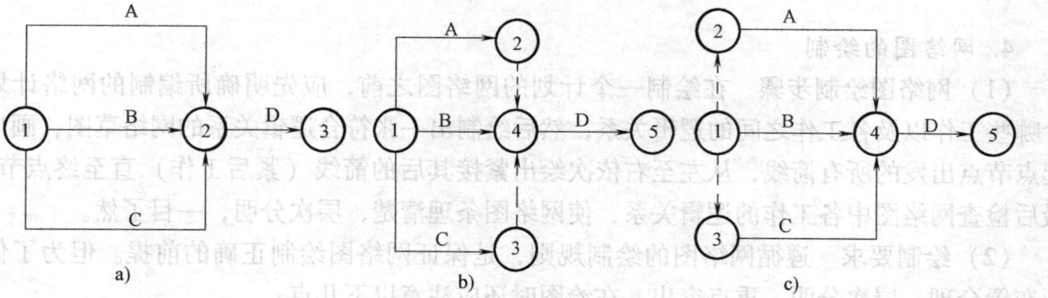

图 14-19 不允许出现编号相同的箭线

a）错误图 b）、c）正确图

有唯一的一条箭线和对应的一对节点编号的前提下，允许使用母线法绘图。箭线线型不同时，可在从母线上引出的支线上标出，如图 14-20 所示。

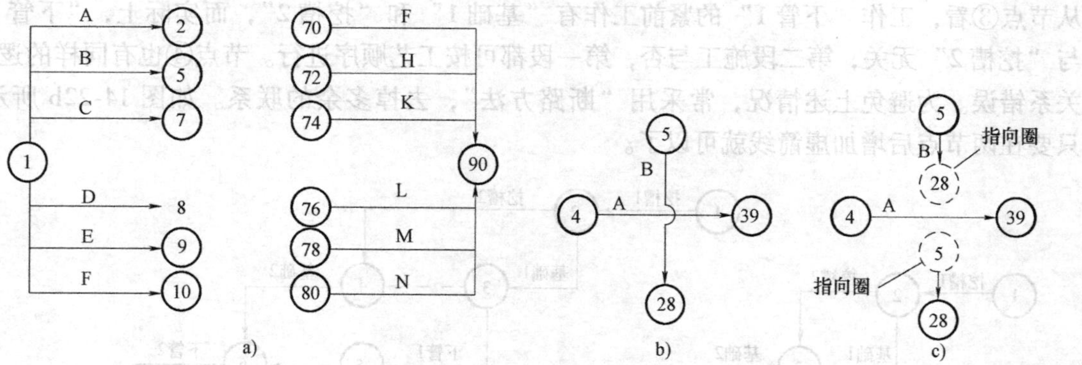

图 14-20 母线法、过桥法、指向法

a）母线法 b）过桥法 c）指向法

6）绘制网络图时，箭线不宜交叉，当交叉不可避免时，可用过桥法或指向法，如图 14-20 所示。

7）双代号网络图是由许多条线路组成的环环相套的封闭图形，只允许有一个起点节点和一个终点节点，而其他所有节点均为中间节点（既有指向它的箭线，又有背离它的箭线）。如图 14-21 所示，图 14-21a 有两个起点节点和两个终点节点，无法说明该项目从哪点开始，到哪点结束，需要把它改变成有一个起点节点和一个终点节点的网络图。其解决方法如图 14-21b 所示。

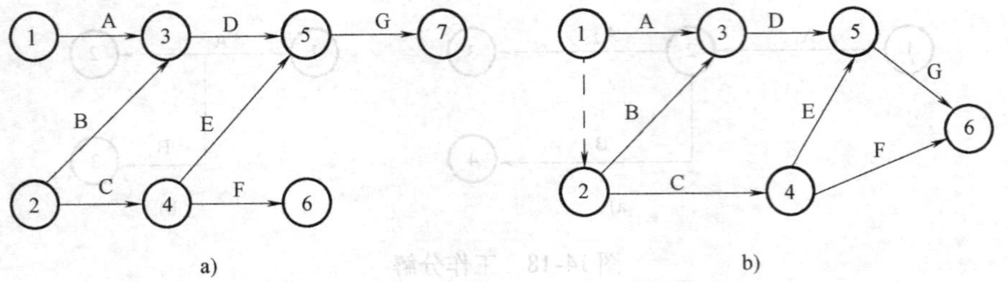

图 14-21　合并起点节点和两个终点节点

4. 网络图的绘制

（1）网络图绘制步骤　在绘制一个计划的网络图之前，应先明确所编制的网络计划包含哪些工作以及各工作之间的逻辑关系，然后绘制出一张符合逻辑关系的网络草图，画出从起点节点出发的所有箭线，从左至右依次绘出紧接其后的箭线（紧后工作）直至终点节点，最后检查网络图中各工作的逻辑关系，使网络图条理清楚，层次分明，一目了然。

（2）绘制要求　遵循网络图的绘制规则，是保证网络图绘制正确的前提。但为了使图面布置合理，层次分明，重点突出，在绘图时还应注意以下几点：

1）要正确运用虚箭线，正确反映工作之间的既定关系，使有关系的工作一定要把关系表达准确，且不要漏画“关系”；使没有关系的工作一定不要扯上“关系”；同时在网络图中，应力求减少不必要的虚箭线。

图 14-22 所示为排水管安装分二段流水施工的网络图。

图 14-22a 从表面形式看流水施工情况反映还比较清楚，但图中有逻辑关系错误。因为从节点③看，工作“下管 1”的紧前工作有“基础 1”和“挖槽 2”，而实际上，“下管 1”与“挖槽 2”无关，第二段施工与否，第一段都可按工艺顺序进行。节点④也有同样的逻辑关系错误。为避免上述情况，常采用“断路方法”，去掉多余的联系。如图 14-22b 所示，只要在两节点后增加虚箭线就可以了。

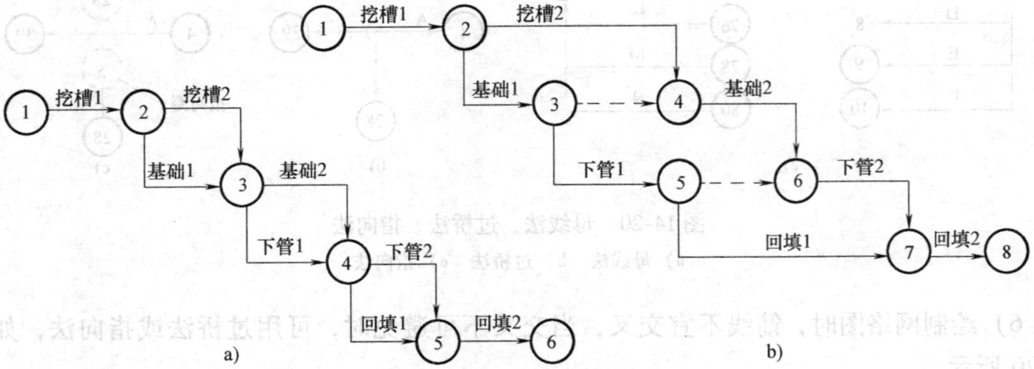

图 14-22　网络图中的虚箭线

再如图 14-23a 中，虚箭线⑤—⑦、⑧—⑩、⑨—⑩为不必要虚箭线，正确的画法应如图 14-23b 所示。

2）通常网络图的箭线最好画成直线，不宜画成曲线，并应避免“反向箭线”。

3）网络图的排列应条理清楚、层次分明、重点突出、形象直观。

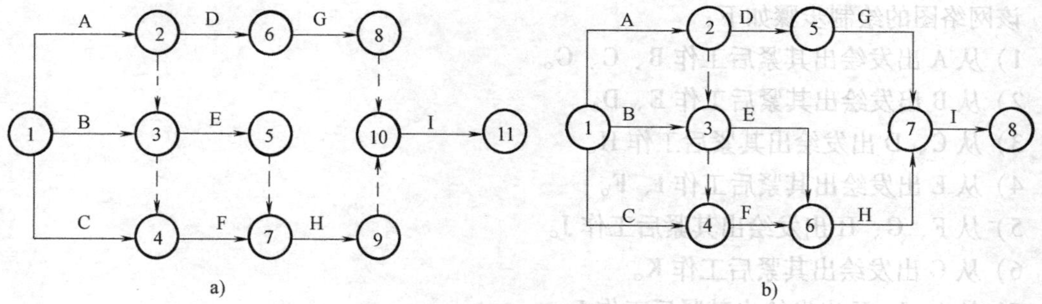

图 14-23　减少不必要的虚箭线

为了使网络图表达的施工进度计划更条理化和形象化，在绘制网络图时，应根据不同的工程情况、不同的施工组织方法及使用要求采用灵活多样的排列方法，以便简化层次、逻辑关系准确清晰，便于施工组织者和施工人员掌握。常用的排列方法有按施工过程排列法和按施工段排列法，如图 14-24、图 14-25 所示。

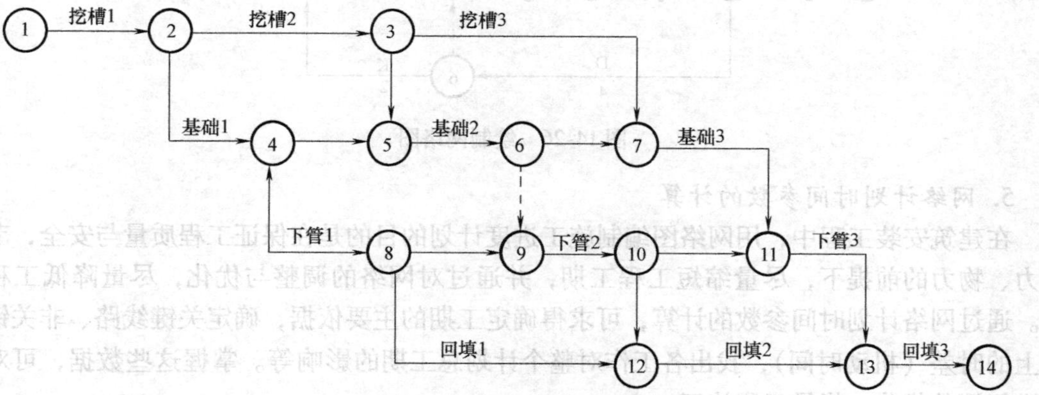

图 14-24　按施工过程排列

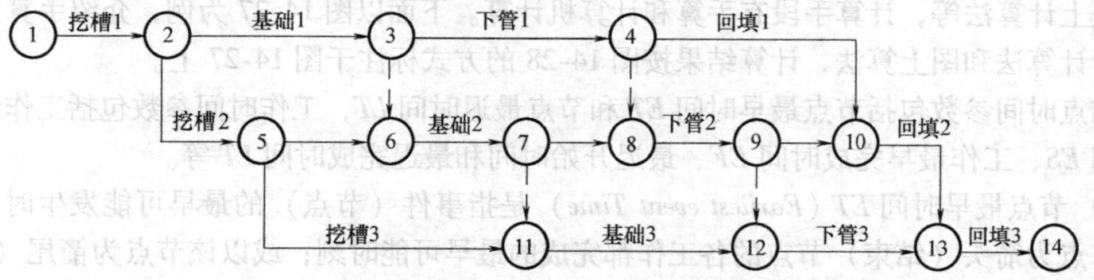

图 14-25　按施工段排列

（3）绘图示例　试根据表 14-9 中各施工过程的逻辑关系，绘制双代号网络图。

表 14-9　某工程施工过程及逻辑关系持续时间表

施工过程名称	A	B	C	D	E	F	G	H	I	J	K	L
紧前工作	无	A	A	B	B	E	A	C、D	E	F、H、G	G	I、J、K
紧后工作	B、C、G	E、D	H	H	I、F	J	J、K	J	L	L	L	无
持续时间	2	3	5	1	2	2	4	3	1	2	2	2

该网络图的绘制步骤如下：

1）从 A 出发绘出其紧后工作 B、C、G。

2）从 B 出发绘出其紧后工作 E、D。

3）从 C、D 出发绘出其紧后工作 H。

4）从 E 出发绘出其紧后工作 I、F。

5）从 F、G、H 出发绘出其紧后工作 J。

6）从 G 出发绘出其紧后工作 K。

7）从 I、J、K 出发绘出其紧后工作 L。

根据以上步骤绘出草图后，再检查每个施工过程之间的逻辑关系是否正确，最后绘成网络图，如图 14-26 所示。

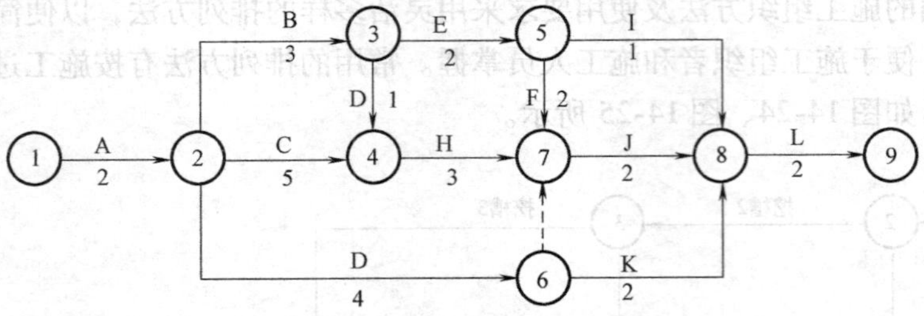

图 14-26　绘制网络图

5. 网络计划时间参数的计算

在建筑安装工程中，用网络图编制施工进度计划的目的是在保证工程质量与安全，节约人力、物力的前提下，尽量缩短工程工期，并通过对网络的调整与优化，尽量降低工程成本。通过网络计划时间参数的计算，可求得确定工期的主要依据，确定关键线路、非关键线路上的时差（机动时间），找出各工作对整个计划总工期的影响等。掌握这些数据，可对计划进行调整优化，指导工程施工。

双带号网络计划时间参数的计算方法较多，主要有工作计算法、节点计算法、图上计算法、表上计算法等，计算手段有手算和计算机计算。下面以图 14-27 为例，介绍手算中常用的分析计算法和图上算法，计算结果按图 14-28 的方式标注于图 14-27 上。

结点时间参数包括节点最早时间 *ET* 和节点最迟时间 *LT*，工作时间参数包括工作最早开始时间 *ES*、工作最早完成时间 *EF*、最迟开始时间和最迟完成时间 *LT* 等。

1）节点最早时间 *ET*（*Earliest event Time*）是指事件（节点）的最早可能发生时间。即以该节点为箭头（结束）节点的各工作都完成的最早可能时刻；或以该节点为箭尾（开始）节点的各工作最早可能开始的时刻。

对节点最早时间的计算应符合下列规定：

节点最早时间的计算应从网络计划的起点节点开始，顺着箭线方向依次逐个计算，直至终点节点。

起点节点的最早时间，当未规定其最早时间时，其值应等于零，即 $ET_1=0$。

其他节点的最早时间，如果用ⓘ、ⓙ代表两个相邻的节点，i—j 表示这两个代号所代表的工作，则当节点ⓙ只有一个内向工作 i—j 时

$$ET_j = ET_i + D_{i-j} \tag{14-7}$$

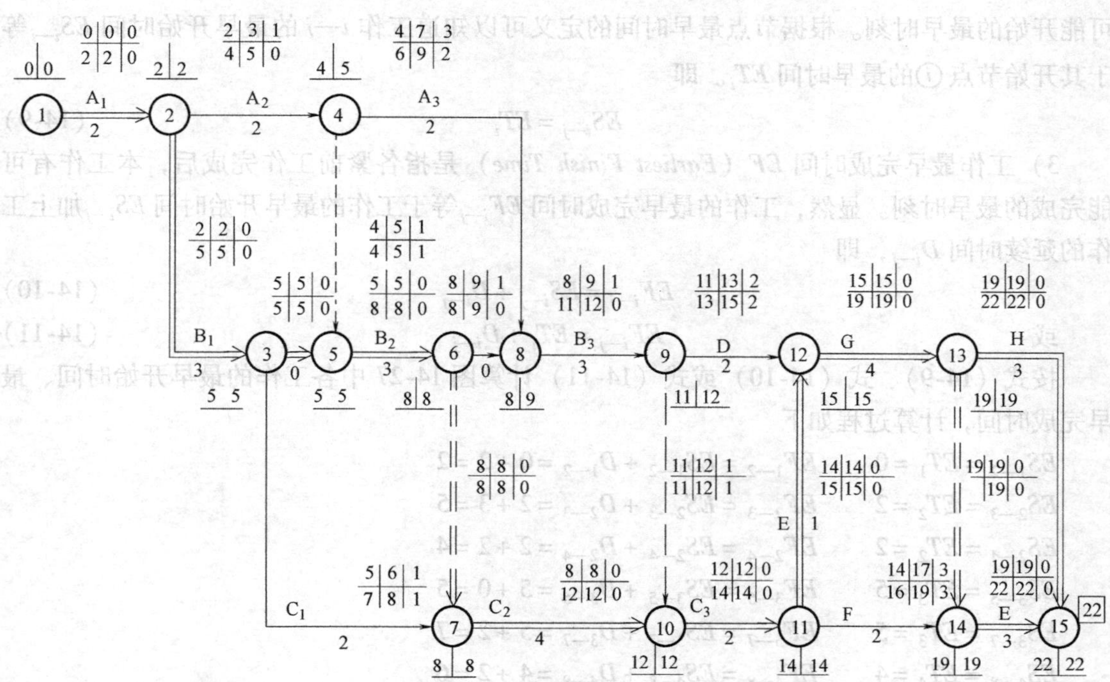

图 14-27　计算法示例

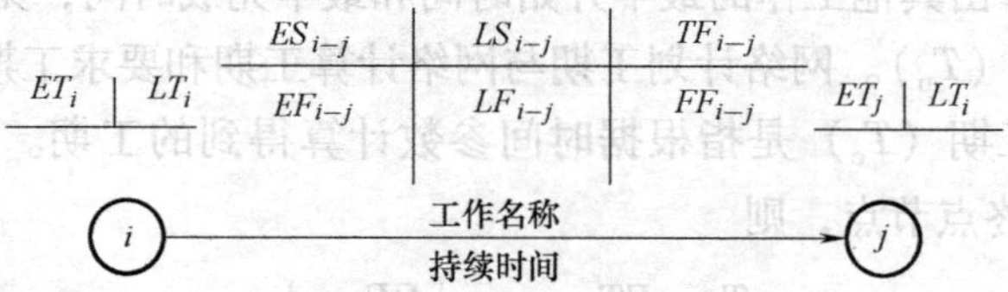

图 14-28　参数标注方式

当节点ⓙ有多个内向工作 $i—j$ 时

$$ET_j = \max(ET_i + D_{i—j}) \tag{14-8}$$

式中　ET_j——相邻两节点中后节点的最早时间；

ET_i——相邻两节点中前节点的最早时间；

$D_{i—j}$——工作 $i—j$ 的持续时间。

按上述规定及计算式计算图 14-27 中各节点的最早时间，计算如下

$ET_1 = 0$

$ET_2 = ET_1 + D_{1—2} = 0 + 2 = 2$

$ET_3 = ET_2 + D_{2—3} = 2 + 3 = 5$

$ET_4 = ET_2 + D_{2—4} = 2 + 2 = 4$

$ET_5 = \max(ET_4 + D_{4—5},\ ET_3 + D_{3—5}) = \max(4 + 0, 5 + 0) = \max(4, 5) = 5$

$ET_6 = ET_5 + D_{5—6} = 5 + 3 = 8$

$ET_7 = \max(ET_3 + D_{3—7},\ ET_6 + D_{6—7}) = \max(5 + 2, 8 + 0) = 8$

依次类推，算出其他节点的最早时间，如图 14-27 标注。

2）工作最早开始时间 ES（*Earliest Start Time*）是指各紧前工作全部完成后，本工作有

可能开始的最早时刻。根据节点最早时间的定义可以知道工作 $i—j$ 的最早开始时间 $ES_{i—j}$等于其开始节点ⓘ的最早时间 ET_i。即

$$ES_{i—j} = ET_i \qquad (14\text{-}9)$$

3）工作最早完成时间 EF（*Earliest Finish Time*）是指各紧前工作完成后，本工作有可能完成的最早时刻。显然，工作的最早完成时间 $EF_{i—j}$等于工作的最早开始时间 $ES_{i—j}$加上工作的延续时间 $D_{i—j}$，即

$$EF_{i—j} = ES_{i—j} + D_{i—j} \qquad (14\text{-}10)$$

或

$$EF_{i—j} = ET_i + D_{i—j} \qquad (14\text{-}11)$$

按式（14-9）、式（14-10）或式（14-11）计算图 14-27 中各工作的最早开始时间、最早完成时间，计算过程如下

$ES_{1—2} = ET_1 = 0 \qquad EF_{1—2} = ES_{1—2} + D_{1—2} = 0 + 2 = 2$

$ES_{2—3} = ET_2 = 2 \qquad EF_{2—3} = ES_{2—3} + D_{2—3} = 2 + 3 = 5$

$ES_{2—4} = ET_2 = 2 \qquad EF_{2—4} = ES_{2—4} + D_{2—4} = 2 + 2 = 4$

$ES_{3—5} = ET_3 = 5 \qquad EF_{3—5} = ES_{3—5} + D_{3—5} = 5 + 0 = 5$

$ES_{3—7} = ET_3 = 5 \qquad EF_{3—7} = ES_{3—7} + D_{3—7} = 5 + 2 = 7$

$ES_{4—8} = ET_4 = 4 \qquad EF_{4—8} = ES_{4—8} + D_{4—8} = 4 + 2 = 6$

$ES_{4—5} = ET_4 = 4 \qquad EF_{4—5} = ES_{4—5} + D_{4—5} = 4 + 0 = 4$

依此类推，可计算出其他工作的最早开始时间和最早完成时间，见图 14-27 标注。

4）网络计划工期（T_p）。网络计划工期与网络计算工期和要求工期有着密切的关系。

网络计划的计算工期（T_c）是指根据时间参数计算得到的工期。它应等于终点节点的最早时间。若以ⓝ为终点节点，则

$$T_c = ET_n = \max\{EF_{i—n}\} \qquad (14\text{-}12)$$

图 14-27 所示的计算工期为

$$T_c = ET_n = ET_{15} = 22$$

或
$$T_c = \max\{EF_{i—n}\} = \max\{EF_{13—15}, EF_{14—15}\} = \max\{22, 22\} = 22$$

网络计划的计划工期，是指按要求工期（T_r）和计算工期（T_c）确定的作为实施目标的工期。它的确定应符合下列规定：

当已规定了要求工期（T_r）时 $T_p \leq T_r$。

当未规定要求工期时 $T_p = T_c$。

由于本例中未规定要求工期，故其计划工期取其计算工期，即 $T_p = T_c = 22$。

此工期标注在终点节点⑮之右侧，并用方框框起来。

5）节点最迟完成时间 LT（*Latest event Time*）是指为保证整个任务在已确定的计划工期内完成，事件（节点）的最迟必须发生的时间。即以该节点为箭头（结束）节点的各工作最迟必须完成时刻。

对节点最迟时间的计算应符合下列规定：

节点最迟时间的计算应从网络计划的终点节点开始，逆着箭线方向依次逐个计算，直至起点节点。

终点节点ⓝ的最迟时间应等于计划工期，即 $LT_n = T_p$。

其他节点ⓘ的最迟时间，也分两种情况。

当节点ⓘ只有一个外向工作 $i—j$ 时 $LT_i = LT_j - D_{i—j}$ (14-13)

当节点ⓘ有多个外向工作 $i—j$ 时 $LT_i = \min\{LT_j - D_{i—j}\}$ (14-14)

图 14-27 中，终点节点⑮的最迟时间为 $LT_{15} = T_p = 22$。

其余节点的最迟时间按式（14-13）、（14-14）计算。

$LT_{14} = LT_{15} - D_{14-15} = 22 - 3 = 19$

$LT_{13} = \min\{LT_{15} - D_{13—15}, LT_{14} - D_{13—14}\} = \min\{22 - 3, 19 - 0\} = 19$

$LT_{12} = LT_{13} - D_{12—13} = 19 - 4 = 15$

$LT_{11} = \min\{LT_{12} - D_{11—12}, LT_{14} - D_{11—14}\} = \min\{15 - 1, 19 - 2\} = 14$

同理可计算出其余节点的最迟时间，其结果见图 14-27 标注。

6）工作最迟完成时间 *LF*（*Latest Finish Time*）是指在不影响整个任务按期完成的前提下，工作必须完成的最迟时刻。根据节点最迟时间的含义可知，工作 $i—j$ 的最迟完成时间应等于该工作结束节点ⓙ的最迟时间，即

$$LF_{i—j} = LT_j \tag{14-15}$$

7）工作最迟开始时间 *LS*（*Latest Start Time*）是指在不影响整个任务按期完成的前提下，工作必须开始的最迟时刻。显然，工作 $i—j$ 的最迟开始时间 $LS_{i—j}$ 应等于该工作最迟完成时间 $LF_{i—j}$ 减去工作延续时间。即

$$LS_{i—j} = LF_{i—j} - D_{i—j} \tag{14-16}$$

图 14-27 中各工作的最迟完成时间和最迟开始时间计算如下

$LF_{1—2} = LT_2 = 2$ $LS_{1—2} = LF_{1—2} - D_{1—2} = 2 - 2 = 0$

$LF_{2—3} = LT_3 = 5$ $LS_{2—3} = LF_{2—3} - D_{2—3} = 5 - 3 = 2$

$LF_{2—4} = LT_4 = 5$ $LS_{2—4} = LF_{2—4} - D_{2—4} = 5 - 2 = 3$

$LF_{3—5} = LT_5 = 5$ $LS_{3—5} = LF_{3—5} - D_{3—5} = 5 - 0 = 5$

$LF_{3—7} = LT_7 = 8$ $LS_{3—7} = LF_{3—8} - D_{3—8} = 8 - 2 = 6$

依此类推，其余计算结果见图 14-27 标注。

8）工作总时差 *TF*（*Total Float*）是指在不影响总工期的前提下，本工作可以利用的机动时间。从图 14-27 的计算结果可以看出：工作从最早开始时间或最迟开始时间开始，均不会影响计划总工期，两者差值即为总时差。即

$$TF_{i—j} = LS_{i—j} - ES_{i—j} = LF_{i—j} - EF_{i—j} = TL_j - ET_i - D_{i—j} \tag{14-17}$$

按式（14-17）计算图 14-27 中各工作的总时差，计算结果如下

$TF_{1—2} = LS_{1—2} - ES_{1—2} = 0 - 0 = 0$

$TF_{2—3} = LS_{2—3} - ES_{2—3} = 2 - 2 = 0$

$TF_{2—4} = LS_{2—4} - ES_{2—4} = 3 - 2 = 1$

$TF_{4—5} = LS_{4—5} - ES_{4—5} = 5 - 4 = 1$

$TF_{4—6} = LS_{4—6} - ES_{4—6} = 7 - 4 = 3$

用同样的方法，可计算出其余各工作的总时差，结果见图 14-27 上的标注。

9）自由时差 *FF*（*Free Float*）是指在不影响其紧后工作最早开始时间的前提下，本工作可以利用的机动时间。有自由时差的工作可占用的时间范围，是从该工作最早开始时间至

其紧后工作最早开始时间，而该工作实际持续时间是 D_{i-j}，那么扣去 D_{i-j}后，尚有的一段时间就是自由时差。自由时差的计算式为

$$FF_{i-j}=ES_{j-k}-ES_{i-j}-D_{i-j}=ES_{j-k}-EF_{i-j} \tag{14-18}$$

式中 ES_{j-k}——工作 $i-j$ 的紧后工作 $j-k$ 的最早开始时间。

对于以终点节点ⓝ为箭头节点的工作，其自由时差 FF_{i-n}应按网络计划的计划工期 T_p 确定，即

$$FF_{i-n}=T_p-ES_{i-n}-D_{i-j}=T_p-EF_{i-n} \tag{14-19}$$

用节点时间参数来表达自由时差时

$$FF_{i-j}=ES_{j-k}-ES_{i-j}-D_{i-j}=ET_j-ET_i-D_{i-j} \tag{14-20}$$

按式（14-18）、式（14-19）或式（14-20），图 14-27 中各工作的自由时差计算如下

$FF_{1-2}=ES_{2-3}-EF_{1-2}=2-2=0$

$FF_{2-3}=ES_{3-5}-EF_{2-3}=5-5=0$

$FF_{2-4}=ES_{4-5}-EF_{2-4}=4-4=0$

$FF_{4-5}=ES_{5-6}-EF_{4-5}=5-4=1$

$FF_{3-7}=ES_{7-10}-EF_{3-7}=8-7=1$

依此类推，算出其他工作的自由时差，结果见图 14-27 标注。图中虚工作的自由时差归其紧前工作所有。

工作的自由时差与总时差的关系是总时差中包含着自由时差。总时差为零的工作，其自由时差也为零；而具有总时差的工作却不一定有自由时差；所以工作有总时差是其有自由时差的必要条件。另外，具有自由时差的工作，一定有总时差；而没有自由时差的工作，却不一定没有总时差；所以，工作有自由时差是其有总时差的充分条件。

工作的自由时差与总时差的主要区别在于：非关键线路上工作的总时差是相互联系的，是属于某条线路上所公有的机动时间，而不是属于某个工作独立的机动时间。若非关键线路上某工作使用总时差（无论是全部使用或是使用一部分），则会引起该线路所有后续工作时差的重新分配。总时差可以储备，如某工作的总时差被全部用掉，则后续工作就会出现无法在最早开始时间开工的情况，即后续工作就不存在时差了。自由时差与总时差不同，它是某工作独立使用的机动时间。如果某工作有自由时差，那么它是否使用这个自由时差，都与其他工作无关，它不会影响其紧后工作的最早开始时间。当该工作完成后，自由时差就不存在了，即自由时差不能储备。如不及时使用，过时就得作废。因此，在网络计划中，应该统筹全局，积极地利用自由时差，来进行人力、物力、财力的调整，以保证任务按期完成。

6. 图算法

分析计算法容易掌握，但较繁琐、消耗时间长。而图算法是直接在网络图上进行时间参数计算的方法，其特点是计算简便、直观易懂。所以，对线路不太复杂、工作数量不太多的网络计划，采用此法相当方便。

图算法与分析计算法原理相同，只是在网络图上边分析、边计算，并将数据按一定的方式标注于图上，如图 14-27 所示。

图上计算法的计算步骤可与分析计算法相同。主要步骤如下：

1）节点最早时间（ET），应从起点节点顺箭线方向逐个计算，直至终点节点。箭头节点的 ET 等于箭尾节点的 ET 加上该工作的持续时间；当一个节点有两个以上内向箭线时，

应分别计算取大值。

2）工作最早开始时间（*ES*）等于该工作的箭尾节点最早时间（*ET*）。

3）工作最早完成时间（*EF*）等于该工作的最早开始时间（*ES*）加上工作的持续时间。

4）网络计划的计划工期的确定，同分析计算法。即 $T_p = T_c$（无要求工期）或 $T_p \leqslant T_r$（有要求工期）。

5）节点最迟时间（*LT*），应从终点节点逆箭线方向逐个计算，直至起点节点。箭尾节点的 *LT* 等于箭头节点的 *LT* 减去该工作持续时间；当某个节点有两个以上外向箭线时，应分别计算取小值。

6）工作最迟完成时间（*LF*）等于该工作箭头节点的 *LT*。

7）工作最迟开始时间（*LS*）等于该工作最迟完成时间（*LF*）减去该工作持续时间。

8）工作总时差（*TF*），应从起点节点顺箭线方向计算，工作总时差（*TF*）等于该工作的最迟开始时间（*LS*）减去最早开始时间（*ES*），或者是该工作的 *LF* 减 *EF*。

9）工作自由时差（*FF*），应从起点节点顺箭线方向计算，工作自由时差（*FF*）等于该工作箭头节点的最早时间（*ET*）减去箭尾节点的最早时间（*ET*）和该工作的持续时间。

按上述计算方法把计算结果标注于图 14-27，得到的图就是图算法确定的时间参数图。

7. 确定关键线路的方法

关键线路是网络图各线路中总的工作持续时间最长的线路。关键线路的长短，决定着工程工期的长短，所以找出关键线路，也就找出了网络计划的主要矛盾，这样就可使管理人员在生产的组织与管理工作中做到心中有数，合理利用非关键线路上的时差，合理调动人力、物力、财力去支援关键线路，使得关键线路上各关键工作能按期或提前完成，从而保证整个任务能够按期或提前完成。

确定关键线路的方法很多，常用的有线路长度计算法、时差法、破圈法等多种。这里仅介绍时差法。

1）当网络计划没有规定工期或规定工期与计算工期相等时，即 $T_p = T_c = T_r$，则，关键工作的总时差为零。即 $TF_{i-j} = 0 \quad ES_{i-j} = LS_{i-j}$。

2）当 $T_c < T_p \leqslant T_r$ 时，关键工作的总时差大于零且等于 $T_p - T_c$。

由此，可以判别出网络图上的关键工作，而连接关键工作的线路，就是关键线路。

图 14-27 中，因未规定工期，即 $T_p = T_c$，则图中 $FF_{i-j} = 0$ 的工作为关键工作，它们组成的线路有两条，如图 14-27 所示，图中 1—2—3—5—6—7—10—11—12—13—15 和 1—2—3—5—6—7—10—11—12—13—14—15 两条线路都是关键线路。

8. 双代号时标网络计划

双代号时标网络计划（时标网络计划）是以时间坐标为尺度编制的网络计划，时标网络计划中应以实箭线表示工作，以虚箭线表示虚工作，以波形线表示工作的自由时差。它是一般网络计划与横道计划的有机结合，是在横道计划的基础上引进网络计划中各施工过程之间逻辑关系的表达方法。这样既解决了横道计划中各施工过程逻辑关系表达不明确的问题，又解决了网络计划时间表达不直观的问题。

（1）双代号时标网络计划的主要特点　兼有网络计划与横道计划的优点，图中箭杆的长度与工作持续时间相一致，因而能够清楚地表明计划的时间进程，且直观、易理解。

1）时标网络计划能在图上直接显现各项工作的主要时间参数及关键线路。

2）时标网络计划在绘制中受到时间坐标的限制，不易产生循环回路之类的逻辑错误。

3）可以利用时标网络计划图直接统计劳动力、材料、机具等资源的需要量，以便进行资源的优化和调整。

4）由于箭线的长度和位置受时间坐标的限制，故绘图不易，修改和调整也不如一般网络计划方便。

（2）双代号时标网络计划的适用范围　原则上可适用于各种规模网络计划的需要。但是当计划项目比较复杂，箭线数目比较多，或逻辑关系十分繁杂时，绘制时标网络的难度较大，因此比较少用。目前双代号时标网络计划多用于工作项目较少、工艺过程比较简单的工程、局部网络计划、作业性网络计划、使用实际进度前锋线进行进度控制的网络计划。

（3）双代号时标网络计划的编制方法　有按最早时间绘制的双代号时标网络计划和按最迟时间绘制的双代号时标网络计划两种。由于按最迟时间绘制的双代号时标网络计划会使时差利用产生困难，所以一般很少使用。以图 14-27 为例，按最早时间绘制其双代号时标网络计划。

1）通过计算时间参数绘制双代号时标网络计划的方法与步骤：

计算网络图中各节点的最早时间（*ET*），如图 14-27 所示。

绘制时标表，如图 14-29 所示，该表的时标既可标注于顶部，也可标注在底部或上下均标注；时标的长度单位必须注明，并且应与工作（施工过程）的持续时间单位相一致。必要时可在顶部时标之上或低部时标之下加注日历对应日期。中部的竖向刻度线宜为细线，为使图面清楚，竖线可少画或不画。

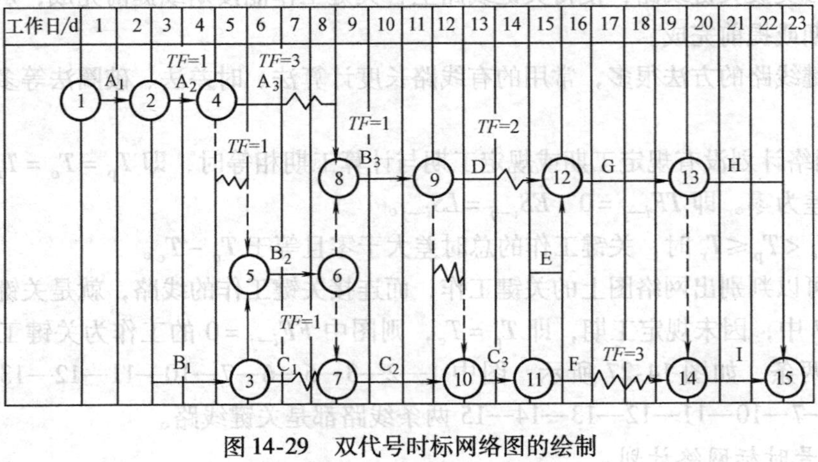

图 14-29　双代号时标网络图的绘制

在时标表上，按网络图上各节点的最早时间，从起点节点开始逐个画出各节点，位置应尽量与网络图一致。

依次在各节点后按各工作的时间长度画出相应工作的实线部分，使其在时间坐标上的水平投影长度等于工作时间；如实线部分不能与后面的节点直接相连，则用水平波形线从实线部分的末端画至后面节点处。水平波形线的水平投影长度，即为该工作的自由时差。

用虚箭线连接相关节点，将有关工作连接起来。因虚工作不占时间，故一般用垂直虚线表示；在网络图中，有时会出现虚箭线有时间长度的情况，其时间长度也应用水平波线画出，表示该虚工作的自由时差，至此，完成了双代号时标网络图的绘制。

2）不计算时间参数，直接按网络图绘制双代号时标网络计划的方法与步骤：

绘制空白时标表，如图 14-29 所示。

将起点节点①定位于时标表的起始刻度线上，并按工作的持续时间绘制起点节点①的外向箭线①→②。

自左至右依次确定其余各节点的位置。当某节点只有一条内向箭线时，则在其内向箭线绘制完成后即可直接在箭线顶端绘出该节点。如图 14-29 中的②、③、④、⑥、⑨、⑪、⑬节点。当某节点前有两条以上内向箭线时，则必须待其所有内向箭线都绘制完成后，才能将该节点定位于这些内向箭线中最早完成时间最迟的箭线末端。如图 14-29 中的⑤、⑦、⑧、⑩、⑫、⑭、⑮节点。其中，⑤、⑦、⑧、⑩、⑫、⑭节点均有长度不足以达到该节点的内向实箭线，应用波形线补足，表示自由时差。

终点节点⑮定位后，该双代号时标网络计划即绘制完成。

（4）双代号时标网络计划关键线路和时间参数的确定　在双代号时标网络计划图中，自终点节点向起点节点观察，凡自始至终不出现波形线（自由时差）的通路，就是关键线路。因为，如果某条线路自始至终都没有波形线，则这条线路上的各工作就不存在自由时差，也不存在总时差，没有机动时间。或者说，这条线路上各工作的最早时间与最迟时间相等。只有关键线路才具备这种特征。

按上述标准，图 14-29 所示的关键线路有两条，一条是 1→2→3→5→6→7→10→11→12→13→15，另一条是 1→2→3→5→6→7→10→11→12→13→14→15。

每条箭线箭尾和箭头所对应的时标值，就是该工作的最早开始时间和最早完成时间。终点节点与起点节点所在位置之差，就是时标网络计划的计算工期。这是按最早时间绘制双代号时标网络计划所决定的。

工作的自由时差是表示该工作箭线中的波形线部分在时标轴上水平投影长度。在双代号时标网络图中，波形线末端节点所对应的时标值是波形线所在工作的紧后工作的最早开始时间，波形线起点对应的时标值是本工作的最早完成时间，二者的差值就是本工作的自由时差。

总时差的计算应从右向左逆箭线方向依次进行，且符合下列规定：

以终点节点ⓝ为箭头节点的各工作的总时差 TF_{i-n} 应按网络计划的计划工期 T_p 计算确定，计算式为

$$TF_{i-n}=T_p-EF_{i-n} \tag{14-21}$$

其他工作的总时差按下式计算

$$TF_{i-j}=\min\{TF_{j-k}+FF_{i-j}\} \tag{14-22}$$

式中　TF_{j-k}——i—j 工作的紧后工作 j—k 的总时差。

总时差值等于其紧后工作总时差的最小值与本工作的自由时差之和，是因为总时差是某线路段上各工作共有的时差，其值大于或等于其中任一工作的自由时差，因而，某工作的总时差除包括本工作独用的自由时差外，还应包括其紧后工作的总时差。如果本工作有多项紧后工作，只有取紧后工作总时差的最小值才不会影响总工期。

如图 14-29 中，因 C_3、E、G 为关键工作，则

$TF_{9-12}=\min\{TF_{12-13}+FF_{9-12}\}=\min\{0+2\}=2$

$TF_{9-1}0=\min\{TF_{10-11}+FF_{9-10}\}=\min\{0+1\}=1$

$$TF_{8-9}=\min\{TF_{9-12}+FF_{8-9}, TF_{9-10}+FF_{8-9}\}=\min\{2+0,1+0\}=1$$

依此类推，可算出其他工作的总时差，标注于相应箭线上，如图 14-29 所示。

(5) 双代号时标网络计划最迟时间的计算　由于各工作的最早时间和总时差已求出，故工作的最迟时间可用下列公式计算

$$LS_{i-j}=ES_{i-j}+TF_{i-j} \tag{14-23}$$

$$LF_{i-j}=EF_{i-j}+TF_{i-j} \tag{14-24}$$

计算过程不再赘述。

9. 单位工程施工网络计划的编制

编制单位工程施工网络计划时，首先要熟悉图样，对工程对象进行分析，摸清建设要求和现场条件，选择施工方案，确定合理的施工程序和施工方法；其次划分施工项目（施工过程)，计算各施工项目的工程量及持续时间，根据施工项目之间的相互关系，绘制网络计划草图。再次，通过计算时间参数分析各项工作在网络计划中的地位，确定关键线路、关键工作和非关键工作的时差；最后，统筹考虑，调整计划，制定出最优的计划方案。

编制单位工程施工网络计划的方法步骤如下：

(1) 熟悉图样、调查研究、分析情况　编制计划前要全面熟悉和审查图样，了解设计意图，建设规模、主要分部分项工程和工艺要求；摸清工程有关自然、技术、经济条件，掌握劳动力、材料及机械设备供应和使用情况；了解上级单位的指示及协作单位情况，做好资料收集工作，为制定施工方案打好基础。

(2) 制定施工方案　制定的施工方案是编制网络计划的基础。

施工方案的主要内容包括：确定施工流向、确定施工程序、施工段的划分、施工方法和施工机械的选择及技术组织措施的设计。

1）确定施工流向。施工流向是指单位工程在平面上或竖向上施工开始的部位及进展方向。它主要解决施工项目在空间上施工顺序合理的问题，其解决因素包括：

工程生产工艺或使用要求是确定施工流向的基本因素，对于生产工艺上影响其他工程项目生产施工或使用上要求急的工程项目，应先安排施工；对技术复杂或施工进度慢、工期长的工程项目，应优先施工；确定的施工流向不能与材料、构件的运输方向发生冲突。选用的施工方法、施工机械和施工技术应符合工程质量和安全的要求。

2）确定施工程序。施工程序指分部工程、专业工程或施工段（层）的先后施工关系。不同的专业工程有不同的施工程序。建筑安装工程的施工程序应遵循“先地下、后地上，先主体、后围护，先土建、后安装、再装饰”的基本要求。

3）明确施工段的划分。

4）施工方法和施工机械的选择。一般有几种施工方法（或机械）供选择。正确的施工方法、合理选用施工机械，能加快施工速度，提高工程质量，保证施工安全，减低工程成本。因此，拟定施工方法、选择施工机械是施工方案的主要内容之一。

其选择的基本要求如下：

应遵循切合需要、实际可能、经济合理的原则；符合主导工程项目施工的要求；尽量采用工业化施工的要求；应满足工期、质量、成本和安全的要求。

5）技术组织措施的设计。包括保证质量措施，安全施工措施，降低成本措施，季节性措施，防止环境污染的措施等。

6）划分施工项目。施工项目是包括一定内容的施工过程，它是网络计划的基本组成单元。施工项目应根据工程特性、施工方法、工艺顺序为依据划分。施工项目划分的粗细程度，主要取决于计划的性质。一般来说，单位工程施工网络计划的项目应明确到分项工程或更具体，以满足指导施工作业的要求。施工项目划分的原则是尽量减少施工项目数，能合并的要合并，以保证网络计划的简明、清晰要求。凡是与工程对象施工直接有关部门的项目均应列出。对零星工程或劳动量不大的项目，可合并为其他项目，在计算劳动量时，应适当增量。划分的施工项目数要符合流水段和施工方案的要求。

7）确定施工顺序。施工顺序是指分部工程中分项工程或工序之间的先后次序和搭接关系。它是在施工方案中确定的施工流向和施工程序的基础上，按照所选施工方法和施工机械的要求确定的。确定施工顺序是为了按照施工的技术规程和合理的组织关系，解决各施工项目之间在时间上的先后和搭接问题，以期做到保证工程质量、安全施工、充分利用空间、争取时间、实现合理安排工期的目的。

一般来说，施工顺序受着工艺和组织两方面的制约，当施工方案确定后，施工项目之间的工艺顺序也就随之确定了，如果违背这种关系，将不可能施工，或导致出现质量、安全事故或造成返工浪费。在管道工程中应遵守“先测量放线，后支架安装；先设备组装，后管道安装；先主干管，后立支管”等顺序。但是随着客观条件的变化，特别是随着建筑工业化的不断发展，有些施工程序和施工顺序将会发生变化，因此，必须根据具体情况确定。

(3) 计算工程量及劳动力和机械需要量

1）计算工程量应针对划分的每一个施工项目并按分段计算。可套用施工预算的工程量，也可根据施工图样并按施工方案安排自行计算。计算时应按照有关的工程量计算规则及相应的施工方法进行，并注意计量单位与施工定额相一致。

2）根据工程量，查劳动定额或机械台班使用定额，可确定出相应施工项目的劳动量（工日）或机械台班使用量（台班）。

3）计算各施工项目工作的持续时间。施工项目工作的持续时间，即流水节拍。

(4) 编制网络计划初始方案

1）在具备上述条件后，可绘制网络图。一般是先绘制网络草图，重点应放在各工作之间的逻辑关系上，要求必须全面、正确反映各项工作之间的顺序关系。然后再绘制正式的初始方案，要求网络布置合理，层次清楚，重点突出，形式美观，最后在图上填入节点编号。

2）计算网络计划的时间参数、确定关键线路。计算时间参数的目的是从时间安排的角度去检查初始方案是否符合要求，以便对网络计划进行调整和优化。

3）检查和调整网络计划。根据网络计划的时间参数及各种资源需要量，检查计划的各项指标是否符合要求，如不符合，则应进行调整网络计划。

检查的主要内容：

总工期是否符合要求；各施工项目的安排次序、时间，能否保证施工质量与安全要求；各种资源需要量是否均衡，供应与运输是否满足要求。

(5) 绘制正式网络计划 网络计划初始方案经过调整，各项指标符合要求后，就成为一个可行的计划，可以把它绘制成一个正式的网络计划，最好绘制成时标网络计划，使执行者更直观地了解计划。

第三节　工程技术管理

工程技术管理，是企业对所承包工程的各项技术活动过程和技术工作的各项要素进行计划、组织、指挥、协调和控制的总称。工程技术管理的任务是在工程建设过程中，运用管理职能（即计划、组织、指挥、协调和控制），正确贯彻国家的技术政策和上级有关技术工作要求，科学组织各项技术工作，建立良好的技术秩序，保证生产过程符合技术规范、规程，以保证高质量地按期完成该工程项目，达到技术、经济、安全、质量与进度的统一。

一、工程质量管理

1. 工程质量管理基本知识

工程质量管理是随着科学技术的发展而逐渐形成的一门科学。广义的工程质量管理，泛指工程建设全过程的质量管理，其管理的范围贯穿于工程建设的决策、勘察、设计、施工的全过程。一般意义的质量管理，指的是工程施工阶段的质量管理。

质量管理的发展过程分为三个阶段，即传统质量管理阶段（事后“把关”）、统计质量管理阶段（“预防”为主）和全面质量管理阶段。

（1）工程质量影响因素　主要影响因素有施工人员（人员素质和主观能动性）、施工机械（施工进度和质量保证的重要物质基础）、工程材料（工程质量的物质基础）、施工方法（工程进度、质量影响的关键）和施工环境（各种外界条件）等五大因素。

（2）工程质量管理方法　工程质量管理应做到以尽可能低的成本，按照既定工期完成质量优良或合格的工程。要达到上述目标，必须做到管理的标准化、健全工程质量责任制、做好质量管理的计量工作。

（3）工程质量控制程序及过程　施工质量控制分为施工准备阶段控制、施工阶段控制和工程验收阶段控制以及保修阶段质量控制。

全面质量管理有三个核心的特征，即全员参加的质量管理、全过程的质量管理和全面的质量管理。全面工程质量管理过程又可分成四个阶段、八个步骤，即“计划（plan）—执行（do）—检查（check）—处理（act）”四个阶段的循环方式，简称 PDCA 循环。

为了保证 PDCA 循环有效地运转，一般细分为以下八个步骤：

1）分析现状，找出存在的质量问题。

2）分析产生质量问题的原因或影响因素。

3）找出影响质量的主要因素。

4）针对影响质量的主要因素，制定措施，提出行动计划，并预计改进的效果。以上四个步骤是“计划”阶段的具体化。

5）质量目标措施或计划的实施，这是“执行”阶段。在执行阶段，应该按上一步所确定的行动计划组织实施，并给以人力、物力、财力等保证。

6）调查采取改进措施以后的效果，这是“检查”阶段。

7）总结经验，把成功和失败的原因系统化、条例化，使之形成标准或制度，纳入到有关质量管理的规定中去。

8）提出尚未解决的问题，转入到下一个循环。

最后两个步骤属于“措施”阶段。质量管理工作经过上述四个阶段、八个步骤周而复始的不断循环，就能不断地解决质量问题，使质量管理和其他工作不断提高。

2. 现场工程质量管理制度

为了保证工程质量，工程项目部由专人负责施工质量检测和核验记录，并认真做好施工记录和隐蔽工程验收签证记录，整理完善各项施工技术资料，确保施工质量符合要求。

进行经常性的工程质量知识教育，提高工人的操作技术水平，在施工到关键部位时，由项目技术负责人和专职质量检查员到现场进行指挥和技术指导。

施工现场工程质量管理严格按照施工规范要求层层落实，保证每道工序的施工质量符合验收标准。坚持做到每个分项、分部工程施工质量自检自查，严格执行“三检”制度；不符合要求的不处理好决不进行下道工序的施工，实行“质量一票否决”制。

隐蔽工程施工前，经自检合格后报监理公司查验，经监理工程师查验合格后及时办理隐蔽工程验收签证，方可进入下道工序的施工。

严格把好材料质量关，不合格的材料不准使用，不合格的产品不准进入施工现场。工程施工前及时做好工程所需的材料复试，材料没有检验证明，不得进入隐蔽工程的施工。

建立健全工程技术资料档案制度，专人负责整理工程技术资料，认真按照工程竣工验收资料要求，根据工程进度及时做好施工记录、自检记录和隐蔽工程验收签证记录。将自检资料和工程质量控制资料分类整理保管好，随时接受上级部门的检查。

对违反工程质量管理制度的人，将按不同程度给予批评处理和教育，并追究其责任。对发生事故的当事人和责任人，将按上级有关规定程序追究其责任并作出处理。

发生工程质量事故应及时进行调查、分析和处理，并需提交完整的事故处理报告。

二、工程安全管理

安全管理是管理科学的一个重要分支，它是为实现安全目标而进行的有关决策、计划、组织和控制等方面的活动；主要运用现代安全管理原理、方法和手段，分析和研究各种不安全因素，从技术上、组织上和管理上采取有力的措施，解决和消除各种不安全因素，防止事故的发生。安全管理措施是安全管理的方法与手段，管理的重点是对生产各因素状态的约束与控制。施工现场的安全管理，重点是进行人的不安全行为与物的不安全状态的控制，落实安全管理决策与目标。以消除一切事故，避免事故伤害，减少事故损失为管理目的。

1. 建立安全责任制、实施责任管理

施工项目承担控制、管理施工生产进度、成本、质量、安全等目标的责任，同时必须承担进行安全管理、实现安全生产的责任。

1）企业应建立、完善以项目经理为首的安全生产领导组织，有组织、有领导地开展安全管理活动，承担组织、领导安全生产的责任。

2）建立各级人员安全生产责任制度，明确各级人员的安全责任，抓制度落实、抓责任落实，定期检查安全责任落实情况。

项目经理应是施工项目安全管理第一责任人，各级职能部门、人员，在各自业务范围内，对实现安全生产的要求负责，安全生产责任做到横向到边，人人负责。

2. 进行安全教育与训练

进行安全教育与训练，能增强人的安全生产意识，提高安全生产知识，有效地防止人的不安全行为，减少人的失误。安全教育、训练是进行人的行为控制的重要方法和手段。安全教育、训练包括知识、技能、意识三个阶段的教育。

安全知识教育使操作者了解、掌握生产操作过程中潜在的危险因素及防范措施；安全技能训练使操作者逐渐掌握安全生产技能，获得完善化、自动化的行为方式，减少操作中的失误现象；安全意识教育在于激励操作者自觉坚持安全技能。

3. 进行安全检查

安全检查是发现不安全行为和不安全状态的重要途径，是消除事故隐患，落实整改措施，防止事故伤害，改善劳动条件的重要方法。

安全检查的形式有普遍检查、专业检查和季节性检查，安全检查方法常用的有一般检查方法和安全检查表法。

(1) 一般方法 常采用看、听、嗅、问、测、验、析等方法。

看：看现场环境和作业条件，看实物和实际操作，看记录和资料等。

听：听汇报，听介绍，听反映，听意见或批评，听机械设备的运转响声或承重物发出的微弱声等。

嗅：对挥发物、腐蚀物、有毒气体进行辨别。

问：评影响安全问题，详细询问，寻根究底。

查：查明问题、查对数据、查清原因、追查责任。

测：测量、测试、监测。

验：进行必要的试验或化验。

析：分析安全事故的隐患、原因。

(2) 安全检查表法 是一种原始的、初步的定性分析方法，它通过事先拟定的安全检查明细表或清单，对安全生产进行初步的诊断和控制。安全检查表通常包括检查项目、内容、回答问题、存在问题、改进措施、检查措施、检查人等内容。

安全检查后的整改，必须坚持“三定”和“不推不拖”，不使危险因素长期存在而危及人的安全。“三定”即定具体整改责任人，定解决与改正的具体措施，限定消除危险因素的整改时间。在解决具体的危险因素时，凡借用自己的力量能够解决的，不推托、不等不靠，坚决地组织整改。自己解决有困难时，应积极主动寻找解决的办法，争取外界支援以尽快整改。不把整改的责任推给上级，也不拖延整改时间，以尽量快的速度，把危险因素消除。

4. 正确对待事故的调查与处理

安全事故是违背人们意愿，且又不希望发生的事件。一旦发生事故，不能以违背人们意愿为理由，予以否定，应按照安全事故的等级及时上报并按照有关程序进行处理。

对于事故的发生要有正确认识，并用严肃、认真、科学、积极的态度，处理好已发生的事故，尽量减少损失，同时采取有效措施，避免同类事故重复发生。

发生事故后，以严肃、科学的态度去认识事故，实事求是地按照规定、要求报告。不隐瞒、不虚报、不避重就轻是对待事故科学、严肃态度的表现。

积极抢救负伤人员的同时，保护好事故现场，以利于调查清楚事故原因，从事故中找到生产因素控制的差距。

分析事故，弄清发生过程，找出造成事故的人、物、环境状态方面的原因。分清造成事故的安全责任，总结生产因素管理方面的教训。

以事故为例，召开事故分析会进行安全教育。使所有生产部位、过程中的操作人员，从事故中看到危害，激励他们的安全生产动机。从而在操作中自觉地实行安全行为，主动地消除物的不安全状态。

采取预防类似事故重复发生的措施，并组织彻底的整改；使采取的预防措施，完全落实。经过验收，证明危险因素已完全消除时，再恢复施工作业。

未造成伤害的事故，习惯地称为未遂事故。未遂事故就是已发生的违背人们意愿的事件，只是未造成人员伤害或经济损失。然而其危险后果是隐藏在人们心理上的严重创伤，其影响作用时间更长久。

未遂事故同样暴露安全管理的缺陷、生产因素状态控制的薄弱。因此，未遂事故要如同已经发生的事故一样对待，调查、分析、处理妥当。

三、安装工程安全措施

1. 基本要求

施工现场的建筑安装人员必须经过安全技术培训或三级安全教育；进入施工现场必须穿工作服、劳保鞋和头戴安全帽；操作各种电动机械设备，应具有上岗证或满足上岗要求，使用时，应先检查电器开关及接地装置是否正常，情况正常方能起动使用；不得随意操作他人管辖的机械设备；使用工具时应先检查有无损伤或松动，按操作规格使用，不违章作业；在3m以上空间作业，如无防护网等安全设施时，必须系好安全带；保险钩应扣好挂牢，作业时应防止零件材料和工具等物体向下脱落，禁止上、下抛送材料和工具；在施工危险区（如起重吊臂或拔杆下）不得站人；重视文明生产，各种设备、材料及废料放置有序，及时清除现场杂物，通行方便安全；每周、每天班前应建立安全会制度。

2. 安装工程安全技术

（1）工具、机具操作安全技术　各种工具都有安全操作技术要求，使用工具前先进行检查，合格才能使用。

1）工具不能有松动现象，且应遵守操作规程，如锤子操作时不应戴手套。

2）使用电动工具，应检查有无漏电现象和接地装置是否完好，对电气设备应防雨防潮，大雾天气及空气湿度很高时操作电气设施要谨防漏电，操作人员应戴绝缘手套和穿绝缘胶鞋。

3）使用电动机械设备，应在空负载条件下起动，并缓慢加大负载，以免损伤机械。

4）各种工具均有不同规格和使用范围，如管钳、活扳手、螺钉旋具、铰板板牙、钢锯条等，应根据操作对象的规格选择合适的工具，否则既影响施工质量，又容易损坏工具，甚至产生工伤事故。使用活扳手拧紧螺栓或用管钳拧紧管螺纹接口时，不允许在手柄上加套管增长力臂；也不能用它们代替锤子敲击。

5）操作钻床时不可戴手套；使用套丝机、砂轮机、卷板机、咬口机等旋转机械时，均应注意手、衣服和女工长发、发辫不可接近旋转部位。

6）锤子的锤底、尖嘴凿、扁凿、捻凿头顶端应为平面，当使用日久形成球形面后就不能再继续使用，应磨平。表面有油脂时应及时擦除，以免用时打滑。

7）使用射钉枪时，不论是否装有弹药，禁止枪口对着人。射钉枪用毕后，枪内不能存留弹药。

（2）空中作业安全技术　一般把离地面（或楼板）3m以上称为空中（或高空）作业，从事空中作业的人员要求身体健康、技术熟练，并按规定作业。

1）患有严重心脏病、高血压、贫血症及其他不适于空中作业的人，不得从事高空作业。

2）空中作业必须系上安全带。为空中作业搭设的脚手架、跳板必须牢固可靠，两侧面应有栏杆扶手。

3）登高使用梯子，梯子顶端应用绳索或钢丝系在牢固的建筑构件上，梯子脚部采取防滑措施（如包扎麻布等），竖立角度不应大于60°和小于35°。开脚双梯之间应绑牢拉紧绳，防止两梯滑开。

4）在顶棚内安装时应搭设脚手架或跳板，人不能在顶棚装饰板上站立和通行；如需在顶棚内焊接时，要采取防火灭火措施。

5）空中作业使用工具、零件应放在工具袋内，系在绳索上上下传递不允许抛上抛下。

6）室外高空作业，遇有恶劣气候应停止空中作业。

（3）焊接安全技术　焊接技术在安装工程中应用广泛，从业人员应具有上岗资格，并应遵循下列原则：

1）手工电弧焊接时应佩戴面罩，保护面部和眼睛不受强烈的弧光烧伤，减轻烟雾对呼吸器官的损害。身体应穿焊接防护服、手套、绝缘鞋及护脚盖，防止弧光及飞溅金属烧伤。

2）氩弧焊接时，产生的紫外线比手工电弧焊强5~10倍，并且还有臭氧、氮氧化物、金属烟雾及微量放射线产生，应加强防护措施。焊接场所及打磨钍钨棒处要通风良好，周围最好用不透光板材围挡，以免强烈弧光损伤他人。

3）对焊接口用X射线或丁射线探伤时，应划出警戒区，严禁非探伤人员入内。

4）硬聚氯乙烯塑料管加热焊接时，应有良好的通风，用电热式热空气焊枪时，应先开压缩空气阀，然后开加热电源，停用时先关电源，再关闭压缩空气。

5）用氧气焊接时，氧气瓶口要严防沾染油脂，乙炔发生器必须有防止回火的保险罐，氧气瓶与乙炔发生器应有5m以上距离，离火源应有10m以上距离。

（4）消防安全注意事项　消防安全是建筑工地安全的重点之一，应重点做好防范。

1）建筑安装工地应设立消防装置，如设消防水源、灭火器及砂箱等，对一般物品着火可用以上三种器材，对于油类物品着火，可用砂土及泡沫灭火器，严禁用水；对于电气设备着火，应切断电源并用干式灭火器扑灭，禁止用水和泡沫灭火剂，以免触电。

2）在易燃易爆厂房及油库安装需焊接或明火作业时，要采取隔离、通风等防范措施，并办理动火签证后方可施工。

3）对于能自燃及易燃物品，应存放在危险品库房内，领料时严禁带入火种。

4）易爆物品仓库应符合防爆、防雷、防火要求，并与居住区保持安全距离；各工程用雷管、炸药、射钉枪弹药等应由专人负责保管，严禁放在宿舍、办公室等公共场所。

5）当发生火灾时，应立即报告消防部门。

（5）起重吊装安全技术　大型重物起重吊装工作应由受过专业训练的起重工作人员担任，起重机械由专职驾驶人员操作。吊装时应遵守安全规程：

1）应根据设备的最大重量，选用适宜的起重吊装机械。起重机械应标明最大荷重量及起重速度，并根据需要安设卷扬限制器、起重控制器、联锁开关等安全装置。起吊选用钢丝绳规格合适，每个绳股中断丝根数不得超过标准的规定。

2）卷扬起重机地锚固定要牢固，电气设备要有接地线；操作时，钢丝绳卷在卷筒上不得有扭转、折弯、压绳等现象。

3）采用独脚拔杆起重时，拔杆、滑轮及钢丝绳必须符合起吊质量要求和无损伤；缆风绳地锚牢固。起吊重物时，不准人和重物同机升降。

4）在重物吊装区域内不应有障碍物；注意吊臂与四周架空电线保持安全距离；起吊的设备重物应绑扎牢靠、防止脱落。起重臂或重物下，人不得通行或停留，重物也不得在空中悬吊停留过久。

5）起重吊装工作应由专职人员指挥，其他人员坚守岗位，按指挥信号行动。

（6）其他安全注意事项　安装工程部分环节是在有压、高温、有毒或有腐蚀性的条件下作业，安全工作同样不可轻视。

1）各种管道的严密性试验及强度试验应注意在试压前检查管道与支、吊架间的紧固性及支、吊架栽埋是否牢固；埋地的铸铁管道转弯、分支处应设置挡墩、管端堵头顶固可靠；试验压力符合设计或施工验收规范标准，不得擅自增、减压力，但高层建筑应考虑介质静压影响，液压管道系统应以最低点的设备、阀门及管件的承压能力为限，防止超压破裂。压力试验时，加压应缓慢，使系统中压力缓慢上升，不可操之过急，以利于排除空气和及时发现渗漏和进行处理。用蒸汽吹洗管道，排气管应接至室外安全地点，管口应朝上倾斜。

2）管道除锈及清洗时应注意使用的各种酸（硫酸、硝酸、盐酸等）、碱或溶剂的妥善保管，操作人员应按规定穿戴防护服和防护用具；配制酸溶液应遵守操作规程，以免酸液飞溅烧伤皮肤。使用脱脂溶剂或酸液脱脂去污时，应有良好通风或排毒设施。操作人员应带防护眼镜、穿毛料或纯丝工作服、耐酸橡胶高筒靴和手套；废液应妥善处理。

3）防御自然灾害时，应注意多方面的防护；高空安装时，应预防突发性暴风袭击，杆件不致脱落破坏，要防止雷击。夏季室外施工，既要采取防洪措施，也要采取防暑降温措施。冬期施工要采取防寒防冻保温措施，用煤炉或煤气采暖应防止中毒事故。

思 考 题

1. 简述基本建设的主要内容和主要程序。
2. 简述工程定额的种类。
3. 建设工程管理的主要任务是什么？
4. 简述建筑安装工程费用的组成。
5. 什么是工程量清单？它由哪些内容组成？
6. 施工组织设计包括哪些内容？
7. 简述如何进行施工网络计划的编制。
8. 简述技术管理的工作内容。
9. 简述安装工程安全管理的基本内容。

参考文献

[1] 邵宗义，等. 建筑设备施工安装技术［M］. 北京：机械工业出版社，2007.

[2] 邵宗义. 实用供热、供燃气管道工程技术［M］. 北京：化学工业出版社，2005.

[3] 黄民德. 建筑电气施工技术［M］. 北京：高等教育出版社，2009.

[4] 陆耀庆. 实用供热空调设计手册［M］. 北京：中国建筑工业出版社，2007.

[5] 朱成. 智能建筑工程质量验收规范应用图解［M］. 北京：机械工业出版社，2008.

[6] 朱成. 建筑电气工程质量验收规范应用图解［M］. 北京：机械工业出版社，2008.

[7] 刘耀华. 安装技术［M］. 北京：中国建筑工业出版社，1997.

[8] 丁云飞. 建筑安装工程造价与施工管理［M］. 北京：机械工业出版社，2009.

信息反馈表

尊敬的老师：

您好！感谢您多年来对机械工业出版社的支持和厚爱！为了进一步提高我社教材的出版质量，更好地为我国高等教育发展服务，欢迎您对我社的教材多提宝贵意见和建议。另外，如果您在教学中选用了《施工安装技术》（邵宗义　主编），欢迎您提出修改建议和意见。索取课件的授课教师，请填写下面的信息，发送邮件即可。

一、基本信息

姓名：__________　性别：__________　职称：__________　职务：__________

邮编：__________　地址：______________________________

学校：____________________

任教课程：____________________　电话：____-__________（H）__________（O）

电子邮件：______________________________手机：__________

二、您对本书的意见和建议

（欢迎您指出本书的疏误之处）

三、您对我们的其他意见和建议

请与我们联系：

100037　机械工业出版社·高等教育分社　刘涛　收

Tel：010-8837 9542（O）

E-mail：ltao929@163.com

http：//www.cmpedu.com（机械工业出版社·教育服务网）

http：//www.cmpbook.com（机械工业出版社·门户网）